U0590736

国家自然科学基金资助项目（项目号：50678070）
中国古代城市规划、设计的哲理、学说及历史经验研究

中国古城防洪研究

ZHONGGUO GUCHENG FANGHONG YANJIU

吴庆洲 著

中国建筑工业出版社

图书在版编目（CIP）数据

中国古城防洪研究／吴庆洲著．—北京：中国建筑工业出版社，2009（2024.10重印）
ISBN 978-7-112-10930-2

Ⅰ.中… Ⅱ.吴… Ⅲ.古城－防洪－研究－中国 Ⅳ.TU998.4

中国版本图书馆CIP数据核字（2009）第060507号

责任编辑：李　东
责任设计：赵明霞
责任校对：兰曼利　梁珊珊

中国古城防洪研究
ZHONGGUO GUCHENG FANGHONG YANJIU
吴庆洲　著
＊
中国建筑工业出版社出版、发行（北京西郊百万庄）
各地新华书店、建筑书店经销
北京嘉泰利德公司制版
建工社（河北）印刷有限公司印刷
＊
开本：880×1230毫米　1/16　印张：38½　字数：1200千字
2009年4月第一版　2024年10月第三次印刷
定价：128.00元
ISBN 978-7-112-10930-2
（18175）

序言

中国古代城市防洪的研究，乃是我国科技史上的一项空白。

作为世界上独立发展的六大文明发源地之一的中国（其余五大文明发源地为埃及、两河流域、印度、墨西哥和秘鲁）[1]，其城市的发展已有6000多年的历史。我国的古城从诞生之日起，即显示出强大的生命力，对社会的精神文明和物质文明的发展，起着有力的推动作用。然而，我国的古城在发展的过程中，也受到各种灾祸的威胁。其中，有战争的掠夺和洗劫，即人为的灾祸，也有洪灾、火灾和风暴、地震等自然灾害。在与这些灾祸作斗争的漫长历程中，城市防御学和城市防灾学应运而生。在世界古代历史的进程中，我们的祖先不仅建设了当时世界上最雄伟壮丽的都市，创造了当时最先进的城市文明，也发展了当时最先进的城市防灾的科学和技术。这是我们中华民族的骄傲。

然而，自秦汉至明清的2000多年的历史中，由于封建社会内在矛盾的激化，使社会出现周期性的大动乱，即所谓“天下大势，分久必合，合久必分。”在社会的大动乱中，先进的科学技术往往有部分可能湮没失传。

我国古代有关城市防洪的科学技术，也有一部分被忽视、埋没。一些前人已经运用的防洪设施，后人却不了解其作用，以致在洪灾中吃了苦头，甚至付出了高昂的代价才又重新总结经验教训，了解该防洪设施的作用。这种例子很多。

江浙一带水乡城市中的水系，具有给水、排水、交通、防火、美化环境、军事防卫等多种功用，被喻为“古城之血脉”。其排水、排洪和调蓄上的作用，又使之成为城市防洪的重要设施。对城河在防洪上的重要性，古人有科学而明确的认识。宋人朱长文在谈到苏州城内河渠时指出：“观于城中众流贯州，吐吸震泽，小浜别派，旁夹路衢，盖不如是，无以泄积潦，安居民也。故虽名泽国，而城中未尝有垫溺荡析之患。”[2]这个古人早已认识的道理，竟被后人所遗忘，以致在近现代，苏州等水乡城市的城内河渠被填塞，水系受到破坏，使自南宋至清末近700年“城中未尝有垫溺荡析之患”的苏州，出现了积潦之灾。

陕西安康城，因地势低洼，历史上水患频繁，常受洪水袭击。明万历十一年（1583年），古城遭灭顶之灾，溺死5000多人。清康熙二十八年（1689年），安康修筑了一条万柳堤，作为城内居民在特大洪水灌城时的安全转移的道路，在历史上救过许多百姓的生命。然而，这条历史上起过重要作用的避水通道，竟于1958年被拆。1983年7月31日，安康城又遭到特大洪水袭击，全城被淹。由于万柳堤被毁，城中居民的生命财产遭到更大的损失（死亡1000多人，5亿财产被毁）。安康万柳堤被毁是古代城市防洪经验失传的又一典型例子。而重新总结这些经验、教训，却付出了何等巨大的血的代价！

钱三强先生指出：“科学技术史是一块蕴藏着巨大精神财富的宝地。如果我们能够重视这块宝地，从中吸取营养，我相信对各行各业的工作都会是大有好处的。”

---

[1] 夏鼐．中国文明的起源．一文中引用英国剑桥大学丹尼尔教授的观点．文物，1985，8：1．

[2] 吴郡图经续记．卷上．城邑．

事实说明，研究我国古代城市防洪，对搞好当今的城市防洪并非无补。挖掘我国古代城市防洪科学技术上的宝贵遗产，总结其有益的经验，承前启后，可以避免走弯路。有了现代的科学技术，再借鉴历史的经验，将能较好地解决当今的城市防洪问题。

自1980年以来，作者在导师龙庆忠教授指导下，致力于中国古代城市防洪的研究，曾到全国各地调查、考察了数十座古城，翻阅了大量的有关历史文献和记载，先后写出了《两广建筑避水灾之调查研究》[1]、《试论我国古城抗洪防涝的经验和成就》[2]、《中国古代城市防洪初探》[3]、《唐长安在城市防洪上的失误》[4]、《中国古城的选址与防御洪灾》[5]等20多篇有关论文，并在此基础上，写成《中国古代城市防洪研究》一书。

在研究和写作过程中，作者运用了如下方法：

1. 实地调查考察与查阅历史文献、地方志相结合；
2. 考古发掘成果与历史文献的记载进行对照、印证相结合；
3. 研究古代的城市防洪史与研究古代的城市发展史相结合；
4. 研究古代的城市防洪与研究古代的城市规划相结合；
5. 广泛地调查考察与深入细致地分析研究相结合；
6. 研究古代城市防洪的方略与研究其具体措施相结合；
7. 研究古代的城市防洪与研究古代的流域防洪相结合。

《中国古代城市防洪研究》于1995年由中国建筑工业出版社出版发行后，受到广大读者的欢迎和科学技术界同仁的热情支持鼓励，并被研究者们参考和引用。

1999年3月，中国国际减灾十年委员会办公室组织出版大型丛书《灾害管理文库》，将《中国古代城市防洪研究》列入文库之中。

《中国古代城市防洪研究》的成果也受到国际学术界的关注。我在1987～1989年得到中英友好奖学金的资助，作为访问学者在英国牛津进修，将《中国古代城市防洪研究》的精华部分译成英文，以35页的长篇发表于国际灾害研究与管理的杂志DISASTERS第13卷第3期（1989年）的首页上。该杂志的编辑、英国剑桥大学的查尔斯·马尔威尔博士还专门给我写了一封信，表示很高兴发表该文。该文发表后，作者收到荷兰、美国等国的一些图书馆来函索取该文单行本。

1990年，我被破格晋升为华南理工大学教授。1996年，我被批准为博士生导师。以后，我主持完成了多项国家自然科学基金项目和教育部博士点基金项目，参加了国家自然科学基金八·五重大项目“城市与工程减灾基础研究”。与此同时，我认识到对中国古代城市防洪的研究还远远不能令人满意，必须继续深入发掘、探索，以取得进一步的成果。

正如卢嘉锡院士所指出的：“中国古代科学技术蕴藏在汗牛充栋的典籍之中，凝聚于物化了的、丰富多彩的文物之中，融化在至今仍具有生命力的诸多科学技术活动之中，需要下一番发掘、整理、研究的功夫，才能揭示它的博大精深的真实面貌。”[6]

---

[1] 华南工学院学报，1983，2：127−141.

[2] 城市规划，1984，3：28−34.

[3] 城市规划汇刊，1985，3：12−18.

[4] 自然科学史研究，1990，3：290−296.

[5] 自然科学史研究，1991，2：195−200

[6] 卢嘉锡总主编．中国科学技术史．卢嘉锡．总序．北京：科学出版社，2002.

我坚信中国古代城市防洪的研究成果对现代城市防洪减灾有着重要的参考借鉴价值。我十分赞赏科学技术史的研究同行水利史学家周魁一先生所提出的“历史模型”的概念。周魁一先生指出：“如果我们把历史水利实践（包括相关的自然地理变化）看作是在千百年来的历史原型上的试验，即几何比尺和时间比尺都是 1∶1 的模型实验；如果我们的研究能将历史上的自然变迁和水利实践在考证、鉴别的基础上如实复原，构成一种抽象的思想模型，由此分析推演，无疑能够对令人关心的有关问题给出解答。因此，我们将服务于当代水利建设的历史研究方法形象地称之为‘历史模型，……历史模型方法在自然科学有关学科的研究中具有普遍意义。”[1]

作者 1983 年师从龙庆忠教授攻读博士学位，1987 年写出博士学位论文《中国古代城市防洪研究》，在此基础上又经修改补充，于 1995 年才出版，前后用了 12 年时间，古人云“十年磨一剑”，作者用了 12 年才写成该书，字数为 23 万字。在此基础上，经多年进一步深入研究，写成约 120 万字数的书稿，并名之为《中国古城防洪研究》，在中国建筑工业出版社出版，又用了 14 年。希望《中国古城防洪研究》能为当代的城市规划师、建筑师，为城市的建设者和管理者，为当代的城市防洪减灾，提供有益的参考和借鉴。

吴庆洲

2009 年 4 月 3 日于广州

---

[1] 卢嘉锡总主编．中国科学技术史．周魁一著．水利卷．前言．北京：科学出版社，2002.

目　录

第一章

我国古代城市防洪发展的概况

为了总结城市防洪的历史经验，不妨回顾一下我国古代城市防洪发展的概况。我国古代的城市防洪大致可以分为如下四个发展阶段：

（1）新石器时代后期至夏商；

（2）西周至春秋战国；

（3）秦汉至五代；

（4）宋元明清。

第一节　新石器时代后期至夏商的城市防洪（约公元前40年～前11世纪）

一、新石器时代后期城池的出现

中国的史前时代已出现了部落战争，因而作为军事防御工程的壕沟和城池也随之相继问世。城池既是军事防御工程的重要设施，同时具有防洪功用。

中国的史前时代指的是中国新石器时代、铜石并用时代。新石器时代分三期：早期：公元前10000～前7000年；中期：公元前7000～前5000年；晚期：公元前5000～前3500年。铜石并用时代分两期，早期：公元前3500～前2600年；晚期：公元前2600～前2000年[1]。

目前，世界上发现的最古老的城的遗址为西亚约旦境内的耶利哥（Jericho）遗址，占地10英亩（40470m^2），在公元前8000年的前陶新石器A阶段文化出现防御系统，有了城堡，有了石城墙，还有壕沟。城墙前面为壕沟，宽8.25m，深2.75m，城墙高6m。城堡在城墙之内，呈圆形，下面直径12.20m，上面直径9.15m。城堡中心有阶梯22级，可以上下。其遗址已达到城镇水平[2]。在两河流域还发现了公元前3500年左右的埃里都城、乌尔城、乌鲁克城等，在尼罗河流域发现的最早的古城址为修筑于公元前3500年左右的涅伽达附近的“南城”，在印度河流域发现的最早的古城址为修筑于公元前2500年左右的摩亨佐达罗城、哈拉巴城、卡里班甘城等。在爱琴海沿岸城的修筑年代大约在公元前2000年左右[3]。我国目前发现的年代最早的古城址为湖南澧县城头山古城址，距今6000多年，即建于公元前4000年以前，虽不及耶利哥城年代古老，但较之两河流域、尼罗河流域的其他古城，却年代更久远一些。

或许，城头山古城不是中国最早的古城，以后，我们将会发现年代更古老的城址。据中山大学人类学系张镇洪教授提供的信息，广东在英德牛栏洞发现了新石器时代早期遗址，遗址中的栽培水稻距今有1.2万年。因此，笔者相信6000年不是中国古城的上限。目前，我国的考古工作者在长江流域和黄河流域发现了约50座史前城址（图1-1-1），分属长江中游两湖平原地区、长江上游四川盆地、黄河中下游华北平原地区、内蒙古高原河套地区。

---

[1] 严文明．中国新石器时代聚落形式的考察．庆祝苏秉琦考古五十五年论文集．北京：文物出版社，1989；杨虎．辽西地区新石器至铜石并用时代考古文化序列与分期．文物，1994，5．转引自刘晋祥，董新林．燕山南北长城地带史前聚落形态的初步研究．文物，1997，8：48-56．

[2] 世界古代史论丛．第一集．生活·读书·新知三联书店，1982，42-52．

[3] 世界上古史纲．转引自曲英杰．论龙山文化时期古城址．田昌五、石兴邦主编．中国原始文化论集——纪念尹达八十诞辰．北京：文物出版社，1989，267-280．

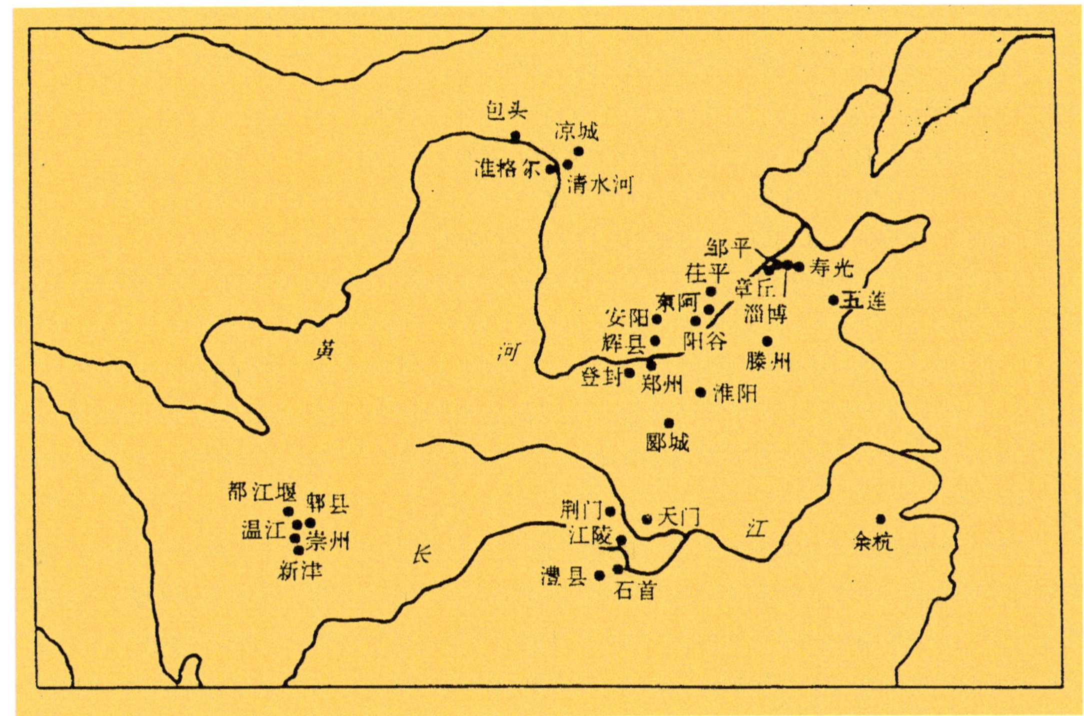

图 1-1-1 中国史前城址分布示意图（自任式楠．中国史前城址考察．考古，1998，1：1）

长江中游两湖平原地区最早的城址为湖南澧县城头山城址，平面为圆形，城墙内面积约 8 万 m^2。最大的城址为湖北天门石家河城，面积约 120 万 m^2，城垣大体呈圆角长方形，外有城壕围绕，壕池宽 80 ～ 100m，壕底与今存城垣顶高差 6m 左右。其余古城址有澧县鸡叫城 [1]、荆州阴湘城 [2]、石首走马岭城 [3]、荆门马家院城址 [4]、应城门板湾城址 [5] 等，这批古城多筑于屈家岭文化中晚期，即公元前 3000 ～前 2600 年。长江上游四川盆地 1995 年底至 1996 年底发现五座史前古城址，时代相当于中原地区龙山时代，距今约四五千年前。这五座城址为新津县龙马乡的宝墩古城，面积 60 万 m^2；都江堰市青城乡的芒城古城，面积约 12 万 m^2；温江县万春乡的鱼凫城平面呈不规则的五边形，面积约 32 万 m^2；郫县古城乡的郫县古城，面积约 27 万 m^2；崇州市双河古城有内外两圈城垣，面积约 15 万 m^2。成都平原史前古城址群被评为 1996 年全国十大考古新发现之一 [6]。黄河中下游华北平原地区有 20 余处。其中，年代最早的为郑州西山仰韶时代城址，距今 5300 ～ 4800 年，包括城墙、城壕面积达 3.45 万 m^2[7]。面积最大的是山东茌平教场铺古城，面积约 40 万 m^2[8]。面积排第二的是山东阳谷景阳岗古城，面积约 38 万 m^2[9]。面积最小的为河南登封王城岗古城，面积约 1 万 m^2 [10]。

---

[1] 尹检顺．澧县鸡叫城新石器时代晚期遗址又有新发现．中国文物报，1999，6（23）：1.

[2] 荆州博物馆．湖北荆州市阴湘城遗址 1995 年发掘简报．考古，1998，1：17–28.

[3] 张绪球．石首市走马岭屈家岭文化城址．中国考古学年鉴 1993．北京：文物出版社，1995.

[4] 湖北省荆门市博物馆．荆门马家院屈家岭文化城址调查．文物，1997，7：49–53.

[5] 陈树祥，李桃元．应城门板湾遗址发掘获重要成果．中国文物报，1999，4（4）：1.

[6] 1996 年全国十大考古新发现评选揭晓．中国文物报，1997，2（2）：1.

[7] 国家文物局考古领队培训班．郑州西山仰韶时代城址的发掘．文物，1997，7：4–15.

[8] 任式楠．中国史前城址考察．考古，1998，1：1–16.

[9] 山东省文物考古研究所、聊城地区文化局文物研究室．山东阳谷县景阳岗龙山文化城址调查与试掘．考古，1997，5：11–24.

[10] 河南省文物研究所、中国历史博物馆考古部．登封王城岗遗址的发掘．文物，1983，3：8–20.

其余古城址有，河南淮阳平粮台古城，面积 5 万 m^2；[1] 河南辉县孟庄城址，面积 16 万 m^2，外有护城河；[2] 河南郾城郝家台城址，面积约 3.3 万 m^2；[3] 河南安阳后岗龙山文化古城址；[4] 山东滕州西康留大汶口文化晚期（公元前 3000 年）城址，面积约 3.5 万 m^2；[5] 山东章丘城子崖城址，面积约 20 万 m^2；[6] 山东邹平丁公城址，面积 10.8 万 m^2，墙外侧有宽 20 余米，深 3m 多的壕沟，墙基部发现有涵洞式排水设施；[7] 山东寿光边线王城址，有一小一大两城址相套，小城面积 1 万 m^2，大城 5.7 万 m^2；[8] 山东淄博田旺城址，面积约 15 万 m^2；[9] 山东五莲丹土城址，面积约 25 万 m^2；[10] 山东滕州尤楼城址，面积 2.5 万 m^2；[11] 山东阳谷景阳岗城址西南 8km 有阳谷皇姑冢城，东北 10km 为阳谷王家庄城，面积分别为 6 万 m^2 和 4 万 m^2，而山东茌平教场铺城周围分布有茌平尚庄城址、乐平铺城址、大尉城址、山东东阿王集城址，面积各为 3 万～ 3.8 万 m^2，形成两组龙山文化城址 [12]。这些城址，除郑州西山城址、滕州西康留城址外，其余城址均为龙山文化城址，距今 4700 ～ 4200 年，有的一直沿用到岳石文化时期。

内蒙古中南部的石城遗址群是另一种城址类型。目前所知共 18 座，分布在三个地区。包头市东大青山西段南麓，在东西横长近 30km 的范围内，从西向东依次有阿善（2 座）、西园、莎木佳（2 座）、黑麻板、威俊（3 座）等计 5 处遗址 9 座古城。凉城岱海西北岸地区，在蛮汗山东南坡上，发现西白玉、老虎山、板城、大庙坡这 4 座石城。准格尔旗与清水河县之间黄河两岸，有准格尔寨子塔（圪旦）、寨子上（2 座）、清水河马路塔、后城嘴等共 5 座 [13]。

这些石城以老虎山城规模最大，城内面积 13 万 m^2。其余城址为不足 1 万 m^2 到数万 m^2。阿善、老虎山、准格尔寨子塔几座石城的年代均相当于新石器时代仰韶文化向龙山文化的过渡阶段，距今约 5000 年左右 [14]。

二、城市防洪的基本设施业已具备

这一阶段是城市产生并开始发展的初级阶段，城邑规模由较小逐渐变大，城市防洪的基本设施如城墙、壕池、城内沟渠和排水管道业已具备。

（一）城墙

城墙既是军事防御工程，又是城市防洪设施。

[1] 河南省文物研究所、周口地区文化局文物科．河南淮阳平粮台龙山文化城址试掘简报．文物，1983，3：21-36.

[2] 袁广阔．辉县孟庄发现龙山文化城址．中国文物报，1992，12（6）：1.

[3] 任式楠．中国史前城址考察．考古，1998，1：1-16.

[4] 尹达著．新石器时代．三联书店，1979，54-55.

[5] 任式楠．中国史前城址考察．考古，1998，1：1-16.

[6] 魏成敏．章丘市城子崖遗址，中国考古学年鉴，1994．北京：文物出版社，1997.

[7] 栾丰守．邹平县丁公大汶口文化至汉代遗址．中国考古学年鉴，1994．北京：文物出版社，1997.

[8] 杜在忠．边线王龙山文化城堡的发现及其意义．中国文物报，1988，7（15）：3.

[9] 魏成敏．临淄区田旺龙山文化城址．中国考古学年鉴，1993．北京：文物出版社，1995.

[10] 任式楠．中国史前城址考察．考古，1998，1：1-16.

[11] 山东省文物考古研究所．薛故城勘探试掘获重大成果．中国文物报，1994，6（26）：1.

[12] 张学海．鲁西两组龙山文化城址的发现．中国文物报，1995，6（4）：3.

[13] 任式楠．中国史前城址考察．考古，1998，1：1-16.

[14] 曲英杰．论龙山文化时期古城址．田昌五、石兴邦主编．中国原始文化论集——纪念尹达八十诞辰．王大方，杨泽蒙．内蒙古中南部史前考古又有新发现．中国文物报，1999，6，6（1）：267-280.

城墙作为军事防御的工程构筑物，乃是世界各地古城的共同特征。

恩格斯指出：

“用石墙、城楼、雉堞围绕着石造或砖造房屋的城市，已经成为部落的或部落联盟的中心；这是建筑艺术上的巨大进步，同时也是危险增加和防卫需要增加的标志。”[1]

“在新的设防城市的周围屹立着高峻的墙壁并非无故：它们的壕沟深陷为氏族制度的墓穴，而它们的城楼已经耸入文明时代了。”[2]

中国古代的城墙，与全世界的古城墙一样，具有军事防御的作用。无疑，中国古城的城墙，一开始就用于军事防卫。正如《吴越春秋》所记载的：“鲧筑城以卫君，造郭以居人，此城郭之始也。”

中国古城的城墙，除军事防御外，它还有另一种功用——防洪。这是它区别于世界各地的古城墙之处。而且，我国古城的防洪功用，在古城诞生之后不久，业已具备。

据《通鉴纲目》记载：

“帝尧六十有一载，洪水。”“帝尧求能平治洪水者，四岳举鲧，帝乃封鲧为崇伯，使治之。鲧乃大兴徒役，作九仞之城，九年迄无成功。”

这说明在我国古城的童年时代，城墙已经用于抵御洪水。

考古的成果亦足以说明早期的古城已具有防洪的作用。

下面即以目前已发现的年代最古老的湖南澧县城头山古城为例。

城头山在湖南澧县县城西北约12km处，古城建造在由澧县及其支流冲积而成的澧县平原西北部一个叫徐家岗的平头岗地的南端，东经111°40′，北纬29°42′。再往西往北5～6km处为武陵山脉延伸的低矮丘陵。徐家岗高出周围平地约2m，鞭子河沿岗的西边由北往南流，转东流经城址的东门外，往东汇流成澹水的大主干道，南入澧水。

城头山古城城墙呈相当规整的圆形，内径314～324m，面积约8万m^2。护城河宽35～50m，2/3的段落已被平整。

城头山古城选址于洞庭湖之滨的岗地上，基址高出周围平地2m，北面西面为低矮丘陵，有河水流经城址的东门外，经东往南汇入澧水，其选址体现了古人的智慧，即城址较高，可免洪水之害。城址近水、傍水，有用水和水运之利。35～50m的宽阔的护城河既有水运和用水之利，也造成险阻。加上高出城外平地5～6m的城墙[3]，这在6000年前，确是一个十分完善的军事防御工程体系。同时，城墙也能抵御外来洪水的侵袭。

河南淮阳平粮台古城，建于距今4355±175年以前[4]，与传说中的尧舜时代相近。据传说，当时洪水泛滥。今平粮台古城址高出附近地面3～5m，而古城周围地势低洼，其西北数里沼泽绵连，芦苇丛生。现存城墙顶部宽8～10m，下部宽13m，城墙残高3m多。城墙剖面为梯形，墙中心下部为一小版筑墙，修在坚硬的褐色土基上，能起到防渗的作用，有点类似今天土坝中的心墙。因此，可以说平粮台古城墙是一处很好的城市防洪工程，可以抵御洪水的侵袭[5]。

城头山古城和平粮台古城的考古发现和有关研究成果，足以证明我国早期古城的城墙已有防洪作用。这是我国古城有别于世界上大多数国家的古城之处。

---

[1] 恩格斯著．家庭、私有制和国家起源．中文版．北京：人民出版社，1972：160.

[2] 恩格斯著．家庭、私有制和国家起源．中文版．北京：人民出版社，1972：162.

[3] 湖南文物考古研究所．澧县城头山古城址1997～1998年度发掘简报．文物，1999，6：4-17.

[4] 河南省文物研究所、周口地区文化局文物科．河南淮阳平粮台龙山文化城址试掘简报．文物，1983，3：21-36.

[5] 贺维周．从考古发掘探索远古水利工程．中国水利，1984，10.

诚然，兼有军事防御和防洪双重功用的城墙并非我国所仅有，新巴比伦王国的首都巴比伦（图 1–1–2）的城墙也具有同样的双重功能。

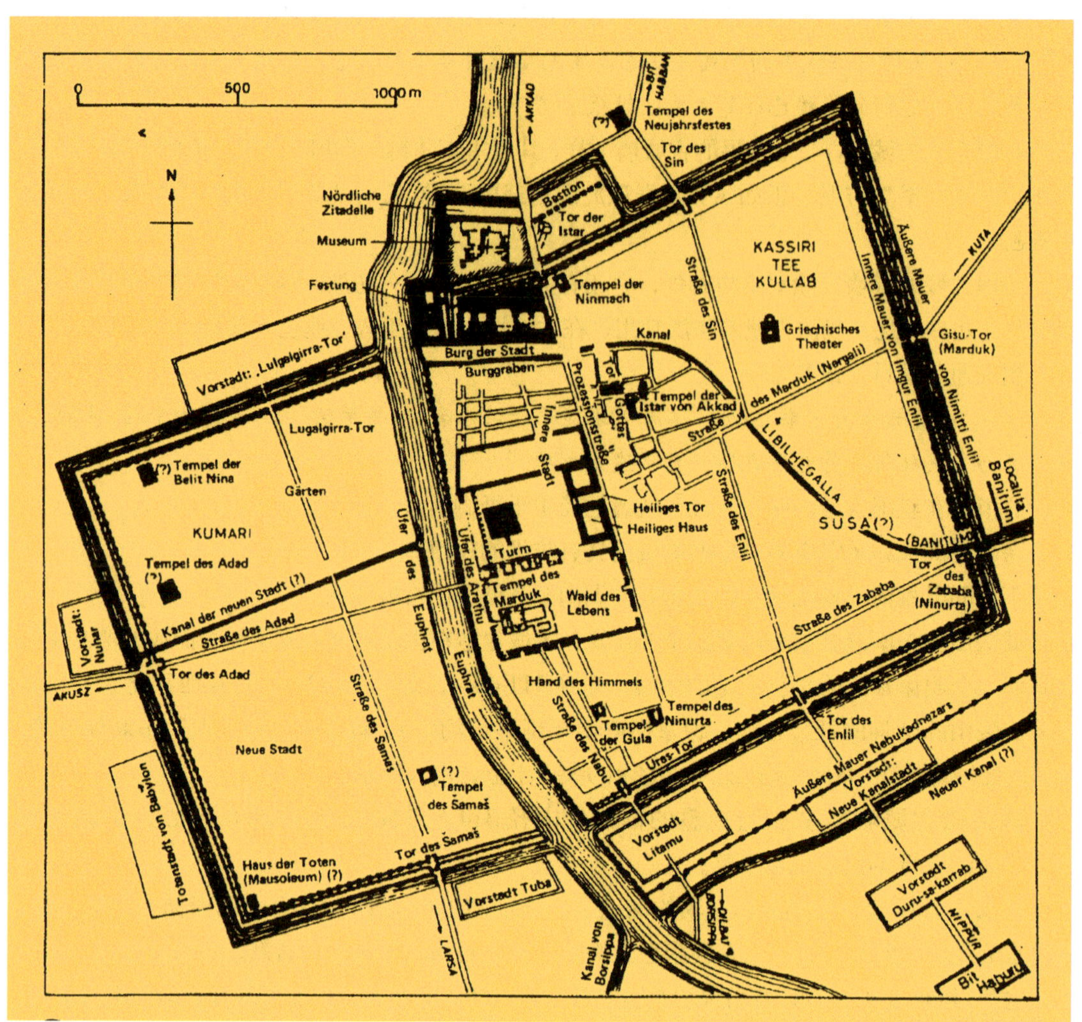

图 1–1–2 巴比伦城平面图（自［意］L·贝纳沃罗著．世界城市史：34）

据记载：

“巴比伦王……极力想在巴比伦周围建设一道防御工事，并把整个的巴比伦地区变成一个强大的设防区。尼布甲尼撒本人在自己的铭文中详细地报道了这些工程的情况。……最后，这些工事的残址在发掘巴比伦的首都时也有所发现。从这些发掘物来判断，巴比伦有三道城墙围绕着，其中有一道城墙厚达 7m，另一道是 7.8m，而第三道是 3.3m，而在最后一道城墙的外面还有一道要塞堑壕。……一套复杂的水力工程建筑可以在敌人出现时淹没巴比伦地区周围的土地。关于这一点，国王在自己的铭文中写道：‘为了使企图作恶的敌人不能接近巴比伦的城墙，我就用类似滔天浪头的强大江河把国家包围起来。渡过这些江河就像渡过咸水的大海一样。’”[1]

无疑，巴比伦的城墙具有十分强大的防洪能力，即使周围一片汪洋，它也能屹立在洪水之中而平安无恙。琉璃贴面砖的广泛应用，使它的城墙具有很好的防洪性能。

[1] 阿甫基耶夫著．古代东方史．王以铸译．第一版．北京：三联书店，1956：547，548．

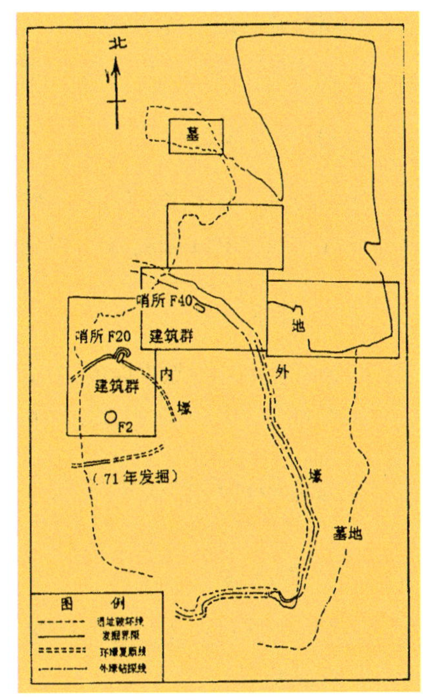

图 1—1—3 半坡聚落前期环壕结构复原示意图（自钱耀鹏．关于环壕聚落的几个问题，文物，1991，8：61）

巴比伦城重建于公元前 7 ～前 6 世纪，相当于我国春秋中期，晚于平粮台古城约 18 个世纪，晚于城头山古城约 34 个世纪。

1983 年，偃师尸乡沟发现了商代早期都城西亳的遗址，城墙全部由夯土筑成，厚约 18m，残高 1 ～ 2m[1]。城墙的夯土为纯净的红褐色土，既厚又坚，无疑会有较强的抵御洪水的能力[2]。

郑州商城，城墙现存夯土层下部宽 21.85m，残高 5.3m，为红褐色黏土、黄沙土、灰土夯筑而成。夯层清晰，土质坚硬，每层夯土面上皆分布有密集的圆形尖底和圜底的夯痕[3]。这么厚的城墙，其基部比明南京城墙（宽 14.5m）[4] 还宽得多，仅略小于元大都的城墙（宽 24m）[5] 和明清北京城墙（宽 24m）[6]，究其原因，除为军事防御之外，还为了抵御洪水。夯土墙如不够厚实，就可能在洪水浸泡冲击下崩塌。

（二）壕池

壕池既有军事防御作用，又能排水排洪，是古城兼有防卫和防洪双重功能的工程设施。

目前所发现的早期城邑中，澧县城头山古城及平粮台古城等已出现壕池。而用于防卫的，或兼有排水作用的壕沟，早在古城出现之前就已经存在。

距今 6000 多年的姜寨仰韶文化遗址有壕沟，这些沟不连续，应是为防御而设[7]。

据今 6800 ～ 6300 年的西安半坡仰韶文化聚落遗址发现有三条沟，其中一条为环绕居住区的“大围沟”，其作用有两个，一是防卫，一是作为截洪沟，排除洪潦[8]。（图 1—1—3）

距今 3600 多年前的商代早期的湖北盘龙城遗址（图 1—1—4），“据东南城角外的一些断面，城垣外还有宽约 10m 的壕沟。”[9]

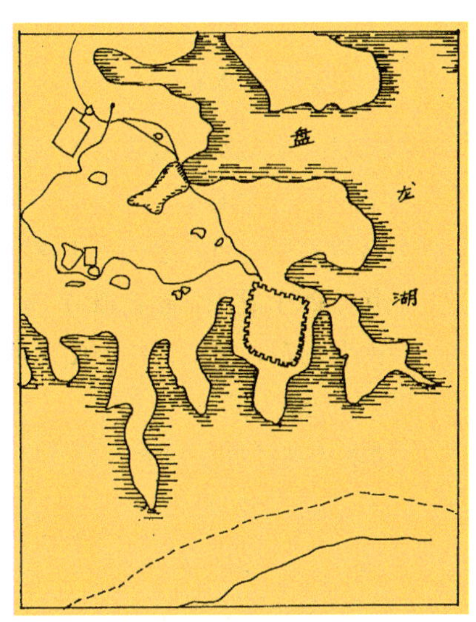

图 1—1—4 盘龙城遗址位置略图

[1] 偃师尸乡沟发现商代早期都城遗址．考古，1984，4：384.

[2] 中国社会科学院考古研究所河南第二工作队．1983 年秋季河南偃师商城发掘简报．考古，1984，10：872—879.

[3] 河南省博物馆、郑州市博物馆．郑州商代城址试掘简报．文物，1977，1：21—31.

[4] 季士家．明都南京城垣略论．故宫博物院院刊，1984，2：70—81.

[5] 中国社会科学院考古研究所北京市文物管理处元大都考古队．元大都的勘查和发掘．考古，1972，1：19—34.

[6] ［瑞典］奥斯伍尔德·喜仁龙．北京的城墙和城门．第一版．北京：北京燕山出版社，1985.

[7] 巩启明，严文明．从姜寨早期村落布局探讨其居民的社会组织结构．考古与文物，1981，1：63—71.

[8] 中国科学院考古研究所、陕西省西安半坡博物馆．西安半坡．第一版．北京：文物出版社，1963.

[9] 湖北省博物馆、北京大学考古专业盘龙城发掘队．盘龙城一九七四年度田野考古纪要．文物，1976，2：5—15.

郑州商城（距今约3500年）发现有商代壕沟。

安阳殷墟遗址内，有一条巨大的晚商壕沟，是人工挖成的防御设施[1]。

（三）城内沟渠

城内沟渠具有给水、排水、排洪等多种用途。至少在商代的中期已出现城内沟渠系统。偃师商城[2]和安阳殷墟[3]均已具有规划完备的沟渠系统。

（四）排水管道

排水管道用以排除古城内的积水，是城市防洪的设施之一。

距今4500年前的河南淮阳平粮台古城内已铺设了陶质排水管道，由城内向城外排水。

三、古城采取的防洪减灾措施

（一）城址选择

由于古今地貌可能会有所改变，因此关于这一时期的古城如何选址，城址现状的地理环境只能作为参考。

从总的情况来看，古城选址多在台地偏高之地，多傍水而近阜，有用水之利，而避水之害。前述澧县城头山古城即如此。淮阳平粮台古城也注意选址，周围地势低洼，城址高于周围地面3～5m，这对防洪是有利的。

（二）迁都避水患

商代曾多次迁都，其中也与避水患有关。

商代第十三个君王“河亶甲立，是时嚣有河决之患。遂自嚣迁于相。”[4]即因嚣（一作隞，今河南荥阳北）受河决之患，不得不迁都于相（今河南内黄县东南）。

商第十四个君王“祖乙既立，是时相都又有河决之患。乃自相而徙都于耿。”[5]耿，一作邢，在今河南温县东，另一说在今山西河津县南汾水南岸。

又据《水经注》：

“汾水又西迳耿乡城北，故殷都也。帝祖乙自相徙此，为河所毁……乃自耿迁亳。”[6]

以上记载，说明商都屡受河决之患，城市防洪形势严峻，也可说明，为何商代都城的城墙都相当宽厚，这是因为防御洪水之需所使然。

迁都以避水患，乃是古代因无力抵御洪灾而采取的减灾对策。所迁之新城址应力求避免洪灾的袭击，因此，迁城以避水患本身是城址选择上避免洪灾的又一次实践。

---

[1] 中国科学院考古研究所安阳发掘队．1958～1959年殷墟发掘简报．考古，1961，2：65.

[2] 赵芝荃，徐殿魁．偃师尸乡沟商代早期城址．中国考古学会第五次年会论文集．第一版．北京：文物出版社，1988：12，13.

[3] 北京大学历史系考古教研室商周组．商周考古．第一版．北京：文物出版社，1979.

[4] 古今图书集成．庶徵典．第124卷．水灾部汇考一引通鉴前编．

[5] 古今图书集成．庶徵典．第124卷．水灾部汇考一引通鉴前编．

[6] 水经·汾水注．

第二节 西周至春秋战国的城市防洪（公元前11世纪～前221年）

西周至春秋战国，是我国古城的大发展时期。尤其是春秋战国之时，城市的发展突破了西周营国制度的束缚，出现了突飞猛进的崭新局面。齐临淄、吴阖闾大城、赵邯郸、楚郢、燕下都等，规模已相当宏大，人口都达数十万以上。

春秋战国为我国历史上的大变革时期，学术思想出现了百家争鸣的局面。在城市的规划和建设上也出现了各种学说，其中也有关于城市防洪方面的论述。

一、《管子》的城市防洪学说

在有关城市规划和建设的各种学说中，以《管子》的论述较为详备。而古代有关城市防洪的学说，《管子》亦为杰出的代表。

首先，在建城选址上，《管子》将战国以前3000多年间城市防洪的实践经验加以总结，上升为理论，提出了如下的城址选择原则：

“凡立国都，非于大山之下，必于广川之上，高毋近旱而水用足，下毋近水而沟防省。”[1]

此外，《管子》还提出：

“错国于不倾之地。”[2]

“故圣人之处国者，必于不倾之地，而择地形之肥饶者，乡山左右，经水若泽。”[3]

以上论述指出：应把国都建于坚实而较高之地，依山傍水，所在地肥沃而富饶。

《管子》又云：

“使海于有弊，渠弥于河陼，纲山于有牢。”[4]

这段话的意思是：如遇水灾，教民泄水于海使尽；然后教民修通水渠，遍布于河滨；教民建立国都，城必依山，以之为纲纪，城才能牢固[5]。强调城必依山，是因为城依山则地势较高，一可防洪排涝，二可因山筑城设险，城更坚牢。

《管子》还论述了建设城市防洪的堤防系统和沟渠排水系统的问题：

“地高则沟之，下则堤之。”[6]

“内为落渠之写，因大川而注焉。”[7]

以上第一句话的意思是：城市地势高则修沟渠排水，地势低则筑堤防水。第二句话指出，城内必须修筑排水沟渠，排水于大江之中。

对城市防洪的各种设施的管理，《管子》提出：

“请为置水官，令习水者为吏，大夫、大夫佐各一人，率部校长官佐各财足，乃取水左右各一人，使为都匠水工，令之行水道城郭、堤川、沟池、官府、寺舍。”[8]

---

[1] 管子·乘马.
[2] 管子·牧民.
[3] 管子·度地.
[4] 管子·小匡.
[5] 见房玄龄注．二十二子．第一版．上海：上海古籍出版社，1986：123.
[6] 管子·度地.
[7] 管子·度地.
[8] 管子·度地.

有了专职官吏的管理，君王还须过问城市防洪的各种设施的等级、标准及管理情况：

“若夫城郭之厚薄，沟壑之浅深，门闾之尊卑，宜而不修者，上必几之。”[1]

由上可知，从城市选址到堤防、沟渠排水系统的建设、管理、监督，《管子》均有详细的论述。其有关城市防洪的学说是完备的。另一方面，《管子》是把城市规划建设与防洪紧密结合，作为一个有机整体来进行论述的。建设不忘防灾，拟防灾于建设之中，使城市成为一个能健康成长的、能适应环境、抵御灾害的有机体，这是《管子》关于城市规划建设学说的重要特色，也是中国古代城市规划学说的特色和精华，是值得我们今天借鉴和继承的。

《管子》并非齐管仲一家之言，乃是中国战国后期各家论文集，托名齐管仲撰。它是以齐国法家为主兼及其他各家的学术思想的论文集[2]。其关于城市规划建设的思想乃是前人实践经验的总结，反过来又指导和影响了后人的实践。

二、水攻的出现

春秋战国的时候，列国互相攻伐，出现了水攻战例，其方法是决水灌城或筑堤堰引水灌城。如果古城的防洪能力不强，后果是不堪设想的。

记载较早的一次水攻战例发生在春秋末世，鲁昭公三十年（公元前512年），“吴子遂伐徐，防山以水之（防，壅山水以灌徐）。己卯，灭徐。”[3]

智伯水灌晋阳也是记载较早的一次水攻战例。公元前453年，智伯联韩魏攻赵，以水灌晋阳城，“城不没者三版”。虽然城很坚牢，没有被洪水毁坏，但因晋阳受困日久，粮尽援绝，“城中悬釜而炊，易子而食”，情景十分凄惨[4]。

战国时白起引水灌鄢乃是水攻战例中造成损失极为惨重的一例。秦将白起（？～前257年）于公元前279年进攻楚国鄢城，筑堨引水灌鄢，“水从城西灌城东，入注为渊，今熨斗陂是也。水溃城东北角，百姓随水流死于城东者数十万，城东皆臭。”[5] 由于鄢城抵御不了这人为的洪灾，造成了一次死亡数十万人的大悲剧。

战争，这个人类阶级社会中出现的怪物，是阶级斗争或民族矛盾激化的表现形式，具有很大的破坏性。但是，通过战争的进攻和防御，却可以大大促进科学技术和文化的发展以及人类社会的进步。春秋战国时期出现的水攻，无疑具有巨大的破坏性。但是，它也促使人们思索，研究对策以对付水攻。《墨子》中就有《备水》一篇，专门论述防水攻的对策。为了对付水攻，人们千方百计加强城市防洪设施的建设，这就进一步促使古城的城池成为军事防御工程和城市防洪工程的有机统一体。

三、城墙夯筑技术的改进

这一时期的城墙仍为夯土筑成，但夯筑技术在不断改进。

王城岗古城（距今约4400年）在每夯层表面铺垫厚约1cm的细砂层，夯痕的形制和大小极不一致（可能就用就地捡来的河卵石做夯具），属原始的夯筑法[6]。

---

[1] 管子·问.

[2] 简明不列颠百科全书．管子条．第一版．北京：中国大百科全书出版社，1985，3：508.

[3] 左传·昭公三十年.

[4] 史记·赵世家.

[5] 水经·沔水注.

[6] 河南省文物研究所．中国历史博物馆考古部．登封王城岗遗址的发掘．文物，1983，3：8-20.

平粮台古城则采用较原始的小版筑堆筑法[1]。

郑州商城采用大版夯筑，中部为平夯筑成的“主城墙”，两边为斜夯筑成的“护城坡”（图1－2－1），筑城法已有所进步，但仍表现了一定的原始性[2]。

盘龙城的城墙夯法也分平夯和斜夯两种，同郑州商城的结构相似[3]。

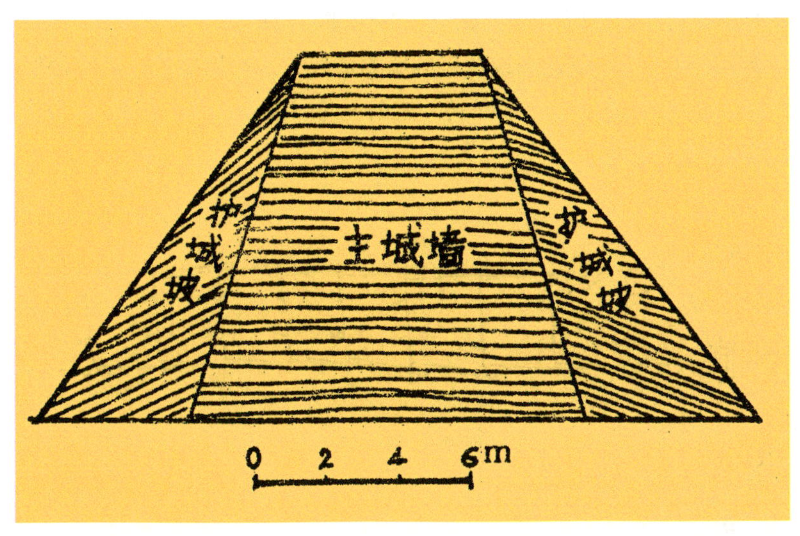

图 1－2－1 郑州商城夯土墙断面示意图

大体上，商代以前尚未掌握以绳系悬空的木柱或横木条来不断垂直加高“主城墙”的夯筑法，而只好在两侧用斜坡墙支撑“主城墙”横堵的木板，以便继续加高墙身。

大约从春秋战国起，用木棍穿在夹板之间，使之固定，在两板间夯土筑城的办法已普遍采用。这种办法可使夹板悬空而固定，不断垂直加高城墙。

洛阳涧滨东周城就采用了这一筑城法，从而比商以前的方法前进了一大步。该城的夯土法有两种：平夯法和方块夯法。平夯即两边夹板，一层层平夯。从夯土的侧面上看，层次分明；从夯土的平面上看，没有任何分界。方块夯法是分段的夯筑法，平面上边痕极其清楚，层次也分明[4]。

山西闻喜的东周“大马古城”[5]、东周古晋阳城[6]城身均有穿杆（木棍）孔的痕迹。

战国燕下都的外城城墙上有清楚的穿棍、穿绳和夹板夯筑的痕迹，可以推测其筑城方法为：在城墙外边竖立了相对的木棍，左右木棍之间的距离相当于夹板，夹板附在竖立的木棍的外面，然后用绳子绑固，每一组的夹板大约有两块或三块[7]。

楚都纪南城未见有穿棍和夹板的痕迹，其墙体结构：中间为墙身，内外均有护坡，墙身和内外护坡分开夯筑。这说明它在夯筑时，尚未掌握如燕下都和洛阳涧滨东周城所采用的较为先进的方法[8]。

[1] 河南省文物研究所．周口地区文化局文物科．河南淮阳平粮台龙山文化城址试掘简报．文物，1983，3：21-36．

[2] 河南省博物馆．郑州市博物馆．郑州商代城址试掘简报．文物，1977，1：21-31．

[3] 湖北省博物馆．北京大学考古专业盘龙城发掘队．盘龙城一九七四年度田野考古纪要．文物，1976，2:5-15．

[4] 考古研究所洛阳发掘队．洛阳涧滨东周城址发掘报告．考古学报，1959，2：15-36．

[5] 陶正刚．山西闻喜的大马古城．考古，1963，5：246-249．

[6] 谢元璐、张颔．晋阳古城勘查记．文物，1962，4（5）：55-58．

[7] 中国历史博物馆考古组．燕下都城址调查报告．考古，62（1）：10．

[8] 湖北省博物馆．楚都纪南城的勘查与发掘．考古学报，1982，3：325-350．

四、城墙防雨水冲刷的措施

夯土筑的城墙怕雨水的冲刷，因此，城墙本身的排水、防雨是个重要的问题。

郑州商城的主城墙的内外两侧的护城坡的顶面上，铺有一层料姜石碎块，可能是为了防止护坡受雨水冲刷而铺设的保护层[1]。

战国赵邯郸王城的城身上以及“大北城”的西墙北段城身上，均发现了排水槽道。另外，在王城西城南墙还发现了筒、板瓦铺设覆盖城墙的情况，这是城墙防止雨水冲刷、渗透的重要措施[2]（图 1–2–2）。另外，据《春秋公羊传》定公元年（前 509 年）所载，古夯土城防雨用“蓑城”法，即雨期用草覆城防雨。

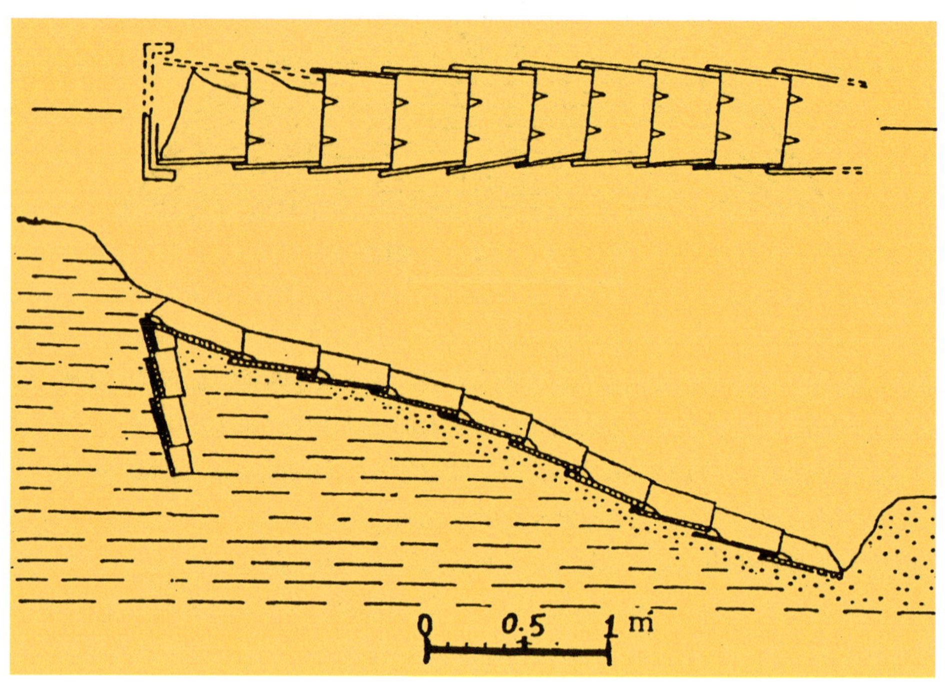

图 1–2–2 赵都邯郸王城西城南墙排水槽道（赵都邯郸故城调查报告．插图）

五、城市防洪堤的出现

专门保护城市的堤防，在这一时期已经出现。

据《晏子春秋》记载：

“景公登东门防，民单服然后上。公曰：‘此大伤牛马蹄矣，夫何不下六尺哉？’晏子对曰：‘昔者吾先君桓公，明君也，而管仲，贤相也。夫以贤相佐明君，而东门防全也。……蚤（早）岁，淄水至，入广门，即下六尺耳。乡者防下六尺，则无齐矣。’”[3]

这段记载说明了：①淄水亦有泛滥危及临淄城安全之时；②在齐桓公（？～前 643 年）、管仲（？～前 645 年）时，临淄城东门外已筑了防洪堤。可见，远在 2600 多年前的春秋时期，已出现了城市防洪堤。

又据《国语·周语》记载：

---

[1] 马世之．试论商代的城址．中国考古学会第五次年会论文集．第一版．北京：文物出版社，1988：28.

[2] 河北省文物管理处．邯郸市文物保管所．赵都邯郸故城调查报告．考古学集刊．4．第一版．北京：中国社会科学出版社，1984.

[3] 晏子春秋，卷五．

“灵王二十二年，谷洛斗，将毁王宫，王欲壅之。太子晋谏曰：‘不可。晋闻古之长民者，不崇薮，不防川，不窦泽。夫山，土之聚也；薮，物之归也；川，气之导也；泽，水之钟也……’王卒壅之。”[1]

这段记载说明，周灵王二十二年（公元前550年），谷水和洛水盛长，威胁王宫的安全，灵王不顾太子晋的劝阻，筑堤防壅谷水，使北出，以保护王宫。太子晋的看法，说明当时筑堤防以保护城市尚不普遍。但灵王筑堤防一事已晚于临淄城筑防洪堤约100年。

《管子》主张“地高则沟之，下则堤之。”如前所述，《管子》乃战国后期的作品，可知当时城市防洪堤的修筑已较为普遍。

六、高台建筑的兴起

春秋战国之际，高台建筑兴建成风。

高台建筑，即用土或土和木造成高大的台基，再在上面建造各种建筑或建筑群。这种高大的台基有多种功用，其中一种功用是避水患。

利用高墩台以避水患，这是古人类防御洪灾的方法之一，其渊源可以上溯到距今六七千年前的新石器时代。太湖地区的文化遗址，多在平地而起的墩台之上。

江苏武进寺墩遗址，是一个高出地面约20m的椭圆形土墩，东西长100m，南北宽70m[2]。

江苏昆山绰墩遗址，高出地面6m，东西长30m，南北长70m，面积约2000m^2[3]。

江苏常熟黄土山良渚文化遗址所在的黄土山，是一个东西长200m，南北长100m的高出地面约4～5m的椭圆形土墩。常熟嘉菱荡遗址，是一个高出地面3m的台地[4]。

江苏吴县草鞋山文化遗址，是一个东西长120m，南北宽100m，高出地面5.5m以上，形状似草鞋的土墩[5]。

江苏常州圩墩新石器时代遗址，是一个东西宽、南北窄的土墩[6]。

还有许多这样的例子，不再一一列举。究其原因，是由于太湖地区地势低洼，在4000多年以前，这一带尚未开发，水利未修，沟渠未开，古人们在这一带经营农业，又怕受到洪水的袭击，因此选择高于平地的墩台之上居住，墩台周围即为其耕地。这样，既有农耕之便，又可避洪水之害。

无独有偶，这种墩台式的新石器时代文化遗址在河南东部，山东西南部和安徽西北部也为数甚多。

河南东部的永城县造律台遗址，是个南北长约75m，东西宽约46m，高7.3m，形如龟的土台。

安徽寿县古城子遗址，是一个高约10m，周围约300m的椭圆土台。

安徽寿县江黄村遗址，是个高5m，直径约120m，形如葫芦的土台子。

安徽霍邱县绣鞋墩遗址，是个南北长100m，东西宽60m，高7m的土墩。

山东邹县七女城遗址，是个高出地面3m的土堆[7]。

为什么这一带古人类的遗址位于墩台之上呢？原来这一带地势平坦，河渠纵横，洪水容易

[1] 国语·周语下．

[2] 南京博物院．江苏武进寺墩遗址的试掘．考古，1981，3：193-200．

[3] 南京博物院．昆山文化馆．江苏昆山绰墩遗址的调查与发掘．文物，1984，2：6-11．

[4] 常熟市文物管理委员会．江苏常熟良渚文化遗址．文物，1984，2：2-16．

[5] 南京博物院．江苏吴县草鞋山遗址．文物资料丛刊．第3辑．第一版．北京：文物出版社，1980．

[6] 常州市博物馆．江苏常州圩墩村新石器时代遗址的调查和试掘．考古，1974，2：109-115．

[7] 尹焕章著．华东新石器时代遗址．第一版．上海：上海人民出版社，1956．

为患。古人居住在高台之上，可以避免水灾。可见，居住在高台之上而避免洪灾，有着十分悠久的历史。

然而，后来兴起的高台建筑，其建筑类型之丰富，形式和功能之多样，是古人类的墩台文化遗址所不能简单类比的。它的台基也有着比古墩台多得多的功用，这些功用可以归结为如下八个方面：

(1) 可以取得巍峨、壮丽的艺术效果；

(2) 便于观察天象；

(3) 利于防潮；

(4) 利于通风；

(5) 可以避水患；

(6) 可登高望远，观赏景致；

(7) 便于瞭望、警戒；

(8) 居高临下，易于防守。

据考古资料，平粮台古城内已出现了高 0.72m 的夯土台基[1]，可知高台建筑自新石器时代晚期已经萌芽。

商代有鹿台之筑。“纣为鹿台，其大三里，高千尺，临望云雨。”[2]

周文王时筑有灵台[3]。

到春秋战国之际，高台建筑更成为一代之风。

“楚灵王作乾谿之台，五百仞之高，欲登浮云，窥天文。”[4]

“燕昭王置千金于台上，以延天下士，谓之黄金台。”[5]

“吴王夫差破越，越乃进西施请退军，吴王许之。吴王既得西施，甚宠之，为筑姑苏之台，高三百丈，游宴其上。……按台在苏州姑苏山上，就山起台，三年聚财，五年乃成，高见三百里。”[6]

考古的成果也证明了春秋战国之际高台建筑之兴盛。

燕下都遗址原有土台 50 多座，现存 30 多座[7]，其中武阳台东西长 140m，南北长 110m，高出地面达 11m[8]。

赵邯郸故城内有许多夯土台基，其中王城内有 10 个，大北城内有 5 个。在这些台基中，最大、最高的有：

夯土台一号，132m × 102m，高 7.2 ～ 16.3m。

夯土台六号，120m × 119m，高 9.1m。

丛台，59m × 40m，3 层，总高 12.5m[9]。

---

[1] 河南省文物研究所．周口地区文化局文物科．河南淮阳平粮台龙山文化城址试掘简报．文物，1983，3：21-36.

[2] 新序．

[3] 诗，大雅·灵台．

[4] 陆贾·新语．

[5] 六贴．

[6] 山堂肆考．

[7] 谢锡益．燕下都遗址琐记．文物参考资料，1957，9：61-64.

[8] 王素芳，石永士．燕下都遗址．文物，1982，8：85-87.

[9] 河北省文物管理处．邯郸市文物保管所．赵都邯郸故城调查报告．考古学集刊．4．第一版．北京：中国社会科学出版社，1984.

齐临淄故城有桓公台，夯土筑成，基部呈椭圆形，南北长 86m，高 14m[1]。

河南新郑郑韩故城有 3 个台，其中梳妆台南北长 135m，东西宽 80m，高 8m[2]。

高台建筑兴盛直至秦汉。东汉多层楼阁式建筑兴起，高台建筑才渐渐衰落。

七、城市排水系统的完善

这一时期古城的排水系统已逐渐完善。城市排水系统由下水管道、城内沟渠和城壕组成，把城内的积水排到城外的河、湖中。齐临淄故城、燕下都城、曲阜鲁国故城、楚都纪南城都有完善的城市排水系统。

八、"水城"的出现

"水城"指的是城市中河渠水道高度发展的一种独特格局，其水路交通成为城内交通的主要形式。

当今，世界上最著名的水城是意大利的威尼斯（图 1–2–3），它建在亚得里亚海滨的 118 座小岛上，用 400 多座桥梁相连。市内有 177 条河道，船为市内主要交通工具，是世界上惟一没有汽车的水城。威尼斯建城有 1500 年的历史。然而，我国著名的水城吴大城在威尼斯建城前 1000 年已经建立。

据记载，春秋后期，周敬王六年（公元前 514 年）吴王阖闾委计伍子胥筑阖闾大城。"子胥乃使相土尝水，象天法地，造筑大城。周回四十七里，陆门八，以象天八风，水门八，以法地八聪。"[3] 城内河渠纵横，是我国历史上第一座规划周密的典型的水城。阖闾大城又叫吴大城，即今苏州前身。第一座水城的出现并非偶然，而是由于当时已具备了以下三个条件：

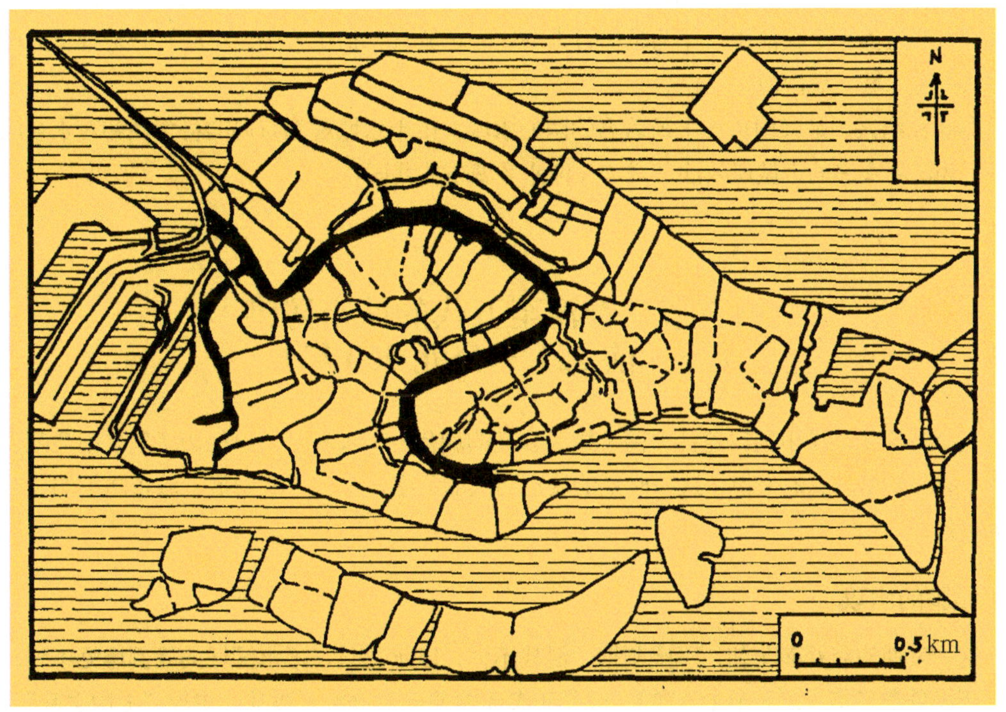

图 1–2–3 威尼斯平面

[1] 群力．临淄齐国故城勘探纪要．文物，1792，5：45–54．

[2] 马世之．郑韩故城．第一版．郑州：中州书画社，1981．

[3] 吴越春秋，卷四，阖闾内传．

（1）生产力的发展使吴国具备了建设阖闾大城的物质基础，而城市规划学、水利学和航运学的发展则提供了对该城规划的科学技术基础，这是水城出现的历史背景。

（2）据《史记 · 河渠书》记载："于吴，则通渠三江五湖。"可见，当时吴国已形成水运的网络。这是水城出现的地理环境背景。

（3）阖闾大城的规划师伍子胥是一代奇才，具有渊博的学识。他既是政治家、军事家，又精通水利和航运。他由楚国而来，带来了先进的楚文化和楚国城市建设的先进经验，又根据吴国的具体情况：水乡泽国，以舟楫为舆马，非河渠无以蓄泄，为吴大城规划建设了水陆兼备的城市交通系统。这是一个城市建设史上的创举。

水城的规划布局不仅解决了城市交通问题，而且使供水、排水、防火、军事防御和城市景观等一系列问题迎刃而解。

可以毫不夸张地认为：阖闾大城乃是我国历史上前无古人的伟大创作，是我国城市建设史上的一个重要的里程碑。水城的出现，标志着我国古代的城市规划和建设的科学技术水平已达到了一个新的高度。

吴大城的出现，也是我国古代城市防洪上的重大事件，是我国城市防洪史上的里程碑。吴大城由伍子胥"相土尝水"，选择城址，城址略高于周围地面，减少了洪水威胁。其城市防洪设施相当完备，有城墙、壕池、城河、水门、堤堰等，外可以拒洪水，内可以排积潦，蓄泄便利，不忧水旱，使地处水乡泽国的苏州城，得免洪涝之灾。它的出现，标志着春秋时我国的城市防洪科学技术已达到了相当的水平。

在伍子胥建阖闾大城以后的 24 年——勾践七年（公元前 490 年），越王勾践委属范蠡筑城。于是范蠡乃观天文，拟法于紫宫，作小城，"周二里二百二十三步，陆门四，水门一。"范蠡又于小城附近筑大城，"周二十里七十二步"，"陆门三，水门三"[1]。小城与大城，大体上就是后来绍兴城的范围，历代沿用。作为越国首都的这座越城（包括越大城、小城）乃是继吴大城之后的又一座水城，城内河渠纵横。

苏州和绍兴，是我国历史上最著名的两座水城。由于水城规划布局的科学性和对水乡的适用性，为江浙众多的古城所效法，成为江浙水乡城市的共同特色。

第三节　秦汉至五代的城市防洪（公元前 221 ～公元 960 年）

这个时期经历了中国封建社会两个极为强盛的朝代——汉和唐，也经历了魏晋南北朝和五代的分裂和割据。总的来说，这一时期的城市防洪的科学技术在不断发展，城市防洪的设施在逐步完善。

一、频繁的水攻

这一时期的魏晋南北朝，军阀割据，混战不休，以水代兵，壅水灌城的战例屡见不鲜。

西汉景帝三年（公元前 154 年），以吴王濞为首的七个诸侯王叛乱，史称"七国之乱"。汉王朝出兵平叛，其中栾布平赵用了水攻：

---

[1] 越绝书，卷八，越绝外传记地传．

“栾布自破齐还，并兵引水灌赵城。城坏，王遂自杀，国除。”[1]

东汉建武八年（公元 32 年）春，东汉来歙带兵平地方割据势力，取略阳城。隗嚣“乃悉兵数万人围略阳，斩山筑堤激水灌城。歙与将士固死坚守，……自春至秋……嚣众溃走，围解。”[2] 可见略阳城在水攻中并未溃坏。

著名的政治家和军事家曹操（155 ~ 220 年）就曾多次用水攻的办法取得军事上的胜利。据载，东汉初平四年（193 年），曹操追击袁术，决渠水灌太寿城。建安三年（198 年），曹操攻吕布，吕布固守下邳城，攻打不下。曹操“遂决泗、沂水以灌城”，城虽未被洪水毁坏，但造成吕布的困境，守将投降，活捉了吕布[3]。建安九年（204 年），曹操引水灌邺城，取得战争胜利。据载：

“曹操进攻邺，凿堑围城，周四十里。初令浅示若可越，配望见笑，而不出争利。操一夜浚之广深二丈，引漳水以灌之，自五月至八月，城中饿死者过半。”[4]

东晋咸和三年（328 年），刘曜“攻石生于金墉，决千金堨以灌之。”[5] 但洛阳金墉城未毁坏。

东晋太元九年（384 年），慕容垂攻下了邺城的外城，苻丕“固守中城，垂堑而围之……拥（壅）漳水以灌之。”[6] 邺城也经受住了水攻的考验。

南北朝水攻之事更为频繁。

自西汉至唐有水攻战例 34 个，受水攻城市有废丘、邯郸、略阳、西城、零陵、太寿、下邳、邺、洛阳金墉城、敦煌、合肥、寿阳、彭城、信都、穰城、瑕丘、灵州、长社、东阳之桃枝岭、江陵、利州、宿州、金陵之台城、昆山、镇州，其中邺、寿阳、彭城（今徐州）受水攻 3 次，江陵（今荆州）和金陵台城、镇州 2 次。这 34 个战例中，明确记载城毁的只有邯郸、合肥、长社、崑山 4 例。大多数的城墙都经受住了水攻的考验，有的被水淹数月以至半年也不毁，如略阳、邺、信都即为例子。尤其是穰城，受水淹三年，“不没者数板”，仍然不溃，其防洪能力之强令人惊叹！

从以上水攻战例可以在一定程度上反映秦汉至五代城市防洪科学技术的发展。

二、森林植被的破坏，洪灾的增多

由秦汉至五代的 1200 年多间，由于森林植被的破坏，生态环境的恶化，洪水灾害有上升之势。以黄河为例，上古时期其流域被繁茂的森林草原所覆盖，昔日的黄土高原气候温润，青山绿水。秦汉之际，汉族不断向黄土高原移民，到公元前 2 世纪末，达到 240 万人，把大片草原和森林垦为农田，植被破坏，水土流失，黄河下游水灾频率也大大增加。东汉以后至隋唐的 800 年间，黄土高原汉族人口大减（公元 140 年为 23 万人），大片土地退耕为牧，自然植被恢复，水土流失减轻，黄河出现长期安流局面，下游水灾减少[7]。隋唐时期，农牧界线北移，黄土高原水土流失又加剧[8]。自唐代后期起，黄河下游河床高于两岸的形势已渐显著[9]，决溢越来越频繁，由秦汉时平均每 26 年决溢一次，到隋唐时每 10 年决溢一次，五代时更为严重，平均每 1.4 年决溢一次（表 1-3-1）。

---

[1] 汉书 · 高五王传 .

[2] 后汉书 · 来歙传 .

[3] 后汉书 · 吕布传 .

[4] 王国维 . 水经注校 . 第一版 . 上海：上海人民出版社，1984：349.

[5] 晋书 · 刘曜传 .

[6] 晋书 · 慕容垂传 .

[7] 谭其骧 . 何以黄河在东汉以后会出现一个长期安流的局面 . 学术月刊 . 1962，2.

[8] 王乃昂 . 历史时期甘肃黄土高原的环境变迁 . 历史地理 · 八 . 第一版 . 上海：上海人民出版社，1990：30.

[9] 周魁一 . 历史上黄河防洪的非常措施 . 中国科学院、水利电力部 . 水利水电科学研究院科学研究论文集 . 第一版 . 北京：水利电力出版社，1985，22：184.

黄河的决溢，造成沿岸城市和村镇的巨大破坏，使城市防洪的任务更为艰巨和困难。为了避免水患，一些城市不得不迁址另建新城。例如，唐仪凤二年（677 年），黄河特大洪水毁坏了怀远城。次年，将城址迁至银川平原中央，唐徕渠东侧，即今银川旧城所在[1]。

秦汉至五代黄河决溢统计表[2] **表 1–3–1**

朝代	年数	决溢次数	频率（年／次）
秦汉（前 221 ~ 220）	441	171	26
三国至南北朝（220 ~ 581）	361	5	72
隋唐（581 ~ 907）	326	32	10
五代（907 ~ 960）	53	37	1.4

三、砖石城的渐多

为了抵御自然的和人为洪水袭击，这一时期出现了许多有效的城市防洪措施。砖石材料用以筑城逐渐增多即为防洪措施之一。

这一时期，城墙的建筑材料有所改进，砖、石逐渐用于砌筑城墙，但用得还不普遍，多用于城门等部位。

从汉代起，砖已开始用于砌筑城墙。如广东四会古城就发现了汉代的城砖。作者于 1980 年到四会调研时，该县文化馆谢剑影同志证实：1955 年四会拆古城墙时，他捡到一块城砖，上有“汉泗会都卫夫人赠”八个字。

明南京城“卢龙山段，是利用古城堡而加以拓宽，加高。1958 年城建局在此清除部分城墙时，在钟阜门自城顶往下 4.10m 处出现一段高达 6m 的用汉、六朝至隋唐砖砌的墙身。”[3] 这是汉代开始用砖砌筑城墙的另一例子。

扬州古城，汉代已用砖砌城门壁，唐代已用砖砌门阙和转角处[4]。

徐州城在东晋安帝义熙十二年（公元 416 年）即建了砖城[5]。

自唐代起，砖城渐多。

唐长安城的郭城为夯土版筑，宫城除城门附近和拐角处内外表面砌砖外，其余皆夯土版筑。夹城拐角处有的也包砌了青砖。

隋唐东都洛阳城的郭城为夯土版筑，而宫城和皇城夯筑的城壁内外包砌以砖[6]。

泉州唐代子城已用砖建[7]。

唐代的成都城也用了砖。“高骈筑罗城，多发掘古冢取砖甃城。”“高骈以成都土恶，城屡坏，易以砖甓。”[8]

---

[1] 汪一鸣．西北夏都——银川．中国历史名都．第一版．杭州：浙江人民出版社，1986：348.

[2] 依张含英著．历代治河方略探讨．第 38 页数字制此表．第一版．北京：水利电力出版社，1982.

[3] 季士家．明都南京城垣略论．故宫博物院院刊，1984，2：70–81.

[4] 李伯先．唐代扬州的城市建设．南京工学院学报，建筑学专刊，1979，3.

[5] 读史方舆纪要，卷 29.

[6] 宿白．隋唐长安城和洛阳城．考古，1978，6：409–425.

[7] 庄为玑．泉州历代城址的探索．中国考古学会第一次年会论文集．第一版．北京：文物出版社，1980.

[8] 古今集记．

庐州府城（今合肥）原为土城，唐贞元中（785 ~ 805 年），路应求为刺史，加甃以砖[1]。

至于石城，西汉已经出现[2]。宋、元以后才较普遍。

四、瓮城的出现

自西汉起，长城一代的障城即有许多加筑了瓮城，以加强军事防御[3]。所谓瓮城，即城门外加筑的月城，作掩护城门，加强防御之用。

瓮城对防御有重要作用。据记载：

“（朱珍）夜率其兵叩郓城门，朱裕登陴，开门内珍军，珍军已入瓮城而垂门发，郓人从城上磔石以投之，珍军皆死瓮城中。”[4]

这是引敌入瓮城加以歼灭的一个例子。

瓮城的形制在宋曾公亮《武经总要》中有记载：

“门外筑瓮城，城外凿壕，去大城约三十步。”[5]

“其城外瓮城，或圆或方，视地形为之。高厚与城等，惟偏开一门，左右各随其便。”[6]

瓮城不仅利于军事防御，也利于防御洪水。因为它使城门由一重变为二重，使洪水不易侵入城内。

五、城市排水系统的进一步发展

这一时期的汉长安城，汉魏洛阳城的城市水系都较为发达，除供水、航运、美化环境等多种作用外，还起到重要的排水排洪作用。

根据考古报道，福建省崇安县汉代闽越国王城遗址内，就发现了一组设计周密的地下排水管道[7]。

继苏州、绍兴之后，江浙一带出现了更多的“水城”。唐代的扬州城就是一个例子（图 1–3–1）。

唐代的扬州，处于长江、运河、海运的交叉转折点，不仅对外交通均靠水运，且城内河渠四达，是名副其实的水上都会。其城市水系，除护城河、官河、七里港河外，罗城内还有纵横交织的市河网，不仅有交通和供水的作用，还成为城市排水的干渠[8]。

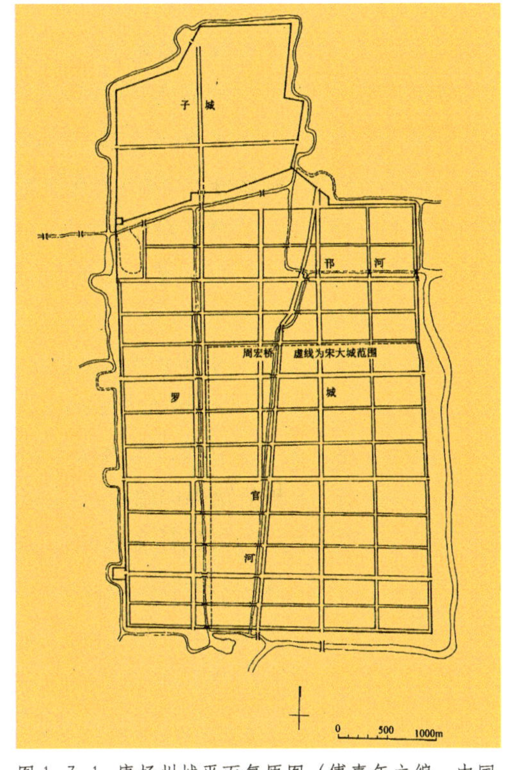

图 1–3–1 唐扬州城平面复原图（傅熹年主编．中国古代建筑史，第二卷：345）

六、丁坝的修筑

五代时，出现筑石柜（丁坝）保护城基的事例。

---

[1] 光绪续修庐州府志．

[2] 盖山林，陆思贤．潮格旗潮鲁库伦汉代石城及其附近的长城．中国长城遗迹调查报告集．第一版．北京：文物出版社，1981：25.

[3] 盖山林，陆思贤．潮格旗潮鲁库伦汉代石城及其附近的长城．中国长城遗迹调查报告集．第一版．北京：文物出版社，1981：25.

[4] 新五代史·朱珍传．

[5] 武经总要前集十二，守城．

[6] 武经总要前集十二，守城．

[7] 叶丽菲．地下古城目睹记．广州日报，1984，11（16）．

[8] 李伯先．唐代扬州的城市建设．南京工学院学报，建筑学专刊，1979，3.

常德府城南临沅江，江流湍急，直冲城基，常为城患。据载："南朝齐永明十六年（笔者注：即齐明帝建武五年，498年），沅、靖诸水暴涨，至常德没城五尺。"[1]"后唐副将沈如常于城西南百步、东南一里各造二石柜以捍水固城。"[2]其作用是"逼流南趋，以护城基。"[3]

七、海塘的修筑

为了保护沿海的城市村镇免受海潮的袭击，我国江浙一带修筑了抵挡海潮的人工堤岸，这就是著名的江浙海塘。

海塘之筑，据载始于东汉的钱塘（今杭州）。据刘道真《钱塘记》载：

"昔一境逼近江流，县在灵隐山下……郡议曹华信乃立塘以防海水，募有能致土石者，即与钱，及成，县境蒙利，乃迁此地，因是为钱塘县。"[4]

同书又记载：

"防海大塘在县东一里许，郡议曹华信家议立此塘以防海水，始开募，有能致一斛土者，即与钱一千，旬月之间来者云集，塘未成而不复取，于是载土石者皆弃而去，塘以之成，故改名钱塘焉。"[5]

刘道真为刘宋文帝时钱塘县令[6]，所记当为可信。

又据《晋书·虞潭传》，晋成帝咸和年间（326～334年），吴国内史虞潭"修沪渎垒，以防海抄（潮），百姓赖之。"

唐玄宗开元元年（713年）筑捍海塘，由杭州盐官（今海宁县）抵吴淞江，长130里[7]。

杭州城自隋唐以后，多次受到潮水的威胁。据载，唐大历二年（767年）：

"七月十二日夜，杭州大风，海水翻长潮，飘荡州郭五千余家，船千余只，全家陷溺者百余户，死者数百余人。"[8]

此外，大历十年（775年）[9]、咸通元年（860年）杭州城都遭到潮水袭击[10]，造成巨大损失。

五代，杭州成为吴国的首都，为了保护杭州的安全，于后梁开平四年（910年）开始大规模兴筑捍海塘。"遂造竹络，积巨石，植以大木"[11]，建成著名的钱氏捍海塘。

钱氏捍海塘的情况已由考古发掘查明（图1-3-2）。它是由石头、竹木和细沙土等材料筑成的，基础宽25.25m，上宽8.75m，残高5.05m。它属"竹笼石塘"结构，有扎实稳固的基础，有立于水际的巨大"滉柱"和建筑讲究的塘面保护层。它的出现标志着我国筑塘技术进入了一个新的历史阶段[12]。它的建造，减轻了潮水对杭州城的威胁。它自建成至宋代被废，历时300多年，对杭州的繁荣发展建立了卓著的功勋。

---

[1] 顾炎武．天下郡国利病书．常德府堤考略．

[2] 清嘉庆常德府志，卷7.

[3] 常德市人民政府．临沅闸记，1982，4.

[4] 乐史．太平寰宇记，卷93，杭州钱塘县下引．

[5] 郦道元．水经·浙江水注引．

[6] 魏嵩山．杭州城市的兴起及其城区的发展．历史地理创刊号．第一版．上海：上海人民出版社，1981：161.

[7] 郑肇经著．中国水利史．第一版．北京：商务印书馆．1939：317.

[8] 四部备要·史部·旧唐书上，卷37.

[9] 旧唐书·五行志．

[10] 海塘新志，卷3.

[11] （明）田汝成．西湖游览志，卷24，浙江胜迹．

[12] 浙江省文物考古研究所．五代钱氏捍海塘发掘简报．文物，1985，4：85-89.

图 1-3-2 五代钱氏捍海塘结构示意图

第四节　宋元明清的城市防洪
（公元 960 ~ 1911 年）

这一时期是中国封建社会的经济由盛而渐衰的时期。隋唐以降，中国经济中心移至江南[1]。宋代以后，南方得到进一步开发，人口增加，原有城市扩大，又出现了许多新的城市。为了交通和贸易的便利，城市逐渐向滨江低洼地段发展，这就造成了洪水的隐患。

一、长江流域城市水灾频繁化、严重化

古代长江城市水灾越来越频繁，越来越严重，大水灌城之事接二连三，损失越来越巨大、惨重，一次大水灌城，就造成死亡数千人，甚至一万多人的惨剧。造成城市水灾频繁化和严重化的原因是什么？笔者认为，可以归于如下数项：

（1）古代中国人口的剧增，加重了资源和环境的压力；

（2）宋、明、清长江流域人口剧增，导致大规模的毁林开荒、围湖造田；

（3）毁林开荒造成森林资源的严重破坏，森林覆盖率大幅下降；

（4）长江中下游平原湖泊面积由唐宋至清末以至现代的逐渐萎缩；

（5）荆江自宋末元初至今洪水位上升达 11.1m。

二、黄河水患日烈以及迁城避水的方略

由于黄土高原自然植被的进一步破坏，水土大量流失，到北宋时，黄河河床已高出两岸一丈至几丈，悬河之势更显[2]。

宋高宗建炎二年（1128 年）冬，东京（今开封）留守杜充决开黄河，企图阻止金兵南下，未能如愿，却造成黄河南流入淮，夺淮注入黄海。这次大改道历时 726 年（1128 ~ 1845 年），给黄、淮一带城市村镇带来巨大的灾难。

黄河在北宋之后，灾害大大超过前代，河道变迁十分剧烈，决、溢、徙都创造了有史以来的新纪录（表 1-4-1），对流域的城市村镇造成了骇人听闻的洪水灾害。

---

[1] 傅筑夫．从上古到隋唐重大历史变革的地理因素和经济条件．中国社会科学院．经济研究所集刊．第一版．北京：中国社会科学院出版社，1981，2：134.

[2] 周魁一．历史上黄河防洪的非常措施．中国科学院水利电力部水电科学研究院．科学研究论文集．第一版．北京：水利电力出版社，1985，22：184.

宋元明清黄河决溢徙统计表[1] 表 1–4–1

朝代	年数	决溢次数	频率（年／次）
北宋（960 ~ 1127 年）	167	165	1
金（1115 ~ 1234 年）	119	记载不详	
元（1279 ~ 1368 年）	88	265	3
明（1368 ~ 1644 年）	276	456	1.65
清（1644 ~ 1840 年）	196	361	1.8

宋以后，迁城以避河患成为常见的消极的城市防洪的方略之一。宋神宗还为它的“合理性”提出理论根据。他说：

> “河之为患久矣！后世以事治水，故常有碍。夫水之趋下，乃其性也。以道治水，则无违其性可也。如能顺水所向，迁徙城邑以避之，复有何患！虽神禹复生，不过如此。”[2]

宋神宗的“高论”，貌似有理，但只是他为自己无计治理黄河所作的辩解。

笔者根据历代史籍的记载，列出“历代迁城避河患一览表”（表 10–2–1）共 40 多例。

三、以水代兵，以水攻城的战例依然不断出现

以水代兵，决水或壅水灌城仍有多例，最严重的要数明崇祯十五年（1642 年），巡抚高名衡决黄河以淹围开封的起义军，造成开封城数十万人被淹死的大悲剧！

四、洪水预报

宋元明清是我国科学技术发展的重要的时期。城市防洪的科学技术也在与频繁的洪灾的斗争中不断发展。洪水预报即为其中一项内容。

在我国，水位的观测早在原始社会已经萌芽。在战国时期，已创设了对固定的水则进行观测。从北宋开始，观测已向精确化方向发展，并对洪水的发生和发展的原因及过程有了相当丰富的知识[3]。据《宋史 · 河渠志》记载：宋大中祥符八年（1015 年），“六月诏：自今后汴水添涨及七尺五寸，即遣禁兵三千，沿河防护。”

这里的“涨及七尺五寸”，正是宋东京（开封）城市防洪的警戒水位，也是对水位的精确观测和洪水预报，以便组织人力物力防洪抢险，防患于未然。

洪水预报是城市防洪的一项重要的非工程措施。我国早在近 1000 年前已采用这一措施，是城市防洪史上的一件了不起的事情。

五、机械排水

在明代，城市防洪中已用了机械排水的方法。

据道光《河南通志》记载：“穆宗隆庆二年（1568 年）秋，汴城大雨三日（城中用水车辙水出城）。”[4]

---

[1] 表 1–4–1 依张含英著．历代治河方略探讨．第 46、58、71 页引人民黄河的数字制作．

[2] 宋史 · 河渠志．

[3] 中国科学院自然科学史研究所地学史组主编．中国古代地理学史．第一版．北京：科学出版社，1984：148–151．

[4] 道光河南通志，卷 5，祥异．

水车又叫翻车（图 1–4–1），据载创于东汉灵帝（168 ～ 189 年）时，为毕岚所作：

“使掖庭令毕岚铸铜人四列于仓龙、玄武阙。又铸四钟，皆受二千斛，县于玉堂及云台殿前。又铸天禄虾蟆，吐水于平门外桥东，转水入宫。又作翻车渴乌，施于桥西，用洒南北郊路，以省百姓洒道之费（注：翻车，设机车以引水。渴乌，为曲筒，以气引水上也）。”[1]

当时翻车用于道路洒水。

三国时的马钧也曾作翻车：

“居京都，城内有地，可以为园，患无水以灌之，乃作翻车，令童儿转之，而灌水自覆，更入更出，其巧自信于常。”[2]

马钧的翻车用以灌溉，历代水车也多用以溉田灌圃。明代水车用于城市排水，乃是一种新的用途，已开近现代机械排水之先河，也是一件了不起的事情。

图 1–4–1 翻车示意图（周魁一绘．自崔宗培主编．中国水利百科全书：416）

六、城墙防洪技术的进步

这一时期，城墙采取了许多防洪的技术措施，其中一条是砖石的普遍采用。现以河南、广东两省的情况说明之。

据清道光六年（1826 年）《河南通志》，河南约 110 座县级以上的城池，明确记载为砖石城的有 51 座，占总数的 46%。砖石城中，有 48 座为明代所建，占砖石城总数的 94%；有 3 座为清顺治、康熙年间的砖城，仅占其总数的 6%[3]。

广东的砖石城更普遍。宋代，广东的潮州、肇庆、新兴、化州、海康、万州、崖州都已是砖石城[4]。

据道光二年（1822 年）《广东通志》[5]和《古今图书集成·考工典·城池》统计，广东当时县以上的城池 87 座，其中石城 13 座，砖城 27 座，砖石城 22 座，总计砖石城共 62 座，占城池总数的 71%。砖石城中，宋建 7 座，占 11%；明建 53 座，占 86%；清建 2 座，占 3%。

由以上两省统计可知，砖石城多为明代所建。明代以后，较多的城墙已用砖石包砌，从而大大增强了御洪能力。

明代南京城的城墙用了瓷土砖和黄土砖砌筑，瓷砖中白色和米黄色两种，质地坚硬，至今已历 600 多年，没有丝毫风化[6]。

[1] 后汉书·张让传．

[2] 三国志·魏志·杜夔传注．

[3] 道光河南通志，卷 9，城池．

[4] 道光广东通志·建置·城池．

[5] 道光广东通志·建置·城池．

[6] 季士家．明都南京城垣略论．故宫博物院院刊，1984，2：70–81．

自宋代起，糯米汁石灰浆开始应用于城墙的砌筑。南宋乾道六年（1170 年），修安徽和县城，用糯米浆调石灰砌筑城墙，使墙身更加坚牢[1]。

这一时期因地制宜，应用处理好城墙基础的技术措施，如桥式基础、桩基础、冶铁固基、深基础、去沙实炭基础等，墙身采用了以牛践土、筑心墙等防渗措施，使城墙进一步加强了御洪能力。

七、江浙“水城”更为普遍

这一时期，江浙水城更多，更为普遍，发达的城市水系成为江浙水乡城市的共同特点。

宋平江府城（苏州城），宋代河道长达 82km，古城面积为 14.2km²[2]，城河密度为 5.8km/km²。绍兴城，清代有城河长约 60km，古城面积约 7.6km²[3]，城河密度达 7.9km/km²。温州城，宋代有城河长度达 20300 丈[4]，合 65km，古城面积约 6km²，河道密度达 10.8km/km²。无锡城，据载明代城内河道总长达 7100 丈[5]，合 22.72km，古城面积约 2km²，河道密度达 11.36km/km²。

其余许多江浙城市，如湖州城（图 1–4–2）、上海城（图 1–4–3）、嘉定城（图 1–4–4）、松江城（图 1–4–5）等，都有着发达的城市水系。这对排洪排潦无疑是十分有利的。

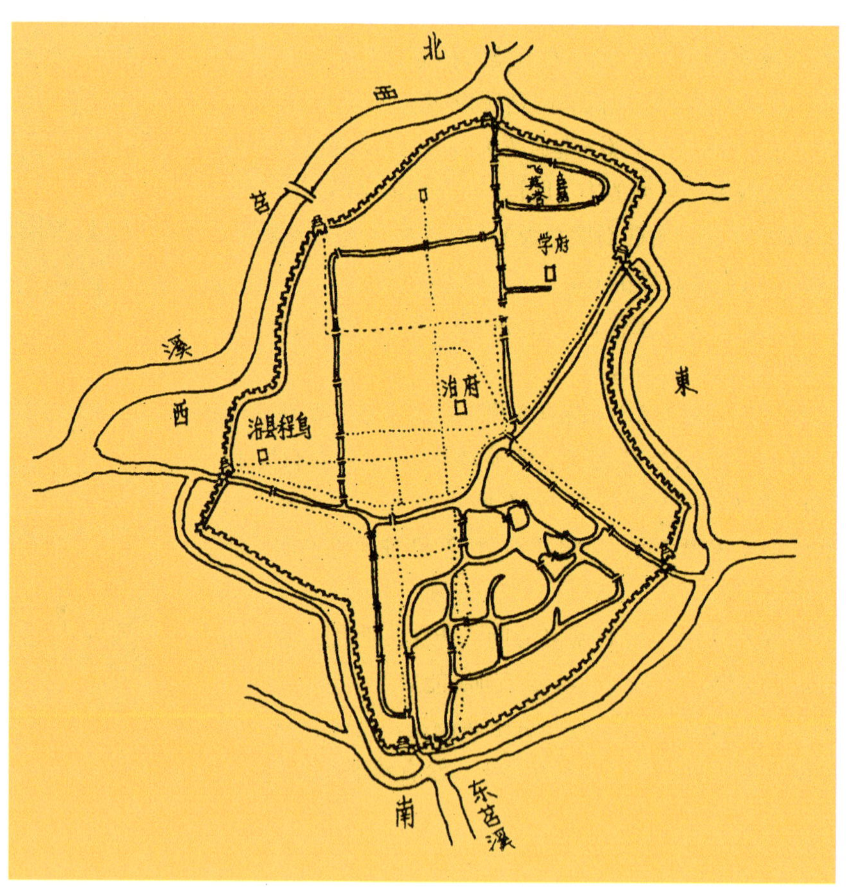

图 1–4–2 湖州府城图（据光绪乌程县志）

[1] 中国科学院自然科学史研究所主编．中国古代建筑技术史．第一版．北京：科学出版社，1985：595.

[2] 据苏州城规局资料．

[3] 陈志珩，王富更．绍兴古城保护规划初探．建筑师，29：27.

[4] 叶适，东嘉开河记．叶适集．水心文集，卷 10.

[5] 笔者据（明）张国维．吴中水利全书，卷 7，河形的数字算出．

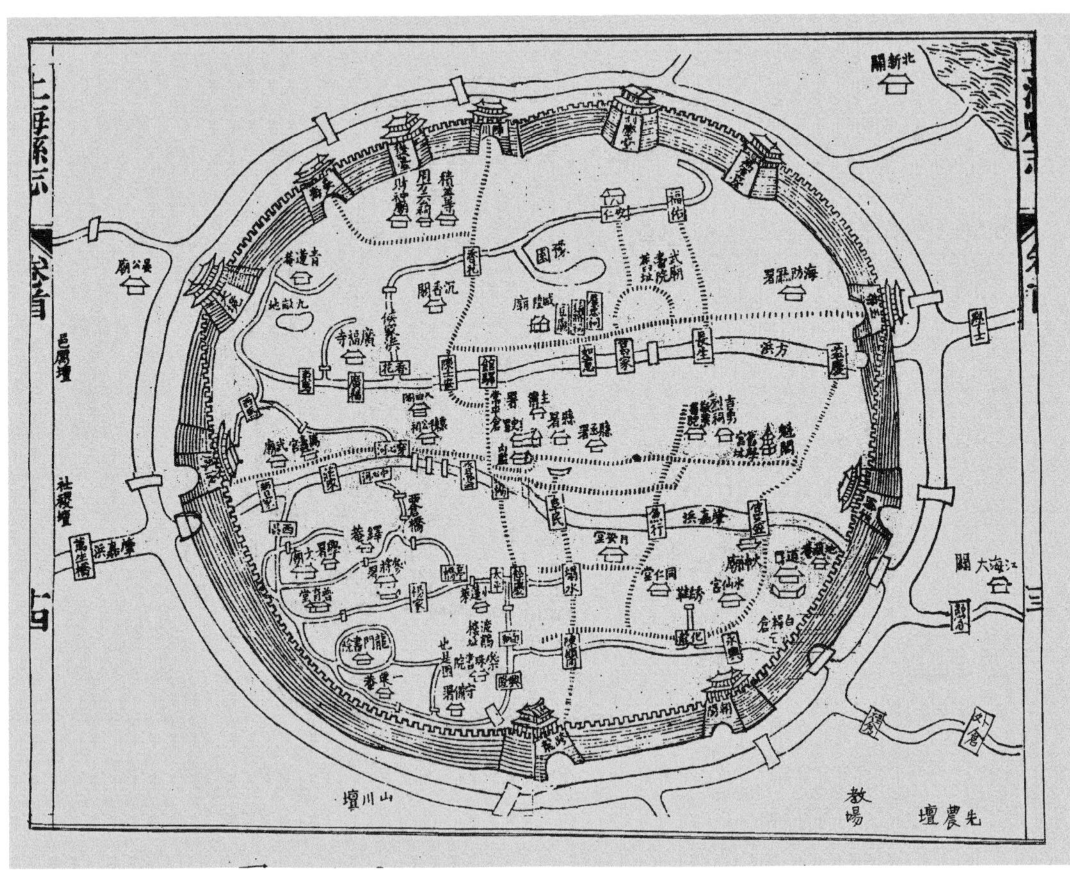

图 1–4–3　上海县城图（1553 年修筑．自陈正祥著．中国文化地理：78）

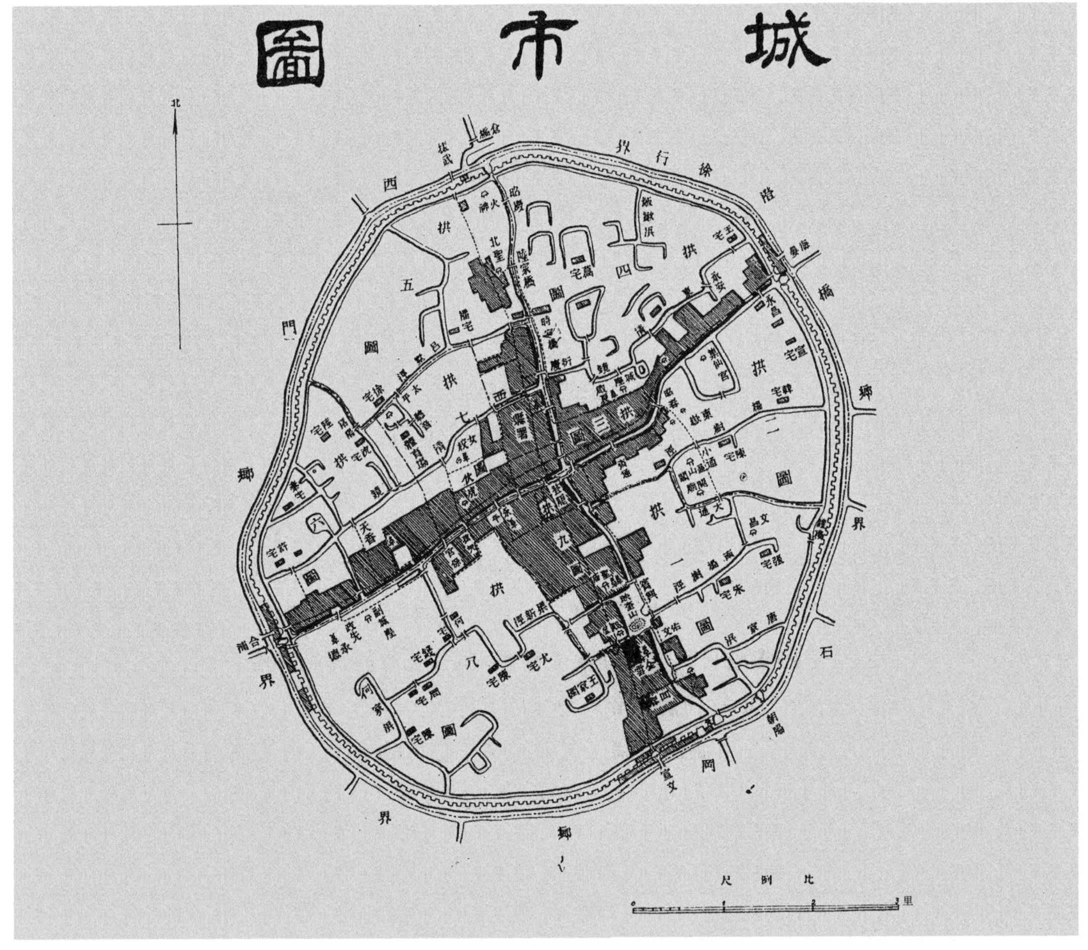

图 1–4–4　嘉定城图（据民国嘉定县续志）

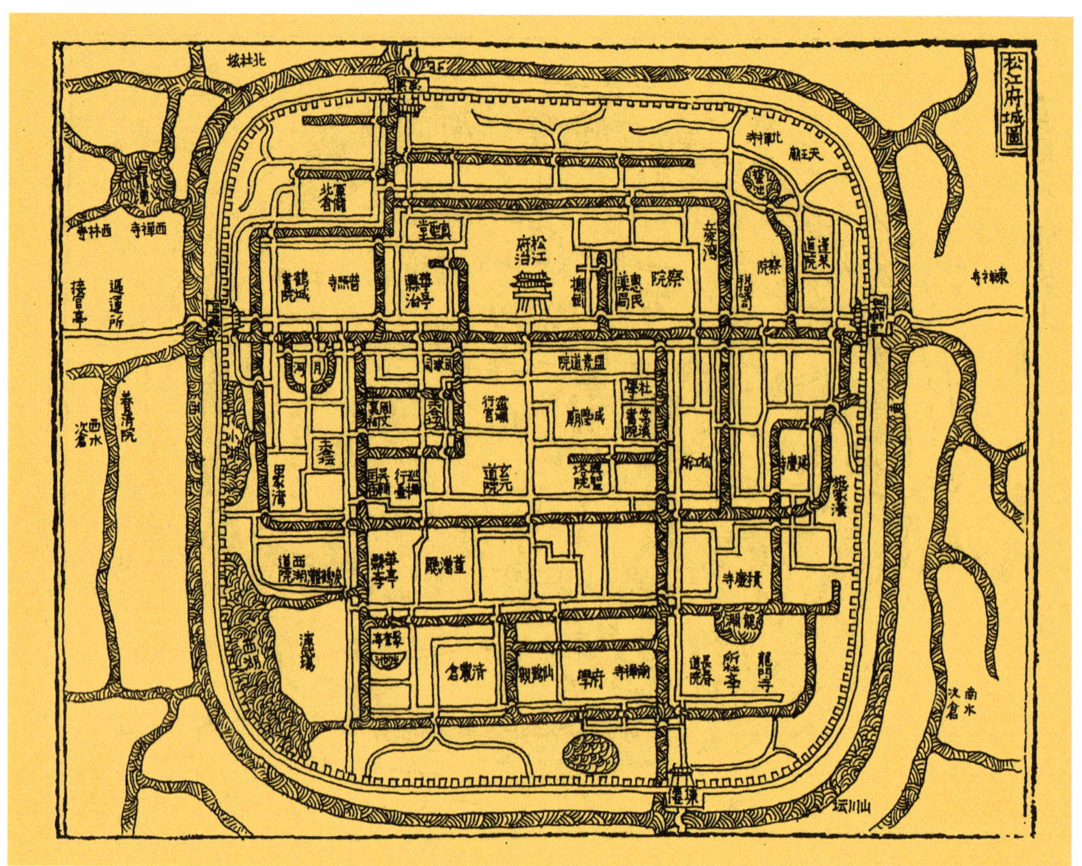

图 1-4-5 明松江府城图（摹自明正德松江府志．自潘谷西．我国明代地区中心城市的建设插图）

八、对城市水系的排洪作用有科学的认识

从北宋起，人们对城市水系的排水排洪作用逐渐有了较科学的认识。

成书于北宋元丰七年（1084 年）的《吴郡图经续记》就已明确指出，苏州城的发达的河渠水系具有重要的排洪作用，能“泄积潦，安居民”，“故虽名泽国，而城中未尝有垫溺荡析之患”。

对城市水系的多种功用（包括排水排洪）的更深刻的富于哲理的认识，乃是认为城市水系乃是城市之血脉的观点。这种观点自宋代起颇为流行。

值得注意的是，远在宋代 1000 多年前的战国时，《管子·水地》就已提出：“地者，万物之本原，诸生之根菀也”，而“水者，地之血气，如筋脉之通流者也。”在这里，江河水系被比作大地的血脉，它使我们看到后世的“城市水系乃城市之血脉”的观点之雏形，该观点自北宋起逐渐深入人心。

北宋绍圣初年（1094 年）吴师孟在记载成都疏导城内河渠的《导水记》一文中说：

> “蕞尔小邦，必有流通之水，以济民用。藩镇都会，顾可缺欤？虽有沟渠，壅淤沮洳，则春夏之交，沉郁湫底之气，渐染于居民，淫而为疫疠。譬诸人身气血并凝，而欲百骸之条畅，其可得乎？伊洛贯成周之中，汾浍流绛郡之恶，《书》之浚畎浍，《礼》之报水，《周官》之善沟防，《月令》之导沟渎，皆是物也。”[1]

南宋绍兴八年（1138 年）席益在《淘渠记》一文中也认为：

> “邑之有沟渠，犹人之有脉络也。一缕不通，举身皆病。”[2]

---

[1] 同治重修成都县志，卷 13，艺文志．

[2] 同治重修成都县志，卷 13，艺文志．

把城河看成城市血脉的观点，自宋至明清甚为流行。

南宋德祐元年（1275年）林景熙在《州内河记》中，指出平阳州（今浙江平阳县）的城河“为利钜。邑，犹身也；河，犹血脉也。血脉壅则身病，河壅则邑病。不壅不病。”[1]

康熙三十四年（1695年）吕弘诰在《重开城内河道记》中说：

“夫地之有水，犹身之有血脉。河流壅，则风水伤；血脉滞，则身病，必然之理也。”[2]

嘉庆二年（1797年）《重浚苏州城河记》云：

“夫以苏城之旁魄蔚跂，得水附之而膏润。相涵脉络，相注所贵，因势利导，旁推交通。如人身营卫灌输，去其滞而达之畅，未有不怡然以顺，泰然以舒者。此固不待征诸形家言，而其理确乎可信也”[3]。

对于城市水系的重要性的这种合乎科学的认识，乃是我国古代城市规划建设和城市防洪的科学技术水平进一步提高的标志。

---

[1] 民国平阳县志，卷7，水利．

[2] 民国平阳县志，卷7，水利．

[3] 苏州历史博物馆等合编．明清苏州工商业碑刻集．第一版．南京：江苏人民出版社，1981：306.

第二章

先秦典型古城防洪研究

研究先秦的城市防洪情况是比较困难的。一是由于文献记载不详，对其防洪设施全面情况难以把握；二是虽然近年考古发掘已取得许多成果，可以部分地补充文献的不足，但仍有许多重要的防洪设施没有查明，殷墟至今未发现城墙即为例子；三是古今地理、地质、水文情况有所变化，古城的地理环境已与今日不同，而城市防洪又与城址的地理环境息息相关。如此种种因素，都增加了研究的难度。尽管如此，作者仍愿做一些初步的探索。

在研究先秦典型古城防洪问题之前，让我们先研究城池等军事防御工程是如何产生的。

第一节　史前部落战争及防御工程的出现

中国的史前时代已出现了部落战争，因而作为军事防御工程的壕沟和城池也随之相继问世。

中国的史前时代指的是中国新石器时代、铜石并用时代。新石器时代分为三期，早期：公元前10000～前7000年，中期：公元前7000～前5000年，晚期：公元前5000～前3500年。铜石并用时代分二期，早期：公元前3500～前2600年，晚期：公元前2600～前2000年[1]。史前防御工程的出现与定居有关，而农业的出现使人类由食物采集者转变为食物生产者，改变了人们的生计形态和生活方式，极大地促进了定居的普遍性和稳定性，加强了对土地的依赖性。随着农业的发展，人类驯化了野生的动植物，出现了许多农业聚落。

农业的出现是与新石器时代到来同步的，以农业起源作为新石器时代起始的标准，这已为大多数考古学者所接受[2]。我国除湖南澧县彭头山、八十垱遗址发现了8000～9000年前极丰富的稻作农业材料外，还发现了河北徐水南庄头、江西万年仙人洞、湖南道县玉蟾岩等距今万年以上和接近万年的新石器时代早期文化遗存。其中，江西万年县大源乡仙人洞和吊桶环两遗址相距约800m，后一遗址为栖息于仙人洞的原始居民在这一带狩猎的临时性营地和屠宰场。两遗址文化堆积分属距今2万～1.5万年的旧石器时代末期及距今1.4万～0.9万年的新石器时代早期。湖南道县寿雁镇玉蟾岩遗址，时代约在1万年前，其稻谷遗存经鉴定，一颗为栽培种，尚保留野生稻、籼稻和粳稻的综合特征，这是目前世界上发现的时代最早的人工栽培的稻标本[3]。后经国家文物局专家组鉴定，玉蟾岩遗址出土的稻谷遗存已有1.8万～2万年的悠久历史[4]。这就是说，史前中国先民远在2万年以前，已开始了稻作农业。

刘易斯·芒福德指出："大约距今15000年以前，人类才首次获得较为充足、稳定的食料供应。至此，考古学家才在从印度到波罗的海沿岸的广大范围内开始普遍发现了人类永久性聚落的确切证据。这种文化以捕食蚌类、鱼类（大约还采食海藻）为基础，而且也种植块茎作物，这无疑是为了补充其他不可靠食物来源的不足。随着中石器时代小村落的出现，开始有了最早

[1] 严文明．中国新石器时代聚落形式的考察．庆祝苏秉琦考古五十五年论文集．文物出版社，1989，杨虎．辽西地区新石器—铜石并用时代考古文化序列与分期．文物，1994，5．转引自刘晋祥，董新林．燕山南北长城地带史前聚落形态的初步研究．文物，1997，8：48-56.

[2] 黄其煦．农业起源的研究与环境考古学．田昌五，石兴邦主编．中国原始文化论集——纪念尹达八十诞辰．北京：文物出版社，1989：69-78.

[3] 九五年八五期间十大考古新发现分别揭晓．中国文物报，1996，2（18）：1.

[4] 窦鸿身，姜加虎主编．中国五大淡水湖．合肥：中国科学技术大学出版社，2003：200.

的农业开垦地，也有了最早的家禽家畜：猪、鸡、鸭、鹅，尤其还有狗——人类最古老的动物伙伴。”“定居方式，驯化动植物，饮食正规化这些进化过程，大约在距今 10000 或 12000 年以前，开始进入了第二个阶段。从此人类开始有系统地采集并播种某些禾本科植物的种子，同时开始驯化其他一些种子植物，如瓜类、豆类，并开始利用一些牧畜如牛、羊，后来还有驴、马等。掌握了这些动植物以后，人类的食料来源，拖运能力以及集体流动能力，便大大增加了。这场伟大的农业革命的这两个方面，都决不可能发生于游牧部落民之中：因为必须在同一地区持久居住下去，人们才能够观察到植物的生长周期，深入了解自然过程，从而才能有系统地模仿这些自然过程。”“驯化野生动植物的各种活动形式，表明了两项重要的变化：一是人类居住形式延续化、永久化了；二是人类已能预见并控制某些规律，而以前这些规律是完全听任变动不定的自然力支配的。”[1]

农业的出现，使原始人类出现永久的定居点，出现了聚落和村庄。女性因在农业中的巨大作用，而在这一人类发展的历史时代具有崇高的地位。这是人类原始社会母系社会时代。

刘易斯·芒福德认为：“在女人的影响和支配之下，新石器时代突出地表现为一个器皿的时代：这个时代出现了各种石制和陶制的瓶、罐、瓮、桶、钵、箱、水池、谷囤、谷仓、住房，还有集团性的大型容器，如灌溉沟渠和村庄。”“当农业文化带来了剩余粮食和永久性聚落以后，各种贮存用具立即成为不可缺少的东西了。”“若没有不漏的容器，新石器时代的村民便无以贮存大麦酒、葡萄酒和油类等；没有带盖的石坛子、陶坛子，也无以防备鼠类和害虫；没有箱匣、谷囤、粮仓，他们无法经年累月地贮藏粮食。没有永久性的居住地，也无法集中照料和保护老、幼、病、弱。”[2]

刘易斯·芒福德指出：“城市的许多成分固然潜伏在村庄之中，有些成分甚至明显可辨，但村庄毕竟像一个未受精的卵，而不是已经开始发育的胚盘，它还有待于一个雄性亲本向它补给一套染色体方能进一步分化，发育成更高更繁复的文化形式。”[3]

村庄进化为城市，与农业生产力的发展，产生了剩余劳动，出现了私有财产和阶级有关。然而，这一切是如何逐步实现的呢？刘易斯·芒福德提出了如下两种可能：

一种可能是，保护村庄免受野兽之害的猎民演变为政治首领、酋长，甚至成为国王。

一种可能是，狩猎部族的酋长与新兴的僧侣阶层相结合，野蛮强制与魔法仪典相结合，成为统治阶级[4]。

新石器时代早期的母系制社会，以庇护、容受、养育为特点，原始村落自供自足，无甲兵，无战争，这种状况如《老子》所云：

> “小国寡民，使有什伯之器而不用，使民重死而不远徙，虽有舟舆，无所乘之，虽有甲兵，无所陈之。使人复结绳而用之。甘其食，美其服，安其居，乐其俗；邻国相望，鸡犬之声相闻，民至老死不相往来。”（《老子》八十章）

随着生产力的发展，出现了私有财产，女性的作用逐渐下降，而“男人的力量开始表现出来，表现为侵略和强力所建树的功业，表现为杀戮能力和不怕死，表现为克服各种障碍并把自己的

[1] 刘易斯·芒福德著．城市发展史——起源、演变和前景．倪文彦，宋峻岭译，北京：中国建筑工业出版社，1989：7–8．

[2] 刘易斯·芒福德著．城市发展史——起源、演变和前景．倪文彦，宋峻岭译．北京：中国建筑工业出版社，1989：11．

[3] 刘易斯·芒福德著．城市发展史——起源、演变和前景．倪文彦，宋峻岭译．北京：中国建筑工业出版社，1989：15．

[4] 刘易斯·芒福德著．城市发展史——起源、演变和前景．倪文彦，宋峻岭译．北京：中国建筑工业出版社，1989：15–30．

意志强加于其他人群，而且，他们若敢反抗，就消灭他们。”[1] 这样，母系氏族社会转变为父系氏族社会。

父系氏族社会的酋长利用自己的特权占有氏族公共财产，掠夺邻人财富，发动战争，这时，是原始社会末期的军事民主制时期。

恩格斯指出：

> “其所以称为军事民主制，是因为战争以及进行战争的组织现在已成为民族生活的正常职能。邻人的财富刺激了各民族的贪欲，在这些民族那里，获取财富已成为最重要的生活目的之一。”“进行掠夺在他们看来是比进行创造性劳动更容易甚至更荣誉的事情。以前进行战争，只是为了对侵犯进行报复，或者是为了扩大已经感到不够的领土；现在进行战争，则纯粹是为了掠夺，战争成为经常的职业了。”[2]

在这种情况下，中国古代的军事防御工程开始出现。最早出现的是环绕聚落的壕沟。这种壕沟最先并非用于军事防卫，而是用于防御野兽的侵扰和家畜的走丢。战争出现以后，这种壕沟则用于军事防卫。这种聚落，人们称之为“环壕聚落”，即在聚落范围内设有环状壕沟的聚落遗存，且壕沟设施大多分布在聚落的居住区周围[3]。

内蒙古敖汉旗兴隆洼、辽宁阜新查海遗址都是距今七八千年的环壕聚落遗址。此外，半坡遗址、姜寨遗址也是如此。

早期的壕沟规模普遍偏小，为了增强防御能力，还应有栅栏类辅助设施[4]。

在挖聚落环壕时，先民们发现，若将土置于壕沟内侧，达到一定高度，则可以加强防卫功能。逐渐，由环壕聚落演变出土围聚落[5]。最后，演变成城墙和壕池。

第二节　湖南澧县城头山古城

城头山在湖南澧县县城西北约 12km 处，古城建造在由澧水及其支流冲积而成的澧县平原西北部一个叫徐家岗的平头岗地的南端，东经 111°40′，北纬 29°42′。再往西北 5 ～ 6km 处为武陵山脉延伸的低矮丘陵。徐家岗高出周围平地约 2m，澧水的一条小支流鞭子河沿岗的西边由北往南流，转东流经城址的东门外，往东汇流成澹水的主干道，南入澧水。

城头山古城（图 2–2–1）城墙呈相当规整的圆形，内径 314 ～ 324m，面积约为 8 万 m^2。护城河宽 35 ～ 50m，2/3 的段落已被平整。

1978 年澧县文物考古工作者发现该古城址，1991 年冬起，湖南省考古研究所进行了八次发掘，解剖了正南、西南和正东三处城墙，最具典型意义的为西南城墙剖面，下面加以说明。

地层的第四层，由整个城墙中间开始，向东呈坡状倾斜堆积，最厚处为 2.75m，是墙体中的一期。浅黄色胶泥夯土，质纯，内夹杂大块青灰色胶泥及一些铁锰结核，每 30 ～ 40cm 夯筑一层，层面可见用河卵石夯筑留下的夯窝。每 3 个夯层中夹一层小河卵石分隔。夯土中不见文化遗物。第五层为纯黄胶泥夯土，黏性重，夯筑紧，采取大块原生土未经捶碎即铺垫夯筑，

---

[1] 刘易斯 · 芒福德著．城市发展史——起源、演变和前景．倪文彦，宋峻岭译．北京：中国建筑工业出版社，1989：20.

[2] 恩格斯．家庭私有制和国家的起源．马克思恩格斯选集．北京：人民出版社，1972：160.

[3] 钱耀鹏．关于环壕聚落的几个问题．文物，1997，8：57–65.

[4] 任士楠．兴隆洼文化的发现及其意义．考古，1994，8.

[5] 张学海．环壕聚落 · 土围聚落 · 城堡 · 早期城市．中国文物报，1996，4（21）：3.

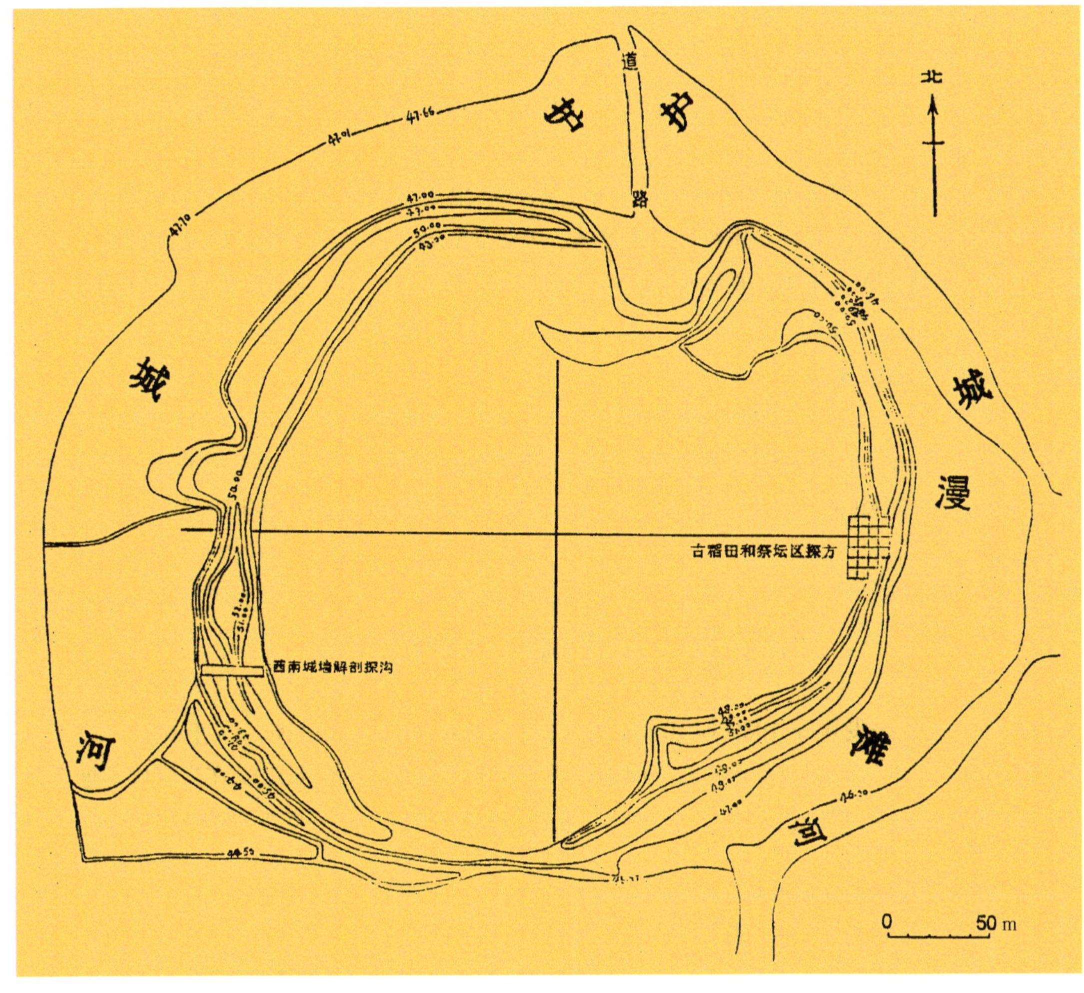

图 2-2-1 城头山遗址地形及探方分布示意图（文物，1999，6：4-17）

最厚处 3m，有 4 个夯层，夯层中基本不见河卵石。

第六层，厚 0.2 ~ 0.3m，厚薄均匀，为疏松黑色草木灰层，内含陶片多为泥质黑陶，有簋形器，方唇细弦高领罐、小鼎、釜等。该层为屈家岭文化最早的一期，或大溪文化最晚的一期，距今约 5300 年。

第十层，在墙体东段和中段，压在第六层之下，又直接下压原生土。最厚处达 1.3m。黑色灰土，并有灰坑、房基等遗址。此层上部 C-14 测定并经树轮校正为距今 5730±100 年，下部则为 5920±110 年。

压在第一期城墙内坡之上的第十层，为该城墙使用时，城内生活堆积，所出陶片和 C-14 数据都证明它属大溪文化二期，其下层为二期偏早，这就从地层上证明了第一期城墙筑造于大溪文化一期，时间已超过 6000 年。

第八层为第二期城墙，实为对第一期城墙的加高，其时代可大致定为大溪文化中晚期，即距今 5600 ~ 5300 年之间。

第五层为第三期城墙，第四层即第四期城墙，分属屈家岭文化早期和中期，即距今 5200 ~ 4800 年之间。筑造第三、四期城墙需要大量取土，环城因取土也就成为至今仍保留部分段落水面的护城河。整个墙体基脚宽 26.8m，现高 4.8m，墙顶宽 20m[1]。

[1] 湖南文物考古研究所．澧县城头山古城址 1997 ~ 1998 年度发掘简报．文物，1999，6：4-17.

城头山古城还发现了6500年前具有一定规模和水平的稻田，以及6000年前的祭坛建筑[1]。加上澧县八十垱遗址出土了极丰富的8000多年前的稻作农业材料[2]，说明当时农业文明已达到相当的程度，出现了私有财产，出现了掠夺和战争，才出现了城池这一军事防御工程体系。

城头山古城选址于洞庭湖之滨的岗地上，基址高出周围平地2m，北面西面为低矮丘陵，有河水流经城址的东门外，经东往南汇入澧水，其选址体现了古人的智慧，即城址较高，可免洪水之害；城址近水、傍水，有用水和水运之利。30～50m宽的护城河既有水运和用水之利，也造成险阻。加上高出城外平地5～6m的城墙[3]，这在6000年前，确是一个十分完善的军事防御和防洪工程体系。

其城墙内径为314～324m，墙内面积约8万m^2。其城墙下宽26.8m，可以算出连城墙的面积为11万m^2。护城河是城市防御工程体系的重要组成部分，其面积不可不计。其宽度为35～50m，取其中间值，即42.5m宽，可以算出城头山古城城池面积共约16.5万m^2。

第三节　湖北荆门马家院古城

马家院古城址发现于1989年10月。它位于湖北省荆门市五里铺。城址所在为长江中游、汉江平原西北，处荆山余脉的丘陵岗地向平原的过渡地带。古城址营筑在高出周围地面约2～3m的平岗地上（图2-3-1），南北略呈梯形，长约640m，宽300～400m，总面积约24万m^2。城垣为夯土筑。南城垣长约440m，底宽约35m，上宽8m，高5～6m；北城垣长约250m，底宽约30m，残高1.5m；东城垣长640m，底宽约30m，残高3m；西城垣长约740m，底宽约35m，上宽约8m，高约4～6m。城垣内筑护坡，一般宽约5m，城垣外坡陡直。

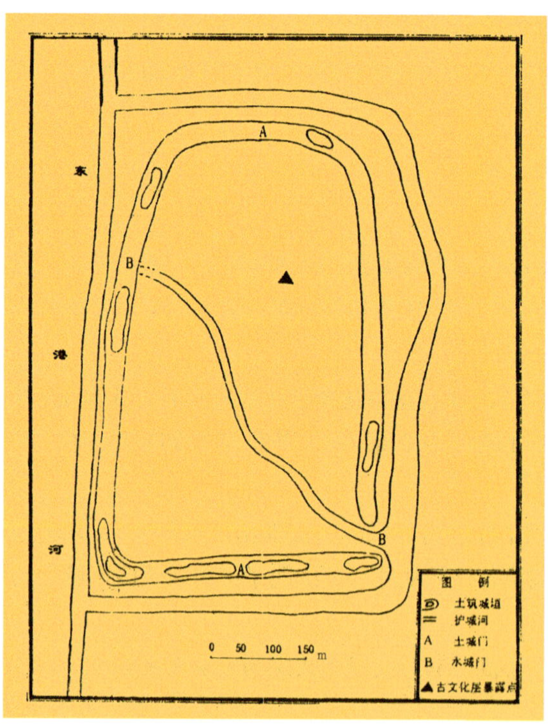

图2-3-1 马家院古城位置平面图（文物，1997，7：99）

城垣外环护城河，宽30～50m，河床距地表4～6m。一河道自西北水城门曲经城内，至东南水城门流出。

城垣除以上两水门外，南、北面各有一城门，南城现存遗迹宽约6m。

古城夯层清楚，每层厚约14～30cm。城址内东北部有丰富的屈家岭文化遗存，东南低洼，西南较高，但均未见文化遗存。东港古河道自北向南流经城外西侧，城址西、北、东北为丘陵所绕，宜于筑城立邑[4]。

[1] 湖南文物考古研究所．澧县城头山古城址1997～1998年度发掘简报．文物，1999，6：4-17.
[2] 张文绪．澧县梦溪八十垱出土稻谷的研究．文物，1997，1：36-41.
[3] 湖南文物考古研究所．澧县城头山古城址1997～1998年度发掘简报．文物，1999，6：4-17.
[4] 湖北省荆门市博物馆．荆门马家院屈家岭文化城址调查．文物，1997，7：49-53.

初步认为城墙是屈家岭文化晚期所建[1]，即公元前 3000 ～前 2600 年所建[2]。

马家院古城址值得注意的有如下几个方面：

(1) 城址所在为高出周围 2 ～ 3m 的平岗地，其西、北、东北为丘陵所绕，这一城址在水乡泽国的江汉平原，可以免除或减少洪水之害。因此，其选址是高明的，且古河道经城外，有用水和水运之便利。

(2) 城内自西北向东南挖一穿城河道，与天然东港及北、东、南三面人工壕池组成古城的水系，有供水、运输、排水、排洪的多种功用。

(3) 出现了水城门。

(4) 城墙内有护坡，外壁陡直，利于军事防御。

(5) 城址总面积已较大，达 24 万 m^2。

(6) 其河道自西北入城流经城内，至东南角流出，与故宫金水河流向何其相似。这样规划城内河道，竟已有 5000 年的历史！

第四节　湖北荆州阴湘古城

阴湘城遗址位于湖北省荆州市荆州区城西北约 25km 处的马山镇阳城村，地处长江支流沮漳河的下游地区，是岗地与湖泊、河流交错地带。马山镇整体地势为东高西低，东望荆山余脉八岭山及枣林岗丘地，西为湖泊洼地，濒临沮漳河。阴湘城遗址所在西北临余家湖，地势相对较高，比周围高出 3 ～ 4m[3]。

图 2-4-1 阴湘城遗址平面示意图（考古，1997，5：2）

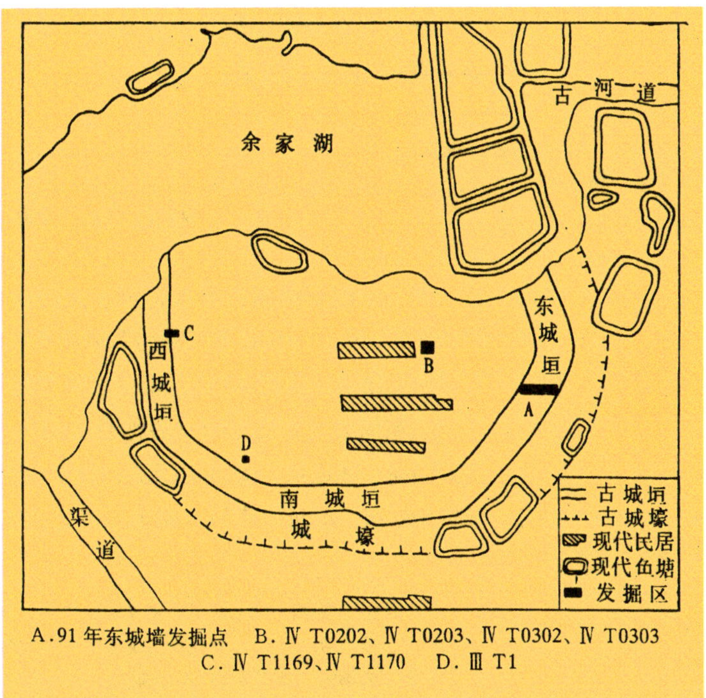

古城平面（图 2-4-1）呈圆角长方形，东西长 580m，南北残宽 350m，北侧已被湖水侵蚀掉，残存面积约 20 万 m^2。东、南、西三面城垣基本保存完好，城垣宽 10 ～ 25m，东垣墙基最宽处约为 46m。城垣全长约 900m。城垣高出城内附近地面 1 ～ 2m，高出城外壕沟 5 ～ 6m[4]。

城外有护城河，西、北护城河已被湖水侵蚀掉，东、南护城河保存较好，宽约 45m，现存深度 1 ～ 2m。

根据城址的现状，无法确认城门的数量。在南城稍偏东处有一突出城墙之外的土台，东西长 50m，南北宽 10m，是原南城墙的一部分，且城外土台前面地势较高，可能为通往城内的道路，而土台应为南城门所在地。在城内偏西有一道南北向的宽约 55m 的大冲沟，深 4.5m 以上，大溪文化时期即已存在，且向北与城外的古河道相

[1] 任式楠．中国史前城址考察．考古，1998，1：1-16.

[2] 中国大百科全书．考古学．北京：中国大百科全书出版社，1986：404-405.

[3] 荆州博物馆．福冈教育委员会．湖北荆州市阴湘城遗址东城墙发掘简报．考古，1997，5：1-10.

[4] 刘德银．阴湘古城址发掘重大成果．中国文物报，1996，11（24）：1.

通，屈家岭文化时期该冲沟就成为城内与城外的水上通道[1]。

东城垣在灰白色生土之上筑成，横断面呈梯形，内外坡度均较陡。墙体主要用灰褐色和黄色生土一层层交错筑成，在堆筑过程中作简单的夯实[2]。城垣的构筑可分为两期。第一期城垣为屈家岭文化时期筑成，横断面呈梯形，高约7m，外侧有护坡。推测城址的大体构架是这一时期形成的。第二期城垣是西周时期在原来城垣的基础上内外大规模加宽而形成的，仅南城垣似乎没有多少改变[3]。

阴湘古城址有如下几点值得注意：

（1）城址滨水而地势较高，比周围高出3～4m，有用水、水运的便利，又可避免洪水袭击。

（2）城中有南北向的河道，与城壕共同组成古城的水系，发挥供水、排水、排洪、运输等多种功用。

（3）除城墙外，城址内还发掘出土了房子、灰坑、灰沟、窑、墓葬和瓮棺葬，还出土了大量炭化稻米和稻谷，以大溪文化和屈家岭文化遗物最多，且最丰富[4]。

（4）在东城垣和西城垣之下内侧均发现大溪文化壕沟。东城垣下的壕沟宽约15m，深约2.5m。这说明了该城址在大溪文化时期是一处环壕聚落，屈家岭文化古城是在此基础上修建而成的[5]。阴湘古遗址是环壕聚落发展为城池的重要例证。

（5）阴湘古遗址早在大溪文化时期已是一处很大的聚落遗址。屈家岭文化早期，开始修筑起高城深池。其周围数十公里内，分布着几十处同时代的聚落遗址，但规模上都无法与之相比，更无城垣的存在。无疑，阴湘城是这一地区的中心，这一遗址群也就极可能具备了类似城邦文明的基本条件[6]。

阴湘城的第一期城垣，年代约在公元前3300～前2600年[7]。

（6）其东城垣基最宽处达46m，加上其北垣已被湖水侵蚀掉，可以推测，其城垣是该古城重要的防洪工程设施。

第五节　湖北天门石家河古城

湖北天门石家河古城址，位于天门市石河镇北面，石河镇位于汉江平原中北部，南距天门市区约15km，石家河的东河和西河都由北向南流去[8]。城内外8km^{2}范围内，分布屈家岭、石家河文化遗址共约30处，以石家河文化早中期遗存最为普遍[9]。

石家河城址东临东河（俗称石家河），西近西河，两河在城址南部交汇南流，注入汉水支流天门河。城址地处大洪山脉前剥蚀堆积而形成的垄岗状平原，地势由西北向东南倾斜，东南部较为平坦，城址以南原有湖泊，今已围填为农田[10]。

---

[1] 刘德银．阴湘古城址发掘重大成果．中国文物报，1996，11（24）：1.

[2] 刘德银．阴湘古城址发掘重大成果．中国文物报，1996，11（24）：1.

[3] 荆州博物馆．湖北荆州市阴湘城遗址1995年发掘简报．考古，1998，1：17-28.

[4] 刘德银．阴湘古城址发掘重大成果．中国文物报，1996，11（24）：1.

[5] 刘德银．阴湘古城址发掘重大成果．中国文物报，1996，11（24）：1.

[6] 荆州博物馆．福冈教育委员会．湖北荆州市阴湘城遗址东城墙发掘简报．考古，1997，5：1-10.

[7] 任式楠、吴耀利．中国新石器时代考古学五十年．考古，1999，9：11-22．第五节．

[8] 石河考古队．湖北省石河遗址群1987年发掘简报．文物，1990，8：1-16.

[9] 任式楠．中国史前城址考察．考古，1998，1：1-15.

[10] 曲英杰著．长江古城址．武汉：湖北教育出版社，2004：202-203.

石家河城面积约 120 万 m^2（图 2–5–1），是我国史前最大的城址。长江中游的史前城址，以石家河城及其遗址群最为典型，石家河文化因而得名，年代大约为公元前 2600 ～前 2000 年 [1]。

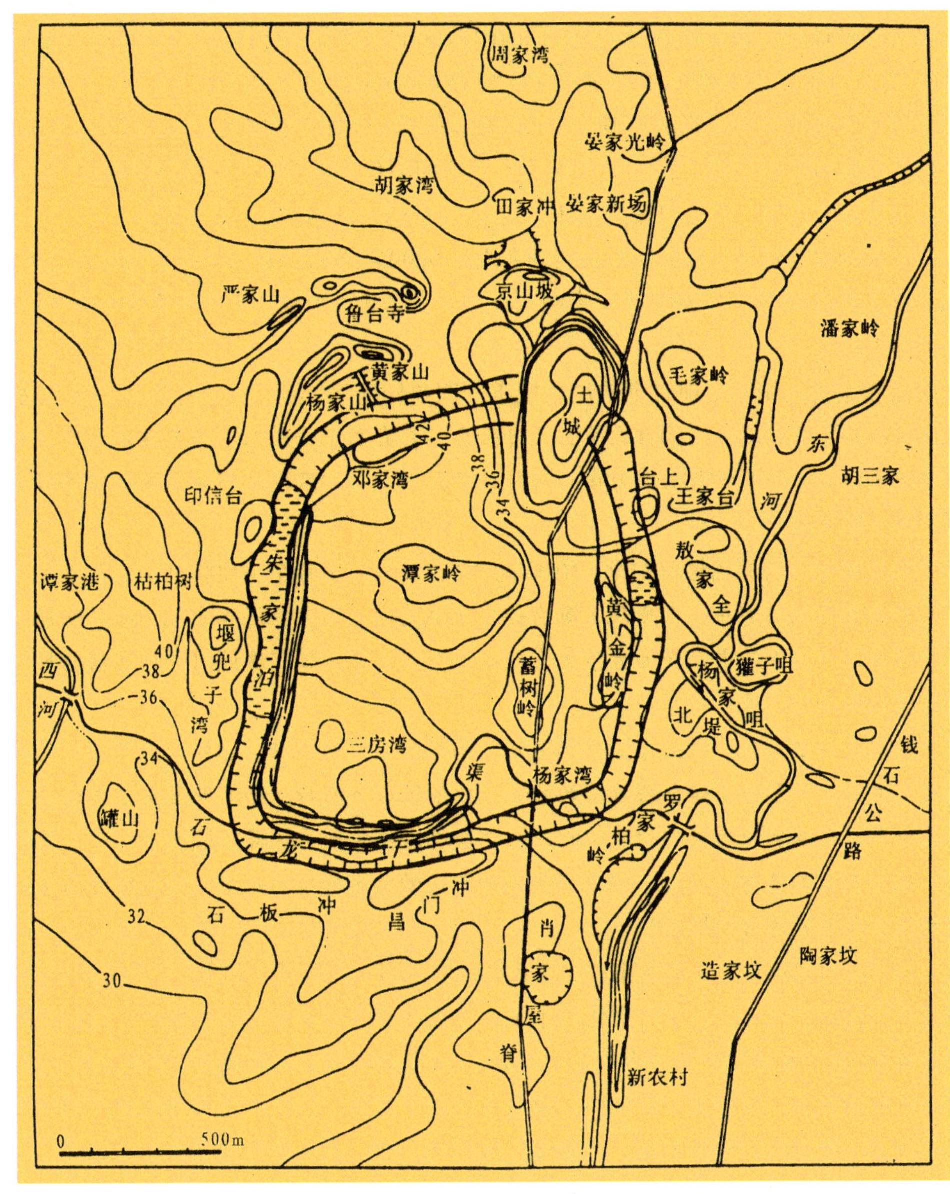

图 2–5–1 石家河城址及其遗址群（考古，1998，1：5）

石家河城垣大体呈圆角长方形，南北长约 1200m，东西最宽处约 1100m，面积约 120 万 m^2。紧靠城垣的外侧环绕一周壕沟，局部利用了自然冲沟，主要由人工开挖而成。城壕周长 4800m 左右，一般宽 80 ～ 100m[2]。若加上壕沟，城址面积达 180 万 m^2 左右 [3]。

石家河城址的西墙、南墙和部分东墙合计有 2000m 的城垣，今尚存留于地表，顶面宽 8 ～ 10m，底部宽 50m 以上，最高处 6m 左右 [4]。

石家河城址的重大价值如下：

[1] 任式楠、吴耀利．中国新石器时代考古学五十年．考古，1999，9：11–22．

[2] 任式楠．中国史前城址考察．考古，1998，1：1–15．

[3] 钱耀鹏．关于西山城址的特点和历史地位．文物，1999，7：41–45．

[4] 任式楠．中国史前城址考察．考古，1998，1：1–15．

（1）石家河城址是我国史前城址中最大的一座，面积达 120 万 m^2，比两河流域的史前城址乌尔城（50 万 m^2）、乌鲁克城（80 万 m^2）以及印度河流域的摩亨佐达罗城（85 万 m^2）、哈拉巴城(85 万 m^2)[1] 也大许多。石家河城址建于屈家岭文化中晚期(约公元前 3000 ~ 前 2600 年)，到石家河文化时最为兴盛。城内外 $8km^2$ 范围内，分布同类型遗址约 30 处，这些遗址以石家河城址为中心。因此，该城址具有石家河文化统治中心的地位和作用[2]。

（2）石家河城垣采用堆筑法建造，仅采用夯打技术，因此，墙体坡度小，仅为 25° 左右[3]，这就影响了其军事防御功能。在这种情况下，石家河城外宽达 80 ～ 100m 的壕池，在加强防御上就起到重要的作用。石家河城的壕池，也是我国史前城外壕池中最宽的。

（3）石家河城及其遗址群表明石家河城在距今 5000 年左右已步入中国早期城市之列。

马克思、恩格斯指出："城市本身表明人口、生产工具、资本、享乐和需求的集中。"（《德意志意识形态》）

张学海先生提出识别史前时期的原始城市的四项标准[4]：①人口相对集中，居民达 3000 人以上，居民具有多种成分；②存在手工业者阶层，具有高于一般的手工艺技术水平，是区域的手工业生产中心；③是个政治权力中心和行政管理中心；④区内具有明显的金字塔形等级社会结构，处于塔尖地位。

许宏先生提出，与原始村落相比，中国早期城市具有以下几个主要特征：[5]

（1）作为邦国的权力中心而出现，具有一定地域内的政治、经济和文化中心的职能；王者作为权力的象征产生于其中，在考古学上表现为大型夯土建筑工程遗迹（包括宫庙基址、祭祀等礼仪性建筑和城垣、壕）的存在。

（2）因社会阶层分化和产业分工而具有居民构成复杂化的特征，非农业生产活动的展开使城市成为人类历史上第一个非自给自足的社会；政治性城市的特点和商业贸易欠发达，又使城市作为权力中心而派生的经济中心的职能，主要表现为社会物质财富的聚敛中心和消费中心。

（3）人口相对的集中，但处于城乡分化不甚鲜明的初始阶段的城市，其人口的密集程度不构成判别城市与否的绝对指标。

石家河遗址在 $8km^2$ 内分布密集，比现代该地区的村落还密集，因此，"人口相对的集中"这个特征是明显的。此外，石家河文化的手工业已出现专业分工和专业化生产。烧制的陶塑艺术品数量众多，在邓家湾出土数千个，除人像外，以野生动物和家禽畜最多，可能为专业生产地。在三房湾遗址东台上，发现大量红陶杯，数量多达数十万件，这显然是专业化生产的结果。罗家柏岭出土了一批玉器，有蝉形饰、龙形环、凤形环、璧、人头像等精品，技法多样、制作精巧、风格独特，具有较高的艺术价值[6]。石家河遗址的规模巨大的城墙和壕池是十分引人注目的。笔者粗略地作一计算，城墙的体积约 36.1 万 m^3，以城壕 2m 深计，假如 4800m 城壕均为人工开挖（事实上部分利用了天然河道），须挖土约 74 万 m^3。假定在当时以木、石为工具，靠人挑、扛来运输土方的条件下，每个工日只能挖 $0.25m^3$ 的土，并运到筑城之地，而每 $2m^3$ 生土能筑（堆筑和夯打）成 $1m^3$ 城墙，并费两个工日，即每筑成 $1m^3$ 城墙，得费 10 个工日。可以估算

[1] 曲英杰．论龙山文化时期古城址．田昌五，石兴邦主编．中国原始文化论集——纪念尹达八十诞辰．北京：文物出版社，1989：267-280．

[2] 任式楠，吴耀利．中国新石器时代考古学五十年．考古，1999，9：11-22．

[3] 钱耀鹏．关于西山城址的特点和历史地位．文物，1999，7：41-45．

[4] 张学海．环壕聚落·土围聚落·城堡·早期城市．中国文物报，1996，4（21）：3．

[5] 许宏．关于城市起源问题的几点思考．中国文物报，1997，1（26）：3．

[6] 郭立新．石家河文化的生计经济．中国文物报，1997，1（12）：3

出石家湾城墙共用去361万个工日，即1万人劳动一年，才能筑成此城。事实上，这种算法可能过高估计了5000年前石家河人的筑城效率，或许筑城挖池要费去1万人数年的时间才能完成。这说明石家河存在一个权力中心，能指挥上万人专门从事挖池筑城，也说明人口的集中。玉器、陶器、石器的手工业的专业分工和专门化生产，也表明石家河城为这一地区的经济中心，是社会物质财富的聚敛中心和消费中心。对照张学海、许宏的早期城市的标准和特征，可以认为石家河城已步入早期城市的历史阶段。

在防洪上，石家河采取了以下三条措施：

（1）选址于垄岗状平原上，城址比周围地面高，利于防洪。

（2）石家河城墙防洪作用是十分明显的，底宽达50m以上的城墙在古代很罕见，高达6m以上，御洪能力是不容置疑的。

（3）宽达80～100m的城壕在调蓄洪水上也是有巨大容量的，排水、排洪的能力也是很强的。

第六节 平粮台古城

平粮台古城的遗址位于河南省淮阳县城东南4km的大朱庄西南的平粮台上（图2–6–1）。城址平面呈正方形，方向6°。城墙长度各185m，城内面积共计3.4万m^2（图2–6–2），如果包括城墙及外侧附加部分，面积达5万m^2[1]。

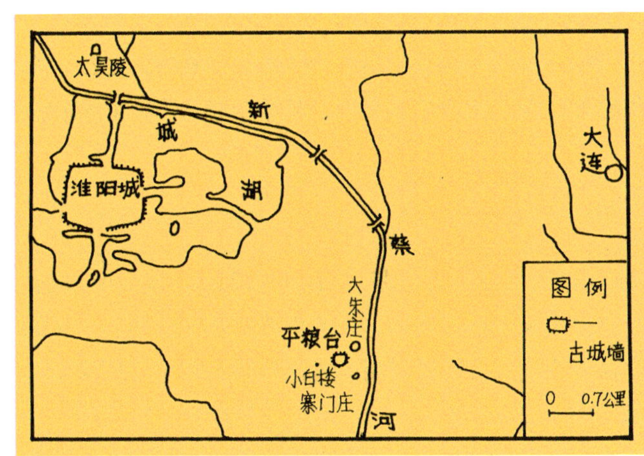

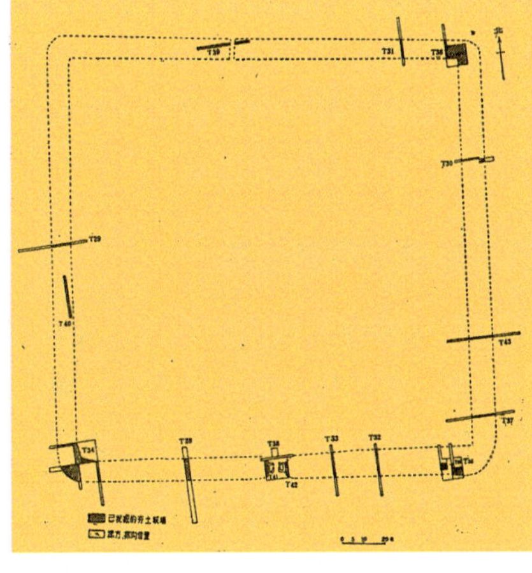

图2–6–1 淮阳平粮台古城址位置图（文物，1983，3）

图2–6–2 平粮台古城平面图（文物，1983，3：27）

平粮台古城在防洪上采取了如下措施：

一、选址位于大平原的小高地上

淮阳位于黄河、淮河之间的豫东大平原上，古城址高出附近地面3～5m，被称为“平粮冢”或“贮粮台”[2]，这在大平原中是一块小高地，对防洪是极为有利的。

据地理学学者研究，“淮北平原西部多土质冈地，豫东淮阳冈地最大……是皆河间分水区最突起部分。”[3]即淮阳城一带是豫东平原上地势较高的冈地。

[1] 河南省文物研究所、周口地区文化局文物科．河南淮阳平粮台龙山文化城址试掘简报．文物，1983，3：21–36.

[2] 河南省文物研究所、周口地区文化局文物科．河南淮阳平粮台龙山文化城址试掘简报．文物，1983，3：21–36.

[3] 徐近之．淮北平原与淮河中游的地文．地理学报．十九，二．205．1953，12.

1938年6月2日和6日，国民党军队先后在赵口和花园口决开黄河南堤，企图阻止日军前进。赵口在花园口下游约30km，位置不迎大溜，汛期过后，口门即告淤塞。但至11月20日，花园口口门冲宽400m余，黄河原道断流，全部黄水向东南泛滥入淮，泄入洪泽、宝应、高邮诸湖，由长江入海，历时九年，至1947年3月15日堵口才完工，造成河南、安徽及江苏三省44个县5.4万km^2土地受淹，1250万人口受灾，89万人死亡的大灾难。

笔者查阅1938～1947年黄泛大溜图，均未淹及淮阳城及平粮台之所在地[1]。这说明平粮台古城址位于淮阳冈地上，城址本身又高出周围地面3～5m，连黄泛大溜亦未能淹及，城址在防洪上是极为有利的。

二、城墙能抵御洪水

如前所述，平粮台古城的城墙宽厚（下部宽13m），墙中心下部为一小版筑墙，修在坚硬的褐色土基上，有防渗作用，能抵御洪水袭击。

三、城壕有防卫和排水、排洪等多种功用

平粮台古城“在城外还有宽敞的护城河”，它具有防卫和排水排洪等多种功用。

四、有陶质排水管道

在平粮台古城的南城门的路土下，发现一条长5m多的陶排水管道，这条管道由三条陶管组成，其断面呈倒“品”字形，每条管道又由许多个陶管扣合而成。陶管一头略粗，一头细，细头有榫口，可以衔接。陶水管为轮制，状如直筒，小口直径为0.23～0.26m，大口直径为0.27～0.33m，每节长0.35～0.45m不等，其上外表拍印篮纹、方格纹、绳纹、弦纹，个别的为素面。每节小口朝南，套入另一节的大口内，如此节节套扣。从整个管道看，北端稍高于南端，宜于向城外排水[2]。

五、建筑采用高台基

在平粮台古城内的东南部发现了一座高台建筑（四号房基），台高0.72m，宽5m，残长15m多。台是用小版筑堆筑法建成，即在北边先筑一小版筑墙，依其南边斜堆土夯实，台子的南边用横木挡着，逐层堆土，逐层夯实，直至筑成台。筑城墙用的方法相同，即用小版筑堆筑法夯筑城墙。先在城墙内侧筑一小版筑墙，高1.2m，宽0.8～0.85m，然后依小版筑墙的外侧堆土，略成斜坡，夯实，逐层加高到超过小版筑墙的高度，再堆到城墙的上部，再在小版筑墙上（稍向外移一点）筑小版筑墙，再斜堆土，夯打……如此反复多次，最后筑成城墙[3]。小版筑堆筑法是比较原始的一种筑城、台的方法。

如前所述，高台建筑有多种功用，其中之一为防洪避水。

平粮台古城有南北两门，南门有用土坯垒筑的两个门卫房，中间是土路，土路下铺设陶排水管道。城内除高台建筑外，还有陶窑、灰坑、瓮罐葬等。灰坑底发现铜渣一块，呈铜绿色，证明居住在平粮台古城的居民，已初步掌握了冶铜技术[4]。

---

[1] 罗来兴. 1938-1947年间的黄河南泛插图. 地理学报. 十九,二. 1953, 12.

[2] 河南省文物研究所、周口地区文化局文物科. 河南淮阳平粮台龙山文化城址试掘简报. 文物, 1983, 3：21-36.

[3] 曹桂岑. 淮阳平粮台古城的建筑价值. 第四届考古学会年会论文. 油印本.

[4] 河南省文物研究所、周口地区文化局文物科. 河南淮阳平粮台龙山文化城址试掘简报. 文物, 1983, 3：21-36.

根据稍晚于城墙的灰坑 H76 出土木炭的 C−14 测定年代为距今 4075±85 年，树轮校正为距今 4500±140 年。平粮台古城的建城年代当在距今 4500 年以前[1]。

平粮台古城属龙山文化古城。现已发现的龙山文化古城有数十座，其余如：

城子崖龙山文化古城。它位于山东省章丘县龙山镇以东的原武河畔的城子崖。城址平面呈长方形，南北长 450m，东西宽 390m，残留的城墙高 2.1 ～ 3m[2]。山东龙山文化的年代为公元前 2400 ～前 2000 年[3]，城子崖古城的兴建时间当在距今 4300 ～ 4400 年。

边线王村龙山文化古城。城址位于山东省寿光县城南 10km 的孙家集镇的边线王村附近。城的平面呈圆角梯形，东西长各 220m，总面积 48400m^2。它是龙山文化中期偏后的古城，距今 4000 多年[4]。

后岗龙山文化古城址。城址位于河南省安阳市西北洹水之滨的高岗上，遗址面积约 10 万 m^2，发现一段宽 2 ～ 4m，长 70m 多的龙山文化时期夯土围墙。遗址内分布着一些直径约 3 ～ 5m 的圆形白灰面房基。该遗址的考古时代经 C−14 测定，约在公元前 2700 ～前 2200 年[5]。

王城岗龙山文化古城。城址位于河南省登封县告城镇西约 1km 的王城岗上，是两座并列的古城。西城平面呈梯形，南墙的基槽长 82.4m，西墙基槽长 92m，北墙基槽残长约 29m，东部界墙残长 65m。东城大部被五渡河冲毁。整个城址面积约 1 万 m^2。王城岗是一个中部略高于周围地平面的土岗，城址距今 4415±140 年（图 2−6−3）[6]。

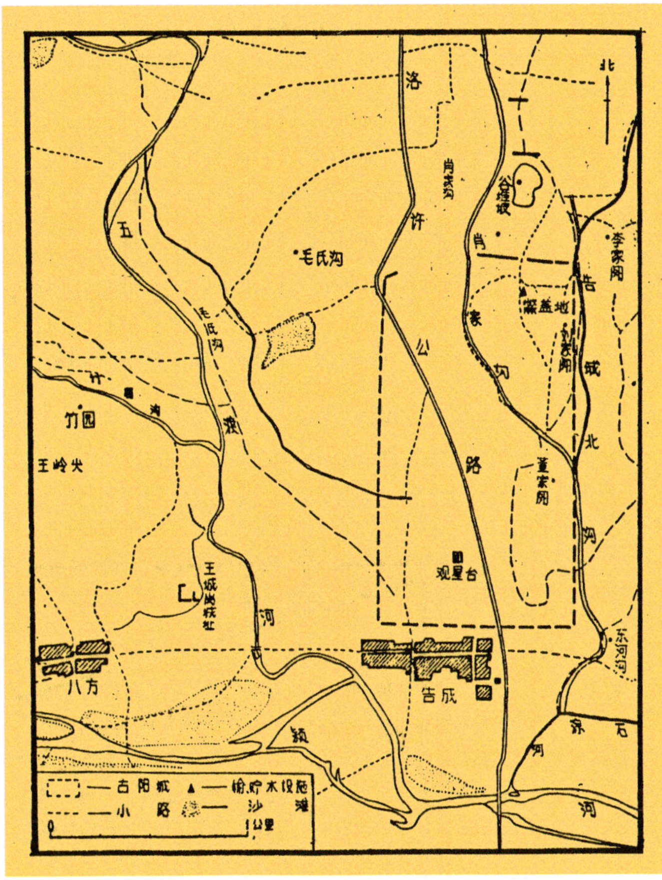

图 2−6−3　登封告成王城岗遗址及东周阳城位置图（文物，1983，3：8）

老虎山龙山文化古城。城址位于内蒙古自治区乌兰察布盟南部凉城县西南永兴镇正北 5km 的老虎山南坡。遗址四周被石墙环绕，总面积约 13 万 m^2。遗址地层和文化特征可以分为两期，早期可能比庙底沟二期稍早，晚期可能与庙底沟二期相当[7]。庙底沟二期经放射性碳素断代并经校正，年代为公元前 2900 ～前 2800 年左右[8]。

以上六座古城建筑年代在距今 5000 ～ 4300 年前，均早于夏朝（夏朝开国年代约距今 4100 年前），与夏禹以前的五帝时期相当，或许与黄帝、炎帝的时期接近。

[1] 曹桂岑．论龙山文化古城的社会性质．中国考古学会第五次年会论文集．第一版．北京：文物出版社，1988．

[2] 城子崖．中国考古报告集之一：24−28．中央研究院历史语言研究所，1934．

[3] 中国社会科学院考古研究所．新中国的考古发现和研究．第一版．北京：文物出版社，1984．

[4] 山东发现四千年前的古城堡遗址．北京：人民日报．1985，1：3．

[5] 杨宝成．登封王城岗与禹都阳城．文物，1984．2：64．

[6] 河南文物研究所、中国历史博物馆考古部．登封王城岗遗址的发掘．文物，1983，3：8−20．

[7] 中国考古学会．中国考古学年鉴．1984．凉城县老虎山新石器时代遗址．第一版．北京：文物出版社，1985．

[8] 中国大百科全书．考古学．庙底沟二期文化条．第一版．北京：中国大百科全书出版社，1986：330．

第七节 偃师商西亳城

1983 年春，偃师尸乡沟一带发现了一座商代早期城址。据《汉书 · 地理志》载 ：“尸乡，殷汤所都。”又据《史记 · 殷本纪》载 ：“盘庚渡河南，复居成汤之故居……治亳，行汤之政。”《史记 · 殷本纪》正义引《括地志》：“河南偃师为西亳，帝喾及汤所都，盘庚亦徙都之。”这座商城的年代、地望和规模与古文献所载的西亳正相吻合。

商代曾两次建都西亳。成汤即位十七年（约公元前 1711 年）灭夏，始营都西亳，之后传到了中丁，将国都自西亳迁于嚣。商都首次建都西亳，自成汤至中丁共十帝，历时 230 年。

盘庚在位二十八年，武乙在位四年。如以两位中期为徙都时间，则商二次复都西亳，经九帝，历时 170 年（约公元前 1310 ～前 1140 年）。

商朝两次建都西亳，共 19 帝，历时达 400 年[1]。

西亳城址西距二里头遗址 6km，距汉魏洛阳故城 11km，距隋唐东都城 23km，距东周王城 30km（图 2–7–1）。这一带北依邙山，南临洛河，地势平坦，土壤肥沃，自古以来就是东西交通的孔道，南北交通也颇为便利。该城址绝大部分深埋于地下，地面无遗迹可寻，因而得以较好的保存。截至 1983 年底止，已经找到七座城门，若干条纵横交错的大道和三处由大面积夯土基址组成的建筑群（图 2–7–2）。

下面让我们依现在已经查明的情况，对偃师商西亳城的防洪情况作一番探索。

一、城址位于洛河北岸稍稍隆起的高地上

据勘探，偃师商城建于洛河北岸稍稍隆起的高地上，整体略作长方形，方向 7°（以西城墙为准）。城址范围 ：南北 1700m 多 ；东西，最北部 1215m，中部 1120m，南部 740m，面积约为 190 万 m^2。城周围有夯筑土城墙。已探出东、北、西三面城墙和西北、东北两城角，南

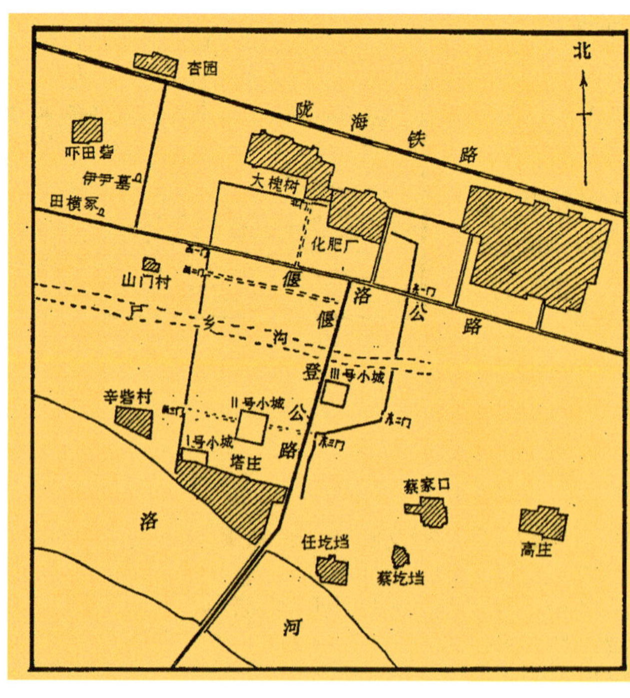

图 2–7–1 偃师商城位置示意图（考古，1984，6）

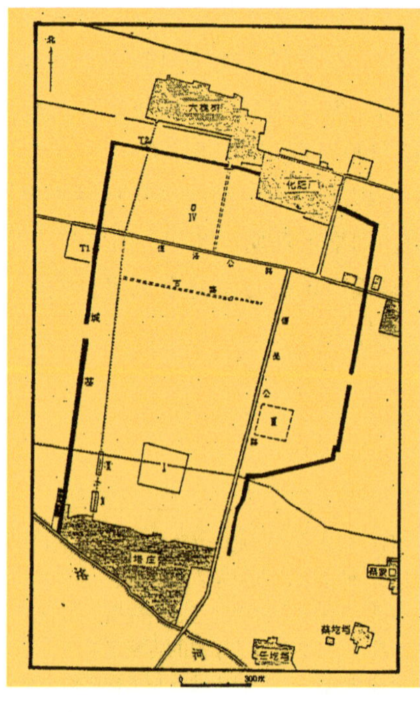

图 2–7–2 偃师商城平面图（考古，1984，6）

[1] 洛阳市地方史志编纂委员会、地名委员会、城乡建设局编．洛阳历代城池建设．1985 ：4．

城墙和东南、西南两城角没有发现[1]，可能已毁于洛河洪水，即毁于历史上洛河改道和泛滥。原来二里头遗址在洛河故道北，现已在今洛河的南边[2]。城址离洛河故道应有一定距离，且地势稍高，对防洪是有所考虑的。因洛河改道，而南墙为洪水冲毁。

二、城墙宽厚坚实，有相当的御洪作用

偃师商城西城墙现存总长度1710m，宽度一般为17 ~ 24m，但穿塔庄村的一段，墙基宽近40m；北城墙总长度为1240m，宽度一般为16 ~ 19m，最宽处达28m；东城墙合计现存长度为1640m，宽度一般为20 ~ 25m。

西城墙夯土由酱红色生土掺杂灰黄色地层土夯筑而成，土质致密，夯打坚实。北城墙的夯土的土质、颜色、硬度与西城墙略同。至于东城墙，由偃洛公路南侧往北，城墙夯土的土质、颜色、硬度略同于西城墙，但往南，则与西城墙有所不同，土色略呈黄褐，土质稍软，硬度较低。

一条沟渠横穿城址，与城东南的水池相连。水池规模很大，东西、南北各约1.5km。东城墙南段沿水池西岸而建，故纡回曲折[3]。

由上可知西、北、东三面城墙，以东面最宽，原因可能有二：一是东墙南夯土的土质较软，为城墙坚固，只好加宽厚度；二是东南水池如泛滥，则会侵蚀城基，甚至造成洪水威胁，为防洪计，须增加城墙厚度。

汉长安城城墙全为版筑的夯土墙，墙基底厚16m[4]。

唐长安的外郭城的城墙全是版筑夯土墙，城基的厚度，在保存较好的地方，一般为9 ~ 12m左右[5]。唐长安大明宫的城基除南墙为9m厚外，其他面均厚13m多[6]。唐长安宫城墙基厚一般均在18m左右，只是东城墙部分的厚度是14m多[7]。

汉魏洛阳城的城墙皆为夯土版筑而成，城垣厚25 ~ 30m，南城垣已被洛河毁没[8]。

由以上偃师商城、汉魏洛阳城与汉、唐长安城垣厚度的比较，可知沿洛河的两座城墙较厚。仅从军事防御上分析是难以圆满说明其原因的，若从洛河易改道、泛滥上看，城墙特别厚乃是抵御洪水之需，这种解释应是较为妥当的。

三、建设了城市排水系统

东二城门的路土之下，发现了一处构思巧妙的石木结构排水沟，沟宽2m，底用石板铺砌，自西向东呈鱼鳞状，与水流方向一致。两壁用石块砌成柱状，每石柱之间夹砌木柱一根，木柱与石柱共同承托上面的木盖板。木板之上铺0.4m厚草泥土，草泥土之上为路土。排水沟两壁的石材均为自然撞击、磨圆的石块，未发现人为再加工的痕迹。这条水沟很长，从东城门径直向西，到达宫城之北，拐折进入宫城之内，宽近2m，全长800m，是宫城的排水主干道[9]。

在宫城之内，每座宫殿另有小规模的排水系统。如四号宫殿之南数米，即有一条小型地下排水暗沟，西高东低，坡度明显。水沟下面铺砌一层较薄的片状大石块，合缝铺平，然后在水

[1] 中国社会科学院考古研究所洛阳汉魏故城工作队．偃师商城的初步勘探和发掘．考古，1984，6：488，494.

[2] 中国社会科学院考古研究所洛阳汉魏故城工作队．偃师商城的初步勘探和发掘．考古，1984，6：488，494.

[3] 中国社会科学院考古研究所洛阳汉魏故城工作队．偃师商城的初步勘探和发掘．考古，1984，6：488，494.

[4] 李遇春，姜开任．汉长安城遗址．文物，1981，1：88.

[5] 中国科学院考古研究所西安唐城发掘队．唐代长安城考古纪略．考古，1963，11：596，597.

[6] 马得志．唐大明宫发掘简报．考古，1959，6：296.

[7] 中国科学院考古研究所西安唐城发掘队．唐代长安城考古纪略．考古，1963，11：596，597.

[8] 徐金星，杜玉生．汉魏洛阳城．文物，1981，9：85.

[9] 赵之荃，徐殿魁．偃师尸乡沟商代早期城址．中国考古学会第五次年会论文集（1985）．第一版．北京：文物出版社，1988：12，13.

沟两侧叠石砌壁，最后在沟壁上面加盖较大石块，形成方腔水道，外宽、高均为1m左右，堵严漏缝，封土填平。水沟内壁宽约30cm，高约47cm。该排水沟西通中部大型宫殿，东到宫城东墙外，是宫城的排水干沟。

在四号宫殿的东北、东南又各发现一处石块砌成的排水沟，是四号宫殿的排水沟。

东北的排水沟设在宫城的东墙内，保留着用石块砌成的北壁，东西长1.3m，高0.45m，其余部分被毁。

东南面的排水沟设在宫殿的东南角处，西自宫殿基址南面，东到宫城东墙以外，水沟下面铺设有片状石块，两侧保留有石块砌成的沟壁，保存比较完整[1]。

虽然偃师商城的发掘工作尚未完成，但城市排水系统的规划建设，显然是具有一定水平，比起平粮台古城有着巨大的进步、发展。

尤其值得注意的是，由西而东横贯商城的尸乡沟，宽达30～60m，深达5.5m以上，向东与城南的大水池（水池东西、南北各约1.5km）相连。水池形成的年代甚古，存在的时间也很长，至少汉魏时期尚未干涸壅塞[2]。笔者推测尸乡沟与大水池以及城内排水沟构成偃师商城的城市水系，有供水、排水、运输、防火、防卫等多种功用。

由上分析可见，偃师商城的排水系统的规划建设，已具有相当的水平。

四、宫殿的台基有一定的高度

四号宫殿虽柱洞与础石已全然无存，但现存台基仍高出庭院25～40cm。如础石厚在20cm左右，柱子根部应在台基之上，高于庭院45～60cm处[3]。二里头、盘龙城的殿堂柱础一般深埋于地基座上。二里头二号宫殿中心殿堂现存台基面高出当时庭院地面约20cm[4]。二里头一号宫殿遗址的台基面已被毁掉，下部保存完整。现存台面平整，高出当时地面约80cm[5]。盘龙城大型宫殿台基高出周围地面20cm以上[6]。二里头文化堆积的年代为公元前1900～前1500年[7]。一、二号宫殿为商代早期宫殿，一号宫殿台基高0.8m，是商代宫殿中最高的一个，偃师商城的台基亦为较高的一个，这对避水患是有利的。

由以上分析可知，偃师商城在选址上考虑了防洪，并建设了宽厚坚固的城墙系统、较完整的城市排水系统，主要建筑采用了较高的台基，在城市防洪上已建立了较为完整的体系。

第八节　齐临淄城

临淄齐国故城位于今临淄城的西部和北部。《史记·齐太公世家》载："武王已平商而王天下，封师尚父于营邱。"师尚父即姜尚，或称吕尚（吕为其先人受封之地，子孙从其封姓吕。见《史记·齐太公世家》，"索隐"），又称姜太公，因有功而被分封到齐国。到七世献公由薄

[1] 中国社会科学院考古研究所河南二队．1984年春偃师尸乡沟商城宫殿遗址发掘简报．考古，1985，4：325.

[2] 中国社会科学院考古研究所洛阳汉魏故城工作队．偃师商城的初步勘探和发掘．考古，1984，6：488，494.

[3] 中国社会科学院考古研究所河南二队．1984年春偃师尸乡沟商城宫殿遗址发掘简报．考古，1985，4：335.

[4] 中国科学院考古研究所二里头队．河南偃师二里头二号宫殿遗址．考古，1983，3：210.

[5] 中国科学院考古研究所二里头工作队．河南偃师二里头早商宫殿遗址发掘简报．考古，1974，4：234.

[6] 湖北省博物馆、北京大学考古专业盘龙城发掘队．盘龙城1974年度田野考古纪要．文物，1976，2：5-15.

[7] 中国大百科全书·考古学．第一版．北京：中国大百科全书出版社，1986：11.

姑迁都于此，时间约在公元前 9 世纪 50 年代。自此以后，经春秋战国时期至公元前 221 年齐灭，临淄作为齐国国都达 630 余年之久。自西周以来，临淄已是东方最大的商业中心城市，十分繁华。据《战国策 · 齐策一》载苏秦语曰：

> “齐地方二千里，带甲数十万，粟如丘山。……临淄之中七万户，臣窃度之，下户三男子，三七二十一万……临淄甚富而实，其民无不吹竽、鼓瑟、击筑、弹琴、斗鸡、走犬、六博、蹴鞠者；临淄之途，车毂击，人肩摩，连衽成帷，举袂成幕，挥汗成雨；家敦而富；志高而扬。”

山东省文管会与博物馆，在 20 世纪 60 年代中，对遗址进行了全面钻探，探明了整个古城的大体年代与城市平面布局，为我们的研究提供了可靠的资料（图 2–8–1）。

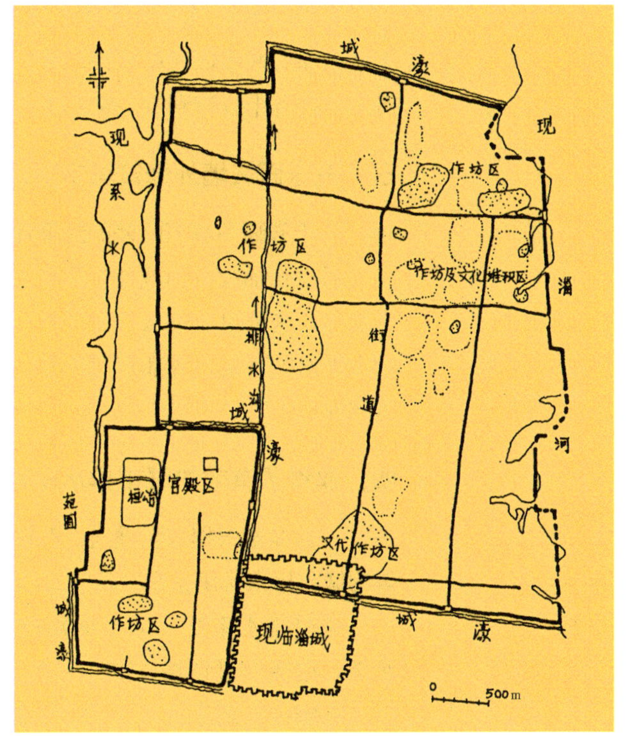

图 2–8–1 山东临淄齐故都遗址

齐临淄城在防洪上采取了如下有效措施：

一、选择地势较高、河床稳定之处傍河建城

齐临淄城的城址东临淄河，西依系水，南有牛、稷二山，北为广阔原野，地势南高北低，利于排水。城址位于淄河冲积扇的前缘部分，南墙接近海拔 50m 的等高线，北墙已在海拔 40m 以下，地势高敞，河床稳定，切入地下深达 5 ～ 6m，形成淄河的“古自然堤”，即使有特大洪水，一般不易灌入临淄城中。河床的左右摆动在这一带并不显著，大城东墙傍岸矗立，历 2000 多年河水冲刷，仅于东北角略有崩塌 [1]，可见其城址一般不易受到洪水之灾。

二、建筑了高大坚固的城墙，傍河城墙因地形而曲折，有军事防御和防洪的双重功用

临淄故城包括大城和小城两部分。小城在大城的西南方，其东北部伸进大城的西南隅，两城衔接。城墙全部夯筑而成。大小城总周长约 21433m（按四周城墙的外皮计算，下同）。小城周长约 7275m，其东墙 2195m，呈直线，其北部墙基宽达 38m，其南墙长 1402m，亦呈直线，其中部墙基宽 28m，其北墙呈直线，长 1404m，其北门以西墙基宽 28m，以东宽达 55.67m。

大城周长 14158m，西墙长 2812m，南端在小城北门以西 100m 余处同小城北墙相接，墙基宽 32 ～ 43m。北墙长 3316m，城墙宽 25 ～ 34m，东墙全长约 5209m，沿淄河西岸南下，蜿蜒曲折，极不规则，墙基宽 20 ～ 26m，有一段宽 30 ～ 33m，南墙长 2821m，呈直线，墙基仅宽 17 ～ 23m，个别地方宽 25m。

共探出城门 11 座。其中，小城城门 5 座：东、西、北门各 1 座，南门 2 座；大城城门 6 座：东、西门各 1 座，南、北门各 2 座 [2]。

---

[1] 刘敦愿．春秋时期齐国故城的复原与城市布局，历史地理，创刊号．第一版．上海：上海人民出版社，1981：148–159．

[2] 群力．临淄齐国故城勘探纪要．文物，1972，5：45–54．

临淄故城的城墙系统是十分高大坚固的，其小城北墙基部分宽达55.67m，这是罕见的。大城东面的城墙依河岸地势，曲折凹凸，在河水冲刷造成的天然峭壁上再加筑城墙，居高临下，对军事防御十分有利[1]。毫无疑问，这高大坚固的城墙系统对防御洪水也是十分有用的。

三、在东面城墙外修筑城市防洪堤

关于齐临淄城东门外的防洪堤，在本书第一章第二节中已作了介绍。

虽然临淄故城的城址在防洪上十分有利，一般洪水不会危及城市，但特大洪水则有可能漫进城内，这可由晏子云"蚤（早）岁，淄水至，入广门，即下六尺耳"而得到证明。为了防御特大洪水的袭击，齐都东门外专门修筑了堤防，成为防洪的第一道防线，东面城墙则成为第二道防线。

四、建设了有效的城市排水排洪系统

齐临淄城根据东临淄河、西依系水、南高北低的自然地势，以城壕为干渠，建设了一套有效的城市排水排洪系统。这一系统又由三个子系统，即Ⅰ、Ⅱ、Ⅲ号排水系统组成（图2-8-2）。

Ⅰ号排水系统：位于小城西北部宫殿区。南起桓公台的东南方，通过桓公台的东部和北部，向西穿过西墙下的Ⅰ号排水道口注入系水。全长约700m，宽20m，深3m左右。该排水系统主要用于宫殿区的排水排洪。

Ⅱ号排水系统：位于大城西北部，由一条南北向排水沟和一条东西向排水沟组成。南北向排水沟南起小城的东北角，与小城东墙和北墙外的城壕相接，向北直通大城北墙西部的2号排水道口注入护城壕，全长2800m，宽20m，深3m左右。该排水沟的北段向西分出的一条支流，长约1000m，宽20m左右，西流至大城西墙北部的3号排水道口流入系水。大城的西北部为全城最低洼之地，为使雨季汇流的雨洪顺利排出城外，使城内免于涝灾，这一大城最主要的排水系统共设两个排水口。

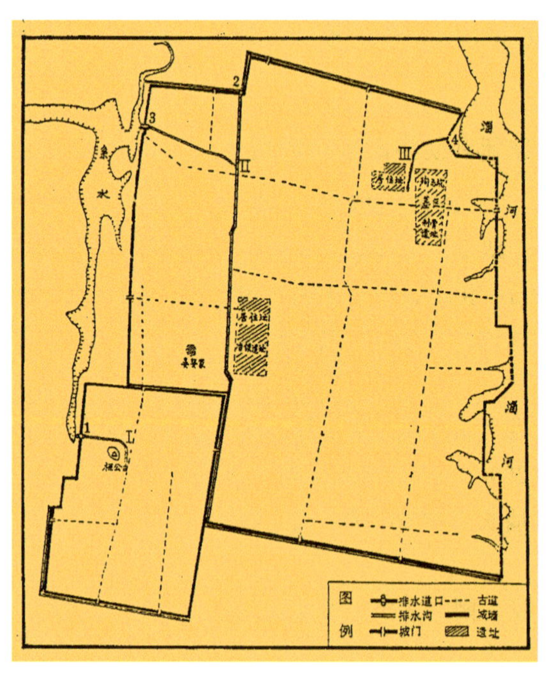

图2-8-2 齐国故城排水系统示意图（据临淄齐国故城的排水系统，插图．考古，1988，9：785）

Ⅲ号排水系统：位于大城东北部，长约800m。原起点尚未查明，由大城东墙北段的4号排水道口，向东流入淄河。

在小城西北部桓公台东部发掘了一处规模较大的战国秦汉宫殿遗址，在其每个建筑的周围都发现有用河卵石铺成的斜坡式散水遗迹，并有埋于地下的水管道。水管道为陶质，断面或为三角形，边长35cm；或为圆形，直径25cm左右；也有的是由两爿筒形瓦扣合而成的圆管道。宫庭院落内的积水，或通过管道流入渗水坑，或通过管道流出院外，汇入城内的排水系统[2]。

齐临淄故城大小城面积为15km^2。大城南、北城墙外有城壕6140多米，小城的东、北墙和西墙南段（接系水）有城壕5780多米，Ⅰ、Ⅱ、Ⅲ号排水系统的沟渠（均为明沟）共长5300m，全城排水排洪系统的干渠共长17.22km，河道密度为1.15km/km^2。其河道的行洪断面为55.5m^2(以河道边坡度为2：1计)。

[1] 侯仁之著．历史地理学的理论与实践．第二版．上海：上海人民出版社，1984：346，347.

[2] 临淄区齐国故城遗址博物馆．临淄齐国故城的排水系统．考古，1988，9：784-787.

五、具有排水和军事防御双重功用的排水道口

3号排水道口在大城西墙北段，它东接Ⅱ号排水系统的东西向排水沟，西通系水，中部为城墙所压。排水道口呈东西向，总长42m，宽7～10.5m，深3m左右。用青石块垒筑，可分为进水道、过水道和出水道三个部分（图2−8−3）。

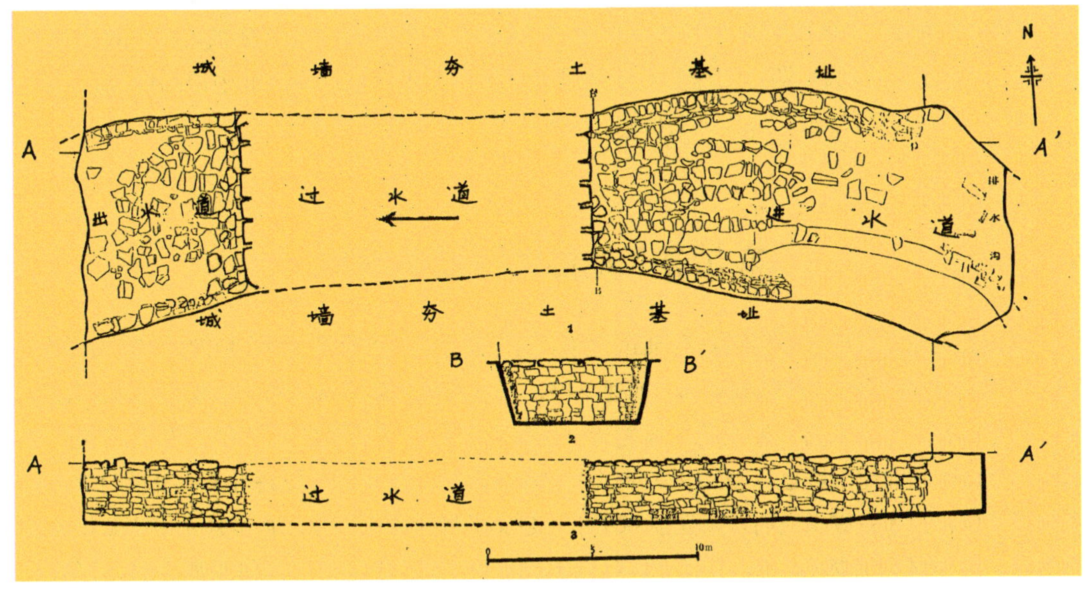

图2−8−3 齐国故城3号排水口平、剖面图，1.平面图，2.B−B′剖面图，3.A−A′剖面图（据临淄齐国故城排水系统插图．考古，1988，9：786）

进水道在排水道口的东段，挖城墙东部而建，东端略超出城墙，与排水沟相接，西连过水道，西端宽7m，东端宽10.5m，长17.3m。南北两壁以石块垒筑。底部铺有石块，可分上、下两层：下层石块散乱无序；上层石块作较为整齐的4行排列，形成5条小的渠道，水流经5条小渠各自流向过水道的5个进水孔。

过水道长16.7m，宽7～8.2m，高约2.8m，为排水道口的中部穿过城墙处，南、北两壁用石块垒砌，底铺石块，顶用石块覆盖，进、出水口用石块构筑。进水口平面作倒梯形，用石块构筑出15个方形水孔，分上、中、下三层，每层5个，水孔大小不等，一般高50cm、宽40cm左右。出水口之形状和结构与进水口大体相同，只是水孔内石块交错排列，使水可流过而人则不能通过。

出水道长8m，东端宽8.2m，西端宽9.5m，深2.8m，为排水道口的西段，挖城墙西侧而建，西端与城墙大体平齐，向西通向系水。

据研究，在构筑城墙时，是先筑好墙基，修建排水道口，然后再在其上统一夯筑城墙[1]。

城墙下的出水道口即排水涵洞，自春秋即已有之，当时称为“窦”或“渎”（音“豆”）。据《左传》记载，鲁襄公二十六年（公元前547年），齐人“遂袭我高鱼，有大雨，自其窦入（雨，故水窦开）”。这是说，因下雨，打开水窦以排泄雨水，齐人从窦孔进入高鱼城。可见，高鱼城的排水涵洞只能排水，而不能防御敌人通过。齐故城之出水道口集排水和防卫功能于一身，其构筑之巧思令人赞叹。

本书第一章第二节介绍了《管子》的城市防洪学说。从齐临淄故城的城市防洪工程系统来看，其规划建设正是体现了《管子》的这一学说，或者，《管子》的城市防洪的学说正是从总结齐临淄等许多城市建设的经验中产生出来的。

---

[1] 临淄区齐国故城遗址博物馆．临淄齐国故城的排水系统．考古，1988；9：784−787.

齐临淄的选址体现了《管子》所提出的城市选址原则：

“凡立国都，非于大山之下，必于广川之上，高毋近旱而水用足，下毋近水而沟防省。”（《管子·乘马》）

其城墙建设也体现了《管子》的因地制宜的原则：

“因天材，就地利。故城郭不必中规矩，道路不必中准绳。”（《管子·乘马》）

《管子》所云：“地高则沟之，下则堤之。”（《管子·度地》）“内为落渠之写，因大川而注焉。”（《管子·度地》）即修筑堤防系统和排水系统的主张，也在齐故城中得到体现。

其排水道口既可排水，又有防卫功能，构筑巧妙，也是值得赞许的。

第九节　楚都郢（纪南城）

楚国郢都纪南城位于今荆州城北 5km 之地，居江湖之会，当水陆要冲，地理位置十分重要。《史记·货殖列传》云：“江陵故郢都，西通巫巴，东有云梦之饶。”《汉书·地理志》云：“江陵，故楚郢都，楚文王自丹阳徙此。”《左传·桓公二年》有“始惧楚也”的注释云：“楚，楚国，南郡江陵县北纪南城也。”经 1975 年以来的考古发掘，纪南城遗址获得了大批极为珍贵的文物考古资料。考古成果说明，公元前 689 年，楚文王将国都迁于此，直至公元前 278 年秦拔郢为止，纪南城作为楚都，历 21 代王，411 年。这一时期，正是楚国经济昌盛之时，郢都在城市建设上取得了很高的成就，城市十分繁荣。汉桓谭在《新论》中说：“楚之郢都，车毂击，人肩摩，市路相排突，号为朝衣鲜而暮衣敝。”其繁华可见一斑。

楚郢都纪南城在防御洪灾上采取了如下的措施：

一、城址选择在纪山之南的地势较高、无长江洪水威胁之地

楚郢都城址选择在纪山之南，后人因而称之为纪南城，城址海拔 34m 左右[1]，地势较高。其南 5km 处为现荆州城所在地，当时建有宫殿和官船码头，是楚都出入长江的门户，史书上称之为“渚宫”。荆州城址一般为海拔 32m 左右[2]，比纪南城址低 2m。处于长江下游的与荆州相邻的沙市，其历史上最高水位为 44.25m[3]，比荆州城内地面（34 ~ 35m，吴淞高程，沙市水位同为吴淞高程）高出近 10m。

据研究，荆江近 5000 年来洪水位不断上升，其中汉至宋元上升幅度为 2.3m，宋元至今上升达 11.1m，即汉至今上升达 13.4m 之多[4]。可知汉朝以前，荆州城所在无长江洪水威胁，而地势比荆州城址高 2m 的纪南城，当然更不必担心长江洪水。楚都纪南城选址是充分考虑了防洪因素的。

二、建设了具有军事防卫和防洪双重功能的城墙系统

据考古挖掘资料，纪南城城垣为泥土夯筑。城垣的平面呈长方形，但南垣中部偏东处有

---

[1] 湖北省博物馆．楚都纪南城的勘查与发掘．考古学报，1982，3：325-350，4：477-507.

[2] 江陵县城建局．江陵县荆州镇基本概况．1982.

[3] 周凤琴．荆江近 5000 年来洪水位变迁的初步探讨．历史地理，第四辑：48-50. 第一版．上海：上海人民出版社，1986.

[4] 周凤琴．荆江近 5000 年来洪水位变迁的初步探讨．历史地理，第四辑：48-50. 第一版．上海：上海人民出版社，1986.

一段曲折。西北、西南、东北城角均呈切角，切线分别长 642m、512m、712m。南垣中部偏东向外曲折处，呈长方形，其南长 520m，西段长 190m，东段长 210m。城址方向 10°。东西长约 4450m（以东垣中心点至西垣中心点的直线距离计算），南北宽约 3588m（以南垣中心点至北垣中心点的直线距离计算）。城址面积约 16km^2，城垣周长 15506m（包括缺口、城门在内）。其中，北垣 3547m（从西北角北边拐角至东北角北边拐角止，包括缺口和城门在内，下同），西垣 3751m（从西北角北边拐角至西南角南边拐角止），东垣 3706m（从东北角北边拐角至东南角止），南垣 4502m（从西南角南边拐角至东南角止，包括南垣突出部分）（图 2-9-1）。

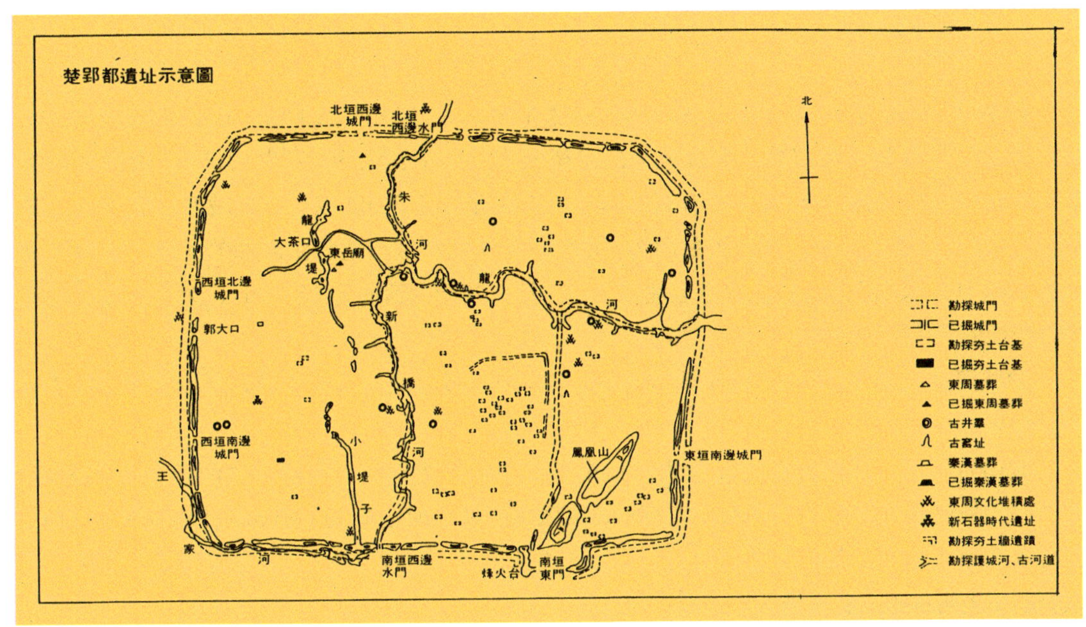

图 2-9-1 楚郢都遗址示意图（乔匀．城池防御建筑）

土筑城垣一般高出平地 3.9 ~ 8m，底部宽 30 ~ 40m，上部宽 10 ~ 20m。城垣的墙身部分和内外护坡之间有明显的分界线。墙身部分的墙基是先挖基槽，然后再在基槽内填土夯筑，夯层特别明显。内外护坡没有挖基槽，是在平地上垫土构筑而成[1]。

毫无疑问，这一高大的夯土筑城墙系统具有军事防卫和防洪双重功用，这城墙对防御山洪袭击和人为洪水灾害都是十分重要的。

三、环城壕池和城内河道构成了一个较完整的城市水系，具有排水排洪和调蓄等多种功用

楚都纪南城有一个较完整的城市水系，它由环城的壕池（护城河）和城内河道组成。

绕城一周的护城河，宽度一般达 40 ~ 100m，总长度达 14720m。城内共有四条古河道，即朱河、新桥河、龙桥河、凤凰山西坡河，总长达 8750m，加上城壕总长共 23.47km[2]，城区河道密度达 1.47km/km^2，高于齐临淄故城的河道密度（1.15km/km^2）。

[1] 湖北省博物馆．楚都纪南城的勘查与发掘．考古学报，1982，3：325-350，4：477-507.

[2] 湖北省博物馆．楚都纪南城的勘查与发掘．考古学报，1982，3：325-350，4：477-507.

在城内建筑遗址中发现有排水管道，管道呈圆筒形，平口对接，每节长 66.5cm，直径 19cm，管壁厚 1 ～ 1.5cm。管道下面以板瓦垫底，上面以板瓦覆盖。排水管道从室内延伸出来，应是排放污水的管道，外通排水沟，沟宽 3m，深 2 ～ 2.5m[1]。这些排水管、排水沟与城内河道、城壕，共同组成了完整的城市排水排洪系统。可以表示为：

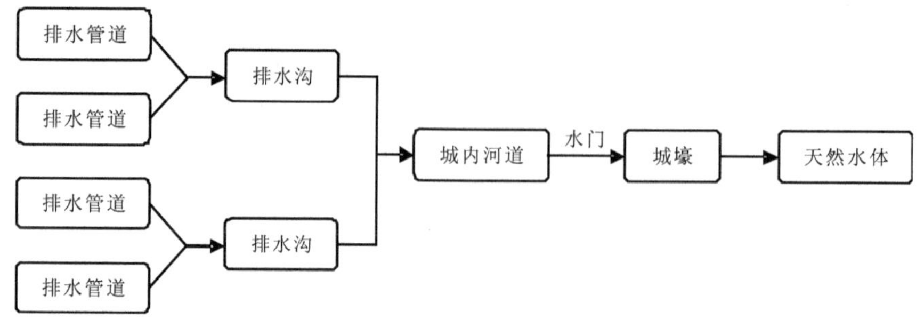

护城河一般宽 40 ～ 80m，最窄处仅宽 10m，最宽处达 100m。城内河道一般宽 40 ～ 60m。古河道淤泥很深，在改道后的龙桥河的河床下钻深 3m 尚未见底[2]。由排水沟深 2 ～ 2.5m 可知，河道应较深才能有效地排水，其深度应达 3.5m 以上。护城河以宽 60m，深 4m 计，边坡以 2 ∶ 1 计，其行洪断面为 232m^2，为齐临淄城河道行洪断面的 4 倍。城内河道以宽 50m 计，深以 3.5m 计，河道边坡以 2 ∶ 1 计，其行洪断面为 168.9m^2，为齐临淄城河道行洪断面的 3 倍。

护城河全长共 14720m，以平均宽 60m，深 4m，河道边坡 2 ∶ 1 计，可以蓄水 341.504 万 m^3。

城内古河道，新桥河城内一段古河道全长 2750m，宽 60m，龙桥河古河道全长 2750m，宽 40m，朱河古河道全长 1400m，宽 40m，凤凰山西坡古河道全长 1850m，上游宽 9 ～ 13m，下游宽 20m 左右[3]，以平均宽 15m 计，以城内各古河道平均深 3.5m，河道边坡 2 ∶ 1 计，可以算出城内河道蓄水总容量为：

$$2750\times\frac{60+56.5}{2}\times3.5+2750\times\frac{40+36.5}{2}\times3.5+1400\times\frac{40+36.5}{2}\times3.5+1850\times\frac{15+11.5}{2}\times3.5$$
$$=1202031.25(\mathrm{m}^3)$$

即城内古河道可蓄水 120 万 m^3，加上护城河的蓄水容量 341.5 万 m^3，总蓄水容量可达 461.7 万 m^3，相当于一个小型水库。

四、城门水陆兼备

在现存城垣上可以见到的 28 处缺口中，有 7 处可以确定为城门遗址，其中水上城门建筑 2 座。7 座城门为：西垣北门、南门、南垣西边水门、南垣东门、东垣南门、北垣东边水门、北垣西门。另外，东垣偏北龙桥河出城的缺口，应有水门 1 座，但遗址因受破坏，已无法探明。陆门已探明西垣北门有 3 个门道，南北两门道各宽 3.8 ～ 4m，中间门道为 7.8m 宽。已探明南垣西边水门有 3 个门道，各门道宽约 3.3 ～ 3.4m[4]，可容宽 3m 的船只通行。

[1] 湖北省博物馆．楚都纪南城的勘查与发掘．考古学报，1982，3：325-350，4：477-507.
[2] 湖北省博物馆．楚都纪南城的勘查与发掘．考古学报，1982，3：325-350，4：477-507.
[3] 湖北省博物馆．楚都纪南城的勘查与发掘．考古学报，1982，3：325-350，4：477-507.
[4] 湖北省博物馆．楚都纪南城的勘查与发掘．考古学报，1982，3：325-350，4：477-507.

水门陆门兼备，是楚国都城水文化特色的体现。

纪南城的建设经历了一个相当长的过程，才形成后来的规模。

《左传·昭公二十三年》记载："楚囊瓦为令尹，城郢（《正义》曰：……国而无城，不可以治。楚自文王都郢，城郭未固）。"鲁昭公二十三年即楚平王十年（公元前519年），筑郢城。杜预注曰："楚用子囊遗言，已筑郢城矣。今畏吴，复增修以自固。"

《左传·襄公十四年》载："楚子囊还自伐吴，卒。将死，遗言谓子庚必城郢。"杜预注曰："楚徙都郢，未有城郭。公子燮、公子仪因筑城为乱，事未得讫。子囊欲讫而未暇，故遗言见意。"鲁襄公十四年即楚康王元年（公元前559年），子囊遗言必定要筑郢城，杜注曰，楚平王十年（公元前519年）之前，"已筑郢城矣"。楚平王十年是因"畏吴，复增修以自固。"

楚平王七年（公元前522年），伍奢被杀，伍子胥逃往吴国，此前，楚郢都纪南城的规模已形成，伍子胥曾目睹城状，应是不容置疑的。

楚都纪南城有一个较为发达的城市水系，其城内河道形状弯曲而不甚规则，当是利用天然河道修筑而成。水陆兼备的城门为城市水路、陆路两套交通系统所需，陆门应有门和闸，水门应有闸。闸门，即《墨子·备城门》所云之"县（悬）门"，以防敌及防洪。

《左传·襄公十年》载："……请伐偪阳。……偪阳人启门，诸侯之士门焉。县门发。"孔疏："县门者，编版广长如门，施关机以县门上。有寇则发机而下之。"鲁襄公十年即公元前563年，偪阳是个小城，而用了悬门，即闸门，可见这一设施当时已较普遍用于城守中。

《左传·襄公二十六年》载："门于师之梁，县门发，获九人焉。"是记载当时城守用闸门的另一例子。

由上可以推测，楚郢都纪南城的陆门应有门和闸，水门应有闸。

第十节 吴都阖闾大城

吴王阖闾元年（公元前514年），伍子胥相土尝水，象天法地，规划建造了吴国都城阖闾大城，也即吴大城，它是今苏州城的前身。

吴大城在我国城市建设史上具有重要的地位，它是我国历史上第一座水城。学术界都认为原吴大城所在即今苏州城所在，2500多年来城址不变，认为直至宋代，苏州城虽经历代修建，"但城垣的范围位置改变不大。"[1]

唐陆广微撰《吴地记》云："罗城，作亞字形，周敬王丁亥造……其城南北长十二里，东西九里，城中有大河，三横四直。"[2]

宋朱长文《吴郡图经续记》云："自吴亡至今仅二千载，更历秦、汉、隋、唐之间，其城洫（xù，通"溢"）、门名，循而不变。"[3]又云："阖闾城，即今郡城也。……郡城之状，如'亞'字。唐乾符三年，刺史张傅尝修完此城。梁龙德中，钱氏又加以陶甓。"[4]

元郑元祐《平江路新筑郡城记》云："城四向，一仍子胥之旧。水门，则仍宋之旧。"[5]

---

[1] 汪永泽．姑苏纵横谈 苏州城市的历史演变．南京师院学报，1978，3：87-96．

[2] ［唐］陆广微．吴地记．第一版．南京：江苏古籍出版社，1986：111．

[3] ［宋］朱长文．吴郡图经续记．卷上，城邑．

[4] ［宋］朱长文．吴郡图经续记．卷下，往迹．

[5] ［元］郑元祐．平江路新筑郡城记．［清］同治苏州府志．卷4，城池．

苏州现存的盘门，重建于元至正十一年（1351 年），虽经历代改修和重筑，但位置基本未变[1]。

苏州城在南宋初曾遭到金兀术的破坏，城墙几无完处。淳熙中“知府谢师稷以郡中羡余钱四十缗缮完之”，“嘉定十六年弥远作相，遂奏请得赐钱三万缗，米三万石，知府赵汝述、沈日皋相继修治，为一路城池之最。”[2] 南宋绍定二年（1229 年）所刻的《平江图》（图 2–10–1），如实地反映了古城当时的面貌。

为了了解吴大城的情况，有必要对有关吴大城的历史记载进行研究。

据东汉袁康《越绝书》记载：“吴大城，周四十七里二百一十步二尺。陆门八，其二有楼。水门八。南面十里四十二步五尺，西面七里百一十二步三尺，北面八里二百二十六步三尺，东面十一里七十九步一尺。阖庐所造也。吴郭周六十八里六十步。”[3]

以上所载城四面长度相加为三十七里一百六十一步，与“周四十七里二百一十步二尺”不合。有两种可能，一是记载有误，一是可能用了两种尺子来量度。

以 1 周大尺 =0.231m[4] 计，可以算出城的东面为 4683.5m，西面为 3066.5m，南面为 4217.4m，北面为 3640.3m，城周长为 15607.7m。

以 1 武王尺 =0.1896m 计[5]，“周四十七里二百一十步二尺”合 16279m，与 15607.7m 相差 671.3m。若以《吴地记》所载“大城周回四十五里三十步”[6] 为准，则合 15392m，与 15607.7m 较为接近。

明初修筑苏州城后，量得“自阊门南至胥门得六百三十九丈五尺，自胥门南至盘门得三百八十八丈七尺，自盘门东至葑门得一千一百一十八丈，自葑门北至娄门得八百六十四丈二尺，自娄门北至齐门得五百八十丈，自齐门西至阊门得八百九十二丈二尺五寸。总计四千四百八十二丈六尺五寸，为一万二千二百九十三步九分，计三十四里五十三步九分。”[7]

以 1 尺 =0.32m 计，算出其周长为 14344.48m，略嫌过小。

以 1 尺 =0.345m[8] 计，算出其周长为 15465m，与《越绝书》所载算出的 15607.7m 相当接近。

今又据 1 周大尺 =0.231m，计算《越绝书》中所载：“邑中径从阊门到娄门，九里七十二步（合 3842m），陆道广二十三步（合 32m）；平门到蛇门，十里七十五步（合 4262m），陆道广三十三步（合 46m）。水道广二十八步（合 39m）。”

据苏州市 1 ∶ 30000 的市区地图，用比例尺量得从阊门到娄门约为 3.9km，与《越绝书》记载推算的长度 3842m 大致相合；从平门到蛇门用比例尺量得约 4.5km，与记载推算所得长度 4262m 比较接近。再用比例尺量得东面城墙约长 4.7km，与记载推算所得长度 4683.5m

---

[1] 王德庆．苏州盘门．文物，1986，1：80–86．

[2] 吴县志．卷 18，下，城池．

[3] 越绝书．卷 2，越绝外传记吴地传第三．

[4] 金其鑫著．中国古代建筑尺寸设计研究——论周易蓍尺制度．第一版．合肥：安徽科学技术出版社，1992：30．

[5] 金其鑫著．中国古代建筑尺寸设计研究——论周易蓍尺制度．第一版．合肥：安徽科学技术出版社，1992：30．

[6] [唐] 陆广微．吴地记．第一版．南京：江苏古籍出版社，1986：14．

[7] [清] 同治苏州府志．卷 4，城池引姑苏志．

[8] 金其鑫著．中国古代建筑尺寸设计研究——论周易蓍尺制度．明清古尺有 0.23、0.345 米长多种．第一版．合肥：安徽科学技术出版社，1992：32．

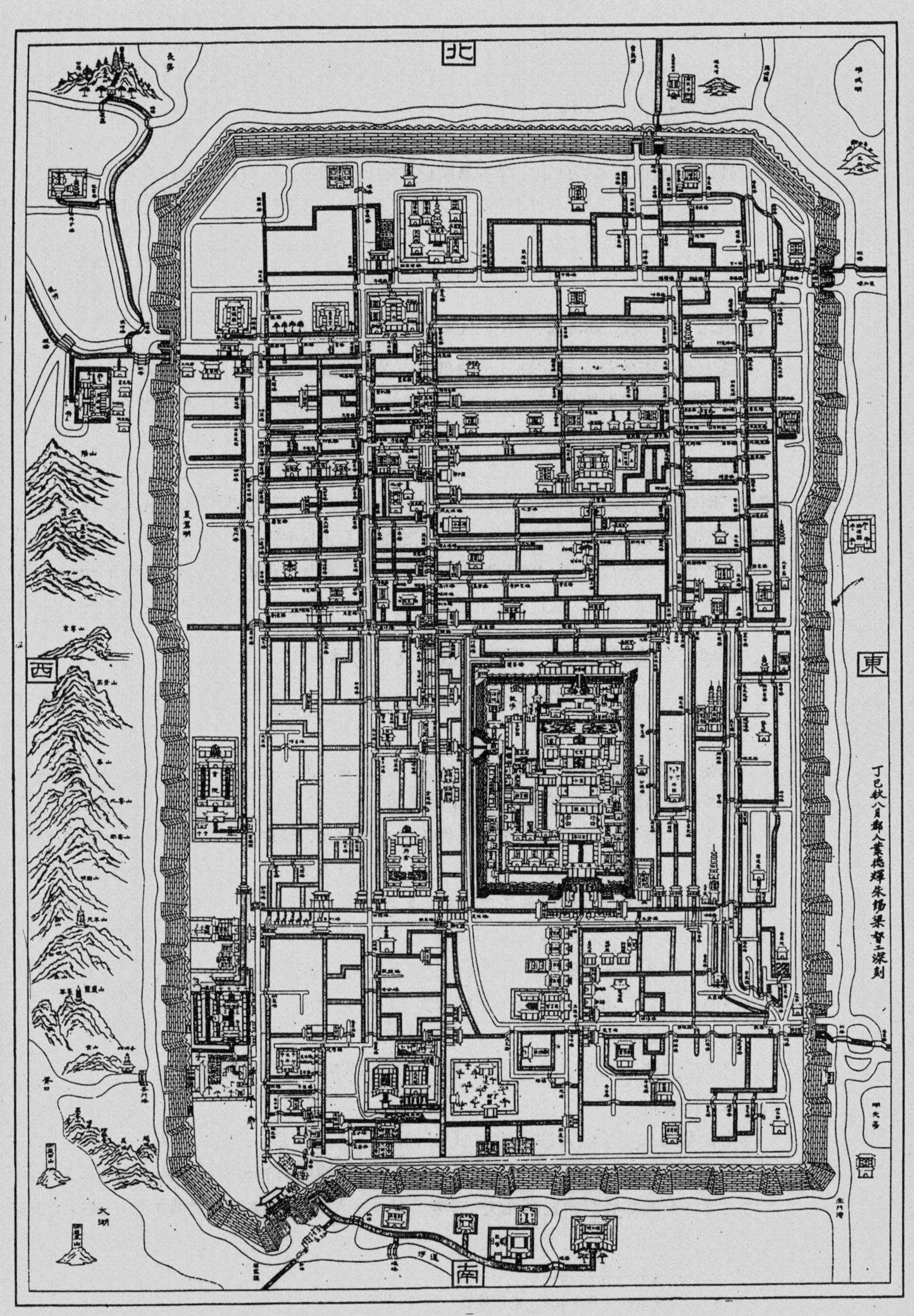

图 2-10-1 宋平江（苏州）城图

极接近。由北面城墙加上东北折角和西北折角两段长度约为3.6km，与由记载推算所得的3640.3m接近。由西北折角点往南经阊门到胥门这一段西面城墙长约3km，与由记载推算所得的3066.5m相接近。由胥门往南一段西面城墙加上南面城墙共长约4.2km，与由记载推算所得的长度4217.4m相接近。

以上研究探讨说明：

（1）《越绝书》、《吴地记》等古籍所记载的吴大城的历史资料是十分珍贵和确实可信的。

（2）吴大城自伍子胥创建以来，直至宋元明清，其城池形状、位置一直如初，无大变动。

以上结论为我们在下面的研究奠定了基础。

吴大城在城市防洪上有许多成功的经验，值得总结和借鉴：

一、城址地势较周围略高，尽量避免太湖洪水的威胁

吴大城位于太湖水系东部，地势低下，为著名的“水乡泽国”。太湖在城的西面，它是江南水系的中心，古称具区，别称五湖，又称震泽、笠泽，相传广袤三万六千顷，经实测为2425km^2，是全国五大淡水湖之一。

吴大城的城址北近长江，西依太湖，但与太湖之间隔着一群小山，避开太湖洪水的直接冲击，地处自低丘陵至平原过渡地带的地形较高处，城区地势略高于周围地区，海拔一般为4.2～4.5m（吴淞高程，下同），其北部和东部的平原地区标高多在4m以下。大运河绕城而过，其历史最高水位为4.37m（1954年7月28日）[1]。城内西北角稍低，高程不到4m，仍然受到洪水威胁。但总的来说，城址的选择综合考虑了各种因素，对避免洪水威胁给予充分的重视。

二、建设了一套城墙系统，既可御敌，又可防洪

据《越绝书》记载，吴都城外有“吴郭”，“周六十八里六十步”，以1武王尺=0.1896m计，合23275.3m，约合23.28km。

又据《越绝书》记载：“吴小城，周十二里。其下广二丈七尺，高四丈七尺。门三，皆有楼，其二增水门二，其一有楼，一增柴路。”[2]

以1周大尺=0.231m计，吴小城周长合4989.6m，城墙下部宽6.237m，高10.857m。

城墙高10.857m，基宽仅6m多，这在古代夯土城墙中是不可能的。按宋《营造法式》规定的筑城之制：“筑城之制，每高四十尺，则厚加高一十尺；其上斜收减高之半。若高增一尺，则其下厚亦加一尺；其上斜收亦减高之半；或高减者亦如之。”[3]

按此，则其城墙基宽、城高、城顶宽三者之比约为5：4：3，现吴小城的城墙基宽与城高之比约为3：5，似不太可能，颇疑“其下广二丈七尺”的记载有误。

吴大城的城墙系统有如下三个特点：

（1）有郭城、大城、子城三重城墙，这无论对防敌或防洪都是极为有利的。

（2）城墙高大坚固。

由记载可知，子城高四丈七尺（合10.857m）。据《考工记·匠人》记载：“王宫门阿之制五雉，宫隅之制七雉，城隅之制九雉。”意即宫城城门的屋脊标高为五丈高，宫城四角处高为七丈，王城城墙四角处高九丈。《考工记·匠人》中没谈到宫城城垣和王城城垣的高度，

[1] 苏州市人民政府．苏州市城市总体规划．1983：1.

[2] 越绝书．卷2，越绝外传记吴地传第三．

[3]（宋）营造法式，卷3.

据孙诒让先生的解释，宫城城垣高五雉（丈），王城城垣高七雉（丈）[1]。吴子城高四丈七尺，大致与《考工记·匠人》所述宫城城垣高度符合，略矮些，可以推测其大城城垣亦大约为七丈高，或略矮些。其城墙是高大坚固的。这也是利于防敌和防洪的。

(3) 城墙形状有特色。

吴大城的东北角和西北角呈折线切角形，而西南角呈切角又内凹的形状，只有东南角呈直角。这是依地形、地势和按防敌、防洪的需要而设计的结果。关于这一点，准备在以后再详述。

由楚都纪南城和吴大城的形状对照可知，两城有不少相同或相似之处。一是规模大致相同。纪南城城垣周长15506m，吴大城的周长为15607.7m。二是城墙大致呈长方形，东北、西北城角呈切角的折线形。三是两城均有水陆城门。吴大城是由楚人伍子胥规划设计的，伍子胥在离开楚国时（公元前522年），楚都纪南城的规模业已形成，伍子胥规划设计吴大城时，以纪南城为参照模式，并因地制宜，不生搬硬套，故两城既有相同或相似之处，又各具特色。

三、建设了纵横交错的城市水网河渠，为规划设计江南水城树立了样板

据《越绝书》的记载，吴大城有8座陆门，8座水门。吴小城有3座门，其中2座门增设2座水门。从平门到蛇门，除陆道外，还有水道，宽二十八步（合39m）。

由大城设8座水门，可知城中的水路交通系统十分发达。据记载，楚考烈王十五年（前248年），“春申君因城故吴墟（正义：墟音“虚”。今苏州也。[阖闾]于城内小城西北别筑城居之，今圮毁也。又大内北渎，四纵五横，至今犹存）以自为都邑。”[2] 由此可知，阖闾宫城（吴小城）北边的河渠为四纵五横的布局，直至唐开元二十四年（736年）张守节作《史记正义》时，历1250年之久，仍然存在。

这纵横交错的发达的城市水系，具有供水、交通运输、溉田灌圃和水产养殖、军事防御、排水排洪、调蓄洪水、躲避风浪、造园绿化和水上娱乐、改善城市环境等十大功用[3]。它是楚文化与吴文化融合的产物。具有这样高度发展的水系的城市，称为“水城”。吴大城的规划建造，树立了一个“水城”的样板，它是中国城市建设史和中国城市防洪史上的一座重要的里程碑。

四、以象天法地的意匠指导城市规划设计，产生了深远的影响

中国古代哲学以天地人为一个宇宙大系统，追求天地人三才合一和宇宙万物的和谐合一，并以此为其最高理想。为了达到这一理想境界，老子提出了“人法地，地法天，天法道，道法自然”[4] 的准则。《易·系辞》也提出“在天成象，在地成形。”“天生神物，圣人则之。天地变化，圣人效之。天垂象，见凶吉，圣人象之。”“仰则观象于天，俯则观法于地。”“与天地相似，故不违。”这就是中国古代“象天法地”的思想。这一思想是老子首先提出来的。老子即老聃（李聃），生卒年代不详，为楚国苦县人，春秋时思想家。孔子（公元前551～前479年）曾向老子问礼，老子年龄可能大于孔子。前一节已谈到，楚都纪南城在楚平王十年（公元前519年）之前已筑成，其规划设计可能已运用了“象天法地”意匠作为指导，因史无记载，可暂存疑。

---

[1] 孙诒让．周礼正义．匠人，疏．

[2] 史记·春申君列传．

[3] 吴庆洲．中国古代的城市水系．华中建筑，1991，2：55-61．

[4] 老子·道德经．第二十五章．

吴大城的"象天法地"的意匠指导城市的规划设计。《吴越春秋》记载：

"子胥乃相土尝水，象天法地，造筑大城。周回四十七里。陆门八，以象天之八风。水门八，以法地之八聪。筑小城，周十里，陵门三。不开东面者，欲以绝越明也。立阊门者，以象天门通阊阖风也。立蛇门者，以象地户也。阖闾欲西破楚，楚在西北，故立阊门以通天气，因复名之破楚门。欲东并大越，越在东南，故立蛇门以制敌国。吴在辰，其位龙也，故小城南门上反羽为两鲵苗，以象龙角。越在巳地，其位蛇也，故南大门上有木蛇，北向首内，示越属于吴也。"[1]

由记载可知，吴大城象天法地，以天地为规划模式，在城门的种类、数目、方位、门上龙蛇的装饰、朝向等许多方面，赋予丰富的象征意义，使城市的规划布局和建筑造型都体现了天地人合一的哲学思想，也表达了吴王阖闾欲破楚制越、称霸诸侯的雄心。吴大城在象天法地意匠上产生了深远的影响，在其后，范蠡象天法地，作越子城。历秦汉至元明清，象天法地规划意匠，成为与体现礼制的《周礼·考工记》的《匠人》营国制度的思想体系，《管子·乘马》所代表的注重环境、因地制宜的求实用的思想体系共同影响中国古都规划的三大思想体系之一[2]。对于象天法地意匠，本书只拟在涉及防洪御灾方面加以探讨。

城池作为军事防御的建筑，乃是象天法地的结果。

《易·习坎》："天险不可升也。地险山川丘陵也。王公设险以守其国。"疏："正义曰：言王公法象天地，固其城池，严其法令，以保其国也。"

人们设险，筑起高大的城墙，以法高山峻岭难以逾越；挖宽阔的壕池，以效河川天堑。

《易·系辞》曰："崇效天，卑法地。"陆门在上（崇），象天之八风，水门处下（卑），法地之八聪。

高大坚固的城墙和宽阔的壕池，不仅利于防敌，也利于防洪。尤其在春秋后期出现了水攻战例之后，防洪与防敌合而为一，城池进一步成为军事防御和防洪工程的统一体。可见，象天法地思想指导了城市防洪工程的规划建设。

中国古代哲学认为，天地万物与人同构，人本身是一个小宇宙。

《吕氏春秋》云："天地万物，一人之身也，此之谓大同。"[3]《庄子》曰："万物与我为一。"[4]

《管子·水地》云："水者，地之血气，如筋脉之通流者也。"把江河水系比作大地的血脉。这就由"象天法地"进而"法人"。

中国的古城，在修城挖池时效法天地，在建设城市水系时则效仿人体的血脉系统。人体的血脉循环不息，不断新陈代谢，使人的生命得以维持。城市水系有军事防卫、排水排洪、调蓄、防火等十大功用，是古城的血脉系统。可见，中国的古城，乃是法天、法地、法人的产物，是与自然完全协调的可以抵抗和防御各种灾祸（天灾人祸，包括洪涝水灾）的有机体。

象天法地法人的意匠，对中国古城及其水系的规划、建设和管理上都有重要的意义[5]。

[1] 吴越春秋．卷4，阖闾内传．

[2] 吴庆洲．象天法地意匠与中国古都规划．华中建筑，1996，2：31-40.

[3] 吕氏春秋·有始．

[4] 庄子·齐物论．

[5] 吴庆洲．象天法地法人法自然——中国传统建筑意匠发微．华中建筑，1993，4：71-75.

第三章

秦汉至明清历代京都防洪研究

为了能深入探讨中国古代城市防洪的发展情况，有必要对秦汉至明清历代京都的城市防洪作专题研究。这是因为：

（1）秦汉至明清的京都水患情形有较详细的记录；

（2）汉以至明清历代京都的城市防洪的设施，如城墙、壕池、城内外河渠、池沼等均有较详细的记录；

（3）新中国成立以来的考古发掘取得很大成绩，硕果累累，可以补充史料之不足；

（4）历代京都的选址、规划、设计，往往由名人主持，重大决定由帝王将相商讨议定，故在一定程度上能代表当时的科学技术发展水平。

诚然，令人遗憾的是秦都咸阳有关记载欠详，考古发掘虽有成绩，仍难补史载之缺环，故秦都咸阳暂付阙如，从西汉长安作为本章的第一节。

第一节　西汉长安城

西汉是我国封建社会前期的鼎盛时期，长安作为这封建王朝的首都，在200多年间一直是西汉政治、经济、文化的中心，并且是国际上著名的都会，与西方的罗马城并称为当时世界上最大、最繁华的城市（实际上汉长安在许多方面均超过古罗马城，比如建城在公元前202～前190年，内城面积为35km^2[1]，而古罗马城在公元274年奥里安城墙竣工后，城内面积为3323英亩[2]，合13.45km^2）。

查《汉书·五行志》及有关记载，西汉长安城洪涝之灾很少，这与其城市选址、规划、建设上采用了较有效防水患的措施是密切相关的：

图3-1-1　西安古代城址变迁示意图

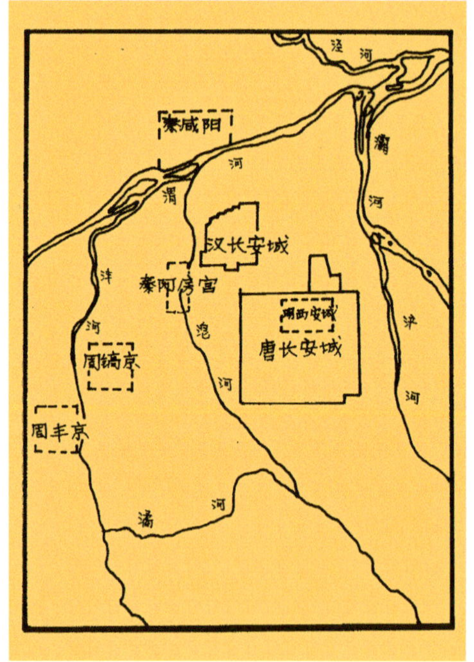

一、城址选择在渭河南岸和龙首原北麓的一片开阔地上，地势较高，不易受到洪水袭击

汉长安城地处关中盆地，这里气候温暖湿润，土地肥美，泾、渭、灞、浐、沣、滈、涝、潏八水，蜿蜒其间，自然条件优越。它“东有崤函之固，西得巴蜀之利，沃野千里，扼天下之咽喉”，地理位置十分重要，成为历代帝王建都之地，是我国六大古都之一。自从公元前1134年周王朝在这里建都起，先后有西周（公元前1134～前770年）、秦（公元前221～前206年）、西汉（公元前206～公元24年）、前赵（318～329年）、前秦（315～383年）、后秦（384～417年）、西魏（535～556年）、北周（557～581年）、隋（581～618年）、唐（618～907年）十个王朝在此建都。此外，新莽、西晋（愍帝）和农民起义领袖黄巢的大齐、李自成的大顺都曾定都于此。十个王朝在此建都时间长达1111年之久，故关中又有“帝王之乡”之称。

长安原是秦都咸阳的一个乡聚名。它位于西周故都丰、镐二京的东北，咸阳之南，北濒渭河，西临沧水，与秦咸阳城隔水相望（图

[1] 中国建筑史．第二版．北京：中国建筑工业出版社，1986.

[2]（美）刘易斯·芒福德著．城市发展史——起源、演变和前景．倪文彦，宋峻岭译．第一版．北京：中国建筑工业出版社，1989：180.

3−1−1)。

西安附近的原连绵不断，各具特色，龙首原为其中之一。据《长安志》卷十二“县二·长安”引《三秦记》说：“龙首山长六十里，头入渭水，尾达樊川，头高二十丈，尾渐下，可六、七丈。秦时有黑龙从南山出，饮渭水，其行道因成土山。”横卧于此的龙首原，长约15km，是沣河与浐、灞两河的自然分水岭。龙首原以北，地势平衍，地势南高北低，向渭滨倾斜。汉长安城以龙首原的西北麓为发端，以龙首原为基地向北展开，直抵渭滨[1]。其城址特点为地势较高，背原临河，地形由南向北逐渐倾斜，排水较便利，不仅利于防洪，也利于排涝，符合《管子·乘马》所云“高毋近旱而水用足，下毋近水而沟防省”的原则。

二、建设了一个周密完善的城市水系，综合解决城市供水、调蓄、排水等问题

供水是城市建设中极为重要的问题。古代城市多依山傍水，其中一个重要原因是供水所需。滨河建城又易产生洪水灾害。因此，选址时必须处理好“水用足”和“沟防省”的关系。汉长安城选址于龙首原北麓，大抵在渭河二级台地之上，地势较高，渭河水引不上来。为了解决城市供水问题，汉长安城开凿了昆明池作为城市蓄水库，并作为水军操练基地。

据《三辅黄图》记载：“汉昆明池，武帝元狩三年穿，在长安西南，周回四十里。《西南夷传》曰：‘天子遣使求身毒国市竹，而为昆明所闭。天子欲伐之，越嶲昆明国有滇池，方三百里，故作昆明池以象之，以习水战，因名曰昆明池。’《食货志》曰：‘时越欲与汉用船战逐，乃大修昆明池也。’”[2]

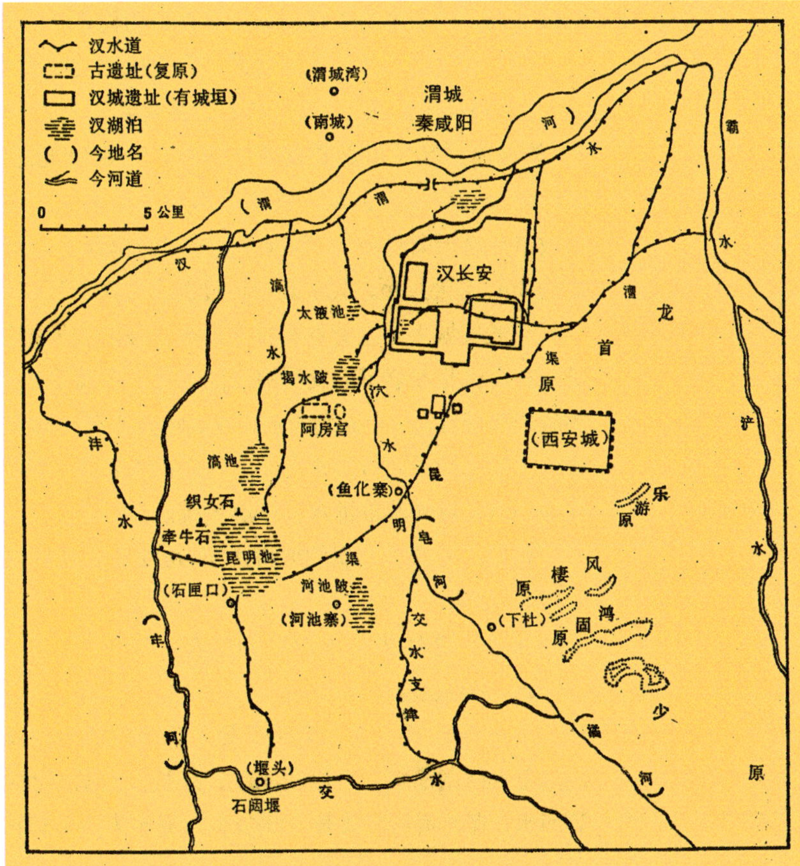

图3−1−2 汉长安城引水渠道复原图（底图用现在地形，引自黄盛璋著．历史地理论集：14）

据宋程大昌《雍录》：“武帝作石闼堰，堰交水为池，昆明基高，故其下流尚可壅激为都城之用，于是并城三派，城内外皆赖之。”[3]

黄盛璋先生经查勘研究，绘出了“汉长安城引水渠道复原图”（图3−1−2），提出了汉长安城水系的来龙去脉。

泬水发源于大义峪，现潏河上游和皂河大致就是汉泬水的流路。泬水到了汉长安城西南角就一直沿城北上，在章门西入城，先汇为仓池，继东流经未央宫、桂宫间，称做明渠，又东流经长乐宫北，从青门（即清明门）出分为二水：一排泄为王渠水源，沿城而北注于渭；一东流与漕渠合。泬水主流自章门外仍沿城北流，经凤阙东，又北分为二水：一东北流仍沿城西墙北上，至城西北角折东北流，仍然绕着北城墙，此支后又分为两小支：一汇为藕池，一东注

[1] 陈桥驿主编．中国六大古都：西安．第一版．北京：中国青年出版社，1983．

[2] 三辅黄图，卷4，池沼．

[3] 雍录，卷6，昆明池．

于渭。另一支《水经注》当做泬水主流，折入建章宫区内，经渐台（在太液池内）东和太液池合，又北出在渭城南注渭水，这一支是解决建章宫区用水的。

昆明池水源为交水。《水经注》云："交水又西南流与丰水枝津合，其北又有汉故渠出焉，又西至石碣分为二水：一水西流注沣水，一水自石碣经细柳诸原北流入昆明池。"《水经注》在叙述丰水时还提到昆明池有一支水注丰河，这一支水是调节昆明池水量之用，水位高时由此泄入丰河。昆明池共有四个口：南口为水源入口，北口和东口为出水口，用以供应汉长安城内外之用，西口则用于调节水量。

昆明池北出之水（《水经注》称为昆明池水），从昆明台北流经镐京东和秦阿房宫西，又绕经此宫之北，东北注为揭水陂。揭水陂泄水路径也有两条：一条叫揭水陂水，东北流注泬水；一条仍称昆明池水，北流经建章宫东在凤阙南注泬水。

昆明池东出之水，《水经注》叫做昆明故渠（亦曰漕渠），从东口经河池陂北，东与泬水会，又东经长安县南，明堂南，到青门外就和上述泬水枝渠会合，又东流到了灞水西面，分为两水，一北注渭，一东流横绝灞水、经华县、华阴至潼关合于渭口。

建设这一城市水系运用了以下工程设施：

（1）石闼堰。其功用一是把交水主要水量壅遏北流入昆明池，另外又使交水下游有排泄之道，西流汇丰，避免泛滥。

（2）调蓄水量、控制水流的陂池。调蓄水量的陂池有仓池，设在泬水飞渠入章门之后，未央宫之西。位于昆明池和建章宫区之间的揭水陂，则除调蓄外，主要用于控制水流。

（3）架飞渠引水。泬水枝渠"于章门西飞渠引水入城"（《水经注》）[1]。

《三辅黄图》载："城下有池，周绕广三丈，深二丈。"据实测，城外绕以宽约 8m，深约 3m 的城壕。其城垣总长度为 25700m[2]，其壕池总长度约为 26000m。至于贯城东去的明渠，城内部分长度没有记载，估计它约长为 $1.41 \times 1/4 \times 25700$m，即 9086m。由城壕和明渠组成的城市排水干渠总长为 35086m，城内面积合 35km^2 强，其城内河道密度约 1km/km^2，其壕池宽约 8m，深约 3m，假定其边坡度为 2 ∶ 1，则其底宽 5m，其行洪断面为 19.5m^2。

汉长安城大道之旁都有排水沟洫，在勘查发掘工作中经常出现五角形或圆形的陶质排水管道，在高庙北城墙下部发现圆形陶管道。在覆盎门旁边的城墙底部还保存嵌在城墙夯土内向外倾斜的陶管道，一个五角水道在中，两旁各有一圆水道。在西安门路面低下还发掘出砖券涵道，城内宫殿遗址外还有渗水井[3]。这些排水管通、涵道、沟洫等，与壕池、明渠这些排水干渠组成了一个完善的城市排水、排洪系统。

建设了一个多功用的城市水系，是汉长安城的城市建设的一大成就。其城市水系功能如下：

1．供水

保证了城内 50 万人口[4]的供水。

2．交通运输

上述漕渠，乃元光六年（前 129 年）武帝采纳大司农郑当时的意见，命山东水工徐伯表设计，征集万人修凿漕渠，自昆明池起，经长安的南城墙和东城墙外，东北流，沿线收纳浐、灞、涝等河水，直通黄河。共长 300 余里。每年漕运关东粮米，由汉初的数十万石，猛增到 400 万石，

---

[1] 黄盛璋著．历史地理论集．第一版．北京：人民出版社，1982：6-21.

[2] 孙机著．汉代物质文化资料图说．第一版．北京：文物出版社，1991：202.

[3] 李遇春，姜开任．汉长安城遗址．文物，1981，1：88-90.

[4] 杨宽．西汉长安布局结构的再探讨．考古，1989，4：348-356.

到元封年间（公元前110～前104年）增加到600万石左右[1]。

3．溉田灌圃和水产养殖

城市水系有灌溉之利自不待言。此外，其水产养殖之利也甚可观。《三辅黄图》引《庙记》曰：“（昆明池）养鱼以给诸陵祭祀，余付长安厨。”《汉旧仪》云：“上林苑中昆明池、镐池、牟首诸池，取鱼鳖给祠祀，用鱼鳖千枚，以余给太官。”据《西京杂记》，昆明池放养的鱼，除供诸陵庙祭祀之用外，还送到长安市上去卖。

4．军事防御

城壕有此功用。昆明池还作为水军操练基地。

5．排水排洪

如上述，不再赘言。

6．调蓄洪水

该城市水系有昆明池、镐池、太液池、沧池，上林苑有初池、麋池、牛首池等十池，都有调蓄洪水的作用。《三辅黄图》引《三辅旧事》曰：“昆明池地三百三十二顷。”以一汉亩等于534.6m^{2}计[2]，昆明池合今面积17748720m^2，以湖深2m计，可蓄水3549.7万m^3，相当于一座中型水库。

7．造园绿化和水上娱乐

城市水系为造园绿化以及水上娱乐提供了十分优越的条件。帝王宫苑自不用说，一些府第也“穿长安城，引内沣水，注第中大陂以行船，立羽盖，张周帷，辑濯越歌。”（《汉书·元后传》）

8．防火

城市水系能隔断火源，并能提供足够的消防用水。

9．改善城市环境和生态

城市水系的河湖池沼的存在，不仅使城外苑囿林木茂盛，繁花竞开，城内也是嘉木树庭、芳草如织，改善了城市环境和生态。据《汉书·朱博传》载，当时城内御史府中的柏树上“常有野鸟数千，栖宿其上，晨去暮来，号曰朝夕鸟。”据《汉书·宣帝本纪》记载，神爵二年（公元前60年），“凤皇甘露降集京师，群鸟从以万数。”此外，元康二年（公元前64年），三月，“凤皇甘露降集”。元康三年（公元前63年），“神爵五采以万数集长乐、未央、北宫，高寝、甘泉泰畤殿中及上林苑。”以上可见汉长安城环境与生态之美好。

三、建筑了高大坚固的城墙（图3-1-3）

虽然汉长安城的城址较高，不易受到洪水威胁，但仍然从军事防卫的需要出发修筑了内城的城墙。城墙全部用取自龙首山的带赤色的黄土夯筑而成，高12m以上，基宽12～16m，里外均与地面成79°角向上斜收[3]。城墙东、西两面较规整，南、北垣均曲折，状若南斗、北斗，故有“斗城”之称。究其原因，与汉长安先筑未央宫、长乐宫，后筑城垣有关，南垣须将此二宫包进去，故曲折，北垣因已近河岸，故它须顺河势而筑，亦呈斜曲。然而，鉴于春秋至秦均有“象天法地”之规划思想，结合地形又体现“象天法地”之意匠亦有可能[4]。

汉长安城的高大坚固的城墙对防洪也是极有利的。

---

[1] 武伯纶编著．西安历史述略．增订本．第二版．西安：陕西人民出版社，1984：123.

[2] 龙庆忠著．中国建筑与中华民族．第一版．广州：华南理工大学出版社，1990：80.

[3] 孙机著．汉代物质文化资料图说．第一版．北京：文物出版社，1991：202.

[4] 吴庆洲．象天法地意匠与中国古都规划．华中建筑，1996，2：31-40.

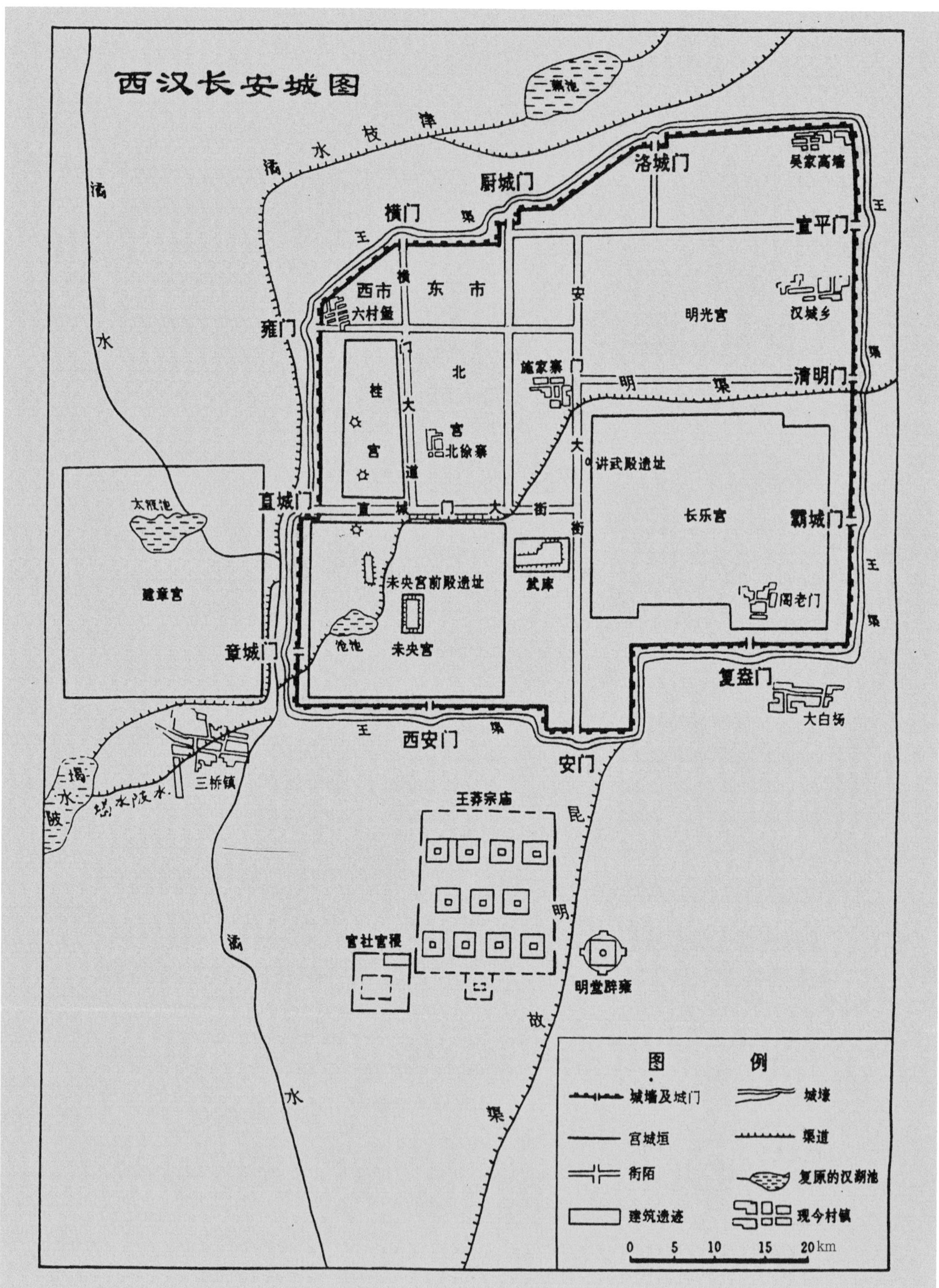

图 3-1-3 西汉长安城图（自马正林编著．中国城市历史地理：180）

四、将最重要的长乐、未央两宫置于全城地势最高的南部龙首原上

汉长安城将最重要的长乐、未央两宫置于地势最高的龙首原上，是规划布局上一个高着。两宫中又以城西南部的未央宫最为重要，自惠帝以后，皇帝皆居未央宫，太后居长乐宫。

汉初人力物力匮乏，萧何“起未央宫，斩龙首山而营之”[1]，将龙首山削成由北而南、高度递减的三个大台面，再用夯土包筑成台，在台上建宫室，其台面最高处达 15m 以上，使“宫基不假累筑，直出长安城上”，使宫殿更显高大雄伟，气势磅礴，收到萧何所云“天子以四海为家，非令壮丽亡以重威”[2] 的效果。

这种布局，也使最重要的两宫完全避开了洪水之灾。

五、盛行高台建筑

战国以来盛行的高台建筑，在西汉达到又一个高峰。未央宫的台面高达 15m 以上。《三辅黄图》记载：“《汉书》曰：‘建章宫南有玉堂，壁门三层，台高三十丈。’”

《三辅黄图》卷五记载的台有汉灵台、柏梁台、渐台、神明台、通天台、凉风台、著室台、斗鸡台、走狗台、坛台、韩信射台、果台、东山台、西山台、望鹄台、眺蟾台、桂台、商台、避风台等近 20 座。

此外，各宫殿宇台基多高，这对防洪、防潮湿等都是有利的。

六、采用高架的道路

阁道是一种高架的廊道，上有屋盖，可免风雨烈日之忧。辇道为可乘辇往来的阁道。而有上下两重通道者，则称为复道。它们都属高架的道路系统。这种道路，战国已出现。据《墨子 · 号令》，“守宫三杂，外环隅为之楼，内环为楼，楼入葆宫丈五尺，为复道。”

秦时这种高架道路广泛地应用于宫苑及城市交通上。如《三辅黄图》记载：“始皇广其宫，规恢三百余里。离宫别馆，弥山跨谷，辇道相属，阁道通骊山八十余里。”“周驰为复道，度渭属之咸阳，以象太极阁道抵营室也。”

汉长安城中也广泛用了这种高架道路。

《史记 · 孝武本纪》：“乃立神明台、井干楼，度五十余丈，辇道相属焉。”

《三辅黄图》记载：“帝于未央宫营造日广，以城中为小，乃于宫西跨城池作飞阁，通建章宫，构辇道以上下。辇道为阁道，可以乘辇而行。”“桂宫，汉武帝造，周回十余里。《汉书》曰：‘桂官有紫房复道，通未央宫。’”

《文选 · 西京赋》李善注引《汉武故事》云：“上起明光宫、桂官、长乐宫，皆辇道相属，悬栋飞阁，北度从宫中西上城至神明台。”

《汉书·霍光传》记载，霍光逝世后，“太夫人显光时所自造茔制而侈大之。……盛饰祠室，辇阁通属永巷，而幽良人婢妾守之。”晋灼曰：“阁道乃通属至永巷中也。”师古曰：“此亦其冢上作辇阁之道及永巷也，非谓掖庭之永巷也。”

这种高架道路有许多优点，如遮烈日、避雨雪等，有洪涝时，交通可畅通无阻，因此可适用为汛期交通系统。

汉长安城罕见水灾的记载。

---

[1] 资治通鉴，卷 88，愍帝建兴元年胡注引水经．

[2] 汉书 · 高祖纪．

《汉书·五行志》记载："成帝建始三年夏，大水，三辅霖雨三十余日，郡国十九雨，山谷水出，凡杀四千余人，坏官寺民舍八万三千余所。"

汉长安城水患少，与其采用的上述防洪排涝措施是有关的，其成功经验是值得参考借鉴的。

第二节 汉魏洛阳城

洛阳是我国六大古都之一，是中国历史文化名城。它地处黄河中游南岸，河南省西部的伊洛盆地，面水环山，地势险要。这里气候温和，雨量适中，伊、洛、瀍、涧四水蜿蜒其间，山清水秀，物产丰富，是中国文明的发祥地之一。远在五六千年以前，我们的祖先就在这块土地上聚居。偃师二里头遗址是重要的夏、商遗址。洛阳地处我国古代东西南北交通的要冲，水陆交通便利。公元前 21 世纪，我国第一个奴隶制王朝——夏朝在嵩洛一带诞生，而洛阳这座都城在夏朝太康之世就已筑起[1]。先后有夏、商、西周、东周、东汉、曹魏、西晋、北魏、隋、唐以及五代时期的后梁、后唐、后晋等 13 个朝代在此建都，另有西汉、新莽、北周和五代时期的后汉、后周以及宋金诸朝以这里为陪都。商西亳城、周王城、汉魏洛阳城和隋唐东都城，称为"洛阳四大古城"（图 3-2-1）。

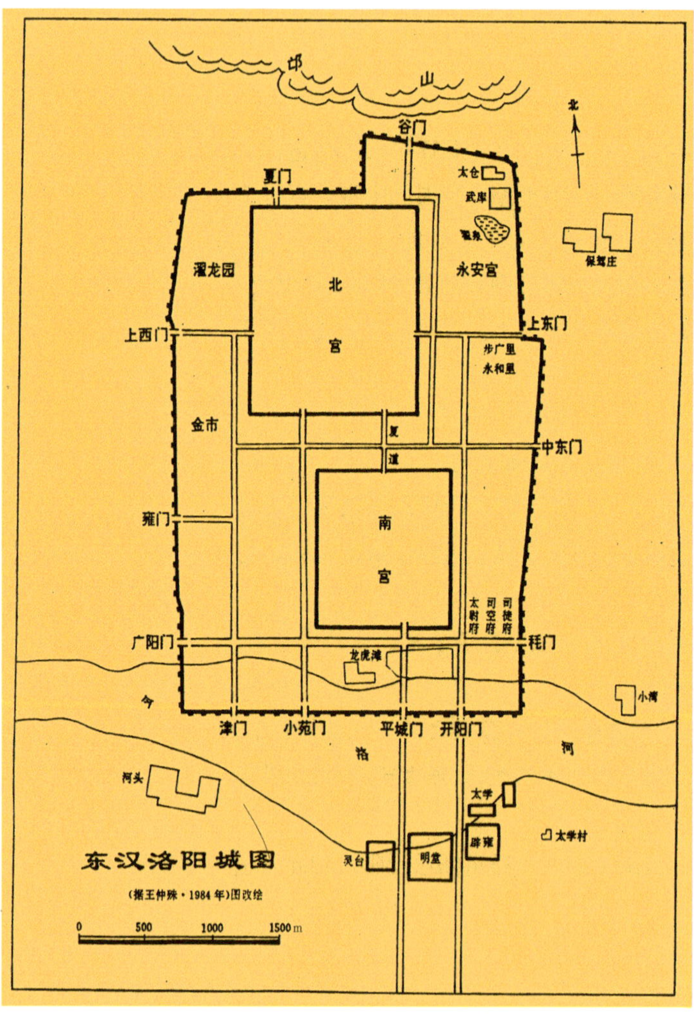

图 3-2-1 东汉洛阳城图（自马正林编著．中国城市历史地理：84）

汉魏洛阳城是在周代成周城基础上扩建起来的东汉、曹魏、西晋、北魏四朝的都城。

两汉之际长安受到很大的破坏，又由于长期以来关中粮食不足，公元 25 年，东汉光武帝刘秀即帝位，定都洛阳。在成周城基础上，扩大城池，广修宫殿、庙宇、园林，建成了宏伟壮丽的东汉洛阳城。东汉末的献帝初平元年（190 年），董卓胁迫献帝迁都长安。建安元年（196 年），献帝重返洛阳时，"宫室烧尽，百官披荆棘，依墙壁间"（《后汉书·献帝纪》），全城成为一片废墟。

东汉建安二十五年（220 年），魏王曹丕代汉称帝，迁都洛阳。魏都洛阳，仍以汉都为基础，大修宫殿苑囿，魏文帝在城东北角建百尺楼，明帝在城西北角筑金墉城。

魏咸熙二年（265 年），晋王司马炎篡权称帝，史称西晋，仍都洛阳。由于"八王之乱"长达 16 年，国势衰落，加之五胡乱华，逐鹿中原，洛阳再次受到浩劫，成为一片废墟。

[1] 苏健编．洛阳历史文化名城规划基础资料．洛阳：洛阳市城乡建设局，洛阳市文物园林局印，1988.

北魏（386～534年）是鲜卑族拓跋珪（魏道武帝）建立的。魏太和十八年（494年），魏孝文帝迁都洛阳。北魏洛京城有外郭、内城和宫城三重城垣围绕。内城即汉魏晋旧城，外郭城为北魏新筑。东汉洛京内有南北两座宫城，两宫之间以复道相连（图3-2-2）。北魏则在东汉北宫故地新筑宫城。北魏洛阳城十分雄伟壮丽，不仅宫殿苑囿较魏晋时有所发展，佛寺也大增，最盛时达到1367所[1]。

四朝定都洛阳的时间，计东汉（25～220年）、曹魏（220～265年）、西晋（265～316年）、北魏（494～534年）共333年。

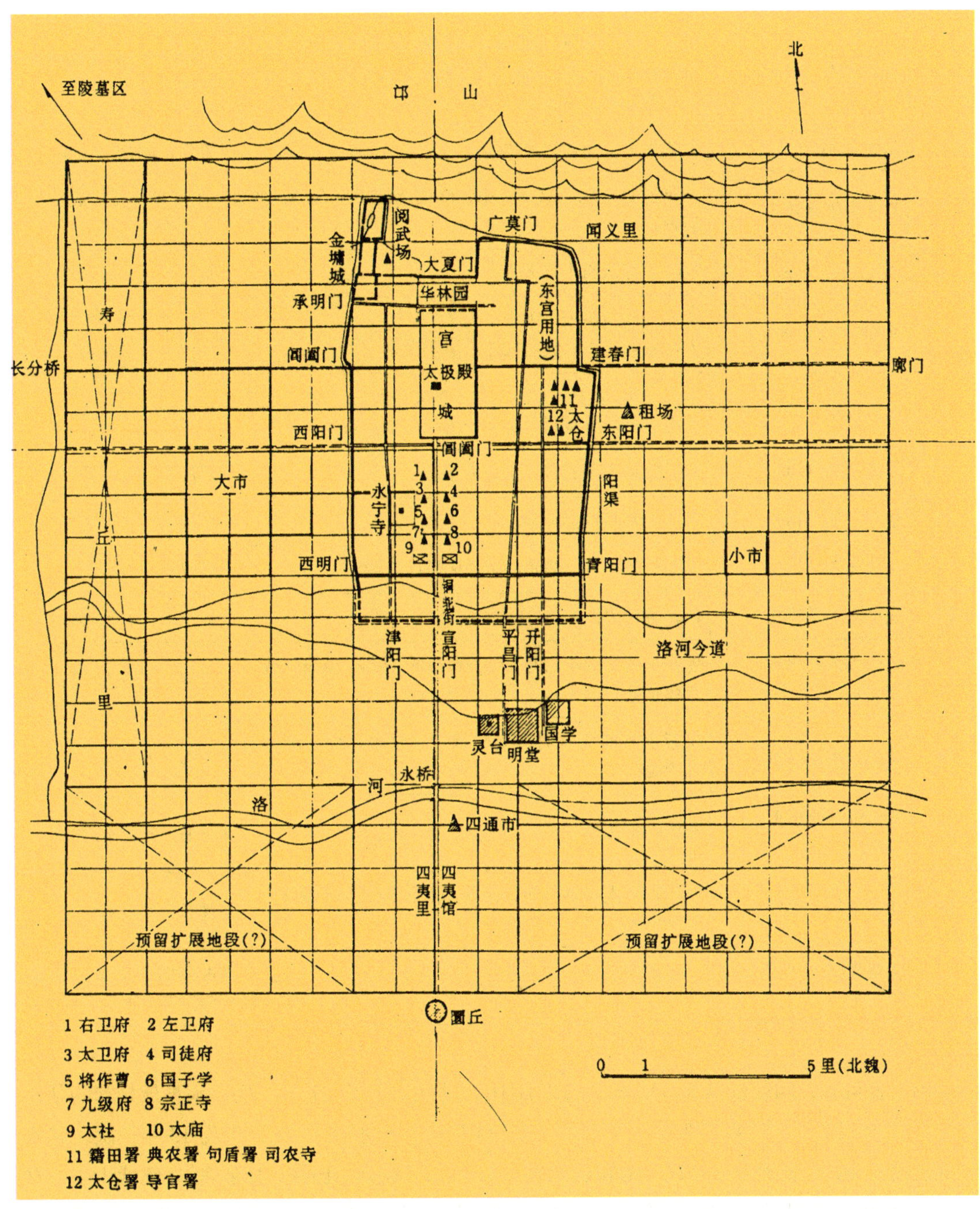

图3-2-2　北魏洛都城市规划概貌图（自贺业钜著．中国古代城市规划史：473）

[1] 杨衒之．洛阳伽蓝记，卷五，城北．

为了研究其城市防洪的情况，对四朝定都洛阳时的水患作出统计，并列表如下：

汉魏洛阳城水患统计表 **表 3–2–1**

序号	年份	水灾情况	资料来源
1	西汉高后四年（公元前 184）	秋，河南大水，伊、雒流千六百余家。	汉书·五行志
2	东汉建武七年（31）	六月戊辰，雒水盛，溢至津城门。帝自行水，弘农都尉治（析）为水所漂杀，民溺，伤稼，坏庐舍。	后汉书．五行志注引古今注
3	建武十年（34）	建武十年，雒水出造津，城门校尉欲奏塞之。空日："昔周公卜雒以安宗庙，为万世基，水不当入城门……"言未绝，水去。	后汉书．五行志注引谢承书
4	永平七年（64）	明帝永平七年，伊雒水溢。	嘉庆洛阳县志，卷 35
5	永元十年（98）	十年五月丁巳，京师大雨，南山水流出至东郊，坏民庐舍。	后汉书．五行志注引东观书
6	永初二年（108）	京师及郡国四十有大水。	后汉书·安帝本纪
7	永初三年（109）	京师及郡国四十一雨水。 安帝永初三年，太白入斗，洛阳大水。	后汉书·安帝本纪 后汉书·杨厚传
8	永和元年（136）	永和元年，复上"京师应有水患又当火灾，三公有免者，蛮夷当反畔（叛）"。是夏，洛阳暴水，杀千余人。	后汉书·杨厚传
9	建和二年（148）	桓帝建和二年七月，京师大水。	后汉书·五行志
10	建和三年（149）	三年八月，京都大水。	后汉书·五行志
11	永寿元年（155）	永寿元年六月，雒水溢至津阳城门，漂流人物。	后汉书·五行志
12	熹平三年（174）	秋，雒水出。	后汉书·五行志
13	三国魏黄初四年（223）	魏文帝黄初四年六月，大雨霖，伊、洛溢，至津阳城门，漂数千家，杀人。	晋书·五行志
14	太和四年（230）	明帝太和四年八月，大雨霖三十余日，伊、洛、河、汉皆溢。	晋书·五行志
15	晋武帝泰始四年（268）	泰始四年九月……伊、洛溢，合于河。	晋书·武帝本纪
16	泰始七年（271）	（六月，）大雨霖，伊、洛河溢，流居人四千余家，杀三百余人。	晋书·五行志
17	北魏孝武帝太昌元年（532）	太昌元年六月庚午，京师大水，谷水泛滥，坏三百余家。	古今图书集成，庶徽典，卷 125

由上表可知，四朝都洛共 333 年，洛阳有 16 次水灾，平均 21 年一次。水患最频繁的是东汉建武七年（31 年）至熹平四年（174 年）共 144 年间，有水患 11 次，平均 13 年一次。其水灾由记载可知，主要发生在郊区，如建武七年（31 年），"民溺，伤稼，坏庐舍"，建武十年（34 年），洛水涨至津阳门，未塞门障水而水自退，则城外郊区当受灾。永元十年（98 年），"南山水流至东郊，坏民庐舍。"永寿元年（155 年），"雒水溢至津阳城门，漂流人物。"由于城内有城墙保护，受灾多在郊区。

汉魏洛阳城，据《续汉书·郡国志》中引《帝王世纪》曰："城东西六里十一步，南北九里一百步。"又引晋《元康地道记》曰："城内南北九里七十步、东西六里十步，为地三百顷一十二亩有三十六步。"古人因称此城为"九六城"。

根据实测结果，西垣残长约4290m，北垣全长约3700m，东垣残长约3895m，南垣长度暂以东西垣的间距2460m计算[1]，整个大城周长约为14.5km。城内总面积计9.5km^2[2]。其中，南宫南北长约1300m，东西宽约1000m，面积约为1.3km^2；北宫南北长约1500m，东西宽约1200m，面积约1.8km^2。两宫面积共约3.1km^2，约占全城面积1/3[3]。城内除宫城外，其余多为官僚贵族的府邸宅第，平民、手工业者和商人可能多居住在城外郊区。东汉洛阳城未见有外郭之记载。位于城外之民宅无郭城保护，故屡受洪水之灾，这是东汉洛阳城防洪上存在的问题。这个问题在魏、晋两朝仍然如此，故有魏黄初四年（223年）"伊、洛溢，至津阳城门，漂数千家，杀人"以及晋泰始七年（271年）"伊、洛河溢，流居人四千余家，杀三百余人"的水灾。

相对而言，东汉、魏、西晋、北魏四朝都洛，以北魏水灾较少，都洛共41年，仅有一次谷水泛滥之灾。

汉魏洛阳城的防洪措施和有关设施是不断有所发展的，其防洪效果越到后来越好。下面拟总结汉魏洛阳城的有关防洪经验和措施。

一、选址于洛水北边，城址离开洛水一定距离

在伊洛盆地建都虽有许多优点，但流贯其间的伊、洛、瀍、涧四水却有一些不利于防洪的特点：

（1）四水的河流水位及流量季节变化很大，枯水期与洪水期流量相差至少十倍以上，多者超过百倍，洪水期河流水量暴涨，河床不能容纳，常常引起泛滥。

（2）由于四水上游的开垦和植被破坏，水土流失，河流含沙量大[4]。据研究，1919～1977年伊洛河与沁河汇水中每立方米含沙6.4kg[5]。

（3）由于河水中泥沙含量高，河床淤积抬高，洪水泛滥，河流易于改道，对沿河城市造成严重的威胁[6]。

由于四水以上特点，汉魏洛阳城全部建于洛水北岸，且离开洛水有一定的距离。据《洛阳伽蓝记》记载："宣阳门外四里至洛水，上作浮桥，所谓永桥也。"[7]可见，北魏之时，宣阳门（南边城门）至洛水尚有4里的距离。宣阳门即东汉的苑门。东汉时它距洛水多远不见记载。洛魏洛阳城与洛水保持一定的距离是合宜的。近代由于洛河改道，汉魏洛阳城的南城墙及东西城墙南段已毁于洛水之中[8]。

汉魏洛阳城的城址并不算太高，除北边金墉城局部城址高于海拔150m外，内城其余地方均低于150m，大部分在120～130m之间，有受到洪水袭击的危险[9]。

---

[1] 中国科学院考古研究所洛阳工作队．汉魏洛阳城初步勘查．考古，1973，4：198-208．

[2] 刘德岑著．古都篇．第一版．重庆：西南师范大学出版社，1986．

[3] 刘德岑著．古都篇．第一版．重庆：西南师范大学出版社，1986．

[4] 邓静中．黄河下游地区的气候和水文．地理知识．1953，12：341．

[5] 水利部黄河水利委员会黄河水利史述要编写组，黄河水利史述要．第一版．北京：水利出版社，1982．

[6] 中国社会科学院考古研究所洛阳工作队．隋唐东都城址的勘查和发掘续记．考古，1978，6：361-379．

[7] 杨衒之．洛阳伽蓝记．卷3，城南．

[8] 中国科学院考古研究所洛阳工作队．汉魏洛阳城初步勘查．考古，1973，4：198-208．

[9] 陈桥驿主编．中国六大古都，北魏洛阳城郭复原示意图．第一版．北京：中国青年出版社，1983：141．

二、修筑了外郭、内城和宫城三重城垣

如前所述，北魏洛阳城的内城城垣沿用东汉城垣，周长约合14.5km。城基埋在地下深1m以上。北城垣宽约25～30m，东垣宽约14m，西垣宽约20m左右，系版筑夯土墙，细致结实[1]。无疑，内城的城垣是有很好的防洪效果的。东晋咸和三年（328年）八月，刘曜"攻石生于金墉，决千金堨以灌之"（《晋书·刘曜传》），但值得高兴的是，城未毁，经受住了这场人为洪水的考验，加上史载水患中，未见有洪水入城的记录，足见内城防洪能力是很强的。

宫城面积南北长约1398m，东西宽约660m[2]，面积约92.268hm^2，即约0.923km^2，约占内城面积的1/10。其南墙宽约8～10m，西墙南段宽约13m，北段宽约20m，东墙宽4～8m，最宽不过11m，北墙未见城垣[3]。

由东汉至西晋，洛阳均无郭城，北魏修了郭城，无论对军事防卫和防洪，都有重要作用。

据《洛阳伽蓝记》记载："京师东西二十里，南北十五里，户十万九千余。庙社宫室府曹以外，方三百步为一里……合有二百二十里。寺有一千三百六十七所。"[4]

经近年勘查，已探出城北邙山上的郭城北城墙，筑在山梁上，总长可千余米，探出外郭城的西城墙总长达4000m多[5]。根据汉魏洛阳城勘查的成果和有关历史记载，可以了解北魏洛阳城的大致情形（图3-2-3）。外郭城的修筑，是北魏洛阳城在防洪上的一大进步。

三、修建了具有供水、排水和防洪等综合效益的千金堨、千金渠水利工程

千金堨是一座横断谷水引水渠的石坝，位于汉魏洛阳城以西数里处。该工程形成一个蓄水库，以调节从谷水引来的水，以供应洛阳。

《水经·谷水注》对这项综合水利工程有详细的记述：

"谷水又东流迳乾祭门北……东至千金堨。河南十二县境簿曰：河南县城东十五里有千金堨，《洛阳记》曰：千金堨旧堰谷水，魏时更修此堰，谓之千金堨。积石为堰，而开沟渠五所，谓之五龙渠。渠上立堨，堨之东首，立一石人。石人腹上刻勒云：太和五年二月八日庚戌，造筑此堨，更开沟渠，此水衡渠上其水（朱笺：当云"此水衡渠止其水"），助其坚也。必经年历世，是故部立石人以记之云尔。盖魏明帝修王、张故绩也。堨是都水使者陈协所造也。《语林》曰：陈协数进阮步兵酒。后晋文王欲修九龙堰，阮举协，文王用之。掘地得古承水铜龙六枚，堰遂成。水历堨东注，谓之千金渠。逮于晋世，大水暴注，沟渎泄坏，又广功焉。石人东胁下文云：太始七年六月二十三日，大水迸瀑，出常流上三丈，荡坏二堨，五龙泄水，南注泻下；加岁久漱啮，每涝即坏，历载消弃大功，今故为今堨。更于西开泄，名曰代龙渠。地形正平，诚得为泄至理，千金不与水势激争，无缘当坏。由其卑下，水得逾上漱啮故也。今增高千金于旧一丈四尺，五龙自然必历世无患。若五龙岁久复坏，可转于西更开二堨。二渠合用二十三万五千六百九十八功，以其年十月二十三日起作，功重人少，到八年四月二十日毕。代龙渠即九龙渠也。后张方入洛，破千金堨。永嘉初，汝阴太守李矩、汝南太守袁孚修之，以利漕运，公私赖之。水积年，渠堨颓毁，石砌殆尽，遗基见存。朝廷太和中，

---

[1] 中国科学院考古研究所洛阳工作队．汉魏洛阳城初步勘查．考古，1973，4：198-208.

[2] 中国科学院考古研究所洛阳工作队．汉魏洛阳城初步勘查．考古，1973，4：198-208.

[3] 中国科学院考古研究所洛阳工作队．汉魏洛阳城初步勘查．考古，1973，4：198-208.

[4] 杨衒之．洛阳伽蓝记．卷5，城北．

[5] 段鹏琦、杜玉生、萧淮雁、钱国祥．洛阳汉魏故城勘察工作的收获．中国考古学会第五次年会论文集，1985．第一版．北京：文物出版社，1988.

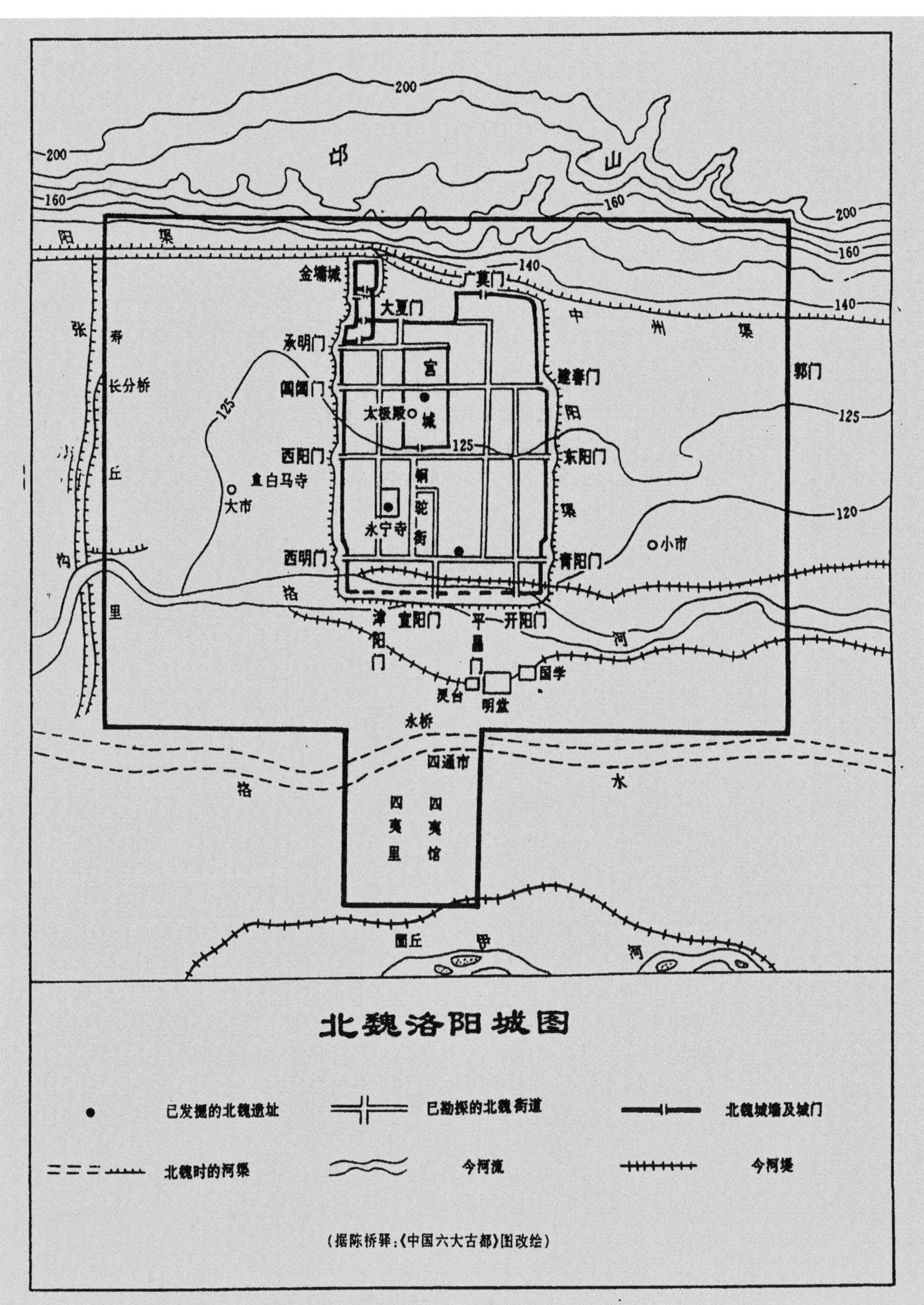

图 3-2-3 北魏洛阳城图（自马正林编著．中国城市历史地理：194）

修复故堨。按千金堨石人西胁下文云：若沟渠久疏深，引水者当于河南城北石碛西，更开渠北出，使首孤立故沟东下。因故易就，碛坚便时。事业已讫，然后见之。加边方多事，人力苦少，又渠堨新成，未患于水，是以不敢预修通之。若于后，当复典功者，宜就西碛。故书之于石，以遗后贤矣。虽石碛沦败，故迹可凭，准之于文。”

据《水经注》，千金堨是“魏明帝修王、张故绩也”。王即王梁，张为张纯，都是东汉时人。据《后汉书》，建武五年（29 年），王梁“为河南尹，梁穿渠引谷水注洛阳城下，东泻巩川，及渠成，而水不流，”[1] 即引水没有成功。到建武二十三年（47 年），张纯“为大司空。……明年，上穿阳渠，引洛水为槽，百姓得其利。”[2]《水经 · 谷水注》云：“张纯堰洛而通漕，洛中公私怀赡。是渠今引谷水，盖纯之创也。”

曹魏太和五年（231 年）重修千金堨，并由千金渠引水向洛阳城供水。晋武帝泰始七年（271 年）因大水高出常水位三丈，冲坏两处引水渠首。灾后重修千金堨，增高一丈四尺，并在五龙渠开代龙渠两条，以备泄水。

又据《水经注》，“《地记》曰：洛水东北过五零陪尾北，与涧瀍合，是二水东入千金渠，故渎存焉”[3]。即千金堨所形成的水库南有瀍水故道，通洛水（图 3–2–4），被用作水库溢洪道的尾渠，以备洪水的宣泄，保证千金堨的安全，使洛阳城免受洪水之灾[4]。

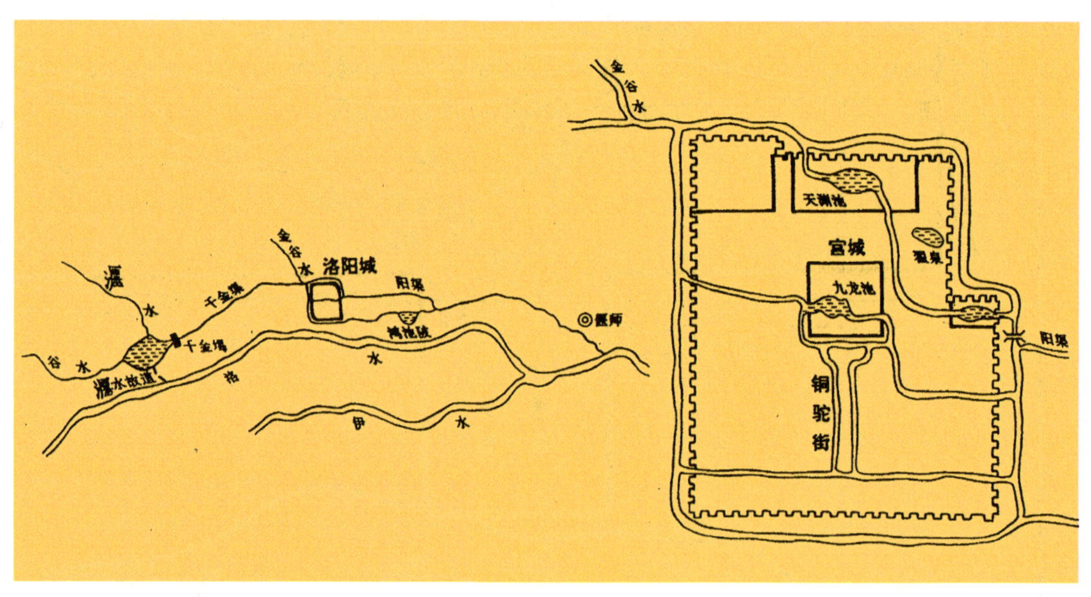

图 3–2–4 汉魏洛阳城水利示意图（郑连第．六世纪前我国的城市水利——读水经注札记之一，论文插图）

为了确保洛阳城的安全，除利用瀍水故道作水库溢洪道的尾渠外，在千金渠上离洛阳城七里处，筑长分桥，作为分洪工程设施。据《洛阳伽蓝记》记载：

“出阊阖门城外七里（有）长分桥。中朝时以谷水浚急，注于城下，多坏民家，立石桥以限之，长则分流入洛，故名长分桥。”[5]

[1] 后汉书 · 王梁传．

[2] 后汉书 · 张纯传．

[3] 水经 · 谷水注．

[4] 郑连第．六世纪前我国的城市水利——读水经注札记之一．中国科学院水利电力部水利电力科学研究院，科学研究论文集，水利史．第一版．北京：水利电力出版社，1982：12．

[5] 杨衒之．洛阳伽蓝记．卷 4，城西．

四、规划建设了具有供水、排水、排洪、调蓄等多功能的城市水系（图 3–2–5）

千金渠至洛阳城西北角外与金谷水汇流，由城西北角进入护城河，向东向南分为两派，分别绕城四面，在城东建春门外汇合为阳渠，东流而去。护城河又分出三条渠道入城：一条自北穿城墙入华林园，经天渊池出园南流，东注南池，即翟泉，再注入护城河；一条自西入城，至宫城外分为两支，一支由宫城西墙下的石涵洞入城，注入九龙池，再东流出宫城，南流东注入护城河，另一支沿墙外南流转东，再分为两支夹铜驼南行，流入南渠；一条即南渠，由西墙南侧入城东流穿城，再出城流入护城河。护城河水由城东南角东流入阮曲渠，再东注入鸿池陂，再东流，合阳渠水，东流至偃师，南入洛水[1]。

关于其城市水系，《水经 · 谷水注》中有详尽的记载，其中还记载了城内沟渠工程质量之高超："魏太和中，皇都迁洛阳，经构宫极，修理街渠，务穷（幽）隐，发石视之，尝无毁坏，又石工细密，非今之[知]所拟，亦奇为精至也，遂因用之。"

对于古籍中的这些记载，通过近年的考古发掘，已逐渐被证实。关于大城的护城河，已探明其中部分河段情况。"至大城东北角，这段河道与北垣平行东流，相距约 20 ~ 35m，宽 20 ~ 24m，淤土深达 4m 以上。"而东边的护城河，"其宽度约 18m、29m、40m 不等，北窄南宽，淤土深达 3m 以上。"[2]

为了了解其行洪能力，可计算北边护城河行洪断面积。取其上宽为 22m，深 4m，设其边坡度为 2 ： 1，则其底宽为 18m，行洪断面为 $80m^2$。

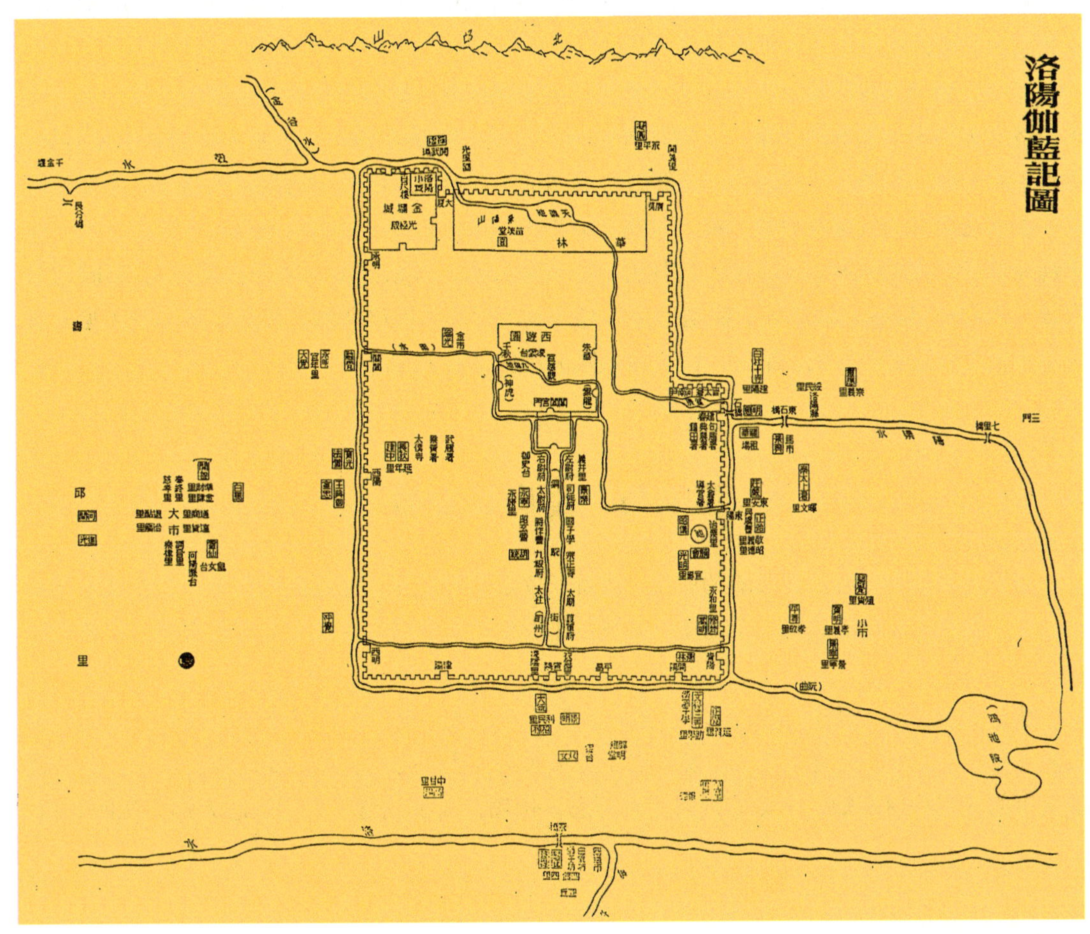

图 3–2–5 魏洛阳城平面图（洛阳伽蓝记图）

[1] 水经 · 谷水注 .

[2] 中国科学院考古研究所洛阳工作队 . 汉魏洛阳城初步勘查 . 考古，1973，4：198–208.

汉魏洛阳城内城周长约为14.5km，环城护城河约长14.8km，其蓄水容量为118.4万m^3。相当于一座小型水库。其内城总面积为9.5km^2，仅以城壕计，其城内河道密度已达1.558km/km^2。

此外，汉魏洛阳城内外有许多湖池以备蓄泄。城外有鸿池陂，“在洛阳东二十里……池东西千步，南北千一百步，四周有塘，池中又有东西横塘，水溜迳通。”[1] 其面积是很大的。

据《洛阳加蓝记》记载：

“太仓南有翟泉，周回三里。……水犹澄清，洞底明静，鳞甲潜藏，辨其鱼鳖。……泉西有华林园，高祖以泉在园东，因名苍龙海。华林园中有大海，即汉（魏）天渊池，池中犹有文帝九华台。高祖于台上造清凉殿。世宗在海内作蓬莱山，山上有仙人馆。上有钓台殿，并作虹蜺阁，乘虚来往。至于三月禊日，季秋巳辰，皇帝驾龙舟鷁首，游于其上……

景阳山南有百果园，果列作林，林各有堂。有仙人枣，长五寸。把之两头俱出，核细如针。霜降乃熟，食之甚美。俗传云出昆仑山，一曰西王母枣。又有仙人桃，其色赤，表面照彻，得霜即熟。亦出昆仑山，一曰王母桃也。”

“柰林西有都堂，有流觞池，堂东有扶桑海。凡此诸海，皆有石窦流于地下，西通谷水，东连阳渠，亦与翟泉相连。若旱魃为害，谷水注之不竭；离毕滂润，阳谷泄之不盈。至于鳞甲异品，羽毛殊类，濯波浮浪，如似自然也。”[2]

由上可知，汉魏洛阳城的水系环城水脉通畅，行洪迅速，可蓄可泄，不竭不盈，既可驱旱魃，又可防雨潦，此外还有溉田灌圃和水产养殖、造园绿化和水上娱乐、改善城市环境等多种功用，是我国古代城市建设史上的杰作。

综观汉魏洛阳城的城市防洪，由于北魏以前未筑外郭，故城外受伊、洛泛滥之灾，历史上伊、洛水患均发生在北魏之前。北魏筑外郭城，是城市防洪上的一大进步，北魏时未见有伊、洛水患的记载，即是其外郭城防洪发挥效益的明证。其第三、四两项防洪减灾措施，主要用以减少谷水泛滥之灾及城内雨潦之灾。四朝都洛共333年，只有一次明确记载谷水泛滥之灾，即北魏孝武帝“太昌元年（532年）六月庚午，京师大水，谷水泛溢，坏三百余家”。那时已是北魏（386～534年）末年，可能是千金堨等水利工程年久失修所致。此外，此期间未见有城内雨潦致灾的记载，可见，第三、四项防洪减灾措施是有效的。

第三节　隋唐长安城

唐代是我国封建社会最强盛的朝代，唐都长安是当时世界上最壮丽的都市，它在城市规划和建设上取得了卓越的成就，无论在中国城市建设史和世界城市建设史上都占有举足轻重的地位。

唐长安城的前身是隋大兴城。隋文帝杨坚开皇二年（582年）创建大兴城[3]，到隋炀帝大业九年（613年）三月“丁丑，发丁男十万城大兴”[4]，筑起了外郭城，才告完工。总领建都之事的是左仆射高颎，宇文恺则因“有巧思，诏领营新都副监。高颎虽总大纲，凡所规画，

[1] 水经·谷水注.

[2] 杨衒之．洛阳伽蓝记，卷1，城内.

[3] 隋书，卷1.

[4] 隋书，卷4.

皆出于恺。”[1] 宇文恺是我国历史上著名的建筑师、规划师。唐长安城沿用隋大兴城旧制，并加以修建、扩建。直至唐昭宗天祐元年（904 年）朱全忠逼昭宗迁都洛阳，长安城遭毁灭性破坏为止，唐代都长安达 286 年。而隋代自隋文帝开皇三年（583 年）迁入大兴城，至公元 618 年为唐高祖李渊所代，都大兴共 35 年。隋唐两代共都长安达 321 年。

据《新唐书 · 五行志》和《旧唐书 · 五行志》的记载，唐长安城因暴雨或久雨排泄不畅而致潦灾达十多次，且造成严重损失，详见表 3–3–1。

唐长安水灾统计表 **表 3–3–1**

序号	年份	水灾情况	资料来源
1	永淳元年（682）	六月乙亥，京师大雨，水平地深数尺。	新唐书 · 五行志
2	开元八年（720）	六月庚寅夜……京师兴道坊一夕陷为池，居民五百余家皆没不见。	新唐书 · 五行志
3	天宝十三年（754）	秋，京城连月澍雨……京城坊市墙宇，崩坏向尽。	旧唐书 · 五行志
4	上元二年（761）	京师自七月多霖雨，八月尽方止，京城官寺庐舍多坏。	旧唐书 · 五行志
5	永泰元年（765）	九月，大雨，平地水数尺，沟河涨溢，时吐蕃寇京畿，以水，自溃而去。	旧唐书 · 五行志
6	大历十一年（776）	七月戊子，夜澍雨，京师平地水尺余，沟河涨溢，坏民居千余家。	新唐书 · 五行志
7	贞元二年（786）	夏，京师通衢水深数尺……溺死者甚众。	旧唐书 · 五行志
8	元和八年（813）	六月庚寅，京师大风雨……水积城南，深处丈余……辛卯，渭水水暴涨，毁三渭桥，南北绝济者一月。	旧唐书 · 五行志
9	元和十一年（816）	八月甲午，渭水溢，毁中桥。	新唐书 · 五行志
10	元和十二年（817）	六月，京师大雨，街市水深三尺，坏庐舍二千家，含元殿一柱陷。	旧唐书 · 五行志
11	开成五年（840）	七月，霖雨，葬文宗，龙辒陷不能进。	新唐书 · 五行志

唐长安水患的严重程度是令人吃惊的，比如：大历十一年（776 年）“七月戊子，夜澍雨，京师平地水尺余，沟渠涨溢，坏民居千余家。”贞元二年（786 年）“夏，京师通衢水深数尺……溺死者甚众。”元和八年（813 年），“六月庚寅，京师大风雨……水积城南，深处丈余……辛卯，渭水暴涨，毁三渭桥，南北绝济者一月。”元和十二年（817 年）“六月，京师大雨，街市水深三尺，坏庐舍二千家，含元殿一柱陷。”

由永淳元年（682 年）至元和十二年（817 年）共 135 年中，渍水之灾严重者有 10 次，平均每 13.5 年一次，其灾害的频繁也是同样令人吃惊的。

由考古发掘可知，唐长安城在规划设计时是考虑了排水问题的。城内大部分街的两侧或一侧都建有排水沟，沟的宽度都在 2.5m 以上，都是口宽底窄，两壁倾斜。朱雀街两侧的水沟形制是：沟上口宽 3.3m，底宽 2.34m，沟东壁（即朱雀街的西边）深 2.1m，另一壁深 1.7m。断面为上宽下窄的梯形。沟两壁均呈 76° 的坡度，沟壁修制得很光整，未加木板或砌砖。

[1] 隋书 · 宇文恺传 .

在西市的街道两侧，都有与街平行的水沟。水沟分早晚两次修建。早期沟底距晚期路面深2.1m，沟底宽0.75m，上口宽0.9m。沟壁未砌砖，但在两壁上均附有木板，在木板之外竖有立柱，以防沟壁坍塌。晚期水沟是因路面升高，早期沟被淤土填塞，失去排水功能，便在其上面建新沟，沟口与沟底均宽1.15m，深0.65m，沟口与晚期街道平，两壁砌以长方砖，沟底平铺素面方砖。考古表明，城内各街之沟大致都与朱雀街之沟的宽度和深度相同，即上口宽3.3m，底宽2.34m，深1.7 ~ 2.1m[1]。

虽然唐长安街道两旁均有排水沟渠，但排水效果均不理想。唐长安城水患频繁，是由于其在城市防洪存在如下不足或失误[2]：

一、排水系统的规划设计不够完备

为了弄清唐长安城排水系统的不足，首先得了解中国古城的排水系统的特点。

中国古城的排水系统有两个显著的特点：

一是环城壕池乃是古城排水系统的干渠且起重要的排水作用；二是许多古城内部挖有排洪的河道，作为排水系统的城内的干渠。本书以上所述各城，如齐临淄城、楚纪南城、吴大城、西汉长安城、汉魏洛阳城都是如此，有着较为完备的城市排水排洪干渠系统，因而取得了较好的排水排洪效果。古城排水系统的以上两个特点，也是其规划设计上的重要的和成功的经验，而唐长安城却没有很好地采纳这些经验。

唐长安城有三重城墙（图3-3-1），但仅外郭城外有一圈壕池，其郭城周长为36.7km[3]，假定郭城外一圈均有壕池，其长度约为37km。

唐长安城中有若干渠道，吕大防《长安图》记述：

“以渠导水入城者三：一曰龙首渠，自城东南导浐，至长乐坡酾为二渠：一渠北流入苑，一经通化门兴庆宫自皇城入太极宫；二曰永安渠，导交水，自大安坊西街入城，北流入苑注渭；三曰清明渠，导坑水，自大安坊东街入城，由皇城入太极宫。”[4]

以上三条渠道主要是解决城内供水问题，并不是作为城内排洪河道进行设计的。三渠中仅永安渠最后泄水于渭河，其他两渠均无最后排出城外去路，对排洪无大作用。

除三渠外，城内还有一条漕渠。据《唐两京城坊考》记载：

“漕渠，天宝元年开。京兆尹韩朝宗分潏水，入自金光门，置潭于西市之街，以贮材木。永泰二年，京兆尹黎干以京城薪炭不给，又自西市引渠，经光德坊京兆府东，至开化坊荐福寺东街，北至务本坊国子监东，由子城东街，逾景风、延喜门入苑。渠阔八尺，深一丈。”[5]

该渠北流入苑后如何泄水，未见记载。

唐长安城面积达83km^{2}余[6]，城内未规划设计排洪的干渠，37km长的壕池是它惟一的排洪干道，城市河道密度仅为0.45km/km^2，为汉长安城（1km/km^2）的1/2弱，为楚都纪南城（1.47km/km^2）的1/3弱，其密度是很低的。

唐长安城排水系统的另一大特点，是它的排洪干渠的行洪断面太小。

唐长安城的城壕宽9m，深4m[7]，假定其边坡度为2 ∶ 1，则底宽5m，行洪断面仅为

---

[1] 中国科学院考古研究所西安唐城发掘队．唐代长安城考古纪略．考古，1963，11：595-611.

[2] 吴庆洲．唐长安在城市防洪上的失误．自然科学史研究，1990，9（3）：290-296.

[3] 宿白．隋唐长安城和洛阳城，考古，1978，6：409.

[4] 云麓漫钞，卷8．转引自黄盛璋著．历史地理论集．第一版．北京：人民出版社，1982：21，22.

[5] 清．徐松．唐两京城坊考，卷4.

[6] 中国科学院考古研究所西安唐城发掘队．唐代长安城考古纪略．考古，1963，11：595 ~ 611.

[7] 宿白．隋唐长安城和洛阳城，考古，1978，6：409.

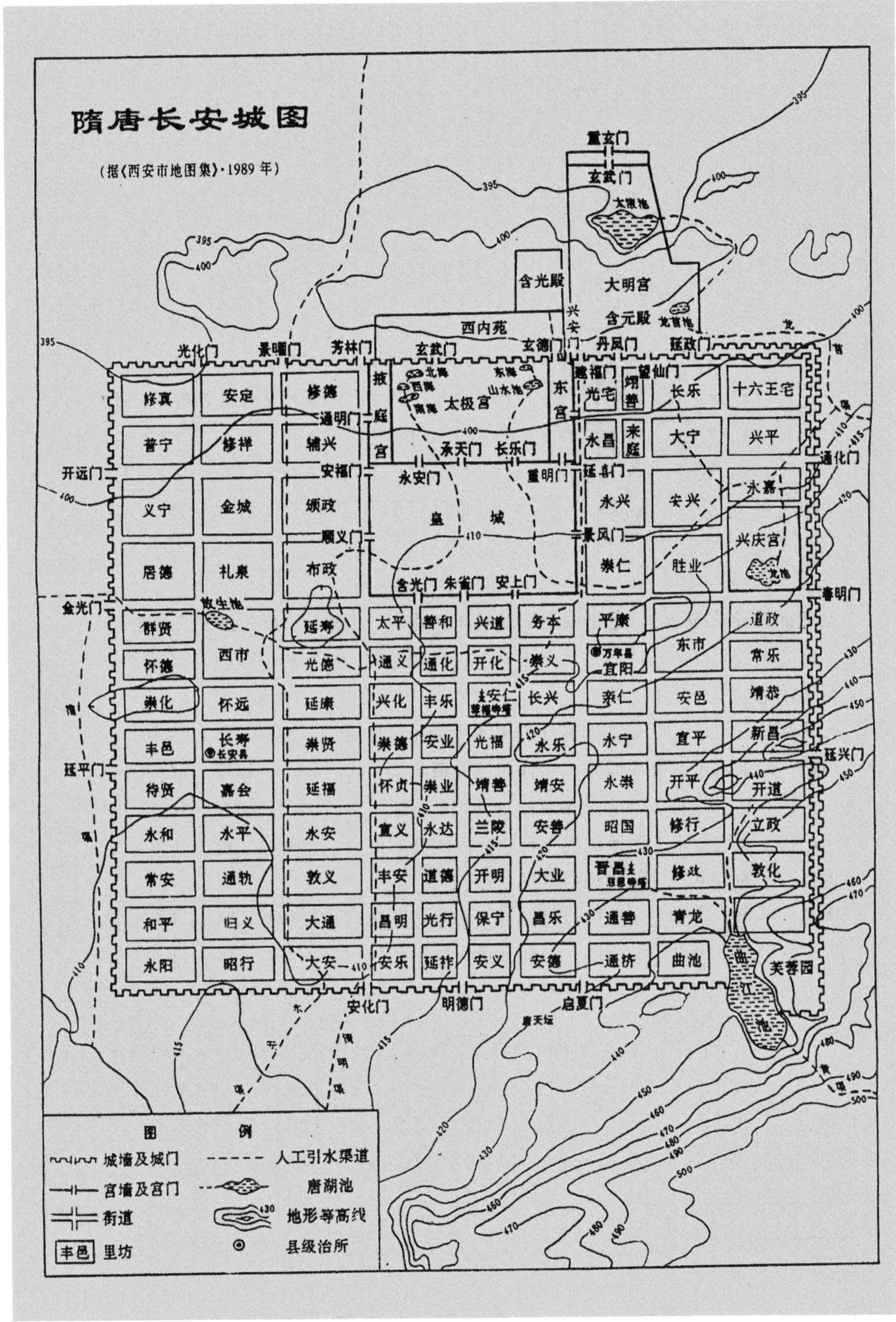

图 3-3-1 隋唐长安城图（自马林正编著．中国城市历史地理：211）

$28m^2$。它的行洪断面仅为临淄城的河道（$55.5m^2$）的 1/2，为楚都纪南城护城河道（$232m^2$）的 1/8 弱，为汉魏洛阳城北边护城河（$80m^2$）的 1/3 强，仅大于汉长安城（$19.5m^2$）。

由以上论述和比较可知，唐长安城的排洪干渠密度太低，而且干渠的行洪断面也太小，其排水系统的规划设计是欠完备的。

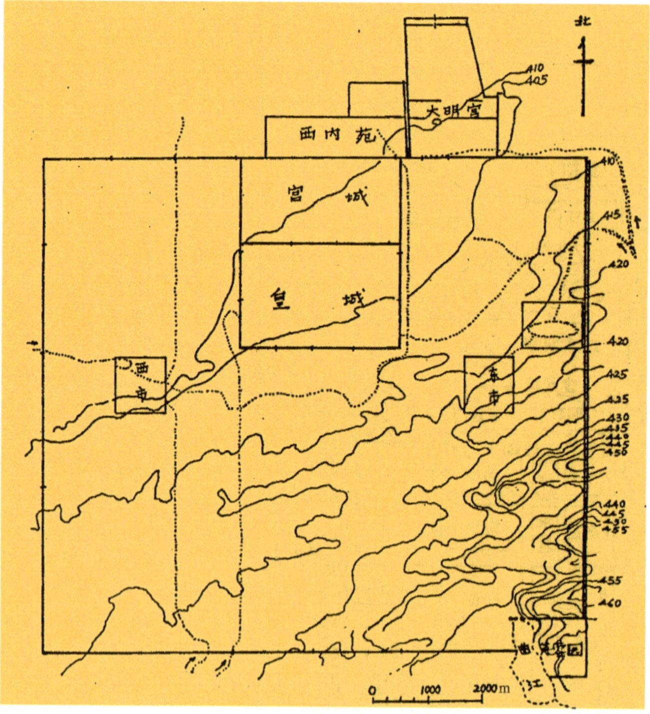

图 3-3-2 唐长安城地形示意图

二、未针对地形特点采取相应的防洪排水对策

按照地形特点进行城市的排水系统的规划设计，这是我国古代城市排水系统设计的传统经验。

北京的地形北高南低，元大都城干渠的排水方向则自北而南，与地形坡度的方向一致。北京城的排水系统也是这样，顺自然地势自北而南进行规划设计 [1]。

明清紫禁城也不例外。其北部地坪要较南部高1m多，故内金水河自城西北方向（乾方）引水入城，然后沿内廷宫墙之外的西侧南行，再转东，由城东南方（巽方）出城 [2]。由于根据地势地形设计排水系统，因此排水很顺畅。

唐长安城的情况与北京不同，其地势东南高，西北低，而城中间地势最低，整个城址地坪呈簸箕形（图3-3-2）。为了防止因排水不佳而致涝，可以采取相应的防洪排水对策。

最有效而较简单的办法，是把城中间最低洼之处进一步挖深，成为巨大的湖池，既可蓄水，又可用挖出的土把周围各坊垫高，使之不易受灾。城中的湖池可以建成宫苑区或游览胜地，如北京三海然。这种办法应是上策。

如不采用这种办法，为使城内各处的雨水径流不致向城中最低处汇流，城中得规划建设若干排洪河道，使洪水迅速排往城外，另外应建设截洪沟，或在沟渠上设闸，以便节制径流流向城中最低区域。尽管这样，城中间最低地区本身的因暴雨或久雨形成的地面径流仍难以排泄，可在该区挖若干池塘蓄水，所挖的泥土可垫高区内其余地方。这种办法比上一种办法复杂，但也可以收到一定的效果，可以称为中策。

令人遗憾的是，隋唐长安城的规划师并没有根据地形特点采取相应的防洪排水措施，而只是按常规在街道两边建设排水沟渠。即便是排水沟渠的设计，也存在问题。排水沟渠的排水断面应根据排水量的大小而大或小。唐长安城的街道宽窄不一，最宽的是朱雀大街，宽达155m，其余各街分别宽134m、120m、108m、75m、68m、67m、63m、59m、55m、45m、44m、42m、40m、39m、25m[3]，路面宽度相差悬殊，最宽的（朱雀街宽155m）为最窄的（顺城街宽25m）5倍多。而据考古钻探，其他各街沟与朱雀大街的街沟形制大致相同，各沟大致都与发掘的朱雀街之街沟的宽度和深度相同 [4]。以标准的断面去取代因地制宜的街沟断面设计，这显然是不科学的。

由于以上失误，唐长安城一旦下暴雨，各街道的水就会向低洼处汇流，地势最低的城中部各坊就会受涝灾。开元八年（720年）六月二十一日晚因暴雨，“京师兴道坊一夕陷为池，居民五百余家皆没不见” [5]，酿成了巨灾，而兴道坊恰好在城内最低之处。

[1] 侯仁之著．历史地理学的理论与实践．第一版．上海：上海人民出版社，1979：81，201，202．

[2] 于倬云著．紫禁城宫殿．第一版．香港：商务印书馆分馆，1982：27，28．

[3] 中国科学院考古研究所西安唐城发掘队．唐代长安城考古纪略．考古，1963，11：595-611．

[4] 中国科学院考古研究所西安唐城发掘队．唐代长安城考古纪略．考古，1963，11：595-611．

[5] 新唐书·五行志．

三、城市水系缺乏足够的调蓄能力

中国古城的壕池、城河、湖池、沟渠所形成的城市水系，具有一定的调蓄能力，这对城市在暴雨或久雨后防止涝灾具有重要的作用。

唐长安城的城壕长约 37km，其断面为 28m^2，环城壕池的调蓄总容量为 103.6 万 m^3。

除城壕外，不妨对其他沟渠湖池的容量做一些近似的计算。

先近似计算一下城内街两旁沟渠的总容量。

外郭城东西长 9721m（包括东西两城墙厚度在内，以下同），南北长 8651.7m。皇城东西长 2820.3m，南北长 1843.6m（由南城墙的外侧到宫城南墙的南侧），内有东西向街 7 条，南北向街 5 条。由明德门（外侧）至皇城的朱雀门（南侧）为 5316m，郭城厚 9 ~ 12m，宫城厚 14 ~ 18m[1]。

东西街道长：9721m−2×10.5m=9700m。

南北街道长：8651.7m−2×10.5m=8630.7m。

皇城前南北街长：5316m−10.5m=5305.5m。

皇城两侧东西街长：9700m−2820.3m=6879.7m。

皇城内东西街道长：2820.3m−2×16m=2788.3m。

皇城内南北街道长：1843.6m−16m=1827.6m。

水沟断面为：（3.3+2.34） ÷2×1.9=5.358m^2。

南北向街道的水沟总长为：2×8×8630.7m+2×3×5305.5m+2×5×1827.6m=188200.2m。

东西向街道的水沟总长为：2×10×9700m+2×4×6879.7m+2×7×2788.3m=288073.8m[2]。

街两侧水沟总容量为：5.358× （188200.2+288073.8）=2551876m^3=255.2 万 m^3。

曲江池的容量。池为南北长、东西短的不规则形状，面积约 70 万 m^2，池底有淤泥约 2.8m。池中部最低处为 436m，一般高度在 440 ~ 442m 间，池岸低处约 444m[3]，即池水一般深 2 ~ 4m。今以深 3m 为其平均数，算出其蓄水容量为 210 万 m^3。

龙池的容量。其面积 18.2 万 m^2，深度由 0.2 ~ 1.2m 不等[4]，以平均 0.7m 计，可容水 12.74 万 m^3。

放生池及其东南的池的容量。放生池面积约 2.27 万 m^2，深度 3 ~ 6m 多不等，以平均深 4.5m 计，其容量约 10.2 万 m^3。其东南的池面积约 2000m^2[5]，其容量最多约 1 万 m^3。

将以上各项相加，得全城水系蓄水总容量 592.74 万 m^3。

以全城 83km^2 计，城内每平方米面积得到 0.0714m^3 的容量。若取径流系数为 0.5，假定这些沟渠湖池内无水，又假定雨水流进后不排走，则在唐长安城范围内一次降雨 142.8mm 的情况下，这些沟渠湖池正好被雨水装满。虽然这只是一种理想状态，却可以说明，城市水系的容量越大，越可避免涝灾。

---

[1] 中国科学院考古研究所西安唐城发掘队．唐代长安城考古纪略．考古，1963，11：595−611.

[2] 东西市水沟与街沟不同，兹忽略，视为相同．

[3] 黄盛璋著．历史地理论集．第一版．北京，人民出版社，1982：38，39．文中谈到池西北部地势较低，但北池头附近有一高地为 445m，可利用建坝扩大池的容量，据此及 39 页地形图，估计池岸低处约 444m.

[4] 陕西省文物管理委员会．唐长安城地基初步探测．考古学报，1958，3：86.

[5] 中国科学院考古研究所西安唐城发掘队．唐代长安城考古纪略．考古，1963，11：607．作者依其资料计算出两池面积．

楚都纪南城面积约 16km²，蓄水总容量为 461.7 万 m³，平均每平方米有 0.2886m³，为唐长安城的 4 倍。

本章以下各节将计算宋东京、元大都、明清北京城的城市水系的调蓄容量，它们的面积小于唐长安城，而调蓄容量却比唐长安城大得多。应该说，面积达 83km² 的唐长安城，其水系蓄水总容量仅 592.74 万 m³，实在是太少了，这也是唐长安城致涝的重要原因之一。

四、对城市排洪设施缺乏积极的管理措施

查史书，有关唐长安城对排洪设施的管理仅有一次记载：

唐玄宗开元十九年（731 年）"夏六月，诏修理两都街市、沟渠、桥道。"[1]"其旧沟渠，令当界乘闲整顿疏决。"[2]

唐长安城因暴雨或久雨成灾，很少见有采取积极措施的记载，只是进行禳灾之祭，以祈晴。

据《新唐书·五行志》记载，开元二年（714 年），"五月壬子，久雨，禜京城门。"天宝十三年（754 年），"秋，大霖雨，害稼，六旬不止。九月，闭坊市北门，盖井，禁妇人入街市，祭玄冥太社，禜明德门，坏京城垣屋殆尽，人亦乏食。"大历四年（769 年），"四月，雨，至于九月，闭坊市北门，置土台，台上置坛，立黄幡以祈晴。"咸通九年（868 年），"六月，久雨，禜明德门。"

出于相信"阳德衰则阴气胜，故常雨"，因此得驱除阴气。由于北为阴，故关坊市北门；妇人属阴性，故禁入街市。在南边（属阳）的明德门设禳灾之祭，以求晴。这种迷信而不是科学的做法当然是毫无效果的。

前面谈到唐长安城外的一圈城壕，是城市的排水排洪干渠，宽 9m，深 4m，考古发掘证明，此城壕到中唐［大历元年（766 年）至元和十五年（820 年）］以后，逐渐废弃填平[3]。

由表 3-3-1，自唐初（618 年）至永泰元年（765 年）共 148 年中，有水灾 5 次，平均 30 年一次。自大历元年（766 年）至唐末（904 年）共 139 年间，有水患 6 次，平均 23 年一次，水灾频率增加。自永淳元年（682 年）至永泰元年（765 年）共 84 年间，有水患 5 次，平均 17 年一次。自大历元年（766 年）至开成五年（840 年）共 75 年间，有水患 6 次，平均每 12.5 年一次。以上统计表明，由中唐起，由于城壕逐渐废弃填平，未能发挥其排水干渠的作用，唐长安城的水患频率有明显的增加。这也从反面证明了城壕作为排水排洪干渠的重要性。

以上分析论述说明了，对城市排洪设施缺乏积极的管理措施，是其城市水患频繁的原因之一。而不采取积极的防洪排水措施，除迷信思想作祟外，与唐统治者不关心百姓疾苦有关。由于唐长安宫城、皇城位于高坡之上，排水便利，因此罕有水患，受水灾的多为城内平民百姓。

以上分析了唐长安城在城市防洪上的不足和失误，导致了频繁的水患。然而，唐代长安温暖多雨则是水患的客观原因。

根据竺可桢先生的研究，中国的气候在 7 世纪的中期变得和暖，公元 650 年、669 年和 678 年的冬季，国都长安无冰无雪。8 世纪初期，梅树生长于皇宫[4]。而历史记载也表明，唐长安常有暴雨和久雨，除表 3-3-1 所列外，尚有如下大雨和久雨的记录：

---

[1] 历代宅京记，卷 6.

[2] 册府元龟，卷 14，帝王部，都邑二.

[3] 张永禄著．唐都长安．第一版．西安：西北大学出版社，1987：28.

[4] 竺可桢．中国近五千年来气候变迁的初步研究．考古学报，1972，1：22.

有关唐长城大雨久雨的记载　表 3–3–2

序号	年份	雨情记录	资料来源
1	武德六年（623）	武德六年秋，关中久雨。	新唐书·五行志
2	贞观十五年(641)	贞观十五年春，霖雨。	新唐书·五行志
3	永徽六年（655）	永徽六年八月，京城大雨。	新唐书·五行志
4	显庆元年（656）	显庆元年八月，霖雨，更九旬乃止。	新唐书·五行志
5	仪凤三年（678）	五月壬戌大雨霖。	新唐书·高宗本纪
6	永淳元年（682）	永淳元年六月十二日，连日大雨至二十三日……西京平地水深四尺。	旧唐书．五行志
7	先天二年（713）	先天二年六月辛丑，以雨霖避正殿减膳。	新唐书·睿宗本纪
8	开元二年（714）	开元二年五月壬子，久雨，禜京城门。	新唐书·五行志
9	开元八年（720）	八年六月二十一日夜暴雨……京城兴道坊一夜陷为池，一坊五百余家俱失。	旧唐书·五行志
10	开元十六年(728)	十六年九月，关中久雨，害稼。	新唐书·五行志
11	开元十八年(730)	开元十八年二月丙寅大雨。	新唐书·玄宗本纪
12	天宝五年（746）	天宝五年秋，大雨。	新唐书·五行志
13	天宝十二年(753)	天宝十二年八月，京师连雨二十余日，米涌贵。	册府元龟
14	天宝十三年(754)	十三年秋，大雨霖，害稼，六旬不止。九月，闭坊市北门，盖井，禁妇人入街市，祭玄冥太社，禜明德门，坏京城垣屋殆尽，人亦乏食。	新唐书·五行志
15	至德二年（757）	至德二年三月癸亥，大雨，至甲戌乃止。	新唐书·五行志
16	上元元年（760）	上元元年四月，雨。迄闰月乃止。	新唐书·五行志
17	上元二年（761）	二年秋，霖雨连月，渠窦生鱼。	新唐书·五行志
18	广德元年（763）	广德元年九月，大雨，水平地数尺，时吐蕃寇京畿，以水自溃去。	新唐书·五行志
19	永泰元年（765）	永泰元年九月丙午，大雨，至于丙寅。	新唐书·五行志
20	大历四年（769）	大历四年四月，雨，至于九月，闭坊北门，置土台，台上置坛，立黄幡以祈晴。	新唐书·五行志
21	大历五年（770）	五年夏，大雨，京城饥，出太仓米，减价，以救人。	旧唐书·五行志
22	大历六年（771）	六年八月，连雨，害秋稼。	新唐书·五行志
23	大历十二年(777)	十二年秋，京畿及宋、亳、滑三州大雨水，害稼。	新唐书·五行志
24	贞元二年（786）	贞元二年六月丁酉，大风雨，京城通衢水深数尺，有溺死者。	新唐书·五行志
25	贞元四年（788）	四年八月，连雨，灞水暴溢，溺杀渡百余人。	旧唐书·五行志
26	贞元十年（794）	十年春，雨，至闰四月，间止不过一二日。	新唐书·五行志
27	贞元十一年(795)	十一年秋，大雨。	新唐书·五行志
28	贞元十九年(803)	十九年八月己未，大霖雨。	新唐书·五行志
29	元和四年（809）	元和四年四月，册皇太子宁，以雨沾服罢。十月，再择日册，又以雨沾服罢。近常雨也。十月丁未，渭南暴水，漂民居二百余家。	新唐书·五行志
30	元和六年（811）	六年七月，霖雨害稼。	新唐书·五行志

续表

序号	年份	雨情记录	资料来源
31	元和八年（813）	六月庚寅，大风，毁屋扬瓦，人多压死；京师大水，城南深丈余，入明德门，犹渐车辐。辛卯，渭水涨，绝济。	新唐书·五行志
32	元和十二年(817)	十二年五月，连雨。八月壬申，雨，至于九月戊子。	新唐书·五行志
33	元和十五年(820)	十五年二癸未，大雨。八月，久雨，闭坊市北门。	新唐书·五行志
34	宝历元年（825）	宝历元年六月，雨，至于八月。	新唐书·五行志
35	会昌三年（843）	会昌三年九月丁未，以雨霖，理囚免京兆府秋税。	新唐书·武宗本纪
36	大中四年（850）	大中四年四月壬申，以雨霖，诏京师关辅理囚蠲度支盐铁户部逋负。	新唐书·宣宗本纪
37	大中十年（856）	大中十年四月，雨，至于九月。	新唐书·五行志
38	咸通九年（868）	咸通九年六月，久雨，禜明德门。	新唐书·五行志
39	广明元年（880）	广明元年秋八月，大雨霖。	新唐书·五行志
40	乾宁元年（894）	乾宁元年七月，以雨霖避正殿，减膳。	新唐书·昭宗本纪
41	天复元年（901）	天复元年八月，久雨。	新唐书·五行志

由表 3-3-2 可知，自唐武德六年（623 年）至天复元年（901 年）的 278 年间，唐长安大雨、久雨的记录达 41 次，加上表 3-3-1 不重复的年份，达 44 次，平均 6.3 年一次。正是这温暖多雨的气候，使城内因暴雨或久雨致涝，也使其排水系统规划设计上的缺陷和管理上的弱点暴露无遗。

然而，唐长安城的城市防洪并非全无是处，仍有其优点和可供借鉴之处：

（一）选址于龙首原南麓，无江河洪水之患

西汉长安城选址于龙首原北麓，北临渭河，由于渭河河床的摆动迁移，汉长安城在一定程度上仍受到渭河洪水的威胁。隋文帝不在汉长安城址上建都，一是嫌其“制度狭小，不称皇居，”[1] 二是因“汉营此城，将八百岁，水皆咸，不甚宜人。”[2] 此外，还有一个重要原因，就是感到汉长安城有受渭河洪水淹没的危险。据《隋唐嘉话》载：“隋文帝梦洪水没城，意恶之，乃移都大兴。”[3] 大兴城有龙首原为屏障，远离渭河，城市不再受到渭河洪水的威胁，在这点上，其选址是高明的。

（二）充分利用地形地势，将宫城、皇城及庙宇等重要建筑置于六坡之上（图 3-3-3）

据《元和郡县图志》记载：

“隋氏营都，宇文恺以朱雀街南北有六条高坡，为乾卦之象，故以九二置宫殿，以当帝王之居，九三立百司，以应君子之数，九五贵位，不欲常人居之，故置玄都观及兴善寺以镇之。”[4]

---

[1] 通志，卷 41.

[2] 资治通鉴，卷 175，陈纪九 .

[3] 隋唐嘉话，卷上 .

[4] 元和郡县图志，卷 1，关内道 .

宫城、皇城及庙宇等重要建筑置于六坡之上，使这些建筑更显得高大壮丽，美化了帝都景观，同时也利于军事防御和防洪排水，这是城市规划建设上综合考虑各种因素的成功经验，是值得借鉴的。

图 3-3-3 唐长安六坡地形示意图（马正林．唐长安整体布局的地理特征，插图）

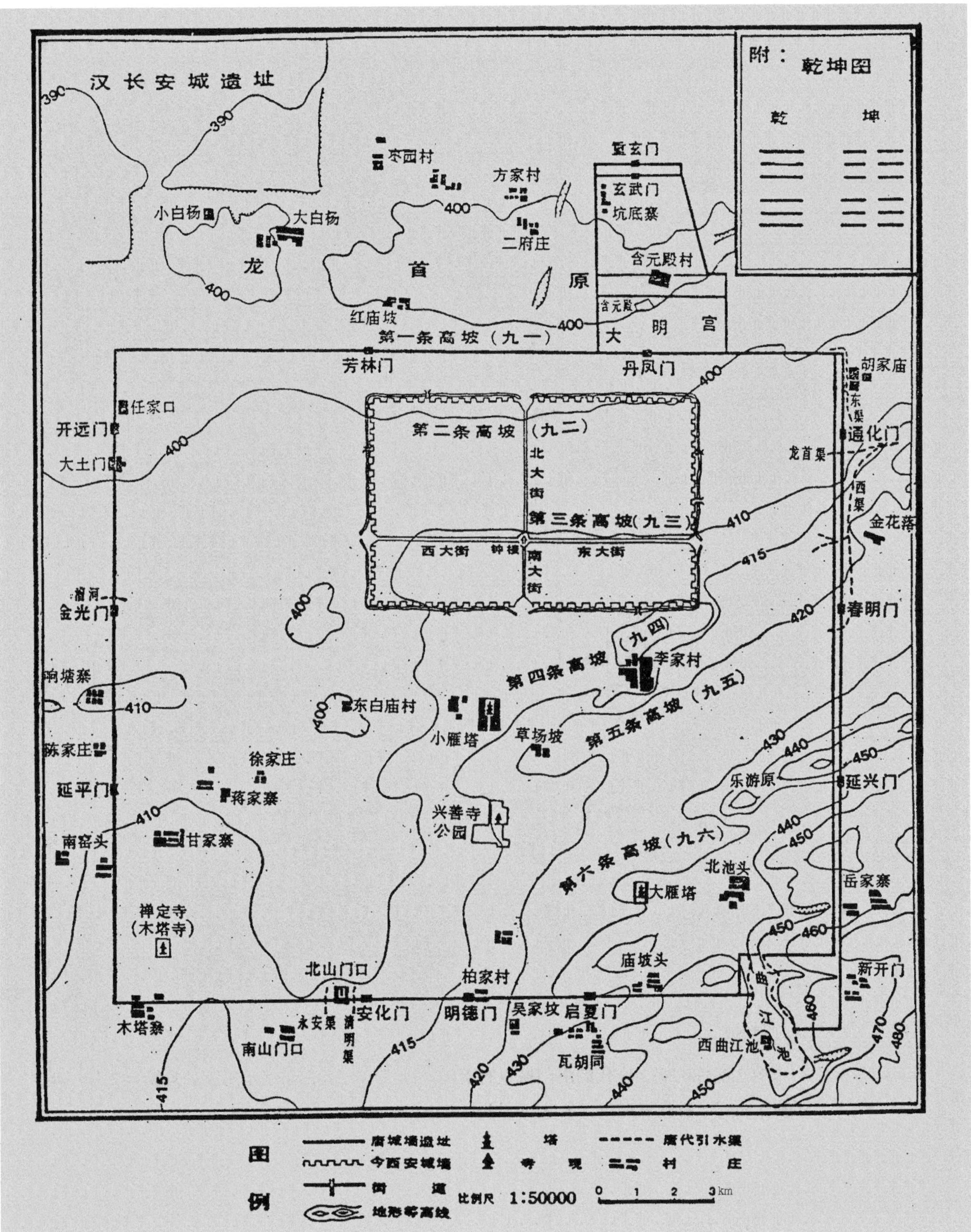

第四节 隋唐东都洛阳城

隋仁寿四年（604 年），太子杨广杀文帝自立，称为炀帝。为了进一步控制关东和江南，大业元年（605 年）三月，炀帝命尚书令杨素、将作大匠宇文恺营建新都。当时，因汉魏洛阳故城荒颓不堪，故选址其西 18 里营建新都，并"徙豫州郭下居人以实之……徙天下富商大贾数万家于东京。"不到一年，即大业二年（606 年）春正月，就建成东都洛阳城[1]。宇文恺是总规划师和设计师。唐代虽对洛阳继续建设，但总体布局没有大的变动。唐洛阳是继唐长安之后的又一座壮丽的都市（图 3–4–1）。

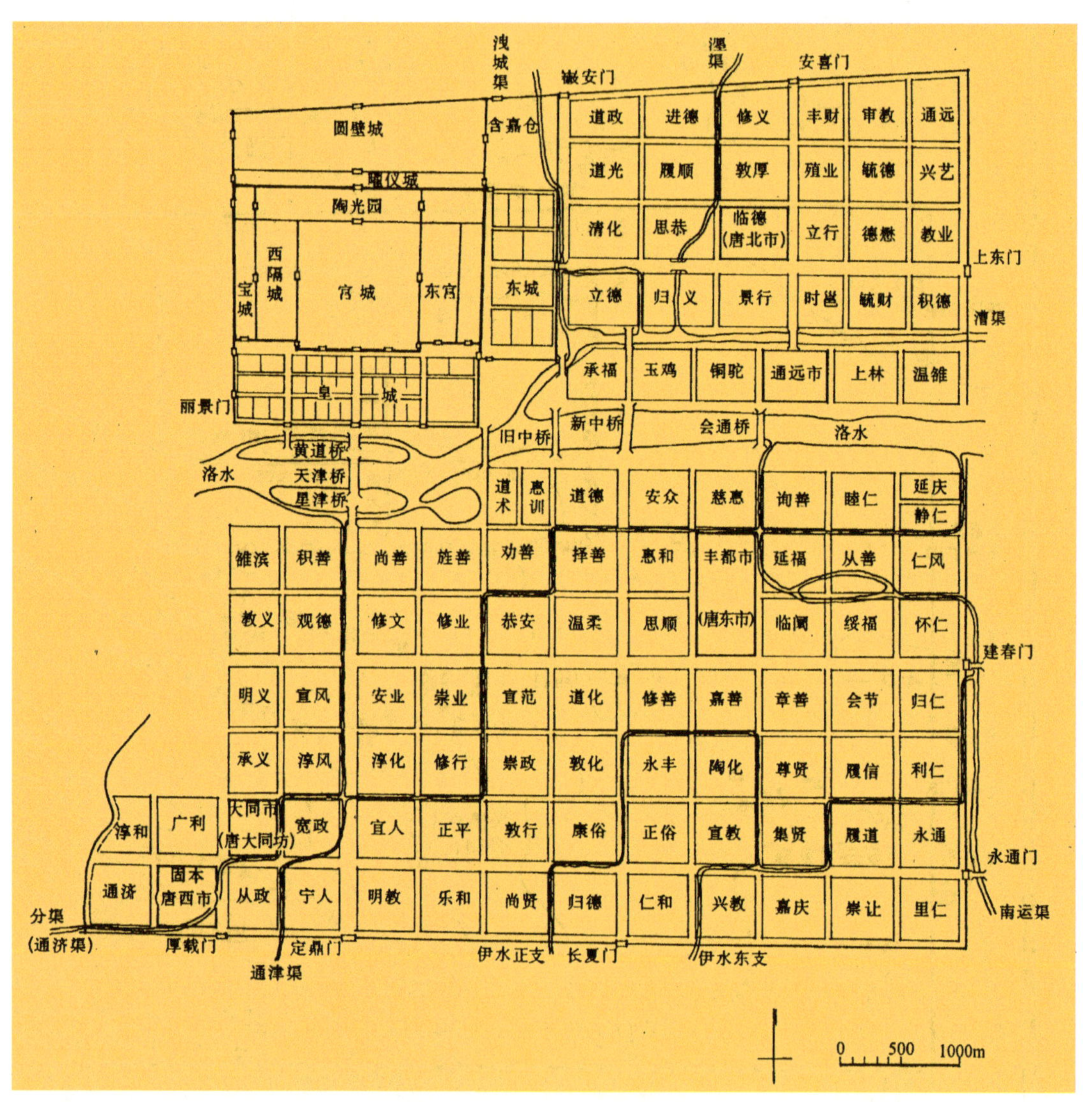

图 3–4–1 河南洛阳隋唐东都平面复原图（自傅熹年主编．中国古代建筑史．两晋南北朝隋唐卷：332）

令人吃惊的是，唐代的洛阳城也有着许多洪灾的记录，而且水患更加频繁，更加严重。为了便于研究，特列表如下（表 3–4–1）。

[1] 隋书·炀帝纪．

唐洛阳城水灾情况统计表　**表 3–4–1**

序号	年份	水灾情况	资料来源
1	贞观十一年（637）	十一年七月癸未，黄气际天，大雨，谷水溢，入洛阳宫，深四尺，坏左掖门，毁宫寺十九；洛水漂六百余家。	新唐书·五行志
2	永徽六年（655）	洛州大水，毁天津桥。	新唐书·五行志
3	永淳元年（682）	永淳元年五月丙午，东都连月澍雨；乙卯，洛水溢，坏天津桥及中桥，漂居民千余家。	新唐书·五行志
4	如意元年（692）	如意元年四月，洛水溢，坏永昌桥，漂居民四百余家。七月，洛水溢，漂居民五千余家。	新唐书·五行志
5	圣历二年（699）	圣历二年七月丙辰，神都大雨，洛水坏天津桥。	新唐书·五行志
6	神龙元年（705）	七月二十七日，洛水涨，坏百姓庐舍二千余家。	旧唐书·五行志
7	神龙二年（706）	四月，洛水泛滥，坏天津桥，漂流居人庐舍，溺死者数千人。	旧唐书·五行志
8	开元四年（716）	四年七月丁酉，洛水溢，沉舟数百艘。	新唐书·五行志
9	开元五年（717）	五年六月甲申，瀍水溢，溺死者千余人。	新唐书·五行志
10	开元八年（720）	六月庚寅夜，谷、洛溢，入西上阳宫，宫人死者十七八，畿内诸县田稼庐舍荡尽，掌闲卫兵溺死千余人。	新唐书·五行志
11	开元十年（722）	十年五月辛酉，伊水溢，毁东都城东南隅，平地深六尺。	新唐书·五行志
12	开元十四年（726）	七月十四日，瀍水暴涨，流入洛漕，漂没诸州租船数百艘，溺死者甚众。	旧唐书·五行志
13	开元十八年（730）	十八年六月壬午，东都瀍水溺扬、楚等州租船，洛水坏天津、水济二桥及居民千余家。	新唐书·五行志
14	开元二十九年（741）	二十九年七月，伊、洛支川皆溢，害稼，毁天津桥及东西漕、上阳宫仗舍，溺死千余人。	新唐书·五行志
15	天宝十三年（754）	十三载九月，东都瀍、洛溢，坏十九坊。	新唐书·五行志
16	广德二年（764）	二年五月，东都大雨，洛水溢，漂二十余坊。	新唐书·五行志
17	大历元年（766）	大历元年七月，洛水溢。 水坏二十余坊及寺观廨舍。	新唐书·五行志 旧唐书·五行志
18	贞元二年（786）	东都、河南、荆南、淮南江河溢。	新唐书·五行志
19	贞元三年（787）	三年三月，东都、河南、江陵、汴扬等州大水。	新唐书·五行志
20	咸通四年（863）	四年闰六月，东都暴水，自龙门毁定鼎、长夏等门，漂溺居人。七月，东都、许汝徐泗等州大水，伤稼。 四年秋，洛中大水，苑囿庐舍，靡不淹没。厥后香山寺僧云：其日将暮，见暴水自龙门川北下，有如决江海。……是夕漂溺尤甚，京邑遂至萧条，十余年间，尚未完葺。……及潦将兴，谷洛先涨，魏王及月波二堤俱坏。	新唐书·五行志 古今图书集成，庶徽典，卷 126，引剧谈录
21	咸通六年（865）	六年六月，东都大水，漂坏十二坊，溺死者甚众。	新唐书·五行志

由表 3–4–1 可知，唐代（618 ~ 907 年）共 290 年间，洛阳城水患达 21 次，平均每 13.8 年一次。从贞观十一年（637 年）至咸通六年（865 年）共 229 年，有水患 21 次，平均每 11 年一次。从永淳元年（682 年）到大历元年（766 年）共 85 年中，共有水患 15 次，平均 5.7 年一次。水灾最频繁的是唐开元间，自开元四年（716 年）到开元二十九年（741 年）共 26 年间，有水灾 7 次，平均每 3.7 年一次。

唐洛阳城的水患之频繁，为唐长安城所远远不及，而且其严重程度也远远超过唐长安城。如贞观十一年（637 年）七月“大雨，谷水溢，入洛阳宫，深四尺，坏左掖门，毁宫寺十九；洛水漂六百余家。”如意元年（692 年）“四月，洛水溢，坏永昌桥，漂居民四百余家。七月，洛水溢，漂居民五千余家。”[1]神龙元年(705 年)“七月二十七日，洛水涨，坏百姓庐舍二千余家。”[2]神龙二年（706 年）“四月，洛水泛溢，坏天津桥，漂流居人庐舍，溺死者数千人。”[3]开元五年（717 年）“六月甲申，瀍水溢，溺死者千余人。”[4]广德二年（764 年）“五月，东都大雨，洛水溢，漂二十余坊。”[5]咸通六年（865 年）“六月，东都大水，漂坏十二坊，溺死者甚众。”[6]

由上可见，唐东都洛阳水患之多及水患之烈，都远远超过唐长安城，在中国历代的帝都中是数一数二的。

唐代以后，洛阳城仍有严重的水灾，由五代至宋、金、元、明、清，都有水患的记录。其中，宋太平兴国八年（983 年）和明嘉靖三十二年（1553 年）的水患都是十分严重的。为研究之便，特列成下表（表 3–4–2）。

五代至清初洛阳城水患统计表 **表 3–4–2**

序号	年份	水灾情况	资料来源
1	后唐同光三年（925）	后唐庄宗同光三年，自六月雨至九月。七月，洛水泛涨，坏天津桥，漂近河庐舍。	乾隆洛阳县志，卷 10，祥异
2	后晋天福四年（979）	晋高祖天福四年七月，西京大水，伊、洛、瀍、涧皆溢，坏天津桥。	乾隆洛阳县志，卷 10，祥异
3	北宋太平兴国四年（979）	四年三月，河南府洛水涨七尺，坏民舍。	宋史 · 五行志
4	北宋太平兴国八年（983）	（六月）谷、洛、伊、瀍四水暴涨，坏京城官署、军营、寺观、祠庙、民舍万余区，溺死者以万计。	宋史 · 五行志
5	北宋淳化三年（992）	三年七月，河南府洛水涨，坏七里、镇国二桥。	宋史 · 五行志
6	北宋至道二年（996）	二年六月，河南瀍、涧、洛三水涨，坏镇国桥。	宋史 · 五行志
7	金兴定四年（1220）	金宣宗兴定四年七月大水。	乾隆洛阳县志，卷 10
8	元至正二十六年（1366）	六月，河南府大霖雨，瀍水溢，深四丈许，漂东关居民数百家。	元史 · 五行志
9	明成化十八年（1482）	明宪宗成化十八年夏秋霖雨三月，塌毁城垣、公署、民舍无算。	乾隆洛阳县志，卷 10
10	明嘉靖三十二年（1553）	夏六月，大雨，伊、洛涨，溢入城，水深丈余，漂没公廨民居殆尽。民木栖，有不得食者，凡七日。	乾隆洛阳县志，卷 10
11	明天启三年（1623）	伊水涨，坏十七村，与洛交。	乾隆洛阳县志，卷 10
12	清顺治十五年（1658）	清世祖顺治十五年涧水溢，高二丈。	乾隆洛阳县志，卷 10

[1] 新唐书 · 五行志 .
[2] 旧唐书 · 五行志 .
[3] 旧唐书 · 五行志 .
[4] 新唐书 · 五行志 .
[5] 新唐书 · 五行志 .
[6] 新唐书 · 五行志 .

弄清唐东都城水患频繁的原因，不仅在城市发展史的研究上有其学术价值，也可为现代城市防洪的规划设计提供借鉴。

一、洛水贯城是选址布局在防洪上的失误

在本章第二节汉魏洛阳城的论述中已谈到伊、洛、瀍、涧四水的不利于防洪的几个特点，因此，在隋唐东都以前都洛的历代城址，都位于洛水北岸。偃师商城建于洛河北岸稍稍隆起的高地上，南城墙和东南、西南两城角没有发现，可能已毁于洛河洪水。被认为是夏都鄩城遗址的二里头遗址[1]，其原在洛水故道北，现已在今洛河的南边[2]。

东周王城位于涧水东边，洛水北岸，地势较高，仅王城东南部分低于海拔150m[3]，全城城址都高于洪水淹没线[4]。东周都此凡515年，仅有一次洪水犯城的记录。据《国语·周语下》记载："灵王二十二年，谷洛斗，将毁王宫。"即"洛水在王城南，谷水在王城北，东入于瀍，至灵王时，谷水盛出于王城西，而南流合于洛，两水相格，有似于斗，而毁王城西南也。"[5]

汉魏洛阳城建于洛水北岸，且离开洛水有一定距离，以尽量减少洛水洪灾。

隋唐东都城则没有充分考虑洛河洪水的威胁，采用了洛水贯城的选址和布局。其洛水北部地势较高，宫城地坪高程高于海拔140m，其北部和圆壁城高于150m，皇城地势低些，但仍在130～140m之间，受洪灾威胁不严重。临洛河南北各坊则地势低下，有许多坊低于130m[6]，在洪水淹没区域之内[7]。这就留下了水灾的隐患。

如隋唐东都城不采用洛水贯都的布局，全城建于洛水北边，并与洛水保持一定的距离，修筑坚固的城墙，在洛水北岸筑高堤，在南岸不筑堤或筑低堤，舍南保北，则可大大减少洛河洪灾对城市的威胁。

二、防洪减灾的措施不力

本章第二节谈到，汉魏洛阳城采取了一些有效的防洪减灾措施。隋唐东都城也采取了一些防洪措施：

（一）建设了防御伊、洛、谷、瀍洪水的堤防和城墙

由于洛水贯都，沿河里坊地势较低，因此，沿洛水两岸的堤防在防洪上有十分重要的作用。

据记载，隋宇文恺规划建设东都时，已修筑洛水堤防，唐时又加筑。

"《河南图经》曰：雒水自苑内上阳宫南，弥漫东注。隋宇文恺版筑之，时因筑斜堤，束令东北流，当水冲捺堰，作九折，形如偃月，谓之月陂。其西有上阳、积翠、月陂三堤。明皇开元末作三堤，命李适之撰记，永王璘书。其记云：及泉而下巨木，飞轮而出伏水，然后积石，增卑而培薄，方下而锐上。"[8]

又据《资治通鉴》：

[1] 苏健．洛阳历史文化名城规划基础资料．洛阳：洛阳市城乡建设局、文物园林局印，1988：34.

[2] 中国社会科学院考古研究所洛阳汉魏故城工作队．偃师商城的初步勘探和发掘．考古，1984，6：488，494.

[3] 考古研究所洛阳发掘队．洛阳涧滨东周城址发掘报告·图一·东周城址实测．考古学报，1959，2.

[4] 洛阳市城市规划委员会．洛阳市1981～2000年总体规划图集，第6图．

[5] 水经·谷水注．

[6] 宿白．隋唐长安城和洛阳城，图6．考古，1978，6：419.

[7] 洛阳市城市规划委员会．洛阳市1981～2000年总体规划图集，第6图．

[8] 唐两京城坊考，卷5，东京，外郭城积善坊条引河南图经．

“都城西连禁苑，谷、洛二水会于禁苑之间。至玄宗开元二十四年，以谷、洛二水或泛溢，疲费人功，遂出内库和雇，修三陂以御之，一曰积翠，二曰月陂，三曰上阳；尔后二水无劳役之患。”[1]

又据《新唐书 · 李适之传》：

“徙陕州刺史、河南尹……玄宗患谷、洛岁暴耗徭力，诏适之以禁钱作三大防，曰上阳、积翠、月陂，自是水不能患。”

以上陂堤筑于洛阳城西、禁苑之间，谷水、洛水交汇之处，以防御谷、洛交涨，洪水难以下泄，冲毁上阳宫一带宫苑。由表 3-4-1 可知，唐贞观十一年（655 年）“七月癸未，黄气际天，大雨，谷水溢，入洛阳宫，深四尺，坏左掖门，毁宫寺十九；洛水漂六百余家。”又开元八年（720 年）“六月庚寅夜，谷、洛溢，入西上阳宫，宫人死者十七八，畿内诸县田稼庐舍荡尽，掌闲卫兵溺死千余人。”“玄宗患谷、洛岁暴，”才于开元二十四年（736 年）筑三堤以御之，虽然《新唐书·李适之传》记载：“自是水不能患。”事实上，效果并不那么好，五年之后，即开元二十九年（741 年），“七月，伊、洛及支川皆溢，害稼，毁天津桥及东、西漕、上阳宫仗舍，溺死千余人。”可见，防洪效果并不理想。咸通四年（863 年），“谷、洛先涨，魏王及月陂二堤俱坏。”更酿成大灾。

自隋建东都起，贯城洛水两岸均筑有堤防。

据《唐两京城坊考》记载：

“雒水……经尚善、旌善二坊之北，南溢为魏王池（与雒水隔堤，初建都筑堤，壅水北流，余水停成此池，下与雒水潜通）。”[2]

同书记载：

“次北慈惠坊（《河南志》引违述记曰：此坊半已北即雒水之横堤）”[3]。

同书又载：

“次北从善坊。……刘太白宅（元稹送刘太白诗：雒阳大底居人少，从善坊西最寂寥。想得刘君独骑马，古堤秋树隔中桥）。”[4]

以上均为洛水南岸堤防。至于北岸堤防，亦有所记载：

“天子乃登洛北绝岸，延眺良久，叹其美，诏即其地营宫，所谓上阳者。”[5]

同一事，《历代宅京记》云：

“帝登洛水高岸，有临眺之美，诏机于其所营上阳宫。”[6]

可见，在洛水北岸，皇城以西有高筑的堤岸。至于皇城以东临洛北岸各坊有无堤保护，不见记载。按理应筑有护城堤防。

据表 3-4-1，除上述贞观十一年（637 年）、开元八年（720 年）和开元二十九年（741 年）谷、洛交涨成灾外，另有永徽六年（655 年）、永淳元年（682 年）、如意元年（692 年）四月和七月、圣历二年（699 年）、神龙元年（705 年）、神龙二年（706 年）、开元四年（716 年）、天宝十三年（754 年）、广德二年（764 年）、大历元年（766 年）、咸通六年（865 年）共 11 年洛水泛滥成灾。可见其两岸堤防并不足以有效地防御洛水洪灾。

伊水在东都城南，要防其泛滥，可用堤防或外郭城墙。但据记载，隋建东部，并未筑郭

[1] 资治通鉴，卷 195，大宗贞观十一年，注．

[2] 唐两京城坊考，卷 5，东京，雒渠．

[3] 唐两京城坊考，卷 5，东京，外郭城．

[4] 唐两京城坊考，卷 5，东京，外郭城．

[5] 新唐书 · 韦弘机传．

[6] 历代宅京记，卷 9，雒阳下．

城，到武则天长寿元年（692 年）才筑外郭城[1]。据《新唐书 · 李昭德传》：“武后营神都，昭德规创文昌台及定鼎、上东诸门，标置华壮。”但这外郭城修后，尚有开元十年（722 年）、开元二十九年（741 年）、咸通四年（863 年）三次伊水灌城之灾。

唐东都城如何防御瀍水之灾，未见记载，据表 3-4-1，瀍水有开元五年（717 年）、开元十四年（726 年）、开元十八年（730 年）、天宝十三年（754 年）四次水灾。

由上可见，唐东都的堤防、城墙并不能有效地防御伊、洛、谷、瀍四水泛滥为灾。

（二）桥梁防洪抗冲措施

由于洛水湍急，洪水泛滥时，水上桥梁常被冲坏。洛水中的新中桥，就几经毁坏，逐步改进。据记载：

“新中桥。南当长夏门，北通西漕。桥南北三百步，武德初置浮桥，寻废，韦机乃徙中桥于此，后漕水复坏，永昌中，敕将作监少匠刘仁景修缮，李昭德统其事，殊为坚壮，号永昌桥，寻废其名。”[2]“昭德始累石代柱，锐其前，厮杀暴涛，水不能怒，自是无患。”[3]

李昭德用石墩代替桥柱，并在迎水面做成尖形，以分水势，改进了桥梁技术，使桥梁更能抗洪水冲击。李昭德建桥于永昌中（689 年），查表 3-4-1，韦机的中桥于永淳元年（682 年）毁坏。但李昭德建桥后三年，即如意元年（692 年），永昌桥又被洛水洪水冲毁。可见，其桥梁防洪抗冲措施也不够理想。

三、城市水系设计的失误，加重了洪灾

由《唐两京城坊考》可知，唐东都城有洛水、通济渠、通津渠、伊水（2 支）、运渠、漕渠、谷渠、瀍渠、泄城渠、写口渠共 11 条水道。其中“通济渠，自苑内支分谷、雒水，流经都城通济坊之南”，流经南半城，由延庆坊之东入洛水。通津渠是在长夏门南 5 里的午桥庄的西南 20 里的分雒堰分洛水，“由厚载门入都城，经天街北、天津桥南入于雒。”伊水则由正南 18 里的龙门堰引水，分为两支，分别由南边入城，后合为一支，经怀仁坊之东入于运渠。运渠则由城东南向西北，流经建春门外入城西流，转北由询善坊入洛。漕渠，本名通远渠，乃在洛水中流立堰，令水东北流至立德坊之南，西溢为新潭，又东流出城。谷渠乃自禁苑中分谷水东流，由皇城西南隅入洛。瀍渠则是瀍水自修义坊西南入城，南流入漕渠。泄城渠自含嘉仓城出，南流至立德坊入漕渠。写口渠自宣仁门南，枝分泄城渠，南流与皇城中渠合，至立德坊入漕渠[4]。

由上述可知，11 条河道汇为 2 条河道排出城外，一是洛水，汇谷水、伊水（2 支）及通济渠、通津渠、运渠，集七水于一身，二是漕渠，集瀍渠、泄城渠、写口渠四水于一身。应该说，漕渠之设，有分洪作用，减少了部分洛河洪水。然而，把谷水、伊水等引入城内，在城内排入洛水，却大大增加了洛河城区段的洪水量，使该段河床无法容纳，以至常常泛滥成灾。从防洪角度上讲，这是城市水系规划设计的一大失误。

其城市水系规划设计的另一失误，乃是漕渠取水采用洛水中筑堰的办法，而筑堰地点又在城区洛水段，这无疑会壅高洛河城区段洪水位，而造成洛水更多的泛溢之灾。如果在城区上游作堰引水，可避免这一弊病，但可能增加引水的困难。然而，如果把城区防洪问题列为城市规划、建设的重要议题，是可以解决得较好的。

---

[1] 资治通鉴，卷 205，则天长寿元年 .

[2] 唐两京城坊考，卷 5，东京，雒渠 .

[3] 新唐书 · 李昭德传 .

[4] 唐两京城坊考，卷 5，东京，外郭城 .

小结

综上所述，可知唐东都城水患频繁而严重的原因有三方面：

（1）洛水贯都的选址和布局使唐东都受洛、伊、谷、瀍四水洪灾的威胁。如选址洛水北边建城，则可不受伊水之灾，亦可在洛北筑高堤，舍南保北，减少洛河水患。

（2）未能采取有效的防洪减灾措施。城墙、堤防不足以御洪水，石墩架桥，仍毁于洛河洪水。

（3）城市水系的规划设计失误：未能分洪减流，反而集伊、洛、谷等诸水于一槽，使洛水泛滥势更难免；城区河道设堰壅水，提高洛河城区水位，使洪水隐患更为严重。

古人对唐东都城的水患有如下概括：

"唐家二百八十余年，河决二谷，雒城岁为患，坏天津，浸城阙，垫城郭不已。宋时自祥符至熙宁，福善坡以北率被昏垫，城下惟福善坡不及，城外惟长夏门不及。"[1]

唐东都城饱受水患的历史经验，是值得后人引以为鉴的。

第五节　北宋都城东京（开封）

北宋东京（图 3-5-1），在唐时为汴州。由于隋炀帝开通济渠，汴州（今开封）据通济渠上游，水陆所凑，唐代已发展成为繁华的商业都市。"汴为雄州，自江淮达于河，舟车辐辏，人庶浩繁。"[2]

五代的后梁、后晋、后汉、后周均以汴为东京，而后周对东京外城作了扩建。后周的第二个皇帝周世宗柴荣，是个精明能干和有抱负、励精图治的君主。他对东京的扩建，有明确的规划意图。

后周显德二年（955 年）四月，柴荣下诏扩建东京，别筑罗城。诏曰：

"惟王建国，实曰京师，度地居民，固有前则，东京华夷臻凑，水陆会通，时向隆平，日增繁盛。而都城因旧，制度未恢，诸卫军营，或多窄狭，百司公署，无处兴修。加以坊市之中，邸店有限，工商外至，亿兆无穷，僦贷之资，增添不定，贫阙之户，供办实艰。而又屋宇交连，街衢湫隘，入夏有暑湿之苦，居常多烟火之忧。将便公私，须广都邑。宜令所司，于京城四面，别筑罗城。先立标帜，候冬末春初，农务闲时，即量差近甸人夫，渐次修筑。春作才动，便令放散。如或土功未毕，则迤逦次年，修筑所冀，宽容办集。今后凡有营葬及兴置宅灶并草市，并须去标帜七里外。其标帜内，候官中擘画。定街巷、军营、仓场、诸司公廨、院务了，即任百姓营造。"[3]

显德三年（956 年）六月，柴荣又下诏：

"辇毂之下，谓之浩穰，万国骏奔，四方繁会。此地比为藩翰。近建京都，人物喧阗，闾巷隘狭。雨雪则有泥泞之患，风旱则多火烛之忧，每遇炎蒸，易生疫疾。近者开广都邑，展引街坊，虽然暂劳，久成大利。朕昨自淮上回及京师，周览康衢，更思通济，千门万户，庶谐安逸之心，盛暑隆冬，倍减寒温之苦。其京城内街道，阔五十步者，许两边人户，各于五步内，取便种树掘井，修盖凉棚；其三十步以下至二十五步者，各与三步。其次有差。"[4]

从柴荣的诏书，可以看出他扩建罗城（又称新城），是看出了旧城的弊病，如用地不足，道路狭窄，邸店有限，排水不畅，易致火灾等，从而在新城的规划建设中，避免这些弊病。

---

[1] 唐两京城坊考，卷 5，东京，外郭城福善坊下注引画墁录．

[2] 旧唐书・齐澣传．

[3] 历代宅京记，卷 16，开封．

[4] 历代宅京记，卷 16，开封．

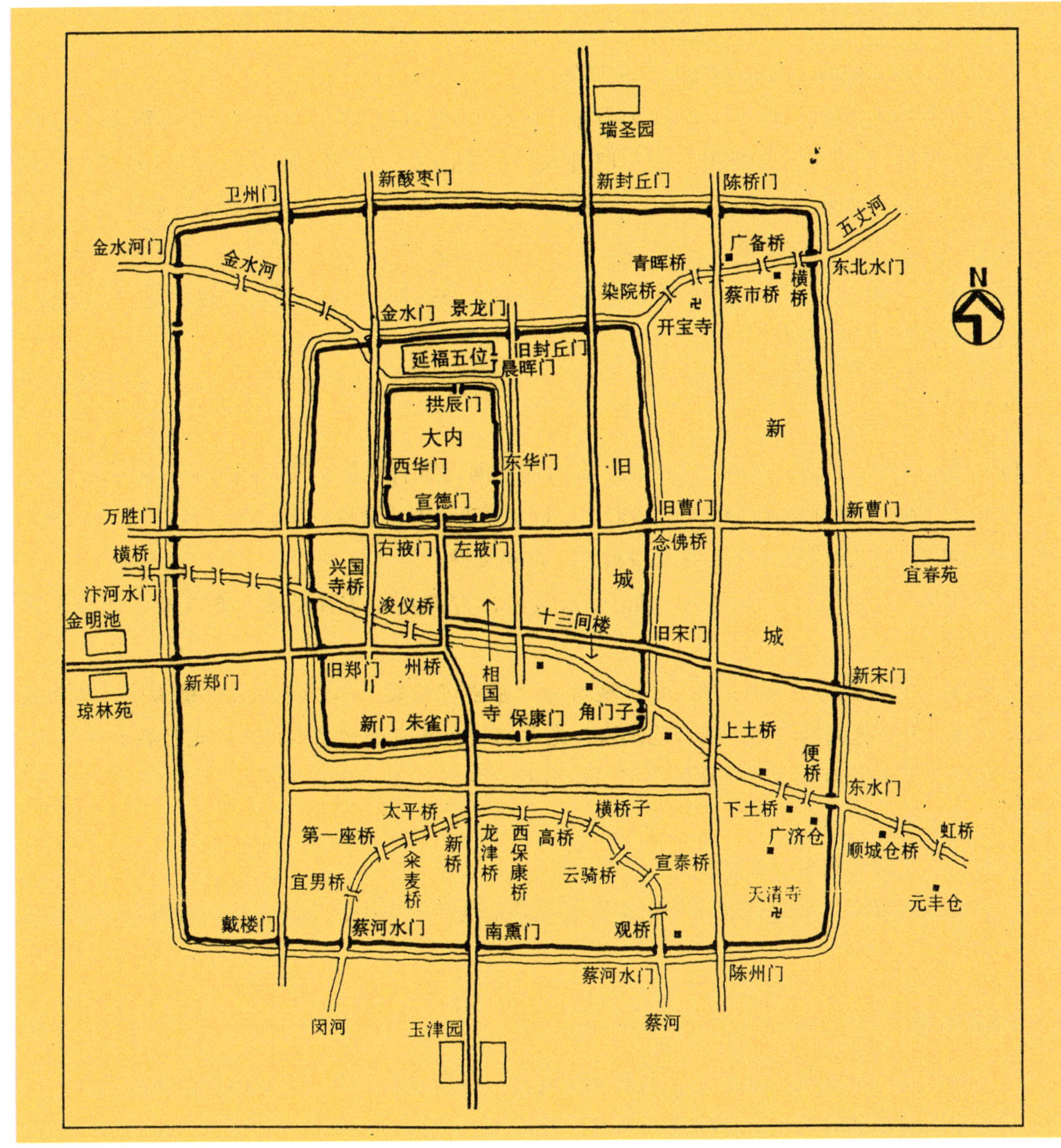

图 3-5-1 北宋东京城图（自郭湖生．北宋东京．建筑师，1996，8：79）

对城市的防洪和排水问题，后周的统治者是重视的。周太祖郭威即位后的第二年，即广顺二年（952 年），“春正月壬戌，修京师罗城，率府界丁夫五万五千，版筑两旬而罢。”[1] 在修城的同时，“兼淘抒旧壕，免雨水坏民庐舍故也。”[2] 由于后周的两个君主重视城市防洪和排水问题，北宋仍以后周的都城为都，宋东京因而在防洪和排水上都有良好的基础。

宋东京城地处平原，是水运交通枢纽，有多条运河流经，成为全国运河网的中心，这既带来交通和排水的便利，又使京城有受到外来洪水威胁的危险。宋东京城运用城市规划学、水利科学和有关科学技术，成功地建设了一套有效的城市防洪系统，解决了城市防洪、排涝问题，积累了丰富的经验。

其城市防洪系统由城墙、堤防以及城市水系两部分组成，即障水系统和排水系统两大部分组成。

[1] 旧五代史，卷 112.

[2] 册府元龟，卷 14，帝王部，都邑二 .

一、城墙和堤防系统

北宋东京城有外城、里城和宫城三重城墙。

外城周长为五十里一百六十五步，大中祥符九年（1016年）增筑，元丰元年（1078年）重修，政和六年（1116年）又加以展筑。共有13座城门，除南薰、朝阳、顺天、通天4个正门是直门两重外，其余9座城门都是瓮城3层，屈曲开门[1]。瓮城之设，无论对军事防御和防洪都是十分有利的。

里城为二十里一百五十五步，筑于唐建中二年（781年），为节度使李勉所筑。每面有3座城门，共有城门12座[2]。

宫城又称大内，在宋太祖建隆四年（963年）进行扩建，周围九里十八步[3]。四面各有一座城门。

除三重城墙外，汴河、蔡河、五丈河、金水河四河均筑有堤防，以保护京城不受洪水之灾。

汴河于京城内外均筑有堤防。据《宋史·河渠志》：太祖建隆三年（962年）"十月，诏：'缘汴河州县长吏，常以春首课民夹岸植榆柳，以固堤防。'"

绍圣四年（1097年）"十二月，诏：'京城内汴河两岸，各留堤面丈有五尺，禁公私侵牟。'"[4]

金水河亦筑有堤防。"金水河，自京城西南分京索河筑堤，从汴河上用水槽架过，从西北水门入京城，夹墙遮拥入大内，灌后苑池浦。先是诏析金水河透槽回水入汴，北引洛水入禁中，赐名天源河。然舟至即启槽，频妨行舟。乃自城西超宇坊引洛，由咸丰门立堤，凡三千三十步，水遂入禁而槽废。"[5]

蔡河、五丈河亦有相应的河堤。

三重城墙和城内外的堤防保护着东京城免受外来洪水的袭击，形成完整的城市防洪障水系统。

二、城市水系

东京城的城市水系由三重城壕，四条穿城河道，各街巷的沟渠以及城内外湖池组成。

东京城三重城墙外均有一圈壕池，即有三重城壕[6]。

外城"城壕曰护龙河，阔十余丈。"[7]"浚壕水深三丈。"[8]据《宋史·河渠志》载："元丰五年，诏开在京城壕，阔五十步，深一丈五尺。"一步为五尺，以一宋尺等于0.32m计[9]，可算出其城壕宽80m，深4.8m，以边坡2∶1计，可以算出其过水断面为372.48m^2。由于《宋史·河渠志》记载确切，即以之为准。

以一宋尺等于0.32m计，计算出其三圈城墙分别长29.064km、11.768km和5.213km，三重城壕分别长约30km、12km和5.4km，总长约47.4km，蓄水总容量为1765.6万m^3。

宋东京的穿城河道有汴、蔡、五丈和金水四河。

---

[1] 东京梦华录，卷1.

[2] 历代宅京记，卷16，开封.

[3] 董鉴泓主编．中国城市建设史．第一版．北京：中国建筑工业出版社，1982：42.

[4] 宋史·河渠志.

[5] 邓之诚．东京梦华录注．第一版．北京：中华书局，1982：29.

[6] 董鉴泓主编．中国城市建设史．第一版．北京：中国建筑工业出版社，1982：47.

[7] 东京梦华录，卷1.

[8] 邓之诚．东京梦华录注．第一版．北京：中华书局，1982：23.

[9] 董鉴泓主编．中国城市建设史．第一版．北京：中国建筑工业出版社，1982：115.

汴京的四条穿城河道中，以汴河最为重要，担负着最主要的运输任务，“岁漕江、淮、湖、浙米数百万，及至东南之产，百物众宝，不可胜计。又下西山之薪炭，以输京师之粟，以振河北之急，内外仰给焉。故于诸水，莫此为重。”“汴河乃建国之本。”[1]

此外，汴河又是最重要的排洪河道，“异时京师沟渠之水皆入汴，旧尚书省都堂壁记云：疏治八渠，南入汴水是也。”[2]

由于汴河以黄河为水源，水浑浊多泥沙，河道淤积，河床升高，给航运及行洪都带来严重的问题，给城市防洪带来很多困难。因此，管理和疏浚汴河，乃是宋东京城的城市防洪的关键问题之一。

穿城的四条河道，由于没有长度的确切记载，城内河段的长度只能作大约的估计。按《中国建筑史》所刊“北宋东京城平面想像图”[3]，三重城大体上呈方形，四河曲折穿城，虽然金水河一河短于外郭一边的长度，五丈河、蔡河则略等于外郭一边之长，穿城的汴河则比外郭一边长许多。四河穿城部分的长度与外郭周长约略相等或略长些，约为 30km 长，加城壕共长 77.4km。宋东京城面积约 50km^2[4]，河道密度为 1.55km/km^2。

四条河道的宽度和深度是多少呢？据《宋史·河渠志》记载，五丈河“其广五丈，岁漕上供米六十二万石。”又记载，大中祥符二年（1009 年）“八月，太常少卿马元方清浚汴河中流，阔五丈，深五尺，可省修堤之费。”当时由于河床淤积升高，只好加高堤防，“深五尺”并非汴河标准深度，其标准深度应是“每岁自春及冬，常于河口均调水势，止深六尺，以通行重载为准。”可见，六尺应是设计的标准水深。

据记载：“汴河旧底有石板石人，以记其地里。”[5]下有石板石人，上有水尺以观察水位的变化，故可知水之深浅，水位之高低。故据载：大中祥符八年（1015 年）“六月，诏：自今后汴水添涨及七尺五寸，即遣禁兵三千，沿河防护。”[6]可见，城内汴河水位达到七尺五寸时，已达警戒水位，深六尺应是正常的水位。

以宽五丈，深六尺作为穿城四河的宽度和深度，则其宽合 16m，深 1.92m，过水断面（以边坡 2 ：1 计）为 28.8768m^2，可算出四河蓄水总容量为 86.63 万 m^3，加上三圈城壕的容量，总蓄水容量为 1852.23 万 m^3。

除了四河之外，城内大街小巷有明渠暗沟等排水设施。城中有四条主要干线，称为御路。御路的中心为御道，两边“有砖石甃砌御沟水两道。宣和间尽植莲荷，近岸植桃李梨杏，杂花相间。春夏之间，望之如绣。”[7]御道两旁的御沟，具有防卫、绿化的作用，也是排水的重要沟渠。

另外，宋东京有凝祥、金明、琼林、玉津四个池沼[8]。金明池“作顺天门外街北，周围约九里三十步，池西直径七里许。”[9]按记载，池面积之大是惊人的，容量大也是必然的。

宋东京较唐两京在防洪上有很大的进步，俗话说：不怕不识货，就怕货比货。只要将宋东京的城市防洪与唐两京进行比较，就会发现宋东京城有多方面的进步。具体如下：

---

[1] 宋史·河渠志.

[2]（宋）沈括著. 梦溪笔谈，卷 25，杂志二.

[3] 中国建筑史编写组. 中国建筑史. 第二版，北京：中国建筑工业出版社，1986：48.

[4] 中国建筑史编写组. 中国建筑史. 第二版，北京：中国建筑工业出版社，1986：38.

[5] 邓之诚. 东京梦华录注. 第一版. 北京：中华书局，1982，引王巩闻见近录：28.

[6] 宋史·河渠志.

[7] 东京梦华录，卷 2.

[8] 邓之诚. 东京梦华录注. 第一版. 北京：中华书局，1982：182，183. 引文莹湘山野录.

[9] 东京梦华录，卷 7.

1．排洪河道多，密度大

宋东京有三重城壕，且有四河穿城，排洪河道共长 77.4km，城市面积约 50km^2，河道密度为 1.55km/km^2，为唐长安城河道密度（0.45km/km^2）的 3.5 倍。

2．城市水系有更大的排洪能力和调蓄容量

宋东京城的城壕的行洪断面为 372.48m^2，为唐长安城（28m^2）的 13.3 倍。汴渠等穿城河道行洪断面为 28.88m^2，仍略大于唐长安城的城壕。

宋东京城的三圈城壕和四条河道的调蓄容量为 1852.23 万 m^3，为唐长安城（592.74 万 m^3）的三倍。如果加上金明池等四池以及行街巷的明渠暗沟，调蓄容量会比唐长安城更大得多。

3．对河通的管理和疏浚有严格、科学的制度

唐两京对城内河渠的管理，史书记载不详。《册府元龟》记载：

唐开元十九年（731 年）“六月诏曰：京雒两都，是惟帝宅。街衢坊市，固须修整，比闻取土穿掘，因作秽污坑堑。四方远近，何以瞻瞩。虽处分，仍或有违。宜令所司，申明前敕。更不得于街巷穿坑及取土。其旧沟渠，令当界乘闲整顿疏决。”[1]

唐贞元十三年（797 年）“十一月韩皋奏准敕涨昆明池，修石炭、贺兰两堰，并造土堰，开淘渠。”[2]

可见，唐两京对沟渠虽有疏浚管理，却未建立严格的制度。

宋东京城对河渠的管理有严格、科学的制度。据记载，汴河“每岁兴夫开导至石板石人以为则。岁有常役，民未尝病之。而水行地中。京师内外有八水口，泄水入汴。故京师虽大雨无复水害，昔人之画善矣。”[3]

可见，城内河渠每岁开导，有严格的制度，而且开导到石板石人为止，以保证河床深度和行洪断面，这是很科学的。水系设计很周密，城内外有八个水口，排水入汴河。正是由于这种周密的设计和严格科学的管理，使宋东京城“虽大雨无复水害”。

4．北宋东京城水患较唐两京少

据《宋史 · 五行志》的记载，宋东京城仍有多次水灾，特列于表 3-5-1。

按表 3-5-1 中，治平元年水灾仅英宗本纪有载，五行志无载，而治平二年水灾仅五行志载，英宗本纪无载，两年水灾发生于同一日，死的人数亦差不多（1580 人和 1588 人），极可能是一次水灾记为两次。因此，北宋建都东京共 166 年，有 10 次水灾，平均 16.6 年一次。低于唐长安由永淳元年（682 年）至元和十二年（817 年）的频率（13.5 年一次），也低于唐东都水灾频率（13.8 年一次）。

宋东京城的水灾，与河道的管理、疏浚不周有关。据沈括记载：

“国朝汴渠发京畿辅郡三十余县夫，岁一浚。祥符中，阁门祗候使臣谢德权领治京畿沟洫，权借浚汴夫。自尔后三岁一浚，始令京畿民官皆兼沟洫河道以为常职。久之，治沟洫之工渐弛，邑官徒带空名，而汴渠有二十年不浚，岁岁堙淀。异时京师沟渠之水皆入汴。旧尚书省都堂壁记云：疏治八渠，南入汴水是也。自汴流堙淀，京师东水门下，至雍邱襄邑，河底皆高出堤外平地一丈二尺余。自汴堤下瞰民居，如在深谷。”[4]

---

[1] 册府元龟，卷 14，帝王部，都邑二．

[2] 册府元龟，卷 14，帝王部，都邑二．

[3] 邓之诚．东京梦华录注．第一版．北京：中华书局，1982：28．引王巩闻见近录．

[4]（宋）沈括著．梦溪笔谈，卷 25，杂志二．

宋东京城水灾情况表 **表 3-5-1**

序号	年份	水灾情况	资料来源
1	淳化四年（993）	四年七月，京师大雨，十昼夜不止，朱雀、崇明门外积水尤甚，军营、庐舍多坏。	宋史 · 五行志
2	咸平五年（1002）	六月，京师大雨，漂坏庐舍，民有压死者；积潦浸道路，自朱雀门东抵宣化门尤甚，皆注惠民河，河复涨，溢军营。	宋史 · 五行志
3	大中祥符三年（1010）	五月辛丑，京师大雨，平地数尺，坏军营、民舍，多压者。近畿积潦。	宋史 · 五行志
4	天禧四年（1020）	七月，京师连雨弥月。甲子夜大雨，流潦泛溢，民舍、军营圮坏大半，多压死者。自是频雨，及冬方止。	宋史 · 五行志
5	明道二年（1033）	六月癸丑，京师雨，坏军营、府库。	宋史 · 五行志
6	嘉祐二年（1057）	六月，开封府界及京东西、河北水潦害民田。自五月大雨不止，水冒安上门，门关折，坏官私庐舍数万区，城中系筏渡人。	宋史 · 五行志
7	治平元年（1064）	八月庚寅，京师大雨。癸巳，赐被水诸军，遣官视军民水死者千五百八十人，赐其家缗钱，葬祭其无主者。	宋史 · 英宗本纪
8	治平二年（1065）	八月庚寅，京师大雨。地上涌水，坏官私庐舍，漂人民财产不可胜数。……诏开西华门以泄宫中积水，水奔激，殿侍班屋皆摧没，人畜多溺死，官为葬祭其无主者千五百八十人。	宋史 · 五行志
9	崇宁元年（1102）	七月，久雨，坏京城庐舍，民多压溺而死者。	宋史 · 五行志
10	崇宁三年（1104）	八月壬寅，大雨，坏民庐舍，令收瘗死者。	宋史 · 徽宗本纪
11	宣和元年（1119）	五月，大雨，水骤高十余丈，自西北牟驼冈连万胜门外马监，居民尽没。前数月，城中井皆浑，宣和殿后井水溢，盖水信也。至是，诏都水使者决西城索河堤杀其势，城南居民冢墓俱被浸，遂坏籍田亲耕之稼。水至溢猛直冒安上、南薰门，城守凡半月。已而入汴，汴渠将溢，于是募人决下流，由城北入五丈河，下通梁山泺，乃平。	宋史 · 五行志

查《宋史 · 谢德权传》记载：

“又命提总京城四排岸，领护汴河兼督辇运。前是，岁役浚河夫三十万，而主者因循，堤防不固，但挑沙拥岸址，或河流泛滥，则中流复填淤矣。德权须以沙尽至土为垠，弃沙堤外，遣三班使者分地以主其役。又为大锥以试筑堤之虚实，或引锥可入者，即坐所辖官吏，多被遣免者。植树数十万以固岸。”

由记载可知，谢德权管辖浚治京畿河渠、修筑堤防，要求严格，堤防用土筑，大锥插不入才算合格，并植树几十万棵固堤。至于浚河，则每年一次，成为制度。

查谢德权主管京畿河渠为景德年间（1004 ~ 1007 年）至大中祥符二年（1009 年）这七年中的事情，大中祥符三年，他出知泗州，并逝世。查表 3-5-1，他接管京畿河渠之前，有淳化四年（993 年）和咸平五年（1002 年）二次水灾。他接管时无水灾。从宋开国都东京（960 年）至大中祥符二年（1009 年）共 49 年中，河渠和堤防管理较好，只发生 2 次水灾，平均每 24.5 年一次。

后来，管理越来越松弛，由三年一浚到 20 年不浚，至河床淤积，河底高出堤外平地 4m 多，因而水灾逐渐频繁。由大中祥符三年（1010 年）至平治二年（1065 年）共 55 年中，发生水灾 5 次，平均每 11 年一次。

事实上，汴河之水引自黄河，黄河的大量泥沙和猛涨猛落给汴河的正常运行带来极大的困难。每年浚汴得用大量的劳动力。据《宋史 · 河渠志》，仅大中祥符八年（1015 年）就用工 86.54 万多个。就这样，仍难保汴河无溃堤决溢之患。

宋神宗元丰二年（1079 年），引洛河水入汴河，避免了黄河水泥沙多等弊病，因而又减少了汴河的洪灾。由元丰二年（1079 年）至建中元年（1101 年）共 22 年间，无水灾发生。随着宋王朝的衰落，清汴工程才逐渐废置，于是，由崇宁元年（1102 年）至宣和元年（1119 年）共 18 年间，发生三次水灾，平均每 6 年一次。

5. 对水患和防灾有更科学的认识，因而能采取更积极的防洪减灾措施

自古以来，中国历代统治者都认为自然灾害是由于"政失其道"，天帝降灾以示惩罚，要免除灾害，非向天帝祷禳以求宽恕不可。

唐长安城因暴雨或久雨成灾，很少见有积极采取措施的记载，只是进行禳灾之祭，以祈晴。

据《新唐书·五行志》记载：天宝十三年（754 年）"秋，大霖雨，害稼，六旬不止，九月，闭坊市北门，盖井，禁妇人入街市，祭玄冥太社，禜明德门，坏京城垣屋殆尽，人亦乏食。"

由于相信"阳德衰则阴气胜，故常雨"，因此得驱除阴气，由于北属水，故关坊市北门，妇人属阴性，禁入街市，在南边的明德门设禳灾之祭，以求晴。类似的这种设祭祈晴的方式在《新唐书 · 五行志》中屡见不鲜，这种迷信而不是科学的做法当然是毫无效果的。

宋东京城在久雨时，仍有祈晴之举，但对水患多采取积极措施加以解决。

据《宋史 · 河渠志》记载：宣和元年（1119 年）五月，"都城无故大水，浸城外官寺、民居，遂破汴堤，汴渠将溢，诸门皆城守。"起居郎李纲认为"夫变不虚发，必有感召之因。"宋徽宗认为："都城外积水，缘有司失职，堤防不修，非灾异也。"募人决水下流，由城北注五丈河，下通梁山泺，排除了城外积水。宋徽宗虽然是有名的昏君，但他很注意防水灾、浚河渠，"元符三年（1100 年），徽宗即位，无大改作，汴渠稍湮则浚之。"他能不迷信，正确认识水灾发生的原因，并采取积极的措施排除水患，也说明宋代对水灾比唐代有更科学的认识，从而采取的措施也就更积极有效。

上面所述，为了防止汴河淤积泛滥，采用清汴工程，以洛河水取代黄河水，也是积极有效的防洪减灾措施。

6. 城市水系的规划、设计、管理、维护，难度大，情况复杂，体现了更高的科学技术水平

宋东京城四河穿城，但四条河道的水文特点都不同。汴河初引黄河水，水浑浊多泥沙，河床易淤积升高，决溢泛滥，造成水灾。要维持这条东京城的生命线运转可真不容易。一是引水困难。由于黄河河道摆动较大，引水的汴口无固定的位置，只好在河道变化摆动后，重新"度地形，相水势，为口以逆之"。为此，得调动众多的人力开浚新汴口，"遇春首辄调数州之民，劳费不赀，役者多溺死。"即使如此，仍不免"京师常有决溢之虞。"[1] 二是河床淤积升高，必须每年疏浚，调动大量人力，耗人工数十万乃至近百万。三是为了保持一定流速，防止泥沙淤淀，以保证足够的航行水深，因此要在河两岸采取固定和缩窄河岸的措施，"于沿河作头踏道擗岸，其浅处为锯牙，以束水势，使其浚成河道。""应天府上至汴口，或岸阔浅漫，宜限以六十步阔，于此则为木岸狭河，扼束水势令深驶。"同时，每百里置一水闸，节制水流，"常于河口均调水势，止深六尺，以通行重载为准。"四是为防决溢泛滥，得加固和增高堤防。凡以上四项，都得动用大量人力物力，牵动京畿周围大片地区，采用各种水利科学技术知识，采用各种工程性和非工程性的防洪减灾措施。

---

[1] 宋史 · 河渠志 .

为了避免黄河水泥沙多的弊病，元丰二年建造清汴工程，也应用当时最先进的科学技术知识，采取了多种防洪措施。

三、汴河的防洪措施

为了对汴河采用的工程性和非工程性的防洪措施有所了解，特分述如下：

（一）工程性防洪措施

1．三重高大的城墙和坚固的城门，可拒外来洪水于城门之外

比如宣和元年（1119 年）五月，外来洪水“直冒安上、南薰门，城守凡半月”，即闭塞城门以拒外来洪水入城，保证城内免受洪水威胁。

2．修筑坚固的汴河堤防，以防决溢泛滥

上述谢德权主管京畿河渠，坚筑堤防，并以大锥能否刺入作为验收合格标准，即为一例。

关于修筑汴河堤防，《宋史 · 河渠志》有许多记载：

宋太宗太平兴国二年（977 年），“七月，开封府言：‘汴水溢坏开封大宁堤，浸民田，害稼。’诏发怀、孟丁夫三千五百人塞之。”

真宗景德三年（1006 年），“六月，京城汴水暴涨，诏觇候水势，并工修补，增起堤岸。”

还有多次修筑堤防之役，不再一一列举。

3．定期疏浚河道

这一点，前面已详述，不再赘述。

4．作木岸等束水措施，以冲走淤泥，增加水深

前面已讲，不再赘述。

5．多次采用疏导洪水措施，减少京师水灾威胁

仁宗天圣四年（1026 年），“大涨堤危，众情汹汹忧京城，诏度京城西贾陂冈地，泄之于护龙河。”

徽宗宣和元年（1119 年）五月，城外洪水泛滥。“募人决水下流，由城北注五丈河，下通梁山泺”，解除了京城洪水的威胁。

6．在汴河上设泄水斗门和配套的减水河分洪

旧汴河亦设泄水斗门，但常因泄量不够，造成险情和灾害。清汴工程以洛、汜、索三水为源。元丰二年（1079 年）作清汴工程规划时，即考虑到：“古索河等暴涨，即以魏楼、荥泽、孔固三斗门泄之。”元丰六年（1083 年），斗门已增至 4 个，仍不能解除洪水威胁。于是又增修一座斗门和配套的减水河 [1]。

7．在洛河旧口设置水础（溢流坝）

据《宋史 · 河渠志》记载，清汴工程应用了水础，即溢流坝：“即洛河旧口置水础，通黄河，以泄伊、洛暴涨。”

为把洛水引入引水渠，必须建水础以堵塞洛河入黄河的河口。水础的顶高程是以引入汴河的水量不超过汴河的防洪水位来控制的。它的作用有两个：一是在正常情况下，挡住洛河水，使其不入黄河，全入汴河；二是在洪水期间，将多余的水溢过础顶，泄入黄河，避免汴河下游洪水为灾。这水础实际上是一个自动控制引水量的工程设施 [2]。

---

[1] 宋史 · 河渠志 .

[2] 郑连第 . 北宋清汴工程的水工技术 // 中国科学院，水利电力部，水利水电科学研究院 . 科学研究论文集 . 第一版 . 北京：水利电力出版社，1982，12：175，176.

唐东都引伊水入城，并未用这种自动控制引水量的溢流坝，致使东都于开元十年（722年）、开元二十九年（741年）、咸通四年（863年）受伊水泛滥之灾。唐东都漕渠在洛河中建溢流坝取水，又因坝址欠当，壅高水位，影响洛河行洪，加重了水患。宋东京城与之对比，孰高孰低，不言自明。

8．建陂塘蓄水

据《宋史·河渠志》记载，清汴工程还建有陂塘以蓄水："引古索河为源，注房家、黄家、孟家三陂及三十六陂，高仰处潴水为塘，以备洛水不足，则决以入河。"

这些陂塘，即蓄水水库，目的是调节用水，以备洛水不足。这些陂塘对调蓄洪水也应有一定作用。

（二）非工程性的防洪措施

1．确定京城防洪警戒水位

如前所述，大中祥符八年（1015年）六月，"诏：自今后汴水添涨及七尺五寸，即遣禁兵三千，沿河防护。"这是水文观察、洪水预报在城市防洪中的应用，是我国城市防洪史上了不起的事情。

2．组织军队防洪抢险

《宋史·河渠志》记载："旧制水增七尺五寸，则京师集禁兵、八作、排岸兵，负土列河上以防河。"可见，宋东京城防洪抢险的组织工作已成制度，一切按章进行。

3．河渠堤岸管理有严格的制度

前面已讲过，元祐四年（1089年）"十二月，诏：'京城内汴河两岸，各留堤面丈有五尺，禁公私侵牟。'"禁止侵占河堤，造成防洪障碍。

仁宗天圣二年（1024年），张君平等提出治理河渠的八条建议，被皇帝采纳，诏令颁行，其中有"民或于古河渠中修筑堰堨，截水取鱼，渐至淀淤，水潦暴集，河流不通，则致深害，乞严禁之。"[1]

真宗景德三年（1006年），"分遣入内内侍八人，督京城内外坊里开浚沟渠。先是，京都每岁春浚沟渎，而势家豪族，有不即施工者。帝闻之，遣使分视，自是不复有稽迟者，以至雨潦暴集，无所壅遏，都人赖之。"[2]

皇帝亲自过问东京城沟渠的管理，其重视程度，不言而喻。因此，势家豪族，也不敢违章怠慢。

4．在河渠岸边植树固堤

前面讲到，太祖建隆三年（962年）"十月诏：'缘汴河州县长吏，常以春首课民夹岸植榆柳，以固堤防。'"

谢德权之管京畿河渠，也"植树数十万以固岸"。

以上所讲的是汴河的情况。

蔡河引闵水、洧水、溵水通船，河水较清，也有浚河，设斗门等工程措施。真宗咸平五年（1002年），京师霖雨，惠民河溢，造成水灾，"知开封府寇准治丁冈古河泄导之"，也采用了导水泄洪的措施。

广济河导菏水，自开封经陈留、曹、济、郓。河宽五丈，又名五丈河，后周时以汴河水为

[1] 宋史·河渠志．

[2] 宋史·河渠志．

源，故易“泥淤，不利行舟，”太祖建隆二年（961年）正月，“发曹、单丁夫数万浚之。”又“夹汴水造斗门，引京、索、蔡河水通城壕入斗门，俾架流汴水之上，东进于五丈河，以便东北漕运。”[1]

宋代有数次浚河之役。

金水河又名天源河，属京水，导自荥阳黄堆山，源泉叫祝龙泉。太祖建隆二年（961年）春，凿渠引水百多里，到东京城西，架水槽横跨汴河，置斗门，入浚沟，通城壕，东汇于五丈河。金水河由于水清，成为宫廷用水水源。“乾德三年（965年），又引贯皇城，历后苑，内庭池沼，水皆至焉。”开宝九年（976年），“命水工引金水，由承天门凿渠，为大轮激之，南注晋王第。”

真宗大中祥符二年（1009年）九月，“决金水，自天波门并皇城至乾元门，历天街东转，缭太庙入后庙，皆甃以礐甓，植以芳木，车马所经，又累石为间梁。作方井，官寺、民舍皆得汲用。复引东，由城下水窦入于濠。京师便之。”[2]这样，金水河成为东京城的饮用水源。

神宗元丰五年（1082年），因金水河跨汴水槽阻碍行船，因当时已建清汴工程，“遂自城西超字坊引洛水，由咸丰门立堤，凡三千三十步，水遂入禁中，而槽废。”[3]

宋东京城的水系，由三重城壕和贯城四河以及街巷沟渠、城内外湖池组成。这水系不仅承担了繁重的运输重任，“有惠民、金水、五丈、汴水等四渠，派引脉分，咸会天邑，舳舻相接，”保证了京师百万军民的供给衣食，还承担了排除雨潦的重任。金水河水清，为皇家宫廷用水和东京百万军民提供了饮用水源。由于水源各异，河性各别，规划、设计和管理、维护这水系的正常运转，采取防洪减灾措施，体现了比唐两京更高的科学技术水平。

应该说，北宋东京城在中国城市防洪史上树立了一座丰碑，一座值得中国人骄傲的新的里程碑。

第六节 元大都城

北京，是中国六大古都之一。至少在公元前1000年，北京便开始了有文字可考证的历史，当时它是周王朝的诸侯国燕的都城蓟。隋朝时蓟城为涿郡的行政中心，唐朝统称幽州。公元938年，蓟城为辽的陪都，改称南京，又叫燕京。1153年金迁都于此，名中都。

金泰和六年（1206年），蒙古族铁木真建立了蒙古政权，即位为蒙古大汗，被各族尊称为成吉思汗。金贞祐二年（1215年），蒙古人攻陷金中部，城内宫阙，尽遭焚烧。为了“南临中土，控御四方”，元世祖忽必烈从汉人刘秉忠议，于至元元年（1264年）八月迁都燕京，改名中都。至元八年（1271年）“十一月，建国号曰‘大元’。盖取《易经》‘乾元’之义，以‘元’为国号，并改中都为大都。”大都城从至元四年（1267年）开始兴建，到二十二年（1285年）全部建成[4]，共历时18年。

刘秉忠是大都城的主要规划师和设计师。他是一个出家还俗的儒者，尤邃于《易》及邵氏《经世书》，大都城的设计，既有“象天法地”的意匠[5]，又结合了地形，因地制宜，还

[1] 宋史·河渠志.

[2] 宋史·河渠志.

[3] 宋史·河渠志.

[4] 元史·世祖本纪.

[5] 吴庆洲. 象天法地意匠与中国古都规划. 华中建筑，1996，2：31-40.

体现了《考工记·匠人》的礼制思想。大都城的营建，是在他“经画指授”下完成的。参与选址和规划还有刘秉忠的学生赵秉温和郭守敬，郭守敬为著名的水利专家，负责设计和建造了大都城完善的水利系统[1]。元大都在城市规划建设上有突出的成就，是中国城市建设史上又一座里程碑。在城市防洪排涝上，元大都也有许多宝贵的经验可供我们借鉴，下面拟分而述之（图 3-6-1）。

一、城市选址兼顾供水、水运、防洪、宫苑建设，水平极高

北京坐落在三面环山、面积不大的北京小平原上，海河的支流永定河、潮白河穿过平原，向东南汇入海河。永定河洪水暴涨暴落，河水的年平均含沙量为 122kg/m³，最大达 400kg/m³，仅次于黄河，有“小黄河”之称。其洪、枯水量相差悬殊。河流汛期常决溢泛滥，河道自古以

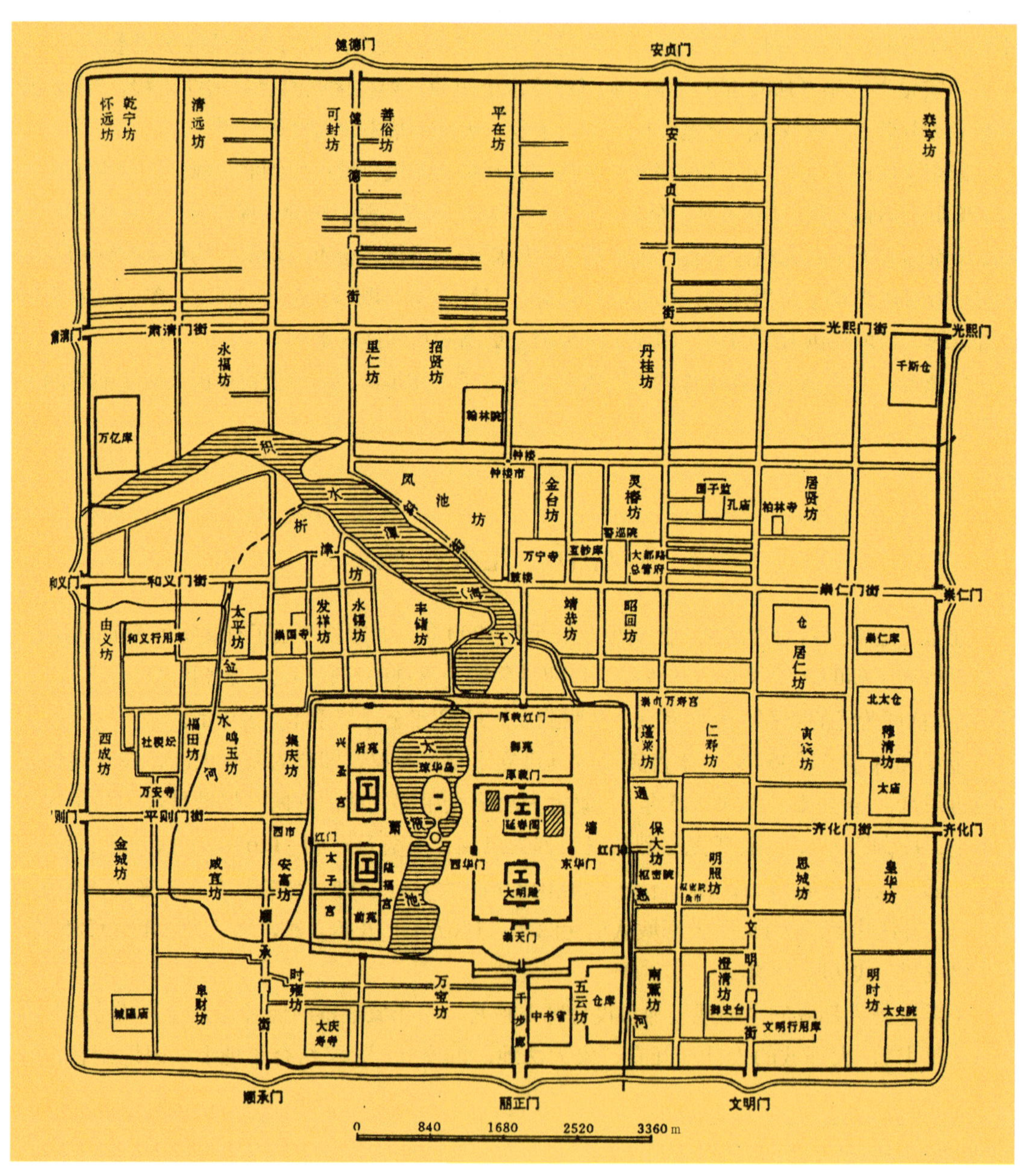

图 3-6-1 元大都城图至正年间（1341～1368 年）（据侯仁之·1985 年·北京历史地图集．自马正林著．中国城市历史地理：227）

[1] 首都博物馆．元大都．第一版．北京：北京燕山出版社，1989.

来即在北京平原冲积扇上自由摆动[1]。辽南京和金中都离当时的永定河较近，而常受到洪水的侵袭和威胁。辽统和十一年（993 年）“秋七月乙丑，桑干、羊河溢居庸关西，害禾稼殆尽，奉圣、南京居民庐舍多垫溺者。”[2]

元大都城选址于永定河冲积扇脊背的最优位置，在防洪上比金中都城好得多，虽然遇到了特大洪水时，城区仍有危险，但却基本上避开了一般洪水的袭击，排洪也较便利[3]。

除防洪外，大都城址的选择还综合考虑了城市供水和水运的问题，城址由金中都的莲花池水系转移到高梁河水系上来[4]。由蓟城到金中都，城市基本上是在莲花池水系上逐步发展的。该水系水量较少，可满足规模不大的城市的需要。高梁河水系水量较前者大得多，加上后来又远导昌平白浮泉水，汇西山泉水与瓮山泊、高梁河相接，为大都提供了充沛的水源，使城市用水和漕运用水得以解决。

此外，大都城选址考虑以湖泊为中心的宫殿建筑的布局，在湖泊东岸建宫城，西岸建隆福宫，北建兴圣宫，三宫鼎立，在历代帝都布局中别树一帜。

大都城选址综合考虑了防洪、供水、水运、宫殿建设等多种因素，并各得其所，其选址水平是极高的。

二、排水系统的规划设计科学得当

元大都十分重视排水系统的规划建设。大都城以今北护城河位置最高，沟渠依由高向低地势向南、向东、和向北三个方向布局设计。

据载：“初立都城，先凿泄水渠七所。一在中心阁后，一在普庆寺西，一在漕运司东，一在双庙儿后，一在甲局之西，在双桥儿南北，一在平桥儿东西。”[5]这七条泄水渠布置于大都干道两旁，有东西走向和南北走向两种，以南北走向为多。在今西四牌楼附近的地下，发现有石条砌筑的明渠，渠宽 1m，深 1.65m。在通过平则门大街时，顶部覆盖了条石[6]。这些排水渠不在七条之内，是建大都以后逐渐修建的。

由此可以推测，大都城内沿着主要的南北大街，都应有排水干渠，干渠两旁，还应有与之垂直的暗沟。干渠排水方向，与大都城内自北而南的地形坡度完全一致[7]。

大都城东墙中段和西墙北段的夯土墙基下，发现了两处残存的石砌排水涵洞。涵洞的底和两壁都用石板铺砌，顶部用砖起券。洞身宽 2.5m，长约 20m 左右，石壁高 1.22m。涵洞内外侧各用石铺砌出 6.5m 长的出入水口。整个涵洞的石底略向外作倾斜。涵洞的中心部位装有一排断面呈菱形的铁栅棍，栅棍间的距离为 10 ～ 15cm。石板接缝处勾抹白灰，并平打了很多“铁锭”。涵洞的地基满打“地钉”（木橛），在“地钉”的鑲卯上横铺数条“衬石枋”（横木），然后将地钉鑲卯间掺用碎砖石块夯实，并灌以泥浆。其做法与《营造法式》“券輂水窗”做法完全一样[8]（图 3–6–2）。

[1] 段天顺，戴鸿钟，张世俊．略论永定河历史上的水患及其防治．北京史苑．第一版．北京：北京出版社，1983，1．245–263．

[2] 辽史 · 圣宗本纪．

[3] 段天顺，戴鸿钟，张世俊．略论永定河历史上的水患及其防治．北京史苑．第一版．北京：北京出版社，1983，1．245–263．

[4] 侯仁之著．历史地理学的理论与实践．第二版．上海：上海人民出版社，1984：164．

[5] 析津志辑佚．古迹．

[6] 中国科学院考古研究所，北京市文物管理处元大都考古队．元大都的勘查和发掘，考古，1972，1：19–34．

[7] 侯仁之著．历史地理学的理论与实践．第二版．上海：上海人民出版社，1984，181：164．

[8] 中国科学院考古研究所，北京市文物管理处元大都考古队．元大都的勘查和发掘，考古，1972，1：19–34．

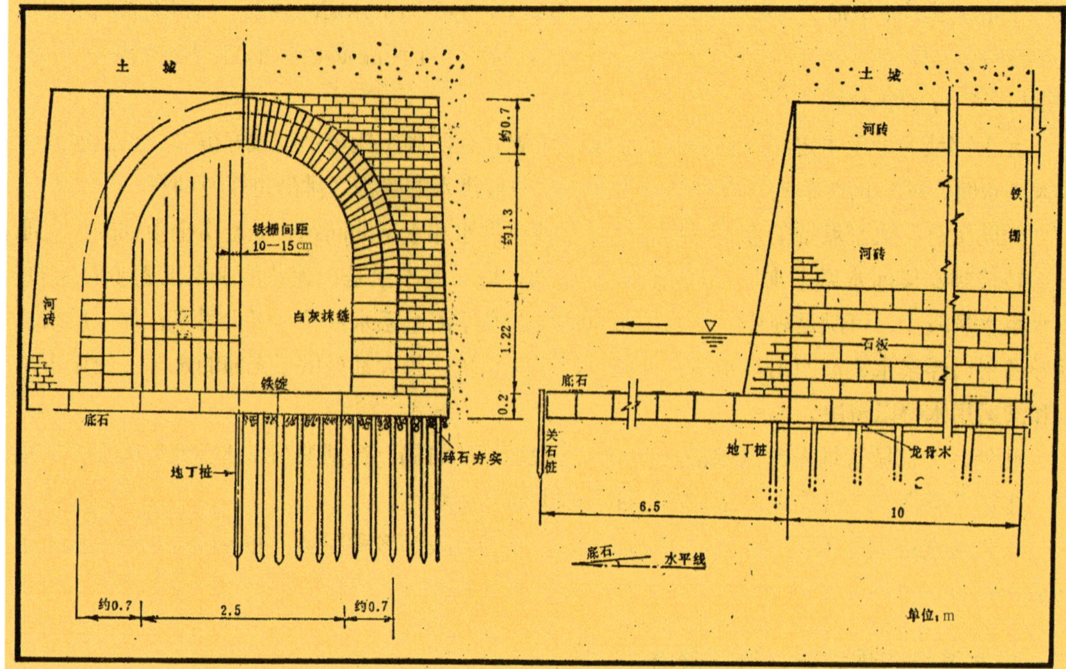

图 3–6–2 元大都水关结构复原示意图（蔡蕃著．北京古运河与城市供水研究：221，插图）

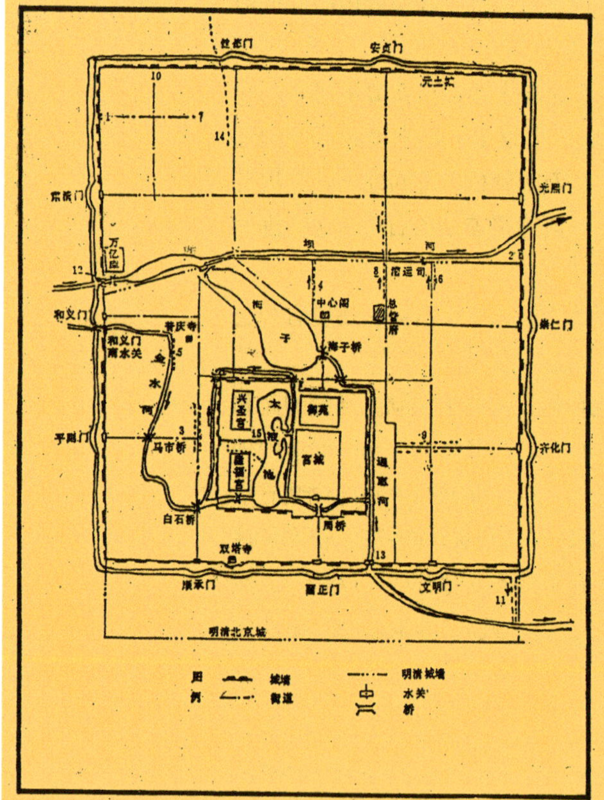

图 3–6–3 元大都供水排水系统示意图（蔡蕃著．北京古运河与城市供水研究：176，插图）

1—学院路水关；2—转角楼水关；3—西四石排渠（以上据《考古》1972 年 1 期）；4—中心阁泄水渠；5—普庆寺西泄；6—漕运司东泄水渠；7—双桥儿南北泄水渠；8—干桥儿东西泄水渠（以上据《析津志》）；9—塔院水关遗址；10—护城河泄水渠；11—和义门北水关；12—南水关；13—小月芽河；14—壕河推测位置

城内沟渠内的积水，都通过这些涵洞（水关）排入城壕，再排出城外。

元代的金水河、坝河和通惠河是全城排水的主干渠。干道泄水渠集各街雨污水，就近排入各主干渠中。

当时，大都城北面（明清北城壕以北）的排水渠，向北、西、东三方向排水，经水关出城入护城河，向南的干渠则可排入积水潭和坝河。

皇城的排水，西苑一带可泄入太液池，流至通惠河，宫城内可直接泄入通惠河[1]（图 3–6–3）。

大都城排水系统的规划设计依地形地势而行，很是科学、得当。

三、城内有海子和太液池，水面宽阔，有较大的调蓄容量

由于大都城内有海子和太液池，城市水系有较大的容量，可避免或减少城内雨潦之灾。

太液池即明清的北海、中海。北海水面积为 583 亩[2]，合 0.39km^2。又据有关资料，三海（北海、中海、南海）全园面积 2500 余亩，其中水面占一半以上[3]，则全园面积合 1.67km^2，水面积约 1km^2，北海、中海面积约 0.75km^2。海子面积比太液池大得多，约有 1.25km^2，

[1] 蔡藩著．北京古运河与城市供水研究．第一版．北京：北京出版社，1987.

[2] 辞海．第一版．上海：上海辞书出版社，1979：759.

[3] 中国大百科全书．建筑、园林、城市规划．第一版．北京：中国大百科全书出版社，1988：15.

则海子和太液池水面共约有 2km^2。

据《天府广记》记载："西海子旧名积水潭，元时在皇城外东南隅，西北诸泉自西水门入城而汇于此，汪洋如海。复东折而南，出南水门，会运河南艘皆泊潭内。"[1]

海子所在，为从西北——东南方向贯穿城区的古河道。从忽必烈的中统三年（1262 年）七月，都水监郭守敬受命引玉泉诸水通漕运开始，到元顺帝至正二十八年（1368 年）元亡止，这 106 年间，对积水潭多次疏浚，其中大挖大修就有五次。当时的积水潭比今天的范围大得多（今天什刹海，即后三海，总面积仅 0.34km^2），水深而阔，东西长二里，汪洋如海，北起德胜桥西，东南至北海，中间没有街道、堤坝、房屋，水天一片。南来北往的粮船、商船聚泊于此，"舳舻蔽天"，巨船出入[2]。积水潭不仅有航运、漕运之巨利，且利于调蓄洪水，防风、沙、火、旱诸灾，利于京城造园绿化、美化环境和开展水上娱乐，有多种效益。

由于海子能让巨船出入，水必然较深。据钻探，现什刹海东岸的地安门商场，元朝时在海子中，其基槽为深 5 ～ 10m，为全新世湖泊相沉积的砂粘、夹薄层细砂，5m 以上为杂填土[3]。今以 5m 作为海子、太液池元代的平均深度，其水面共约 2km^2，可容水 1000 万 m^3。

元大都的城壕又宽又深[4]，但其尺寸未见记载。据钻探，明清北京城的护城河一般宽 30 ～ 50m，深 6 ～ 7m[5]，元大都皇城东北角外的通惠河宽约 27.5m[6]。由于明北京城是在元大都的基础上建起来的，内城的东、西墙和护城河的一部分均利用了元大都的城池，估计元城和明城的壕池宽度和深度都差不多。今以宽 40m，深 6.5m，边坡度为 2 ：1 作为元大都护城河的尺寸，可算出其行洪断面为 238.875m^2。今以 27.5m 宽、6m 深、边坡度为 2 ：1 作为其城内河道的行洪断面，算出为 147m^2。

元大都城墙共长约 28600m[7]，其护城河共长约 28700m，其蓄水容量为 683.18 万 m^3。

元大都城内有金水河、坝河、通惠河三条排洪河道，由于长度没有确切记载，据图 3-6-3，三条河河道总长约为环城护城河总长的 4/3，即 21525m，其蓄水容量为 316.4 万 m^3。

将湖泊、城壕、城河的蓄水容量相加，得元大都城水系蓄水总容量为 1999.58 万 m^3，相当于一座中型水库，约为唐长安城调蓄总容量的 3 倍多。元大都城面积为 50km^2[8]，则每平方米有蓄水容量 0.3999m^3，为唐长安城的 5.6 倍。

护城河与城内河道总长为 50225m，城内河道密度为 1km/km^2。

由于元大都城水系有巨大的调蓄容量，因而有效地防止和减少了城内雨潦之灾。

元大都城于元至元二十二年（1285 年）全部建成，到 1368 年元灭，历时 83 年，城内因积潦成灾的记录甚少。《元史》中记载，大都水患或雨潦成灾的记录有 5 次。

世祖至元九年（1272 年），六月壬辰，"京师大雨，坏墙屋，压死者甚众。"

世祖至元二十六年（1289 年），七月辛巳，"雨坏都城，发兵民各万人完之。"[9]

---

[1] 天府广记，卷 36.

[2] 陈文良，魏开肇，李学文．北京名园趣谈．第一版．北京：中国建筑工业出版社，1983：118-120.

[3] 孙秀萍．北京城区全新世埋藏河、湖、沟、坑的分布及其演变．北京史苑：二．第一版．北京：北京出版社，1985：222-232.

[4] 陈高华著．元大都．第一版．北京：北京出版社，1982.

[5] 孙秀萍．北京城区全新世埋藏河、湖、沟、坑的分布及其演变．北京史苑：二．第一版．北京：北京出版社，1985：222-232.

[6] 中国科学院考古研究所 北京市文物管理处元大都考古队．元大都的勘查和发掘．考古，1972，1：19-34.

[7] 中国科学院考古研究所 北京市文物管理处元大都考古队．元大都的勘查和发掘．考古，1972，1：19-34.

[8] 中国建筑史编写组、中国建筑史．第二版．北京：中国建筑出版社，1986：37.

[9] 元史·世祖本纪．

世祖至元三十年（1293 年），三月，“雨坏都城，诏发侍卫军三万人完之。”[1]

顺帝至正八年（1348 年），“五月丁酉朔，大霖雨，京城崩。”[2]

顺帝至十八年（1358 年）七月“京师大水。蝗，民大饥。”[3]

此外，还有 6 次水灾记录，为世祖至元十七年（1280 年），二十三年（1286 年），成宗大德元年（1297 年），顺帝元统元年（1333 年），顺帝至元二年（1336 年）、六年（1340 年）。但元统元年六月“京畿大霖雨，水平地丈余，”[4]泛指“京畿”，未专指“京师”，不一定是大都城内水灾。

以上所列 5 次京城内水患，有 3 次为雨坏城墙，仅 2 次为“大水”和雨潦之灾。

元大都城墙全部由夯土筑成，易为霖雨所毁，听凭雨水冲刷，久之，城墙容易倒塌。千户王庆瑞献苇城之策[5]，即“以苇排编，自下砌上”，用苇将整个土墙遮盖。苇城并不能完全解决土墙防雨问题，雨水仍可能渗过苇草，对土墙发生侵蚀作用，因此雨水坏城之事仍会发生。

元大都城罕有洪灾和渍水之患，其防洪防涝的措施和经验是十分值得我们重视和借鉴的。

虽然元大都城选址于永定河冲积扇脊背的最优位置，可以避开永定河一般洪水的袭击，但永定河的特大洪水，仍对元大都城造成威胁。元代永定河称为“浑河”。在成宗大德五年（1301 年）以前，这种泛滥除了永定河自身的原因之外，还往往与金口河有关。因为金口河引永定河水自西向东由今北京西城区受水河胡同、绒线胡同偏南至人民大会堂西一线的旧金中都城北城壕，侧城而过。只要永定河在汛期水位暴涨，就会引起金口河泛滥，对该河南北的旧金中都城（今广安门内外一带）和元大都城（今北京城，南城墙在今东、西长安街南侧一线）造成威胁。例如前述元世祖至元九年（1272 年）六月京师大雨倾盆，昼夜不绝，城内大批房屋倒塌，压死居民无数。然而，更危险的则是南城墙外的金口河由于受永定河暴涨的影响，也汹涌异常。御史魏初上奏说：“五月二十五至二十六日，大都大雨流潦弥漫，居民室屋倾塌，溺压人口，流没财物、粮粟甚众。通玄门（旧今中都城正北门，在今北京南礼士路以南）外，金口河黄浪如屋，新建桥庑及各门旧桥五六座，一时摧败，如拉朽漂枯，长楣巨栋，不知所以。”当时金口河泛滥，洪水已冲刷到新建的大都城的城墙。大德五年（1301 年）虽然彻底堵塞了金口河上游引水口，使这条河的下游成了旱河。但是在元英宗至治元年（1321 年）七月，由于大雨造成了包括永定河在内的昌平温榆河、平谷泃河及滹沱河、拒马河等海河水系的大洪水时，永定河仍在麻峪冲决了旧金口河引水口，沿旱河道向东冲淹到大都城附近，“势俯王城”。元朝政府急忙补筑堤长 200 步，高 40 尺，才抵挡住了永定河顺金口河旧道而来的水势[6]。

为了抵御浑河洪水，元代多次兴役修筑永定河堤防[7]。

第七节　明南京城

南京，与西安、洛阳、北京、开封、杭州并称为中国六大古都。它以“六朝圣地”、“十朝都会”闻名于世。先后有东吴、东晋、宋、齐、梁、陈六个王朝在此建都，故有“六朝古都”之称。

---

[1] 元史 · 世祖本纪 .

[2] 续资治通鉴，卷 209，元纪 27.

[3] 续资治通鉴，卷 214，元纪 32.

[4] 元史 · 五行志 .

[5] 阎复 . 王公神道碑铭 . 常山贞石志 . 卷 17.

[6] 于德源著 . 北京灾害史 . 北京：同心出版社，2008：26–28.

[7] 于德源著 . 北京灾害史 . 北京：同心出版社，2008：26–28.

以后又有南唐、明朝、太平天国、民国时期以南京为都，故南京又有“十朝都会”之名。在中国历代古都中，城池以“高、坚甲于海内”而著称者，明南京城当推为首。在城市防洪上，明南京城也有自己的经验。

一、朱元璋定都南京概况

朱元璋为元朝末年农民起义军领袖。元至正十三年（1353 年），朱元璋取定远后，向冯国用询问取于下之大计，冯国用对曰：“金陵龙蟠虎踞，帝王之都，先拔之以为根本。然后四出征伐，倡仁义，收人心，勿贪子女玉帛，天下不足定也。”[1]

元至正十五年（1355 年），朱元璋攻克太平（今安徽当涂），问当涂儒士陶安：“吾欲取金陵何如？”陶安答曰：“金陵古帝王都，取而有之，抚形胜以临四方，何向不克？”[2]

其后，海宁人叶兑献书上言：“今之规模，宜北绝李察罕（察罕贴木儿），南并张九四（士诚），抚温、台，取闽、越，定都建康，拓地江、广，进则越两淮以北征，退则画长江而自守。夫金陵古称龙蟠虎踞，帝王之都，籍其兵力、资财，以攻则克，以守则固。”[3]

元至正十六年（1356 年），朱元璋攻取集庆（金陵），周览城郭形胜，对徐达等说：“金陵险固，古所谓长江天堑，真形胜地也。”[4] 改集庆路为应天府。至正二十六年（1366 年）又命改筑应天城：“八月，庚戌朔，拓建康城。初，建康旧城西北控大江，东进白下门外，距钟山既阔远，而旧内在城中，因元南台为宫，稍卑隘。上乃命刘基等卜地定，作新宫于钟山之阳，在旧城东白下门之外二里许，故增筑新城，东北尽钟山之趾，延亘周回凡五十余里。规制雄壮，尽据山川之胜焉。”[5]（图 3–7–1）

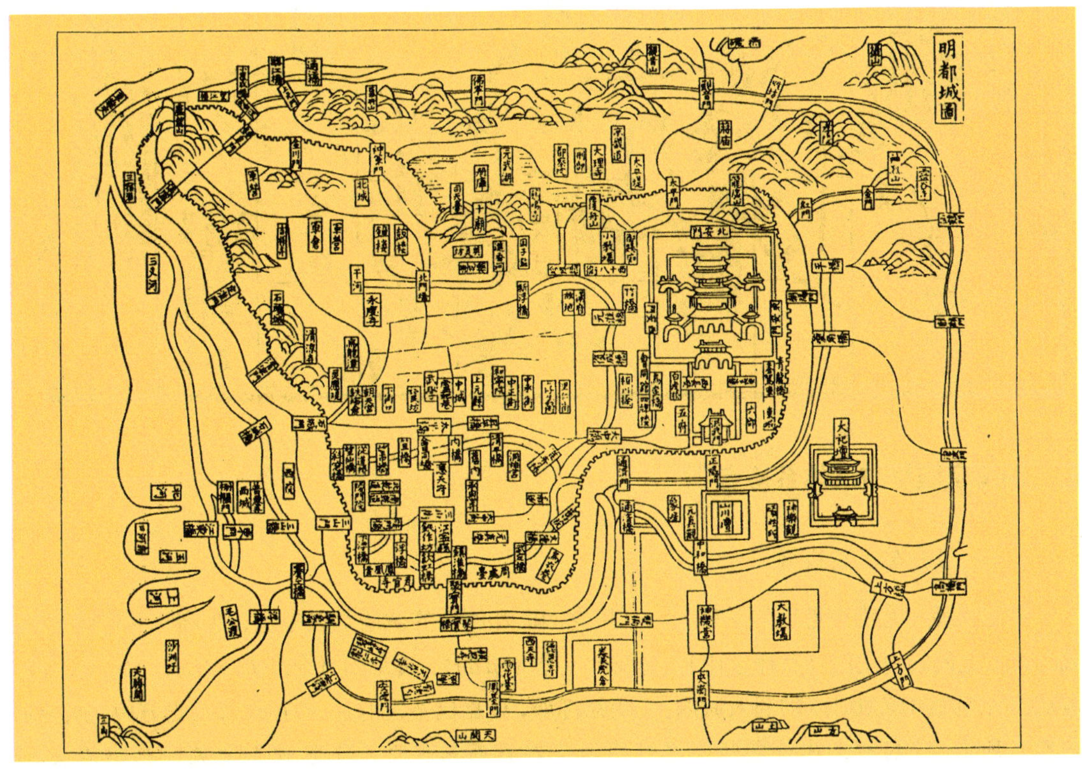

图 3–7–1 明南京图（江宁府志）

[1] 明史 · 冯胜传 .

[2] 明史 · 陶安传 .

[3] 明史 · 叶兑传 .

[4] 明太祖实录，卷 4，丙申年三月庚寅 .

[5] 明太祖实录，卷 21，丙午年八月庚戌朔 .

二、高筑墙的军事防御思想

明太祖在元至正十七年（1357 年）打下徽州时，邓愈推荐休宁文士朱升，明太祖召问时务，朱升提出“高筑墙，广积粮，缓称王”九字方略。朱元璋采纳了它[1]。

明南京城的修筑，正体现了“高筑墙”的防御思想。

明南京城的修筑过程，大致可以分为三个阶段：第一阶段为元至正二十六年（1366 年）至二十七年（1367 年），主要为作新宫钟山之阳和扩展应天府旧城为主；第二阶段从洪武元年（1368 年）至洪武十九年（1386 年）止，以增修新城为主；第三阶段为洪武二十三年（1390 年）起，建筑周长百多里的外郭城（图 3–7–2）。

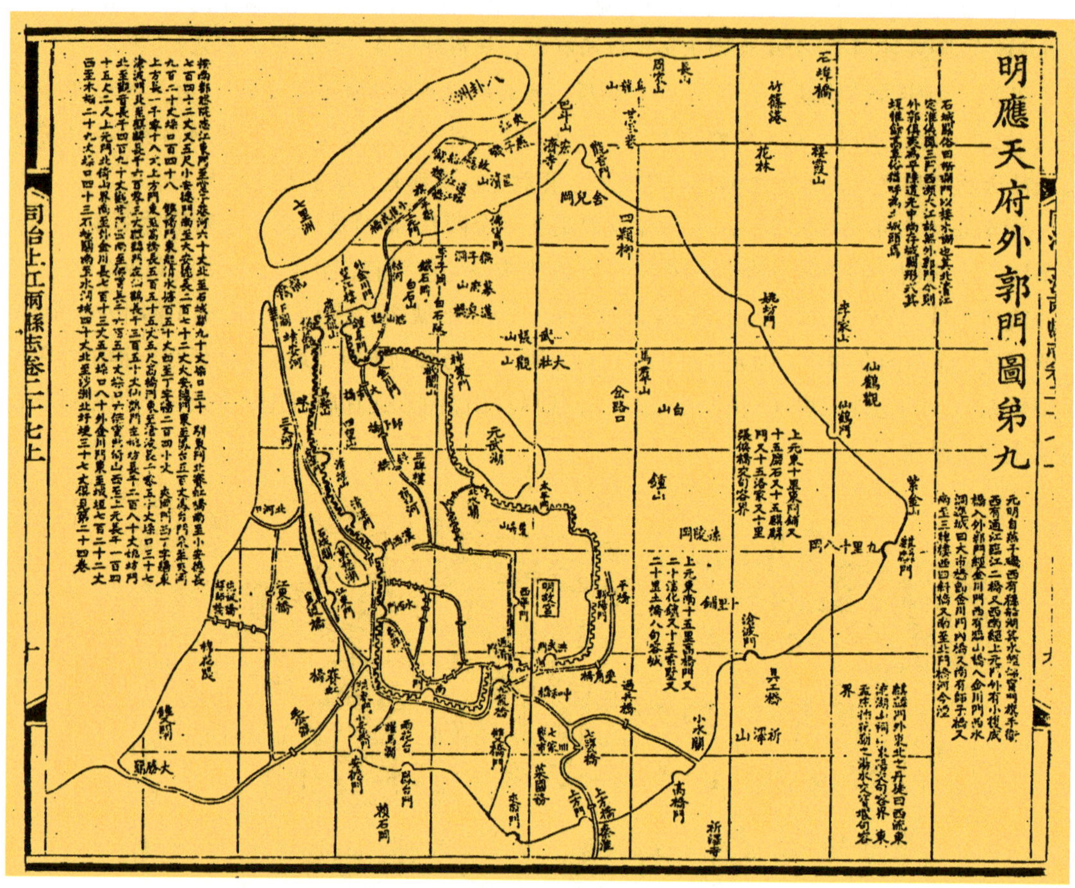

图 3–7–2 明应天府外郭门图（同治上江两县志，卷 27）

三、明南京城墙防洪体系特点

（一）据山脊，高筑墙

明南京城，在南唐都城的基础上，利用它南面和西面的城墙加以拓宽，加高，并把南唐都城之外的北面的卢龙山（今狮子山）、鸡笼山（今北极阁）、覆舟山（今小九华山）、龙广山（今富贵山）、马鞍山等诸山，均圈入城内。“明初都城，皆据岗垄之脊。”[2] 正如《读史方舆纪要·江宁府》所云：“明初，建为京师，更新城阙，乃益廓而大之，东尽钟山之麓，西阻石头之固（志云：自杨吴以来，城西皆据石头冈阜之脊，明实亦因其制），北控湖山，南临长干，而秦淮贯其中，横缩纡徐，周九十六里，内则皇城奠焉。”

[1] 明史 · 朱升传 .

[2] 康熙江宁府志，卷 5，石头山 .

据实测，明南京城全长37140m，高度约14～21m，宽度下为14.5m左右，上宽4～10m[1]，上部最宽达19m[2]。玄武门左右一段城垣，因堤建城，无山可依，内外墙身均高达60m，与鸡笼山西来的城垣取平[3]。其城墙之高，罕有其匹，充分体现了“高筑墙”的思想。

（二）城门设防的艺术特色

明南京城共有13座城门。自东南向西北为朝阳（今中山门）、正阳（今光华门）、通济、聚宝（今中华门）、三山（今西水门）、石城（今汉西门）、清凉（又叫清江门）、定淮、仪凤（今兴中门）、钟阜（谷称小东门）、金川、神策（今和平门）、太平。城门上原都建有城门楼，每城门都有木门、闸门各一道。清咸丰年间，城门楼均被炮火炸毁。现存神策门上的歇山重檐城楼为清末重建。聚宝门城楼为清嘉庆年间重建，抗日战争时，被日寇炸毁。

在这些城门中，聚宝门、通济门、三山门各有瓮城三道，石城门有瓮城两道，正阳门、朝阳门、神策门有一道。瓮城分为凸出城外和建于城墙内侧的两种形式。聚宝门、通济门、三山门和石城门的瓮城不凸出城墙外，而建于城墙内侧，是中国军事建筑史上一大创举，是军事建筑艺术的一朵奇葩。而瓮城至今保存完好的，只有聚宝门（中华门）一座（图3–7–3，图3–7–4）。

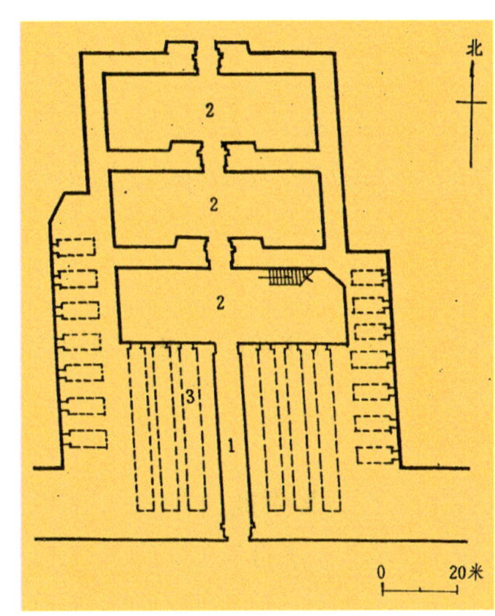

图3–7–3 明南京城聚宝门首层平面
1. 城门洞；2. 瓮城；3. 藏兵洞共20个
（自孙大章主编．中国古今建筑鉴赏辞典：165）

图3–7–4 明南京城聚宝门复原鸟瞰图（自郭湖生．明南京．论文插图．建筑师，1997，8：35）

聚宝门，因其面临聚宝山（今雨花台）而得名，1931年改称为中华门。该门建于元至正二十六年（1366年）至洪武十九年（1386年）间。其东西长128m，南北深129m，占地16512m^2，城垣高21.45m，由三道瓮城、四道城门、27个藏兵洞（藏军洞）、两条礓礤、一条登城坡道组成。每个藏兵洞可藏兵百人以上，共可藏兵3000多人[4]。

城门本为城防的薄弱环节，攻城往往以易于攻破的城门为目标。但按南京聚宝门的这种设防，三道瓮城，四通城门、千斤闸，屯兵3000以上，要攻破它须付出的代价是难以想像的。这种层层设防，重濠、三城四门的巧妙规划设计，充分体现了中国古人的高度智慧，也是“高筑墙”思想的最生动的写照。聚宝门不仅在中国军事史上，而且在世界古代军事史上都是一个奇迹，是中国古代军事建筑艺术的奇葩！

这种城门，在防御洪水上也是坚固可靠的。

[1] 季士家．明都南京城垣略论．故宫博物院院刊，1984，2：70–81.

[2] 陈宗俊．明代的南京城．中国文物报，1995，4（2）：3.

[3] 季士家．明都南京城垣略论．故宫博物院院刊，1984，2：70–81.

[4] 季士家．南京中华门建筑述略．文物资料丛刊．北京：文物出版社，1981，5：154–157.

（三）城墙之坚固耐久为中国古城之冠

南京城墙在用材、砌筑技术、防雨排水技术上都是全国一流的。

1. 城砖质地坚硬

据调查，南京城砖来自长江中下游各府、州、县，计有应天府、镇江府、常州府、扬州府、太平府、宁国府、池州府、安庆府、庐州府、建昌府、南昌府、吉安府、广信府、瑞州府、南康府、临江府、袁州府、九江府、赣州府、饶州府、杭州府、武昌府、黄州府、开州府、承天府、沔阳府、长沙府、蕲州府、岳州府、安陆府、永州府、湖广行省共33府行省，11个州149个县和7个镇。砖上有铭文，府县铭文（阴文或阳文）印着提调官姓名及总甲、甲首、小甲、造砖人夫、窑匠等姓名，体现了制砖的责任制。城砖质量很好，有瓷土砖和黄土砖两种。瓷砖呈白色和米黄色两种，质地坚硬，至今无丝毫风化。砖一般长38 ~ 45cm，宽21 ~ 22cm，厚10 ~ 11.5cm[1]。

2. 采用糯米汁石灰浆砌筑城垣

用糯米熬成稀饭，与石灰拌和，成为糯米汁石灰浆，乃是中国古代劳动人民的伟大创造。据载："筑京城用石灰秫粥固其外。"[2] 用糯米汁石灰浆灌注在城外表包砌的砖石缝中，使其更坚韧、更强固。此外，灰浆中还掺以羊桃藤汁[3]。

这使明南京城自筑造以来600多年而依然屹立。

3. 因地制宜筑建城基

明南京城因地制宜进行城垣基础的处理不同地段，不同的地质情况采用不同的城基。其中有：

1）桥式基础

在地质松软易陷地段，采用桥式基础。在聚宝门西和正阳门东三处有此做法。这三段城墙经600年而无沉降，说明这种基础用于这种地段的城垣是合宜的。

2）深基础

三山门至石城门段城基，在地表下约5m处仍未见最底层的条石，其深度当在5m以上。覆舟山西至解放门段，在城根土下约12m仍未发现最底一层条石，基深当在12m以上。

3）不挖基沟，平地起城

1981年南京龙盘里到汉中门段推土机推出城基，发现为平铺块石，最大者重约3吨，石缝间黄土拌石灰嵌填、夯筑[4]。

4. 垣身采用有效的防雨和排水措施

明南京城在这一方面有许多成功的经验，如用砖石砌筑城垣，用糯米汁石灰浆固墙身，以桐油和土拌合的砂浆结墙顶，以防雨水渗入墙身[5]，城顶以明沟汇集雨水，以出跳约0.7m的石质吐水槽泄水，下以石槽承水流入暗井[6]，等等。

---

[1] 王少华．南京明代大葫芦形都城的建造//刘锡诚，游琪主编．葫芦与象征．商务印书馆．2001：345-363.
[2] 凤凰台记事．
[3] 张驭寰，郭湖生主编．中国古代建筑技术史．北京：科学出版社，1990.
[4] 季士家．南京中华门建筑述略．文物资料丛刊．北京：文物出版社，1981，5：154-157.
[5] 康宁著．古代战争中的攻防战术．北京：人民出版社，1992：274.
[6] 季士家．南京中华门建筑述略．文物资料丛刊．北京：文物出版社，1981，5：154-157.

（四）建设以秦淮河为骨干的多功用城市水系（图 3–7–5）

明南京城充分利用了秦淮河作为城市水系的骨干河道，又充分利用了六朝至杨吴所开凿的旧河道，以外秦淮为京城护城河，又开凿了宫城、皇城的两圈护城河，加上玄武湖、内秦淮、青溪、运渎、杨吴城壕、珍珠河以及明代开凿的进香河等，组成了一个四通八达的明南京城市水系网络。该水系具有如下特色：

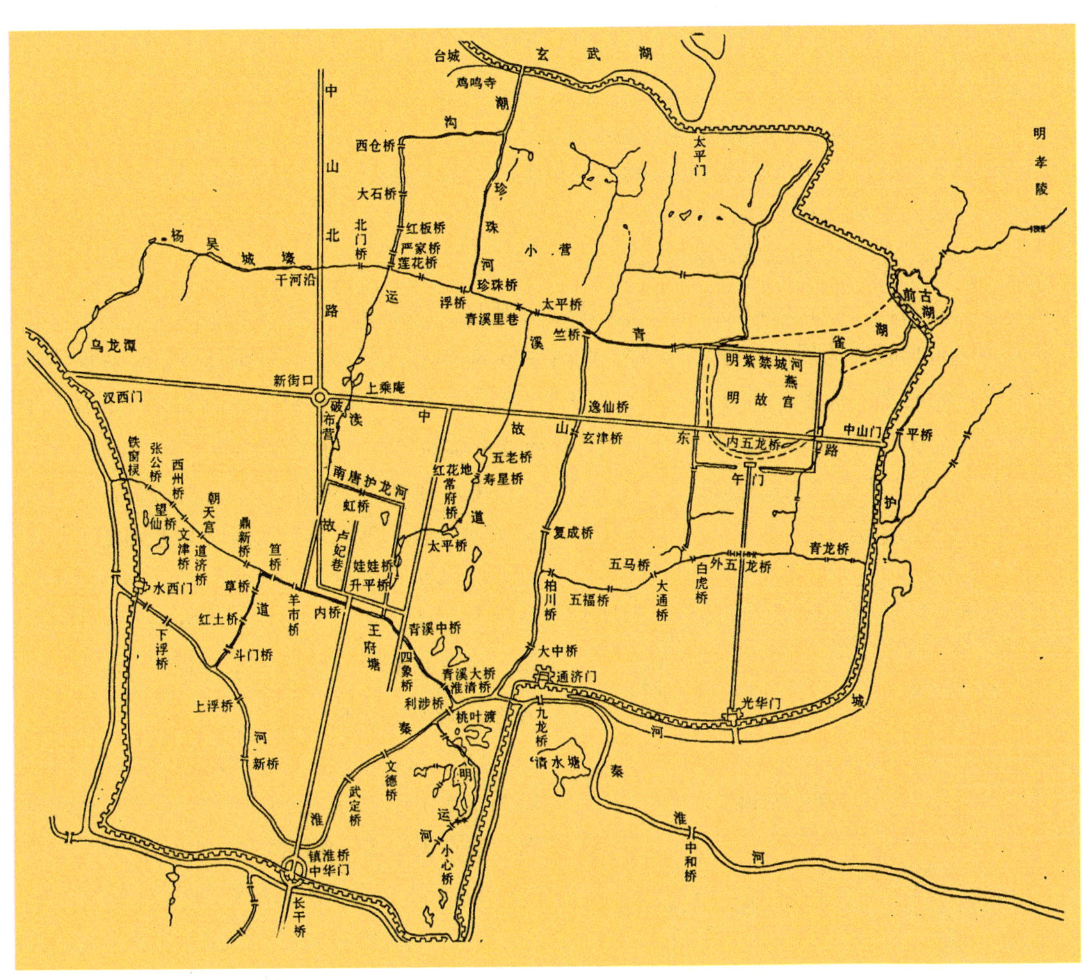

图 3–7–5 金陵古水道图（自杨之水等主编．南京：12）

1．具有多种功能

具有供水、交通运输、军事防御、排水排洪、调蓄洪水、防火、造园绿化和水上娱乐、改善城市环境的多种功能

秦淮河与南京古城的孕育和成长，关系极为密切，视之为南京城的摇篮亦不过分。

秦淮河有两个源头，东源出自江苏句容县宝华山的竹园潭，南源来自江苏溧水县东庐山。两源汇流于江宁县方山西南，成为秦淮河干流，水流至南京城下。又在通济门外分为内外两支。外秦淮沿着城墙南侧，西去汇入长江。内秦淮由东水关入城，在淮青桥下再分南北两流。偏北的一股，向西经过四象桥、内桥、鸽子桥等闹市区，经铁窗棂出城，归入外秦淮。南唐时利用它成为宫城外的“护龙河”。偏南的一股，经夫子庙、镇淮桥，出西水关，与外秦淮合流，即著名的“十里秦淮”[1]。

[1] 夏树芳．金陵风貌．上海：上海科学技术出版社，1981：58.

外秦淮南唐时用作外城壕。明南京城南半部以南唐金陵城为基础，秦淮河水流格局无大变动，沿用至今。

说秦淮河孕育南京城市的发展，并非夸张。约在5000多年前，在当时的秦淮河入江口附近金川河上游，即今鼓楼附近的向阳北巷一带，以及南部的秦淮河畔，已出现居民。到3000多年前，南京的200多处居民点遗址中，有70～80处在秦淮河畔，20～30处在玄武湖畔。从春秋到东吴时期的冶城，越城和石头城都紧傍秦淮河，以后，“十里秦淮”更是脍炙人口。秦淮河在航运、水利、商业、景观等许多方面，都为南京城做出不朽的贡献，而在军事防御上，其贡献也是不可磨灭的。外秦淮宽达120m，内秦淮宽28m，成为中华门的内壕，使南京城的防卫，不仅有高城之屏障，而且有重壕之险阻。

《读史方舆纪要 · 江宁府 · 秦淮水》中列举了许多六朝以来，以秦淮河为防卫的例子，说“秦淮在金陵南面，自昔为缘城险要云”。

2. 玄武湖有较大的调蓄洪水的容量

南京玄武湖，在城的东北面，是南京的风景名胜区。玄武湖古名桑泊，是一个直接通向长江的大湖，东吴时称为后湖。据《建康实录》：吴宝鼎二年（267年）开城北渠，引后湖水流入新宫，巡绕殿堂。东晋时称为北湖。大兴三年（320年），“筑长堤以壅北山之水，东自覆舟山，西至宣武城”，使湖水不致受长江洪水的影响造成都城水患。宋熙宁八年（1075年）王安石上奏章，认为玄武湖“空贮波涛，守之无用”，不如废湖为田，可分给贫民耕种。此后200年，玄武湖废后，原来江湖相通之处也都堵塞，以致紫金山下的径流无法排泄，城北水患频繁。到元末大德五年（1301年）和至元三年（1343年）两次疏浚，恢复了部分湖面，沟通了江湖通路，减少了水患[1]。

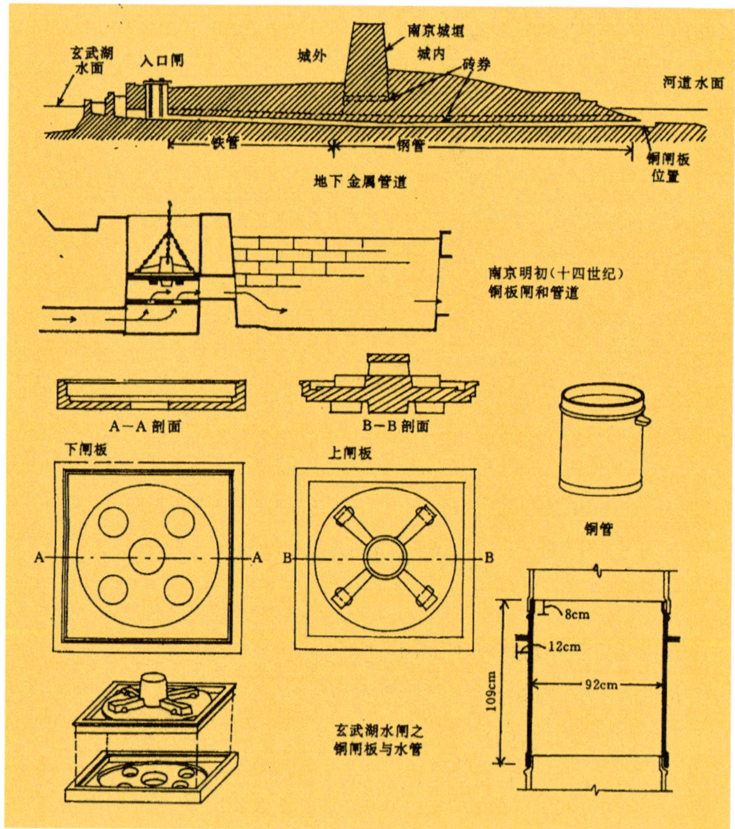

图3-7-6 明南京玄武湖武庙闸图（自郭湖生．明南京．论文插图．建筑师，1997，8：36）

南京玄武湖现有水面约3.7km²，水深一般为1.5m[2]，可容水约555万m³。六朝时湖面比现在大得多，水还深些，调蓄能力当更大。

3. 濠池水系采用了水管铜闸节制水流

明南京城在筑城时，切断了几处水流，靠埋在城垣下的水管来沟通。其中，两处是玄武湖水溢流渠道，一在大树根，一是武庙闸。另外有两处，是燕雀湖水（青溪水）入城渠道，一在钟山龙尾，现半生园、前湖处的城垣下，另一处为城东壕水进至五龙桥的水道穿越城垣处，地名为铜心管桥。其做法是，地下水管用巨大的铸铜管套接而成，管的两端是水闸，用铜板节制水流。武庙闸（图3-7-6）为玄武湖南流的溢水闸，湖水经地下管线入珍珠河至

[1] 永乐大典．第一版．北京：中华书局，1986，1：747.

[2] 中国科学院南京地理研究所湖泊室编著．江苏湖泊志．第一版．南京：江苏科学技术出版社，1982：211-213.

南唐金陵城北的杨吴城壕，用铜管 107 节（径 95cm，长 104cm，厚 1.5cm）、铁管 43 节（径约 98cm，长约 81cm，厚约 2cm）的企口套接。水管上的砖两重处置。第一重券长随水闸之间管线的全长约 70m，用三券三伏，相当水窗做法，其上当城垣处再加一重券，用五券五伏，相当于城门做法。这样，城垣和湖堤重量由砖券负担，管道只承受其周围填土的重量。发掘时，这些管道均完好无损，说明其建造是科学的[1]。

城内侧出水闸，用条石砌如方井，闸板由相叠的两重铜盘组成。上盘可提升，盘下有圆榫五；下盘固定，有圆孔五。闭闸时，榫嵌入圆孔，水阻不流；开闸时，提升上盘，水由下孔溢出。在南京故宫内五龙桥金水河穿过宫城处也发现有这种铜闸，国内罕见。这充分体现了明南京城水系建设的科学技术水平。

4. 东、西水关合军事防御和防洪功能于一体

为了沟通城墙内外的水系，明南京城墙设置了水关和大小不等的涵闸。水关可以通船，而涵闸仅能通水，在内秦淮河的入口处和出口处，分别设东水关和西水关，东水关由水闸、桥道、藏兵洞三部分组成。第一道水闸在内秦淮河入水口，第二道在城墙内，二闸上方为桥道，桥道上砌城墙，桥下为九孔拱券式进水巷道，每孔均装铁栅以防敌人潜水进城，中间一孔开栅可通船只。城墙分上、下两层，建有 22 个藏兵洞[2]。在秦淮河出口之三山门水门，也建有同样三道闸。合军事防御和防洪功能于一体，是其特色。

四、明南京的城市水灾

明代（1368 ~ 1644 年）共 276 年间，明南京城仅有 8 次水灾记录，其发生水灾的频率为 34.5 年一次。比起同时期的北京城有 26 次水灾，平均 10.6 年一次而言，是少得多了。可见，明南京城的城市防洪体系是较完善的，防洪措施是较有效的。

明南京城市水灾一览表 **表 3-7-1**

序号	年份	水灾情况	资料来源
1	洪武九年（1376）	丙辰，京城水溢，百官乘船以朝。	续文献通考，卷 220
2	正统五年（1440）	二月，南京大风雨，坏北上门脊，覆官民舟。	明史 · 五行志
3	弘治三年（1490）	七月，南京骤雨，坏午门西城垣。	明史 · 五行志
4	弘治八年（1495）	五月，南京阴雨逾月，坏朝阳门北城堵。	明史 · 五行志
5	弘治十五年（1502）	七月，南京江水泛溢，湖水入城五尺余。	明史 · 五行志
6	嘉靖元年（1522）	七月，南京暴风雨，江水涌溢，郊社、陵寝、宫阙、城垣、吻脊栏楯坏。拔树万余株，江船漂没甚众。	明史 · 五行志
7	嘉靖三十九年（1560）	江水涨至三山门，秦淮民居水深数尺。	乾隆江南通志，卷 197
8	万历十四年（1586）	夏五月，大雨旬余，城中水高数尺，江东门至三山门行舟。	同治上江两县志，卷 2，大事

[1] 郭湖生．明南京．建筑师，77：34-40.

[2] 杨新华，卢海鸣主编．南京明清建筑．南京：南京大学出版社，2001：215-218.

第八节　明清北京城

明初曾建都南京。1368 年 9 月，明军北伐攻占大都，结束了元朝九十八年的统治。徐达进入大都后，改城名为北平，为加强防守，徐达改建了大都城。他放弃了原大都城空旷的北部地区，在原北城墙以南 2.5km 处另筑新墙，又把元大内宫殿尽行拆毁。永乐元年（1403 年），北平改名北京，升为陪都，随即重新营造北京城。

永乐四年（1406 年）开始营建北京宫殿，永乐十八年（1420 年）基本竣工，正式定都北京，明中叶时，因城南形成大片市肆及居民区，嘉靖三十二年（1553 年）筑南郭外城，清代沿用明城（图 3–8–1）。

明代自永乐十八年（1420 年）都北京，至 1644 年明亡，以北京为都共 225 年。查历史记载，这 225 年间北京共发生 18 次水灾，为了研究的方便，特列成表（表 3–8–1），并把明初（1368 年）到永乐十七年（1419 年）共 52 年间的 8 次水患列入，以备对照研究之用。

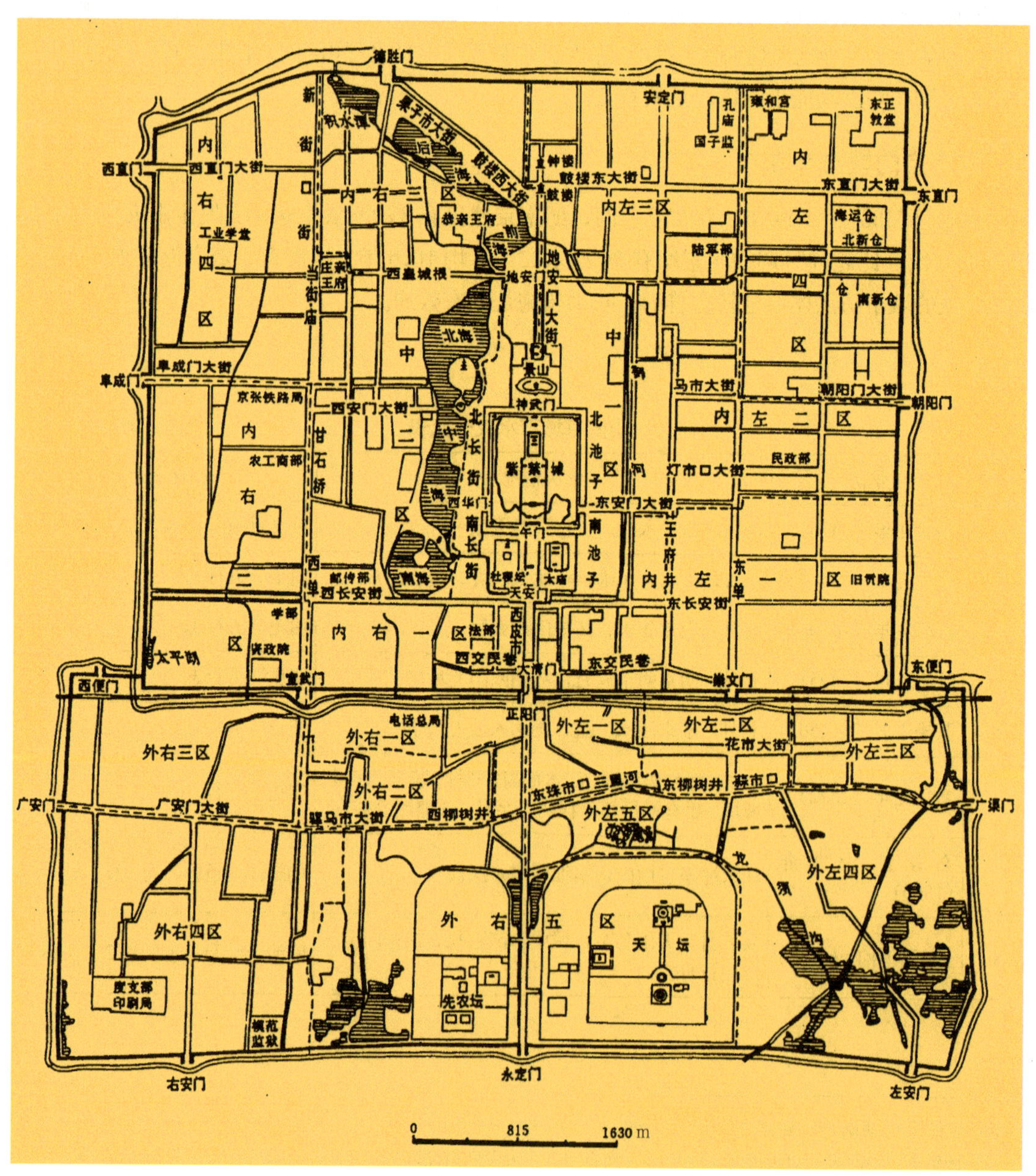

图 3–8–1　清北京城图．宣统元年（1909～1911 年）（据侯仁之·1985 年·北京历史地图集．自马正林著．中国城市历史地理：239）

明北京城水灾情况表 表 3–8–1

序号	年份	水灾情况	资料来源
1	洪武八年（1375）	八年七月……北平……大水。	明史·五行志
2	洪武十年（1377）	（七月，）北平八府大水，坏城垣。	明史·五行志
3	洪武十五年（1382）	北平大水。	明史·五行志
4	洪武十七年（1384）	九月，北平大水。	北京历史纪年：131
5	洪武二十四年（1391）	（十月，）北平、河间二府水。	明史·五行志
6	永乐元年（1403）	三月，京师霪雨，坏城西南隅五十余丈。	明史·五行志
7	永乐二年（1404）	八月，霪雨坏北京城五十八丈。	明史·五行志
8	永乐四年（1406）	八月，北京大雨，毁城墙房屋。	北京历史纪年：135
9	洪熙元年（1425）	闰七月，京城大雨，坏正阳、齐化、顺成等门城垣。	明史·五行志
10	正统四年（1439）	（五月，）京师大水，坏官舍民居三千三百九十区。	明史·五行志
11	正统五年（1440）	天雨连绵，宣武街西河决，漫流与街东河会合，二水泛溢，淹没民居。	灾害学，1991，1：66
12	景泰五年（1454）	七月，京师久雨，九门城垣多坏。	明史·五行志
13	成化六年（1470）	自六月以来，霪雨浃旬，潦水骤溢，京城内外，军民之家冲倒房舍，损伤人命不知其算，男女老幼，饥饿无聊，栖迟无所，啼号之声，接于闾巷。	水利水电科学研究院科学研究论文集．北京：水利电力出版社，1985，22：191
14	成化九年（1473）	涝，城内水满，民皆避居于长安门等处，后水至长安门，复移居端门前，至棋盘街。	灾害学，1991，1：66
15	弘治二年（1489）	（六月）京城及通州等地大雨，洪水横流，淹没房屋，人畜多溺死。	北京历史纪年：149
16	嘉靖十六年（1537）	京师雨，自夏及秋不绝，房屋倾倒，军民多压死。	明史·五行志
17	嘉靖二十五年（1546）	八月，京师大雨，坏九门城垣	明史·五行志
18	嘉靖三十三年（1554）	六月，京师大雨，平地水数尺。	明史·五行志
19	隆庆元年（1567）	夏，京师大水。	明史·五行志
20	万历十五年（1587）	六月，京师暴雨成灾，溺压死者不可数计。	北京历史纪年，172
21	万历三十年（1602）	六月，京师大雨，坏民居。	北京历史纪年，173
22	万历三十二年（1604）	（七月，）霪雨连绵，两月不休，正阳、崇文二门之间中陷者七十余丈，京师之内，颓垣败壁，家哭人号，无复气象。	万历实录
23	万历三十五年（1607）	七月庚子，京师大雨，沟洫皆壅闭，昼夜如倾，坏庐舍，溺人民。东华门内城垣及德胜门城垣皆圮。闰六月二十四等日，大雨如注，至七月初五六等日尤甚，昼夜不止，京邸高敞之地，水入二三尺，各衙门内皆成巨浸，九衢平陆成江，洼者深至丈余。内外城垣倾塌二百余丈，甚至大内紫禁城亦坍坏四十余丈。……雨霁三日，正阳、宣武二门外，犹然波涛汹涌，舆马不得前，城堙不可渡。	明通鉴 涌幢小品
24	万历四十一年（1613）	七月京师大水。	明史·五行志

续表

序号	年份	水灾情况	资料来源
25	天启六年（1626）	闰六月辛丑朔，京师大雨水，坏房舍溺人。 闰六月，久雨，卢沟河水发，从京西人御河，穿城，经五闸至通州，民多溺死。 暴雨如倾，东西河溃共七十余丈，淹没军民、房屋、头畜、大炮、驼鼓水漂无影……都城及桥梁坍塌。 六月水，高八尺；七月水，高一丈。城门不及流，御河冲桥上，满城如听万家哭，墙崩屋圮随飘荡。……屋舍平浮迹波涛，百家尽洗卢沟桥。	国榷 康熙通州志 灾害学，1991，1：65 高书骇．大水谣镜．山庵集，卷 24
26	崇祯五年（1632）	六月，京师大雨水。	北京历史纪年：181

由表 3–8–1 可知，明初在北京定都以前的 52 年间，有水患记录 8 次，平均 6.5 年一次。水灾记录较为简单，但有 3 次明确记录为雨潦之灾，引起城墙和房屋的倒塌，则其雨潦之灾为 17 年一次。

自永乐十八年（1420 年）定都北京至 1368 年明亡共 225 年间，有水患 18 次，平均 12.5 年一次。这 18 次水患，有雨潦之灾，也有永定河洪水逼城，城内雨洪难以排泄，形成外洪内潦的严重局面。清代共有 5 次水患的记录（表 3–8–2），水患次数比明代大为减少，清代（1644 ~ 1911 年）都北京共 267 年，平均 53 年一次水患。清代既有外洪犯城的记录，也有雨潦成灾的记录，也出现了外洪内潦的严重水灾。但总的来说，明代水患较多（每 12.5 年一次），清代水患则是较少的（53 年一次）。分析研究明清两代北京城的防洪情况，总结其有关经验、教训，是有其参考价值的。

清北京城水灾情况表 **表 3–8–2**

序号	年份	水灾情况	资料来源
1	顺治十年（1653）	闰六月……霪雨匝月，岁事堪忧。都城内外，积水成渠，房屋颓坏，薪桂米珠，小民艰于居食，妇子嗷嗷，甚者倒压致死。	顺治实录
2	康熙七年（1668）	浑河水决，直入正阳、崇文、宣武、齐化诸门，午门浸崩一角。……上登午门观水势……宣武、齐化诸门流尸往往入城……诸门即没肩舆……乘马者翘足马背，靴乃不濡。	清宫述闻
3	嘉庆六年（1801）	六月朔日，京师大雨五昼夜，宫门水深数尺，屋宇倾圮者不可数计。桑干河缺口漫溢，京师西南隅被水较重。	清代海河滦河洪涝档案史料
4	光绪十六年（1890）	自上月（五月）二十日，大雨淋漓，前三门外，水无归宿，人家已有积水，房屋即有倒塌，道路因以阻滞，小民无所栖止，肩挑贸易，觅食维艰，情殊可悯。大清门左右部院寺各衙门，亦皆浸灌水中，墙垣间有坍塌。堂司各官进署，沾衣涂足，甚至不能下车，难以办公。水顺城门而出，深则埋轮，浅亦及于马腹，岌岌可危。	天咫偶闻，卷 8
5	光绪十九年（1893）	六月十一日起，一连三日，大雨如注。前三门水深数尺，不能启闭。城内之官宅民居，房屋穿漏，墙坦坍塌，不计其数。人口之为墙压毙及被水淹者，亦复不少。并有四周皆水，不能出户，举家升高，断炊数日者，被灾之深，情形之重，为数十年所未见。……至于城外之各村镇，有为山水所冲，有为洪河所灌，一片汪洋，均成泽国。	天咫偶闻，卷 8

明清北京城在城市防洪排涝上有如下宝贵的经验：

一、高明的城市选址

明清北京城的内城城址恰好位于永定河冲积扇的脊背上，永定河和潮白河行经于两侧的坡下，于防洪排涝均极有利。其城址选择是极高明的。然而，后来因城市向南发展，为此加筑了外城，而外城址在南坡面上，比内城易受洪水威胁[1]。明清两代，永定河洪水进袭到北京城区和近郊区的有明嘉靖二十五（1546年）、万历三十二年（1604年）、三十五年（1607年）、天启六年（1626年）、清康熙七年（1668年）、嘉庆六年（1801年）、光绪十六年（1890年）等[2]。

二、筑堤防以卫都城

为了保卫京城不受洪水威胁，明清二代大筑永定河堤防。明代主要筑堤保护京城，共计有25个年份发军民修筑永定河堤防。自宣德九年（1434年）至正统三年（1438年），用了4年的时间大修卢沟桥以上左岸堤防，在重点险工段修建了石堤。嘉靖四十一年至四十二年（1562～1563年），修筑卢沟桥以上左岸堤防，把土堤换成石堤[3]。“凡为堤延袤一千二百丈，高一丈有奇，广倍之，崇基密楗，累石重甃，鳞鳞比比，翼如屹如，较昔所修筑坚固什百矣。”[4]

清初则采纳明代治黄专家潘季驯“筑堤束水，以水攻砂”的理论，大筑永定河南北两岸堤防。堤成，康熙皇帝亲临河道视察，将无定河命名为“永定河”。

三、坚固的城墙是京师的防洪屏障

明清北京城的内、外城和紫禁城，兼备防卫、防洪两重功用。据载“内城周四十里，城墙下石上砖，共高三丈五尺五寸。外城，计二十八里，下石上砖，共高二丈，有七门。”嘉靖四十三年（1564年）建成7门瓮城。“紫禁城，垣周六里，高三丈，有四门。”[5]明清城墙由砖石砌筑，在防洪上优于大都的土城。

清嘉庆六年（1801年）、嘉庆二十四年（1819年）和光绪十六年（1890年）三次永定河左堤决口都泛滥到外城，因城门紧闭御洪，才将洪水拒之城外[6]。

四、有一个较完备的城市排水系统

明清北京城的排水系统是比较完备的，它由内外城明渠暗沟网以及城壕、城内河道组成。

据载，乾隆五十二年（1787年）时，有“内城大沟三万五百三十三丈，小巷各沟九万八千一百余丈[7]。大沟合97.7056km，小沟合313.92km。内城面积约35.5km^2[8]，则内城大沟密度为2.75km/km^2，小沟密度为8.84km/km^2。

[1] 郑连第著．古代城市水利．第一版．北京：水利电力出版社，1985：100.

[2] 郑连第．历史上永定河的洪水和北京城的防洪//中国科学院，水利电力部，水利水电科学研究院．科学研究论文集．第一版．北京：水利电力出版社，1985：186-194.

[3] 段天顺，戴鸿钟，张世俊．略论永定河历史上的水患及其防治．北京史苑．一．第一版．北京：北京出版社，1983：245-263.

[4] 宛署杂记，卷20，敕修芦沟河堤记．

[5] 畿辅通志，卷12，京师，城池．

[6] 郑连第著．古代城市水利．第一版．北京：水利电力出版社，1985：100.

[7] 光绪顺天府志·京师志·水道．

[8] 陈正祥著．中国文化地理．第一版．香港：三联书店香港分店，1981：125.

明天启元年（1621 年）共浚内外城壕 12645.61 丈[1]，按明 1 尺 =0.32m 计，合 40465.592m，约 40.47km。紫禁城周长为 3428m[2]，其壕长约 3.8km，三圈城壕共长 44.27km。内城的大明壕、东沟与西沟和通惠河故道，外城的龙须沟、虎坊桥明沟、三里河等是城内排水干渠[3]。由于没有史料记载这些河渠的确切长度，今用仪器在《中国古代建筑史》一书的“清代北京城平面图”[4]上测得大明壕、通惠河故道、龙须沟和三里河四条河渠共长约 16km，内、外金水河共长约 4km，城内排洪河渠长度在 20km 以上，加上三圈城壕，共长 64.27km。明清北京城的面积为 60.2km^2[5]。城内河道密度为 1.07km/km^2,约为唐长安城的 2.4 倍。

明清北京城的城壕都很深阔，明洪武时，“壕池各深阔不等，深至一丈有奇，阔至十八丈有奇”[6]，即深 3.2m 以上，阔 57.6m 以上。据钻探，北京明清护城壕一般宽 30 ~ 50m，深 6 ~ 7m[7]。今以城壕宽 40m，深 6.5m，边坡度 2 ∶ 1 计，其行洪断面为 238.875m^2，为唐长安城（28m^2）的 8.5 倍。

明清紫禁城的护城河筒子河，宽 52m，深 6m，驳岸垂直，行洪断面为 312m^2，为唐长安城的 11 倍。

五、城市水系有较大的调蓄能力

明清北京城的三海，水面积约 1km^2，明以后，元海子（积水潭等）面积缩小，因无确切面积数字，估计约为 0.7km^2，加上三 海面积共 1.7km^2，以水深 5m 计[8]，其蓄容水量为 850 万 m^3。内外城城壕长 40.47km，蓄水容量为 966.73m^3，筒子河容量为 118.56 万 m^3，全城水系的总容量为 1935.29 万 m^3，为唐长安城的 3.3 倍。全城面积 60.2km^2，每平方米有蓄水容量 0.3215m^3，为唐长安城的 4.5 倍。

六、清代对城市排水系统管理得较好

明代定都北京至明末 225 年间，有 18 次水灾记录，平均 12.5 年一次。清代都北京共 267 年，仅有 5 次水患记录，平均每 53 年一次。这与城市排水系统的管理关系很大。查光绪《顺天府志》，明代有 8 次疏浚城壕和城内河道、水道，清代则有 16 次以上[9]。

清代采取了如下行之有效的管理措施：

1. 分工具体，职责明确

清代对京城内外排水沟渠的管理有明确的分工，使各段沟渠有专人负责。

据载，“顺治元年（1644 年），定令街道厅管理京城内外沟渠，以时疏浚（若旗民淤塞沟道，送刑部治罪）。”[10]

---

[1] 日下旧闻考，卷 38，笔者据之数字相加而得．

[2] 于倬云著．紫禁城宫殿．第一版．香港：香港商务印书馆分馆，1982：32.

[3] 侯仁之著．历史地理学的理论与实践．第一版．上海：上海人民出版社，1979：201，202.

[4] 刘敦桢主编．中国古代建筑史．第一版．北京：中国建筑工业出版社，1980：290.

[5] 中国建筑史编写组．中国建筑史．第二版．北京：中国建筑工业出版社，1986：37.

[6] 吴长元．宸垣识略，卷 1.

[7] 孙秀萍．北京城区全新世埋藏河、湖、沟、坑的分布及其演变。北京史苑．三．第一版．北京:北京出版社，1985，228.

[8] 孙秀萍．北京城区全新世埋藏河、湖、沟、坑的分布及其演变．北京史苑．三．第一版．北京:北京出版社，1985，228.

[9] 光绪顺天府志，京师志，水道．

[10] 光绪顺天府志，京师志，水道．

康熙五年（1666年），“是岁，定修筑城壕例；护城河遇水冲坏处，内城由工部委官修筑；外城由顺天府及五城官修筑；城上挂漏处，由步军统领衙门会同工部委官修补。”[1]

“康熙四十二年令步军统领监理（疏浚京城内外沟渠）。”[2]

“雍正三年又令巡城御史街道厅委司坊官，动钱粮于次年兴工。五年议内城照军官工例，每夫日给制钱八十文，由部给发。”[3]

有清一代，负责管理城内外沟渠的官吏、部门虽不断有所变动，但无论如何变，分工是具体的，职责是明确的。

2. 淤塞沟道者治罪，负责官员失职者受罚

为保护沟渠，命令“若旗民淤塞沟道，送刑部治罪”，绳之于法。负责官员如失职，沟道管理不好，则受罚。比如，清嘉庆六年（1801年）七月，因大雨五昼夜，使京城外受洪水围困，内则积潦成灾，因此责令：“自乾隆五十年（1785年）以后所有承办官员、该管大臣分别著赔。”[4] 以惩其玩忽职守之过。

3. 派大臣核查复勘管理疏浚情况

既有分工负责，又有检查监督，使有司不敢玩忽职守、敷衍了事。清代重视沟渠管理，往往派大臣检查工作情况。如康熙“三十九年，议外城每年沟竣，请派大臣复勘。”[5]

4. 为排水便利，增开沟渠

清代，为了排水更为便利，在明北京城的基础上又增修了若干新的沟渠，内城为沿东西城墙内侧各开明沟一条；外城一是三里河以东从大石桥至广渠门内的明沟，一是崇文门东南横亘东西的花市街明沟[6]。

5. 每年开春淘沟，疏通沟渠，以防夏潦

据《日下旧闻考》记载：“京师二月淘沟，秽气触人，南城烂面胡同尤甚，深广各二丈，开时不通车马。”[7]

尽管有许多积极有效的防洪经验和措施，明清两代仍有不少水患的记录。究其原因，有如下几条：

1. 砖城大雨久雨后塌坏，乃防雨措施不力之故

依表3-8-1，明代定都北京前52年间的8次水患中，有4次雨坏城垣之灾；定都北京至明亡的225年间，有18次水患记录，其中，洪熙元年（1425年）、景泰五年（1454年）、嘉靖二十五年（1546年）、万历三十二年（1604年）、万历三十五年（1607年）、天启六年（1626年）共六年有大雨久雨后城墙坍塌的记录。则明代北京城共26次水患中，有10次引起城垣坍塌。我们知道，明代城垣为砖石城，为何砖石城垣也会被雨淋坏呢？原因是：“京师城垣，其外旧固以砖石，内惟土筑，遇雨辄颓。正统十年六月，命……督工甓之。”[8]

明南京城垣有许多防雨措施，本书在前面已详细介绍。明北京城被雨淋坏，乃防雨措施不力所致。

---

[1] 北京市社会科学研究所北京历史编写组．北京历史纪年．第一版．北京：北京出版社，1984：194，195.

[2] 光绪顺天府志·京师志·水道.

[3] 光绪顺天府志·京师志·水道.

[4] 光绪顺天府志·京师志·水道.

[5] 光绪顺天府志·京师志·水道.

[6] 侯仁之著．历史地理学的理论与实践．第一版．上海：上海人民出版社，1979：201，202.

[7] 日下旧闻考，卷60，城市，外城，西城二.

[8] 明英宗实录.

2. 年降雨量的一半以上集中在一两个月内

北京的年降雨量多集中在夏季，因而导致地面径流过大，雨潦成灾。如清嘉庆六年（1801年）的全年降雨总量为1118mm，七、八月份共降雨862.3mm，占全年总降雨量的77%；清光绪十六年（1801年）的全年降雨总量为1043mm，七月份降雨871.8mm，占全年降雨量的83.6%；清光绪十九年（1893年）的全年降雨总量为1162mm，六、七两月共降雨820.1mm，占全年总降雨量的70.6%[1]。

3. 管理不善，沟渠壅塞，排水不畅

虽管理有制度，仍有官员玩忽职守，以致沟渠壅塞，水无去路，导致潦灾。

4.外洪困城，城区无法排洪致涝

由于永定河洪水逼城，为防止洪水灌城，只好关闭城门和水关，致使城内雨洪难以排泄，造成外洪内涝的严重局面。例如清光绪十六年（1890年），北京七月份降雨871mm，永定、大清、潮白河同时暴涨。永定河在芦沟桥下左岸决口，加上西山洪水自旱河南侵，使阜成门、西便门一带洪水陡涨，外城之永定、右安、左安诸门不能启闭，京城外东、南、西三面均成泽国。而城内则沟渠壅塞，水无去路，致家家被水，房屋倒塌[2]。“大清门左右部院寺各衙门，亦皆浸灌水中，墙垣间有坍塌。”[3]

明嘉靖二十五年（1546年）、万历三十二年（1604年）、三十五年（1607年）、天启六年（1626年）和清嘉庆六年（1801年）也出现这种外洪内涝的局面[4]。

明清北京城防洪防涝的经验和教训，是值得我们记取和借鉴的。

第九节 明清紫禁城

明清北京城的城市排水系统中，规划、设计的最周密、最科学的部分是紫禁城的排水系统。

紫禁城为明清两代的宫城，平面呈长方形，南北长961m，东西宽753m，周长3428m，面积约0.724km²（图3-9-1）。

明代永乐四年（1406年）开始兴筑宫城，十八年（1420）基本竣工。紫禁城沿用元朝大内的旧址而稍向南移，周围开凿护城河（筒子河），用条石砌岸。其规划设计以南京宫殿为蓝本[5]。

宫城是在元大都的基础上营建的，当时，负责规划的官员、匠师对原元大都内水系的来龙去脉以及暗沟的排水坡度和高程有相当的了解。在营建紫禁城时，尽量利用了原有的排水系统，并在原有的基础上作了如下多方面的改进：

一、开凿了绕城一圈又宽又深的护城河

紫禁城开凿绕城一周的护城河，其目的之一是为了加强宫城的防卫，为此，只有在原元大

[1] 郑连第．历史上永定河的洪水和北京城的防洪 // 中国科学院，水利电力部，水利水电科学研究院．科学研究论文集．第一版．北京：水利电力出版社，1985：186-194.

[2] 段天顺，戴鸿钟，张世俊．略论永定河历史上的水患及其防治．北京史苑．一．第一版．北京：北京出版社，1983，245-263.

[3] 清代海河滦河洪涝档案史料．

[4] 段天顺，戴鸿钟，张世俊．略论永定河历史上的水患及其防治．北京史苑．一．第一版．北京：北京出版社，1983，245-263.

[5] 清光绪顺天府，卷3，宫禁，明故宫考．

内的旧址上南移，才可能在保持其全城中轴线上主要位置的同时，有足够的地方环宫城开凿宽阔的护城河。元大内宫墙的西北部离太液池太近，已无开凿护城河的余地[1]。因此可见，宫城在元大内的位置上南移的目的之一是为了开凿护城河。

当然，宫城南移开凿护城河，利用开河和挖太液池南端湖泊（南海）的土，在元代后宫延春阁的故址堆筑起万岁山，意在压胜前朝，故又称“镇山”，该山的中峰成为北京新城的几何中心[2]。明北京营建以明南京为蓝本，“初，营建北京，凡庙坛、郊祀、坛场、宫殿、门阙，规则悉如南京，而高敞壮丽过之。”[3]明初南京宫殿后有万岁山，故仿之有据。另外，这也符合东周王城北依邙山、南临洛水的形制[4]。可见，开凿护城河、挖南海、堆筑万岁山乃是经过周详规划构思的古代系统工程，充分体现了该工程主持人吴中与技师蔡信的聪明才智和丰富的营建经验。

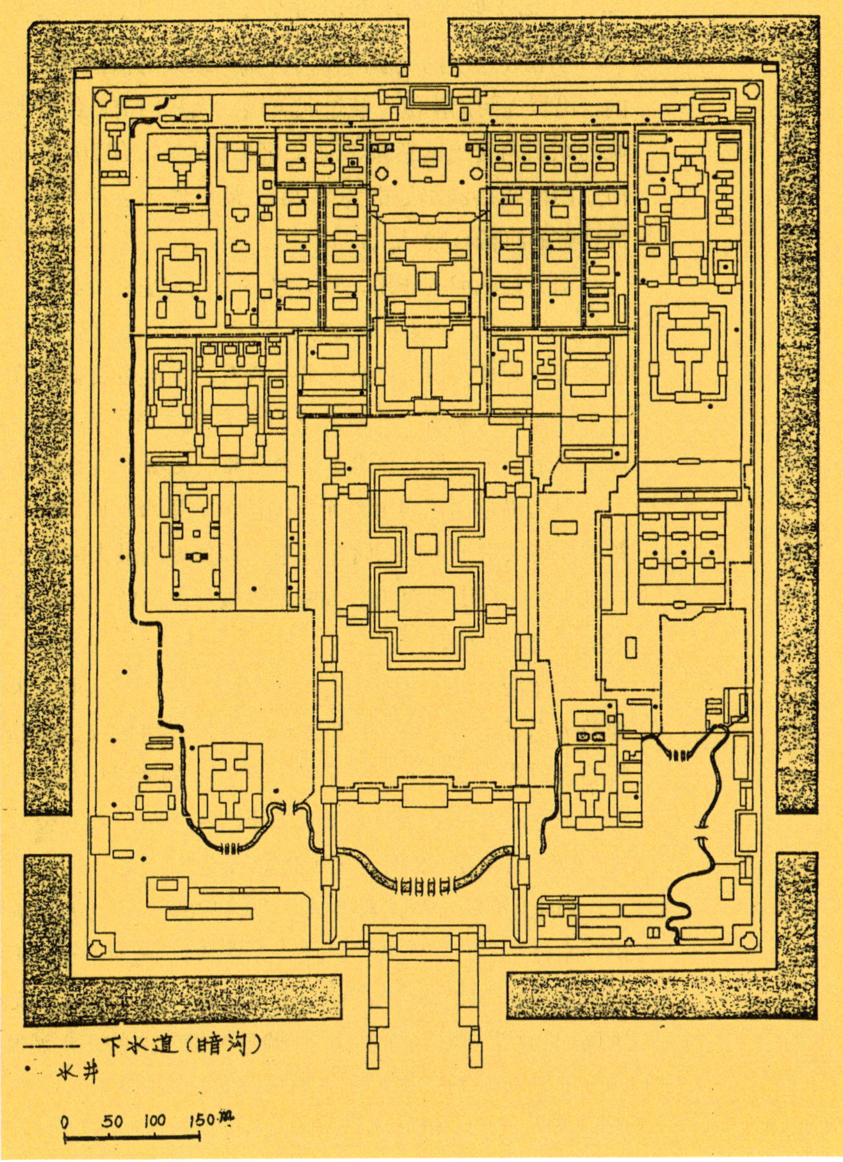

图 3–9–1 紫禁城（故宫）排水干道图（自于倬云著．紫禁城宫殿）

明代开凿的紫禁城护城河（又名筒子河）宽 52m，深 6m，两侧以大块豆渣石和青石砌成整齐笔直的河帮，岸上两侧立有矮墙，河长约 3.8km。筒子河的开凿不仅利于军事防卫，并增加了宫城之美，且兼有排水干渠和调蓄水库的两重功用。其蓄水容量为 118.56 万 m^3，相当于一个小型水库，对于这个面积不足 $1km^2$ 的紫禁城而言，筒子河的蓄水容量起着重要的保证作用。即使紫禁城内出现极端大暴雨，日雨量达 225mm[5]，径流系数取 0.9，而城外有洪水困城，筒子河无法排水出城外，紫禁城内径流全部泄入筒子河，也只是使筒子河水位升高不足 1m（0.97m）。

---

[1] 侯仁之．紫禁城在规划设计上的继承与发展 // 故宫博物院编．禁城营缮纪．第一版．北京：紫禁城出版社，1992：7–15.

[2] 侯仁之．紫禁城在规划设计上的继承与发展 // 故宫博物院编．禁城营缮纪．第一版．北京：紫禁城出版社，1992：7–15.

[3] 明太宗实录．

[4] 于倬云．紫禁城始建经略与明代建筑考 // 故宫博物院编．禁城营缮纪．第一版．北京．紫禁城出版社，1992：16–42.

[5] 陈正祥著．中国文化地理．第一版．香港：三联书店香港分店，1981：103.

二、开挖了城内最大的供排水干渠——内金水河

明代开挖了内金水河作为宫城内最大的供排水干渠。内金水河从玄武门之西的涵洞流入城内，沿城内西侧南流，流过武英殿、太和门前，经文渊阁前到东三门，复经銮仪卫西，从紫禁城的东南角流出紫禁城，总长655.5丈[1]，合2097.6m。河身以太和门一带最宽，为10.4m，河东西两端接涵洞处则为8.2m，最窄处为4～5m。凡流经地面之处，均以豆渣石及青石砌成规整的河帮石底[2]。

对开挖此河的作用，刘若愚在《明宫史》中指出：

“是河也，非谓鱼泳在藻，以姿游赏；又非故为曲折，以耗物料：盖恐有意外火灾，则此水赖焉。天启四年，六科廊灾；六年，武英殿西油漆作灾；皆得此水之济。而鼎建、皇极等殿大工，凡泥灰等项，皆用此水。祖宗设立，良有深意。且宫后苑鱼池之水，慈宁宫鱼池之水，各立有水车房，用驴拽水车，由地琯以运输，咸赖此河云。”[3]

刘若愚指出了内金水河在提供消防用水、施工用水、鱼池之水等方面的供水作用，它是紫禁城内的供水干渠。同时，它也是紫禁城内最大的排水干渠，城内地下排水沟网最后均一一注入金水河，再由东南角出水关排出城外。因此，内金水河的开凿，乃是紫禁城排水系统建设的关键性的工程项目。

金水河之名，元代已有，再往前，北宋东京城入大内灌后苑池浦的河道也叫金水河[4]。根据前人考证，“帝王阙内置金水河，表天河银汉之义也，自周有之。”[5]因而，元代把流入宫阙的水道称为金水河。早于明故宫营建的明凤阳中都城也有内外两条金水河。“金水河曲曲弯弯……它的走向与今北京故宫金水河和南京故宫的金水河基本上都是一致的。”[6]由此亦可见，北京故宫的营建曾以明中都和明南京城为蓝本。

《明太祖实录》记载洪武二年（1369年）九月癸卯建中都诏说：“始命有司建置城池、宫阙如京师之制焉。”[7]虽然当时未立京师，直至洪武十一年（1378年）正月才诏“改南京为京师”[8]，因南京宫城营建在前，故明中都宫城实以南京宫城为蓝本。明南京城的皇城，北倚钟山，气象雄伟，城址北部有个燕雀湖，宫城是填湖建造的。宫城城址由刘基选定，元至正二十六年（1366年）八月，“上乃命刘基等卜地定。作新宫于钟山之阿。”[9]由于填湖造宫，地势不稳，宫殿下沉，出现南高北低的倾斜状。而南京宫城的金水河则完全是按自然地形修的（图3-9-2），即沿原来地势最低下的燕雀湖的西南边缘修挖的，是顺着水流趋势必然的、别无选择的排水路线。明中都城的金水河是人工开挖的，完全照南京金水河的形状走向[10]。明永乐营北京宫城，又悉如旧制，照南京金水河的样子修挖了内金水河。明南京宫城地势低洼，排水问题特别严重，其金水河作为宫城排水干渠的重要性自不待言。中国古代的建筑形制，积淀了悠久而内涵丰厚的建筑文化，只有加以探究、发掘，才能有所发现，对其精华部分加以继承。明永乐营建宫城挖

[1] 清宫述闻，初续编合编本．第一版．北京：紫禁城出版社，1990：24.
[2] 于倬云著．紫禁城宫殿．第一版．香港：商务印书馆分馆，1982.
[3] 刘若愚．明宫史，金集，宫殿规制．
[4] 东京梦华录，卷1，河道．
[5] 王三聘．古今事物考，卷1.
[6] 王剑英著．明中都．第一版．北京：中华书局，1992：80.
[7] 明太祖实录，卷40.
[8] 明史，地理志一，卷40.
[9] 明太祖实录，卷21.
[10] 王剑英著．明中都．第一版．北京：中华书局，1992：80.

金水河，按南京旧制，把其排水干渠的重要内涵继承下来了，这种继承并非生搬硬套，“与自然地形自西北向东南下降约 2m 的坡度完全符合。”[1]

三、设置多条排水干道和支沟，构成排水沟网

明代在紫禁城内建设了若干条排水干沟，沟通紫禁城各宫殿院落。总的走向是将东西方向流的水，汇流入南北走向的干沟内，然后全部流入内金水河。还建设若干支沟，构成排水沟网。

其干沟高可过人。如太和殿东南崇楼下面的券洞，高 1.5m 宽 0.8m，沟顶砌砖券，沟帮沟底砌条石。小于干沟的支沟，如东西长街的沟道，也有 60 ~ 70cm 高，全部用石砌[2]。

城内明暗沟渠共长 2500 余丈[3]，合 8km，密度为 11.05km/km^2，与乾隆时北京城大小沟密度（11.59km/km^2）大致相同。

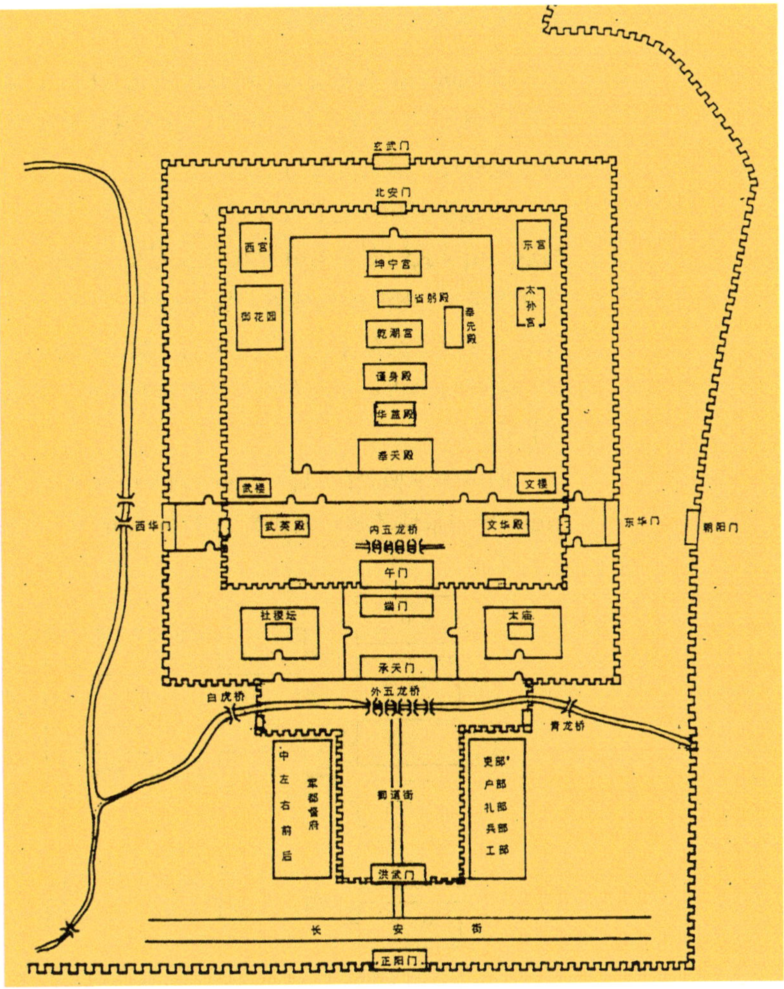

图 3-9-2 南京明宫城示意图（沈嘉荣．龙盘虎踞石头城，南京插图．阎崇年主编．中国历代都城宫苑：134）

四、采用了巧妙的地面排水方法

紫禁城地面排水的主要方法是利用地形坡度。水顺坡流到沟槽汇流，自“眼钱”漏入暗沟内。太和殿的雨水，由三层台的最上层的螭首口内喷出，逐层下落，流到院内。院子也是中间高，四边低，北高南低。绕四周房基有石水槽（明沟）。遇到台阶，则在阶下开一石券洞，使明沟的水通过。太和殿因有螭首喷水，明沟改在房基之外，喷水落下之处，四角有“眼钱”漏水。全部明沟及眼钱漏下的水，流向东南崇楼，穿过台阶下的券洞，流入协和门外的金水河内。其他宫院排水情况也大致相同[4]。

五、排水系统的设计、施工均科学、精确，因而坚固、耐久

紫禁城排水系统的设计、施工都很科学、精确。明代的墙脚与暗沟交叉处，均有整齐条石做出沟帮和沟盖，如法式上的“券輂水窗”，均无掏凿乱缝之处。其明代排水系统工整，坡降精确，上万米的管道通过重重院落，能够达到雨后无淤水的效果，乃古代市政工程一大奇迹[5]。这套排水系统一直沿用至今，使用达 580 余年，其坚固和耐久是令人叹服的。

---

[1] 侯仁之．紫禁城在规划设计上的继承与发展．故宫博物院编．禁城营缮纪．第一版．北京：紫禁城出版社，1992：7-15.

[2] 于倬云著．紫禁城宫殿．第一版．香港：商务印书馆分馆，1982.

[3] 蔡蕃著．北京古运河与城市供水研究．第一版．北京：北京出版社，1987：195.

[4] 于倬云著．紫禁城宫殿．第一版．香港：商务印书馆分馆，1982.

[5] 于倬云．紫禁城始建经略与明代建筑考．故宫博物院编．禁城营缮纪．第一版．北京：紫禁城出版社，1992：16-42.

六、排水系统管理妥善

紫禁城的排水系统，不仅设计和施工科学、精确，而且有妥善的管理。据《明官史》记载："每岁春暖，开长庚、苍震等门，放夫役淘浚宫中沟渠。"[1] 这种每岁掏浚宫中沟渠的做法，成为管理制度，清代也沿用下来。

内金水河历代也有管理疏浚。光绪十一年（1885年）五月乌拉喜崇阿等折云："紫禁城内河道，由神武门西地沟引护城河水流入，沿西一带经武英殿前至太和门前内金水桥下，复流经文渊阁前至三座门，从銮驾库巽方绕出，共长六百五十五丈五尺。凡内廷暗沟出水，皆汇此河。现在河身节节壅塞，沟水不通，实由于此。就目前情形而论，自以挑挖暗沟，宣畅河身为最要。"[2]

由以上奏折可知，清代对金水河的排水干渠的作用是十分清楚的，一旦有壅塞，即予疏浚，使排水通畅。

明清紫禁城外绕以筒子河，内贯以金水河，两河共长约6km，其河道密度达到8.3km/km²，堪与水城苏州（宋代为5.8km/km²[3]）相媲美。其排水方式可表达如下：

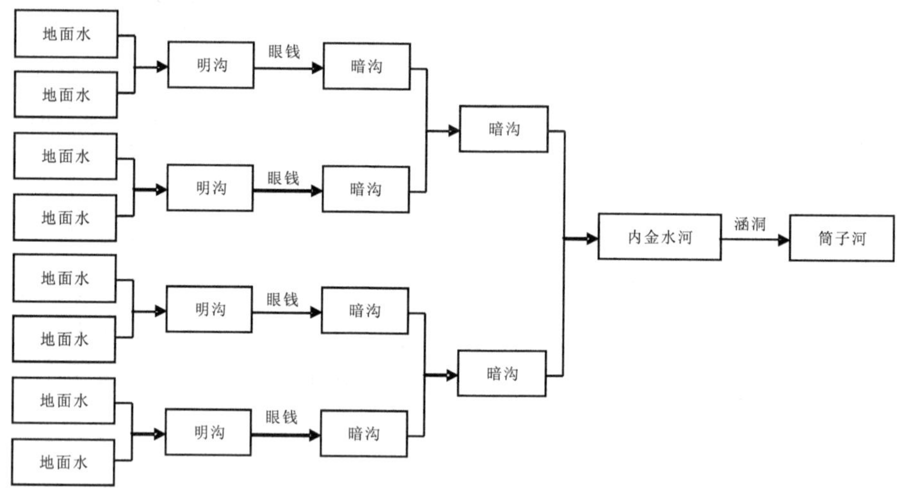

明清紫禁城的排水系统以规划设计的科学、完备，排水方法的巧妙有效，水系调蓄能力大，管理之妥善而成为我国古城排水系统最完美的典范。紫禁城内共有90多座院落，建筑密集，如排水系统欠佳，一定会有雨潦致灾的记录。然而自永乐十八年（1420年）紫禁城竣工，至今已近600年，竟无一次雨潦致灾的记录，排水系统一直沿用而有效[4]，这不仅是中国城市建设史上，也是世界城市建设史上的奇迹。

第十节　秦汉至明清历代京都防洪研究的结论

本章通过对汉长安城、汉魏洛阳城、隋唐长安城、隋唐东都洛阳城、宋东京城、元大都城、明南京城、明清北京城、明清紫禁城九例关于京都城市防洪情况的研究，可以得出如下的结论：

[1] 刘若愚．明宫史，木集，惜薪司．

[2] 清宫述闻，初续编合编本．第一版．北京：紫禁城出版社，1990：24.

[3] 吴庆洲．中国古代的城市水系．华中建筑，1992，2：56.

[4] 于倬云著．紫禁城宫殿．第一版．香港：商务印书馆分馆，1982.

（1）在城市选址考虑防洪上，汉长安城与唐长安城均选择了地势较高的龙首原，汉长安城踞龙首原北麓，北滨渭河，地势南高北低，利于排水，却受到渭河洪水的威胁。唐长安城北踞龙首原南麓，以龙首原为屏，无江河洪水之虞，但全城地势呈簸箕形，于排水不利。汉魏洛阳城选址布局在考虑防洪上优于唐东都洛阳城，汉魏洛阳城为减少洛水之患，全城位于洛水北岸，且离开洛水一定距离；唐东都洛阳城洛水贯都，以象天汉，虽有极好的构思，却未能与防洪之需相结合，故带来洪水隐患。

在城市选址考虑防洪上，以元大都城水平较高，选址于永定河冲积扇脊背的最优位置，基本上避开了一般洪水的袭击，排水也较便利。明清北京城的内城沿元大都城的中南部，罕有外来洪水之患，而其后来发展的外城，则受到永定河洪水的威胁。

（2）在防御外来洪水的城墙、堤防系统的规划设计上，唐东都洛阳城的水平欠高，宋东京城水平较高，除建筑了三重高大的城墙和坚固的城门之外，还修筑了坚固的汴河堤防。汉魏洛阳城、明南京城、明清北京城也有较高的水平。

（3）在城市排水排洪系统的规划设计上，唐长安城有较大的失误，城市排洪河道密度仅 0.45km/km^2，河道行洪断面仅 28m^2。汉长安城城内河道密度约 1km/km^2，壕池行洪断面为 19.5m^2。元大都城的排水排洪系统的规划设计较好，城内河道密度为 1km/km^2，河道行洪断面分别为 147m^2 和 238.9m^2，分别为唐长安城的 5.25 倍和 8.5 倍。明清北京城的城内河道密度为 1.07km/km^2，城壕行洪断面为 238.9m^2，排水排洪系统规划设计较有水平。宋东京城的排水排洪系统的规划设计水平更高，四水贯城，河道密度为 1.55km/m^2，为唐长安城的 3.5 倍，城壕的行洪断面为 372.48m^2，为唐长安城的 13.3 倍。汉魏洛阳城的排水排洪系统的规划设计的水平也很高，城河密度在 1.558km/km^2 以上，其行洪断面为 80m^2。明清紫禁城为我国古城排水系统规划建设最完美的典范，其行洪河道密度达 8.3km/km^2，为唐长安城的 18.4 倍，筒子河的行洪断面为 312m^2，为唐长安城的 11 倍。

（4）城市水系的调蓄能力的大小，乃是城内防止雨涝之灾的重要因素。唐长安城面积达 83km^2，其水系蓄水总容量为 592.74 万立方米，城内每平方米面积得到 0.0714m^3 的容量。宋东京城面积约 50km^2，城河城壕的蓄水总容量为 1852.23 万 m^3，城内每平方米有 0.37m^3 蓄水容量，为唐长安城的 5.2 倍。明清北京城面积为 60.2km^2，全城水系的蓄水总容量为 1935.29m^3，每平方米有蓄水容量 0.3215m^3，为唐长安城的 4.5 倍，元大都城的面积为 50km^2，其水系蓄水总容量为 1999.58 万 m^3，每平方米有蓄水容量 0.3999m^3，为唐长安城的 5.6 倍。明清紫禁城面积 0.724km^2，筒子河蓄水容量为 118.56 万 m^3，每平方米有 1.637m^3 容量，为唐长安城的 23 倍，为明清北京城的 5.1 倍，为宋东京城的 4.4 倍，为元大都城的 4.1 倍。这就是明清紫禁城建城近 600 年无雨潦之灾的重要原因之一。

（5）在城市排水系统的管理上，唐长安城管理欠佳。宋东京城做得较好，但宋初较好，以后略差。元大都城的排水系统管理较好。明清北京城以清代管理较好，有较完善的管理体系和制度，有一些较好的管理经验。管理最好的要数明清紫禁城，每年春天开淘疏浚沟渠，明代已形成制度，清代沿用，使城内排水系统畅通，有效地发挥排水排洪作用。

（6）在城市水患上，以唐两京水患最为频繁。唐代都长安（618 ～ 904 年）共 286 年间，长安有水患 11 次，平均 26 年一次。其中，自大历元年（766 年）至开成五年（840 年）共 75 年间，有水患 6 次，平均每 12.5 年一次。唐代（618 ～ 907 年）共 290 年间，洛阳城水患达 21 次，平均每 13.8 年一次。其中，从永淳元年（682 年）到大历元年（776 年）共 85 年间，共有水患 15 次，平均 5.7 年一次。水患最频繁的是唐开元间，自开元四年（716 年）到开元二十九年（741 年）共 26 年间，有水灾 7 次，平均每 3.7 年一次。可以说，唐东都洛阳城的水患之频繁，水患之烈为历代帝都之最。

北宋建都东京共166年，有10次水灾，平均16.6年一次。从宋初（960年）到大中祥符二年（1009年）共49年中，只发生2次水灾，平均每24.5年一次。以后河渠和堤防管理松弛，因而由大中祥符三年（1010年）至治平二年（1065年）共55年间，发生水灾5次，平均每11年一次。

汉魏洛阳城，东汉、曹魏、西晋、北魏四朝都洛共333年，有16次水患，平均21年一次。东汉建武七年（公元31年）至熹平四年（174年）共144年间，有水患11次，平均13年一次，主要是城市郊区受灾。

元大都城水患较少，由至元二十二年（1285年）大都城建成到1368年元灭，历时83年，有5次水灾记录，有3次为雨坏城墙，仅2次是水灾。这与元大都城的城址利于防洪和排水大有关系。

明南京城在明代276年间，仅有8次水灾记录，平均34.5年一次，水患较少。

明代以北京为都共225年，有18次水灾，平均12.5年一次。清代都北京共267年，有5次水灾的记录，平均为53年一次，水患较少。这与清代水系管理较好有关。

西汉长安城罕有水灾的记载，这与其防洪排涝措施得力有关。

明清紫禁城建成至今570多年，从未有水患记录。这是中国古代市政工程上的奇迹。

由秦汉至明清历代京都的防洪研究可以看出，虽然历史在前进中有起伏，有曲折，但从总的趋势看来，城市防洪的科学技术是在不断向前发展的，城市防洪设施的管理水平是在逐步提高的。历代京都城市水患的频率为两头（汉和清）低，中间高，尤其在唐、宋较高。应该看到，自秦汉到明清的2000多年间，我国的生态环境在恶化，水土流失，水患增加，且严重化，在这种情况下，清代北京城的水患频率下降，不能不认为是城市防洪的科学技术的进步和防洪设施管理水平的提高所致。这是一个重要的结论。

第四章

中国古代长江流域的城市防洪

第一节 长江流域和沿江城市概况

长江，是中国第一大河，全长6300多公里，与黄河、淮河、海河、珠江、松花江、辽河通称为中国七大江河。在世界上，长江之长仅次于非洲的尼罗河（全长6671km）和南美洲的亚马逊河（长度6437km），居世界第三位。

一、长江流域概况[1]（图4–1–1）

长江，古称“江”、“江水”，亦名大江。三国时期见有“长江”之称。后逐称长江。源出于青海省西北唐古拉山脉，海拔6621m各拉丹东雪山东北麓，江源至长江口50号灯浮，全长6397km。出长江口南为东海，东为黄海，流域面积1807199km^2，多年平均流量29000m^3/s，平均年入海径流总量9793.53亿m^3。自然落差5400m。

长江自湖北宜昌以上为上游，宜昌至江西省湖口为中游，以下为下游。

上游河段长4583km。流经山岭谷地之间，河槽深窄，历史时期河床平面摆幅很小。从发源地东北流折向东南流375km河段，称沱沱河。南流358km纳入当曲后称通天河，古名丽水，又名犁牛河，藏语称乌苏木鲁。过青海省玉树县进入四川省境，沿川、藏边界南流称金沙江，在青海省境全长2188km。其中通天河长813km，此段河自巴塘河口以上干流皆称河，以下始称江。主河道经云南省东北部，在四川省宜宾市汇合成岷江后，始名长江，四川省境又称川江。从玉树县巴塘河口到四川省宜宾市岷江汇合口，全长2308km，其中四川省境（包括川、藏界河段）长1584km。东流经四川省东南部，穿行瞿塘峡、巫峡，在巫山县纳入三溪河（边鱼溪），出四川省境进入湖北省。自宜宾至巫峡河段称川江，或称蜀江，亦称岷江、汶江、几江，干流全长892km。东南穿过西陵峡，峡长120km，两岸峭壁巉岩，景色迷人，干流经湖北省宜昌市，主要支流有清江水系、乌江水系、嘉陵江水系、涪江水系和赤水河、沱江、岷江水系，横江、美姑河、牛栏江、安宁河、雅砻江、扎曲、巴塘河、直曲、当曲等。长50km以上的支流有760余条，为长江主要产水区河段。河道穿行于川西盆地南缘，两岸丘陵起伏，河谷开阔，一般宽2～5km，江面宽500～800m，最宽处1500m以上。白帝城以下江段，横切七曜山、巫山山脉，蜿蜒于三峡谷地之间。谷宽250～350m，最窄处100m，最深处600m。重庆寸滩口水文站实测，多年平均流量1.14×10^{4}m^3/s，奉节附近多年平均流量1.41×10^{4}m^3/s。边城溪到宜昌144km，江面最窄处100m，最深88m。中游河段长938km。南津关以下，江面展宽。

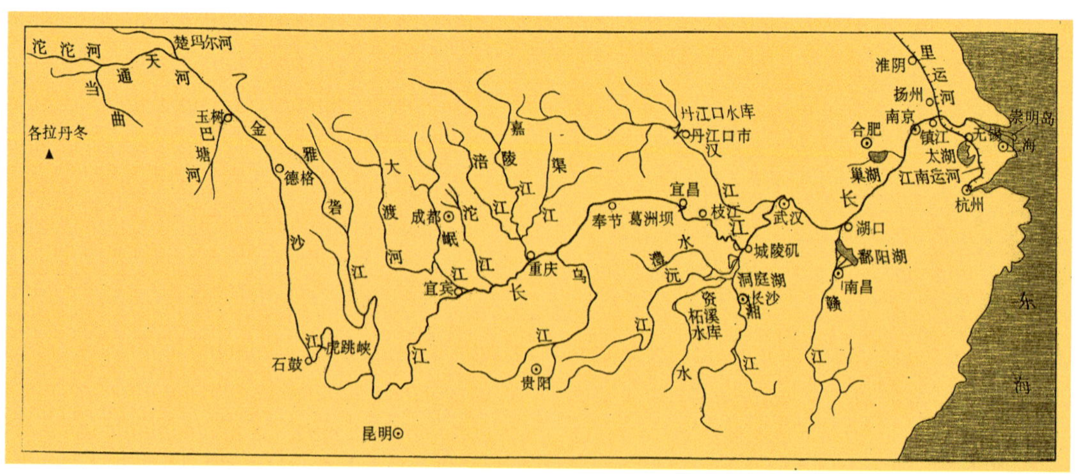

图4–1–1 长江流域示意图（自中国水利百科全书：155）

[1] 朱道清编纂．中国水系大辞典．青岛：青岛出版社，1993：190–191

宜昌水文站中水期，水面宽727m。多年平均径流量4530亿m^3，最大年径流量6040亿m^3（1954年），最小年径流量3350亿m^3（1949年）。

中游自宜昌至江西湖口，为冲积平原，江面展宽，水流平缓。穿行龟、蛇二山间的长江大桥，经武汉三镇，到枝江县，至松滋口分为两支，北支称外荆江，南支称莱昔池河，在湖南省岳阳市城陵矶汇流。其中藕池口以上又称上荆江，以下称下荆江，全长337km。东到阳新县富池镇以东，沿鄂、赣边界东流，在黄梅县李家湾出湖北省境，全长1041km。江水又沿赣、皖边界东流，至西江省九江市境，唐、宋时称浔阳江，亦名九江。经彭泽县马垱镇过杨柳乡进入安徽省。在江西境，全长159km，江面宽阔，烟波浩渺，北有湖光，南有山色，中山挺拔于江水之中，矗入云霄。汉口水文站中水位期，江面宽1577m。实测最大流量7.61万m^3/s，最小流量2930m^3/s，多年平均流量2.34万m^3/s，最大年径流量10100亿m^3（1954年）。最小年径流量4750亿m^3（1900年），水深17～20m。汇入主要支流有鄱阳湖水系、洞庭湖水系、汉江水系等。

江西湖口以下为下游。江水又东流，经安徽省东南部，在慈湖镇和尚港出安徽省境，进入江苏省，在安徽省境长440km。大江东流，穿行南京长江大桥，经南京、镇江、南通等市区，至上海市与启东县之间分三支。崇明、启东间为北支，又名北港水道；长兴岛与川沙、南汇县之间为南支，称为南港水道；中支为长江口主流。从苏、皖边界和尚港到启东县连兴港，全长418km。此江段又称扬子江。国际上普遍使用英文译名rangtzgrgi。下游河段长876km。右岸多低山、丘陵，左岸为广阔冲积平原，江面宽阔，水流平缓。河网交错，湖泊众多。鄱阳湖口中水位期，水面宽1600～2400m以上，水深18～21m。南京市区江面水宽1200～1500m，水深20m，新生圩港区水深20m以上，水位、流速受潮汐影响较大，一、二月份水位最低，三月份回升，六月进入汛期，七、八月份水位最高，九、十月份间汛期结束，水位逐渐稳定。汛期与枯水期的水位相差6m左右。南京以下河床平均坡降1：60000，平均流速1m/s左右，汛期测点最大流速为3.09m/s。海潮上溯经南京市到安徽省铜陵以上的大通附近。南京多年平均潮差0.66m（吴淞零点）。南京至南通，江面宽1100～3000m。南通以下江面宽至10km左右，江口入海处宽达80～90km。

长江水系，支流众多，合成庞大的水系网区，流域内1000km^2以上的河流437条，1万km^2以上的河流49条，8～10万km^2的河流12条。流域内多年平均降雨量约1100mm。流域地势，西部高，东部低，海拔高程在1～6600m之间。流域形状，东西长，南北短，地理条件优越，有成都平原、江汉平原、江北平原、江淮平原等。耕地面积3.65亿亩，人口3.56亿。

二、长江流域城市概况

长江干流流经青海、西藏、云南、四川、重庆、湖北、湖南、江西、安徽、江苏、上海11个省、直辖市和自治区，支流则延伸到贵州、甘肃、陕西、河南、浙江、广西、福建、广东8个省、市、自治区，干、支流沿途流经城市有数百个。

在长江上游金沙江流域，有若干城市，如玉树、昌都、中甸等，以及国家级历史文化名城丽江、昆明、宜宾（图4–1–2）。在四川、重庆境内，有众多城市，包括国家级历史文化名城乐山、都江堰、成都（图4–1–3）、泸州、自贡、阆中、重庆（图4–1–4）。长江支流汉江流域有历史文化名城南阳、襄樊（图4–1–5）、汉中（图4–1–6），支流乌江上有遵义，在长江中游，则有荆州（图4–1–7）、随州、钟祥、武汉（图4–1–8）、岳阳，支流的湘江边的长沙、江西赣水边的赣州、南昌，昌江边的景德镇（图4–1–9），长江干流上的安庆、南京、扬州、镇江（图4–1–9）、苏州、常熟、上海均为长江流域的国家级历史文化名城。长江流域共有30座国家级历史文化名城，占全国历史文化名城110座的27%。

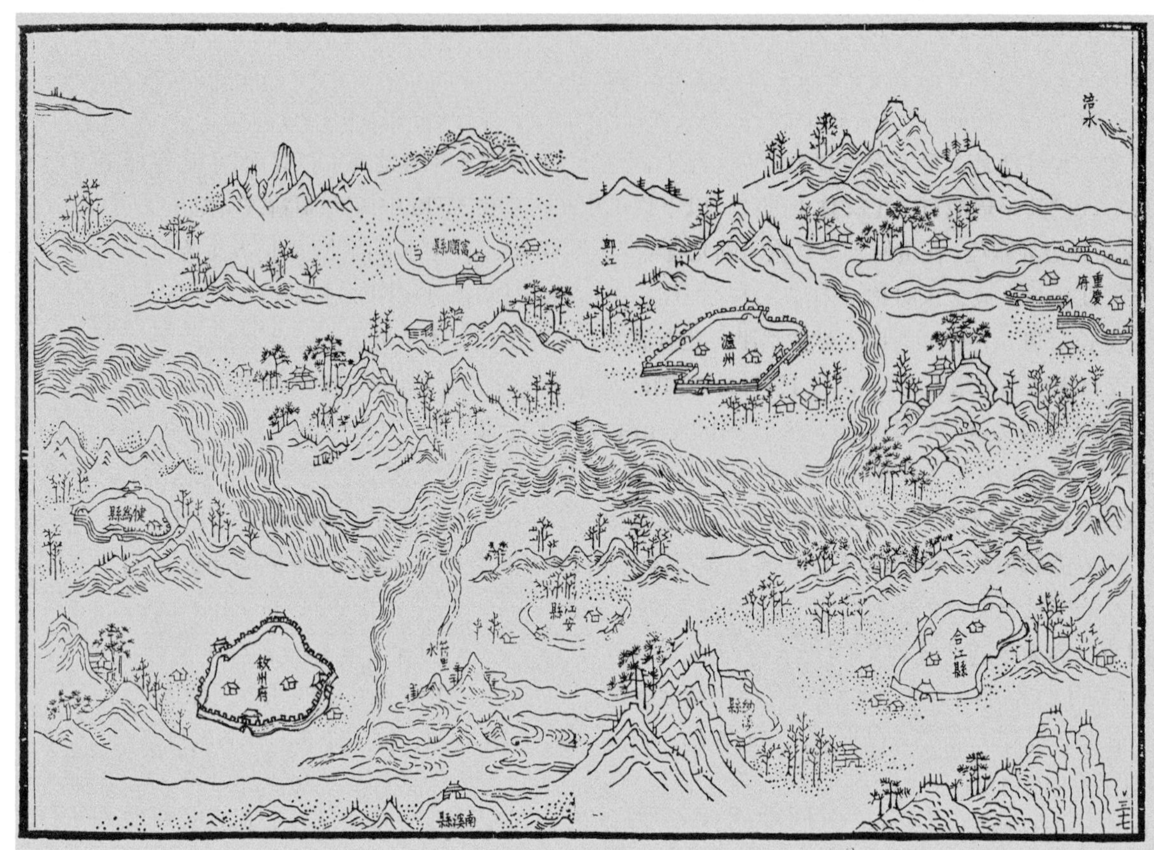

图 4-1-2　江水图，符里水，泸州（清雍正间刻本，行水金鉴）

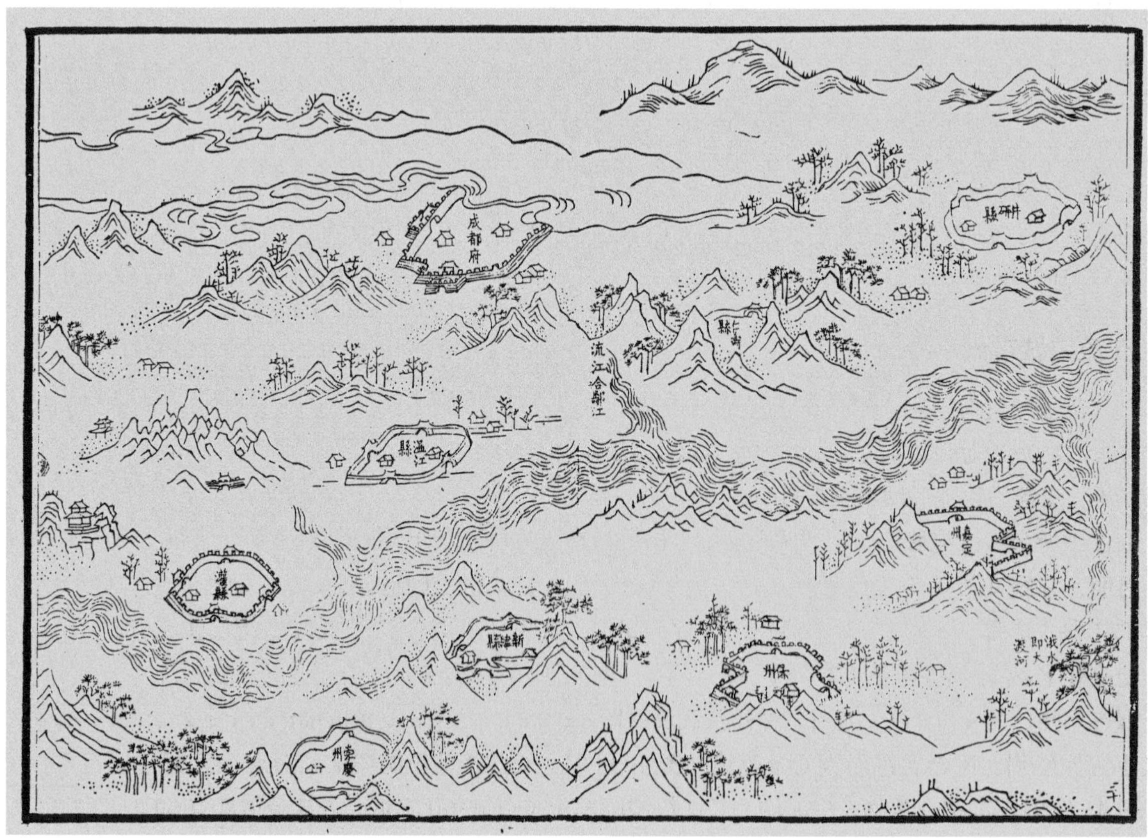

图 4-1-3　江水图，成都府，泯水（清雍正间刻本，行水金鉴）

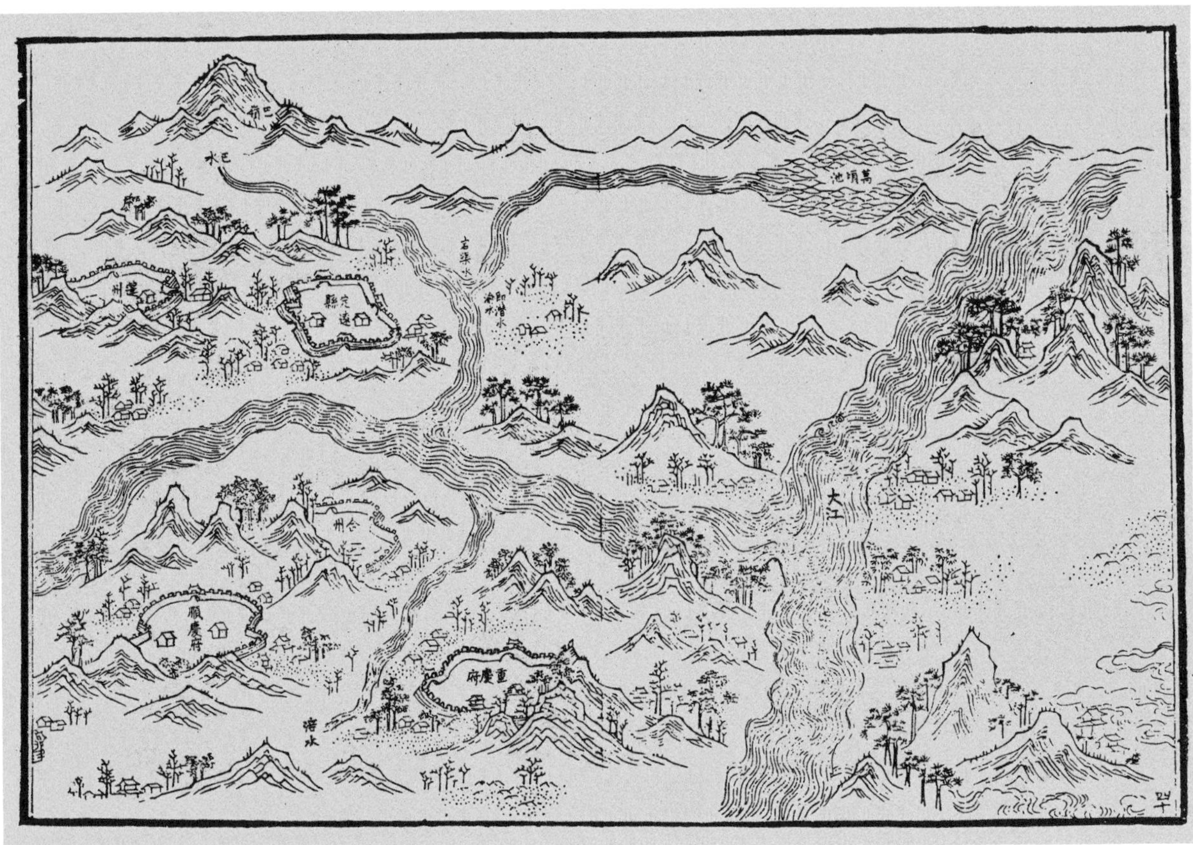

图 4–1–4 西江图，涪水，大江（清雍正间刻本，行水金鉴）

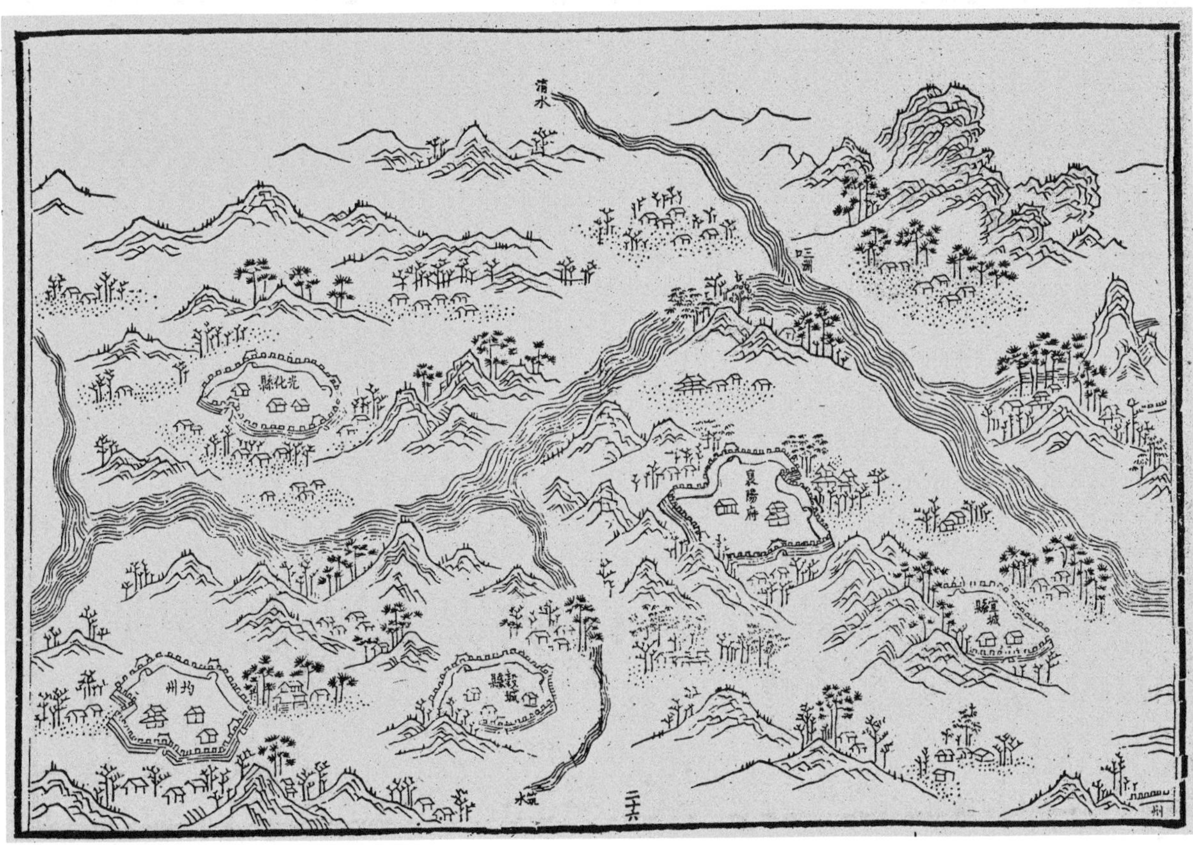

图 4–1–5 汉水图，筑水，三洲口（清雍正间刻本，行水金鉴）

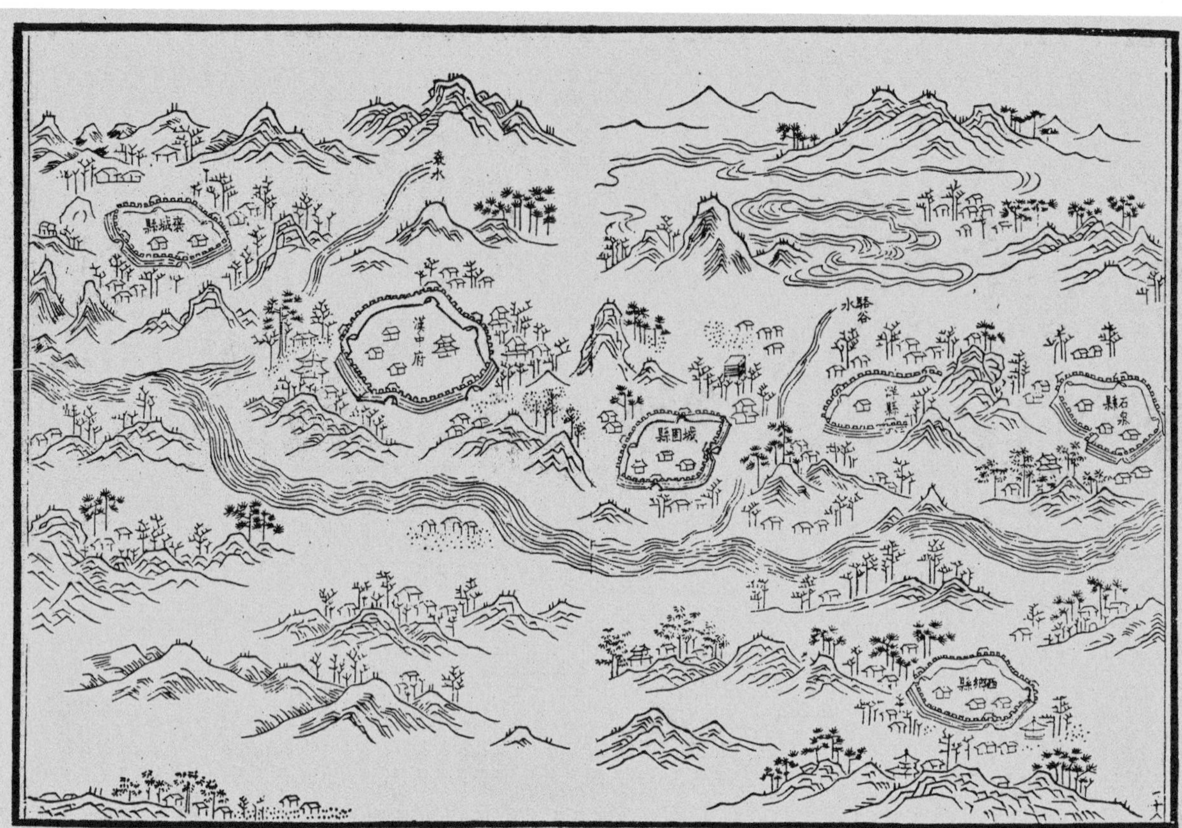

图 4—1—6 汉水图，褒水，骆谷水（清雍正间刻本，行水金鉴）

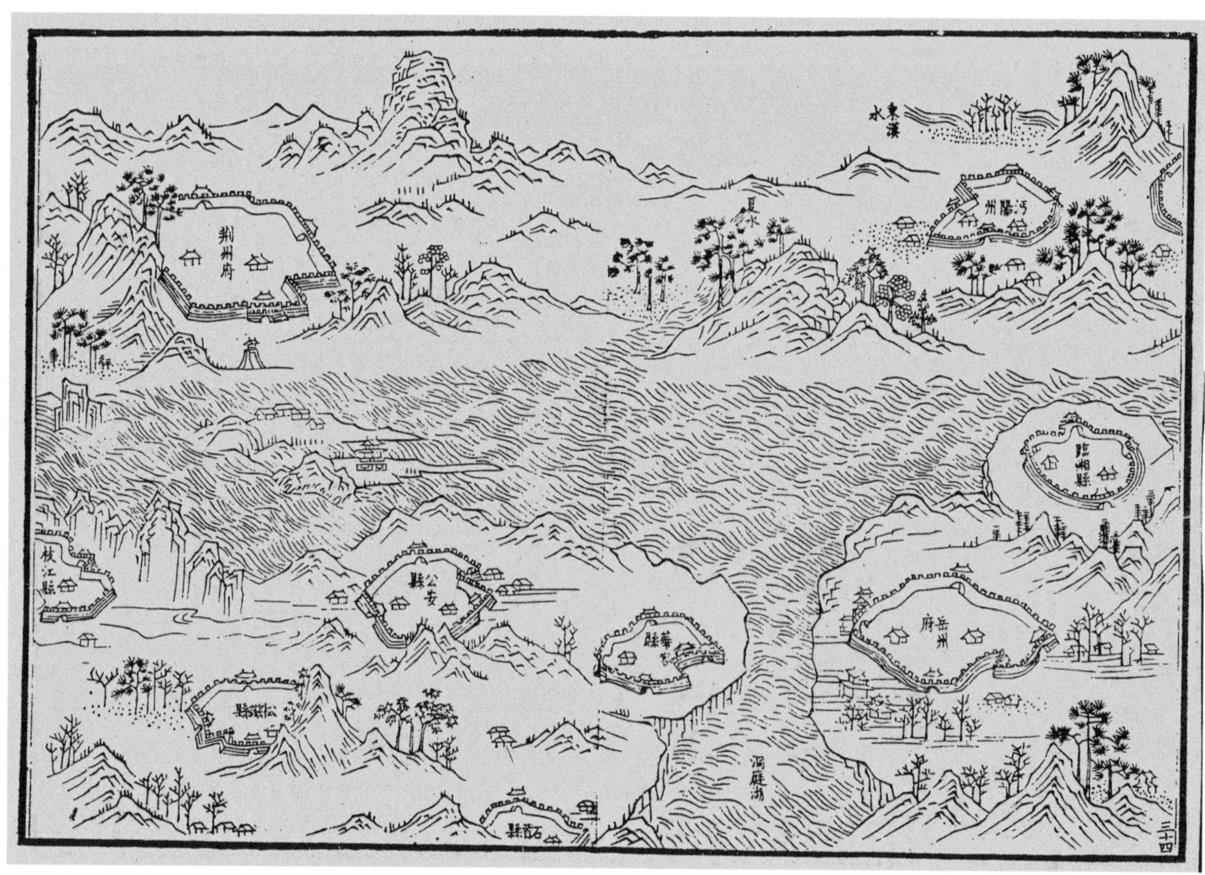

图 4—1—7 江水图，洞庭湖，东汉水（清雍正间刻本，行水金鉴）

图 4-1-8 江水图，巴水，蕲水（清雍正间刻本，行水金鉴）

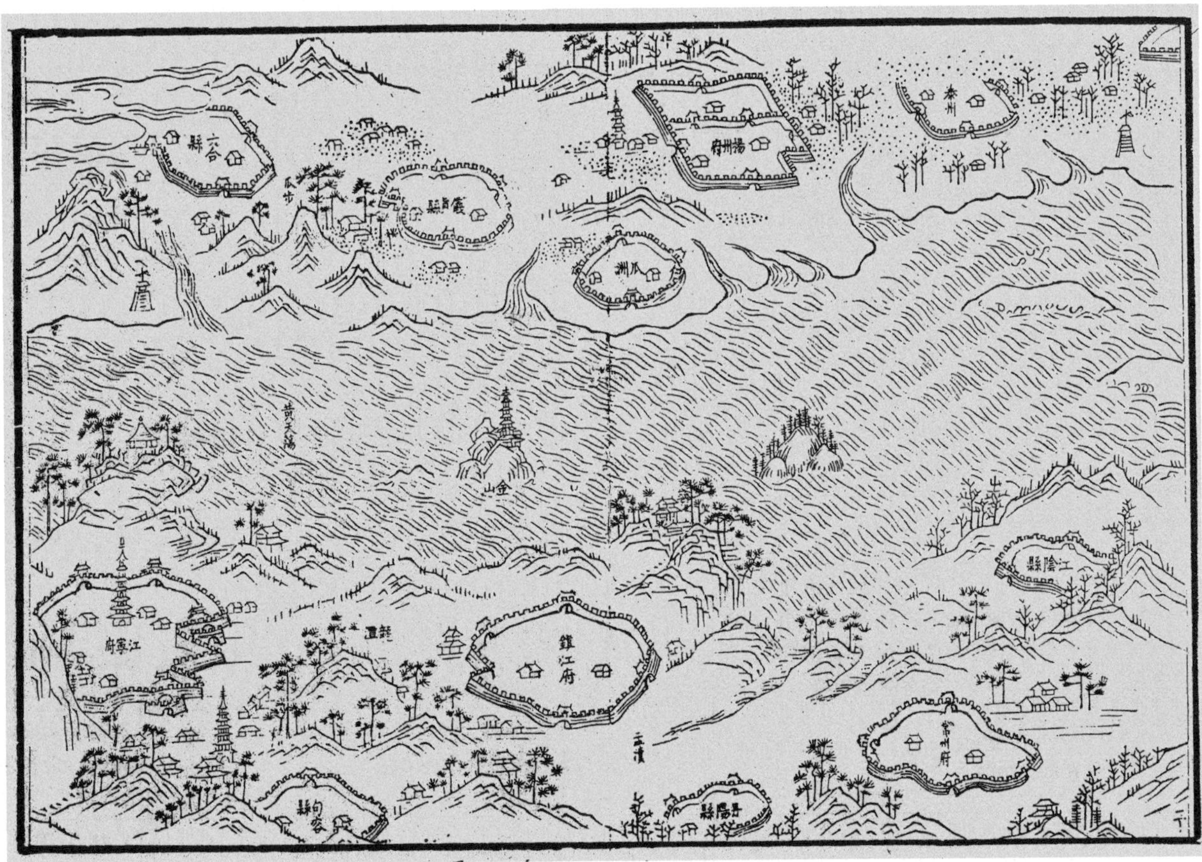

图 4-1-9 江水图，黄天荡，金山（清雍正间刻本．行水金鉴）

第二节 古代长江流域的城市水灾

为了对古代长江流域的城市水灾有一个综合的较为全面的认识，笔者查阅了历代史书的有关记载以及长江流域地方志的有关记载，筛选出与长江流域城市水灾相关的记载880条，按时间顺序编写成“古代长江流域城市水患表”（表4–2–1）。

古代长江流域城市水患一览表 **表4–2–1**

序号	朝代	年份	城名	水灾情况	资料来源
1	西汉	成帝河平三年（前26）	犍为郡城（治所在武阳县，即今四川彭山县东）	二月丙戌，犍为柏江山崩，捐江山崩，皆壅江水，江水逆流坏城，杀十三人，地震积二十一日，百二十四动。	汉书·五行志
2	东汉	献帝兴平元年（194）	广汉郡城（治所在雒城，即今四川广汉县北）	甲戌，广汉城灾，车舆荡尽。	嘉庆汉州志·祥异
3	东晋	穆帝永和七年（351）	石头城（在今江苏南京市西清凉山）	七月甲辰夜，涛水入石头，死者数百人。	晋书·五行志
4		海西太和六年，简文帝咸安元年（371）	建康 石头城	六月，京师大水，平地数尺，浸及太庙，朱雀大航缆断，三艘流入大江。 十二月壬午，涛水入石头。	晋书·五行志
5		孝武帝太元十三年（388）	石头城	十二月，涛水入石头，毁大航，杀人。	晋书·五行志
6		太元十七年（392）	荆州	（殷仲堪为荆州刺史）蜀水大出，漂浮江陵数千家。以堤防不严，复降号为宁远将军。	晋书·殷仲堪传
7			石头城 京口（即今江苏镇江市）	六月甲寅，涛水入石头，毁大航，漂船舫，有死者。京口西浦亦涛入杀人。	晋书·五行志
8	东晋	安帝元兴三年（404）	石头城	二月庚寅夜，涛水入石头。商旅方舟万计，漂败流断，骸胔（zi，尸体）相望。江左虽频有涛变，未有若斯之甚。	晋书·五行志
9			石头城	二月己丑朔夜，涛水入石头，漂落杀人，大航流败。	晋书·五行志
10		安帝义熙元年（405）	石头城	十二月己未，涛水入石头。	晋书·五行志
11		义熙二年（406）	石头城	十二月己未，涛水入石头。	晋书·五行志
12		义熙四年（408）	石头城	十二月戊寅，涛水入石头。	晋书·五行志
13		义熙十年（414）	建康（今江苏南京市）	五月丁丑，大水。戊寅，西明门地穿，涌水出，毁门扇及限，亦水沴土也。	晋书·五行志
14		义熙十一年（415）	建康	七月丙戌，大水，淹渍太庙，百官赴救。	晋书·五行志
15	南北朝	宋文帝元嘉十二年（435）	丹阳郡城（治建业县，即今江苏南京市），淮南郡城（治于湖县，即今安徽当涂县）	六月，丹阳，淮南大水，邑里乘船。	乾隆太平府志，卷32，祥异
16		齐明帝建武五年（498）	常德	沅、靖诸水暴涨，至常德没城五尺。	常德县水利电力局编．常德县水利志
17		梁武帝天监二年（503）	耒阳	江水暴涨涌，蔽漳隍岭而下，淹没邑舍几尽。	光绪耒阳县志，卷1

续表

序号	朝代	年份	城名	水灾情况	资料来源
18	南北朝	梁武帝天监六年（507）	建康	八月，建康大水，涛上御道七尺。	隋书·五行志
19		梁武帝中大通五年（533）	建康	五月，建康大水，御道通船。	隋书·五行志
20	唐	德宗贞元八年（792）	荆州 襄阳	秋，自江淮及荆、襄、陈、宋至于河朔州四十余，大水，害稼，溺死二万余人，漂没城郭庐舍……	新唐书·五行志
21		贞元十一年（795）	鄱阳郡（治所在鄱阳县，即今江西波阳县）	浮梁，乐平，六月大水，漂流四千余户。鄱阳城郭坏，漂流数千家。	江西省水利厅编．江西省水利志：16
22		顺宗永贞元年（805）	武陵（治所即今湖南常德市） 龙阳（治所即今湖南汉寿县）	永贞元年夏，朗州五溪水溢，武陵、龙阳二县江水溢，漂万余家。	嘉庆常德府志，卷17，灾祥
23		宪宗元和六年（811）	黔州（治所即今四川彭水县）	黔州大水，坏城郭。	历代天灾人祸表
24		元和八年（813）	黔州	黔州大水，坏城郭。	光绪彭水县志
25		敬宗宝历元年（825）	苏州	六月己巳，水坏太湖堤，水入州郭，漂民庐舍。	同治苏州府志，卷143，祥异
26		文宗太和四年（830）	苏州 湖州	夏，苏、湖二州水坏六堤，入郡郭，溺庐井。	同治苏州府志，卷143，祥异
27		文宗太和五年（831）	梓州（治所在郪县，即今四川三台县）	六月，玄武江涨，高二丈，溢入梓州罗城。	新唐书·五行志
28		开成三年（838）	苏州，湖州	太湖决，苏湖二州水溢入城。	太湖备考，卷14
29		武宗会昌元年（841）	襄州（治所在襄阳县，即今湖北襄樊市），均州（治所在武当县，即今湖北均县西北）	辛酉秋七月，襄州汉水暴溢，坏州郭。均州亦然。（旧唐书·五行志）	光绪襄阳府志，志余，祥异
30		会昌二年（842）	僰道县城（治所即今四川宜宾市三江口）	僰道县……会昌二年遭马湖江（即金沙江）水漂荡，随州移在北岸。	太平寰宇记
31	五代	后唐明宗长兴二年（932）	襄州 均州	辛卯夏五年，襄州上言，汉水溢入城，坏民庐舍，又坏均州郛郭，深三丈。（旧五代史·五行志）	光绪襄阳府志，志余，祥异
32		长兴三年（932）	襄州	壬辰夏五月，襄州江水大涨，水入州城，坏民庐舍。（旧五代史·明宗纪）	光绪襄阳府志，志余，祥异
33		后周太祖广顺二年（952）	成都	六月朔宴，教坊俳优作《灌口神队》二龙战斗之象，须臾天地昏暗……其夕，大水漂城，坏延秋门，水深丈余，溺数千家，摧司天监及太庙。	蜀梼杌第四卷，后蜀后主
				六月丁酉，蜀大水入成都，漂没千余家，溺死五千余人，坏太庙四室。戊戌。蜀大赦，赈水灾之家。	资治通鉴，卷290，后周纪一
34		广顺三年（953）	襄州	癸丑夏六月，襄州大水，汉江泛溢，坏羊马城，大城内水深一丈五尺，仓库漂尽，居民溺者甚众。	光绪襄阳府志，志余，祥异
35	宋	太祖乾德四年（966）	成都	秋七月，西山积霖，江水腾涨，拂郁暴怒，溃堰，蹙西阁楼以入，排故道漫莽两堧，汹汹趋下，垫庐舍廛闬……百物资储蔽波而逝。	民国成都县志，縻枣堰刘公祠堂记

续表

序号	朝代	年份	城名	水灾情况	资料来源
36	宋	太祖开宝元年（968）	集州（治所在难江县，即今四川南江县）	八月，集州霖雨河涨，坏民庐舍及城壁、公署。	宋史·五行志
37	宋	开宝九年（976）	嘉州（治所龙游县，即今四川乐山市）	九月，嘉州江水暴涨，坏官庐民舍，溺死者无算。	嘉庆四川通志
38	宋	太宗太平兴国二年（977）	复州（治所在天门县，即今湖北天门县）	七月，复州蜀、汉江涨，坏城及民田庐舍。	宋史·五行志
39	宋	太平兴国九年（984）	嘉州	七月，嘉州江水暴涨，坏官署、民舍，溺者千余人。	宋史·五行志
40	宋	太宗端拱二年（989）	嘉州	嘉州江涨，入州城，坏庐舍。	嘉庆四川通志
41	宋	太宗淳化元年（990）	洪州（治所在南昌县，即今江西南昌市）	七月，洪州水涨，坏州城三十堵，漂民舍二百余户。	雍正江西通志
42	宋	淳化二年（991）	嘉州	七月，嘉州江涨，溢入州城，毁民舍。	宋史·五行志
43	宋	淳化二年（991）	犍为县城（治所即今四川犍为县）	七月，大水入城。	民国犍为县志，杂志
44	宋	淳化四年（993）	梓州（治所在郪县，即今四川三台县）	九月，梓州玄武县涪河涨二丈五尺，壅下流入州城，坏官私庐舍万余区，溺死者甚众。	宋史·五行志
45	宋	太宗至道元年（995）	虔州（治所在赣县，即今江西赣州市）	五月，虔州江水涨二丈九尺，坏城，流入深八尺，毁城门。	宋史·五行志
46	宋	真宋咸平元年（998）	洪州	夏六月，大雨，坏洪州城，漂没二千余人。（省志）	同治南昌府志，卷65，祥异
47	宋	真宗大中祥符二年（1009）	无为军（治所在无为县，即今安徽无为县）	八月，无为军大风雨，折木，坏城门、军营、民舍，压溺千余人。	宋史·五行志
48	宋	真宗大中祥符二年（1009）	袁州（治所在宜春县，即今江西宜春市）	七月，江涨害民田，坏州城。（前志）	民国宜春县志，卷1，大事记
49	宋	大中祥符四年（1011年）	洪州，江州（治湓口城，即今江西九江市），筠州（治所在高安县，即今江西高安县），袁州	七月，洪、江、筠、袁州江涨，害民田，坏州城。	宋史·五行志
50	宋	仁宗天圣四年（1026）	京山县（治所即今湖北京山县）	十月乙酉，京山县山水暴涨，漂死者众，县令唐用之溺焉。	宋史·五行志
51	宋	天圣六年（1028）	江宁府（治所在上元县、江宁县，即今江苏南京市），扬州，真州（治所在扬子县，即今江苏仪真县），润州（治所在丹徒县，即今江苏镇江市）	七月壬子，江宁府、扬、真、润三州江水溢，坏官私庐舍。	宋史·五行志
52	宋	仁宗景祐元年（1034）	袁州	袁州自夏及秋皆水，坏民庐舍、官署、图籍，仓库皆淹没。	江西省水利厅水利志总编辑室编．江西历代水旱灾害辑录
53	宋	仁宗景祐二年（1035）	铅山	铅山，夏六月洪水破城，没官舍，漂民舍。	江西省水利厅水利志总编辑室编．江西历代水旱灾害辑录

续表

序号	朝代	年份	城名	水灾情况	资料来源
54	宋	仁宗景祐三年（1036）	虔州 吉州（治所在今江西吉安市）	六月，虔，吉诸州久雨，江溢，坏城庐，人多溺死。	宋史·五行志
55			虔化县（治所即今江西宁都县），龙泉县（治所在今江西遂川县），庐陵县（治所在今江西吉安市），袁州，高安县（治所即今江西高安县），南城县（治所即今江西南城县）	六月，虔化水溢。龙泉民多溺死。庐陵江水涨溃城，有溺死者。袁州水骤涨，民庐官署、图籍、仓库皆淹没。高安水涨没庐室，鸡犬殆尽。南城大水，东洲积尸如蚁。	雍正江西通志
56		仁宗皇祐二年（1050）	信州（治所在上饶县，即今江西上饶市西北）	庚寅夏六月，信州水破城，没官舍，淹民居。（通志，林志）	同治广信府志，卷1之一，祥异
57			上饶，广丰，弋阳	信州上饶、广丰、弋阳，夏六月大水破城，没馆舍，淹民居。	江西省水利厅水利志总编辑室编．江西历代水旱灾害辑录
58		神宗熙宁四年（1071）	金州（治所西城县，即今陕西安康市）	八月，金州大水，毁城，坏官私庐舍。	宋史·五行志
59		熙宁八年（1075）	潭州（治所在长沙县，即今湖南长沙市），衡州（治所在衡阳县，即今湖南衡阳市），邵州（治所在邵阳县，即今湖南邵阳市），道州（治所在弘道县，即今湖南道县）	四月，潭、衡、邵、道诸州江水溢，坏官私庐舍。	宋史·五行志
60		神宗元丰元年（1078）	舒州（治所在怀宁县，即今安徽潜山县）	舒州山水暴涨，浸官私庐舍，损田稼，溺居民。	宋史·五行志
61		徽宗崇宁五年（1106）	泸州（治所为泸川县，即今四川泸川市）	七月初四日，夜三更以后，大江并支流泛涨，自外入城，水势湍猛，漂散木栅材料，相近十字街口，并合流注淹浸城壁、官私屋宇等。	永乐大典，卷2217，泸州，城池
62		高宗绍兴三年（1133）	金州	秋，大水入城。	乾隆兴安府志
63			宣州（治所在宣城县，即今安徽宣城县）	五月己亥六月辛丑，雨甚大，水败圩堤，圮官民庐舍。（康熙府志）	嘉庆宁国府志，卷1，祥异
64		绍兴六年（1136）	饶州（治所鄱阳县，即今江西波阳县）	冬，饶州雨水坏城百余丈。	宋史·五行志
65		绍兴七年（1137）	饶州	饶州水，坏城。	光绪江西通志，卷98
66			成都	夏暴雨，城中渠堙，无所钟泄，城外堤防亦久废，江水夜泛西门，由铁窗入，与城中雨水合，汹涌成涛濑。	嘉庆四川通志卷23，宋席益，淘渠记
67		绍兴十六年（1146）	潼川府（治所在郪县，即今四川三台县）	潼川府东、南江溢，水入城，浸民庐。	宋史·五行志
68			于都	于都，丙寅大水，城颓其半。	江西省水利厅水利志总编辑室编．江西历代水旱灾害辑录

续表

序号	朝代	年份	城名	水灾情况	资料来源
69	宋	绍兴十六年(1146)	襄阳	襄阳大水，洪水冒城而入。	宋史·高宗纪
70		绍兴二十二年（1152）	襄阳	壬申夏五月襄阳大水（宋史·高宗纪）。(按：《通鉴续编》云：平地高丈五尺，汉水冒城而入）	光绪襄阳府志，志余，祥异
71		绍兴二十三年（1153）	潼川府	金堂县大水，潼川府江溢，浸城内外民庐。	宋史·五行志
72			常德	六月庚辰，沅江武陵涨，水坏城，人争保城西平头山址。大溪桥坏，水大至，平地丈五尺，死者甚众。	续资治通鉴，卷130
73		孝宗隆兴元年（1163）	和州（治所在历阳县，即今安徽和县）	七月，大水浸城郭，坏庐舍、圩田、军垒，操舟行市者累日，人溺死甚众。越月，积阴苦雨，水患益甚。	光绪直隶和州志，卷37，祥异
74		隆兴二年(1164)	平江府，镇江府，建康府，宁国府，湖州，常州，秀州（治所在嘉兴县，即今浙江嘉兴市），和州，光州（治所在光城县，即今河南光山县），江阴，广德，无为	七月，平江、镇江、建康、宁国府、湖、常、秀、池、太平、庐、和、光州、江阴、广德、寿春、无为军、淮东郡皆大水，浸城郭、坏庐舍、圩田、军垒，操舟行市者累日，人溺死者甚众。	宋史·五行志
75		隆兴间（1163～1164）	辰州府（治沅陵县，即今湖南沅陵县）	涨水，淹颓府城复于隍。（旧志城郭部）	乾隆辰州府志，卷6，机祥
76		孝宗乾道六年（1170）	平江府，建康府，宁国府，湖州，秀州，太平州（治当涂县，即今安徽当涂县），广德	五月，平江、建康、宁国府、温、湖、秀、太平州、广德军及江西郡大水，江东城市有深丈余者，漂民庐，湮田稼、溃圩堤，人多流徙。	宋史·五行志
77			新干	五月，江西郡大水漂民庐，淹田稼，溃圩堤，新干城郭坏，人多流亡。	光绪江西通志
78			临江军	临江军坏城郭。	江西省水利厅水利志总编辑室编．江西历代水旱灾害辑录
79		乾道八年(1172)	赣州，南安军（治所在大庾县，即今江西大庾县），隆兴府（治所在南昌、新建二县，即今南昌市），吉州，筠州，临江军（治所在清江县，即今江西清江县西南临江）	五月，赣州、南安军山水暴出，及隆兴府、吉州、筠州、临江军皆大雨水，漂民庐，坏城郭，溃田害稼。	宋史·五行志
80		乾道九年(1173)	临江军	临江军五月大水，漂民庐，坏城郭。	江西省水利厅水利志总编辑室编．江西历代水旱灾害辑录
81		乾道十六年(1180)	常德	五月，沅靖诸山水暴涨，至常德没城五尺。(文献通考）	嘉庆常德府志，卷17
82		孝宗淳熙二年（1175）	建康府	夏，建康府霖雨，坏城郭。	宋史·五行志
83		淳熙三年(1176)	常德	五月庚子晦，常德大水入其郭。	嘉庆常德府志，卷17

续表

序号	朝代	年份	城名	水灾情况	资料来源
84	宋	淳熙十年(1183)	信州（治所在上饶县，即今江西上饶市西北）	五月辛巳，信州大水入城，沈庐舍、市井。	宋史·五行志
85			襄阳	襄阳府大水，漂民庐，盖藏为空。	
86		淳熙十一年(1184)	阶州（治福津县，即今甘肃武都县东南）	五月丙申，阶州白江水溢，决堤圮城，浸民庐、垒舍、祠庙、寺观甚多。	宋史·五行志
87		淳熙十二年(1185)	上饶县 铅山县（治所即今江西铅山县东南永平镇）	壬子，上饶、铅山大水高于城，东北隅几无留甓。（连志）	同治广信府志，卷1，祥异
88		淳熙十六年(1189)	常德 阶州	五月丙辰，沅、靖州山水暴溢至辰州，常德府城没一丈五尺，漂民庐舍。丁巳，阶州白江水溢，浸城市民庐。	宋史·五行志
89		光宗绍熙二年（1191）	赣州	二月，赣州霖雨，连春夏不止，坏城四百九十丈，圮城楼、敌楼凡十五所。	宋史·五行志
90			潼川府	五月辛未，潼川府东、南江溢；六月戊寅，又溢，再坏堤桥，水入城，没庐舍七百四十余家。	宋史·五行志
91			兴州（治所在汉曲县，即今陕西略阳县）	七月癸亥，嘉陵江暴溢，兴州圮城门、郡狱、官舍凡十七所，漂民居三千四百九十余，潼川、崇庆府、绵、果、合、金、龙、汉州、怀安、石泉、大安军、鱼关皆水。	宋史·五行志
92		绍熙三年(1192)	潼川府	五月乙未，潼川府东、南江溢，后六月又溢，浸城外民庐，人徙于山。	宋史·五行志
93			常德府	五月庚子晦，常德府大水入其郛。	宋史·光宗本纪
94			泾县	五月庚子，泾县大雨水，败堤，圮县治、庐舍。	宋史·五行志
95		绍熙四年(1193)	泰和县（治所即今江西泰和县）	八月辛丑，隆兴府水，圮千二百七十余家。吉州水，漂浸民庐及泰和县官舍。自夏及秋，江西九州三十七县皆水。	宋史·五行志
96		宁宗庆元元年(1195)	饶州，鄱阳县，浮梁县（治所即今江西景德镇市北浮梁镇）	夏五月中旬间，饶州大雨七昼夜，江湖皆溢，水入城者过六尺，鄱阳、浮梁尤甚。	夷坚志，卷7
97		宁宗嘉定二年（1209）	长道县（治所即今甘肃礼县东北长道镇），昭化县（治所即今四川广元县西南昭化镇），成州（治所在同谷县，即今甘肃成县）	六月辛酉，西和州水，没长道县治、仓库。丙子，昭化县水，没县治，漂民庐。成州水，入城，圮垒舍。同谷县及遂宁府、阆州皆水。	宋史·五行志
98		嘉定十年(1218)	蜀州（治所在今四川崇庆县），汉州（治所在今四川广汉县）	蜀、汉二州江没城郭。	宋史·五行志
99		嘉定十一年(1218)	武康县（治所即今浙江德清县西千秋镇），吉安县	六月戊申，武康、吉安县大水，漂官舍、民庐，坏田稼，人畜死者甚众。	宋史·五行志
100		嘉定十六年(1223)	平江府，湖州，常州，秀州，池州，鄂州（治所在江夏，即今湖北武昌），太平州，广德军	五月，江、浙、淮、荆、蜀郡县水，平江府、湖、常、秀、池、鄂、楚、太平州、广德军为甚，漂民庐，害稼，圮城郭、堤防，溺死者众。鄂州江湖合涨，城市沉没，累月不泄。	宋史·五行志
101		嘉定十七年(1224)	建昌军（治所在南城县，即今江西南城县）	五月乙卯，建昌军大水，城不没者三板，漂民庐，圮官舍、城郭、桥梁，害稼。	宋史·五行志

续表

序号	朝代	年份	城名	水灾情况	资料来源
102	宋	理宗淳祐十二年（1252）	信州（治所在上饶县，即今江西上饶市）	六月，建宁府、严、衢、婺、信、台、处、南剑州、郡武军大水，冒城郭，漂室庐，死者以万计。	宋史·五行志
103			上饶，广丰，铅山	上饶、广丰、铅山大水，高于城，弥望无际，几无留甓。	江西省水利厅水利志总编辑室编．江西历代水旱灾害辑录
104		度宗咸淳七年（1271）	重庆	五月，重庆府江水泛溢者三，漂城壁，坏楼橹。	宋史·五行志
			嘉定州	四川制置使朱禩孙言："夏五月以来，江水凡三泛滥，自嘉而渝，漂荡城壁，楼橹圮坏，又嘉定震者再，被灾甚重。"	嘉庆四川通志
105	元	世祖至元二十七年（1290）	龙兴路（治所在南昌、新建二县，即今江西南昌市）	秋七月，龙兴路水溢，城几没。赣、吉、袁、瑞、建、抚皆水。	光绪江西通志，卷98
106			祁门县	夏，大水。城市高丈余，坏官宇，民庐卷籍淹没。人多溺死，土田大损。	同治祁门县志，卷36
107		成宗大德元年（1297）	历阳县（治所即今安徽和县）	六月，和州历阳县江水溢，漂庐舍一万八千五百区。	元史·五行志
108			铅山县（治所即今江西铅山县永平镇北）	丁酉夏五月铅山大雨，舟行树梢。（连志）	同治广信府志，卷1，祥异
109			浮梁	五月大雷雨，山泽龙出，舟行树杪，漂没民居，浮梁大水，市民移徙学岭高阜等处。	同治饶州府志，卷31，祥异
110			彭水县（治所即今四川彭水县）	该年彭水县城也曾遭洪水淹灌，今县城缘荫街县委大院陡岩壁石刻有"大德丁酉江涨至此"的字迹。	郭涛著．四川城市水灾史：251
111		大德九年（1305）	郪县（治所即今四川三台县）	六月，潼川郪县雨，绵江、中江溢，水决入城。	元史·五行志
112		武宗至大三年（1310）	峡州（治所夷陵县，即今湖北宜昌市）	六月，峡州大雨，水溢，死者万余人。	元史·五行志
113			襄阳，峡州，荆门州（治所在长林县，即今湖北荆门市）	六月，襄阳、峡州路、荆门州大水，山崩，坏官廨民居二万一千八百二十九间，死者三千四百六十六人。	元史·武宗本纪
114		仁宗延祐元年（1314）	武陵	五月，武陵雨水坏庐舍，溺死三千余人。（元史）	嘉庆常德府志，卷17，灾祥
115		仁宗延祐二年（1315）	饶州 高安	波阳、浮梁、铅山、袁州、万载、高安夏久雨。饶州大雨弥月，城郭民居没者半。锦水泛滥，高安民居陆沉，惟州学、西涧书院、利贶庙三处不没。	光绪江西通志
116			铅山	乙卯夏，铅山大雨弥月，城郭居民漂没大半。（连志）	同治广信府志，卷一，祥异
117		泰定帝泰定二年（1325）	潼川府	六月，潼川府绵江、中江水溢入城，深丈余。	元史·五行志
118			富顺	乙丑大水，湍流漂悍，庙学圮坏，基址崩摧。	民国富顺县志
119		顺帝至正八年（1348）	广丰县（治所在今江西丰城县南）	戊子广丰大水，淹没官民庐舍殆尽。	同治广信府志，卷1，祥异
120		至正九年（1349）	汉阳	己丑夏五月，蜀江大溢，浸汉阳城，民大饥。	同治汉阳县志，卷四，祥异

续表

序号	朝代	年份	城名	水灾情况	资料来源
121	元	至正十五年(1355)	余干	余干，大水入城，到十月始退。	江西省水利厅水利志总编辑室编．江西历代水旱灾害辑录
122		至正二十五年（1365）	余干州（治所即今江西余干县）	四月霪雨至六月，大水入城，牲畜漂，至十月乃降。	同治余干县志，卷20
123	明	太祖洪武元年（1368）	永新州（治所即今江西永新县）	六月戊辰，江西永新州大风雨，蛟出，江水入城，高八尺，人多溺死。事闻，使赈之。	明史·五行志
124		洪武二年(1369)	饶州	霪雨四月至六月，鄱城中水深丈余，冬始平，城多倾圮。	同治饶州府志，卷31，祥异
125		洪武六年(1373)	南溪县（治所即今四川南溪县）	七月，嘉定府龙游县洋、雅二江涨，翼日南溪县江涨，俱漂公廨民居。	明史·五行志
126		洪武九年(1376)	南京	丙辰，京城水溢，百官乘船以朝。	续文献通考，卷220
127		洪武十年(1377)	公安	公安大水，冲塌城楼，民田陷没无算。	光绪荆州府志，卷76，灾异
128			瑞金	春，大水冲入城市，邑前浮桥飘散无存。	江西省水利厅水利志总编辑室编．江西历代水旱灾害辑录
129		洪武十三年(1380)	瑞州府（治所在高安县，即今江西高安县）	夏五月，瑞州大水，新昌泰和桥圮，府城水三日。	光绪江西通志，卷98
130			当阳县	庚申大水，啮城西北尽陷。	同治荆门直隶州志，卷1，祥异
131		洪武二十二年（1389）	景陵县（治所今湖北天门县）	水决堤，城坏。	鲁锋．景陵县修城记． 古今图书集成，考工典，卷27，城池部艺文二
132			赣州	赣州府三月雨水坏城。	江西省水利厅水利志总编辑室编．江西历代水旱灾害辑录
133		成祖永乐二年（1404）	饶州府	正月四日大雷雨，积潦至五月七日，恶风作，水涨，郡城中深二丈许，漂庐舍，溺死者以数千计。坏城郭五百余丈。居民往来以舟，七月始平。民大饥。	同治饶州府志，卷31，祥异
134			安仁县（治所即今江西余江县东北锦江镇）	安仁大水，衙署尽圮。余干大水，舟行树梢。乐平、万安、泰和、吉安大水，安福大水。岁饥，人相食。丰城决堤。	雍正江西通志
135			丰城	丰城水入城，坏民庐舍	江西省水利厅水利志总编辑室编．江西历代水旱灾害辑录
136		成祖永乐三年（1405）	南昌前卫	南昌前卫雨水坏城三百七十五丈。	江西省水利厅水利志总编辑室编．江西历代水旱灾害辑录

续表

序号	朝代	年份	城名	水灾情况	资料来源
137	明	永乐四年（1406）	鄱阳	鄱阳溪水暴涨，坏城垣房屋，溺死人畜甚众。	江西省水利厅水利志总编辑室编．江西历代水旱灾害辑录
138		永乐八年（1410）	金州	五月，汉中府金州大水，坏城垣仓廪，漂溺人口。	古今图书集成·庶征典，卷129，水灾部
139		永乐十年（1412）	信丰	信丰水涨入城，高一丈五尺有余。	江西省水利厅水利志总编辑室编．江西历代水旱灾害辑录
140		永乐十二年（1414）	赣州	赣州雨水坏城。	江西省水利厅水利志总编辑室编．江西历代水旱灾害辑录
141		永乐十四年（1416）	广信 饶州	七月已未，江西广信、饶州、浙江衢州、金华，大水暴涨，坏城垣房舍，涨死人畜甚多。	古今图书集成，庶征典，卷129，水灾部
142			金州	五月庚申……汉水涨溢，淹没州城，公私庐舍无存者。	康熙陕西通志
143			铅山 贵溪	丙申秋七月，铅山、贵溪大水，公私庐舍漂荡殆尽。	同治广信府志，卷一，祥异
144			辰州（治沅陵县，即今湖南沅陵县）	大水，官舍民居尽淹没。（县志）	乾隆辰州府志，卷6，祥异
145		永乐二十（1422）	信丰县（治所即今江西信丰县）	正月，信丰雨水坏城。	明史·五行志
146		永乐二十二年（1424）	赣州	三月，赣州、振武二卫雨水坏城。	明史·五行志
147		永乐初至正德九年（1403～1514）	嘉定州	尝闻之父老云：“永乐中，州学在岸南数十步。以今计之，正当中流。决啮迁徙可知矣。”	安磐．城池记．古今图书集成，考古典，卷27，城池部艺文二
148		宣宗宣德三年（1428）	永宁卫（治所在今四川叙永县永宁河西）	五月，永宁卫大水，坏城四百丈。	明史·五行志
149		宣德六年（1431）	浮梁	水，大饥。六月，浮梁倾刻水溢丈余，城中不浸者数十家，视癸未（永乐元年，1403）深五尺。	同治饶州府志，卷31，祥异
150		宣德八年（1433）	上饶 贵溪 永丰	癸丑上饶、贵溪、永丰大水，坏公私庐舍数百，溪谷易处。	同治广信府志，卷1，祥异
151		英宗正统五年（1440）	南京	二月，南京大风雨，坏北上门脊，覆官民舟。	明史·五行志
152		正统九年（1444）	宁都	宁都县治暴水，漂荡公牒。	江西省水利厅水利志总编辑室编．江西历代水旱灾害辑录
153		正统十二年（1447）	瑞金	六月，瑞金霪雨，市水丈余，漂仓库，溺死二百余人。	明史·五行志

续表

序号	朝代	年份	城名	水灾情况	资料来源
154		正统十三年（1448）	宁都	九月，宁都大雨，坏城郭庐舍，溺死甚众。	明史·五行志
155	明	正统十四年（1449）	吉安 南昌	四月，吉安、南昌临江俱水，坏坛庙廨舍。	明史·五行志
156		代宗 景泰五年（1454）	成都	七月，大雨，江水泛溢，浸入东城水关，决城垣三百余丈，坏驷马、万里二桥。	同治成都县志
157			安庆	甲戌大水（乘舟入市，逾三月始平）。	康熙安庆府志，卷6，祥异
158		英宗 天顺四年（1460）	富顺	大水入城，至万寿寺，墀内今台旁有水至迹，市中小舟通行。	民国富顺县志
159			内江	大水入城，东门内小舟可通。	光绪内江县志
160			资阳、内江	夏，大水，资阳、内江城内可通舟。	咸丰资阳县志
161		宪宗 成化五年（1469）	沅陵县 卢溪县 辰溪县	沅陵、卢溪、辰溪三县大水，城市通舟，坏城郭，漂没官民庐舍。（湖南通志）	乾隆辰州府志，卷6，祥异
162		成化八年（1472）	安康	八月，汉水涨溢，高数十丈，城郭民俱淹没。	康熙陕西通志
163		成化十年（1474）	安庆	甲午大水（五月至九月，人皆乘舟入市，海错随水登于江岸，蛇虺入室）。	康熙安庆府志，卷6，祥异
164			兴国州（治所在今湖北阳新县）	秋，兴国大水，乘船入市。	康熙湖广武昌府志，卷3，灾异
165			湖口，都昌，宜黄	湖口、都昌舟通街市，宜黄舟行树梢。	江西省水利厅水利志总编辑室编.江西历代水旱灾害辑录
166			孝感	孝感水，舟入市，饥。	乾隆汉阳府志，卷3，五行志
167		成化十年（1474）	沔阳州（治所即今湖北沔阳县西南沔城）	夏大水，城内乘舟。	光绪沔阳州志，卷1，祥异
168			安仁县（治所即今湖南安仁县）	闰六月初九日，安仁霖潦三日，水溢，城内皆泛舟以济，庐舍漂流，人畜淹没。	乾隆衡州府志，卷29，祥异
169		成化十四年（1478）	襄阳	四月，襄阳江溢，坏城郭。	明史·五行志
170			汉阳	戊戌夏六月，汉水溢入城，漂溺田庐。	同治汉阳县志，卷4，祥异
171		成化十六年（1480）	永州	永州水，学宫被浸，知府谢芳迁建之。（旧志）	道光永州府志，卷17，事纪略
172		成化十八年（1482）	贵溪	壬寅，贵溪水暴涨入城，漫县治，坏民居数百，溺死无算。（连志）	同治广信府志，卷1，祥异
173		成化二十一年（1485）	南昌	夏五月，南昌大水，漂没民庐人畜甚多，浸城门，五日方退（省志）。丰城水决堤，漂民居三十余家。（县志）	同治南昌府志，卷65，祥异
174			益阳	益阳大水，县治水深五尺。	乾隆长沙府志，卷37，祥异
175			乐至	霪雨，坏城及民田，庐舍漂坏，濒溪尤甚，淹没无算。	同治乐至县志

续表

序号	朝代	年份	城名	水灾情况	资料来源
176	明	成化二十一年（1485）	进贤，泰和	进贤闭城五日，溺人甚多。 泰和大水入城。智林塔倾。	江西省水利厅水利志总编辑室编．江西历代水旱灾害辑录
177		弘治三年（1490）	南京	七月，南京骤雨，坏午门西城垣。	明史·五行志
178		弘治六年（1493）	南昌 九江	南昌、九江等府，军民房屋、城垣、圩荡亦多浸坏。	江西省水利厅水利志总编辑室编．江西历代水旱灾害辑录
179		弘治七年（1494）	吴江	大水冒吴江城郭，舟行入市。	乾隆吴江县志·灾异
180		弘治八年（1495）	南京	五月，南京阴雨逾月，坏朝阳门北城堵。	明史·五行志
181		弘治十年（1497）	安陆	七月，安陆霪雨，坏城郭庐舍殆尽。	明史·五行志
182			荆州	荆州大水，自沙市决堤浸城，冲塌公安门城楼，民田陷没无算。（湖广通志）	光绪荆州府志，卷76，灾异
183		弘治十二年（1499）	咸宁	咸宁大水，舟入市。（湖广通志）	古今阁书集成，庶征典，卷129，水灾
184		弘治十三年（1500）	汉阳	秋大水，泛舟县前。	乾隆汉阳府志，卷3，五行志
185			南康	夏五、六月大水，没城者六日。	江西省水利厅水利志总编辑室编．江西历代水旱灾害辑录
186		弘治十四年（1501）	荆门州	六月，水决荆门，州城崩。知州韩铣修之，收进数十丈。故州城西北一带去河稍远。	同治荆门直隶州志，卷1，祥异
187			池州	夏五月，池州大水，坏民居，府南门济川桥圮，知府祁司员始改筑于门之左焉。	乾隆池州府志，卷20，祥异志
188		弘治十五年（1502）	南京	七月，南京江水泛溢，湖水入城五尺余。	明史·五行志
189		弘治十七年（1504）	宁州（治所在今江西修水县）	六月，骤风震电，晦，突大雨如注，山洪暴发中，石崩数十处，星子平地水高丈余，德安，星子溺死居民，漂起庐舍甚众。同月，宁州大水涨至仪门及儒学，舟行于市，进贤亦大水。	江西省水利厅编．江西省水利志：31．江西科技出版社，1995
190		正德七年（1512）	辰州	大水，街衢通舟。	乾隆辰州府志，卷6，机祥
191		正德十年（1515）	赣州	乙亥春，霖圮一千三百余丈	同治赣县志，卷10，城池
192		正德十一年（1516）	施州卫（治所即今湖北恩施县）	夏，施州大水，坏城，漂民居。马栏寺山裂。（湖广通志）	同治增修施南府志，卷1
193			襄阳	丙子，襄阳大水，汉水溢，啮新城及堤，溃者数十丈。	光绪襄阳府志，志余，祥异

续表

序号	朝代	年份	城名	水灾情况	资料来源
194	明	正德十一年(1516)	宜城（治所即今湖北宜城县）	夏，宜城大水入城。（湖广通志）	古今图书集成，庶征典，卷130，水灾
195		正德十二年(1517)	上犹	霪雨不止，洪水泛滥。崩圮城隍数十丈，城中舟行四达。漂流庐舍，溺死者甚众。	光绪上犹县志，卷1
196			沔阳	水复大至，城坏四百丈。	鲁锋．沔阳州修城记． 古今图书集成，考工典，卷27，城池部艺文二
197		正德十三年(1518)	赣州	戊寅夏，久雨，圮六百三十八丈。	同治赣县志，卷10，城池
198		正德十四年(1519)	新城县（治所即今江西黎川县）	己卯夏四月，大水，新城桥折，城陷，民居多漂没。	同治建昌府志，卷10，祥异
199		正德十四年至十五年(1519～1520)	赣州	己卯，庚辰连岁复圮三百余丈。	同治赣县志，卷10，城池
200		正德十五年(1520)	江津	江津水溢，舟入县署，官民露处石子山，三日乃消。（四川总志）	古今图书集成，庶征典，卷130，水灾
201			万载，上高	万载、上高大水，冲破城舍、民舍。	江西省水利厅水利志总编辑室编．江西历代水旱灾害辑录
202		世宗嘉靖元年（1522）	长沙	长沙大水。七日，风雷大作，沿江地震，至岳麓山而定，城郭多没。	乾隆长沙府志，卷37，灾祥志
203			衡州（治所在衡阳县，即今湖南衡阳市），衡山县	夏，郡中大水，城圮。水退，民多疫，衡山亦大水城坏。	乾隆衡州府志，卷29，祥异
204			永州府（治所在今湖南零陵县）	夏五月，永州大水入城，庐舍田禾淹没几尽。	道光永州府志，卷17，事纪略
205			永明县（治所即今湖南江永县）	壬午大水，涨没城门。	康熙永州府志，卷24，灾祥异
206			宁州 安义 建昌 都昌 弋阳 安仁 饶州	五月，九江、南康、南昌、临江、建昌、广信、饶信七府及万载、上高、东乡大水。宁州、安义、建昌、都昌舟行入市，漂民舍不计其数。丰城决堤千七百余丈，坏民庐，漂男女数十人。新余、上载、上高大水，岁饥。铅山霪雨。弋阳街巷行舟，民居尽没。贵溪水迹比成化壬寅高五尺。安仁大水，饶州府五月大水，市上行舟。乐平水。余干洪水没民居，大饥，民死者众。（明史、明实录）	江西省水利厅编．江西省水利志：32
207		嘉靖元年(1522)	潜江	水决柘林，飘死王恕等九十八人，还灌西城。洪涛巨轮，漂迸有声，官廨民庐尽圮，男妇吞纳水口无算。	施正康．明代南方的安陆皇庄．明史研究论丛，三：112～122
208			南京	七月，南京暴风雨，江水涌溢，郊社、陵寝、宫阙、城垣、吻脊栏楯坏。拔树万余株，江船漂没甚众。	明史·五行志

续表

序号	朝代	年份	城名	水灾情况	资料来源
209	明	嘉靖二年(1523)	浏阳	浏阳大水没城郭。	乾隆长沙府志，卷37，灾祥志
210			进贤	夏六月，进贤大水，浸县治。(县志)	同治南昌府志，卷65，祥异
211		嘉靖六年(1527)	石首	石首大水，溃堤，市可行舟。(旧府志)	光绪荆州府志，卷76，灾异
212		嘉靖八年(1529)	上饶	己丑，上饶大水入城，湮没预备仓及公私庐舍。(连志)	同治广信府志，卷1，祥异
213			宣城	秋八月，宣城诸山蛟发，漂没民舍、圩岸，水泛溢入城，军储仓浸数尺，人畜多溺死。(乾隆府志)	嘉庆宁国府志，卷1，祥异
214			澄江县	八月十四日夜，澄江大雨山崩，西浦溪水溢入西街，倾城坏屋损稼。	滇志卷31，灾祥
215			都匀	都匀大水，淹城郭。(贵州通志)	古今图书集成，庶征典，卷130，水灾
216		嘉靖九年(1530)	瑞金	瑞金四月大水，舟入城市。	江西省水利厅水利志总编辑室编．江西历代水旱灾害辑录
217		嘉靖十一年(1532)	荆州	嘉靖十一年，江水决此（万城堤），直冲郡西，城不浸者三版。	读史方舆纪要，卷78，湖广四，荆州，万城堤
218		嘉靖十二年(1533)	思南府（治所即今贵州思南县）	夏六月，大水，视正德又盛五尺，城市行舟，旬余方退，民舍禾苗漂没殆尽。	嘉庆思南府志，卷7
219			德安	五月，德安大水，舟行市。	同治九江府志，卷53，祥异
220			宜春	郡大水，顷刻深丈余，坏民庐舍，漂禾麦，民多溺死。	民国宜春县志，卷1，大事记
221			德安、建昌	德安、建昌，二至五月霪雨，大水，市可行舟。	雍正江西通志
222			常德	霪雨自四月至六月，江涨，城几溃，滨江没者无算。	嘉庆常德府志，卷17
223		嘉靖十六年(1537)		大水城圮。	嘉庆常德府志，卷7
			信丰	丁酉秋，七月大雨，水涨，骤至入县堂露台，民居漂没，城圮十六七，近河庐室荡析，存不一二。	同治信丰县志，卷8
224		嘉靖十七年(1538)	罗田县（治所即今湖北罗田县）	六月，罗田河溢，水入城杀人。(湖广通志)	古今图书集成，庶征典，卷130，水灾
225			永新	戊戌夏，永新水入城内丈余，庐舍漂没。	光绪吉安府志，卷53，祥异
226		嘉靖十八年(1539)	和州	大水入城。	光绪直隶和州志，卷37，祥异
227		嘉靖十九年(1540)	资州（治所即为四川资中县）	夏四月二十一日，闰五月，河水入城。	民国续修资州志
228			饶州 浮梁	五月，蛟出，大水，民乘舟入城市，漂庐舍，溺人至多。水后大饥。	同治饶州府志，卷31，祥异

续表

序号	朝代	年份	城名	水灾情况	资料来源
229	明	嘉靖十九年（1540）	靖州（治所即今湖南靖县）	四月，靖州大雨，水溢，城中深丈余。柳州、黄陂大水。（湖广通志）	古今图书集成，庶征典，卷130，水灾
230		嘉靖二十一年（1542）	叙州府（治所在宜宾县，即今四川宜宾市）	闰五月，河水大涨，入城，较天顺四年高五尺，城中可通舟楫。	光绪叙州府志
231			金堂、简阳、资阳、内江	嘉靖壬寅，二江暴涨，金堂、简、资、内江一带水势弥漫，驾出旧痕几十余丈，浸淫四、五日，始渐以落。	嘉庆四川通志，艺文 高韶．铁牛记
232			资阳	闰五月大水，资溪、雁江会合，泛滥如潮，涌入城中，署舍荡尽。	咸丰资阳县志
233			富顺	闰五月，河水大涨入城，较天顺四年高五尺，城中通舟辑。	民国富顺县志
234		嘉靖二十二年（1543）	常德	大水，漂没城外民居房屋。	嘉庆常德府志，卷17
235		嘉靖二十四年（1545）	新城	新城大水浸城堞，漂官民房屋千余所。	江西省水利厅水利志总编辑室编．江西历代水旱灾害辑录
236		嘉靖二十五年（1546）	南康县（治所即今江西南康县）	夏五月，南康大水，城倾三之一，民庐多漂没者。	同治南安府志，卷29，祥异
237		嘉靖二十六年（1547）	富顺	六月，复大水，较二十一年低二尺，城垣房屋多倾圮。	民国富顺县志
238			金堂	丁未之夏，复然，江两岸田地冲决见在民居漂洗，靡遗寸椽，盖百年来所未有之灾也。	嘉庆四川通志，艺文 高韶．铁牛记
239		嘉靖二十六年（1547）	犍为	今之县治，建于明洪武初。始为土城，正德间砌石城。东面临江，岁患冲塌，嘉靖丁未尤甚。	民国犍为县志·建置
240		嘉靖二十七年（1548）	叙州	复大水，较二十一年低三尺，城垣房屋多倾颓。	光绪叙州府志
241		嘉靖二十七年（1548）	宁都	宁都大水，舟入城，飘荡庐舍。	江西省水利厅水利志总编辑室编．江西历代水旱灾害辑录
242		嘉靖二十九年（1550）	汉阳	汉阳大水，舟入市。	乾隆汉阳府志，卷3，五行志
243			宁州	宁州久雨，水入市，坏田庐。（州志）	同治南昌府志，卷65，祥异
244			德安	德安小舟入城。	江西省水利厅水利志总编辑室编．江西历代水旱灾害辑录
245		嘉靖三十年（1551）	石首	七月，石首大水，川涨堤溃，平地水深数丈，官舍民居皆没。（县志）	光绪荆州府志，卷76，灾异
246			宜城 光化 均州	辛亥秋七月，宜城、光化、均州大水坏城郭、庐舍、田禾。	光绪襄阳府志，志余，祥异
247		嘉靖三十四年（1555）	合州（治所石照县，即今四川合川县）	大水逆流，高十余丈，坏城垣，屋舍街市淹没。	民国合川县志

续表

序号	朝代	年份	城名	水灾情况	资料来源
248	明	嘉靖三十四年（1555）	浮梁	秋八月，水溢入城。	江西省水利厅水利志总编辑室编．江西历代水旱灾害辑录
249		嘉靖三十五年（1556）	赣州	夏五月，大水灌城，七日而水再至，视前加三尺，漂没溺死无算。	同治赣州府志，卷22，祥异
250			赣州 于都 会昌 石城	赣州、临江、南昌、饶州府及高安、南城等县四月大水。赣州、于都、会昌、石城大水灌城三日。石城西门水高齐屋，城乡溺死者不可胜计。瑞金、兴国漂没庐舍、田亩无算，云龙溪二桥尽圮。丰城大水决堤。南城大水摧凤凰山西角。	明实录，雍正江西通志
251		嘉靖三十六年（1557）	麻城	麻城大水，没城堞。	光绪黄州府志，卷40，祥异
252		嘉靖三十七年（1558）	南丰	戊子，南丰霪雨城坏。	同治建昌府志，卷10，祥异
253		嘉靖三十九年（1560）	南京	江水涨至三山门，秦淮民居水深数尺。	乾隆江南通志，卷197
254			汉阳 汉川 黄陂 孝感	汉阳、汉川、黄陂、孝感皆大水，舟入市。	乾隆汉阳府志，卷3，五行志
255			江陵 枝江 宜都	七月，荆州大水（湖广通志）。江陵寸金堤溃，水至城下，高近三丈六，门筑土填塞，凡一月退。（县志）公安沙堤铺决。（县志）松滋大水，江溢（湖广通志）。枝江大水灌城，民居尽没。（县志）宜都旱。秋九月，江水溢入宜都临川门，经旬始退。	光绪荆州府志，卷76，祥异
256			辰溪	五月大水，辰溪县南城冲陷。（旧志）	乾隆辰州府志
257			屏山	大水至文庙门。 水与县署头门石阶齐平。	乾隆屏山县志，光绪屏山县续志
258			洪雅	大水城圮，知县索载重修，工甚坚致。	嘉庆洪雅县志
259			叙州	大水至文庙门。	光绪叙州府志
260		嘉靖四十年（1561）	吴江	六郡全淹，金坛水至民居半壁，吴江城崩者半。	吴江水考水年表
261		嘉靖四十一年（1562）	丰城	夏四月至六月，南昌府属大水，冲决民田庐，免秋粮（旧志）。丰城城圮百二十丈，决堤二百三十余丈。（县志）	同治南昌府志，卷65，祥异
262			都昌	赣州、吉安、临江、袁州、瑞昌、建昌、抚州、饶州、南康、九江等府四月至六月大水，免秋粮。奉新、新建、进贤冲决民庐。都昌县城多处倾圮。	江西省水利厅编． 江西省水利志：33
263		嘉靖四十二年（1563）	湘潭	夏，湘潭大水，没城郭。	乾隆长沙府志，卷37，灾祥志
264			赣州	甲寅遭水，各门俱有倒塌。	同治赣县志，卷10，城池
265		嘉靖四十四年（1565）	赣州	丙辰，复遭水圮。	同治赣县志，卷10，城池

续表

序号	朝代	年份	城名	水灾情况	资料来源
266	明	嘉靖四十四年（1565）	光化	（城因汉水泛溢）复圮。	读史方舆纪要，卷79，湖广五，襄阳府光化县
267		嘉靖四十五年（1566）	宜城	新洪通城五里许，又有使风，龙潭二港冲洗南城楼。	万历湖广总志，水利
268			樊城	樊城北旧有土堤皆决，西江一带砖城尽溃。	万历湖广总志，水利
269			襄阳	洪水四溢，郡治及各州县城俱溃。	光绪襄阳府志，卷9
270			郧阳（治所在郧县，即今湖北郧县）	九月，郧阳大霪雨，平地水丈余。坏城垣庐舍，人民溺死无算。	明史·五行志
271			均州（治所在武当县，即今湖北均县西北旧均县）	丙寅，湖广水破均州城。（续文献通考）	古今图书集成，庶征典，卷130，水灾
272			江夏县（治所即今湖北武汉市武昌）	江夏水涨入城。光化、荆州、黄梅大水，武昌大水。（湖广通志）	古今图书集成，庶征典，卷130，水灾
273		穆宗隆庆元年（1567）	谷城	秋七月，谷城大水入城。	光绪襄阳府志，志余，祥异
274			江华县	五月，大水入城至学前，损坏民居，漂溺人畜。	康熙永州府志，卷24，灾祥志
275			道州（治所即今湖南道县）	丁卯五月五日大水泛涨，城不浸者三版，漂没不可胜计。	道光永州府志，卷17，事纪略
276		隆庆二年（1568）	襄阳	隆庆二年，堤复溃，新城崩塌。	读史方舆纪要卷79，襄阳府
277			德安府（治所在安陆县，即今湖北安陆县）	夏大雨，舟入市。	光绪德安府志，卷20，祥异
278			渠县	渠江大水，淹入城内，人民溺死无算。	民国渠县志，卷11
279		隆庆四年（1570）	安宁州（治所即今云南安宁县）	安宁大雨浃旬，没官民庐舍十之三。	康熙云南府志，卷25
280		隆庆五年（1571）	卢溪 辰溪	五月二十七日霪雨至六月初四日，水高数丈，淹没庐舍田地，死者无算。卢溪文庙官廨尽没，辰溪南城崩。（通志，旧志）	乾隆辰州府志，卷6，禨祥
281			辰州 常德 安乡 华容	辰州、常德、安乡、华容大水入城市。（湖广通志）	古今图书集成，庶征典，卷130，水灾
282			龙南	龙南四月洪水丈余，城圮，漂没庐舍。	江西省水利厅水利志总编辑室编．江西历代水旱灾害辑录
283		万历元年（1573）	郧阳 上津县（治所即今湖北郧西县西北上津镇）	五月，郧阳、上津夹河水溢，坏城六十余丈，漂没民居无算。（湖广通志）	古今图书集成，庶征典，卷130，水灾

续表

序号	朝代	年份	城名	水灾情况	资料来源
284	明	万历二年（1547）	云阳	大水坏城。	民国云阳县志
285		万历三年（1575）	万县	大水，临江一带县城坍塌。	同治万县志
286			襄阳	迨万历三年，堤又大决，决城郭。	乾隆襄阳府志．卷15，水利
287		万历五年（1577）	通山	五月，大水入通山市，荡去民舍。	康熙湖广武昌府志，卷3，灾异志
288			弋阳	四月大水，浸城至仪门。	江西省水利厅水利志总编辑室编．江西历代水旱灾害辑录
289		万历六年（1578）	井研	七月朔，大水，城中水深数尺，滨近西城，溪水自城垛入，西南二郊民庐漂没三十余家。	光绪井研县志
290			威远	六月，暴雨自晨至夜，河水泛溢入城，东南可行舟，庐舍漂没大半。七月朔，复大水，淹同前。	光绪威远县志
291			于都	于都大水灌城。	江西省水利厅水利志总编辑室编．江西历代水旱灾害辑录
292		万历十一年（1583）	金州，即兴安州（治所在西城县，即今陕西安康市）	四月，金州河溢没城。	明史·五行志
				癸未夏四月，兴安州猛雨数日，汉江溺溢，传有一龙横塞黄洋河口，水壅高城丈余，全城淹没，公署民舍一空，溺死者五千多人，合家全溺无稽者不计其数。	康熙陕西通志，卷30，祥异
293			东乡县（治所即今四川宣汉县）	五月，东乡大水，城楼狱舍冲塌，坏民舍二百余家，财货米粟漂溺以千计。（四川总志）	古今图书集成，庶征典，卷130，水灾
294			谷城	谷城大水，淹没万余家。（县志）	光绪襄阳府志，志余，祥异
295		万历十四年（1586）	赣州 瑞金 于都 会昌 宁州	赣州府五月初二城外水发，高越女墙数丈，城内没至楼脊。瑞金四月十八日大水，平地水深丈余，云龙石桥圮。于都、会昌大水灌城，漂没民居。兴国大水与嘉靖三十五年同。崇义、大余、新干、峡江大水。临江、南昌府属大水，免征。新余、丰城、高安、奉新、进贤、南丰均大水。新建、余家塘、双坑圩再决。宁州三月洪水入城，高数尺，禾苗尽浸死，乏种。	江西省水利厅编．江西省水利志：35
296			南京	夏五月，大雨旬余，城中水高数尺，江东门至三山门行舟。	同治上江两县志，卷2，大事
297		万历十五年（1587）	浏阳	浏阳大水冲城。	乾隆长沙府志，卷37，灾异志
298			弋阳	弋阳大水灌城。	江西省水利厅水利志总编辑室编．江西历代水旱灾害辑录
299		万历十六年（1588）	宜春	戊子六月，郡大水，城内平地深一丈，漂没民舍器物，浮江而下，人多压溺。	民国宜春县志，卷1，大事记

续表

序号	朝代	年份	城名	水灾情况	资料来源
300	明	万历十九年（1591）	浏阳	浏阳大水，土城全崩，缺坏由路。	乾隆长沙府志，卷17，灾异志
301			沔阳	十九年水（按章方志作：沔阳大水，舟入城市）。	光绪沔阳州志，卷1，祥异
302		万历二十年（1592）	铅山	七月初一日，石垄山水发，浸至城堞，大义桥冲倒，漂没人家甚多，港东一带桑田尽沧海，自古来水灾莫甚至此。	同治铅山县志，卷30
303		万历二十一年（1593）	常宁州（治所即今湖南常宁县）	六月初二日，漏下二鼓，常宁黄岗有蛟出，水大溢，高至数丈。县之西江一带民居尽倾坏，城为之圮，漂溺不下千人，有阖门五十余口一时葬鱼腹者。所没民田，不可胜算。	乾隆衡州府志，卷29，祥异
304			新城县（治所即今江西黎川县）	癸巳六月十一日夜，新城大雨，震雷，城中、外水深数丈，县治、学宫、仓粮、卷册、库狱尽淹，桥梁倾圮，人民、禾稼漂没无算。知县邓仲元申报赈恤。	同治建昌府志，卷10，祥异
305			瑞昌	瑞昌山洪暴发，水入城，深数丈。	江西省水利厅水利志总编辑室编．江西历代水旱灾害辑录
306		万历二十四年（1596）	瑞金	瑞金五月初四日大雨，溪水暴涨，浸入城市，田庐多冲坏。	江西省水利厅水利志总编辑室编．江西历代水旱灾害辑录
307		万历二十五年（1597）	永州府（治所零陵县，即今湖南零陵县）	夏五月，永州大水入城。 零陵志：城中通舟楫，县治皆没，三日夜乃退。	道光永州府志，卷17，事纪略
308		万历二十六年（1598）	辰州府（治沅陵县，即今湖南沅陵县）	霪雨连旬，水高数十丈，舟行屋上，城垣、民舍皆圮。浦市居民财货漂流几尽。（旧志）	乾隆辰州府志，卷6，机祥
309		万历二十七年（1599）	德安府（治所在安陆县，即今湖北安陆县）	己亥大潦，舟人泊西城闉以渡。（安陆沈志）	光绪德安府志，卷20，祥异
310		万历二十九年（1601）	沔阳州（治所在今湖北沔阳县西南沔城）	八月，沔阳大水入城。	明史 · 五行志
311			昭化县（治所即今四川广元县西南昭化镇）	秋，水漂昭化民居，湮没禾稼，涨入南城，船行于市。（四川总志）	古今图书集成，庶征典，卷130，水灾
312			永丰县（治所即今江西永丰县）	辛丑，永丰大雨如注，顷刻高丈余，城中亦登楼援屋以避。（连志）	同治广信府志，卷1，祥异
313			江华县（治所在今湖南江华县西北沱江镇）	夏五月，江华大水入城。	道光永州府志，卷17，事纪略
314		万历三十年（1602）	浮梁	浮梁水夜涨，顷刻弥野，城中人蹲屋上。	江西省水利厅水利志总编辑室编．江西历代水旱灾害辑录
315		万历三十一年（1603）	犍为	万历癸卯，水又毁城，旋即修复。	民国犍为县志，建置
316			富顺	秋七月，河水大涨入城，较嘉靖丁未更甚。	民国富顺县志
317		万历三十二年（1604）	武宁	武宁大水，溢城市，东南城楼俱圮。	江西省水利厅水利志总编辑室编．江西历代水旱灾害辑录

续表

序号	朝代	年份	城名	水灾情况	资料来源
318	明	万历三十三年（1605）	瑞昌	瑞昌五月霪雨，南城崩。	江西省水利厅水利志总编辑室编．江西历代水旱灾害辑录
319		万历三十五年（1607）	黄州府（治所在黄冈县，即今湖北黄冈市）	黄州大水，舟入城。郧、房大水。（湖广通志）	古今图书集成，庶征典，卷130，水灾
320		万历三十六年（1608）	汉阳府	是年，水大涨，城内行舟，天水相连，仅存大别山阜民，复疫疠。汉川、黄陂、孝感大水浸山，田地尽没，市镇屋舍倾圮无算，流离饿殍以数万计。	乾隆汉阳府志，卷3，五行志
				是年，大水，府治仪门登舟，天水相连，惟余大别一山，万民鳞集。	同治汉阳县志，卷4，祥异
321			黄州府	夏，大水入城。	光绪黄州府志，卷40，祥异
322			沔阳州	三、四、五月雨，五月二十四，江堤坏，水至城内行舟。	光绪沔阳州志，卷1，祥异
323		万历三十六年（1608）	澧州（治所在澧阳县，即今湖南澧县）	戊申，大水，城崩。	同治直隶澧州志，卷19，祥异
324			和州	大水入城，坏民庐舍。	光绪直隶和州志，卷37，祥异
325			池州府（治所在贵池县，即今安徽贵池县），铜陵，东流	大水，府城街市行舟，贵池、铜陵、东流尤甚。民大饥。巡抚周孔教赈恤之，赖以存活。	乾隆池州府志，卷20，祥异志
326			铜陵	春日光摩荡，夏涨水浮溢，市可行舟，二旬水始退。	乾隆铜陵县志，卷13
327			九江府	大水，城中水深数尺，以舟楫往来。	同治九江府志，卷53，祥异
328			都昌 建昌	六月，大浸，都昌漂没县门屏墙十余日，居民架木以渡。建昌庐舍场谷，一皆漂散。（旧志）	同治南康府志，卷23，祥异
329			饶州府	五月，大水，舟行市中，坏城郭庐舍。同知詹轸光日坐小艇，捐赎分赒之，六月始平。秋饥。	同治饶州府志，卷31，祥异
330			德化 湖口	五月，南昌、抚州、饶州、南康、九江等五府大水。南昌、新建、进贤、奉新、武宁等县大水，民大饥，死甚众。德化、湖口城中水深数尺，以舟往来。万年、余干大水，饥。	明实录，光绪江西通志
331			常熟	常熟城中积潦盈尺。	光绪常昭合志，灾异
332			昆山	昆山城中泛舟。	光绪昆新续修合志
333			吴江	吴江城中居民皆架阁以处。	乾隆吴江县志，灾异
334		万历三十七年（1609）	都昌 建昌 弋阳	南昌等八府五月大水，九月复大水。都昌、建昌大水入城，淹县堂四十余日。弋阳水至仪门。贵溪冲没五百七十余家，溺死人无算，沙石冲淤田六千三百八十余亩。婺源、万载六月复大水，冲损桥梁，漂流民居。丰城、进贤、奉新、资溪、安仁均大水。	江西省水利厅编．江西省水利志：36

续表

序号	朝代	年份	城名	水灾情况	资料来源
335	明	万历三十八年（1610）	黔江县（治所即今四川黔江县）	五月初三日，黔江水涨，冲没隆市河等街军民房屋，西堤决，城崩，癖溺，文卷漂流，人畜死者千余，至初七日方消。（四川总志）	古今图书集成，庶征典，卷130，水灾
336		万历三十九年（1611）	遂宁	辛亥四月大水，冲圮东南城垣。	民国遂宁县志
337		万历四十年（1612）	饶州	饶州郡城水，弥月不退。	江西省水利厅水利志总编辑室编．江西历代水旱灾害辑录
338			辰州	大水入城。（旧志）	乾隆辰州府志，卷6，机祥
339			彭水	彭水县大水，淹及治事堂。	光绪彭水县志
340		万历四十一年（1613）	宜昌	大水，舟行入文昌门内。（旧州志）	同治宜昌府志，卷1，祥异
341			长沙	五月，郡城大水，坏民居城郭，损田禾树木。	乾隆长沙府志，卷37，灾祥志
342			辰州	大水入城，公私庐舍皆圮。（县志）	乾隆辰州府志，卷6，机祥
343			波阳	波阳五月大水，舟行市上，坏城郭。	江西省水利厅水利志总编辑室编．江西历代水旱灾害辑录
344		万历四十二年（1614）	和州	大水入城。	光绪直隶和州志，卷37，祥异
345		万历四十四年（1616）	衡州府 衡山 耒阳	丙辰六月，大水，官司衙民舍皆湮。府厅各官避居城楼。衡山城圮，城中水深五尺。来阳县亦同。	乾隆衡州府志，卷29，祥异
346			耒阳	五月初二日，水从郴江枫溪发，至初五辰，突高十余丈，涌入城郭，房屋什物洗尽，近河更甚，民毙死于水者无算。	光绪耒阳县志，卷1
347			南康 泰和	赣州府及南安府五月大雨不止，一夜水高数丈，庐舍田禾皆没，居民溺死无算。龙南居民避居山坡，信丰坏嘉定桥，瑞金龙金桥圮，安远冲塌罗星桥。大余水涌丈余。南康城东居民多漂没。泰和城内民居尽圮。吉安大水。新干冲墙拔屋，蔽江而下。丰城决马湖堤三百余丈，漂民庐舍，坏洪桥。	江西省水利厅编．江西省水利志：36-37
348		万历四十五年（1617）	湘乡	五月，湘乡大水入城，街道，县治皆没。	乾隆长沙府志，卷37，灾祥志
349		万历四十六年（1618）	辰州	大水，舟从女墙入城，田宅皆毁。（旧志，各县志）	乾隆辰州府志，卷6，机祥
350		万历四十七年（1619）	兴国 瑞金	兴国、瑞金四月大水，龙兴桥坏，城崩。	江西省水利厅水利志总编辑室编．江西历代水旱灾害辑录
351		熹宗 天启二年（1622）	上饶	壬戌，上饶大水，河流冲激，浸汩城橹。	同治广信府志，卷1，祥异

续表

序号	朝代	年份	城名	水灾情况	资料来源
352	明	熹宗 天启二年 (1622)	贵溪	大水，河流冲激，浸至城橹。	江西省水利厅水利志总编辑室编．江西历代水旱灾害辑录
353		天启三年 (1623)	弋阳	弋阳四月大水，舟游城垛，沿河居民漂没殆尽。	江西省水利厅水利志总编辑室编．江西历代水旱灾害辑录
354		天启四年 (1624)	峨眉	甲子仲秋朔夜，县北铁桥河大水声甚厉。救苦庵僧惊起，见水上流处如二火炬并行，光烛两岸。僧惧，亟伐钟鼓。光伫片时，水涌数丈，漂没两岸数百家，古教场街圮，塌及治北城根，崩决自此始。	嘉庆峨眉县志，祥异
355			婺源	婺源五月朔大水，泛舟于市，主簿廨深三尺。既望，又大水，舟往来城堞上，西南城门圮，民居多漂毁，溺死者甚众。	江西省水利厅水利志总编辑室编．江西历代水旱灾害辑录
356		天启七年 (1627)	澧州 慈利县（治所即今湖南慈利县）	丁卯大水，澧州城皆崩，慈利舟行城中，民多漂没。	同治直隶澧州志，卷19，祥异
357		思宗 崇祯元年 (1628)	岳州府（治所在巴陵县，即今湖南岳阳市）	岳州大水入城。	乾隆岳州府志，卷29，事纪
358		崇祯六年 (1633)	江川县（治所在今云南江川县北江城之南）	江川大水，漂没城垣，次年迁城。（云南通志）	古今图书集成，庶征典，卷130，水灾
359		崇祯七年 (1634)	邛州（治所在临邛县，即今四川邛崃县） 眉州（治所在今四川眉山县）	五月，邛、眉诸州县大水，坏城垣、田舍、人畜无算。	明史·五行志
360			苍溪县（治所即今四川苍溪县）	八月二十八日，大水没城之半，人民有淹死者。	民国苍溪县志
361			衡州	甲戌三月十七夜，风雨暴作，望岳、望湖两城门谯楼倾圮。	乾隆衡州府志，卷29，祥异
362		崇祯八年 (1635)	广信府	乙亥五月，玉山霪雨，水暴涨，高丈余，溃城，漂没内外官私庐舍、人民无算。西济、石龙、玉虹、宝庆等桥及新安石堤万柳石坝一时尽圮。（连志）	同治广信府志，卷1，祥异
363			万载县（治所即今江西万载县）	夏四月，霪雨连旬，骤涨，坏公廨、城垣、陂堰及竹渡、牟村诸桥，水次、预备两仓粟尽糜，沿河死者无数。	民国续修万载县志，卷1
364		崇祯十年 (1637)	叙州府	八月，叙州大水，民登州堂及高阜者得免，余尽没。	明史·五行志
365			余干	余干，舟从南门入市。	江西省水利厅水利志总编辑室编．江西历代水旱灾害辑录
366		崇祯十二年 (1639)	德安府	己卯六月，德安大水，城南民家胥及檐而止，编筏以渡。是时，闉未启，巨浸已入道署中。巡道赵振业上东城，南望城外之水，下于城中者数版，门为水势所扃，竭多人力不能动。从城中垂竿縋巨石曳之竟日，门始启，水稍杀。（安陆沈志）	光绪德安府志，卷20，祥异

续表

序号	朝代	年份	城名	水灾情况	资料来源
367	明	崇祯十二年(1639)	沔阳州	夏六月，水淹城南百余院。	光绪沔阳州志，卷1，祥异
368			新干	新干霪雨三月，大水灌城三次	江西省水利厅水利志总编辑室编．江西历代水旱灾害辑录
369		崇祯十三年(1640)	平江县（治所即今湖南平江县）	夏五月，平江大水（街市浮舟而行）。	乾隆岳州府志，卷29，事纪
370		崇祯十四年(1641)	溆浦县（治所在今湖南溆浦县）	五月初六日，大水，溆浦县风雨骤作。次日，河水涨，民屋漂流，禾尽淹没。滨河居民溺死万计。嗣亦频有水灾，已而大旱。（石通判遗爱记，县志补）	乾隆辰州府志，卷6，机祥
371			高安	高安春夏大水，通街深数尺。	江西省水利厅水利志总编辑室编．江西历代水旱灾害辑录
372		崇祯十七年(1644)	忠州（治所在临江县，即今重庆忠县）	地震，大水入城。	道光忠直隶州志
373			叙州府	又见人说，明崇祯十七年，叙州府城涨的水最大，淹到城内东、西、南、北四大街中的大什字口，其处曾立有石碑标记。	王圣民．宜宾三次大水记．水电部成都勘测设计院调查材料
374	清	世祖 顺治四年(1647)	湖口	四年，赣江、抚河、鄱阳湖大水。瑞金、宁都及南康县，四月暴雨，漂淹庐舍。……南康、九江、饶州，府春大饥，夏大水。湖口行舟达于仪门。（清史稿，光绪江西通志）	江西省水利厅编．江西省水利志：38
375		顺治五年(1648)	浮梁	浮梁蛟出，溪水暴涨，舟行城上，漂溺人庐无算。	同治饶州府志，卷31，祥异
376		顺治七年(1650)	射洪县（治所在今四川射洪县西北金华镇）	四月，射洪大雨三昼夜，城内水深丈许，人畜淹没殆尽。	清史稿，卷42，灾异志
				四月二十三日，大雨至二十六日，山溪及江水暴涨，没城雉，城内水深一丈，人口牲畜淹没殆尽。	民国射洪县志
377			石城	石城洪水决城。	江西省水利厅水利志总编辑室编．江西历代水旱灾害辑录
378		顺治十年(1653)	彭水县（治所即今重庆彭水县）	大水及县署衙。	光绪彭水县志
379		顺治十三年(1656)	宁州 崇仁	义宁、武宁闰五月大水，洪水过宁州东南城垛，抵州治头门，漂流千余家。崇仁冲黄州桥石墩二，南北两城皆漫浸数尺。	江西省水利厅水利志总编辑室编．江西历代水旱灾害辑录
380		顺治十五年(1658)	綦江县（治所即今重庆綦江县）	五月，大水入城。	民国綦江县志
381			谷城	戊戌夏六月，谷城大水至城门外。	光绪襄阳府志，志余，祥异

续表

序号	朝代	年份	城名	水灾情况	资料来源
382	清	顺治十五年(1658)	当阳	夏，归州、峡江、宜昌、松滋、武昌、黄州、汉阳、安陆、公安、嵊县大水；宜城汉水溢，浮没民田；当阳大水决城堤，浮没田庐人畜无算；荆门州大水，漂没禾稼房舍甚多。	清史稿，卷40，灾异志
383			苏州 石棣 婺源	秋、苏州、五河、石棣、舒城、婺源大水，城市行舟；钟祥大水；天门汉堤决，潜江大水。	
384		顺治十六年(1659)	成都	秋，成都霪雨城圮。	清史稿，卷42，灾异志
385			保宁府（治所在阆中县，即今四川阆中县）	秋，霪雨不绝，保宁城圮，锦屏山亦倾陷，截去一面，成赤壁。	嘉庆四川通志
386		康熙元年(1662)	天门县（治所即今湖北天门县）	八月，天门汉水溢，堤决，舟行城上。成安、钟祥、潜江大水。	清史稿，卷40，灾异志
387			吉州（治所在庐陵县，即今江西吉安市）	八月，吉州大雨，坏城垣庐舍。	清史稿，卷42，灾异志
388			夹江县（治所即今四川夹江县）	七月，江水暴涨，城野俱淹，近岸田庐漂没过半。	嘉庆夹江县志
389			萍乡	萍乡大水，船可入城。	江西省水利厅水利志总编辑室编．江西历代水旱灾害辑录
390		康熙二年(1663)	公安	江陵大水。（旧府志）八月，松滋大水，堤决，浸公安城，民溺无算。（县志）枝江大水，漂没民居，尸浮水，旬日不绝。（县志）宜都大水。（县志）	光绪荆州府志，卷76，祥异志
391			监利	秋，监利又水，南北俱没，仅存城中片土。	监利水利志：87
392			太平府（治所当涂县，即今安徽当涂县）	九月，大水忽发，城内外皆淹没，市民病涉，禾已实，而被浸者半。	乾隆太平府志，卷32，祥异
393			池州府（治所在贵池县，即今安徽贵池县）	池州大水，城市行舟。	乾隆池州府志，卷20，祥异志
394			都昌 湖口 余干	都昌、湖口舟达治厅，余干涨入县治。	江西省水利厅水利志总编辑室编．江西历代水旱灾害辑录
395		康熙三年(1664)	夹江	清康熙三年，知县刘际亨始复修理，建立门楼，旋为江水所毁，崩塌数处。	民国夹江县志·城池
396		康熙四年(1665)	天门	七月，平定嘉水溢，景州、肥乡、湖州、丽水、萍乡、望都、鸡泽大水，天门水决入城。	清史稿，卷40，灾异志
397		康熙五年(1666)	南充县（治所即今四川南充市）	大水，城隍庙内像圮，水平复修。	民国南充县志
398		康熙七年(1668)	麻城	夏五月，麻城大水，城圮二十余丈。	光绪黄州府志，卷40，祥异
399		康熙八年(1669)	余干	秋，余干湖水入市。	同治饶州府志，卷31，祥异
400		康熙九年(1670)	苏州	太湖水溢，苏州城内外水高五、六尺，庐舍漂没，流失载道。	乾隆江南通志，卷197
401			监利	江水泛溢，监利新兴垸溃决，水贯北门，内河冲塌。	监利水利志：87

续表

序号	朝代	年份	城名	水灾情况	资料来源
402	清	康熙九年(1670)	西充县（治所即今四川西充县）	夏五月，西充县夜雨，溪涨水溢，城圮百十丈。	嘉庆四川通志
403		康熙十一年(1672)	巴县 忠州	巴县、忠州，大水入城，酆都、遂宁、平乐、永安州、任县大水。	清史稿，卷40，灾异志
404			昭化县	五月大水，舟入城垣，民房皆漂没。	道光昭化县志
405		康熙十三年(1674)	沔阳州	春，霪雨城圮。	光绪沔阳州志，卷1，祥异
406			饶州	五月，霪雨连月，六月大水，城市行船。时值督学科试，厂前水深三尺，生童跣足入场，从来所未见者。秋无收，饥歉甚。	同治饶州府志，卷31，祥异
407			浮梁	浮梁城颓，庐舍飘荡。	江西省水利厅水利志总编辑室编．江西历代水旱灾害辑录
408		康熙十四年(1675)	苍溪县	乙卯五月大水，漂荡民舍，淹没禾稼，士民俱栖于学宫、县署高阜之地。	民国苍溪县志
409			广安县	秋，渠江大水入城中。	民国广安县志
410		康熙十五年(1676)	谷城	丙辰宜城大水（县志）。谷城大水至城门外。	光绪襄阳府志，志余，祥异
411		康熙十六年(1677)	兴国	夏六月，兴国大水，圮城百余丈，坏田庐。	同治赣州府志，卷22，祥异
412			瑞金	瑞金水进城。	江西省水利厅水利志总编辑室编．江西历代水旱灾害辑录
413		康熙十七年(1678)	泸州	戊午大水泛南关城，前人刻“戊午大水涨至此”七字于石。	光绪泸州志
414			合江县	戊午大水泛南关城阙，前人刻“戊午大水涨至此”七字于石。	乾隆合江县志
415			綦江县	戊午五月暴水，淹至头门，南北关外民舍漂没，城堞崩坏。	道光綦江县志
416		康熙十九年(1680)	弋阳	庚申三月，弋阳洪水冲城。	同治广信府志，卷1，祥异
417			宁州	宁州水涨入城。	江西省水利厅水利志总编辑室编．江西历代水旱灾害辑录
418			上海	八月，上海骤雨，城内水高五尺。	清史稿，卷42，灾异志
419		康熙二十年(1681)	景德镇	六月大水，景镇龙出，船行树杪，沿河庐舍漂没，人民饥困。	同治饶州府志，卷31，祥异
420			波阳 余干	波阳城中往来以舟，余干城垣倾圮。	江西省水利厅水利志总编辑室编．江西历代水旱灾害辑录
421		康熙二十一年（1682）	枝江	五月，封川、枝江、建德大水入城。	清史稿，卷40，灾异志

续表

序号	朝代	年份	城名	水灾情况	资料来源
422	清	康熙二十一年（1682）	饶州	四月大水，五月淼甚，比万历三十六年更大二尺。	同治饶州府志，卷31，祥异
423			都昌	都昌水涨入城，共崩城垣八十八丈五尺。	江西省水利厅水利志总编辑室编．江西历代水旱灾害辑录
424			宜春	壬戌夏大水，北城倾圮数十丈。	民国宜春县志，卷1，大事记
425		康熙二十二年（1683）	绵阳	康熙二十二年，城堤半毁于水。	陈耀庚．修筑左绵城堤记．民国绵阳县志
426			宜春	宜春五月大水暴涨，城外深四丈，县仪门内科房倒塌，案卷漂没。	江西省水利厅水利志总编辑室编．江西历代水旱灾害辑录
427		康熙二十三年（1684）	辰州	甲子五月，大雨经旬，水涨，舟行入市，屋宇倾圮，民徙入山。	乾隆辰州府志，卷6，禨祥
428			江安	八月，大水入城，浃旬始消。是岁大饥，继以瘟疫。	民国江安县志，卷4
429			分宜	分宜夏大水，平地水深丈余，县仪门内科房倒塌，案卷漂没。	江西省水利厅水利志总编辑室编．江西历代水旱灾害辑录
430		康熙二十五年（1686）	安仁	夏，安仁大水，县治皆浸，舟从城上往来。	同治饶州府志，卷31，祥异
431			贵溪	丙寅四月，贵溪大雨三日，河水涨，溢入城，深五尺余。居民漂没无算。南城尽圮。是年，七邑皆水灾。	同治广信府志，卷1，祥异
432			上饶 贵溪	上饶河水入城，深五尺余，贵溪除北门地高未及外，城渐倾圮，舟入室廛。	江西省水利厅水利志总编辑室编．江西历代水旱灾害辑录
433		康熙二十六年（1687）	赣州 万安	赣州大水灌城。万安北城倾，人多淹死。	江西省水利厅水利志总编辑室编．江西历代水旱灾害辑录
434		康熙二十七年（1688）	玉屏县（治所即今贵州玉屏县）	五月，玉屏大雨，坏城垣。	清史稿，卷42，灾异志
435			辰州	戊辰五月十二日，大水，舟入城中。	乾隆辰州府志，卷6，禨祥
436		康熙三十年（1691）	婺源	婺源五月大水，东北两河洪水暴涨浸溢城垣，漂没民舍、田庐。	江西省水利厅水利志总编辑室编．江西历代水旱灾害辑录
437		康熙三十一年（1692）	绵州（治所即今四川绵阳市）	涪水冲城而过，东、北二门荡为水国，堤亦乌有，始请以州移罗江。	民国绵阳县志，建置
438		康熙三十二年（1693）	安康	癸酉五月，水陡涨，从惠家口，石佛庵一带决，而南堤陷，城亦崩，水遂自北而南灌入郡城，淹没市井。……漂残之后，一望成墟。	嘉庆安康县志

续表

序号	朝代	年份	城名	水灾情况	资料来源
439	清	康熙三十三年（1694）	道州	夏五月，道州大水，溢州南门，漂没民居甚众。	道光永州府志，卷17，事纪略
440			绵州	城沦于水，文庙独存。知州李荦秀始就文庙之右改建州署。	民国绵阳县志
441		康熙三十四年（1695）	义宁	义宁夏大雨，冲倒南门城垣。	江西省水利厅水利志总编辑室编．江西历代水旱灾害辑录
442		康熙三十五年（1696）	枝江	七月，江夏江水决崇阳溪、黄陂、蒲圻、江陵大水；黄潭堤决；枝江大水入城，五日方退，庐舍漂没殆尽。	清史稿，卷40，灾异志
				七月，黄潭堤决，江陵大水（旧府志）。枝江大水入城，十五日方退。南北大小堤同日溃，居民庐舍漂荡无余。(县志)	光绪荆州府志，卷76，灾异
443			忠州	夏，大水将进城。	道光忠州直隶州志
444		康熙三十八年（1699）	彭水	六月，大水及治事厅之前，官衙民舍皆漂没。	光绪彭水县志
445		康熙三十九年（1700）	宜昌	大水入文昌门内。	同治宜昌府志，卷1，祥异
446		康熙四十年（1701）	会昌	会昌六月十五日未时大雨倾盆，声如排山倒海，至酉时止，次日午时大水灌城，各乡俱被淹。	江西省水利厅水利志总编辑室编．江西历代水旱灾害辑录
447		康熙四十一年（1702）	于都	于都洪水泛城。	江西省水利厅水利志总编辑室编．江西历代水旱灾害辑录
448		康熙四十三年（1704）	泰和	甲申，泰和水溢入城。	光绪吉安府志，卷53，祥异
449			雩都县（治所即今江西于都县）	夏，五月初二日，大水。廿九日复涨，视前高六七尺。城中通巨舰，东西南三城圮，官廨民居多偃。	同治雩都县志，卷12
450			信丰 瑞金 龙南	信丰五月二十四日大水入城，六月初一始退。瑞金城崩数十丈。龙南水冒城郭。	江西省水利厅水利志总编辑室编．江西历代水旱灾害辑录
451			赣州	甲申，大水，城堞倾百余丈。	同治赣县志，卷10，城池
452		康熙四十四年（1705）	随州（治所在随县，即今湖北随州市）	乙酉，涢水溢入随州玉波门，坏民居。(随州志)	光绪德安府志，卷20，祥异
453			辰州府	乙酉，夏雨，水涨，府城南二门倾陷，女墙皆崩。(沅陵县志，城池部)	乾隆辰州府志，卷6，机祥
454			瑞金	夏五月，瑞金山水陡发，平地水高五丈，城郭、桥梁、民庐、官廨冲倒过半。	光绪江西通志，卷98
455		康熙四十五年（1706）	兴安州（治所在今安康市）	陕西兴安州于康熙四十五年河水泛涨，冲塌城垣房屋，漂没各案仓粮六千四百四十余石。	光绪白河县志
456			瑞金 于都 宜春	瑞金五月初一日，洪水暴涨，平地水高二丈许，西城崩数十丈，云龙石桥冲塌十丈，田庐漂没，男女淹死无算。于都五月初二大水灌城。宜春市可行舟，民多漂溺，北门城圮。	江西省水利厅水利志总编辑室编．江西历代水旱灾害辑录

续表

序号	朝代	年份	城名	水灾情况	资料来源
457	清	康熙四十五年（1706）	谷城	丙戌，谷城大水至城门外。（县志）	光绪襄阳府志，志余，祥异
458		康熙四十六年（1707）	兴安州（治所在今安康市）	城复圮于水。四十六年仍改建赵台山下。又葺筑新城，文庙、镇署、四营暨常平仓皆迁城内，并缮营房以居兵焉。	嘉庆安康县志
459			石首	七月，石首大水，墨山庙堤溃，冲决黄金堤，水入城，官舍仓库俱没。（县志）	光绪荆州府志，卷76，灾异
460			宜春	五月，大雨，北城圮。	民国宜春县志，卷1，大事记
461		康熙四十七年（1708）	威州	由于熊耳山崩，堵塞的山民江支流孟董水冲决壅石，决水在保子关下逆江流而上，使威州城被淹没，城墙坍塌毁坏。	民国汶川县志．转引自郭涛著．四川城市水灾史：50
462			理蕃厅（治所即今 四川理县东北理番）	熊耳山奔（崩），孟董水会沱水，向南冲击，城垣悉毁，水平旧城基，隔在江北，官民傍南岸平头、马鞍两山以居。	直隶理蕃厅志
463		康熙五十二年（1713）	衡州府	蒸湘大涨，府堂水深五尺，郡城内外湮没房屋六百五十七户，乡中湮没房屋一千九百六十户。	乾隆衡州府志，卷29，祥异
464			丰城县	夏五月，大水，决堤千余丈，城市水深五、六尺，民居低洼者没户。	同治丰城县志，卷28
465			石城县（治所即今江西石城县），赣州	五月，海阳、兴安、鹤庆大水，石城河决，浸入城，田舍漂没殆尽；赣州山水陡发，冲圮城垣。	清史稿，卷40，灾异志
466			石城县 兴国县 于都县 赣州府 泰和县	赣州郡县三、四、五月霪雨不止，五月十二、十三日，水浸入石城、兴国、于都及赣州城中，坏庐舍墙垣，人畜溺死颇多。吉安府大水。泰和大水入城，至仪门，深五尺，坏县前屏墙。（清史稿、清实录）	江西省水利厅编．江西省水利志：40
467		康熙五十三年（1714）	安仁	安仁舟从城上行。	江西省水利厅水利志总编辑室编．江西历代水旱灾害辑录
468			泸溪县	甲午，泸溪县大雨，水入城。（县志）	乾隆辰州府志，卷6，禨祥
469			中江县	七月霖雨，江水涨溢，入邑东北门。	民国中江县志
470		康熙五十四年（1715）	苏州	六月，苏州大水，城水深五六尺，庐舍田地冲没殆尽。	清史稿，卷40，灾异志
471		康熙五十五年（1716）	宁州（后改名义宁州，治所即今江西修水县）	四月二十七日，连宵大雨，水高城垛数尺，舟行市上，民居及公廨、文卷、册籍漂没殆尽。	同治义宁州志，卷39
472			湖口 九江府	夏大水，湖邑舟达治厅。	同治九江府志，卷53，祥异
473			饶州	五月，大水入郡治二门，城多倾圮，舟行其上。	同治饶州府志，卷31，祥异
474			武宁 进贤	九江、南康、饶州、南昌府及乐安县五月大水。武宁高下田地皆没，沿江房屋殆尽，小舟从女墙入城市。进贤水浸县室。（清史稿、清实录）	江西省水利厅编．江西省水利志：40
475		康熙五十七年（1718）	宣城 泾县 旌德县 南陵县	六月二十五日黎明，徽郡歙、休、绩三县及本郡宣、泾、旌诸山蛟并发，水势汹涌，圮桥梁，溺人畜，坏城垣、道路，南陵尤甚，诸圩坍塌，房屋食用诸物漂没无存。	嘉庆宁国府志，卷1，祥异

续表

序号	朝代	年份	城名	水灾情况	资料来源
476	清	康熙五十八年（1719）	赣州	己亥，倒塌百余丈。	同治赣县志，卷10，城池
477		雍正元年（1723）	分宜 铅山	分宜、铅山五月大水，平地水深四、五尺，城居 人多登楼避水。	江西省水利厅水利志总编辑室编．江西历代水旱灾害辑录
478		雍正二年（1724）	房县 潜江 天门	五月，光化汉水溢，伤人畜禾稼；房县大水入城，漂没居居甚多；谷城大水，一月始退；潜江、天门大水入城；钟祥大水，堤决；沔阳、江陵、庆元大水。	清史稿，卷40，灾异志
479			兴安州（治所即在今陕西安康市）	十二月，汉水暴发入城。	
480			渠县	五月，渠江大水没城垣，两岸数十里如巨浸。越数日，水退，禾稼无损。	民国渠县志，卷11
481		雍正三年（1725）	泸溪县	乙巳六月，大水入城。（县志）	乾隆辰州府志，卷6，禨祥
482		雍正四年（1726）	崇阳县（治所即今湖北崇阳县）	七月，嘉应、信宜、庆阳、汉阳、汉川、黄陂、江夏、武强、祁州、唐州、黄安、平乡、饶平、苍梧、普宣、济宁州、兖州、东昌大水；崇阳蛟起，水浸入城。	清史稿，卷40，灾异志
483			保靖州宣慰司（治所在今湖南保靖县）	五月二十七日夜，宣慰司署后半山上突涌大水，其色黄，由街右冲入大街，有一泻千里之势。河街当冲者忽倾数丈，街民房屋损坏甚多。	同治保靖县志，卷11
484		雍正五年（1727）	霍山县	七月十三日大雨。十四日申刻，水入城，亥刻，西南诸山蛟尽发，水高数丈，漂没田庐人畜无算。	光绪霍山县志，卷15
485		雍正六年（1728）	平利县	五月，平利大雨，冲塌城垣六十余丈。	清史稿，卷42，灾异志
486			沔阳州	夏五月大水，城内行舟（水自王家湾溃入）。	光绪沔阳州志，卷1，祥异
487		雍正七年（1729）	瑞金	瑞金六月大水，城崩一百九十六丈。	江西省水利厅水利志总编辑室编．江西历代水旱灾害辑录
488		雍正十一年（1733）	南安府（治所在大庾县，即今江西大庾县）	三月，大水入城。南门洞只露光如初月。军厅、参将衙署倾圮，府、县署亦浸丈余。府仓地高，县仓水淹五寸。庐舍田亩坏者十之二三。	同治南安府志，卷29，祥异
489			永丰县	癸丑五月，永丰大水，官廨仓库及民房俱塌。	光绪吉安府志，卷53，祥异
490			南康府（治所在星子县，即今江西星子县）	南康没城数尺，城东民居悉倾。 吉水护城南堤冲陷。	江西省水利厅编．江西省水利志：41
491		雍正十二年（1734）	浮梁	夏五月，浮梁大雨至十五日，近河村庄庐舍湮没无数，城中俱成巨浸。	同治饶州府志，卷31，祥异
492			南川县（治所即今重庆南川县）	夏六月，大雨淋漓，城南塌七十丈九尺，城北塌五丈四尺。	光绪南川县志
493		高宗 乾隆五年（1740）	理蕃厅	夏，大雨，旧保南沟水发横流，至新保关，决保北城垣数丈，古城、风坪、木兰各桥道俱坍塌，田庐亦有淹者。	直隶理蕃厅志
494			盐亭县（治所即今四川盐亭县）	大水，河水溢入城。	光绪盐亭县志

续表

序号	朝代	年份	城名	水灾情况	资料来源
495	清	乾隆六年(1741)	上饶 义宁 铜鼓	上饶城东门内深四、五尺，冲塌民居无算。义宁、铜鼓夏五月大雨，山水暴涨，义宁水抵学宫，漂没田庐无算。	江西省水利厅水利志总编辑室编．江西历代水旱灾害辑录
496		乾隆七年(1742)	汉阳府	秋，大水，江水泛涨入城，自朝宗门至府署止，深五寸至一尺不等。各乡多被水患。	乾隆汉阳府志，卷3，五行志
497			沅陵县	壬戌五月，水入城，民饥。(县志)	乾隆辰州府志，卷6，禨祥
498			兴国	兴国六月十六日大水，城崩一百九十六丈，复造之龙兴桥圮。	江西省水利厅水利志总编辑室编．江西历代水旱灾害辑录
499		乾隆八年(1743)	赣州	癸亥，坍塌垛口城身百数十余丈。	同治赣县志，卷10，城池
500		乾隆九年(1744)	乐平	秋七月初六日，洪水暴长，乐平城南文明桥冲坏，舟行城上，漂棺骸无算。	同治饶州府志，卷31，祥异
501			泾县	三月，大水入城，仓储尽没。	嘉庆宁国府志，卷1
502			成都	六月十八日戌时，急降大雨，至十九日，时下时止。迨至夜半，复下大雨，直至二十日午时止，雨势如注，积水渐盈。兼之山水陡发，上游之都江堰泛涨，郡城之南、北二大河不能容纳，众流汇集，遂灌入郡城御河，泛溢地上，以至郡城内外居民附近河干者，多有水浸入屋内。其中间有冲塌房屋，溺毙人口，并城墙倾倒数处，贡院坍塌，墙垣号舍以及种植秋禾亦被淹之区。	郭涛．四川城市水灾史：30，引四川巡抚纪山给朝廷的报告
503			乐山	沫水大涨，街房尽漂没。	民国乐山县志
504			婺源 安仁 乐平	婺源七月初六洪水骤发入城，浮舟于市，安仁舟从城上过，民多漂没庐舍，乐平七月初六洪水暴涨，城南文明桥冲坏，舟行城上，漂棺骸无算。	江西省水利厅水利志总编辑室编．江西历代水旱灾害辑录
505			新津县	六月，大水，城内深二三尺，三日乃退。	道光新津县志
506		乾隆十一年(1746)	松潘	四月二十四日，五月初七、八、十、十一等日，连降大雨，山水泛涨。……松潘城外水势陡涨，冲去护城、猪圈、桥梁并东南城角。	郭涛著．四川城市水灾史：51
507			南昌，南康，袁州，临江，南安，武宁，义宁	南昌、南康、袁州、临江、南安等府四月二十五日至五月初一、二日阴雨连绵山水陡发，溪河泛涨，沿河民房多塌，城垣、衙署、仓监亦有倒塌。 武宁、义宁城市行舟。	江西省水利厅水利志总编辑室编．江西历代水旱灾害辑录
508		乾隆十二年(1747)	贵溪	丁卯正月，贵溪大雨四日，河涨，水入城及市街，米价腾贵。	同治广信府志，卷1，祥异
509			婺源	婺源五月大水入城，市上以舟往来。	江西省水利厅水利志总编辑室编．江西历代水旱灾害辑录
510		乾隆十三年(1748)	辰州府	戊辰五月，大水入城。六月，水再入城。	乾隆辰州府志，卷6，禨祥

续表

序号	朝代	年份	城名	水灾情况	资料来源
511	清	乾隆十三年(1748)	安福县（治所即今湖南临澧县）	六月，水大涨，澧州安福城圮。	同治直隶澧州志，卷19，祥异
512		乾隆十四年(1749)	安康	安塞、志丹、榆林、清涧、耀县、安康“有冲塌城墙、水洞、炮楼及道路、堤岸之处。”	水电部水利科学院．故宫奏折抄件
513		乾隆十五年(1750)	随州	六月，涡水溢入随州城玉波门。(随州志)	志绪德安府志，卷20，祥异
514			广安州（治所在渠江县，即今四川广安县）	渠江水涨，入城，门楼圮。	民国广安县志
515			赣州 于都	赣江大水。赣州府秋七月大雨，江水泛滥，郡城可通舟楫，于都七月初九日暴雨，初十日水暴涨，水灌城，陷东南隅，城乡漂没田庐。	江西省水利厅水利志总编辑室编．江西历代水旱灾害辑录
516		乾隆十六年(1751)	于都	于都夏四月二十八日暴雨，二十九日大水浸西南门。	江西省水利厅水利志总编辑室编．江西历代水旱灾害辑录
517		乾隆十九年(1754)	新津县	七月初六日，夜大水，城内水深一、二尺，冲毁南城，崩坏百数十丈。	道光新津县志
518			高县（治所即今四川高县）	五月，大水淹至县仪门，仓廪亦浸。	同治高县志
519		乾隆二十四年（1759）	广丰	己卯广丰洪水入城，坏庐舍，岁歉（欠）收。	同治广信府志，卷1，祥异
520		乾隆二十五年（1760）	凤凰厅（治所即今湖南凤凰县）	庚辰凤凰厅六月大水入城，城外民房低者被淹。	乾隆辰州府志，卷6，机祥
521			涪州（治所在涪陵县，即今重庆涪陵市）	七月十二日，涪陵江汛水，及武隆司署，仓廪尽没。	同治重修涪州志
			赣州	后复圮九十余丈。	同治赣县志，卷10，城池
522		乾隆二十六年（1761）	宜昌府（治所东湖县，即今湖北宜昌市）	峡江大水，溢文昌门岸。	同治宜昌府志，卷1，祥异
523			嘉定府（治所在龙游县，即今四川乐山市）	辛巳夏，嘉大水，水入南门，左右街皆被溺。	民国乐山县志
524			高县	七月，大雨，城内外街道水深数尺。	同治高县志
525		乾隆二十七年（1762）	余干	余干五月大水，涨入县治。	江西省水利厅水利志总编辑室编．江西历代水旱灾害辑录
526		乾隆二十八年（1763）	安化县（治所在今湖南安化县东南梅城镇）	六月，安化大水。伊溪蛟出水溢，县署桥梁尽圮，田庐漂没，男女溺毙甚众。	光绪湖南通志，卷244
527			资阳县	六月，大水浸城。	咸丰资阳县志
528		乾隆二十九年（1764）	池州府	夏大水，市井行舟。	乾隆池州府志，卷20，祥异
529			饶州府	五月，郡城大水，船满街衢。	同治饶州府志，卷31，祥异

续表

序号	朝代	年份	城名	水灾情况	资料来源
530	清	乾隆二十九年（1764）	进贤 湖口 彭泽	南康三江口水漫墟市，崇义山多崩裂，上犹城内外民居坍者过半。吉安府境二月大水，秋复水。进贤四月大水封城门，舟行县治，至十月始退。九江府二月大水，湖口舟达治厅，彭泽四洲漂坏民居甚多，县城至儒学前舟可入市，郭洲堤决口。	江西省水利厅编．江西省水利志：42
531			上犹 丰城	上犹平地丈余，城内外民居坍者过半。丰城夏五月大水决堤，舟入市。	江西省水利厅水利志总编辑室编．江西历代水旱灾害辑录
532		乾隆三十一年（1766）	常德	常德大水，洪水冲塌迴峰寺石柜及笔架城，冲决得胜官堤。	常德是城建志，大事记
				大水灌城。	嘉庆常德府志，卷7
533		乾隆三十二年（1767）	荆门州	阖州大水，州城南北大桥、三闸俱圮。	同治荆门直隶州志，卷1，祥异
534			绵州（治所即今四川绵阳市）	两次涪水异涨，城堤并遭冲圮。	年昌阿．修筑左绵城堤记．民国绵阳县志
535			安岳县（治所即今四川安岳县）	六、七二月，大雨时行，淋塌内外城垣三百七十二丈。	道光安岳县志
536			奉节	四月十六、十七、十八等日大雨，山洪陡发，冲毁城基，其后另建城郭。	清高宗实录，卷89
537		乾隆三十四年（1769）	和州	江水泛涨，入城中，淹没公私庐舍。	光绪直隶和州志
538			德化	德化延支暴发山洪，水深数尺，郡城窦多圮。	江西省水利厅水利志总编辑室编．江西历代水旱灾害辑录
539		乾隆三十五年（1770）	安康	三十五年闰五月，暴雨水溢，诸堤既多蚁溃而小北门址稍卑，遂排闼入焉。其退也，决惠壑堤而出，深几与河心等。时抚军文绶兼程验灾，细审情形，谓门实延水之入也，奏请借帑金二万，委候补直隶州王政义专督俾郡北城墙与东西堤一例，加高培厚皆五尺，自是而城遂为堤。 巡抚委王政义监修（惠壑堤缺口），时定脚根，宽至三十丈，夯筑四十余日，始与地面平。 今之大小北门及东关北门阈下土，皆加高五尺之堤面也。	嘉庆安康县志
540			九江府	五月，郡城蛟出延支山，水深数尺，城窦多圮。	同治九江府志，卷53，祥异
541			绵州	涪水异涨，城垣倾圮，裁汰罗江，移州治焉。	民国绵阳县志
542			渠县	闰五月十八日，渠江大水灌城，至中十字街。	民国渠县志，卷11
543			广安州	渠江水涨入城，至州坡，城垣圮。	民国广安县志
544		乾隆四十年（1775）	彭水县	彭水大水，及县署衙。	光绪彭水县志
545			浮梁	浮梁六月初七日大水入城，较雍正十二年小一尺余。	江西省水利厅水利志总编辑室编．江西历代水旱灾害辑录

续表

序号	朝代	年份	城名	水灾情况	资料来源
546	清	乾隆四十一年（1776）	打箭炉厅（即今四川康定市）	六月二十六日亥刻，打箭炉明正司地方海子山水骤发，浪高丈余，坏城垣、官舍、民庐，溺死外委把总一员，额外外委一员，兵民伤者甚众，毁泸定桥，清溪、荣经等县冲没田亩。	嘉庆四川通志
547		乾隆四十二年（1777）	武宁	武宁夏大水入城。	江西省水利厅水利志总编辑室编．江西历代水旱灾害辑录
548		乾隆四十四年（1779）	钟祥	六月，施南清江水溢；钟祥汉水溢，入城坏民庐舍；江陵大水，田禾尽淹；宜都、武昌大水。	清史稿，卷40，灾异志
549		乾隆四十五年（1780）	袁州	五月，袁州、义乌大水入城，钟祥、沔阳、荆州三卫大水。	清史稿，卷40，灾异志
550			袁州	宜春、万载夏五月大水。袁郡市可行舟，北门城圮。万载逆流入城，涌过乌溪门。	江西省水利厅水利志总编辑室编．江西历代水旱灾害辑录
551			万载		
552		乾隆四十六年（1781）	新津	大水，城内深一二尺，越日乃退。	民国新津县志
553		乾隆四十七年（1782）	三台县	六月十七日，郪、涪二江涨，顷刻水高丈余，民田庐舍淹没殆尽。中江、三台、射洪、遂安、蓬溪、盐亭同日大水，江夏、武昌、黄陂、汉阳、安陆、德安、瑞安大水。	清史稿，卷40，灾异志
554				六月，大雨连绵，山泉水发，十六七等日，涪江暴涨，顷刻水高丈余，守令督率民夫紧闭四门，水溢万年堤，奔往城隍，从门缝中入，复塞以土。城中男女奔避城上，人心汹汹，城不没者三版。	民国三台县志
555			苍溪县（治所即今四川苍溪县）	先农坛在东门城外一里，清雍正六年建，乾隆四十七年被水淹没。	民国苍溪县志
556			盐亭县	六月十六、七月盐亭县大雨，河水暴涨，顷刻高丈余。公署民房俱淹没，官民奔城北门外之赐紫山。	光绪盐亭县志
557			南部县	壬寅大江水溢，没县城。	道光南部县志
558			合州（治所在石照县，即今重庆合川县）	六月，大水入城，坏城垣庐舍，至州署前。	光绪合州志
559		乾隆四十八年（1783）	饶州府 余干县	郡城大水，撑舟入市。余干冲坏漕仓。	同治饶州府志，卷31，祥异
560			武陵	水涨，滨江多圮。	同治武陵县志，卷8，城池
561		乾隆四十九年（1784）	广丰县	甲辰大水，广丰城垣坏，铅山、焦溪堤坏，田庐民畜荡溺无算。	同治广信府志，卷1，祥异
562			都昌	都昌大水入城。	江西省水利厅水利志总编辑室编．江西历代水旱灾害辑录
563		乾隆五十年（1785）	江安县（治所即今四川江安县）	六月，大水入城。	民国江安县志，卷24

续表

序号	朝代	年份	城名	水灾情况	资料来源
564	清	乾隆五十一年（1786）	嘉州	五月，大渡河山崩水噎，凡九日，决后郡城丽正门崩入二百余丈，长亦如之。先是，五月初六日四川省地震，人家墙屋倒塌倾陷者不一。越数日，传知清溪县（今汉源县）山崩，壅塞泸河，断流十日。五月十六日，水忽冲决，自峨眉界而来，崇朝而至，涛头高数十丈，如山行然，漂没民居以万计。北关外武庙土人刻甲子水痕于屋壁，今更倍之。南城旧有铁牛高丈许，亦随流而没。	民国乐山县志
565			泸州	丙年五月初六日，地震，六月大水入城。	光绪泸州志
566			綦江县	六月二十一日，大水入城内，头门口石梯全淹。	民国綦江县志
567		乾隆五十三年（1788）	荆州 枝江 罗田 宜都	五月，宜昌大水，冲去民舍数十间；常山、庆元、南昌、新建、进贤、九江、临榆大水。六月，荆州万城堤决，城内水深丈余，官署民房多倾圮，水经两日始退。漳河溢，枝江大水入城，深丈余，漂没民居；罗田大水，城垣倾圮，人多溺死；江夏，汉阳九卫、武昌、黄陂、襄阳、宜城、光化、应城、黄冈、蕲水、罗田、广济、黄梅、公安、石首、松滋、宜都大水。七月，江陵万城堤溃，潜江被灾甚重，汉阳大水。	清史稿，卷40，灾异志
				六月，荆州大水，决万城堤至玉路口堤二十余处，四乡田庐尽淹，溺人畜不可胜纪。冲圮西门、水津门，城内水深丈余，官舍仓库俱没，兵民多淹毙，登城者得全活，经两月方退（县志）。十九日，枝江大水灌城，深丈余，漂流民舍无数，各洲堤垸俱溃。（县志）宜都大水临州门，石磴不没者十余级。（县志）	光绪荆州府志，卷76，灾异
				六月二十日，堤自万城至玉路决口二十二处。水冲荆州西门、水津门两路入城。……兵民淹毙万余。……诚千古奇灾也。	汪志伊．湖北水利篇．荆州万城堤志，卷9
				五十三年七月十八日奉谕：此次荆州被淹……至城厢内外淹毙大小男女人口，经舒常等查明，共有一千三百六十余名。此等民人因躲避不及，仓猝淹毙，实堪怜悯，皆当赐恤…… 五十三年七月十八日奉谕：……前据图桑阿查奏，满城淹毙者共四百余名，昨又据舒常查奏，府城大小男妇淹毙者一千三百余名。外省官员于灾伤向有讳饰，兹报出者已有一千三百余名之多，则其讳匿不报者必尚不止此数，想来不下万余。	清，倪文蔚著，万城堤志，卷首，谕旨
568		乾隆五十三年（1788）	鹤峰州（治所在今湖北鹤峰县）	五月二十二日，水溢，郭外西街冲去民舍数十间，向所未有也。	同治宜昌府志，卷1，祥异
569			玉山县（治所即今江西玉山县）	戊申五月，大水，玉山城圮数十丈，广丰水南坏民居。	同治广信府志，卷1，祥异
570			鄱阳县（治所即今江西波阳县），都昌县（治所即今江西都昌县），武宁县（治所即今江西武宁县）	南昌、饶州、南康、九江等府之南昌、新建、进贤、余干、波阳、都昌、星子、建昌、德安、瑞昌、德化、湖口、彭泽等县五月下旬至六月中间雨多水涨，鄱阳湖受长江顶托倒灌，无以疏泄，沿江滨湖低洼田多被淹浸。德化封郭洲堤溃。波阳街市行舟。都昌大水入城，自六月至八月，屏墙内架木渡人。余干坏各乡圩堤。武宁南门城楼塌，舟可入城。（清史稿，清实录，再续行水金鉴）	江西省水利厅编．江西省水利志：42
571			祁门县（治所即今安徽祁门县）	五月，祁门大水，溺死六千余人。初六日夜大风雨。初七日清晨，东北诸乡蛟水齐发，城中洪水陡起，长三丈余，县署前水深二丈五尺余，学宫水深二丈八尺余，冲圮谯楼、仓廒、民田、庐舍、雉堞数处。乡间梁坝皆坏，为从来未有之灾（祁门县志）。	道光徽州府志，卷16，祥异

续表

序号	朝代	年份	城名	水灾情况	资料来源
572	清	乾隆五十三年（1788）	贵池县（治所即今安徽贵池县）	五十三年水。[通远门水至府头门外约五寸，钟英门水至县学墙，毓秀门水至皇殿内约八寸（采访册）]	光绪贵池县志，卷42，灾异
573			内江县（治所即今四川内江市）	戊申六月，大水入城，较前庚午岁高六尺。	咸丰内江县志
574			合州（治所即今重庆合川县）	壬寅（即乾隆四十七）六月江水涨，会江楼头生雪浪。今年六月不衍期，沿街鸱吻系画舫。	光绪合州志
575			合江县（治所即今四川合江县）	夏，大水流入城中。	民国合江县志
576			酆都县（治所即今重庆酆都县）	六月，江水暴涨入城，溢于屋。知县李元挈居民登平都山避之。三日水落，不伤一人。江水涨浸，城塌半。	光绪酆都县志
577			重庆	今重庆江北的一块大石头上还刻着："乾隆五十三年大水淹此，六月十二日涨，十九日退。"据测定，其洪痕高程为194.105米。	郭涛著．四川城市水灾史：288
578			忠州（治所在临江县，即今重庆忠县）	六月，大水进城，舣舟于下南门内，漂没沿河庐舍人畜甚众。	道光忠州直隶州志
579			万县（治所即今重庆万州市）	六月，大江水涨，东南一带城墙淹坍五十七丈五尺，臌裂三十八丈，续坍二十九丈六尺。大水入城，静波楼圮。	同治万县志
580			云阳县（治所即今重庆云阳县）	水啮其东，傅闸一带皆溃。	民国云阳县志
581			都昌 波阳 武宁 广丰	都昌大水入城，自六月至八月，屏墙内架木渡人，矶山庵崩，瓦砾无存。波阳街市行舟。武宁南门城楼倒塌，舟可入城。广丰更番四次水，玉山洪水自东城冲出西城，各坏数十丈，毁民居。	江西省水利厅水利志总编辑室编．江西历代水旱灾害辑录
582		乾隆五十四年（1789）	巴东县（治所即今湖北巴东县）	县治大水，舟入街心。	同治宜昌府志，卷1，祥异
583			灌县	夏，五月二十五日，水暴至，毁新衙。	民国灌县志，摭余记
584			合州	六月大水入城。	民国合川县志
585			邻水县	四月十八日夜大雨，城内外多被水淹。	道光邻水县志
586		乾隆五十七年（1792）	万载 南丰 南城 临川 婺源	吉安、临江、抚州、建昌、广信、饶州、九江等府大水。泰和、清江、丰城、万载四月大水。清江青龙山堤溃，丰城官湖垱、二黄垱堤决，漂没庐舍无算，田多沙塞。万载水逆流入城。广昌、南丰、南城、宜黄、临川、上饶、弋阳、婺源、乐平、余干五月大水。广昌群众登树，昼夜相护，妻女呼号。南丰大水从西门入，灌城毁庐舍无算，经历一昼夜，冲决东北城垣出，漂没余家排居民数十家。南城水漫至府署前，临川冲毁演武厅。上饶夏水入乡庄庐舍。弋阳大水连涨七次，西溪桥鹰嘴石俱冲。婺源五月初七日洪水骤入城，坏田庐，流棺尸无算。（清史稿、光绪江西通志）	江西省水利厅编．江西省水利志：42～43
587		乾隆五十八年（1793）	奉新县（治所即今江西奉新县）	七月大水，漂没民田庐无数，城中不被浸者仅三十余家。	同治奉新县志，卷16
588		乾隆五十九年（1794）	零陵县（治所即今湖南零陵县），祁阳县（治所即今湖南祁阳县）	夏，零陵、祁阳大水入城，民居漂荡，禾稼尽没。（县志：时城中水深丈余，近河乡屯水俱浸没，可通舟楫）	道光永州府志，卷17，事纪略
589		仁宗 嘉庆元年（1796）	枝江县	六月十三日，枝江大水灌城，深丈余。（县志）	光绪荆州府志，卷76，灾异
590			合州	六月大水入城。	民国合川县志

续表

序号	朝代	年份	城名	水灾情况	资料来源
591	清	嘉庆五年(1800)	宁都州（治所即今江西宁都县）	秋，七月十五、十六、十七连日雨，州治西乡，山水骤发，城圮，倒塌瓦房一万八千九百三十间，草房一千二百四十五间，淹毙男妇四千三百九十三名，冲破田二百三十顷三十一亩。	道光宁都直隶州志，卷27
592			石城 会昌 于都 赣县 万安 南城	秋七月，赣州、建昌府及万安、泰和、新建等县大水。……石城七月十四日雨连三日夜，田宅淹没，城垣浸坍四十余丈。会昌七月十六日大水灌城，民房倾圮无数。于都东、西、南城圮数十丈，淹没民居十之四、五，官廨祠庙塌坍近半。赣县大水登城，万安城中可通船。南丰惠政桥圮，罗坊、漳谭等处田庐漂没，洽村无存。南城七月十五日大水涨至府署前。	江西省水利厅编．江西省水利志：43
593		嘉庆七年(1802)	合州	七月二十六日四鼓，大水入城，坏城垣，漂城外民居无数，较前（嘉庆元年）水高七尺，至川露台。	民国合川县志
594			重庆	重庆嘉陵江一侧洪水大涨，北碚北温泉小兽嘴大石上有关于这次洪水的石刻："嘉庆七年水淹此处。"测定其刻痕高程约为208.4米。	郭涛著．四川城市水灾史：288
595			安康	安康、平利"六月，城垣亦有被冲坍损之处。"	故宫奏折抄件
596		嘉庆七年(1802)	公安	七月，新城大水，漂没民房一万七千余间；汉川、沔阳、钟祥、京山、潜江、天门、江陵、公安、监利、松滋等州县大雨，江水骤发，城内水深丈余，公安尤甚，衙署民房城垣仓廒均有倒塌，而人畜无损。	清史稿，卷40，灾异志
597			新城县（治所即今江西黎川县）	七月十五日，大水，城内水亦深五六尺，官署仓廒淹坏，惠德桥倾圮，只一木墩未动。南乡之官川，西之横村中田等处，溺毙丁口数千余。漂没民房一万七千余间。	同治新城县志，卷1
598		嘉庆八年(1803)	绵州	（城堤）被水冲刷。	民国绵阳县志，建置
599			大宁县（治所即今重庆巫溪县）	水没盐场，浸及县城。	光绪大宁县志
600		嘉庆九年(1804)	乐山县	河水冲塌南城二十余丈。	嘉庆乐山县志，城池
601			澧州（治所在澧阳县，即今湖南澧县）	甲子五月，大水，灌入城内，州署后间损民居墙垣。	同治直隶澧州志，卷19，礼祥
602		嘉庆十一年(1806)	太平县（治所即今四川万源县）	大水，东门水泛入城。	民国万源县志
603			南江县（治所即今四川南江县）	大水，东门水泛入城。	民国南江县志
604		嘉庆十三年(1808)	广安州（治所在渠江县，即今四川广安市）	闰王月初二日，渠江大水，涨长至州陂，城倾五处。	民国广安县志
605			渠县（治所即今四川渠县）	六月，渠江大水，高城丈余，船由女墙进至大井街，三日水始退，禾稼无损。	民国渠县志，卷11
606			万源县	大水，东门水泛入城。	民国万源县志
607			上高 高安	上高五月大雨经旬，山水暴至锦江，侵入城内，民几为鱼。高安五月十五日连日雨，大水暴作，冲静安门城垣，坏庐舍井灶。两城几成泽国。先是康熙甲午大水，南城太尉庙有碑，尚留水痕，是年尤高五寸。	江西省水利厅水利志总编辑室编．江西历代水旱灾害辑录

续表

序号	朝代	年份	城名	水灾情况	资料来源
608	清	嘉庆十五年(1810)	合州	六月，大水入城，深四丈余。	光绪合州志
609			宜城	庚午，宜城大水灌城，平地行舟，乡村镇市坍没屋舍人畜禾稼无算。	光绪襄阳府志，志余，祥异
610		嘉庆十六年(1811)	乐山	十六年复径冲塌。	嘉庆乐山县，城池
611			合州	五月又大水，抵州署月台下，较庚午小一丈二尺。	光绪合州志
612		嘉庆十七年(1812)	竹溪（治所即今湖北竹溪县）	五月，竹溪大水入城。	清史稿，卷40，灾异志
613			婺源	婺源四月二十二日夜，洪水骤发入城。	江西省水利厅水利志总编辑室编．江西历代水旱灾害辑录
614		嘉庆十八年(1813)	屏山	(禹王宫）殿前石壁刻有“清嘉庆十八年八月初二大水涨至禹王庙戏台齐。”	彭卿云主编．中国历史文化名城词典续编：854
615			合州	六月又大水，直逼州署仪门，较庚午小丈五尺。	光绪合州志
616			枝江	八月朔，公安弥陀寺堤溃，浸及石首西南院堤决（县志）。十六日，枝江大水入城，各洲堤溃（县志）。宜都大水（县志）。	光绪荆州府志，卷76，灾异
617			万安	癸酉，赣江大水，万安学宫墙垣冲圮，漂坏田庐。	光绪吉安府志，卷53，祥异
618		嘉庆十九年(1814)	新津	七月初六日夜大水，城内深一、二尺，初七日冲激南城，崩坏百数十余丈。	道光新津县志
619			广丰	夏四月，广丰霪雨，水入城。	同治广丰府志，卷1，祥异
620			婺源	甲戌，洪水骤发，舟浮于市，淹毙人口，坏田庐，流尸棺无算。	民国婺源县志，卷70
621			上犹	上犹大水入城。	江西省水利厅水利志总编辑室编．江西历代水旱灾害辑录
622			赣州	甲戌大水，城塌四十余丈。	同治赣县志，卷10，城池
623		宣宗道光元年(1821)	大宁县（治所即今重庆巫溪县）	夏六月，大水入城，没县署头门石阶七级。	光绪大宁县志
624		道光二年(1822)	万载	万载五月十一日大水，高过乌溪门逆流入城。	江西省水利厅水利志总编辑室编．江西历代水旱灾害辑录
625		道光三年(1823)	饶州府	自五月初八日雨至二十六日止，大水至府治仪门阶下，街市行船，各乡圩堤冲坏，禾稼淹没。	同治饶州府志，卷31，祥异
626			贵池县	大水，官为平粜（通远门水至府署头门外约五寸，钟英门水至县学墙约五寸，毓秀门水至皇殿门约八寸）。	光绪贵池县志，卷42，灾异
627		道光五年(1825)	安县（治所即今四川安县）	六月，山水陡涨，溃河堤十余丈，自城北白马堰横流，没东门外民庐，复入河，直下顺义坝十余里，田宅半为沙洲。	民国安县县志

续表

序号	朝代	年份	城名	水灾情况	资料来源
628	清	道光六年(1826)	袁州府（治所在宜春县，即今江西宜春市）	六月二十六日夜，袁州大雨，蛟起萍乡，坏田宅无算，死者以万计，城圮百余丈。	光绪江西通志，卷98
				丙戌，六月大雨，水骤涨，深四丈，城内亦深四、五尺（前志）。	民国宜春县志，卷1，大事记
629			萍乡 分宜 新余	六月二十六日，萍乡山洪暴发，大水坏田宅无算，城圮240丈，死1.7万余人。……分宜六月二十七日洪水奔腾泛滥，冲毁状元洲，江北店中田庐皆淹没、倾圮，溺死700余人。城中低者水深过丈，高者六七尺。浸淹常平仓，袁水两岸禾稼尽伤。……峡江、新余六月二十七日大水泛滥，新余城内水深四五尺。	江西省水利厅编．江西省水利志：44
630			宜春 峡江	宜春六月二十六日大雨，二十七日水涨四丈，城内亦深四、五尺，北门外同上水关至秀江桥沿河大小店诸没，学宫、官署，魁星阁等处俱被冲圮。 峡江六月二十七日大水泛滥。	江西省水利厅水利志总编辑室编．江西历代水旱灾害辑录
631			天门	御史程德润奏：请修复堤防，以资保障一折。据称湖北安陆府属京山县王家英堤工，于道光二、四、六等年，屡次溃口，下游各州县，连年被灾，而天门尤当其冲。民田庐墓及城池、仓库，多被淹浸。	清宣宗实录，转引自再续行水金鉴，长江卷1：5
632		道光七年(1827)	枝江（治所在今湖北枝江县西南），崇阳县（治所在今湖北崇阳县）	五月，房县汪家河水溢，坏田庐无算；西河水溢入城；蕲州大水，漂没田庐人畜；江陵大水。六月，枝江大水入城。八月，崇阳山水陡发，城中水深数尺；潜江大水堤溃。	清史稿，卷40，灾异志
633			西昌	五月十五日，西昌怀远河暴涨，南门外河街淹死万余人。	邛嶲野录
634			资阳县	丁亥大水，舟自南门入。	咸丰资阳县志
635			昭化县	六月，江水涨，自南门洞入。	道光昭化县志
636		道光八年(1828)	理番厅（治所即今四川理县东北理番）	戊子年五月初十日，南溪水泛，将本城大街、保安桥冲没，水聚于城隍庙戏楼侧，积蓄倾刻，将城墙冲塌，积水始通，城中人赖以安堵。	直隶理番厅志
637			安康	水淹进城，淹死多人，将桥打断。	汉江洪水痕迹调查报告
638			浮梁	浮梁西阳城内水浸三尺。	江西省水利厅水利志总编辑室编．江西历代水旱灾害辑录
639		道光十年(1830)	枝江	公安大河湾决（县志）。石首堤圮俱溃（县志）。松滋朱家用埠堤溃（县志）。枝江水入城，各洲堤皆决，庐舍漂流，人民溺毙无算，良田多为沙淤（县志）。宜都大水，沿江田庐漂没（县志）。	光绪荆州府志，卷76，灾异
640			綦江县（治所即今重庆綦江县）	五月初七、十一、十四连日大雨，江泛溢，南关一带城垣均圮，北门亦裂，水井沟、沱湾上渡口，新街子民房坏四百余家，沿江受灾最重。	民国綦江县志
641			涪州	庚寅五月十三日，涪陵江水泛，巷口土坎民舍湮没过半，中嘴场灾尤甚，东偶一椽仅存。武隆司水及衙。	同治重修涪州志
642			江北厅（治所即今重庆江北县）	夏，大水进城。	道光江北厅志
643			思南府（治所在安化县，即今贵州思南县）	五月十七日，大水漂没城外民舍数百户。	道光思南府续志，卷1

续表

序号	朝代	年份	城名	水灾情况	资料来源
644	清	道光十年(1830)	谷城	谷城六月初旬至七月阴雨二十余日，三河之水同日涨，溢东南，城门俱闭，稼禾伤损。	光绪襄阳府志，志余，祥异
645			云梦	辛卯夏，安陆河水大涨（安陆志）。是年，云梦河堤尽溃，田庐漂没（云梦志：毛公城纪灾诗：淋头连日雨不足，上下波涛突然起。水来西北势滔天，夜半惊魂睡梦里。才闻上畈旋没村，倏忽已入南郭门。庐舍臼杵俱漂没，一片声从树杪喧。人声哭且号，水声若为应，人声水声杂沓不可听。素不习水罔操舟，胆怯洪流渡谁竞。溺不尽溺饥尽饥，水仙未作已绝炊，偃仰三昼复三夜，手不能援心切悲。往时暴涨不停流，滋来滚滚去悠悠。汉沔饱邻壑，濦川梗下游。岷涛瓴建鼍盆覆，传闻武昌城内亦行舟）。	光绪德安府志
646			黄州府	大水至清源门。	光绪黄州府志，卷40，祥异
647			武宁 彭泽 瑞昌 万载	南昌、九江、南康、瑞州、袁州、饶州、抚州府及安福、峡江夏大水。……武宁五月十三日大水，比乾隆五十三年高数尺，近水田舍漂没，城南舟至十字街。九江府德化堤溃，彭泽水至儒学前，瑞昌城内水二尺余。德安各圩被冲决。……万载五月初七，十三日两次大水，倒灌入城，冲塌房屋无算，沿河田尽沙壅，桥梁民居多没，冲失男妇三十三人。	江西省水利厅编．江西省水利志：44
648			江宁府（治所在上元县、江宁县、即今江苏南京市）	六月二十五日，两江总督陶澍、江苏巡抚程祖洛奏：……江宁城中，水深数尺，衙署亦多在水中。民居徙逼成西，灾口嗷嗷，不胜焦灼。	南河城案续编，转引自再续行水金鉴，长江1：114
649			都昌	都昌县，五月连日大雨，东门外寿樟菴，地忽坼裂，水溢不止。城内骤涨，淹化为深潭。	南康府志，转引自再续行水金鉴，长江1：125
650			万源	夏，霪雨四十余日。城外河街水深四、五尺，大河两岸田庐悉被冲毁。	民国万源县志，卷10
651			郧阳	七月，郧阳大雨七昼夜，坏官署民房大半。	清史稿，卷42，灾异志
652			竹山县（治所即今湖北竹山县），均州（治所在武当县，即今湖北均县西北旧均县）	夏，松滋堤决；江夏、应山、麻城、郧县大水，民房多坏；玉田大水。七月，钟祥大水，堤决；汉江暴涨，城圮二百四十余丈，溺人无算；堵水溢，坏官署民房过半；襄阳、宜城大水。八月，均州汉水溢入城，深七尺，民房坍塌无算。	清史稿，卷40，灾异志
653			樊城	襄阳汉溢堤决，水入樊城。	襄阳县志，转引自再续行水金鉴，长江卷1：141
654			宜城	夏秋，宜城大水，溃城垣，坏乡邑庐舍、人畜禾稼无算。	光绪襄阳府志，志余，祥异
				宜城县，七月初一日，汉江暴涨，蛟水四合。文昌门，操军场，泰山湖皆起蛟迹。决护城堤十余处，溃东南北城垣二百四十余丈，坏溺乡邑、庐舍、人畜、禾稼无算，至六月日始退。	宜城县志，转引自再续行水金鉴，长江卷1：141
655		道光十一年(1831)	武陵	水坏大西门。	同治武陵县志，卷8

续表

序号	朝代	年份	城名	水灾情况	资料来源
656	清	道光十一年(1831)	武宁 彭泽 瑞昌 南康 万载	武宁五月十三日大水，视乾隆戊申高数尺，近水田舍漂没。城南舟至十字街。 彭泽水至儒学前，瑞昌城内深二尺余。南康府五月连日大雨，建昌东门外寿樟庵化为深潭。 万载五月初七、十三两次大水顷刻丈余，倒灌入城，冲塌房屋无算。	江西省水利厅水利志总编辑室编．江西历代水旱灾害辑录
657		道光十二年(1832)	安康	八月初八日至十二日，大雨如注，江水泛滥，更兼东南施家沟、陈家沟、黄洋沙山水泛涨，围绕城堙。十四日，水高数丈，由城直入，冲塌房屋，淹毙人口。	水电部水利科学院．故宫奏折抄件
658		道光十三年(1833)	安仁	弋阳五月大水七昼夜，沿河田庐漂没无数。贵溪大水，安仁大水平城。	江西省水利厅编．江西省水利志：45
659			武昌	四月，贵溪、江山、成宁、江夏、黄陂大水；武昌大水至城下。	清史稿，卷40，灾异志
660			湖口	八月十九日，陶澍奏：……七月望后，阴雨连旬。……滨江临湖各处，骤渌盛涨。江西湖口城垣坍塌，水势与十一年相平。	抄册，转引自再续行水金鉴，长江卷1：151
661		道光十四年(1834)	安康	大水，东关淹没。	安康地区汉江洪水历史年鉴，安康地档案馆整理，1960
662			崇义 万安 安仁	上犹江五月大水，崇义漂没田庐甚多，洪水入城丈余，训导署房瓦无存。……万安城垣冲塌，大饥，人食野菜，民多饿死。……安仁五月大水，兴贤门城上通舟，民尽栖居，经八日始退。	江西省水利厅编．江西省水利志：45
663			新干 丰城	新干坏石（马交）岸城垣，清江堤多冲塌。 丰城堤决殆尽，漂没庐舍无算。	江西省水利厅水利志总编辑室编．江西历代水旱灾害辑录
664		道光十七年(1837)	仪征	是年，仪征县，夏，江潮涨，溢入城内。	江苏通志稿
665			长宁	长宁夏雨连绵二十余日，城垣鼓裂倾倒。	江西省水利厅水利志总编辑室编．江西历代水旱灾害辑录
666		道光十八年(1838)	屏山县（治所即今四川屏山县）	江水暴发，南门城边及五灵桥、北门城，其水洞多坍塌。	光绪屏山县续志
667			江北厅（治所即今重庆嘉陵江北土陀镇）	八月初八日，大水进觐江门、汇川门内，沿河漂没庐舍、人畜甚众。	道光江北厅志
668			饶州府	郡城大水。	同治饶州府志，卷31，祥异
669			分宜	分宜四月大水，县城内外水深三、五尺。	江西省水利厅水利志总编辑室编．江西历代水旱灾害辑录
670		道光十九年(1839)	枝江	三月，枝江大水入城，公安松滋、郧西大水。四月，钟祥大水堤溃。六月，武昌、临江大水；文昌、天门、公安、枝江、宜都、松滋大水。	清史稿，卷40，灾异志

续表

序号	朝代	年份	城名	水灾情况	资料来源
671	清	道光二十年(1840)	汉州（治所即今四川广汉县）	道光庚子年七月廿九日、三十日暨八月初一连日大雨，汉郡水淹过城腰，金雁桥冲去二洞，漂没房屋，涝损田地，淹毙居人无数。	同治续汉州志
672			资阳县（治所即今四川资阳市）	庚子八月初二日申时，雁门江水暴涨，东西门皆淹没。	咸丰资阳县志
673			资州（治所即今四川资中县）	庚子岁大雨，大水，北、南门、小东门城垛皆没，街道稍低者，店房俱被水淹。	民国续修资州志
674			内江县（治所即四川内江市）	庚子八月初三日，大水入城，桂湖平街，水高尺余。	光绪内江县志
675			苍溪县（治所即今四川苍溪县）	道光庚子年秋八月，河水涨，淹庙廊，圣像飘流，墙垣崩颓，举目萧然。	道光二十三年重修万寿宫碑，民国苍溪县志
676			南部县	秋八月一日，大水没城垣，害民稼，数十年来未有之。	道光南部县志
677			合州	大雨大水，水淹上半城，至州署大堂上。合城街巷所余无几。	民国合川县志
678			宜昌府	大水，水进文昌门。	同治宜昌府志，卷1，祥异
679			江南省（治所在江宁府，即今江苏南京市）	七月十八日，伊里布等奏：江南省于五六月间，连次大雨，山水骤发，江潮涌灌入城。现在贡院内，积水日增，无以宣泄。	清代上谕．转引自再续行水金鉴，长江卷1：265
680		道光二十一年(1841)	仪征	是年，仪征县，五月，大雨，七昼夜，江溢。七月，江潮高丈余，水入城。	江苏通志稿
681		道光二十二年(1842)	南部县	壬寅夏五月望八日，大江水溢，县城四门俱灌入。	道光南部县志
682			江陵	江陵五月二十五日，张家堤溃，大水灌城，西门外冲成潭，卸甲山及白马坑城崩。越数日，文村堤溃（县志）。公安、松滋大水（县志）。	光绪荆州府志，卷76，灾异
683			会昌 瑞金 于都	会昌、瑞金七月初七大雨，黄昏更甚，湘、绵二水暴涨，城中水深数尺。 于都七月初八日大水灌城，四乡漂没田庐、人畜无数。	江西省水利厅水利志总编辑室编．江西历代水旱灾害辑录
684		道光二十三年(1843)	大宁县（治所即今重庆巫溪县）	夏、秋均大水漫城。	光绪大宁县志
685			德化	七月夜，大雨，色黄，江水陡涨丈余。至曙，居民升屋缘楼，惶恐无措。邑令济昌，率多役在城，呼南门渡船入城，救治甚众。并集众开城，水渐消。	德化县志
686		道光二十四年（1844）	威远县（治所即今四川威远县）	夏大水，河溢入城。	光绪威远县志
687			南部县	秋七月一日，水猝涨，直灌入试院。	道光南部县志
688			江陵 枝江 松滋	江陵李家埠堤溃，大水灌城，西门冲成潭，白马坑城崩（县志）。公安水(县志)。松滋黄木岭江堤溃，枝江大水入城(县志)。	光绪荆州府志，卷76，灾异
				江陵大水，城圮；松滋、枝江大水入城。	清史稿，卷40，灾异志

续表

序号	朝代	年份	城名	水灾情况	资料来源
689	清	道光二十四年（1844）	丰城 万载 分宜	丰城街市水深数尺，决堤殆尽。 万载城内及株潭倒塌民居、店房无算。 分宜县城内外水深三、五尺不等，冲毁民居。	江西省水利厅水利志总编辑室编．江西历代水旱灾害辑录
690		道光二十五年（1845）	雅州府（治所在雅安县，即今四川雅安市）	雅安大水，灌北门，淹没田宅，东关外树上，石碑刻有“水涨至此”四字，水口山半镌有“止水崖”三字。	民国雅安县志
691			武陵	大西门右圮。	同治武陵县志，卷8
692		道光二十六年（1846）	嘉定府（治所在乐山县，即今四川乐山市）	丙午六月初十日，灌县起蛟发水，眉、彭田堤淹没，坏庐舍。蛟随水行至嘉定，势极汹涌，诸祠庙及张公桥皆崩塌，城外成巨浸，大舰直泊迎春门内，盖百年未有之灾也。	民国乐山县志，祥异
693			枝江	五月，枝江大水入城。	清史稿，卷40，灾异志
694		道光二十七年（1847）	广安州	八月十四日，渠江水涨至州坡，夜见江心出蛟，漂没人畜房屋无算。十五日水退，十八日复涨，较前低五尺。	民国广安县志
695			渠县	八月十四日夜，渠江大水，郡嘉庆十三年高六尺。十二日清晨，水复涨，较前略小。	民国渠县志
696			泸州	大水入城，至三牌坊街。	民国泸县志
697		道光二十八年（1848）	德化 彭泽 湖口 瑞昌 进贤	德化夏秋雨，江水陡涨，郡城西门由舟出入，季秋始落。 彭泽奇水至县门，船入市。 湖口舟达治厅。 瑞昌城内水深四尺余。 进贤城内大街泛舟，北乡庐舍漂没，民居无所安居。	江西省水利厅水利志总编辑室编．江西历代水旱灾害辑录
698		道光二十九年（1849）	黄州府（治所在黄冈县，即今湖北黄冈市）	松滋，安陆、随州大水，黄州大水至清源门；保康大水，田庐多损。六月，南昌、袁州、饶州、南康、陵县大水；云梦山水陡涨，堤尽溃；咸宁、江夏、黄陂、汉阳、高淳、武清大水；蒲圻水涨，高数丈。十二月，随州、应山、黄冈、江陵，公安大水。	清史稿，卷40，灾异志
699			枝江	枝江大水入城，洲堤尽溃。	光绪荆州府志，卷76，灾异
700			和州	大水至城郭，淹没田庐。	光绪直隶和州志，卷37，祥异
701			九江府	夏积雨，江水暴涨，郡城西门由舟出入。	同治九江府志，卷53，祥异
702			彭泽 湖口 瑞昌 进贤	长江、鄱阳湖夏秋大水，九月始退。……彭泽水至县门，船入市。湖口舟达治厅。瑞昌城内水深四尺余。进贤城内大水泛街。	江西省水利厅编．江西省水利志：46
703			德化	是年，德化县，夏积雨，江水陡涨，郡城西门由舟出入，季秋始落。封郭一路堤、严家闸均溃。	德化县志，转引自再续行水金鉴，长江卷1：315
704			仪征	是年，仪征县，六月，大风雨，水由南门入城。	江苏通志稿
705			黄冈	四月，应山大水，居民漂没无算；黄冈大水入城；苏州、嘉兴大水，湖州大水，田禾尽淹。五月，兴安、黄陂、汉阳大水，蛮水溢。	清史稿，卷40，灾异志

续表

序号	朝代	年份	城名	水灾情况	资料来源
706	清	道光二十九年（1849）	黄州 枝江 武昌	六月，公安、罗田、麻城、蕲水、归州、宜昌、蒲圻、咸宁、安陆大水，黄州大水入城，枝江大水入城。七月，武昌大水，陆地行舟。	清史稿，卷40，灾异志
707			汉阳	己酉大水，较乾隆戊申大五尺。归元寺壁上刊有水迹碑。	同治汉阳县志，卷4，祥异
708			安陆	己酉，夏大水，淹及安陆西门外吊桥，去北门城门仅数武。（安陆续志）	光绪德安府志，卷20，祥异
709			大冶	大冶县，自正月至六月，霪雨不止，大水泛滥，过戊申年五尺余。东市后至大有仓，前至太平坊上六七家止，石家塘上五升田止，西市五铺大西门内土地祠上四家止，四铺至周太仆进士坊上三家止，街低处水约丈余，船只通行于市。此盖从前未有之灾也。	大冶县志，转引自再续行水金鉴，长江卷1：322
710			湘阴	湘阴县，大水，城内多通舟楫。	湘阴县图志
711			武陵	慈云庵后城坏。	同治武陵县志，卷8
712			南京	是年，上元等县，六月大水，江溢。陆建瀛奏：省城居民房屋淹没。	江苏通志稿
713			九江府（治所在德化县，即今江西九江市）	积雨，街道水高齐屋檐，惟东门八角市一隅无水。	同治九江府志，卷53，祥异
714			九江府 彭泽 湖口 瑞昌 德安 饶州府 南昌府 进贤	鄱阳湖五月大水，比上年高三尺。九江府五月初大雨滂沱，平地水深数尺，封郭合围成泽国，居民淹毙无数。德化水漫街道，高齐屋檐，府县两署前浮舟以济。彭泽城不没者数版，民多殍死。湖口水入县署大堂数尺。瑞昌城内水深八尺余，民房漂尽，冲压田地无算。德安街市行船。都昌沿河居民房屋尽漂，星子平地水深丈余。饶州府水患更甚，低乡水浸屋檐，砖墙多圮，城厢内外居民登楼避水。波阳、余干水较去年更高三尺，舟行树梢。南昌府水深八、九尺。新建水比上年高四尺余。进贤北乡庐舍漂没，无所安居，城内大水泛舟。丰城决杜家门首石堤。	江西省水利厅编．江西省水利志：46
715			信丰	信丰四月初二日河水暴涨，城不没着三版，民庐倾圮，陷溺无算，越三日乃退。	江西省水利厅水利志总编辑室编．江西历代水旱灾害辑录
716			和州	大水入城中，至百福寺初地，淹倒公廨私庐无算，圩田罄尽，逾月始退出城。数百年来水患莫此为甚。	光绪直隶和州志，卷37，祥异
717			芜湖县（治所即今安徽芜湖市）	大水，圩破尽，平地水深丈余，人由南门城头上船，米价腾贵，民多饿死。	民国芜湖县志，卷57，祥异
718			贵池县（治所即今安徽贵池县）	大水，没田庐人畜，入市，深丈余。（通志）	光绪贵地县志，卷42，灾异
719			泗阳州	五月晦，大风，波涛震涌，民舍多没，东门城圮，城上行舟。	光绪泗阳州志，卷1，祥异
720		文宗 咸丰二年（1852）	南溪县（治所即今四川南溪县）	大水入城南，至奎星阁下。	光绪南溪县志
721			安康	七月七日大水决小南门入城，庐舍坍塌无算，兵民溺死者三千数百名。	安康地区汉江洪水历史年鉴．地区档案馆

续表

序号	朝代	年份	城名	水灾情况	资料来源
722	清	文宗咸丰二年(1852)	白河	白河、安康秋水暴发，冲倒塌闾河口关圣帝庙。于七月霪霖三日，大水暴涨，城堤冲溢，市廛淹没。	汉江洪水痕迹调查报告
723			公安	夏，公安大水浸城。六月初二日夜半，雷雨大作，城内平地水深数尺。	光绪荆州府志，卷76，灾异
724			均州（治所即今湖北均县西北旧均县）	均州汉水溢入城，深六尺，坏民舍甚重。	续辑均州志，转引自再续行水金鉴，长江卷1：344
725			义宁	义宁州五月大水，舟行市。	江西省水利厅水利志总编辑室编．江西历代水旱灾害辑录
726		咸丰三年(1853)	宜城 均州	七月，宜城汉水溢，堤溃，城垣圮一百五十丈；均州大水入城。	清史稿，卷40，灾异志
727			饶州府	秋大水，郡城久圮。	同治饶州府志，卷31，祥异
728			石城 波阳	石城七月初一日大水灌城。 波阳秋大水，郡城久圮。	江西省水利厅水利志总编辑室编．江西历代水旱灾害辑录
729		咸丰四年(1854)	广昌县（治所即今江西广昌县）	五月二十二日，广昌蛟出，水溢，西、南、北三面城圮，淹毙人民以万计，官廨、民居仅存十之一二。	光绪江西通志，卷98
730			南安府（治所在大庾县，即今江西大庾县）	五月，洪水暴涨，城中水深三四尺。	同治南安府志，卷29，祥异
731			南丰	南丰南门子城圮。丰城柿巷口石堤决。	江西省水利厅编．江西省水利志：46
732			赣州	夏大水，坍塌西北城垣四十四丈五尺，膨裂百余处。	同治赣县志，卷10，城池
733		咸丰六年(1856)	安县（治所即今四川安县）	四月二十九日夜，子丑之交，雷雨交作，山水陡发，信大于前，坏堤，淹城身，不没者三版。城外四街街房居民数千家一时淹没。沙石随浪，滚堆城脚几三尺。	民国安县县志
734			南川县（治所即今重庆南川县）	八月，邑东、南两路大水，龙崖凤嘴，两江溢岸丈余，冲坏田土无数。南门河水溢入城。是年八月十六日，东南两路大雨倾盆，自午起，夜半未止，溪水暴涨，浪立如山。两南一带，河道桥梁、堤岸多圮，沿河民房僧寺，存者无多。水出金佛山红荷沟岩洞。数日水退，沿河两岸，林木皆折。咸以为南门河亦于是日傍晚涨水，桥洞不能容，淹进城门一二尺，所谓丙辰大水，父老至今犹时举之。	光绪南川县志
735			璧山县（治所即今重庆璧山县）	五月二十八日夜大水，城中水深丈余，城外居民漂没无算。	同治璧山县志
736		咸丰七年(1857)	荥经县（治所即今四川荥经县）	大水入城，淹没禾稼。	民国荥径县志，五行
737			什邡县（治所即今四川什邡县）	大雨经旬，东南城垣先后坍塌五处。	民国什邡县志，城池
738			广元县	大水进城至南关大门。	民国广元县志

续表

序号	朝代	年份	城名	水灾情况	资料来源
739	清	咸丰七年(1857)	苍溪县	大水入城，淹没禾稼。	民国苍溪县志
740		咸丰八年(1858)	兴山县（治所即今湖北兴山县）	八月二十八日，大水，城不没者三版，坏民居房舍甚众。	同治宜昌府志，卷1，祥异
741			建昌县	五月大水，城内水深丈余，圩堤溃决殆尽。(建昌县志)	同治南康府志，卷23，祥异
742			沔阳州	夏四月大雨，城中水深数尺。	光绪沔阳州志，卷1，祥异
743		咸丰九年(1859)	綦江县（治所即今重庆綦江县）	四月二十九日大水，五月初三又大涨，县城水入武署，九月初四、五，河又大溢。	民国綦江县志
744			酆都县（治所即今重庆酆都县）	五月，江涨溢城，舟行于市。	光绪酆都县志
745		咸丰十年(1860)	屏山县（治所即今四川屏山县）	五月二十七日水大涨，涌入城中，与县署头门石梯及文庙宫墙基齐。明嘉靖间涨痕刊有字记，此次适与之同。 彭应芳笔记云：二十七日，水淹至三官楼，次日至县署头门石狮子脚下，城厢内外，浸淫渐没，仅存圣庙街庙外石桩，横镌二寸大十一字云：明嘉靖三十九年大水至此。水将及至字矣。人以为涨至此，必不再加。二十八九，水势愈甚，淹至禹庙亭楼头檐。……大小船只，悉由街心往来运载。城厢内外，荡去房屋数十家、财货无算。	光绪屏山县续志
746			威远县（治所即今四川威远县）	秋八月，大水，城南水由女墙入，南门悉淹，六日始消，沿河无舍。	光绪威远县志
747			酉阳州（治所即今重庆酉阳县）	庚申夏，州城大水。	酉阳直隶州总志
748			酆都县	六月，江溢入，城塌二百丈有奇，会川门将圮。	光绪丰都县志
749			万县	大水入城，至县角墙。城外滨江市廛，唯见屋瓦，钟鼓楼圮于江。	同治万县志
750			奉节县	六月大水入城，入正街而退。	光绪奉节县志
751			巫山县	大水入城，顺城街市多半倾圮。	光绪巫山县志
752			宜昌府	夏五月，大雨如注，连日夜不绝，江涨骤发，突涌入城，平地深者六、七尺。其不没者，府署、试院而已。郭洲、西坝及临江东西岸，漂没民居无算。	同治宜昌府志，卷1，祥异
753			巴东	是年，巴东县夏五月，大雨如注，江水骤涨。民居淹没屋梁，较乾隆时更高六尺（乾隆五十四年，县治大水，舟入街心）。	巴东县志，转引自再续行水金鉴，长江卷1：361
754			枝江 宜都	夏，公安大水（县志）。石首黄金堤溃（县志）。松滋高石牌堤溃（县志）。五月，枝江大雨如注，日夜不止，江水大涨。二十五日夜，西门城决，水灌城，至东门涌出大江，民舍漂没殆尽。淹渍二十余日（县志）。宜都大水入临川门，江北沙溪坪、焦岩子、白沙脑、蒋家河、吴家港、罗家河等地，皆漂没人民无算（县志）。	光绪江陵府志，卷76，灾异
755			武陵	百子巷北门右小西门左城俱圮。	同治武陵县志，卷8
756		咸丰十一年(1861)	永宁县（治所即今四川叙永县）	七月大水，东城附近之垣墉皆崩陷。	民国叙永县志
757			古蔺巡检司（治所即今四川省古蔺县）	大水，东城附近之土城墉皆崩陷。	光绪叙永县志

续表

序号	朝代	年份	城名	水灾情况	资料来源
758	清	穆宗 同治元年 (1862)	澧州（治所即今湖南澧县）	壬戌六月二十三日，大水，酉时，西北城决，二日，冲坏墙屋无数，溺死约千余人。	同治直隶澧州志
759		同治二年 (1863)	泸州	癸亥六月，大水入城。	民国泸县志
760		同治三年 (1864)	成都	甲子年水大异常，亦只十八画有奇，而下游民田已儿成泽国，省城城内亦可行舟。	丁宝桢．都江堰新工稳固片．丁文诚公奏稿
761			万源	六月初四，大雨溃堤，城内水深数尺，岁大饥，斗来二千八百钱。	民国万源县志，卷1
762		同治五年 (1866)	灌县	是年，灌县稟冲毁民房甚多，城垣亦经倒塌。	丁文诚公奏稿
763		同治六年 (1867)	安康	汉水涨溢，料木没半。秋霖雨，八月十八日大水，决东堤入城，民房官舍，冲毁殆尽。	汉江洪水痕迹调查报告
764				流量 $34700m^3/s$，水位 257.38m	安康地区水电局资料
765			均州	均州八月汉水溢入城，深数尺，越三日乃退。	续辑均州志
766			郧阳府（治所在郧县，即今湖北郧县）	八月，郧阳霪雨三昼夜，坏官署民房甚多。	清史稿，卷42，灾异志
767			宜城	三月，罗田大水。五月，江陵、兴山大水。八月，宜城汉水溢，入城深丈余，三日始退；襄阳、谷城、定远厅、沔县、钟祥、德安大水；潜江朱家湾堤溃。	清史稿，卷40，灾异志
768		同治七年 (1868)	灌县	同治六年、七年、十二年，灌县均冲毁民地民房桥梁官道甚多。而七年水涨，竟涌入城内。	丁文诚公奏稿
769			巴州（治所即四川巴中县）	戊辰夏五月，河水陡涨，由东门进入城，城外居民屋舍如洗。	民国巴中县志
770			铜鼓厅（治所即今江西铜鼓县永宁镇）	永宁镇五月初五日漫山洪水大涨，邑城被淹，石桥头桥亭和七层宝塔被冲毁。	江西省水利厅编．江西省水利志：47
771		同治八年 (1869)	大足县（治所即今重庆大足县）	小南门倾陷。	民国大足县志·城垣
772			大宁县（治所即今重庆巫溪县）	秋，大水穿城，冲去北门城楼。沿河一带城垣倒塌二百余丈，民居尽毁，监盐场被灾较上年更重。	光绪大宁县志
773			和州（治所即今安徽和县）	大水至城郭，坏民舍，溃圩堤。	光绪直隶和州志，卷37，祥异
774			于都 高安 彭泽 都昌	于都四月初七大水灌城。……高安舟行于市，濒河民房多冲倒。……彭泽船入城市，都昌衙署前驾筏渡人。	江西省水利厅编．江西省水利志：47
775			瑞金	赣州夏四月水涨。瑞金四月初八，水暴涨入城，深数尺。	江西省水利厅水利志总编辑室编．江西历代水旱灾害辑录

续表

序号	朝代	年份	城名	水灾情况	资料来源
776	清	同治九年(1870)	南充 合州 江北厅 巴县 涪州 忠州 酆都 万县 奉节 云阳 巫山	本年六月间，川东连日大雨，江水陡涨数十丈。南充、合州、江北厅，巴县，涪州，忠州，酆都，万县、奉节、云阳、巫山等州县，城垣、衙署、营汛、庐舍多被冲淹。居民迁徙不及，亦有溺毙者。	清穆宗实录，转引自再续行水金鉴，长江卷1：424
777			合州（治所即今重庆合川县）	是年六月大水入城，深四丈余，城不没者仅城北一隅。登高四望，竟成泽国。各街房倾圮几半，城垣倒塌数处，压毙数十人。 庚午年六月大水入城，深四丈余。……前道光庚子(二十年)水及上半城，至州署大堂止。州署背山，距地甚高，涨至止，合城街巷所余无几。而庚午之水更高丈余，浸至二堂之半扇，街户尽淹；只余缘山之神庙、书院与民房数十间，而东南堞垛皆可行舟。城中青龙阁高八、九丈，未浸没仅小半。奎阁地卑，九层只存其二。南津之北塔，荡漾烟波中，如蜃市然。寺楼露鸱吻者，参差不多处，余皆浩浩荡荡，成泽国焉。……满城精华一洗成空，十余年无复元气。	民国合川县志
778			彭水 武隆	彭水、武隆六月十六至二十日江盛涨，水入城，漂没居民无数，此数百年未见之灾。同时扬子江亦大水，漂没民家二百余间。	同治重修涪州志
779			江津县	庚午年五月十九日，大水入城。	民国江津县志
780			巴县	庚午五月十九日，大水入城，城内民房倒塌数百家，三日乃退。	民国巴县志
781			重庆	重庆遭遇长江特大洪水。在江北的大石头上刻着："同治九年庚午年岁水淹至此，六月十三日起至二十日退。众姓立。"即为公历1870年7月11日涨水，至7月18日退水。这一洪水石刻与1788年的洪水石刻在同一大石上。这次的洪水高程为197.7m，较1788年高3m多。	郭涛著．四川城市水灾史：288
782			酆都	六月大水，全城淹没无存。	光绪酆都县志
783			万县	六月十五日，江水泛，十六日没河岸，十七日啮城根，十八日及县署照墙，十九日夜子时大雨彻霄，骤涨，……道路断绝，舟船阻碍不通，房舍、庙宇、树木、禾苗、人畜杂沓蔽江下。……县署淹及平屋，文庙大成殿水与阶平，武庙学署余后数椽。……径二日雨止，水迤逦退。城垣崩塌八十五丈五尺，膨裂四十余丈保坎，坏南门，楼圮，文武署坍倒七十余间，城乡漂没倾陷民屋七千六百四十二间，溺死男女四十丁口，田地冲淤废无收者一万二千五百五十四亩。	光绪万县志
784			云阳	江水大汎冒城，濒江数千里奇灾，近古所罕。水退，城东南面水者皆被沦没。	民国云阳县志
785			夔州（治所即奉节县，即今重庆奉节县）	庚午六月，川北、川东大水，夔郡城垣、民舍淹没大半，仅存城北一隅，人畜死者甚众。六月十七日洪水渐涨入城，十九日又涨至府署牌坊下，城中不没者仅城北一隅。	光绪奉节县志
786			巫山县	庚午六月大水，城垣民舍淹没大半，仅东城北一隅，人民奔逃。	光绪巫山县志

续表

序号	朝代	年份	城名	水灾情况	资料来源
787	清	同治九年(1870)	涪陵	夏，扬子江大水，淹及小东门，城不没者仅一版。又西门、北门皆进水，城外民房被淹几尽，漂流者二百余间。大渡口及李渡，珍溪镇俱于水至处刻其石曰：庚午年大水涨至此。	民国续修涪州志
788			公安 枝江	六月，宜城汉水溢；公安、枝江大水入城，漂没民舍殆尽。	清史稿，卷40，灾异志
789			黄州府	秋，大水至清源门。	光绪黄州府志，卷40，祥异
790			华容	华容县大水，诸垸悉溃，舟行城中。	华容县志，转引自再续行水金鉴，长江卷1：431
791			新城	新城大雨，城市水深六七尺。	同治建昌府志，卷10，祥异
792		同治十年(1871)	中江	八月初四日，大水入北门。	民国中江县志
793			合川	五月，大水，抵州署月台下，较庚午小一丈二尺。	民国合川县志
794			枣阳	夏六月二十八日，枣阳城北关起蛟，陆地漂没人民三里许，入城南，沙河尽水。	光绪襄阳府志，志余，祥异
795			广丰 安仁 瑞金	广丰、安仁夏四月大水，水溢城市，安仁兴贤门平城。瑞金城内水深数尺。	江西省水利厅水利志总编辑室编．江西历代水旱灾害辑录
796		同治十一年(1872)	大宁县（治所即今重庆巫溪县）	三月，大雨雹，山水冲倒县署后垣，平地水深数尺，毁西街民房数十间。	光绪大宁县志
797		同治十二年(1873)	资州（治所即今四川资中县）	六月二十日大水，州城南北门、小东门，水俱封洞，东、西门水深数尺，平波门门扇被水漂去一扇，城中街道低处，可以乘舟。居民上楼避水者，州主命小船拯救出。沿江一带禾稼无收，房屋俱坏，较道光庚子低了三尺。	光绪直隶资州志
798			富顺	癸酉，大水入城，较明万历癸卯低数尺。	民国富顺县志
799			威远	六月大水，闰六月大水，秋七月大水，南城圮裂，延于东、西、北。	光绪威远县志
800			大足	癸酉大水，由西南街入，城中水深五、六尺，激塌南垣十余丈。龙神祠左一石缸以注水二十余石，外甃以石，是夜浮去若舟，移置二百步外。左右坊濒河街房三椽全圮，如有物冲塌者然。沿河一带场镇村庐被漂没。	民国大足县志·杂记
801			太和镇	六月十九日河水泛张。据1957年4月调查，这次水灾全城被淹。朝阳门与迎春门间城墙被冲塌二丈多长，乃开进朝阳门。洪水高程为333.61m。	射洪县城建局编．射洪县城乡建设志，太和历代洪灾记
802			中江	六月十九日大水，入北门	民国中江县志
803			合川	六月大水，及州署仪门，较九年小一丈五尺。	民国合川县志
804		同治十三年(1874)	巴县	同治甲戌年五月，复被水淹，较前尤高数丈。	民国巴县志
805			潜江	潜江县秋大水，护城堤溃，城中水深丈余。	续修潜江县志
806		德宗 光绪元年(1875)	江油	大水，楼复圮。	民国江油县志

续表

序号	朝代	年份	城名	水灾情况	资料来源
807	清	光绪二年(1876)	黔江	五月，大雨，水西门外堤岸尽决，水溢城中街衙。	光绪黔江县志
808			南昌 南丰 南城	南昌自五月二十二日起涨，至闰五月十二日始退净，六月六、七日复涨，旬余始退。德胜门外大有圩冲决，洪水冲入街市，江边木排数里随流浮去，富者抢雇船只，穷者站立凸处，哭声四起，淹毙者不可胜计。二十四日，进外桥闸、青山闸、鱼尾闸崩，洪水灌入燕子湖，下流远近百里俱成巨壑，患民、广润、章江三门外及沿河一带屋宇冲去两百家，惟滕王阁独存，惠外城崩，东湖周围数十里一望弥漫，仅湖旁扬柳依稀可辨，羊子巷、皇殿侧、前后贡院、系马桩、状元桥、墩子塘、百花洲、花园角及北湖一带各巷内两边高墙俱倒，路途堆塞。 五月二十日抚河大水漫过南丰西门外石佛头顶，东门城墙冲决数丈。城外沿河房屋均被冲去，城内外溺者颇多。南城东南两门亦为水冲陷。	江西省水利厅编．江西省水利志：48
809			建昌	建昌郡南城东南两门亦为水冲陷。	江西省水利厅水利志总编辑室编．江西历代水旱灾害辑录
810		光绪四年(1878)	黔江	四月大水，城中水深二三尺，堤岸益啮而东。	光绪黔江县志
811			铅山 湖口 建昌 瑞金	广信府六月大水，铅山城堞尽圮；信江洪水倒灌至白塔河余江耙石。 九江，南康府七月江湖泛滥，自长江至内地数百里尽成泽国。湖口一片汪洋，灾民2万余群往九江就食。各庙宇挤满灾民，绅阁富户文武官员集资助赈。建昌城内洪水涌出北门，冲地成壑，伤人无算。 瑞金五月末，山水发，排岭浊浪，震荡山岳，不减海潮，冲创城垣，城内外屋宇倒塌不可胜数，万瓦并裂，声闻数里，男女坐屋脊，呼人救命，惨不忍闻。	江西省水利厅编．江西省水利志：48-49
812			婺源	饶州府婺源五月二十五日洪水暴涨，学宫前深五尺，万坊前深六尺，舟皆城上往来，漂庐舍。	江西省水利厅水利志总编辑室编．江西历代水旱灾害辑录
813			南京	《申报》又载：金陵自入夏后，虽大于兼旬，而江潮尚小。……不料七月以后，江湖陡涨，水势日增。秦淮两岸人家，在水中者大半。贡院及文庙前，亦均水深尺许。	再续行水金鉴，长江卷2：532
814		光绪五年(1879)	文县（治所即今甘肃文县）	五月，阶州大水；文县大水，城垣倾圮，淹没一万八百三十余人。六月，文县南河，阶州西河先后水涨，淹没人畜无算。	清史稿，卷40，灾异志
815			瑞金	瑞金四月水灾，深山大泽之间洪水四出，居人猝不及防，浪卷涛驱，冲毁民居数十家，县城亦被冲刷。	江西省水利厅水利志总编辑室编．江西历代水旱灾害辑录
816		光绪七年(1881)	懋功屯务厅（治所即今四川小金县）	秋七月……丙戌，川督丁宝桢奏，庆宁营（懋功属）山水陡发，冲毁衙署并淹毙口。	清德宗实录，卷132
817		光绪八年(1882)	綦江	五月霪雨，江大涨，金镛堤崩，西城亦内塌。	民国綦江县志
818			九江 湖口	六、七月间，九江城堞坍塌，桑落乡各堤溃。民无安居，皆徙高处，淹死七百人。湖口浸坍铁屏山城，街道水深三尺。	江西省水利厅编．江西省水利志：49

续表

序号	朝代	年份	城名	水灾情况	资料来源
819	清	光绪八年(1882)	玉山	德兴县城洪峰流量 2550m³/s。 玉山县城南门，蹲坐城头，脚可及水。	江西省水利厅水利志总编辑室编．江西历代水旱灾害辑录
820			松州（治所即今四川松潘县）	溪水、河水同时泛涨，冲塌西北隅。	民国松潘县志
821			黔江	夏六月癸卯大水，是夜风雨大作，次早水没南门一二尺，冲坏堤垣无数。	光绪黔江县志
822			筠连县（治所即今四川筠连县）	城隍庙门没于水。九月二十五日夜，瀛江（今筠连河）沿河雾起，越三日大水，两岸泥土淘尽，沿河雾如前夜。	民国筠连县志
823		光绪九年(1883)	昆山	昆山街巷水深没膝。	光绪昆新两县续志，灾异
824			南汇	南汇舟行街巷。	光绪南汇县志，灾异
825		光绪十年(1884)	浮梁 景德镇	本年六月间，江西浮梁县因连日大雨，河水陡涨，冲毁城垣衙署民房，淹毙人口。景德镇被水，漂流人口数千，民房铺屋被冲着不下数千家。	清德宗实录
826		光绪十一年(1885)	黎平府（治所即今贵州黎平县）	五月初二日，府城外大水，远近坏田万余亩，潘老厂一带，民房被淹，溺死男妇百十口。	光绪黎平府志，卷1
827			南京	五月下旬，江宁城厢内外，沿江近河各处均为水淹。	曾忠襄公奏议
828		光绪十二年(1886)	夹江	丙戌年，被水淹没民居、河岸、桥梁，水入城内。	民国夹江县志，祥异
829		光绪十三年(1887)	遂宁	八月初三日大雨一昼夜，初四日街上水深三尺。	民国遂宁县志
830			武隆	五月丁巳大水。……城中水深数尺，坏民田舍无数，溺死城乡民数十人。	光绪黔江县志
831		光绪十四年(1888)	西昌	六月，南河水溢，冲毁城垣。	邛巂野录，祥异
832			富顺	戊子大水，较同治癸酉高三尺。	民国富顺县志
833		光绪十五年(1889)	绵阳	六月十八日，七月初三日，两次连日大雨，水灾异常，沿河低处田产倾没，城之西北街巷行舟。	民国绵阳县志，祥异
834			潼川府（治所三台县，即今四川三台县）	潼川大水，人坐城垛可以濯脚，鱼飞入城。	民国三台县志
835			遂宁	涪江泛门长，六月十九日，水上河岸，七月初二日，较十九日又高二丈。东门至铁货街，北门至根登碑，一望南北二坝俱成泽国。	民国遂宁县志
836			太和镇	七月十三日、二十四日。涪江两次发大洪水 ，太和镇全城被淹，城墙雉堞上靠船，人可坐在城墙上洗脚。人畜财产损失很大。	射洪城乡建设志，太和历代洪灾记
837			渠县	八月初六日，大水入城，至火神庙前。	民国渠县志，卷11
838			德安府（治所在安陆县，即今湖北安陆县）	七月二十六日夜，德安大雨如注，城崩百四十余丈，淹毙男妇七十余人。	清史稿，卷42，灾异志
839		光绪十六年(1890)	屏山县	七月，江水大涨，东、西、南城垣冲毁三丈，北城塌十五丈余。	光绪屏山县续志
840			巴中县	夏五月，河水大涨入城，由城堞系船，后河石堤决水，穿中坝，啮坝上殆尽，不可复塞。历来水灾，以此为甚。	民国巴中县志

续表

序号	朝代	年份	城名	水灾情况	资料来源
841	清	光绪十六年(1890)	武隆	四月初三晨起，雷雨大作。……河高淤堤漫溢，腹背受决，新筑半被溢平。据绅民云:此次水患，实为数百年来所未有。	光绪黔江县志
842		光绪十七年(1891)	西昌	五月二十九日起，连续霪雨，旬日，山洪暴发。一股由中左侧河侵入白依庵，段石板、段家街等处多被水淹；一股由龙主庙巷入东街，上下户千余家屋内水深七八尺。又分作两股，一由天枢巷出，通海巷、洗渔沟两处受害；一由青龙街出，冲至魁星楼、半边街、灯杆坝、后街口，毁铺房数十家，始入正河；一股顺城根，下至南门外，小股灌入城内，大股直冲西街，自合盛行、后篾市、打铁巷、姚家巷、臭河桥、盛家口下截，毁民房数百家，淹毙人六百余，庙宇、惠泯宫前，五显庙、禹王宫，均无片瓦。水既汇合，其势更大，如较场坝，福国寺上下，瑶山桥左右以及张、吴、祁、陆，田禾尽淤，倒流入海，新淹良田二千余顷。	邛嶲野录
843			屏山	夏，大水，淹至县署头门。	光绪屏山县续志
844		光绪十八年(1892)	屏山	江水暴涨，冲圮东、西、南一带城垛七十三丈，上下游统计被灾居民三百九十家。	光绪屏山县续志
845		光绪二十一年（1895）	渠县	五月，大水淹至城内火神庙前。连涨三次，后二次较小。	民国渠县志，卷11
846		光绪二十三年（1897）	灌县	夏六月，大雨，玉屏山水溢，坏学署。	民国灌县志
847			崇阳 蒲圻	崇阳县地方，于五月初六日，震雷狂风，大雨如泻，众山之水，同时涌涨，倾高至丈余，建瓴直下，如顶灌是。……一时泛滥横流，致城内及东南各乡一带地方，悉被冲淹。房屋冲毁二千数百间，人口淹毙着七十余名……蒲圻县地处崇阳下游，同时暴雨盛涨，城乡已被漫淹。	谕折汇存，转引自再续行水金鉴，长江卷2：715
848			天门	六月，京山县唐心口堤溃，水势汹涌，天门县全城被淹。	湖北通志
849		光绪二十四年（1898）	资阳	(六月）十三日，大雨如注，倾盆愈急。……十六日，雨复水止，后逆午刻，水由南门入，须臾即满注泮池。行道者始著履可行，旋即背负而过，十余分钟遂淹及卧龙桥一半。居民仓猝出走，墙垣随即倒塌。午后雨益盛，南门后街已被水矣。日将暮，水势漫延至城隍祠戏台之下，并及东门城内镇江庙。当东河之水冲戏台耳楼，两厢倏忽漂去。河船泊城之东，夜半闻呼号声、唤船声、哭泣声、房屋倒塌声、墙壁倾复声，汹汹聒耳，至旦不绝。十七日黎明，登高远望，只见全城皆水，与大江合而为一。有逃避不及坐屋脊而候人拯救者，有夜半出城衣履不完而泥泞遍体者，有数日不得食而接屋溜而饮者，有僵卧于各地匾额及各庙宇之高处者，有匍匐至莲台寺岳庙，桡民间玉麦不论生熟而聊为充饥者。综什全城东街受水将及一丈，南街受水丈余，而西街受水与东街等，北街稍高，受水约五、六尺。其未被水者，县公署之三堂、土地庙之后殿、天上宫之正殿，仅惟此三处。……十八日水势渐消，十九日水大去，全城泥淖，商贾财物为之一空，居民室庐多覆。	民国资阳县志，戊戌水灾记
850			内江	戊戌六月十六日，大水入城，桂湖溢，高丈三尺，漂没田庐甚多，灾民达三千余户。	光绪内江县志
851			富顺	戊戌大水，较戊子高九尺，城中通舟楫，城垣被冲塌者凡三处。	民国富顺县志
852			中江	六月，霪雨弥月，东西河水汇成一片，北门涨高丈余，余家河水势尤甚，几欲逾南屏山坳，人畜屋材器物浮沉漂荡，圮城堤，坏田稼。……城中倒塌墙屋时有所闻。	民国中江县志

续表

序号	朝代	年份	城名	水灾情况	资料来源
853	清	光绪二十五年（1899）	三台	七月初五、涪、凯两江泛涨，船行南关城下，被水灾者约一千余户。	民国三台县志
854		光绪二十六年（1900）	绵州（治所即四川绵阳市）	六月二十三日，霪雨为灾，大水入城。	民国绵阳县志
855		光绪二十七年（1901）	分宜 新余	宜春、分宜、新余五月初六日倾盆大雨，袁水陡涨，分宜、新余全城淹没，水深七八尺，市民居楼约十日。 德安自五月初七至七月十二日连续七次山洪暴发，乌石门整月通街行船，沿河庄稼颗粒无收。	江西省水利厅编．江西省水利志：50
856			义宁州（治所即今江西修水县）	江西赣州、吉安、抚州、饶州等府，自本年月初间大于旬余，江流暴涨，堤圩坍塌甚多。省河水涨至二丈有余，义宁等州县城内水深丈余。	清德宗实录
857		光绪二十八年（1902）	江油	六月，上淤蛟水陡开，西堤溃决二百四十余丈，拱桥基地冲刷殆尽，中坝太平一带悉成泽国，人民庐舍淹没无算。	民国江油县志
858		光绪二十九年（1903）	夹江	光绪癸卯年，大水自西城入，南城出，人民受水害者十之三四。城乡士绅领积谷办理平粜，又设地施粥厂。	民国夹江县志，祥异
859			阆中	清咸、同以后，阆邑水灾之巨，惟光绪癸卯为甚。县城北关外已淹及护城桥，西门已入石柜阁，南门则冲进瓮城，至东北隅观音寺，达中学校一带全为水没。苟溪河石滩咯场住房水与簾齐。其损失之巨为数十年未有之大水灾也。	民国阆中县志
860			南充	六月初七日、八日大水。西、北城垣皆冲塌，城内西北隅水深三四尺，东南一二尺，漂毁人、物、庐舍。父老言，此次水灾较前壬寅之水犹为巨也。	民国南充县志
861			合川	六月七日大水入城，淹至大堂后之侧门，至初十日乃退。	民国合川县志
862			重庆	居住在北碚北温泉附近的老人所示位置，光绪二十九年洪水高程约为206.6米。北磅嘉陵江右岸有的老人说："癸卯那年大水比老庚午年水低五尺，水涨两天一夜，涨立水十丈，定了三天，落了五天。"据其所示水痕位置，洪水高程则为211.48米。	郭涛著．四川城市水灾史：288
863			万源	五月初五夜，大水从东门入，深数尺，淹死人畜甚众，冲毁房屋无数，两水洞城塌数丈。	民国万源县志，卷1
864		光绪三十一年（1905）	叙州（治所即今四川宜宾市），泸州，南溪	九月初三日，四川总督锡良奏：再七月以来，迭接叙州、泸州、重庆、夔州、南溪、江安、合江、江津、江北、长寿、酆都、万、云阳等府厅州县电称：八、九、十一、二等日，均因上游雨泽过甚，大江暴涨，滨河城市田庐多遭漫溢，冲毁无算。叙州、泸州之金沅两江，同时并发，故其水尤大，顷刻涨至十余丈，城市内亦深丈余。幸在白昼，赶紧施救，掩毙人口尚少。而漂没商民的财货畜物，不可胜计。……南溪县城垣监狱，间有倒塌。	谕折汇存，转引自再续行水金鉴，长江卷2：749
865			宜宾	从七月初五日起，叙城大雨，经三昼夜未停，至初七晚，水暴涨，午夜后继升。次晨涨更猛，一浪盖一浪，泛滥于街市。随着大风雨、大雷电的不断交加，历初八至初九，雨水势、洪峰达高度。初十午，雨住晃晴，水稳。十一日晨，水乃现退，正午，逐渐下退了。	王圣民．宜宾三次大水记，水电部成都勘测设计院调查材料
866			泸州	秋，大水入城至三牌坊街，为清代水之最大者。	民国泸县志
867			合江	七月九日，江水陡涨，北城没水五尺，南门城上可濯足，越三日始平，民房、禾稼损毁无数。	民国合江县志
868			江津	乙巳七月十一日大水，由北固门雉堞入城。板桥街架木往来，其水直达菱角塘、扬嗣桥，附近民房多倾圮。	民国江津县志

续表

序号	朝代	年份	城名	水灾情况	资料来源
869	清	光绪三十一年（1905）	重庆	据重庆市猫儿石的刘春林反映：光绪三十一年七月涨大水，当时我在重庆住，记得那次大水涨了三天，定了三天，退了三天。长江水涨颇大，但嘉陵江水涨较小，水淹重庆下半城。	郭涛著．四川城市水灾史：288–289
870		光绪三十二年（1906）	太和镇	太和镇被淹。	射洪县城乡建设志，太和历代洪灾记
871			长沙 衡州 衡山 湘潭	湖南巡抚庞鸿书电奏：……自三月下旬，省城及南路各属，阴雨连绵，昼夜不止。至四月初旬，复大雨滂沱，各处山水齐发，潇湘二水，在永州合流，势极泛滥。故永属之零陵、祁阳二县，城外房屋，均被水淹。……长沙会垣及衡州郡城、衡山、湘潭二县城，并沿河厘卡市镇均被淹灌，倒塌公私房屋，冲失谷米货物，不知凡几。	京报，转引自再续行水金鉴，长江卷2：755
872		光绪三十三年（1907）	崇庆州（治所即今四川崇庆县）	七月大水，文井江溢，堰决田坍，东城崩。	民国崇庆县志
873		宣统元年（1909）	广安	五月，连旬大雨，渠江水涨十五丈，冲去人畜房屋船只无算。大水入城中。境内山溪、涧水齐发，田禾被淹，桥皆冲毁无完。	民国广安县志
874			渠县	五月，大水淹入城内火神庙门首。	民国渠县志，卷11
875		宣统二年（1910）	西昌	六月大水，毁城堤；七月水，遂毁城数十丈。	民国西昌县志·地理志
876			常德	五月七旬，常德各属连日大雨，山洪暴发，加之黔水建瓴而下，以致酿成巨灾。常德府城“冲毁村庄，倒塌屋宇，淹毙人口三万余名。城内亦为积潦所浸，深之灭顶，浅之没膝，水蒸之气，积为瘟疫，死之枕籍，日百数十起。”	湖南近百年大事记述
877		宣统三年（1911）	益阳 常德	益阳城堡……两次被淹，来势极为汹涌，民间损失不赀。（常德）府城南临大河，水几漫城而入。……而从城西落路口溃堤灌入之水，建瓴而下，直射城根，复经风浪鼓荡，以致东西北三面城墙，均有坍塌。	宣统政纪，转引自再续行水金鉴，长江卷2：790–791
878			南京	（七月）初四、五、六日，又遭飓风暴雨，达旦通宵。加以江潮顶托，湖河漫溢，所有堤坝多被冲决，沉没田庐，淹毙人口。邳州沭阳各州县城几遭水灌，即江宁省城各街道，平地亦水深数尺，水势之大实为近年所未有。	宣统政纪，转引自再续行水金鉴，长江卷2：789

由上表可知，每一条中均有至少一城水患的记载，有的有两城、三城甚至五六城水灾的记载，以一城一次受水灾为1城次记，可以计算出本表总共记载了古代长江流域的1117城次的水灾。

从这一“古代长江流域城市水患一览表”中，我们能看出什么问题呢？笔者认为，从这一表中我们可以发现长江流域城市水灾的一些问题：

一、古代长江流域城市水灾有越来越频繁的趋势

《汉书·五行志》中记载了西汉成帝河平三年（公元前26年），因地震山崩壅江形成堰塞湖，而使四川犍为郡城遭受水灾的史实。

汉代至五代（公元前206—960年）共1166年中，长江流域有43城次水灾的记录。从宋至清末（960—1911年）共952年中，长江流域共有1074城次水灾的记录。

汉代（公元前206—220年）425年间，仅有2城次水灾的记录。

三国至隋（220—618年）共398年间，共有20城次水灾的记录。

唐至五代（618—960年）共393年间，共有21城次水灾的记录。

宋代（960—1279年）共319年间，共有127城次水灾的记录。

元代（1279—1368年）共89年中，共有21城次水灾的记录。

明代（1368—1644年）共276年间，共有307城次水灾的记录。

清代（1644—1911年）共268年间，共有633城次水灾的记录。

由以上统计，可以列成下表：

汉至明清长江流域城市水患统计表 **表4–2–2**

朝代	年数	城市水灾城次	频率（城次／年）
汉代（前206—220）	425	2	0.0047
三国至隋（220—618）	398	20	0.05
唐至五代（618—960）	343	21	0.06
宋代（960—1279）	319	127	0.4
元代（1279—1368）	89	21	0.24
明代（1368—1644）	276	307	1.11
清代（1644—1911）	268	633	2.36
汉至清（前206—1911）	2117	1117	0.53

从表4–2–2中，古代长江流域城市水患的频率，由汉代的0.0047城次／年，到宋代上升到0.4城次／年，到明代的1.1城次／年，到清代的2.36城次／年。其城市水患由汉至明清越来越频繁的趋势是十分明显的。

二、从汉至明清，长江流域性的多城市水灾也越来越频繁

从表4–2–2中，可知由汉至隋，罕有流域性的城市水灾的记载。唐德宗贞元八年（792年）荆州、襄阳的水灾，是属于汉水和长江中游的城市水灾。

从宋代开始，这种流域性的多城市水灾逐渐增多。如宋大中祥符四年（1011年）洪州、江州、筠州、袁州的水灾；天圣六年（1028年）江宁府、扬州、真州、润州的水灾；宋仁宗景祐三年（1036年）虔州、吉州、虔化、龙泉、庐陵、袁州、高安、南城的水灾；宋熙宁八年，潭州、衡州、邵州、道州的水灾；宋隆兴二年（1164年），平江、镇江、建康、宁国府及湖、常、秀、和、光州、江阴、广德、无为的水灾；宋孝宗乾道六年（1170年）平江、建康、宁国府以及湖、秀、太平州等的水灾；宋乾道八年（1172年）江西赣州、南安军、隆兴府、吉州、筠州和临江军的水灾；嘉定十六年（1223年）长江中下游多城的水灾等。

到明代，这种流域性的多城市水灾也变得更频繁。如明永乐十四年（1416年），嘉靖元年（1522年）、二十一年（1542年）、三十九年（1560年），万历十一年（1583年）、十四年（1586年）、三十六年（1608年）等。

到清代，清世祖顺治十五年（1658年）、清圣祖康熙二年（1663年）、五十二年（1713年），高宗乾隆二十九年（1764年）、四十七年（1782年）、五十三年（1788年）、五十七年（1792年），宣宗道光十一年（1831年）、二十年（1840年）、二十八年（1848年）、二十九年（1849年），文宗咸丰十年（1860年），穆宗同治九年（1870年），德宗光绪二十九年（1903年）、三十一年（1905年）都出现了多城市的流域性的水灾。这些年的水灾中，尤其以乾隆五十三年（1788年）为重，长江上游内江、合州、合江、酆都、重庆、忠州、万县、云阳及中游的荆州、枝江、罗田、宜都、鹤峰、玉山、鄱阳、都昌、武宁、祁门、贵池等22座城市受水灾的记录。道光十年（1830年），长江上游、中游、下游共有20座城市遭水灾。道光二十九年（1849年），长江中游、下游共有23座城市遭水灾。咸丰十年（1860年），长江上游、中游共有12座城市遭水灾。同治九年（1890年），长江上游、中游共有18座城市遭水灾。光绪三十一年（1905年），长江上游有6座城市遭水灾。

三、长江流域的一些城市，由于其城址地理位置等原因，城市水灾记录较一般城市要多

历史文化名城赣州，历史上有24次城市水灾的记录。

中国七大古都之一的南京城，历史上共有22次城市水灾的记录。当然，以南京历史之悠久，东晋咸安元年（371年）至清末（1911年）共1541年间有22次城市水灾，平均70年一次，频率不算高。

江西饶州古城（治所即今江西波阳县），有21次城市水灾的记录。饶州自南宋绍兴六年（1136年）至清末（1911年）共775年间有21次城市水灾记录，平均37年一次，频率比南京高得多。

湖南常德城，历史上有18次城市水灾的记录。

汉水流域的陕西安康城，古称金州、兴安州，历史上有17次城市水灾的记录。

湖北枝江，历史上有15次洪水犯城的记录。枝江由明嘉靖三十九年（1560年）到清末共351年间，共有15次洪水灌城之灾，平均23.4年一次，频率又更高。

历史文化名城襄阳，历史上有14次城市水灾的记录。

重庆合川，古称合州，历史上有14次洪水犯城的记录。

湖南沅陵，古称辰州，历史上有14次洪水犯城的记录。

历史文化名城乐山市，古称嘉州、嘉定府，历史上共有12次城市水灾的记录。

四川省历史文化名城三台，古称潼川府城、梓州城、郪县城，历史上有11次城市水灾的记录。

历史文化名城宜宾，古城叙州，历史上有8次城市水灾的记录。

湖北沔阳，历史上有9次城市水灾的记录。

历史文化名城南昌，古称洪州，历史上有9次城市水灾的记录。

四川省历史文化名城绵阳，古称绵州，历史上有8次城市水灾的记录。

四川富顺，历史上有8次洪水犯城的记录。

江西宜春，古为袁州，历史上有7次洪水犯城的记录。

历史文化名城成都，历史上共有7次城市水灾的记录。

江西吉安，古称吉州，历史上有7次洪水犯城的记录。

历史文化名城荆州，历史上有7次自然界引起的城市水灾，如果加上以水淹城的人为水灾2次，共有9次城市水灾的记录。

历史文化名城泸州，历史上共有6次城市水灾的记录。

历史文化名城重庆，历史上共有6次城市水灾的记录。

四川省历史文化名城广汉，古称汉州，历史上有3次城市水灾的记录。

古代长江流域城市水灾统计表 **表 4–2–3**

城　名	受水城的城次
赣州	24
南京	22
饶州（治所在今江西波阳县）	21
常德	18
安康	17
枝江	15
辰州（治所在今湖南沅陵县） 合州（治所在今重庆合川县） 襄阳	14
嘉州（治所在今四川乐山市）	12
梓州（治所在今四川三台县）	11
和州（治所在安徽和县）	10
苏州，沔阳，洪州（治所在今江西南昌市），彭水，荆州	9
叙州（治所在今四川宜宾市） 信州（治所在今江西上饶市） 绵州（治所在四川绵阳市） 汉阳，富顺， 均州（治所在今湖北均县西北旧均县） 湖口，丰城，石头，池州	8
成都，屏山，天门，渠县，宜城，宜昌，吉州（治所在今江西吉安市），袁州（治所在今江西宜春市），都昌，德安府（治所在今湖北安陆县）	7
重庆，泸州，资阳，内江，黄州（治所在今湖北黄冈市），谷城，九江，于都，铅山，衡州（治所在湖南衡阳市），浮梁（治所在今江西景德镇市北浮梁镇），建昌，安仁，修水，筠州（治所在今江西高安县）	6
綦江，万源，苍溪，灌县，广安，巫溪，澧州（治所在今湖南澧县），公安，贵溪，彭泽，南城，湖州，进贤，宣州（治所在今安徽宣城县）	5
夹江，威远，中江，鄞都，忠州，万县，南部，昭化，犍为，西昌，武昌，郧阳，新城，瑞金，太平（治所在今安徽当涂县），南丰，泰和，长沙，卢溪，新津，真州（治所即今江苏仪真县）	4
巴州（治所在今四川巴中县），资中，黔江，崇阳，合江，涪陵，遂宁，武隆，广汉，理蕃厅，奉节，江津，云阳，荆门，石首，宜都，永州，衡山，道州，广德，南康，万安，景德镇，万载，武宁，瑞昌，宁都，弋阳，婺源，余干，会昌，石城，德化，秀州（治所在今浙江嘉兴市），镇江，辰溪，泾县，吴江	3
南充，江油，南溪，巴县，安县，大足，江安，崇庆，盐宁，松潘，高县，南川，思南，金堂，江北，阆中，麻城，随州，汉川，巴东，监利，孝感，潜江，当阳，罗田，湘潭，江华，华容，祁门，耒阳，永新，分宜，南江，兴国，阶州，德安，信丰，扬州，安庆，安宁，昆山	2
洪雅，安岳，璧山，荥经，什邡，广元，古蔺，筠连，黎平，酉阳，简阳，西充，井研，雅州，威州，康定，眉州（治所在今四川眉山县），射洪，邻水，江川，峨嵋，武康，澄江，都匀，通山，黄陂，兴山，鹤峰，竹山，房县，咸宁，大冶，樊城，竹溪，枣阳，钟祥，阳新，施州（治所在今湖北施恩市），上津，上犹，常宁，湘阴，湘乡，凤凰，邵州（治所在今湖南邵阳市），零陵，安乡，东至，江永，靖州（治所在今湖南靖县），保靖，安化，平利，慈利，岳州（治所在今湖南岳阳市），平江，叙浦，商州（治所在今陕西商县），上元，常州，铜陵，芜湖，寿州，旌德，南陵，祁阳，长道，成州，霍山，铜鼓，光化，石（木隶），玉山，京山，兴州（治所在陕西略阴县），永丰，临川，奉新，乐平，萍乡，广昌，新干，临江，常熟，南汇	1

四、长江流域的一些城市洪水灌城之灾十分严重

在“古代长江流域城市水患一览表”中，记载了许多滨江城市因江水暴涨，冲破城门，冲坏城墙，甚至漫过城墙，而造成洪水灌城的巨灾。

宋太平兴国九年（984年），“七月，嘉州江水暴涨，坏官署、民舍，溺者千余人。”（《宋史·五行志》）

宋淳化四年（993年），“九月，梓州玄武县涪河涨二丈五尺，壅下流入州城，坏官私庐舍万余区，溺死者甚众。”（《宋史·五行志》）

明永乐二年（1404年），饶州府“水涨，郡城中深二丈许，漂庐舍，溺死者以数千计。坏城郭五百余丈。居民往来以舟。”（《同治饶州府志》）

其中，大水灌城灾害中最典型的例子是明万历十一年（1583年）兴安州（治所即今陕西安康市）水灾。“癸未夏四月，兴安州猛雨数日，汉江溺溢，……水壅高城丈余，全城淹没，公署民舍一空，溺死者五千多人，合家全溺无稽者不计其数。”（《康熙陕西通志》）

清乾隆五十三年（1788年）荆州洪水灌城之灾损失更惨重。据记载，“六月二十日，堤自万城至玉路决口二十二处。水冲荆州西门、水津门两路入城。官廨民房倾圮殆尽，仓库积贮漂流一空。水积丈余，两月方退。兵民淹毙万余，嚎泣之声晓夜不辍。……诚千古奇灾也。”（《荆州万城堤志》，卷9）

长江流域的许多城市，都经历过这种洪水灌城之灾，乐山、安康、荆州、常德、赣州、宜宾、三台、襄阳、南昌、饶州等数十座城市，都有数次这种巨灾的纪录。

五、长江上游的四川，历史上有多次地震堰塞湖引发的洪水灾害

我国历史上多地震灾害，给各地城市、村镇、建筑带来破坏，给人民的生命财产带来了损失。地震还会引起一系列的其他灾害，比如地震次生水灾，包括地震对水利工程的直接破坏引起的水灾，地震时滑坡落入水库或江河湖海激起浪涌造成的水灾，地震海啸引起的水灾，地面陷落灌水引起的水灾，地震堰塞湖及其溃决引起的水灾[1]，等等。长江上游的四川如发生大地震，会造成了极其严重的破坏和灾害，并在震区河流中形成了数十个地震堰塞湖，这些堰塞湖如任其溃决，将给下游城市、村镇和人民带来毁灭性的灾害。

我国关于地震山崩壅河方面，有若干记载，郭迎堂、周魁一、徐好民等学者整理有关史料共26条[2]，其中四川有7条，甘肃6条，湖北4条，云南2条，山西2条，青海1条，江西2条，河南1条，广东1条，四川条目占总条目的1/4强。

四川有关条目如下：

古代四川地震引起堰塞湖的记录一览表　　表4-2-4

序号	朝代	年份	山崩壅河情形	资料来源
1	汉	成帝，河平三年（公元前26）	二月丙戌，犍为柏江山崩，捐江山崩，皆壅江水。江水逆流坏城，杀十三人。	汉书·五行志
2		元延三年（公元前10）	正月丙寅，蜀郡岷山崩，壅江，江水逆流，三日乃通。	汉书·五行志

[1] 周魁一，苏克忠，贾振文，郭迎堂．十四世纪以来我国地震次生水灾的研究．自然灾害学报，1992，3：83-91.

[2] 郭迎堂，周魁一，徐好民编．山崩壅河．宗正海总主编．中国古代重大自然灾害和异常年表总集：353-354．广州：广东教育出版社．

续表

序号	朝代	年份	山崩壅河情形	资料来源
3	晋	太元二年（377）	江水历峡，东迳新崩滩。此山，汉和帝永元十二年崩，晋太元二年又崩。当崩之日，水逆流百余里，涌起数十丈。	水经 · 江水注
4	唐	武德六年（623）	七月二十日，越嶲山崩，川水咽流。	民国四川通志，卷 203
5	唐	光启三年（887）	四月，维州山崩，累日不止，尘坌亘天，壅江，水逆流。	新唐书 · 五行志
6	宋	淳化二年（991）	五月，名山县大风雨，登辽山圮，壅江，水逆流入民田，害稼。	宋史 · 五行志
7	清	光绪二十一年（1895）	五月二十九日，大雨，泉溪坝岩岸崩坠巨石三，横塞河流。	民国万源县志，卷 1

事实上，四川历史上地震堰塞湖的记载还不止以上 7 条。尚有如下几次：

康熙四十七年（1708 年），由于熊耳山崩，堵塞的岷江支流孟董水冲决壅石，决水在保子关下逆江流而上，使威州城被淹没，城墙坍塌毁坏（威州城即新中国成立后汶川县的县城）[1]。

乾隆五十一年（1786 年），五月初六，四川康定发生 7.5 级大地震，山崩，壅塞泸河，断流十日。五月十六日，泸水忽决，高数十丈，使下游城市、村镇遭毁灭性灾难，“人民漂流者不下数十万”[2]。

道光十年（1830 年），《邛嶲野录》记载：“七月二十七日，西昌金坝水崩，安宁河水噎一日，决下流数百里，田畴尽淤。”

以上各次灾害，又以乾隆五十一年最为严重。

乾隆五十一年（公元 1786 年），四川大地震，大渡河上游汉源县山崩阻塞河道十日。十日后，堵水冲决，奔泻而下，给下游乐山造成巨大灾难，据记载：“乾隆五十一年五月，大渡河山崩水噎，凡九日，决后郡城丽正门崩入二百余丈，长亦如之。先是，五月初六日川省地震，人家墙屋倒塌倾陷者不一。越数日，传知清溪县（今汉源县）山崩，壅塞泸河（即大渡河），断流十日。五月十六日，水忽冲决，自峨嵋界而来，崇朝而至，涛头高数十丈，如山行然，漂没居民以万计。北关外武庙土人刻甲子水痕于屋壁，今更倍之。南城旧有铁牛高丈许，亦随流而没。”[3]

这次大渡河壅塞溃决后，水至湖北宜昌处才渐变缓，但仍对过往船只造成损伤，“舟船遇之，无不立覆”。冲毁了大量的民居住宅，致使木料拥蔽海面，远远望去，“几同竹排”。这次地震水灾造成的伤亡也十分严重：“嘉定、泸州、叙府沿江一带人民漂没者不下数十万。”[4]

---

[1] 郭涛著．四川城市水灾史．成都：巴蜀书社，1989：50–51，67，71．

[2] 周魁一，苏克忠，贾振文，郭迎堂．十四世纪以来我国地震次生水灾的研究．自然灾害学报，1992，3：83–91．

[3] 民国乐山县志．

[4] 同治荣昌县志．

第三节 古代长江流域城市水灾频繁化和严重化的原因

古代长江城市水灾越来越频繁，越来越严重，大水灌城之事接二连三，损失越来越巨大、惨重，一次大水灌城，就造成死亡数千人，甚至一万多人的惨剧，造成城市水灾频繁化和严重化的原因是什么？笔者认为，可以归于如下数项。

一、古代中国人口的剧增，加重了资源和环境的压力

据路遇、滕泽之著《中国分省历史人口考》一书的研究，中国的人口，到西周末年只达到1000多万，至春秋末年可达2150万以上，到战国末年达到2630万。秦统一中国后，人口约2000万左右。到西汉末期，人口总计6667万。东汉初，由于战乱，人口仅有约2250万。东汉中期达到5698.7万人。到东汉末年，因战乱又降至1000多万人。到隋朝中期，中国人口总数达4602万。唐初，经战乱，人口仅3000万左右，到中唐天宝十四年（726年），人口约达到8000万左右，到唐末因战乱，人口仅剩约4600万。到北宋后期，宋徽宗大观四年（1110年）户籍人口达到9346.957万人，而宋徽宗崇宁元年（1102年）宋、辽合计考证人口总数为12363万人，即已突破了1亿人口的大关，达到1.2363亿人。

宋、金与蒙古的战争，又使人口大量下降，元至元二十七年（1290年）全国人口统计为6160万人。

永乐元年（1403年），研究者估计全国总人口至少会达到1.01亿人。

至明清嘉靖末年至万历初期，全国约有总人口1.79亿。

经明末清初的大劫难，中国总人口下降至1亿左右。但到清朝中期的嘉庆二十五年（1820年）全国总人口按考证已达到4亿多。

到民国元年（1912年）全国总计人口4.4608亿[1]。

由上述人口总数的变化，唐代以前总数没达到1亿（唐天宝十四年，726年，达0.8亿），北宋后期宋、辽总人口达1.2亿以上，到元代经战乱总人口又下降到0.6亿，到明清早期永乐元年（1403年）又突破了1亿，至明后期嘉靖末、万历初（1566～1573年）达到1.79亿。清初全国总人口降至1亿左右，到清中期的嘉庆二十五年（1820年）上升到4亿多。汉至明清总人口数的变化竟与同一时期长江流域城市水灾的频率的变化有着惊人的相关性（表4-3-1）。

汉至明清中国总人口数的变化与长江流域城市水灾频率变化比较表 表4-3-1

朝代	中国总人口数（亿）	城市水灾频率（城次／年）
汉代（公元前206—220）	0.2 → 0.067 → 0.1	0.0047
三国至隋（220—618）	0.1 → 0.46	0.05
唐至五代（618—960）	0.3 → 0.8 → 0.46	0.06
宋代（960—1279）	1.23	0.4
元代（1279—1368）	0.6	0.24

[1] 路遇，滕泽之著．中国分省区历史人口考，济南：山东人民出版社，2006.

续表

朝代	中国总人口数（亿）	城市水灾频率（城次／年）
明代（1368—1644）	1.0 → 1.79	1.11
清代（1644—1911）	1.0 → 4.0	2.36

为什么人口的剧增会导致长江流域城市水灾的频繁和严重化呢？因为人口的剧增，导致了对资源需求的剧增，从而增大了对生态环境的压力，这是造成毁林垦荒、生态破坏、水土流失、河湖淤高、围湖造田、与水争地的社会学原因。

二、宋、明、清长江流域人口剧增，导致大规模的毁林开荒、围湖造田

为了进一步弄清长江流域人口增长的情况，特选取四川、重庆、湖北、湖南、江西、安徽、江苏七省市人口列表如下。

汉至明清长江流域七省市人口表[1] 表 4–3–2

朝代		人口数（万）							
		四川	重庆	湖北	湖南	江西	安徽	江苏	七省市总数
汉	西汉初（高帝五年，公元前 202）至西汉末（元始二年，2）	180 ~ 393	40 ~ 80	55 ~ 176	80 ~ 146	50 ~ 88	68 ~ 376	58 ~ 294	531 ~ 1553
	东汉中期（永和五年，140）	570	113	205	240	180	407	316	2031
隋	中期（大业五年，609）	354	70	295	136	82	224	164	1325
唐	初期（贞观十三年，639）	425	80	50	140	40	40	50	824
	中期（天宝十一年，752）	774	120	195	225	216	376	397（387+10）	2303
宋	北宋初期(太平兴国八年，983）至后期（崇宁元年，1102）	684 ~ 1780	106 ~ 182	195 ~ 493	260 ~ 598	340 ~ 929	235 ~ 630	202（196+6）~ 531（501+30）	2022 ~ 5143
	金、南京时期（金太和七年，1207）	1385	180	216	686	1164	512	441（391+50）	4584
元	后期（至顺元年，1330）	250	170	285	350	1000	438	956（820+136）	3349
明	前期（洪武十四年，1381）	250	172 ~ 227	271	281	860	217	792（610+182）	2743
	后期（万历六年，1820）	703	227	758	638	1172	966	1847（1574+273）	6311
清	初期（顺治十八年，1661）	295	95	462	380	627	698	745	3302
	中期（嘉庆二十五年，1820）	2308	483	2931	1893	2406	2777	3950	16748

[1] 据路遇，滕泽之著 .《中国分省区历史人口考》一书提供的考证数字而列此表。

邹逸麟先生对宋至明清因人口增加而毁林开荒、围湖造田造成水土流失、水灾频发的历史过程有十分精辟的论述。他在“我国环境变化的历史过程及其特点初探”[1]一文中指出：

我国历史上曾经有过三次黄河流域向长江流域大规模移民的浪潮，那是西晋末年的永嘉之乱、唐代中期的安史之乱至唐末、宋金之际的靖康之乱。这些移民迁徙的方向主要是长江流域，据粗略估计，第一次移民从北方迁往南方的大约为 90 万，第二次大约有 650 万，第三次约有 1000 万。这三次大规模北方人口南移的结果，造成南方土地的大量开辟。第一次北人南迁时，长江以南尚有许多荒地，北来居民在地广人稀处建立起侨州郡县，王公贵族尚可以广聚田宅，占而不垦，发展起庄园经济。第二、三次北人南迁至长江流域及其以南地区，数量数倍于前，由主要集中在西部的成都平原和三峡以东的东部地区，人口密度大增，人多地少矛盾十分突出，苏轼说：“吴、蜀有可耕之人，而无其地。”苏辙也说：“吴越巴蜀之间，拳肩侧足，以争寻常尺寸之地。”当时东南地区平原地带已“野无闲田，桑无隙地”。于是人们将目光投向不宜开垦的山地与湖滩，开始了大规模以围江、湖为主的造田运动。宋代长江中下游两岸圩田不知其数，如皖南、江西鄱阳湖区的圩田即始于此时，东南的太湖流域和宁绍平原更是大兴围湖垦田之风，绍兴的鉴湖、上虞的夏盖湖、镇江的练湖、余姚的汝仇湖、宁波的广德湖都在这时被垦成平地。太湖流域在宋前无大灾，围湖造田后，“涝则水增溢不已，旱则无灌溉之利”。当时人就指出东南水旱之灾，“弊在于围田”，南宋政府也三令五申禁止围田，但由于人口压力和豪门霸占，且湖田高产，故政令一纸空文，两浙地区的围田反而愈演愈烈，直至宋亡。至于无湖滩可围的丘陵地区，则移垦辟山地为主。江西、福建因平原狭小，寸土皆耕，“步丘皆力穑，掌地也成田”，出现了“一寸之土，垦辟无遗”，“寸壤以上未有莱而不耕”的现象。进一步解决人稠地狭矛盾的惟一出路，就是将丘陵山地都辟为梯田，于是“山化千般障，田敷百级阶”，“岭阪上皆禾田，层层而上至顶”成为赣、闽山地的普遍景观。湖田的围垦、山地梯田的普遍开发，对农业发展起了重大的推进作用，使东南地区成为全国粮食生产基地。宋代江西、福建经济文化比较发达，当与农耕业发展有关，而太湖流域更有“苏湖熟、天下足”之誉。其代价则是上游水土流失加剧，下游河湖围垦为田，蓄水面积缩小，洪水来时泛滥成灾。

明清时期长江流域环境进一步恶化，其原因是 16 世纪中叶美洲耐寒、旱、瘠作物玉米、番薯、马铃薯等的传入，使灾害之年，死亡率降低，人口增长迅速。17 世纪初中国人口约有 1.5 亿，至 18 世纪中叶达到了 3 亿。人口大幅度增加，而耕地却没有增加，再加上土地兼并、赋役繁重等原因，有大批失去土地的农民离乡背井形成一股流民浪潮，成为全国性的社会问题，流民主要趋向是进入南方山区，成为棚民，从事伐木、造纸、烧炭等生业，北部的秦岭、大巴山，南方的浙西、闽西、赣南、湘西等山区大批原始森林被毁，引起长江各支流上游的水土流失严重，加速沿江河道和湖泊的淤浅，成滩与长洲，相继被垦成田。以两湖地区为例，明清以前两湖地区人口稀少，荒地甚多，农业不甚发达。入明以来大量移民进入湖广，移民主要来自江西，有所谓“江西填湖广”之说，移民首先进入江汉—洞庭平原，在洞庭平原大量兴建垸田，改造湖区，变湖荒为湖田，使元末以来人口稀少的地区，一下子成为人齿日繁的经济繁荣区。清代还向荆江、江汉大堤外洲滩进发，荆江“九穴十三口”和汉江“九口”的消失，改变了河湖的关系，“往日受水之区，多为今日筑围之所”，清代后期荆江四口分流格局形成，使华容、安乡、汉寿、武陵交界湖区淤出大片洲滩，两湖人大批进入围垦，垸田扩大。明代开始有“湖广熟，天下足”谚语的背景，标志着两湖地区已成为全国经济发达区和商品粮生产基地，养活了数千万人口。

---

[1] 邹逸麟著．椿庐史地论稿．天津：天津古籍出版社，2005：333-343．

清乾隆年间湖北江汉两岸“百姓生齿日繁，圩垸日多，凡蓄水之地，尽成田庐”。清代前期（顺治至嘉庆）洞庭湖区十县有大小垸田544个，共有湖田122万余亩，对湖区的稻米生产起了重大的推动作用。当长江三角洲地区因种植棉花，耕地减少时，两湖地区成为全国粮食输出大省，明中叶开始即出现了“湖广熟，天下足”之谚，清代“湖广为天下第一出米之区”，每年平均出境大米在600万石以上，最高时可达1000万石。其后果则是江汉穴口堵塞，河汉消失，湖泊数量减少和湖面缩小，水灾频发。1644 ~ 1820年，湖北共发生各种自然灾害129次，其中水灾83次，占64.3%，湖南共发生各种自然灾害92次，其中水灾60次，占65.2%。所造成的损失也很大，所谓“综积十年丰收之利，不敌一年溃溢之害”。清代乾隆年间湖北巡抚彭树葵就指出：“人与水争地为利，水必与人争地为殃。”

道光十一年（1831年）湖广总督卢坤、湖北巡抚杨怿曾在《请调水利干员来楚修防疏》[1]中指出湖北频年水患的原因：

在昔江面宽阔，支河深通，涨水容纳易消，滨江州、县少有水患。迩因上游秦蜀各处，垦山民人日众，土石掘松，山水冲卸，溜挟沙行。以致江河中流，多有淤洲。民人囿于私见，复多挽筑堤（土宅），占碍水道。而滨江之江陵、公安、监利，下至沔阳、汉川、汉阳，皆在江汉两水之间。以及滨汉之钟祥、京山、潜江、天门、暨荆门直隶州，向日通流支河水口，近复处处淤塞。每遇大雨实行，汛水涨发，上有建瓴之势，下有倒灌之虞，常致激流泛滥。其民修堤岸，率多单薄。一处溃口，即数处带淹。一经漫淹，河高（土宅）低，水无可泄，粮田沉水，不下数百（土宅）。虽有监利福田寺、孟兰渊、螺山窖、及沔阳之新堤，先后建有泄水闸座。但福田新堤两闸，建自嘉庆十四年。从前泄水本畅，曾经修复有效。近因年久损坏，不能畅宣。其孟兰渊等两闸，外滩淤高，亦难泄水。是以濒临江汉各属，岁有偏灾。此所勘频年致患之缘由也。

三、毁林开荒造成森林资源的严重破坏，森林覆盖率大幅下降

曲格平、李金昌著《中国人口与环境》指出[2]：

在春秋战国时期，中国森林覆盖率达42.9%，以后森林资源急剧下降。其原因：一是人口增长，耕地需求增加，在当时的水平下，只能垦辟新地，而森林土地肥沃，自然灾害较少，首当其冲被大面积开垦。二是一些地区长期沿用刀耕火种的原始农业生产方式，导致大面积森林被毁。三是历代封建统治者不断大兴土木，修建防御工程和豪华宫殿，如长城、阿房宫等，大量砍伐森林。四是战火频仍，以森林作为克敌之武器，森林被大面积毁坏。五是历代王朝基本上没有绿化造林。由于以上原因，使中国森林资源遭到毁灭性破坏。

自古以来，长江流域森林资源非常富饶，特别是长江上游地区的覆盖率曾达60%以上[3]。20世纪30年代长江上游森林覆盖率为30%[4]。

四川地处长江上游，有着丰富的森林资源，川西林区为我国三大林区之一。东汉时期，四川森林覆盖率达60% ~ 70%。唐宋时川中盆地森林覆盖率也在35%左右，四缘山地则普通在70% ~ 80%。到20世纪30年代，四川森林覆盖率为34%[5]。

---

[1] 中国水利水电科学研究院水利史研究室编．再续行水金鉴·长江卷．武汉：湖北人民出版社，2004：116．

[2] 曲格平，李金昌著．中国人口与环境．北京：中国环境科学出版社，1992：68-89．

[3] 汪达汉．论长江流域生态危机与生态建设的对策．长江流域资源与环境，1993，1．

[4] 赵兴华．森林被毁酿成环境之灾．中国绿色时报，2001，1（17）．

[5] 蓝勇．长江上游森林砍伐与保护的历史思考．武汉大学．长江流域资源与环境数据库．

研究表明，唐以前西南地区森林覆盖率约为 80% ～ 90%，三峡地区的森林覆盖率在 80% 左右。唐宋时期三峡地区森林植被仍呈现茂密状况，峡区腹地依然保存着众多原始林木，但人类经济活动的触角已涉及其间；沿江平坝、宽谷、台地附近林木遭到很大破坏，不过大量可观的经济林木已为人们广泛培植。今天三峡地区山地面积约占 80% 左右，扣除垦殖、裸岩、居民城镇用地，唐宋时期三峡地区森林覆盖率应占 70% ～ 75% 之间。今川东平岭谷区山地约占 45% 左右，考虑丘陵平坝可能还有一些森林，三峡东部平行岭谷区森林覆盖率约 50%。

自明清时期开始，三峡地区森林植被呈现出急剧减少的局面。明清两朝，有数百万移民涌入西南地区，移民群体自觉或不自觉地在明清两朝政府鼓励农业垦殖和滋生人口政策下，不断地深入长江沿岸两边腹地，较大的破坏了长江三峡地区较为完整的以森林为主的植被体系。尤其“康乾盛世”之后三峡地区人口剧增，清末人口密度已达每平方公里 127 人，人多地少的矛盾迅速激化，农垦、煮盐业、贩运林木、造纸、开矿以及明清两朝的皇木采办都造成森林资源的规模性消耗。清末长江三峡的森林覆盖率降至 40% ～ 50% 左右[1]。

森林是陆地生态系统的主体，具有涵养水源、防风固沙、防止水土流失、调节气候、净化环境、减少自然灾害以及为野生动物提供生息场所等多种功能。

森林覆盖率的下降，使长江流域水土流失加剧，江河河床淤高，湖泊淤积，这又加速了围湖造田和湖泊面积的萎缩。这正是长江城市水灾到明清越演越烈的原因。

四、长江中下游平原湖泊面积由唐宋至清末以至现代的逐渐萎缩

在 20 世纪的 80 年代，按 1.0km^2 以上面积的湖泊统计[2,3]，长江中下游平原区的湖泊为 642 个，面积约为 15794.6km^2。湖泊的个数和面积分别占全国的 22.5%与 19.59%，占长江全流域湖泊个数的 84.5%与面积的 92.4%，无论湖泊的数量和面积，均在全国和全流域占有重要地位。

长江中下游平原湖泊多以长江干支流沟谷为轴线，沿两岸的平原滩地及阶地前沿分布，并以汉江—洞庭湖平原，九江—鄱阳湖平原，皖中平原和太湖平原为重点，其中汉江平原的中小湖泊密集，尤以位居腹地的荆州市地区的湖群为典型，20 世纪 80 年代前，湖面曾约占汉江平原总数的 49.0%，近达一半。在河谷的分布上与成因类型密切相关。如牛轭湖等长江故道湖，则多分布于长江两岸的河床摆动带内；决口湖分布于大堤的内脚沿线；渍水湖则往往分布于河流自然堤间的洼地及滩地与阶地、谷坡相接的洼地内渍水成湖，最为典型的如汉江平原的四湖地区，因地处长江和汉江水系的自然堤之间，形成江汉平原腹地的大型洼地，渍水而成含洪湖等在内的大小湖群；另如壅塞湖则多沿谷坡及阶地前沿一线分布等。从上可见，除洼地渍水湖多散布于平原腹地外，其余多沿河道、堤线、河谷岸坡及阶地前沿等分布，具有呈线状排列分布的特征。

由于长江干支流携带大量泥沙入湖淤积，再加历史上的人工围垦，致使湖面由大变小，小的湖泊由于泥沙淤积或防洪排涝疏干而消失，所以湖泊的变化主要表现为数量由多到少，面积由大到小。以大湖泊和江汉湖群为例，分述于下。

---

[1] 蓝勇主编．长江三峡历史地理．成都：四川人民出版社，2003：16–31.

[2] 杨锡臣，汪宪柜．中国湖泊和水库．南京：江苏科学技术出版社，1989.

[3] 唐日长，李仁华．长江流域主要湖泊特性．长江志季刊，1990，4.

（一）江汉湖群

据统计[1]：1959年前后百亩以上的湖泊约为1052个，中水位湖泊面积为8252km^2；1972年减少为636个，面积为3115km^2；自20世纪末，所存湖泊仅约309个左右，面积约2050km^2。从上可见，自1959年至20世纪末的近40年间，江汉湖群中的湖泊数量减少约743个，面积减少6202km^2，即湖泊数量和面积分别减少70.6%与75.2%，其中减少速率尤以1959～1972年间为快。湖泊面积缩小的实例，如洪湖1949～1980年间水域面积由734km^{2}减少到370km^2，减少364km^2，即减少49.6%。梁子湖高水时面积由1458km^{2}缩小为664km^2，减少794km^2，即减少54.5%；汈汊湖面积由680km^{2}减少为40km^2，缩小640km^2，即减少94.1%。

（二）洞庭湖

由于荆江水位的上升，并在新构造运动向南掀斜的影响下，向南分流，古有沦水，后被太平口虎渡河所劫夺继续南下，另有调弦口，形成两口分流。随分流量的增加，湖面扩展，于1825年时的洞庭湖全盛时期，湖泊面积曾约达6000km^2，后由于1860年和1870年的藕池口和松滋口先后决堤溃口向南分流，从此形成四口向南分流分沙，自上世纪50年代调弦口建闸后变为三口，再加湘、资、沅、澧四水入湖，使洞庭湖水量大增，湖面扩展，但同时带来大量的泥沙淤积湖内，在1956～1966年荆江裁弯前年均淤积量达1.69亿，裁弯后的1981～1998年已大有减少，但年均仍达0.896亿，从而又使湖面萎缩加剧（表4-3-3）。从表可见：至1949年时减少到4350km^2，至1995年时，已继续减少到2623km^2，湖泊容积相应大幅度衰减。

洞庭湖近代湖泊面积、容积变化[2]　　表4-3-3

年份	时段（年）	湖泊面积（km^2）	年均变率（km^2/年）	湖泊容积（亿m^3）
1825		6000		
1896	71	5400	8.45	
1932	36	4700	19.44	
1949	17	4350	20.59	293
1954	5	3915	87.00	268
1958	4	3141	19.00	228
1971	13	2820	24.69	188
1977	6	2740	13.33	178
1984	7	2691	7.00	174
1995	11	2623	6.18	167

（三）鄱阳湖

据历史文献记载：唐初已成大湖，而后亦因泥沙的淤积，于宋末至明初时期湖面已大为萎缩，后自明清以来湖面又复继续扩展南移，但由于近代支流上游水土流失加剧，来沙增多，致使赣抚等支流的入湖三角洲不断扩展，湖面逐渐缩小。现从20世纪50～80年代不同水位的湖面变化见及（表4-3-4），因湖床比较浅坦，故具有以下特点：其一，湖泊的面积与水位紧

[1] 华钟．江汉湖群．武汉：湖北人民出版社，1974.

[2] 唐日长，李仁华．长江流域主要湖泊特性．长江志季刊，1990，4.

鄱阳湖面积、容积变化[1] 表 4-3-4

湖面高程（m）		10.00	12.00	14.00	16.00	18.00	20.00	22.00
面积（km^2）	1957		550	2070	3700	4480	4750	5020
	1967	89	510	1851	3353	4545	4847	5065
	1976	76	526	1895	3065	3586	3771	3914
	1986	76	526	1895	2800	3100	3150	3210
容积（亿 m^3）	1957		7	31	90	173	264	358
	1967	0.5	6	28	81	160	254	354
	1976		9	31	81	148	222	299
	1986		6	30	70	130	195	252

密相关，湖水位愈高，湖面愈大，容量相应增大；水位愈低，湖面和容积大幅度减小。其二，1957 ～ 1986 年的 30 年中，湖面高程在 16.00m 以下，面积与容积随时间的推移，变化趋势不甚显著；16.00m 以上的高湖面变化，自 20 世纪 50 年代以来总趋势为由大变小幅度增大，缩小的面积愈大，湖泊的相对容积减少愈多。

（四）太湖

据研究，太湖在唐代时期湖面东至吴江海塘附近，而东山和西山周围被湖水淹没变为湖中两大岛屿，后因泥沙的淤积不断扩展，至清代中期，湖岛并岸，太湖向西退缩，近一二百年来，湖的东部和西北部因泥沙淤积加快，再加人工围垦，湖面缩小。尤其 20 世纪 60 ～ 70 年代，太湖的湖区及周围湖群面积减少达 161.0km^2，使湖泊面积缩小 13.6%。

（五）巢湖

根据巢湖的地貌轮廓，10m 等高线圈定范围原面积达 2000km^2 以上，后由于泥沙的淤积，湖面缩小，据考证，宋前的 200 年间缩小了 1/5。另据史料记载，明末清初时的三河镇原为位于湖滨的一重镇，历经 300 多年的淤积演变，洲滩发展，湖泊向东退缩，于 20 世纪的 70 年代已远距湖边达 10.0km[2]。另据有关资料反映，仅 1949 ～ 1980 年的 30 余年间，湖泊面积缩小约达 26.0km^2。

综合上述：长江中下游的平原湖泊因泥沙淤积和人为因素影响，数量减少，面积不断缩小已成总体发展趋势，其中尤以汉江湖群和洞庭湖为甚[3]。

《申报》载：光绪三年四月初四日，汉口因襄水骤涨，覆舟十一，淹毙六人。略言：鄂省所属之武昌、荆州、安陆、汉阳诸府，皆襟江带河。每逢夏秋两汛泛涨之时，全恃腹地巨湖以为潴泽。盖水势以分而见少，即水力分而见驯也。隶于江之东者，良滋湖为大，周围不下五百余里。隶于江之西者，洪湖为大，周围几有一千余里。舟楫往来，昕夕不绝，故为外江内湖常川之水道。自两处濒湖居民，欲以数百年荒废之湖，转为千万顷膏腴之壤。遂于去年冬间，将江夏武昌两县交界之良滋湖水口一律堵塞，使江水不能倒灌，而东岸蓄水之壑绝。将属潜江、监利、沔阳两县一州环拱之洪湖水口一律筑塞，使河水无所分流，而西岸泄水之区绝。方今汛

[1] 唐日长，李仁华．长江流域主要湖泊特性．长江志季刊，1990，4．

[2] 水利部长江水利委员会编．文伏波主编，长江流域地图集．北京：中国地图出版社，1999．

[3] 周凤琴．荆江堤防与江湖水系变迁．长江水利史论文集．南京：河海大学出版社，1990．

水甫临，外江之水则川为大，内河之水则汉为大。然河水易于溃决，转甚于江。向来腹地，节节有湖，即节节有口。虽惊涛骇浪，高如山涌，快如奔马，而有汉港以为支流，亦自具急脉缓受之法。自湖口塞决以后，水势以无分而渐多，即水力以无分而益厉。现在襄水发自汉中，浩淼奔腾，较之上年立夏之交，又有过之。原其故，实因内河水无所泄，而又有江水以树之敌，遂至急流汇迸，高似建瓴。

光绪四年，湖北樊口建石闸一事，李瀚章和张之洞，都十分重视对长江中游沿江湖泊的调蓄洪水的功用。

李瀚章说：伏查武昌县樊口地方，内通梁子等湖，周围八百余里，汇于一口出江。载在《大清会典》、《一统志》、钦定《明史·地理志》诸书。数千年来，从无议建闸坝之事。同治元年，武昌县知县龙云始，据绅士禀请筑坝。前抚臣严树森以此坝一筑，水无分泄，大江两岸，必别有冲决之患。严饬不准。

窃惟湖北之水，江汉为大。江水自巴东县入境，汉水自郧西县入境，分流千余里，至汉口而合流，其势浩大。外则支河港口，内则巨泽重湖，节节棋布星罗，足为分杀停潴之地。使其纡徐折，逐渐东趋。故前史所载水患稀见。自后世与水争地，设堤防以御之，水道日窄。然沿江沿湖，亦只有顺水直堤，从无堵水横坝。历考名臣奏议，留心湖北水利。如阿桂、汪志伊等，佥以疏浚支河为要：凡宣泄积水之路被居民阻塞者，乾隆五十三四等年，迭奉谕旨，照例严治其罪，并饬勒碑永禁。

江水经行之道，譬之人身。湖河港汊，犹四肢之脉胳，所以宣行血气也。今堵塞湖口，是截去肢体，仅留胸膈也。胸膈不快，头足皆病。口不能泄，则尾闾泄之。沿江各堤，虽不能指定南岸北岸，要之川壅必溃，理有固然。嘉庆年间，监利之水港口、沔阳之茅江口，皆因横堵一堤，上游石首、江陵，大受其害。近日修吴家改口，遂溢于天门之岳口，是其明证。樊口为江汉合流以后南岸泄水首区，一经筑塞，则上下堤防，皆有岌岌可危之势。

张之洞《樊口闸坝私议》认为：

今欲定闸坝之是非，必先究樊口之形势。江夏以南、通山以北、咸宁以东、武昌大冶以西，群山环之。平衍八百余里，无大水源。而西北樊山之下，有一港受江水，是谓樊口。江水入其中，汇为梁子等湖。大抵此九十九汊，皆以口为源，以港为身，以湖为尾。彭蔬如蔓系瓜之喻，最为明确。

汉贾让有云：古者立国居民，必遗川泽之分，使秋水有所休息，游波宽缓。治水而防其川，犹儿啼而塞其口。江水既失此八百里停潴之地，自必别求八百里之地以容之。此消彼长，事理甚明。

江陵上下，旧有九穴十三口，所以是江汉湖泽呼吸均输，不致涨落悬绝为害。宋元及明，湮塞都尽。公安、石首、华容一带，民排水泽而居。圩提交错，泥沙壅塞，江无经流，消泄愈缓，上流愈甚。故今日荆州大堤，岌岌可危。不知洪波巨患，当在何时。

五、荆江自宋末元初至今洪水位上升达11.1m

周凤琴经研究，得出结论：荆江近5000年来，洪水位上升了13.60m，其中宋末元初至今上升了11.1m。其原因，一为洞庭湖的淤积与湖面的萎缩，使之对荆江洪水的调蓄能力下降，一为荆江河道泥沙的淤积，河床上升[1]。

---

[1] 周凤琴．荆江近5000年来洪水位变迁的初步探讨//中国地理学会历史地理专业委员会，历史地理编委会编．历史地理．第四辑．上海：上海人民出版社，1986：46−53.

由于河床的淤积，洪水位越来越高，江堤也越筑越高。目前，荆江南岸地面高程较荆江河床平均高出 2m，荆江河床比北岸地面高出 3m，荆江洪水位经常高出荆江北地面 10m 以上[1]。也就是说，由于泥沙的淤积，荆江已逐渐成为地上河。

以上从人口的剧增，尤其是宋、明、清长江流域人口剧增，导致大规模的毁林开荒、围湖造田，导致长江流域森林覆盖率的下降，水土流失，导致长江中下游湖泊面积萎缩，河床淤高，洪水位升高，荆江到如今已成为地上河。以上就是古代长江流域水灾，包括城市水灾频繁化和严重化的原因。

第四节　古代长江流域城市防洪案例研究

长江流域城市众多，我们选择若干在城市防洪上有特点的城市进行研究，以总结其经验和教训，作为今日城市防洪之借鉴。上游我们选乐山、成都，汉水我们选安康、襄阳，中游选荆州、常德，赣州，共七座城市，作为典型案例进行研究。

一、乐山（图 4-4-1 ～图 4-4-4）

（一）地理位置与历史沿革

乐山古城位于四川盆地西南部。岷江、青衣江、大渡河三江汇流环绕，形成一个独特的“三江萦回、郡宛中央”的景观。加之风景、文物与城市交融映衬，又构成风光殊丽的“嘉州山水”。因此，南宋诗人邵博说：“天下山水之观在蜀，蜀之胜曰嘉州。”

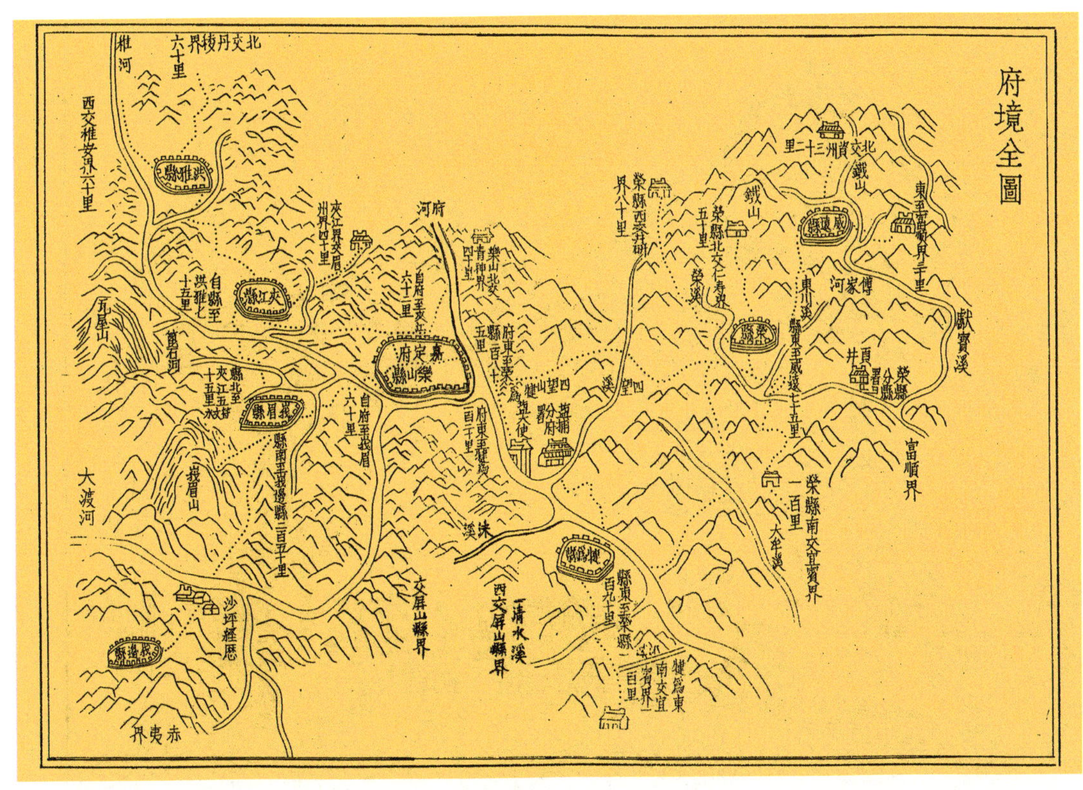

图 4-4-1　嘉州府境全图

[1] 黎沛虹，李可可著．长江治水．武汉：湖北教育出版社，2004：334.

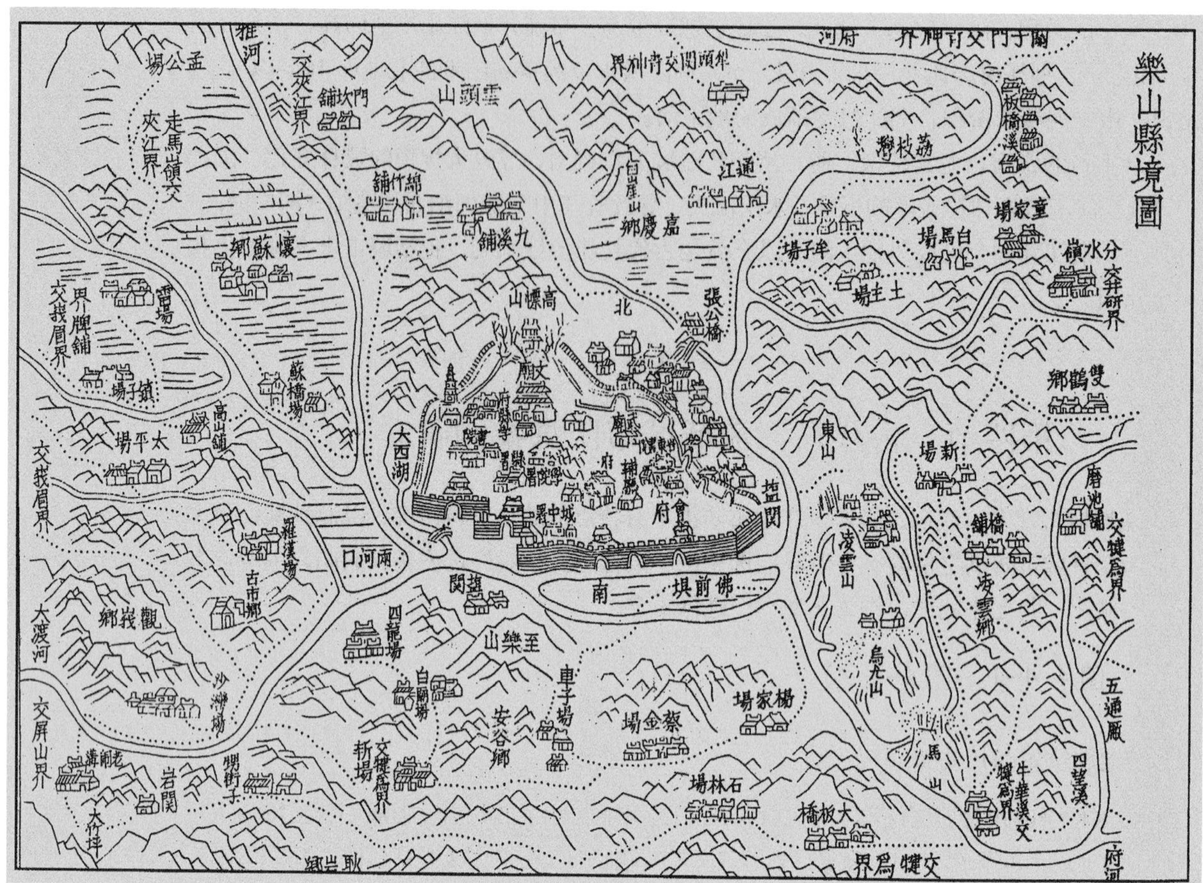

图 4-4-2 乐山县境图

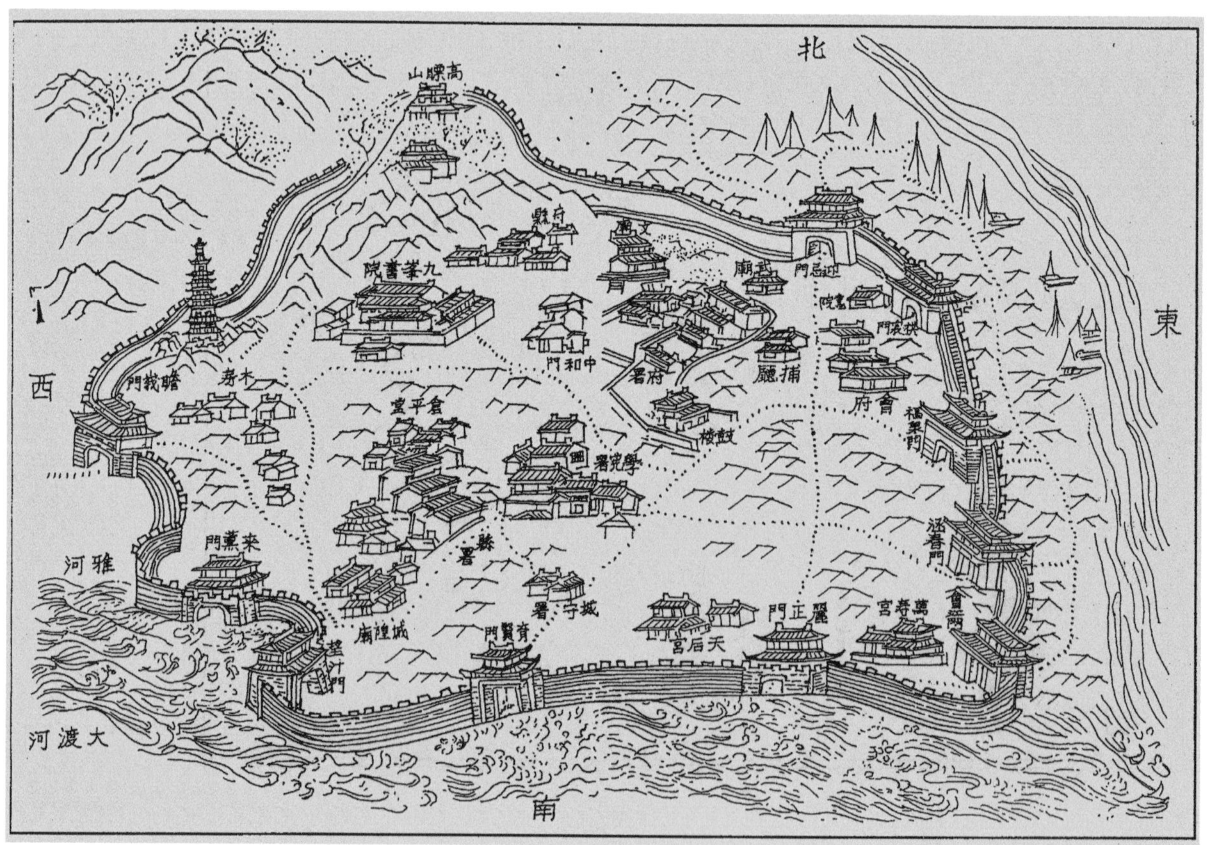

图 4-4-3 清代乐山城池图

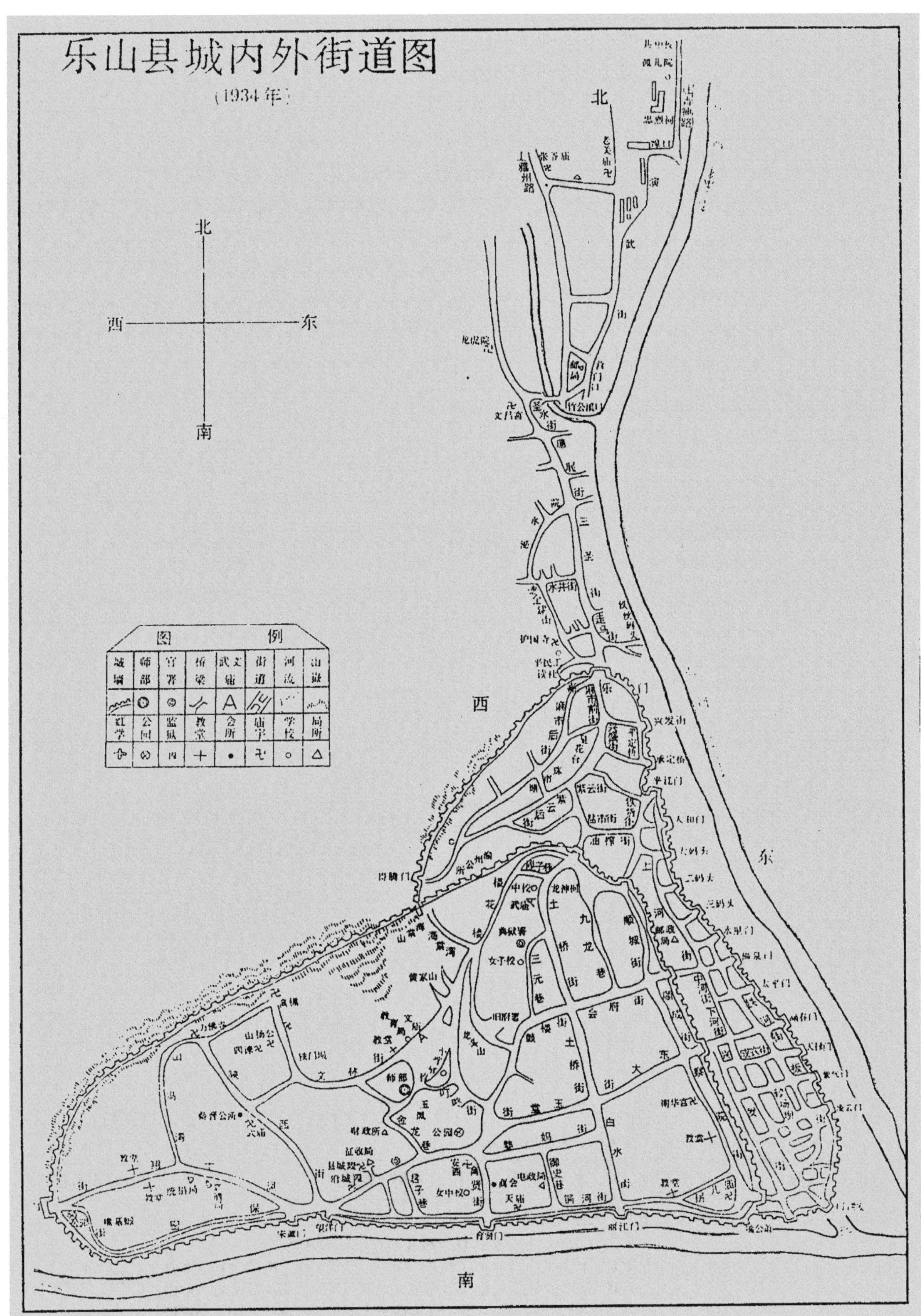

图 4-4-4 民国时期乐山城完整的内外城格局（自四川历史文化名城：151）

乐山早在五千年前就有人类在此生息繁衍。近年发现岷江对岸陈黄村等新石器遗址多处。三千年前后的春秋战国时期，乐山曾是蜀王开明进入四川时最早的故都。《水经注·江水》载："[南安]县治青衣江会，襟带二水矣，即蜀王开国故治也。"南安就是秦当时乐山最早的县名。据记载，秦代时在今四川可考的县有19个，南安（乐山）即是一处。

乐山古城的历史，可追溯到两千多年前的西汉昭帝时（公元前87～前74年）。当时朝廷命益州刺史任安筑武阳等城，南安由于在秦当时已设县，可能此时同时修筑南安城了。

文字明确记载，嘉州古城是北周宣帝大成元年（579年）把南安更名为嘉州的。清嘉庆《乐山县志》说"历代治此"，至今保存了1400多年前的城市格局。

今乐山市，按古建制，相当于犍为郡、嘉州、嘉定府一级。治地南安县，即隋至明的龙游县，为今乐山市市中区等地方。

唐玄宗天宝元年（742年），又将嘉州更名为"犍为郡"，后复名嘉州。南宋庆元二年（1196年）因"宁宗潜邸"，嘉州按例升为"嘉定府"。元代至元十三年（1276年）又升为"嘉定府路"。明代洪武九年（1376年）改为嘉定直隶州。清代雍正十二年（1734年）复为"嘉定府"。原龙游县更名乐山县，以岷江对岸之乐山得名。

民国时期，在乐山设"乐山行政督察区"。建国后设"乐山专员公署"，1978年改为"乐山地区行政公署"。1985年，撤销乐山地区，新建省辖乐山市，辖17个区、市、县，市政府在市中古城内泊水街。

乐山是历史文化名城，主要是指中心城区老城墙范围内及其近郊的有关历史文化地区。古城面积约为1km^2。以古城为中心，辐射环卫着从战国到明清的各代文物古迹，仿佛是一个以实物组成的历史画卷。

荆楚而来的开明部族，首先在乐山一带建都。乐山附近的符溪、犍为金井近年出土的战国精美铜器、陶器说明了这个事实。

（二）乐山古城历史上受洪灾情况

乐山古城历代水患一览表　　**表4-4-1**

序号	朝代	年份	水灾情况	资料来源
1	宋	开宝九年（976）	九月，嘉州江水暴涨，坏官庐民舍，溺死者无算。	嘉庆四川通志
2		太平兴国九年（984）	七月，嘉州江水暴涨，坏官署、民舍，溺者千余人。	宋史·五行志
3		端拱二年（989）	嘉州江涨，入州城，坏庐舍。	嘉庆四川通志
4		淳化二年（991）	七月，嘉州江涨，溢入州城，毁民舍。	宋史·五行志
5		咸淳七年（1271）	五月，重庆府江水泛溢者三，漂城壁，坏楼橹。	宋史·五行志
6		咸淳七年（1271）	四川制量使朱禩孙言："夏五月以来，江水凡三泛滥，自嘉而渝，飘荡城壁，楼橹圮坏，又嘉定震者再，被灾甚重。"	嘉庆四川通志
7	清	乾隆九年（1744）	沫水大涨，街房尽漂没。	民国乐山县志
8		乾隆二十六年（1761）	辛巳夏，嘉大水，水入南门，左右街皆被溺。	民国乐山县志
9		乾隆五十一年（1786）	五月，大渡河山崩水噎，凡九日，决后郡城丽正门崩入二百余丈，长亦如之。先是，五月初六日四川省地震，人家墙屋倒塌倾陷者不一。越数日，传知清溪县（今汉源县）山崩，壅塞泸河，断流十日。五月十六日，水忽冲决，自峨眉界而来，崇朝而至，涛头高数十丈，如山行然，漂没民居以万计。北关外武庙土人刻甲子水痕于屋壁，今更倍之。南城旧有铁牛高丈许，亦随流而没。	民国乐山县志

续表

序号	朝代	年份	水灾情况	资料来源
10	清	嘉庆九年（1804）	河水冲塌南城二十余丈。	嘉庆乐山县志，城池
11		嘉庆十六年（1811）	十六年复径冲塌。	嘉庆乐山县，城池
12		道光二十六年（1846）	丙午六月初十日，灌县起蛟发水，眉、彭田堤淹没，坏庐舍。蛟随水行至嘉定，势极汹涌，诸祠庙及张公桥皆崩塌，城外成巨浸，大舰直泊迎春门内，盖百年未有之灾也。	民国乐山县志，祥异

由上表可知，嘉定州城共有12次洪水记录。

（三）历代防洪措施

关于嘉州城的洪水问题，明代嘉定四名士之一的安磐指出；

“吾州介山水中，北刊山为城，东南滨水而堤，堤即城也。城东一水自北来，曰江水；城南一水自西来，曰青衣水；自西南徼外来，曰沫水。三水皆迅急，皆会州东南，皆能为州城患，而沫为最，夏秋之交，常平城。”

可见，滨江的东、南两面城墙受到洪水冲击，是乐山古城防洪的最头痛的问题。为了解决这一问题，历代治蜀治嘉州的官员和百姓想出了许多办法，采取了一系列的防洪措施。

1. 守冰凿离堆辟沫水之害

《史记·河渠书》云：“蜀守冰凿离堆辟沫水之害。”

《华阳国志·蜀志》云：“时青衣有沫水，出蒙山下，伏行地中，会江南安；触山胁溷崖；水脉漂疾，破害舟船，历代患之。冰发卒凿平溷崖，通正水道。”

关于这段文字，任乃强先生注云：

“溷崖”，今乐山县岷江东岸之“大佛崖”是也。大渡河水对之冲来，激洄腾突，为舟行害。故李冰凿崖开峡，斜对沫水，以杀来水怒势，既引其水过离堆（乌尤寺）峡，出箆子街，灌牛华溪、五通桥一带平原，开稻田，使于成都二江同利，为灌溉与行舟之干渠。今牛华溪五通桥平畴水利，始于此也[1]。

2. 建乐山大佛以镇水害（图4-4-5）

乐山大佛位于四川省乐山市南岷江东岸凌云寺侧，濒大渡河、青衣江、岷江三江汇合处。大佛为弥勒佛坐像，通高约61m，是我国现存最大的一尊摩崖石刻坐像，也是世界上最大的石刻佛像。经近年的精确测量，大佛高60.8～61.3m之间[2]，其头直径10m，高14.7m。眉长3.7m，眼长3.3m，颈高3m，耳长7m，指长8.3m，脚宽达8.5m[3]。大佛的体积约为一般人的10万倍，这是一个巨大的艺术工程。

乐山大佛的修凿建设，从唐代开元初年（713年）开始，至唐贞元十九年（803年），前后经91年。建大佛的第一位艺术大师、规划师和工程主持人是黔僧海通和尚。他见当时三江之水，奔腾咆哮，雷霆万里；回水激流，拍击山崖，行船常被恶浪冲走。海通和尚，要尽自己慈悲之心，开山建造石佛大像，使山石坠入奔腾的湍流中，可以减杀江水的肆虐。只要佛广开慈容，激发人们的善心，结集众人的力量，就能实现这万古长存的功绩。

[1] 任乃强校注．华阳国志校补图注．上海：上海古籍出版社，1987：138 ⑩．

[2] 唐长寿．乐山大佛试探[J]．乐山师专学报，1990（11）：转引自张翔龄．乐山大佛文化：352-368．

[3] 池刚．论大佛文化[J]．乐山师专学报，1990（11）：转引自张翔龄．乐山大佛文化：352-368．

图 4-4-5 清代凌云山名胜木刻图

最后完成大佛工程的韦皋所作的《嘉州凌云寺大像记》云："惟圣立教，惟贤启圣。用大而利博，功成而化神。即于空，开尘刹之迷；垂其象，济天下之险。嘉州凌云寺弥勒石像，可以观其旨也。"[1]

可见，开凿大佛之旨，是希望佛像"广开慈容，大转法轮"，"开尘刹之迷"，"济天下之险"，是万古长存的功德。

海通和尚从开元初年进行修凿大佛的筹划，募化集资，勘测规划。约于开元六年（719 年）动工。这期间，海通抵制郡吏求贿，将双目剜出，矢志不移，开凿大佛，直至开元十五年（728 年）去世。这种舍己而矢志开凿大佛的精神，感天泣地。

接着主持大佛工程的是剑南西川节度使章仇兼琼，他"持俸钱二十万以济其资"，直至唐玄宗天宝五年（747 年），他调任户部尚书，离开嘉州。大佛工程也停顿了多年。

至唐贞元初年（785 年），韦皋任剑南川西节度使，经略滇南，他主持大佛的继建，直至贞元十九年（803 年），工程全部完成。从此，一座慈祥庄严、与山同高的弥勒大佛，就雄踞于青衣江、大渡河、岷江的合流处。焕发着佛教文化光彩的大佛成为嘉州的标志，巴山蜀水为之增色，因而也就有了"天下山水在蜀，蜀之山水在嘉州"的美誉。

[1] 张翔龄．乐山大佛文化／／永寿主编．峨眉山与巴蜀佛教．北京：宗教文化出版社，2004：352-368．

1996 年，乐山大佛与峨眉山一起，被联合国教科文组织列为世界文化与自然遗产。

3. 筑吕公堤以护城外江岸

《舆地纪胜》卷 146 嘉定府“古迹”中有吕公堤的记载：“吕公堤，自三江门二水之会，连延不断岸被啮。吕公由诚大筑此堤。府人德之，以字堤云。”

吕公堤实护城堤，保护城基不受江水侵啮。

南宋乾道年间（1165 ~ 1173 年），著名诗人陆游摄知嘉州，也筑堤抗洪，为嘉州城抗洪贡献了力量。他在任期间，重修吕公堤，并写出“出城至吕公亭按视修堤”、“十二月十一日视筑堤”等诗[1]。

4. 以石坚筑城基，编木为栅护石基，以土石卫栅

安磐《城池记》详细讲述了这种筑城法：

“掘地深八尺。万杵齐下。砌石厚凡八尺以附于上。编木为栅，以附于石。栅之外，仍卫以土石。自栅而上，东城高凡十有四尺，南城高凡十有六尺。厚则以渐而杀上，置女墙，高凡五尺。延袤凡六千余尺。凡石必方整。合石必以灰。一石不如意者，虽累数十石其上，必易。”[2]

5. 防洪措施的效果分析

以上这些措施是否有效呢？下面试分析之。

蜀李冰凿离堆辟水之害，这条措施是有效的（图 4-4-6）。

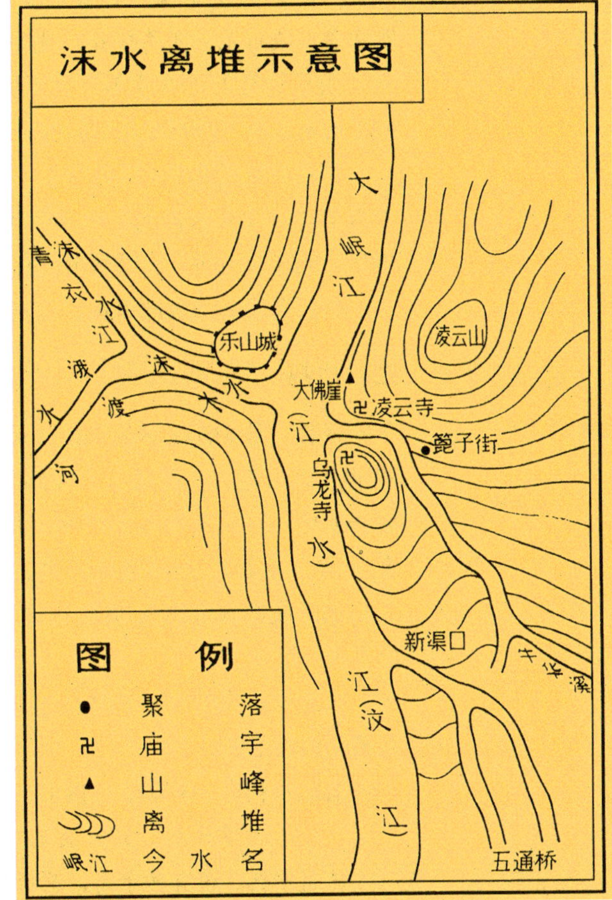

图 4-4-6 沫水离堆示意图（自任乃强．华阳国志校补图注：138–139）

任乃强先生指出：

四川盆地以内山爪，因江河侵割而成离堆者，约近百所。……如上述近百所离堆中，其显然为人工凿成者只乐山乌尤寺一处。……人类在青铜器时代，已能以锤、钻截割砂岩为巨石，如本书所记之石镜、五丁担，及近世发现诸氏人石墓，与汉代诸崖墓，皆可证明秦李冰时已充分具备开凿如此砂岩为石峡，以“通正水道”之能力。其所以能为此功者，盖先见都江宝瓶口之天然裂口过水，最能控制内江水量，优于作坝制水。故冰因乌尤与凌云两山间之细腰，凿为人功之离堆，以过水也……

此峡渠水在冰时与灌县内江之宝瓶口同功，可供行舟、灌溉[3]。

嘉州古城至迟在北周已筑城于三江口，至今未移。由北周大成元年（579 年）改置嘉州至隋唐五代末（960 年），其间 380 年未见城市水灾记录。李冰之举是有效的。正如安磐“城池记”所指出的：“秦李冰凿离堆以避其患。”凿开石峡后，部分水可分入峡渠内，起到分洪作用，可以减少对乐山城的冲击力。

[1] 向玉成著．乐山旅游史．成都：巴蜀书社，2005：311.

[2] 安磐．城池记．古今图书集成，考工典，卷 27，城池部艺文二．

[3] 任乃强著．华阳国志校补图注．上海：上海古籍出版社，1987：138.

任乃强指出："乌尤岛峡，由人工开凿，石底一成，不可岁岁凿深。……故自冰后若干年，江水逐渐难以入峡。大约在明清世，此渠已沽，县人更从乌尤离堆之下游作堋，引江水溉牛华溪、五通桥一带平田。蓖子街水道遂废。今竟成为陆地石峡。"[1]

笔者认为，到北宋开宝九年（976年）起，至太平兴国九年（984年）、端拱二年（989年）、淳化二年（991年），短短的15年间，嘉州竟有4次江水犯城之灾，说明李冰所凿石峡已失去作用，不能起分洪的作用。

吕公堤是当时抗洪的重要措施，它由吕由诚任嘉州知州时所筑。

《宋史·吕由诚传》："吕由诚，字子明，御史中丞诲之季子。幼明爽有智略，范镇、司马光，父友也，皆器重之。……通判成都府，知雅、嘉、温、绵四州，复知嘉州，皆有治绩。"

吕由诚"两任嘉州时"，在会江门外"筑堤捍水，水为之宿"[2]，吕公堤是护城堤，其效用是明显的。北宋后期未见到嘉州城水灾的记录。

南宋乾道九年（1173年）春末，陆游摄知嘉州事，又重修了吕公堤。南宋（1127～1279年）嘉州城未见水灾的记录。可见吕公堤之护城基是有效的。

由于吕公堤年久失修，元代嘉州城出现了一次水灾记录。由明安磐"城池记"可知，明代城市受江水冲击灾情较严重。明正德八年至九年（1513～1514年）深筑石城基，又以栅护城基，以土石护木栅，严格施工。城未筑完，"功半，大水卒至，叫跳冲击，漫漫者三日，州人相视失色。既水落，城石无分寸动移者。民盖欢呼。"[3]可见筑城的办法、措施是有效的。

由正德九年（1514年）直至乾隆八年（1743年）的230年间，乐山城无洪灾记录，也说明了明正德所筑的石城是坚固的。

清代有乾隆九年（1744年）、二十六年（1761年）、五十一年（1786年），嘉庆九年（1804年）、十六年（1811年），道光二十六年（1846年），共六年嘉州城受水灾。其中，乾隆五十一年（1786年）为地震，山崩引起堰塞湖，有冲决的巨灾。这种巨灾是不同寻常的，损失是极其严重的。

唐代在凌云凿大佛镇水，造就了世界奇观的乐山大佛。这也是一大功德。

二、成都

成都，是长江上游的一座大城市，号称"天府蜀都"为我国首批历史文化名城。20世纪80年代以来考古发现揭示了成都平原上的古蜀文明，发掘出距今4500～3700年前的宝墩古城群遗址，3700年前殷商时期三星堆遗址，商末周初—春秋时期的金沙十二桥遗址（大约距今3600年左右），这些遗址的发现，使蜀都成都的历史进一步上溯到殷商时期。

由于成都城有约3600年历史，故历代城池形态有一定的变化（图4-4-7～图4-4-13），但并没有迁移。

成都城是我国古城中用水之利而避水之害的典型例子，是我们研究古代城市防洪和城市水利最经典的范例。

著名水利史专家郑肇经指出：

> 吾国言水利，蜀为最先。蜀水之利，都江堰为最著。大禹蜀人也，开明蜀帝也，李冰蜀守也，俱有功于蜀，此后踵武前贤，功在生民者，项背相望[4]。

---

[1] 任乃强校注．华阳国志校补图注．上海：上海古籍出版社，1987：138～139．

[2] 乐山县志，卷4，建置．

[3] 安磐．城池记．古今图书集成，考工典，卷27，城池部艺文二．

[4] 郑肇经著．中国水利史．上海：上海书店，1984：258．

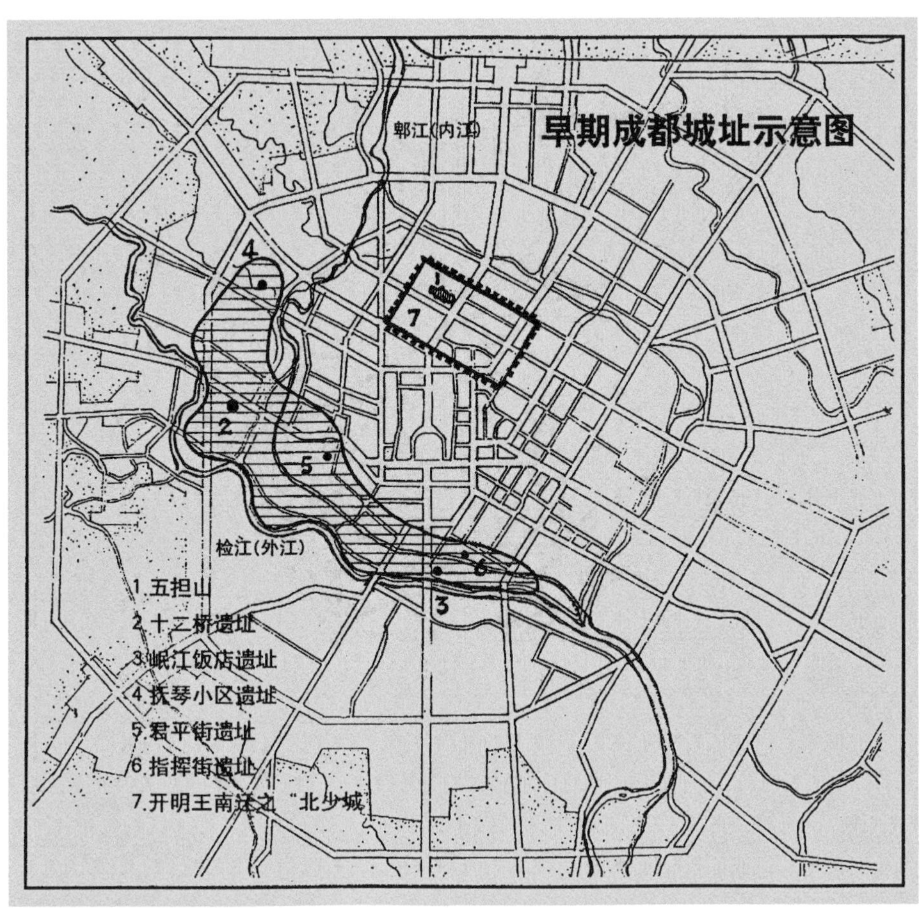

图 4-4-7 早期成都城池位置示意图（自应金华主编．四川历史文化名城：17）

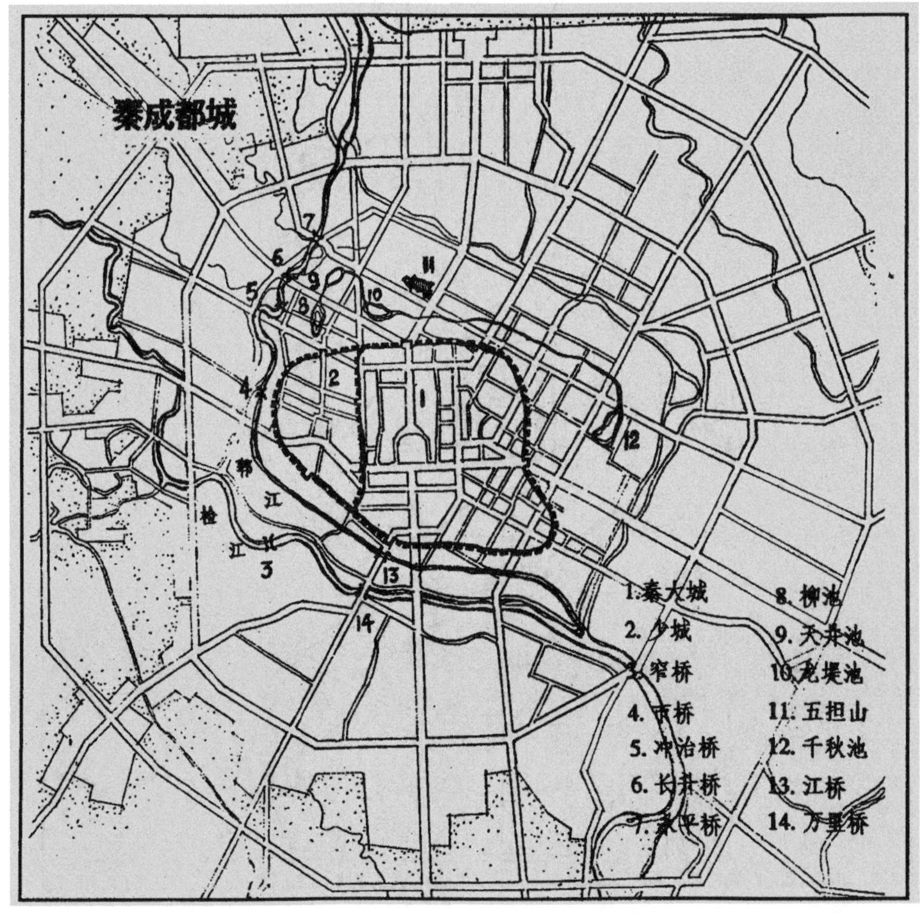

图 4-4-8 秦代成都城池位置示意图（自四川历史文化名城：19）

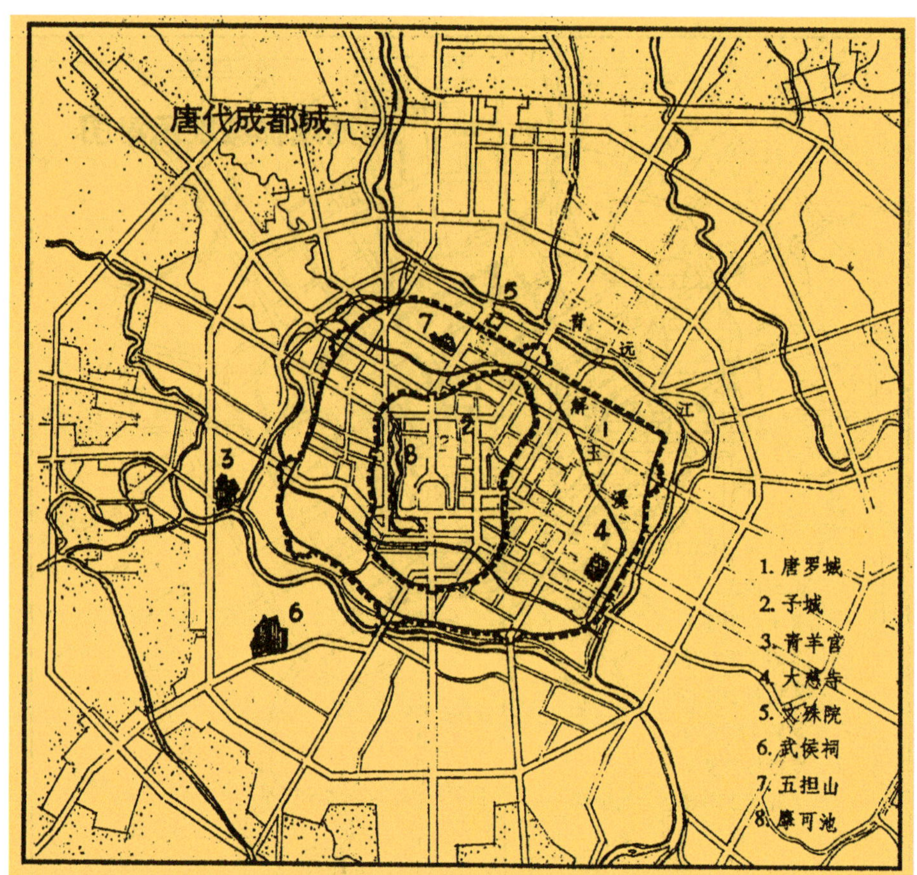

图 4-4-9 唐代成都城址位置示意图（自四川历史文化名城：21）

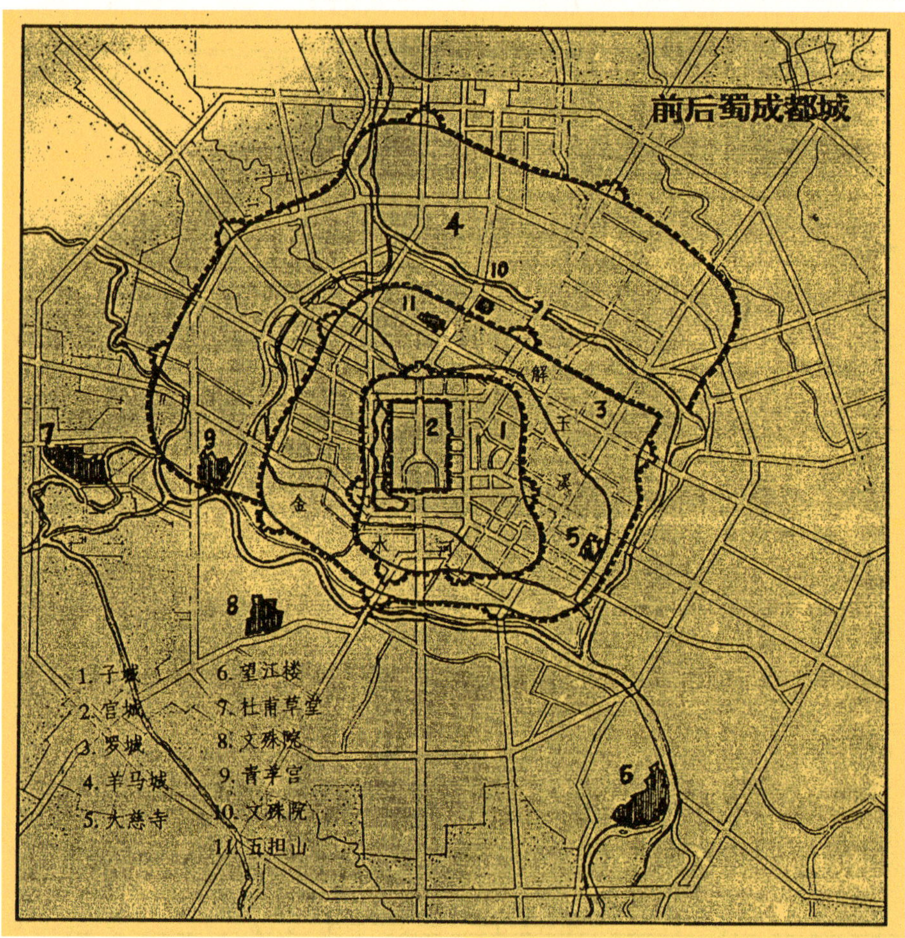

图 4-4-10 前后蜀成都城址位置示意图（自四川历史文化名城：22）

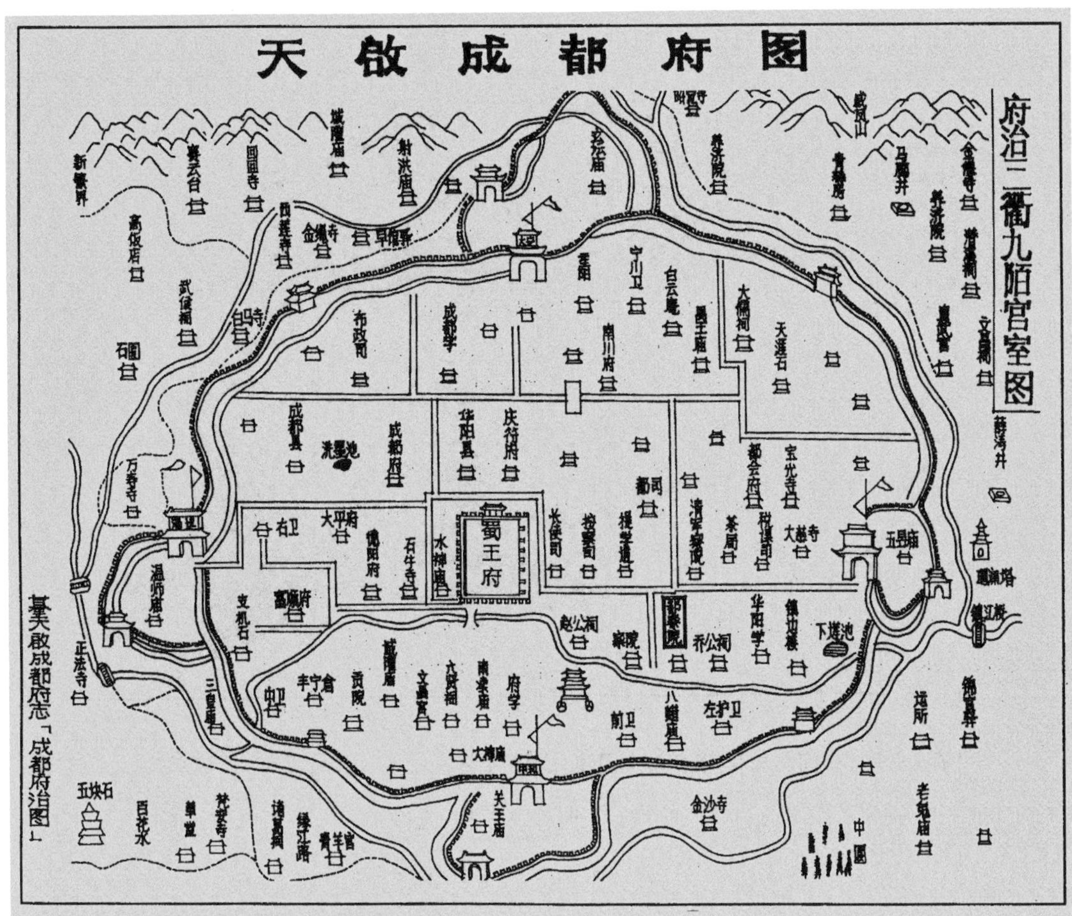

图 4-4-11 明代天启年间成都府城图（自应金华、樊丙庚主编．四川历史文化名城：24）

图 4-4-12 清光绪二十年成都城池图

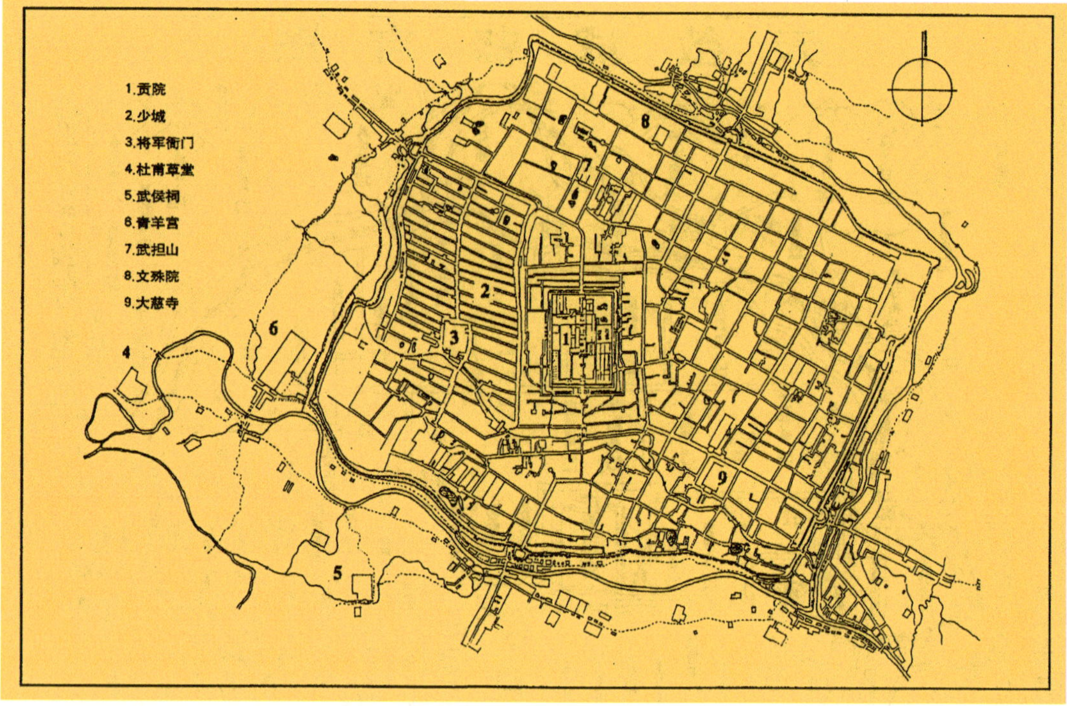

图 4-4-13　清光绪三十年成都城市测绘图（自四川历史文化名城：25）

成都城在防洪上有何独特的举措呢？下面拟研讨之。

笔者认为，成都古城防洪的高明之处有如下几处：

（一）成都古城选址是用水之利而避水之害的最佳范例

成都古城选址位于成都平原的中央，蜀王建都于此，利于他对成都平原的控制。

《吕氏春秋·慎势》提出：

> 古之王者，择天下之中而立国，择国之中而立宫，择宫之中而立庙。

成都古城的地理位置居平原之中，正符合这一“择中”思想。

从地形上看，成都城处于岷江冲积扇的中脊之上，地势较高，是平原腹心地区最利于防洪之地[1]。

更为重要的是，成都古城远离了岷江干流，在成都平原的中心，洪水威胁大大减少，却不乏水源，有用水之利[2]。

成都城址另一个优越条件是，它有航运之利。

成都平原西北高，东南低，河道具有一定的比降，总的来说是上游大，下游小。成都以上河道的平均比降约为3‰，而成都以下的约为1‰。只有在成都以下，才能满足较大船舶的通航条件。古代舟船是主要的交通和运输方式，可以通航大船，是成都城址优越之处[3]。

既可远离岷江干流洪水袭击，又有用水之便，航运之利，在全国众多历史文化名城中，成都是独领风骚的。

（二）蜀开明治水，凿金堂峡

《华阳国志·蜀志》云：

[1] 许蓉生著．水与成都——成都城市水文化．成都：巴蜀书社，2006：60-61.

[2] 谭徐明著．都江堰．北京：科学出版社，2004：21.

[3] 许蓉生著．水与成都——成都城市水文化．成都：巴蜀书社，2006：61.

后有王曰杜宇，教民务农。一号杜主。……移治郫邑，或治瞿上，巴国称王，杜宇称帝，号曰望帝，更名蒲卑。……会有水灾，其相开明，决玉垒山以除水害。帝遂委以政事，法尧舜禅授之义，禅位于开明。

《蜀王本纪》云：

荆有一人名鳖灵，其尸亡去。荆人求之不得。鳖灵尸至蜀，复生。蜀王以为相。时玉山出水，若尧之洪水。望帝不能治水，使鳖灵决玉山，民得陆处。鳖灵治水去后，望帝与其妻通。帝自以薄德，不如鳖灵，委国援鳖灵而去，如尧之禅舜。鳖灵即位，号曰开明[1]。

《舆地纪胜》在"潼川府路·怀安军·古迹·鳖灵庙"载：

会巫山壅江，蜀地潴水，鳖灵遂凿巫山峡，开广汉金堂江，民得安居[2]。

任乃强先生认为：

言除水害者，成都平原本为四川白垩纪内海之最后遗迹。由龙泉山脉横阻江、湔、雒、绵诸水，蓄积为内湖。大约在地质史新生代开始，浸蚀山脉，成两缺口。两端由于江水浩大，使今新津天社山与牧马山之间成大缺口，以泄外江之水。而华阳牧马山与龙泉山间之缺口，与金堂之龙泉山与云顶山间之缺口（即金堂峡）犹未畅通，故成都平原东部内江地区，每当江、湔、雒、绵水大至时，即成水灾。鳖令"荆人"，即云梦大泽地区生长之人，习知作堤圩水与凿沟泄水之法，能率蜀人治水，得使内江地区免于水害，农业生产臻于巩固[3]。

在这里，任乃强先生也认为鳖灵治水是凿开金堂峡，使成都平原免于水害。

（三）秦蜀守李冰建都江堰

司马迁《史记·河渠书》云：

于蜀，蜀守冰凿离堆，辟沫水之害，穿二江成都之中。此渠皆可行舟，有余则用溉浸；百姓享其利。

《华阳国志·蜀志》云：

周灭后，秦孝文王以李冰为蜀守。冰能知天文、地理……冰乃壅江作堋。穿郫江，捡江，别支流，双过郡下，以行舟船。岷山多梓、柏、大竹，颓随水流，坐致木，功省用饶。又溉灌三郡，开稻田。于是蜀沃野千里，号为陆海。旱则引水浸润，雨则杜塞水门，故记曰："水旱从人，不知饥馑。""时无荒年，天下谓之天府"也。外作石犀五头以厌水精。穿石犀渠于南江，命曰犀牛里。后转为耕牛二头，一在府市市桥门，今所谓石牛门是也。在渊中，乃自湔堰上分穿羊、摩江灌江西。

《史记·河渠书》所云"凿离堆辟沫水之害"指的是乐山治水之事，前面已述，其余讲的是都江堰的功用伟绩 。《华阳国志·蜀志》这段话，讲李冰在成都平原治水（这指建都江堰）的事迹。

成都平原在地形上呈扇状，而都江堰恰好在平原的顶端，可以利用西北高东南低的地形地势自流引水。李冰巧妙地利用其地利、河势，选择了绝好的引水位置，它成为都江堰永久的进水口，使成都平原的河流和渠道获得了稳定而丰沛的水源，而成都"二江"构成了平原腹地宣泄区间暴雨洪水的骨干通道[4]。

[1] 太平御览，卷888.

[2] 舆地纪胜，卷164.

[3] 任乃强校注．华阳国志校补图注．上海：上海古籍出版社，1987：122.

[4] 谭徐明著．都江堰史．北京：科学出版社，2004：29.

都江堰（图4-4-14）创建于秦昭王末年（公元前256～前251年），秦蜀郡守李冰主持兴建。早期的都江堰记载甚略，《史记·河渠书》只记李冰“穿二江成都之中”。后人有许多推测，归结起来主要有两种：一为李冰开凿了进水口及修建引水渠道，将岷江水引入成都平原；一为根据现代地质调查，认为岷江原有一条支流，自都江堰市分出，流经成都平原，至新津归回岷江，李冰利用这里的地形条件凿宽进口，整治河道，增加进水量，这个进口即为都江堰永久性进水口，因形如瓶状而名“宝瓶口”。《华阳国志》记载李冰还在白沙邮（渠道上游约1km处，今为镇）做三石人，立于水中“与江神要（约定），水竭不至足，盛不没肩”。对水位流量关系有一定的认识，提出了利于下游用水的大致水位标准。至迟在魏晋时，已具备分水、溢洪、引水三大主要工程设施的雏形。修筑在江心洲的湔堰（又称堋、金堤）将岷江一分为二，左侧河水经宝瓶口进入灌区，以湔堰的高度及宝瓶口的大小控制引水流量；汛期，堰有冲决，水流经决口归入岷江正流，又可作进一步的调节。唐代都江堰已经基本完善，成为由分水导流工程键尾堰、溢流工程侍郎堰、引水工程宝瓶口三大工程为主体的无坝引水枢纽。宋元时称分水工程为象鼻，明清迄今又称鱼嘴，均因形似而得名。鱼嘴建在岷江江心洲滩脊顶端，长30～50m，高8～12m，低水位时分流入渠。清道光以后侍郎堰又有飞沙堰之名。飞沙堰为侧向溢流堰，高2m左右，宽150～200m，低水位时壅水入宝瓶口，汛期堰顶溢流，特大洪水时允许冲决堰体，溢流量增大。都江堰各工程在布置上有较大的灵活性，总的来说，要顺应江心洲地形地势和河道冲淤的变化，但在具体布置时可以在一定的范围内根据灌区用水需要，尽可能合理选择分水鱼嘴位置、溢流堰位置和高度，并通过工程维修、河道疏浚等临时性工程措施加以稳定[1]。

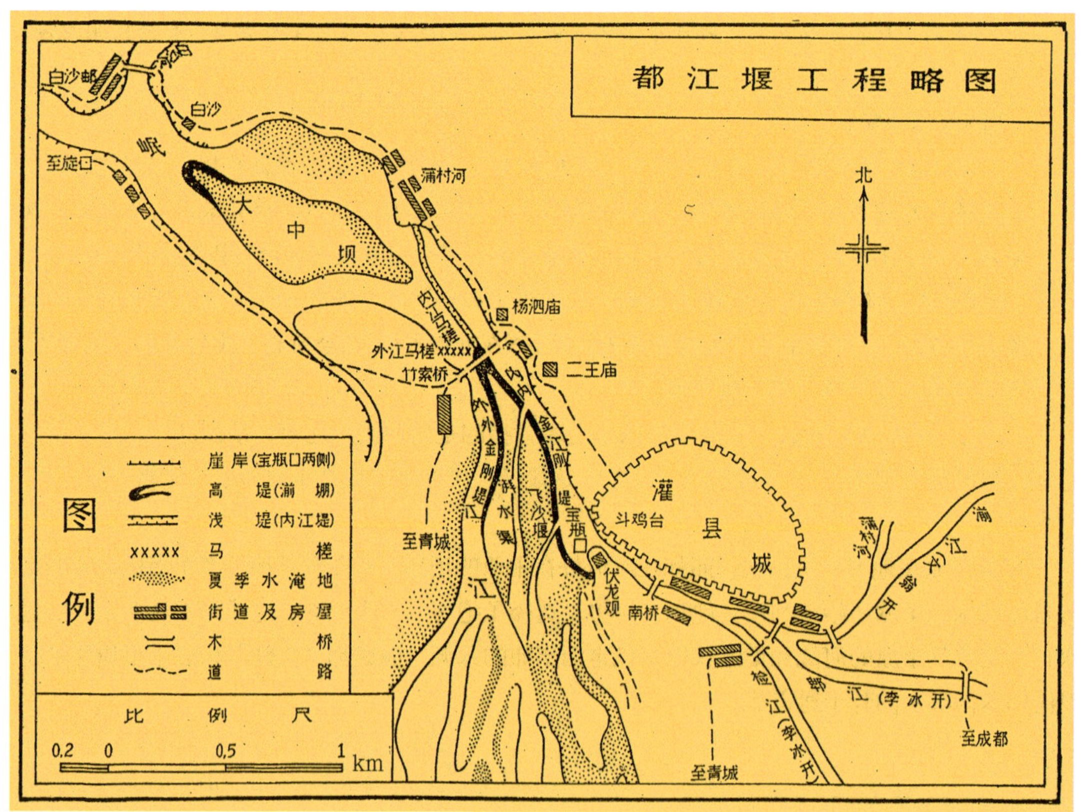

图4-4-14 都江堰工程略图（自任乃强著．华阳国志校补图注）

[1] 郑连第主编．中国水利百科全书·水利史分册 谭徐明，蒋超副主编．北京：中国水利水电出版社，2004：157.

李冰在成都二江修造了七星桥（图 4–4–15）。

《华阳国志 · 蜀志》云：

州治大城，郡治少城。西南二江有七桥。直西门郫江中冲治桥，西南石牛门曰市桥，下石犀所潜渊中也。城南曰江桥，南渡流曰万里桥，西上曰夷里桥，上曰笮桥。桥从冲治桥西出，折南曰长升桥，郫江上西有永平桥。长老传言，李冰造七桥，上应七星。

由于都江堰和二江有引水、航运、灌溉、泄洪的综合效益，使成都平原成为“水旱从人，不知饥馑”的天府之国。

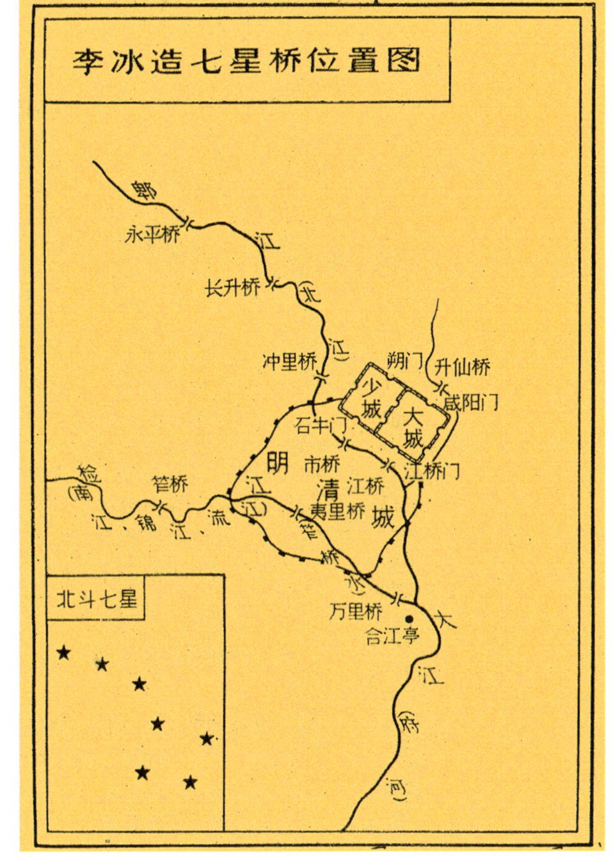

图 4–4–15 李冰造七星桥位置图（自任乃强著 . 华阳国志校补图注）

（四）唐代形成了成都城市水系

唐乾符元年至六年（874 ~ 879 年）时西川节度使高骈在郫江建縻枣堰和开凿护城河，由此而改变了成都汉代以来的“二江”珥其前的格局。高骈所开城河，自縻枣堰郫江引水，使郫江改由成都北向东，在城东北转而南下，大致相当于今府河经行。

王徽，唐中和四年（884 年）《创筑罗城记云》云：

其外，缭以长堤，凡二十六里。或引江以为堑，或凿地以成濠[1]。

新城河其实是包含引水、渠道和堤防等水利工程。严设武备，广筑罗城，雄壮三川，保安千载，使寇孽遮图而不偏，军戎偎倚而无疑[2]。后蜀人杜光庭记：高骈筑罗城。自西北凿地开清远江，流入东南，与青城江合，复开西北濠，自阊门之南，至甘亭庙前与大江合[3]。

宋代对新城河的记载更为明确：自唐乾符中，高骈筑罗城，遂作縻枣堰，转内江水从城北流，又屈而南，与外江水合，故今子城之南不复成江[4]。

縻枣堰在成都西北，可能是一段导流堤，引郫江水东流。内江（郫江）改道自城西北入城，东行至城东北（即今之成都的府河），再直南至城东南与内江（锦江即今之南河）汇合。

唐代以及前蜀水利工程为成都创造了最好的水环境。这一时期是成都历史上水域面积最大的时期，除了高骈的城河外，摩诃池河湖水系也在这一时期完善。摩诃池位于成都城区中西部，上游自郫江引水，入湖后转而东南，下游与外江—流江相通。由于摩诃池人工河湖的加入，使得成都具有供水、蓄滞洪水、排污功能的城市市政水系，城市的景观和生活环境因此而得到显著的提升。

唐代对河湖的改造，为城市造就了更多水域，也带来了区间的威胁和防洪压力。加上后蜀晚期疏于管理，使得城市河湖迅速淤塞。终致后蜀广政十五年（952 年）夏，成都发生了水淹全城的大水灾，有上千户居民家园荡然无存，5000 多人被淹死，后蜀王宫几被冲毁[5]。

[1] 王徽 . 创筑罗城记 . 全唐文，卷 793，8307–8310.

[2] 僖宗 . 奖高骈筑成都罗城诏 . 全唐文，中华书局，卷 87，卷 910，卷 911.

[3] 杜光庭 . 神仙敢遇传，卷 5.

[4] 舆地广记，卷 29，成都府路上 .

[5] 谭徐民著 . 都江堰史 . 北京：科学出版社，2004：48–50.

成都城市水灾情况请看下表。

成都历代城市水患表 **表 4–4–2**

序号	朝代	年份	水灾情况	资料来源
1	五代	后周广顺二年（952）	六月朔宴，教坊俳优作《灌口神队》二龙战斗之象，须臾天地昏暗……其夕，大水漂城，坏延秋门，水深丈余，溺数千家，摧司天监及太庙。	蜀梼杌第四卷，后蜀后主
			六月丁酉，蜀大水入成都，漂没千余家，溺死五千余人，坏太庙四室。戊戌，蜀大赦，赈水灾之家。	资治通鉴，卷 290，后周纪一
2	宋	乾德四年（966）	秋七月，西山积霖，江水腾涨，拂郁暴怒，溃堰，蹙西阁楼以入，排故道漫莽两堧，汹汹趋下，垫庐舍廛闬……百物资储蔽波而逝。	民国成都县志，縻枣堰刘公祠堂记
3		绍兴七年（1137）	夏暴雨，城中渠堙，无所钟泄，城外堤防亦久废，江水夜泛西门，由铁窗入，与城中雨水合，汹涌成涛濑。	嘉庆四川通志卷 23，宋席益，淘渠记
4	明	正统十三年（1448）	九月，成都大雨，坏城郭庐舍，溺死甚众。	明史 · 五行志
5	清	顺治十六年（1659）	秋，成都霪雨城圮。	清史稿，卷 42，灾异志
6		乾隆九年（1744）	六月十八日戌时，急降大雨，至十九日，时下时止。迨至夜半，复下大雨，直至二十日午时止，雨势如注，积水渐盈。兼之山水陡发，上游之都江堰泛涨，郡城之南、北二大河不能容纳，众流汇集，遂灌入郡城御河，泛溢地上，以至郡城内外居民附近河干者，多有水浸入屋内。其中间有冲塌房屋，溺毙人口，并城墙倾倒数处，贡院坍塌，墙垣号舍以及种植秋禾亦被淹之区。	郭涛．四川城市水灾史：30，引四川巡抚纪山给朝廷的报告
7		同治三年（1964）	甲子年水大异常，亦只十八画有奇，而下游民田已几成泽国，省城城内亦可行舟。	丁宝桢．都江堰新工稳固片．丁文诚公奏稿

（五）完善城市排水系统并加强管理

成都五代至宋三次城市水患与疏于管理有关。宋代进一步完善了城市排水系统，并加强管理。

唐末高骈修縻枣堰，将郫江东移，并引入摩诃池，城市水域面积增大。后蜀末年，摩诃池及成都沟渠逐渐淤高，以致成都城西和城南街区蓄滞洪水的容量及排水能力大为降低。后蜀末年至北宋间由于区间暴雨和岷江干流洪水多次入城，以致成都遭受了前所未有的淹城之灾。一些旧有沟渠、河道不得不重新开挖，并增开成都南部横贯东西的河道。宋成都的城河体系一直沿用到 20 世纪 70 年代。

952 年和 966 年两次大水灾，应当是后蜀时城市河湖长期疏于管理，渠道淤塞，摩诃池淤塞，蓄滞洪水空间和行洪能力极大萎缩所造成的后果。

北宋天圣时（1023 ～ 1032 年）开始着手恢复或重建城市河道和堤防系统。成都知府刘熙古招河防兵，巡察并维修堤防。刘熙古还重新规划了成都防洪工程体系，沿河重筑新堤，使成都城区有了防洪屏障。仁宗庆历六年（1046 年）时在城河堤岸上建了一座刘公祠表彰他的贡献，供后人祭祀。

北宋整理了内江故道，并加开支渠改善城市排水状况，经过整治成都城区水道形成了四大沟渠，有行舟船和供水且兼排污、行洪的功能。吴师孟（1021 ～ 1111 年）《导水记》记北宋天圣时（1023～1032年）成都内江北移后城内四大沟渠的情况："（郫江）往时亦自西北隅入城，累得为渠。废址尚在，若迹其源，可得故道。遂选委成都令李思行使，果得西门城之铁窗、之石渠故基。循渠而上，仅行十里，接曹波堰溉余之弃水，至大石桥承水樽而导之。……自西门循大逵而东注于众小渠，又西南至窑务前闸，南流之水自南铁窗入城。于是二渠既酾，股引而东，派别为四大沟渠，散于居民夹街之渠。……又东汇于东门而入于江。"[1]城西的四大沟渠汇入干渠，称金水河，明清之金河。金水河有闸门控制，平时上源引灌溉渠道余水，可向城区沟渠供水，汛期排泄雨洪，终于弥补了郫江迁移后的缺憾，而成为重要市政工程。大观元年（1107年）开始定城西沟渠岁修制度，每年春天淘渠成为定制。

南宋绍兴七年（1137年），"夏暴雨，城中渠堙，无所钟泄，城外堤防亦久废，江水夜汜，由铁窗入，与城中雨水合，汹涌成涛濑。"[2]这亦是内（郫）江改道北移后，城西南行洪通道仍然不足的例证。明代在城中心的蜀王府开凿了环王府的濠沟，并与金河相通，称御河，市中心排污和行洪能力有所改善。至20世纪70年代，金河、御河因修防空工程而废，1981年成都大水，城西南灾情最重，再次证明了这一排水系统在成都防洪中的重要作用[3]。

（六）宋末元初及明末清初都江堰二次废弃与重建[4]

宋末元初和明末清初，因为长期的战争而使都江堰长达几十年失修废弃，除离堆宝瓶口自然天成的优势而被保留，几乎所有工程荡然无存。但是，战争一经过去，都江堰重建并迅速恢复了灌区原有的灌溉规模。

明末清初的连年战争期间，都江堰管理有20多年完全中断。堤堰尽毁沙市淤塞，连内江渠道都湮没在乱石草丛之中。

都江堰灌区小范围的灌溉开始于顺治十六年（1659年），四川巡抚高民瞻向商人募捐，开工浚河道。顺治十八年（1661年）巡抚佟凤彩恢复都江堰的岁修，"欲为永久计，必行令用水州县照粮派夫，每年淘浚。"[5]康熙初年恢复了渠首段岁修，每年由用水州县典史、堰长督工到夫。最初，由灌区各县的知县率民工赴都江堰岁修，如康熙六年（1667年）温江知县萧永芃、康熙九年成都知县戴宏烈均亲督夫役，修都江堰。由于战争破坏，这段时间人力、财力都有限，修治规模较小，只能对渠首河段和重要的河段略施疏淘，仅供河渠附近的农田就近引水灌溉。康熙二十年（1681年）四川巡抚杭爱主持渠首工程的修复时，竟然找不到内江渠道，人们只好"往求离堆古迹而疏浚之。比至，果于榛莽中得离堆旧渠，盖节年堰水惟从宝瓶口旁出，非离堆故道也。"[6]可见岷江水根本进不了宝瓶口，即使汛期有洪水进到内江，也只能从离堆旁人字堤归入岷江。

康熙二十年的大修，意味着都江堰开始逐渐恢复，全面恢复经历了至少20多年。康熙四十五年（1706年）四川巡抚能泰再次倡捐修治时，渠首人字堤、内江干渠分水堰才渐次修治。新筑人字堤约长122m，内江三泊洞及走马河口（即太平堰）堤堰约长266m，施工前后共三个月，系统地整治了渠首及内江干河引水口的堤堰工程。乾隆时渠首工程全面恢复。

由此，我们可以解释，为什么明至清初成都有3次水患。

---

[1] 席益．淘渠记．转引自：（嘉庆）四川通志，卷二十三．成都：巴蜀书社，1984：1097-1098.

[2] 席益．淘渠记．转引自：（嘉庆）四川通志，卷二十三．成都：巴蜀书社，1984：1097-1098.

[3] 谭徐明著．都江堰史．北京：科学出版社，2004：57-59.

[4] 谭徐明著．都江堰史．北京：科学出版社，2004：57-59.

[5] （清）佟凤彩．题修都江大堰疏．

[6] 杭爱．复浚离堆碑记．嘉庆四川通志，卷13.

（七）清后期因经济衰败都江堰工程失修，管理不善

清代后期在内外危机的压力下，国家经济开始衰退，都江堰的岁修因此受到经费不足困扰。

嘉庆以来，都江堰的管理每况愈下，而岁修经费却逐年猛增，岁修工程项目、工程量却一减再减。道光初年，由于都江堰多年岁修疏浚不够，已经到了不能正常引水的程度。据道光时水利同知强望泰的记载：当时他所见到的都江堰自内江江口至宝瓶口段的内江河道，沙石淤积，滩地犬牙交错，河宽最狭不过四五丈，宽至十一二丈；走马河、蒲阳河分水口的锁龙桥、太平桥段沙石堆积，滩地已辟为田园，或建有房屋。自咸丰十年（1860 年）至光绪二年（1876 年）平均每年增加一万多两。但是，这一时期“江身日益淤，堤身日益坏，江水则年年横流”。特别是同治年间，几近于年年报灾，年年动工大修堤堰。同治 12 年的时间里，灌县以上重大水灾达 9 次之多，其中明显由于渠首段出险而致灾者有 6 次。由于工程失修，内江一侧河道严重淤积，行水不畅，堤堰一决，内江水夺道南去，致使内江灌区缺水，又加重了外江一侧河堰的灾情。据丁宝桢光绪五年（1879 年）奏折，其时，仅灌县、崇庆、温江、崇宁、郫县、金堂六县“其久经淹没，不能耕种之田，有案可稽约二十余万亩”。同时，水稻栽插期又常常水不至田间，春夏之交灌区下游的用水户被迫组织起来赴省城，到成绵道衙门和四川总督府击鼓要水，“数十年来，积惯如此。”

光绪三年（1877 年）、光绪四年（1878 年），四川总督丁宝桢主持了近代规模最大的岁修，他认为都江堰的管理已经积弊多年，而岁修经费不足向灌区摊派的做法助长了管理的腐败。大修以后，丁宝桢着手整顿都江堰管理，重新确定官工岁修费为每年 4900 两，免除各县摊派竹价银，杜绝了咸丰以来滥支公款的弊病[1]。

因此，我们对同治三年（1864 年）成都城的水灾，也就不足为怪了。

成都城的防洪措施包括高明的选址以及开明氏凿金堂峡、李冰建都江堰、唐宋完善城市水系、宋至明清加强管理等方面。尤其是都江堰工程，沿用 2000 多年，效益不断扩大，充分体现了中国古人的智慧和创造，现在是世界文化遗产，也是中国人民的骄傲。

三、安康

陕西安康城位于陕西省南部，秦岭南麓，汉江上游。由于其城址较低，汉江有山区河道暴涨暴落的特点，历史上饱受洪水灾害。安康城市的历史，就是一部与洪水抗争的历史。

（一）地理位置和历史沿革

安康县在陕西省东南部，县城位置为北纬 32°43′，东经 109°2′，它南靠巴山，北临汉江，坐落在汉江中游南岸的河漫滩地上。汉江自吉河口以下进入安康红色盆地，沿江发育着两级阶地，宜于农业耕作，汉阴－安康盆地与恒河、傅家河、岚河、吉河、黄洋河沿岸的小坝子，都是重要的农耕区。安康县境内林木资源丰富，有多种土产，出产 400 多种中药材，安康的地理位置在军事上有着极其重要的意义，它“滨临汉水，背负终南，为秦蜀之关键，亦荆襄之门户；万山重叠，实系四塞奥区，形势最为险要。”正因为如此，安康又为历代兵家必争之地，安康所在地历史上发生大小数十次战役，南宋名将王彦即曾与金将撒离喝大战于此，并从金人手下收复了金州。因而安康在我国古代军事史上有着一定的地位。

---

[1] 谭徐明著．都江堰史．北京：科学出版社，2004：72.

安康县历史悠久，远在2000多年前，秦朝（公元前221～前214年）即在此置西城县，属汉中郡，但县城不在今安康城所在地，而在其西北，汉水的北岸。从汉至西魏，县名不变，先后属汉中郡、西城郡、魏兴郡。后周改为吉安县，属金州总管府安康郡。隋为金川县属西城郡；唐至南宋又为西城县，先后属金州、安康郡、汉阴郡、金州。元废西城县，降金州为散州，明为金州，属汉中府，万历十一年更名兴安州，二十四年升为直隶兴安州，清为安康县，乾隆四十八年置兴安府，县城为府治所在。公元1913年裁府留县，现县城为安康地区所在。历代县名多有变化，但多为州、府治所在。从秦置西城县至今，安康已有2200年的历史了。

现安康城所在是从什么时候开始建城的呢？据嘉庆《安康县志》："周天和四年移吉安入西城，统名吉安。"《太平寰宇记》："后周天和四年（569年），移吉安于今金州治。"安康城可能始筑于后周天和四年（569年）前后。

（二）安康历史上水灾状况

陕西安康古城（图4-4-16），城北滨汉水，地势低洼，历史上多次遭洪水灭顶之灾。古城所处为一河谷盆地，正如古人所云："兴安（即安康）逼近汉水，周围皆崇山峻岭。俯视城池，其形如釜。"[1]

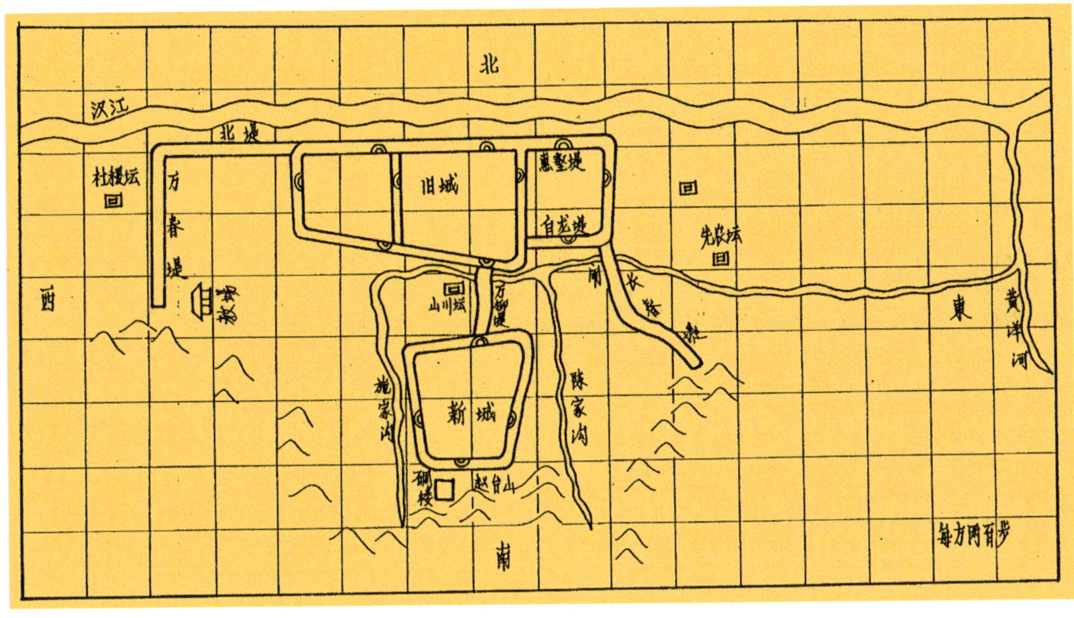

图4-4-16 安康两城总图（摹自清嘉庆安康县志）

安康气候属凉亚热带气候，夏季间有暴雨，秋季多连阴雨或连绵大雨。因汉江及其支流集雨面积大，暴雨或大雨后往往引起山洪暴发，因下游峡谷地段排洪不畅，引起安康城所在江水暴涨，汛期水位比枯水期可高出21m多，比城内地平可高出6～11m多。正由于安康城所处的特定地理环境以及所具有的气候特点，使其城市防洪问题显得格外突出，为全国同类城市所罕见。为了深入研究总结该城市防洪的历史经验和教训，作者除五次到安康考察外，还据史志记载整理出"安康城防洪大事记"（表4-4-3）。

[1] 嘉庆安康县志，卷19.

安康城防洪大事记

表 4–4–3

序号	朝代	年份	水灾情况	资料来源
1	汉	高后三年（前 185）	三年夏，汉中、南郡江汉溢，漂四千余家。	康熙陕西通志
2		高后八年（前 180）	八年夏，江汉溢，漂六千余家。	康熙陕西通志
3		建安二年（197）	秋九月汉水溢，流入民。	雍正陕西通志
4		建安二十四年(219)	八月大霖雨，汉水溢。	康熙陕西通志
5	魏	太和四年（230）	九月大雨，伊、洛、河、汉水溢。	三国志
6	晋	咸宁三年（277）	七月荆州大水，十月荆、益、梁又水。	宋书
7			九月戊子，荆、梁州大水伤秋稼。	晋书
8	宋	元嘉十八年（411）	夏五月沔水泛溢。	古今图书集成·庶征典·水灾
9	南齐	南齐（479 ~ 502）	庆远仕齐为魏兴太守，郡遭暴水，人欲移于杞城。庆远曰："吾闻江河长不过三日，命筑土而已。"俄而水退，百姓服之。	南史，卷三十八．移于杞城，似应作移民祀城．嘉庆县志作徙民圯城。
10			考南史，柳庆远为齐魏兴郡太守，汉水溢，筑土塞门，遂不为患。	嘉庆安康县志
11	唐	长庆元年（821）	夏，汉水溢。	乾隆，兴安府志
12		长庆四年（824）	夏，汉水溢决。	古今图书集成·庶征典·水灾
13		太和四年（830）	夏……山南东道、京畿大水皆害稼。	古今图书集成·庶征典·水灾
14		开成三年（838）	夏，汉水溢。	乾隆兴安府志
15		会昌元年（841）	七月壬辰（14 日），汉水溢。	古今图书集成·庶征典·水灾
16	宋	建隆二年（961）	汉水溢。	古今图书集成·庶征典·水灾
17		淳化二年（991）	七月，汉江水涨，坏民田庐舍。	宋史·五行志
18		治平四年（1067）	八月，金州大水。	续陕西通志
19		熙宁四年（1071）	八月，金州大水，毁城坏官寺庐舍。	宋史·五行志
20		熙宁八年（1075）	金州大水。	乾隆兴安府志
21		绍兴三年（1133）	秋，大水入城。	乾隆兴安府志
22		绍兴十五年（1145）	汉水决溢，漂荡庐舍。	汉江流域资料第一部分历史资料
23		绍熙二年（1191）	金州、石泉、大安军皆水。	雍正陕西通志
24		咸淳三年（1267）	六月，汉水溢。	汉江流域资料第一部分历史资料
25	明	洪武四年（1371）	旧志：旧城自宋元以来并为土城。明洪武四年，指挥使李琛始甃以砖。东西一里二百五十三步，南北三百一步。周围六里二十八步。门五，东朝阳，南安康，西宁远，北之东通津，北之西临川（旧在关庙巷，城圮后废）。	嘉庆安康县志
26		洪武二十三年(1390)	秋八月霪雨，汉水暴涨，由郢以西庐舍人畜漂没无算。	乾隆五十九年，江陵县志
27		永乐八年（1410）	五月，汉中府金州大水，坏城垣仓廪，漂溺人口。	古今图书集成·庶征典·水灾
28		永乐十年（1412）	汉江水溢。	乾隆兴安府志

续表

序号	朝代	年份	水灾情况	资料来源
29	明	永乐十四年（1416）	五月庚申……汉水涨溢，淹没州城，公私庐舍无存者。	康熙陕西通志
30		正统十一年（1446）	四月，镇守陕西兴安侯徐亨等奏：霖潦河溢，淹死人畜，漂流房屋，民饥待赈。	明实录
31		成化八年（1472）	八月，汉水涨溢，高数十丈，城郭民俱淹没。	康熙陕西通志
32		成化十五年（1479）	于禾登后选民之壮者千有奇……筑之。越季冬之月告成，乃命名长春。堤成今六祀矣，或无崩毁，累经水溢，不能患城，傍水居者得徙于二亭以避之。	嘉庆安康县志
33		正德二年（1507）	安康地区大水。	乾隆兴安府志
34		嘉靖二年（1523）	大水。	乾隆兴安府志
35		嘉靖八年（1529）	汉水决。	汉江流域资料第一部分历史资料
36		嘉靖十一年（1552）	夏，大水。	乾隆兴安府志
37		隆庆四年（1570）	大水，饥。	乾隆兴安府志
38		万历六年（1578）	夏涝。	乾隆兴安府志
39		万历十一年（1583）	癸未夏四月，兴安州猛雨数日，汉江溺溢，传有一龙横塞黄洋河口，水壅高城丈余，全城淹没，公署民舍一空，溺死者五千多人，阖家全溺无稽者不计其数。	康熙陕西通志，卷 30，详异
40			无水情资料，调查成果：洪峰流量 4（1000m³/s，水位 259.5m（黄海高程系，下同）。	安康地区水电局资料
41		万历十二年（1584）	城守道刘致中改筑新城赵台山下，易名兴安，东西二百九十五步，南北三百五十三步，周三里一十六步。门四：东乔迁，南阜民，西安渚，北拱辰。二载工竣，而旧城之民怀土不迁者十之七八。	嘉庆安康县志
42		万历二十年（1592）	下令修堤……城西曰龙窝，下裂窍而中虚，势必善溃，宜先积实而土封……城东曰惠壑，址垂流而易窳，宜增倍以竖远障。……龙窝北耸而东隅斜伏，曷以庇北门，乃以聘补筑二十余丈，山涧……旧筑长春堤截之，因辟大窦为闸……岁久而倾。……伐石甃砌，累封三丈，延八丈有奇，曲为防卫，以济二堤之不及，险阻壮丽十倍于前功。始正月，告成于夏。	嘉庆安康县志
43		万历三十五年（1607）	缘长春堤溯水滨而西属于城东北隅者，日惠壑堤，筑于万历三十五年。	嘉庆安康县志
44		万历四十五年（1617）	平利、安康秋涝，大饥。	乾隆兴安府志
45		崇祯年间（1628-1644）	其缘长春堤腰，西属于城东南隅，以制南来施陈二沟之奔冲者，曰白龙堤，建于明末。 守道张京复修旧城。	嘉庆安康县志
46	清	顺治三年（1646）	刘二虎围新城两月，屠之，平其城隍。	嘉庆安康县志
47		顺治四年（1647）	以任珍为兴汉镇总兵，修旧城徙治。汉水溢。 知州杨宗震复修旧城，总兵任珍截城西半，移筑西门于肖家巷口。门四：东仁寿，南向明，西康阜，北仍通津。	嘉庆安康县志

续表

序号	朝代	年份	水灾情况	资料来源
48	清	顺治七年（1650）	六月安康大水。	清史稿，卷 40，灾异
49		顺治十年（1653）	安康、平利五月大水。	
50		顺治十五年（1658）	秋，霖雨四十日。	嘉庆安康县志
51		康熙元年（1662）	六月白河、兴安大水。	清史稿，卷 40，灾异
52		康熙十五年（1676）	十五年大水。	嘉庆安康县志
53		康熙十八年（1679）	夏旱秋涝。	嘉庆安康县志
54		康熙二十八年（1689）	知州李翔凤、城守营副将黄燕赞以水患频仍，于南门外修筑长堤，旁植桃柳，以备城中居民避水之路，故名万柳堤。	嘉庆安康县志
55		康熙三十二年（1693）	癸酉五月，水陡涨，从惠家口，石佛庵一带决，而南堤陷，城亦崩，水遂自北而南灌入郡城，淹没市井。……漂残之后，一望成墟。	嘉庆安康县志
56		康熙三十三年（1694）	议筑堤岸，计募夫一千三百名，共用工六万五千数。荷锄锸畚，中垒坚土，外包水石。……凡几月而告竣。工成之后，值次年夏水复涨，滔漭直上，去堤只二指，终因惠壑堤修好而得免于洪灾。	嘉庆安康县志
57		康熙四十三年（1704）	六月，兴安大雨，漂没田庐。	清史稿，卷 40，灾异
58		康熙四十五年（1706）	陕西兴安州于康熙四十五年河水泛涨，冲塌城垣房屋，漂没各案仓粮六千四百四十余石。	光绪白河县志
59		康熙四十六年（1707）	城复圮于水。四十六年仍改建赵台山下。 又葺筑新城，文庙、镇署、四营暨常平仓皆迁城内，并缮营房以居兵焉。	嘉庆安康县志
60		康熙五十二年（1713）	五月，兴安大水。	清史稿，卷 40，灾异
61		雍正二年（1724）	汉水暴涨，冲入兴安州城。	乾隆兴安府志
62		乾隆元年（1736）	安康、旬阳俱城临汉江，五月初八以至十一，大雨连绵，十二日江水骤涨上岸。	水电部水利科学院．故宫奏折抄件
63		乾隆十二年（1747）	安康汉江水涨。	水电部水利科学院．故宫奏折抄件
64		乾隆十四年（1749）	安塞、志丹、榆林、清涧、耀县、安康有冲塌城墙、水洞、炮楼及道路、堤岸之处。	水电部水利科学院．故宫奏折抄件
65		乾隆二十年至乾隆二十三年（1755～1758）	万春堤，即古石堤，在城西二里，南接赵台山麓，北滨河。旧志谓之：古石堤相传建自宋熙宁，以御上游之涨。 乾隆二十年知州李士垣领帑重修。 惠壑堤，西接旧城东北角至四圣殿，地势最卑。乾隆二十年李士垣重修。 北堤本无堤也。乾隆二十年，知州李士垣谓防西而不防北，非策也。于是即街北民居后隙地创基设版，西接万春堤，东属之旧城。 其自万春堤濒汉折而东属于旧城之西北隅者，西关北堤，则本朝乾隆二十年至二十三年署知州汪钟、知州李士垣领帑相继创建者也。	嘉庆安康县志
66		乾隆三十一年（1766）	补修新城。	嘉庆安康县志

续表

序号	朝代	年份	水灾情况	资料来源
67	清	乾隆三十五年(1770)	三十五年闰五月，暴雨水溢，诸堤既多蚁溃而小北门址稍卑，遂排闼入焉。其退也，决惠壑堤而出，深几与河心等。时抚军文绥兼程验灾，细审情形，谓门实延水之入也，奏请借帑金二万，委候补直隶州王政义专督俾郡北城墙与东西堤一例，加高培厚皆五尺，自是而城遂为堤。巡抚委王政义监修（惠壑堤缺口)，时定脚根，宽至三十丈，夯筑四十余日，始与地面平。今之大小北门及东关北门阈下土，皆加高五尺之堤面也。	嘉庆安康县志
68		乾隆三十六年(1771)	汉江洪水，弥漫势藉夹旬雨，水位高至南山根，因修好城堤得免于洪灾。	嘉庆安康县志·详邑举人董诏诗辛卯五月志庆
69		乾隆四十四年(1779)	安康夏五月惨遭洪水为灾。	汉江洪水痕迹调查报告
70		嘉庆二年（1797）	巡抚秦公承恩议修北城，捐银五千两，从宁远门西北角炮台旧址增补，南至西南角，又东至小南门。	嘉庆安康县志
71		嘉庆三年至嘉庆四年（1798～1799）	知府周光裕捐银劝输，从宁远门之西北角增筑至仁寿门之东北角，又从小南门增筑至仁寿门之东南角。惟时以伏戎未靖，遂置仁寿门一带城墙不筑，而北因惠壑堤，东因长春堤，南因白龙堤，加筑为城。西城增门二：北安澜，南兴安。东城增门二：北迎恩，南兴文，并旧门为九矣。西自宁远旧城门，东至长春，于堤面建门增垒，而堤又为城矣。是年秋，乃查勘地势。……于是因旧堤为城，加高而厚倍焉。并铲削陡峻，拓城之西面，仍以前明遗址为界，添砌蹀口，安设炮台以及海漫水道之属，无不备具。东西南北九门，各建敌楼，望之屹然。复挑挖壕堑，深一丈五尺，广二丈，城垣周一千二百六十丈。计其经费，用银一万六千两有奇。而城复旧观矣。四年三月工成。 城之东南角外压长春堤身处遂若短垣可逾。承修者不于此处添筑，乃掘堤脊以显城之高，其深且逾加高五尺之数，工于防冠，以疏于防水矣。	嘉庆安康县志
72		嘉庆七年（1802）	安康、平利六月，城垣亦有被冲坍损之处。	故宫奏折抄件
73		嘉庆十三年至嘉庆十六年（1808～1811）	周视三堤，惟万春堤坍圮特甚，且其形内曲，无捍波排浪之势。……以善价买堤外民地，改建如绳直焉。工始于嘉庆十三年三月，蒇于本年六月。 南接旧堤，拓外续筑新堤共长七十六丈四尺，底宽五丈，面宽二丈，高二丈，北属旧堤之首。计用钱一千三百七十三千有奇。陟（山献）观原，备审形势……细审坍圮，议修双城，并于赵台山椒创建望楼。程工绘图……始于戊辰之秋，讫于辛未之夏。……南城之周六百九十三丈四尺，高三仞，环城之堞一千有九。门四，东、西、北瓮城三，皆新建。每门楼四楹，外为战格，内向重檐，围三面，葺旧炮台八，筑新炮台二，四隅增筑圆炮台、敌楼各一，战格外列，户内启甓甃行水沟共二十有八。城顶海漫灰土，布重甓焉。……北城之顶同南城，而补卑填凹，高于旧者五尺至三尺不等，围以丈计，赢于南城者六百有奇；堞以堵计，赢于南城者七百五十有六。为门九，重修南瓮城一。北门旧仍堤阁拆去新建城门一，即以其材建楼于上。缮完旧门楼三，葺旧炮台四，新筑四隅炮台各一。乾巽二隅建敌楼如南城，甓甃行水沟五十有五，又依东城故垒筑界墙长百八十丈，存旧制也。赵台山之望楼基周七丈二尺，连睥睨高三丈有奇，螺旋而上。铳炮之格计四层。	嘉庆安康县志

续表

序号	朝代	年份	水灾情况	资料来源
74	清	道光三年（1823）	周至、蓝田、安康、石泉河水泛涨，居民庐舍田禾间被冲没。	水电部水利科学院．故宫奏折照片
75		道光八年（1828）	水淹进城，淹死多人，将桥打断。	汉江洪水痕迹调查报告
76		道光十二年（1832）	安康八月初八日至十二日，大雨如注，江水泛滥，更兼东南施家沟、陈家沟、黄洋沙山水泛涨，围绕城堙。十四日，水高数丈，由城直入，冲塌房屋，淹毙人口。	水电部水利科学院．故宫奏折抄件
77		道光十四年（1834）	安康大水，东关淹没。	安康地区汉江洪水历史年鉴，安康地区档案馆整理·1960·9
78		道光二十七年（1847）	安康于八月初三日阴雨起，至是月二十五日雨止开霁，淹塌河街商民瓦房七十四间，草房五十二间，秋雨过多，淹塌民房。	水电部水利科学院．故宫奏折照片
79		咸丰二年（1852）	安康七月七日大水决小南门入城，庐舍坍塌无算，兵民溺死者三千数百名。	安康地区汉江洪水历史年鉴，地区档案馆
80			白河、安康秋水暴发，冲倒塌闾河口关圣帝庙。于七月霪霖三日，大水暴涨，城堤冲溢，市廛淹没。	汉江洪水痕迹调查报告
81		同治六年（1867）	安康汉水涨溢，料木没半。秋霖雨，八月十八日大水，决东堤入城，民房官舍，冲毁殆尽。	汉江洪水痕迹调查报告
82			流量 34700m³/s，水位 257.38m。	安康地区水电局资料
83		光绪七年（1881）	安康五月十三日夜降暴雨，山水陡涨，将附近居民草房冲没。	水电部水利科学院．故宫奏折照片
84		光绪十四年（1888）	旧城修东、北两面城墙 1158m。	安康地区水电局资料
85		光绪二十三年二十四年（1897～1898）	安康二十三、二十四年涨大水。	汉江洪水痕迹调查报告
86		光绪二十八年（1902）	安康夏，大水。	安康地区汉江洪水历史年鉴，安康地区档案馆
87		光绪二十九年（1903）	安康闰五月初八日大水，闰五月二十八日洪水。	汉江洪水痕迹调查报告
88			五月二十八日安康水西门记载可靠水位 253.68m，洪峰流量 29100m³/s。	安康地区水电局资料
89		宣统元年（1909）	安康水淹西城门跟前。	汉江洪水痕迹调查报告
90		宣统二年（1910）	安康汉水溢，八月初三晨刻安康水西门。（写字的洪水迹可靠）水位 253.67m，洪峰流量 29100m³/s。	安康地区档案馆．安康地区汉江洪水历史年鉴
91	民国	民国十年（1921）	安康水没镇江寺神台，夏历六月初八日午刻水。	汉江洪水痕迹调查报告
92			水位 255.52m，洪峰流量 30100m³/s。	安康地区水电局资料
93		民国三十八年（1949）	安康十天连涨两河水。	汉江洪水痕迹调查报告
94			九月，汉中平原沿江几乎全部淹没，为近六十年来最大一次洪水。安康沿江洪灾甚巨，下游蒋家滩、长春观、俊德堡均溃。	汉江洪水年表
95			一九四九年四月二十九日，安康城：汉江水位 252.46m，洪峰流量 26000m³/s。	安康地区档案馆．安康地区汉江洪水历史年鉴

由上表可知，安康城的灾情是十分严重的。从唐长庆元年（821年）至1949年共1129年中，汉水泛滥达66次，洪水圮城达15次以上。明万历十一年（1583年），安康城遭到特大洪水的袭击，损失十分惨重。据记载：“癸未夏四月，兴安州猛雨数日，汉江溺溢……水壅高城丈余，全城淹没，公署民舍一空，溺死者五千多人，阖家全溺无稽者不计其数。”[1]

对安康城来说，防洪乃是生死攸关的大问题。在与洪水的搏斗中，安康逐渐形成了汉水南岸南、北二城（即新城和旧城）和保护北城的高峻的城墙以及东、西二堤（即长春堤、万春堤）和北堤（即西堤北段，旧名老宫庙堤）这一障水防洪系统。人们对洪水的斗争若稍有松懈，就将吃尽苦头，甚而遭灭顶之灾，而吸取教训，总结经验，加强防御，则可以转危为安，战胜洪水。在这个意义上来说，安康城的发展史是与安康城的防洪史息息相关的。

（三）安康城的防洪简史

1. 秦朝至元朝（公元前221～1368年）的防洪史实

这一时期历史记载汉水泛滥22次，其中，宋熙宁四年和绍兴三年两次洪水皆入城为患，至于防洪措施，则记载欠详。南齐（479～502年）柳庆远对付洪水用“筑土塞门”之法。这一办法自远古即已应用，传说中的夏鲧即筑城障水，直至现在安徽寿县在汛期，仍筑土石塞城门，以御洪水。嘉庆《安康县志》载：“（南宋）开庆元年（1259年）五月城金州”，“旧城自宋元以来並为土城”，“立郡之初，累岸为堤卑而易逾。”大约宋元以前为土城，堤防也低矮，防洪能力不强。

2. 明朝（1368～1644年）的防洪史实

明朝277年中，史载汉水泛滥或涝灾14次，其中，汉水圮城4次：

永乐八年（1410年），“五月，汉中府金州大水，坏城垣仓廪，漂溺人口。”

永乐十四年（1416年），“五月庚申……汉水涨溢，公私庐舍无存者。”

成化八年（1472年），“八月，汉水涨溢，高数十丈，城郭民俱淹没。”

而以明万历十一年的水灾最为惨重。

明朝古城的防洪措施记载较详。明洪武四年（1371年），指挥使李琛在土城外壁包砌以砖，从而大大增强了城墙的抗洪能力。

万历十一年的特大洪灾，使人们产生了向高处迁城的想法。万历十二年（1584年），城守道刘致中在旧城南边赵台山下改筑了新城，两年完工。新城地势较高，可免受汉江洪灾，但其利虽在于靠山，其弊也在于靠山：一是易受山洪袭击，二是离汉江较远，无船舶之便。因而，旧城的百姓安土重迁，十之八九仍留旧城。老百姓在旧城的废墟上重振家业，重建家园，继续经商做工，旧城又渐渐恢复了生机。但到了夏季暴雨或秋天霖雨之时，眼看洪水就要泛滥，城堤大半已毁，无法御洪，只好背上干粮，带上妻子儿女到别处避水。汛期过后，又回来排除积水，挖土填基，搭起茅屋草堂临时居住。这样，旧城就很难恢复到以前的繁荣状况。

明万历二十年（1592年）守道曾如春到旧城考察民情，下令修堤。他先令人检查堤防情况，再程工绘图，做出应如何修筑加固的决定。城西龙窝堤，下边开裂，而中间不坚实，易为洪水冲垮，则填土夯实加固。城东的惠壑堤，临流而地势低洼，则补筑加厚以抵御洪水。二堤连亘160丈，高2丈，宽2丈。又在北门补筑20多丈。施家沟、陈家沟环新城东流入黄洋河，在成化十五年（1479年），知州郑福筑长春堤截之，在堤下设涵洞和闸门，当汉水水位低于出水口时，就开闸泄水，若汉水涨高，则闭闸以防江水倒灌入城。但事经100多年，涵洞门闸已倒塌，于是用石块重新砌好。另外，又普遍设防，做好准备，以救助二堤之险情。这次修筑城堤，从万历二十年正月

[1] 康熙陕西通志，卷30，祥异．

动工，五月竣工，城堤比以前更加巩固。

万历三十五年（1607 年），守道曾如春又下令修筑惠壑堤。

明末，为了抵御施、陈两沟的冲击，修了白龙堤。

因此，在明朝一代，北城的防洪的城堤系统已经初步形成。正因为万历十一年水灾的惨重教训，促使了北城防洪系统的形成，而使万历十一年后 110 年内无洪水入城的记录。

3．清朝（1644 ~ 1911 年）的防洪史实

清代 268 年中，安康水患频繁，汉水溢、决或涝灾达 34 次，汉水圮城达 9 次。

明朝末年，农民起义风起云涌，考虑到南城不如北城形势险要、易守难攻，守道张京复修北城，工未竣而清朝代替了明朝。

顺治三年（1646 年）起义军刘二虎攻下南城，平其城隍。这就促成了顺治四年（1647 年）又修北城，並徙治于北城。当时因战争之后，人口较少，所以总兵任珍截去城的西半，只筑城的东半边，有四个城门：东为仁寿，南为向明，西为康阜，北为通津。

由顺治元年（1644 年）至康熙二十八年（1689 年）共 46 年间，汉江有 7 次洪水。康熙二十八年，知州李翔凤、城守营副将黄燕赞因水患频仍，在南门外修筑长堤，堤旁栽种桃树和柳树，作为北城中居民避水逃生之路，称为万柳堤。北城南门到南城前地势较高处，约有 600m 长的地段，高程在 247 ~ 249m 之间，若东、西堤坍塌，则这一带将汪洋一片，北城居民就无法转移到南边高处避水。一旦城圮，则全城兵民将尽成鱼鳖。因此，万柳堤的修筑是十分必要的，它是经过许多次惨重的灾害后才想出的好办法，是安康城防洪的具有战略意义的大事。修筑了万柳堤后，进一步形成了安康城的防洪城堤体系。

康熙三十二年（1693 年），汉水暴涨，堤陷城崩，洪水自北而南灌入安康城，全城淹没。水退之后，一片废墟。自万历十一年（1583 年）大水灾到这次大水灾，恰好为 110 年。

康熙三十三年（1694 年），知州五希舜下令修筑惠壑堤，募夫 1300 名，共用工 6.5 万多，堤防中垒坚土，外包木石，数月完工。正值汉江泛滥，洪水离堤顶仅二指高，兵民皆泣，彻夜不宁。次日晨水退，终于因修好了堤防而得免于水灾。

康熙四十五年（1706 年），北城又遭大洪灾，城垣冲踏，房屋淹没，损失惨重，光是仓粮就损失 6440 余石。

这次大洪灾后，又起迁城之议。康熙四十六年又修葺南城，把文庙、镇署、四营和常平仓都迁到南城，並修缮营房驻扎军队。南城地势虽高，但交通欠便，除兴安总镇城守官兵外，居民寥寥无几。北城虽有水患，但却有舟楫之利，转运之便，故大部分官民仍留在北城，官廨衙署在北城，市廛贸易、商贾居积也都在北城。

康熙四十五年以后的 50 年间，汉水泛滥 5 次，其中雍正二年（1724 年）洪水冲入兴安州城。由于连连的水患，乾隆二十年至二十三年，知州李士垣领帑重修了万春堤、惠壑堤（旧名老宫庙堤），它东连北城，西接万春堤。这样，北城的防洪体系就已经完全形成了。

自雍正二年（1724 年）经 46 年，北城又发生了一次大水灌城的惨重洪灾。乾隆三十五年（1770 年）闰五月，汉江流域暴雨，汉水暴涨。乾隆二十年修筑的堤防，因管理欠善，经十多年已产生许多鼠穴蚁洞，特别是小北门地势较低，大水冲开了小北门，排闼直入而灌城，又从城内折东北，冲决惠壑堤而出，决口处几乎和汉江河床一样深。这一次洪灾损失是巨大的，惟一可以庆幸的是有了康熙二十八年（1689 年）修的万柳堤，城内官兵百姓得以沿堤南逃避水，生命得以保全[1]。

灾后，抚军文绶即考察堤防，奏请领帑银 2 万两，委托候补直隶州王政义督修北向城墙和

[1] 嘉庆安康县志，卷 20.

东西堤，把这部分城堤全部加高5尺，培厚5尺，以增强御洪能力。惠壑堤决口处，堤基宽至30丈，夯筑长达40多日，才与城地面平，可见其缺口之深。

乾隆三十六年（1771年）五月，安康一带连降大雨十天，汉江又出现大洪水，水位高至南山根。幸好修好了城堤，北城才得免于洪灾。

嘉庆元年（1796年），川、楚、陕白莲教起义，沉重地打击了满清王朝。为了加强防御，嘉庆二年至四年（1797～1799年）又重修了北城。这次修筑，把旧城的东面，原来由惠壑、长春、白龙三堤环抱部分加筑为东城，即把原三堤加高增厚，用灰土墁堤顶，并在上面增筑雉堞。把堤改筑为城。除仁寿门一带的旧城墙外，其余的旧城墙都在这次得到修葺、加固。并增加了城门，增筑了城楼、炮台，挖了城壕。这次修城虽以军事防御为主要目的，却也大大加强了城堤的御洪能力。

嘉庆十三年（1808年），兴安府知府叶世倬从军事防御出发，同时修筑南北二城和赵台山的望楼，从嘉庆十三年秋动工，到嘉庆十六年夏完工。北城的东城原是因堤筑城，高低宽窄不一，现城顶添漫城砖2层，添筑灰土2步。大北门本无城台，改砌城台一座，改建正楼一座。其余没有城楼城台之处，一律加高5尺。加筑南北月城2道，加高5尺。北城东南城根有施、陈二沟水涨之患，这次修筑，则随城根加筑旱台，计素土宽1丈，高5尺。城东面地势较低，东面旧城墙长177丈8尺5寸，岁久残缺，这次统一加固重修到高2丈6尺，顶宽8尺，底宽1丈4尺，以加强抗洪能力，这一次修筑城墙无疑对防洪是有利的。

嘉庆十三年，叶世倬考察堤防，发现万春堤坍圮特别严重，而且堤形内曲，不能捍波排浪，于是将万春堤改建取直，并续筑新堤共长76丈4尺，底宽5丈，面宽2丈，高2丈，北接旧堤之首。嘉庆十三年三月动工，六月完工，计用1373千钱。

由乾隆三十五年（1770年）到清朝末年（1911年）共141年中，汉水溢决18次，其中嘉庆七年（1802年）、道光十二年（1832年）、道光十四年（1834年）、咸丰二年（1852年）、同治六年（1867年）洪水入北城，而以咸丰二年和同治六年的水灾较严重。

咸丰二年七月初大雨三天，汉水暴涨。七月七日水决小南门入城，全城一片汪洋，房屋倒塌不计其数，兵民淹死3000多名。

同治六年秋大雨连绵，八月十八日汉水暴涨，决东堤入城，民房官舍，差不多全部冲毁。这次洪峰流量为3.47万m^3/s，水位为255.94m。这次水灾后，城堤坍塌过半，同治八年（1869年）开始陆续修复，同治十三年（1874年）各城堤均修复完毕。

光绪十四年（1888年）修北城东、西两面城墙1158m。

光绪十七年（1891年）修筑东堤。

4. 民国（1912～1949年）的防洪史实

民国39年中，汉江洪水3次。其中，民国十年（1921年）的洪水流量为3.01万m^3/s，民国三十八年（1949年）四月二十九日的洪水流量为2.6万m^3/s。

民国时，北城的城堤无大的修筑，陆续受到一定的破坏。在抗日战争中，城堤内挖防空洞，解放战争时期，堤内又挖有工事，虽经填补，亦难免留下隐患。

5. 新中国成立后的防洪情况

新中国成立以来，党和政府对安康城防洪问题甚为重视，对新中国成立前留下来的百孔千疮的城堤逐年加固、维修，到1978年止，除基本完成了沿江护岸加固工程外，尚完成城堤内外坡加固工程长1279m，占应加固长度8600m的14.87%。1978年以后，县里又组织对城堤加固工程进行综合设计，按百年一遇的防洪标准设防[1]。在1983年灾前已按此标准加固了两堤。

[1] 魏振中．安康城区防洪堤加固工程总结，1981，5.

自 1950 ~ 1983 年，汉江多次洪水，汉江安康站在这 34 年中发生超警戒流量（0.8 万 m^3/s）的洪水达 57 次，其中 1965 年 7 月 13 日流量达 2.04 万 m^3/s，1974 年 9 月 14 日达 2.34 万 m^3/s，1983 年 8 月 1 日达 3.1 万 m^3/s。

由于大部分城堤年久失修，灰土面层脱落，土堤外露，“十年动乱”中堤防内又挖了工事，留下隐患，沿城堤许多群众借城墙盖伙房，甚至有的挖城墙修猪圈、厕所等，掩盖了险情，形成了城堤的薄弱环节，加上这次洪水流量大，水位超过城堤顶 1 ~ 2m，所以造成了惨重的损失。

必须指出的是，历史上曾起过重要作用的万柳堤在 1958 年被拆，这实在是一项重大的失误。如果万柳堤还在，将会有更多的群众得到逃生的机会。另外，在 1983 年水灾前，就有人提出万一洪水超百年一遇时如何减少损失的问题，可惜未引起普遍的重视。这是一个深刻的教训。

（四）安康城防洪的历史经验与教训

（1）由于安康夏、秋有暴雨和连绵大雨，其城位于盆地中，其城位于盆地中，城址较低，故自古即多水患，其水患之多，灾情之重在全国同类城市中是罕见的。历史记载洪水圮城 17 次，加 1983 年水灾为 18 次，其时间间隔如下：宋熙宁四年（1071 年）62 年 绍兴三年（1133 年）277 年 明永乐八年（1410 年）6 年 永乐十四年（1416 年）6 年 成化八年（1472 年）111 年 万历十一年（1583 年）110 年 清康熙三十二年（1693 年）13 年 康熙四十五年（1706 年）18 年 雍正二年（1724 年）25 年 乾隆十四年（1749 年）21 年 乾隆三十五年（1770 年）32 年 嘉庆七年（1802 年） 26 年 道光八年（1828 年）4 年 道光十二年（1832 年）2 年 道光十四年（1834 年）18 年 咸丰二年（1852 年）15 年 同治六年（1867 年）116 年 1983 年。

（2）安康城的防洪体系是在 1000 多年来与洪水的斗争中逐步形成的。其城堤的保护面积由明初北城约 0.6km^2，发展到清乾隆、嘉庆后的约 2.3km^2。其城堤由宋元以前的土筑，到明初甃之以砖，到近年用水泥砂浆砌片石加固，筑城堤的材料不断改进，修筑技术也不断进步。其城堤的高度，由洪武初的 1 丈 7 尺，成化间增至 2 丈，嘉庆间修至 2 丈 6 尺，高度不断增加，御洪能力不断提高。近年则按百年一遇标准设计施工，比历史上任何时候都更高大、坚实。1983 年灾前加固的城堤（如西堤），在水灾中都经受住了考验。

（3）万柳堤的修筑，提供了特大洪水中群众安全转移的道路，这在城市防洪重视有战略意义的。万柳堤是安康城在多次洪水淹成的痛苦经验教训中悟出来的办法，是防洪的重要措施。

（4）南城的修筑在安康城防洪上是很有意义的，因当时交通不便，货运以水运为主，故南城一带发展不大。随着近现代陆路运输的发达，南城一带已有新发展。今后安康城可望向南部进一步发展。

四、襄阳

襄阳位于湖北省西北部，汉江中游。古代襄阳为州、府治所，樊城为其所辖。今襄樊为一市，是国家级历史文化名城。

（一）地理位置与历史沿革

襄阳地处汉江中游半山区半平原地区。樊城在汉江西北，襄阳在汉江东南。汉江是市内最大的河流，它从西北入境，流经老河口、谷城、襄阳、樊城，纵贯宜城，从南部入境。

襄阳历史悠久。今襄樊市内已发现的旧石器、新石器时代遗址有 30 多处，说明早在十几万年以前已有人类在这里繁衍生息。春秋战国时属楚国。襄樊以南 50km 的楚皇城遗址，曾一度是楚国国都。东汉初平元年（190年），刘表任荆州牧，将首府从湖南汉寿迁到襄阳，成为荆州治所，辖区包括今湖北，湖南两省，河南南部及广东、广西、贵州三省区的一部分。东汉时，襄阳经济繁荣，年谷独登。“三顾茅庐”、“隆中对策”的故事都发生在这里。建安六年（201年），刘备建立蜀汉政权，樊城北郊罾口川，是关羽水淹曹操七军的古战场。建安十三年曹操占据襄阳，置襄阳郡。

两晋南北朝战争频仍。东晋太元二年（377年），朱序为梁州刺史，镇守襄阳。前秦苻坚攻城，朱序之母韩夫人率奴婢及城中妇女筑夫人城御敌，传为千古佳话。南齐永泰元年（498年），萧衍为雍州刺史，治襄阳。永元二年（500年），他起兵襄阳，夺取帝位，建立萧梁王朝，称为梁武帝。

西魏恭帝元年（554年）改雍州置襄州，治襄阳。隋大业初改为襄阳郡。

唐为襄州，治襄阳。开元二十一年（733年），因山川地形分全国为15道，其山南东道治所在襄阳。乾元元年（758年），在襄阳设山南东道节度使，所辖区域包括今湖北西半部、河南、陕西、四川一部分。

北宋熙宁五年（1072年）分京西路南部置京西南路，治所襄阳。宣和元年（1119年）升襄州置府，治襄阳。北宋末年，黄河流域沦入金人之手，襄阳城为南宋边防重镇。绍兴四年（1134年），岳飞率兵收复襄阳。咸淳三年（1267年），元军攻打襄阳，围城五年才攻破。

元至元时改府为路，襄阳路属河南行省。

明初复为襄阳府，属湖广承宣布政使司，府治襄阳，领十县二州。明末李自成攻破襄阳，改襄阳为襄京，称新顺王登基。

清襄阳府隶属湖北省，领一州六县。

民国时，1914年为襄阳道，1932年为第八行政督察区。

中华人民共和国成立后，1949年设市。1953年拆襄阳县城区与樊城合并设置省辖襄樊市。1958年属襄樊专区，1979年复为省辖市。

（二）襄阳城历代水灾情况

襄阳城历代水灾状况可看下表（表4–4–4）。

襄阳城历代水灾表 表4–4–4

序号	朝代	年份	水灾情况	资料来源
1	唐	贞元八年（792）	秋，自江淮及荆、襄、陈、宋至于河朔州四十余，大水，害稼，溺死二万余人，漂没城郭庐舍……	新唐书·五行志
2	唐	会昌元年（841）	辛酉秋七月，襄州汉水暴溢，坏州郭。均州亦然。（旧唐书·五行志）	光绪襄阳府志·志余·祥异
3	五代	后唐长兴二年（931）	辛卯夏五年，襄州上言，汉水溢入城，坏民庐舍，又坏均州郛郭，深三丈。（旧五代史·五行志）	光绪襄阳府志·志余·祥异
4	五代	长兴三年（932）	壬辰夏五月，襄州江水大涨，水入州城，坏民庐舍。（旧五代史·明宗纪）	光绪襄阳府志·志余·祥异
5	五代	广顺三年（953）	癸丑夏六月，襄州大水，汉江泛溢，坏羊马城，大城内水深一丈五尺，仓库漂尽，居民溺者甚众。	光绪襄阳府志·志余·祥异
6	宋	绍兴十六年（1146）	襄阳大水，洪水冒城而入。	宋史·高宗纪
7	宋	绍兴二十二年（1152）	壬申夏五月襄阳大水（宋史·高宗纪）。（按：通鉴续编云：平地高丈五尺，汉水冒城而入）	光绪襄阳府志·志余·祥异

续表

序号	朝代	年份	水灾情况	资料来源
8	宋	淳熙十年（1183）	襄阳府大水，漂民庐，盖藏为空。	宋史·五行志
9	元	至大三年（1310）	六月，襄阳、峡州路、荆门州大水，山崩，坏官廨民居二万一千八百二十九间，死者三千四百六十六人。	元史·武宗本纪
10	明	成化十四年（1478）	四月，襄阳江溢，坏城郭。	明史·五行志
11		正德十一年（1516）	丙子，襄阳大水，汉水溢，啮新城及堤，溃者数十丈。	光绪襄阳府志·志余·祥异
12		嘉靖四十五年（1566）	洪水四溢，郡治及各州县城俱溃。	光绪襄阳府志，卷9
13		隆庆二年（1568）	隆庆二年，堤复溃，新城崩塌。	读史方舆纪要卷79，襄阳府
14		万历三年（1575）	迨万历三年，堤又大决，决城郭。	乾隆襄阳府志．卷15，水利

（三）襄阳城池防御体系（图4-4-17～图4-4-19）

襄阳城因滨临汉水，洪水问题较为突出。因此，襄阳的防御体系有防洪和军事防御双重功能，二者相辅相成，缺一不可。城若不能御洪，自然也挡不住敌人进攻。

1. 汉晋至宋元

《读史方舆纪要》载：

襄阳城，今府城。相传汉晋时故址。背负汉水，东北一带皆缘城为堤，以防溃决，谓之大堤。汉《乐府》有《大堤曲》，谓此也。其西北隅，谓之‘夫人城’。晋太元三年（378年），朱

图4-4-17 明襄阳城图（明万历四十五年[1617年]襄阳县志）

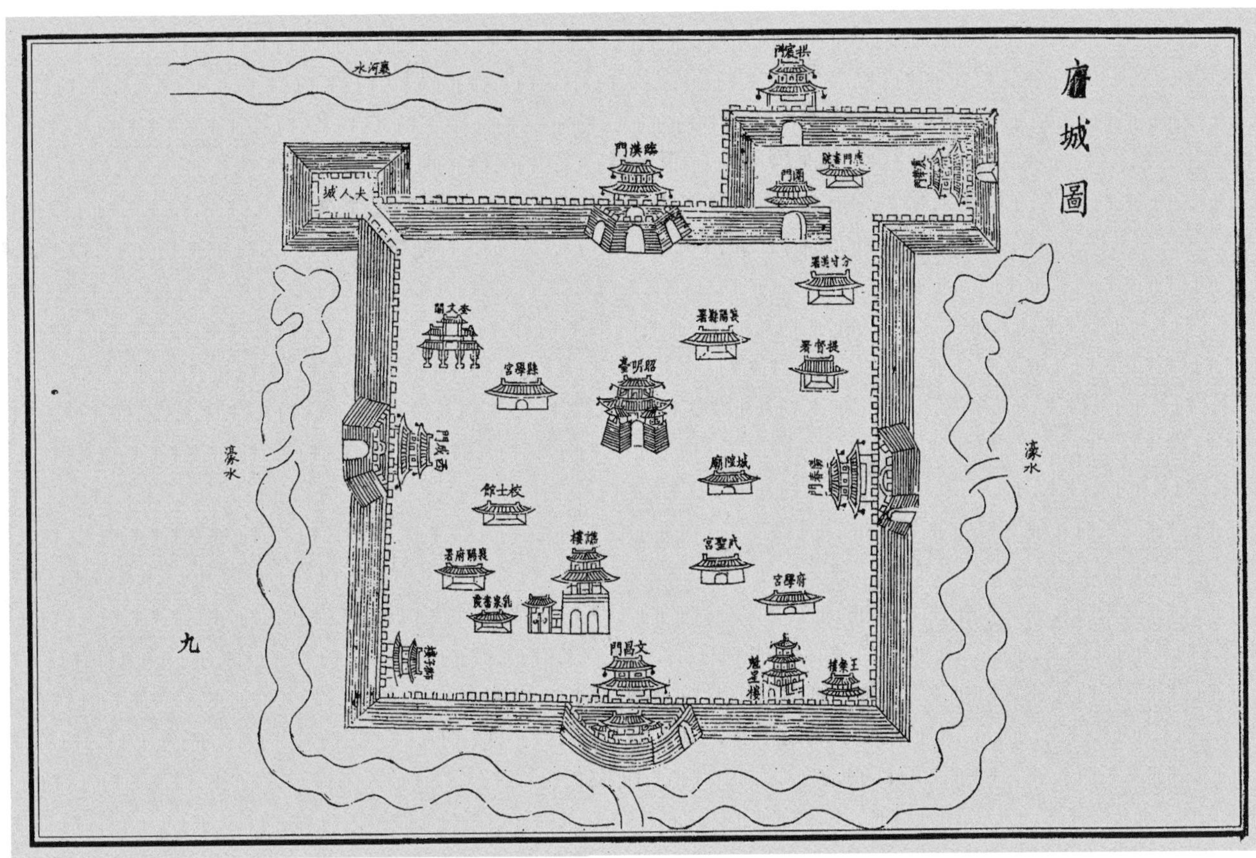

图 4-4-18 襄阳府城图（光绪十一年[1885 年]襄阳府志）

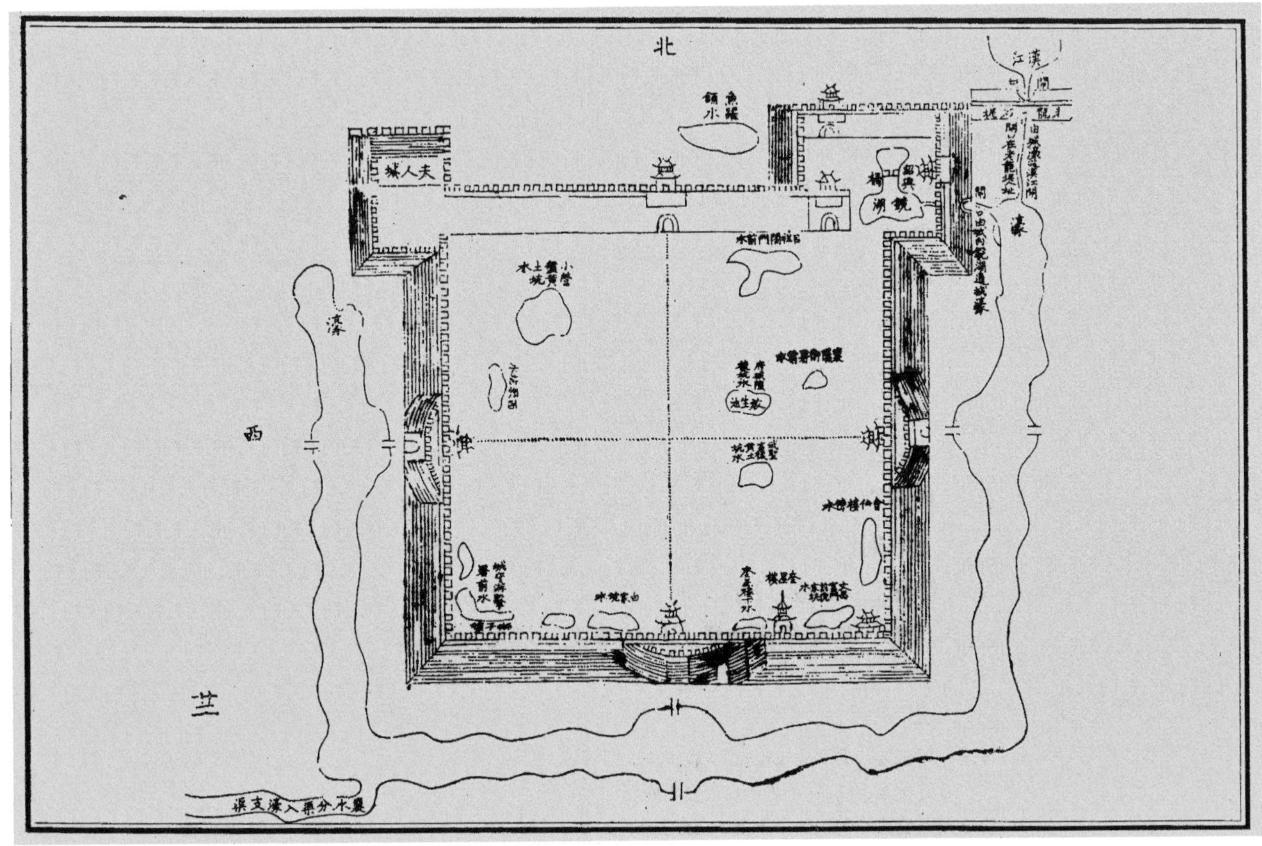

图 4-4-19 襄阳府城内潴水图（光绪十一年[1885 年]襄阳府志）

序镇襄阳，苻坚入寇，序母韩氏谓城西北角必先受敌，乃率百余婢及城中女丁，于其处筑城二十余丈。贼来攻西北角，果溃。众移守新城。襄阳人因呼曰“夫人城”。其旁又有垒城，筑垒附近大城，犹今堡寨也。齐永元二年（500年），萧衍起兵，发襄阳，留弟憺守垒城。唐神龙元年（705年），汉水啮城。宰相张柬之罢政事，还襄州，因垒为堤，以遏湍怒。自是，郡置防御守堤使。会昌元年（841年），汉水害襄阳。山南东道节度使卢钧筑堤六十步障之。宋绍兴二十二年（1152年），襄阳大水，汉水冒城而入。乾道八年（1172年），荆南守臣叶衡请筑襄阳沿江大堤[1]。

2. 明至清（图4-4-17～图4-4-19）

明洪武初，邓愈因旧址筑城，有正城，又有新城附正城。旧城大北瓮门，绕东北角接于正城。为门六。北临汉水，东西南皆凿城为池。弘治（1488～1505年）中，复修城。正德十一年（1516年），汉水大溢，破新城30余丈。副使聂贤督众取石于仙女洞，纵横甃砌，楼柾向背悉如法。仍自北门起，至东长门，筑泊岸280丈，又筑子城以护之，增修城垣，一如旧制。襄阳人因呼为“聂公城”。嘉靖三十年（1551年），汉水复溃堤浸城。嘉靖三十九年（1660年）大水，相继修完。隆庆二年（1568年），堤复溃，新城崩塌。副使徐学谟请益甃老龙堤于东、西、南城门外，各去城2里，筑护城堤。万历以后，屡经修筑[2]。

明初，卫国公邓愈因旧址修筑新城，周12里而赢，计2221丈7尺，高2丈5尺，为门六，俱有子城（笔者按：此处子城，既瓮城），曰东、南、西、大北、小北、东长。各为角楼者一，南门楼一。成化（1465～1587年）中，都督王信重建，其东南、西南各楼一，东北角楼一，花楼十，东、西、大北、东长门楼四。池北面临江400丈，其东、西、南三面通计2112丈，阔29丈，深2丈5尺，俱弘治（1488～1505年）中，副使毛宪重建。……崇祯间（1628～1644年），都御使王永祚重建六城楼暨西南城狮子楼，雄壮高深，甲于江汉。顺治二年（1645年）都御使徐启元檄同知贾若愚，自小北门城上，西至南城各险要处，用砖石修砌御敌炮台29座。五年（1648年），都御使赵兆麟檄副使苏宗贵重修西城大楼，檄知府冀如锡重建南城大楼，檄同知涂腾茂，张仲重修大北门城楼，建小北门城大楼，檄知县董上治重建东城大楼，以至城外三桥并敌楼，濠岸俱加完葺。其精坚盖逾旧云[3]。

3. 襄阳城的堤防系统（图4-4-20～图4-4-23）

汉水中游（湖北丹江口以下至钟祥市以上）是典型的游荡型河段，在历史时期，河道常在河谷内左右摆动。为了防遏洪水泛溢，束水归槽，稳定河道，保护沿岸城镇、田地，自汉代始，汉水中游的个别河段即开始兴筑堤防；至明清时期，逐步形成了较为系统的堤防体系。襄阳城的堤防系统也自汉至六朝，历唐、宋、元、明清逐步完善的。据鲁西奇、潘晟的研究，襄阳之筑城至迟不当晚于汉代。汉高祖六年，“令天下县邑城”。东汉时应劭释襄阳之得名，谓“城在襄水之阳，故曰襄阳”。襄阳城既紧邻汉水，城墙自当在一定程度上具备抵御洪水之功能。至于襄阳城外堤防创始于何时，则不能知。以其对岸樊城在东汉后期已筑有护城堤而推论，襄阳城至少在东汉后期也当筑有堤防，但此点在今存文献中没有充足证据[4]。

《读史方舆纪要》卷79襄阳府“襄阳城”条云：今（襄阳）府城，相传汉晋时故址。背负汉水，东、北一带皆缘城为堤，以防溃决，谓之大堤。汉乐府有《大堤曲》，谓此也。

[1] 读史方舆纪要，卷79，湖广五，襄阳府．

[2] 读史方舆纪要，卷79，湖广五，襄阳府．

[3] 古今图书集成·考工典·城池·襄阳府．

[4] 鲁西奇，潘晟．汉水中游古代堤防考．历史地理·第二十辑．上海：上海人民出版社，2004：88-115．

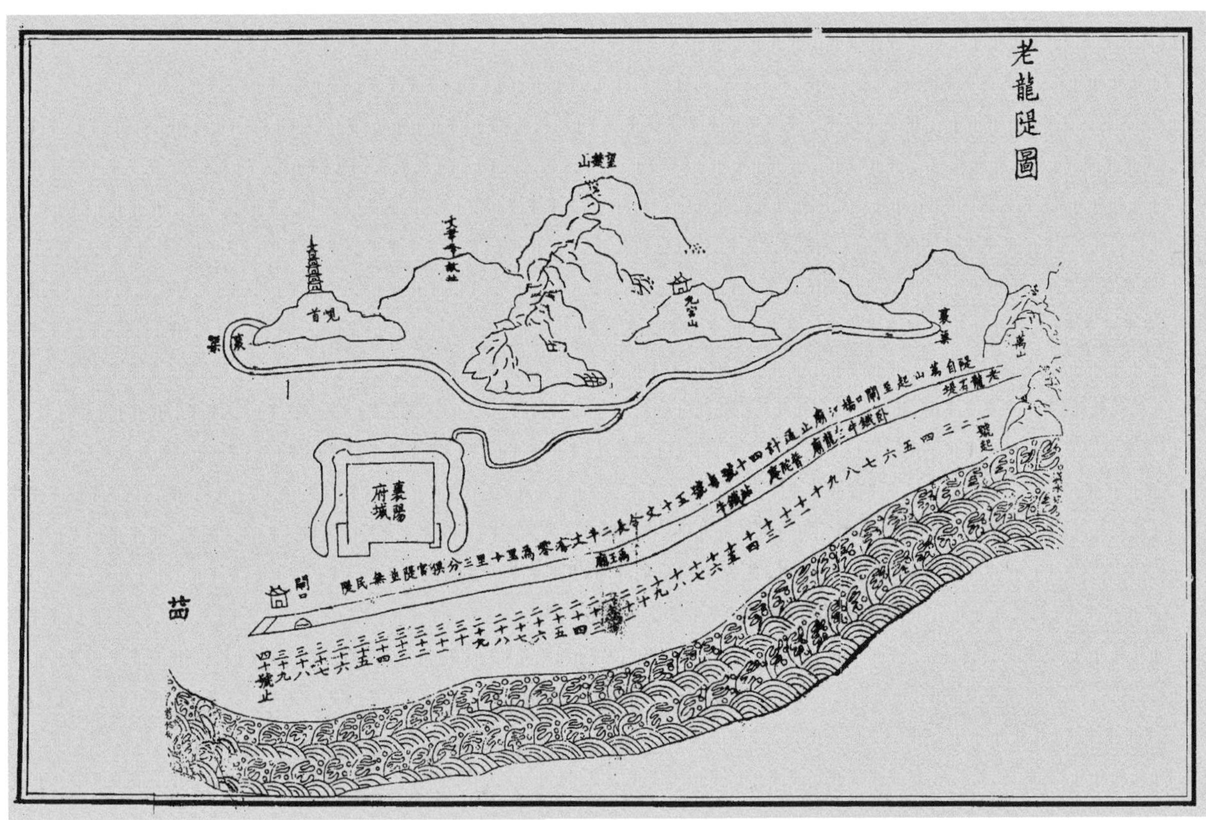

图 4-4-20 老龙堤图（光绪十一年[1885 年]襄阳府志）

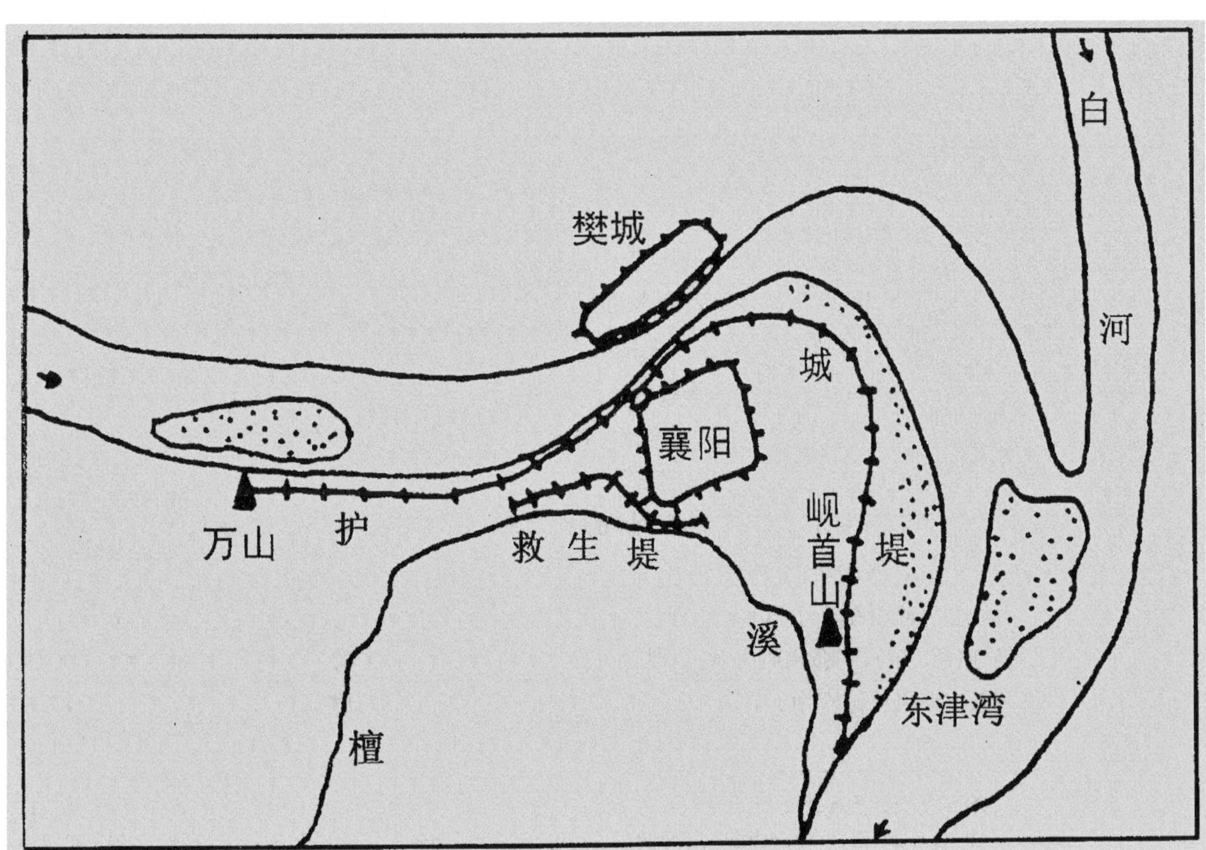

图 4-4-21 南宋襄阳堤防示意图（鲁西奇、潘晟．汉水中游古代堤防考．论文插图）

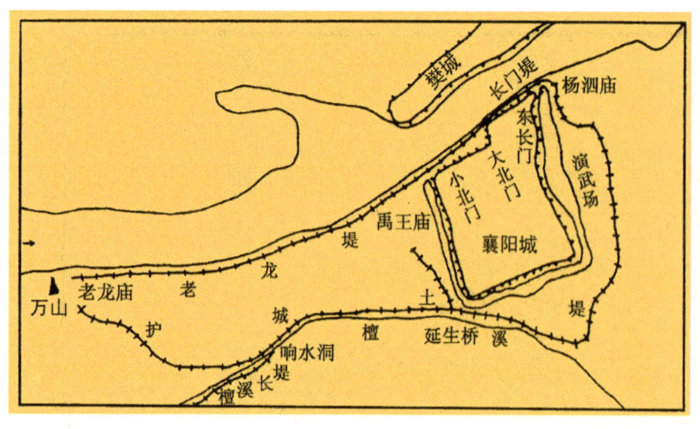

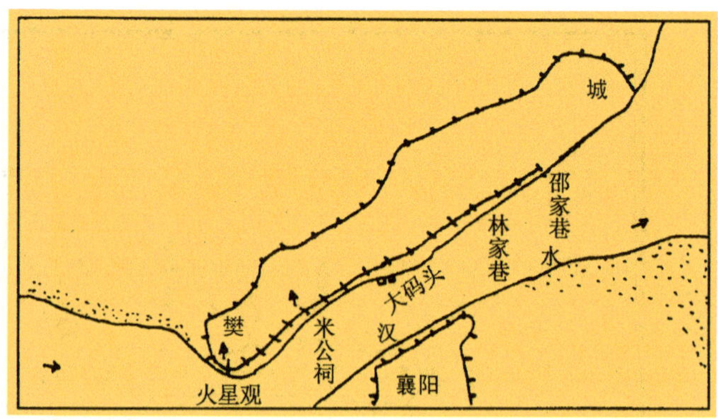

图 4-4-22 明后期襄阳城堤防示意图（鲁西奇、潘晟．汉水中游古代堤防考．论文插图）

图 4-4-23 清后期樊城堤防示意图（鲁西奇、潘晟．汉水中游古代堤防考．论文插图）

在今存六朝文献中，有关襄阳堤防较早的直接记载见于《宋书》卷四六《张邵传》：刘宋元嘉五年（428 年）张邵任雍州刺史，"至襄阳，筑长围，修立堤堰，开田数千顷，郡人赖之富赡。"（按：长围本是军事工事，环绕驻军营地或城堡外围垒土而成。张邵所筑襄阳城"长围"既是军事防御工事，也可起到防御洪水泛溢的作用。他所主持修立的堤堰虽不明其所在，估计其中可能也当有部分属于汉水或其支流堤防）[1]

《文苑英华》卷八七〇录李騭《徐襄州碑》述徐商镇襄州之事功甚详，其一云：

汉南数郡，常患江水为灾，每至暑雨漂流，则邑居危垫，筑土环郡，大为之防，绕城堤四十三里，非独筑溺是惧，抑亦工役无时，岁多艰忧，人倦追集。公（引者按：指徐商）乃详究本末，寻访源流，遂加高沙堤，拥扼散流之地，于是豁其穴口，不使增修，合入蜀江，潴成云梦，是则江汉终古不得与襄人为患矣。

按：徐商，字秋卿，《新唐书》卷一一三有传，甚简略。徐商于大中十年（856 年）春自河中移镇襄阳，任山南东道节度使、襄州刺史，至十四年（即咸通元年，860 年）应召赴阙，在襄阳首尾约五年。据此段碑文，在徐商之前，襄阳已"筑土环郡"，绕城筑有堤防 43 里，而且时常维修，形成维修制度，以至"工役无时，岁多艰忧，人倦追集"。徐商在已有基础上，加以维修、改造，"加高沙堤，拥扼散流"，进一步完善了襄阳城的堤防体系。

《新唐书》卷一二〇《张柬之传》载：张柬之于神龙元年（705 年）罢相为襄州刺史，"会汉水涨啮城郭，柬之因垒为堤，以遏湍怒，阖境赖之。"张柬之所筑之堤依凭故垒，此垒当即《水经注·沔水篇》所记载襄阳大城之"西垒"，在襄阳城西。考襄阳城西北万山附近汉水略向东北流，故襄阳城西北最易受到洪水冲啮，为襄阳堤防最切要处，张柬之所筑之堤防亦当以此为最要。又，《元和郡县志》卷二一襄州"襄阳县"下记载，在襄阳城西北角有夫人城，"符丕之攻也，朱序母深识兵势，登城履行，知此处必偏受敌，令加修筑。寇肆力来攻，果衅而退，因谓之夫人城。"（按：此城不见于《水经注》记载，建于何时殊不能定，但它位于襄阳城西北角，客观上也起到了抵御洪水的作用）[2]

由于堤防没有得到妥善的管理和维护，唐代和五代襄阳有 5 次洪水犯城或灌城之灾。

宋代，襄阳建了护城堤、救生堤与樊城堤防。但两宋之际，襄阳屡受战乱破坏，其堤防亦当失修，故至绍兴十六年（1146 年）、二十二年（1152 年）襄阳大水，洪水冒城而入；淳熙十年（1188 年），"襄阳府大水，漂民庐，盖藏为空"。洪水多次灌城，与北宋时期形成鲜明对照。所以，绍兴、淳熙中，在襄阳知府陈桷、郭杲的主持下，相继对襄阳城堤防进行整修[3]。

[1] 鲁西奇，潘晟．汉水中游古代堤防考．历史地理·第二十辑．上海：上海人民出版社，2004：88-115.
[2] 鲁西奇，潘晟．汉水中游古代堤防考．历史地理·第二十辑．上海：上海人民出版社，2004：88-115.
[3] 鲁西奇，潘晟．汉水中游古代堤防考．历史地理·第二十辑．上海：上海人民出版社，2004：88-115.

明代襄阳城堤防在因袭、维修唐宋以来旧堤之基础上，亦多有创修：①元末明初邓愈重修襄阳城时，因增筑东北角之新城，故同时增修了一道自大北门（土门）至长门的截堤（即清代方志中的“长门堤”）。②正德十一年(1516年),聂贤在截堤之外又加修子堤一道,形成双重堤防。③隆庆间，徐学谟主持在襄阳城东、西、南三门之外约二里处各筑有子堤一道，形成环绕襄阳城西、南、东三面的护城堤防（即万历《襄阳府志》舆图上所绘的“新土堤”，清代方志中的“救生土堤”、“襄渠土堤”）。④万历三十五年（1607年）由乡绅冯舜臣等主持修筑了一道檀溪长堤。同时，老龙堤历经正统二年（1437年）、成化二年（1466年）、成化十八年（1482年）、正德十一年（1516年）、嘉靖三十年（1551年）、隆庆初年（1567～1568年）、万历三年（1575年）等多次维修加固，均已建成石堤。在隆庆初年徐学谟主持修筑环城“新土堤”之后，襄阳城堤防体系已基本形成。但这并不意味着襄阳城不再受到洪水侵袭，实际上，洪水灌城事件还时有发生[1]。

清代襄阳城的堤防建设，主要是在明代堤防体系的基础上，加以维护修复，并略作调整，甚少创建[2]。但由清代襄阳未见洪水犯城的记录，说明其城堤防洪系统是有效的。

五、荆州（图4-4-24～图4-4-29）

荆州，位于湖北省江汉平原西部，长江中游荆江的北岸，沮漳水由此入江。

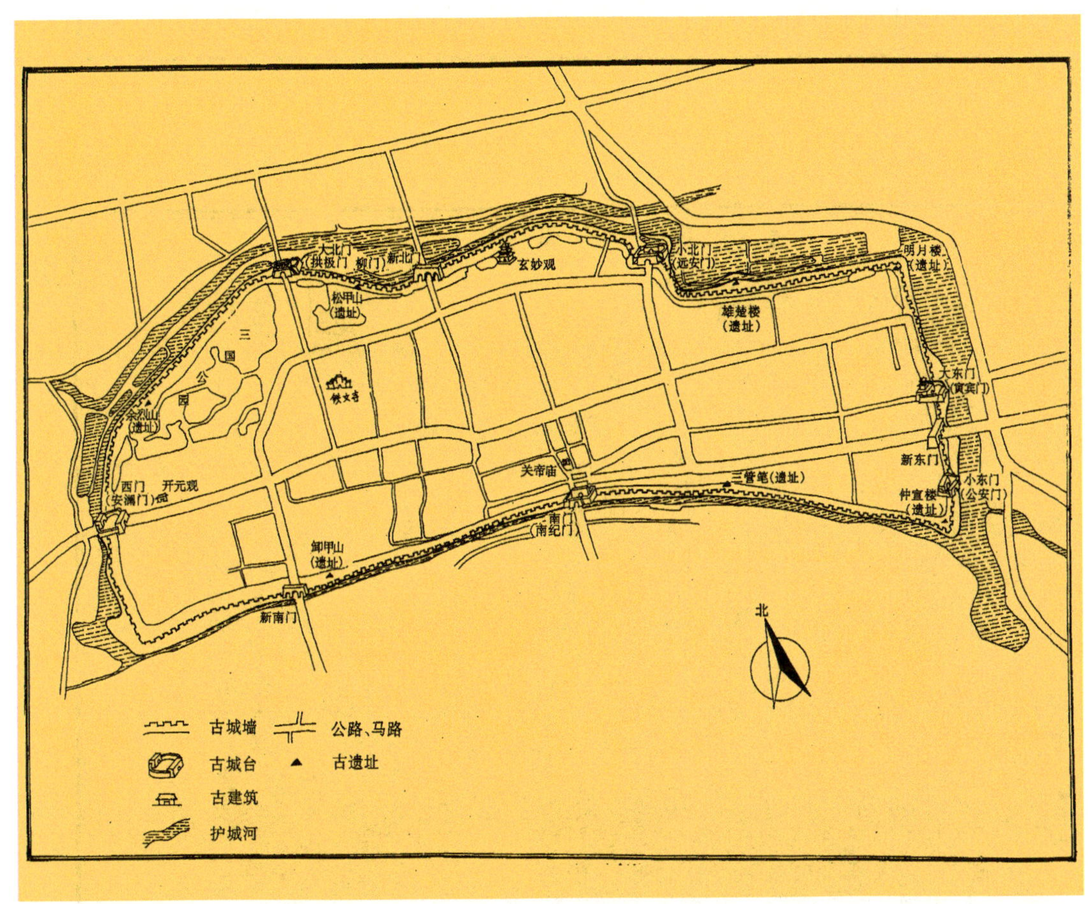

图4-4-24 荆州城平面图（高时林论文插图）

[1] 鲁西奇，潘晟．汉水中游古代堤防考．历史地理·第二十辑．上海：上海人民出版社，2004：88-115.

[2] 鲁西奇，潘晟．汉水中游古代堤防考．历史地理·第二十辑．上海：上海人民出版社，2004：88-115.

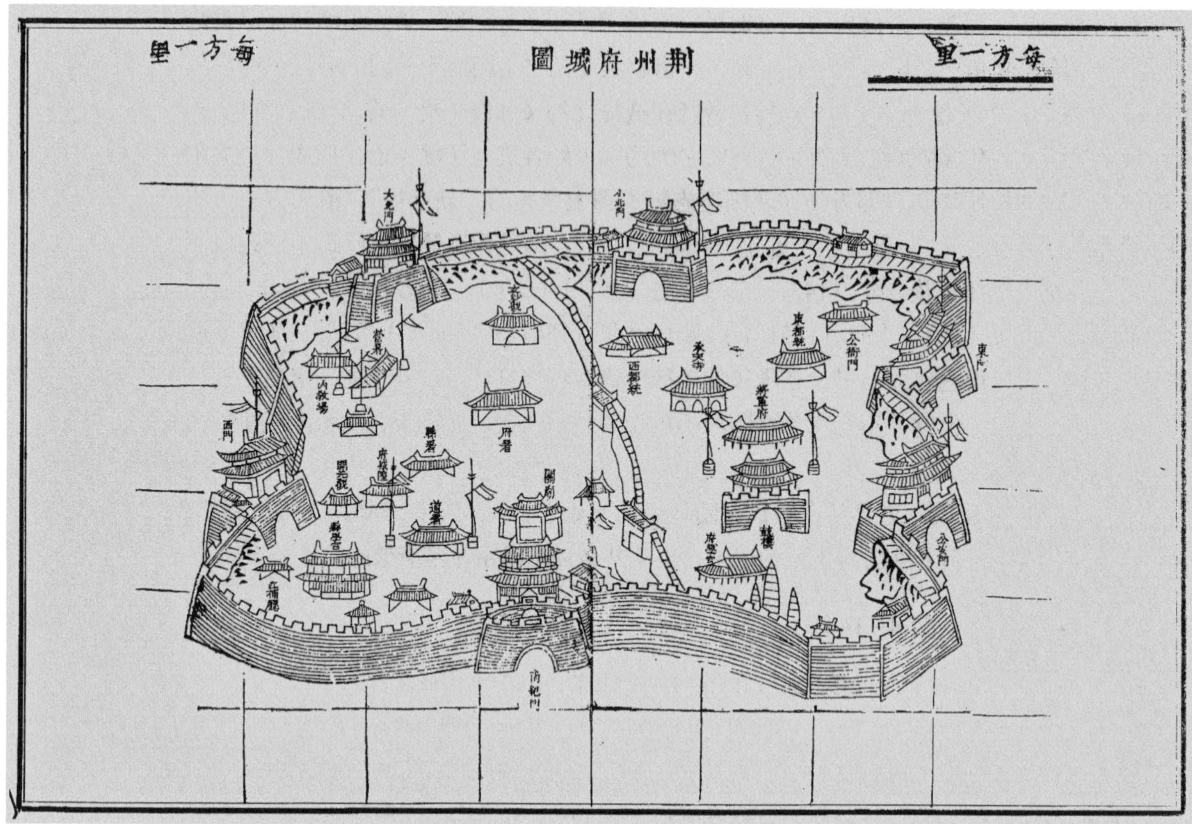

图 4-4-25 荆州府城图（自光绪荆州府志）

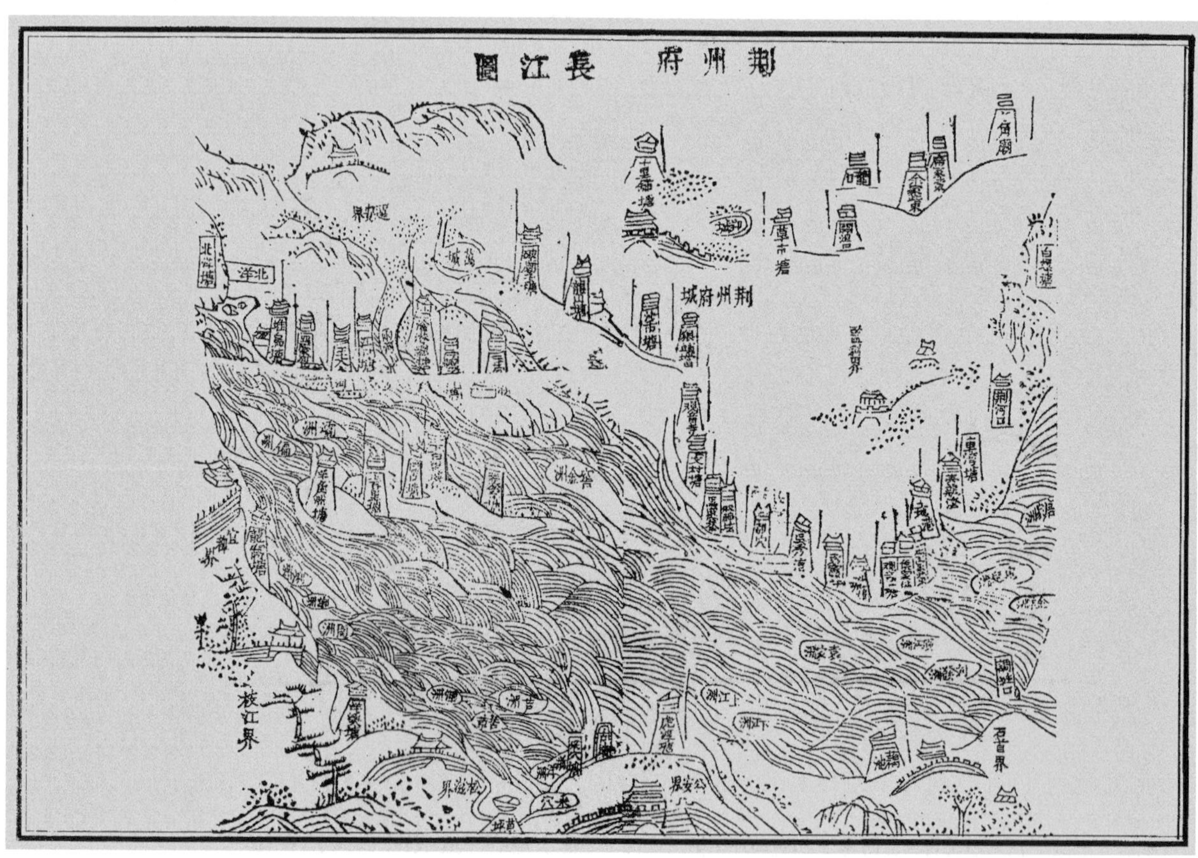

图 4-4-26 荆州府长江图（自乾隆荆州府志）

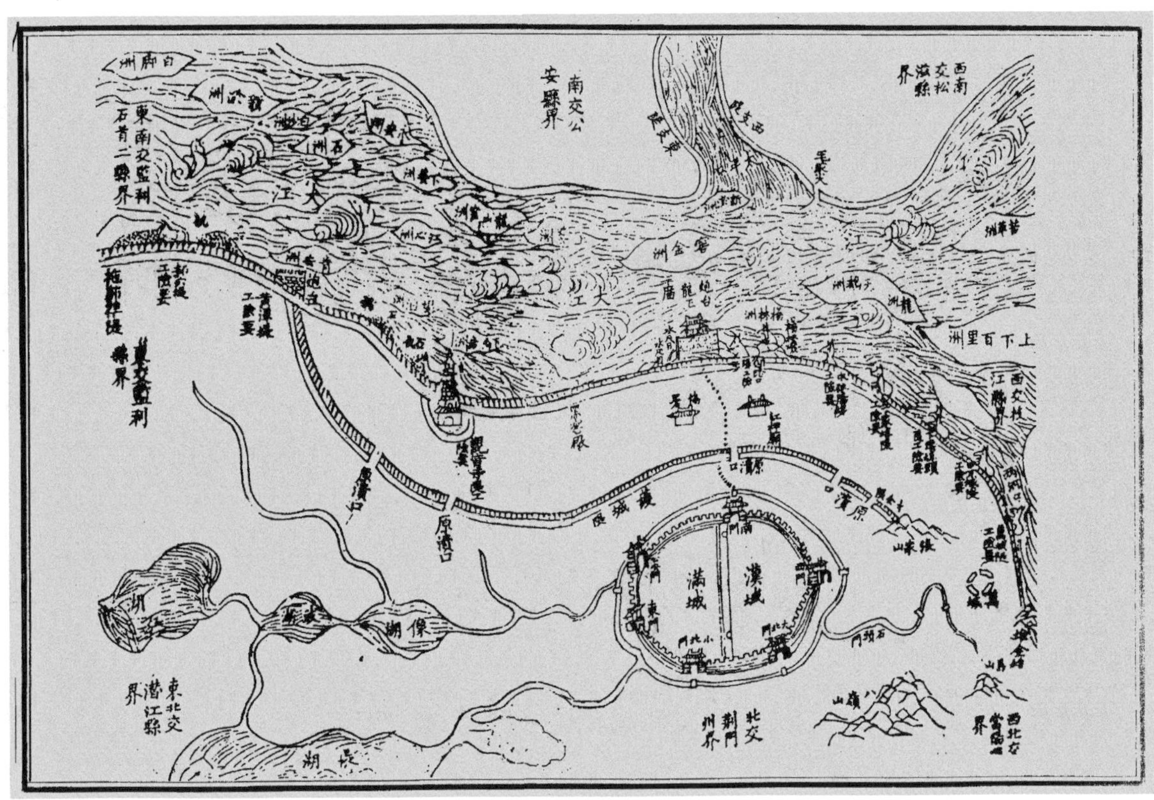

图 4-4-27 江陵县堤防全图（自光绪江陵县志）

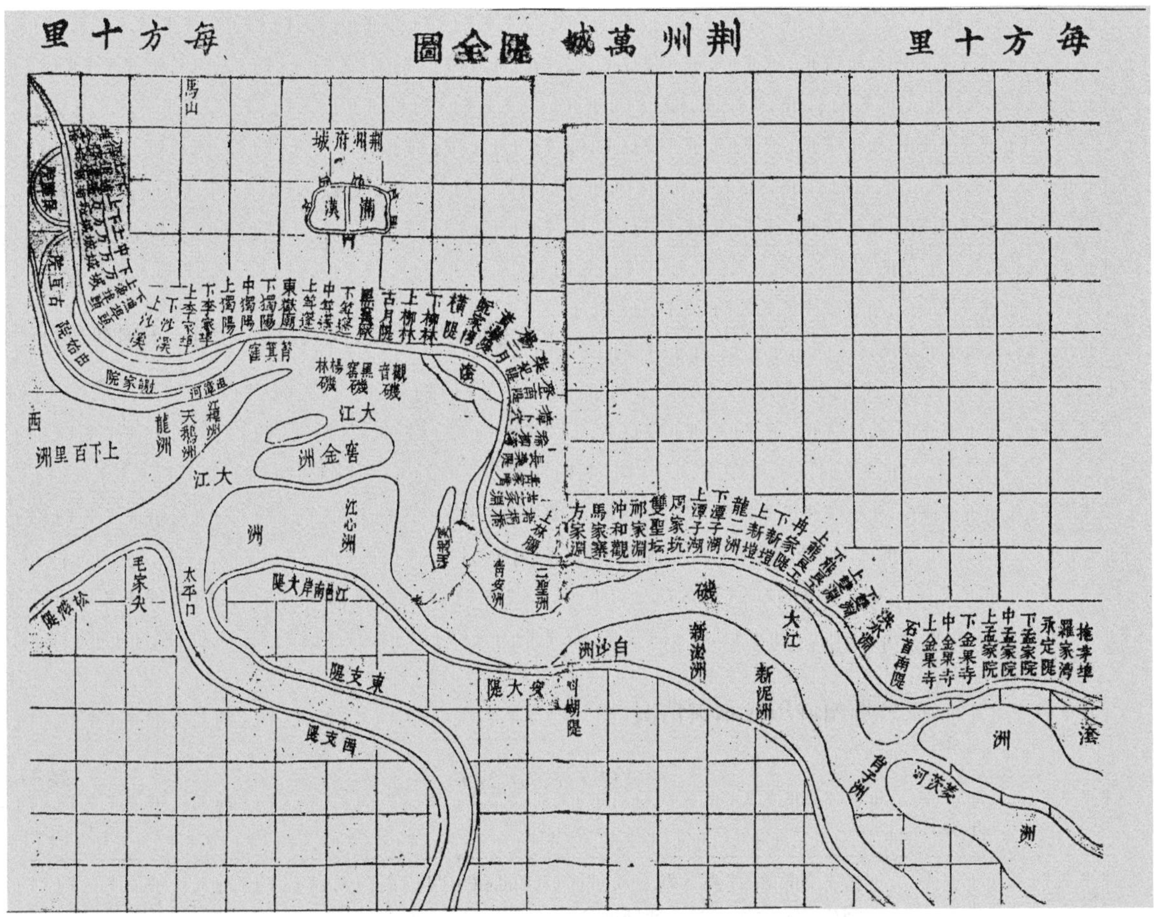

图 4-4-28 荆州万城堤全图（自光绪荆州府志）

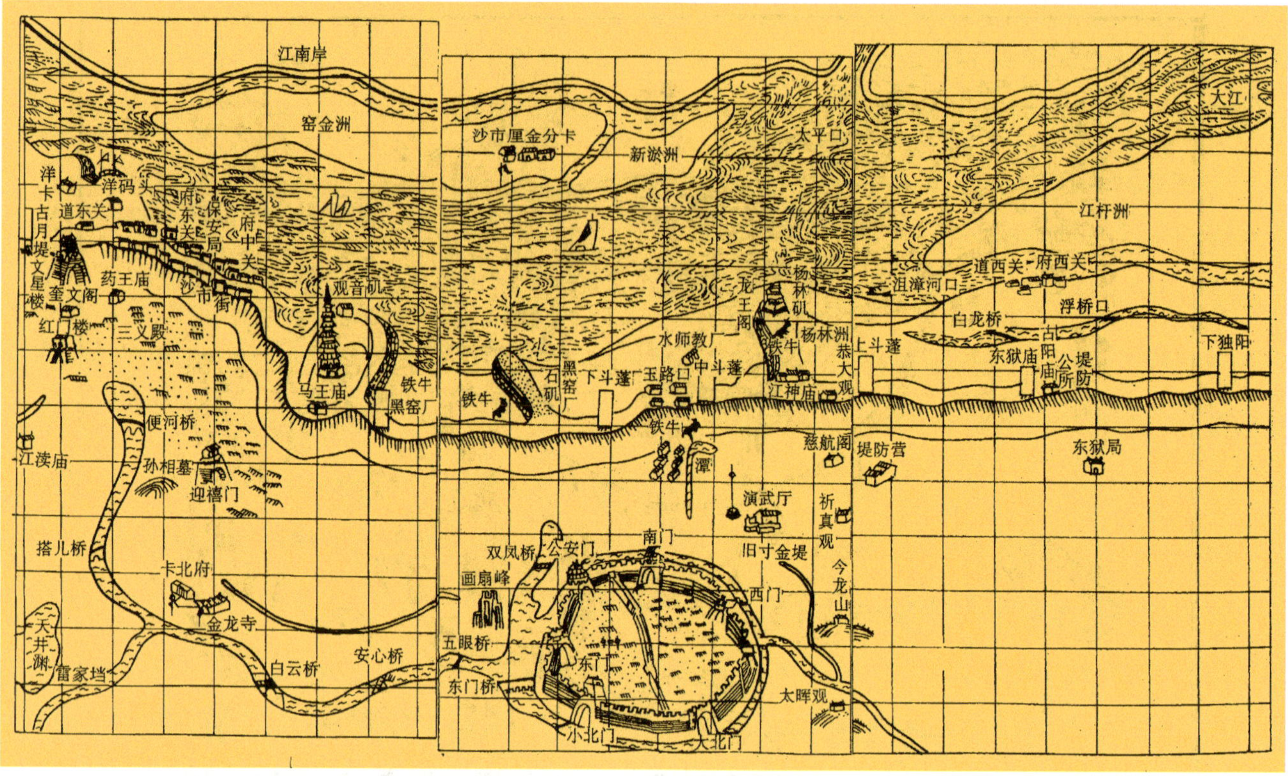

图 4-4-29 万城堤全图（局部）（自荆州万城堤续志）

（一）地理位置与历史沿革

荆州地理位置十分重要。《读史方舆纪要》云：

> 府控巴夔之要，路接襄汉之上游，襟带江湖，指臂吴粤，亦一都会也。太史公曰：江陵，故郢都，西通巫巴，东有云梦之饶。……自三国以来，常为东南重镇，称吴蜀之门户。诸葛武侯曰：荆州，北据汉沔，利尽南海，东连吴会，西通巴蜀，此用武之国也。

江陵在《禹贡》九州中属荆州，春秋战国时为楚地。楚文王即位，于公元前 680 年将国都由丹阳迁郢（今江陵城北 5km 处纪南城）。到公元前 278 年，秦将白起拔郢，楚国连续 20 代王在此地建都。

秦拔郢后，置南郡，治江陵县。项羽改南郡为临江国，汉初复为南郡。三国初，江陵属蜀汉，不久属吴。吴国荆州治江陵。晋平吴，亦曰南郡。东晋为荆州，治南郡如故。宋、齐因之。梁光帝曾以江陵为都城，西魏又以江陵封后梁主萧詧为蕃国，也以江陵为都。随代江陵仍是南郡治所。唐初改南郡为荆州，天宝元年（742 年）改荆州为江陵郡，乾元元年（758 年）复为荆州。上元元年（760 年）升荆州为江陵府，置江陵为南郡。不久又复为荆州。

五代时，高季昌据此，以此为都，建南平国。宋时为江陵府，元为江陵路，明清为荆州府，江陵为治所。辛亥革命后属湖北荆南道，不久道废，县属湖北省。中华人民共和国成立后，为江陵县和荆州地区驻地，现为荆州市所在。

（二）荆州城历代水灾情况

荆州城历代的水灾表　　　　表 4-4-5

序号	朝代	年份	水灾情况	资料来源
1	唐	贞元八年（792）	秋，自江淮及荆、襄、陈、宋至于河朔州四十余，大水，害稼，溺死二万余人，漂没城郭庐舍……	新唐书·五行志

续表

序号	朝代	年份	水灾情况	资料来源
2	明	弘治十年（1497）	荆州大水，自沙市决堤浸城，冲塌公安门城楼，民田陷没无算（湖广通志）。	光绪荆州府志，卷76，灾异
3		嘉靖十一年（1532）	嘉靖十一年，江水决此（万城堤），直冲郡西，城不浸者三版。	读史方舆纪要，卷78，湖广四，荆州，万城堤
4		嘉靖三十九年（1560）	七月，荆州大水（湖广通志）。江陵寸金堤溃，水至城下，高近三丈六，门筑土填塞，凡一月退（县志）。公安沙堤铺决（县志）。松滋大水，江溢（湖广通志）。枝江大水灌城，民居尽没（县志）。宜都旱。秋九月，江水溢入宜都临川门，经旬始退。	光绪荆州府志，卷76，祥异
5	清	乾隆五十三年（1788）	六月，荆州大水，决万城堤至玉路口堤二十余处，四乡田庐尽淹，溺人畜不可胜纪。冲圮西门、水津门，城内水深丈余，官舍仓库俱没，兵民多淹毙，登城者得全活，经两月方退（县志）。十九日，枝江大水灌城，深丈余，漂流民舍无数，各洲堤垸俱溃（县志）。宜都大水临州门，石磴不没者十余级（县志）。	光绪荆州府志，卷76，灾异
			六月二十日，堤自万城至玉路决口二十二处。水冲荆州西门、水津门两路入城。……兵民淹毙万余。……诚千古奇灾也。	汪志伊．湖北水利篇．荆州万城堤志，卷9
6		道光二十二年（1842）	江陵五月二十五日，张家堤溃，大水灌城，西门外冲成潭，卸甲山及白马坑城崩。越数日，文村堤溃（县志）。公安、松滋大水（县志）。	光绪荆州府志，卷76，灾异
7		道光二十四年（1844）	江陵李家埠堤溃，大水灌城，西门冲成潭，白马坑城崩（县志）。公安水（县志）。松滋黄木岭江堤溃，枝江大水入城（县志）。	光绪荆州府志，卷76，灾异

（三）荆州历代的城池建设

荆州府历代十分重视城池的建设，原因：一为军事防御，二为防洪。

光绪《荆州府志》对荆州府城池的建设有简要的记述：

府故楚郢都。今城，楚船官地，春秋之渚宫。秦既拔郢，置南郡。汉因之。三国初，属蜀汉，旧城关某所筑。某北攻曹仁，吕蒙袭而据之。某曰：此城吾所筑，不可攻也，乃引而退。（以上俱见《水经注》）

晋永和元年，桓温督荆州，镇夏口八年，还江陵，始大营城橹。（见《晋书·桓温传》）

宋齐以来，常为东南重镇。梁太清三年，台城不守，时元帝为荆州刺史，命于江陵四旁七十里，树木为栅，据堑三重而守之。（见《资治通鉴》）设十三门，皆名以建康旧名（见《元和志》），后都此，为西魏所陷。

后梁萧詧称藩于魏亦都此。（按：詧时有东西二城，詧所居者，为东城。详古迹）

隋唐修建无考。五代时，为南平王高季兴国。

江陵当唐之末，为诸道所侵。兵火之后，井邑凋零。后梁乾化二年（912年），季兴大筑重城，复建雄楚楼、望沙楼为捍蔽，执畚锸者十数万人，将校宾友皆负土相助。郭外五十里冢墓多发掘，取砖以甃城。工毕，阴惨之夜，常闻鬼泣，及见磷火焉（见《五代史·南平世家》）。龙德元年（921年），季兴遣都指挥使倪可福督修外郭，自巡城，责工程之慢，杖之。后唐天成二年（926年），又筑内城以自固，名曰子城（见《十国春秋》）。

宋经靖康之难，雉堞圮毁，池隍亦多淤塞。淳熙间，安抚使赵雄奏请修筑。始于十二年（1185年）九月，越明年七月，乃成为砖城二十一里，营敌楼战屋一千余间（见叶适《记》）。淳祐十年（1250年），总领贾似道檄兴山主簿王登浚筑城濠（见《宋史·理宗纪》）。

元世祖至元十三年（1276年），诏（堕）襄汉荆湖诸城（见《元史·世祖纪》）。

明太祖甲辰年（1364年），平章杨璟依旧基修筑，周一十八里三百八十一步，高二丈六尺五寸。嘉靖九年（1530年）重修，为门六：东为新东门、公安门（旧名楚望）、南为南纪门，西为西门（旧名龙山），北为小北门（旧名维城）、大北门（旧名柳门）。濠阔一丈六尺，深一丈许。东通沙桥，西通秘师，北通龙陂诸水。万历初，拓城北隅，后仍修复如旧制。崇祯十六年（1643年），流贼张献忠陷荆州，夷城垣。

国朝顺治三年（1644年），荆南道李栖凤镇荆，总兵官郑四维率兵民重筑，悉如旧址。康熙二十二年（1683年），特设将军都统，统满洲八旗兵镇守荆州等处，驻城内东偏，迁官署民廛于城西偏，中设间墙，南曰南新城门，北曰北新城门。雍正五年（1727年），霪雨垣圮。六年，给帑银三千两有奇修筑。七年，给帑银六万两修驻防城间墙。乾隆二十一年（1756年），奉部文，给帑重葺城垣，勘估工料银二万两有奇。荆宜道来谦鸣、知府叶仰高监修，知县李豫承修，六阅月毕工。五十三年（1784年）六月二十日，万城堤决，水从西门入，城垣倾圮。钦差大学士阿桂、工部侍郎德成，会同湖广总督舒常、毕沅，相度形势，估工修筑。水津门、小北门冲塌最甚，地势洼陷，俱退入数十丈。城东南角退入十数丈。重建东西大、小北门城楼，公安、东门两处吊桥，归并一处，余悉依旧址补修。共费帑银二十万两零六千有奇。知府张方理监造，改镇流门为寅宾，古漕门为拱极，拱辰门为远安，龙山门为安（滋）。自五十四年（1789年）二月兴工，至五十七年（1792年）九月竣工。光绪四年（1878年），知县柳正笏筹修南门月城，有碑记[1]。

以上记载是否确实呢？荆州此城址是否关羽所筑的那座呢？近年的考古发掘，回答了这一疑问。

1997年10月至1998年3月，荆州博物馆考古工作者配合仲宣楼段坍塌城墙维修，解剖城墙横断面。先后发现了明代砖城内侧的宋代砖城和已埋入现城墙以下3m多深的五代砖城，以及三国两晋时期的土城垣。这一重要发现，使荆州古城墙砖城的修造史，从始于明代的普遍认识，又上溯了400多年，使荆州古城墙的修造史提前了1100多年，同时，进一步证明了现荆州古城就是三国时关羽镇守的那个荆州[2]。

（四）荆州城墙的防洪抗冲措施

荆州城墙虽然历史上也曾多次被洪水灌城，造成重大损失，但相对于它处于长江中游最险的荆江北岸，前面已谈到近5000年由于泥沙淤高河床等原因，荆江的洪水位已上升了13.6m，荆江已成为地上河，荆州城的洪水威胁可以说是越来越严重，与洪水作抗争已是历代官员、军士、百姓的当务之急。在这种情况下，其城址之选择、城墙的形态、城墙的材料等方面都采取了利于防洪减灾的措施。

1. 城址的选择

荆州城址所在，其北5km为纪南城，春秋战国时为楚郢都，当时，现荆州城址上建有宫殿和官船码头，是楚都出入长江的门户，史书上称之为“渚宫”。荆州城址一般为海拔32m左右[3]。据研究，荆江近5000年来洪水位不断上升，其中，汉至宋元上升幅度为2.3m，宋元至今上升达11.1m，即汉至今上升达13.4m之多[4]。处于长江下游的与荆州相邻的沙市，高的洪

[1] 光绪荆州府志，卷8，建置志·城池．

[2] 高时林．在构建管理、维修与利用的良好三维环境中提高荆州古城墙保护的有效性//国家文物局保护司，江苏省文物管理委员会办公室，南京文物局编．中国古城墙保护研究．北京：文物出版社，2001：174-177.

[3] 江陵县城建局编．江陵县荆州镇基本概况，1982.

[4] 周凤琴．荆江近5000年来洪水位变迁的初步探讨．历史地理·第四辑．上海：上海人民出版社，1986：46-53.

水位为44.25m（吴淞高程），比荆州城内地面（34～35m，吴淞高程）高出近10m。由研究可知，汉朝的水位比现在低13.4m，因此，汉朝时荆州城址所在，并无长江洪水的威胁，其城址的选择是考虑了防洪的。

2. 城形不取方正，而取弯曲不规则形状

《水经注·江水》云：

江陵城地东南倾，故缘以金堤。……城南有马牧城，西有马径。

刘宗盛弘之《荆州记》云：

马牧城东三里，有蚌城。相传云：饥年民结侣采蚌，止憩其中，故因为名。又云：城随洲势，上大下尖，其形似蚌，故有蚌号。（《艺文类聚》卷九十七）

由以上记载可知，江陵城的东南原有一蚌城，城形似蚌。由于荆州一带古代为江湖水乡，似蚌的城形可以减少洪水冲击城墙的力量，故似蚌形筑城是利于防洪的。

从荆州城的形态来看（图4–4–24），其形态弯曲而不规则，略呈船形。这种形态，一是可以减少洪水冲击力，利于防洪，二是可以减少射击的死角，有利于军事防御。

3. 建城材料不断改进，以提高防洪能力

荆州城由三国时的土城，到五代出现砖城。宋、元、明、清，不断改进，城基用大块条石垒砌，城砖用大青砖垒砌，以糯米石灰浆灌缝，城墙内坡填黄土夯筑，底阔10余米，顶宽5m多，青砖铺面，平整坚实[1]。

2000年8月，考古工作者配合小北门外城墙维修，在砖城内侧发现了一段长19.3m，高9m，厚约1m的明代成化年间夯筑的干打垒石灰糯米浆辅助城墙，至今仍如混凝土般坚固[2]。这种城墙在防洪抗冲防渗漏上都是十分坚固耐久有效的。

4. 荆州古城自三国至宋，均采取以水为守之策，说明其城墙防洪能力之强

《读史方舆纪要》云：

三海在城东北。江陵以水为险。孙吴时引诸湖及沮漳水浸江陵以北地，以拒魏兵，号为北海。赤乌十三年，魏将王昶向江陵引竹绖为桥，渡水来侵，朱绩因退入江陵。孙皓时，陆抗以江陵之北，道路平易，敕江陵督张咸做大堰遏水，渐渍平土，以绝寇叛。凤凰元年，羊祜以西陵降附，自襄阳引兵向江陵，欲因所遏水，以船运粮，扬声将破堰，以通步军。抗闻之，使咸急破之。祜至当阳，闻堰败，乃改船以车运，大费功力。唐贞观八年，曹王皋为荆南节度，江陵东北七十里，有废田傍汉水古堤决坏者二处，每夏则水浸溢，皋始塞之，广良田五千顷，亩收一锺，盖即北海故址。时又规江南废洲为庐舍，架二桥以跨江。五代周显德二年，高保融复自西山分江流五六里，筑大堰，亦名北海。宋绍兴三十年，逆亮渝盟，李师夔柜上下海以遏敌。乾道中，守臣吴猎尝修筑之。开禧三年，守臣刘甲以南北兵端既开，再筑上中下三海。淳祐中，孟珙兼知江陵，登城叹曰：江陵所恃三海，不知沮洳有变为桑田者。敌一鸣鞭，辄至城下，盖自城以东古岭，先锋直至三汊，无有限隔故也。乃修复内隘十有一，别作十隘于外有距城数十里者。沮漳之水旧自城西入江，因障而东之，俾绕城北入于汉，而三海遂通为一。又随其高下，为八匮以蓄泄水势。三百里间渺然巨浸，遂为江陵天险。金人尝犯荆门州，距江陵才百里而去，知有三海为之限，故也。古岭等或曰，即三海之名，郡志三海俗名海子，八柜俗名九隔，在今府东北十五里。（《读史方舆纪要》，卷78，湖广四，荆州府）

[1] 中国军事博物馆编著．中国古代名都．北京：北京出版社，1998：217–212．

[2] 高时林．在构建管理、维修与利用的良好三维环境中提高荆州古城墙保护的有效性//国家文物局保护司，江苏省文物管理委员会办公室，南京文物局编．中国古城墙保护研究．北京：文物出版社，2001：174–177．

5. 城门皆有瓮城，使城门由一重变为两重，门内各装闸门，以防水患

荆州古城的城垣四周有六座城门，门外皆有瓮城，前为箭楼，后为城楼，箭台门和城台门各装两扇木制板门，外包铁皮以防敌人火攻。此外，每座城门洞内壁两侧建有石墩，墩上凿有闸槽，装上专用闸板，既可御敌，又可防水[1]。

瓮城的设置，既大大加强了军事防御功用，又加强了抗洪能力。

6. 乾隆五十三年灾后改建洪水冲入城的水津门、小北门，退入数十丈，城东南角退入十数丈

水津门为西门，后改名安澜门，小北门在城东北角，后改名远安门，这两门地势较低，乾隆五十三年（1788年）的洪水首先由这两门冲入城中（图4–4–30）。五十四年“相度形势，估工修筑。水津门、小北门冲塌最甚，地势洼陷，俱退入数十丈。城东南角退入十数丈……余悉依旧址补修。”[2]

这几处低洼之处，最易为洪水冲塌，退入数十丈，或十数丈，则城址较前高，且城墙、门不变，可以少受洪水冲击。这是从痛苦的灾害中总结经验而采取的措施。

以上荆州城墙的防洪抗冲措施是十分有效的。荆州城墙外有万城堤等堤防作为第一、二道防线，城墙则是保护城内军民百姓的最后一道防线。历史上有许多次万城堤，寸金堤决，洪水环城，荆州城下闸御洪，保护了城内百姓的安全。

嘉靖十一年（1532年），江水决万城堤，“直冲郡西，城不没者三版。”[3]

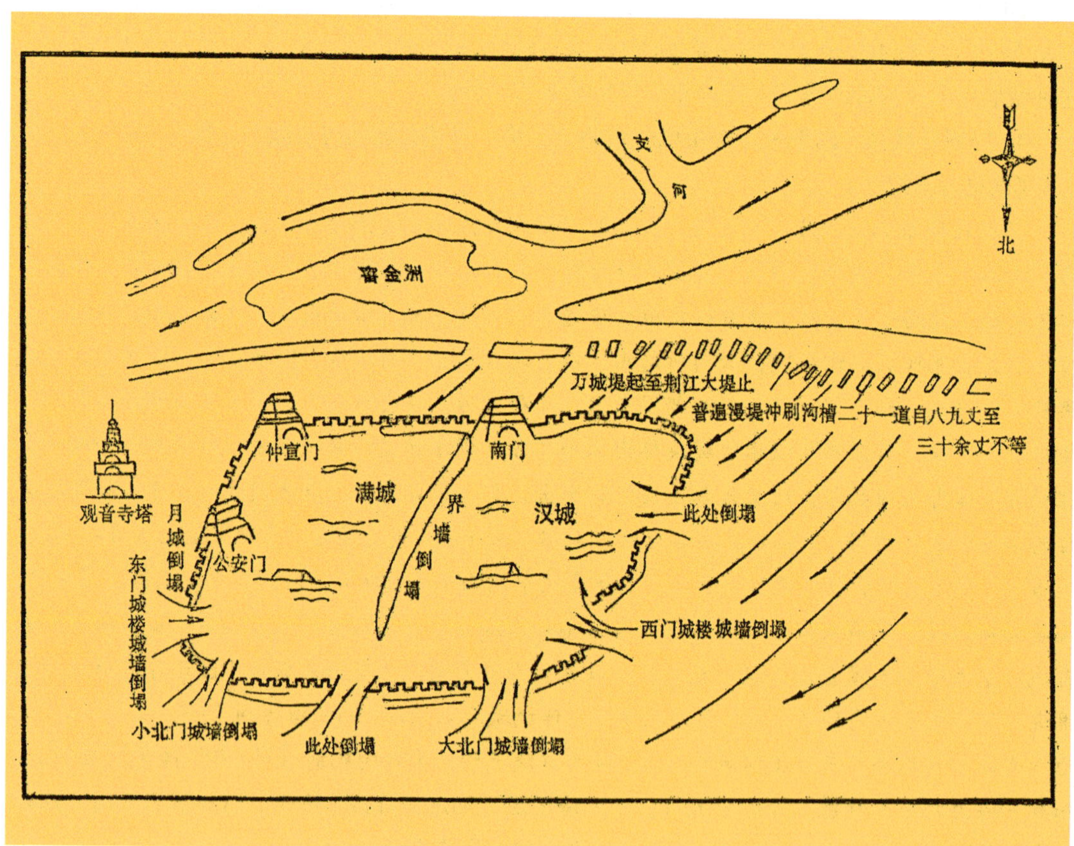

图4–4–30 乾隆五十三年（1788年）荆州城灾情示意图（长江水利史略：130）

[1] 浦士培．江陵城墙 // 赵所生，顾砚耕主编．中国城墙．南京：江苏教育出版社，2000：321–335.

[2] 光绪荆州府志，卷8，建置志·城池．

[3] 读史方舆纪要，卷78，湖广四，荆州，万城堤．

嘉靖三十九年（1560年），七月，荆州大水，寸金堤溃，水至城下，高近三丈六，门筑土填塞，凡一月退[1]。

乾隆四十四年、四十六年两年万城堤决，荆州城被洪水包围[2]，由于下闸御洪，城内平安无事。

乾隆五十三年虽洪水冲入城内，但城墙仍屹立水中，成为灾民的避灾所。据乾隆五十三年七月十八日奉上谕："其余各灾户现在城上搭棚居住者尚有一万多人，虽据舒常奏连日天气晴明，兼之捞获各仓湿米散给糊口，人心安怡，览奏为之稍慰。"[3]

1935年长江流域大水，澧水、汉江中下游发生近百年来最大洪水。由于中游清江、澧水和汉江洪水遭遇，短时段洪量集中，洪水来势凶猛，沙市最高水位43.97m（资用吴淞基面水位44.05m）。自宜昌至汉口堤防皆普遍溃决，荆江大堤圮、堆金台、德胜台及麻布拐子先后溃决，江汉平原一片汪洋。灾情最严重的是汉江中下游和澧水下游。据当年国民政府统计，受灾人口1000余万，死亡人口达14.2万[4]。

在一片汪洋的江汉平原上，荆州古城又一次成为城中数万生灵的避难所。在阴湘城堤破，洪水直冲荆州城，城门下闸御洪，在洪水的汪洋中，成为诺亚方舟，而其城形正略似船形。

荆州古城，是中国古人与洪水抗争的智慧的结晶，也是中国城市防洪史上的一个奇迹！

（五）保护荆州城的堤防系统

荆州城是保护城内军民的最后一道防线。光有荆州城是不够的，为了保护荆州城，城外应有保护荆州城池的护城堤防系统。

程鹏举在论文"荆江大堤形成期的讨论"[5]一文中，对荆江大堤的形成，各段堤防的名城始筑年代、功用等作了详细的考证。笔者对他的成果深表赞同。其观点如下：

1. 堤的肇始——金堤与寸金堤

现存记载中，荆江堤防最早是筑于东晋的金堤。永和元年（345年）至兴宁三年（365年）恒温任荆州刺史时，曾令陈遵修金堤。《水经注·江水》云："江陵城地东南倾，故缘以金堤，自灵溪始，桓温令陈遵造。"

金堤为当时江陵的护城堤防，是通过江陵城西门外秘师桥附近并筑至城东荒谷水。

金堤即为寸金堤的前身。

《晋书·殷仲堪传》记太元十七年（392年），"蜀水大出，漂浮江陵数千家。以堤防不严，降号为宁远将军。"由于殷仲堪没管好堤防，即护城的金堤，致大水破堤灌城，才受降号处分。

2. 沙市堤——中唐已形成

3. 江陵监利间江堤，早在北宋中期约1050年前后已基本完整

4. 今沙市以上至万城堤段

今沙市文星楼以上至万城堤段的形成，应在南宋后期。元至元六年（1340年），在今观音寺前建幢镇江护堤，此处在寸金堤外较远，表明此时寸金堤外江堤已成为捍御江涨的第一道防线，地位重要，形成当已有相当时间。宋末元初至明嘉靖后期，江陵城外有宋末形成的今大堤

---

[1] 光绪荆州府志，卷76，祥异．

[2] 万城堤志，卷首，谕旨，乾隆五十三年七月十一日上谕．

[3] 万城堤志，卷首，谕旨．

[4] 骆承政，乐嘉祥主编．中国大洪水——灾害性洪水述要．北京：中国书店，1996：262-264．

[5] 程鹏举．荆江大堤形成期的讨论//中国水利水电科学研究院水利史研究室编．历史的探索与研究——水利史研究文集．郑州：黄河水利出版社，2006：126-133．

沙市的上段及东晋始筑的寸金堤双重堤防的保护。嘉靖三十九年（1560 年）大水，破寸金堤，此后，寸金堤逐渐湮没。

5. 现代荆江大堤的整体形成

现荆江大堤至清初，由得胜台至监利城南堤防始为一体。得胜台以上与堆金台之间系借天然高地挡水，由于洪水位逐渐上涨，嘉庆元年（1796 年）洪水漫过该处高地，于是在高地上加筑堤防，荆江大堤才连为一体，最终形成。

清倪文蔚著《万城堤志》、舒惠著《万城堤续志》详细记叙了皇帝的谕旨以及水道堤防的来龙去脉，有建置、岁修、防护、经费、官守，私堤、艺文、杂志志余，两书均有图说，是研究万城堤的重要书籍史料。限于本书篇幅，不再赘引。

六、常德（图 4–4–31、图 4–4–32）

常德是一座历史悠久的古城，为历代郡、州、府、县治所在地，有“湘西门户”之称，是湘西北的政治、经济、文化、科技、交通中心。

（一）地理位置与历史沿革

常德位于湖南省西北部。西洞庭湖滨，沅江和澧水的中下游。城址位于沅江凹岸，地势低平，地面高程 30 ~ 32m（黄海高程），经常受到洪水冲击。由于沅江河床及洞庭湖底逐渐淤高，水情恶化，常德的洪灾也呈上升趋势。

常德属亚热带季风湿润气候，四季分明，春多寒潮、阴雨，夏多暴雨、高温、伏秋易旱。

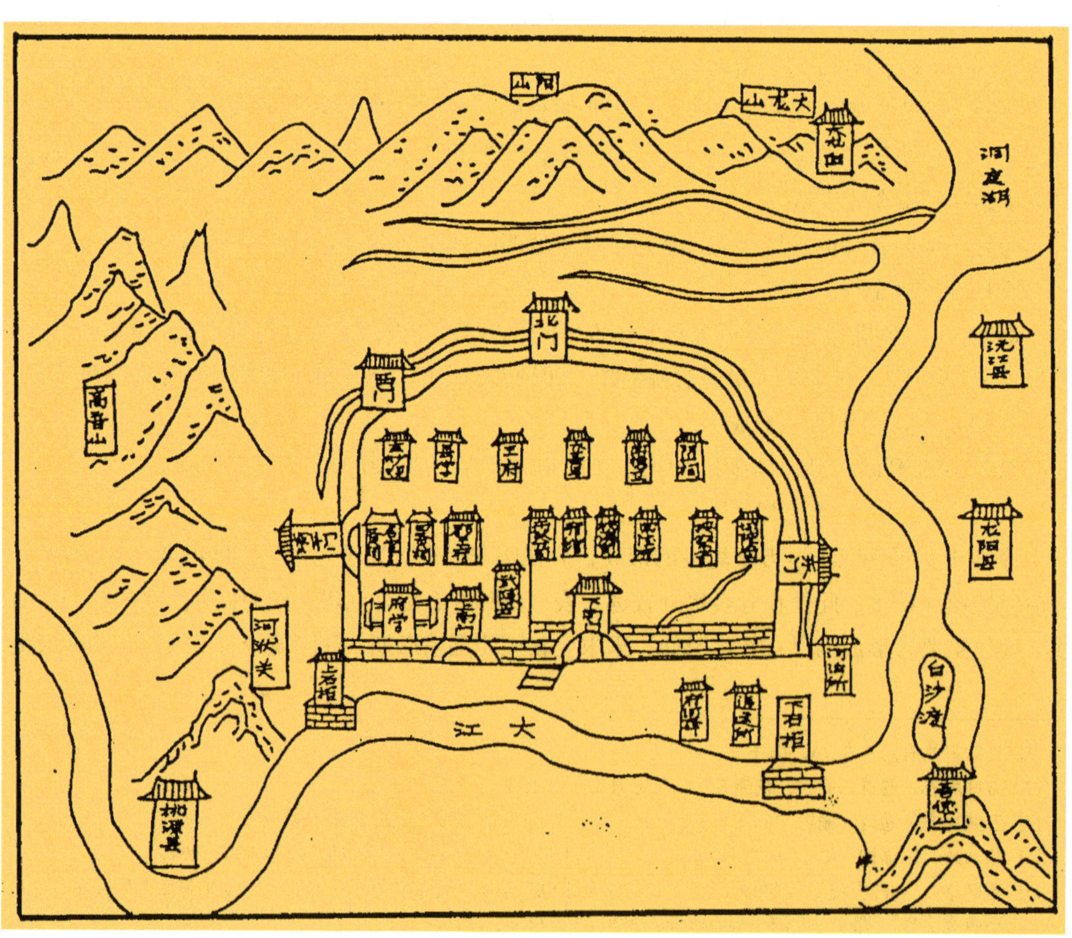

图 4–4–31　常德府城图（摹自嘉靖常德府志）

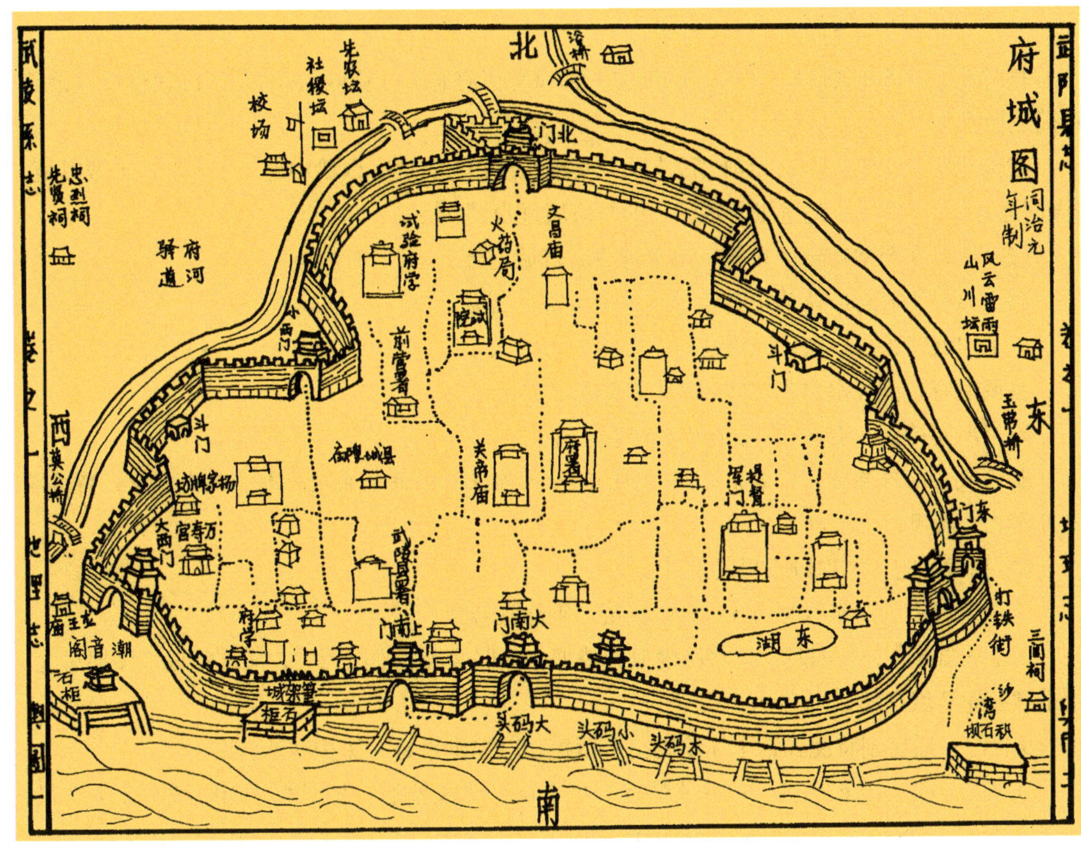

图 4-4-32 常德府城图（摹自同治武陵县志）

常德一带物产丰富，素有“鱼米之乡”之称。主产粮、棉、鱼，以鲜鱼、茶叶、湘莲等著名，林业以松、杉、楠竹、油茶著称，中草药丰富，出产匀滕、细辛、天冬、首乌、半夏等。

常德为湖南重镇，古称四塞之国，梁山、德山、平山，称鼎城三足，形势险要，历来为兵家必争之地。历史上为军事重镇。

《读史方舆纪要》云：

常德府，《禹贡》荆州之域。春秋战国时属楚。秦置黔中郡，汉为武陵郡（治索县）。后汉因之（改制临沅县）。建安中属蜀，寻属吴。晋亦曰武陵郡。宋、齐仍旧。梁置武州，陈改沅州，而武陵郡如故。《陈本纪》：天嘉元年（560 年），分郢州之武陵，荆州之天门、义阳、南平四郡，置武州，治武陵。太建七年（575 年），改武州为沅州。隋平陈、废郡，改为朗州（治武陵县）。大业初（605 年），复改州为武陵郡。唐仍曰朗州。天宝初（742 年）曰武陵郡。乾元初（758 年）复为朗州。五代梁初（907 年）属于马氏，曰永顺军（《五代史》亦作武顺军）。后唐时曰武平军（因唐旧也）。宋仍为朗州。大中祥符五年（1112 年），改曰鼎州［沅江下游曰鼎江，因以名。亦曰武陵郡。政和七年（1117 年），升为常德军节度。绍兴元年（1131 年），置荆湖北路安抚使，治此，领鼎、沣、辰、沅、靖五州。三十二年（1162 年）罢］。乾道初（1165 年），升为常德府（以孝宗潜邸也）。元曰常德路。明初复为常德府，领县四。今因之[1]。

民国二年（1913 年），废府存县，改武陵县为常德县。1950 年 5 月将常德县城及近郊划出单设常德市，属常德传属直辖。1953 年 5 月，改为省辖市。1988 年 4 月，撤销常德地区和常德县，建常德市为省辖市，设武陵、鼎城两区。

[1] 读史方舆纪要，卷 80，湖广六，常德府 .

（二）历代城池建设

据常德市建委所编的《常德市城建志》和《常德府志》、《武陵县志》，将历代常德城池建设简述如下。

战国秦昭王三十年（公元前277年），“秦昭王遣白起入楚，取黔中地，楚人张若筑城以拒。《湖南通志》：六国时，楚遣张若筑城，即今府城址也。”[1]

张若城，在今常德市区东部，是常德古城筑城之始。

嘉庆《常德府志》认为张若为楚人，拒秦筑张若城。

同治《武陵县志》持不同看法，认为张若为秦人：

县城附府，滨沅水之阴，即秦张若城遗址[2]。

顾祖禹亦持这一看法。《读史方舆纪要》云：

临沅城，在府志东，一名张若城。《地记》：秦昭王三十年使白起伐楚。起定黔中，留其将张若守之，故因筑此城以拒楚[3]。

《常德城建志》亦取顾祖禹的看法。

东汉建武二十四年（48年），梁松伐蛮，重修张若城。

220～265年，三国时，吴将潘俊取武陵郡，以郡城大，难以固守，又筑障城，移郡居之。这是常德建重城之始。

9世纪，后唐副将沈如常于江滨砌三个石柜，以捍御水势，保护城基。

宋景定四年（1263年），宣抚使韩宣、吕文德又修浚城池。按记载，当时城高2丈5尺，周回1733丈，合9里13步。城上建串楼1583间，警铺157所，有雉堞3248垛。城有六座门，东门名永安，上南门名神鼎，下南门名临沅，正西门名清平，西北门名常武，北门名拱辰。城南临大江，东、西、北三面环濠池，东、北二门有月城，西有桥。石基木板上有铺房。拱辰、常武两门外有石桥，又有三斗门，上在清平门内后营，中在武陵县学之右，下在旧卫署后，皆北向，水绕城背，然后经东，合襟堪舆之说，认为这种流向为吉。

三座斗门，建于宋元丰五年（1082年），是由将作监主簿李湜所开，以泄城中的积水。

元延祐六年（1319年），常德路郡监哈珊于府学前砌笔架城石柜一座，以杀水势。

元至顺三年（1332年），常德路监路（呐）璘不花筑土城，未就，军师将大不花续成之。

元至正二十四年（1364年），明太祖灭陈友谅，取常德路，总制胡汝修旧城。

明洪武六年（1373年）常德卫指挥孙德再辟城旧基，垒以砖石，覆以串楼，做六座城门，浚壕池。

永乐十三年（1415年）指挥李忠重修城垣，增筑楼橹。

正统十年（1445年），指挥夏宣补修城垣。

弘治十一年（1498年），城中总兵府扩建成荣王府，王宫城甃以砖，位于城中心。

正德二年（1507年），指挥段辅修砌城墉和江岸；十一年（1516年），指挥陈鼎重建西门城楼。

嘉靖十二年（1533年）常德大水，城圮；十三年（1534年），巡抚林大辂檄饬本府通判聂璜，协同常德卫修城，重建清平门城楼；是年，巡抚林大辂檄饬重修笔架城。

[1] 嘉庆常德府志，卷7，建置考，城池．

[2] 同治武陵县志，卷8，建置志，城池．

[3] 读史方舆纪要，卷80，湖广六，常德府．

崇祯四年（1631 年），指挥周东修砌府学前城垣，并在城下垒石为堤以护城基，高八尺，亘延如城。

崇祯十一年（1638 年）七月，邑人兵部尚书杨嗣昌奉敕修常德府城，加修笔架城，高 3 丈，雉堞城楼俱极北固。

清顺治十四年（1657 年）十月，常德卫守备张靖修北门城门洞一座，铁叶城门两扇。

康熙四年（1665 年），卫守备张靖鼎建临沅门、神鼎门城楼、铁叶门扇；五年（1666 年），鼎建北门城楼；六年（1667 年）府经历许尚忠鼎建西门城楼；九年（1670 年）知府胡向华鼎修大南门城楼，并建南城下调元楼。

城濠，由西门起，历北门至东门，水汇出七里涧，其南皆临江。

乾隆二十一年（1766 年），水坏迴峰寺石柜及笔架城，知县王永芳补修。

乾隆五十七年（1792 年），知府李大霳、知县杨鹏翱，督本邑绅士商民捐资加修沙窝石柜一丈五尺，名之为积石坝[1]。

道光十一年（1831 年），水坏大西门，向北城垣，知县卢尔秋倡修；二十五年（1845 年）大西门右边城墙圮，知县熊浦云倡修；二十九年（1899 年）慈云奄后面的城坏，知县刘兆璜倡修。

咸丰十年（1860 年）城圮，知县恽世临倡修，并建六门悬门（门闸）。城门外分为四坊，东曰宣化坊，南曰珠履坊，西曰庆丰坊，北曰修衣坊[2]。

（三）常德历代水灾情况

常德历代水灾情况，列为下表（表 4-4-6）。

常德历代水患表 **表 4-4-6**

序号	朝代	年份	水灾情况	资料来源
1	南北朝	齐建武五年（498）	沅、靖诸水暴涨，至常德没城五尺。	常德县水利电力局编．常德县水利志
2	唐	永贞元年（805）	永贞元年夏，朗州五溪水溢，武陵、龙阳二县江水溢，漂万余家。	嘉庆常德府志，卷 17，灾祥
3	宋	绍兴二十三年（1153）	六月庚辰，沅江武陵涨，水坏城，人争保城西平头山址。大溪桥坏，水大至，平地丈五尺，死者甚众。	续资治通鉴，卷 130
4		乾道九年（1173）	临江军五月大水，漂民庐，坏城郭。	江西省水利厅水利志总编辑室编．江西历代水旱灾害辑录
5		淳熙三年（1176）	五月晦，大水入郛。	常德县水利电力局编．常德县水利志
6		淳熙十六年（1189）	五月丙辰，沅、靖州山水暴溢至辰州，常德府城没一丈五尺，漂民庐舍	宋史·五行志
7		绍熙三年（1192）	五月庚子晦，常德府大水入其郛。	宋史·光宗本纪
8	元	延祐元年（1314）	五月，武陵雨水坏庐舍，溺死三千余人。（元史）	嘉庆常德府志，卷 17，灾祥
9	明	嘉靖十二年（1533）	霪雨自四月至六月，江涨，城几溃，滨江没者无算。	嘉庆常德府志，卷 17
10		嘉靖二十二年（1543）	大水，漂没城外民居房屋。	嘉庆常德府志，卷 17
11		隆庆五年（1571）	辰州、常德、安乡、华容大水入城市。（湖广通志）	古今图书集成·庶征典，卷 130，水灾

[1] 以上资料，来自嘉庆常德府志，卷 7 及《常德市城建志》．

[2] 以上资料见于同治武陵县志，卷 5，建置志，城池．

续表

序号	朝代	年份	水灾情况	资料来源
12	清	乾隆三十一年（1766）	常德大水，洪水冲塌迴峰寺石柜及笔架城，冲决得胜官堤。 大水灌城。	常德是城建志，大事记 嘉庆常德府志，卷 7
13		乾隆四十八年（1783）	水涨，滨江复圮。	同治武陵县志，卷 8
14		道光十一年（1831）	水坏大西门。	同治武陵县志，卷 8
15		道光二十五年（1845）	大西门右圮。	同治武陵县志，卷 8
16		道光二十九年（1849）	慈云庵后城坏。	同治武陵县志，卷 8
17		咸丰十年（1860）	百子巷北门右小西门左城俱圮。	同治武陵县志，卷 8
18		宣统二年（1910）	益阳城堡……两次被淹，来势极为汹涌，民间损失不赀。（常德）府城南临大河，水几漫城而入。……而从城西落路口溃堤灌入之水，建瓴而下，直射城根，复经风浪鼓荡，以致东西北三面城墙，均有坍塌。	宣统政纪，转引自再续行水金鉴，长江卷 2：790–791

（四）常德城水灾原因探讨

由表 4–4–6 可知，历史上，常德古城共有 18 次水患。为什么常德城历史上水患较多呢？笔者认为有如下几个原因。

1. 城址临沅江凹岸，城址地势低平，易受洪水袭击（图 4–4–33）

在河流弯曲处建，若选址于凸岸，可以少受洪水冲刷。我国有许多城市都选址于河流凸岸，桂林、宜昌、南昌、信阳、宁波、台州、温州、新昌、三水、潮州、高要、四会等都是例子。如凸岸城址地势低下，仍不免水患，但受冲会比凹岸城址小许多，损失会小许多[1]。

常德古城，当时是战国时秦将张若所筑。

《读史方舆纪要》又记述：

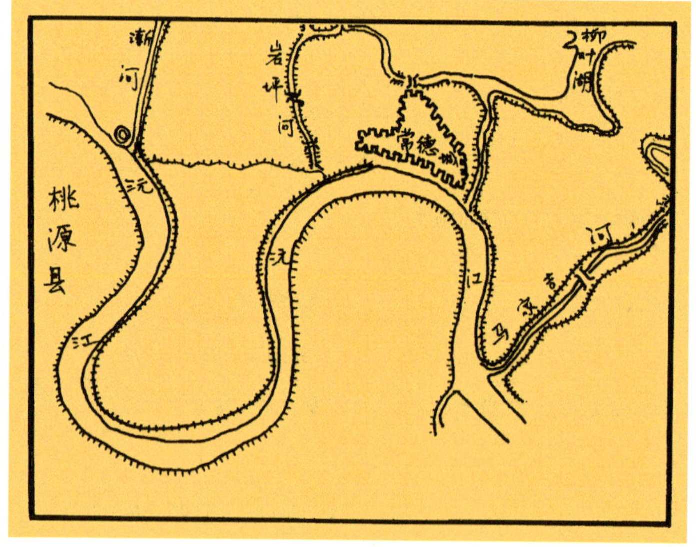

图 4–4–33 常德古城城址示意图

> 志云：（张若）城西又有司马错城，与张若城相距二里。秦使错与张若伐楚黔中，相对各筑一垒，以扼五溪咽喉[2]。

由这一记述可知，当时筑城，主要重在军事防御，这一点上，常德城选址是十分高明的，常德的梁山、德山、平山、称鼎城三足，形势险要，利于防守。它“左包洞庭之险，又控五溪之要”，成为湘西北军事重镇，兵家必争之地。

张若筑城在秦昭王三十年（前 277 年），距今近 2300 年。当时城的规模较小，而生态环境较好，虽处河流凹岸，城址地势低平，但却罕有城市水灾的记录。直至 700 多年后，南朝齐明帝建武五年（498 年），出现了一次大水灾，“沅、靖诸水暴

[1] 吴庆洲．中国古城选址与建设的历史经验与借鉴．城市规划，2000，9：31-36，2000，10：34-41．

[2] 读史方舆纪要，卷 80，湖广六，常德府．

涨，至常德没城五尺。”

又过了 300 多年，唐顺宗永贞元年（805 年），常德城发生大水灾，“朗州五溪水溢。秋，武陵江水溢，漂万余家。”

又过了 300 多年，由宋高宗绍兴二十三年（1153 年）到光宗绍熙三年（1192 年）的 40 年间，有 4 次洪水灌城之灾。

元代常德有 1 次城市水灾。

明代有 3 次城市水灾。

清代城市水灾变得频繁，共有 9 次之多。

城址位于河流凹岸，地势又低平，这无疑是常德古城水患多的原因之一。

2. 明清以降，洞庭湖面积缩小，湖底淤高，沅江河床淤高，水位上升，给常德城造成更大的洪水威胁

关于洞庭湖由于围垦及泥沙淤积，面积缩小，湖底淤高之情况，前面已述。这引起洞庭湖区水患频仍。洞庭湖水情况的恶化，也使常德城防洪形势恶化。

《湖南省常德市城市防洪规划报告》指出：

“由于常德受洞庭湖水情恶化影响，加之本河段阻水建筑物影响，致使相同流量下洪水位不断抬高。”[1]

常德城区内地面高程为 30 ～ 32m（黄海高程，下同）。1969 年常德洪水为 15 年一遇，常德水位给站水位高 40.24m，比城内地面高出约 8 ～ 10m。这仅是 15 年一遇的洪水。如果是百年一遇甚至几百年一遇的洪水灌城，那更是灭顶之灾了。

同样流量下，洪水位不断抬高，对常德城的威胁就越来越大。

3. 沅江的水文特征不利于常德城防洪

《湖南省常德市城市防洪规划报告》指出：

沅江是长江中游重要支流之一，也是洞庭湖水系中第二大支流。本流域洪水全部由暴雨形成。

洪水的时空变化特征与暴雨情况一致，每年 4 ～ 8 月为汛期，以 5 ～ 7 月发生次数最多，占 80% 左右。

沅江常德河段洪水主要来自上游，但由于其所处的自然地理位置，常常受到长江、澧江等地的洪水顶托影响，水情复杂。有如下主要特征：

（1）沅水洪水与松沣合流洪水遭遇几率大。……长江、沣水与沅水洪水相互遭遇，结果常在 7 月形成地区遭遇洪水。……历史上像发生在 1931 年、1935 年、1949 年、1954 年、1969 年这类大洪水，都是与长江洪水遭遇。

（2）同流量下的水位不断抬高。

（3）高洪水位出现越来越频繁……防洪形势愈来愈严峻[2]。

（4）常德城防洪腹背受敌。

《湖南省常德市城市防洪规划报告》还指出常德城不利于防洪的特点：

常德城区地势低平，外受沅水、柱水与洞庭湖区洪水威胁，内遭渐水、东风河干扰，腹背受敌[3]。

笔者认为，以上四个原因使常德城水患较频繁。

---

[1] 湖南省水利水电勘测设计研究总院，常德市水利水电勘测设计院．湖南省常德市城市防洪规划报告，1995，4.

[2] 湖南省水利水电勘测设计研究总院，常德市水利水电勘测设计院．湖南省常德市城市防洪规划报告，1995，4.

[3] 湖南省水利水电勘测设计研究总院，常德市水利水电勘测设计院．湖南省常德市城市防洪规划报告，1995，4.

（五）常德城防洪减灾的措施

常德城虽水患较多，但历代采取了多种防洪减灾的措施，下面分而述之。

1. 历代重视城池的建设，经常维修

查有关府志、县志及《常德市城建志》筑城、修城均十分重视，前后达 20 次。

2. 沅江砌筑多座石柜，以杀水势

石柜也即挑流的丁坝。由于常德城址处于沅江凹岸，受洪水冲击严重，建石柜以杀水势，减少洪水对城址的冲击力，是十分有效的办法。

常德城护城的石柜作用，可以看湖广总督毕沅、湖南巡抚浦霖等奏章所云：

常德府城，滨临郎江，地势平衍。江水由黔省发源，汇集辰沅诸郡之水，由城之西南隅建瓴而下，直射城根。查沿江旧有石柜四座，在城西者，地名花猫堤。杨泗庙，在城东者迴峰寺、沙窝……修复此柜，既可保护城堤，兼可冲刷对岸[1]。

常德城从后唐副将沈如常在江边砌二石柜起，尝到了建石柜护城护堤的好处，历代建了多座石柜，起到防洪减冲的良好效果。这一措施，常德城是用得很有特色的。

3. 修筑江岸，以固城基

正德二年（1507 年）指挥段辅即有此举。

4. 府学前城下垒石作护城堤

崇祯四年（1631 年），指挥周东修砌府学前城垣，又在城下垒石为堤，高八尺，亘延如城。这是护城固基的好办法。

5. 开沟渠，置斗门，以泄城中积水

元丰五年（1082 年），将作监主簿李湜即有此举。这使得城内可免受雨潦之灾。

《湖南省常德市城市防洪规划报告》指出：

建国以来共发生大的洪涝灾害 9 年……尤以 1954 年的灾害最为严重，是年入夏后，大雨连绵，沅水出现了 5 次高洪，城区虽未溃决，但仅 1.8km^2 的老城区免受涝灾[2]。

可见常德老城的排水系统沿用至今仍然有效，真是令人惊异！

常德城虽然城址不够理想，环境水情恶化，防洪形势越来越严峻，但该城古代的防洪措施和经验，仍然值得我们参考和借鉴。

七、赣州（图 4-4-34 ~图 4-4-38）

赣州市我国历史文化名城，是江西南部重镇。赣州在历史上饱受洪水灌城之灾，也建立了一套城市防洪排涝系统，采取了有效的各种防洪减灾措施，保证了城市的不断发展。

（一）地理位置与历史沿革

赣州市位于江西省南部，赣州上有章、贡两水汇合处。赣州四面环山，西北、东南高而向中部倾斜，略呈马鞍形，中为凹陷盆地，地势平坦，起伏不大。市区外围多是 200 ~ 300m 的低山丘陵。全市水系呈辐射状从东、南、西三面向盆地汇聚入章、贡二水，二水至市境中部、市区北部汇合为赣江北流。赣州属亚热带湿润季风气候，四季分明，雨量丰沛，年降水量 1430mm。

---

[1] 嘉庆常德府志，卷 7，建置考 · 城池 .

[2] 湖南省水利水电勘测设计研究总院，常德市水利水电勘测设计院 . 湖南省常德市城市防洪规划报告，1995，4.

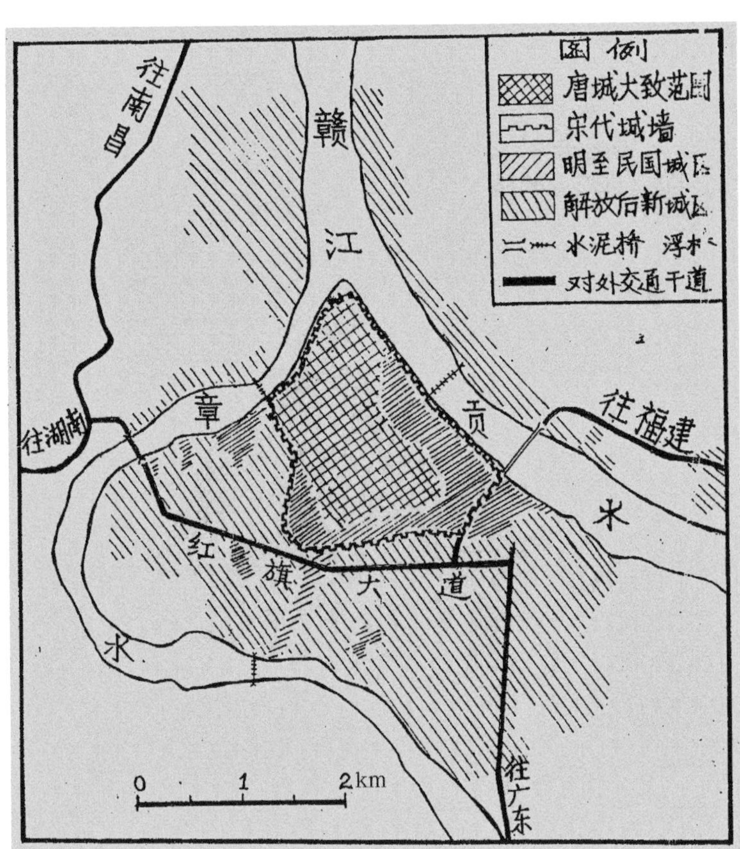

图 4-4-34　赣州城历史发展示意图（摹自高松凡．赣州城市历史地理试探插图）

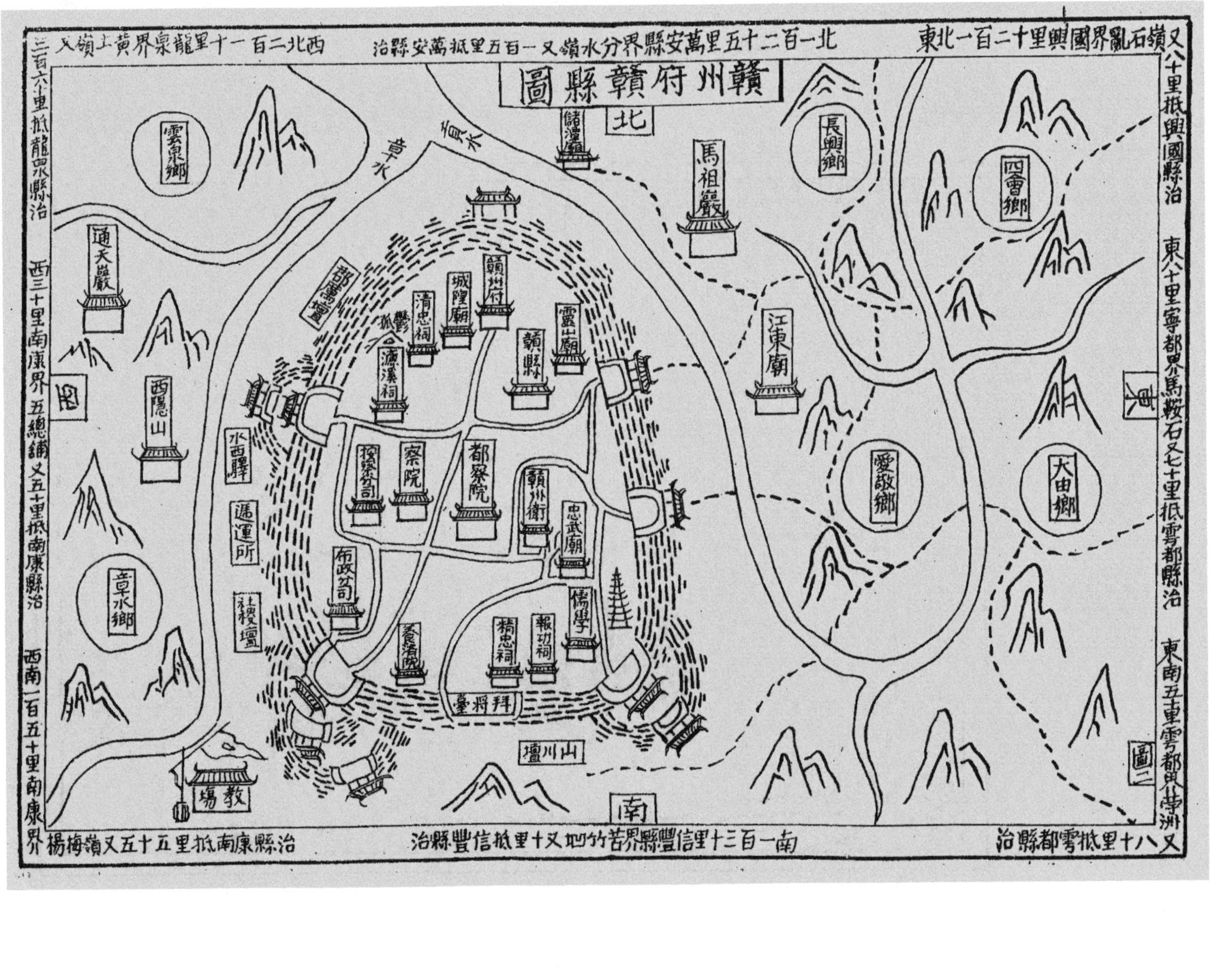

图 4-4-35　赣州府赣县图（明嘉靖赣州府志）

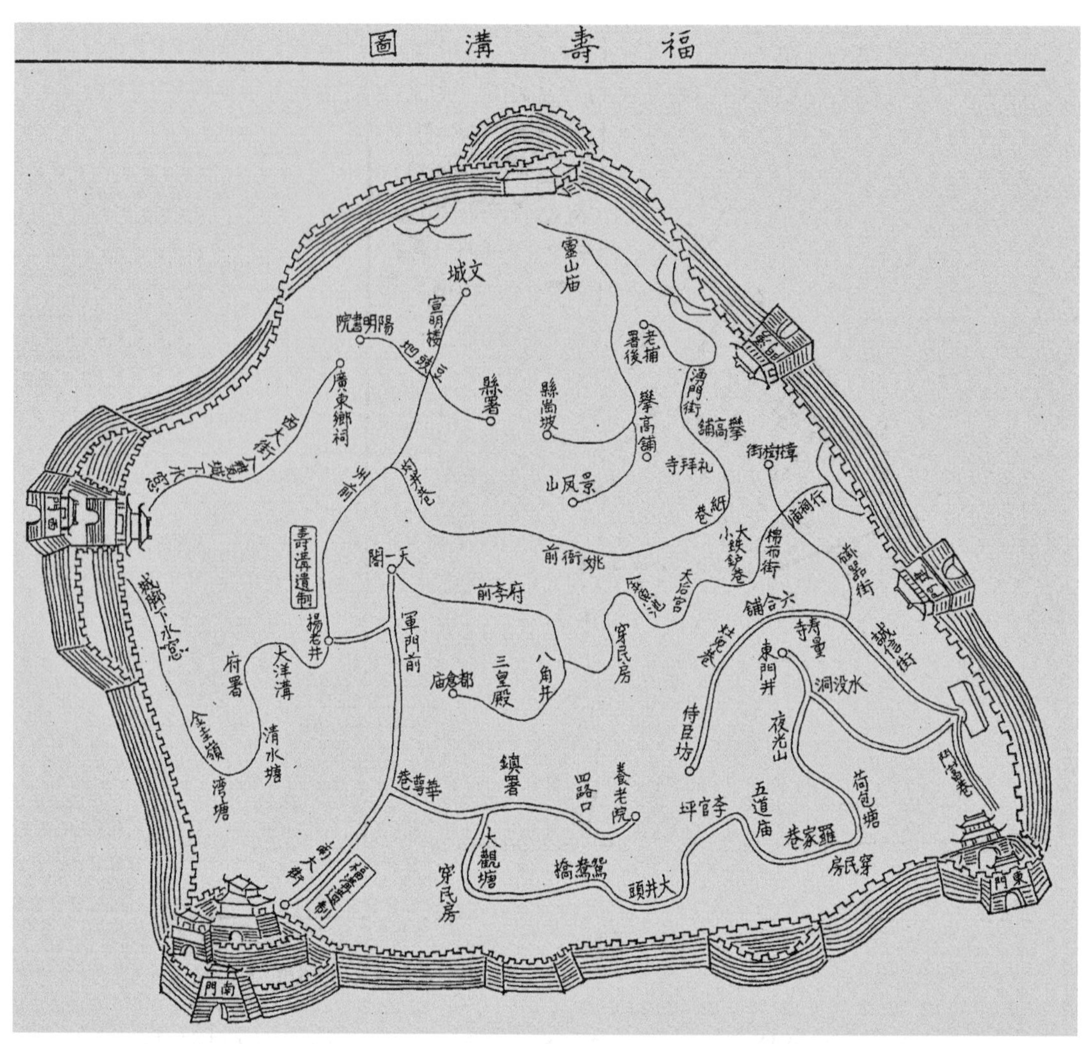

图 4-4-36 赣州城福寿沟图（清同治十一年赣县志）

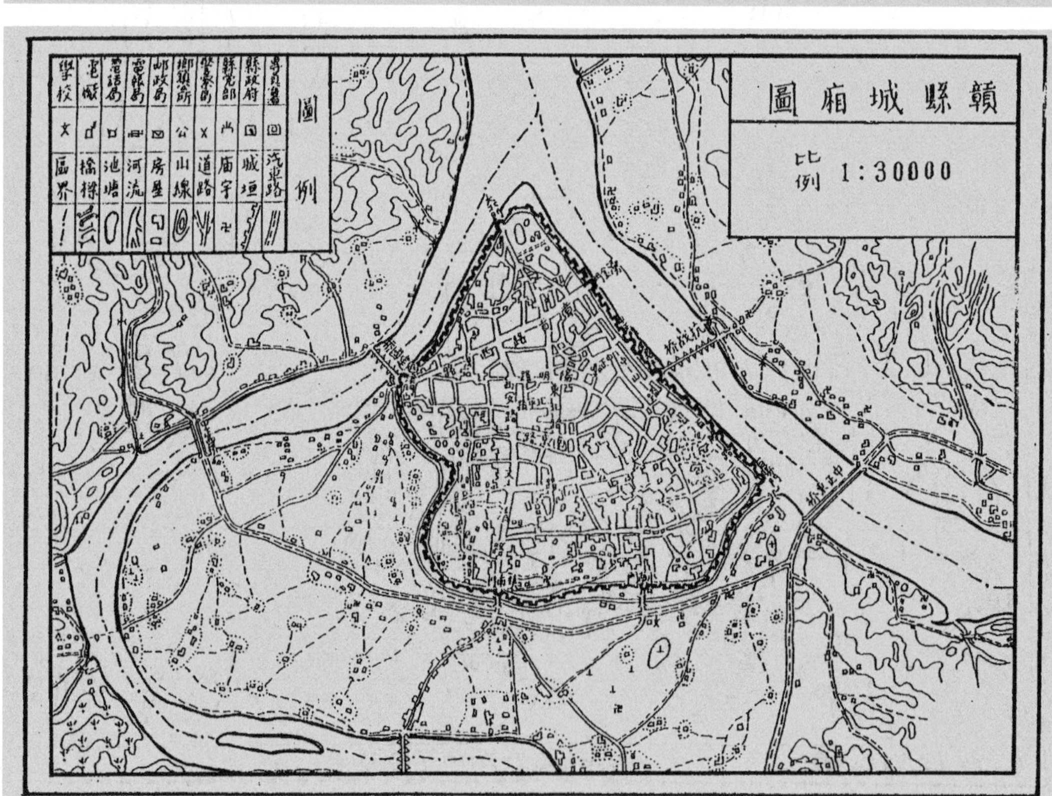

图 4-4-37 赣县城厢图（1946 年赣县新志稿）

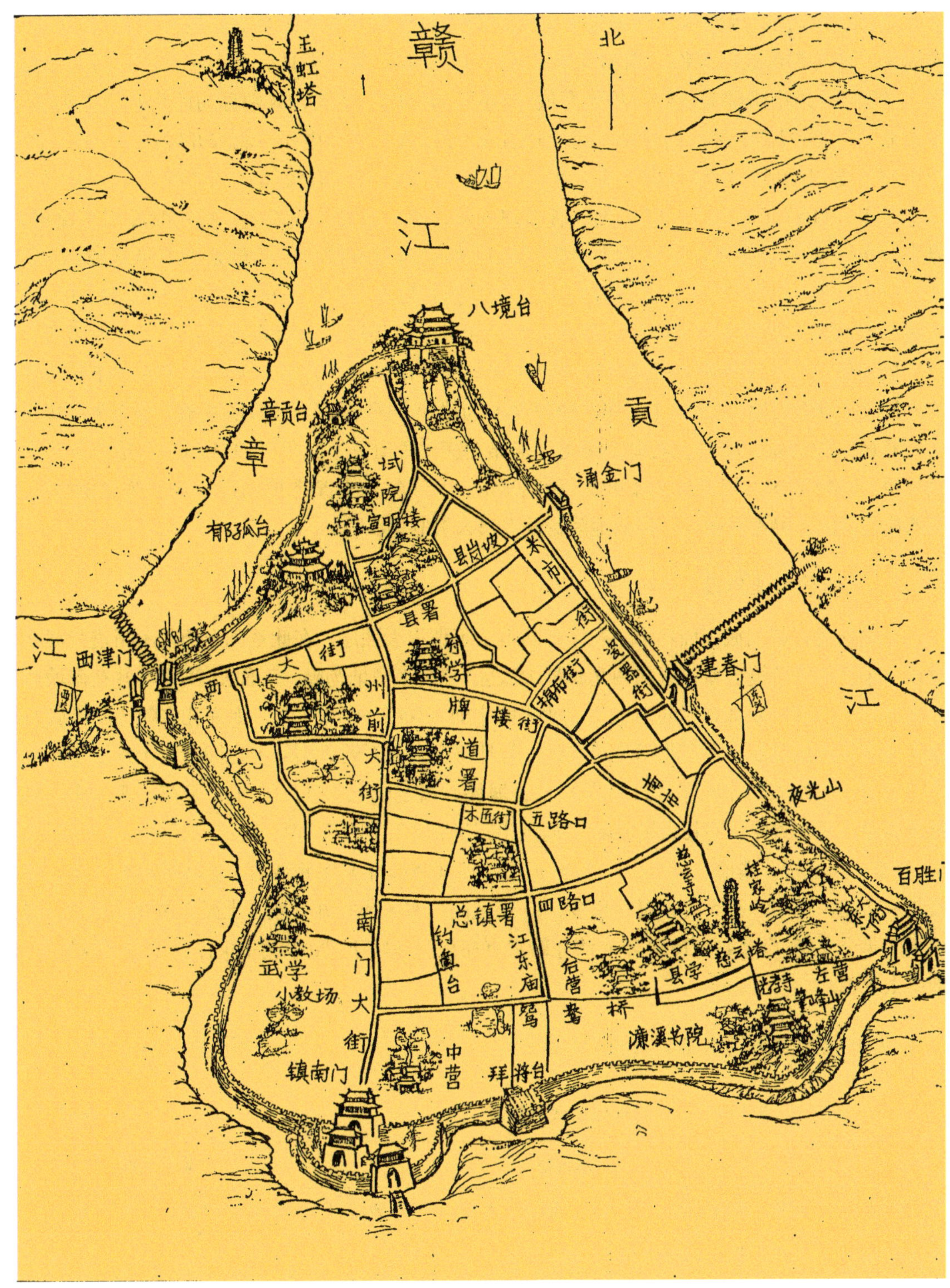

图 4-4-38　赣州城名胜图（摹自谢凝高．赣州古城的景观特点．论文插图）

赣州市位于江西省南部。北纬25°40'～25°58'，东经114°46'～115°04'。赣州历史悠久，远在新石器时代，就有人类在此活动。西周以前属扬州域，春秋为百越之地，战国时先属越，后属楚，秦属九江郡。汉高祖六年（前 201 年）灌婴定江南，置赣县，故城在今赣州市西南，设县至今已有 2200 年的历史。汉元鼎五年（前 112 年），赣县为屯兵用兵之要塞，属豫章郡。三国吴嘉乐五年（236 年），分庐陵郡置庐陵南部都尉，治于都，赣县属之。西晋太康末年（289 年）县城徒今赣州水东乡虎岗一带，名葛姥城；西晋太康三年（282 年）罢南部都尉，置南康郡。东晋永和五年（349 年）太守高琰在章、贡二水间筑城，成为南康郡治，即今城所在；东晋义熙七年（411 年）因城毁于兵火，而迁贡水东（今水东乡七里镇一带）。南朝宋、齐间又一度将郡治迁回于都；南朝梁承圣元年（552 年）复迁今址，为南康郡治。隋开皇九年（589 年）改南康郡为虔州，仍治今城，"虔"为"虎"字头，故别称为虎头州、虎头城。隋大业三年（607 年）复改南康郡。唐武德五年（622 年）又为虔州。北宋开宝八年（975 年）为军州、虔州治所。因城居章、贡二水合流处，北宋时曾名合流镇，又名章贡。南宋绍兴二十三年（1153 年）二月，以"虔"有虔刘（刘，杀）之义，非佳名，得旨改虔州为赣州，取章、贡二水合流之义。元至元十四年（1277 年）为赣州路治；元至元十五年（1278 年）驻行中书省事；元至元二十八年（1291 年）驻行枢密院事，曾称赣州行省，管辖福建、广东、江西广大地区。明清为赣州府治，并依次为岭北道、赣南道、吉南赣道、吉南赣宁道治所。

民国建立后，废州府，民国三年（1914 年）为赣南道治，民国二十一年（1923 年）为第十一行政区专署驻地，民国二十二年（1933 年）为赣南专区专员公署驻地，民国二十五年（1936 年）将城区设城东、城西、城南、城北、东郊五镇，民国三十二年（1934 年）五镇合并，名赣州镇。1949 年 8 月析赣县之赣州镇，设赣州市，1954 年升为省辖市，后来，先后为赣州专区、赣西南行政区、赣南行政区、赣州地区行政专员公署驻地。

（二）历代城池建设

如前所述，赣州城三面环水，在军事防卫上可谓得天独厚。在此基础上历代不断进行城池建设。东晋高琰始筑土城，五代卢光稠扩大城区，"其南凿址为隍，三面阻水。"[1]并在南城墙上筑拜将台，进一步加强了防卫能力。北宋熙宁间（1068 ~ 1077 年）太守孔宗翰为防洪甃石加固城墙，冶铁固基，在东北隅筑八境台，与拜将台南北对峙，实际上也同时大大加强了军事防卫能力。宋绍兴二十四年（1154 年）增筑城垛，嘉定十七年（1208 年）于东、西、南三面修筑城壕。元末重修。明初大筑城墙，"周围十三里，高二丈四尺，厚一丈二尺。"有 13 座城门，"南有濠，为吊桥，楼橹一百二十间。"[2]正德六年（1511 年）大修城池，城墙增高至 3 丈，城壕长 937 丈，宽 13 ~ 15 丈，深 5 尺多。13 座城门，塞 8 座，开 5 座，上面都是建城楼[3]。清咸丰四年至九年（1854 ~ 1859 年）清守赣官吏在东门、南门、西门、小南门、八境台增筑炮城，抵御太平军。

（三）赣州城历代水患

赣州成历代水患表 表 4–4–7

序号	朝代	年份	水灾情况	资料来源
1	宋	至道元年（995）	五月，虔州江水涨二丈九尺，坏城，流入深八尺，毁城门。	宋史 · 五行志
2		景祐三年（1036）	六月，虔，吉诸州久雨，江溢，坏城庐，人多溺死。	宋史 · 五行志
3		乾道八年（1172）	五月，赣州、南安军山水暴出，及隆兴府、吉、筠州、临江军皆大雨水，漂民庐，坏城郭，溃田害稼。	宋史 · 五行志
4		绍熙二年（1191）	二月，赣州霖雨，连春夏不止，坏城四百九十丈，圮城楼、敌楼凡十五所。	宋史 · 五行志

[1] 永乐大典，卷 8093，赣州府城．

[2] 永乐大典，卷 8093，赣州府城．

[3] 清道光赣州府志，卷 3，城池．

续表

序号	朝代	年份	水灾情况	资料来源
5	明	洪武二十二年（1389）	赣州府三月雨水坏城。	江西省水利厅水利志总编辑室编．江西历代水旱灾害辑录
6		永乐十二年（1414）	赣州雨水坏城。	江西省水利厅水利志总编辑室编．江西历代水旱灾害辑录
7		永乐二十二年（1424）	三月，赣州、振武二卫雨水坏城。	明史 · 五行志
8		正德十年（1515）	乙亥春，霖圮一千三百余丈	同治赣县志，卷 10，城池
9		正德十三年（1518）	戊寅夏，久雨，圮六百三十八丈	同治赣县志，卷 10，城池
10		正德十四年至十五年（1519 ~ 1520）	己卯，庚辰连岁复圮三百余丈。	同治赣县志，卷 10，城池
11		嘉靖三十五年（1556）	夏五月，大水灌城，七日而水再至，视前加三尺，漂没溺死无算。	同治赣州府志，卷 22，祥异
			赣州、临江、南昌、饶州府及高安、南城等县四月大水。赣州、于都、会昌、石城大水灌城三日。石城西门水高齐屋，城乡溺死者不可胜计。瑞金、兴国漂没庐舍、田亩无算，云龙溪二桥尽圮。丰城大水决堤。南城大水摧凤凰山西角。	明实录，雍正江西通志
12		嘉靖四十二年（1563）	甲寅遭水，各门俱有倒塌。	同治赣县志，卷 10，城池
13		嘉靖四十四年（1565）	丙辰，复遭水圮。	同治赣县志，卷 10，城池
14		万历十四年（1586）	赣州府五月初二城外发水，高越女墙数丈，城内没至楼脊。瑞金四月十八日大水，平地水深丈余，云龙石桥圮。于都、会昌大水灌城，漂没民居。兴国大水与嘉靖三十五年同。崇义、大余、新干、峡江大水。临江、南昌府属大水，免征。新余、丰城、高安、奉新、进贤、南丰均大水。新建、余家塘、双坑圩再决。宁州三月洪水入城，高数尺，禾苗尽浸死，乏种。	江西省水利厅编．江西省水利志：35
15	清	康熙二十六年（1687）	赣州大水灌城。万安北城倾，人多淹死。	江西省水利厅水利志总编辑室编．江西历代水旱灾害辑录
16		康熙四十三年（1704）	甲申，大水，城堞倾百余丈。	同治赣县志，卷 10，城池
17		康熙五十二年（1713）	五月，海阳、兴安、鹤庆大水，石城河决，浸入城，田舍漂没殆尽；赣州山水陡发，冲圮城垣。	清史稿，卷 40，灾异志
18		康熙五十八年（1719）	己亥，倒塌百余丈。	同治赣县志，卷 10，城池
19		乾隆八年（1743）	癸亥，坍塌垛口城身百数十余丈。	同治赣县志，卷 10，城池
20		乾隆二十五年（1760）	后复圮九十余丈。	同治赣县志，卷 10，城池
21		嘉庆五年（1800）	秋七月，赣州、建昌府及万安、泰和、新建等县大水。……石城七月十四日雨连三日夜，田宅淹没，城垣浸坍四十余丈。会昌七月十六日大水灌城，民房倾圮无数。于都东、西、南城圮数十丈，淹没民居十之四、五，官廨祠庙塌坍近半。赣县大水登城，万安城中可通船。南丰惠政桥圮，罗坊、漳谭等处田庐漂没，洽村无存。南城七月十五日大水涨至府署前。	江西省水利厅编．江西省水利志：43
22		嘉庆十九年（1814）	甲戌大水，城塌四十余丈	同治赣县志，卷 10，城池
23		咸丰四年（1854）	夏大水，坍塌西北城垣四十四丈五尺，膨裂百余处。	同治赣县志，卷 10，城池
24		同治八年（1869）	赣江夏四月水涨。于都四月初七日大水灌城，瑞金四月初八，水暴涨入城，深数尺。高安舟行于市。彭泽船入城市。都昌衙署前驾筏渡人。	江西省水利厅水利志总编辑室编．江西历代水旱灾害辑录

（四）赣州城防洪防涝减灾措施

由于三面阻水的有利形势和历代对城池的建设，赣州城固若金汤，有“铁赣”之称。咸丰五年（1855 年）响应太平军石达开部的当地农民起义军三次攻城，因地势险要和城墙坚固而未能攻克。

由于赣州城屡受洪水威胁，城墙防洪的重要性就显得格外突出。为了更有效地防洪，城墙采用了如下措施：

1. 城形如龟，可以减小洪水对城墙的冲击力

赣州府城为上水龟形。据《古今图书集成 · 职方典 · 赣州府》载：

赣州府城池：晋永和五年，郡守高琰建于章、贡二水间。唐刺史卢光稠拓广其南，又东西南三面凿濠。

由这一记载可知，唐末刺史卢光稠拓建了赣州城。谁帮助他规划建造了这一龟形城呢？原来是风水大师杨筠松。

赣州府城，最早是东晋永和五年筑的土城，唐末卢光稠乘乱起兵，割据赣南后，请杨救贫为其择址建城。杨救贫选赣州城址为上水龟形，龟头筑南门，龟尾在章贡两江合流处，至今仍名龟尾角。东门、西门为龟的两足，均临水。从风水学来看，赣州城有两条来龙，一是南方九连山（离方，属火）发脉，从崆洞山起祖，蜿蜒而至城内的贺兰山落穴聚气，结成一处立州设府的大穴位，这支龙还有一个小支落在欧潭。此外，赣州的北龙脉来自武夷山，经宁都、万安、赣县，分成数小支，落穴于储潭、汶潭。这三潭是赣州的三处水口，和赣州城外的峰山、马祖岩、杨仙岭、摇篮山等山峰一起形成赣州城山环水抱的局势。赣州城遂成为一座三面临水、易守难攻的铁城。卢光稠得以拥兵一隅，面南称王 30 余年[1]。

2. 改土城为砖、石城

宋以前的城墙都是土筑，宋熙宁间太守孔宗翰“始甃石得不圮”。现赣州城已发现“熙宁二年”的铭文砖，说明为了防洪抗冲，当时已改土城为砖石城。

3. 冶铁固基

孔宗翰因“城滨章、贡两江，岁为水啮”，于是“伐石为址，冶铁锢之，由是屹然”。[2] 道光府志则云：“州守孔宗翰因贡水直趋东北隅，城屡冲决，甃石当其啮，冶铁锢基，上峙八境台。”可知其法为：用石甃砌基址，再用熔化的铁水浇在石缝间，使之凝固后，成为坚固的整体。这在古城防洪史上是个创举。

4. 不断加高加固城墙

如前述，明初城墙高二丈四尺，厚一丈二尺。正德六年，墙高增至三丈。崇祯十三年（1640 年）“赣抚王之良易雉堞为平垛，增高三尺（张志）。”[3]

（五）赣州城——现存古城中心

赣州古城原有城墙 7300 多米，1958 年拆去南门至东门和西门段的城墙 3650m，沿江城墙因防洪所需未被拆除，由八境台至西津、朝天、建春、涌金四门，除北门（朝天门）保留原貌外，其余三门经过改建。

赣州古城墙作为古代城市建设的活史料，有如下特点：

---

[1] 胡玉春．杨救贫与赣南客家风水文化的起源和传播．南方文物，1998，1：79−91．

[2] 宋史，孔道辅传．

[3] 道光赣州府志，卷 3，城池．

1．至今仍是赣州城的防洪屏障

我国现存保留有完整的或部分古城墙的城市有数十座，而至今仍起防洪作用的有寿州、文安、潮州、荆州、台州、射洪、安康、常德、泾县等十多座，赣州古城为其一，防洪效益突出，是了解我国古城防洪史的活教材。

2．仍保留了许多军事设施

赣州古城除城墙、城门外，城墙上现存马面、拜将台、炮城等军事设施。炮城现有八境台炮城、西门炮城。八境台炮城平面呈扇形，分上下两层，有藏兵洞18个。为清咸丰五年（1855年），太平军石达开部自湖北入江西，4月、5月、6月三次攻城，巡守汪报闰、赣守杨豫成紧急增建。西门炮城呈外园、内梯形，现存藏兵洞2个，城门洞2个，警铺2个、炮眼5个。为清咸丰四年（1854年）巡道周玉衡为抵御太平军而建。这些都为研究军事防御提供了活的史料。

3．保留宋代城墙和宋以来100多种铭文砖

现存赣州古城墙建自宋代，计有宋建石城、砖城，明、清重修的城段，以及历代修城的铭文砖，最早的铭文砖为宋熙宁二年（1069年）。目前已知有铭文砖134种，其中宋43种、元2种、明35种、清44种、民国3种，未能确定时代的7种[1]。国内现存古城墙以明、清为多，宋城极少，而有众多历代铭文砖者更为罕见。因此，赣州古城墙为城墙建设技术史的研究提供了可贵的活的资料库，其价值是重要的。

有以上三个特点可知，赣州古城墙乃是国内现存古城中的佼佼者。

赣州地处亚热带，降水强度大，日降雨最大达200.8mm（1961年5月16日）。如城内无完善的排水排洪系统，必致雨潦之灾。熙宁年间（1068～1077年），水利专家刘彝知赣州，"作水窗事十二间，视水消长而启闭之，水患顿息。"[2]水窗即宋《营造法式》之"券輂水窗"，即古城墙下之排水口。古城内现有完善的排水系统——福寿沟，始创年代无载。其中寿沟早于福沟，是否是晋、唐城的排水干道，有待研究和考证。福沟是否创自刘彝，亦待考。但刘彝作为水利专家，将古城原有排水系统加以扩建、完善是可以肯定的。

福寿沟有如下特点：

1）历史逾千年，至今仍为旧城区排水干道

福寿沟虽不知创自何代，但北宋熙宁间已存在则是无疑的，迄今已有千多年历史。历代均有维修，清同治八年至九年（1869～1870年）修后依实情绘出图形，总长约12.6km，其中寿沟约1km，福沟约11.6km。1953年起，赣州修下水道，修复了厚德路的原福寿沟，长767.6m，砖拱结构，宽1m，深1.5～1.6m。旧城区现有9个排水口，其中福寿沟水窗6个仍在使用。至今福寿沟仍是旧城区的主要排水干道。这在全国众多的古城中是罕见的。

2）水窗闸门借水力自动启闭

水窗闸门做得巧妙，原均为木闸门，门轴装在上游方向。当江水低于下水道水位时，借下水道水力冲开闸门。江水高于下水道水位时，借江中水力关闭闸门，以防江水倒灌。因木门易坏，近年已全部换成铁门。

3）与城内池塘连为一体，有调蓄、养鱼、溉圃和污水处理利用的综合效益

赣州市内原有众多的水塘。福寿沟把这些水塘串联起来，形成城内的活的水系，在雨季有调蓄城内径流的作用，可以在章、贡两江洪水临城，城内雨洪无法外排时避免涝灾，并有养鱼、种菜、污水处理利用的综合效益。

赣州福寿沟有以上特点，对研究我国古城的排水系统有重要的价值。

---

[1] 李海根，刘芳义．赣州市古城调查简报．文物，1993，3．

[2] 天启赣州府志，卷11，名官志，刘彝．

第五章

中国古代黄河、淮河流域的城市防洪

黄河和长江一样，是中华民族的摇篮，是我们的母亲河。然而，黄河历史上也是一条善淤、善决、善于迁徙的灾害频仍的大河。南宋建炎二年（1128 年），杜充妄图以水代兵，决黄河以阻金兵，结果使黄河发生了一次重大的改道。黄河在河南汲县和滑县之间向南决口，经徐州入泗河至淮阴，夺淮河入黄河，历 700 多年，至清咸丰五年（1855 年）才改道北去。这 700 余年间，由于淮河的多次泛滥、淤积，淮河流域的地形和河道都发生了很大变化，打乱了淮河水系，造成十分严重的危害。淮河原是河槽宽深、出路通畅、独流入海的一条河流，黄河夺淮后，淮河成为水患频繁的河流。故本章将黄河流域和淮河流域的城市防洪合在一起论述。

第一节 黄河流域及沿河城市概况

为了研究黄河流域的城市防洪，我们先要了解黄河流域的概况，以及黄河沿河城市的概况。

一、黄河流域的概况（图 5–1–1）

黄河因水浑色黄而得名，在我国古籍中称“河”。《汉书》里始有“黄河”之名。中国古称江、河、淮、济为四渎。《汉书·沟洫志》云：“中国川原以百数，莫著于四渎，而河为宗。”中国古代由夏商周历秦汉至隋唐，政治中心均在黄河流域，故四渎中，以黄河为宗，地位最受尊重。

黄河是中国第二大河流。古称河、河水，又名黄水、禹河、浊河、中国河，秦更名为德水。黄河之名，北魏时见有使用，源出青海省巴颜喀拉山脉、海拔 5242m，雅拉达泽山东北麓。东南流经曲莱县南部，在玛多县穿过扎陵、鄂陵二湖，始名黄河。主河道曲折东流，经青海、四川、甘肃、宁夏、内蒙古、陕西、山西、河南、山东九省区，在山东省垦利县东部注入渤海湾。全长 5464km，流域面积 752443km^2。多年平均流量 1774.5m^3/s。平均年径流量 626 亿 m^3，径流总量 574.50 亿 m^3。径流深 76mm。年径流量在我国各大河流中居第 8 位。玛涌以下自然总落差 4830m。习惯以内蒙古托克托县河口镇以上为上游，长 3472km。河口镇到河南省孟津为中游，长 1122km。孟津至入海口为下游，长 870km。上游河道几经曲折，河源区河谷开阔，河槽宽浅，水量小，河水清澈。河道穿过扎陵、鄂陵二湖，出湖口至玛多县城 60km 河段，一般河宽 40 ~ 60m，水深 1.2 ~ 1.6m 左右。过玛多县出河源区，至达日县水量增大。多年平均径流量 37.6 亿 m^3。最高含沙量 3kg/m^3。干流过松潘草地，穿行拉加峡、野狐峡等

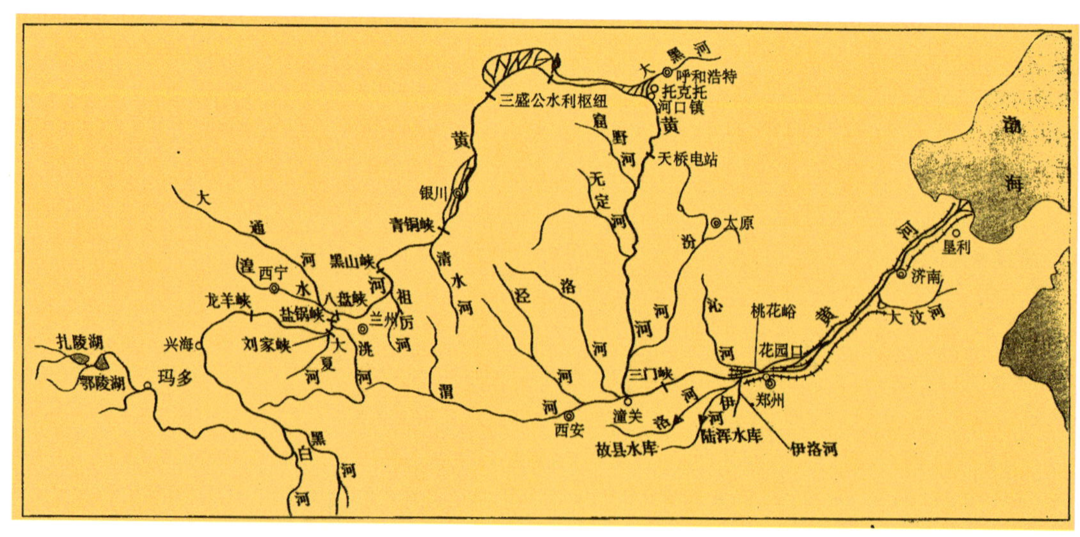

图 5–1–1 黄河水系示意图（自中国水利百科全书：856）

峡谷，从龙羊峡到青铜峡，长 918km，上下落差 1326m。坡陡流急，峡谷、险滩众多，有公泊峡、松巴峡、积石峡、刘家峡、盐锅峡、八盘峡、桑园峡、红山峡、黑山峡等狭窄河谷。

位于宁夏回族自治区青铜峡市的青铜峡水利枢纽工程，是一座以灌溉为主，兼有发电、防凌等综合利用水利枢纽。青铜峡出口处黄河南岸建有东干渠、农场渠、清水沟、秦渠等；北岸建有唐徕渠、西干渠、汉延渠、惠农渠等，灌溉面积达 600 万亩。故有“天下黄河富宁夏”的美誉。黄河从发源地到托克托县，自然落差 3847m，水系发育，沿途接纳千溪百川，有“众水归托”之说。受山势所阻，河道弯曲，宽窄不一。束放相间，水量渐渐增大，河槽深浅多变。包头市至托克托县河段，河宽 400 ~ 1200m，平均水深 2.6 ~ 3.4m。最大流量 5300m^3/s（1981 年），枯水流量 200m^3/s。上游汇入的主要支流有大黑河、苦水河、清水河、祖厉河、洮河、大夏河、隆务河、黑河、白河、达日势河等。主河道在宁夏回族自治区石咀市东流入内蒙古自治区境内，由东北转向西南流，至伊克昭盟准格尔旗马栅乡出境，内蒙古境内长 830km，区间总集水面积为 14.35 万 km^2，年径流量为 19.5 亿 m^3。河道受山所阻，由北转向南流，形成河套地势，水流减慢，泥沙沉积量大。沙洲遍布，河床多系，为沙黏土组成，每年汛期冲淤变化较大，河床不稳定，主河道左右摆动，历史上黄河内蒙古段变化频繁。两岸地势平坦，土质肥沃，引黄灌溉方面，建有南、北两支总灌溉渠，素有“黄河百害，唯富一套”之说。干流沿陕、晋两省边界（河界）穿壶口，过龙门。河南省陕县多年平均流量 1350m^3/s，实测最大流量 22000m^3/s（1933 年），最小流量 145m^3/s（1928 年）。多年平均含沙量 36.9kg/m^3，历年断面平均最大含沙量 590kg/m^3。多年平均年输沙量 157000 万吨，实测最大年输沙量 391000 万吨。三门峡水文站实测最大含沙量 746kg/m^3，年输沙量 16 亿吨。中游主要支流有渭河、汾河、无定河等。主河道过河南省孟津进入下游，两岸地势平坦，水流缓慢，泥沙沉积，自河南省境至入海河口，两岸筑有 1800km 长大堤，河床一般高出堤外地面 3 ~ 5m，河南封丘县曹岗段则高出 10m，形成地上“悬河”。据史籍记载，黄河大堤起源于战国中期，人类对黄河的治理，早于我国其他河流，夏代治水，黄河是最主要的治理对象。由于河道高出地面，郑州以下，除河南安阳地区的金堤河及发源于山东中部的汶河注入黄河外，其他地表水均不入黄河。黄河以南的水汇入淮河，以北的水流入海河，黄河河道成了淮河、海河两大水系的分水岭。黄河自 1855 年改道从山东利津县入海，在东西宽 128km 范围内，平均每年入海泥沙造陆 23km^2，海岸线平均每年向大海推进 0.15km。下游汇入支流较中、上游少，主要的有沁河、伊洛河等[1]。

二、黄河流域沿河城市概况

黄河从河源以下，沿途汇集了 40 多条主要支流和千万条溪涧沟川，逐渐形成了波澜壮阔、汹涌澎湃的大河。它穿流过青海、四川、甘肃、宁夏、内蒙古、山西、陕西、河南、山东九个省区，在山东省垦利县入渤海。在它的沿途的干支流上，孕育和产生了一系列大大小小的城市，如青海的西宁，甘肃的兰州，宁夏的银川，内蒙古的包头和呼和浩特，陕北的延安、榆林，山西的大同、太原、平遥、新绛、祁县，甘肃的天水、宝鸡，陕西的西安、咸阳、韩城和潼关，河南的三门峡、洛阳、郑州、开封、浚县和商丘，山东的济南、济宁、聊城，等等。其中，西宁、兰州、银川、呼和浩特、大同、太原、平遥、新绛、祁县、天水、延安、榆林、西安、咸阳、韩城、洛阳、郑州、浚县、商丘、开封、济南、济宁、聊城为国家历史文化名城，共 23 座，占我国现有历史文化名城 110 座的约 1/5 强。

[1] 朱道清编纂．中国水系大辞典．青岛：青岛出版社，1993：91-92．

清雍正年间的刻本《行水金鉴》对我国黄河流域的河流与城市的关系有较形象的描绘。因此本章用其中一些作为插图。

从河源到内蒙古自治区托克托县的河口镇，是黄河的上游。这一段河长 3472km，落差 3846m，上部是高山草原区，下部是峡谷区和宁蒙平原，流域面积为 385966km^2。汇入的支流有白河、黑河、大夏河、洮河、湟水、祖厉河、清水河、大黑河等。

河源区（图 5-1-2）的星宿海，是黄河流经两山间的川地，草滩上散布着许多水塘，大的有几百平方米，小的几平方米，在阳光下闪闪发光，如同闪烁的群星，因此而得名[1]。

黄河上游支流湟水旁有西宁古城（图 5-1-3），现为青海省省会，有着悠久的历史，从西汉的西平亭始建至今，西宁城已有两千多年的历史了[2]。

黄河出青铜峡后，进入坦荡的宁夏平原和内蒙古河套平原（图 5-1-4）。

在黄河上游的河谷中，四周群山环抱，历史文化名城兰州就建于其中。汉昭帝始元六年（公元前 81 年）在此设金城县，至今建城已有 2000 多年历史。现兰州为甘肃省省会。

历史文化名城银川，位于银川平原的中央。西汉武帝在此引黄灌田，建典农城，是银川城的前身，至今也有 2000 多年历史。现银川为宁夏回族自治区的首府。

历史文化名城榆林、延安也在此间。

从内蒙古自治区托克托县的河口镇到河南省郑州市的桃花峪，是黄河的中游。这一段河长 1206km，落差 890m，流域面积为 343751km^2。红河、皇甫川、窟野河、无定河、延水、汾河、北洛河、泾河、渭河、伊洛河、沁河等主要支流都在此段汇入黄河（沁河的入汇口在桃花峪稍下）。

黄河过托克托县后急转南下，穿行于峡谷中，为山西、陕西两省的天然分界线。中经壶口瀑布、三门峡等地。

图 5-1-2 黄河上源图（清雍正刻本行水金鉴）

[1] 水利部黄河水利委员会，黄河水利史述要编写组编．黄河水利史述要．北京：水利出版社，1982：4.

[2] 陈桥驿主编．中国历史名城．北京：中国青年出版社，1986：433-441.

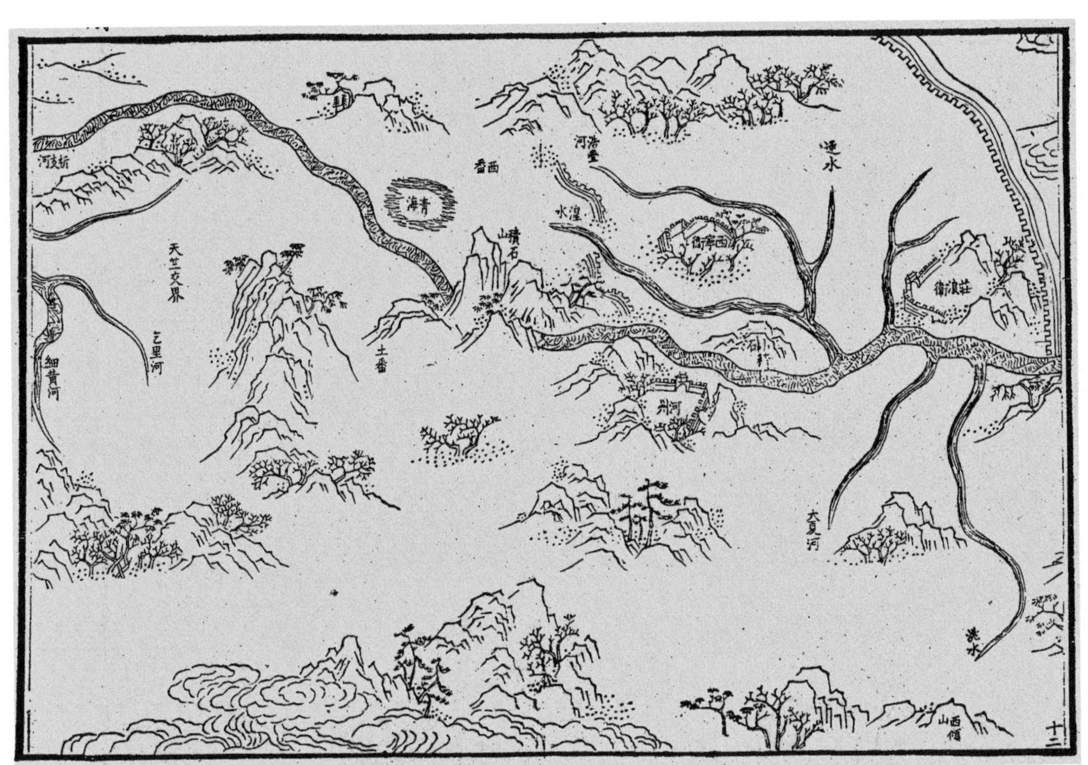

图 5–1–3 黄河图·青海湖·庄浪卫（行水金鉴）

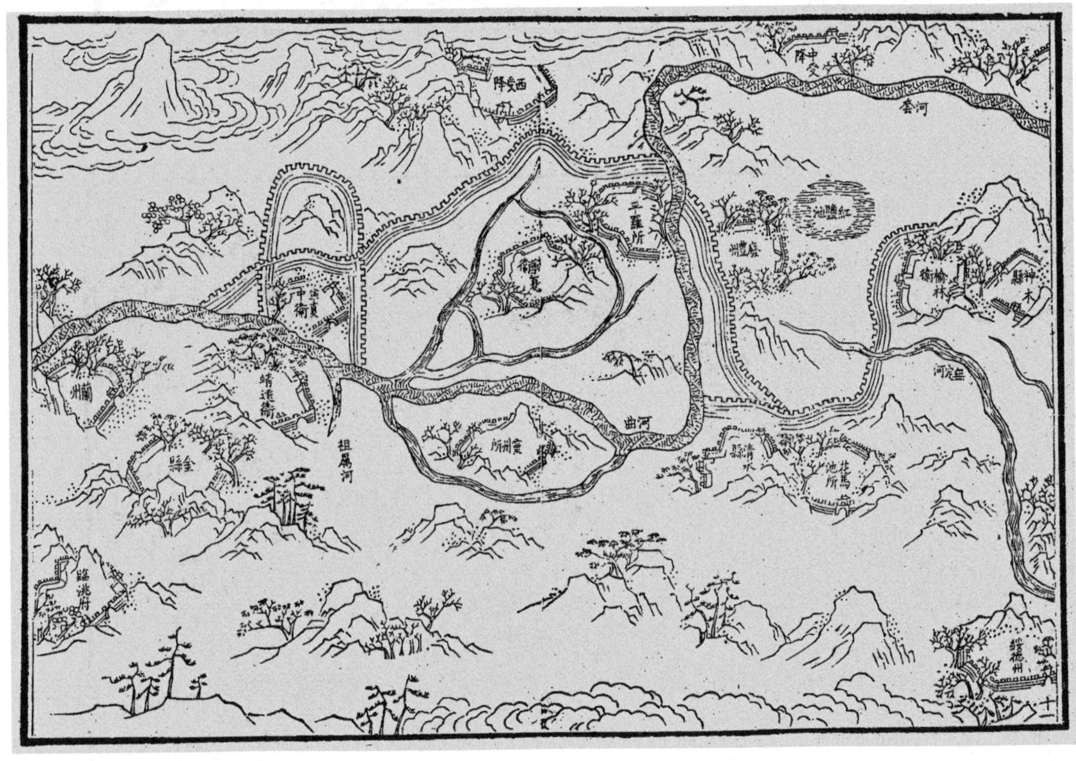

图 5–1–4 黄河图·宁夏·红盐池（行水金鉴）

这一段黄河中（图 5–1–5 ~ 图 5–1–8），名城连串，内蒙古的呼和浩特（明清称为归化城），山西的大同、太原、平遥、新绛、祁县，陕西的西安、咸阳、韩城，河南的洛阳、郑州，都在此范围内。

从河南省郑州市桃花峪到山东省垦利县，是黄河的下游。这一段河长 786km，落差 95m，流域面积为 22726km^2。汇入的主要支流有金堤河和大汶河（图 5–1–8 ~ 图 5–1–10）。

开封、商丘、浚县、济南、济宁、聊城等历史文化名城在此区间。

图 5—1—5　黄河图 · 归化城 · 龙门（行水金鉴）

图 5—1—6　黄河图 · 河曲 · 砥柱（行水金鉴）

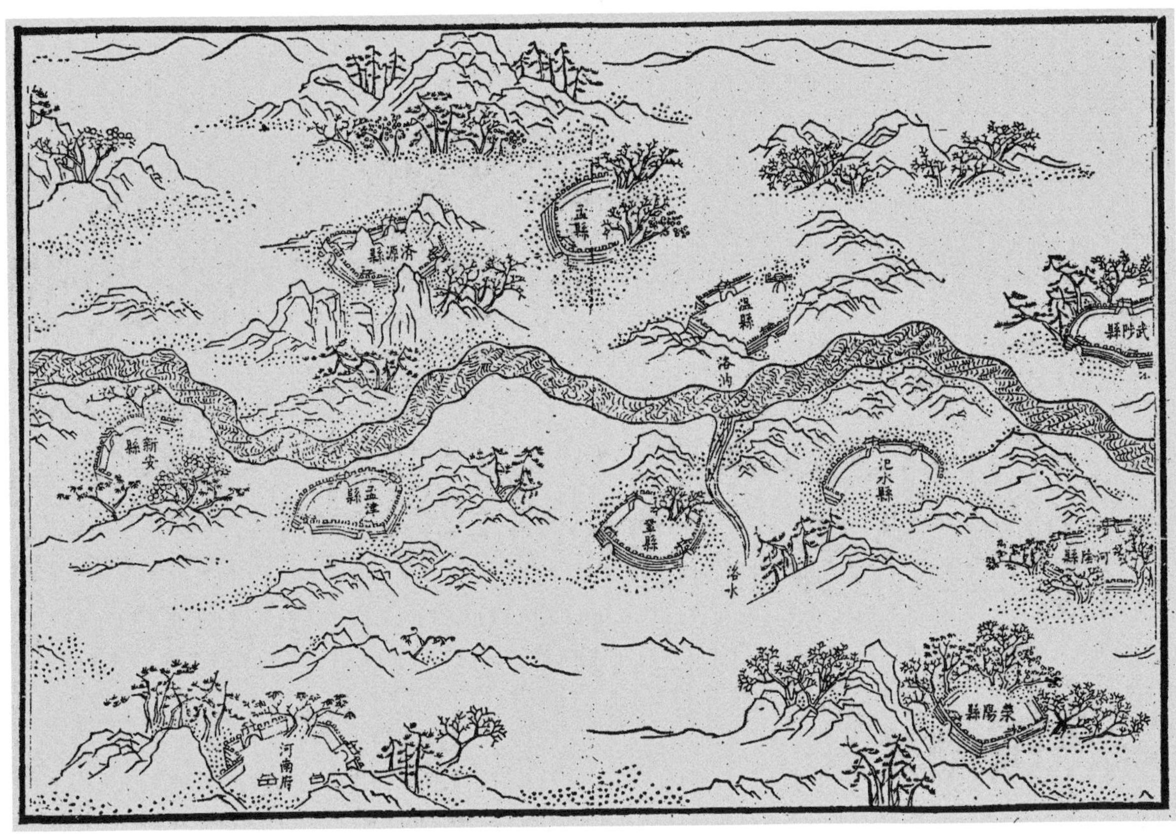

图 5-1-7　黄河图 · 新安县 · 洛水（行水金鉴）

图 5-1-8　黄河图 · 郑州 · 中牟县（行水金鉴）

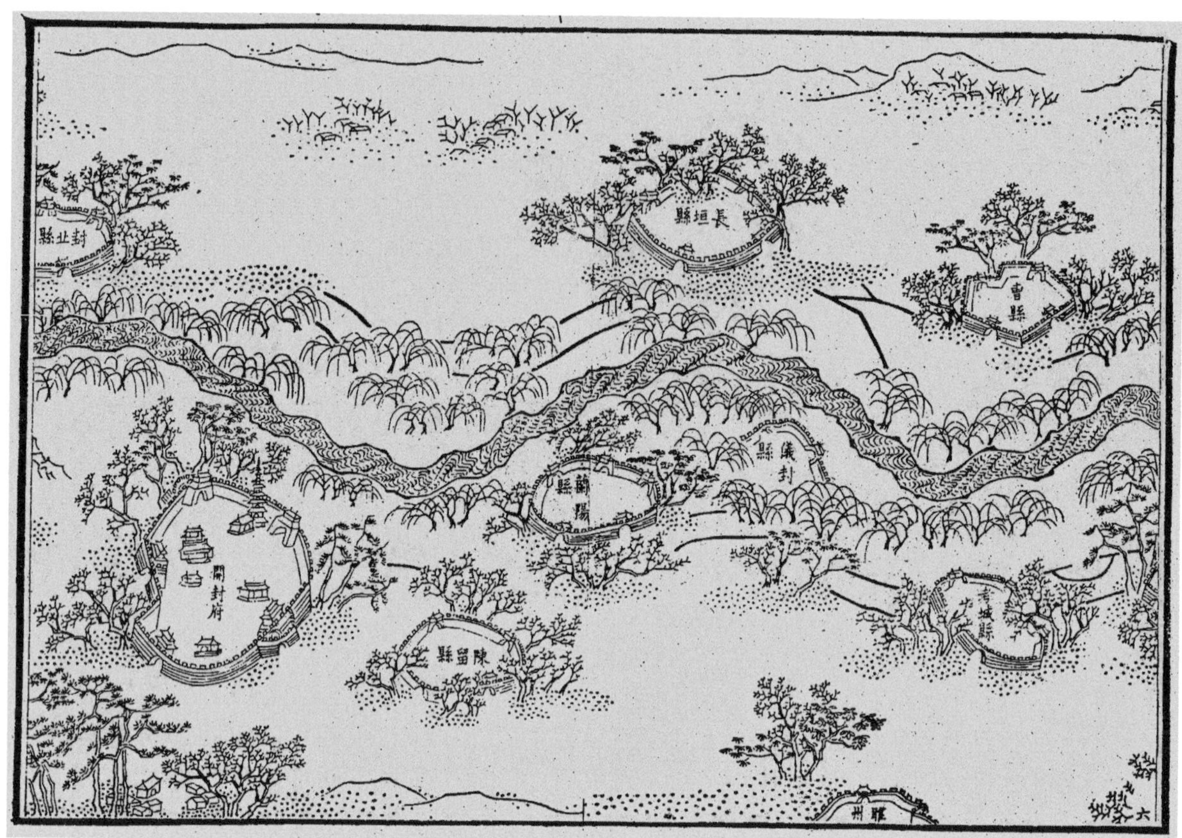

图 5-1-9 黄河图 · 开封府 · 长垣县（行水金鉴）

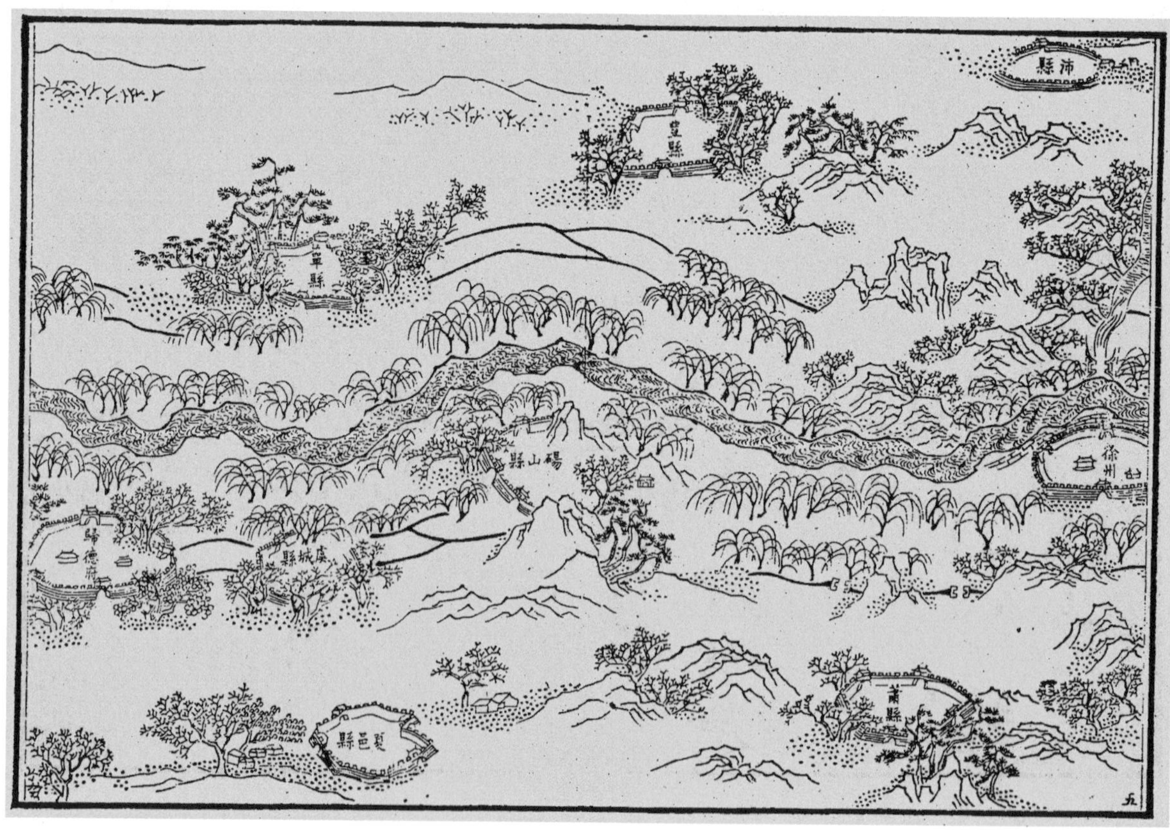

图 5-1-10 黄河图 · 单县 · 徐州（行水金鉴）

第二节 历史上黄河的决溢及河道变迁

历史上的黄河，以“善淤、善决、善徙”而闻名于世。

一、黄河的善淤和成为悬河

为什么黄河会善淤呢？邹逸麟先生指出：

黄河在中游流经一片面积约58万平方公里的黄土高原。黄土结构疏松，易受侵蚀，又因中游地区雨量集中，自然植被破坏，每年夏秋暴雨季节，水土流失严重，各条支流将大量泥沙汇集到黄河里，随着水流带至下游。据近年秦厂站实测资料，每年输送到下游的泥沙有16亿吨，其中大约有12亿吨输送入海，4亿吨沉积在河床上，日积月累，使河床抬高，成为“悬河”。今天黄河下游河床一般高出地面3～5m，最高处竟达10m，成为海河和淮河水系的分水岭。洪水来时对下游河道威胁很大[1]。

二、黄河的善决

经研究和统计，黄河洪水决溢之害十分惊人：

从西汉文帝前元十二年（公元前168年）河决酸枣东溃金堤算起，至民国27年（1938年）郑州花园口扒口止，2106年间，黄河决溢的年份共计有380个，平均5.5年就有一个洪灾年。另据不完全统计，在此2106年之间，黄河决溢达1950次以上，平均不到1.5年一次。习称旧日黄河三年两决口，其根据就在这里[2]。

三、黄河的善徙及其河道的变迁

（一）黄河的善徙——改道

河道决口后放弃原来河床而另循新道称为改道。黄河由于多沙善淤，变迁无常，改道十分频繁。中游的宁夏银川平原、内蒙古河套平原一带的黄河河道都曾多次变迁，但影响最大的是黄河下游河道改道。

通常认为，《尚书·禹贡》中所记载的河道是有文字记载的最早的黄河河道。这条河道在孟津以上被夹束于山谷之间，几乎无大的变化。在孟津以下，汇合洛水等支流，改向东北流，经今河南省北部，再向北流入河北省，又汇合漳水，向北流入今邢台、巨鹿以北的古大陆泽中。然后分为几支，顺地势高下向东北方流入大海。人们称这条黄河河道为“禹河”[3]。

（二）黄河下游河道历史变迁概述[4]（图5-2-1）

历史时期黄河下游河道的变迁极为复杂，不仅次数频繁，流路紊乱，波及地域也极为广阔。今据河道的主要流向，大体可分成四个时期：①春秋战国时代至北宋末年由渤海湾入海时期；②从金元至明嘉靖后期下游河道分成数股汇淮入海时期；③明嘉靖后期至清咸丰四年（1854年）下游河道单股汇淮入海时期；④清咸丰五年以后河道由山东利津入海时期。

---

[1] 邹逸麟著．椿庐史地论稿．天津：天津古籍出版社，2005：1.

[2] 鲁枢光，陈光德主编．黄河史．郑州：河南人民出版社，2001：281.

[3] 郑连第主编．中国水利百科全书水利史分册．北京：中国水利水电出版社，2004：112-113.

[4]（这一部分内容均来自）邹逸麟著．椿庐史地论稿．天津：天津古籍出版社，2005：1-10.

1）从春秋战国时代至北宋末年，黄河下游河道虽曾有多次变迁，其中除某一时期外，绝大部分时间都是流经今河北平原由渤海湾入海（图 5−2−2）。

据谭其骧教授的考证[1]，《山海经》的《北山经 · 北次三经》篇里，有很丰富的黄河下游河道资料，用这些资料和《汉书 · 地理志》、《水经》和《水经注》记载相印证，就可以知道当时的黄河下游河道沿着太行山东麓北流，东北流至永定河冲积扇南缘，折而东流，经今大清河北至今天津入海；《尚书 · 禹贡》里的大河，在今河北深州市南，与《山经》里的大河别流，大体穿过今冀中平原，在今天津市区南部入海；《汉书 · 地理志》的大河，即《水经注》的河水故渎，下游流经今卫河、南运河和今黄河之间，在沧州西、黄骅县北入海。《山经》、《禹贡》里的两条大河形成的时代很难确定，大致可以认为是战国中期以前的河道。《汉书 · 地理志》的河水约为战国后期至西汉末年的河道干流。

黄河下游前面筑堤大约始于战国中期。在没有筑堤以前，黄河由于多泥沙的特点，下游河道在河北平原上来回游荡，有时同时分成几股分流入海。《禹贡》有所谓"又北播为九河，同为逆河入于海"。"九河"泛指多数，是说黄河下游河道分成多股，河口受潮水的倒灌，具有逆河的形象入于海。

战国中期下游河道全面筑堤以后，河道基本上被固定下来。当时平原中部地广人稀，河道又具有游荡性特点，人们所筑的堤防距河床很远。例如河东的齐和河西的赵、魏所筑堤防距河床各 25 里，两堤相距 50 里，蓄洪拦沙作用很大。这条河道维持了四百多年，其间曾有多次决口改道，最著名的是汉武帝元光三年（公元前 132 年）在东郡濮阳瓠子（今河南濮阳市西南）

图 5−2−1　黄河下游变迁图（椿庐史地论稿：10）

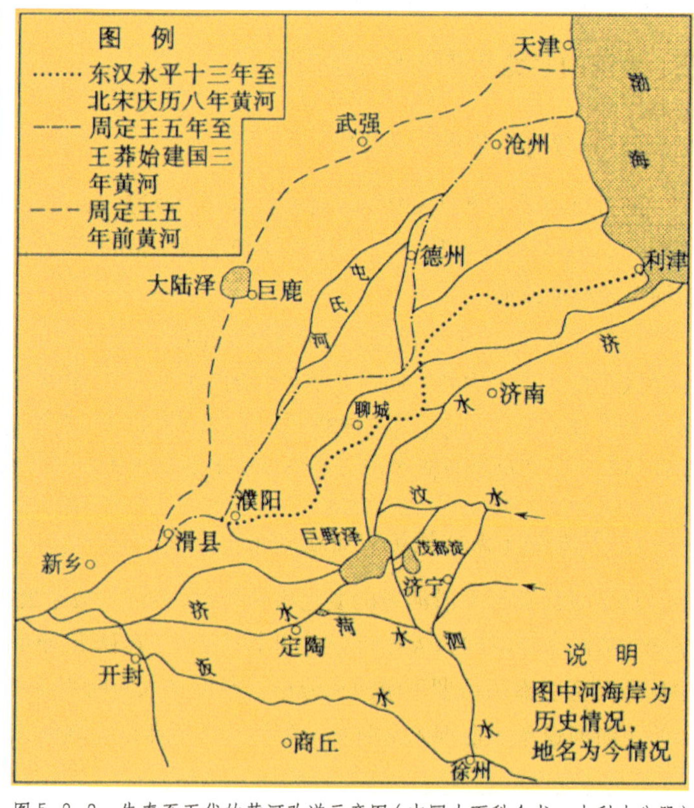

图 5−2−2　先秦至五代的黄河改道示意图（中国大百科全书 · 水利史分册）

[1] 谭其骧．山经河水下游及其支流考 // 中华文史论丛．第 7 辑．上海：上海古籍出版社，1978.

决口的一次，洪水泻入钜野泽，由泗水入淮。这是见于记载的黄河第一次入淮。历时 20 余年，公元前 109 年才堵住决口，河复故道。到了西汉末年，由于泥沙的长期堆积，河床淤积很高。在今河南浚县西南古淇水口至遮害亭的十八里河段，“河水高于平地”[1]，已成了地上河，所以不久就发生一次大改道。

王莽始建国三年（公元 11 年），河水在魏郡元城（今河北大名县东）以上决口，洪水泛滥了近 60 年，到东汉明帝永平十二年（69 年），经王景治河后，出现了一条新的河道，即《水经注》以至唐代《元和郡县志》里的黄河。这条黄河已较西汉大河偏东，经今黄河和马颊河之间至利津入海。这条大河稳定了近六百年，其间当然也有许多次决口，但无大的改流。直至唐朝末年开始在河口段有部分河段改道[2]。宋朝初年，棣州（今山东惠民县、滨州市一带）境内“河势高民屋殆逾丈”[3]。下游河口段淤高，排水不畅，汛期就容易在上游堤防薄弱处冲溃决口。五代、北宋时期澶州（今濮阳市）、滑州（今滑县旧滑城）间的黄河“最为隘狭”，成为当时经常发生决口的险段。

北宋庆历八年（1048 年）黄河在澶州商胡埽（今濮阳市东）决口，北流经今滏阳河和南运河之间，在今青县一带汇入御河（今南运河）。黄河河道较前向西摆动，这是宋代黄河的北派。过了 12 年，至嘉祐五年（1060 年）黄河又在大名府魏县第六埽（今南乐县西）向东决出一支分流，东北流经一段西汉大河故道，下循笃马河（今马颊河）入海。这是宋代黄河的东派（图 5-2-3）。此后，宋代统治阶级内部在黄河维持东派还是北派的问题上，一直争论了 80 年，其中参杂许多政治因素，借题发挥，相互攻讦，直至北宋亡国。但就当时自然条件而言，北派比东派有利。因为东派所经冀鲁交界地区，经战国至西汉和东汉大河 1000 多年的流经和泛滥，地势淤高，而南运河以西地区，“地势最下，故河水自择其处决而北流”[4]。宋代黄河北流前后发生三次：庆历八年（1048 年）、元丰四年（1081 年）、元符二年（1099 年），决口都在濮阳至内黄一带，三次北流所经路线略有不同，大致不超过滏阳河和南运河之间，又因地形自西南向东北倾斜，河床坡降较大，水流迅猛，冲刷力强，河口段迅速展宽刷深。在这 80 年中，东北二流并行仅 15 年，强行闭塞北流，逼水单股东流仅 16 年，单股北流达 49 年之久。直至北宋末年黄河仍保持在纵贯河北平原中部至天津入海一线上。

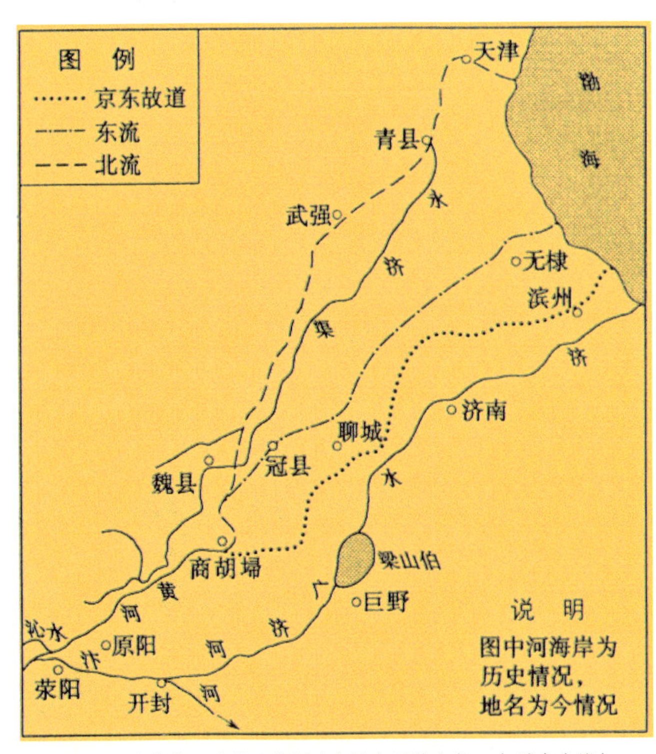

图 5-2-3　北宋黄河改道示意图（中国大百科全书·水利史分册）

2）南宋建炎二年（1128 年）冬，金兵渡河南下，宋东京留守杜充在滑县以上李固渡（今河南滑县南沙店集南三里许）以西扒开河堤，决河东流，经豫鲁之间，至今山东巨野、嘉祥一带注入泗水，再由泗入淮[5,6]。杜充不思积极抗金，妄图以水代兵，抵御南下的金兵，

[1] 汉书，卷 29，沟洫志．

[2] 太平寰宇记，卷 64，滨州渤海县记载，景福二年渤海县境内有改道．

[3] 宋史，卷 91，河渠志一·黄河上．

[4]（宋）苏辙．论黄河东流劄子．栾城集，卷 46．

[5] 宋史，卷 25，高宗纪．

[6]（南宋）李心传．建炎以来系年要录，18．

结果使黄河发生了一次重大的改道（图 5–2–4）。这次人为决河在黄河历史上是件大事，此后黄河不再进入河北平原了。

从这一年黄河夺泗入淮开始，到 16 世纪中叶，即明嘉靖后期的 400 多年中，黄河变迁表现为两个特点：

（1）黄河下游分成几股入淮，相互迭为主次。金大定八年（1168 年）黄河在李固渡决口，淹没了曹州城（今山东曹县西北 60 里）夺溜十分之六，流入单县一带，旧河占水流十分之四，开始了两河分流的局面。大定二十七年，金王朝规定黄河下游沿线的四府十六州四十四县的地方官都兼管河防事。从这四十四县的分布以及前后决口的地点来看，当时大河分成三股，北股即建炎二年形成的泛道，南面二股大体也是从豫东北—鲁西南一带注入泗水。以后河道变迁频多，经常表现为枯水季节一股为主，洪水季节数股并存[1]，或汇泗入淮，或直接入淮，由淮入海。

（2）下游河道干流的流势逐渐南摆。12 世纪 50 年代干流先自豫东北的滑县、濮阳流入鲁西南地区，70 年代开始干流南摆进入开封府境，80 年代进入归德府（今商丘一带）境。金末元初时许多原来隶属河南政区的县，由于河道南摆，分别改隶河北的政区。如胙城、长垣原属河南的开封府，后因黄河改经二县之南，“以限河不便”，分别改属河北的卫州（治今卫辉市）和开州（治今濮阳市）。归德府楚丘县原在河南，金末改隶河北的单州（治今单县），也是黄河改经县南的缘故[2]。原在河南属归德府的虞城、砀山二县，金末为河水荡没，县治撤销。元初复置时，因已在河之北，改属河北的济宁路[3]。当时黄河大致流经今兰考、徐州一线废黄河之南，东流至徐州附近入泗，由泗入淮。

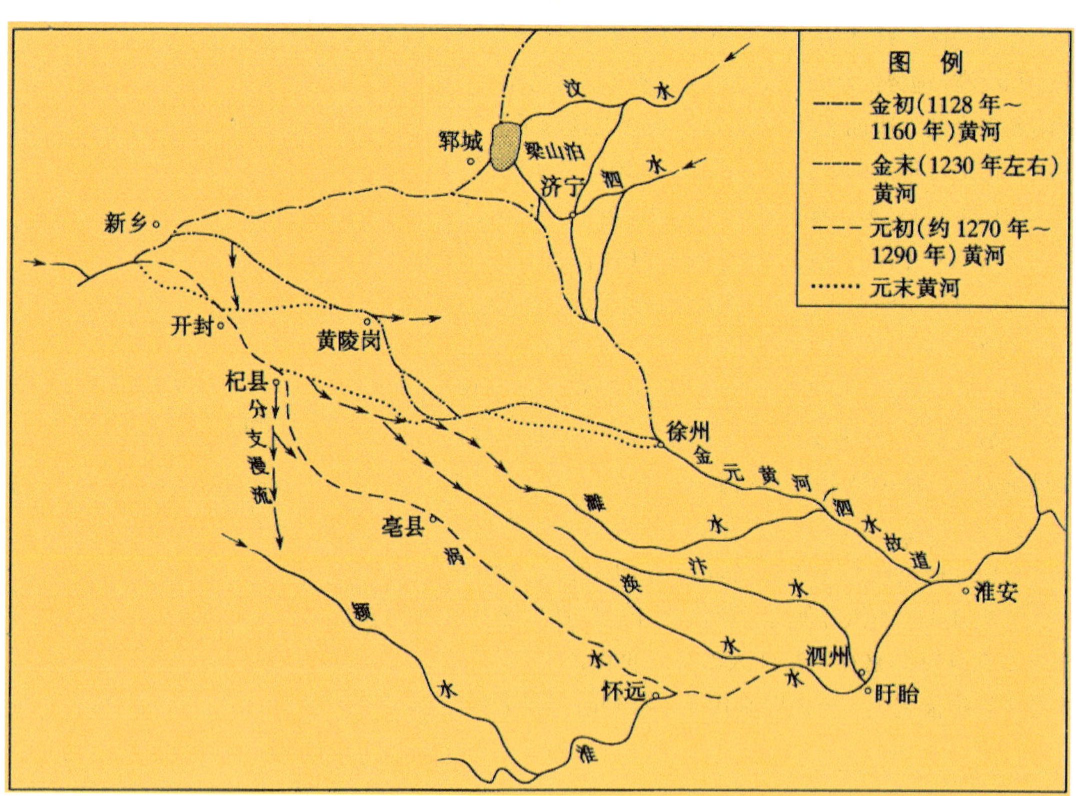

图 5–2–4　金元时代改道示意图（中国大百科全书·水利史分册）

[1] 金史，卷 27，河渠志·黄河．

[2] 金史，卷 25，地理志中．

[3] 元史，卷 58，地理志一．

金代以后之所以形成这种河势的变化，大约有两个原因。一是河道人为决入的豫东北、鲁西南地区，是自西向东略微倾斜的一片平原。新形成的河道都是平地冲刷而成，河床宽浅，“变易无定”[1]。虽临时修有堤防，都是由随地沙土筑成，一场洪水就可以溃堤而成数股并流。二是河道活动正处于接近南宋疆域的地区。金朝政府害怕“骤兴大役，人心动摇，恐宋人乘间构为边患”[2]。所以河道虽屡变、岔流支分，金朝政府并不积极加以防治。同时河道不断南摆，对金人有利。

入元以后，不仅黄河下游分成数股的特点未变，河道摆动的趋势更是愈益向南。以元至元年间而言，从当时的决口地点来看，黄河分成汴、涡、颍三条泛道[3]。到了明初变为以颍河或涡河为黄河的干流[4]。黄河夺颍入淮是到了黄河冲积扇南部的最西极限。13 世纪以前黄河最南不超过唐宋汴河一线，其后却能夺颍、涡入淮，这一大变迁与河道沿岸条件变化有关。

黄河过北岸武陟县南岸桃花峪以后进入下游。北岸已经出山，南岸还有邙山的控制。邙山是嵩山自伊洛河口沿黄河向东延伸部分，古时称广武山，其东部又有三皇山、敖山等名称，历史上著名的敖仓即在北，为兵家要地。由于广武山及其北麓滩地的控制，黄河下游河道出山后主溜偏向东北流，决口不能超过今郑州市以西。宋元祐（1086 ～ 1093 年）以来黄河正溜“卧南”，“北岸生滩，水趋南岸”，大河正溜不断侵啮南岸滩地，广武埽危急，刷塌堤身 2000 余步[5,6]。元至正十五年（1355）一次河涨，位于广武山北一里的河阴县“官署民居尽废，遂成中流”[7]。广武山北麓的滩地全沦入河。大河正溜直逼山根，使“河汴合一”[8]。以后河水又不断淘挖山根，山崖崩溃。今广武山临黄一面削壁陡立。楚汉之际项羽、刘邦分别在广武山上所筑东西广武城北部已塌入河中，仅存南部残垣。广武山的东北部全遭崩坍，主泓紧逼南岸，遂使河道有可能在今郑州一带决而南流，沿今贾鲁河一线夺颍入淮。

元代以后，黄河下游分成数股在今黄河以南、淮河以北、贾鲁河颍河以东、大运河以西的黄淮平原上不断泛滥、决口和改道，今万福河、赵王河、废黄河、睢河、浍河、涡河、茨河、颍河……都曾为黄河的泛道。据粗略统计，从蒙古灭金至元亡的 130 余年内，能具体指出决溢地点的就有 50 余处。明以后决溢改道更为频繁、紊乱。但这个时期内黄河的干流比较长时间保持在开封、归德（今商丘市）、徐州一线上。这是因为元明二代修凿的京杭大运河成为南北交通的大动脉。以后，山东境内的大运河即会通河在徐州和黄河交汇，徐州至淮阴的一段黄河也就是大运河的一段。明代永乐年间建都北京以后，治河有两个原则：一是保运，一是护陵。保运就是防止黄河南北决口，影响到漕运的畅通。护陵就是防止黄河在睢宁、泗阳一带向南决入泗州的祖陵，或夺涡、颍入淮后至下游黄淮交汇口，因排泄不畅通而引起倒溢淹及凤阳的皇陵。因此元明二代政府治河时尽可能使黄河的干流保持在开封、徐州一线上，以便徐州、淮阴间黄河即运河的一段有足够的水源可以通漕。可是那时黄河干流两岸地势南高北低，大致是南高于北八九尺[9]，所以经常容易北决，灾情也很严重。元末至正四年（1344 年）河决曹县白茅堤，豫东、鲁西南数十州县皆遭水患，会通河遭到严重破坏。十一年贾鲁治河时坚决堵塞北决，使河复至

[1] 金史，卷 27，河渠志 · 黄河．
[2] 金史，卷 71，宗叙传．
[3] 元史，卷 65，河渠志二 · 黄河．
[4] 明史，卷 83，河渠志一 · 黄河上．
[5] 宋史，卷 93，河渠志三 · 黄河下．
[6] 宋史，卷 94，河渠志四 · 汴河下．
[7] 元史，卷 51，五行志二．
[8] 武同举．淮系年表水道编．
[9] 元史，卷 170，尚文传．

徐州会运的故道，即历史上著名的贾鲁河[1]。明代前期北决仍然频繁，弘治年间（1488 ~ 1505 年）刘大夏治河，修了一道从武陟至虞城、沛县数百里长的太行堤，就是防止黄河北决影响漕运，南岸则不筑堤，也不堵口。故而在明代前期经常以汴道（因自开封至徐州一线为古代汴水所经而名）为干流，同时存在睢、涡、颍数股并流的局面。

3) 从明嘉靖后期至清咸丰四年的 300 年中黄河大部分时间保持在今废（淤）黄河一线上。如上所述，明嘉靖以前治河的措施是加强北岸堤坊，南岸分疏入淮。以后南岸多分流后，徐州以下干道上水源缺乏，影响漕运。于是到嘉靖二十几年，即 16 世纪中叶，先后将南岸诸口堵塞，“全河尽出徐、邳，夺泗入淮”[2]。黄河由此演变为单股汇淮入海。

由于河道长期固定，日久泥沙大量堆积，河床淤高极速。明代后期黄河下游大部分河段已成“悬河”。一次洪水很容易在薄弱处溃堤而出，加上政治腐败，河患特别严重。据清初记载，黄河下游河道上宽下窄。河南境内河身宽 4 ~ 10 里，山东至江苏境内仅 0.5 ~ 2 里，徐州境内更窄[3]。洪水由宽入窄，形成壅水，所以在明代后期决口最多的地方是徐州以上至山东曹县的一段，常表现为黄河入运口在鱼台至徐州之间南北摆动，有时甚至分为十余股决入运河及昭阳湖，运河屡屡遭阻[4]。后经万历年间（1573 ~ 1620 年）潘季驯的治理，徐州以上才最后固定为今日废（淤）黄河。

徐州至淮阴段黄河两岸有丘陵约束，故而河床较狭。嘉靖后全河经徐、邳入淮，泥沙集中落淤在此河段。万历时徐、邳、泗三州和宿迁、桃源（今泗阳）、清河三县境内的河床都已高出地面[5]。徐州城外河堤几与城齐，水面与堤相平[6]。所以《明史·河渠志》说隆庆（1567 ~ 1572 年）以后河工的重点，“不在山东、河南、丰、沛，而专在徐、邳”[7]。潘季驯治河时工程的重点就放在这一河段上。入清以后，因长期施行“束水攻沙”的治河方针，大量泥沙排至河口，河身延长，坡降减缓，水流下池不畅，黄水还不时倒灌入洪泽湖，不仅扩大了洪泽湖区，还常决破高家堰，淹及里下河地区。清康熙年间靳辅治河时重点就放在自淮阴至河口段上，正是因为这一河段是当时河患最严重的地方。

嘉庆以后，政治黑暗，河政废弛，堤防破残不堪，决口泛滥的次数与日俱增，一次新的改道是势所难免的了。

4) 清咸丰五年六月黄河在兰阳铜瓦厢决口，开始时分成三股洪水，都在山东寿张县张秋镇穿运河，挟大清河入海。黄河下游结束了 700 多年由淮入海的历史，又回到由渤海湾入海的局面。事后统治阶级内部为黄河统经问题发生争执。李鸿章代表安徽、江苏地主阶级利益，不同意堵住决口，主张听任河水流向山东。山东巡抚丁宝桢代表山东地主阶级利益主张堵口，复河入淮故道。双方争执不下，又逢太平天国革命烽火席卷长江流域，清政府岌岌可危，无暇顾及治河，洪水在山东西南部任意泛滥，当地人民蒙受极大的灾难。

决口以后的 20 年内，洪水在鲁西南地区到处漫流，直至光绪初年才最后将全线河堤完成，形成了今天黄河下游河道。1855 年以前，黄河也曾有几次北决张秋，挟大清河入海，但不久都归复原道。为什么这次决口后不能归复入淮故道呢？这是因为：一、当时“军事旁午，无暇

[1] 元史，卷 65，河渠志二 · 黄河 .

[2]（清）傅泽洪 . 行水金鉴，卷 39，引明神宗实录，卷 308，万历二十五年三月戊午条 .

[3]（清）靳辅 . 治河方略卷 5，河道考 .

[4] 明史，卷 83，河渠志一 . 黄河上 .

[5]（明）潘季驯 . 河上易惑浮言疏 . 河防一览，卷 12.

[6]（清）傅泽洪 . 行水金鉴，卷 37. 引通漕类编 .

[7]（清）靳辅 . 治河方略，卷 5. 河道考 .

顾及河工”；[1] 二、至光绪年间（1875 ~ 1908 年）兰阳到徐州间的河道，因水去沙停，河道高于平地三四丈，灾民多移居其上，村落渐多[2]，恢复故道困难极大；三、道光末年，部分漕米已改海运。咸丰改道后，运道梗阻。同治、光绪年间在上海雇沙船运漕粮至天津，漕米已以海运为主[3]。由此种种，所以清政府已无需急于挽河入淮故道了。

今河道形成以后，兰阳铜瓦厢以上的河道因决口后口门附近水面有局部跌落，比降增大，滩槽高差迅速增加，主槽无显著摆动。从铜瓦厢以下至寿张陶城埠一段问题较多。因为 1855 ~ 1875 年间河水在这一带长期漫流，地面上形成了许多交错水网，筑堤以后，这些残水断流成了黄河大堤内的串沟和堤河，洪水到来，便引水顶冲大堤，出现险情。20 世纪以来黄河多在铜瓦厢至陶城埠一段决口，故有“豆腐腰”之称。陶城埠以下至河口原系小盐河和大清河，是一条运盐河，河床窄深，洪水决入之初，河床有所加宽冲深。光绪初年河南境内修筑河堤后，大量泥沙输入大清河内，河床迅速抬高。到光绪二十二年时也成了地上河。所以光绪年间决口多发生在原大清河新道上。

清末以来河患仍连年不断。20 世纪内有两次较大的决口：一次是 1933 年遇到特大洪水，下游从温县至长垣 200 多公里内决口 52 处，造成极大灾难；一次是 1938 年国民党反动派炸开花园口大堤，妄图以水代兵，阻止日军西进，结果全黄向东南泛滥于贾鲁河、颍河和涡河之间，受灾面积达 54000km^2。

第三节　历代黄河决溢造成的城市水患

我国古代的黄河，是流域治理不好，使许多城市遭受洪灾的反面典型。

黄河是我国第二大河，流程全长 5464km，以水浊色黄而得名，以多泥沙、善淤、善决、善徙而称著于世。历史上，黄河下游洪水灾害史不绝书，从春秋时代到新中国成立前的 2000 多年中，据不完全的统计，黄河决口达 1500 多次，其中重要的改道 26 次，平均 3 年就有 2 次决口，100 年就有 1 次重要改道[4]。黄河下游广大地区的城市村镇饱受其灾。以历史名城开封为例，曾有 6 次洪水侵入城内，并有 40 余次泛滥于开封附近，造成极为严重的危害：一是使贯城的 4 条河道及蓬池、沙海诸泽淤没，使开封在金以后失去宋代水陆交通枢纽的地位而衰落；二是黄河的泛滥使近城形成沙丘，使开封成为人为的盆地，使城内盐碱土发育；三是环境受破坏，气候恶化，刮风时黄沙蔽日[5]。明崇祯十五年（1642 年）因人工决堤，黄河水灌开封城，造成全城淹没，34 万人丧生的大悲剧[6]。

据作者参考史、志诸书进行不完全的统计，黄河洪水造成城市水患的记录是惊人的。作者将之列为一表（表 5-3-1），黄河水灾犯城、灌城的年份达 100 次以上，由于一年可能犯城几座甚至数十座，以一城受水患 1 次为一城次计，仅表上所列，为 511 城次之多，真令人惊心动魄。

[1] 林修竹．历代治黄史，卷 5，同治十三年条，山东河务局民国十五年（1926）版．

[2] 林修竹．历代治黄史，卷 5，光绪二十二年十月李秉衡奏，光绪二十五年附勘河情形原稿，山东河务局民国十五年（1926）版。

[3] 清史稿，卷 122，食货志三·漕运．

[4] 黄伟．春满黄河．第一版．北京：人民出版社，1975．

[5] 李润田．开封 // 陈桥驿主编．中国六大古都．第一版．北京：中国青年出版社，1983．

[6] 周在浚．大梁守城记．

古代黄河流域城市水患一览表 表 5-3-1

序号	朝代	年份	受灾城市	水灾情况	资料来源
1	商	约公元前 13 世纪	嚣（一作隞，其地有三说：1. 在今河南省荥阳县敖山上；2. 在今河南省郑州市；3. 在今山东省新泰县西南。）	河亶甲元祀河决。按《史记·殷本纪》：河亶甲居相（河决不载）。按《通鉴前编》：河亶甲立，是时，嚣有河决之患，遂自嚣迁于相。	古今图书集成．历象汇编·庶征典，卷124，水灾部
2		约公元前 12 世纪	相（在今河南内黄县东南）	祖乙元祀河决。按《史记·殷本纪》：祖乙迁于邢（河决不载）。注：《索隐》曰：邢亦作耿。按《通鉴前编》：祖乙既立，是时，相都又有河决之患，乃自相而徙都于耿。	古今图书集成·历象汇编·庶征典，卷124，水灾部
3		约公元前 12 世纪	耿（一作邢，其地有三说：1. 在今河北邢台市；2. 在今河南省温县东；3. 在今山西省河津市东南）	汾水又西迳耿乡城北，殷都也。帝祖乙自相徙此，为河所毁。……乃自耿迁亳。	水经·汾水注
4	战国	魏襄王十年（公元前 309 年）	酸枣（在今河南省延津县境），外郭城	十年十月，大霖雨，疾风，河水溢酸枣郛。	古本竹书纪年．转引自鲁枢元，陈先德主编．黄河史：280–281
5	西汉	元光三年（公元前 132 年）		元光三年春，河水徙，从顿丘东南流入渤海。夏五月，河水决濮阳，圮郡十六。	汉书·武帝本纪
6		建始三年（公元前 30 年）		成帝建始三年夏，大水，三辅霖雨三十余日，郡国十九雨，山谷水出，凡杀四千余人，坏官寺民舍八万三千余所。	汉书·五行志
7		建始四年（公元前 29 年）		河果决于馆陶及东郡金堤，泛溢兖豫，入平原、千乘、济南，凡灌四郡三十二县，水居地十五万余顷，深者三丈，坏败官亭室庐且四万所。	汉书·沟洫志
8		鸿嘉四年（公元前 17 年）		是岁，渤海、清河、信都河水溢溢，灌县邑三十一，败官亭民舍四万余所。	汉书·沟洫志
9		永始·元延间（公元前 13 年 ~ 12 年）	黎阳县（治所在今河南浚县东北）	河水大盛，增丈七尺，坏黎阳南郭门，入至堤下。……水留十三日，堤溃。	汉书·沟洫志
10	东汉	建武七年（31）	雒阳	建武七年雨水，雒水溢。古今注曰：七年六月戊辰，雒水盛，溢至津城门，帝自行水，弘农都尉治为水所漂杀，民溺，伤稼，坏庐舍。	后汉书·五行志
11		建武十年（34）		河决，积久日月，侵毁济渠，所漂数十许县。	后汉书·王景传
12		永初元年（107）		郡国四十一县三百一十五雨水，四渎溢，伤秋稼，坏城郭，杀人民。	后汉书·天文志
13		永寿元年（155）	雒阳	永寿元年六月，雒水溢至津阳城门，漂流人物。	后汉书·五行志
14	三国	黄初四年（223）	洛阳	魏文帝黄初四年六月，大雨霖，伊洛溢，至津阳城门，漂数千家，杀人。	晋书·五行志
15	晋	东晋末，约在 420 年或稍前几年	碻磝城（在今山东茌平县西南古黄河南岸）	济州理碻磝城，……其城西临黄河，晋末为河水所毁，移理河北博州界。	元和郡县图志，卷 10

续表

序号	朝代	年份	受灾城市	水灾情况	资料来源
16	晋	安帝义熙十二年（416）	铜山县	汲水暴长，城崩。更筑之，悉以砖垒，宏壮坚峻，楼橹赫奕，南北所无。	民国铜山县志，卷10，建置考
17	唐	贞观十一年（637）	洛阳，河北县（治所在今山西芮城县西），太原仓，中潬（在今河南孟县西南黄河沙洲上）	九月丁亥，河溢，坏陕州之河北县及太原仓，毁河阳中潬。	新唐书·五行志
18				十一年七月癸未，黄气际天，大雨，谷水溢，入洛阳宫，深四尺，坏掖门，毁官寺十九；洛水漂六百余家。	新唐书·五行志
19				贞观十一年七月，黄气竟天，大雨，谷水溢，入洛阳宫。	旧唐书·五行志
20		永徽五年（654）	万年宫（在今陕西麟游县西）	五年五月丁丑夜，大雨，麟游县山水冲万年宫玄武门，入寝殿，卫士有溺死者。	新唐书·五行志
21		永徽六年（655）	洛阳	洛州大水，毁天津桥。	新唐书·五行志
22		仪凤二年（677）	怀远县（治所在今宁夏银川市东黄河西岸）	怀远县……本名钦汗城，赫连勃勃以此为丽子园。……其城仪凤二年为河水泛损，三年于故城西更筑新城。	元和郡县志，卷4
23		永淳元年（682）	洛阳	永淳元年五月丙午，东都连月澍雨；乙卯，洛水溢，坏天津桥及中桥，漂居民千余家。	新唐书·五行志
24		永淳二年（683）	河阳县（治所在今河南孟县南）	秋七月，己巳，河水溢，坏河阳县城，水面高于城内五尺，北至盐坎，居人庐舍漂没皆尽，南北并坏。	旧唐书·高宗本纪
25		如意元年（692）	洛阳	如意元年四月，洛水溢，坏永昌桥，漂居民四百余家。七月，洛水溢，漂居民五千余家。	新唐书·五行志
26		圣历二年（699）	洛阳	圣历二年七月丙辰，神都大雨，洛水坏天津桥。	新唐书·五行志
27		神龙元年（705）	洛阳	七月二十七体，洛水涨，坏百姓庐舍二千余家。	旧唐书·五行志
28		神龙二年（706）	洛阳	四月，洛水泛滥，坏天津桥，漂流居人庐舍，溺死数千人。	旧唐书·五行志
29		开元四年（716）	洛阳	四年七月丁酉，洛水溢，沉舟数百艘。	新唐书·五行志
30		开元五年（717）	巩县（治所在今河南巩县东巩县志域）	巩县大水，坏城邑，损居民数万家。	新唐书·五行志
31			洛阳	五年六月甲申，瀍水溢，溺死者千余人。	新唐书·五行志
32		开元八年（720）	上阳宫（在今河南洛阳市域西洛水北岸）	六月庚寅夜，谷、洛溢，入西上阳宫，宫人死者十七八，畿内诸县田稼庐舍荡尽，掌闲卫兵溺死千余人。	新唐书·五行志
33			长安	八年六月二十一日夜暴雨，……京城兴道坊一夜陷为池，一坊五百余家俱失。	旧唐书·五行志
34		开元十年（722）	洛阳	十年五月辛酉，伊水溢，毁东都城东南隅，平地深六尺。	新唐书·五行志

续表

序号	朝代	年份	受灾城市	水灾情况	资料来源
35	唐	开元十四年(726)	怀州(治所在今河南沁阳县),卫州(治所在今河南汲县),滑州(治所在今河南滑县东旧滑县),汴州,濮州	十四年秋,天下州五十,水,河南、河北尤甚,河及支川皆溢,怀、卫、郑、滑、汴、濮,人或巢或舟以居,死者千计。	新唐书·五行志
36			洛阳	七月十四日,瀍水暴涨,流入洛漕,漂没诸州租船数百艘,溺死者甚众。	新唐书·五行志
37		开元十五年(727)	鄜州(治所在今陕西富县),同州(治所在今陕西大荔县),冯翊县(治所即今陕西大荔县),渑池县	七月,邓州大水,溺死数千人;洛水溢,入鄜城,平地丈余,死者无算,坏同州城市及冯翊县,漂居民二千余家。八月,涧、谷溢,毁渑池县。	新唐书·五行志
38			渑池县(治所即今河南渑池县)	八月八日,渑池县夜有暴雨,涧水、谷水涨合,毁郭邑万余家及普门佛寺。	旧唐书·五行志
39		开元十八年(730)	洛阳	十八年六月壬午,东都瀍水溺扬、楚等州租船,洛水坏天津、永济二桥及居民千余家。	新唐书·五行志
40		开元二十九年(741)	洛阳	二十九年七月,伊、洛支川皆溢,害稼,毁天津桥及东西漕、上阳宫仗舍,溺死千余人。	新唐书·五行志
41		天宝十三年(754)	济州(治所在卢县,今山东茌平县西南)	济州为河所陷没,以县属郓州。	元和郡县志·郓州·阳谷县
42			洛阳	十三载九月,东都瀍、洛溢,坏十九坊。	新唐书·五行志
43			长安	十三载秋,大雨霖,害稼,六旬不止。九月,闭坊市北门,盖井,禁妇人入街市,祭玄冥太社,禜明德门。坏京城垣屋殆尽,人亦乏食。	新唐书·五行志
44		乾元二年(759)	东至(禹城)县	逆党史思明侵河南,守将李铣于长清县界边家口决大河,东至(禹城)县,因而沦溺,今理迁善村。	太平寰宇记·齐州·禹城县
45		上元二年(761)	长安	京畿自七月霖雨,八月尽止。京城官寺庐舍多坏。	新唐书·五行志
46		广德二年(764)	洛阳	二年五月,东都大雨,洛水溢,漂二十余坊。	新唐书·五行志
47		永泰元年(765)	长安	九月,大雨,平地水数尺,沟河涨溢,时吐蕃寇京畿,以水,自溃而去。	新唐书·五行志
48		大历元年(766)	洛阳	大历元年七月,洛水溢。 水坏二十余坊及寺观廨舍。	新唐书·五行志
49		大历十一年(776)	长安	七月戊子,夜澍雨,京师平地水尺余,沟河涨溢,坏民居千余家。	新唐书·五行志
50		贞元二年(786)	长安	夏,京师通衢水深数尺,……溺死者甚众。	旧唐书·五行志
51		贞元八年(792)	徐州,郑州,陈州(治所在今河南淮阳县),宋州(治所在今河南商丘),河州(治所在今甘肃省临夏县),朔州(治所在今山西朔县)	八年秋,自江淮及荆、襄、陈、宋至于河、朔州四十余,大水,害稼,溺死二万余人,漂没城郭庐舍,幽州平地水深二丈,徐、郑、涿、蓟、檀、平等州,皆深丈余。	新唐书·五行志

续表

序号	朝代	年份	受灾城市	水灾情况	资料来源
52	唐	元和七年(812)	东受降城（在今内蒙古托克托县南黄河之北，大黑河东岸）	七年正月，振武河溢，毁东受降城。	新唐书 · 五行志
53		元和八年(813)	滑州	以河溢浸滑州羊马城之半。	旧唐书 · 宪宗本纪
54			长安	六月庚寅，大风，毁屋扬瓦，人多压死；京师大水，城南深丈余，入明德门，犹渐车辐。辛卯，渭水涨，绝济。	新唐书 · 五行志
55		元和十一年（816）	洛阳	八月甲午，渭水溢，毁中桥。	新唐书 · 五行志
56		元和十二年（817）	长安	六月，京师大雨，街市水深三尺，坏庐舍二千家，含元殿一柱陷。	旧唐书 · 五行志
57		长庆四年(824)	郓州（治所在今山东东平县西北），曹州（治所在今山东曹县西北），濮州（治所在今山东鄄城县北旧城寨）	四年夏，郓、曹、濮三州雨，水坏州城、民居，田稼略尽。	新唐书 · 五行志
58		太和二年(828)	棣州（治所在今山东惠民县东南）	太和二年夏，京畿及陈、滑二州水，害稼；河泊水，平地五尺；河决，坏棣州城。	新唐书 · 五行志
59		太和四年(830)	郓州，曹州，濮州	郓、曹、濮等州大雨，坏城郭庐舍。	乾隆曹州府志，卷10，灾祥
60		开成元年(836)	九成宫	开成元年夏，凤翔麟游县暴雨，水，毁九成宫，坏民舍数百家，死者万余人。	新唐书 · 五行志
61		开成三年(838)	郑州（治所在今河南郑州市），滑州	夏，河决，浸郑、滑外城。	新唐书 · 五行志
62		咸通四年（863）	洛阳	四年闰六月，东都暴水，自龙门毁定鼎、长夏等门，漂溺居人。七月，东都、许汝徐泗等州大水，伤稼。四年秋，洛中大水，苑囿庐舍，靡不淹没。厥后香山寺僧云：其日将暮，见暴水自龙门川北下，有如决江海。……是夕漂溺尤甚，京邑遂至萧条，十余年间，尚未完茸。……及潦将兴，谷洛先涨，魏王及月波二堤俱坏。	新唐书 · 五行志 古今图书集成，庶征典，卷126，引剧谈录
63		咸通六年（865）	洛阳	六年六月，东都大水，漂坏十二坊，溺死者甚众。	新唐书 · 五行志
64		乾宁三年(896)	滑州	四月辛酉，河东泛涨，将坏滑城，帝令决堤岸以分其势，为二河夹滑城而东，为害滋甚。	旧五代史 · 梁书 · 太祖纪
65	五代	后唐同光三年(925)	洛阳	后唐庄宗同光三年，自六月雨至九月。七月，洛水泛涨，坏天津桥，漂近河庐舍。	乾隆洛阳县志，卷十，祥异
66		后唐长兴三年(932)	棣州	四月，棣州上言，水坏其城。	旧五代史 · 五行志
67		后晋天福四年(939)	洛阳	晋高祖天福四年七月，西京大水，伊、洛、瀍、涧皆溢，坏天津桥。	乾隆洛阳县志，卷十，祥异
68		后晋开运三年(946)	博州（治所在今山东聊城县东北）	故博州治在今府治东二十里，晋开运三年河决城圮。	嘉庆东昌府志，卷四十三，墟郭

续表

序号	朝代	年份	受灾城市	水灾情况	资料来源
69	五代	后周 广顺二年（952）	河阴县（治所在今河南郑州市西北）	广顺初，……周祖亲征兖州，以通为在京右厢都巡检。时河溢，灌河阴城，命通率广锐卒千二浚汴口，又部筑河阴城，创营垒。	宋史·韩通传
70		后周广顺三年（953）	丰县	七月朔，徐州言：龙出丰县村民井中，即时淋雨，漂流城邑。	同治徐州府志，卷5，祥异
71	宋	建隆元年（960）	临邑县（治所在今山东济阳县西南）	河决公乘渡口，坏（临邑）城，三年移治孙耿镇。	宋史·地理志·济南府·临邑县
72		乾德三年（965）	中潬	河中府、孟州并河水涨，孟州坏中潬军营、民舍数百区。	宋史·五行志
73		乾德四年（966）	南华县（治所在今山东菏泽县西北李庄集）	灵河县堤坏，水东注卫南县境及南华县城。	宋史·五行志
74		乾德五年（967）	卫州（治所在今河南汲县）	八月甲申，河溢入卫州城，民溺死者数百。	宋史·太祖本纪
75		开宝四年（971）	东河县（治所在今山东平阴县西南旧东河），陈空镇	六月，……郓州河及汶清河皆溢，注东阿县及陈空镇，坏仓库民居。	宋史·五行志
76		太平兴国五年（980）	徐州	六月，徐州白沟河溢入城，毁民舍堤塘皆坏。（《宋史·太宗纪》）	同治徐州府志，卷5，祥异
77		太平兴国六年（981）	河中府（治所在今山西永济县西南蒲州镇），鄜州，延州（治所在今陕西延安市城东延河东岸），宁州（治所在今甘肃宁县）	六年，河中府河涨，陷连堤，溢入城，坏军营七所、民舍百余座。鄜、延、宁州并三河水涨，溢入州城：鄜州坏军营，建武指挥使李海及老幼六十三人溺死；延州坏仓库、军民庐舍千六百座；宁州坏州城五百余步，诸军营、军民舍五百二十座。	宋史·五行志
78		太平兴国七年（982）	咸阳	（七月），京兆府咸阳渭水涨，坏浮梁，工人溺死五十四人。	宋史·五行志
79			郓州	河大涨，蹙清河，凌郓州，城将陷，塞其门。	宋史·河渠志
80 81		太平兴国八年（983）	巩县， 洛阳， 鄜州，	（六月）河南府澍雨，洛水涨五丈余，坏巩县官署、军营、民舍殆尽。谷、洛、伊、瀍四水暴涨，坏京城官署、军营、寺观、祠庙、民舍万余座，溺死者以万计。又坏河清县丰饶务仓库。军营、民舍百余座。……鄜州河水涨，溢入城，坏官寺、民舍四万余座。	宋史·五行志
			徐州	徐州清河涨七尺，溢出堤，塞州之南门以御之。	同治徐州府志，卷5，祥异
82			阳谷县（治所即今山东阳谷县）	阳谷县城：旧城在县北，为河所湮。宋太平兴国八年徙今治。	乾隆山东通志，卷四，城池志
83		太平兴国九年（984）	延州	八月，延州南北两河涨，溢入东西两城，坏官寺、民舍。	宋史·五行志
84		淳化元年（990）	陇城县	淳化元年六月，陇城县大雨，坏官私庐舍殆尽，溺死者百三十七人。	宋史·五行志

续表

序号	朝代	年份	受灾城市	水灾情况	资料来源
85	宋	淳化三年（992）	洛阳	三年七月，河南府洛水涨，坏七里、镇国二桥；又山水暴涨，坏丰饶务官舍、民庐，死者二百四十人。	宋史 · 五行志
86			东昌府（治所在今聊城市）	东昌府城：聊城县附郭。旧治巢陵故城。宋淳化三年河决城圮于水，乃移治孝武渡西，即今治也。	乾隆山东通志，卷四，城池志
87		淳化四年（993）	澶州（治所在今河南濮阳县），大名府（治所在今河北大名县东北）	九月，澶州河涨，冲陷北城，坏居人庐舍、官署、仓库殆尽，民溺死者甚众。……十月，澶州河决，水西北流入御河，浸大名府城。	宋史 · 五行志
88			开封	四年七月，京师大雨，十昼夜不止，朱雀、崇明门外积水尤甚，军营、庐舍多坏。	宋史 · 五行志
89		至道二年（996）	洛阳	二年六月，河南瀍、涧、洛三水涨，坏镇国桥。	宋史 · 五行志
90		咸平三年（1000）	郓州	五月，河决郓州王陵埽，浮巨野，入淮泗，水势悍激，侵迫州城。……始，赤河决，拥济、泗、郓州城中常苦水患。至是，霖雨弥月，积潦益甚，乃遣工部朗中陈若拙经度徙城。若拙请徙于东南十五里阳乡之高原，诏可。	宋史 · 河渠志
91		咸平五年（1002）	开封	六月，京师大雨，漂坏庐舍。	宋史 · 五行志
92		大中祥符三年（1010）	开封	五月辛丑，京师大雨，平地数尺，坏军营、民舍，多压者。近畿积潦。	宋史 · 五行志
93		大中祥符四年（1011）	大名府（治所在今河北大名县东北）	八月，河决通利军，大名府御河溢，合流坏府城，害田，人多溺死。	宋史 · 五行志
94		大中祥符六年（1013）	保安军（治所在今陕西志丹县）	六年六月，保安军积雨河溢，浸城垒，坏庐舍，判官赵震溺死，又兵民溺死凡六百五十人。	宋史 · 五行志
95		大中祥符四年至八年（1011～1015）	棣州（治所在今山东惠民县东南。大中祥符八年，移治今惠民县）	（四年）九月，棣州河决聂家口。五年正月，本州请徙城，帝曰：城去决河尚十数里，居民重迁。命使完塞。既成，又决于州东南李民湾，环城数十里民舍多坏，又请徙于商河。役兴逾年，虽悍护完筑，裁免决溢，而湍流益暴，壖地益削，河势高民屋殆逾大矣，民苦久役，而终忧水患，八年，乃诏徙州于阳信之八方寺。	宋史 · 河渠志
96		大中祥符九年（1016）	盐官镇（即今甘肃孔县东北盐官镇）	九年六月，秦州独孤谷水坏长道县盐官镇城桥及官廨、民舍二百九十座，溺死六十七人。七月，延州洎定平、安远、塞门、栲栳四砦皆山水泛溢，坏堤、城。	宋史 · 五行志
97		天禧三年（1019）	滑州	六月乙未夜，滑州河溢城西北天台山旁，俄复溃于城西南，岸摧七百步，漫溢州城。	宋史 · 河渠志
98			徐州	六月，河决滑州，……，至徐州，与清河合，浸城壁，不没者四版。	宋史 · 五行志
99		天禧四年（1020）	开封	七月，京师连雨弥月。甲子夜大雨，流潦泛滥，民舍、军营圮坏大半，多压死者。自是频雨，及冬方止。	宋史 · 五行志
100		天圣六年（1028）	朝城县（治所在今山东莘县西南朝城）	朝城县城：旧城在韩张店。宋天圣六年（1028年）河决，为水所湮。明道二年（1033年）迁今治。	乾隆山东通志，卷四，城池志

续表

序号	朝代	年份	受灾城市	水灾情况	资料来源
101	宋	明道二年（1033）	开封	六月癸丑，京师雨，坏军营、府库。	宋史·五行志
102			朝城县	徙大名之朝城县于社婆村，废郓州之王桥渡、淄州之临河镇以避水。	宋史·河渠志
103		庆历六年（1046）	忻州（治所在今山西忻县），代州（治所在今山西代县）	七月丁亥，河东大雨，坏忻、代等州城壁。	宋史·五行志
104		嘉祐二年（1057）	开封	六月，开封府界及东西、河北水潦害民田。自五月大雨不止，水冒安上门，门关折，坏官私庐舍数万区，城中系阀渡人。	宋史·五行志
105		嘉祐七年（1062）	代州	七年六月，代州大雨，山水暴入城。	宋史·五行志
106		熙宁二年（1069）	饶安县（治所在今河北孟村县之新县镇）	八月，河决沧州饶安，漂溺居民，移县治于张为村。	宋史·五行志
107		熙宁初	堂邑县（治所原在山东冠县东，熙宁初移至今山东聊城县西北堂邑）	堂邑县：旧城在县西，宋熙宁初圮于水。县令耿几父始迁今治。	乾隆山东通志，卷四，城池志
108		熙宁十年（1077）	濮州，齐州（治所在今山东济南市），郓州，徐州（治所在今江苏徐州市）	河道南徙，东汇于梁山张泽泺，分为二派，一合南清河入于淮，一合北清河入于海。凡灌郡县四十五，而濮、齐、郓、徐尤甚，坏田逾三十万顷。	宋史·河渠志
				大川既盈，小川皆溃，积涝猥集，鸿洞为一。凡灌郡县九十五，而濮、齐、郓、徐四州为甚，坏官亭民舍数万，水所居地为田三十万顷。	历代治黄文选．郑州：河南人民出版社，1988
109		熙宁十年（1077）		十年七月，河决曹村下埽，澶渊绝流，河南徙，又东汇于梁山、张泽泺，凡坏郡县四十五，官亭、民舍数万，田三十万顷。	宋史·五行志
110		元丰元年（1078）	章丘县（治所在今章丘县北章丘城）	元丰元年，章丘河水溢，坏公私庐舍、城壁，漂溺民居。	宋史·五行志
111		元丰四年（1081）	恩州（治所在今河北渑河县西）	四月，小吴埽复大决，自澶注入御河，恩州危甚。	宋史·河渠志
112		元丰七年（1084）	北京（大名府）	七月，河溢元城埽，决横堤，破北京。帅臣王拱辰言：河水暴至，数十万众号叫求救。	宋史·河渠志
113			赵州（治所在今河北赵县），邢州（治所在今河北邢台市），洺州（治所在今河北永年县东南永年），磁州（治所在今河北磁县），相州（治所在今河南安阳市），怀州（治所在今河南沁阳县）	七月，河北东、西路水。北京馆陶水，河溢入府城，坏官私庐舍。八月，赵、邢、洺、磁、相诸州河水泛溢，坏城郭、军营。是年，相州漳河决，溺临漳县居民。怀州黄、沁河泛溢，大雨水，损稼，坏庐舍、城壁。	宋史·五行志
114		元丰中（1079～1085）	清平县（原治所在山东临清县东南，徙今山东高唐县西南青平镇）	清平县城：旧城在县西。宋元丰中河决，徙今治。	乾隆山东通志，卷四，城池志

续表

序号	朝代	年份	受灾城市	水灾情况	资料来源
115	宋	大观二年（1108）	钜鹿县（治所在今河北巨鹿县），赵州（治所即今河北赵县），隆平（治所即今河北隆尧县东，徙治今河北隆尧县），信都县（治所即今河北翼县），南宫县（治所在今河北南宫县西北）	五月，丙申，邢州言河决，陷钜鹿县。诏迁县于高地。又以赵州、隆平下湿，亦迁之。 六月庚寅，冀州河溢，坏信都、南宫两县。	宋史·河渠志
116	宋	政和五年（1115）	军城	八月己亥，都水监言：大河以就三山通流，正在通利之东，虑水溢为患，乞移军城于大伾山、居山之间，以就高仰。从之。	宋史·河渠志
117	宋	政和七年（1117）	沧州（治所在今河北沧州市东南）	七年，瀛、沧州河决，沧州城不没者三版，民死者百余万。	宋史·五行志
118	宋	端平元年（1234）	开封	端平元年，赵葵入汴，蒙古引兵南下，决黄河寸金淀水灌之，官军多溺死者，遂引还，寸金淀旧在城北二十余里。盖河堤之别名也。	读史方舆纪要，卷47，开封府祥符县
119	金	天德二年（1150）	济州（治所在今山东巨野县南）	河水淹没济州，州城迁济宁。	张含英．历代治河方略探讨．57．第一版．北京：水利电力出版，1982：57
120	金	大定六年（1166）	郓城县	郓城：大定六年五月徙治盘沟村以避河决。	金史·地理志
121	金	大定八年（1168）	曹州（治所在今山东曹县西北）	六月，河决李固渡，水溃曹州城，分流于单州之境。	金史·河渠志
121	金	大定八年（1168）	曹州（治所在今山东曹县西北）	水浸州城，时知州赵世安徙州治于乘氏。	光绪新修菏泽县志，卷3，山水
122	金	大定二十年（1180）	归德府（治所在今河南商丘市南）	河决卫州及延津京东埽，弥漫至于归德府。……乃自卫州埽下接归德府南北两岸增筑堤以捍湍怒。	金史·河渠志
123	金	大定二十六年（1186）	卫州（治所在今河南汲县）	八月，河决卫州堤，坏其城。	金史·河渠志
124	金	大定中（1161～1189）	孟州（治所在今河南孟县南），封丘县	孟州：金大定中为河水所害，北去故城十五里，筑今城，徙治焉。故城谓之下孟州，新城谓之上孟州。 封丘：金大定中河水湮没，迁治新城。	元史·地理志
125	金	明昌五年（1194）	封丘县	河决阳武故堤，灌封丘而东。	金史·河渠志
126	金	金（1115～1234）	砀山县（治所在今安徽砀山县东），虞城县（治所在今河南虞城县北，旧县城西南）	砀山：金为水漂没。 虞城：金圮于水。	元史·地理志
127	元	至元二年（1265）	馆陶县（治所在今山东冠县北旧馆陶）	夏大雨浃旬，河溢堤决，平地水深丈余，弥漫入城，厅事前亦深数尺，庐舍汛没，民从沓避市中高地。	王思诚．去思碑记．雍正馆陶县志，卷11，艺文
128	元	元初（1279～）	杞县	杞县：元初河决，城之北面为水所圮，遂为大河之道，乃于故城北二里河水北岸筑新城置县。继又修故城，号南杞县。	元史·地理志

续表

序号	朝代	年份	受灾城市	水灾情况	资料来源
129	元	至元二十年(1283)	南京（治所在今开封市）	秋，雨潦，河决原武，泛杞，灌太康。自京北东漭为巨浸，广员千里，冒垣败屋，人畜流死。公括商人渔子船百十艘，又编木为筏，具糗米，载吏离散四出，往取避水升丘巢树者，所全活以口计，无虑百千。水又啮京城，入善利门，波流市中，昼夜董役，土薪木石，尽力以兴，水斗不少杀，乃崩城堰之。	姚燧．南京路总督张公（庭珍）墓志铭．牧庵集，卷28
130	元	至元二十七年(1290)	开封	河决祥符义唐湾，水入外城善利门，围困开封城。	开封市黄河志
131	元	大德九年(1305)	开封	工部照大德九年黄河决徙，逼近汴梁，几至浸没。本处官司权宜开辟董盆口分入巴河，以杀甚势。	元史·河渠志二·黄河
132	元	至大元年(1308)	济宁	七月，济宁路雨水，平地丈余，暴决入城，漂庐舍，死者十有八人。	元史·五行志
133	元	延祐二年(1315)	汜水县（治所在今河南荥阳市西北汜水镇）	六月，河决郑州，坏汜水县治。	元史·五行志
134	元	至正元年(1341)	济南	六月癸丑夜，济南山水暴涨，冲东西二关，流入小清河，黑山、天麻、石固等寨及卧龙山水通流入大清河，漂没上下居民千余家，溺死者无算。	元史·五行志
135	元	至正间(1341～1368)	封丘	封丘县城：西汉时建，元至正间沦于水，明洪武元年再建。	道光河南通志，卷九，城池
136	元	至正五年(1345)	济阴县（治所在今山东菏泽县）	七月，河决济阴，漂官民亭舍殆尽。	元史·五行志
137	元	至正十六年(1356)	河阴县（治所在今河南荥阳市北）	河决郑州河阴县，官署民居尽废，遂成中流。	元史·五行志
138	元	至正二十三年(1363)	寿张县（治所在今山东梁山县西北）	七月，河决东平、寿张县，圮城墙，漂屋庐，人溺死甚众。	元史·五行志
139	元	元末（1368）	定陶县（治所即今山东定陶县）	定陶县城：旧城在宝乘塔西北，元末河决湮于水。明洪武四年徙今治。	乾隆山东通志，卷四，城池志
140	明	洪武初(1368)	河阴县	河阴县城：旧城圮于河水。明洪武三年（1370年）知县刘茂徙今所。	道光河南通志，卷九，城池
141	明	洪武初(1368)	洧川县（治所在今河南长葛县东北洧川镇）	洧川县城：旧在县南一十里，即唐废州基址也。明洪武初年知县俞廷芳以水患迁筑于此。	道光河南通志，卷九，城池
142	明	洪武元年(1368)	曹州（治所在今山东菏泽市）	洪武元年河溢，曹州徙治安陵镇。	山东通志
143	明	洪武二年(1369)	曹州（治所安陵镇在今山东菏泽市西南）	洪武二年，河没安陵镇，徙治盘石头。	山东通志
144	明	明初	宁陵县（治所即今河南宁陵县）	宁陵县城：始建未详。明初废于水。成化十八年知县金玺重筑。	道光河南通志，卷九，城池
145	明	洪武五年(1372)	朝城县（治所即今山东莘县西南朝城）	圮于水。	乾隆曹州府志，卷3，城池
146	明	洪武八年(1375)	东阿县（治所在今山东东阿县南旧城）	东阿县，旧城在新桥镇。明洪武八年因避河患迁今治，即谷城县故址。	乾隆山东通志，卷四，城池志

续表

序号	朝代	年份	受灾城市	水灾情况	资料来源
147	明	洪武十三年(1380)	范县（治所在今河南濮阳县东北旧城）	范县城：古范城在县东南，明洪武十三年河决，圮于水。知县张允徙筑今治。	乾隆山东通志，卷四，城池志
148		洪武十七年(1384)	灵州守御千户所（治所即今宁夏灵武县）	灵州守御千户所以故城为河水崩陷，唯遗西南一角，于故城北七里筑城。	嘉靖宁夏新志，卷3
149		洪武二十年(1387)	开封	河溢。（冲汴由安远门入，淹没官私廨宇甚众）。	道光河南通志，卷五，祥异
150		洪武二十二年(1389)	仪封县（治所在今山东兰考县东）	河没仪封，徙其治于白楼村。	明史·河渠志
151		洪武二十八年(1395)	德州（治所在今山东德州市）	二十八年八月，德州大水，坏城垣。	明史·五行志
152		洪武三十年(1397)	开封	八月决开封，城三面受水，诏改作仓库于荥阳高阜，以备不虞。	明史·河渠志
153		建文元年（1399）	开封	冲塌土城，水从村丘门流入里城，官廨民庐淹没倾圮，而城内之水久积不涸。	汴京遗迹志，卷5，河渠
154		永乐二年（1404）	开封	九月，河决开封，坏城。	明史·五行志
155		永乐七年（1409）	陈州（治所在今河南淮阳县）	正月，陈州卫言河水冲决城垣三百七十六丈，护城堤岸二千余丈。	道光河南通志，卷十三，河防考
156		永乐八年（1410）	开封	秋，河决开封，坏城二百余丈，民被患者万四千余户，没田七千五百余顷。	明史·河渠志
157		永乐十二年(1414)	开封	八月辛亥，黄河溢，坏河南土城二百余丈。	明太宗实录
158		永乐二十二年(1424)	振武卫（治所在今山西代县）	三月，赣州、振武二卫雨水坏城。	明史·五行志
159		宣德三年（1428）	灵州千户所	以河患，徙灵州千户所于城东。	明史·河渠志
160				灵州城淹于河水，又去旧城东五里筑之。	嘉靖宁夏新志，卷3
161		正统九年（1444）	卫辉卫、开封卫、怀庆卫、彰德卫	（闰七月），河南山水灌卫河，没卫辉、开封、怀庆、彰德民舍，坏卫所城。	明史·五行志
162		正统十年（1445）	延安卫	七月，延安卫大水，坏护城河堤。	明史·五行志
163		正统十三年(1448)	大名	六月，大名河决，淹三百余里，坏庐舍二万座，死者千余人。	明史·五行志
164		正统十四年(1449)	濮州（治所在今山东鄄城县北，旧城东）	濮州城：旧治鄄城，即唐之濮州也。明正统末城圮于河。景泰三年知州毛晟徙治于此。	乾隆山东通志，卷四，城池志
165		景泰三年（1452）	原武县（治所在今河南原阳县西）	四月迁原武县。（先是河决治城俱沦没。古卷县址去旧治十余里，地颇高，故迁之。本《明景帝实录》）。	道光河南通志，卷十三，河防考
166		景泰间(1450 ~ 1457)	西华县（治所在今河南西华县）	时河南水患方甚，原武、西华皆迁县治以避水。	明史·河渠志
167		天顺五年（1461）	开封	七月，河决汴梁土城，又决砖城，城中水丈余，坏官民舍过半。周王府宫人及诸守土官皆乘筏以避，军民溺死无算，襄城亦决县城。	明史·五行志

续表

序号	朝代	年份	受灾城市	水灾情况	资料来源
168	明	成化九年(1473)	卫辉府（治所在今河南汲县）	成化九年圮于水。	古今图书集成·方舆汇编·职方典·城池
169		成化十四年(1478)	开封	九月癸亥，黄河水溢，冲决开封府护城堤五十丈，居民被灾者五百余家。	明宪宗实录
170		成化十五年(1479)	荥泽县（治所在今河南荥阳市）	正月迁荥泽县治以避水。	明史·河渠志
171		成化十八年(1482)	卫辉府（治所在今河南汲县）	十八年又圮于水。	古今图书集成·方舆汇编·职方典·城池
172			怀庆府（治所即今河南沁阳县）	七月霖雨大作，沁河暴涨，决堤毁郡城，摧房垣，漂人畜不可胜计。	怀庆府志
173				怀庆等府、宣武等卫所塌城垣一千一百八十八丈……民居房屋共三十一万四千间有奇，淹死者一万一千八百五十七。 沁河有“大水围困九女台40多天”的传说。九女台位于阳城县沁河河头村以下10km处，为矗立于沁河河府内一孤丘，台高约30m，通过一道石梁与左岸相连，台上建有庙宇。在庙门迎面的崖壁上有“成化十八年河水至此”的题刻，刻字高程464.78m（大沽基面），高出河底23.7m，比1895年洪水（近百年最大）位高14.5m，据考证，1482年洪水至少是近500年以来的最大洪水。	骆承政，乐嘉祥主编．中国大洪水——灾害性洪水述要：142–144
174			河南府（治所在今洛阳市），怀庆府（治所在今河南沁阳县）	十八年，河南、怀庆诸府，夏秋淫雨三月，塌城垣千一百八十余丈，漂公署、坛庙、民居三十一万四千间有奇，淹死一万一千八百余人。	明史·五行志
175		弘治二年(1489)	开封	五月，河决开封及金龙口，入张秋运河，又决埽头五所入沁，郡邑多被害，汴梁尤甚，议者至请迁开封城以避其患。	明史·五行志
176		弘治四年(1491)	曹州	秋八月，城南七里黄家口河溢，水浸州城。	光绪菏泽县志，卷3，山水
177		弘治十一年(1498)	泽州（治所在今山西晋城县）	弘治十一年，泽州大水，河圮北城。	山西通志
178		弘治十五年(1502)	商丘县	商丘旧治在南，弘治十五年圮于河。	明史·地理志
179		弘治十六年(1503)	榆林卫（治所即今陕西榆林县）	十六年五月，榆林大风雨，毁子城垣，移垣洞于其南五十步。	明史·五行志
180		正德二年(1507)	荣河县（治所即今山西万荣县西南宝鼎）	河水败西北隅。	乾隆蒲州府志，卷4，城池
181		正德三年(1508)	寄岚州（治所在今山西寄岚县），太谷县	正德三年六月，寄岚州、太谷大水坏城垣，漂溺居民千余人。	山西通志
182		正德四年(1509)	丰城县	六月，……决黄陵岗，家军口，曹、单田庐多没，至围丰城县城郭，两岸阔百余里。	明史·河渠志

续表

序号	朝代	年份	受灾城市	水灾情况	资料来源
183	明	正德六年(1511)	定陶县（治所在今山东定陶县）	六年六月，汜水暴涨，溺死七十六人，毁城垣百七十余堵。	明史·五行志
184			赵州（治所在今山西赵城县）	夏六月，赵城大水，城东北大水，波涛汹涌，城不浸者三版。	山西通志
185		正德十一年(1516)	城武县（治所即今山东成武县）	月辛卯，黄河决，冲没城武县。	明武宗实录
186		正德十二年(1517)	城武县（治所在今山东单县南）	河溢，城武县坏城郭、田庐。	乾隆曹州府志，卷5，河防
187		正德十四年(1519)	城武县、单县（治所在今山东单县南）	城武：正德十四年五月因河决改迁。 单：旧城在南、正德十四年五月因河决改迁。	明史·地理志
188		嘉靖五年(1526)	丰县（治所即今江苏丰县）	河之出飞云桥者漫而北，淤数十里，河水没丰县，徙治避之。	明史·河渠志
189			单县	单县城：鲁单父邑。旧城半圮于河。明嘉靖五年巡抚王尧封徙筑城北，以旧城北墙为南面，甃以砖石。	乾隆山东通志，卷四，城池志
190		嘉靖八年(1529)	沛县	沛大水，舟行入市，平地沙淤数尺。	同治徐州府志，卷5，祥异
191		嘉靖间	孟津县（治所在今河南孟津县东），夏邑县（治所在今河南夏邑县），五河县，蒙城县（治所即今安徽蒙城县）	先是，河决丰县，迁县治于华山，久之始复其故治。河决孟津、夏邑，皆迁其城。及野鸡冈之决也，凤阳沿淮州县多水患，乃仪徙五河、蒙城避之。而临淮当祖陵形胜不可徙，乃用巡按御史贾太亨言，敕河抚二臣亟浚砀山河道，引入二洪，以杀南注之势。	明史·河渠志
192		嘉靖十三年(1534)	商丘	嘉靖十三年，黄河溢三日，水入城门，冲没人畜田产不可胜纪。	山西通志
193		嘉靖十五年(1536)	临晋县（治所在今山西临猗县西南）	六月，临晋大水。七月七日，大雨如注，平地横流，两河没涨，圮城署，漂溺人畜田产甚众。	山西通志
194		嘉靖十九年(1540)	临县（治所在今山西临县）	八月，临县大水，自东山至城下，并无岸迹，约高数丈，城内水与城齐，漂没居民器物无数。后南城角坏，泻之而出。	山西通志
195		嘉靖二十六年(1547)	曹县（治所在今山东曹县）	秋，河决曹县，水入城二尺，人溺死者众。	乾隆曹州府志，卷10，灾祥
196		嘉靖二十六年(1547)	城武县	河决，城坏。	乾隆曹州府志，卷3，城池
197		嘉靖二十七年(1548)	汧阳（治所在今陕西千阳县）	二十七年正月，汧阳大水没城。	明史·五行志
198		嘉靖二十八年(1549)	庆阳府（治所在今甘肃庆阳县）	七月，庆阳大水，夹河两岸二百里许庐舍货市尽成沙碛，溺死者万余人。	陕西通志
199			萧县	萧水围城，四门俱塞。	同治徐州府志，卷5，祥异
200		嘉靖三十二年(1553)	兴县（治所即今山西兴县）	兴县大水，摧城西南角。	山西通志

续表

序号	朝代	年份	受灾城市	水灾情况	资料来源
201	明	嘉靖三十三年（1554）	静乐县（治所即今山西静乐县）	静乐大水，碾水大涨，冲决城垣民居河堤。	山西通志
202			曹州府（治所在今山东菏泽县）	以大雨，城楼雉堞俱倾圮。	乾隆曹州府志，卷3，城池
203		嘉靖三十四年（1555）	荣河县（治所在今山西万荣县西南宝鼎）	荣河黄河溢，泛涨至城下，漂没禾稼。	山西通志
204		嘉靖三十六年（1557）	曹县	河决原武，湮曹县城。	乾隆曹州府志，卷5，河防
205		嘉靖三十八年（1559）	大庆关（在今陕西大荔县朝邑镇东黄河上）	黄河泛滥，分为三道，围大庆关于中，没民居过半。	乾隆蒲州府志，卷23，事纪
206		嘉靖四十一年（1562）	砀山县	河溢，旧治没于水，迁小神集。	同治徐州府志，卷16，建置考
207		隆庆间（1567～1572）	卫辉府（治所在今河南汲县）	隆庆年，又圮于水。	古今图书集成·方舆汇编·职方典·城池
208		隆庆三年（1569）	睢宁县	圮于水。	同治徐州府志，卷16，建置考
209		隆庆四年（1570）	蒲州府（治所在今山西永济县西南蒲州镇）	黄河溢入蒲州城西门，徙河道而西，移大庆关于河东。	乾隆蒲州府志，卷23，事纪
210			万荣县	万荣县黄河泛溢，水入城，漂没禾稼人畜。	黄河水利史述要．第一版．北京：水利出版社，1982：126
211			清涧县（治所即今陕西清涧县）	六月，清涧县夜雨水涨，冲南门，淹坏居民数万家。华阴河溢数丈，流没人民，涂尸遍野。	陕西通志
212			沛县	秋，沛大水入市。	同治徐州府志，卷5，祥异
213		隆庆五年（1571）	徐州	九月六日，水决州城西门，倾屋舍，溺死人民甚多。	同治徐州府志，卷5，祥异
214		万历二年（1574）	山阳县、清河县、安东县、盐城县	河淮并溢，漂荡山、清、安、盐等邑官民庐舍一万二千五百余间。	康熙淮安府志
215			徐州、萧县	是年，大水坏州城，四门俱塞。萧城南门内成巨浸。	同治徐州府志，卷5，祥异
216		万历四年（1576）	宿迁县（治所在今江苏宿迁市东南旧黄河故道南岸）	河流啮宿迁城，帝从桂芳请，迁县治，筑土城避之。	明史·河渠志
217			睢宁县（治所即今江苏睢宁县）	八月河决，自徐州上游梨林铺直抵睢宁县治，水深丈余。	康熙淮安府志
218		万历五年（1577）	萧县	夏，大水溃没。知县伍维翰迁城于三台山麓。	同治徐州府志，卷16，建置考
219		万历七年（1579）	赵城（治所在今山西洪洞县北赵城）	秋七月，赵城汾水溢，啮城西隅。	山西通志

续表

序号	朝代	年份	受灾城市	水灾情况	资料来源
220	明	万历十八年(1590)	徐州（治所即今江苏徐州市）	大溢，徐州水积城中者逾年。众议迁城改河。季驯浚魁山支河以通之，起苏伯湖至小间口，积水乃消。	明史 · 河渠志
221		万历十九年(1591)	泗州	九月，泗州大水，州治淹三尺，居民沉溺十九，侵及祖陵。 九月，淮水溢泗州，高于城壕，因塞水关以防内灌。于是城中积水不泄，居民十九淹没，侵及祖陵。	明史 · 河渠志
222		万历二十一年(1593)	邳城（治所即今江苏睢宁县西北古邳镇）	五月大雨，河决单县黄堌口……邳城陷水中。	明史 · 河渠志
223		万历二十二年(1594)	泗州	湖堤尽筑塞，而黄水大涨，清口沙垫，淮水不能东下，于是挟上源阜陵诸湖与山溪之水，暴侵祖陵，泗城淹没。	明史 · 河渠志
224		万历三十一年(1603)	丰县	五月，河决沛县，四铺口太行堤，灌昭阳湖入夏镇，横冲运道，丰县被浸。	同治徐州府志，卷5，祥异
225		万历三十二年(1604)	沛县	是年，沛亦大水，陷城。	同治徐州府志，卷5，祥异
226		万历三十三年(1605)	介休（治所即今山西介休县）	介休大水，绵山水涨，夜半泛流，深丈余，自南门入，出北门，居民多被害。……汾水徙东文水东，民多灾。	山西通志
227		万历三十五年(1607)	卫辉府（治所在今河南汲县）	万历丁未，天偶霪雨四十余日，城垣颓敝几尽。	古今图书集成 · 方舆汇编 · 职方典 · 城池
228		天启元年(1621)	淮安府（治所在今江苏淮安市）	时淮安霪雨连旬，黄、淮暴涨数尺，而山阳里外河及清河决口汇成巨浸，水灌淮城，民蚁城以居，舟行街市。	明史 · 河渠志
229			徐州	六月，徐州大雨七日夜，城内水深数尺，坏民屋千余。	同治徐州府志，卷5，祥异
230		天启二年(1622)	灵州	壬戌河大决，（灵州）居民累夜惊，议他徙。（明河东道张九德力排徙城之议，令以石筑堤，即用丁坝挑流与顺坝护岸相结合的方法，挑大溜行于故道，达到保城安民之目的。）	乾隆宁夏府志，卷19（卢焕章．宁夏黄河的河道变迁）
231			睢宁	大水，城颓几半。	同治徐州府志，卷16，建置考
232		天启三年(1623)	吕梁城（在今徐州市东南）	三年，决徐州青田大龙口，徐、邳、灵、睢河并淤，吕梁城南隅陷，沙高平地丈许，双沟决口亦满，上下百五十里悉成平陆。	明史 · 河渠志
233		天启四年(1624)	徐州	六月，决徐州魁山堤，东北灌州城，城中水深一丈三尺，……徐民苦淹溺，议集资迁城。给事中陆文献上徐城不可迁六议。而势不得已，遂迁州治于云龙。	明史 · 河渠志
234		崇祯二年(1629)	睢宁	四月，决睢宁，至七月中，城尽圮。总河侍郎李若星请迁城避之。	明史 · 河渠志

续表

序号	朝代	年份	受灾城市	水灾情况	资料来源
235	明	崇祯四年(1631)	兴化县（治所即今江苏兴化市），盐城县（治所即今江苏盐城市）	六月，黄淮交涨，海口壅塞，河决建义诸口，下灌兴化、盐城，水深二丈，村落尽湮没。	明史·河渠志
236	明	崇祯五年(1632)	垣曲县	垣曲霪雨四十余日，黄河溢，南城不没者数版。陕州：霪雨四十日，民屋倾坏大半。黄河涨溢至上河头街，河神庙淹没。	黄河水利史述要．第一版．北京：水利出版社，1982：27
237	明	崇祯十二年(1639)	荣河县（治所即今山西万荣县西南宝鼎）	知县王心正到筑西城于西门内，弃旧城于外。荣河志云：城东倚峨眉坡，土坚厚。西逼黄河，土杂沙硷。故城东高西低，西门近河，硷湿，城易崩颓也。	乾隆蒲州府志，卷四，城池
238	明	崇祯十五年(1642)	开封	九月，河决朱家寨，冲破汴城北门，由曹、宋二门而出，南入于涡。……士民溺死甚众，城俱圮。	道光河南通志，卷九，城池
239	明	崇祯十五年(1642)	开封	秋，九月，李自成围开封，河决，城陷。先是，开封城北十里枕黄河，至是，贼围城久，人相食。壬午夜，河决开封之朱家寨，溢城北，越数日，水大至灌城。……士民淹湮溺死者数十万人，城俱圮。	明史纪事本末，卷34
240	清	顺治元年(1644)	灵州	顺治初，灵州被水冲啮，同于河忠堡西岸挑沟，以分水势，后河竟东趋，将河忠堡隔于河东。	朔方道志
241	清	顺治五年(1648)	临漳县（治所即今河北临漳县）	临漳县城：……顺治五年河溢城圮。	道光河南通志，卷九，城池
242	清	顺治七年(1650)	范县	黄河荆隆口决，水灌城内，垣垛尽行倾圮。	乾隆曹州府志，卷3，城池
243	清	顺治七年(1650)	寿张县	寿张县城……顺治七年河决荆隆口，城坏。十七年知县陈璜增修。	乾隆山东通志，卷四，城池志
			东昌府	秋九月，河决荆隆口，溃金堤，冲槽河水入东昌城内西南角，房屋陷没。至十二年冬始消。	嘉庆东昌府志，卷三，五行
			范县	范县城：……顺治七年河决荆隆口，城复圮。康熙八年知县霍之琯重修。	乾隆山东通志，卷四，城池志
244	清	顺治九年(1652)	封丘县	决封丘大王庙，冲圮县城。	清史稿·河渠志
245	清	顺治十一年(1654)	卫辉府（治所在今河南汲县）	顺治十一年，大水入城，东尤洼下，知府李𫄷生、知县商民宗合地方公议，详请永塞东门。	古今图书集成·方舆汇编·职方典·城池
246	清	顺治十六年(1659)	睢宁县	霪雨，城坏。	同治徐州府志，卷16，建置考
247	清	康熙元年(1662)	周至县	三月至九月雨连绵不止，官署、民会、县城、乡堡皆圮，河水泛滥，沃壤化为巨浸。	骆承政，乐嘉祥主编．中国大洪水——灾害性洪水述要：145-146
248	清	康熙元年(1662)	蒲州府（治所在今山西永济县西南浦州镇）	是秋，蒲州大雨弥月，城垣半倾，坏桥梁民舍，山有崩处。	乾隆蒲州府志，卷23，事纪
249	清	康熙三年（1664）	偏关县（治所即今山西偏关县）	六月，偏关河水暴发，坏民舍甚多，城内水深丈余。	清史稿，卷40，灾异志

续表

序号	朝代	年份	受灾城市	水灾情况	资料来源
250	清	康熙七年(1668)	邳州	七月河决，邳州城陷于水。	同治徐州府志，卷5，祥异
251		康熙九年(1670)	清河县（治所在今江苏清江市西马头镇西北）	决曹县牛市屯，又决单县谯楼寺，灌清河县治。	清史稿·河渠志
252		康熙十一年(1672)	邳州	秋，河决，邳州城又陷。(行水金鉴)	同治徐州府志，卷5，祥异
253		康熙十四年(1675)	清河县	决徐州潘家塘、宿迁蔡家楼，又决睢宁花山坝，复灌清河治，民多流亡。	清史稿·河渠志
254		康熙十九年(1680)	丰县	五月，丰大雨，坏城堞、庐舍，平地成渠，民数千家露宿堤上。	同治徐州府志，卷5，祥异
255		康熙二十七年(1688)	高邮州（治所即今江苏高邮县）	(黄河)又决桃源黄家嘴，已塞复决，沿河州县悉受水患，清河冲没尤甚，三汊河以下水不没骭。黄河下游既阻，水势尽注洪泽湖，高邮水高几二丈，城门堵塞，乡民溺毙数万，遣官蠲赈。	清史稿·河渠志
256			邳州	六月，地震，河水泛滥，城沦于水。	同治徐州府志，卷16，建置考
257		康熙三十五年(1696)	徐州	秋，大霖雨，花山河溢，石狗湖涨，坏郡城东南庐舍。	同治徐州府志，卷5，祥异
258			荥泽县	大水，决(仪封)张家庄。河会丹、沁逼荥泽，徙治高阜。	清史稿·河渠志
259		康熙三十九年(1700)	睢宁县	河决，倾圮。	同治徐州府志，卷16，建置考
260		康熙六十年(1721)	范县	范县城：……六十年秋河复决灌城，几圮城。	乾隆山东通志，卷四，城池志
261		雍正五年(1727)	沛县	水决护城堤，城溢圮。	同治徐州府志，卷16，建置考
262				秋，清水套决淹护城堤，坏民庐舍，塞城门乃免。	民国沛县志，卷二，沿革纪事
263		雍正八年(1730)	邳州	大水灌城，北面圮。	同治徐州府志，卷16，建置考
264		乾隆元年(1736)	潼关县（治所在今陕西潼关县东北黄河南岸潼关）	六月十九日酉戌两时，天降骤雨，大水自城西流来，将潼关满城西南城墙冲倒四十四丈。	清代黄河流域洪涝档案史料．北京：中华书局，1993:133
265		乾隆四年(1739)	新渠县，宝丰县	宁夏奉裁之新渠，宝丰雨后水发，黄河泛溢围城，水深二三尺、四五尺不等。	清代黄河流域洪涝档案史料．北京：中华书局，1993：141
266			河南省43州县	豫省于本年六月十二、十三、十六(7月17、18、21日)等日大雨如注，昼夜不息，山水骤发，平地水深三四五尺不等，官署、城垣、仓库、监狱、墩台、营房、桥梁、堤岸、坛庙、驿号在倒塌，而居民房屋倒塌又多，……被水处所共四十三州县，受灾既广……	清代黄河流域洪涝档案史料．北京：中华书局，1993：150

续表

序号	朝代	年份	受灾城市	水灾情况	资料来源
267	清	乾隆十年(1745)	陇西县（治所即今甘肃陇西县）	据巩昌府陇西县知县……禀称，七月十五日（8月12日）戌时起，历亥子丑四时止，忽降猛雨，雷电交作，势如倾盆，山水汇发，城外西河一时暴涨漫溢，灌入水西关门洞，冲塌瓮城，将关外西河子、郭李吴家庄、鲜家堡、八蜡庙、中堡、董家河滩、朱家寺、泥家川、七里铺、二十里铺、张家楞一带濒河居民尽冲淹。……淹毙大小二百八十九口。	清代黄河流域洪涝档案史料．北京：中华书局，1993：161
268			闻喜县（治所即今山西闻喜县）	其闻喜县东、南、西三关厢冲坏房屋一千二百余间，淹毙二人，并倒塌营房墩台等处。	清代黄河流域洪涝档案史料．北京：中华书局，1993：163
269		乾隆十一年(1746)	狄道州（治所即今甘肃临洮县）	查兰州府属狄道州因其城西紧靠洮河，大溜汹涌，汕刷城根，已将西面城墙冲倒，势甚危险。……	清代黄河流域洪涝档案史料．北京：中华书局，1993：166
270			神木县（治所即今陕西神木县）	据榆林府属之神木县禀称，六月十六、七、八（8月2、3、4日）等日大雨如注，山水陡发，大河水高数丈，城内水深数尺，沿河低洼田地被淹，民房倒塌一百余间，城垣坍塌五段，口外冲来牛羊、驼只甚多，幸城内之水旋即消退，近河田亩积水俱已退泄等情。	清代黄河流域洪涝档案史料．北京：中华书局，1993：166
271		乾隆十四年(1749)	临晋县（治所在今山西临猗县西南临晋）	蒲州府属之临晋县，于四月三十日（6月14日），坡水陡发，冲入县城，坡水暴涨，水从北坡流下，约高丈余，冲至县城北门时已定更，黑夜忙迫水势迅疾堵御不及，水流入城，城内平地水高六七尺，四街约计倒塌民房百余家，北街淹毙男妇大小十余口，西街淹毙二口，东街淹毙一口，其县署、庙宇、正房尚好，两庑耳房俱有倒塌，次日（6月15日）水势渐退。	清代黄河流域洪涝档案史料．北京：中华书局，1993：182
272			耀州（治所即今陕西耀县），安塞县（治所在今陕西安塞县东南旧安塞），榆林县（治所在今陕西榆林县），清涧县	西安府属之耀州，延安府属之安塞、保安二县，榆林府属之榆林县，绥德州属之清涧县，并兴安州，有冲塌城墙、水洞、炮楼及道路堤岸之处。	清代黄河流域洪涝档案史料．北京：中华书局，1993：183
273			潼关厅（治所即今陕西潼关县东北黄河南岸潼关）	同州府属之潼关厅，有潼河一道，发源于商雒等县群山之中，穿城而过，流入黄河。七月初二日（8月14日），忽遇暴雨，诸山之水汇聚潼河，势甚涌涨，南北水门、城洞、桥座俱被冲塌，城河沙石填塞，两岸居民铺房，间有被水冲损者。	清代黄河流域洪涝档案史料．北京：中华书局，1993：184
274		乾隆十八年(1753)	红德城	环县红德城在县境之西北，傍山筑堡，当东西二川之冲。六月二十二日（7月22日）自午至亥大雨如注，山水陡发，东西两川合流汹涌，一时宣泄不及，冲塌东南隅城角及民房、火药局，淹毙救获兵民三名。	清代黄河流域洪涝档案史料．北京：中华书局，1993:193
275			安塞县（在今陕西安塞县东南旧安塞）	安塞县有北河一道，逼近城根，原被冲刷，向曾动项堆筑石湃，设立柳囤，以资防御……今于五月十四日、二十五日（7月3、14日），山溪并涨，不能分流，水溢坝顶，复遭冲决，裂进旧塌城台四丈有余，直逼仓署。	清代黄河流域洪涝档案史料．北京：中华书局，1993：203

续表

序号	朝代	年份	受灾城市	水灾情况	资料来源
276	清	乾隆十八年(1753)	济南府（治所即今山东济南市）	臣正在飞饬藩司委员查勘间，六月二十二日（8月10日）子时至辰时，又亥时至二十三日（8月11日）寅时，省城大雨如注，水满城河，兼千佛诸山之水陡发，以致东、西、南三关外，居民土房冲坍一千余间，人口、田禾幸无伤损。	清代黄河流域洪涝档案史料．北京：中华书局，1993：204
277	清	乾隆二十二年(1757)	封丘县（治所即今河南封丘县）	因六月内连日大雨倾注，兼之山水河流同时陡发……封丘则城中官署民房，仓廒监狱，悉被水淹。因势处低洼，水无消路，业经……勘明，应于城下挖开涵洞，城外开沟引水入河。	清代黄河流域洪涝档案史料．北京：中华书局，1993：215
278	清	乾隆二十四年(1759)	金塔寺堡（在今甘肃金塔县东南），山丹县（治所即今甘肃山丹县）	十九、二十（9月10、11日）等日高台、临水河亦经发水，民屯田地间有被淹之处，肃镇所属之金塔寺地方城垣亦有冲坏。山丹县南城关厢，上年（1759年）夏间被暴水冲坏。	清代黄河流域洪涝档案史料．北京：中华书局，1993：223
279	清	乾隆二十五年(1760)	横城小堡	宁夏府属之灵州黄河西岸建有横城小堡，历年久远，设有都司一员，额兵二百一十余名驻扎，其地连居民及五百户，迤北里许修筑暗门一座，依时启闭，系蒙古民人交易之区，亦属临边要隘…… 横城小堡堤岸逼近黄河，因沙土浮松，以致冲崩……数日以来，黄流湍激，冲刷益甚，堡城西南距水面仅有二丈，后埽未下，前埽已去，虽有人力竟无所措……五月二十八日（7月10日），西南角楼渐就坍塌，城垣倒累计长二丈有余。	清代黄河流域洪涝档案史料．北京：中华书局，1993：225
280	清	乾隆二十五年(1760)	耀州	耀州为沿边赴省之通衢，亟应修葺……缘漆沮二水环抱州城，乾隆二十五年（1760年）川流陡涨，冲刷城根，西南倾圮一处。	清代黄河流域洪涝档案史料．北京：中华书局，1993：226
281	清	乾隆二十六年(1761)	汜水县，沁阳县，济源县(治所即今河南济源县)	七月十六日洛河水溢，南至望城岗，北至华藏寺，庙前水深丈余；汜水县山水暴涨，猝不及防，冲塌城垣衙署，淹没田地；沁阳县众山水奔腾汇流，城北丹、沁两河并涨，泱北门入城；济源泷、洪各水亦泛滥出，皆注于郡城下，四面巨浸，淹没军民庐舍，漂没人畜以万计。	李润田主编．河南自然灾害．郑州：河南教育出版社，1994：32
282	清	乾隆二十六年(1761)	垣曲县	秋，大雨四昼夜，两川皆溢，城垣尽圮。	垣曲县志
283	清	乾隆二十六年(1761)	曹县(治所即今山东曹县)	臣查黄河北岸十四堡、二十堡，于七月十九日（8月18日）先后漫口，水势直趋曹县城下。二十日（8月19日）已刻黄水奔腾灌注，将西门冲开，城内水陡长丈余，衙署民房半皆坍塌，四乡亦在淹浸。	清代黄河流域洪涝档案史料．北京：中华书局，1993：232
284	清	乾隆二十六年(1761)	垣曲县	垣曲县城垣于乾隆二十六年（1761年）七月（7月31日–8月29日）间，因雨水过多，以致坍塌六百六十五丈。	清代黄河流域洪涝档案史料．北京：中华书局，1993：233

续表

序号	朝代	年份	受灾城市	水灾情况	资料来源
285	清	乾隆二十六年(1761)	怀庆府	七月十二、十三（8月11、12日）等日，连得密雨，本无妨碍，忽于十四至十六（8月13、15日）等日，昼夜大雨如注，连绵不息，奴才驻扎之怀庆府地方，平地水深四、五尺。丹沁两河同时异涨，加以众山水奔腾齐下，奴才飞同怀庆府知府……夫役人等，昼夜防护，于十六日晚间，水势汹涌，长高一二丈，漫溢民埝，直抵县关内外，至十八日（8月17日）早水势方定。城关街道低处水深一丈二、三尺，高处五、六尺，现在已消退，尚有积七、八尺至二、三尺不等。所有城池、仓库、官衙、民房俱被淹浸。而城墙被水，初则流涮，继则浸泡，凡经四五日，是以周围倒塌共二十一处。被泡根软下塌者六处，其余裂缝鼓肚者甚多。西北两门内城楼并圈洞亦俱倒坏。关厢并各村庄，倒塌冲坏民房共六万九千八百余间，倒塌兵丁居住官盖营房共二百四十七间。彼时民间原因大水猝至……统查城关内外并各村庄，淹毙男女民人大小共一千三百七十余名口外，驻守兵丁一十四名。	清代黄河流域洪涝档案史料．北京：中华书局，1993：233-234
286	清	乾隆二十六年(1761)	汜水县，汲县，兰阳县，武陟县	再汜水县禀报，七月十六、七（8月15、16日）山水暴涨，猝不及防，冲坍城垣衙署民房，淹没田地，幸仓库尚属无虞。汲县禀报，七月十八日(8月17日)，卫河水涨，漫溢入城，民田庐舍多有淹浸。兰阳县于二十三日申刻禀报，十八日河水异涨，漫溢过堤，水势汹涌，平地水深八九尺至一丈五、六尺不等，十九日午时城垣坍塌，水涌入城，衙署、仓库、监狱以及城乡庐舍俱被淹浸倒塌，人口亦多伤损，田禾淹没，现在扎筏援救。十六、七等日沁黄并涨，武陟县城水深漫溢，民房衙署倒塌甚多，现在率县救护。	清代黄河流域洪涝档案史料．北京：中华书局，1993：236
287	清	乾隆二十六年(1761)	开封	伏查河水日夜漫涨，一时宣泄不及，时和驿距省仅十五里，省城周围二十余里，四面皆高，形如釜底，虽有护城老堤，年久残缺，原不足恃。二十日、二十一日（8月19、20日），水势渐逼省城。臣与司道及城守尉文武大小官员，熟筹如何筑坝填土，以防紧水冲刷……以期保护阖城民居庐舍。……现在水势，据祥符县查禀，一由时和驿漫堤，溢至北门迤东入城濠，顺流而下；一由中牟县杨桥大坝漫溢过水，自祥符西路苏家堽等村顺流东来，拥住西门；一由店李口入惠济河，因水势急骤，下流不及，漫出芦花堽小堤，直趋南门。 又下由兰阳头堡漫堤过水，流入祥符丁家庄等处，溢至大东门。又由小东门顺汇趋南门。此时南门最险，东西门次之。北门次之。渐次浸流城下一、二尺至五、六尺不等。…… 臣督率……已将五门堵塞……惟两水门低洼有倒流之水入城，现在设法竭力截堵。	清代黄河流域洪涝档案史料．北京：中华书局，1993：235

续表

序号	朝代	年份	受灾城市	水灾情况	资料来源
288	清	乾隆二十六年(1761)	兰阳县，汜水县，河内县，睢州，临潼县，汲县，武陟县，原武县，偃师县，巩县	刘统勋等奏。 查此次豫省被灾各处，其水冲入城者共十州县，内有骤涨势猛堵闭不及者，有冲决直过而不至全损者，有虽入城而预知趋躲不至淹毙人口者，是以轻重不同。惟怀庆府之河内县为最重。缘丹沁陡长，一时被冲，以致在城瓦草房倒塌二万八千八百余间，各乡村瓦草房倒塌四万九百余间，此镇臣……所奏六万九千余间，淹毙人口一千三百余人，合郡城而计，实有此数。……此外州县均水未入城，而被灾较重者十七州县，稍轻者十六州县，勘不成灾者十一州县皆不至如怀庆之甚，业已按其轻重加之抚恤，陆续报竣。…… 被水冲城十州县：兰阳县、汜水县、睢州、临漳县、河内县、武陟县、原武县、偃师县、巩县、汲县。	清代黄河流域洪涝档案史料．北京：中华书局，1993：239
289	清	乾隆二十六年(1761)	曹县	七月十九日(8月18日)黄水异常猝涨，人力难施，曹仪厅安陵汛十四堡、二十堡大堤先后漫溢等情。三十日接署曹县知县……禀报，十九日黄河漫溢，水往北泄，二十日（8月19日）直灌城根，该县率同典史等管竭力堵御，奈水势猛射，至午刻冲入城内，一时水深丈余，府县衙门、仓廒、监狱多被泡倒……民房倒塌十分之七八，城外四面一片汪洋。二十一日（8月20日）水势渐杀。	清代黄河流域洪涝档案史料．北京：中华书局，1993：242
290	清	乾隆二十六年(1761)	城武县	城武一县系曹县十四堡下游，地本低洼，相距程途又只有百里，该处与二十堡堤工据报于七月十九日午刻同时漫溢，水势合流，奔腾下注，至二十日戌时直抵县城北门，水头汹涌、人力莫御，城楼致被冲塌。	清代黄河流域洪涝档案史料．北京：中华书局，1993：248
291	清	乾隆三十一年(1766)	泾州（治所即今甘肃泾川县）	泾州……西南城角，紧对合子沟河。因乾隆三十一年（1766年），山水泛涨，冲刷城根，以致城身微有损坏。	清代黄河流域洪涝档案史料．北京：中华书局，1993：258
292	清	乾隆三十一年(1766)	济南	[乾隆三十三年五月二十四日山东巡抚富尼汉奏] 臣到任后，巡阅省会城垣，多有坍塌臌裂之处。检查旧案，缘乾隆三十、三十一（1765、1766年）两年夏秋雨水过多，致有冲陷。	清代黄河流域洪涝档案史料．北京：中华书局，1993：258页
293	清	乾隆三十一年(1766)	肃州（治所即今甘肃酒泉县）	八月初三日（9月6日）夜风雨大作，文殊观音二山日水势陡发，直至南门外，其城外男妇见水猝至避入城内，淹毙人口查有二名，水过之处僧舍、民房、田亩致有被淹，高阜之区尚无妨碍。	清代黄河流域洪涝档案史料．北京：中华书局，1993：261
294	清	乾隆三十二年(1767)	历城，长清，济阳，泰安，阳谷，嘉祥，东阿，肥城，巨野，滋阳，昌邑	[乾隆三十三年二月初七日护理山东巡抚梁翥鸿奏] 历城、长清、济阳、泰安、阳谷、嘉祥、东阿、肥城、巨野、滋阳、昌邑等十一处，因乾隆三十一、二等年（1766、1767年）夏秋雨水过多，俱有（城垣）坍塌之处。	清代黄河流域洪涝档案史料．北京：中华书局，1993：266
295	清	乾隆三十四年(1769)	安塞县	[十一月十二日陕西巡抚文绶奏] 延安府属之安塞县城垣，前因北河水发，将北城冲圮无存。……北河之水，发源于靖边县之卢关岭，奔腾挟土而来，因旧城在山脚之处，正当顶冲，将城基北垣及旧时所筑土石堤岸，俱被冲刷。	清代黄河流域洪涝档案史料．北京：中华书局，1993：274

续表

序号	朝代	年份	受灾城市	水灾情况	资料来源
296	清	乾隆三十四年(1769)	东平州	惟东平州一处地势最洼，上游莱芜、泰安一带山水骤发，汶河溢岸，奔腾水势直冲戴村坝，建瓴北注，回绕州城，关厢民居多有坍塌。该州适因修理，城垣西南一隅正在清理基址，水穿旧城缺口灌入。七月初四日午后，城内水深丈余，民间土草房屋坍塌颇多。该州常平仓廒冲坍三座，水浸二座，除抢捞晒晾可用谷石外，实在漂失谷三千五百六十一石零。又东平所守御千总与东平州衙署同在州城，房屋俱已坍塌。该所仓廒四座，俱被水冲，除抢捞晒晾可用谷石外，实在漂失谷一千八百八十二石零。其余坛庙、祠宇、料房、养济院等房屋亦多有坍塌。城外西北一带为大清河北注之路，水势向西北倾注，村庄地亩亦多受淹。	清代黄河流域洪涝档案史料．北京：中华书局，1993：275
297	清	乾隆三十八年(1773)	绥远城厅（治所在今内蒙古呼和浩特市东城区），归化城厅（治所在今呼和浩特市西城区）	[六月十四日署理山西巡抚印务陕西巡抚觉罗巴延三奏] 六月初十日据归绥道……归化城同知……禀报，五月二十七、八（7月16、17日）等日，雨势过急，山水陡发，一时宣泄不及，汇注绥远、归化二城，积水一、二尺不等，幸于三十日（7月19日）天气晴朗，水势渐退。	清代黄河流域洪涝档案史料．北京：中华书局，1993：300
298	清	乾隆四十年(1775)	河津县（治所即今山西河津县）	八月，河津汾水溢，近城高数尺，次日退。	清史稿，卷40，灾异志
299	清	乾隆四十三年(1778)	石泉县，洋县，雒南，镇安，宜君，咸宁，长安	[乾隆四十四年十一月十九日陕西巡抚毕沅奏] 从前奏明石泉县停修城垣一座，又上年（1778年）洋县、雒南、镇安、宜君四处城垣有被雨淋坍卸处所，已于今春补修完竣。 又咸宁、长安省会城垣一座，多有鼓裂剥损之处，上年因夏秋以后雨水连绵，难以动工，……	清代黄河流域洪涝档案史料．北京：中华书局，1993：313
300	清	乾隆四十六年(1781)	沛县	青龙岗河决，城尽没，迁治栖山。	同治徐州府志，卷16，建置考
301	清	乾隆五十年(1785)	府谷县	[乾隆五十一年九月十八日陕西巡抚永保奏] 榆林府属府谷县城垣于乾隆十一年（1746年）动项兴修，至五十年（1785年）八月（9月）内，因秋雨连绵坍塌四段，共计长五十五丈三尺六寸。	清代黄河流域洪涝档案史料．北京：中华书局，1993：331
302	清	乾隆五十年(1785)	朝邑县（治所即今陕西大荔县东南朝邑镇）	同州府属朝邑县，于七月十八日（8月22日）黄河骤长，冲入县城，濒河村庄多被淹没。……查得城内人口无伤，而房屋多有坍塌，乡村则田庐人畜多有损伤。统计城乡五十九处，冲塌房屋一万九千四百二十八间，淹毙男妇大小二百五十二口，现在乏食贫民六千九百七户，大小三万六千五百三十余口，牲畜亦有损伤，田禾尽被淹没。其中被灾极重者二十五村庄，次重者二十二村庄，又次者十二村庄，现已照例散给抚恤。……	清代黄河流域洪涝档案史料．北京：中华书局，1993：333
303	清	乾隆五十三年(1788)	胶州（治所即今山东胶州）	缘该州城外诸河环绕，向逢盛雨悉归西关外之三里河及南关外之墨河、云溪河东流入海。六月十六日（7月19日）雨势过骤，诸坡之水一时奔注，又值海潮顶阻不能宣泄，以致漫及城关，计冲塌民房六百六十余户。	清代黄河流域洪涝档案史料．北京：中华书局，1993：313

续表

序号	朝代	年份	受灾城市	水灾情况	资料来源
304	清	乾隆五十四年（1789）	肤施县（治所即今陕西延安市）	［乾隆五十六年九月十二日陕西巡抚秦承恩奏］延安府首县肤施县城垣及东门外护城石堤一道，均系乾隆五年（1740年）动项重修。乾隆五十二（1787年）、五十四（1789年）等年陆续被水冲坍城身、瓮城、垛墙及石堤各段。	清代黄河流域洪涝档案史料．北京：中华书局，1993：342
305		乾隆五十五年（1790）	东昌府	［八月初二日河东河道总督李奉翰奏附片］七月三十日据该道禀报，东昌府城南坡水于七月二十三日（9月1日）骤长甚大，水至城根，随将西南北三门堵筑坚实。惟西水门旋筑旋漫，水漾入城，无有居民先经迁移高处，尚无妨碍。	清代黄河流域洪涝档案史料．北京：中华书局，1993：347
306		乾隆五十七年（1792）	保德州（治所即今山西保德县）	［乾隆五十八年二月二十五日陕西巡抚蒋兆奎奏］考核志乘，保德州城垣系宋淳化年间，因林涛寨旧垣，随高削险建设山巅，与陕西府谷县城相对并峙，中隔黄河……乾隆五十年（1785年）七月间大雨滂沱，原设水洞一时宣泄不及，冲坍内外土胎，以致坍塌城墙七十六丈二尺并水洞土胎等工，于五十二年（1787年）经前升任知州……借资兴修。…… 兹于乾隆五十七年(1792年)六、七月间大雨时行，陆续将新旧城工及土城阳胎、土胎、水洞等共十一段冲塌，并连及州署后地基扯裂，随即逐段确勘。查得西北城枯井沟上，坍塌砖城二十二丈五尺；西城孙家沟上，城外坍塌水洞土胎长六丈八尺；真武庙前坍塌砖城七丈；西南城水门儿，坍塌阳胎长四丈二尺；西营坍塌砖城十七丈，该处地势尚可移进建筑，……以上五段系（前任知州）承修之工，并有相连扯塌旧城。……	清代黄河流域洪涝档案史料．北京：中华书局，1993：355
307		嘉庆元年（1796）	丰县，沛县	六月，丰汛六堡、高家庄河堤漫塌，掣溜北趋，一由丰县清水河入沛县，食城河，散漫而下；一由丰遥堤北赵河分注微山湖，开蔺家坝放入荆山桥河。丰、沛二县城内水深三、四、五尺不等。	民国沛县志，卷4，河防志
308		嘉庆二年（1797）	朝邑县（治所即今陕西大荔县东南朝邑镇）	［七月二十五日署理陕西布政使倭什布奏］七月二十四日据同州府属朝邑县知县……禀报，七月二十一日（9月11日）午刻河水盛涨，兼之东北风大作，水势汹涌，冲开堤口，幸城门未被冲开。城外沿河一带田庐俱被漫淹，人畜均无损伤。现在设法疏消积水。…… 查朝邑县城在黄河西岸，相距不过五里。前据该县禀报，七月十七日（9月7日）亥刻河水涨溢，漫至堤根，猝难消退等情。谕令沿河各村民预为防备，并多雇人培筑堤根，并将县城东北二门关闭堵塞，以防不虞。	清代黄河流域洪涝档案史料．北京：中华书局，1993：369
309		嘉庆五年（1800）	朝邑县	［嘉庆六年十一月初十日陕西巡抚陆为仁奏］朝邑县治于上年（1800年）七月内因黄河泛涨冲入城内，致将各官衙署、仓廒、监狱、养济院，并知县署内马号等处房屋，被水淹浸冲塌。…… 兹据布政使……查明，被水冲塌之知县衙署、常平仓廒、监狱、马号、养济院并典史衙署共房二百九十二间，又县衙前照壁一座及监狱围墙等工，均须拆卸重修。……确估共应需工料银五千八百一十六两九钱五分七厘零。	清代黄河流域洪涝档案史料．北京：中华书局，1993：378

续表

序号	朝代	年份	受灾城市	水灾情况	资料来源
310	清	嘉庆六年(1801)	禹城	六年春，禹城运河决，水至城下。	清史稿，卷40，灾异志
311			永昌县，古浪县，山丹县	[九月初十日陕甘总督长麟奏] 永昌、古浪、山丹等三县被冲城垣边墙、鼓楼等工，……仍照成灾十分例优予赈济。	清代黄河流域洪涝档案史料．北京：中华书局，1993：381
312		嘉庆七年(1802)	托克托城（即今内蒙古托克托县）	[八月十九日伯麟奏] 八月十七日据托克托城理事通判……秉称，本月十一二（9月7、8日）等日，黄河水涨流入黑河，渐至漫溢……又于十八日续据该厅……秉称，十二日亥刻西风大作，黄河、黑河水势涌溢，诚恐横流入城，现将城内城外低处居民谕令移于高处人家暂住，狱中犯人移解和林格尔暂行监禁。	清代黄河流域洪涝档案史料．北京：中华书局，1993：383
313			孝义厅（治所在今陕西柞水县大山岔）	[八月初十日惠龄片] 据陕西布政使司……秉称：本年七月二十五、六、七（8月22、23、24日）等日，大雨如注，渭河陡涨，渭南、华县、华阴、潼关、朝邑、大荔等处，临河两岸秋禾多被淹浸，村堡民房间有坍塌。又，孝义厅城垣复被水冲，坍塌大半。	清代黄河流域洪涝档案史料．北京：中华书局，1993：384
314		嘉庆八年(1803)	兰州，阶州	[八月十二日惠龄奏] 查甘省入秋以来，雨水过多，兰州城外黄河涨高一丈八尺。…… 据兰州府禀报，所属之皋兰县西乡崔家崖、东滩、尹家滩等处，七月二十日（9月5号）河水泛涨，淹没秋禾地亩，冲塌房屋，现在积水未消。又，沙泥州判六月二十三及七月初三（8月10、19日）等日，被水冲裂东南城角两道，冲塌城身四丈八尺有余，又冲何家山民房一百四十七间，淹毙牛驴，等语。 又平凉府属之静宁州、甘州府属之张掖县、凉州府属之永昌县、秦州并所属之秦安县，阶州等各州县，具报山水陡发，民房衙署间被冲塌。阶州城垣堤岸亦被冲颓。	清代黄河流域洪涝档案史料．北京：中华书局，1993：388
315			封丘，阶州	封丘县城相距口门十八里，大溜由县东之五里许直趋正北，其时水势迅疾旁漾，倒漾围绕县城，冲塌南门五丈余，城内水深一二尺。该县……先因堤工危险，督同典史……预为积土，得以随时堵塞，城内水归低洼，于仓库、监狱尚无妨碍。居民早已迁避高处，并无损伤。现在城外水势渐落，民心安定。	清代黄河流域洪涝档案史料．北京：中华书局，1993：391
316		嘉庆八年(1803)	长垣县，东明县	[九月二十一日颜检奏] 据长垣县禀称，上游水势汹涌，直抵县城，深至四、五、六、七尺不等，四乡麦田俱被淹漫，房屋冲坏亦多。其被水居民或迁移高阜栖止，或至城内寄居，俱已妥为安顿。惟水围四面，其被水村庄轻重情形及堤工有无冲塌，须俟水势稍退始能查办。 又据东明县……禀称，该县于本月十四号（10月29号）南关外猝有漫水，由西南直冲东北，浸入城根，现在水势漫流，民舍田庐伤损情形，俟查明续行具报。	清代黄河流域洪涝档案史料．北京：中华书局，1993：394

续表

序号	朝代	年份	受灾城市	水灾情况	资料来源
317	清	嘉庆十三年(1808)	陇西县（治所即今甘肃陇西县）	又据陇西县禀，西河水发，冲淹附郭村庄，并漫入西关城内。	清代黄河流域洪涝档案史料．北京：中华书局，1993：426
318			固原州，泾州，陇西县，宁远县，洮州厅，宁夏满城，西固州，崇信县，安化县，贵德厅	［嘉庆十五年八月初十日陕甘总督那彦成奏］本年五月，准工部咨奉旨事理粘单内开：嘉庆十三年（1808 年）甘肃咨报文内声明，固原州、泾州、陇西县、宁远县、洮州厅、宁夏满城、西固州、崇信县、安化县、贵德厅十处城垣被雨坍损，急应修理。	清代黄河流域洪涝档案史料．北京：中华书局，1993：427
319		嘉庆十五年(1810)	东平州（治所即今山东东平县）	又据泰安府知府……具禀，东平所汛段常仲口堤埝刷开及戴村坝漫溢，水逼州城。该府驰赴亲督……将刷开之堤堰，集夫赶筑坚固。查因该州山水涨发，水归大清、盐河行走，河道窄狭，不能容落，以致注逼州城。该署州当筑土坝保护，城内并未进水。现已疏导消落。……	清代黄河流域洪涝档案史料．北京：中华书局，1993：436
320			昌邑县（治所即今山东昌邑县）	［嘉庆十六年四月二十三日山东巡抚吉纶奏］昌邑县知县……嘉庆十三年（1808 年）十二月到任。十五年（1810 年）夏间，该县雨水较多，于六月二十日（7 月 21 日）夜又陡起狂风骤雨，将县仓丰平中正四号廒座冲塌。该员……当率丁役斗级赶紧抢护，因黑夜雨猛，人力难施，谷被淋湿。又值天阴无从晒晾，仓谷悉多霉变，以致坏谷五千八百四十八石四斗三升八合……又县城间有被雨冲塌。	清代黄河流域洪涝档案史料．北京：中华书局，1993：437
321		嘉庆十六年(1811)	汜水县	据开封府属汜水县知县……禀报，该县于初五日（7 月 24 日）二更时雷雨大作，山水陡发，城厢地势低洼，猝不及防，涨水由东南关冲开城门，浸灌入城，文庙、衙署及铺面民房俱水深五六尺不等。惟仓廒地势较高，并未经水……现在水已渐次消落，四乡均未被淹。	清代黄河流域洪涝档案史料．北京：中华书局，1993：441
322			阿克苏	［五月初六日阿克苏办事大臣范建丰奏］查阿克苏城地势低洼，内外俱系土房。自本年四月二十八、九、三十及五月初一（6 月 8、19、20、21 日）等日，忽晴忽雨，至初二日（6 月 22 日）寅时，大雨如注，山水涨发，不意戌时由城东塌坡沟内大水急流甚涌，从回城东门至商民大街先冲入本城东门。奴才闻报即亲身督率……加紧堵御，续有塌坡各沟猛水流至北城墙，冲开大洞一处，从仓房及奴才衙内涌出，又将西北城墙冲开一洞，从汉兵房后涌入，俱由南门流出，一时城内平地水深五尺有余，其势汹涌。……至初三日（6 月 23 日）寅时雨止，水势午后渐次退落。 奴才即查城内贮粮仓廒，已将两廒内贮粮石、米面俱已冲去，廒房坍塌。其余廒房虽尚未倒塌，但水亦入内，就地粮石亦有被漫。至银钱官库，亦被水入沙淤，所有存贮银钱绸缎，惟绸缎内浸湿宁绸二十四匹。奴才衙署及满汉印房、粮饷钱局、官兵住居房间，大半冲塌。满汉印房、粮饷局所存档案，亦间有被冲遗失，并被调到办公室纸张笔墨等物，亦多有湿损。满营官兵住房，全行冲倒。营内所存军械，俱被房塌倒压。……城	清代黄河流域洪涝档案史料．北京：中华书局，1993：443-444

续表

序号	朝代	年份	受灾城市	水灾情况	资料来源
322	清	嘉庆十六年(1811)	阿克苏	西绿营官兵住房，俱被冲倒。惟游击衙署并绿营军械库及西南营尚未被冲。至城外各商民铺面房间，多被冲塌，并有沙淤房间。现在刨挖淹毙民人三名、遣犯一名。近城回子住房亦有冲塌，淹毙回子三名。又查阿奇木伯克……带领大小伯克赴城堵水，行至回城西城外水势浩大，将七品伯克……连马被水冲倒漂淹……再查粮饷处库房，已不能存贮银钱绸缎等物，城内再无可以贮存房间，惟查阿奇木伯克……住处地势尚高，询问傍有闲房数间……是以奴才将银钱、绸缎等物，暂移该处存贮。	清代黄河流域洪涝档案史料．北京：中华书局，1993：453
323	清	嘉庆十八年(1813)	兰州	[(七月十六日后)陕甘总督那彦成片] 再（甘肃）省城西北镇远门外，建搭黄河浮桥一处，……嘉庆十三年（1808年）被水冲断，曾经奏明修建有案。兹据藩司转据皋兰县禀，本年七月十六日（8月11日）亥刻骤雨，黄河水涨，风狂浪急，致将浮桥冲断，所有船只、板片、架木、绳缆等项，全行漂流。……现在查明，上、下游两岸民田、庐舍尚无被冲处所。	清代黄河流域洪涝档案史料．北京：中华书局，1993：453
324	清	嘉庆十九年(1814)	宁陵县（治所即今河南宁陵县）	[六月初十日河南巡抚方受筹奏] 据陕州禀报，万锦滩黄河水势于五月二十五、七、八、九（7月12、14、15、16日）等日，陡长水九尺八寸。并据上游各厅俱报初一、二日（7月17、18日）长水六、七尺至八、九尺不等。……至口门盛涨之时，水势弥漫，倒漾睢州，直抵护城堤根，四面环绕，东北一带尤为吃重。其下游之宁陵县，四面本有积水，今复为分溜灌注，仅未入城，居民先已迁移高阜，尚无漂没。水由陈粮河直达商丘，至郡城堤外围绕，堤根结实，不致浸灌。并因水势骤涨，分注鹿邑、柘城，由亳州出境。以上五州县内睢州、商丘二处势甚吃重。幸新修护城堤工，先期催办完竣，水至堤根，赖以抵护，不致漫入城内。	清代黄河流域洪涝档案史料．北京：中华书局，1993：460
325	清	嘉庆二十三年(1818)	五台县	[十二月二十一日山西巡抚成格片] 再本年七月下旬（8月22～31日），雨水稍多。据保德州及宁武府属之偏关县前后禀报，山水骤发，秋田间有被淹，……秋收不无略减……又据保德州五台县禀报，秋雨连绵，城垣坍损。省城西门外汾河水涨，堤堰间被冲刷。	清代黄河流域洪涝档案史料．北京：中华书局，1993：476
326	清	嘉庆二十四年(1819)	汜水县	再据汜水县禀报，县城外山水陡发，淹及城厢。汜水县于六月十七日（8月7日）山水暴涨，汜河不能容纳，以致县城西南角被水冲塌二处，计坍卸二丈余尺、四丈余尺不等，坛庙、衙署、监狱、民房间有被水坍塌，人口并无损伤。仓廒地势较高，并未淹没。四乡民田庐舍亦未被淹。居民坍塌瓦房一百五十间，每间给与修费……草房八百九十二间，每间给与修费。	清代黄河流域洪涝档案史料．北京：中华书局，1993：488

续表

序号	朝代	年份	受灾城市	水灾情况	资料来源
327	清	嘉庆二十四年(1819)	兰阳县，仪封厅	再奴才查得兰阳汛漫口，日来溜势渐移，口门已有八分，其余溜二分由仪封三堡漫口东注，水渐平缓，下游旧河已经断流。……兰阳县城据报坍塌五十余丈，城内西南洼地水深七、八尺不等。该县衙署、监狱俱经坍塌，监犯已挪移寄禁。惟仓谷、文卷因一时抢捞不及，俱已漂没无存。仪封厅本无城垣，其衙署亦被水坍塌。……该两处居民已先期迁高阜，惟妇女幼孩间有损伤。	清代黄河流域洪涝档案史料．北京：中华书局，1993：506
328		道光元年(1821)	鄜州（治所即今陕西富县）	[六月二十五日陕西巡抚朱勋奏] 臣于本月二十三日接据署鄜州知州……禀报，该州滨临洛河，六月二十日（7月10日）戌刻河水陡发，将北门土城冲塌二十余丈，水势汹涌，直灌入城。自北门至南门，水深一丈三、四尺不等。所有衙署仓廒、监狱及庙宇民房等项，大半均被冲塌，仓粮亦多被淤泥淹浸。现在河水渐消，城内低洼之处，积水尚有五六尺不等。城内居民幸无损伤。	清代黄河流域洪涝档案史料．北京：中华书局，1993：521
329		道光二年(1822)	兴县	[六月十三日邱树棠奏] 兹据兴县知县……申报，该县地方于五月二十七日（7月15日）戌时大雨起，至二十八日（7月16日）夜间，山水陡发，冲塌东南角城垣约长三十余丈，连城根冲去，已成深坎。城外附近铺户、居民房屋连地基冲去三百八十四间，等情。	清代黄河流域洪涝档案史料．北京：中华书局，1993：529
330		道光四年(1824)	兴县	今据藩臬两司会称，兴县城垣北面靠山，南临蔚汾河，城之南面以石泊岸为城根地基，岸下系属河道。道光二年（1822年）五月二十七、八等日，连日大雨，山水陡发，冲塌东南隅城墙二十七丈五尺、泊岸五十一丈。委员撙节勘估，共估需工料银五千五百八十三两零；又挖挑汾河淤塞一百八十丈，估需银五百七十六两。……于上年（1823年）二月二十九日兴工，六月初六日工竣，……奏报验收在案。道光四年（1824年）七月十三日夜，狂风骤雨，山水陡发，将新修石泊岸南面冲塌三十一丈五尺。……兹据太原府详据委员岢岚州知州……禀称，遵即前往覆勘，原修泊岸五十一丈内，于七月十三日夜被冲三十一丈五尺，现存一十九丈五尺。逐细勘验，原修工程实在坚固，现有未冲泊岸可凭，委因是夜风雨狂骤，山水暴涨，汕刷冲崩，人力猝难防护。	清代黄河流域洪涝档案史料．北京：中华书局，1993：546
331		道光七年(1827)	秦州（治所在今甘肃天水市），平罗	秦州、平罗等处，被水冲淹城垣、房屋及人口、牲畜，为数无多，亦经各州县捐廉抚恤。	清代黄河流域洪涝档案史料．北京：中华书局，1993：560
332			孟县	[六月十三日河南巡抚程祖洛片]再闰五月初七八等日（6月30日、7月1日），大雨之际，怀庆府属之孟县，因紫金山一带山水陡发，与溴河同时并涨，宣泄不及，致将该县土城东北角冲缺一丈数尺，并东韩等二十九村庄民房亦间多被水坍塌。幸水势旋即消落，早晚秋禾均未受伤，亦无损伤人口。	清代黄河流域洪涝档案史料．北京：中华书局，1993：560

续表

序号	朝代	年份	受灾城市	水灾情况	资料来源
333	清	道光七年(1827)	卢氏县（治所即今河南卢氏县）	[七月二十三日程祖洛片] 再陕州属之卢氏县，地处万山之中，旧有土城，本属卑薄。本年六月二十三日（8月15日）大雨，山水陡发，致城东沙河向归洛河之水，一时宣泄不及，将土城东北角冲缺，漫水入城。儒学、衙署及祠宇墙垣被水冲刷，并冲塌民房一百五十余间。当即饬委河陕道……驰往确勘。据禀，是日漫水一过，仍归洛河，其被淹之处当时涸复，田禾、人口以及仓廒、监狱，均无损伤，坍塌民房业经该县捐廉抚恤。	清代黄河流域洪涝档案史料．北京：中华书局，1993：560
334		道光十五年(1835)	原武县	原武县先被雨水浸淹之城厢及寨里等四十六村庄……俱缓至十六年麦后，秋后分别启征。	清代黄河流域洪涝档案史料．北京：中华书局，1993：594
335		道光二十一年(1841)	开封	六月，决祥符，大溜全掣，水围省城。	清史稿·河渠志
336			定远，耀州，定边	[八月十六日（朱批）富呢扬阿片] 再定远、耀州、定边等厅州县，前于五六月（6月19日～8月16日）内，间被山河水涨，冲塌兵房、城垣及民居草房数处。查得水势不大，消退甚速。业经该地方官，捐廉安抚妥贴，毋庸查办。	清代黄河流域洪涝档案史料．北京：中华书局，1993：624
337			开封	[六月二十三日牛鉴奏] 黄河伏汛异常泛涨，致祥符上汛三十一堡于六月十六日（8月2号）滩水漫过堤顶，省城猝被水围，势甚危险，……十九日抵省，查得三十一堡滩水漫过堤顶处，正对省城，水势建瓴而下，冲破护城大堤，直抵城外，登时水高丈余。先经……将五城门全行堵闭。因西南地势最洼，漫水湍悍，南城门竟被冲漏，……竭力抢堵完固。……至城内积水，各街已深四、五、六尺不等。衙门及臬司府、县署俱皆被淹。惟藩司、粮道衙门未经淹及。……城外民舍，因猝不及防多被冲塌，人口多有损伤。余俱赶避入城，暂居城垛之上。城内民居被水者，亦多迁避高阜。 [七月初九日山东御史刘浔奏] 阅河南来信知六月十六日（8月2日）辰刻，祥符县所辖之张湾地方大堤冲决，省城被围，当即堵闭五门。惟南门未能堵好，是夜三更黄水由南门大城，直流三昼夜，至十九日方止。所有护城堤十里以内，人民淹毙过半，房屋倒坏无数，省城墙垣坍塌一半。……	清代黄河流域洪涝档案史料．北京：中华书局，1993：626-627
338		道光二十六年(1846)	卢氏县	[六月十六日河南巡抚鄂顺安奏] 卢氏县前因山水骤发，宣泄不及，漫洼城根，致将土城冲缺，浸灌入城，官民房屋间有冲塌。兹据查明，水已消涸，并经地方官捐资抚恤，……田禾均未损伤，亦毋庸调剂。	清代黄河流域洪涝档案史料．北京：中华书局，1993：642
339		道光二十七年(1847)	灵石县（治所即今山西灵石县）	又灵石县城内被水，其民间低处土房，并学宫、教场等处房屋，间有被冲塌卸，……城外沿河村庄田禾，并未被淹成灾。	清代黄河流域洪涝档案史料．北京：中华书局，1993：645

续表

序号	朝代	年份	受灾城市	水灾情况	资料来源
340	清	道光二十八年(1848)	博山县	[六月十二日徐泽醇奏] 前据博山县知县……详称，该县城垣建自前明，从未修葺。又紧贴西门外护城堤一道，滨临孝妇河，宽十数丈，南通青石关，为海疆出入要隘，葺东直达溜川六龙桥，水势汹涌，人力难施。旧建永济桥一座，旁筑石堤十余里，高丈余，近因桥梁、石堤俱被山水冲刷，行旅不便，居民受害，城垣亦多坍塌，必须筑修，以资保卫。	清代黄河流域洪涝档案史料．北京：中华书局，1993：648
341		咸丰元年(1851)	沛县	[闰八月初七日杨以增奏] ……行抵丰北兵三堡，督率道将厅营，勘得该处土性沙松，缉量口门已塌宽一百八十五丈，水深三四丈不等。……其漫口以下，委员乘舟查探。以沛县为顶冲，溜分两股，一由华山行走，一由戚山行走。自漫口以湖，远至百余里及八九十里不等，浊流散漫，渐即澄淤，由湖溢出者皆系清水。沛县……城内水深四五尺不等。	清代黄河流域洪涝档案史料．北京：中华书局，1993：661
				闰八月，河决丰县蟠龙集，沙淤没栖山县治，是年迁治夏镇。	民国沛县志，卷2，沿革纪事
			利津县	是年夏，黄水冲塌利津县城东南护城石坝，并冲开城垣一百余丈。	利津县志
342		咸丰五年(1855)	曹州府	铜瓦厢决口，菏泽县首当其冲，平地陡长水四、五尺，势甚汹涌，郡城四面一片汪洋，庐舍田禾，尽被淹没。	再续行水金鉴引山东河工成案
343		同治二年(1863)	菏泽县，开州，东明县，长垣县，濮州，范县，齐河县，利津县	山东菏泽县黄水已至护城堤下。直隶之开（州）、东（明）、长（垣）等邑，山东之濮（州）、范（县）等邑，每遇黄水出槽，必多漫溢，而东明、濮州、范县、齐河、利津等处水皆靠城走，尤为可虑。	再续行水金鉴引东华续录
344		同治六年(1867)	同官县（治所即今陕西铜川市北城关镇）	[同治十二年五月三十日陕西巡抚邵亨豫奏] 陕西……同官县县城……同治六年（1867年）八月（8月29日～9月27日）大雨连绵，河水暴涨，四面墙身坍塌愈多。	清代黄河流域洪涝档案史料．北京：中华书局，1993：681
345			利津县	[十月二十一日福建道监察御史游百川奏] 东省黄水被患，济、武两郡被灾甚重。……自咸丰初年河决兰仪，嗣是不循故道，折而东北灌大清河，山东水患濒急矣。乙卯（1855年）清河决白龙窝，漂没无算，从此连年被水。癸亥（1863年）濮州、范县及济属之齐河而下，凡决十数处。……甲子（1864年）又大水。今岁（1867年）清河上流堤溃，漫溢平原、禹城凡百余里。八月（9月）齐东等处同时决口，冲没四十余村落，利津县城垣半陷于水。九月初旬（9月28日～10月7日）又决北岸，济武所属州县，数百里悉为泽国。	清代黄河流域洪涝档案史料．北京：中华书局，1993：681

续表

序号	朝代	年份	受灾城市	水灾情况	资料来源
346	清	光绪八年(1882)	榆林府	[十月二十一日（朱批）冯誉骥片] 榆林府西城外有榆溪河一道，发源边外蒙古界内，收受蒙地山涧各水，由府城西北十里之红石峡入境，建瓴而下，复西受芹河之水，傍西城南流，经永济桥南趋入无定河而去。每逢夏秋水涨，挟沙带石，奔腾奋迅而来，时有冲没民田之事。乾嘉之间即有水患，近年危害益甚。叠经官民修堤障水，用保东西两岸田庐。讵意，旋修旋圮。盖缘榆林郡城屹立沙碛之中，而河堤内皆系民田。东堤民田之东即系该郡西面城身。近因军兴以后，堤圮无款兴修。夏秋淫雨，河涨横流，河面宽至百余丈及二三百丈不等。迨至冬令水落归槽，又因地气极寒，河面坚冰盈尺，水流冰下，更属防无可防。每从堤底浸渗堤内城根，又从城底渗入城内，出地便结为冰。春季冻解，城西内外尽成泽国，浸塌官民房屋，抢护宣泄，兵民不胜其苦。若不及时修治，不独堤内民田沦入河心，即该郡城池亦极可虑。	清代黄河流域洪涝档案史料．北京：中华书局，1993：718
347	清	光绪九年(1883)	齐东县	又查，章丘县绣江河西岸居民，因公流汇注，积水难以疏消，时思毁齐东赵奉站一带之民堤，以泄水势，……今因汛涨，章丘民纠众持械，潜赴上流，竟扒开张家林堤岸，水流东趋，一片汪洋，齐东县城身亦坍塌数十丈，城内水深二、三丈。……所决之口，不特齐东城乡多处受水，下游高苑、博兴、乐安等县亦不无漫溢之灾。……此又章丘民人毁堤泄水之情形也。	清代黄河流域洪涝档案史料．北京：中华书局，1993：723
348	清	光绪十年(1884)	福山县	[光绪十一年十一月初十日掌广东道监察御史恩承奏] 近来山东水灾甚广，不独逼近黄河各府皆遭泛滥，即登州属之福山县，亦因雨水连旬，山河涨漫，冲塌房屋尤多。…… 该县去年(1884年)水灾甚重，冲塌房屋不可胜计，并淹毙人口，城垣冲倒亦数十丈。	清代黄河流域洪涝档案史料．北京：中华书局，1993：732
349	清	光绪十二年(1886)	太原	接据司道禀称，省城自本年六月二十三日（7月24日）起，连日大雨如注，昼夜不停，汾河水势渐涨。该司道……等冒雨出城，周历勘验，河流逼近西城，水势澎湃，虑或漫溢，因督饬练军……多备麻袋，实以沙土，先将旱水二西门及大南门堵塞，以防横决。不意，二十五日（7月26日）三更时分，雨势益大，河水异常汹涌，冲决北沙河之金刚堰并大坝护城两堰，夺溜而来，直扑城西北角，又激而南趋，水旱西门及大南门同时冲开，势莫能御，致将西南隅驻防满营兵民、学政、城守尉参将，阳曲县各衙门及阳曲学舍、城关民房，共淹万余间，倒塌甚多，城垣亦有陷裂。该司道等……编扎牌筏分赴水漫各处，搭救满兵并左近灾民，……计是日已收满兵、灾民三千余名。……其淹毙男妇三十余名。……招募民夫于旧河左右挑开引河，以杀水势，抢筑堤坝保护省垣，人心稍定。	清代黄河流域洪涝档案史料．北京：中华书局，1993：737-738

续表

序号	朝代	年份	受灾城市	水灾情况	资料来源
350	清	光绪十三年(1887)	西安	[九月初一日（朱批）叶伯英片] 再陕省入秋后，阴雨弥月。据藩臬两司禀称，委员查明省城内坍塌民房，统计六百八十二间，其庙宇、城墙、官署公所尚不在内。压毙男女大小三口，伤亦如之等语。	清代黄河流域洪涝档案史料．北京：中华书局，1993：748
351			盩厔，孝义，同官，鄠县，潼关，蒲城，韩城，郃阳，麟游，留坝，郿州，洛川，延安府，肤施	[十月十四日叶伯英奏] 陕省本年七八两月（8月19日～10月16日）淫雨兼旬。……兹据长安、咸宁、临潼、兴平、鄠县、华州等大州县先后禀报，或山水涨发，或河流泛滥，田地房屋各有淹没。 此外，又有盩厔、孝义、同官、鄠县、潼关、蒲城、韩城、郃阳、麟游、留坝、郿州、洛川、延安府肤施等府州厅县具报，城垣、庙宇、衙署、仓廒、监狱诸多倾颓、臌裂，民房亦有坍塌。洛川、肤施有压毙人丁五口情事。	清代黄河流域洪涝档案史料．北京：中华书局，1993：748
352		光绪十四年(1888)	温宿直隶州（治所即今新疆阿克苏县）	[五月二十二日甘新巡抚刘锦棠奏] 温宿直隶州知州……禀报，该州入夏以来，天气清和，至闰四月十三日（6月4日）夜，雷雨大作，逾时而息，十五日（6月6日）未刻，复雨势若倾盆，直至十六日（6月7号）戌刻始止。该州地本低洼，兹值淫雨连绵，山水涨溢，平地成湖，新城衙署、营房、城垣，因积水难消，多有坍塌损坏。城关内外暨沿河一带民房、桥梁、道路并附近村庄、禾麦，冲塌淹没亦复不少。其距新城二十五里之旧回城东面受水尤急，城门、民屋均被冲倒。	清代黄河流域洪涝档案史料．北京：中华书局，1993：756
353			中牟	中牟县治西北城墙急溜顶冲，已被刷坍塌。该县昼夜抢修，仅而没存，岌岌难保。	清代黄河流域洪涝档案史料．北京：中华书局，1993：768–769
354		光绪十六年(1890)	阌乡县（治所即今河南灵宝县西北文乡）	[光绪十七年五月十七日（朱批）河南巡抚裕宽片] 再据……等联名具呈，以阌乡城垣北滨黄河，县城历被冲塌，城内居民几无栖身之所。	清代黄河流域洪涝档案史料．北京：中华书局，1993：783
355		光绪十七年(1891)	阌乡县	[十二月二十七日河南巡抚裕宽片] 阌乡县城滨临黄河，前因河势南陡，大溜直趋城下，关厢民房全行冲没，城内街市二道及衙署后房二层亦塌入河内，北面刷成陡岸。	清代黄河流域洪涝档案史料．北京：中华书局，1993：792
356		光绪二十一年(1895)	河内县（治所即今河南沁阳县）	[六月二十九日刘树堂奏] 又据河内县知县……禀称，沁河水势自十七八陡涨、十九日卯时涨至一丈三尺，约高堤顶三四尺，逼近府城北面柳园无工所处，抢护不及，漫溢出槽，水趋东北城门。赖该管府先事预防、制有板、布袋、蒲包，经河北镇练军及该县所带人夫竭力填土堵御，大致粗定。而午后，上游向无堤岸之复背村，水复漫溢，直抵西南城门。抢堵至二十日（8月10日）黎明，始臻稳定。现查柳园漫口约宽二十余丈，幸未夺溜，水势亦渐消落，城根水深不过二三尺，等情。	清代黄河流域洪涝档案史料．北京：中华书局，1993：827

续表

序号	朝代	年份	受灾城市	水灾情况	资料来源
357	清	光绪二十二年(1896)	章丘县（治所在今山东素丘县北章丘城）	章丘县禀报，县境东南多山，七月初四五（8月12、13日）等日，大雨倾盆，连宵达旦，山水陡发，由瓜漏河直灌绣江河，漫入护城河，来势汹涌异常，一时宣泄不及，东南关民房、铺户暨城西北沿河一带夏家磨等民房，致被冲塌两千余间，民人之逃避不及淹毙十一口。幸为时不久，水即消退，城垣保护无恙，田禾损伤无多。	清代黄河流域洪涝档案史料．北京：中华书局，1993：836
358	清	光绪二十八年(1902)	胶州	[七月初五日张人骏奏] 据胶州知州……禀报，六月十四日（7月18日）大雨倾盆，山水暴注，城关低洼房屋多被浸灌，倒塌民房五百四十余间，居民迁避不及者，多被淹漂流。小民猝遭水患，荡析离居，殊勘悯恻。	清代黄河流域洪涝档案史料．北京：中华书局，1993：886
359	清	光绪二十九年(1903)	烟台	查本年六月初三日（7月29日）烟台大雨，山水下注，海潮陡涨，水无宣泄，冲倒民房三千八百余间，淹毙人口一百五十余名……并无淹毙二千余口之多……二十四、五两日复遭大雨，居民早已迁避，实无伤毙人口之事。	清代黄河流域洪涝档案史料．北京：中华书局，1993：895

第四节　淮河流域及沿河城市概况

淮河又称淮水，古四渎之一，是中国中部的重要河流，为中国第七大河流。

一、淮河流域概况[1]（图 5–4–1）

淮河流域包括淮河及沂（河）沭（河）泗（河）两个水系，位于北纬 31°～36°，东经 112°～121° 之间，跨河南、安徽、江苏、山东四省，流域面积 26.9 万 km^2，流域南部和西南部为大别山和桐柏山，西部为伏牛山，北以黄河南堤为界，东北为沂蒙山，东临黄海，中部是淮北大平原。其中山区、丘陵区占 31.5%，平原洼地占 65.1%，湖河水面占 3.4%。

12 世纪以前，淮河独流入海，沂、沭、泗河都是淮河下游的支流。宋建炎二年（1128），黄河在河南省汲县和滑县之间向南决口，经徐州入泗河至淮阴，夺淮河入黄海，历 700 余年，至清咸丰五年（1855 年）才改道北去。其间，由于黄河的多次泛滥、淤积，淮河流域的地形和河道都发生了很大变化，打乱了淮河水系，留下了一条高于地面的废黄河，将淮河流域分割为淮河和沂沭泗两个水系。

淮河发源于河南省桐柏山和太白顶（图 5–4–2），经河南省、安徽省，到江苏省入洪泽湖，在江苏省江都县三江营入长江。淮河干流全长 1000km，流域面积 18.7 万 km^2。自淮河源头至河南、安徽两省交界处的洪河口为上游，该段河道比降陡，洪水暴涨暴落，汇入的主要支流有浉河、白露河、洪河、汝河（图 5–4–3）。自洪河口至洪泽湖出口的中渡为中游，汇入的主要支流有史河、灌河、淠河、颍河、西淝河、涡河、沱河、濉河、安河。洪河口至正阳关间，两岸高岗起伏，岗地之间为一连串的湖泊洼地，其中较大的有濛洼、城东湖、城西湖、姜家湖、唐垛湖等，湖洼总面积 3000 多平方千米，是天然的行洪、蓄洪区，调蓄上中游洪水。正阳关

[1] 崔家培主编．中国水利百科全书．北京：水利电力出版社，1991：833–834.

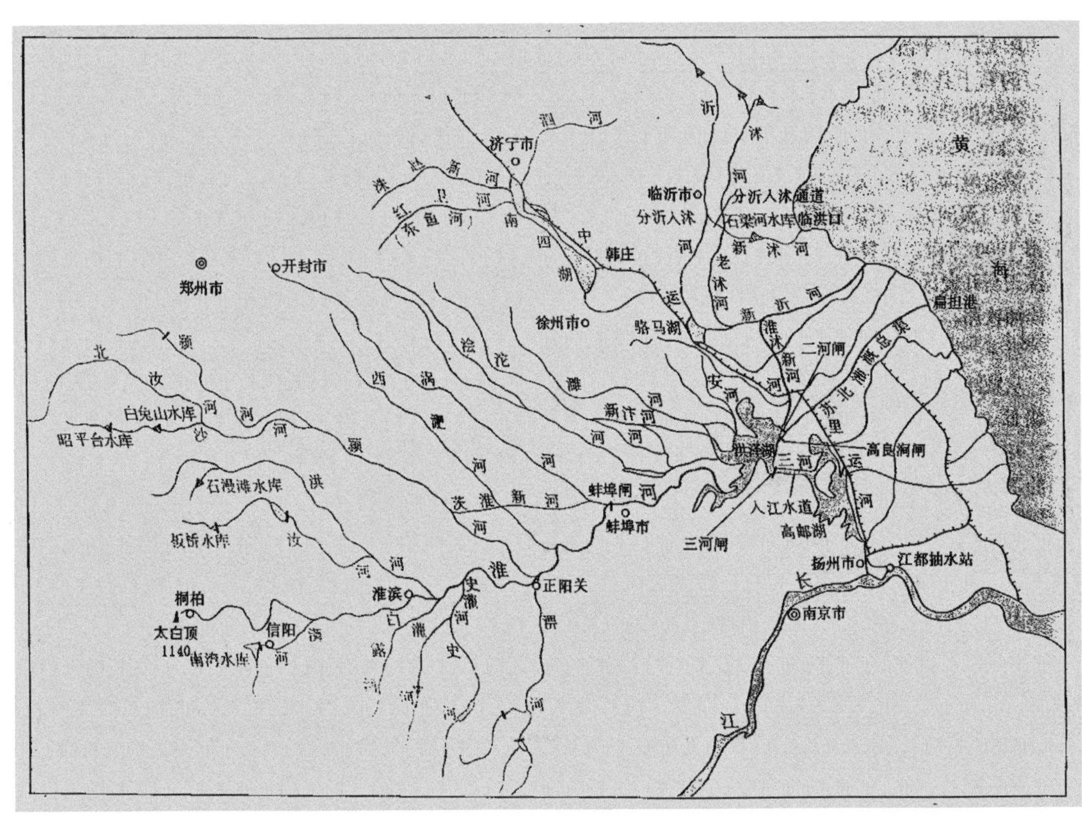

图 5-4-1 淮河水系示意图（自中国水利百科全书：834）

图 5-4-2 淮水图，胎管山，桐柏县（行水金鉴）

以下南岸为丘陵岗地；北岸为淮北平原，修建了淮北大堤形成广大平原的防洪屏障。由洪泽湖出口三河闸（中渡），到三江营入长江的入江水道为下游。入江水道是洪泽湖的主要排洪出路，排洪能力为 12000m^3/s。洪泽湖另两个出口，一是高良涧闸，经苏北灌溉总渠，在扁担港入黄海，排洪能力 800m^3/s；一是二河闸，经淮沭新河入新沂河，可相机分泄洪水 2000m^3/s。洪泽湖是调节淮河洪水，发展灌溉、航运、水产养殖等综合利用的重要湖泊。

图 5-4-3 淮水图，慎水，汝水（行水金鉴）

沂沭泗水系的流域面积 8 万余平方千米。沂河、沭河发源于沂蒙山南麓，平行南下。沂河经山东省临沂，至江苏省境内入骆马湖，由新沂河入黄海，临沂以上流域面积 10100km²。沭河流至山东省大官庄，分为老沭河、新沭河，老沭河南流，汇入新沂河；新沭河东流，入石梁河水库，经临洪口入黄海，大官庄以上流域面积 43500km²。沂、沭河之间有分沂入沭通道，分沂河洪水入沭河。泗河发源于沂蒙山西侧，由济宁市向南入南四湖。南四湖由南阳湖、独山湖、昭阳湖、微山湖四湖组成，面积 1226km²，容积为 53.6 亿 m³。昭阳湖与微山湖间筑有二级闸坝，将南四湖分为上下两级湖。南四湖汇集两侧诸河来水后，径韩庄运河、中运河入骆马湖，南四湖出口韩庄以上流域面积 31700km²。

淮河地处温带半湿润季风气候区与亚热带湿润季风气候区的过渡地带，无霜期在 200d 以上，年平均降水量 880mm，其中 60%～70%集中在 6 月～9 月，多雨年和少雨年水量比值可达 3～5 倍。多年平均地表径流量为 620 亿立方米。

1987 年统计，淮河流域有人口 13820 余万，耕地 18502 万亩，平原辽阔，盛产小麦、水稻、豆类，是中国重要的农业区。矿产资源也较丰富，淮南煤矿和淮北煤矿是中国大煤田之一。

由于自然气候条件和历史上黄河夺淮的影响，淮河流域洪涝旱灾频繁，尤以洪涝为重。

二、淮河流域城市概况

淮河流域位于中国东部，在黄河、长江流域之间，跨豫、皖、苏、鲁四省。淮河干流上有二源，西源出河南省桐柏县桐柏山东南麓太白顶，南流至月河镇附近汇合北源；北源出自泌阳县与桐柏县分水岭西南侧，南流汇合西源后，主河道曲折东流，经河南省南部、安徽省中部，在江苏省西部注入洪泽湖。入湖口以上河长 846km，流域面积 131760km²。多年平均流量 794m³/s。经湖区调蓄后分支入海。豫、皖两省交界处的洪河口至洪泽湖出口的中渡为中游，长约 476km，地势平缓，多湖泊洼地；洪泽湖以下为下游，长约 233km，下游地势低洼，大小湖泊星罗棋布，水网交错，渠道纵横，农业发达。洪泽湖以下，北宋以前时期，东流经淮阴、涟水方向入海。南宋建炎二年（1128 年）和绍熙五年（1194 年）黄河夺淮后，河道淤高，入海水道渐以入江为主[1]。

淮河流域古代人杰地灵，有着悠久的历史，沿淮河及其支流城市众多，有一批历史文化名城。历史文化名城寿县，位于淮河南岸（图 5–4–4），是春秋的蔡国、楚国故都，有春秋时大型水利工程芍陂（今安丰塘）。始建于宋代的古城垣保存完好，在历次洪灾中，保护了城内军民百姓的安全，至今仍在淮河洪水中起到抗洪御灾的作用。

在淮河南边的凤阳，是明太祖朱元璋的故乡（图 5–4–5）。明初曾在此筑中都城，明洪武七年（1374 年）八月，置凤阳县，改中立府为凤阳府。凤阳县之名“以在凤凰山之阳，故名。”（《明一统志》）凤凰山“在凤阳县城内，旧皇城东山隅，府之主山也，府、县皆以此名。”（《清一统志》）濠河流经凤阳，自临淮关入淮。

在洪泽湖畔，盱眙县城西的淮河水下，沉睡着一座历史文化名城——泗州城（图 5–4–6）。它兴起于唐开元盛世，后因黄河夺淮，沉没于清康熙十九年（1680 年）。

淮河流域的另一座历史文化名城是淮安城（图 5–4–7）。淮安自古为南北交通咽喉，京杭大运河纵贯南北，境内有市河、涧河、溪河等，多是东西走向，西承淮河和大运河之水，东泄射阳湖汇入黄海。淮安历代为军事重镇，也是郡县州府的治所，名人荟萃，文物古迹众多，1986 年被列为国家历史文化名城。

另一座历史文化名城是位于涡河南岸的安徽亳州古城。这是一座年代十分久远的历史文化名城。夏朝末年（公元前 16 世纪），商汤都于南亳，即今亳州。延康元年（220 年），曹丕代汉称帝。魏黄初二年（221 年），因谯县（今亳州市）为曹魏皇室本籍，曹丕诏谯为陪都，与长安、许昌、洛阳、邺并称“五都”。亳州不仅是曹操的故乡，也是老子、华佗的故乡。1986 年，亳州被列为国家历史文化名城（图 5–4–8）。

图 5–4–4 淮水图，颍水，肥水（行水金鉴）

[1] 朱道清编纂．中国水系大辞典．青岛：青岛出版社，1993：168．

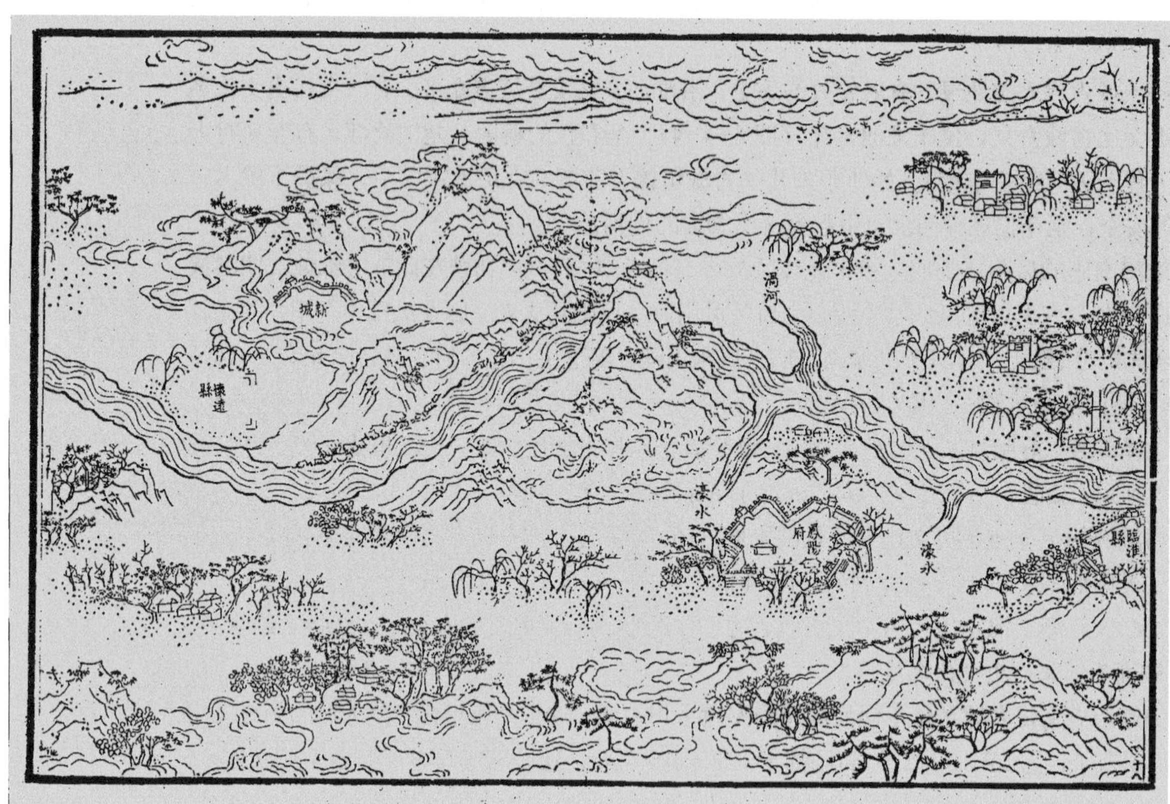

图 5-4-5 淮水图，怀远县，濠水（行水金鉴）

图 5-4-6 淮水图，泗州，黄淮交汇（行水金鉴）

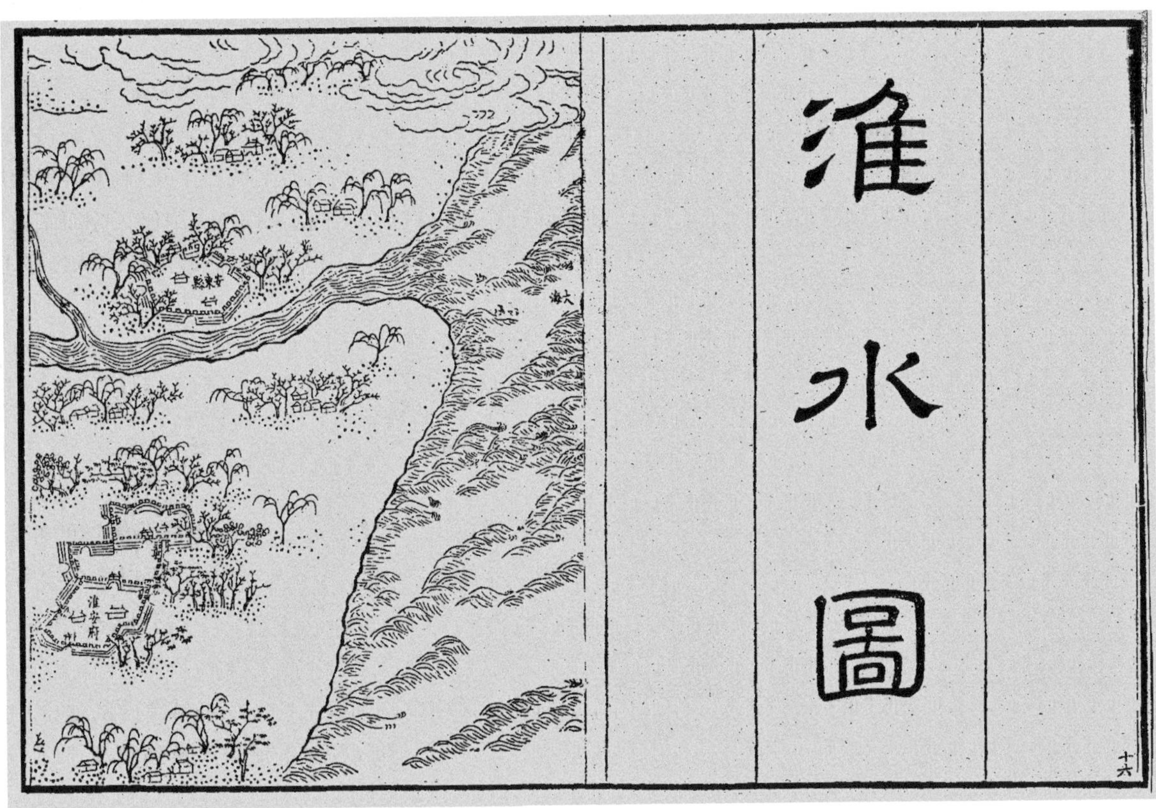

图 5-4-7 淮水图，安东县，大海（行水金鉴）

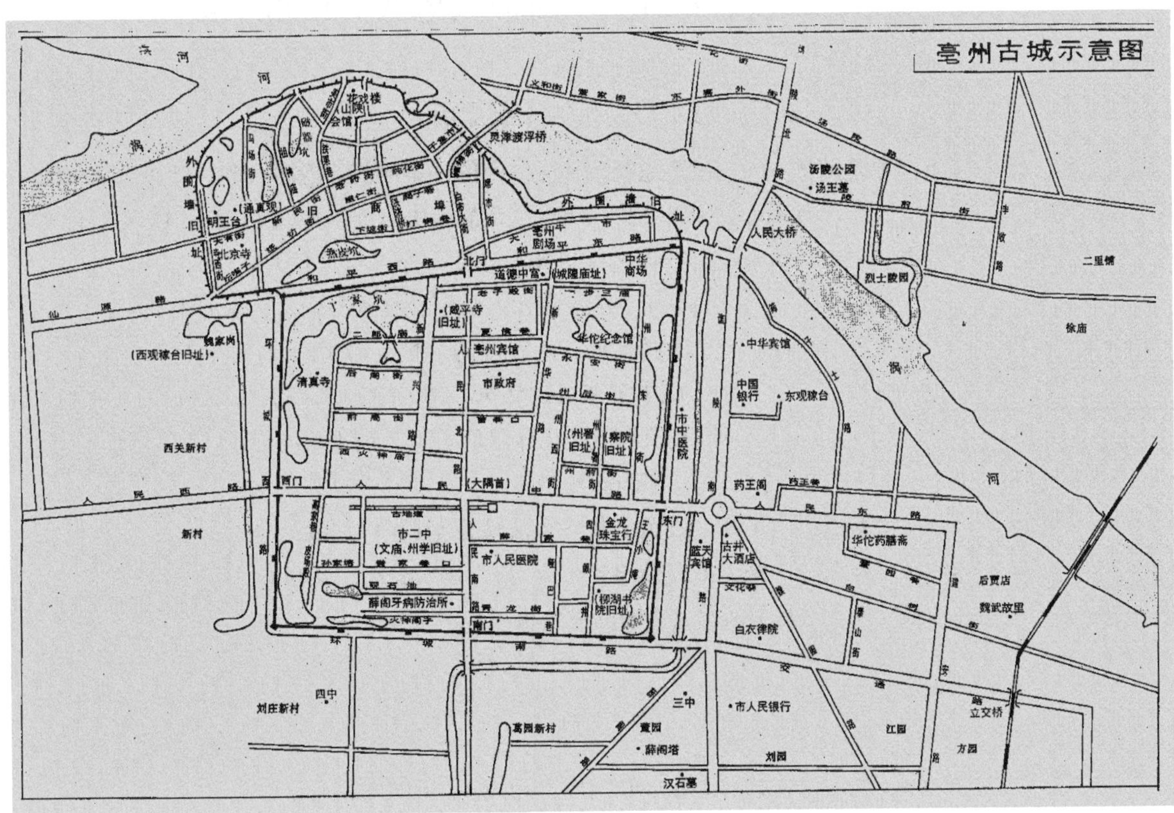

图 5-4-8 亳州古城示意图（中国历史文化名城大辞典·上：371）

山东邹城也是淮河支流泗水边上的历史文化名城，是孟子的故里，历史文化遗存很多，1994 年被列为国家历史文化名城。

事实上，淮河流域名城众多，魏晋南北朝时，许昌（今河南许昌市东）原为三国魏“五都”之一；徐州，古称彭城，位于汴水与泗水交汇处，为水陆交通枢纽，历代为兵家必争之地，战略地位重要，饱受黄河洪灾，在抗洪御灾上也是黄淮流域的典型城市，1986 年被列为国家历史文化名城；下邳（今江苏睢宁县古邳镇东）、阳翟（今河南禹州市）、浚仪（今河南开封市）、钟离（今安徽凤阳县东北临淮关）、淮阴（今江苏淮阴西南甘罗城）、盐城（今江苏盐城市）等，均为重要城市。

隋唐五代时，扬州是淮河流域一颗璀璨的明珠。隋唐的扬州，地邻邗沟，滨长江，又衔大海，位于长江的出海口。隋唐的扬州，代替了六朝建康（今南京市）的地位，成为江淮地区最大的政治中心，也成为全国最大的物资集散地，“雄富冠天下”，有“扬一益二”之称[1]。现扬州为国家历史文化名城。

此外，隋唐的汴州（今开封），自隋开通济渠，附城而过，汴州遂成为漕运的冲要之地，而逐步发展起来。宋州（今商丘）、楚州（今江苏淮安）、泗州、寿州、颍州（今治所在安徽阜阳市）、亳州、濠州（今安徽凤阳）、蔡州（今河南汝南县）、徐州、宿州皆为淮河流域的重要城市[2]。

明代的淮安、扬州、开封、济宁、寿州、凤阳、宿州等都是淮河流域重要的城市[3]。

清代经战乱和黄河夺淮的水灾，在康、乾之后，淮河流域的城市又重新繁荣。

第五节　淮河流域历代的城市水灾

一、黄河夺淮是淮河流域水患频仍的主要原因

淮河原是河槽宽深、出路通畅、独流入海的一条河流，沂河入泗，泗河入淮，淮河于涟水县云梯关入海，海潮可上溯到盱眙。历史上黄河南决入淮，尤以 1128 ～ 1855 年间的黄河夺淮入海，影响最大。南宋建炎二年（1128 年）东京（今开封市）留守杜充于滑县西南人为决河，使黄河东流夺泗入淮。以后黄河主流沿泗水、汴河、睢水、颍水、涡河入淮河，造成十分严重的危害。明万历年间潘季驯主持治河、大筑堤防，把黄河东出徐州由泗夺淮的主流固定下来，成为下游惟一河道。直到清咸丰五年（1855 年）黄河在河南铜瓦厢决口改道北行，黄淮才分开入海。江苏省淮阴以下的废黄河就是当年淮河古道。由于黄河泥沙淤积，在淮河、泗河和沂河中下游分别形成了洪泽湖、南四湖和骆马湖。黄河夺淮打乱了水系，干支流河道淤积，改变了地形，堵塞了入海出路。废黄河将一个流域分割成两个水系，并成为这两个水系的分水岭。沂沭泗河另找入海出路，淮河被迫于 1851 年改道入长江。黄河夺淮加深了淮河流域防洪的复杂性和艰巨性，这是淮河水灾不断的主要根源[4]。

---

[1] 王鑫义主编．淮河流域经济开发史．合肥：黄山书社，2001：436-443.

[2] 王鑫义主编．淮河流域经济开发史．合肥：黄山书社，2001：443-451.

[3] 王鑫义主编．淮河流域经济开发史．合肥：黄山书社，2001：663-676.

[4] 崔宗培主编．中国水利百科全书．北京：水利电力出版社，1991：835.

二、淮河流域历代的城市水灾

秦汉时期淮河流域鲜有水灾的记录。《史记·河渠书》云：鸿沟、云梦、江、淮、济、蜀诸水，“此渠皆可行舟，有余则用溉，百姓享其利。”

《汉书·五行志》也记载了两次淮河流域的水灾：

高后四年（公元前184年）“秋，河南大水，……汝水流八万余家。”

“元帝永光五年（公元前39年）夏及秋，大水。颍川、汝南、淮阴、庐江雨，坏乡聚民舍，及水流杀人。”

《后汉书·五行志》记载一次淮河流域的水灾：

“和帝十二年（100年）六月，颍川大水，伤稼。”

从三国至晋、南北朝，淮河流域水灾记载渐多，但记载简略，无明确记载城市受灾的例子。

《隋书·五行志》虽有记载淮河流域水灾，但字语简略，无明确记载城市水灾之例。

从唐代开始，有淮河流域城市水患的记录。

笔者查阅各种方志、史料，列出了“淮河流域历代城市水患表”（表5–5–1）。

淮河流域历代城市水患表 **表5–5–1**

序号	朝代	年份	受灾城市	水灾情况	资料来源
1	三国	吴甘露三年（267）	寿州	寿春秋夏常雨淹城。	光绪寿州志，卷35，祥异
2	晋	元康四年（294）	寿州	五月壬子，寿春山崩，洪水出，城坏地陷，方三十丈，杀人。	光绪寿州志，卷35，祥异
3	东晋	义熙十二年（416）	徐州	汲水暴长，城崩。更筑之悉，以砖垒，宏壮坚峻，楼橹赫奕，南北所无。	民国铜山县志，卷10，建置考
4	唐	贞元八年（792）	泗州（治所在今江苏盱眙县西北淮水西岸）	八年秋，自江淮及荆、襄、陈、宋至于河朔州四十余，大水，害稼，溺死二万余人，漂没城郭庐舍。……八年六月，淮水溢，平地七尺，没泗州城。	新唐书·五行志
5	唐	长庆四年（824）	曹州	四年夏……睦州及寿州之霍山山水暴出；郓、曹、濮三州雨，水坏州城、民居、田稼略尽。	新唐书·五行志
6	唐	太和四年（830）	曹州（治所在济阴县）	大和四年夏，鄂、曹、濮等州雨，坏城郭庐舍殆尽。	新唐书·五行志
7	唐	大中十二年（858）	徐州，泗州	徐、泗等州水深五丈，漂溺数万家。	新唐书·五行志
8	五代	后晋开运二年（945）	聊城	黄河决口，王城被淹，州县治南迁巢陵。	彭卿云主编．中国历史文化名城词典三编：278
9	宋	开宝七年（974）	泗州	四月，淮水暴涨入城，坏民舍五百家，五月退，六月复溢入城，民多流亡。	宋史·五行志
10	宋	开宝八年（975）	沂州（治所在今山东临沂县）	六月，沂州大雨，水入城，坏民舍、田苗。	宋史·五行志
11	宋	太平兴国二年（977）	颍州（治所在今安徽阜阳市）	二年六月，颍州颍水涨，坏城门、军营、民舍。	宋史·五行志
12	宋	太平兴国三年（978）	泗州	六月，泗州淮涨入南城，汴水又涨一丈，塞州北门。	宋史·五行志

续表

序号	朝代	年份	受灾城市	水灾情况	资料来源
13	宋	太平兴国五年（980）	徐州	五年五月，颍州颍水溢，坏堤及民舍。徐州白沟河溢入州城。	宋史·五行志
14		太平兴国八年（983）	徐州	八月，徐州清河涨丈七尺，溢出，塞州三面门以御之。	宋史·五行志
15		淳化三年（992）	聊城	东昌府城：聊城县附郭。旧治巢陵故城。宋淳化三年河决城圮于水，仍移治孝武渡西，即今治也。	乾隆山东通志，卷四，城池志
16		淳化四年（993）	开封	四年七月，京师大雨，十昼夜不止，朱雀、崇明门外积水尤甚，军营、庐舍多坏。	宋史·五行志
17		宋咸平四年（1001）	泗州	泗州淮水溢，几与城墙顶齐平。浮巨野，入淮泗水势捍激，侵迫州城。	淮系年表，卷12 宋史·河渠志
18		咸平五年（1002年）	开封	六月，京师大雨，漂坏庐舍，民有压死者；积潦浸道路，自朱雀门东抵宣化门尤甚，皆注惠民河，河复涨，溢军营。	宋史·五行志
19		大中祥符三年（1010）	开封	五月辛丑，京师大雨，平地数尺，坏军营、民舍，多压者。近畿积潦。	宋史·五行志
20		天禧三年（1019）	徐州	六月，河决滑州城西南，漂没公私庐舍，死者甚众，历澶州、濮、郓、济、单至徐州，与清河合，浸城壁，不没者四版。	宋史·五行志
21		天禧四年（1020）	开封	七月，京师连雨弥月。甲子夜大雨，流潦泛滥，民舍、军营圮坏大半，多压死者。自是频雨，及东方止。	宋史·五行志
22		明道二年（1033）	开封	六月癸丑，京师雨，坏军营、府库。	宋史·五行志
23		景祐元年（1034）	泗州	闰六月，时雨弥月不止，淮汴溢，几没泗州城。	续资治通鉴长编，卷114
24		皇祐四年（1052）	徐州	夏秋，淮水暴涨，环浸泗州城，民多流亡。	宋史·五行志，明帝乡纪略，卷6，灾患·水
25		嘉祐二年（1057）	开封	六月，开封府界及东西、河北水潦害民田。自五月大雨不止，水冒安上门，门关折，坏官私庐舍数万区，城中系阀渡人。	宋史·五行志
26		嘉祐二年（1057）	泗州	夏秋，淮水暴涨，环浸泗州城，知州、通判等并有固堤之劳。	续资治通鉴长篇
27		重和元年（1118）	泗州	夏，淮、汴大水，泗州城不没者二版，坏官舍民庐，流徙者众。	宋史·五行志，明帝乡纪略，卷6，灾患·水
28		隆兴二年（1164）	寿春，无为军，淮东郡	二年七月，……寿春、无为军、淮东郡皆大水，浸城郭，坏庐舍人圩田、军垒，操舟行市者累日，人溺死甚众。越月，积阴苦雨，水患益甚，淮东有流民。	宋史·五行志
29			泗州	淮东大水入泗州城，城内操舟行市，民多流亡。	光绪盱眙县志稿，卷13，明帝乡纪略，卷6，灾患·水
30		淳祐元年（1241）	泗州	淮大水，泗州南门水深九尺，与城券齐平。	明帝乡纪略，卷6，灾患·水
31		咸淳二年（1266）	泗州	南门水深五尺。	明帝乡纪略，卷6，灾患·水

续表

序号	朝代	年份	受灾城市	水灾情况	资料来源
32	元	大德三年(1299)	泗州	五月，大水泛溢，舟入市中，城不没仅二版。	明帝乡纪略，卷6，灾患·水
33		大德十一年(1307)	泗州	五月，淮水泛涨，漂没庐舍，南门水深七尺，只有二尺二寸未抵券砖顶。	行水金鉴，淮河志卷1之三二
34		至大元年(1308)	济宁路（治所在今山东巨野县）	七月，济宁路雨水，平地丈余，暴决入城，漂庐舍，死者十有八人。	元史·五行志
35	明	洪武元年(1368)	曹州	河溢，曹州徙治安陵镇。	山东通志
36		洪武二年(1369)	曹州	河没安陵镇，徙治盘石头。	山东通志
37		永乐元年(1403)	五河（治所在今安徽五河县南浍河南岸）	城圮于水。	复旦大学历史地理研究所编．中国历史地名辞典：102
38		永乐二年(1404)	临淮县（治所在今安徽凤阳县东北临淮关）	四月，临淮大水，徙县治于曲阳门外。	江南通志
39		永乐七年(1409)	寿州	六月，寿州水决城。	明史·五行志
40			泗州	六月，泗州南门水深七尺五寸。	明帝乡纪略，卷6，灾患·水
41		永乐二十一年（1423）	六安卫（治所在今安徽六安市），淮安卫	二月，六安卫淫雨坏城。是岁，建昌守御所、淮安、怀来等卫，皆淫雨坏城。	明史·五行志
42		永乐二十二年（1424）	寿州卫	二月，寿州卫雨水坏城。	明史·五行志
43		明正统二年(1437)	泗州	夏，淮水溢，泗州城东北陴垣崩，水内注，高与檐齐，泗人奔盱山。	明帝乡纪略，卷6，灾患·水
44		明正统六年(1441)	泗州	五月，泗州水溢丈余，漂庐舍。	明史·五行志
45		明天顺四年(1460)	泗州	夏，淮水溢，水自北门水关入城，水势高至大圣寺佛座。	明帝乡纪略，卷6，灾患·水
46		天顺五年(1461)	襄城县（治所即今河南襄城县）	襄城水决城门，溺死甚众。	明史·五行志
47		成化十三年(1477)	淮安州（治所在今江苏淮安市）	九月，淮水溢，坏淮安州县官舍民屋，淹死人畜甚众。	明史·五行志
48		成化十四年(1478)	凤阳	八月，凤阳大雨，没城内居民以千计。	明史·五行志
49		正德六年(1511)	泗州	泗州淮水大涨，入城市，毁室庐。六月，汴河诸湖为一，州城若一巨舟，塔若一危墙浮在水上，城内水深八尺。	淮系年表，卷12，明帝乡纪略，卷6，灾患·水

续表

序号	朝代	年份	受灾城市	水灾情况	资料来源
50	明	正德十二年(1517)	泗州	夏，凤阳大水，淮水灌泗州，涨至陵门，遂浸墀陛。水势比之六年更高，尺有二寸。	刘天和．问水集 明帝乡纪略，卷6，灾患·水
51		正德十三年(1518)	泗州	淮决漕堤，灌泗州，淹没人畜。	明史·河渠志
52		嘉靖五年(1526)	丰县（治所即今江苏丰县）	六月，徐、沛河溢，坏丰县城。	明史·五行志
53				六月，黄水陷丰县城，迁县治。	江南通志
54		嘉靖十一年(1532)	泗州	泗州大水，至十一月方落。	明帝乡纪略，卷6，灾患·水
55		嘉靖二十六年（1547）	曹县（治所即今山东曹县）	七月丙辰，曹县河决，城池漂没，溺死者甚众。	明史·五行志
56		嘉靖四十五年（1566）	泗州	大水，城西北崩，水灌入城，居民多奔盱山。	明帝乡纪略，卷6，灾患·水
57		万历七年(1579)	泗州	六月朔，大水浸泗州南门，内城崩。	明帝乡纪略，卷6，灾患·水
58		万历八年(1580)	泗州	六月戊午，先是凤阳等处雨涝，淮溢，水薄泗城，至祖陵墀中。	明史纪事本末 明帝乡纪略，卷6，灾患·水
59		万历十九年(1591)	泗州，明祖陵	九月，泗州大水，州治浸三尺。淮水高于城，祖陵被浸。	明史·五行志
60			泗州	九月，淮水溢泗州，高于城壕，因塞水关以防内灌。于是，城内积水不泄，居民十九淹没，侵及祖陵。	明史·河渠志 明帝乡纪略，卷6，灾患·水
61		万历二十一年（1593）	泗州	水浸泗州城，民半徙城墉、半徙盱山。	泗州志，卷18，艺文·议
62		万历二十二年（1594）	泗州	六月，黄水大涨，清口沙垫阻遏淮水……阜陵诸湖与山溪之水暴浸祖陵，泗州城淹没。	光绪盱眙县志稿，卷14，行水金鉴，引南河全考
63		万历二十三年（1595）	明祖陵	四月，泗水浸祖陵。	明史·五行志
64		万历二十三年（1595）	泗州	江北大水，淮浸祖陵。河大溢，清口久淤，淮水倒灌泗城。夏大水，平堤，各部院会集州城，商议开河。	明史·神宗纪 明帝乡纪略，卷18，灾患·水
65		万历三十一年（1603）	沂州	五月，沂州、静海圮城垣、庐舍殆尽。	明史·五行志
66		天启四年(1624)	徐州	六月初二日，奎山堤决，水陷徐州城。	江南通志
67		崇祯四年(1631)	泗州	夏，泗州淮水溢，水入城。秋，淮水涨，由北堤入城，官民庐舍圮，人多流散。	淮系年表，卷12 康熙泗州志，卷3，祥瑞·灾
68		崇祯五年(1632)	泗州	八月癸未，直隶巡按饶京疏报：黄河浸涨，泗州、虹县、盱眙、临淮……诸州县尽为淹没。	崇祯长编
69		崇祯十五年(1642)	泗州	八月戊申，泗州水患，已及祖陵。	崇祯长编

续表

序号	朝代	年份	受灾城市	水灾情况	资料来源
70	清	顺治六年（1649）	泗州	六月，淮大溢，东南堤溃，水灌泗州城，深丈余，平地一望如海。	淮河志，卷1之49 康熙泗州志，卷3，祥瑞·灾
71		顺治十五年（1658）	五河（治所即今安徽五河县）	秋，苏州、五河、石棣、舒城、婺源大水，城市行舟。	清史稿，卷40，灾异
72		顺治十六年（1659）	泗州	秋，水冲决七十余丈，水势南行，故泗之田地永存水底。	泗州志，卷18，艺文·疏
73		康熙四年（1665）	凤阳	三月，阜阳、望都大水，凤阳水入城。	清史稿，卷40，灾异
74		康熙十七年（1678）	泗州	泗州，淮涨浸城。	淮系年表，卷12
75		康熙十八年（1679）	泗州	冬大水，溃堤决城，城内水深丈余，内外一片汪洋，无复畛域。	光绪盱眙县志稿，卷14
76		康熙十九年（1680）	泗州	淮涨，泗州城陷没，寄治盱山。城陷，惟僧伽塔仅存。后九十余岁，泗州移治虹县。外水日高，内水日停，竟无消涸之期，永为鼋鼍穴，城日见其倾池，已成具区矣。	淮系年表， 康熙泗州志，卷5，城池
77		乾隆十五年（1750）	临淮县	续据临淮县具报，县城逼近淮河，业经详明题准移建，只因需帑浩繁尚未动工。今又被河水淹浸，于六月二十九日（8月1日）将旧城冲塌三丈有余，沿城居民搬移高阜居住，并未伤毙人口。库贮仓廒无碍。	清代淮河流域洪涝档案史料．北京：中华书局，1988：204
78		乾隆二十一年（1756）	鱼台县（治所在今山东鱼台县西）	[十二月十三日署理山东巡抚杨锡绂奏] 鱼台县城本年九月（9月24日）被水淹浸。今臣亲至查勘，该县土城一座，周围约四里余，地势低洼，形如釜底。城濠环绕，面阔底深，向系种植芦苇，濠外护堤一道约十里余，高处与城相等。城内由西至东，居民不过二百余户，本属无多。此番被水，茅房土屋多已倾倒，其衙署、祠宇、仓廒及居民瓦屋虽尚无恙，亦恐不能经久。先经该县知县将城门堵住，用水车数十辆日夜车水，使水出城外，少停即仍渗泄城内，现在停水尚有二三尺不等。该县逼近微山湖，将来夏秋稍有漫涨，即难保其不再被淹。	清代淮河流域洪涝档案史料．北京：中华书局，1988：238
79				清乾隆二十一年移治董家店（今鱼台县西南鱼城）。	复旦大学历史地理研究所编．中国历史地名辞典：526
80		乾隆二十二年（1757）	沛县	[六月十一日裘曰修奏] 前踏看鱼台地方，因到沛县交界渺弥无际，似较鱼台不相上下。今到徐州闻沛县所辖惟与丰县最近处一隅无水，余皆被淹。今又闻该知县详请迁城，……百姓避水者竞入城居，复多栖于城上，而护城堤内外皆水，倘一有坍卸，诚为可虞。是积水为患，在此时沛县视他处尤亟。 [六月二十二日尹继善奏] 查沛县一邑，地本低洼，逼近昭阳湖，全赖护城堤工以资保障。前据该县以一线土堤难御全湖之水，请将城垣移建七山集。…… 今又据该县续报，近日风雨连绵，水势增长，湖河相连，城内积水淹漫街道，墙垣倾圮，护城堤工虽竭力加厢，得保无虞，而堤根内外久浸，两面受刷。……	清代淮河流域洪涝档案史料．北京：中华书局，1988：243

续表

序号	朝代	年份	受灾城市	水灾情况	资料来源
81	清	乾隆二十五年（1760）	清河县（治所在今江苏清江市西马头镇西北）	[七月十八日江苏巡抚陈弘谋奏] 查淮安府属之清河县逼近黄河，向无城垣，仗土堤保障，河高于地，堤内即系衙署仓库，康熙三十五（1696年）、四十二年（1703年）曾有决口之事。年来每遇大汛，加埽厢护，……今年黄河水大，河溜日渐北趋，势益危险。……县治终属可虞，地方各官屡有移设县治之禀。……莫如将清河县治移于清江浦，附近清江之地方归清河县……	清代淮河流域洪涝档案史料．北京：中华书局，1988：265
82		乾隆二十六年（1761）	开封	[七月二十八日常钧奏] 省城因时和驿各堡水涨冲开老堤，漫溢省城，又因惠济河急流壅滞，及兰阳头堡、中牟杨桥漫水到漾，浸绕五门，当即设法堵御竭力防护。……自二十三、四日（8月22、23日）起，各漫口断流，水渐平落。至二十七日（8月26日），各门水已消退，惟南门、大东门地势较低，又缘杨桥、朱仙镇一带漫水未平，去路阻塞，城根尚有水二尺。……合城居民庐舍保护无虞。……	清代淮河流域洪涝档案史料．北京：中华书局，1988：275
83			兰阳县	兰阳县于二十三日申刻禀报，十八日河水异涨，浸溢过堤，水势汹涌，平地水深八九尺至一丈五六尺不等。十九日午时城垣坍塌，水涌入城，衙署，仓库，监狱以及城乡庐舍，具被淹浸倒塌，人口亦多伤损，田禾淹没。现在扎筏援救，开仓赈恤。	清代淮河流域洪涝档案史料．北京：中华书局，1988：274
84			鹿邑县	[八月十一日常钧奏] 又据鹿邑县报，涡河泛涨漫溢进城。	清代淮河流域洪涝档案史料．北京：中华书局，1988：276
85			睢州（治所在今河南睢县）	[九月初四日常钧奏] 本年七月下旬黄河涨溢，沿河州县猝被水灾。……睢州……七月二十一日（8月20日），上游黄水溃堤入境，围绕城垣。	清代淮河流域洪涝档案史料．北京：中华书局，1988：277
86			城武县（治所在今山东成武县）	[七月二十七日崔应阶奏] 本年七月二十六日据曹州府属城武县知县……禀称，本月二十日（8月19日）戌刻，县境桶子、新堤二河，因曹县黄河漫溢，水势陡发，奔腾汹涌直冲四城门，……竟将北门冲倒，城楼坍塌。县属水深六、七、八尺不等，仓库及书办房、典史衙署尽行倒塌，居民房屋坍塌无数。现今觅船遣役分赴各乡，将被水民人济渡于岸，设法存住，已救济二千余口。……	清代淮河流域洪涝档案史料．北京：中华书局，1988：281—282
87			金乡县（治所在今山东金乡县）	又据兖州府属之金乡县知县……禀称，二十二日（8月21日）午刻黄水自单县、城武等处奔腾而来，数刻之间无论高洼地亩一片汪洋，城外护堤已经漫入，直抵城根，现将城门用土堵塞，水势尚在未定，惟有竭力护城垣仓库居民。至各乡村庄被水处所，确查另禀，等情。	清代淮河流域洪涝档案史料．北京：中华书局，1988：282
88			曹州府	[八月初六崔应阶奏] 据曹州府属之城武、定陶、巨野，兖州府属之金乡、济宁等县禀报，曹县黄河漫溢水势分注，…… 七月十九日（8月18日）黄河之水异常猝涨，人力难施，曹仪厅安陵汛十四堡、二十堡大坝先后漫溢，……水往北泄。二十日（8月19日）直灌城根，……至午刻冲入城内，一时水深丈余，府县衙门仓厫监狱多被泡倒，……民房倒塌十分之七八。城外四面一片汪洋。二十一日（8月20日）水势渐杀。……	清代淮河流域洪涝档案史料．北京：中华书局，1988：282

续表

序号	朝代	年份	受灾城市	水灾情况	资料来源
89		乾隆二十六年（1761）	兰阳，睢州等十州县	[十月十四日刘统勋等奏] 查此次豫省被灾各处，其水冲入城者共十州县。内有骤涨势猛堵闭不及者；有冲决直过而不至全损者；有虽入城而预知趋躲不至淹毙人口者；是以轻重不同。……此外州县均水未入城，而被灾较重者十七州县，稍轻者十六州县，勘不成灾者十一州县，皆不至如怀庆之甚。…… 被水冲城十州县： 兰阳县计二百四十六村，共塌瓦草房八千间，淹毙人口大小三百五十七口。…… 睢州计七百六十八村，共塌瓦草房一万一千一十四间，并无淹毙人口。……	清代淮河流域洪涝档案史料．北京：中华书局，1988：287
90			巨野、滋阳等五城	[乾隆三十四年六月初山东巡抚富明安奏] 查山东省应修城垣经前抚……奏明四十四处之外，尚有曹州府属之曹县、武城二处城垣因乾隆二十六年（1761年）被黄水冲刷。……巨野、滋阳等五处，因乾隆三十一年（1766年）秋雨过多山水陡发，年久城墙间有坍卸。	清代淮河流域洪涝档案史料．北京：中华书局，1988：308
91	清	乾隆三十一年（1766）	仪封，考城，夏邑	[五月二十九日阿恩哈奏] 仪封、考城、夏邑三县缓修城垣，因积水难消，未经办理。……前诣三县逐一确勘。查仪封、考城二县逼近黄河，城之周围俱有老堤护卫。惟二邑之地，本非高阜，堤内城中向有积水，兼之堤外地土日淤日高，堤内已低三、四、五尺不等。而城内更低，形同釜底。致内外积水充溢成塘，并无归处，已历百载，无可疏通。 夏邑古称下邑，地势最洼。自康熙四年（1665年）河决城圮，大堤以内皆成汪洋，城中半为水占，其形势外高内低过于仪封、考城。询之土人云：康熙三十五年（1696年）、六十一年（1722年）消落两次，皆不数月而汪洋如旧。乾隆二十三年（1758年）前令观音保于堤外开浚水沟，拨夫车戽，欲将积水引入毛河，救治月余，仅消尺许，无效而止。总因下游河道势高不能宣泄，以上三县城垣多被浸泡倾颓不堪。 其积水坑塘宽长三四十丈至七八十丈，深八九尺至一丈四五尺不等。夏邑，考城为甚，仪封次之。……	清代淮河流域洪涝档案史料．北京：中华书局，1988：309
92		乾隆三十九年（1774）	淮安府	[十二月初二萨载奏] 淮安府城一座，据报于本年八月内被水浸漫，城垣垛口、水关、城楼、城台等项，俱有淹坍。	清代淮河流域洪涝档案史料．北京：中华书局，1988：349
93			睢州，考城	[五月十八日河南巡抚杨魁奏] 睢州、考城两处城垣被水冲坍，护城堤亦多残缺，亟应修整。	清代淮河流域洪涝档案史料．北京：中华书局，1988：362
94		乾隆四十五年（1780）	沛县，睢宁县	[十一月十六日闵鹗元奏] 据江宁布政使。……详称，江苏通省城垣共六十二座，内沛县夏镇城一座，因本年六月（7月2日～30日）阴雨淋漓，垣卸二十余丈。 又睢宁县城一座，因本年八月内（8月30日～9月27日）郭家渡堤工漫溢，淹浸城根，以致城垣墙垛等项间有倒塌。	清代淮河流域洪涝档案史料．北京：中华书局，1988：372
95		乾隆五十二年（1787）	安东县	[闰七初八日李世杰等片] 安东县城自七月初（7月25日～）漫口以来，旋遇天气晴霁，因盐河水势顶阻未能畅泄，迄今几及一月，其水深八九尺至丈余之处，已消退一二尺不等。据藩司……确勘，因漫口大溜绕城之东北行走，分注入城，拟于该县城西门外建筑越坝一道拦护，俾漫水全趋东北，城中不致灌入，城垣亦尚可保。	清代淮河流域洪涝档案史料．北京：中华书局，1988：386

续表

序号	朝代	年份	受灾城市	水灾情况	资料来源
96	清	嘉庆四年(1799)	鱼台县，单县，金乡县	[六月二十日山东巡抚陈大文奏] 济宁州之南乡，同临清卫及州属鱼台县之北乡，壤地相连，势处下游，自嘉庆元年(1796年)，江南丰汛漫口，已受倒漾之水，至二年(1797年)复被曹汛漫溢，接续贯注停蓄，至今一片汪洋，内将涸未干地亩淤深数尺，其余存水一二尺不等，各村民房久被淹没，男妇丁口，皆附近运河堤岸及高阜处支寮散寄，……县城久淹坍塌，应兴工疏泄筑复，以资捍卫。 又查前年黄水满溢曹汛，顶冲单县，旋及金乡，及水涸后，该二县护城岸外停沙涌起，高与堤平，城如釜底。现在积水围绕，城垣日逐泡浸渗漏，单城坍卸过半，金乡城尚不及半，探验城内外蓄水，自数尺与丈余不等。两县绅士城居者多，所有牢固砖房倾陷尚少。当此夏雨时行之候，水涸无期，城墙日损一日，附城屋宇亦渐难保，……急宜设法疏通水道，将水引注洼处，以便修城浚濠，保护民庐。现已……相度地势，开挖沟渠放水。惟该二邑民人被灾最重。	清代淮河流域洪涝档案史料．北京：中华书局，1988：425-426
97	清	嘉庆六年(1801)	禹城（治所即今山东禹城县）	六年春，禹城运河决，水至城下。	清史稿，卷40，灾异
98	清	嘉庆七年(1802)	沛县	[九月二十八日费淳等奏] 砀山县境黄河北岸之贾家楼地方，于九月初五日（10月1日）大堤漫水，附近村庄被淹。所过之水下注丰、沛，而沛县因护城堤抢护不及，城内亦皆有水。…… 查得砀山县蒲芦等四里，系在黄河北岸地方，因贾家楼漫水下注被淹，并淹及丰县之大坞等五里，沛县之坊一等二十四里，铜山县之四五两乡。惟沛县地势较低，以致水入城中。	清代淮河流域洪涝档案史料．北京：中华书局，1988：431
99	清	嘉庆十五年(1810)	清江浦	[七月二十二日河东河道总督吴璥等奏] 清江浦地本低洼，形如釜底，向于玉带河南堤设有涵洞，宣泄积涝，由文渠沟归护城河下注白马湖。自嘉庆十年冬间(1805年11月21日～1806年2月17日)，因修建清江闸，启放五孔桥、云昙口两处拦河草坝，由玉带河行船，是以将文渠沟堵塞。其护城河复因嘉庆十三年（1808年）各路水漫沙淤，清河浦积水逐无从宣泄，夏秋间民居多被淹浸。本年四月（5月3日～6月1日）……将护城河疏挑深畅。……缘清江浦地方自六月中旬(7月12日～21日)起，霪雨连绵，几及一月，以致积水日增，街市水深数尺，官民廨舍半在水中。	清代淮河流域洪涝档案史料．北京：中华书局，1988：472
100	清	嘉庆十八年(1813)	宁陵县	[十月初七日河南布政使台斐音奏] 睢州下汛二堡漫工，……宁陵县正当门口下游顶冲，被淹较重。因水来仓猝，势甚凶猛，冲塌护城堤埝，灌注入城，城墙倒塌一面，衙署、仓廒、监狱均已冲没……民田、庐舍多被冲塌，并有伤毙人口。睢州系分溜下注，被淹次重。城垣间断冲坍，民田、庐舍亦多淹浸倒塌。	清代淮河流域洪涝档案史料．北京：中华书局，1988：496
101	清	嘉庆二十一年(1816)	宁陵县	[七月初八护理河南巡抚吴邦庆奏] 十八年(1813年)被旱之后，继以睢汛漫口成灾。十九年(1814年）伏秋大汛，复被淹浸。该县地居下游，逼近口门，大溜冲顶。穿城行走，由西北至东南横宽二十余里，斜长六十余里，溜行迅疾，猝不及防。……庐舍……尽遭淹没，较之睢州、鹿邑等州县，被灾独为吃重。迨二十年（1815年）合龙以后，灾地半遭沙压，积水未尽全消。……	清代淮河流域洪涝档案史料．北京：中华书局，1988：513

续表

序号	朝代	年份	受灾城市	水灾情况	资料来源
102	清	嘉庆二十四年（1819）	兰阳县，封仪县	[八月初二日山东巡抚程国仁等片] 查得兰阳汛漫口，日来溜势渐移，口门已有八分，其余溜二分由仪封三堡漫口东注，水渐平缓，下游旧河已经断流。大约势须归并兰阳一处，所有兰阳县城，据报坍五十余丈，城内西南洼地水深七八尺不等。该县衙署、监狱俱经坍塌，……仓谷、文卷因一时抢捞不及，已飘没无存。仪封厅本无城垣，其衙署也被水坍塌。……该两处居民，已先期迁移高阜，惟妇女幼孩间有损伤。	清代淮河流域洪涝档案史料．北京：中华书局，1988：533
103	清	道光元年（1821）	沭阳县	[道光二年十二月初十日孙玉庭奏] 沭阳县于上年（1821年）七月内大雨连绵，兼之东省山水下注，沭河暴涨，以致西关护城堤工被水漫缺，将石岸掣塌，西北城垣因而坐卸。……	清代淮河流域洪涝档案史料．北京：中华书局，1988：562
104	清	道光六年（1826）	灵璧县	[六月初五日安徽巡抚张师诚奏] 灵璧县，城垣间有倒塌。	清代淮河流域洪涝档案史料．北京：中华书局，1988：591
105	清	道光六年（1826）	天长县，寿州，凤台县，定远县	[六月二十一日张师诚奏] 五月中旬以后，省北凤阳、宿州等处雨势较大，山水汇注，……据天长县禀，五月二十六、八、九及六月初一、二等日（7月1、3、4、5、6日），连得大雨，山水下注，宣泄不及，漫入城厢一、二、三尺不等，北乡积水洼圩受淹，一时难涸。初三（7月7日）晴霁后，西北山圩即可涸复，不致有碍。 又据寿州、凤台两州县禀报，五月以来淮水日增，六月初四、五（7月8、9日）霪雨连日，淮河上游来水正旺，下游荆山口洪水顶注，水势加长，直薄城垣，已将东西北三门堵御，北门瓮城漫水两尺，沿河民房田地被淹。 又据凤阳府禀，据定远县典史禀，……六月初六、七、八大雨如注，倾城垣，监狱民房均有倒塌，仓廒渗漏，将监犯提至署内。南门外大石桥冲倒数段，立即扎筏济渡。池河驿巡检衙门民房，亦有倒塌，间有淹毙人口，打捞掩埋。城内积水赶紧开沟宣泄。该府接禀即经驰往查勘切实另禀。	清代淮河流域洪涝档案史料．北京：中华书局，1988：592
106	清	道光十一年（1831）	罗山县	[六月二十二日河南巡抚杨国桢奏] 前月下旬及六月初旬（6月30～7月18日）汝、光一带，节次大雨，光山县南一百二十里之黄武山连起数蛟，山水暴涨。致光山县南数村庄并附近之罗山县城垣民舍，间有冲塌。	清代淮河流域洪涝档案史料．北京：中华书局，1988：634
107	清	道光十二年（1832）	丰县	[九月十八日林则徐片] 又丰县城垣地势最洼，护城之顺堤河一道，上承山东单县诸水，七月间（7月27日～8月25日）已漫溢入城，设法疏散尚未尽退。八月二十二、三等日（9月16、17日）大雨倾盆，河水复漫过堤岸，直注县城，积深二三尺至五六尺不等，官署民房均多倒塌。	清代淮河流域洪涝档案史料．北京：中华书局，1988：652
108	清	道光十九年（1839）	寿州，凤台县	[九月十三日色卜星额奏] 本年八月份上旬初二、三、四、八等日（9月9、10、11、15日）得雨一寸；中、下二旬（9月18日～10月6日），晴霁日多，间得微雨……据寿州、凤台二州县禀报，河水叠次加长，又兼洪湖顶注，灌入瓮城，沿城低洼田庐俱被漫淹。现在会同按界加意堵御，城外居民迁移高阜，妥为安顿，等情。	清代淮河流域洪涝档案史料．北京：中华书局，1988：705

续表

序号	朝代	年份	受灾城市	水灾情况	资料来源
109	清	道光二十一年（1841）	开封，陈留县，杞县	[六月二十三日牛鉴奏] 黄河伏汛异常泛涨，致祥符上汛三十一堡于六月十六日（8月2日）滩水漫过堤顶，省城猝被水围，势甚危险。……查得三十一堡滩水漫过堤顶处，正对省城，水势建瓴而下，冲破护城大堤，直抵城外，登时水高丈余，……将五门全行堵闭。因西南地势最洼，漫水湍悍，南城门竟被冲漏……至城内积水，各街已深四、五、六尺不等，衙门及臬司、府、县署，俱皆被淹，惟藩司、粮道衙门未经淹及。…… [七月初三日吏部尚书奕经等奏] 黄河于本月初八日以后非常盛涨，漫水汹涌，省城直北大堤于十六日（8月2日）辰刻决开口门，骤围省垣，城不倾者只有数版。……城内城外被水淹毙者，以不知凡几。 [七月初九日山东御史刘浔奏] 阅河南来信，知六月十六日（8月2日）辰刻，祥符县所辖之张湾地方，大堤冲决，省城被围，当即堵闭五门，惟南门未能堵好，是夜三更黄水由南门入城，直流三昼夜，至十九日（8月5日）方止。所有护城堤十里以内人民淹毙过半，房屋倒坏无数，省城墙垣坍塌一半，等语。 又闻离省五十里之陈留县城，水围甚急，杞县城外黄水亦深五尺，种种危险情形，为从来所未有。 [七月十五日牛鉴奏] (祥符）自被水围城以来，万锦滩来源又叠涨水十三次，既旺且勤，……尤为从来所罕见。加以天时雨多晴少，城内坑塘尽溢，街市成渠。下游归属之处，自本省归、陈等属，下注安省颍、凤，由淮安以达于洪泽湖。此就下之势，本省被水各属惟陈留、通许、杞县、太康、睢州、鹿邑为最重，亦有淹及城垣者，而陈留情形尤为危迫。	清代淮河流域洪涝档案史料．北京：中华书局，1988：721–723
110		道光三十年（1850）	霍山县	[六月十四日安徽巡抚王植片] 现据署霍山县知县……禀报，该县四面环山，五月下旬（6月30日～7月8日）连日大雨，六月初三日（7月11日）蛟水骤发，宣泄不及，平地水深三尺及五六尺不等，城垣仓廒间被浸塌。西南一带村堡田地房庐，颇被冲没，间有淹毙人口。	清代淮河流域洪涝档案史料．北京：中华书局，1988：765
111		同治十一年（1872）	郓城县	[十月十三日（朱批）山东巡抚丁宝桢片] 再，查郓城县河西各村庄，经年沉浸水中，又有庄居东南，地在西北，及接壤之寄庄均被淹没，春麦秋禾未能播种。……复报该县城垣于八月初七日（9月9日）黄水异常涨发，县城本在水中，一经各处盛涨，致被漫淹。城内居民均皆迁避出城，人口尚无损伤，惟房屋一切多被冲塌。…… 兹据……查明，该县城垣系七日夜四更，黄水由西北漫淹入城，……其溺毙者只二十三人。	清代淮河流域洪涝档案史料．北京：中华书局，1988：837
112		光绪十三年（1887）	中牟，尉氏	[十月十六日（朱批）倪文蔚奏] 查黄河南岸郑下汛十堡漫口，全溜下注直趋东南郑州、中牟、祥符、尉氏、通许、杞县、鄢陵、扶沟、太康、西华、淮宁、商水、沈丘、项城、鹿邑等十五州县，或当大溜顶冲，或被漫水淹及，并北岸武陟县沁河漫淹六十余村庄，…… 伏查此次漫口，大溜忽分忽合，河面横宽七八十里。中牟被淹十分之六七，尉氏、扶沟、淮宁、西华等县合境已淹十之八九，其中牟、尉氏县城环浸日久，情形岌岌可危。	清代淮河流域洪涝档案史料．北京：中华书局，1988：912
113		光绪十五年（1889）	寿州，五河	寿州一带水势大于上年（1888年），该州城垣沦于巨浸，屯闭三门，风浪激撞，颇形危险，……幸水势来骤去速，六月初十（7月7日）以后，逐渐消落，可保无虞。 五河县城市中水深数尺，系当雨急之时积渟所致，晴霁以后渐就退消。	清代淮河流域洪涝档案史料．北京：中华书局，1988：997–998

第六节 黄河水患严重化的原因探索

一、黄河水患由秦汉至明清愈演愈烈

秦汉至宋元明清黄河决溢次数统计表[1] 表 5–6–1

朝代	年数	决溢次数	频率	
			年／次	次／年
秦汉（公元前 221 ～公元 220 年）	441	171	26	0.39
三国至南北朝（220 ～ 581 年）	361	5	72	0.014
隋唐（581 ～ 907 年）	326	32	10	0.1
五代（907 ～ 960 年）	53	37	1.4	0.7
北宋（960 ～ 1127 年）	167	165	1	1
金（1115 ～ 1234 年）	119	记载不详		
元（1279 ～ 1368 年）	89	265	3	3
明（1368 ～ 1644 年）	276	456	1.65	1.65
清（1644 ～ 1840 年）	196	361	1.8	1.8

由表 5–6–1 可知，黄河水患由秦汉的 0.39 次／年，三国及南北朝的 0.014 次／年，隋唐的 0.1 次／年，上升到五代的 0.7 次／年，北宋的 1 次／年，元代的 3 次／年，明代的 1.65 次／年，清代的 1.8 次／年。呈现愈演愈烈之势。

二、黄河在东汉至唐代后期八百年安流的原因

著名的历史地理学家谭其骧先生在《学术月刊》第 2 期发表了《何以黄河在东汉以后会出现一个长时期安流的局面》一文，引起了历史学、地理学和水利史学界的广泛重视。该文的主要论点概括而言有二：一是从有历史记载以来至建国以前的数千年里，黄河的灾害并不是一贯直线上升的，有一个自东汉至唐代后期的大约八百年时间的相对稳定时期；二是东汉以后黄河中游地区的土地利用方式，由农耕为主变成以畜牧为主，使水土流失程度大大减少，是下游长期安流局面出现的决定性因素[2]。

谭其骧先生认为：

战国以前黄河上游的决徙很少，我以为根本原因就在这里。那时的山陕峡谷流域和泾渭北洛上游地区还处于以畜牧射猎为主要生产活动方式的时代，原始植被还未大量破坏，水土流失还很轻微。

秦和西汉两代都积极地推行了“实关中”和“戍边郡”这两种移民政策。“实关中”的目的是为了“强本弱末”。所谓“本”就是王朝的畿内，即关中地区；把距离较远地区的一部分

[1] 依张含英著．历代沿河方略探讨．北京：水利电力出版社，1982：38、46、58、71 数字制作此表．

[2] 邹逸麟著．椿庐史地论稿．天津：天津古籍出版社，2005：39．

人口财富移置到关中，相对地加强关中，削弱其他地区的人力物力，借以巩固封建大一统的集权统治，就叫做“强本弱末”。“实关中”当然主要把移民安顿在关中盆地，但有时也把盆地边缘地带作为移殖目的地。例如秦始皇三十五年徙民五万家于云阳，汉武帝太始元年、昭帝始元三年、四年三次徙民于云陵，云阳和云陵，都在今淳化县，即已在泾水上游黄土高原范围之内。“戍边郡”就是移民实边，目的在巩固边防。当时的外患主要来自西北方的匈奴，所以移民实边主要目的地也在西北边郡；所包括的地区范围至为广泛，黄河中游全区除关中盆地、汾涑水流域以外都包括在内，黄河上游、鄂尔多斯草原和河西走廊地带也都包括在内，而其中接受移民最多的是中游各边郡和上游的后套地区。

这两个地区从以畜牧射猎为主变为以农耕为主，户口数字大大增加，乍看起来，当然是件好事。但我们若从整个黄河流域来看问题，就可以发现这是件得不偿失的事。因为在当时的社会条件之下，开垦只能是无计划的盲目的乱垦滥垦，不可能采用什么有计划的水土保护措施，所以这一带地区的大事开垦，结果必然会给下游带来无穷的祸患。历史事实也充分证实了这一点：西汉一代，尤其是武帝以后，黄河下游的决徙之患越闹越凶，正好与这一带的垦田迅速开辟，人口迅速增加相对应；也就是说，这一带的变牧为农，其代价是下游数以千万计的人民，遭受了百数十年之久的严重的水灾[1]。

谭其骧先生以上论点解释了西汉黄河下游水患增加的原因。

谭先生又指出：

（东汉）以务农为本的汉族人口的急剧衰退和以畜牧为生的羌胡人口的迅速滋长，反映在土地利用上，当然是耕地的相应减缩，牧场的相应扩展。黄河中游土地利用情况的这一改变，结果就使下游的洪水量和泥沙量也相应地大为减少，我以为这就是东汉一代黄河之所以能够安流无事的真正原因所在[2]。

这种情况一直到唐朝。这就解释了为何东汉以后黄河有八百年安流的局面。

唐代后期黄河中游地区土地利用（以农代牧）的发展趋向，已为下游伏下了祸根。五代以后，又继续向着这一趋势变本加厉地发展下去，中游的耕地尽“可能”地无休止地继续扩展，下游的决徙之患也就无休止地愈演愈烈。国营牧场随着政治中心边防重心的东移而移向黄河下游和河朔边塞。农民在残酷的封建剥削之下，为了生存，惟有采取广种薄收的办法，随着原来的地势起伏，不事平整，尽量平整，尽量扩大垦种面积。黄土高原与黄土丘陵地带在这样的粗放农业经营之下，很快引起严重的水土流失，肥力减退，单位面积产量急剧下降，沟壑迅速发育，又使耕种面积日益减缩。为了生存，农民惟有继续扩展垦地，甚或抛弃旧业，另开新地。就这样，“越垦越穷，越穷越垦”，终至于草原成了耕地，林场也成了耕地。陂泽洼地成了耕地，丘陵坡地也成了耕地；耕地又变成了沟壑陡坡和土阜。到处光秃秃，到处千沟万壑。农业生产平时收成就低，由于地面丧失了蓄水力，一遇天旱，又顿即成灾。就这样，当地人民的日子越过越穷，下游的河床越填越高，洪水越来越集中，决徙之祸越闹越凶。就这样，整个黄河流域都陷于水旱频仍贫穷落后的境地，经历了千余年之久[3]。

谭其骧先生这一段话，解释了五代至明清河患愈演愈烈的原因。

---

[1] 谭其骧．何以黄河在东汉以后会出现一个长期安流的局面——从历史上论证黄河中游的土地合理利用是消弭下游水害的决定性因素//葛剑雄，华林甫编．历史地理研究．武汉：湖北教育出版社，2004：138-168．

[2] 谭其骧．何以黄河在东汉以后会出现一个长期安流的局面——从历史上论证黄河中游的土地合理利用是消弭下游水害的决定性因素//葛剑雄，华林甫编．历史地理研究．武汉：湖北教育出版社，2004：138-168．

[3] 谭其骧．何以黄河在东汉以后会出现一个长期安流的局面——从历史上论证黄河中游的土地合理利用是消弭下游水害的决定性因素//葛剑雄，华林甫编．历史地理研究．武汉：湖北教育出版社，2004：138-168．

三、黄河中游森林的破坏是黄河水患严重化的重要原因

史念海先生在“历史时期黄河中游的森林”一文中，详细论证了西周春秋战国时代，黄河中游曾经有过大量的森林（图 5-6-1）。他认为：

历史时期黄河中游的天然植被大致分成森林、草原及荒漠三个地带。森林地带包括黄土高原东南部，豫西山地丘陵，秦岭、中条、霍山、吕梁山地，渭河、汾河、伊洛河下游诸平原。草原地带包括黄土高原西北部。荒漠地带包括内蒙古西部和宁夏等地。森林地带中兼有若干草原，而草原地带中也间有森林茂盛的山地。

史念海先生指出，明清时代是黄河中游森林受到摧毁性破坏的时代，尤其是明代中叶以后更是如此。他指出：

明清时代黄河中游森林的破坏，和以前各代一样，也与农、牧业的发展有关。

明清时代的农业在旧有的基础上继续发展，农田开垦也相应地不断增加，不仅平原各处没有弃地，就是丘陵沟壑凡可以种植的地方都陆续加以利用，甚至山地的坡地也都在开垦之列。这就不能不使森林地区受到影响。

明代很重视屯田。从初年起即在全国各地大力推广。据说“天下兵卫邻近闲旷之地，皆分亩为屯”。当时主要是充分利用金元以来由于人口稀少而长期荒芜的农田，当然也开垦了相当数量的生荒地。屯田数目的多寡因时不同，也因地而异。不过以西北边地为多。据 1587 年（明神宗万历十五年）的数字，则防区在雁门三关以南的山西镇计有 33700 余顷，陕西都司包括河西的陕西行都司防区在内的计有 168400 余顷。大约在 1592 年（明神宗万历二十年）前后，延绥镇屯田数字是榆林卫 37900 余顷，绥德卫 6600 余顷，延安卫 3500 余顷，合共 481000 余顷。则延绥镇屯田数目还较山西镇为多。这个数目虽只占陕西都司和陕西行都司的全数四分之一，

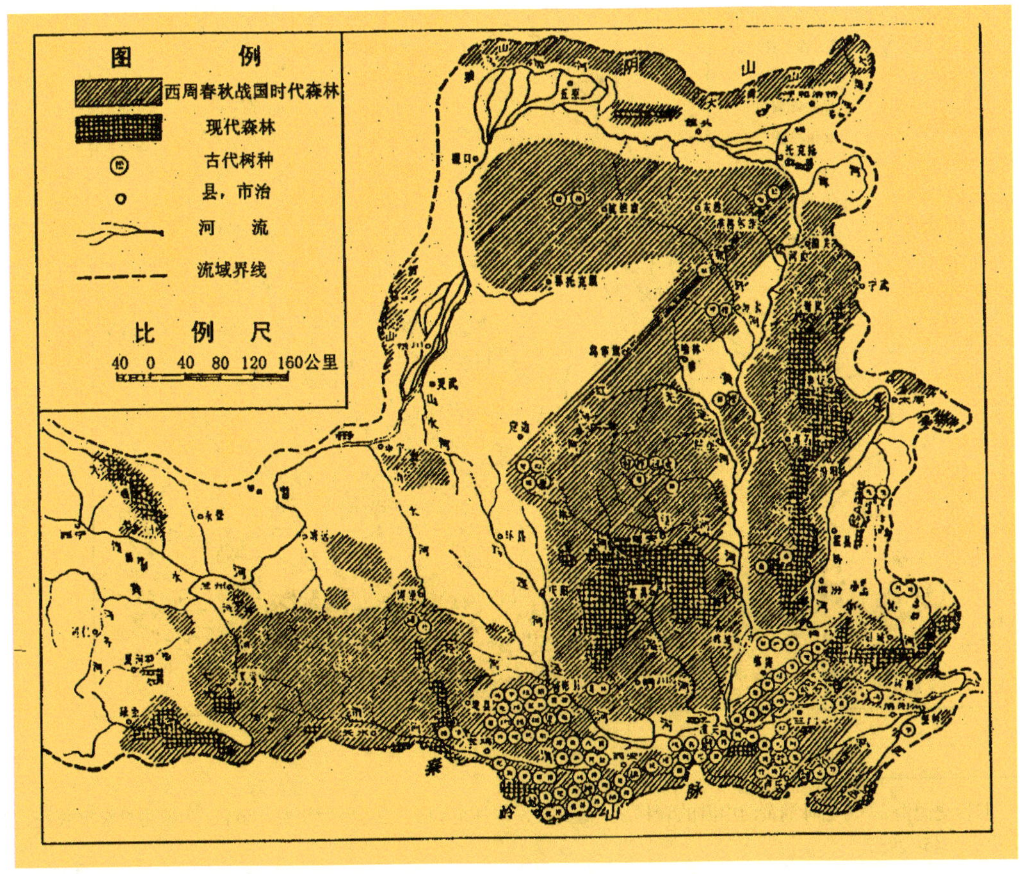

图 5-6-1 西周春秋战国时代黄河中游森林分布图（自史念海著．河山集·二集）

可是陕西都司和陕西行都司的防区却不仅只大于延绥镇的四分之三，明代还实行所谓开中的办法，更益引起边地的大量开垦。虽说当地还有许多荒田甚至抛荒地，都已经不是较大的数目。

当然，这时开垦农田不能说对于森林就一定有所破坏，但是林区附近的开垦就很难说没有丝毫影响。山西永宁（今离石县）等地的屯田有的竟“错列在万山之中，冈阜相连”，更有锄山为田的；由永宁到延绥的途中，“即山之悬崖壁峭，无寸尺不耕”。他处姑且不论，永宁就在吕梁山中。吕梁山乃是一个森林地区，而由永宁至延绥，不外碛口与军渡两途。这里丘陵地区也不是没有森林的。在这里开垦，怎能说对于当地的森林没有若何影响？前面所说的丘陵地区和山地的林区，后来大都破坏无余，不能说就和农田的开垦无关。当然，这不一定都要诿过于明代的屯田。屯田只是一个大规模的举动，至于一般的开垦更是习见不鲜，正是由于不见于文献的记载，也就习而不察了。

至于畜牧地区由于明长城的修筑，区划是相当明显的。不过明长城所间隔的，只是游牧地区，长城以南仍有相当广大的半农半牧地区。半农半牧地区的森林，同样也难免于受到破坏，次生林的生长发育也是几乎不可能的。而明代的养马事业对于有关的森林也不能没有影响。明代的养马主管于苑马寺。苑马寺下所辖的六监二十四苑，分布在现在甘肃临洮、榆中、陇西、会宁、通渭、环县、庆阳诸县，宁夏的固原和陕西的定边、靖边、志丹诸县。这样的分布是相当广泛的，其中今固原县南的开城镇就集中了几个苑，固原县北的黑城镇也是一个苑。这都位于六盘山麓。固原县北虽只有一个苑，实际上平凉和固原以北都成了牧地，甚至当地的农民都成养马户，和牧民相仿佛。目下尚未发现像唐代楼烦监那样，养马就在山上的事实，然六盘山北端森林的稀少，也不能就与此无关[1]（图 5–6–2）。

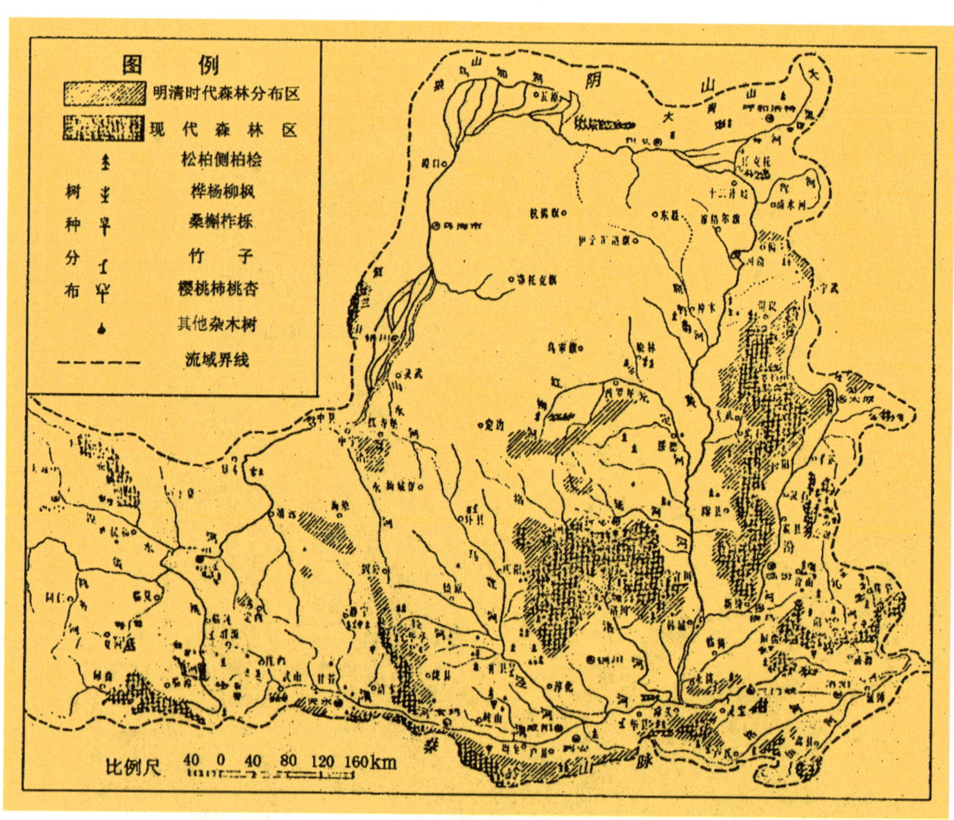

图 5–6–2 明清时代黄河中游森林分布图（自史念海著．河山集·二集）

[1] 史念海．历史时期黄河中游的森林 // 葛剑雄，华林甫编．历史地理研究．武汉：湖北教育出版社，2004：245–295．

黄河中游森林的消失，是黄河水患严重化的重要原因。

四、唐宋以后，黄淮海平原的湖沼的消失，也是黄河水患严重化的重要原因

邹逸麟先生指出：

在黄淮海南部的黄淮海平原上，湖沼的巨大变迁是从12世纪黄河南泛开始的。以后的变化也主要是受黄河和运河变迁的影响。其结果是：豫东、豫东南、豫西南西部以及淮北平原北部的湖沼，大都被黄河的泥沙所填平，也有一部分是因为人为垦殖加速了淤废。上述地区湖沼淤废之后，平原上的沥水都集中到山东丘陵西侧、黄河冲积扇前缘的低洼地带，形成了今黄河以南、淮河以北长达数百公里的新生湖沼带。这一湖沼带在近百年又有逐渐淤浅的趋势[1]。

能调蓄洪水的湖沼的消失，是黄河水患严重化的重要原因。

第七节 历代治河的方略

黄河善决、善淤、善徙，对下游的城市村镇和广大的人民造成极大的危害。为治理黄河往往耗费国库大量资金。《黄河史》指出：

黄河洪水决溢，河道频繁迁徙，古往今来，灾难巨大，罪孽深重。洪水决溢泛滥，除前述流杀人民、吞没田产、淹没城郭、毁坏庄园，广大民众蒙受惨痛灾难以外，直接导致地理环境发生变化，使历代官府经济上遭受损失，甚至还可能影响政治局势的安定。

历史上黄河一次决口的堵复，常需动用数十万人参加，经济上还要付出巨大的代价。如宋仁宗天圣五年（1027年）滑州一次堵口，“发丁夫三万八千，卒二万一千，用缗钱五十万贯”[2]。元惠宗至正十一年（1351年）一次白茅堵口，调动军民17万人，耗费“中统钞八百四十万五千六百三十六锭有奇”[3]。明代一次河工大役或“五十多万金”，或“八十多万金”[4]，而嘉靖初年国家赋库收入“二百万两有奇”[5]，万历六年（1578年）时“太仓岁入凡四百五十余万两”[6]，一次河工大役差不多要占国家一年总收入的1/8或1/6。清代康乾之世，一次黄河堵口所支银两，少则十数万，多则可达945万。嘉庆道光之间，全国岁入银总数不过4000余万，而一次堵口大工就需支银六七百万两，甚至一千二三百万两。如果再加岁修银两，每年用于黄河河工的开支，约在全国总收入的1/4以上[7]。

正因为如此，历代统治者和有识之士，都十分关注治河的方略。水利学家张含英先生著有《历代治河方略探讨》，水利史家著有《黄河水利史述要》、《中国水利史稿》，以及水利史学家周魁一先生著有《中国科学技术史·水利卷》，鲁枢光、陈先德主编的《黄河史》中，均有详细论述。本节仅作一简略的介绍。

---

[1] 邹逸麟主编．黄淮海平原历史地理．合肥：安徽教育出版社，1997：186−187．

[2] 黄河河政志稿．

[3] 黄河河政志稿．

[4] 黄河河政志稿．

[5] 黄河河政志稿．

[6] 黄河河政志稿．

[7] 鲁枢光，陈先德主编．黄河史[M]．郑州：河南人民出版社，2001：293−294．

一、传说中的上古“障洪水”和“疏九河”的治水策略

传说尧、舜时，黄河下游连续发生过特大洪水。大家推举鲧主持治水，“鲧障洪水”[1] 他用的是筑堤，筑城障水的办法。

据《通鉴纲目》记载：

“帝尧六十有一载，洪水。”“帝尧求能平治洪水者，四岳举鲧，帝乃封鲧为崇伯，使治之。鲧乃大兴徒役，作九仞之城，九年迄无成功。”

用导的办法制服洪水，据说是大禹的发明。禹是鲧之子，他吸取父亲仅用“防”而治水失败的教训，采用了新的办法：导。禹“决九川距四海，浚畎浍距川[2]，既疏通主干河道，导引漫溢出河床的洪水和渍水入海，又浚若干排水渠道，使漫溢出河床的洪水和积涝回归河槽。禹用导之法，终于使“水由地中行，……然后人得平土而居之。”[3]

二、贾让治河三策[4]

西汉人贾让提出的治理黄河的方案。西汉时期，黄河决口频繁，灾患十分严重，哀帝命令召集治河人才。贾让应召提出治理黄河的系统见解，分为上、中、下 3 个方案，后世即称为“贾让治河三策”，见于《汉书 · 沟洫志》。他一开始便提出了治水的基本思想是不与水争地。立国安民，疆理土地，必须“遗川泽之分，度水势所不及”。他系统地分析了黄河下游两岸堤防的变迁经过及变迁造成的危害。接着分别阐述了上、中、下 3 个方案的具体内容。其上策是：开辟滞洪区，“徙翼州之民当水冲者”；实行宽堤距，充分考虑河床容蓄洪水的能力，而不能侵占河床、乱围乱垦、阻碍行洪、与水争地。滞洪区的移民安置费用，以几年的修堤费用即可补偿。贾让认为这样就能从根本上消除水患，河定民安。其中策是：开渠建闸，发展引黄灌溉，分杀水怒，并分洪入漳河。他认为这样做还有 3 个好处：一是发展淤灌，改良土壤；二是可改种水稻，将产量提高 5 ～ 10 倍；三是可以发展航运。实现这个方案，只需花费一年的修防费用就够了。贾让认为这个方案能兴利除害，维持数百年。其下策是：加固堤防，维持河道现状。而堤防岁修岁坏，劳民伤财，灾害不断。

贾让治河三策是历史上保留下来的最早的一篇全面阐述治河思想的重要文献。他最早提出在黄河下游开辟滞洪区的设想，以及在水利建设中实行经济补偿的概念和具体方法，体现了水利规划中的方案比较思想。同时，他比较客观地总结了堤防发展的历史，批评了汉代无计划围垦河滩地所造成的危害，还提出发展引黄淤灌、兴利除害等，都是极有参考价值的。因此，贾让治河三策对后世的治河思想产生了深刻的影响。但是，后人对此的评价也很不一致。有人认为后世治河均不出贾让三策；而有的则认为贾让的上策只是空想，中策也很难实行，而其下策却是 2000 多年来被实际实行的办法。

三、王景治河[5]

中国东汉时的一次大规模治黄活动。西汉鸿嘉四年（公元前 17 年）黄河下游决溢未堵，

[1] 国语 · 鲁语 .

[2] 尚书 · 益稷 .

[3] 孟子 · 滕文公下 .

[4] 郑连第主编 . 中国水利百科全书 · 水利史分册 . 谭徐明，蒋超副主编 . 北京：中国水利水电出版社，2004：70–71.

[5] 郑连第主编 . 中国水利百科全书 · 水利史分册 . 谭徐明，蒋超副主编 . 北京：中国水利水电出版社，2004：117–118.

平帝时（公元 1 ~ 5 年）黄汴泛滥混流；王莽始建国三年（11 年），黄河大决魏郡（今大名一带），数十年失修；东汉明帝永平十二年（69 年），令王景治河，治理后形成新的黄河河道，后人称为汉唐河道。王景，字仲通，乐浪詽邯（今朝鲜境内）人，博学多才艺，善治水，曾成功地修过浚仪渠（汴渠的一段）。永平十二年夏，他和王吴组织军士数十万人治理黄河和汴河，自荥阳（今郑州西北）到千乘海口（今利津县境）筑黄河堤 1000 余里；勘测地形，开凿山丘，挖凿河道中的石滩，裁弯取直，防护险要堤段，疏浚淤塞河段，“十里立一水门，令更相洄注”，第 2 年夏天完工。耗资 100 多亿钱。竣工后恢复西汉时的管理制度，设河防官吏。他的治河事迹，现存记载过简，对“十里立一水门，令更相洄注”，后人解释分歧很大。有人认为当时黄河是双重堤防，相当于后代的缕堤、遥堤，在缕堤上 10 里建一水门，引浊水在两堤间放淤固滩，已澄清的水自下游水门回入河内；有人认为水门建在汴堤上，引浊水在黄汴二堤之间，放淤，放清水入汴等。他们都认为这是治河成功的关键。《后汉书》记载：治河前“汴流东侵”，日月益甚，水门故处皆在河中；治河后，“今既筑堤理渠，绝水立门，河汴分流，复其旧迹”；“往者汴门未作，深者成渊，浅则泥涂”。提到的水门都指引黄入汴的闸门，即西汉“荥阳曹渠”口的水门。王景改为多口引水，在渠首段 10 里筑一闸门。但河汴分流，对黄河河道不发生什么影响，起不到改善河道的作用。

王景治河后，历时 900 多年没有大改道，同时唐中期以前黄河决溢记载很少，不少人对他的成绩评价很高，认为他治河后 800 年无河患。但近代有不少研究人员有其他解释。有人认为东汉后黄河中上游植被好、水土流失较少，减少了水中含沙量，因而淤决也少。也有人指出，据文献记载，王景治河后 36 年就有决溢，到东汉末 150 年中，至少有 5 次决溢。三国时 60 年间至少有 4 次决溢。两晋南北朝 300 年间决溢仅中游有 2 次，下游几乎没有，修治也仅有一两次，都在汴口附近。300 多年中黄河、海河流域大水记载不下六七十次，并非 800 年无水患，入黄泥沙也未显著减少。还有人认为，长期堤防失修，残破失效，洪水分入各分支及相通的河道湖泊中，无法分辨哪是黄河决水，而东汉黄河下游河道，行经地势低下的湖沼地区，借自然地貌分滞洪，减轻河道负担，一般洪水泛滥成灾的机会得以减少。

四、北宋回河（图 5–7–1）

北宋时，黄河下游河道行经不同路线的争论和实践。北宋黄河水灾严重，每一两年决溢一次。宋初治河多主张下游分流，实际只能做到修守堤防和堵塞决口。当时黄河下游大体上仍沿袭王景治河后的汉唐河道，称为京东故道。景祐元年（1034 年）决澶州（今河南濮阳）东的横陇埽，东北流入渤海。庆历八年（1048 年）决澶州商胡埽，北流经今大名、馆陶、临西、枣强、衡水、青县，自天津附近入海。有人认为这是黄河第 3 次大改道。对此，朝野有堵和不堵的争议。此为北宋时的第 1 次北流。嘉祐元年（1056 年）堵口，挽河回横陇故道，失败。4 年后，又在大名决口向东流，大致经今冠县、高唐、平原、陵县、乐陵，自无棣东入海。当时称二股河或东流。朝廷有维持北流与堵北流挽入东流两种主张的激烈争议，牵涉到政治上的党派争论。熙宁二年（1069 年）开浚东流，堵北流，改入东流。元丰四年（1081 年）河又决澶州小吴埽，形成第 2 次北流。绍圣元年（1094 年）再堵北流，复回东流。5 年后又于内黄决口，回入北流，东流淤断，直到北宋灭亡。几十年中黄河东流只有 16 年，北流有 54 年。3 次北流的河道，2 次东流的河道也不尽相同。90 年中人为改河更加重了灾情。主张东流的最重要理由是怕北流入辽境，失掉边防大河。反对人力回河的有欧阳修（1007 ~ 1072 年）、苏辙（1039 ~ 1112 年）等，前者认为“河流已弃之道，自古难复”，又说河多泥沙，常先淤下游，下淤就会决上游。苏辙反对回河也反对分流说：水流慢就淤淀，“既无东西皆

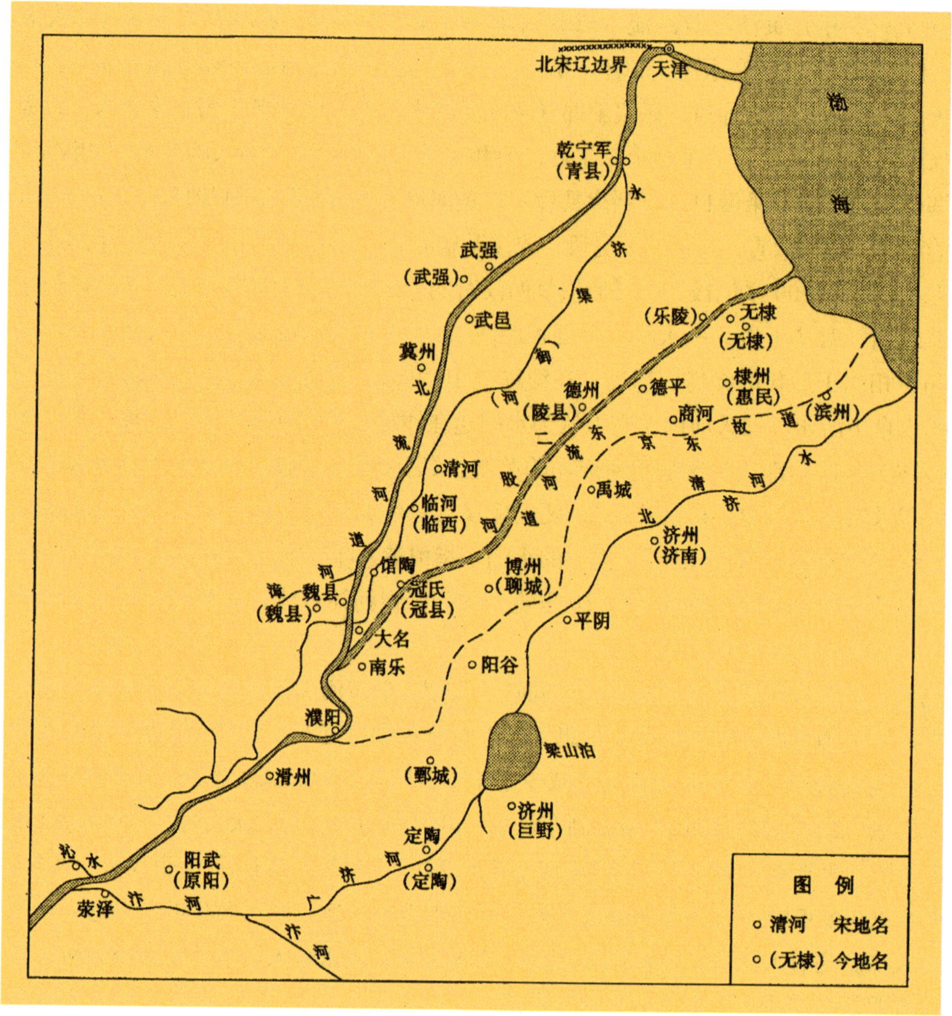

图 5-7-1 北宋黄河的东流与北流示意图（自中国水利百科全书·水利史分册：119）

急之势，安有两河并行之理”。有人认为黄河总要决溢，不如选择害小的路线，“顺水所向，迁徙城邑以避之”。北宋晚期任伯雨（1047 ~ 1119 年）说：“自古竭天下之力以事河者，莫如本朝；而徇众人偏见，欲屈大河之势以从人者，莫甚于近世。”“为今之策，正宜因其所向，宽立堤防，约拦水势，使不至大段漫流。”这是历史上用人力大规模改变黄河下游河道河线的尝试[1]。

五、贾鲁治河

贾鲁治河是元代一次规模最大的黄河堵口活动。至正四年（1344 年），黄河在曹县白茅决口，泛滥横流达 7 年。至正十一年（1351 年），工部尚书贾鲁任总治河防使，主持堵塞白茅决口工程。贾鲁（1297 ~ 1353 年），字友恒，河东高平人。他的治河方法是“疏、浚、塞并举”，主要措施有三：一是整治旧河道，疏浚减水；二是筑塞小口，培修堤防；三是堵塞黄陵口门，挽河回归故道，这是工程重点。四月兴工，动用民夫 15 万、军队 2 万。七月即完成浚河 280 余里，八月开始放水入故道，九月开始堵口。贾鲁以大船装石做成“石船堤”和草埽截水堤并用，逼大溜回正河故道。决口两侧共修堤坝 36 里，其中挑水坝长 26 里。石船堤之法，以 27 艘大船

[1] 郑连第主编．中国水利百科全书·水利史分册．谭徐明，蒋超副主编．北京：中国水利水电出版社，2004：118-119.

装满碎石逆流并排，左右与两岸系牢，前后互相固定，以斧凿穿船底，沉于水中，上卷大埽压之，障水入故河，为堵口奠定了稳固的基础，这是水利技术上的一大创造。堵口工程从九月初七开始，至十一月十一日合龙。工程非常艰巨，规模十分浩大，耗费了巨大的人力、物力和财力。后代有人评价这次治河工程说："贾鲁修黄河，恩多怨亦多，百年千载后，恩在怨消磨。"[1]

六、潘季驯的束水攻沙

潘季驯（1521 ~ 1595 年）明代著名治河专家，字时良，号印川，浙江乌程（今湖州）人。嘉靖末至万历中 4 次出任总理河道，主持治理黄河、运河，在理论和实践上都有重要建树。

明代前期，黄河下游河道十分紊乱，主流迁徙不定，或者北冲张秋运道，或者南夺淮、泗入海。永乐九年（1411 年），重开会通河（京杭运河山东段）后，朝廷把保证京杭运河畅通作为治河方针，采取了"北堵南疏"、"分流杀势"的治黄方略。到嘉靖末年，黄河在徐州以上分汊曾达 13 支之多，灾害十分严重。潘季驯主持治河后，改变了前期专事分流的方略，提出并实行了束水攻沙的一系列主张和措施。

潘季驯治黄经过：嘉靖四十四年（1565 年）七月，黄河在江苏沛县决口，沛县南北的运河被泥沙淤塞 200 余里。十一月，朝廷任命潘季驯为总理河道。潘季驯提出"开导上源，疏浚下流"的治理方案。朝廷只同意疏浚下流。嘉靖四十五年（1566 年）十一月，潘季驯因母亲去世，回籍守制。

隆庆三年（1569 年）七月，黄河又在沛县决口，隆庆四年（1570 年）七月又决邳州（今江苏睢宁的古邳镇）。隆庆四年八月，朝廷再次任命潘季驯为总理河道。他提出"加堤修岸"和"塞决开渠"两种方法，并认为，根本之计在于"筑近堤以束河流，筑遥堤以防溃决"，主持修筑了徐州至邳州两岸缕堤。隆庆五年（1571 年）十二月，潘季驯被弹劾罢官。

万历四年（1576 年）八月，黄河在徐州决口，万历五年（1577 年）又在崔镇（属今江苏泗阳）等处决口。当时张居正掌权，起用潘季驯。万历六年（1578 年）二月，第 3 次任命潘季驯为总理河道，兼管漕运。潘季驯在实地勘察之后，总结前两任的经验教训，提出了在徐州以下黄河两岸高筑大堤，挽河归槽，实现束水攻沙；堵塞高家堰决口，加固高家堰大堤，逼淮水尽出清口，实行以清刷黄和以洪泽湖拦蓄淮河洪水的综合治理黄淮下游和运河的全面规划。他按照这一规划对徐州以下河段进行了大规模整治，仅修两岸大堤就长达 600 余里。万历八年（1580 年），潘季驯升任南京兵部尚书，万历十一年（1583 年）又任刑部尚书，万历十二年（1584 年）因"党庇张居正"罪被削职为民。

万历十三年（1585 年）后，河患又起。万历十六年（1588 年），朝廷第 4 次任命潘季驯为总理河道。他上任之后，坚持并发展了三任时的主张，更加重视堤防建设，提出了利用黄河本身冲淤规律实行淤滩固堤的措施。他认为"治河有定义而河防无止工"，"治河无一劳永逸之事"。万历二十年（1592 年），潘季驯去职还乡，次年得风瘫，万历二十三年（1595 年）五月十日病故。

潘季驯的治河贡献：潘季驯在长期治河实践中，汲取前人的成果，总结新经验，逐步形成"以河治河，以水攻沙"的治理黄河总方略，其核心在强调治沙，基本实践措施则是筑堤固槽，遥堤防洪，缕堤攻沙，减水坝分洪。这样，不仅改变了明代前期在治黄思想中占主导地位的"分流"方略，而且改变了历来在治黄时间中只重治水、不重治沙的片面倾向。经过潘季驯 4 次

[1] 郑连第主编．中国水利百科全书·水利史分册．谭徐明，蒋超副主编．北京：中国水利水电出版社，2004：119-120．

主持治河，不仅徐州以下至云梯关海口基本形成了堤防系统，而且郑州以下的整个黄河下游堤防都初步完善和加固，河道基本被固定下来。运道一度畅通，在一段时间内水患相对减小。由于潘季驯时期已奠定了基础，经过后人的继续努力，使明、清河道维持了300年之久。潘季驯治河的主要贡献：把治沙提到治黄方略的高度，实现了治黄方略从分水到束水，从单纯治水到注重治沙的转变；提出并实践了解决黄河泥沙问题的3条措施，即束水攻沙、蓄清刷黄、淤滩固堤；系统总结、完善了堤防修守的一整套制度和措施。

潘季驯的治黄主张和实践有几个显著特征：紧紧抓住黄河沙多水少，年内水量分布极不平衡的特殊性；利用水沙关系的自然规律来刷深河槽；从河情地势的实际、当时的政治经济条件和科学技术水平出发，强调"治河之法，当观其全"，对治理黄、淮、运交汇的复杂格局有全面规划。在哲学思想上具有朴素的唯物主义，不拘泥于古人经验和书本，反对天神观，提出治河成败"归天归神，误事最大"。由于历史的局限，潘季驯没有能够改变黄河泥沙淤积的总趋势。他的许多主张只有定性的描述而缺乏定量的分析。蓄清刷黄方略客观上还加剧了淮河中游和洪泽湖的淤积，降低了淮河中游的行洪能力，加剧了淮河下游以及里下河地区的水灾。他的实践活动始终局限在黄河下游。潘季驯治河的基本主张和主要实践记录在其代表作《河防一览》中，深刻地影响了后代的治黄方略和实践[1]。

七、黄河防洪的措施

黄河防洪的措施很多，其中较为有特色的有如下几种：

（一）埽工[2]

埽工是中国特有的一种在护岸、堵口、截流、筑坝等工程中常用的水工建筑物。用梢埽分层匀铺，压以土及碎石，推卷而成埽捆或埽个，简称埽。小埽又称埽由或由。若干个埽捆累积连接起来，修筑成护岸（图5-7-2）等工程即称为埽工。先秦时期已有类似埽的建筑，宋代黄河上已普遍使用。北宋中期黄河自孟津以下两岸建有大规模埽工四五十处，卷埽技术已十分成熟。《河防通议》、《宋史·河渠志》等对埽的制作和埽工的使用进行了专门总结。

埽的制作：根据《宋史·河渠志》记载，宋代埽工的做法是：先选择一处宽平的堤面作为料场，沿地面密布草绳，上面铺一层梢枝和芦荻一类的软料，软料上面压上一层土并掺进碎石，再将大竹绳从中穿过，称为"心索"；然后推卷捆成圆柱形，并用较粗的苇绳拴住两头，埽捆便做成了（图5-7-3）。埽的体积较大，高达数丈，长为高的2倍，因此常需几百人甚至上千人呼号齐推，方能将埽捆下到堤岸薄弱之处。埽捆安放就位后，将其心索在堤岸的柱桩上系牢，同时自上而下在埽上打进长木桩，直插地下，把埽固定起来，护岸的埽工即做成了，称为"埽岸"。据《河防通议》记载，还有另一种卷埽形式，与近代修埽法颇为相似：先将薪刍等软料卷成巨束，称为龛（音gun）；然后将龛下到险工处，龛与龛之间可以连接，也可用网子索包住，再用梢草填塞；龛上可以再加龛，下面的埽龛如果日久朽料，被水刷去，上龛即压下，上龛上面还可以卷新埽压下。这种龛的高度，自10～40尺不等，长度一般不超过20步。如果险工地段较长，距水较近，也可将若干龛连接起来，最长可达两三百步至1000步。这种埽工修成后，中间不用长木穿透固定，埽体可随河底的冲刷而自由下沉，不使埽体有架空现象。

---

[1] 郑连第主编．中国水利百科全书·水利史分册．谭徐明，蒋超副主编．北京：中国水利水电出版社，2004：262—263.

[2] 郑连第主编．中国水利百科全书·水利史分册．谭徐明，蒋超副主编．北京：中国水利水电出版社，2004：86—87.

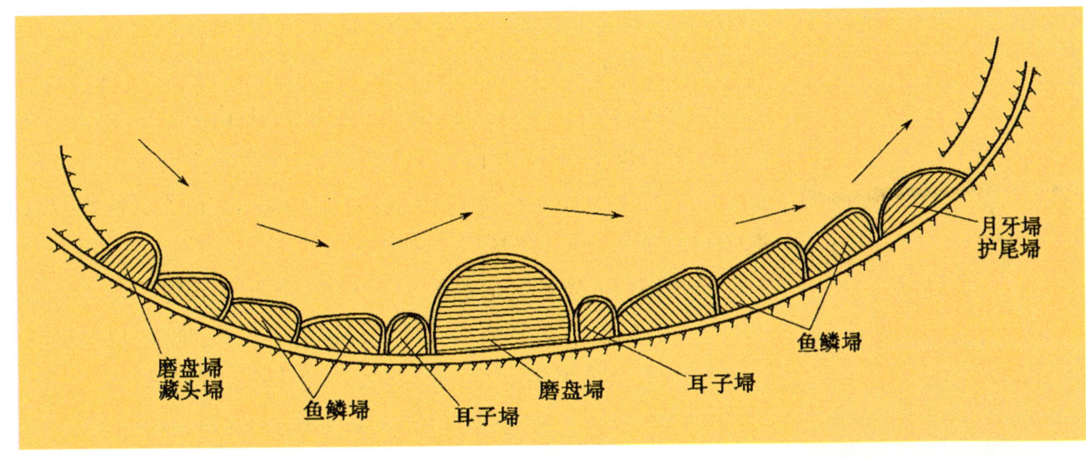

图 5-7-2 各种护岸埽图（自中国水利百科全书·水利史分册：86）

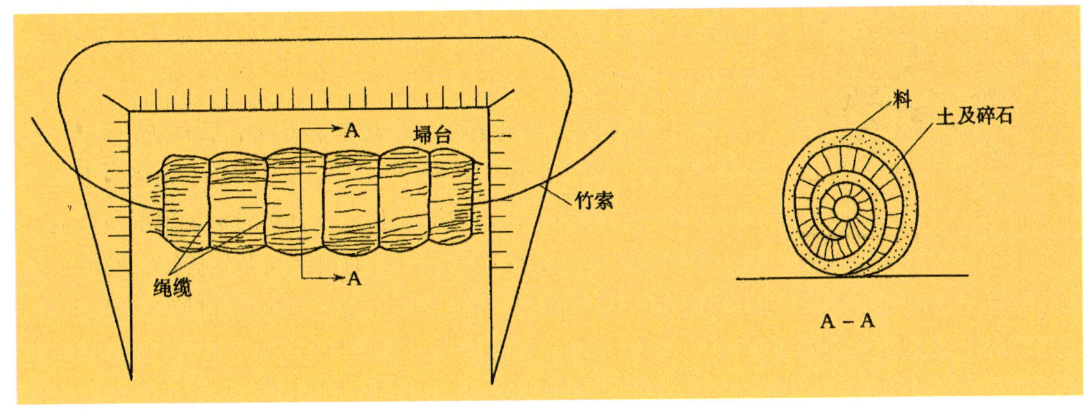

图 5-7-3 埽的卷制示意图（自中国水利百科全书·水利史分册：86）

埽的演变：宋代卷埽一般为“梢三草七”，元代卷埽用梢甚少，不及草的 1/10。明代埽工用柳梢量约占草的 1/5，无柳梢时用芦苇代替，不再用竹索而以苘麻代替，石料也很少用。清代逐渐用秫秸代替柳梢。雍正二年（1724 年），山东、河南在黄河上正式批准用秸料。清中叶起逐渐改卷埽为软厢，即于施工堤头外置一捆厢船，在船与堤头间铺绳索加料就地捆埽，层层下沉，质量较好，乾隆十八年（1753 年）正式批准用于铜山县黄河堵口。以后普遍使用此法，而且已不再用碎石，签桩也减少了。卷埽法逐渐失传。

埽的分类：以形状分，有磨盘埽、月牙埽、鱼鳞埽、雁翅埽、扇面埽等；按作用分，有藏头埽、护尾埽、裹头埽等；按所处位置分，有旱埽、面埽、肚埽、套埽、门帘埽等。如果是厢埽，当物料铺放平行水流时称为顺厢，埽名横埽；物料与水流垂直的称丁厢，埽名直埽。

埽工的特点：埽工是中国传统河工技术中的一项重要发明创造。它就地取材，制作较快，便于急用。而且埽草等软料可以缓溜留淤，能多方面使用。但其体轻易浮，易腐烂，需要经常修理更换，维护费用多。现代黄河上的埽工已逐渐由土石工和混凝土取代。

埽工在黄河防洪上发挥过重要作用。我们从清代《治河全书》附图《黄河全图》之清河县段黄河图[1]（图 5-7-4）中可以见到玉皇阁险工中用了埽工。

（二）草土围堰[2]

草土围堰是围住水工建筑物施工基坑，避免河道水流影响，以麦草、稻草和土为主要材料

[1] 天津图书馆编．天津图书馆藏清代舆图选．水道寻往．北京：中国人民大学出版社，2007：166.

[2] 郑连第主编．中国水利百科全书·水利史分册．谭徐明，蒋超副主编．北京：中国水利水电出版社，2004：87-88.

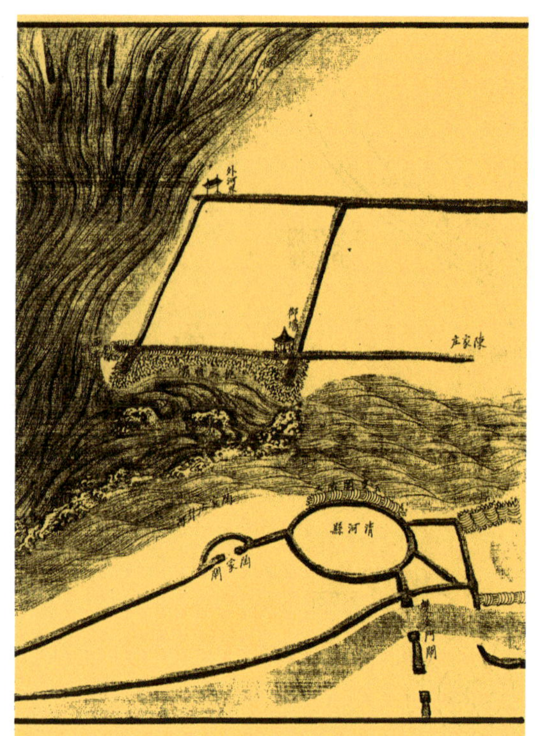

图 5-7-4 清河县段黄河图（自水道寻往：166）

建成的临时挡水建筑物。

远在 2000 多年以前，中国已将草土材料广泛使用于灌溉工程及黄河堵口工程（参见埽工）。20 世纪 50 年代以后，这种传统的施工方法又发展应用于青铜峡、刘家峡、八盘峡等大型水利工程施工中。草土围堰断面如图（图 5-7-5）所示。在黄河流域的渠道堵口工程中，至今仍被广泛采用。

草土围堰底宽约为堰高的 2 ～ 3 倍，围堰的顶宽一般采用水深的 2 ～ 2.5 倍。在堰顶有压重并能保证施工质量，地基为岩基时，水深与顶宽比可采用 1：1.5。内外边坡按稳定要求核定，一般在 1：0.5 ～ 1：0.2 之间。每立方米土用草 75 ～ 90kg，草土体的密度约为 $1.1t/m^3$，稳定计算时草与砂卵石、岩石间的摩擦系数分别采用 0.4 和 0.5，草土体的逸出坡降一般控制在 0.5 左右。堰顶超高采用 1.5 ～ 2m。

草土围堰可在流水中修建，其施工方法有散草法、捆草法、埽草法 3 种。普遍采用的是捆草法。具体方法是：先将两束直径 0.3 ～ 0.7m，长约 1.5 ～ 2m，重 5 ～ 7kg 的草束用草绳扎成一捆，并使草绳留出足够的长度；然后由河岸开始修筑，即沿河岸在围堰整个宽度范围内分层铺草捆，铺一层草捆，填一层土料（黄土、粉土、砂壤土或黏土等，铺好后的土层只需人工踏实即可），每层草捆应按水深大小叠接 1/3 ～ 2/3，这样层层压放的草捆形成一个斜坡，坡角 35° ～ 45°，直到高出水面 1m 以上为止；随后在草捆层的斜坡上铺一层厚 0.2 ～ 0.3m 的散草，再在散草上铺一层约 0.3m 厚的土层，这样就完成了堰体的压草、铺草和铺土工作的一个循环；接着继续进行一个循环，堰体即可不断前进，后部的堰体则渐渐沉入河底。当围堰出水后，在不影响施工进度的条件下，争取铺土打夯，把围堰逐步加高到设计高程。

草土围堰具有就地取材、施工简便、拆除容易、适应地基变形、防渗性能好、特别在多沙河流中可发挥快速闭气等特点。但这种围堰不能承受较大水头，一般适用于水深不超过 6 ～ 8m，流速低于 3.5m/s 的条件下。它的沉陷量较大，一般约为堰高的 6% ～ 7%。草料易于腐烂，使用期一般不超过 2 年。在草土围堰的接头，尤其是软硬结构的连接处，比较薄弱，施工时需特别注意。

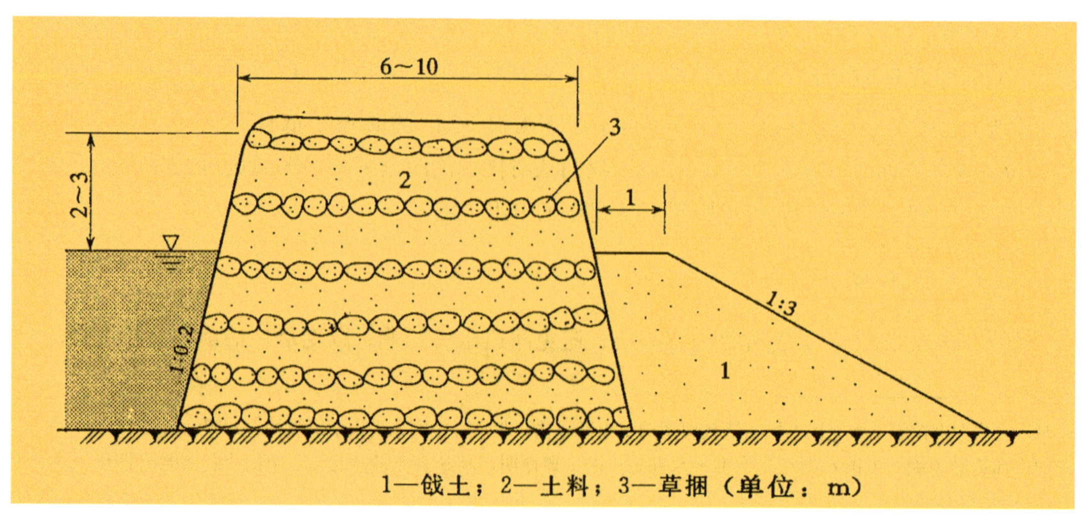

图 5-7-5 草土围堰断面示意图（自中国水利百科全书·水利史分册：87）

（三）明代潘季驯设计的一套堤防制度（图 5-7-6）

对于可能造成决口的较大洪水，万历年间潘季驯还设计了一套堤防制度。“其治堤之法，有缕堤以束其流，有遥堤以宽其势，有滚水坝以泄其怒”[1]。其中，缕堤是临近河床的直接抵御洪水的第一道防线。遥堤在缕堤之外，其用途是在洪水过大，漫出缕堤后，用以限制洪水泛滥的范围。一般遥堤和缕堤之间距离两三里。为防止洪水窜沟冲毁遥堤，在遥、缕之间还筑有格堤，以减杀水势。当洪水过大，超出遥堤容纳的限度，设在遥堤上的减水坝则将发挥作用。减水石坝“比堤稍卑二三尺，阔三十余丈。万一水与堤平，任其从坝滚出”[2]。减水坝修建于堤防薄弱并有示意坝址的河段。多处减水坝、闸同时溢流，可以削减洪峰，分散洪水的势头，从而减少了洪水溃堤的可能，也减轻了灾害的程度。潘季驯设计的这一套方案，主要目的在于“束水攻沙”，达到根治黄河的目的，在理论上也有引人注目的贡献。与此同时，他也并没有忽视黄河暴涨猛落的水文特征，采用遥堤和减水坝削峰，在防洪实践上收到了一定的效果。在商丘以上，由遥坝、减水坝、太行堤组成的一个系列，事实上构成了制约非常洪水的三级措施。直至咸丰铜瓦厢改道前，这些措施被广泛地应用着。

这一堤防制度在“归德府段黄河图”（图 5-7-7）中也可以看到。

此外，还有开辟分洪河道、设置滞洪区等措施[3]。这里不再一一介绍。

第八节 古代黄淮流域城市防洪的案例研究

黄河流域和淮河流域城市防洪具有与其他流域不同的特点。下面我们通过对一些典型城市的研究来探讨这一问题。

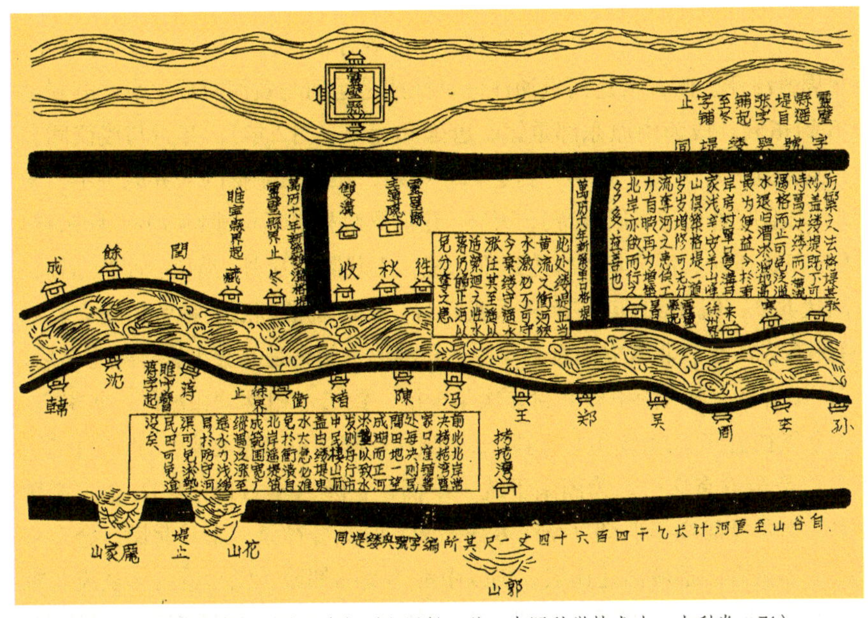

图 5-7-6 河防一览·全河图说·片断（自周魁一著．中国科学技术史·水利卷：71）

图 5-7-7 归德府段黄河图（水道寻往：143）

[1] 明史·河渠志．

[2] 河防一览·河防险要．

[3] 周魁一．历史上黄河防洪的非常措施 // 水利水电科学研究院科学研究论文集·第 22 集．北京：水利电力出版社，1985：178-185.

一、开封

开封，是我国七大古都之一。它位于黄河沿岸，黄河洪灾多次袭击开封城，开封饱受洪水之灾。其城垣在洪水中屡毁屡建。开封城代表了中华民族与洪水抗争的不屈不挠的精神。开封城市防洪乃是黄河流域城市防洪的典型案例。

（一）地理位置与历史沿革

开封位于河南东部，属黄、淮河冲积平原的中心地带。向西可遥望豫西山地，北、东、南三面均为广阔的平原。自古黄河贯流北境，好比一张树叶的主脉，两侧河流好似支脉以黄河干流为中心向南北做放射状分流。这一形势利于引水灌溉，发展农业，也利于向南或北开凿运河，发展交通。通过水系，向北可沟通河北大平原，向南沟通江淮流域，向西则进入中原王朝早期的核心地带豫西和关中。在一定历史条件下，开封具备相对优越的地理位置，成为中原东部重镇。当王朝政治重心东移之后，它又上升为全国政治中心。战国魏曾建都于此。

开封地区春秋属郑，郑庄公命大臣郑邴在今开封城南20多千米的地方（今古城西北）筑城以囤积粮食，取名启封，意在开启封疆。后来，汉避景帝刘启讳改为开封，治所仍不在今开封。进入战国，楚占有郑地，魏与韩、赵联合攻楚，败楚军后开封地区为魏所有。时魏都安邑（今山西夏县西北禹王城），过于偏西且易受秦攻击。公元前364年，魏惠王将都城从安邑迁于今天开封，筑都城，称大梁，是开封建都之始，距今2400年。魏是战国七雄中的强国。新建都地势平坦，利于农业发展。魏人在此兴修水利，填湖造田，发展交通，使大梁成为战国时期著名的大都市。魏在大梁历六王，经历繁荣强大和逐渐衰败的过程。由于魏国地处诸强国中心位置，成为秦统一中国必取之地。故秦在灭韩扫除东方障碍之后，立即举兵向魏。公元前225年，秦将王贲围大梁，引黄河及大沟水灌城，大梁城破，掳魏王假，魏亡。这是开封城第一次受到人为洪水袭击。魏在大梁建都163年。

秦统一中国，在今开封设大梁县，是一个普通小城。汉、魏称浚仪县，属陈留郡。534年，东魏在浚仪设梁州，北周改汴州。隋开大运河贯通江南，汴州是运河与黄河交汇之点，开封地位开始上升，城池也开始拓展，成为中原东部重镇。唐延和元年（712年），开封与浚仪同属汴州附郭首县，将开封县治迁入今开封，始得开封之名。唐末，在藩镇割据的兼并战争中，朱温掌朝政大权。907年，朱温废唐哀帝（昭宣帝），灭唐，建后梁政权。后梁建都开封，称东都，将汴州升为开封府，从此开始开封二百余年的辉煌建都历史。五代除后唐外，后梁、后晋、后汉、后周相继建都开封，四代共34年。960年，“陈桥兵变”后，赵匡胤推翻后周称帝，建立北宋王朝，亦建都开封，称东京或汴京。北宋立国百余年中，北部边患始终是心腹大害，继辽之后，金又崛起。靖康元年（1126年），金兵南下破开封，次年宋徽、钦二帝相继求和被俘，北宋亡，北宋建都开封167年。金天德五年（1153年），海陵王完颜亮迁都燕京（今北京），改为中都；并以汴京开封府为南京，是金五京之一。为图南下统一中国，正隆六年（1161年），金主完颜亮迁都开封，大举攻宋。当年完颜亮至瓜洲（今江苏扬州南）时兵变被杀，金兵北撤。金东京留守完颜雍自立为帝，是为世宗。都城南迁作罢，仍以中都为实际都城。以后蒙古人从漠北崛起，金宣宗贞祐元年（1213年），蒙古军逼近中都；次年宣宗被迫求和，并迁都南京（汴京）开封府。1227年，蒙古灭西夏后加紧对金的攻击。蒙古窝阔台汗四年（1232年），拖雷军攻向汴京。次年正月，金哀宗逃归德（今河南商丘南），旋转蔡州，金将领崔立以汴京降蒙古，金在开封建都18年[1]。

---

[1] 张轸著．中华古国古都．长沙：湖南科学技术出版社，1999：403-404.

开封历代城址始终没有大的变动（图 5-8-1）。这是我国城市史上少见的例子之一。

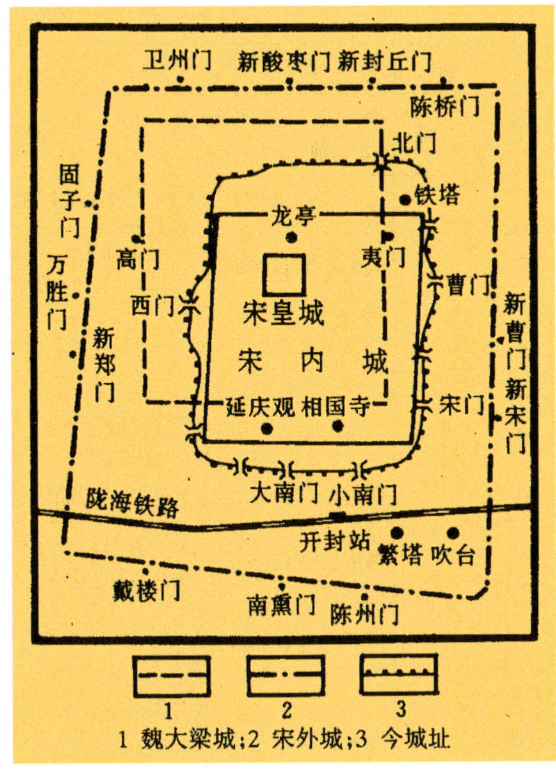

图 5-8-1 开封历代城址位置图（自中华古国古都：404）

（二）开封城历史上的水患

1. 黄河洪水对开封城的严重威胁

开封市博物馆馆长刘顺安在他主编的《开封研究》一书中专题研究了开封的黄河水患问题，他指出：

在宋代以前，黄河距开封较远，对开封还没有构成严重威胁。金代明昌五年（1194 年），河决阳武（今原阳县），黄河南徙，迁徙到了封邱县境，离开封仅四十里，已经影响到开封的安全。元代延　六年（1319 年），人们开始在开封城北修筑护城堤。这条最早的护城堤只有 7443 步[1]，筑在地势低洼的地段上。到了明代洪武二十四年(1391 年)，黄河形势大变，它从原武县（今并入原阳县）黑羊山决口，突然改向东南滚滚而来，直逼开封，经过城北五里[2]，从牛庄、铁牛村及边村一代继续向东南流去，汇入了淮河。此后几百年，史称黄河的“夺淮时期”。这时，每年汛期到来，开封居民日夜都能听到黄河震天价响的浪涛声。正如明代诗人张琦描写的那样：“黄河一线响如雷”。黄河洪峰袭来，临时筑堤堰应急，往往险象环生，城郊大小水灾，连年不断，甚至几次洪水灌进城内[3]。

明正统十三年（1448 年），黄河冲决荥阳姚村口，经过中牟县境、杏花营及陈留，继续东流，汇涡河而入淮[4]，转而从南面威胁开封了。这时，开封反而位于黄河北岸，城南变成了黄泛区，水灾时常发生。一到汛期，黄河咆哮，声震数里，开封人民又处于恐慌不安之中。

明弘治六年（1493 年），黄河主流开始改道，从开封城北 20 里向东流去。这时，开封复位于黄河南岸，洪水灾害又移到了城北。

据《开封府志》和《祥符县志》记载，从金明昌五年（1194 年）至清末光绪十三年（1887 年）近 700 年的时间里，黄河在开封及附近地区泛滥达 110 多次，多时每年一次，少时也是 10 年必泛。开封被水围困达 15 次，而洪水进入城内的只有 6 次，可见开封城墙对开封防洪的屏障作用[5]。

2. 古代开封城的水患

笔者依史料古籍有关记载列出了表 5-8-1。

（三）历史上开封城的防洪措施

黄河水患对开封城的生存构成了严重的威胁。据统计，自金代以来，黄河在开封决口达 370 余次，开封城被黄河水围困达 15 次之多[6]。黄河早已是悬河，开封段河床比城内高 10m 以上。

[1] 祥符县志 · 河渠 .

[2] 明史 · 河渠志 .

[3] 刘顺安主编 . 开封研究 . 郑州：中州古籍出版社，2001：81.

[4] 明史纪事本末，卷 34.

[5] 刘顺安主编 . 开封研究 . 郑州：中州古籍出版社，2001：127.

[6] 刘顺安著 . 开封城墙 . 北京：北京燕山出版社，2003：4.

开封城古代城市水患表　　表 5–8–1

序号	朝代	年份	水患情况	资料来源
1	战国	秦王政二十二年（公元前 225 年）	王贲攻魏，引河沟灌大梁，大梁城坏，其王请降，尽取其地。	史记·秦始皇本纪
2	宋	淳化四年（993）	四年七月，京师大雨，十昼夜不止，朱雀、崇明门外积水尤甚，军营、庐舍多坏。	宋史·五行志
3		咸平五年（1002）	六月，京师大雨，漂坏庐舍，民有压死者；积潦浸道路，自朱雀门东抵宣化门尤甚，皆注惠民河，河复涨，溢军营。	宋史·五行志
4		大中祥符三年（1010）	五月辛丑，京师大雨，平地数尺，坏军营、民舍，多压者。近畿积潦。	宋史·五行志
5		天禧四年（1020）	七月，京师连雨弥月。甲子夜大雨，流潦泛滥，民舍、军营圮坏大半，多压死者。自是频雨，及东方止。	宋史·五行志
6		明道二年（1033）	六月癸丑，京师雨，坏军营、府库。	宋史·五行志
7		嘉祐二年（1057）	六月，开封府界及东西、河北水潦害民田。自五月大雨不止，水冒安上门，门关折，坏官私庐舍数万区，城中系阀渡人。	宋史·五行志
8		治平元年（1064）	八月庚寅，京师大雨水。癸巳，被水诸军，遣官视军民水死者千五百八十人，赐其家缗钱，葬祭其无主者。	宋史·英宗本纪
9		治平二年（1065）	八月庚寅，京师大雨水。地上涌水，坏官私庐舍，漂人民财产不可胜数。……诏开西华门以泄宫中积水，水奔激，殿侍班屋皆摧没，人畜多溺死，官为葬祭其无主者千五百八十人。	宋史·五行志
10		崇宁元年（1102）	七月，久雨，坏京城庐舍，民多压溺而死者。	宋史·五行志
11		崇宁三年（1104）	八月壬寅，大雨，坏民庐舍，令收瘗死者。	宋史·徽宗本纪
12		宣和元年（1119）	五月，大雨，水骤高十余丈，自西北牟驼冈连万胜门外马监，居民尽没。前数日，城中井皆浑，宣和殿后井水溢，盖水信也。至是，诏都水使者决西城索河堤杀其势，城南居民冢墓俱被浸，遂坏籍田亲耕之稼。水至溢猛，直冒安上、南薰门，城守凡半月。已而入汴，汴渠将溢，于是募人决下流，由城北入五丈河，下通梁山泺，乃平。	宋史·五行志
13	元	至元二十年（1283）	秋，雨潦，河决原武，泛杞，灌太康。自京北东漭为巨浸，广员千里，冒垣败屋，人畜流死。公括商人渔子船百十艘，又编木为筏，具糗糒，载吏离散四出，往取避水升丘巢树者，所全活以口计，无虑百千。水又啮京城，入善利门，波流市中，昼夜董役，土薪木石，尽力以兴，水斗不少杀，乃崩城堰之。	姚燧．南京路总督张公（庭珍）墓志铭．牧庵集，卷 28
14		至元二十七年（1290）	河决祥符义唐湾，水入外城善利门，围困开封城。	开封市黄河志
15		大德九年（1305）	工部照大德九年黄河决徙，逼近汴梁，几至浸没。本处官司权宜开辟董盆口分入巴河，以杀甚势。	元史·河渠志二·黄河
16		泰定三年（1326）	河溢汴梁，15 县受灾。终元一代，河决开封凡十二次。	开封市黄河志
17	明	洪武二十年（1387）	河溢。（冲汴由安远门入，淹没官私廨宇甚众）。	道光河南通志，卷五，祥异
18		洪武三十年（1397）	八月决开封，城三面受水，诏改作仓库于荥阳高阜，以备不虞。	明史·河渠志
19		建文元年（1399）	冲塌土城，水从封丘门流入里城，官廨民庐淹没倾圮，而城内之水久积不涸。	汴京遗迹志，卷 5，河渠
20		永乐二年（1404）	九月，河决开封，坏城。	明史·五行志
21		永乐八年（1410）	秋，河决开封，坏城二百余丈，民被患者万四千余户，没田七千五百余顷。	明史·河渠志

续表

序号	朝代	年份	水患情况	资料来源
22	明	天顺五年(1461)	七月，河决汴梁土城，又决砖城，城中水丈余，坏官民舍过半。周王府宫人及诸守土官皆乘筏以避，军民溺死无算，襄城亦决县城。	明史·河渠志
23		成化九年(1473)	成化九年圮于水。	古今图书集成·方舆汇编·职方典·城池
24		成化十八年(1482)	河溢开封，水围汴城。	开封市黄河志
25		崇祯十五年(1642)	九月，河决朱家寨，冲破汴城北门，由曹、宋二门而出，南入于涡。……士民溺死甚众，城俱圮。	道光河南通志，卷九，城池
			秋，九月，李自成围开封，河决，城陷。先是，开封城北十里枕黄河，至是，贼围城久，人相食。壬午夜，河决开封之朱家寨，溢城北，越数日，水大至灌城。……士民湮溺死者数十万人，城俱圮。	明史纪事本末，卷34
26	清	乾隆四年(1739)	豫省于本年六月十二、十三、十六（7月17、18、21日）等日大雨如注，昼夜不息，山水骤发，平地水深三四五尺不等，官署、城垣、仓库、监狱、墩台、营房、桥梁、堤岸、坛庙、驿号在倒塌，而居民房屋倒塌又多，……被水处所共四十三州县，受灾既广……	清代黄河流域洪涝档案史料．北京：中华书局，1993：150
27		乾隆二十二年(1757)	伏查河水日夜漫涨，一时宣泄不及，时和驿距省仅十五里，省城周围二十余里，四面皆高，形如釜底，虽有护城老堤，年久残缺，原不足恃。二十日、二十一日（8月19、20日），水势渐逼省城。臣与司道及城守尉文武大小官员，熟筹如何筑坝填土，以防紧水冲刷……以期保护阖城民居庐舍。……现在水势，据祥符县查禀，一由时和驿漫堤，溢至北门迤东入城濠，顺流而下；一由中牟县杨桥大坝漫溢过水，自祥符西路苏家堽等村顺流东来，拥住西门；一由店李口入惠济河，因水势急骤，下流不及，漫出芦花堽小堤，直趋南门。 又下由兰阳头堡漫堤过水，流入祥符丁家庄等处，溢至大东门。又由小东门顺汇趋南门。此时南门最险，东西门次之。北（门）次之。渐次浸流城下一、二尺至五、六尺不等。…… 臣督率……已将五门堵塞……惟两水门低洼有倒流之水入城，现在设法竭力截堵。	清代黄河流域洪涝档案史料．北京：中华书局，1993：235
28		道光二十一年(1841)	六月十六日，河决祥符县下汛三十一堡之张家湾，破护城堤，围城，水与城几平，凡八闰月，城墙蛰陷数十次，署开封府知府邹鸣鹤设法捍之，仅而得免。……至二十四日，大溜全移，而城遂在巨浸中。……十七日水至，官民大哗，五门齐闭，南门为回溜所冲，水倾门入。……水灌五昼夜，城内低处尽满，形如巨湖，绅士等出资募人，竭一日之力然后闭，而朱门旁有出水暗洞，至是进水，屡堵屡渗，费棉被、棉衣、布袋、砖包以数十万件。城外民溺死无数，其奔入城者，男女俱栖城上，城内民舍被淹，男女亦登城。大雨盆倾，连日夜不绝号哭之声，闻数十里……自古史策所书，大水之患，未有围城至八阅月之久，而涓滴不入。如此番之事出望外者，虽曰人力所凑，备极艰难，要非天心仁爱，不欲以城为鱼，断不能徼幸至此。	七经楼文钞卷五，辛丑河决大梁守城书事．宋继郊编撰．东京志略．开封：河南大学出版社，1999：135–136.
			[六月二十三日牛鉴奏] 黄河伏汛异常泛涨，致祥符上汛三十一堡于六月十六日（8月2号）滩水漫过堤顶，省城猝被水围，势甚危险，……十九日抵省，查得三十一堡滩水漫过堤顶处，正对省城，水势建瓴而下，冲破护城大堤，直抵城外，登时水高丈余。先经……将五城门全行堵闭。因西南地势最洼，漫水湍悍，南城门竟被冲漏，……竭力抢堵完固。……至城内积水，各街已深四、五、六尺不等。衙门及臬司府、县署俱皆被淹。惟藩司、粮道衙门未经淹及。……城外民舍，因猝不及防多被冲塌，人口多有损伤。余俱赶避入城，暂居城垛之上。城内民居被水者，亦多迁避高阜。 [七月初九日山东御史刘浔奏] 阅河南来信知六月十六日（8月2日）辰刻，祥符县所辖之张湾地方大堤冲决，省城被围，当即堵闭五门。惟南门未能堵好，是夜三更黄水由南门大城，直流三昼夜，至十九日方止。所有护城堤十里以内，人民淹毙过半，房屋倒坏无数，省城墙垣坍塌一半。……	清代黄河流域洪涝档案史料，中华书局，1993年，626–627页

一旦河水灌城，后果不堪设想！连人为决堤以水攻城在内，开封历史上有 8 次洪水入城。明崇祯十五年（1642 年）水灌开封城，数十万人死于此灾，是黄河灾害史上的特大悲剧！要生存就得与洪灾抗争。开封城的防洪措施如下：

1. 建筑坚固的外城和里城二重城垣，宋代更为三重城垣[1]（图 5–8–2 ～图 5–8–5）

开封历史上最早的城墙，从文献记载看，乃是建筑在 2370 年前的战国魏大梁城。惠王九年（公元前 362 年），魏国为了实现控制中原、避秦锋芒之目的，把都城由安邑（今山西夏县西北）迁于此地，并修筑了一座大梁城。大梁城共有城门 12 座，其东门名曰“夷门”，约在今铁塔附近；西门曰高门，相传约在今城西之 5 里东陈庄一带；南墙约在今大相国寺南门前一线。大梁城是开封市历史上作为一个真正城市的开始，但只保持了约 136 年的繁华，后被秦将王贲决水淹没。当时的大梁城东西宽约 5.8km，南北长约 6.4km，与今日开封城墙相比，大梁城面积稍大，位置在偏西北一带。

五代时期，除后唐外余皆都开封。此时战乱频繁，统治者没能对汴州城进行大规模的营建，仍保留着唐时的规模。到了后周广顺二年（952 年）正月，周太祖郭威才下诏修补城墙，调丁夫五万五千，计工达五十五万个，工程不大，服役十天而罢。954 年，后周世宗柴荣继位后，对开封城进行了一次大规模的修筑，在修筑汴州城外城之同时，对老城（唐汴州城）也作了相应的修筑，重建后的新城门与道路，都与老城门和道路相一致。北宋时期，开封城墙作为东京城之重要组成部分（皇城、里城和外城）之一的“里城”，不断得到增筑和贴筑，规模壮阔，气势雄伟。

皇城，也叫宫城和大内，原为宣武节度使治所，后梁改为建昌宫，后晋、后汉、后周三代仍沿袭使用，规模狭小。宋太祖建隆二年（961 年）始扩建，但城周只有 5 里。宫城有 6 门，南面 3 门，余皆各 1 门。宫城原为版筑土城，真宗大中祥符五年始改为砖砌筑，成为三道城墙中惟一的一道砖墙。金代因两次迁都开封，称“南京”，曾对此扩展。明洪武十一年（1378

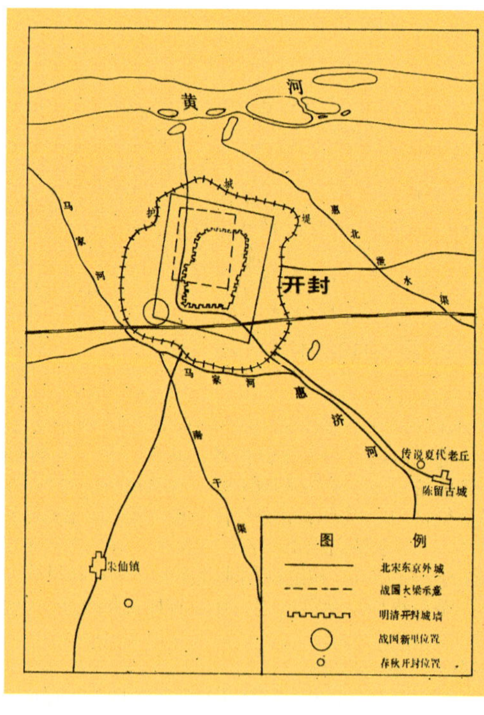

图 5–8–2 开封历代城址变迁示意图（开封市城建志：15）

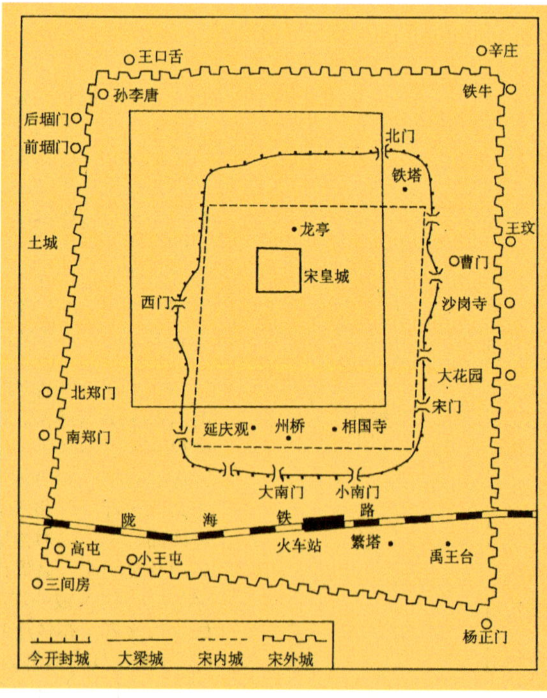

图 5–8–3 开封古今城垣演变示意图（刘顺安著．开封城墙：22）

[1] 刘顺安著．开封城墙．北京：北京燕山出版社，2003：23–38.

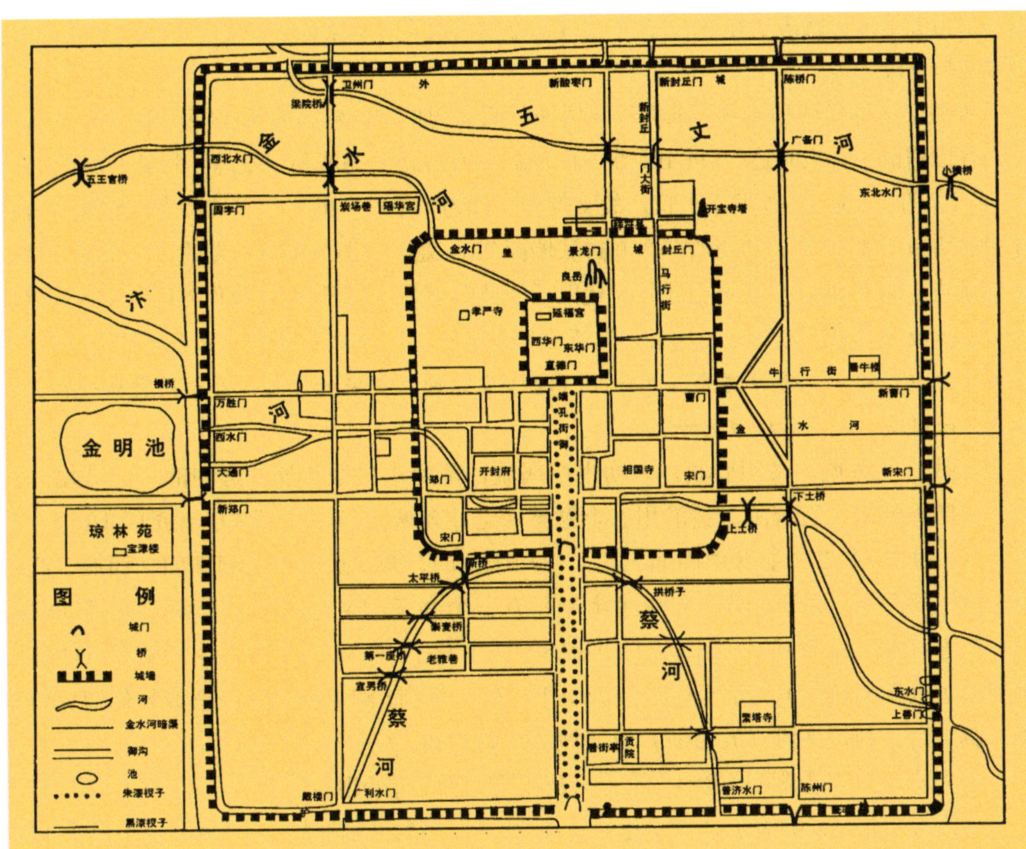

图 5-8-4 北宋东京城示意图（开封城墙：24）

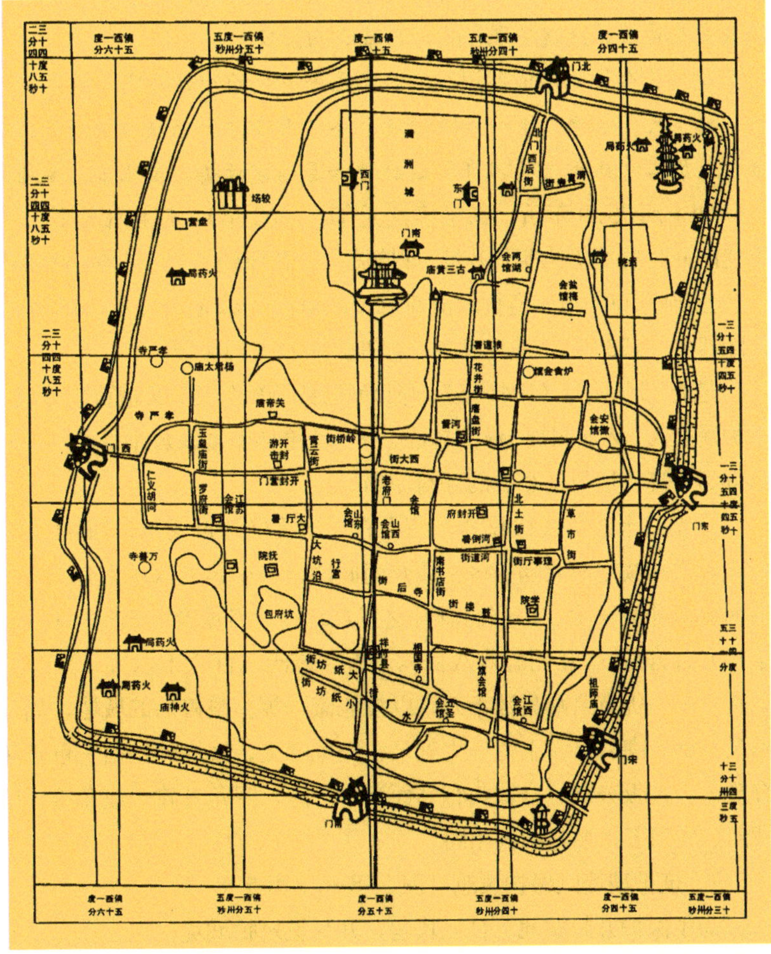

图 5-8-5 祥符县城图（清光绪二十四年，1898 年．开封城墙：26）

年)，太祖五子朱棣就藩于开封后，在金皇宫旧址上建周王府。崇祯十五年（1642 年）黄河决口，宫城城垣全没于地下。

外城，又称新城和罗城，宋初也叫国城，原为周世宗所建，周长 48 里 233 步。北宋一代多次加以增修，神宗时达 50 里 165 步，四面修造有敌楼、瓮城和壕堑等。外城有城门 12，南 3、东 2、西 3、北 4。外城系土筑，故文献多有称为“土城”的，其东墙经考古钻探得知在今开封城墙东 1.4km 处，其西墙在今开封城墙西 2km 处。因历经宋金时期的“东京保卫战”等战争的洗礼，“自金迄元，外城已毁”，元代以后的城门，(多）已湮塞，至明代万历二十八年（1600 年）陈所蕴《增建敌楼碑记》所载，“(则今外土城，云）外城欠倾圮，仅存故址”。经过明崇祯十五年（1642 年）和清道光二十一年（1841 年）两次黄河的侵袭，外城同宫城一样，终被淹没。而内城“以甃石故独完好”。

内城，名里城，又叫旧城，宋初也叫阙城，是处于宫城和外城之间的一道城墙，也是东京城防御的第二道屏障。虽沿用唐李勉重修之汴州城，但此时里城已有正门 10 个，角子门 2 个，共合门 12 个。其中南面三门：中曰朱雀门，东曰保康，西曰新门；西面二门，南曰宜秋（郑门），北曰阊阖，在汴河北岸还有一个角子门；东面二门，南曰丽景（宋门)，北曰望春（曹门)，在汴河出旧城的南岸亦有一个角子门；北面三门，中曰景龙（酸枣门)，东曰安远（旧封丘门)，西曰天波（金水门）等。为了防御上的需要，里城外仍旧保留有城壕。真宗时，经广济河（五丈河）新旧城壕可以相通。

同外城一样，里城城墙也为土筑，只是在城门及附近处用砖包砌。

明洪武元年（1368 年)，大将徐达攻克汴梁，朱元璋曾两临开封，朱元璋全力加固开封里城。根据“高筑墙”这一原则，对开封里城，除墙体仍为夯土外，城墙外表甃以砖石。成为一座名副其实的砖城。这就是现存的开封城墙的前身。

据《古今图书集成》记载：洪武元年重筑的开封府城，城周长 20 里 195 步，高 3 丈 5 尺，广 2 丈 1 尺。永乐二十年（1422 年）冬十月重修。嘉靖四年（1525 年)，太监吕宪重修五门城楼；万历二十八年（1600 年）巡抚曾如春增建敌楼。至明末，城墙高度已增至 5 丈。

明末河决 20 年后，到了康熙元年（1662 年)，巡抚张自德、布政使徐化成重建开封城。重建的开封府城仍为明代基址，城墙城门均在原处。二十七年（1688 年）巡抚阎兴邦修筑城楼、三十三年（1694 年）巡抚顾汧重修南门城楼、雍正十二年（1734 年）总督王士俊浚城外壕和乾隆四年（1739 年）巡抚尹会一修开封城及五门城楼。

道光二十一年（1841 年)，开封城历经 200 年后，又遭黄水淹没。是年夏六月，“河决张湾，溃护堤而入，环城四周，浲流超涌，……城堕坏者动辄数十百丈”。城墙“在巨浸中已二百余日”后得到重筑，这便是今日的开封城墙。

道光二十二年（1842 年）三月，再次重修开封城墙。“旧高二丈四尺，今增高一丈，又益女墙六尺。城之西北隅……，西及南间段，……其袤六百丈有奇，皆重筑焉。……重建五门及内西门，升高一丈。宋门涵洞升之三尺。……月城及城楼……均复其旧”。工程于次年（1843 年）九月告成。“凡用蟠蝴八百六十万，瓴砖二百六十六万，垩以斤计八千万。……计靡制钱以贯，……犹有余财累数十万，以浚池濠”等。整修后的城墙，周长二十二里七十步，高三丈四尺，女墙高六尺，上宽一丈五尺，底宽二丈，城墙外壁用一色青砖砌筑，里侧护坡仍用灰土夯筑——古版夯筑。全城共有马面八十一座，四角各建一座角楼，城外有深一丈、宽五丈的护城河。城门五，名与明代相同。

2. 筑护城堤以保护城池（图 5-8-6、图 5-8-7）

为了保护开封城池，自元代起，开封就筑护城堤。

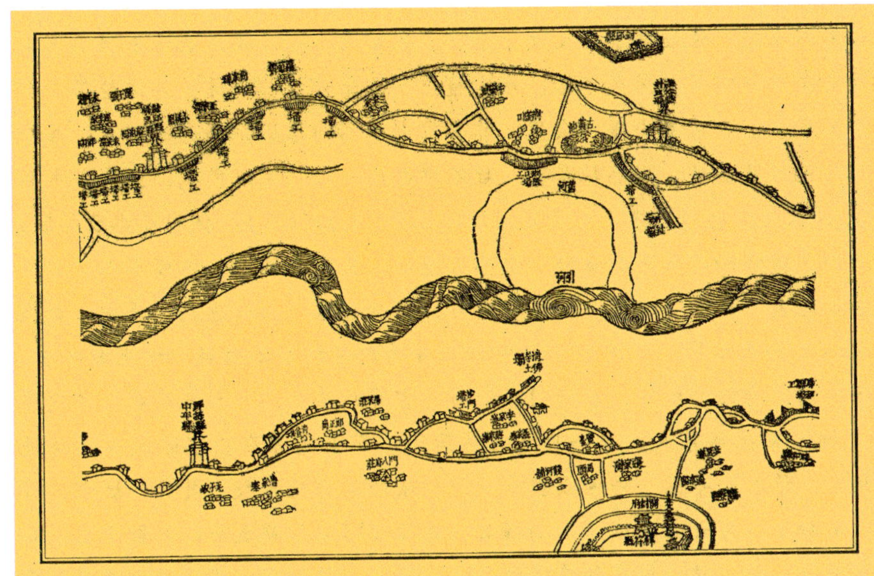
图 5-8-6 开封附近黄河图（雍正河南通志）

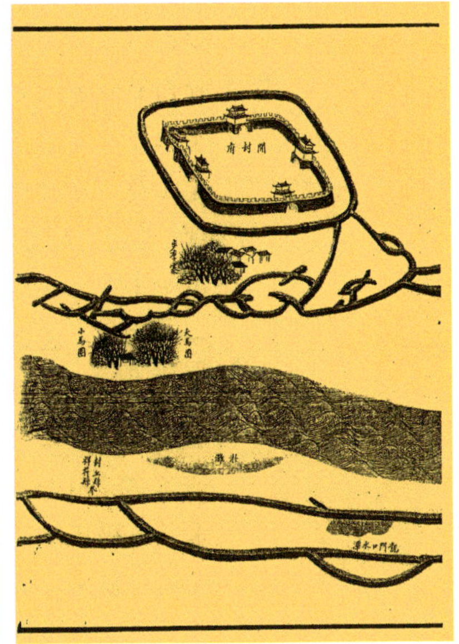
图 5-8-7 开封府段黄河图（治河全书附图，康熙四十二年，1703 年．自水道寻往：137）

元开封城有内城、外城，为了防止水患，又在城外加筑了两道护城堤（即防洪堤）。据记载："仁宗延祐六年（1319 年）春二月，修治汴梁护城堤。（近年河决杞县小黄村口，滔滔南流……今水迫汴城，远无数里。傥值霖雨水溢，仓促何以防御？……窃恐将来浸灌汴城。……创筑护城堤二道，长七千四百四十三步。）"[1]

后来，元代所筑的堤防被水冲毁。于是明洪武二十年（1387 年）、三十年（1397 年）、建文元年（1399 年）、永乐二年（1404 年）、永乐八年（1410 年），开封城五次遭洪水袭击。

明宣德五年（1430 年），于谦赴开封任河南、山西两省巡抚。正统间（1436 ~ 1449 年）于谦修筑了开封城东、西、北三面，高两丈余、宽六丈的护城大堤，共长 40 多里。

《汴京遗迹志》记载：

护城堤。离城三里，一名三里堤。西北接金村，绕城围抱，东南直抵苏村，盖前代建筑以防水者，后被河水冲圮。国朝正统间，巡抚侍郎于谦因河逼汴城，乃筑东、西、北三面以御之，范铁犀，勒名其背，以镇永远。景泰二年，巡抚都御史王暹补筑南面，与东西相接，凡四十余里，号大堤焉[2]。

3. 在城扬州门（丽景门）置石闸以泄水

天顺五年（1461 年）黄河洪水从北门灌城，城内水深丈余，房屋摧圮，溺死众多。事后，朝廷命工部右侍郎琼台薛远前来处理灾情。扬州门宋代又称宋门，也称丽景门，门有水、陆二门道。薛远在处理灾后事宜后，"因念积水全赖开渠浚导，议即扬州门置闸以限外内，倘后内水有积，启而泻之；或外水欲入，闭而塞之，庶为永久之利。"

扬州门石闸始于天顺五年（1461 年）九月十二日，成于天顺六年（1462 年）二月二十六日[3]。

4. 抗洪抢险百折不挠，终于保住城墙，拒洪水于城墙之外

道光二十一年（1841 年）的抗洪抢险即为典型例子。据清宋继郊编撰《东京志略》记载：

---

[1] 康熙开封府志，卷六，河防．

[2]（明）李濂撰．汴京遗迹志，卷 7.

[3]（明）李濂撰．汴京遗迹志，卷 15.

辛丑河决大梁守城书事：道光二十一年六月十六日，河决祥符县下汛三十一堡之张家湾，破护城堤，围城，水与城几平，凡八阅月，城墙蛰陷数十次，署开封知府邹鸣鹤设法捍之，仅而得免。凡用帑金百八十万，赈恤之费，又九十余万。张家湾，在汴梁正北十五里，下南厅所辖地也。先是厅官高步月以堤单薄久不治，难御盛涨，请于开、归、陈、许道估工，需金二千七百有奇，道不可，盖以河身去堤十余里，非异常大水不即溢堤。而河工旧习，每于无工处，虚报新工，为他处度支地，道思杜其弊，故不许也。……张家湾之堤，虽为漫水所破，其大溜尚在正河，并未南掣也。巡抚于十六日闻信即驰至，则物料不具，俄闻漫水已抵城，遂于十九日乘小舟回汴。候补知县某守护城堤，堤亦有漫口，集民夫缮之，水可不入，需金一千五百，金在司库不时发，民夫一哄散。至二十四日，大溜全移，而城遂在巨浸中。大梁城处下湿，四野积风沙，如瞰釜底，又建自康熙中几二百年剥落摧裂不胜数，十七日水至，官民大哗，五门齐闭，南门为回溜所冲，水倾门入，府县官皆病不出。水灌五昼夜，城内低处尽满，形如巨湖，绅士等出资募人，竭一日之力然后闭。而宋门旁有出水暗洞，至是进水，屡堵屡渗，费棉被、棉衣、布袋、砖包以数十万计。城外民溺死无数，其奔入城者，男女俱栖城上，城内民舍被淹。男女亦登城。大雨倾盆，连日夜不绝号哭之声，闻数十里，齐喊于巡抚，问府县官何往？时，候补知府邹鸣鹤自三十一堡归，缒登城，巡抚遂令署开封府事，时六月之二十一日也。邹君下令，购草席铺饪散给城上饥民，更造巨筏载糇粮，分出济渡，凡城外高阜及栖树者无不救。二十四日，邹君偕河营参将尤某，乘大舟载钱三千贯，以小舟载文武官及河兵，往三十一堡，将相度漫口，备料塞之。……当是时，水声如雷，浮天而下，城上人相顾失色。护城堤内有孙李唐庄遏之，分为三条：一条正南去，由苏村缺口而出，一条斜趋东南，分溜抵东城下，一条直射西门。事起仓猝，万难措手，巡抚乃奏设宣防局，以司道首府领之，遴各官分司储峙，募大小船百余只，济渡灾民，运食用诸物进城。飞调河营兵将，到城修守，绳以军与法，城内所有者砖也，购砖抛坦坡以护城根，筑挑水大坝三，宽长各数十丈，置磨盘鸡嘴等坝于挑水坝上下。筑方成而大溜至，三坝具折，更拆城上女墙以应猝需，挑溜外移，西城稍稍稳定。而大溜复趋北门之东城角，削炮台三处，乃作护城大坝两道，加土戗，更从东门抛砖与东北角连绵不绝，随抛随蛰，各官绅奔命不暇。又自立秋后，每日辄涨水六七尺至丈余不等，天云阴惨，大雨滂沱，城内沟塘尽溢，街市成渠，城上人上淋下潦，咸胼胝于泥滓中。而大溜益厉，砖质轻浮不可御，计无复之，遂搜大石数千盘，迎溜强压。……是时，城外村庄，尽化沙虫，其露处城上者，官为择阔地赈之。城内人多粮少，斗米三千钱，马草一斤，钱亦数百。因檄就近之朱仙镇运粮接济，而远府州县，亦飞檄告粜。未几，孙李唐庄被冲去，三条归一，直注城西北角，城根倏坼，抛砖压石，均不能胜，不得已以用砖用石之法，改为沿城厢埽。巡抚作文自忏，跪而祷之，继以大哭，溜势忽分为两，离去城根五六丈，城得以完。逾日，大溜又至，城间断脱卸，或六七丈，或十余丈，而十三炮台迤下竟蛰三十余丈，须臾即可进水，官民向空罗拜，哀求天救。忽有料船两只，自北飞渡，兵夫奋勇，以软厢法进占，城得无虞。此于刻刻危险中，尤为危险之至者，砖石、刍茭俱罄，而竟于绝处逢生，非天心仁爱，何以得此。大溜上提下坐，初无一定，溜去则人庆更生，溜至则人惧垂死，河兵曹文清，宋奉臣皆以抢埽沦没，此在七八月间，全溜冲城，险迫万分之状，有非言语可以形容者，时河督文冲以城已残破，无庸防守，奏请迁徙他所。

廷寄河南巡抚牛鉴妥议，巡抚奏以迁徙碍难不如防守为要。钦差大臣王鼎到汳规度可否，各绅士公议不可迁徙之处，有察形式、量经费、度营制、便闹场，劝捐输体，民心六条。邹君则谓：迁固大难，守亦不易。迁则费繁事棘，其势万不能行；守则复业安民，其事亦需力办。遂上修城垣、浚城壕、筑护堤、开旧惠济河四条，皆善后之事。

钦差大臣采取入奏，遂专主防守矣。自沿城厢埽以后，城身虽不再陷，然埽段坐蛰可危，城根浸淫日久，愈觉岌岌。过霜降，水势稍缓，而散溜逼近埽前，总不离西北城左右。久之，水落停淤，浮桥通路，可城始有生望焉伏惟我皇上痌瘝在抱，至仁如天，不惜数百万帑金，全活数百万民命，抚恤加赈，至再至三，官僚士庶，罔不以手加额，共颂生成。直至明年二月，河复故道，善后事宜，次第兴举，民气熙熙，遂忘其灾，呜呼！非湛恩汪濊，浃髓沦肌，而能如是乎？考张家湾为前代要工之地，万历四十三年，河决张家湾，破护城堤而入陈留，其时未围城也。其围城者，洪武三十年，河决，城三面受水。永乐八年河决，坏城二百余丈。天顺五年河决，先破土城，后破砖城，至崇祯十五年河决，则全城沦没矣。自古史策所书，大水之患，未有围城至八阅月之久，而涓滴不入。如此番之事出望外者，虽曰人力所凑，备极艰难，要非天心仁爱，不欲以城为鱼，断不能徼幸至此[1]。

二、徐州（图 5–8–8 ～图 5–8–10）

徐州，古称彭城，是我国历史文化名城。徐州位于江苏省西北部，地当苏、鲁、豫、皖四省之交，处汴泗交流处，成为江淮流域的水运枢纽，从而繁荣和发展起来。南宋绍熙五年（1194 年），黄河在阳武决口，南支遂在砀山以下，夺汴、泗水入淮再入海，徐州成为黄河沿岸的重要都会，黄河洪水也成为徐州城的严重威胁。黄河洪水多次灌城，洪灾后徐州又重建，并采取了一整套防御黄河洪灾的抗洪防涝措施，徐州城傲然屹立在黄河边上。由宋熙宁十年（1077 年），黄河洪水袭击徐州，郡守苏轼率军民抗洪护城，战胜洪水，建黄楼以镇水，到明万历二年（1574 年）徐州兵备副使舒应龙与知州刘顺之环城筑护城堤，以保军民安全，他们在徐州城市防洪史上写下了光辉的篇章。

（一）地理位置与历史沿革

徐州，在江苏省西北部，与安徽、河南、山东相邻。徐州城址四面环山，黄河故道自西北向东南流经古城的北面和东面。徐州城北有九里山横亘东西，城东有子房山，城西有楚王山，城南有云龙山、小泰山、泉山相连，周围有大小山头 50 余座。徐州气候温和，四季分明，光照充足，属暖温

图 5–8–8 徐州段黄河图（康熙四十二年，1703 年．自水道寻往：149）

[1]（清）宋继郊编撰．东京志略．开封：河南大学出版社，1999：135–136．

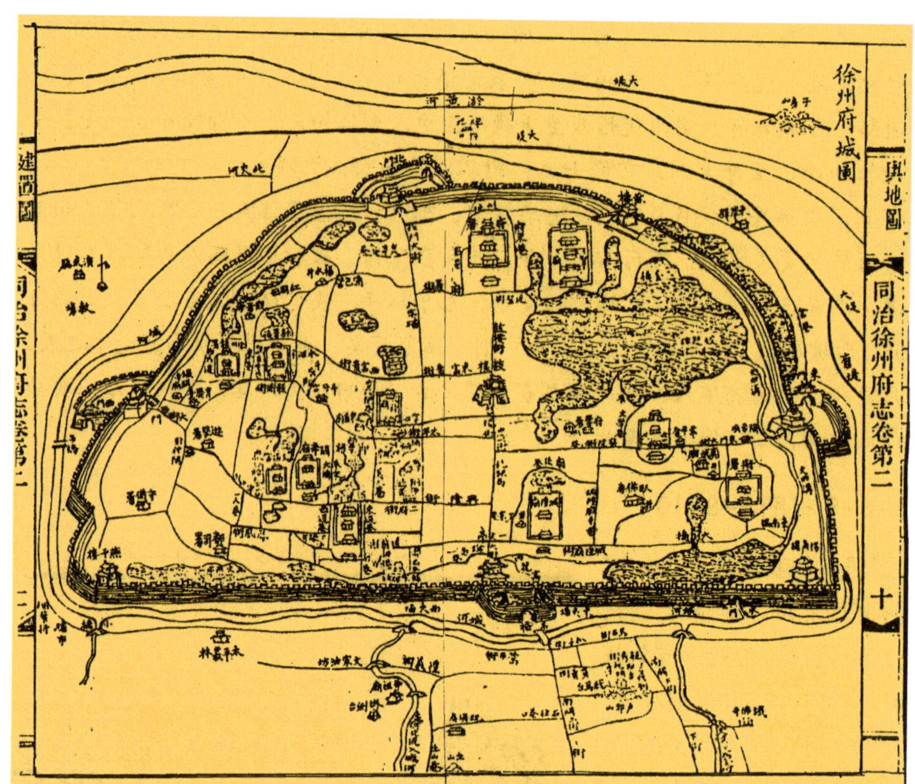

图 5–8–9 徐州府城图（摹自同治徐州府志）

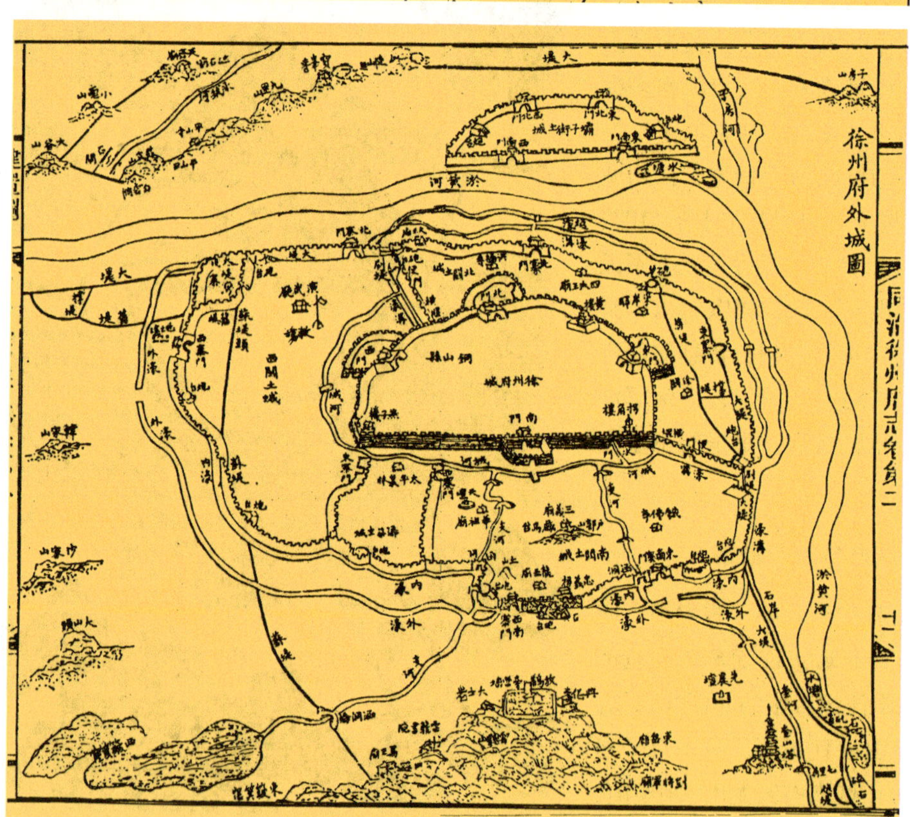

图 5–8–10 徐州府外城图（摹自同治徐州府志）

带季风气候，年平均气温 14℃，年平均降水量 800 多毫米，无霜期 200 ～ 220d。

徐州历史悠久，是一座久负盛名的历史文化名城。早在帝尧时期，颛顼后裔彭铿（彭祖）受封于此，称大彭氏国，故徐州又称彭城。春秋时期，彭城为宋邑，战国中期，宋弃淮阴而迁都彭城。彭城之名始见于《春秋》鲁成公十八年（公元前 573 年），说明彭城建城有文字记载的历史已有 2500 多年之久。秦汉之际，楚怀王、西楚霸王都先后建都彭城。刘邦建立汉朝后，封其异母弟刘交为楚王，都彭城。东汉为彭城国。三国魏明帝时，刺史部迁治彭城，彭城始称徐州。魏晋南北朝各代在徐州设藩封王，称彭城国。隋唐时期，先后设置徐州总管府、感化军、武宁军节度使。宋代徐州属京东路，元代属归德府，曾置徐邳路、徐州、徐州路，治所均在此。元末毁徐州城，降徐州为武安州，迁城址于奎山。明洪武年间，改武安州为徐州直隶州，复建旧城。清代徐州为直隶州，初属江南省江南布政使司，后江南省改为江苏省，又直属江苏省。清雍正十一年（1733 年）升徐州为府，辖丰、沛、萧、砀、宿迁、铜山、邳县。民国初年，徐州为徐海道。1945 年设徐州市。

徐州城三面阻水，四面环山，易守难攻，自古为兵家必争之地，历史上发生过大小战争 200 余起。徐州历代为军事重镇。

徐州历史上名人辈出，汉高祖刘邦，南朝宋武帝刘裕，南唐先主李昇均原籍在徐州地区。刘交、刘向、刘歆都是著名的文人学士。

（二）徐州历史上的水灾

为了研究徐州历史上的水灾，特列出表 5–8–2。

徐州历代城市水患表 **表 5–8–2**

序号	朝代	年份	水灾情况	资料来源
1	东晋	义熙十二年（416）	汲水暴长，城崩。更筑之，悉以砖垒，宏壮坚峻，楼橹赫奕，南北所无。	民国铜山县志，卷 10，建置考
2	唐	贞元八年（792）	八年秋，自江淮及荆、襄、陈、宋至于河朔州四十余，大水，害稼，溺死二万余人，漂没城郭庐舍，幽州平地水深二丈，徐、郑、涿、蓟、檀、平等州，皆深丈余。	新唐书 · 五行志
3	宋	太平兴国五年（980）	五年五月，颍州颍水溢，坏堤及民舍。徐州白沟河溢入州城。	宋史 · 五行志
4		太平兴国八年（983）	八月，徐州清河涨丈七尺，溢出，塞州三面门以御之。	宋史 · 五行志
5		天禧三年（1019）	六月，河决滑州城西南，漂没公私庐舍，死者甚众，历澶州、濮、郓、济、单至徐州，与清河合，浸城壁，不没者四版。	宋史 · 五行志
6		熙宁十年（1077）	河道南徙，东汇于梁山张泽泺，分为二派，一合南清河入于淮，一合北清河入于海。凡灌郡县四十五，而濮、齐、郓、徐尤甚，坏田逾三十万顷。	宋史 · 河渠志
7	明	隆庆五年（1571）	九月六日，水决州城西门，倾屋舍，溺死人民甚多。	同治徐州府志，卷 5，祥异
8		万历二年（1574）	是年，大水环州城，四门俱塞。	同治徐州府志，卷 5，祥异
9		万历十八年（1590）	大溢，徐州水积城中者逾年。众议迁城改河。季驯浚魁山支河以通之，起苏伯湖至小间口，积水乃消。	明史 · 河渠志
10		天启元年（1621）	六月，徐州大雨七日夜，城内水深数尺，坏民屋千余。	同治徐州府志，卷 5，祥异
11		天启四年（1624）	六月，决徐州魁山堤，东北灌州城，城中水深一丈三尺，……徐民苦淹溺，议集资迁城。给事中陆文献上徐城不可迁六议。而势不得已，遂迁州治于云龙。	民国铜山县志，卷 10，建置考
12	清	康熙三十五年（1696）	秋，大霖雨，花山河溢，石狗湖涨，坏郡城东南庐舍。	同治徐州府志，卷 5，祥异

（三）徐州城历代的防洪措施

徐州城从有文字记载开始，已有2500多年的历史。历代经洪水、地震以及200多次战火的洗礼，始终屹立在原处，而且不断地发展，成为中国历史文化名城，成为人口达百多万的现代大都市，这绝不是偶然的。这与徐州城的选址、规划、历代的建设，包括历代防御各种自然灾害，尤其是洪水灾害的措施有关，这也与历代守徐州的杰出人物，包括苏轼等有关。

1. 城址选于河流的凸岸

选址于河流的凸岸，则城址可少受洪流的冲击，这是徐州城选址高明之处。尽管历史上徐州城也有多次洪水灌城之灾，但如果城址选于河流凹岸，洪水灾害将会更多、更为严重。

2. 历代极为重视城池的建设

根据同治《徐州府志》和民国《铜山县志》的记载，徐州城所在，古有四座城。一为大城，相传为古大彭国，即春秋时的彭城。外城内有金城。在大城内的东北，有一座小城。小城西又有一城。

《水经·获水注》记载：

获水于彭城西南，回而北流，迳彭城，城西北旧有楚大夫龚胜宅，即楚老哭胜处也。获水又东，转迳城北而东注泗水。……城，即殷大夫彭组之国也。……大城之内，有金城，东北小城，刘公更开广之，皆垒石高四丈，列堑环之。小城西又一城，是大司马琅邪王所修，因项羽故台经始，即构宫观门阁，唯新厥制。义熙十二年，霖雨骤澍，汴水暴长，城遂崩坏。冠军将军，彭城刘公之子也，登更筑之，悉以砖垒，宏壮坚峻，楼橹赫奕，南北所无。”

由以上记载可知，获水由西南绕城向北向东流入泗水，其城址选址于获水凸岸。这种河流流向基本上与夺淮后黄河在城西向东北，再向东南的流向是一致的。

由记载可知，东晋时刘公筑彭城，“垒石高四丈”，用石砌城，以抗洪水冲击。虽然后来东晋安帝义熙十二年（416年），汴水暴长，城崩坏，灾后，刘公之子冠军将军又修筑城墙，“悉以砖垒，宏壮坚峻”。比以前更加坚固雄壮。

以后，唐贞观五年（631年）重筑徐州城。在庞勋之乱时，徐州有罗城、子城二重城垣[1]。

宋熙宁十年（1077年），徐州受黄河洪水袭击，郡守苏轼增筑故城（《宋史·苏轼传》）。

宋元丰元年（1078年），苏轼改筑州外子城（《苏文忠公年谱》）。

金哀宗正大初（1224年），徐帅完颜仲德垒石为基，增城之半，复浚隍引水为固（《金史·完颜仲德传》）。

元至正十一年（1351年），刘福通在颍州领导红巾军起义，李二（曾以芝麻赈济灾民，人称“芝麻李”）在徐州起义响应，并占据徐州。至正十二年（1352年）九月，元丞相脱脱亲率大军前来镇压，以巨石为炮轰击徐州，破城后屠城，城毁损殆尽。将徐州降格，改称武安州，迁州城于奎山。

明洪武元年（1368年），废除武安城，在徐州城原址重建徐州城。“垒石甃甓（垒石为城基，在城墙外包砌以砖），围九里有奇，高三丈三尺，址广如之，颠仅三之一。三面阻水，即汴泗为池。独南可通车马。濠深广各二丈许。堞凡二千六百三十八。角楼三，门四：东曰河清，西曰通汴，北曰武宁，南曰迎恩。”[2]

万历四十二年（1614年），参议袁应泰重修徐州城的四座城门，城门上各增修箭楼，又改各门之名，东门为明德门，南门为奎光门，西门为威远门，北门为拱极门[3]。

---

[1] 同治徐州府志，卷16，建置考．

[2] 同治徐州府志，卷16，建置考．

[3] 民国铜山县志，卷10，建置考．

天启四年（1624 年）六月，河决奎山堤，夜半由东南坏城，百姓溺死无数。兵备杨廷槐署州事司，乃强请将徐州城迁至南二十里堡。已兴工十多个月，此时，给事中陆文献向朝廷提《徐州不宜迁六议》，其主要内容如下：

（1）为运道不当迁；

（2）为要害不当迁；

（3）为有费不当迁；

（4）为仓库不当迁；

（5）为民生不当迁；

（6）为府治不当迁。

陆文献的六议，从政治、军事、经济、财政、民生等方面认为徐州城不能迁别处，得到朝廷认可，故只暂将州治迁至城南云龙山。

四年后的崇祯元年（1628 年），洪水已干，全城被厚达 5m 的泥沙湮埋。兵备道堂焕在原址上重建徐州城，“改门名，东曰河清，西曰武安，南曰奎光，北曰武宁”。各官署也在故地复建。崇祯七年（1634 年）参议徐标补修城墙，在城三面凿池，南北增修炮台，以加强防卫[1]。

清顺治十七年（1660 年），兵备道项锡胤修缮城墙、门楼和濠池，至康熙元年（1662 年）七月完工[2]。

康熙七年（1668 年）六月，徐州地震，城池毁坏。雍正二年（1724 年），知州孙诏始修葺完固[3]。乾隆七年（1742 年）及十六年（1751 年），知县王琼等重修城池[4]。

嘉庆二年（1797 年），知县福庆、刘祖志、丁观堂依次修缮城池，计新旧城垣周长 1559 丈 6 尺 4 寸，排墙 1378 座，垛口 1379 堵。修城工程于嘉庆五年（1800 年）五月完工[5]。

咸丰八年（1858 年）三月二日，兵备道王梦龄主持修缮城池，至咸丰九年（1859 年）九月完工[6]。

咸丰五年（1855 年）修筑城外东北面土垣，八年（1858 年）接筑城外西南面土垣，九年（1859 年）加筑燕子楼南的土城，外城共有六门。

光绪五年（1879 年）徐州镇董凤高、徐州道张富年将大城、土城一律重修[7]。

计明洪武元年（1368 年）至清光绪五年（1879 年）的 511 年间，徐州共修城 11 次，平均约 50 年修一次。若从东晋义熙十二年（416 年）至清光绪五年（1879 年）共 1463 年间，共记载有 16 次修城，平均 91.4 年修城一次。

若考虑宋以前，徐州城受黄河洪水威胁少，宋以后，则以黄河洪水为徐州的主要灾害来源，可以宋熙宁十年（1077 年）至清光绪五年（1879 年）共 802 年中，徐州共修城 14 次，平均 57.3 年修城一次。

从以上记载，可以看出徐州历代都极为重视城池的建设。而城墙正是城市防洪的最后一道防线。

---

[1] 民国铜山县志，卷 10，建置考 .

[2] 民国铜山县志，卷 10，建置考 .

[3] 同治徐州府志，卷 10，建置考 .

[4] 民国铜山县志，卷 10，建置考 .

[5] 民国铜山县志，卷 10，建置考 .

[6] 同治徐州府志，卷 10，建置考 .

[7] 民国铜山县志，卷 10，建置考 .

3. 徐州城墙的外形、用料、砌筑上均注意防洪抗冲

1）城形利于防洪

徐州城的外形不求方整，而是采用了弧形。无论内城、外城均如此，这种城形，较之方形，可以大大减少洪水的冲击力，是利于防洪的。

2）用巨石、条石砌筑城基城垣，以加强城垣的防洪抗冲功能

前面谈到，东晋时徐州城“垒石高四丈”作为城墙，这是利于防洪抗冲的。

明洪武元年（1368 年）重筑徐州城，“垒石甃壁”，即下用石砌基础，上面在城墙上包砌以砖，这都使城墙抗冲、耐洪水泡浸而不易崩塌。

咸丰八年（1858 年）至九年（1859 年）王梦龄主持修徐州城时，“内垣甃巨石以坚之，薄者斯厚。……其宽尚堪盘马排垛，砌条石而广之，卑者斯崇。”他采取的办法，是以条石加宽城基，又以巨石加砌在城墙外边，使之更坚固厚实而加强防洪抗冲的能力。

4. 城外筑护城堤，并使之坚固抗洪

《民国铜山县志》记载：万历二年（1574 年），河复大涨，……浸州城过半者。三月副使舒应龙，知州刘顺之，环城增置护堤，乃得不溃[1]。

明张鹤鸣《护城堤记》[2]一文中，对筑堤的经过及技术问题有所描述：

> 其尺度之高下，基面之广狭，石者与土异，当水冲者与漫流处异，地势高者与卑下者异。若堤之近水者，多用汉人筑郄子法，以竹笼贮石，盘护堤根，以防冲啮。

可见，筑护城堤能因地制宜，考虑地形地势、洪水冲击处和漫流处的不同，而用土或用石砌筑，且吸取黄河防洪经验，以竹笼石盘护堤根，这说明，这一护堤是较为坚固的。

5. 建水柜、减水闸，开支河以排涝

明张鹤鸣《护城堤记》中还说到城内排涝的措施：

> 又自城西北隅，迄至东南城下，制濠、制水柜，以泄城内之水。即东南转角楼之下，为减水闸一座，以时蓄泄。
>
> 万历十八年（1590 年）副使陈文燧开支河，以泄城中积水[3]。

这样，徐州城不仅可以防止外部洪水的袭击，也可排除城内积水，以防涝灾。

6. 苏轼筑由城南门达云龙山麓的救生堤

明张鹤鸣《护城堤记》还记载：

> 东坡守徐，多方防护，城赖以全。及水涸，乃构黄楼以厌之，复筑堤，由城南门以达云龙山麓，用戒不虞。

苏轼作这一堤，乃是作为以后徐城有洪水犯城、灌城时，城内居民可沿堤逃生到云龙山麓。这一措施是十分高明的和有远见的。

7. 苏轼在徐州城东门建黄楼以纪念战胜洪灾

徐州东门有宋苏轼建的黄楼。苏轼曾知彭城（今徐州），遇黄河决，日夜指挥军民抢险，身先士卒，保障了徐州人民的生命财产安全。事后，又修缮城池，建黄楼东门上。黄楼成为徐州城历史文化的一部分。有三篇有关黄楼的文章，一是苏轼之弟苏辙的《黄楼赋》，一是陈师道的《黄楼铭》，一是秦观的《黄楼赋》。下录苏辙《黄楼赋》之序如下：

> 熙宁十年秋七月乙丑，河决于澶渊，东流于钜野，北溢于济，南溢于泗。八月戊戌，

---

[1] 民国铜山县志，卷 14，河防考 .

[2] 民国铜山县志，卷 10，建置考 .

[3] 民国铜山县志，卷 10，建置考 .

水及彭城下。余兄子瞻，适为彭城守。水未至，使民具畚锸，畜土石，积刍茭，室隙穴，以为水备。故水至而民不恐。自戊戌至九月戊申，水及城下者二丈八尺，塞东、西、北门，水皆自城际山。雨昼夜不止。子瞻衣蓑履屦，庐于城上，调急夫，发禁卒以从事，令民无得窃出避水，以身帅之，与城存亡，故水大至而民不溃。方水之淫也，汗漫千余里，漂庐舍，败冢墓，老弱蔽川而下，壮者狂走，无所得食，槁死于丘陵、林木之上。子瞻使习水性者，浮舟楫载糗粮以济之，得脱者无数。水既涸，朝廷方塞澶渊，未暇及徐。子瞻曰：澶渊诚塞，徐则无害。塞不塞天也，不可使徐人重被其害。乃请增筑徐城。相水之冲，以木堤捍之，水虽复至，不能以病徐也。故水既去，而民益亲。于是即城之东门，为大楼焉。垩以黄土，曰土实胜水。徐人想劝成之。辙方从事于宋，将登黄楼，览观山川，吊水之遗迹，乃作黄楼之赋。

此序文辞朴实，刻画出大文豪苏轼率领徐城军民，护城抢险，战胜洪水，救济灾民，修城建楼的动人事迹。苏轼庐于城，与城共存亡的献身精神及崇高品德，将永垂青史！

徐州城与开封城一样，是黄淮流域防洪抗灾的又一座丰碑。

三、淮安（图 5–8–11 ～图 5–8–14）

淮安自古为南北交通咽喉，也是一座军事重镇，名人荟萃，汉初军事家韩信，汉初文学家枚乘，“建安七子”之一的陈琳都是淮安人，近代考古学家罗振玉以及周恩来总理，都生于淮安。淮安是我国历史文化名城。在城市防洪中，淮安也是一座典型的城市。

（一）地理位置与历史沿革

淮安位于江苏省北部，地处淮河下游，苏北冲积平原中部。境内地势平坦，由西北向东南倾斜，海拔 9 ～ 12m。土地肥沃，水网密布，京杭运河纵贯南北，自古为交通枢纽。

淮安上古属淮夷。早在 5000 多年前，这里孕育了江淮流域的新石器时代的文明——青莲岗文化。

图 5–8–11 淮安府图摹本（约明万历二十六年，1598 年．自文物，1985，1：44）

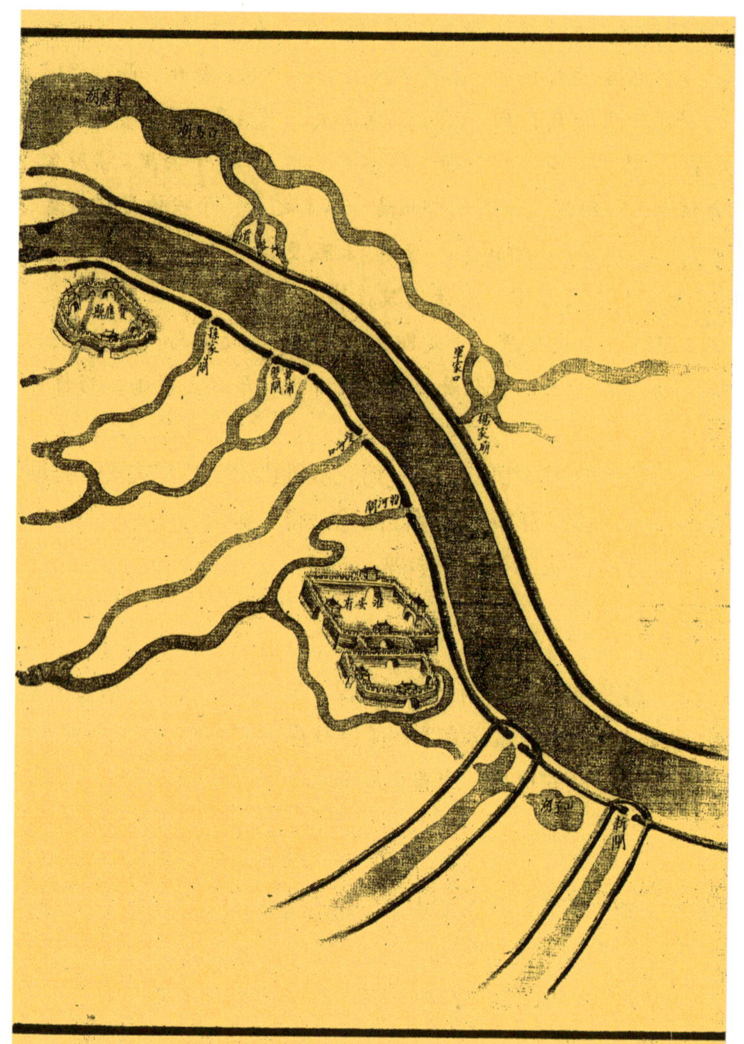

图 5-8-12 淮安府段下河图（康熙四十二年，1706年．自水道寻往：118）

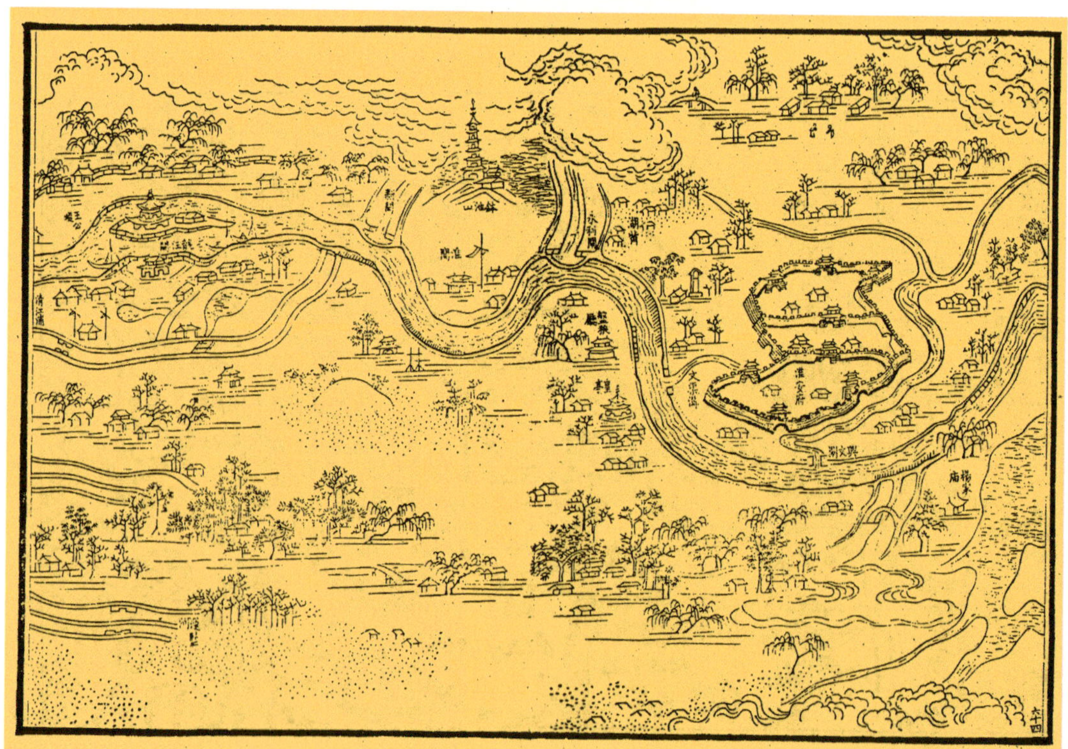

图 5-8-13 运河图·淮安府·龙王闸（清雍正间 1723～1735 年刻本，行水金鉴图）

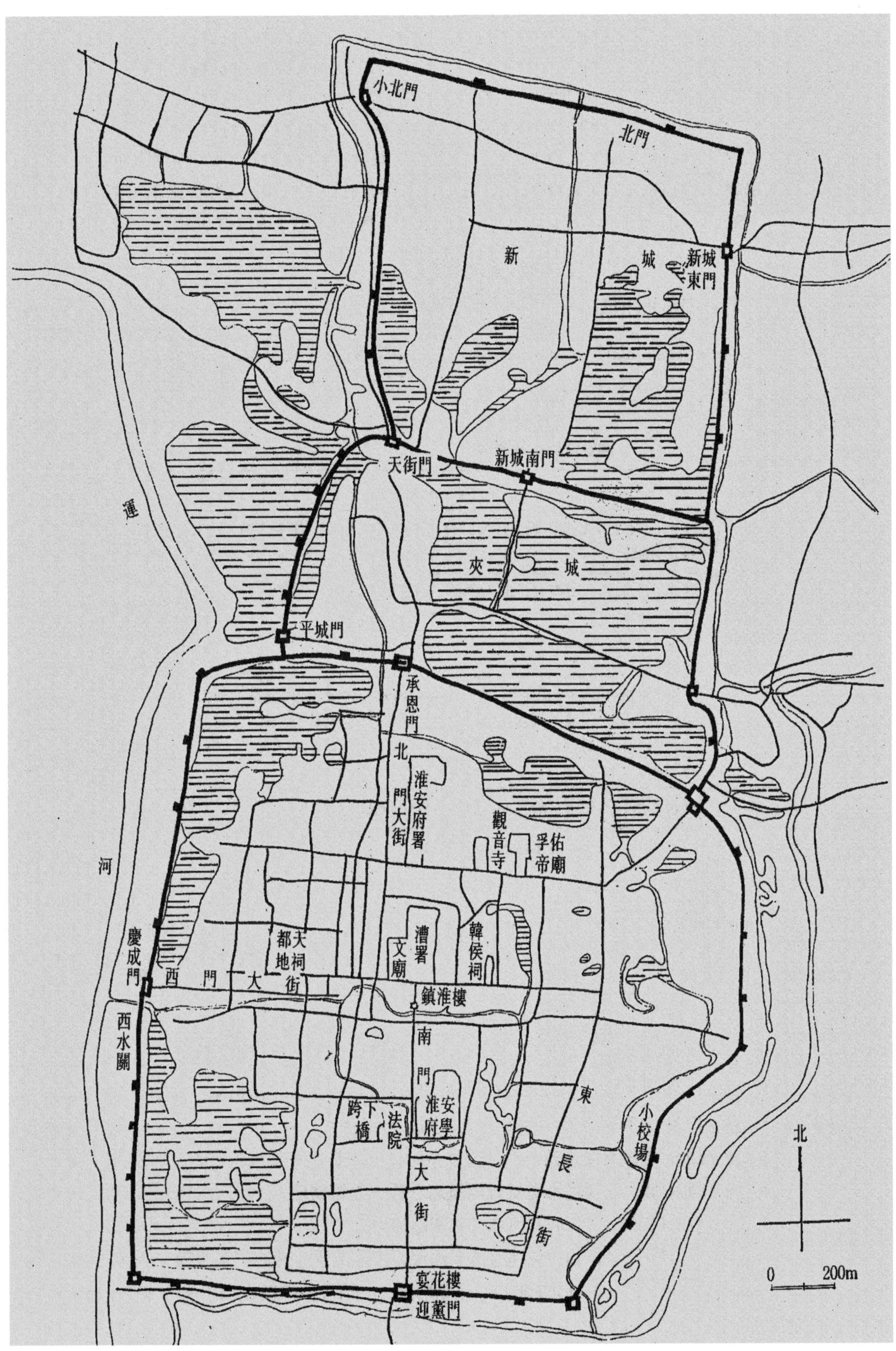

图 5-8-14 淮安城图（自阮仪三著．古城留迹，1945：55）

春秋淮安属吴，吴亡属越。战国属楚。秦一统中国后，置淮阴县。汉武帝元狩六年（公元前117年），分置射阳县。这是淮安建县之始。

三国时属魏，曾为广陵郡治。东晋义熙七年（411年），分广陵郡置山阴郡，改射阳县为山阴县。南齐永明七年（489年）始称淮安。

隋开皇十二年（592年）置楚州，治山阴县。唐天宝年间，曾一度改称淮阴郡。

南宋绍定元年(1228年)改称淮安军,淮安县,不久升为淮安州。元为淮安路。明清为淮安府。自三国魏始，山阴县一直为州、军、路、府治所。民国三年（1914年）撤淮安府，改山阴县为淮安县。1987年撤县，设淮安市。

（二）淮安历史上城市水灾概况

淮安城受黄河、淮河、运河洪水影响，受水灾次数以明清为多，故在此列出明清时期受灾情况的水患表（表5–8–3）。

淮安城历代水患表　　表5–8–3

序号	朝代	年份	水灾情况	资料来源
1	明	永乐二十一年(1423)	二月，六安卫霪雨坏城。是岁，建昌守御所、淮安、怀来等卫，皆霪雨坏城。	明史 · 五行志
2		正统二年（1437）	五月，大雨水，深数尺，城内行舟，损房屋无算。	光绪淮安府志，卷40
3		正德十二年（1517）、十六年（1521）	夏霖雨不止，城内行船。	光绪淮安府志，卷40
4		隆庆三年（1569）	大水，舟楫通于旧城南市桥。时，淮安两城水关皆闭，城内坚筑土坝，外水固不得入，城中雨水积已五尺余，城外水高于城内屋脊。夜静，水声汹汹在梁栋间。八月十八日，大震电一夜，城中水深七尺，烟火尽绝。	光绪淮安府志，卷40
5		万历二年（1574）	河淮并溢，漂砀山、清、安、盐等邑官民庐舍一万二千五百余间。	康熙淮安府志
6		万历三十三年(1605)	三、四月大风雨，城市皆水，房舍多倾。	光绪淮安府志，卷40
7	清	康熙三年（1664）	六月，偏关河水暴发，坏民舍甚多，城内水深丈余。	清史稿，卷40，灾异志
8		乾隆三十九年(1774)	淮安府城一座，据报于本年八月内被水浸漫，城垣垛口、水关、城楼、城台等项，俱有淹坍。	清代淮河流域洪涝档案史料．北京：中华书局，1988：349

（三）淮安城的防洪排涝措施

由于黄河夺淮，淮安城受到水灾的严重威胁。其城市防洪排涝措施如下：

1. 建立了坚固的城池防御系统和防洪体系，号银铸城

淮安府城池，旧城晋时所筑。在宋金战争时，淮安是座军事重镇，为了加强防御，当时的守臣陈敏生筑淮安城，北使过淮见城雉堞坚新，称之为银铸城。

南宋嘉定初（1208年），城有毁坏，知州赵仲修葺。

嘉定九年（1216年），知州应纯之填塞洼坎，浚池泄水，城池更加坚固。

元朝至正年间(1341 ~ 1367年),即元朝后期,江淮兵乱,守臣在旧土城的基础上略加补筑,以便防守。

明朝修城，在城墙外面包砌以砖，这就大大加强了城墙防洪的性能；另在城上四周置楼

橹，才成现在的形制。“自基至女墙高三十尺，周一十一里，东西径五百二十五丈。旧为门五，水门二。东曰观风，南曰迎远，西曰望云，稍南二十余武为水门，稍北不三百武曰清风，元兵渡淮时，守臣孙虎塞之，今废。北曰朝宗。稍西不数步亦为水门，并水西门，小舟可通。城中四门皆有子城（笔者注：这里子城即瓮城），城各有楼，又置三角楼，淮艮隅缺一，以观风门在焉。东南：门各有吊桥。自东门外至南角楼，沿带以池。自南角楼，钟楼角以运河为池。北楼外接联城，故无壕。城为窝铺五十二座，雉堞二千九百六十垛。”[1]

明朝的正德十三年（1518 年）、嘉靖三十六年（1557 年）、隆庆六年（1572 年）、万历三十三年（1605 年）、三十八年（1610 年）、四十八年（1620 年）都曾对旧城进行增补修筑[2]。

在旧城北一里多是新城，为山阳县北辰镇。元末张士诚之将史文炳守淮安时，筑新城，是土城。明洪武十年(1377 年)，指挥时禹增筑新城，以宝应废城的砖石加固和替换原土城。新城“西瞰运河，东南接冯家荡，北俯长淮，高二丈八尺，围七里二十丈，东西径三百二十六丈，南北径三百三十四丈。城门共五座，北门加一座，城楼俱备。……东西在子城，角楼共四，南北二水门。东南二门外各有桥。城上窝铺四十八，雉堞一千二百垛。东南二面池深一丈余，阔五尺余。西北二面以淮湖为壕，与旧城通连。”[3]

联城连接新旧二城。嘉靖三十九年（1560 年），倭寇犯境，为保护城内百姓，加强防御，漕运都御史焕章疏请建造[4]。

淮安是三城一体的城池，是坚固的军事防御和防洪的体系。

淮安城市水患由表 5-8-3 可知，除乾隆三十九年（1774 年）外，由于城垣十分坚固，城外洪水被挡在外边。但由于天下大雨，城内雨洪无法排泄，造成城内涝灾。正因为有城墙挡住外边的洪水，否则，洪水灌城，就十分危险了，“城外水高于城内屋脊”，洪水破城，城内会遭灭顶之灾。乾隆三十九年（1774 年）是淮安惟一洪水灌城的例子。

2. 建护城堤和护城石堤

为了防黄淮泛溢，威胁淮安城，明隆庆间（1567 ~ 1572 年），漕抚王宗沐加筑长堤护城，由旧城东南隅一直往北。后来，漕抚朱大典建龙光阁于上。

由于运河高堤之高与城高相近，到伏秋水涨时，对淮安城威胁很大。明天启初年（1621 年），知府宋祖舜修筑石堤，并加筑城西岸，甃石以为固，以防止运河的洪水犯城[5]。

3. 建九处水关以防敌防洪

淮安城共有九处水关：旧城有西水关、北水关。东南隅巽关，新城北水关两个，联城有四个水关。这些水关，有的可以通舟，两墙间旧有石槽五层，可以下闸板，防盗贼和防水患[6]。

4. 开沟泄水以排除内涝

万历二年（1574 年），知府邵元哲开菊花沟，以泄淮安高宝三城之水，并疏盐城石口下流入海[7]。

5. 明万历四年淮河改道利于淮安城防洪

由于黄河夺淮后，一河承两河之水，直冲淮安城，成为淮安城的严重威胁。明万历四年(1576

[1] 古今图书集成 · 方舆汇编 · 职方典 · 淮安府城池 .

[2] 光绪淮安府志，卷 3，城池 .

[3] 古今图书集成 · 方舆汇编 · 职方典 · 淮安府城池 .

[4] 光绪淮安府志，卷 3，城池 .

[5] 光绪淮安府志，卷 3，城池 .

[6] 光绪淮安府志，卷 3，城池 .

[7] 光绪淮安府志，卷 40，杂记 .

年）前淮安城多次水患即为明证。万历四年，漕运总督吴桂芳、兵备副使舒应龙、知府邵元哲等，于徐杨筑老坝堵住淮河主道，迫使河水由新开支道草湾河东北，经涟水再东行。这一举措，大大减轻了淮安城的洪水威胁。

淮安城，在黄、淮、运河三洪的威胁下，建筑了完备的城市防洪体系，其防洪经验是值得我们总结和借鉴的。

四、寿州（图 5–8–15、图 5–8–16）

寿州古城位于安徽省淮河南岸的八公山下，淝水绕城而过。这里曾经是楚国的都城寿春，有好多历史上的故事就发生在这里。383 年，即晋太元八年，著名的秦晋“淝水之战”的主战场就在八公山下。“风声鹤唳，草木皆兵”、“投鞭断流”的典故就出在此。西汉淮南王刘安都寿春，与八位仙翁即在此山修炼成仙，故此山被称为八公山，“一人得道，鸡犬升天”、“淮南鸡犬”等成语因此而出。春秋时楚国令尹孙叔敖修建的“芍陂”就在寿州城南 30 里，安丰塘被称为“天下第一塘”。而寿州古城却不仅以历史悠久，经历众多战火的洗礼而称奇，而且也因其在战胜淮河洪水灾害、保护城内百姓的生命财产上屡建奇功而受到赞扬。

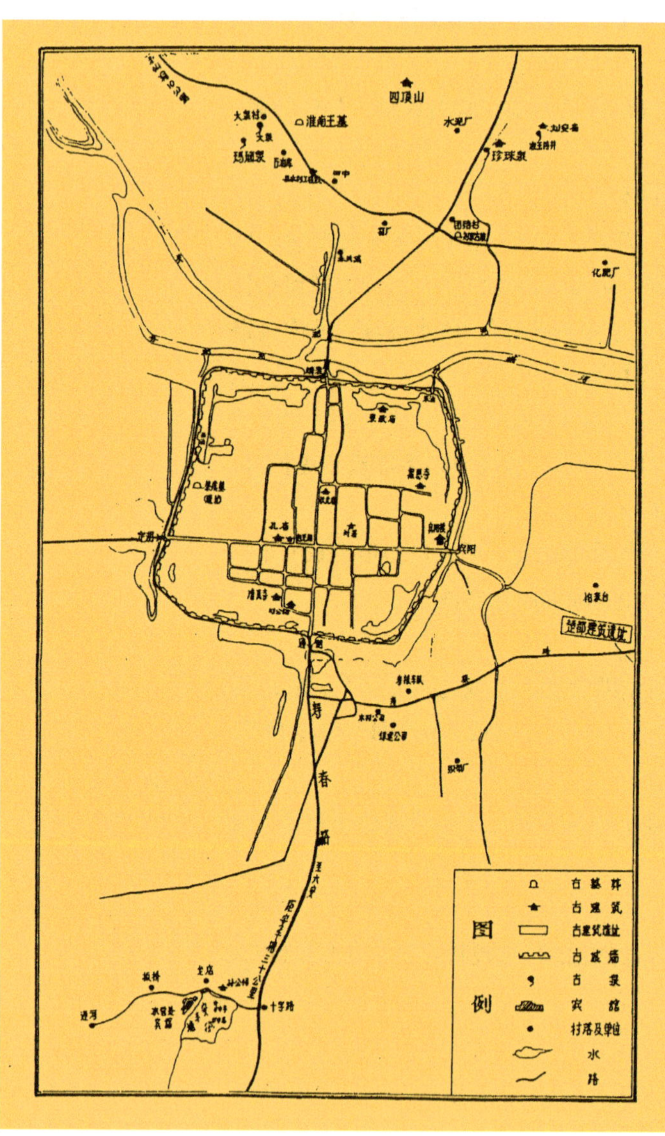

图 5–8–15 寿州古城现状示意图（自寿县人民政府编印．中国历史文化名城寿县）

（一）地理位置与历史沿革

寿州城位于安徽省中部，淮河中游南岸，八公山阳，处江淮丘陵的北部。其南有大别山，北为淮北平原。

其城北部为八公山南麓的山丘地形，地势较高，城墙内老城区和南关区地处沿淮洼地，地面高程多在 20m 左右，易受洪涝灾害的威胁 [1]。

当地属季风亚热带半湿润气候，年平均气温 15℃，年平均降雨量 885.9mm。

夏禹分天下为九州，寿县属扬州。殷商时是南方诸侯的封地，周时为州来国地。周敬王二十六年（公元前 494 年），楚昭王攻伐蔡国，蔡昭侯求吴保护，便把国都迁此。

楚考烈王二十二年（公元前 241 年），楚都迁于此，《史记 · 楚世家》载：“楚东徙都寿春，命曰郢。”这是文献上最早出现的“寿春”名称。

秦统一中国后，划江淮之间为九江郡，治所在寿春。汉初为淮南王英布封地。汉灭英布，立刘邦之子刘长为淮南王，都寿春。淮南国废，复九江郡建制，东汉末，改称淮南郡，治所仍为寿春。袁术在东汉末称帝，亦以寿春为都。曹操灭袁术，

[1] 安徽省城市规划学术委员会，寿县城市建设环境保护局编制．寿县历史文化名城保护规划总说明书，1990：8.

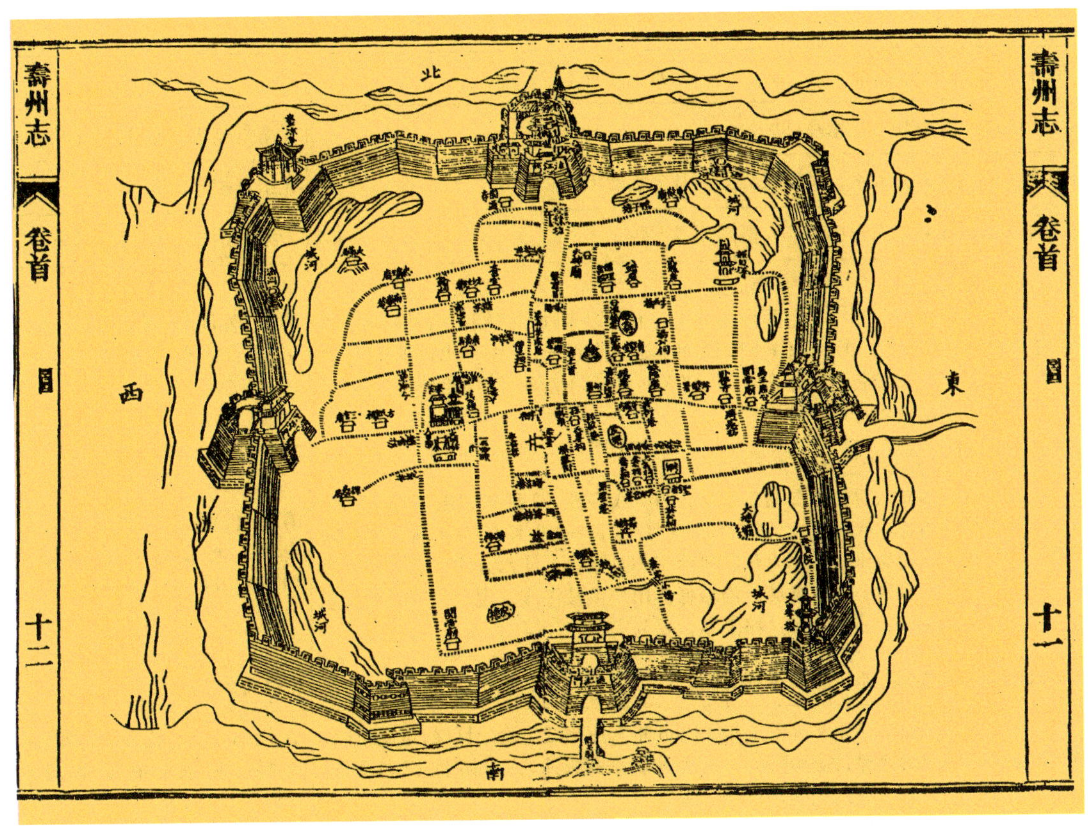

图 5–8–16　寿州城图（自光绪寿州志）

占寿春，仍称淮南郡，治寿春。

东晋十六国，此地一度为前秦苻坚占领，东晋末，为避孝武帝后郑阿春讳，改寿春为寿阳。

隋文帝改寿春为寿州。唐时，寿州属淮南道。宋时设寿春府，金占领后，改属南京路。元时，属河南行省之安丰路。明时，寿州属临濠府（今凤阳），清属凤阳府。民国元年改寿州为寿县，属淮泗道。中华人民共和国成立后，寿县属六安地区行署[1]。

（二）寿州城历史上的水患

寿州历史上水患较多，如表 5–8–4 所示。

寿州历史上城市水患表　　**表 5–8–4**

序号	朝代	年份	水灾情况	资料来源
1	三国	吴甘露三年（267）	寿春秋夏常雨淹城。	光绪寿州志，卷 35，祥异
2	晋	元康四年（294）	五月壬子，寿春山崩，洪水出，城坏地陷，方三十丈，杀人。	光绪寿州志，卷 35，祥异
3	宋	隆兴二年（1164）	七月，寿春大水，浸城郭坏庐舍。	光绪寿州志，卷 35，祥异
4	明	永乐七年（1409）	六月，寿州水决城。	明史 · 五行志
5		永乐二十二年（1424）	二月，寿州卫雨水坏城。	明史 · 五行志
6		正德七年（1432）	寿州卫奏雨潦暴涨坏城。	光绪寿州志，卷 35，祥异

[1] 寿县人民政府编印．中国历史文化名城寿县．合肥：黄山书社，1991：前言．

续表

序号	朝代	年份	水灾情况	资料来源
7	明	正统元年（1436）	寿州卫奏水涨坏城。	光绪寿州志，卷35，祥异
8		嘉靖三十四年（1555）	六月大水，浸城深二丈。月余水始消。	光绪寿州志，卷35，祥异
9		嘉靖四十五年（1566）	夏，霪雨坏城，人畜溺死者无数。	光绪寿州志，卷35，祥异
10	清	道光六年（1826）	[六月二十一日张师诚奏] 又据寿州、凤台两州县禀报，五月以来睢水日增，六月初四、五（7月8、9）霪雨连日，睢河上游来水正旺，下游荆山口洪水顶注，水势加长，直薄城垣，已将东西北三门堵御，北门瓮城漫水两尺，沿河民房田地被淹。	清代淮河流域洪涝档案史料．北京：中华书局，1988：592
11		道光十九年（1839）	[九月十三日色卜星额奏] 本年八月份上旬初二、三、四、八等日（9月9、10、11、15日）得雨一寸；中、下二旬（9月18日～10月6日），晴霁日多，间得微雨……据寿州、凤台二州县禀报，河水叠次加长，又兼洪湖顶注，灌入瓮城，沿城低洼田庐俱被漫淹。现在会同按界加意堵御，城外居民迁移高阜，妥为安顿，等情。	清代淮河流域洪涝档案史料．北京：中华书局，1988：705
12		同治五年（1866）	寿州大水，城不没者三版。	光绪寿州志，卷35，祥异
13		光绪十五年（1889）	寿州一带水势大于上年（1888年），该州城垣沦于巨浸，屯闭三门，风浪激撞，颇形危险，……幸水势来骤去速，六月初十（7月7日）以后，逐渐消落，可保无虞。	清代淮河流域洪涝档案史料．北京：中华书局，1988：997–998

从表5–8–4可知，寿州城历史上有多次水患，但自从嘉靖四十五年（1566年）洪灾后，寿州城一直无洪水灌城之灾。这是什么原因呢？这与寿州城后来采取的防洪措施有关。

（三）寿州城的防洪减灾措施

寿州城防洪减灾措施如下：

1．城址选择高明，可以减少洪水灌城之灾

寿州城选址十分高明，利于防洪。

古城北依八公山，四面环水，地势险要，易守难攻。古人筑城时，还充分考虑到当地地理水文特征，城墙高度与淮河干流上的“咽喉”——“淮河第一硖”的凤台硖山口孤山洼最高水位相应，城址虽低，但硖山口孤山洼比城墙更低，当淮水涨至城头时，洪水会从孤山洼一泻而去。北门大桥上比城墙低的两石狮是水文标志，故有“水漫狮子头，水从孤山流”之说。所以，千百年来，无论洪水多大，都很少淹进城里[1]。

2．城墙形状略呈方形，但转角为弧形

寿州城墙这种形状，不仅军事防御上可以清除射击上的死角，利于防卫，而且遇到洪水袭击时可以减少洪水的冲击力，利于防洪。

3．城墙用材和砌筑均注意坚固抗洪

如图5–8–17所示，寿州城墙以条石砌筑基础，高达2m。基础之上用三皮城砖包砌，上又用一层条石。以糯米汁石灰浆灌缝。这种结构和砌法，用这种灰浆，都是十分坚固耐久，利于防洪抗冲的。

[1] 时洪平．寿县古城墙的历史演变及其保护//国家文物局文物保护司等编．中国古城墙保护研究．北京：文物出版社，2001：178–183.

4. 注意城墙的维修、加固

寿州为了防御洪灾，随时注意维修和加固城墙。光绪《寿州志》记载自明永乐七年（1409年）至清光绪十年（1884年）的375年间，有27次修城[1]，平均14年修一次城。这是防御洪灾所必需的。

5. 筑石堤护城

护城石堤为明嘉靖十七年（1538年），御史杨瞻创建。即于城墙外侧城脚处加筑一周高3m、宽约8m的护城御水石岸。其内口与城墙根基连为一体。外口则以条石叠砌壁立护城河沿。护城石岸为整个城垣增加了一道坚固的防线，它排除了洪水浪涛对城墙根基的直接冲啮，堪称城外之城。清代，石岸几经修葺，同治十三年（1874年）重修后，州人孙家鼐曾为之记，赞其“若匹练之横亘也，若生铁之熔铸也”[2]。

6. 巧妙建筑城市排水涵洞

城涵的作用主要是及时排泄城内积水，以保城内安全。明代以前，寿县城涵与一般涵洞无甚区别，平地设涵，其一端通于城墙之下达于城外；另一端，即与内河相接的涵段则无法适应洪水围城的形势，每在紧要时刻，常被城内积水吞没、毁坏。更有甚者，因涵闸启闭失控，又时有外水倒灌入城之虞。清乾隆二十年（1755年），知州刘焕创建月坝，所谓月坝，即以城内涵段之转角角顶为圆心，向上起筑一砖石结构的圆筒状坝墙，其径7.7m，壁厚0.5m，高与城墙等，周遭又围护以厚实的堤坡，远看，貌似山包。月坝内又设石阶，可拾级递下。坝底涵沟上砌砖旋，设闸数道。月坝功能非常，从整体上保护涵闸，使之与外隔离，避免了内河积水的吞噬；可以随时进坝启闭闸门，控流自如；便于及时比较内外水位；当城外水涨高于涵洞出水口时，月坝内水跟着升高，但不到城内，可以免除外洪倒灌之灾。故光绪年间东西两涵重修时，分别荣膺了“崇墉障流”、“金汤巩固”的称誉，至今坝额上镌字赫然[3]。

7. 筑瓮城考虑防洪

寿州四门皆有瓮城。城有四门：东门“宾阳”，南门“通淝”，西门“定湖”，北门“靖淮”，皆有“云梯”可登城门，雄伟壮观。西门均设瓮城，有内、外两门，门洞均为砖石券顶结构。明朝嘉靖后，除南门外仍为一线通达之式，东门外门北移偏离中轴线4m，有“歪门邪道”之戏称；西、北两门的内外门道均呈90°直角，西门外门向北，北门外门向西。这种巧妙的设置是基于军事防御和抗洪的考虑的，即：敌军突破瓮城后，需改变方向才能攻击城门，守军可乘机关门打狗，消灭瓮中之敌；若洪水冲破外门进入瓮城，由势不可挡的巨大惯性冲击而转变成为瓮城涡流，可减轻洪水对内门的冲力。现存东、北两瓮城（图5–8–17），西、南门瓮城已毁[4]。

正因为有以上各条防洪减灾的措施，寿州古城才能自明嘉靖四十五年（1566年）以后，至今450多年无洪水灌城之灾。我们不得不叹服古人在城市防洪上的聪明和才智。

笔者曾多次到寿州考察。1991年夏华东大水灾，寿州城屹立在一片汪洋中，又一次战胜了洪水（图5–8–18），保护了城内百姓生命财产的安全。寿州城，我为你感到自豪！

---

[1] 光绪寿县志，卷4，营建志·城郭．

[2] 光绪寿县志，卷4，营建志·城郭．

[3] 苏希圣，李瑞鹏．漫谈寿县城墙//寿县文史资料·第二辑，1990：199–205．

[4] 时洪平．寿县古城墙的历史演变及其保护//国家文物局文物保护司等编．中国古城墙保护研究．北京：文物出版社，2001：178–183．

图 5-8-17 寿州的城墙和瓮城

图 5-8-18 1991 年华东大水灾，寿州城屹立在洪水中

五、聊城（图 5-8-19 ~图 5-8-22）

山东聊城，原是东昌府治所所在，位于漕河两岸。因水患迁过城。历代因漕运而昌盛繁荣，也因水患而加强城市防洪设施的建设。现为国家级历史文化名城。

（一）地理位置与历史沿革

聊城市位于山东省西部，徒骇河上游、古运河畔。聊城地处黄河下游的冲积平原，地势平坦，由西南向东北缓斜，间有缓岗、坡地和洼地。海拔 30 ~ 36m。境内有古运河、徒骇河、

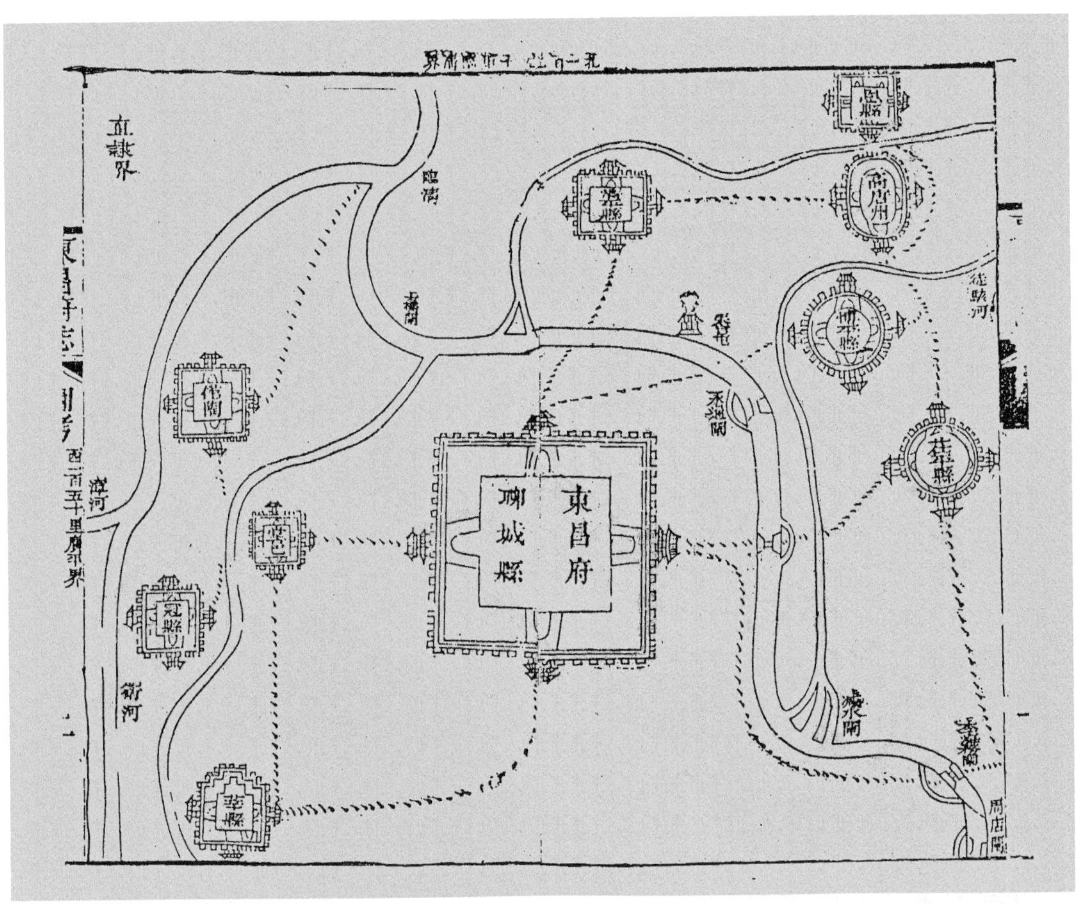

图 5-8-19 东昌府疆域图（嘉庆东昌府志）

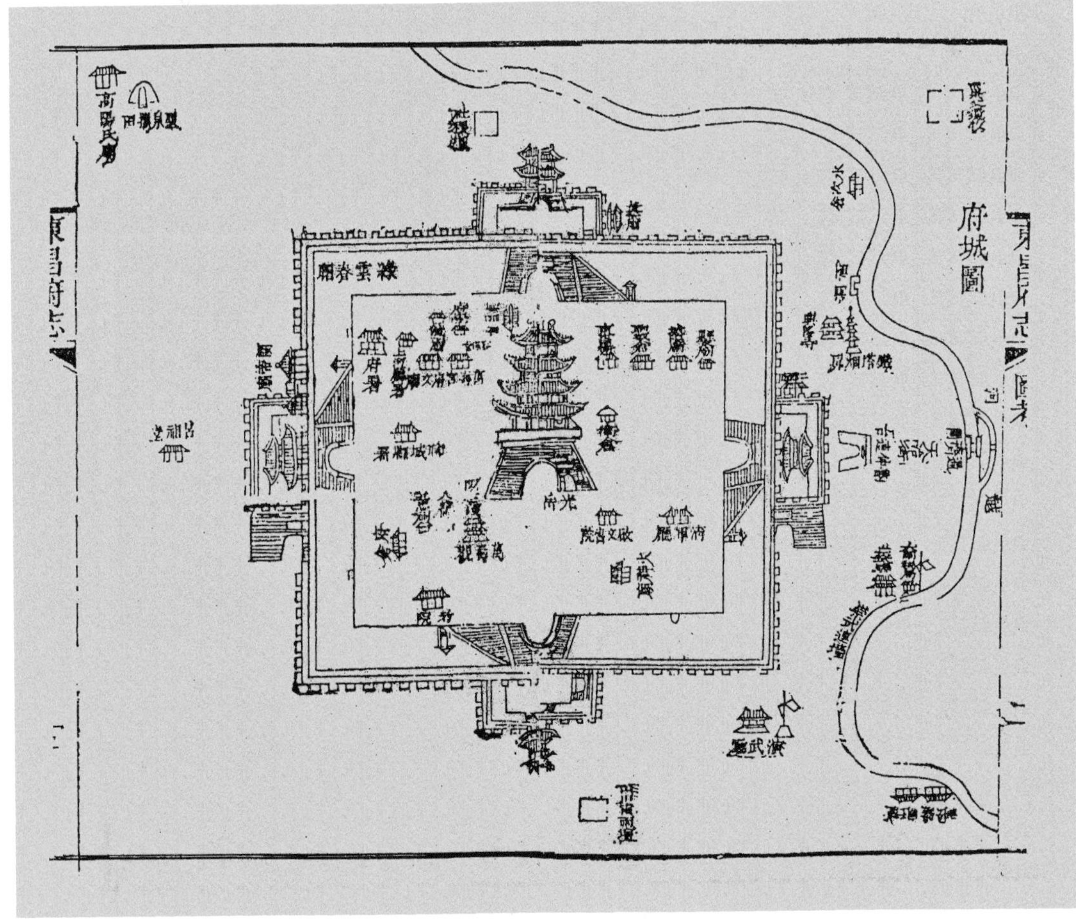

图 5-8-20 东昌府城图（嘉庆东昌府志）

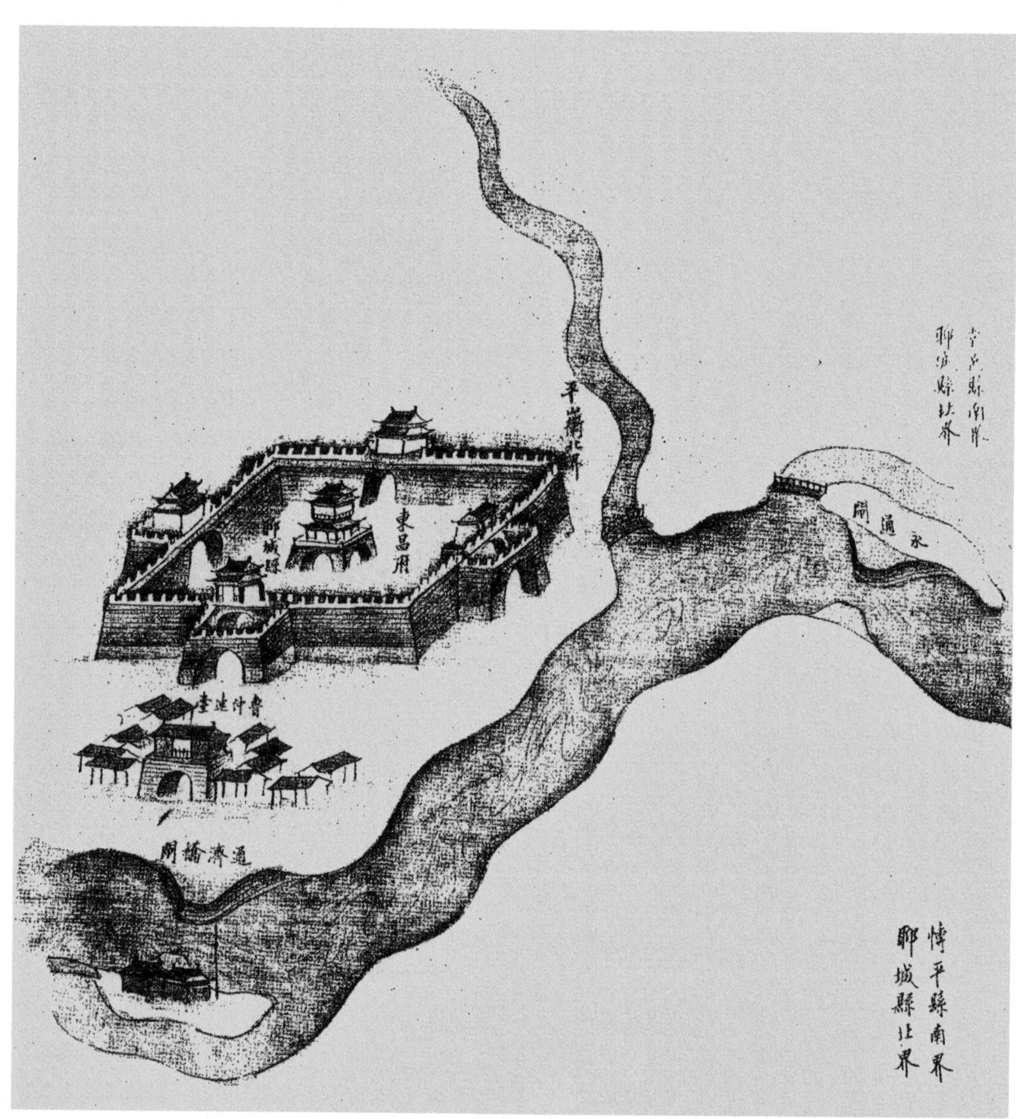

图 5-8-21 聊城县段运河图（康熙四十二年，1703 年．自水道寻往：30）

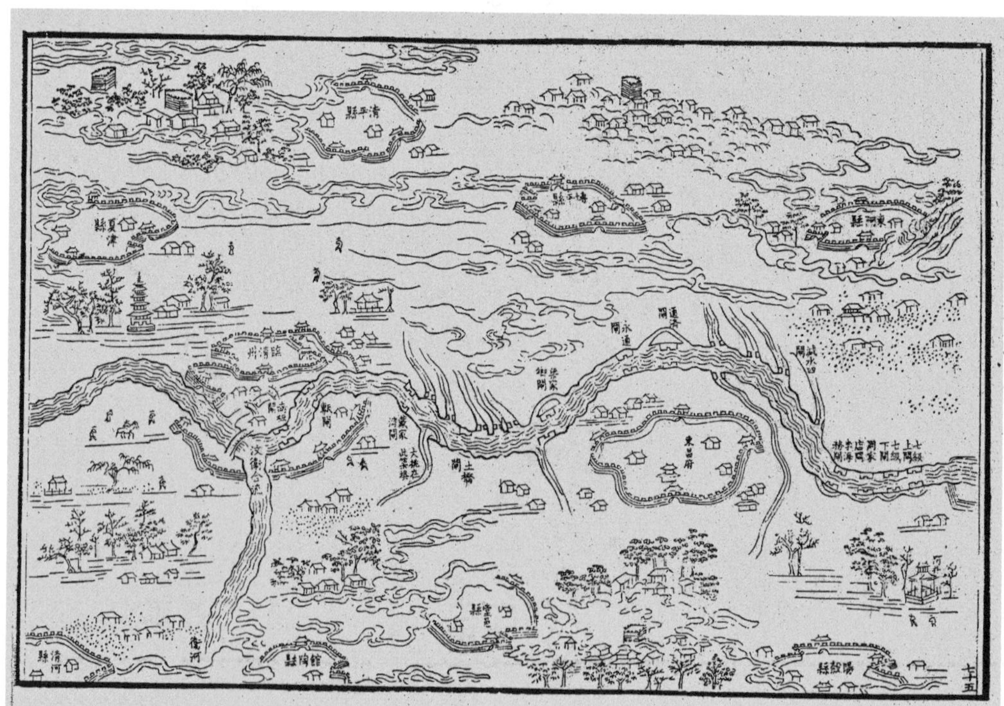

图 5-8-22 运河图·东昌府·汶卫合流（行水金鉴图）

马颊河、周公河等，多西南－东北流向。气候属暖温带半湿润气候，四季分明。年平均气温12.8～13℃，1月平均气温 −2.6℃，7月平均气温26.8℃。年平均降水量约为600mm。无霜期200d左右。

聊城是一座有2000多年历史的文化名城。据《战国策》载，齐燕争战时，名士鲁仲连曾于此射书喻燕将，聊城始见于史乘，其址在今城西北7.5km处。秦置聊城县，属东郡。西汉因之。南北朝时属北魏，太和二十三年（499年），聊城东迁王城，为平原郡治所，其地在今城东10km。隋唐五代时为博州治所。五代后晋开运二年（945年），黄河决口，王城被淹，州县治南迁巢陵，其址在今城东8km。宋、金时仍为博州治所。北宋淳化三年（992年），河决巢陵，州县治迁至今地。元朝为东昌路总管府治所。明代改路为府，聊城为东昌府治所，直至清末。清末、民国年间先后为东临道、山东省第六区行政督察专员公署驻地。1940年为纪念抗日民族英雄范筑先，于聊城东境置筑先县。1945年聊堂县撤销，原聊城县部分划入筑先县。1949年筑先县复为聊城县，属平原省聊城专区。1952年划归山东省。1956年堂邑县撤销，东部归入聊城县。建国后，聊城县一直是聊城地区行署所在地。1958年聊城县改设市，1963年复改县，1983年又设市[1]。

（二）聊城历代城市受水患状况

聊城历代受黄河、运河洪水的威胁。其受灾情况如表5–8–5所示。

聊城历代城市水患表 **表5–8–5**

序号	朝代	年份	水灾情况	资料来源
1	五代	开运二年（945）	黄河决口，王城被淹，州县治南迁巢陵。	彭卿云主编．中国历史文化名城词典·三编：278
2	宋	淳化三年（992）	东昌府城：聊城县附郭。旧治巢陵故城。宋淳化三年河决城圮于水，乃移治孝武渡西，即今治也。	乾隆山东通志，卷四，城池志
3	清	顺治七年（1650）	秋九月，河决荆隆口，溃金堤，冲槽河水入东昌城内西南角，房屋陷没。至十二年冬始消。	嘉庆东昌府志，卷3，五行
4		雍正八年（1730）	夏雨连绵不绝，水遂弥漫，城不浸者，近三、四版。	嘉庆东昌府志，卷5，城池
5		乾隆五十五年（1790）	[八月初二日河东河道总督李奉翰奏附片]七月三十日据该道禀报，东昌府城南坡水于七月二十三日（9月1日）骤长甚大，水至城根，随将西南北三门堵筑坚实。惟西水门旋筑旋漫，水漾入城，无有居民先经迁移高处，尚无妨碍。	清代黄河流域洪涝档案史料．北京：中华书局，1993：347
6		道光二十八年（1848）	大水浸城。	宣统聊城县志，卷11，通纪志
7		光绪十六、十七年（1890、1891）	水与堤平，……西南几与成巨浸，往来必以船渡。	宣统聊城县志，卷11，通纪志

[1] 彭卿云主编．中国历史文化名城词典·三编．上海：上海辞书出版社，2000：278.

（三）聊城在城市防洪上的措施

聊城历史上的城市防洪措施有如下几点：

1. 迁城以避河患

隋唐五代，聊城为博州治所，城址在今城东 10km 处的王城。五代后晋开运二年（945 年）黄河决口，王城被淹，州县治南迁巢陵，其址在今城东 8km 处。这是第一次迁城避河患。

宋淳化三年（992 年），河决巢陵，城圮于水，乃移治于今治所在，也即今山东聊城市。黄河由于泥沙多，城市受灾后，往往淤有 4 ~ 5m 高的泥沙，原来的房屋、水沟、河道均淤为平地，要在废墟中重建是巨大的工程。因此，迁城到离黄河较远、地势高些、水灾风险较小之地，往往是不得已的选择，也是常见的选择。

2. 建筑高大、坚固的城池防御体系

根据嘉庆《东昌府志》的记载：淳化三年（992 年）迁治后，直到熙宁三年（1070 年）才筑城，即经过 78 年后，才有足够的人力、物力、财力来建筑城池。刚开始筑的是土城。明洪武五年（1372 年），东昌府守御指挥陈镛将土城改筑为砖城。这就大大提高了城池的防洪和防御能力。当时城“周七里有奇，高三丈五尺，基厚二丈，门四，……楼橹二十有五，环城更庐四十有七。附城为郭，郭外各为水门，钓桥横跨水上。池深二丈，阔倍之三。”[1]

从以上记载可知，东昌府城从明洪武五年（1372 年）起，城墙高达三丈五尺，又是砖城，具有很强的防洪能力。

以后，万历七年（1579 年）、雍正九年（1731 年）、乾隆五十七年（1792 年）均进行了修葺。

3. 修筑护城堤

早在明洪武五年（1372 年）修建砖城时，东昌府城外，即筑“护城堤延亘二十里。”该堤至雍正八年（1730 年）经 300 多年，已残缺不全，无法护城，于是出现了雍正八年的洪水围城、城不没者仅三四版的危急情景。太守卢公奏请，发帑金修筑护城堤，从雍正九年（1731 年）五月动工，六月竣工。护城堤之修筑，保证了洪水挡在堤外，不致犯城。

东昌府城以上三条措施，都是实用而有效的。

六、泗州（图 5–8–23 ~图 5–8–25）

这里介绍的，是被黄河、淮河洪水淹没的泗州城。

（一）地理位置与历史沿革[2]

古泗州城的地理位置，清康熙二十七年《泗州志》载：“在州境极南，面临长淮对盱山，距盱可二里”[3]；“北枕清口，南带壕梁，东达维扬，西通宿寿，江淮险扼，徐邳要冲，东南之户枢，中原之要会也”[4]。泗州地处淮河下游，汴河之口，为中原之襟喉，南北交通之要冲，是古代典型的河口城镇。

据史料记载：古泗州一带，夏商周时曾为徐国；春秋战国时分属吴、越、楚；秦时属泗水郡；楚汉之际属西楚。汉置临淮郡时徐为郡治，新莽时改为淮平，东汉时改为徐县（属下邳郡）；晋置临淮郡于盱眙时，徐又属临淮；东晋分置淮陵郡，徐又属淮陵；南北朝宋时

[1] 嘉庆东昌府志，卷 5，建置 · 城池 .

[2] 陈琳 . 明代泗州城考 // 历史地理 . 第十七辑 . 上海：上海人民出版社，2001：184–196.

[3] 康熙泗州志，卷 5，城池 .

[4] 康熙泗州志，卷 4，疆域 .

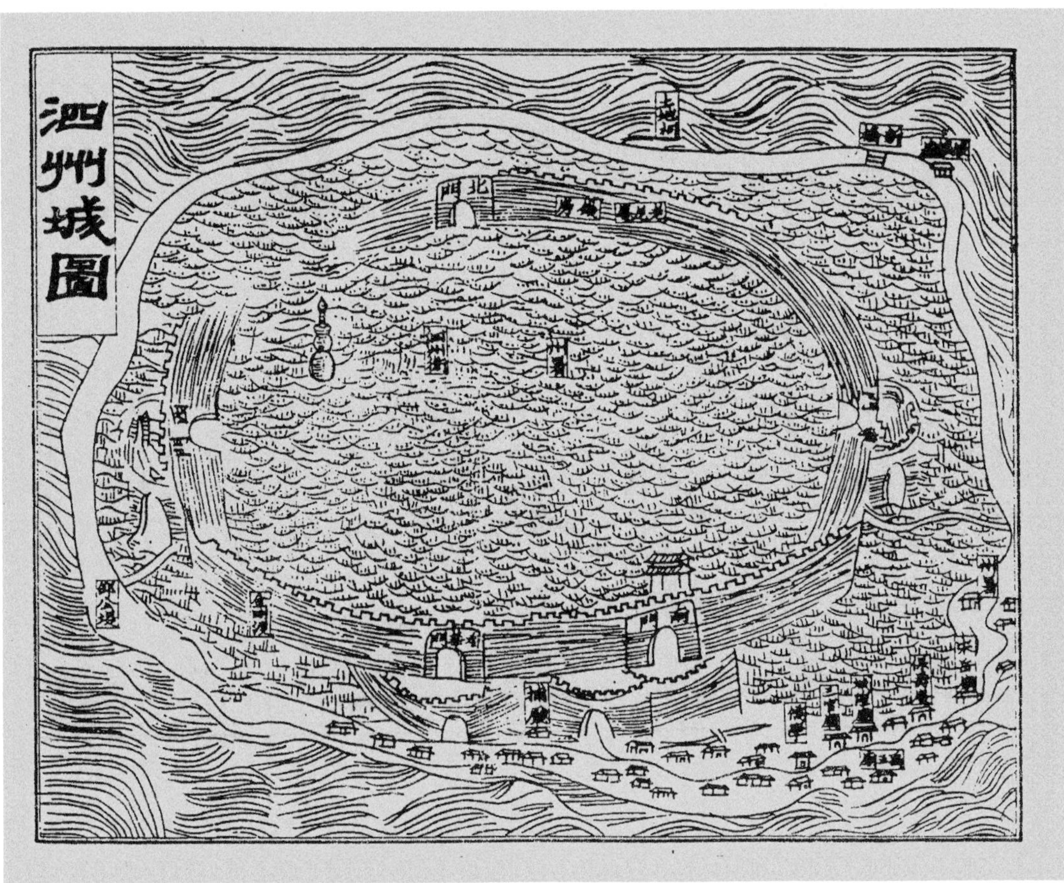

图 5–8–23 泗州城图（陈琳论文插图，据清康熙二十七年泗州志复制）

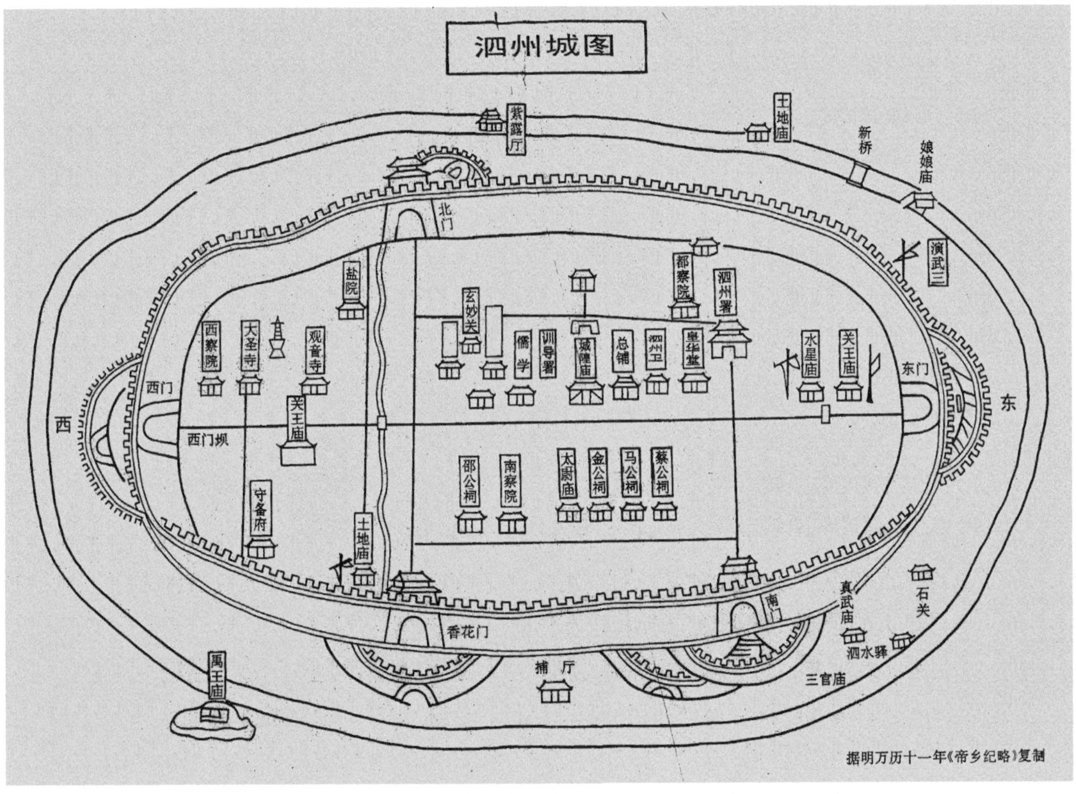

图 5–8–24 泗州城图（陈琳论文插图）

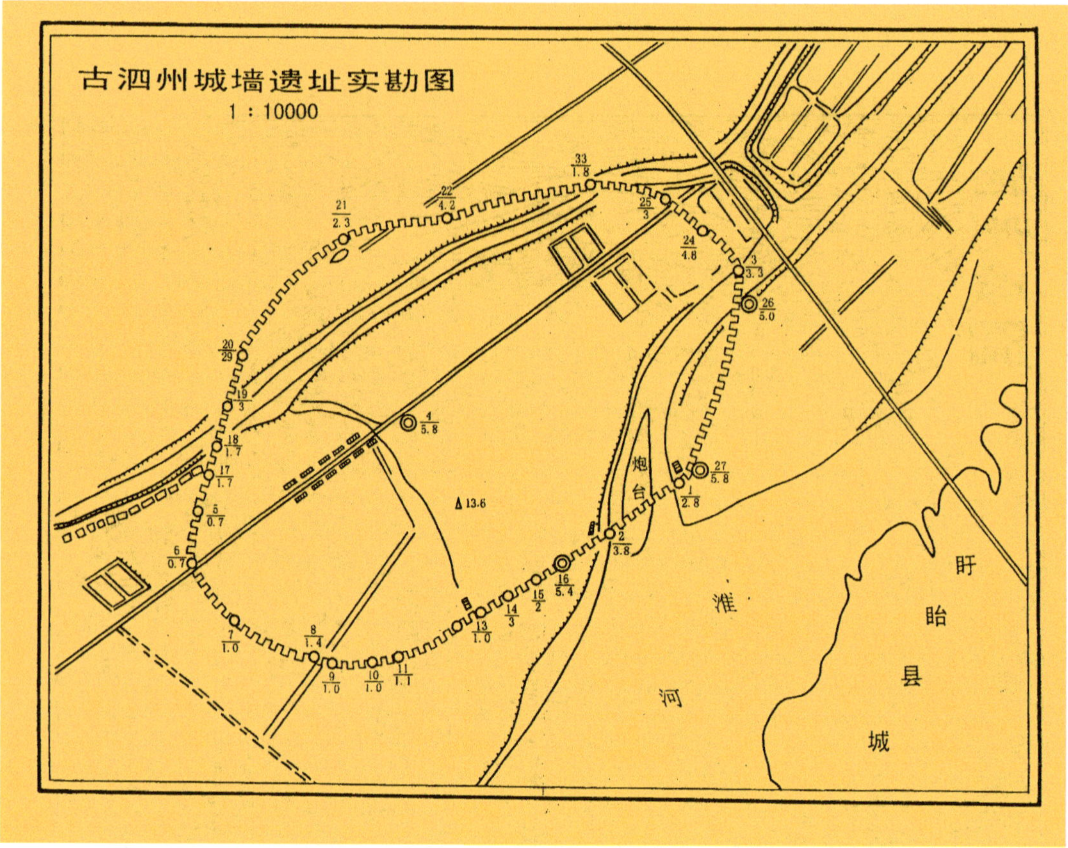

图 5-8-25 古泗州城墙遗址实勘图（陈琳论文插图）

属南彭城，后魏属南徐州，梁改东徐州，东魏改东楚州，陈改安州，北周时改为泗州。泗州之名即始于此[1]。

徐从北周（557～581 年）改名泗州后，它的州治（不含临时建治在内）主要有四处。第一处在宿预（宿迁市东南），从泗州设治到唐开元二十三年（735 年）徙治，历 160 余年；第二处在临淮县（今盱眙淮河乡境内），开始临淮县为泗州附郭县，宋景德三年（1006 年）移临淮县至徐城驿后，这里成为泗州州治，从唐开元徙治到清康熙十九年（1680 年）州治沉没，共 945 年；第三处在盱眙（今盱城境内），从康熙十九年（1680 年）至乾隆四十二年（1777 年）裁虹并泗，历 97 年；第四处在原虹县（今安徽省泗县），从乾隆四十二年到民国建元（1912 年），废府州制后，改泗州为泗县，历 135 年。四处州治，以在盱眙境内的时间为最长；在漫长的历史沿革中，又以明代的泗州为鼎盛。目前，沉睡淮河水下的泗州城即为唐代始建，宋代扩建，明代合而为一、更以砖石的泗州城[2]。

（二）泗州城的水患

泗州城水患频仍，唐、宋、元、明、清五朝，水患不断。在黄河夺淮前，其水患之严重已是到了极点，连年有洪水灌城之灾。南宋建炎二年（1128 年）宋将杜充决黄河，由泗达淮，给泗州城带来更大的苦难，泗州城的水患更为严重。

明万历六年（1578 年）总理河漕的潘季驯推行的“蓄清刷黄济运”治漕、治河方针，即“筑堤障河，束水归槽；筑堰障淮，逼淮注黄；以清刷浊，沙随水去”，则决定了泗州城沉没的命运。

[1] 陈琳．明代泗州城考 // 历史地理．第十七辑．上海：上海人民出版社，2001：184-196.

[2] 陈琳．明代泗州城考 // 历史地理．第十七辑．上海：上海人民出版社，2001：184-196.

他主张“当借淮之清以刷河之浊，筑高堰束淮入清口，以敌河之强，使二水并流，则海口自浚”。因而在泗州淮口下游大筑高家堰，人为地把淮水蓄高，致使泗州地区受害惨重。清代和元、明一样尽力保护漕运，使蓄淮济运方针得到进一步贯彻实施，泗州城则长期处于洪泽湖正常水位之下了。

明万历七年（1579年），长六十里、高一丈二尺的高家堰建成了。万历八年（1580年），泗州进士、做过湖广参议的常三省愤然上书：《告北京各衙门水患议》[1]，历诉泗州水患，逐条批驳潘季驯“蓄清刷黄”的害民主张。常三省对“蓄清刷黄”方针批驳云：清口门限沙应急加疏浚，不能坐待冲刷；运道之利病不系于高堰之有无；今岁水灾不是大水年。要求浚复淮河故道，或多建闸座以通淮水东去之路。潘季驯十分惶恐，立即赴明祖陵查看情况，并上书批驳常三省：“危言悍语，偏信奸徒，信口开河，有欺君之罪。”结果常三省被削职为民。万历十九年（1591年）大水以后，议论又起，潘季驯仍坚持保堰，反对各种分水意见，并提出把泗州城迁到盱眙去，结果普遭众议，被变相免职。受弹劾的常三省则官复原职。又据史载，总河舒应龙因“连数岁，淮东决高良涧，西灌泗、陵”被“帝怒而夺官”[2]；而到了清代，无“祖陵”之忧，维系皇室命运的漕运地位不可动摇，因此，到靳辅治河时，除继续搞“蓄清刷黄”，还搞“减黄助清”，即利用洪泽湖为黄河分洪，反过来再为下游黄河“攻沙”，势必不断提高洪泽湖水位。洪泽湖形成的人工水库——“悬湖”已成定局，泗州城的灭亡不可挽回[3]。

《泗州志》载：“康熙十八年冬十月大水，水势汹涌，州城东北面石堤溃，决口七十余丈，城外居民抱木而浮，城内湮门筑塞，至日暮，城西北隅忽崩数十丈，外水灌注如建瓴，人民多溺死，内外一片汪洋，无复畛域，自是城中为具区矣。”[4]自康熙十九年（1680年）连续大水以后，泗州城再也没有恢复的希望，因此历史上把清康熙十九年定为泗州沉沦的祭年[5]。

陈琳在论文“明代泗州城考”中，对泗州城历代的水患作了详细考证，并列表说明。兹引其表（表5–8–6）：

泗州城淹城情况表（引自陈琳．明代泗州城考） 表5–8–6

序号	朝代	年份	水灾情况	资料来源
1	唐	贞元八年(792)	四十余州大水，漂溺死者二万余人。六月，淮水溢，平地七尺，没泗州城。	旧唐书·五行志 明帝乡纪略，卷6，灾患·水
2		大中十二年(858)	徐、泗等州水深五丈，漂溺数万家。	新唐书·五行志
3	宋	开宝七年(974)	四月，淮水暴涨入城，坏民舍五百家，五月退，六月复溢入城，民多流亡。	宋史·五行志
4		太平兴国三年（978）	六月，泗州淮水涨入南城，汴水又涨一丈，塞州北门。	宋史·五行志
5		咸平四年(1001)	泗州淮水溢，几与城墙顶齐平。浮巨野，入淮泗水势悍激，侵迫州城。	淮系年表，卷12，宋史·河渠志
6		天圣四年(1026)	泗州淮水溢，是年丙寅，水面上距城券砖顶四尺许。	宋史·河渠志

[1] 泗州志，卷18，艺文·议．

[2] 泗州志，卷18，艺文·记．

[3] 陈琳．明代泗州城考 // 历史地理·第十七辑．上海：上海人民出版社，2001：184–196．

[4] 泗州志，卷5，城池．

[5] 陈琳．明代泗州城考 // 历史地理·第十七辑．上海：上海人民出版社，2001：184–196．

续表

序号	朝代	年份	水灾情况	资料来源
7	宋	景祐元年(1034)	闰六月，泗州淮水溢；七月淮水自夏秋暴涨，环浸泗州城。	宋史·仁宗纪 宋史·河渠志
8		皇祐四年(1052)	夏秋，淮水暴涨，环浸泗州城，民多流亡。	宋史·五行志， 明帝乡纪略，卷6，灾患·水
9		嘉祐二年(1057)	夏秋，淮水暴涨，环浸泗州城，知州、通判等并有固堤之劳。	宋史·五行志 续资治通鉴长篇
10		重和元年(1118)	夏，淮、汴大水，泗州城不没者二版，坏官舍民庐，流徙者众。	宋史·五行志 明帝乡纪略，卷6，灾患·水
11		隆兴二年(1164)	淮东大水入泗州城，城内操舟行市，民多流亡。	光绪盱眙县志稿，卷13 明帝乡纪略，卷6，灾患·水
12		淳祐元年(1241)	淮大水，泗州南门水深九尺，与城券齐平。	明帝乡纪略，卷6，灾患·水
13		咸淳二年(1266)	南门水深五尺。	明帝乡纪略，卷6，灾患·水
14	元	大德三年(1299)	五月，大水泛溢，舟入市中，城不没仅二版。	明帝乡纪略，卷6，灾患·水
15		大德十一年(1307)	五月，淮水泛涨，漂没庐舍，南门水深七尺，只有二尺二寸未抵券砖顶。	行水金鉴 淮河志，卷1之32
16	明	永乐七年(1409)	六月，泗州南门水深七尺五寸。	明帝乡纪略，卷6，灾患·水
17		正统二年(1437)	夏，淮水溢，泗州城东北陴垣崩，水内注，高与檐齐，泗人奔盱山。	明帝乡纪略，卷6，灾患·水
18		正统六年(1441)	五月，泗州水溢丈余，漂庐舍。	明史·五行志
19		天顺四年(1460)	夏，淮水溢，水自北门水关入城，水势高至大圣寺佛座。	明帝乡纪略，卷6，灾患·水
20		正德六年(1511)	泗州淮水大涨，入城市，毁室庐。六月，汴河诸湖为一，州城若一巨舟，塔若一危墙浮在水上，城内水深八尺。	淮系年表，卷12 明帝乡纪略，卷6，灾患·水
21		正德十二年(1517)	夏，凤阳大水，淮水灌泗州，涨至陵门，遂浸墀陛。水势比之六年更高，尺有二寸。	刘天和．问水集 明帝乡纪略，卷6，灾患·水
22		正德十三年(1518)	淮决漕堤，灌泗州，淹没人畜。	明史·河渠志
23		嘉靖十一年(1532)	泗州大水，至十一月方落。	明帝乡纪略，卷6，灾患·水
24		嘉靖四十五年（1566）	大水，城西北崩，水灌入城，居民多奔盱山。	明帝乡纪略，卷6，灾患·水
25		万历七年(1579)	六月朔，大水浸泗州南门，内城崩。	明帝乡纪略，卷6，灾患·水
26		万历八年(1580)	六月戊午，先是凤阳等处雨涝，淮溢，水薄泗城，至祖陵墀中。	明史纪事本末 明帝乡纪略，卷6，灾患·水
27		万历十九年(1591)	九月，淮水溢泗州，高于城壕，因塞水关以防内灌。于是，城内积水不泄，居民十九淹没，侵及祖陵。	明史·河渠志 明帝乡纪略，卷6，灾患·水

续表

序号	朝代	年份	水灾情况	资料来源
28	明	万历二十年(1592)	泗州大水，城中水深三尺，患及祖陵，潘季驯去职。	明史 · 潘季驯传
29		万历二十一年（1593）	水浸泗州城，民半徙城墉、半徙盱山。	泗州志，卷18，艺文 · 议
30		万历二十二年（1594）	六月，黄水大涨，清口沙垫阻遏淮水……阜陵诸湖与山溪之水暴浸祖陵，泗州城淹没。	光绪盱眙县志稿，卷14 行水金鉴，引南河全考
31		万历二十三年（1595）	江北大水淮浸祖陵。河大溢，清口久淤，淮水倒灌泗城。夏大水，平堤，各部院会集州城，商议开河。	明史 · 神宗纪 明帝乡纪略，卷6，灾患 · 水
32		崇祯四年(1631)	夏，泗州淮水溢，水入城。秋，淮水涨，由北堤入城，官民庐舍圮，人多流散。	淮系年表，卷12，康熙泗州志，卷3，祥瑞 · 灾
33		崇祯五年(1632)	八月癸未，直隶巡按饶京疏报：黄河浸涨，泗州、虹县、盱眙、临淮……诸州县尽为淹没。	崇祯长编
34		崇祯十五年(1642)	八月戊申，泗州水患，已及祖陵。	崇祯长编
35	清	顺治六年(1649)	六月，淮大溢，东南堤溃，水灌泗州城，深丈余，平地一望如海。	淮河志，卷1之四九 康熙泗州志，卷3，祥瑞 · 灾
36		顺治十六年(1659)	秋，水冲决七十余丈，水势南行，故泗之田地永存水底。	泗州志，卷18，艺文 · 疏
37		康熙十七年(1678)	泗州，淮涨浸城。	淮系年表，卷12
38		康熙十八年(1679)	冬大水，溃堤决城，城内水深丈余，内外一片汪洋，无复畛域。	光绪盱眙县志稿，卷14
39		康熙十九年(1680)	淮涨，泗州城陷没，寄治盱山。城陷，惟僧伽塔仅存。后九十余岁，泗州移治虹县。外水日高，内水日停，竟无消涸之期，永为鼋鼍穴，城日见其倾池，已成具区矣。	淮系年表 康熙泗州志，卷5，城池

（三）泗州城的防洪措施

1. 在城墙外建月城和月门

由于古泗州面临长淮，长期困于水患，为了防洪，“城门外建有六道月城和六座月门”。每门外一座，南门外两座（像双闸门套闸一样）；城外大水，即先堵月门，行人则从月城上出入，这种形式在国内是独特的。南北两门的月城和门楼为正德三年(1508年)修建；其余都是在嘉靖二十九年(1550年)为防倭寇而建。每座城门下都建有水关，“西门水关名金刚渡，北门水关名铁窗棂，香花门水关与北门水关南北相对，舟楫可以出入，宋时通漕艘”[1]。

2. 建护城石堤

城内有内城河，城外有外城河，河外还有防洪堤，原为宋时筑的土堤，“明万历四年，巡按御史邵陛修筑了石堤，堤周长二千八百四十五丈，阔五尺，高九尺，民感其德，建碑曰‘邵公堤’”[2]。明万历九年(1581年)重修，万历十六年(1588年)潘季驯又“加帮真土”，加高石

[1] 陈琳．明代泗州城考 // 历史地理 · 第十七辑．上海：上海人民出版社，2001：184-196.

[2] 泗州志，卷5，城池．

工两尺，堤顶将石工后面的砂土换成了黏土。”[1]

3. 填高城内地面[2]

泗州城低于洪泽湖正常水位，人们不甘心坐待淹沉，还进行过一次填高地面的斗争，这是历史上罕见的伟举。当时州守王陞写了一篇《填城事记》云："内水雍溢成患，市鏖沮洳，廨宇荡析，萧条之状，可为寒心。凡各当道为泗人计久远者，莫不以填城为长策。……丁酉春（1417年）祝融继河伯为劲，南关外突延烧千余家。经周盘御史批准，截留漕米二万石，因工寓帐，一是填高大小街巷二十一道及军署民房院基，共计土方一万四千有奇（一立方丈 = 3.28m^3，计45920m^3）。另一是助盖民房二千余间。”这次填城和以工代赈反映很好，王陞云："窠穴者安居，转徙者复业，不惟焚烧之区栋宇如故，而数十年昏垫之所，复睹成平之气象矣。是役也，经始于丁酉冬至功戊戌初夏告成……是为记。”[3]

在整个“水漫泗州”的历史过程中，封建统治者为了他们各自的利益，对泗州河防工事都采取了一定的措施。宋、元两朝为了保其漕运和漕运物资的中转，宋代曾于泗州城外筑土堤御洪水，元时又将土堤堤基换成石基，到了明代，不仅要顾及漕运，同时又加上保护祖陵的矛盾，明朝统治者除对明祖陵、泗州城采取筑石堤、石闸，建子堤，加固城墙、城门，修筑里城，抬高地基等局部防洪措施外，还采取了一系列治理淮河下游的措施。但由于他们执行了“治标不治本”和“蓄清刷黄”的方针，虽经劳民伤财，而明祖陵、泗州城的水祸岁烈一岁，最终仍逃脱不了被洪水淹没的命运[4]。

[1] 陈琳．明代泗州城考∥历史地理·第十七辑．上海：上海人民出版社，2001：184-196.

[2] 陈琳．明代泗州城考∥历史地理·第十七辑．上海：上海人民出版社，2001：184-196.

[3] 泗州志，卷18，艺文·记．

[4] 陈琳．明代泗州城考∥历史地理·第十七辑．上海：上海人民出版社，2001：184-196.

第六章

中国古代珠江流域的城市防洪

珠江，是中国七大江河之一（其他六大江河为长江、黄河、淮河、海河、松花江、辽河），其长度和流域面积在七大江河中居第四，其水资源总量仅次于长江，居第二位，流域人均水量则居七大江河之首。人类在珠江流域的活动，可以追溯到远古的年代。1956 年在南盘江流域的云南开远县小龙潭发现距今约 1400 万年的人类直系祖光腊玛古猿牙齿化石；1958 年在北江流域的广东曲江县马坝狮子岩发现距今约 10 万年的马坝人（古人）头骨化石；同年在柳江流域的广西柳江县通天岩发现距今约 5 万年的柳江人（新人）头盖化石；1985 年在珠江三角洲发现 4000 多年前人类在珠江的淇澳岛从事捕鱼生产活动的文物。这表明，珠江流域与黄河、长江流域一样，是人类最早的发祥地之一[1]。

珠江流域有供水、通航、灌溉等用水之利，但也有洪水泛滥，淹没城市、村镇、农田之害。中国古代珠江流域在城市防洪上有独特的经验和防洪减灾的措施。

第一节　珠江流域及沿江城市概况

为了研究珠江流域的城市防洪，我们先要了解珠江流域的概况，以及沿珠江城市的概况。

一、珠江流域概况（图 6–1–1）

珠江是西江和北江、东江、珠江三角洲诸河 4 个水系的总称，跨越中国南方的滇、黔、桂、粤、湘、赣六省（自治区）和越南的东北部，流域总面积 453690km²，其中 44.21 万 km² 在中国境内，1.159 万 km² 在越南境内。

珠江水系以西江为主干流。西江发源于云南曲靖市境内的马雄山，自源头起入海口，依次称为南盘江、红水河、黔江、浔江、西江，沿途接纳北盘江、柳江、郁江、桂江、贺江等支流，至广东三水市思贤滘与北江相通，流入珠三角河网，主河道经珠海市磨刀门水道至企人石，流入南海，全长 2214km。思贤滘以上流域面积 35.312 万 km²，占珠江流域总面积的 77.83%。

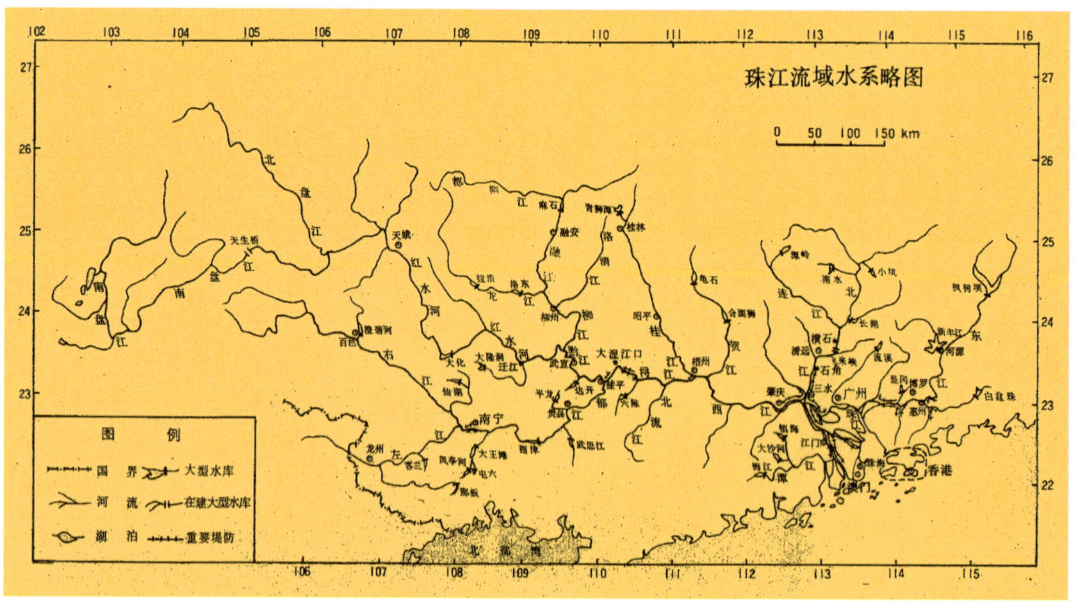

图 6–1–1　珠江流域水系略图（骆承政，乐嘉祥主编．中国大洪水——灾害性洪水述要．北京：中国书店，1996：298）

[1] 王治远总编．珠江志．第一卷．黎献勇主编．广州：广东科技出版社，1991：2–4.

北江发源于江西信丰县的大茅坑山，上游称浈江，至广东省韶关市，与发源于湖南的武江汇合后始称北江，沿途接纳南水、滃江、连江、滘江、滨江、绥江等支流，至思贤滘以上河长 468km，流域面积 4.671 万 km^2，占珠江流域总面积的 10.3%。

东江发源于江西省寻乌县的桠髻钵山，上游称为寻乌水，至广东省龙川县合河坝，会贝岭水后，称东江，沿途接纳浰江、新丰江、秋香江、西枝江等支流，至东莞市石龙镇流入三角洲网河，石龙以上河长 520km，流域面积 2.704 万 km^2，占珠江流域总面积的 5.96%。

珠江三角洲（图 6–1–2）是复合三角洲，由思贤滘以下的西、北江三角洲和石龙以下的东江三角洲以及流溪河、潭江、增江、深圳河等中小河流流域和香港、九龙、澳门等地区组成，面积 2.682 万 km^2，占珠江流域总面积的 5.91%，其中网河区面积 9750km^2，河道总长 1600 多公里，为放射状汊道河系，经虎门、蕉门、洪奇门（沥）、横门、磨刀门、鸡啼门、虎跳门、崖门八大口门入注南海，河口岸线由东至西，长 450km，构成独特的“诸河汇聚，八口分流”的水系特征[1]。

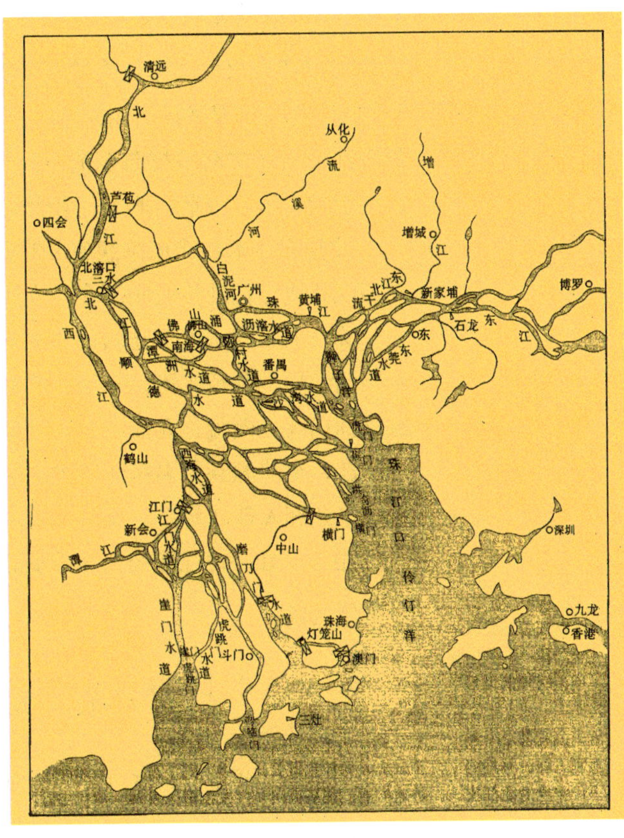

图 6–1–2 珠江三角洲图（自崔宗浩主编．中国水利百科全书：2559）

珠江地理位置处亚热带，北靠五岭，南临南海，西部为云贵高原，中东部为桂粤中低山丘陵和盆地，东南部为三角洲冲积平原。地势西北高，东南低。气候温暖多雨。全流域多年年平均气温 18℃，降雨量 1470mm，湿度 77%，日照 1762h。水资源较为丰富，多年平均水资源总量为 3360 亿 m^3，占全国水资源总量的 12%，在七大江河中占第二位，流域人均水量 4400m^3，居七大江河之首。

珠江河道水量充沛，含沙量少，河道稳定，终年不冻，通航条件良好。珠江河道的水环境适合鱼类生长，水产资源丰富，珠江三角洲网河区是我国主要的淡水鱼类产区之一[2]。

二、珠江流域沿江城市概况

南盘江的发源地即是珠江源头，南盘江上游古称为交河、交溪、交水。它流经曲靖、陆良、宜良、路南等城市，支流曲江流经玉溪、峨山等城，汇入南盘江。此后，支流沪江流经石屏、建水、开远，汇入南盘江。又经东流，北盘江在贵州省双江口附近汇入后，称为红水河。红水河南流经天峨、东兰、来宾等城，于广西石龙柳江口汇合柳江后称为黔江。柳江源出贵州省独山县平横山，东南流经三都水族自治县，至榕江县折向西南流，又名溶江。在三江侗族自治县折向西南流，称融江。经融安县、融水苗族自治县城南，至柳城县凤山接纳龙江水系后，始称柳江。汇入红水河后，称黔江。

黔江水曲折南流经宣武县城北，至桂平县城东南纳入西来之郁江水系，又南流称浔江。郁江上源驮娘江流至百色汇合西洋江称右江。南流至南宁市西郊汇合左江，东南流经南宁市，至邕宁县境称邕江。主河道东南流至横县境，始称郁江。注入黔江后称浔江。经梧州市，桂江

[1]（以上均自）王治远总编，珠江志．第一卷．黎献勇主编．广州：广东科技出版社，1991：1–3.

[2]（以上均自）王治远总编．珠江志．第一卷．黎献勇主编．广州：广东科技出版社，1991：1–3.

与之汇合，称为西江。

桂江源出兴安县华江乡苗儿山东麓，东南流称六洞河。至大溶江镇，汇灵渠，始称漓江。经灵川、临桂、阳朔、平乐等县，汇恭城河后始称桂江。经昭平、苍梧，至梧州与浔江汇合后称西江。西江主河道折向东流，经封开、德庆、肇庆，出高要羚羊峡，至三水市与北江汇合，东南至佛山市，分散由磨刀门和经珠江入海。

北江由浈水和武水在韶关市汇合而成。主河道南流，经曲江、英德、清远，至三水县分支与西江相通，在珠江三角洲多分支注入珠江。

东江有二源，东源出自江西省寻乌县北部大帽子顶西南麓，南流称澄江。又南流汇合寻乌水（河）后，称留车河。干流至广东龙川县枫树坝水库汇合北源。北源出江西省安远县与寻乌县之间山区，西流称九曲河，至定南县境称定南水，于枫树坝水库汇合东源后，经龙川县又称龙川江，至河源县始名东江。主河道西南流经河源、惠阳、博罗、增城、东莞，于东莞沙田乡珠江三角洲入珠江[1]。

由上可知，珠江流经众多的城市，其中建水、桂林、柳州、肇庆、佛山、广州是国家级历史文化名城。

第二节　珠江流域历史上的洪水灾害

珠江流域的水灾包括洪水灾害和涝灾，洪水灾害又分为局部性洪灾和流域性洪灾两种。

一、珠江流域历史上水灾的记载

自汉代珠江流域即有水灾记载，但文字简略。珠江流域各主要省（自治区）历史上水灾的记载如下：

云南省自元代起，有记载的大水灾 35 次，小水灾 210 次，平均 16 年一大灾，2 ～ 3 年一小灾。

贵州省自明代起，有记载的大水灾 16 次，小水灾 290 次，其间自元代起每 40 年一大灾，2 年一小灾。

广东省自宋代起，有记载的大水灾 33 次，小水灾 402 次，平均 30 年一大灾，2 ～ 3 年一小灾[2]。

二、珠江流域洪水灾害的类型、成因和特点

洪水灾害可分为局部性洪灾和流域性洪灾两种类型。

（一）局部性洪灾

干支流的上游地区局部性洪灾，其成因是局部性地区暴雨，造成山洪暴发，水势陡涨。其特点是水势汹涌，破坏力大，但是历时短，灾害范围不大。

（二）流域性洪灾

流域性洪灾发生在干支流的中下游盆地和平原地区以及珠江三角洲。

珠江流域的洪水主要由暴雨形成，洪水发生的时间与地区分布与暴雨一致。但是干支流由

---

[1]（以上均参考）朱道清编纂．中国水系大辞典．青岛：青岛出版社，1993：465-496.

[2] 王治远总编．珠江志．第一卷．黎献勇主编．广州：广东科技出版社，1991：204.

于地形地貌及地理位置不同，洪水出现的时间也不同。西江水系的洪水出现时间较早，约从4月下旬起。柳江则在6月～7月，红水河在6月～8月中旬，郁江在6月下旬～9月中旬。北江水系一般从4月起发生洪水。干支流洪水遭遇是流域大水灾的重要原因。

珠江三角洲地势低洼，河道不断向河口方向延伸，水面坡降变缓，河床日渐淤高，河口拦门沙不断发育，河水流速减慢，当上中游洪水到达后，河口区宣泄不畅，在汛期又常发生台风暴潮，潮水顶托使洪水更难于下泄，于是泛滥成灾[1]。

由于珠江中下游平原地区经济发达，人口稠密，洪水造成的灾害损失是十分严重的。

三、流域性洪水灾害的例子

（一）清道光十三年（1833年）流域性水灾

五月和七月，西江流域两次大洪水，形成流域性水灾。

南盘江流域的云南宣威县和富源县均遭水灾，其中富源县“多罗铺民房淹损数十家，溢漫威哨口，三日始退。”西江流域贵州省内有8个县受灾，死者无数。

广西苍梧县洪水淹没南薰门。桂平、平南、来宾等县淹没房舍良田无数。

广东省受灾最为严重，西、北、东江下游及珠江三角洲有20个县受灾，其中，广州、肇庆尤甚。广州两度受淹，七月大水时，倒屋及淹死者无数，许多居民避居于观音山（越秀山）及城垣上。鹤山、高要、南海等都洪水泛滥，堤围溃决，一片汪洋[2]。

（二）清光绪十一年（1885年）流域性洪灾

该年五月，西江、北江同时发生大洪水，西江支流桂江，北江支流浈江、滨江、绥江均发生近百年来未有的特大洪水。西、北两江洪水遭遇，珠江三角洲灾情严重，广州府、肇庆府所属均遭水患。

五月初六，西、北两江同时陡涨，一夜水高数丈，上游民堤多被冲决，洪水直注广州，西关外水深三四尺，城内一二尺不等，传闻淹没人口万余，其漂流逃生者又过万余。英德、清远、从化、花县以及广西的贺县，广东的广宁、四会、高要、高明、怀集、南海、顺德、新会、三水灾情均很严重[3]。

第三节　古代珠江流域的城市水患

古代珠江流域的城市水患是严重的。为了研究其灾情，特依史料记载，列出表6-3-1。

珠江流域古代城市水患表　　表6-3-1

序号	朝代	年份	受灾城市	水灾情况	资料来源
1	唐	景云二年（711）	邕州（治所在今广西南宁市）	邕州城防洪堤被洪水冲毁。	刘仲桂主编．中国南方洪涝灾害与防灾减灾：391
2	宋	开宝七年（974）	梧州（治所在今广西梧州市）	大雨，坏梧州仓廪，漂流民居。	同治苍梧县志，卷17，外传

[1] 王治远总编．珠江志．第一卷．黎献勇主编．广州：广东科技出版社，1991：204.

[2] 骆承政，乐嘉祥主编．中国大洪水——灾害性洪水述要．北京：中国书店，1996：301-303.

[3] 骆承政，乐嘉祥主编．中国大洪水——灾害性洪水述要．北京：中国书店，1996：301-303.

续表

序号	朝代	年份	受灾城市	水灾情况	资料来源
3		太平兴国七年(982)	梧州（治所在今广西梧州市）	九月，梧州江水涨三丈，入城，坏仓库及民舍。	宋史·五行志
4		淳化二年（991）	藤州（治所在今广西藤县东北，北流江东岸）	八月，藤州江水涨十余丈，入州城，坏官署、民田。	宋史·五行志
5		景德四年（1007）	横州（治所即今广西横县）	八月横州江涨，坏营舍。	道光南宁府志，卷39，机祥
6	宋	嘉祐三年（1058）	邕州（治所在今广西南宁市南郁江南岸）	壬午秋水入邕城几二丈，坏官民廨舍仓廪。	道光南宁府志，卷39，机祥
7		嘉祐七年（1062）	窦州（治所在今广东信宜县西南镇隆）	七月，窦州山水坏城。	宋史·五行志
		庆元元年（1195）	乐昌县	大水，城西小山冲去，河流啮城脚。	民国乐昌县志，卷19，大事记
8		嘉定二年（1209）	连州（治所在今广东连县）	五月己亥，连州大水，败城郭百余丈，没官舍、郡庠、民庐，坏田亩聚落甚多。	宋史·五行志
9	元	至元二年（1265）	南宁府	独壬午（即元至元二年为壬午年）之水何为其甚也，一日而没岸，再日而浸城。郡侯忧在生灵，急命杜塞城门，填筑沟洫，无隙不补，靡神不举。几日，雷怒雨注，水乃穿窦而入，裂地而出，一郡汹涌如遇兵寇。戊辰日，丑初，宁江门水灌城，奔如长鲸，涌如潮头，迅湍激涛，环向四走，触仓库，突寺庙，翻屋庐，民有奔命而上城者，皆可幸保，守家者俱无所逃。	(元)张良金．南宁府修城隍庙记．嘉靖南宁府志
10		洪武四年（1371）	南宁府（治所在今广西南宁市）	七月，南宁府江溢，坏城垣。	明史·五行志
11		永乐三年（1405）	惠州（治所在今广东惠州市）	大水（溢至郡署堂下）。	光绪惠州府志，卷17，郡事上
12		天顺六年（1462）	河源县（治所即今广东河源市）	壬午，水涨入城，学宫倾圮。	同治河源县志，卷12，纪事
13	明	天顺八年（1464）	横州	横州大水涨入城内，街市可以行舟。	道光南宁府志，卷39，机祥
14		成化十年（1474）	德庆州（治所即今广东德庆县）	秋七月，大水，坏官民庐舍。	光绪德庆州志，卷15，纪事
15		成化十五年（1479）	德庆州	夏五月，大水。城圮三十余丈，民多流徙。	光绪德庆州志，卷15，纪事
16		成化十八年（1482）	德庆州	夏五月，大水；六月，饥。闭城门以御水，水溃门入，冲陷民居。	光绪德庆州志，卷15，纪事

续表

序号	朝代	年份	受灾城市	水灾情况	资料来源
17	明	成化二十一年（1485）	德庆州	夏五月己酉，晦，大水，饥。城中水高丈余，漂没庐舍。	光绪德庆州志，卷15，纪事
18			梧州	平乐、梧州大雨，漂流民居数万，推移州岸，城几没。	同治苍梧县志，卷17，外传
19			横州	横州大水入城，市民往来浮簰以济。	道光南宁府志，卷39，机祥
20		弘治五年（1492）	韶州府	壬子大水，府城民居淹圮甚多。	同治韶州府志，卷11，祥异
21		弘治十八年（1505）	河源县（治所即今广东河源市）	河源大水（被浸者五日，舟从城渡，民居沦没，岸崩可四、五丈）。	光绪惠州府志，卷17，郡事上
			河源县	乙丑夏，大水，淹浸五日，舟从城过，民居沦没，岸崩数十丈。	同治河源县志，卷12，纪事
22		正德八年（1513）	东莞县（治所即今广东东莞市莞城）	四月，东莞霪雨，山水暴至，平地深五六尺，城门民居尽坏。	光绪广州府志，卷78，前事略四
23		正德十年（1515）	四会县（治所即今广东四会市）	辛巳秋九月，暴雨，水骤溢，太平都民居桥梁坏者甚众，城西南隅冲溃。	光绪四会县志，编10，灾祥
24		嘉靖十一年（1532）	南宁府（治所在今广西南宁市）	秋，郡城水泛。	道光南宁府志，卷39，机祥
25		嘉靖十四年（1535）	乳源县（治所即今广东乳源瑶族自治县）	霪雨，水，冲坏乳源城楼数十间。	同治韶州府志，卷11，祥异
26			开建县（治所在今广东封开县东南开建镇）	夏五月，洪水城圮七十余丈。知县吕宾修，始塞北门。	道光开建县志·城池
27			梧州，武缘县（治所即今广西武鸣县），怀集县（治所即今广东怀集县）	（梧州）大水，漂庐舍千余间，没城郭，人多乘舟筏至岗垄，田庐荡坏。 五月，武缘县大水，没城崩岸，民大流殍。 夏五月，（怀集）大水，漂庐舍千余间，没城郭，田庐荡坏，是年饥。	珠江流域的水患记载（初稿）．人民珠江，1982：4–5
28			德庆州	六月大水，城内水深一丈三尺余。	光绪德庆州志，卷15，纪事
29		嘉靖十六年（1537）	德庆州	夏五月壬午，大水。水高一丈四尺有奇，屋上乘舟，民皆避于城垒。越十日乃退。	光绪德庆州志，卷15，纪事
30		嘉靖二十三年（1544）	新宁县（治所即今广东台山市台城镇）	四月飓风大雨，坏官民舍。（新宁志）	光绪广州府志，卷78，前事略四
31		嘉靖三十三年（1554）	新会县（治所即今广东新会市）	新会飓风大雨，城内外水深四尺。（新宁志）	光绪广州府志，卷78，前事略四
32		嘉靖三十五年（1556）	南雄府（治所即今广东南雄市）	丙辰夏四月，大水泛涨，抵小东门南城下。	道光直隶南雄州志，卷34，编年

续表

序号	朝代	年份	受灾城市	水灾情况	资料来源
33	明	嘉靖四十一年（1562）	封川县（治所即今广东封开县东南封川镇）	五月大水，前街陷。	道光封川县志，卷10，前事
34		嘉靖四十三年（1564）	惠州（治所在今广东惠州市）	大水（淹及府仪门，惠人谓之乙丑水）。	光绪惠州府志，卷17，郡事上
35		隆庆五年（1571）	开建县	五月，水复冲塌（城垣）三十余丈。城内水高一丈。	道光开建县志·城池·祥异
36			河源县	辛未五月，河水一日夜忽长三丈，冲圮房舍，溺人甚多，有全家覆没者。	同治河源县志，卷12，纪事
				隆庆辛未遭水患，兵备副使王化从、邑绅李学颜等议复古城，仍依桂山向东北作邑焉。	同治河源县志，卷12，沿革
37		隆庆六年（1572）	横州	六年秋，横州城内水深数尺。	道光南宁府志，卷39，禨祥
38		万历六年（1578）	仁化县（治所即今广东仁化县）	大水，坏城垣九丈。	民国仁化县志，卷5，灾异
39		万历十年（1582）	河源县	壬午五月，河水骤涨，视辛未加四尺，为灾愈甚。蓝溪义合水汹涌，移岭三十余丈，溪谷堙塞，覆压田亩千余顷，城内外房屋，漂流不下千间。	同治河源县志，卷12，纪事
40			归善县（治所在今广东惠州市），河源县	夏五月，归善大水。（没城雉者五日。惠人谓之壬午水。河源之水尤大，民出屋脊，屋圮，溺死者甚众。）	光绪惠州府志，卷17，郡事上
41		万历十四年（1586）	南雄府	丙戌夏四月……十九日，大水，知府修筑太平桥诸处。先夜大水如注，洪崖山崩，巨潦暴涨，府城倾圮者数十丈。沿河水城尽被冲陷，太平桥荡澌殆尽。万年，石桥冲去三墩。民田成河，及沙压者，八十五顷余亩。城市乡村民屋漂流者，八百七十三间六十五截，公廨馆驿倒塌四所，男妇溺死一百六十五口，浮尸江流，异常灾变。	道光直隶南雄州志，卷34，编年
42		万历十四年（1586）	梧州	七月大水，南门外高一丈五尺，漂没民居八百余家。	同治苍梧县志，卷17，外传
43			肇庆府	是岁自春徂夏，霪雨不绝。七月十八日，地震，有声如雷。西潦大至，江水泛滥，堤决九十余处，府城几陷。……时坏民居二万一千七百五十九区，坏田八千六百五十二顷，溺死三十一人。	宣统高要县志，卷25，纪事
44		万历二十五年（1597）	惠州，归善县	夏四月，归善大水（淹及府署大门内）。	光绪惠州府志，卷17，郡事上
45		万历二十九年（1601）	开建县	大水入城，水深八尺。	道光开建县志·祥异

续表

序号	朝代	年份	受灾城市	水灾情况	资料来源
46	明	万历三十二年（1604）	归善县	二月，归善菊花开（是年，水溢至县门）。	光绪惠州府志，卷17，郡事上
47		万历三十五年（1607）	永淳县（治所在今广西横县西北峦城镇）	六月大雨，城坏百丈。	道光南宁府志，卷39，机祥
48		万历三十七年（1609）	广州府	七月大水……骤雨倾盆，雷击郡学文庙。次日申时雨止。坏城内房屋特多。（南海志）	光绪广州府志，卷79，前事略五
49		万历四十二年（1614）	肇庆府	夏五月，大水，决护城东堤，漂没田庐以万计。府城四门筑塞。	宣统高要县志，卷25，纪事
50		万历四十四年（1616）	仁化县	五月，水大入城。	民国仁化县志，卷5，灾异
51			韶州府（治所在今广东韶关市），乐昌县	五月初四夜，曲江、英德大水，入郡城深五六尺，舟行阛阓中，人民漂没，庐舍冲圮，城外十九，城中十一。水退，井泉腥秽，饮辄患痢，死者日以百计。岁大饥。乐昌城西南，水深八尺，东北半之民，避于古教场真武阁。水潦退，城市皆鱼。（旧志）	同治韶州府志，卷11，祥异
52		天启五年（1625）	新宁县	七月，新宁大水漫城。（新宁志）	光绪广州府志，卷79，前事略五
53		崇祯三年（1630）	肇庆府	六月，大雨匝旬，山溪潦涨，闭城门以御水。水溃西门，入冲，陷官民廨舍不可胜算。丰乐堤同时报决。	宣统高要县志，卷25，纪事
54			东莞县	东莞梧桐山崩，水暴至，城圮百余丈。	光绪广州府志，卷79，前事略五
55		崇祯六年（1633）	南宁府，横州	癸酉七月，大水入郡城，深丈余。濒河民居尽为漂没。 横州大水灌县，漂没田庐。	道光南宁府志，卷39，机祥
56		崇祯七年（1634）	德庆州	大水，西潦凡两浸州城。	光绪德庆州志，卷15，纪事
57		崇祯八年（1635）	三水县（治所在今广东三水市西河口镇）	三水县前堤决，仍大雨一月，城圮西南，伤稼，不收。（三水志）	光绪广州府志，卷79，前事略五
58		崇祯十一年（1638）	南宁府	秋，南宁大水灌城者及丈，街市行舟。	康熙南宁府全志
59		崇祯十三年（1640）	新会县	庚辰四月，飓风作，新会城塌一百六十丈。（新会志）	光绪广州府志，卷79，前事略五
60		崇祯十四年（1641）	龙门县（治所即今广东龙门县）	夏，霪雨三月不止，龙门城崩二百余丈。（龙门志）	光绪广州府志，卷79，前事略五

续表

序号	朝代	年份	受灾城市	水灾情况	资料来源
61	清	顺治四年（1647）	封川县	五月，大水入城，深数尺。	道光封川县志，卷10，前事
62			德庆州	夏五月，大水，水平东门石限。	光绪德庆州志，卷15，纪事
63		顺治十三年（1656）	广州府	夏大雨，城内屋坏。（南海志）	光绪广州府志，卷80，前事略六
64			惠州	夏五月大水（淹至府头门外，舟从水关口城垛出入西湖，十字街俱可行舟）。	光绪惠州府志，卷17，郡事上
65		顺治十五年（1658）	惠州	大水（西门水没雉堞四日，舟从城上出入西湖）。	光绪惠州府志，卷17，郡事上
66		顺治十七年（1660）	罗定州（治所即今广东罗定市）	秋九月，霖雨，水暴涨，城圮七十余丈。	民国罗定志，卷9，纪事
67		顺治十八年（1661）	河源县	河源大水（浸入新城几一丈）。	光绪惠州府志，卷17，郡事上
				辛丑，大水入新城一丈。	同治河源县志，卷12，纪事
68		康熙四年（1665）	仁化县	仁化大水，浸东南城丈余，冲毁沿河民居无算。（旧志）	同治韶州府志，卷11，祥异
69		康熙六年（1667）	从化县（治所即今广东从化市街口镇）	从化地震。时震后，大雨巨浸，直灌南濠，倾圮南门内一带房屋。……四月乃息。（从化志）	光绪广州府志，卷80，前事略六
70		康熙九年（1670）	罗定州	霖雨，城西南隅尽圮。	民国罗定志，卷9，纪事
71		康熙十年（1671）	乳源县	四月，乳源大水入城，近河民房冲决无算。	同治韶州府志，卷11，祥异
72		康熙十一年（1672）	英德县（治所即今广东英德县）	英德县大水淹城。	同治韶州府志，卷11，祥异
73		康熙十二年（1673）	肇庆府	夏六月，霪雨四日夜，衢道水深数尺，官民房舍多倾圮。	宣统高要县志，卷25，纪事
74		康熙十六年（1677）	乐昌县（治所即今广东乐昌县）	七月，乐昌江水忽涨，阛阓成河，民舍、城郭半为冲圮。	同治韶州府志，卷11，祥异
75			广州府	八月二十夜，广州大风骤雨，拔木，坏官民衙舍。	光绪广州府志，卷80，前事略六
76		康熙十八年（1679）	从化县	夏四月，从化大水。四月初三日平明，大水入城东门，自南门而出。城厢民舍、铺店，淹没殆尽。知县郭遇熙，甫下车，即祥报上宪，开仓赈济，存活二十余家，淹死男妇一十三口，悉捐施棺木瘗埋。（从化志）	光绪广州府志，卷80，前事略六
77		康熙十八年（1679）	开建县	夏，水涨入城。	道光开建县志·祥异

续表

序号	朝代	年份	受灾城市	水灾情况	资料来源
78	清	康熙二十一年（1682）	封川县（治所即今广东封开县东南封川镇）	五月，封川、枝江、建德大水入城。	清史稿，卷40，灾异一
79		康熙二十三年（1684）	罗定州	霖雨，城圮五十余丈。	民国罗定志，卷9，纪事
80		康熙二十五年（1686）	新安县（治所即今广东深圳市保安县西南头镇）	夏四月，新安大水。时霪雨连日，倾注县城。高处山麓而泛滥汹涌，渠不能泄，亟开西南二门放水，势犹未减。民居尽颓塌，人民冒雨，四散投生。上下汹汹，不得已，乃决城垛二处消水，水势始平。	光绪广州府志，卷80，前事略六
81		康熙二十六年（1687）	开建县	夏，水涨，西城圮数十丈。	道光开建县志·祥异
82			四会县	丁卯夏四月，大水，城颓，并冲仓丰、大兴等围，淹没田禾无数。	光绪四会县志，编10，灾祥
83			韶州府（治所即今广东韶关市）	夏四月，大涝。二十二日，双江齐涨，浈水尤甚。西、南二门水深九尺。城外兵民房屋及城垣，倒塌甚多。	同治韶州府志，卷11，祥异
84		康熙二十八年（1689）	四会县	己巳春闰三月，大水涌入城东南门内。	光绪四会县志，编10，灾祥
85			河源县（治所在今广东河源县）	己巳，大水突至，入新城，东、北门俱舟楫接济。	同治河源县志，卷12，纪事
				河源大水，陆地行舟。	清史稿，卷40，灾异一
86		康熙三十三年（1694）	惠州	夏大水（淹至府治头门，遍城街巷，水深丈余。舟从城垛出入，城垣颓塌；庐舍倾倒无算）。	光绪惠州府志，卷18，郡事下
87		康熙四十年（1701）	德庆州	夏，大水，过东门石限四寸。	光绪德庆州志，卷15，纪事
88			封川县	五月大水，淹浸城门。	道光封川县志，卷10，前事
89			梧州	夏五月，水没南薰门，漂千余家。秋八月江再涨。	同治苍梧县志，卷17，外传
90		康熙四十五年（1706）	东莞县	六月十四日，暴风潦涨，平地水深五、六尺。东莞城东南隅民居多圮。（东莞志）	光绪广州府志，卷80，前事略六
91		康熙四十六年（1707）	梧州	夏五月，水没南门。	同治苍梧县志，卷17，外传
92			德庆州	夏五月，大水，过东门石限五寸。	光绪德庆州志，卷15，纪事
93		康熙四十八年（1709）	封川县	七月初十辰刻，大雨，至十三日子刻乃止。西江、贺江并涨十余丈，田庐荡析，西城崩。	道光封川县志，卷10，前事

续表

序号	朝代	年份	受灾城市	水灾情况	资料来源
94	清	康熙五十一年（1712）	龙川县（治所在今广东龙川县西南佗城）	夏，龙川霪雨，北方城圮。	光绪惠州府志，卷18，郡事下
95		康熙五十二年（1713）	奉议州（治所在今广西田阳县西南旧城）	七月，奉议州大雨，二旬始止，官署民房悉被淹没。	清史稿，卷42，灾异三
96		康熙五十四年（1715）	横州，宣化县（治所即今广西南宁市）	七月，宣化。横州大水，城市皆为巨浸，秋收甚歉。	道光南宁府志，卷39，机祥
97			全州（治所即今广西全州县）	四月，全州大水，城内深四、五尺。	清史稿，卷40，灾异一
98		康熙六十一年（1722）	四会县	壬寅夏六月二十五、六日，飓风大雨，水入城门内，深五尺。	光绪四会县志，编10，灾祥
99		雍正元年（1723）	香山县（治所在今广东中山市）	五月十九日，香山大雨，市可行舟。	清史稿，卷42，灾异三
100		雍正三年（1725）	罗定州	秋九月，霪雨，水暴涨，城圮。	民国罗定志，卷9，纪事
101		雍正四年（1726）	惠州	夏五月大水。（泛滥于府治仪门，民房倒塌甚多。郡人谓之丙午水。）	光绪惠州府志，卷18，郡事下
102		雍正九年（1731）	南宁府	夏，大雨浃旬，岸上为江涨所冲，浮溃安塞门以东，复倾倒十有余丈。	阎纯玺．重修南宁府城记．道光南宁府志，卷52
103		雍正十一年（1733）	保昌县（治所即今广东为碓市）	癸丑夏四月十八日，保昌大水，水城冲圮，民房倒塌数百间。	道光直隶南雄州志，卷34，编年
104		雍正十三年（1735）	开建县	闰四月十五日，大雨，水浸入城数日。	道光开建县志·祥异
105		乾隆二年（1737）	广州府	秋七月，大雨，街道水深三尺。（《南海志》）	光绪广州府志，卷81，前事略七
106		乾隆四年（1739）	惠州府，归善县	本年六月二十八、九两日，惠州府归善县所属地方，因大雨连绵四处山水骤涌，一时宣泄不及，河水顿高二丈有余，灌入郡邑两城，低洼之所约三四尺不等。两城内外兵民房屋浸塌一千三百零五间。	乾隆四年七月十七日广东提督保祝奏折
107		乾隆十一年（1746）	临武县（治所即今湖南临武县）	据桂阳州属临武县知县……禀报，本年七月十一日戌刻，雷雨大作，至子时溪内蛟水陡发，涌入城内，漫至县署大堂，丑时渐退……西南二城门被水冲去，城墙倒塌一十余处。城内民房倒塌数十间。城外河街民房被水冲塌，淹毙人口甚多。	乾隆十一年七月二十八日湖南巡抚杨锡绂奏折
108		乾隆十二年（1747）	英德	九月，英德大雨，水涨，浸县署照墙。	同治韶州府志，卷11，祥异

续表

序号	朝代	年份	受灾城市	水灾情况	资料来源
109	清	乾隆十二年（1747）	四会县	丁卯秋七月初四日，夜飓风大雨，至初六早，风止，仍大雨，水入城。文明门口，水深二尺；南门口，深三尺八寸。至初十日水退。坏民居二千余间。	光绪四会县志，编10，灾祥
110		乾隆十七年（1752）	新宁县	秋八月二十九日至九月一日，新宁飓风大雨，坏坛庙祠宇。（新宁志）	光绪广州府志，卷81，前事略七
111		乾隆二十九年（1764）	英德县	五月，雨后……英德县署水深五尺，浸塌民屋甚多，压死男妇千余口，禾稼无收。	同治韶州府志，卷11，祥异
112		乾隆三十四年（1769）	四会县	己丑夏五月，初一、二、三连日大雨，水入城，文明门闸板一块，深二尺五寸。	光绪四会县志，编10，灾祥
113		乾隆三十六年（1771）	南宁府	八月，霖雨旬日，河水暴涨，浸入郡城，坏民房无数。	道光南宁府志，卷39，机祥
114		乾隆三十八年（1773）	惠州，归善县	夏六月，大水。（一日夜，涨三、四丈，舟从城垛出入者五日。两江田庐漂没无算。归善县被淹数千石。城内外民居冲塌六、七百间。水患之惨，甚于丙午，人称癸巳水云。）	光绪惠州府志，卷18，郡事下
115			广州府，东莞县	夏五月大水，海涨，潮漫城，十余日不退。（南海志） 六月，东莞霪雨浃旬，平地水深五、六尺，民房市店多圮。（东莞志）	光绪广州府志，卷81，前事略七
116		乾隆四十八年（1783）	新会县	六月初一日，新会城飓风暴雨，平地水满六尺。（新会志）	光绪广州府志，卷81，前事略七
117		乾隆四十九年1784）	梧州	夏六月，大水，没南薰门。	同治苍梧县志，卷17，外传
118		乾隆四十九年（1784）	肇庆府	六月间，大水，城不没者三版。诸围基皆漫决，护城堤决数十丈，水透入城。县内官署民居坍塌，难以数计。秋七月，飓风，被水屋至破坏，无一存者。	宣统高要县志，卷25，纪事
119		乾隆五十年（1785）	肇庆府（治所即今广东肇庆市）	大水，肇庆城被浸。	道光开建县志·祥异
120		乾隆五十六年（1791）	英德县	英德连岁水涨县署，水深五尺，禾稼淹没无收。	同治韶州府志，卷11，祥异
121		乾隆五十七年（1792）	广州府	秋七月二十一日，飓风大作，漕船漂上岸，水溢入城，坏民船，伤人无算，各坊表、衙署，桅杆俱倒。（番禺志）	光绪广州府志，卷81，前事略七
122		乾隆五十九年（1794）	梧州	夏五月，大水，没南薰门。	同治苍梧县志，卷17，外传

续表

序号	朝代	年份	受灾城市	水灾情况	资料来源
123	清	嘉庆七年（1802）	新宁县	飓风水涨，坏新宁城垣，有淹死者。（新宁志）	光绪广州府志，卷81，前事略七
124		嘉庆十三年（1808）	封川县	五月大水，七月大水，浸至城内关帝庙前。	道光封川县志，卷10，前事
125		嘉庆十八年（1813）	开建县	五月，西水溢，塌南城二十二丈，东城九丈，东北角五丈，北城一丈七尺。	道光开建县志·祥异
126		嘉庆二十二年（1817）	梧州	夏五月，大水，没南薰门。	同治苍梧县志，卷17，外传
127		嘉庆二十三年（1818）	南宁府	大雨，江水暴涨，浸至城门，坏民房甚多。	道光南宁府志，卷39，机祥
128		道光四年（1824）	河源县	甲申七月，洪水，老城街道涌起二丈余，浸入新城内三、四尺，损伤房屋、田坝无算。	同治河源县志，卷，纪事
129			和平县（治所即今广东和平县），广州府	东江上游和平县城六月初十街道水深3m。广州两度受淹，五月大水期间，广州城西南面水深约2m，七月城中低洼处水深3m以上，高处水深也近1.5m。洪水“十旬始退”。	骆承政、乐嘉详主编．中国大洪水：301
130		道光十三年（1833）	梧州	夏五月，大水，没南薰门。	同治苍梧县志，卷17，外传
131			广州府	自五月中旬发水以后，又于七月中旬连日大雨，省城内外水深数尺。番禺县属之东、北两门一带，倒塌房屋四千余间。西、北两江同时盛涨，广州府属之南海、番禺、清远、三水、顺德，肇庆府属之高要、四会、高明、鹤山等县，围基冲决，居民田庐被淹，无居无食，荡析颠连，而南海、高要为尤甚……十三年水灾漫淹至九县之广，为数十年之灾异，待哺灾民就省城米厂而计，已数十万户。	道光十五年二月三日广东巡抚祁𡎴等奏折
132		道光十四年（1834）	英德县	五月，英德大雨三日，水涨县堂，深四、五尺。	同治韶州府志，卷11，祥异
133		道光十五年（1835）	珠江三角洲城市	闰六月十一、十二等日，广东省城地方起有飓风异常暴雨……广州府属之南海、番禺、东莞、香山、新宁、新会、新安、三水及肇庆府属之高要、阳江，高州府之电白等县禀报，兵民房屋及城垣、衙署、仓廒、监狱墙垣间有坍卸。	道光十五年九月十二日广东巡抚祁𡎴片
134		道光十七年（1837）	南宁府	七月，连日大雨，江水暴涨，入郡城数尺，坏民房甚夥，塌城垣数十丈，及安塞门石岸马头水口。	道光南宁府志，卷39，机祥
135			河源县	丁酉年七月，洪水，丰江泛溢，风雨交发，波涛兽立。……老城民房、店铺多被冲塌，呼吁之声不忍闻。	同治河源县志，卷12，纪事

续表

序号	朝代	年份	受灾城市	水灾情况	资料来源
136	清	道光十九年（1839）	韶州府	六月十八日，大水浸南门口。	光绪曲江县志，卷3，祥异
137			乐昌县	六月大水，城内水深，泷船亦可入城，二日始退。	民国乐昌县志，卷19，大事记
138		道光二十四年（1844）	肇庆府	是年，西潦涌涨，郡城不没仅二版，围堤尽决。决堤后，天降霪雨，衢道泛舟，城内用水车车水出城。	宣统高要县志，卷25，纪事
139		道光二十五年（1845）	罗定州	九月十二日，秋潦暴涨，冲塌城东北隅百余丈。	民国罗定志，卷9，纪事
140		道光二十八年（1848）	乐昌县	八月，大水，城垣冲圮数丈，坏民居屋无数。	民国乐昌县志，卷19，大事记
141		道光二十九年（1849）	韶州府	四月大水，郡城水深数尺。	同治韶州府志，卷11，祥异
142		咸丰三年（1853）	韶州府，乐昌县	六月，曲江大水，浸城两日，南门水深一丈有奇，西门深五、六尺，东、北门深三、四尺，阛阓舟游，惟府署、县学宫高街仅免于水冲塌。东城一带，淹没南门房屋及两岸田庐无算。……七月，复水浸及南门。乐昌县同时被水，城内深丈余。三月始退。	同治韶州府志，卷11，祥异
143		咸丰四年（1854）	河源县	八月十五日雨，十六日连宵大雨如注，城内水深二尺。	同治河源县志，卷12，纪事
144		咸丰七年（1857）	普安厅（治所即今贵州盘县）	闰五月初一日，大雨如注，北门外水高丈余，漂没数百人。	光绪普安直隶厅志，卷1
145		同治三年（1864）	惠州，归善县	七月大水。（十四日，一昼夜，水涨二丈余，县城雉堞尽没，府城西门不没者尺许。两江村市田庐漂荡无算，浮尸遍水面。城厢内外，房屋坍塌数千间。论者谓是年水灾，更惨于乾隆癸巳云。）	光绪惠州府志，卷18，郡事下
146		同治八年（1869）	四会县	己巳春正月，大风雨，坏民居及城墙。	光绪四会县志，编10，灾祥
147		同治十年（1871）	四会县	辛未秋八月，久雨，东西城基塌三丈余。	光绪四会县志，编10，灾祥
148		同治十三年（1874）	赤溪县（治所即今广东台山市东南赤溪）	秋八月癸未，飓风暴雨，平地水深四尺，火光遍地，坏厅署东西辕门及城忠勇祠，淹没田庐人畜无算。	民国赤溪县志·纪述·祥异
149		光绪三年（1877）	乐昌县	武水暴涨，城内行舟。郊野浸成泽国，淹害牲畜，城屋崩塌。	民国乐昌县志，卷19，大事记

续表

序号	朝代	年份	受灾城市	水灾情况	资料来源
150	清	光绪四年（1878）	广州府	本年三月初九日未刻，广东省城雷雨大作，间以冰雹，至申刻之初，见有黑气如龙自东而西，暴风随之……省城西门外一带地方倒塌庙宇、泛房、民居、店铺约一千余间。省河覆溺大小船只约数百号，伤毙人口一时未能确查数目，约计不下数千人。	光绪四年三月十八日刘坤一奏折
151	清	光绪七年（1881）	南宁府	(8 月 15 日水入城至 29 日城内水退尽）勘察灾情，是灾甚于乾隆辛卯（乾隆三十六年)、道光丁酉(道光十七年)之灾，可谓有清 240 年来，未有之奇灾。城垣、城垛崩坏堕落者，共十八、九处，总长一百三、四十丈；淹毁城内东南方民房六、七十间；北门街附近一带民房四十余间，西门沙街铺屋百六、七十间；外门外，下郭街、黄泥巷、古城口一带民房，十毁其九；镇江门外至安塞门外，乾隆年间修建的护城石堤，至本日亦坼，崩堕时，惊动附近城墙、城垛，斜坼、横裂、崩堕者八、九处，每处三、五、七丈不等，连及城内火烧地街道，亦坼裂寸余，长六、七丈；安塞门外民居，因石堤崩堕，房屋后倾前仰者十余家。	民国邕宁县志·兵事志
152	清	光绪七年（1881）	南宁府，宁明州（治所即今广西宁明县）	宁明州城被浸；南宁市被洪水包围，城外水高于城内 30m 多；明江两岸纵横 30 多公里一片汪洋，溺死 58 人，灾区遍及宁明、扶绥、隆安和贵县。	珠江志．第一卷．广州：广东科技出版社，1991：213
153	清	光绪十一年（1885）	南海县，英德县	南海县城西部被浸；英德县城端阳水涨三丈余，至县署宣门内。	珠江志．第一卷：213
154	清	光绪十一年（1885）	灵川县（治所即今广西灵川县东北三街）	五月初二日，大水，城不没者仅一板，淹坏人畜、庐舍、田地不计其数，父老谓二百年所未有。	民国灵川县志，卷 14
155	清	光绪十一年（1885）	广州府，四会县	臣顷接家信及询之来京者，知今年入夏多雨。五月初六日西、北两江同时陡涨，一夜水高数丈，上游各县民堤多被冲决，直注省城，西关外水深至三四尺，城内一二尺不等。连日绅士善堂捞起民尸不下千百。传闻淹没人口万余，其漂流逃生者又过万余。沿江被灾各县，北则英德、清远、从化、花县，而花县西隅为重，有村居数百户尽行冲没者。西江则自广西之贺县、怀集及肇庆府属之广宁、四会、高要、高明，而以四会为重，城垣倒塌，县官逃遁。近省如南海、顺德、新会、三水，所有民埝或漫堤倒灌，或壅涨决口，其惨苦情形为近数十年所未有。	光绪十一年六月二十三日梁耀枢奏折
156	清	光绪十五年（1889）	四会县	己丑大水；冲坏西北隅城基。	光绪四会县志，编 10，灾祥

续表

序号	朝代	年份	受灾城市	水灾情况	资料来源
157	清	光绪十六年（1890）	罗定州	大水，城北隅塌十余丈。	民国罗定志，卷2，纪事
158		道光十九年（1893）	乐昌县	六月大水，城内水深，泷船亦可入城，二月始退。	民国乐昌县志，卷19，大事记
159		光绪二十六年（1900）	罗定州（治所在今广东罗定市西南罗镜）	秋八月戊子，大雨水。潦水陡涨数丈，漂荡民庐无算，罗镜被灾尤甚。	民国罗定志，卷9，纪事
160		光绪二十八年（1902）	藤县（治所即今广西藤县）	大水，一日夜涨数丈，城市铺屋楼房亦被浸。	珠江志·第一卷：214
161		光绪三十一年（1905）	仁化县	城口大水，倒塌房屋一百八十余间。七星桥亦被冲断。县城高涨至丈六、七尺。	民国仁化县志，卷5，灾异
162		光绪三十三年（1907）	罗定州	秋九月二十四日，霪雨，泷水陡涨三丈有奇，城东北隅冲塌百余丈，屋宇倾圮无算。	民国罗定志，卷9，纪事
163		光绪三十四年（1908）		五月、七月、九月间，广、肇、罗、阳、南、韶、惠、潮、高、雷、琼、崖、钦、廉、等府州属，先后遭水遭风，或冲决围堤，坍损城垣，倒塌房屋，或沉覆船只，伤毙人口，淹浸禾稼。灾黎几及百万，待赈孔殷。	宣统元年二月十二日张人骏奏折

第四节　古代珠江流域城市防洪案例研究

珠江流域城市众多，今选取受灾较多、较重的西江流域梧州、南宁、肇庆三城市以及北江流域韶州、东江流域惠州、珠江三角洲广州为研究案例。

一、梧州（图 6-4-1 ～图 6-4-3）

梧州城位于广西壮族自治区东部，在桂江和浔江的汇合处。它东邻广东，西当粤、桂内河航运之咽喉，向为西江流域物产的集散中心，历代为地区军事、政治、经济、文化的中心。

梧州地处两江交汇之处，古城内地势虽略高（受淹频率约二十年一次），但由于城市的发展，沿江低洼之地已成为繁华的商业街道，因此历史上水灾极为频繁。下面拟探讨历史上梧州城的水灾及其防洪措施，以作为今日城市防洪的借鉴。

（一）历史上梧州城的水灾

梧州自汉代即筑有城墙[1]。由汉至五代后汉约1100年间，梧城是否受洪灾，史无记载。

宋开宝元年（968年）梧州建砖城，城周二里一百四十步，约合1.4km，规模较小。至和二年（1055年）扩城，周三里二百三十七步，约合2.1km，规模增大，城市有所发展[2]。

[1] 由梧州市博物馆侯雅云提供．

[2] 民国苍梧县志．城池．

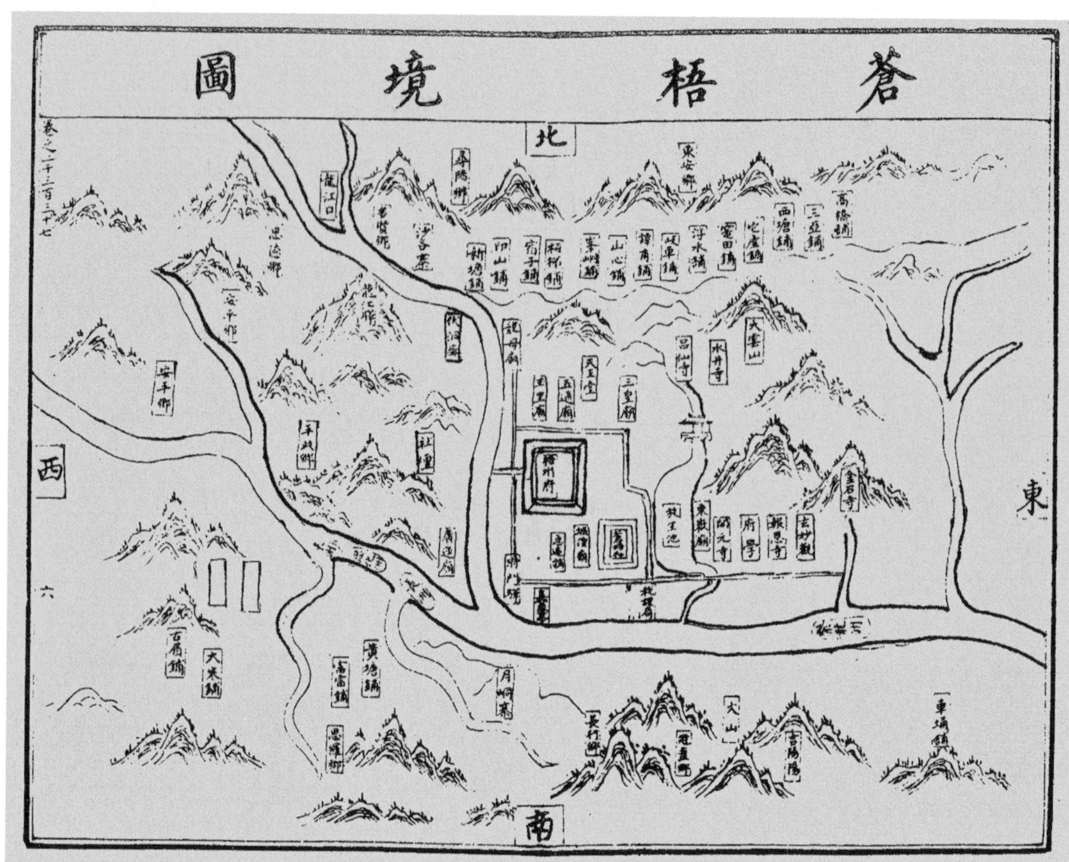

图 6-4-1 苍梧境图（永乐大典，卷2337）

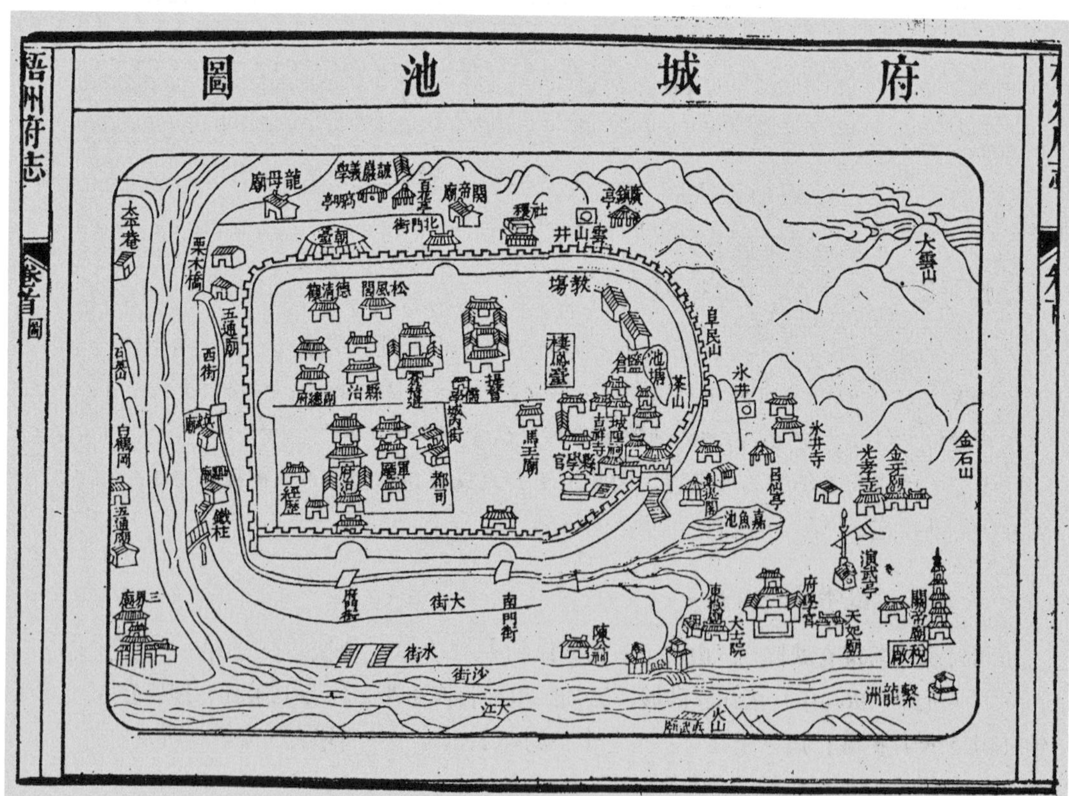

图 6-4-2 梧州城图（摹自同治梧州府志）

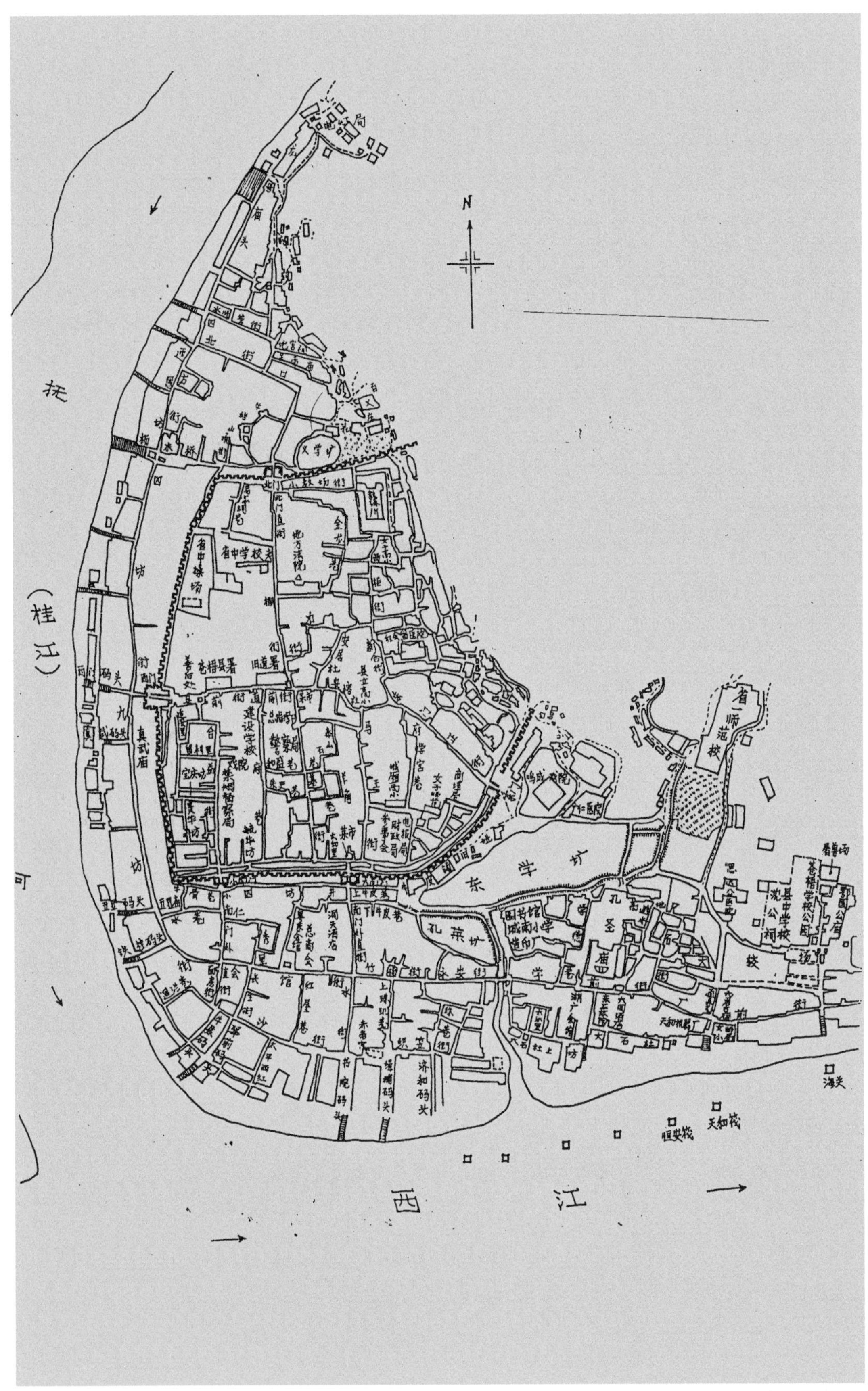

图 6-4-3 梧州城图
(1924 年)

由宋到元（960 ~ 1368 年）的 409 年间，梧州有三次水灾的记录[1]。其中两次城市受灾的记录为：宋开宝七年（974 年）“大雨坏梧州仓廪，漂流民居（《丛载》）”。宋太平兴国七年（982 年）“九月，梧州江水涨三丈，入城，坏仓库及民舍。”[2]

明初洪武十二年（1379 年），梧州城拓为周长 860 丈，约合 2.75km。此后，直至清末，城池范围不变。

明朝（1368 ~ 1644 年）277 年间，梧州有记录的水灾为 18 次，由于记载过简，明确记载梧州城受灾的仅三次。明成化二十一年（1485 年）“平乐、苍梧大雨，漂没民居数万，推移州岸，城几没（《丛载》）”。明嘉靖十四年（1535 年）五月苍梧“漂庐舍千余间，没城郭，人多乘舟筏至岗垄”[3]。明万历十四年（1586 年）“七月，大水，南门外高一丈五尺，漂没民居八百余家”[4]。

清初（1644 年）至鸦片战争爆发（1840 年）共 197 年间，梧州有记录的水灾 36 次，其中记载梧州城灾有七次，七次中有六次记载“大水没南门”，时间分别为：康熙四十年（1701 年）、四十六年 1707 年）、乾隆四十九年（1784 年）、五十九年（1794 年）、嘉庆二十二年（1817 年）、道光十三年（1833 年）。

近代（1840 ~ 1949 年）的 110 年间，梧州城水灾更为频繁。自 1897 年梧州辟为通商口岸后，沿河的商业街市更加发展和繁华，洪水对梧城威胁更为严重（表 6–4–1）。

古代梧州城水患一览表 表 6–4–1

序号	朝代	年份	水灾情况	资料来源
1	宋	开宝七年(974)	大雨，坏梧州仓廪，漂流民居。	同治苍梧县志，卷17，外传
2		太平兴国七年(982)	九月，梧州江水涨二丈，入城，坏仓库及民舍。	宋史 · 五行志
3	明	成化二十一年(1485)	平乐、梧州大雨，漂流民居数万，推移州岸，城几没。	同治苍梧县志，卷17，外传
4		嘉靖十四年(1535)	梧州大水，漂庐舍千余间，没城郭，人多乘舟筏至岗垄，田庐荡坏。	珠江流域的水患记载（初稿）．人民珠江，1982：4–5
5		万历十四年(1586)	七月大水，南门外高一丈五尺，漂没民居八百余家。	同治苍梧县志，卷17，外传
6	清	康熙四十年(1701)	夏五月，水没南薰门，漂千余家。秋八月江再涨。	同治苍梧县志，卷17，外传
7		康熙四十六年(1707)	夏五月，水没南门。	同治苍梧县志，卷17，外传
8		乾隆四十九年(1784)	夏六月，大水，没南薰门。	同治苍梧县志，卷17，外传
9		乾隆五十九年(1794)	夏五月，大水，没南薰门。	同治苍梧县志，卷17，外传
10		嘉庆二十二年(1817)	夏五月，大水，没南薰门。	同治苍梧县志，卷17，外传
11		道光十三年(1833)	夏五月，大水，没南薰门。	同治苍梧县志，卷17，外传

[1] 同治苍梧县志．卷 17.

[2] 宋史 · 五行志．

[3] 珠江流域的水患记载（初稿）上．人民珠江，82（4）45–47.

[4] 同治苍梧县志．卷 17.

梧州自1900年起有水文记录。其沿河街道高程多在18.4～21m之间（珠基，下同）。若取水位18.5m为水上街的标准的活，则自1900～1949年共50年间，有40年水上街，平均每10年有8年水上街。水位达23m，则沿河街道水深达2～4.6m，这50年中有9年水位超过23m。1924年水位达25.27m，1944年达24.45m，1949年达25.55m，1915年达27.07m。1915年的水灾乃是梧州历史上最大的水灾，沿河街道水深达6～8.6m，局部街道水上三楼，二层以下房屋则封檐没顶。据记载："民国四年（1915年），七月六日，桂江、大江同时水涨四丈有奇。九月，涨至七丈有奇。三角嘴、长洲、高望、戎墟、泗化洲、河步等处民屋悉淹没，倾塌五千余间，村民露宿山上。先是三年（1914年）六月大水，桂江之水，自西门入，大江自南门入，至府巷马颈地方，两流相遇，冲激洄旋，有声若滩。是年水势视三年更高六尺有奇，竹椅、沙街、关底、四坊、西门、九坊、大南门、五坊、塘基等街水皆过屋封檐，商民损失数百万。……全城浸没十分之八。"[1]直至七月二十日之后，水才渐渐退出街道，洪灾历时半个多月。据推算，其洪峰流量达54500m³/s，为两百年一遇特大洪水[2]。

（二）古代和近代梧州城的防洪措施

古代和近代梧州城的防洪措施是多方面的，现分述如下：

1. 古城选址于地势较高之处

梧州古城内高程多高于24m，约20年受淹一次。这说明选址建城的古人是考虑了防洪这一因素的。

2. 古城墙有相当的防洪效益

据《永乐大典》记载：

> 梧州府城。《苍梧志》：子城周围一里一百四十步，高一丈五尺，开宝六年筑。至皇祐四年五月，被蛮贼侬智高到烧野州城。于至和三年重新筑起。城池用砖甃砌，周围二百五十七丈，高一丈四尺，面阔一丈。城上图敌、掩手、马面，共一十三座[3]。

由《永乐大典》记载，明以前的梧州城，规模很小，周围仅257丈，不足2里。到明代以后，城池扩大了，城墙也增高了，下面是《古今图书集成·考工典》的记载：

> 梧州府城池：旧城在大云山麓，东北跨山，西临桂水，南绕大江。宋开宝元年重砌以砖，周三里二百三十七丈。辟四门。明洪武十二年展筑，周八百六十丈，为门五，有楼，东曰正东，西曰西江，北曰大云，南曰南薰，西南曰德政。覆串楼一百九十六间。壕环城东、西、南三面，北因山为险。正统十一年，知府朱忠置刻漏于德政门上。成化二年，总督都御使韩雍增高一丈，造串楼五百六十九间，变覆之城，下设窝三十六间，宿守夜军士。壕深三丈，阔五丈。壕内外皆树木栅，长三千三百五十丈。四年，作东、南、北门瓮城，重建五门楼、钟鼓楼，规制大备。万历四十六年，添设西门瓮城。天启三年，知县梁子璠改为阳城，设城上窝铺八间。苍梧县附郭[4]。

由上记载可知，明代是梧州城扩大、建设和发展的时期。成化二年（1466年），总都督御史韩雍主持将城墙增高了一丈，这无疑会大大增强防洪能力。这一举措，使成化二十一年（1485年）梧州城经受了洪灾的考验，那一年的洪水"推移州岸，城几没"，如果不增高一丈，洪水就会灌城，损失就会很惨重。

---

[1] 民国苍梧县志．赈灾．

[2] 珠江流域的水患记载（初稿）下．人民珠江，82（5）43–46．

[3] 永乐大典，2339，梧州府．城池

[4] 今图书集成·考工典，卷23，城池．

成化四年（1468 年），作东、南、北门瓮城，万历四十六年（1618 年），又添建西门瓮城。这不仅加强了这四门的军事防御能力，也加强了城墙防洪的能力。

尽管如此，明嘉靖十四年（1535 年）梧州“没城郭”，受到特大洪水袭击，城墙仍不够高。梧州的古城墙，宋代高一丈五尺，约合 4.8m，有相当的御洪能力。明代拓城，并陆续加高城墙。从记载来看，明成化二十一年（1485 年）的平乐、苍梧洪水“漂没民居数万，推移州岸，城几没”，说明梧州城外居民因无城墙保护，为洪水所漂没，城外洪水高将及城墙上部，“城几没”，情况危急，但城墙毕竟抵御了洪水，保护了城内百姓的安全。

清代梧州城墙高达二丈二尺[1]，约合 7m，御洪能力较强。由于大南门所在地势较低，故成为防洪的薄弱环节，清代有六次“大水没南门”的记录。

由上分析可知，城墙虽有防洪效益，仍不能保证城内完全避免洪灾，至于城外居民，无城堤保护，洪水威胁是十分严重的。

3．建筑物的防洪措施

清末民国时，由于总结历次洪灾的经验教训，沿河街道的建筑采取了以下防洪措施：

（1）建筑用砖石结构代替木结构，因而大大提高了建筑物抗洪水冲击的能力。

（2）沿河地基土质欠佳，因而用打松木桩等办法处理好房屋基础，使建筑物不致因洪水泡浸而开裂倒塌。

（3）用楼房代替平房，有的房屋高三四层，底层进水，可上二楼、三楼躲避。

（4）底层做得特别高，有的高达 5m，以使洪水尽量少上二楼。

（5）二、三楼开太平门以备汛期交通之用。

（6）沿河街道临街的墙、柱上皆安置铁环，以备汛期系舟梯之用。

4．非工程性的防洪措施

（1）解决汛期城内外交通。

汛期用船、板艇解决城内外交通问题。商贩用船载货上沿河街道售货。居民从二、三楼的太平门出来，沿梯下到船上购买各种用品。居民外出办事也乘船、艇前往。

此外，民国时，四坊街、九坊街靠近河边的铺户均建有板木的浮晒台，水涨时随水升降，每当河水浸街时，连接起来是一件浮在水面的行人路[2]。这种浮路乃是梧州人与洪水作斗争中的创造。

（2）大洪水期间，居民就近避迁高阜。梧州城依山而筑，遇上大洪水，居民可往高阜避水。

（3）灾后赈济。

历代在洪灾后，均有赈济之举。例如民国四年（1915 年）水灾后，苍梧县公署拨款 3200 元，向银行借款 1 万元，举办平粜；省财署拨款 9000 元，殷商富户捐款 8300 余元，香港商会及华东医院捐运洋米 1000 包（每包 200 斤），散赈一个月有奇。水灾过后，病疫流行，梧州红十字会、广仁善堂，大量赠医施药[3]。

（三）结语

梧州城历史上的防洪措施和经验是值得我们今日借鉴的。

二、南宁（图 6–4–4 ～图 6–4–6）

南宁市现为广西壮族自治区首府，1987 年被列为全国重点防洪城市。1968 年郁江出现

[1] 民国苍梧县志．城池．

[2] 百货业的兴衰变化．梧州文史资料选辑．第二辑．

[3] 梁福波．百多年来梧州最大的一次水灾 // 梧州文史资料选辑．第九辑．

建国以来最大的洪水，南宁站实测洪峰流量为 13300m³/s，洪水位 76.96m，相当于 10 年一遇较大洪水，市区 93% 的面积受淹，有 176 条主要街道被淹，41 万人受灾，市郊农田受淹 0.4 万 hm²。1971 年邕江出现普通洪水，市区有近 100 条街道被淹，20 万人受灾[1]。自 1987 年南宁被列为全国 25 个重点防洪城市之一始，南宁市防洪建设正逐步加强，正朝着防御百年一遇的洪水的目标而努力。研究古代南宁城市防洪的历史经验，对现代的城市防洪仍有一定的借鉴意义。

（一）地理位置与历史沿革

南宁位于广西南部偏西，郁江的中游。左、右江在距城区上游约 38km 的宋村汇合后称为邕江，流经南宁古城的西南。城区地面高程 71.1 ～ 75.7m（黄海基面，下同）。南宁古城处于南宁盆地中央，四周被低山环绕，东北部昆仑山一带高程多在 400 ～ 800m 之间，地形险峻，周围有诸山拱卫。古城周围的小河流有竹排冲、亭子冲、朝阳溪、二坑、良凤江、凤凰江、必圩江、可利江、西明江、石灵河等[2]。

西周和春秋战国时期，南宁为古骆越地。公元前 214 年，秦始皇统一岭南，设桂林、南海、象郡，南宁为桂林郡的辖地。赵陀建南越王国，南宁为其辖地。汉武帝平南越王国，在岭南增设郡县，南宁当时属郁林郡的领方县地。

晋元帝大兴元年（318 年）分郁林郡地置晋兴郡，郡治在今南宁。

隋撤晋兴郡，在南宁设宣化县，属郁林郡。唐高祖武德四年（621 年），改宣化县为南晋州。

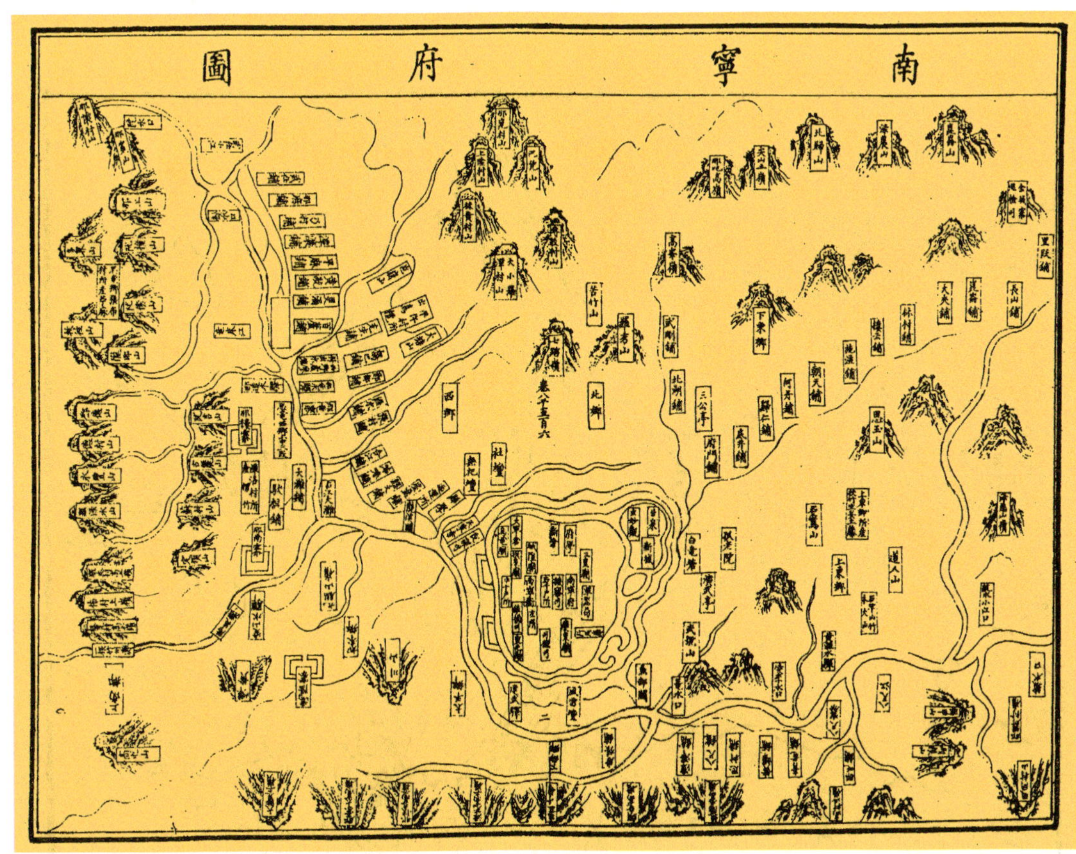

图 6–4–4　南宁府图（永乐大典，卷 8506）

[1] 刘仲桂主编．中国南方洪涝灾害与防灾减灾．南宁：广西科学技术出版社，1996：391–392.

[2] 农大成．南宁市洪涝灾害与防洪工程效益探讨．人民珠江，1996（2）：39–42.

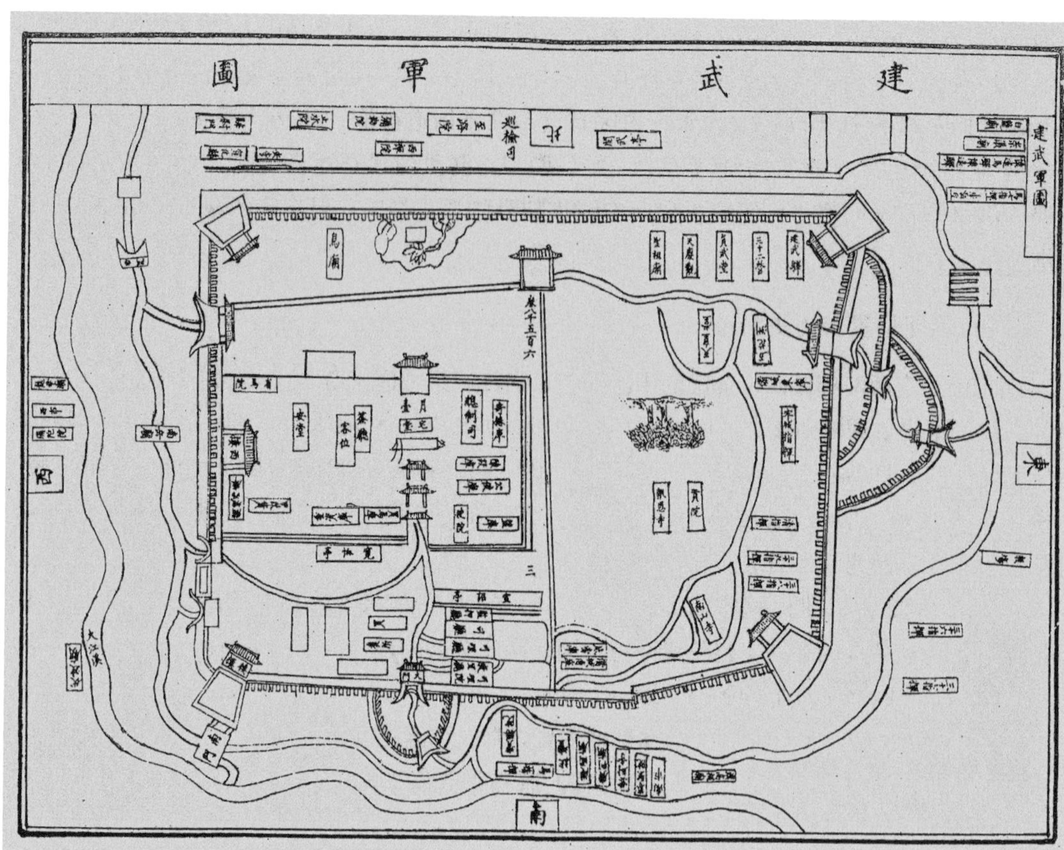

图 6-4-5 建武军图（摹自永乐大典，卷8506）

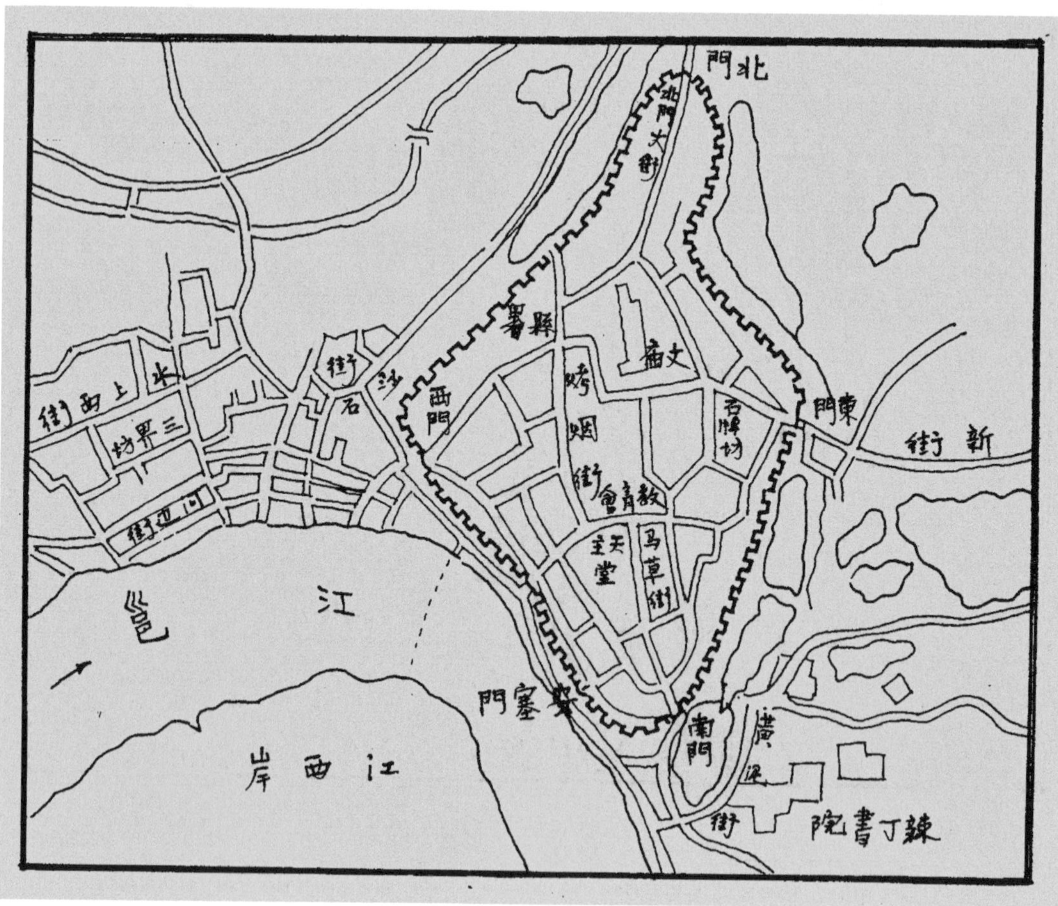

图 6-4-6 南宁城图（1922 年）

唐太宗贞观六年（632 年），改南晋州为邕州都督府。唐玄宗天宝元年（742 年），改邕州为朗宁郡。唐肃宗乾元元年（758 年），又改回称邕州。

唐懿宗咸通三年（862 年），分岭南道为岭南东道和岭南西道，东道以广州为治所，西道以邕州为治所。岭南西道节度使号为建武军。《永乐大典》卷 8056 上的“建武军图”，即唐和五代的“邕州图”（图 6–4–5）。

宋代，南宁仍称邕州，属广西南路。元朝在今南宁设邕州路总管府。元泰定元年（1324 年），邕州路改称南宁路，人口 24000 余人，领宣化（今邕宁）、武缘（今武鸣）二县。

明为南宁府，属广西布政使司。清亦为南宁府。1913 年，撤南宁府，改称南宁县。1949 年 12 月设南宁市，为广西人民政府驻地。1958 年广西壮族自治区成立，南宁是自治区的首府和直辖市[1]。

（二）历史上南宁的城市水患

由于南宁古城城址位于河流的凹岸，城址地势较低（目前南宁市地面高程一般为 71 ~ 75m，处于邕江 20 年一遇洪水位以下），自古多洪灾。

我们依历史记载，列出表 6–4–2。

古代南宁城市水患一览表 **表 6–4–2**

序号	朝代	年份	水灾情况	资料来源
1	唐	景云二年（711）	邕州城防洪堤被洪水冲毁。	刘仲桂主编．中国南方洪涝灾害与防灾减灾：391
2	宋	嘉祐三年（1058）	壬午秋水入邕城几二丈，坏官民廨舍仓廪。	道光南宁府志，卷 39，机祥
3	元	至正二年（1342）	独壬午（即元至正二年为壬午年）之水何其甚也，一日而没岸，再日而浸城。郡侯忧在生灵，急命杜塞城门，填筑沟洫，无隙不补，靡神不举。几日，雷怒雨注，水乃穿窦而入，裂地而出，一郡汹涌如遇兵寇。戊辰日，丑初，宁江门水灌城，奔如长鲸，涌如潮头，迅湍激涛，环向四走，触仓库，突寺庙，翻屋庐，民有奔命而上城者，皆可幸保，守家者俱无所逃。	元张良金．南宁府修城隍庙记．嘉靖南宁府志
4	明	洪武四年（1371）	七月，南宁府江溢，坏城垣。	明史·五行志
5	明	嘉靖十一年（1532）	秋，郡城水泛。	道光南宁府志，卷 39，机祥
6	明	崇祯六年（1633）	癸酉七月，大水入郡城，深丈余。濒河民居尽为漂没。横州大水灌县，漂没田庐。	道光南宁府志，卷 39，机祥
7	明	崇祯十一年（1638）	秋，南宁大水灌城者及丈，街市行舟。	康熙南宁府全志
8	清	康熙五十四年（1715）	七月，宣化、横州大水，城市皆为巨浸。	道光南宁府志，卷 39，机祥
9	清	雍正九年（1731）	夏，大雨浃旬，岸上为江涨所冲，浮溃安塞门以东，复倾倒十有余丈。	道光南宁府志，卷 39，机祥

[1] 莫杰著．南宁史话．南宁：广西人民出版社，1980：2–5.

续表

序号	朝代	年份	水灾情况	资料来源
10	清	乾隆三十六年（1771）	八月，霖雨向日，河水暴涨，浸入郡城，坏民房无数。	阎纯玺．重修南宁府城记．道光南宁府志，卷 52
11		嘉庆二十三年（1818）	大雨，江水暴涨，浸至城门，坏民房甚多。	道光南宁府志，卷 39，机祥
12		道光十七年（1837）	七月，连日大雨，江水暴涨，入郡城数尺，坏民房甚夥，塌城垣数十丈，及安塞门石岸马头水口。	道光南宁府志，卷 39，机祥
13		光绪七年（1881）	（8 月 15 日水入城至 29 日城内水退尽）勘察灾情，是灾甚于乾隆辛卯（乾隆三十六年）、道光丁酉（道光十七年）之灾，可谓有清 240 年来，未有之奇灾。城垣、城垛崩坏堕落者，共十八、九处，总长一百三、四十丈；淹毁城内东南方民房六、七十间；北门街附近一带民房四十余间，西门沙街铺屋百六、七十间。外门外，下郭街、黄泥巷、古城口一带民房，十毁其九；镇江门外至安塞门外，乾隆年间修建的护城石堤，至本日亦坼裂，崩堕时，惊动附近城墙、城垛，斜坼、横裂、崩堕者八、九处，每处三、五、七丈不等，连及城内火烧地街道，亦坼裂寸余，长六、七丈；安塞门外民居，因石堤崩堕，房屋后倾前仰者十余家。	民国邕宁县志·兵事志

（三）南宁古城的防洪措施

南宁古城防洪，当从唐代开始。唐代时，每逢邕江（郁江）水涨，洪水往往倒灌“邕溪水”（茅桥江），浸淹州城。唐代景云年间（710 ～ 711 年），邕州官吏吕仁，为防止洪流倒灌之后，“邕溪水”泛滥成灾，因而在“邕溪水”西岸分流建堤，蓄水成湖。这就是南宁的南湖[1]。现南湖是南宁市内的一颗明珠。

历代南宁古城防洪措施如下：

1. 建城墙以防敌防洪

据《永乐大典》记载：

南宁府城郭。本府《南宁府志》：宋朝元丰三年修筑大城，六年而备。元丰八年修筑城东罗城。元朝于旧基上以土筑为城墙。凡有崩坏，止是补筑。

本朝重修城垣一新，周围一千零五丈，各门月城。池周围丈数不等。城门五座。镇江门至长塞门长八十二丈七尺。安塞门至新东门长三百一十一丈五尺五寸。月城池一十九丈。新东门至朝京门一百九十七丈五尺五寸，月城周围二十丈。朝京门至镇边门长三百零二丈四尺五寸，月城池周围二十七丈。镇边门至镇江门长一百一十丈七尺五寸。月城池周围一十九丈。南北城壕二处。《建武志》：据旧志，罗城元周一千丈，高一丈五尺，上广一丈三尺，下广二丈。环绕二壕，并广一丈五尺，深一丈。唐开元二年，司马吕仁筑。盖州古城，在今之城南二里，其故址仅存，社稷在焉。今城之筑，自皇祐间，经兵火，碑刻不存，遂无稽考。……元丰三年得旨修筑，六年而城备。周二千五百二十步，高三丈五尺，下广六丈，上广二丈六尺，环之于屋，三面为壕，西因长江焉。子城在其内，其制惟称城备之[2]。

[1] 莫杰著．南宁史话．南宁：广西人民出版社，1980：20.

[2] 永乐大典，卷 8507，南宁府．城郭．

由上记载可知，宋元丰年间的邕州城，规模大，城墙高达三丈五尺，这对防洪是十分有利的。

据宣统《南宁府志》，清南宁府城高三丈一尺，厚二丈五尺[1]。这在全国许多城市中，也是较高的，是利于防洪的。

2. 筑石岸以护城基

南宁古城由西门至安塞门的城外江岸常年受洪水冲击，易崩塌。

雍正八年（1730 年）至九年（1731 年），南宁府建石岸以护城基，施工严格，“剥落虚损处，下填以版，中用石灰米汁和以砂土碎石舂实，加帮作级五层，如梯状”。十年秋（1732 年）工竣[2]。

这一措施是有效的。

3. 筑罗城以护大城

由《永乐大典》可知，开元二年（714 年），司马吕仁筑罗城以护大城，使大城多一道防洪防线。

4. 修堤蓄水，以防邕溪水泛溢淹城

前面已述。

由于南宁城选址于凹岸，地势又低，尽管有以上的防洪措施，历史上仍有十多次洪水灌城之灾。南宁城的历史经验仍可供我们借鉴。

三、广州（图 6-4-7 ～图 6-4-11）

广州是我国华南沿海第一大城，是国家历史文化名城。广州的城市防洪在珠江三角洲城市中具有典型性。

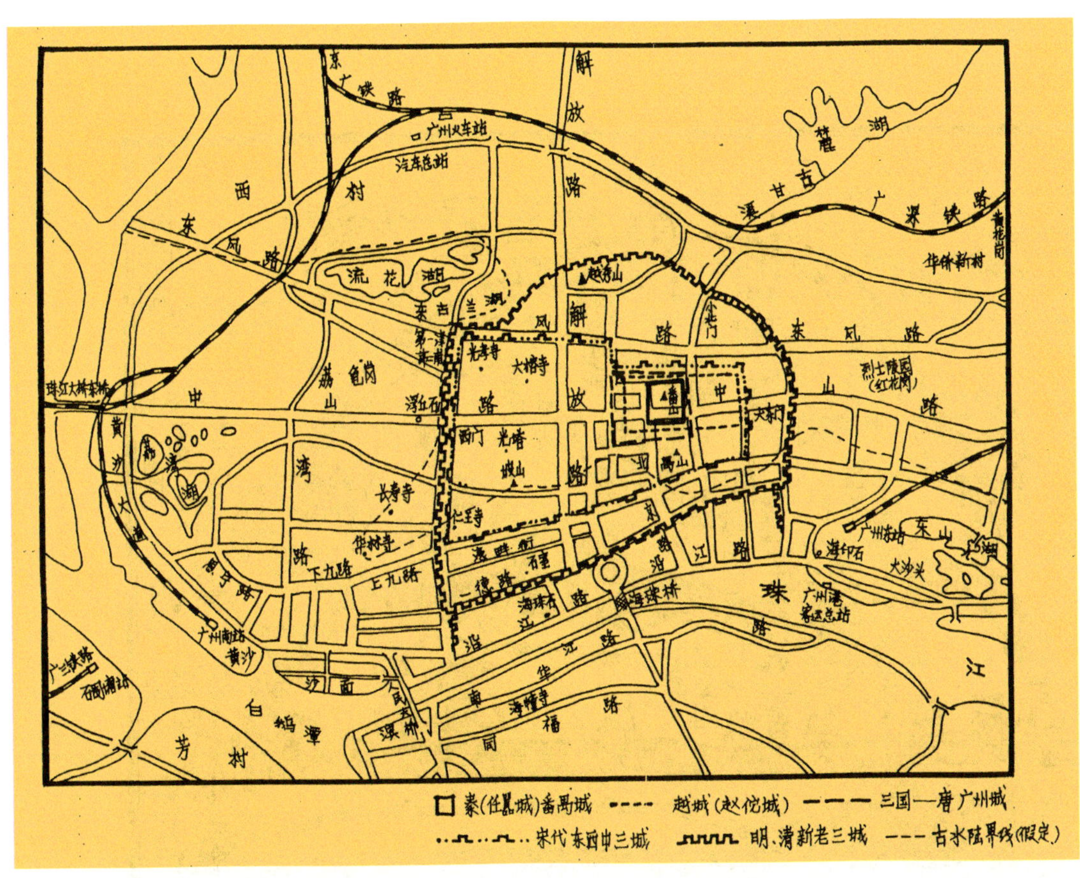

图 6-4-7 广州历代城址变迁示意图

[1] 宣统南宁府志，卷 7．城池．

[2] 宣统南宁府志，卷 52．阎德玺．重修南宁府城记．

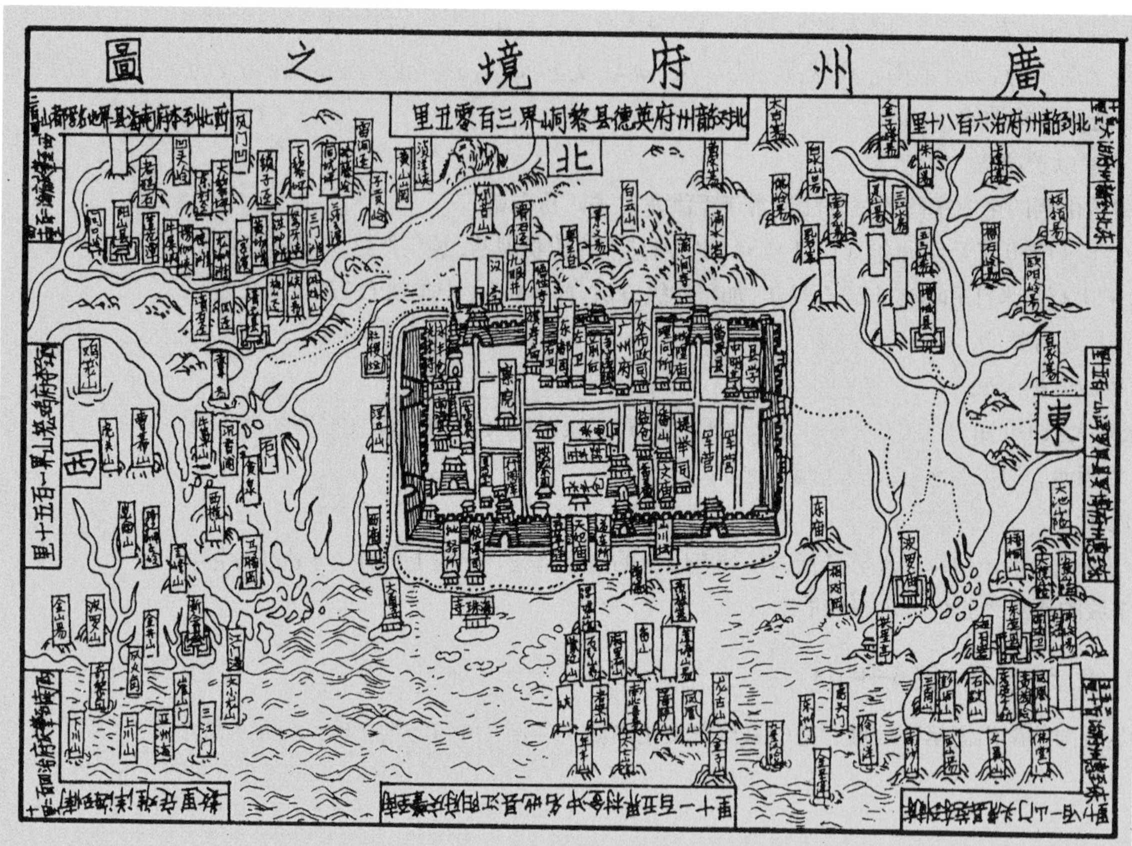

图 6-4-8 明初广州府城图（摹自永乐大典·广州府）

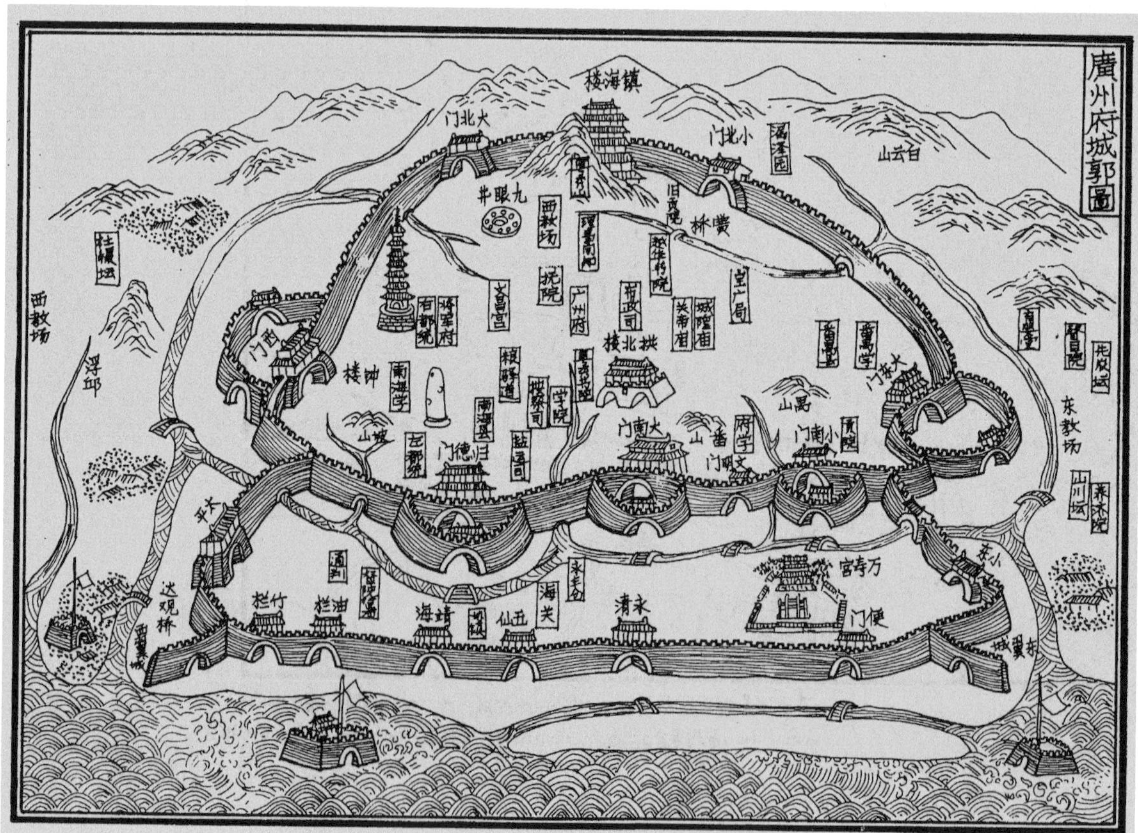

图 6-4-9 清初广州城郭图（摹自羊城古钞）

（一）地理位置与历史沿革

广州古城位于珠江三角洲平原的北部顶端，粤北山地与珠江冲积平原的交汇处。北及东北部有白云山及岭村大山，海拔约400m，南部是广阔的三角洲平原。珠江自西南向东流经古城南边。古城负山面江，利于军事防卫[1]。

广州古有“楚庭”之称，传说建于西周夷王时（约公元前869～前868年），距今有近2900年的历史。但当时是否建有城邑，尚难确定。传说有五位仙人骑五色羊，持谷穗降临“楚庭”，故广州有“五羊城”、“羊城”、“仙城”、“穗城”之称。

秦一统天下，亦破楚庭，灭古越国。始皇三十三年（公元前214年）在岭南设南海、桂林、象郡，其中南海郡治在今广州。秦二世二年（公元前208年），赵陀出兵兼并了桂林、象郡以及位于今越南北部的骆越。公元前206年，赵陀自立为南越武王，建南越国，定都番禺（即今广州）。

汉武帝元鼎六年（公元前111年），汉军攻下番禺城，南越国亡。汉在岭南设九郡，其中南海郡治在今广州。元封五年（公元前106年），置交趾刺史部或交州，领南海二十七郡，治广信（今广西梧州）。东汉建安二十二年（217年），交州移治今广州。三国吴黄武五年（226年），析交州东部置广州，始有广州之名。

隋曾改广州为番州，又废番州仅置南海郡，属扬州。唐武德四年（621年）复置广州，天宝元年（742年）置岭南节度使。咸通三年（862年）分岭南为东西二道，广州为岭南东道治所。

917年，刘岩称帝于番禺，建南汉国，改广州为兴王府。南汉盛时，有今广东、广西及云南之一部，领六十州。

宋开宝四年（971年），南汉灭，复称广州。元代为广东道及广州路治。明设广州府，清代广州府为广东省会，府下辖番禺、南海两县。1912年废府。1921年广州设市，仍为省会。1949年，为中央直辖市，1954年改为省辖市[2]。

（二）广州历史上的城市水患

广州城市水灾的原因，一为各江洪水汇流广州，或遇洪潮顶托；二为下游河床淤高，抬高洪峰；三为河道被侵占淤塞，过水面积大减，使洪峰水位抬高（表6–4–3）[3]。

广州历代城市水患一览表 表6–4–3

序号	朝代	年份	水灾情况	资料来源
1	明	万历三十七年（1609）	七月大水。骤雨倾盆，雷击郡学文庙。次日申时雨止。坏城内房屋特多。（南海志）	光绪广州府志，卷79，前事略五
2	清	顺治十三年（1656）	夏大雨，城内屋坏。（南海志）	光绪广州府志，卷80，前事略六
3		康熙十六年（1677）	八月二十夜，广州大风骤雨，拔木，坏官民衙舍。	光绪广州府志，卷80，前事略六
4		乾隆二年（1737）	秋七月，大雨，街道水深三尺。（南海志）	光绪广州府志，卷81，前事略七
5		乾隆三十八年（1773）	夏五月大水，海涨，潮漫城，十余日不退。（南海志）	光绪广州府志，卷81，前事略七

[1] 张轸著．中华古国古都．长沙：湖南科学技术出版社，1999：625.

[2] 张轸著．中华古国古都．长沙：湖南科学技术出版社，1999：625–627。

[3] 张仲桂主编．中国南方洪涝灾害与防灾减灾．南宁：广西科学技术出版社，1996：378–379.

续表

序号	朝代	年份	水灾情况	资料来源
6	清	乾隆五十七年（1792）	秋七月二十一日，飓风大作，漕船漂上岸，水溢入城，坏民船，伤人无算，各坊表、衙署，桅杆俱倒。（番禺志）	光绪广州府志，卷81，前事略七
7		道光十三年（1833）	自五月中旬发水以后，又于七月中旬连日大雨，省城内外水深数尺。番禺县属之东，北两门一带，倒塌房屋四千余间。西、北两江同时盛涨，广州府属之南海、番禺、清远、三水、顺德，肇庆府属之高要、四会、高明、鹤山等县，围基冲决，居民田庐被淹，无居无食，荡析颠连，而南海、高要尤甚……十三年水灾漫淹至九县之广，为数十年之灾异，待哺灾民就省城米厂而计，已数十万户。	道光十五年二月三日广东巡抚祁埙等奏折
8		光绪十一年（1885）	臣顷接家信及询之来京者，知今年入夏多雨。五月初六日西、北两江同时陡涨，一夜水高数丈，上游各县民堤多被冲决，直注省城，西关外水深至三四尺，城内一二尺不等。连日绅士善堂捞起民尸不下千百。传闻淹没人口万余，其漂流逃生者又过万余。沿江被灾各县，北则英德、清远、从化、花县，而花县西隅为重，有村居数百户尽行冲没者。西江则自广西之贺县、怀集及肇庆府属之广宁、四会、高要、高明，而以四会为重，城垣倒塌，县官逃遁。近省如南海、顺德、新会、三水，所有民埝或漫堤倒灌，或壅涨决口，其惨苦情形为近数十年所未有。	光绪十一年六月二十三日梁耀枢奏折

（三）古代广州城市防洪措施

古代广州城市防洪的措施如下：

1．筑城墙，设水关门闸以御洪潮

据《永乐大典》、光绪《广州府志》和《古今图书集成·考工典·城池》的记载：

经秦汉至隋唐，广州城不断发展。宋代发展更快，筑了三座城，市区面积大为扩大。明代联宋代三城为一城。

光绪《广州府志》记载：

> 府城，南海与番禺分境而治，旧有三城。明洪武十三年，永嘉侯朱亮祖以旧城低隘，请联三城为一，辟东北山麓以广之，粤王台山包之十之九，今称内城，谓之旧城，又谓之老城，周二十一里三十二步，高二丈八尺，上广二丈，下广三丈五尺，门为七。（光绪广州府志，卷64，城池）

清代广州城区进一步向西南扩展，并增修了东西两翼城。广州城市的发展非常稳定，长期繁荣不衰，其重要原因是：广州的城址有着得天独厚的水上交通条件。广州位于珠江三角洲北部边缘，西、北、东三江的汇合处，是一个港口城市，腹地宽广，海上运输和内河运输条件都很好。水上交通的便利，促进了贸易和商业的发展，使城市得以发展；另一原因，是它的城市水利建设搞得好，有供水、排水、防火、避风等多种效益，创造了居民安居乐业的良好城市环境。

广州因城滨江海，易受洪潮袭击。广州的古城墙和水关的闸门有抵御洪潮的作用。

据清屈大均记载，广州“民居城上，南门且筑三版”，以抵御洪潮。1534年（明嘉靖十三年）广州增筑定海门月城，城高二丈四尺，古以八尺为一版，正合三版之数。明初筑的城墙和1563年（明嘉靖四十二年）广州筑南边外城，均高二丈八尺，高于三版，利于防洪。

为防洪潮倒灌入城引起水灾，自宋代起，广州的水关均已设闸，“与潮上下”，保护城市免受洪潮之患。

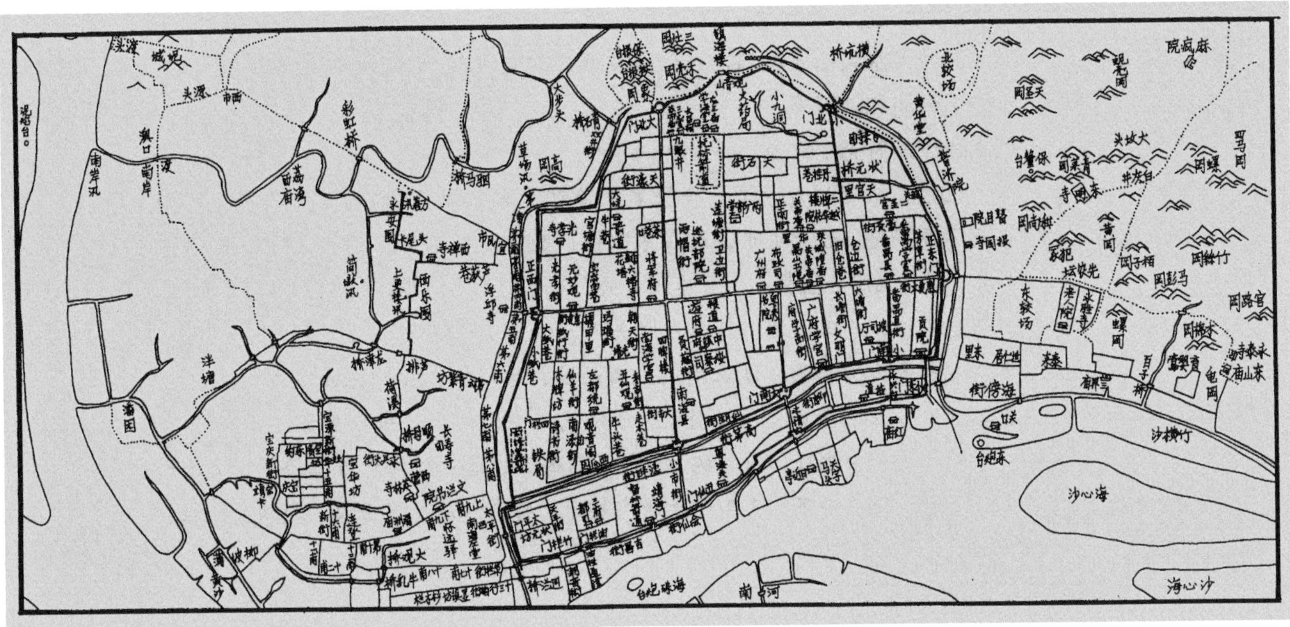

图 6-4-10 清末广州府城图（摹自清光绪广州府志）

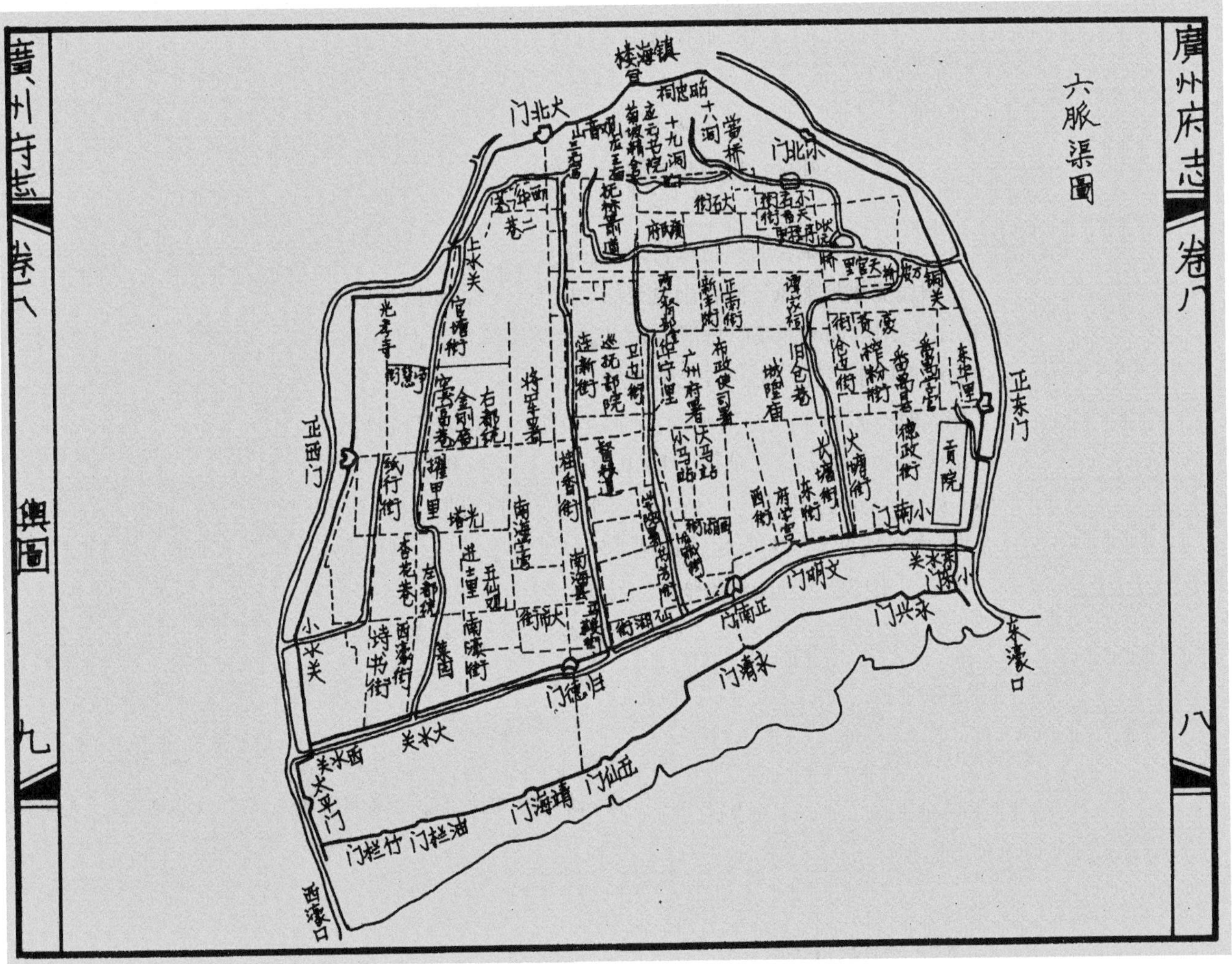

图 6-4-11 六脉渠图（摹自光绪广州府志）

2. 建设了完备的城市水系

广州的城市水系由城壕与六脉渠以及城内沟渠河冲组成。

1）玉带河和外城濠

据光绪广州府志：

池隍，在老城外为濠，今统名玉带河（嘉庆初下令浚濠，始有是名）。绕城东者，自小北门桥下起，过天关南，过正东门桥，又南过东水关，又南达于江，是曰东濠；其绕城西者，自大北门流花桥起，南过北水关，又南过正西门桥，又南过西水关，又南过太平门桥，又南达珠江，是曰西濠；其自东水关入，西至定海门桥，又西至文明门，青云桥，是曰清水濠；自青云桥又西，过正南门，又西过归德门桥，又西出西水关，达西濠，是曰南濠；长二千三百五十六丈有奇。南濠、西濠属南海，清水、东濠属番禺。

外城濠，由永兴门东，从海北入，折而西，迳永兴门外万福桥下，又西迳永清门桥下，又西过果栏徊龙桥下，又西过太平市桥下，折南入海。其五仙、靖海、油栏、竹栏各门外，则无濠（据采访册修）[1]。

2）六脉渠

据光绪《广州府志》：

六脉渠，在老城内，古渠有六：自草行头至大市，通大古渠水，出南濠，一也；自净慧寺街至观音巷、擢甲星、新店街、合同场、番塔街，通大古渠水，出南濠，二也；自光孝街至诗书街，通仁王寺前大古渠水，出南濠，三也；自大钓市至盐仓街，及小市至盐步门，通大古渠，四也；自按察司，至清水桥，水出桥下，五也；自子城城内，出府学前泮池，六也。六脉通，而城内无水患[2]。

明代，也有六脉渠，但所指六脉，与清代六脉不同。而明代六脉渠，因“日久淤塞，故道不可求至。”[3]

3）六脉渠与城壕共同组成排水排洪的系统

广州属亚热带季风气候，雨量充沛，常有暴雨，如排水不畅，城内就会积水成潦，加上北边白云山的山洪如不能及时排泄，水患就会更加严重。古城内旧有六脉渠，与城濠共同组成了有效的城市排水系统，使城市免于水患。

宋元时的六脉渠已岁久湮没，明清时的六脉渠与宋元时已有所不同。为城市排水排洪之需，历代对六脉渠有多次疏浚。1870年（清同治九年）浚修六脉渠后绘有图碑如图。它分左三脉、右三脉，顺地势而凿，多南北走向，渠水分别排入濠池，再排入江海。阮元《广东通志》指出：“广州城内古渠有六脉，渠通于濠，濠通于海。六脉通而城中无水患。”

4）广州历代重视疏浚濠池和六脉渠

据光绪《广州府志》的记载：清代共有8次浚城濠之举措，分别为顺治年间（1644～1661年）、康熙二十二年（1683年）、乾隆三年（1738年）、嘉庆七年（1802年）、十五年（1810年）、二十一年（1816年）、道光四年（1824年）、二十八年（1848年）[4]。自清初至道光二十八年（1848年）共204年间，共浚濠8次，平均25.5年浚濠一次。

六脉渠，据《光绪广州府志》记载：清代有四次浚渠之举措，分别为嘉庆八年（1803年）、

[1] 光绪广州府志，卷64，城池．

[2] 光绪广州府志，卷64，城池．

[3] 光绪广州府志，卷64，城池．

[4] 光绪广州府志，卷64，城池．

十五年（1810年）、道光十一年（1831年）、同治九年（1870年）[1]。自清初至同治九年共226年，平均每56.5年疏浚一次。

自清代多次疏浚，形成老渠、新渠组成的新的六脉渠[2]。

3. 加强管理，西关成立清濠公所[3]

西关原系冲积洼地，池塘遍布，河渠密集，驷马涌、西濠、上西关涌、下西关涌、荔湾涌、柳波涌、大观河等环围穿流西关的大街小巷。该碑所处的恩宁路，位恰下西关涌的中下游（下西关涌的北源出于下九路华林寺南，下流至昌华大街入柳波涌出黄沙沙基涌。中游在多宝坊分为两支，上支东伸至秀丽二路，下支南入大观河），即为西关繁荣之地，清代称“八桥之盛”，十八甫计由上九甫至十八甫皆沿此下支西关涌建立。此涌除作排水干渠外，还是西关地区主要的水运船道。

西关地势低洼，河渠密集，又近珠江，常遭潮雨浸淫，并伴有泥沙堵塞濠渠，航运阻遏，井水污染，疾疫肆虐之虞，故历代均有浚濠修堤之举措。明成化八年(1472年)，都御史韩雍“引流自西江达，舟楫出入，虽海风大发，不能为患。”（见《羊城古钞》卷一）此为引西濠西入西关涌注海。嘉靖五年(1526年)，“时巡按御史涂相从郡人彭泽议分东西展流，迳西直入于海，建大观桥其上”（见阮元《广东通志·建置》）。此为开太平濠以分流西濠之水。清嘉庆年间，据曾燠《疏清西关濠水记》中说：“嘉庆年间，大观河又加增修广一丈六尺，免去瘟疾之患。”可知，清代浚濠是按一丈六尺修浚的。由明到清，西支时通时塞，清末，随着西关商业发展，人口增加，始在下西关发展宝华、多宝、逢源等住宅区。沿濠涌支渠也纷纷填没或淤塞。志称：“同、光之年，绅富初辟新宝华坊等街，已极西关之西，其地距泮塘南岸等乡，尚隔数里。光绪中叶，绅富相率购地建屋，数十年来，甲第云连，鳞次栉比，菱塘莲渚，悉作民居。”（见庚戌《南海续志》）嘉庆十五年（1811年），由西关士绅何太清、钟启韶、潘如修、龚在德等与洋行巨商潘仕成、伍怡和、卢广利、叶大观等发起成立清濠公所，为清濠（维修、疏浚排水渠道）的机构。清濠所需经费，乃由该绅商等筹集，报经广东布政使批准，将下九路绣衣坊的大屋12间改建（即昔日的中山电影院及其以西的几间店铺），除办事地方外，悉数出租，以充经费。后又得潘、卢、伍、叶四大西关富豪捐资，将清濠公所扩建为文澜书院，为绅商会聚之所。并承担原来清濠公所的清濠任务。文澜书院成立后，筹集清濠费对西关涌作定期疏浚，并将沿濠各桥全部升高，以利舟楫。

西关清濠公所，为阻止侵濠占地，还出示《文澜书院清濠公所石碑》，位于荔湾区恩宁路逢庆首约。碑高1.9m、宽2.67m，花岗石，为文澜书院于光绪八年（1882年）刻立的有关疏浚、维护西关濠渠的禁示文告，文曰：

文澜书院清濠公所于道光十七年（1837年）奉前县宪示：嗣后水濠界内不得占筑搭盖，致碍水道，如有故违，即行毁折。各等因经监界，濠边泐石，以垂禁宜，口如恪守，冀水患无虞。况恩宁涌口为水濠下游，一有拥塞，尤碍疏泄。兹查恩宁濠界纷纷侵占，栽椿架板，盖成大屋，或竟填实地，建做砖房。其后侵占，自数尺至数丈不等，且竟有欲据为自业，变卖取钱，实属显违示禁。现在占筑搭盖壹百二十馀家，经勘明取占尺丈，应听侯一律毁折，并修立旧界，俾众周知外，合行申明前禁，嗣后各家当知西关水患日甚一日，多由水濠拥塞之故，宜共维大局。俾各等安居此处，恩宁路口地尤系要，切勿再占筑一寸，搭建半间，以致濠身日塞，水潦

[1] 光绪广州府志，卷64，城池．

[2] 光绪广州府志，卷64，城池．

[3] 陈鸿钧．广州两块清濠碑．羊城今古，2002（1）39-41．

多虞。其殷富之家尤不可贪图微利，误买侵占之地，如再效尤，即系违示抗众，有心贻害，定指名禀官究治，决不姑宽，各宜自爱是望。

光绪八年六月初二日文澜书院清濠公所泐石[1]。

西关清濠公所的成立，为我们提供了管理城内排水沟渠的历史经验。

曾昭璇先生对六脉渠进行了详细的考证，他认为，宋代六脉主要在广州西城，明代六脉渠与宋六脉有相同和不同两种情况，清代六脉濠则有乾隆五脉、嘉庆十脉、道光六脉、同治六脉四种，而同治六脉又分两种，为广州城内排水系统的历史发展和演变[2]。

4．防风暴，为船只提供避风之所

广州为我国古代重要的港口城市，对内和对外的贸易均十分活跃，城外江海边船舶如云。如遇台风，若无避风之地，势必造成重大的损失。

宋代以前，兰湖乃是船舶重要的避风之所。兰湖在今流花湖一带低地，为古代广州的水陆码头区。兰湖东面的象冈，古称朝台，建有余慕亭，“余慕亭在朝台，唐剌史李毗建，凡使客舟楫避风雨者皆泊此。”兰湖有洗马涌通西、北江，宋代涌身变狭，上建彩虹桥，不利于船舶入兰湖避风，因此又凿西澳等供船舶避风。“南濠，在越楼下，限以闸门，与潮上下，古西澳也。1004 ~ 1007 年（宋景德年间）经略高绅所开，纳城中诸渠水以达于海。维舟于是者，无风涛恐。”邵晔于 1011 年（宋大中祥符四年）知广州，“州城濒海，每蕃舶至岸，常苦飓风。晔凿内濠通舟，飓不能害。”内濠为玉带濠（由今仰忠街到高第街北一段）。

古广州的城濠可以通舟，有交通之便，唐卢钧也曾浚甘溪通船，加上洗马涌、兰湖等水体，形成城内外水运网络。

清水濠于 1380 年（明洪武十三年）改建水关，“下铁柱两重，以严防御”，因此不通舟楫。到 1683 年（清康熙二十二年）“疏浚启闸，复通舟楫。”南濠历史上多次疏浚，但最后终于淤塞。兰湖也逐渐淤为沼地。

广州古代城市防洪的措施是有效的，是值得我们借鉴的。

四、肇庆（图 6–4–12 ~图 6–4–14）

肇庆古城，南临西江，历史悠久，是我国历史文化名城。

（一）地理位置与历史沿革

肇庆，古称端州，位于广东省的中西部。肇石城背靠北岭，南临西江，上控苍梧，下制南海，地理位置十分重要。其北部为北岭山地和西江古河道形成的沥湖，中部为河谷冲积平原，东西两端重峦叠嶂紧锁江流，形成三榕峡、大鼎峡和羚羊峡。境内孤丘地疏落散布，石峰兀起，池湖星罗棋布，形成五湖、六角、七峰、八洞的独特自然景观，成为驰名中外的七星岩风景区。

肇庆属亚热带季风性气候，常年温暖，阳光充足，雨量充沛，四季常青。

肇庆历史悠久。距今 14 万年左右，肇庆已经有人类活动；距今 1 万年左右，这里已开始向新石器时代过渡；大约 5000 年前，肇庆的先民已有锄耕农业、家畜饲养业、编织业以及较先进的制陶业。境内出土的春秋晚期及战国墓葬的青铜器，有中原商周文化的影响和楚越文化的影响，也有岭南文化的显著特征。

肇庆秦汉时属南越国。汉武帝元鼎六年（公元前 111 年）平定南越后，设高要县，县名得

---

[1] 陈鸿钧．广州两块清濠碑．羊城古今，2002（1）：39–41．

[2] 曾昭璇著．广州历史地理．广州：广东人民出版社，1991：164–174．

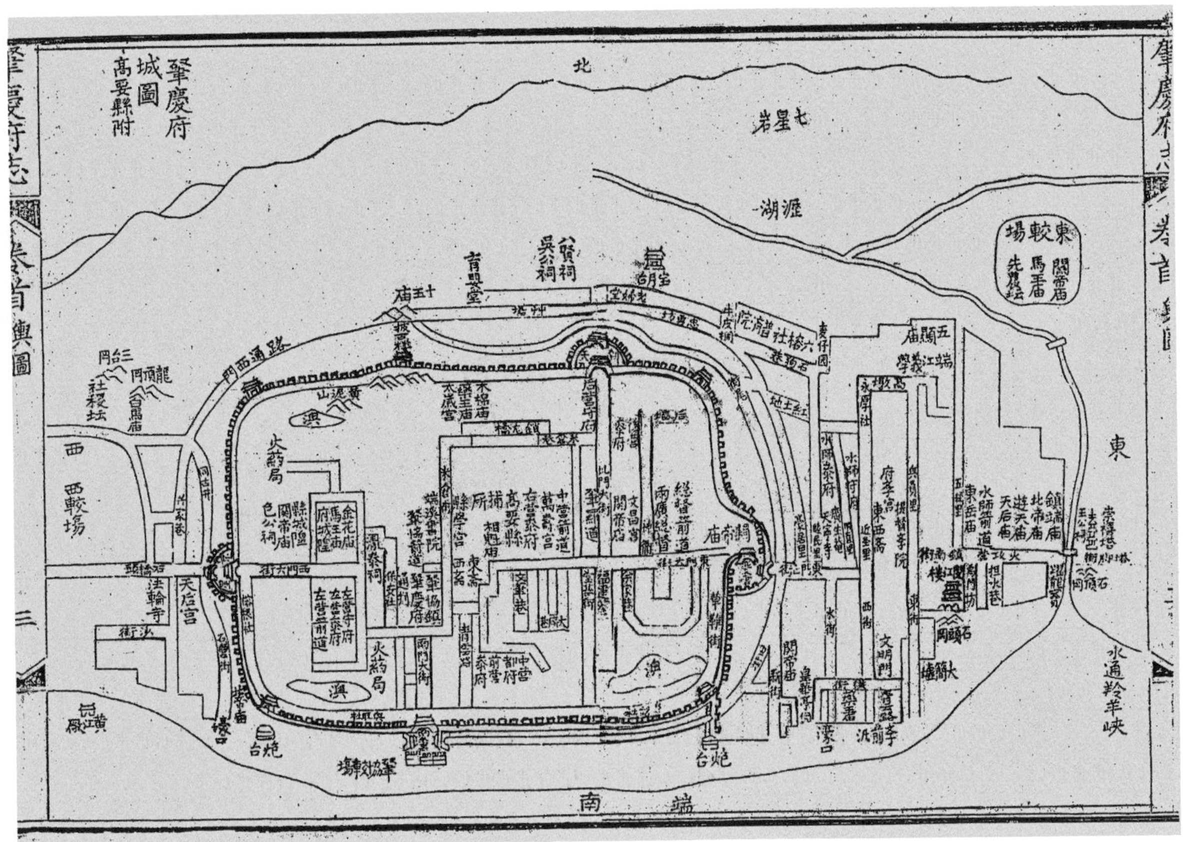

图 6-4-12 肇庆府城图（道光肇庆府志）

图 6-4-13 肇庆泛槎图（自续泛槎图三集）

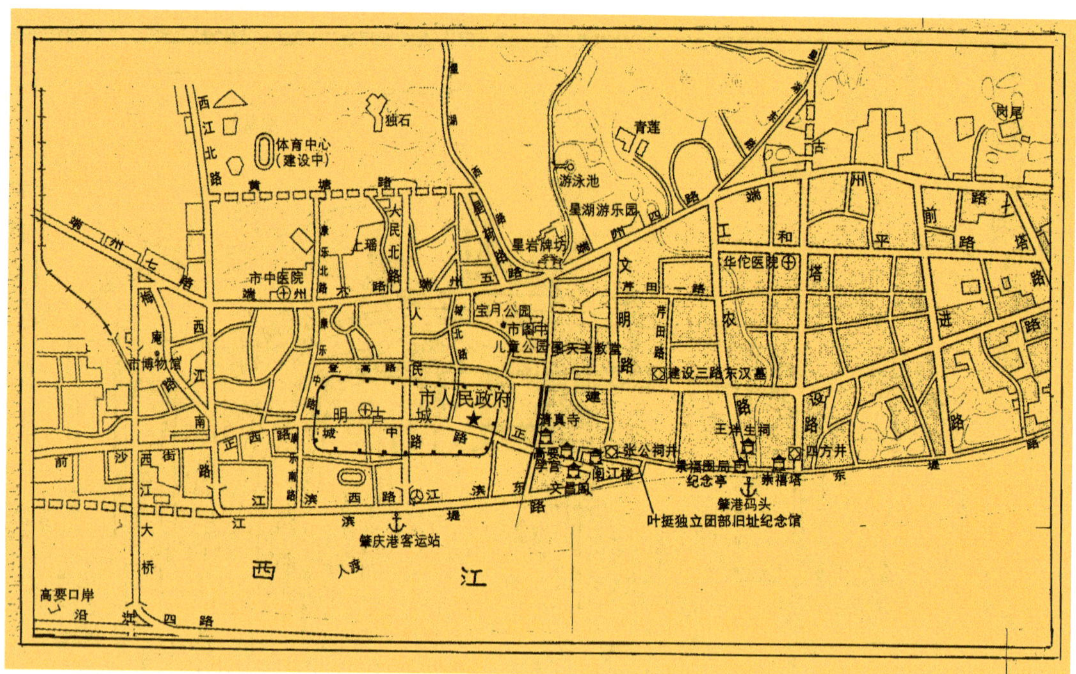

图 6-4-14 肇庆古城址示意图（据广东历史文化名城：46，图改制）

自境内高要峡，高要峡则因峡山高峻、峡水如腰而得名。隋开皇九年（589 年）废高要郡，置端州，为州治。大业三年（607 年）改为信安郡治。唐武德四年（621 年）改为端州治。北宋元符三年（1100 年），徽宗赵佶因端州为其“潜邸”，故在端州置兴庆军节度。政和三年（1113 年）改端州为兴庆府。重和元年（1118 年）又亲赐御书“肇庆府”，自此更名为肇庆。元为路，明、清为府治[1]。

肇庆历来为西江流域政治中心。南朝时，高要设广州都督府，辖岭南十三州。明嘉靖四十三年（1564 年）至清乾隆十一年（1746 年）为两广总督驻地。1646 年，南明桂王朱由榔在肇庆即位，称永历帝。民国时为高要县地。1949 年置西江专区，同年设肇庆市。后撤市入高要县。1961 年恢复肇庆市，为肇庆专区、地区驻地。1988 年改为省辖市。1993 年公布为国家第三批历史文化名城。

（二）历史上肇庆城的水灾状况

肇庆城历史上受到西江洪水的威胁，有多次水灾记录（表 6-4-4）。

古代肇庆城市水患一览表 **表 6-4-4**

序号	朝代	年份	水灾情况	资料来源
1	明	万历十四年（1586）	是岁自春徂夏，霪雨不绝。七月十八日，地震，有声如雷。西潦大至，江水泛滥，堤决九十余处，府城几陷。……时坏民居二万一千七百五十九区，坏田八千六百五十二顷，溺死三十一人。	宣统高要县志，卷 25，纪事
2		万历四十二年（1614）	夏五月，大水，决护城东堤，漂没田庐以万计。府城四门筑塞。	宣统高要县志，卷 25，纪事
3		崇祯三年（1630）	六月，大雨匝旬，山溪潦涨，闭城门以御水。水溃西门，入冲，陷官民廨舍不可胜算。丰乐堤同时报决。	宣统高要县志，卷 25，纪事

[1] 广东省文物管理委员会编．广东历史文化名城．广州：广东省地图出版社，1992：51–52．

续表

序号	朝代	年份	水灾情况	资料来源
4	清	康熙十二年(1673)	夏六月，霪雨四日夜，衢道水深数尺，官民房舍多倾圮。	宣统高要县志，卷25，纪事
5		乾隆四十九年(1784)	六月间，大水，城不没者三版。诸围基皆漫决，护城堤决数十丈，水透入城。县内官署民居坍塌，难以数计。秋七月，飓风，被水屋至破坏，无一存者。	宣统高要县志，卷25，纪事
6		乾隆五十年(1785)	大水，肇庆城被浸。	道光开建县志·祥异
7		道光十五年(1835)	闰六月十一、十二等日，广东省城地方起有飓风异常暴雨……广州府属之南海、番禺、东莞、香山、新宁、新会、新安、三水及肇庆府属之高要、阳江，高州府之电白等县禀报，兵民房屋及城垣、衙署、仓廒、监狱墙垣间有坍卸。	道光十五年九月十二日广东巡抚祁𡎴片
8		道光二十四年(1844)	是年，西潦涌涨，郡城不没仅二版，围堤尽决。决堤后，天降霪雨，衢道泛舟，城内用水车车水出城。	宣统高要县志，卷25，纪事

（三）肇庆古城的防洪措施

肇庆古城以城墙作为主要的防洪设施。肇庆古城最主要受到西江洪水威胁。明万历十四年（1586 年）西江洪水泛滥，“府城几陷”，但城墙仍抵御住了洪水袭击。

明万历四十二年（1614 年），护城东堤决，“府城四门筑塞”，仍保证了城内安全。

清乾隆四十九年（1784 年），西江洪水“城不没三版”，但因护城堤决，“水透入城”，城内仍受损失。

清道光二十四年（1844 年），“郡城不没仅三版”，但因久雨雨洪无法排泄，“城内用水车车水出城。”

清道光十五年（1835 年）和光绪三十四年（1908 年）记载不详，难以了解实际情况。

清康熙十二年（1673 年）是雨涝致灾。只有明崇祯三年（1630 年）是洪水溃西门灌城。可见城墙在肇庆城市防洪中的重要作用。

肇庆古城的防洪措施如下：

1. 修筑并积极维护高大坚固的城墙

据宣统《高要县志·地理篇·沿革》考证，汉唐高要县治，在当今渡头村附近。

唐以前，西江流经本地，分两条水道出境，称为双羊峡，端州就在双羊峡间，称为两水夹洲。晚唐以后，北边水道渐淤成湖泊和沼泽，单留南边的零羊峡（今羚羊峡）出境。县治附近，河渠湖沼纵横，今所见古籍记载的汉至五代古建置，如鹄奔亭、峡山寺、端州驿、白云寺、云栖庵、兴国寺、石峒庙、桄榔亭、致道观、清泉禅院、衙公庙、梅庵，皆零星散布于孤岗或山坡台地之上。

汉代，县以下有伍、什、里、亭、乡的设置，百户为一里，十里为一亭。鹄奔亭之亭长，既是驿站经营者，亦是行政小官。

汉唐古城，实际上是一个军事小城堡。地方官下车伊始，便是“整戎旅、备洞寇”。城周边只有少数汉族居民点分布，城郊大量俚僚族居民叛服不常。汉族与俚僚族居民点，亦散布于孤岗或沿江台地之上。

宋代北峡积水进一步排走，州治西郊出现了大量可耕作的土地。北宋淳化年间（990 ~ 994 年），端州知州冯拯行“括丁法”，将豪强地主藉没下的世袭农奴（洞丁），变为向朝廷纳赋供役的“编户”。至道年间（995 ~ 997 年），知州陈尧叟始筑西江堤围（建有堤庵），将西江固定在南边水道，为居民密集点向州治西郊迁移创造了条件。

北宋淳化年间县治已开始西迁，其时迁建县署于今城中路旧高要县委位置，建安乐寺于今天宁北路（崇宁元年改天宁寺，今天宁百货大厦位置，为县官每年开春举行祈年仪式的地方）。一些官方机构与庙宇亦多建于州治西。如至道年间建医灵堂（今正东路北侧），改清泉禅院为慧日寺（故址在今十六小）。大中祥符年间（1008 ~ 1016 年）建云秀亭（后改盘古庵）于云秀台（故址在今岭市委党校），建龙母庙于龟顶山麓。

北宋康定、庆历年间（1040 ~ 1042 年），知州包拯正式将州城西迁，为古宋城的建设创立了永远值得后人纪念的丰功伟绩。

首先，包拯继前人将护城围续向西边构筑，并开沥渠（今称后沥水），将西江北边故道沥水进一步排走，使沥湖（今星湖）进一步变为鱼塘、荷塘、野塘与水田，并在城内外教民凿有七口井，建州衙于县署西（今市第一人民医院位置）。万历《肇庆府志》对该州衙内建筑有详细描述，言该衙中间为大厅，西有枕书堂，东有清心堂（包拯有题诗），周边尚有相魁堂、敬简堂、双瑞堂、节堂、秋霜堂、宅生堂。大厅西有菊圃，行十数步有轩，轩前累土为山，砥石为基，榜曰“烂柯洞天”，西北有洗砚池。

其后，包拯迁端州驿于城西，改名崧台驿（在今厂排路南），并于城内建丰济仓（在今米仓巷），城北建星岩书院（在今宝月台），城西建文昌宫（在今市机关第一幼儿园内），城东建宝光寺（后改天妃庙，再改景福祠，今厚岗村飞鹅庙）。

庆历二年至五年（1042 ~ 1045 年），继包拯任知州的朱显之始建端州州学（今市府位置），并于其西北侧建崇真堂，城东端州驿旧址建江东王庙（今阅江楼东半部），擢英坊建圣妃顺济庙（今擢英路南侧）。至此，宋城规模初具，但城墙未设、防守不易[1]。

据道光《肇庆府志》记载：

> 宋皇祐中，侬智高反，始筑子城，仅容廨宇。政和癸巳（笔者注，即三年，1113 年），郡守郑敦义乃筑砖城，周八百七十一丈，高二丈，厚一丈，开四门，东曰宋崇，西曰镇西，南曰端溪，北曰朝天。
>
> 明洪武元年，江西行省郎中黄本初来掌府事，请加修筑[2]。……

据记载，崇祯十四年（1641 年），将肇庆府城墙加高三尺五寸，改筑四门月城和马路[3]。

加高城墙和筑各门月城都是利于防洪的。

宋皇祐中（1049 ~ 1053 年）筑的子城是土城，规模小。政和三年（1113 年），改建成砖城，增强了防洪能力。明洪武元年（1368 年），修城，“城之泥者，筑石为基，垒砖以甃其隙”[4]，进一步将城修筑成石基砖城，其防洪能力进一步加强。再加上明崇祯十四年（1641 年），城墙加高，筑各门月城，可以说，其城墙防洪能力已相当强。

明清两代修葺城墙达 20 次。可见其维护管理是积极的。

2. 滨江以石甃河岸以护城址

城墙为古代城市防洪的最后一道防线。城墙要坚固，能抵御洪水冲击，城基城址必须坚固。如滨江河岸被水冲毁，洪水将直冲城基城址，城址可能受到破坏，引起城墙坍塌。因此，在洪武元年修城后，“千户郭纯以城南隅滨江，用石甃河畔，高二丈，与城址并捍水患。”[5]

---

[1] 刘伟锵著．岭南与西江史论稿．广州：新世纪出版社，1999：327−329．

[2] 道光肇庆府志，卷 5，建置 · 城池．

[3] 道光肇庆府志，卷 5，建置 · 城池．

[4]（明）杨子春．重修石城记 // 道光肇庆府志 · 卷 5 · 城池．

[5] 道光肇庆府志，卷 5，城池．

3. 筑护城堤保护城墙

景福围是捍卫肇庆城的主要堤围，古称附郭堤，西起三榕峡口，东抵羚羊峡入口，全长17.79km，该堤已有600多年历史，是肇庆城防洪的第一道防线。历史上记载的古城受洪水威胁都是护城堤决后才出现的。

4. 建立了一套由城壕、沥湖等组成的城市水系

据道光《肇庆府志》记载：

池。南临大江，西南隅至东南隅三面浚濠，周四百五十八丈，广二丈八尺。自西门外绕而北，至东门外，谓之外濠，长四百五十八丈，深一丈，阔十丈。西门内小水通窦过南门街，至清军馆后，谓之上濠，复通窦过塘基头街下注，谓之下濠。下濠又通窦出城，接外濠而达于江。自西门石嘴引江水而入者，谓之西濠，乃官船避风之所[1]。

这些濠池不仅有军事防御之功用，且在供水、排洪、防火、避风浪上起重要作用。

以上城濠与沥湖组成城市水系，就更增加了调蓄洪水、防止内涝的功用。星湖除为风景游览之地外，另一重要作用就是它所具有的相当的调蓄能力。由于古代西江长期泛滥，在江边堆积较粗大的沙砾，形成一带略高的沙地，使得肇庆平原向北倾斜，平原内部比江面低1m以上。肇庆平原可以分成两部分，一里一外、一低一高，星湖就在肇庆平原山边低洼地区之内。因此，在西江洪水上涨、堤内积水无法外排时，星湖的调蓄能力对避免内涝之灾具有决定性作用。星湖的前身是古河道余沥，称“沥湖”。道光《高要县志》载：“沥湖在县北五里，北山诸涧之水，汇为黄塘、上杭塘，又石室诸岩之水皆流合焉。春夏潦涨，极目浩渺，多蒲、鱼、菱、芡之利。”唐、宋以来，已为肇庆士民改造成为风景秀丽、物产丰富之地。民国时由于战乱与盲目围垦，天然富饶的风景区遭到恣意践踏。民国《高要县志·初编》：“自沥湖失收，积渐废为田塘，水无所归，渠又日塞，时济时淤，水基窦外之后沥冲浅隘尤甚，每岁多雨，疏泄不及，围内低地，遂为巨浸”。“今则湖废几尽，仅一渠流经岩前，强名为湖，而水道淤填，日久迁变，渠亦仅存者，诸水无所归，趋泛滥自其宜也”[2]。

（四）肇庆古城在民国四年（1915年）大水灾中成为诺亚方舟

民国四年乙卯（1915年）夏，珠江流域发生大洪灾。据民国《高要景福围志》载：“夏五月二十七日，堤（景福围）决于水，桂林、大曲、油柑塘等处决七口；三玛街决一口、塔根决三口；街尾决一口；下黄岗新基决一口；水基决四口；通共决十七口，袤延四百丈，荡析千万家，郡城一隅，尽成泽国，屋宇颓记，人畜漂流，瞻鸟哀鸿，触目皆是，童号妇泣，惨不忍闻。”这次洪灾，又据民国《高要县志》载：“当是时城四门皆版筑以御水，城以外尽成泽国，而城宛在中央，城以内濒南地势稍低，水亦渗入，而延北一带独完，城外灾民纷纷迁避入城内者数万人，各学校各庙宇与其他公私地，住皆满，而资城为保障焉。是兹城之设，不惟御兵，而兼御水者也。”足见，肇庆古城“御水”功能之强[3]。

（五）肇庆古城因防洪之需得以保留

民国时，因城墙成为交通之阻碍，且广州已开拆城之先，其他县城相继效仿，肇庆也曾起拆城之议，终因各方反对而止。据民国《高要县志》载，反对拆城的大致理由如下：

“城以南濒江素有水患，西潦岁至，南门最低先被水，以次及于西、东二门，皆于城

[1] 道光肇庆府志，卷5，城池．

[2] 张春阳．肇庆古城研究．广州：华南理工大学博士学位论文，1991：29–31．

[3] 张春阳．肇庆古城研究．广州：华南理工大学博士学位论文，1991：29–31．

口版筑以御之，城东西两端与县属景福围基相接，水不能侵入，故城之功用与围基等。”

“肇庆一城，原以御水为重，而与高要景福围相接不啻为围之第二重，故景福围遇有崩决之时，则兹城屹然而为保障。”

“是时严县长博球，建议拆北留南。”但“若将北城拆去，侧保障全失，形势荡然矣。城内地势原比城外为低，乙卯围决时，城内南部、中部均有水淹浸，而因一垣障隔，城内外之水度，高下顿殊。……北部一带如钓署、高要县署、农业艺徒、肇中、坤德、培志各校；文昌宫、武帝庙、城隍庙、马王庙、包公祠各公地；暨北门十字街、后墙各民居均无水浸，约住数万人。”“若将北城拆去，一遇围决，则内外水度平均。……而住于各学校各公地与北方各居民之数万人，将何所容足乎？无所容足，必有辗转而死于水者，其鱼之惨，不堪言状矣。”“且乡居与山近，依于山易，城居与山远，依于山难。当西潦盛涨时，必多淫雨，郊外悉成泽国，淹浸者多。”“夫南城既属可留，北城亦有何碍？何不并存之。存之既可免诸患，不存亦有碍观瞻，是存之有利而无害，毁之则有害而无利，可断言也。”肇庆古宋城因其御洪灾的强大功能，得以保留至今[1]。

笔者于1980年，随导师龙庆忠教授到肇庆考察，见到这座宋代古城的雄姿。以后又多次到肇庆考察古城。它坐落在现城区，平面呈长方形，南北宽，东西窄。据肇庆市文物普查队测量，得出如下有关数据：古城墙周长共2801.2m；披云楼附近城墙高出地面约10m，南城墙高出城内地面6.5m；东城墙长403.4m，宽8.47～9.14m；西城墙长376.9m，宽16.1～18m；南城墙长992.3m，宽8～10m；北城墙长1028.6m。城墙外围有28个敌台，城墙的砖有九种不同的规格，是历史上多次修缮的证据。城楼、角楼、雉堞等虽已在民国期间被拆毁，四城门也填为斜坡。但其主体城墙至今保存完好，为广东省所仅见（图6–4–15、图6–4–16）。

肇庆古城可以称为珠江流域防洪御灾的一块丰碑！

五、韶州（图6–4–17、图6–4–18）

韶州位于广东省北部，为岭南重镇。

图6–4–15 肇庆古城墙

图6–4–16 肇庆古城朝天门

[1] 张春阳．肇庆古城研究．广州：华南理工大学博士学位论文，1991：29.

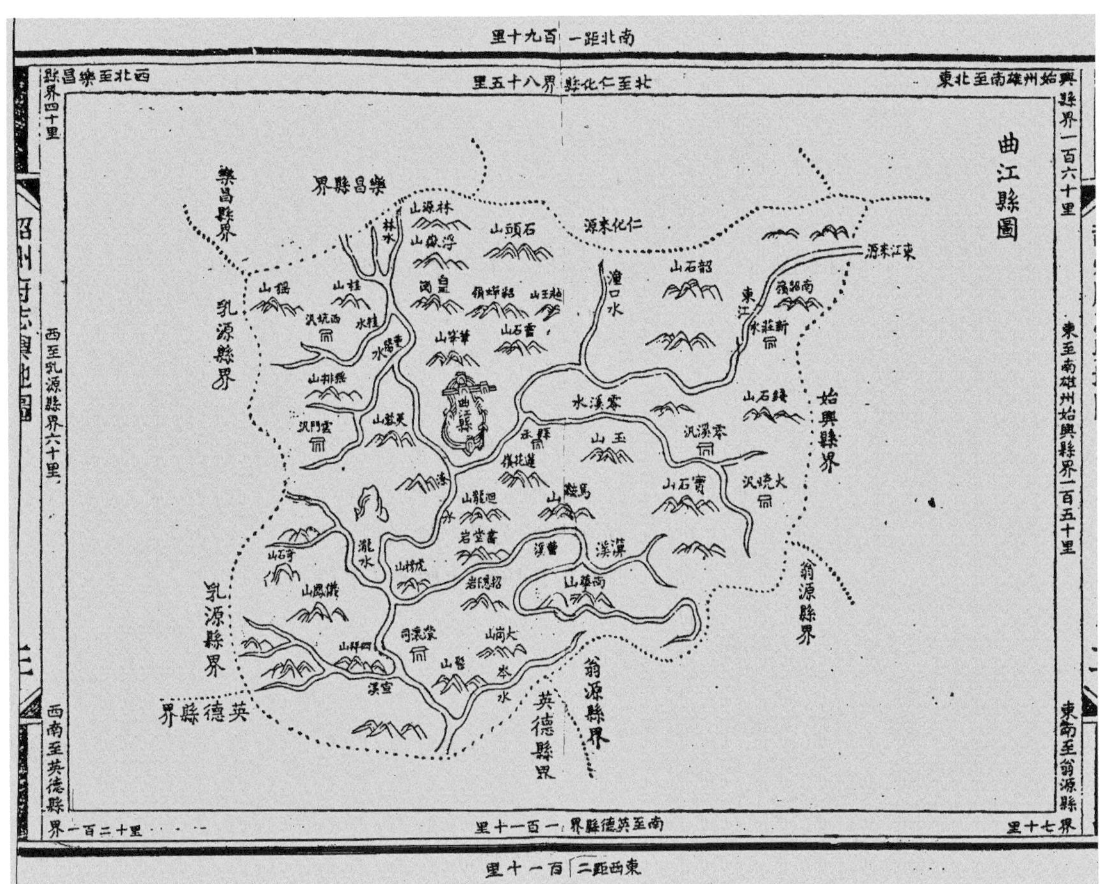

图 6-4-17 曲江县图（同治韶州府志）

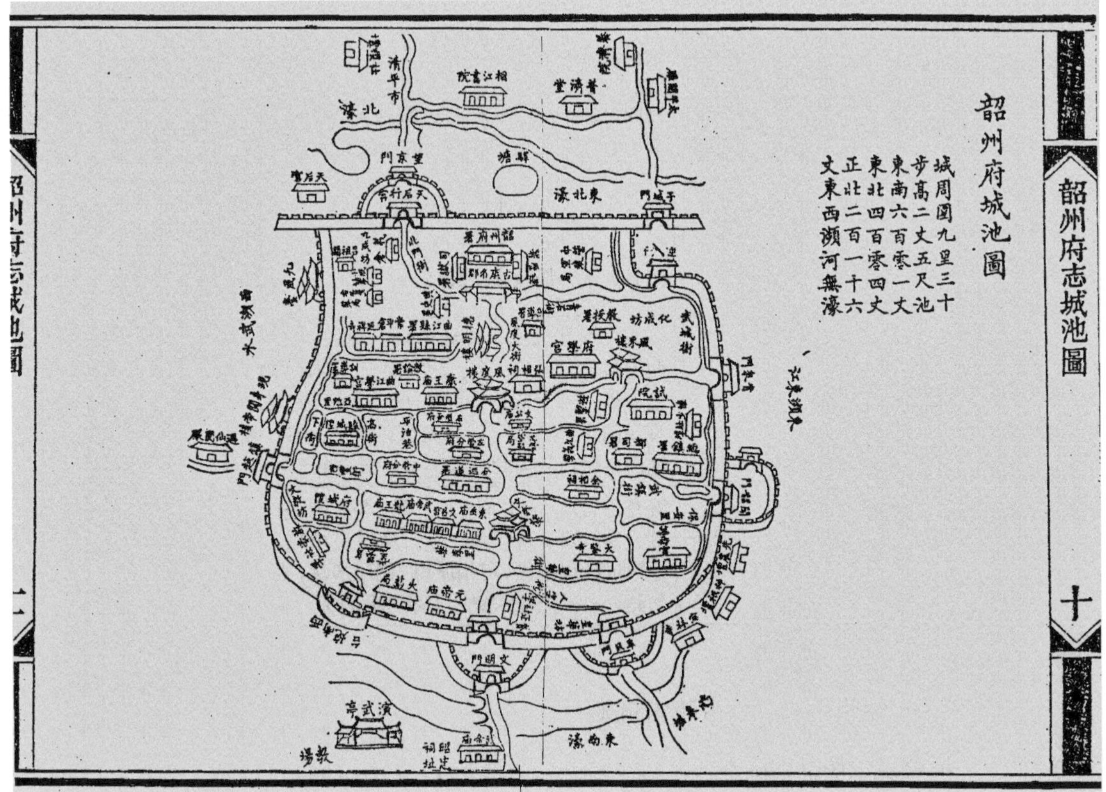

图 6-4-18 韶州府城池图（同治韶州府志）

（一）地理位置与历史沿革

韶州城址位于浈江和武江的汇合处，两江汇合后为北江。战略地位十分重要。

《读史方舆纪要》云：

韶州府。府唇齿江湘，咽喉交广，据五岭之口，当百粤之冲。且地大物繁，江山秀丽，诚岭南之雄郡也。

韶州城处曲江盆地中，地势北高南低。主要地貌类型为丘陵和冲积平原，两者间有 2 ~ 3 级阶地分布。接近曲江县的丘陵较高，皇冈山海拔 494m。浈江、武江带有山区河流特征，水流急而水位变幅大，急涨急落。该地气候属亚热带季风气候，年平均气温 20.1℃，无霜期 312d。年雨量 1608mm，多集中于春夏两季。

韶州历史悠久。汉武帝元鼎六年（公元前 111 年），在此设曲江县，为县治。后汉置为始兴都尉。三国吴甘露元年（265 年）置始兴郡，以曲江县为郡治。隋开皇九年（589 年）改为韶州。后废。唐贞观元年（627 年）再置韶州。宋为韶州始兴郡，元称韶州路，明清为韶州府。民国废府留县。1949 年析置韶关市。1950 年、1966 年曾改为省辖市，1975 年再定为省辖市。1983 年与原韶关地区合并为新的韶关市。

（二）韶州古代的城市水患

由于浈水、武水有山区河流特征，急涨急落，历史上韶州城常受两水洪水的威胁（表 6–4–5）。

古代韶州城市水患一览表　　表 6–4–5

序号	朝代	年份	水灾情况	资料来源
1	明	弘治五年（1492）	壬子大水，府城民居淹圮甚多。	同治韶州府志，卷 11，祥异
2		万历四十四年（1616）	水决西城而入。	同治韶州府志，卷 15，城池
3	清	康熙二十六年（1687）	夏四月，大涝。二十二日，双江齐涨，浈水尤甚。西、南二门水深九尺。城外兵民房屋及城垣，倒塌甚多。	同治韶州府志，卷 11，祥异
4		道光十九年（1839）	六月十八日，大水浸南门口。	光绪曲江县志，卷 3，祥异
5		道光二十九年（1849）	四月大水，郡城水深数尺。	同治韶州府志，卷 11，祥异
6		咸丰三年（1853）	六月，曲江大水，浸城两日，南门水深一丈有奇，西门深五、六尺，东、北门深三、四尺，阛阓舟游，惟府署、县学宫高街仅免于水冲塌。东城一带，淹没南门房屋及两岸田庐无算。……七月，复水浸及南门。乐昌县同时被水，城内深丈余。三月始通。	同治韶州府志，卷 11，祥异
7		光绪三十四年（1908）	五月、七月、九月间，广、肇、罗、阳、南、韶、惠、潮、高、雷、琼、崖、钦、廉等府州属，先后遭水遭风或冲决围堤，坍损城垣，倒塌房屋，或沉覆船只，伤毙人口，淹浸禾稼。灾黎几及百万，待赈孔殷。	宣统元年二月十二日张人骏奏折

（三）韶州古代的城市防洪措施

1. 修筑城墙以御洪水

据《同治韶州府志》记载：

韶州府（曲江县），城周围九里三十步，高二丈五尺，基广二丈，中广一丈五尺，上广一丈。后梁乾化初（911年），录事李光册移州治于武水东，浈水西，笔峰山下。五代南汉白龙二年(926年),刺史梁裴始筑州城。宋皇 (1049～1054年)、绍熙间(1190～1194年),屡加增修。宝元二年(1039年),郡守常九思修望京楼门,见余襄公记。明洪武二年(1369年)，知府徐真重修敌楼二十九座，复建五门，曰湘江，曰乾门，曰东门，曰南门，曰西门。永乐初，楼坏城圮。十五年（1417年），千户赵铭、赵贵先后砌筑。天顺七年（1463年），清远蛮寇犯境，广东左参政刘炜、都指挥裘忠出莅韶州，重作五门城楼。……万历丙辰（四十四年，1616年），洪水决西城而入，随即补葺。……

国朝康熙十六年(1677年),北门添筑子城,高二丈五尺(通志)。乾隆十年(1745年)、十三年（1748年)、嘉庆十九年（1814年),屡经修葺。咸丰三年（1853年),洪水冲塌东城,知府任为琦、委员五福劝捐督修。

池，东西六百零一丈，西临武水无濠[1]。

由以上记载可知，韶州城的城墙，历代维护修筑较好。这是利于防洪的。

2. 修筑东西河堤以护城基

西水即武水，东河即浈水。由于武水和浈水冲啮城基，所以必须筑河堤以护城基。

据同治《韶州府志》记载：

河堤。明成化五年（1469年）知府王宾修筑西河二百余丈，大学士商辂记[2]。

明商辂《修筑西河堤记》谈到：

城之西，偪迩武溪。每年盛夏，潢潦泛涨，冲激堤岸，剥及二百余丈，相去城脚远者丈许，近者尺余[3]。

这种状况，危及城基及城垣的安全，于是筑堤护岸、护城。

由于浈水也冲激堤岸，所以东城的堤岸也非筑不可。

明符锡《修筑东河堤记事》谈到：

曾未解鞍，已知东潦之为害堤城之不可缓也。……明年，春水益暴，冲堤决障，其不及城者，无几余。……乃召匠于吉，伐石于仁，物用粗备，浚河及底，而直树之桩，纵比之栅，叠石而衡之八，而缩而衡之十有二，而渍之灰，实之土，而筑之登登，惟固石堤。修二百三十有五丈，广五丈，崇丈有八尺[4]。

该堤筑于明嘉靖二十八年（1549年）[5]。

3. 因水患而两迁城址

符锡《修筑东河堤记事》谈到，此城址之前，韶州城因水患，已两迁城址：

独不闻乎，韶州始之卜也，东河之东，既之迁也，西河之西。实自唐武德，迨梁乾化，不胜水之为患，而再迁今治，介乎两河之间，又六百年矣[6]。

由这段记载，得知在唐武德年间（618～626年），韶州城初置于浈水之东，因水患迁武水之西，又因水患于五代后梁乾化元年（911年）迁今址。

韶州城以上三条防洪措施是值得借鉴的。

[1] 同治韶州府志，卷15，城池．

[2] 同治韶州府志，卷15，城池．

[3]（明）商辂．修筑西河堤记//同治韶州府志．卷15·城池．

[4]（明）符锡．修筑东河堤记事//同治韶州府志．卷15·城池．

[5] 同治韶州府志，卷15，城池．

[6] 同治韶州府志，卷15．城池．

六、惠州（图 6-4-19、图 6-4-20）

在广东东江之滨，屹立着一座风景秀丽的城市，北宋苏轼曾被贬至此，其城西的西湖是杭州西湖之外最美的西湖。这座城市就是历史文化名城惠州。

惠州虽广承水之恩惠，也饱受洪灾之害，惠州是东江城市防洪的典型案例。

（一）地理位置与历史沿革

惠州古城地处广东省东南部，珠江三角洲东北端，西枝江与东江汇流之处。城址周围地势南北高，中间低。南、北部多丘陵，中部多台地、平原。由于古城扼水陆之冲，地理位置十分重要。《读史方舆纪要》说：

（惠州）府东接长江，北接赣岭，控朝海之襟要，壮广南之辅扆。大海横前，群山拥后，诚岭南名郡也。

因此，惠州 1000 多年来，一直是东江流域政治、经济、军事、文化、交通的中心和商品的集散地。惠州现为广东省级历史文化名城。

惠州历史悠久。考古发现表明，早在新石器时代晚期，这一带已有人类活动。春秋战国时期，在今惠州市区及博罗北部一带，战国时期曾出现过一个名叫“缚娄（符娄）”的小国，但不久即在诸侯兼并战争中消失。

秦统一岭南之后，在今惠州一带设置博罗县，一说为傅罗县，西晋太康元年（280 年）始改称博罗（据《后汉书 · 郡县志》载：“博罗有罗浮山，以浮山自会稽来，傅于罗山，故置傅罗县。”）。秦汉时期的博罗县，辖境大致包括今惠州、东莞、深圳等地。三国时，从博罗县割置欣乐县，此为归善县的前身。

东晋咸和元年（326 年），从南海郡分置东官郡，博罗等县属之。南朝梁天监二年（503 年）改东官郡为梁化郡，郡治设在原博罗县治（在今惠东县梁化屯），博罗县则迁治于今博罗县城。在今梁化屯，尚遗存有当时郡治的残垣断壁、水井及陶器等。这是今惠州境内首次设置的郡治。

隋开皇十年（590 年），废梁化郡，设循州，因新丰江上游古称循江，故名。循州辖归善、博罗、河源、新丰、兴宁、海丰六县，并设循州总管府辖粤东的循、潮二州。总管府建于“棕木山之阜”，即今惠州市中山公园附近。1986 年 1 月在中山公园西侧南北长 100 多米的地下发现大批隋唐时期的筒瓦、板瓦和陶罐残片等，正是隋唐时期的生活遗址。这是惠州成为州、府治所的开端。隋炀帝即位后，将循州改为龙川郡。唐代，惠州先后属龙川郡、循州、雷乡郡、海丰郡，乾元元年（758 年）又复称循州。辖归善、博罗、河源、雷乡（今龙川）、齐昌（今兴宁）等县。

刘䶮建立南汉之后，设祯州管辖归善、罗阳（即博罗）、河源、海丰四县，州治在今市区。另在今龙川一带置循州。北宋天禧四年（1020 年，一说五年），因避太子赵祯（即后来的宋仁宗）之讳，把州名改为惠州。惠州之名从此沿用至今。宣和二年（1120 年）一度改为博罗郡，南宋绍兴三年（1133 年）复名惠州。元至元十六年（1279 年）设惠州路，辖归善、博罗、海丰、河源、龙川、长乐（今五华）、兴宁等县，属江西行中书省广东道。明洪武二年（1369 年）置惠州府。清沿明制。直至辛亥革命后，废除府制，归善县改名惠阳县。今惠城区先后称鹅岭镇、鹤峰镇，为惠阳县县城。

建国后，惠州建制屡有变易。1958 年今惠城区设为县级惠州市，次年复为镇，1964 年再次设为县级市。1988 年改惠阳地区为惠州市，原县级市始称惠城区 [1]。

---

[1] 广东省文物管理委员会编．广东历史文化名城．广州：广东省地图出版社，1991：79-80.

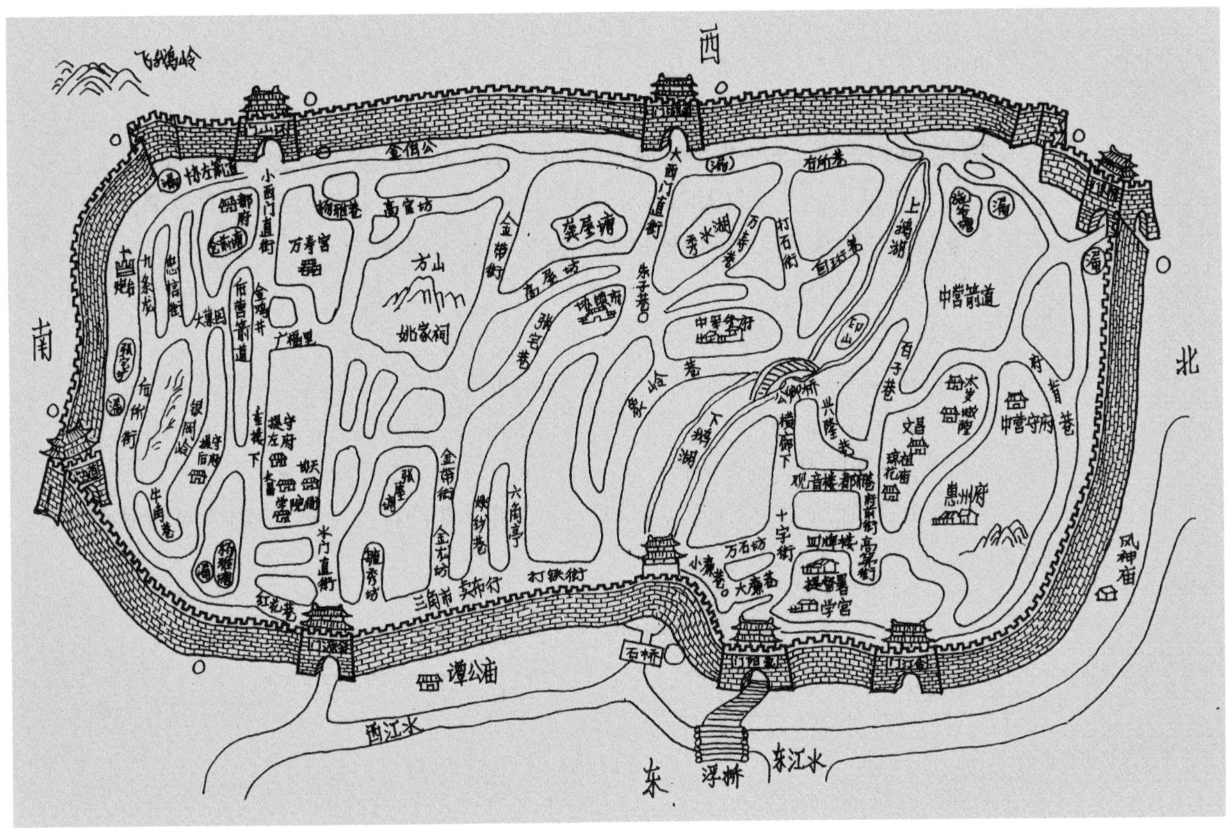

图 6-4-19 惠州府城（摹自清光绪惠州府志）

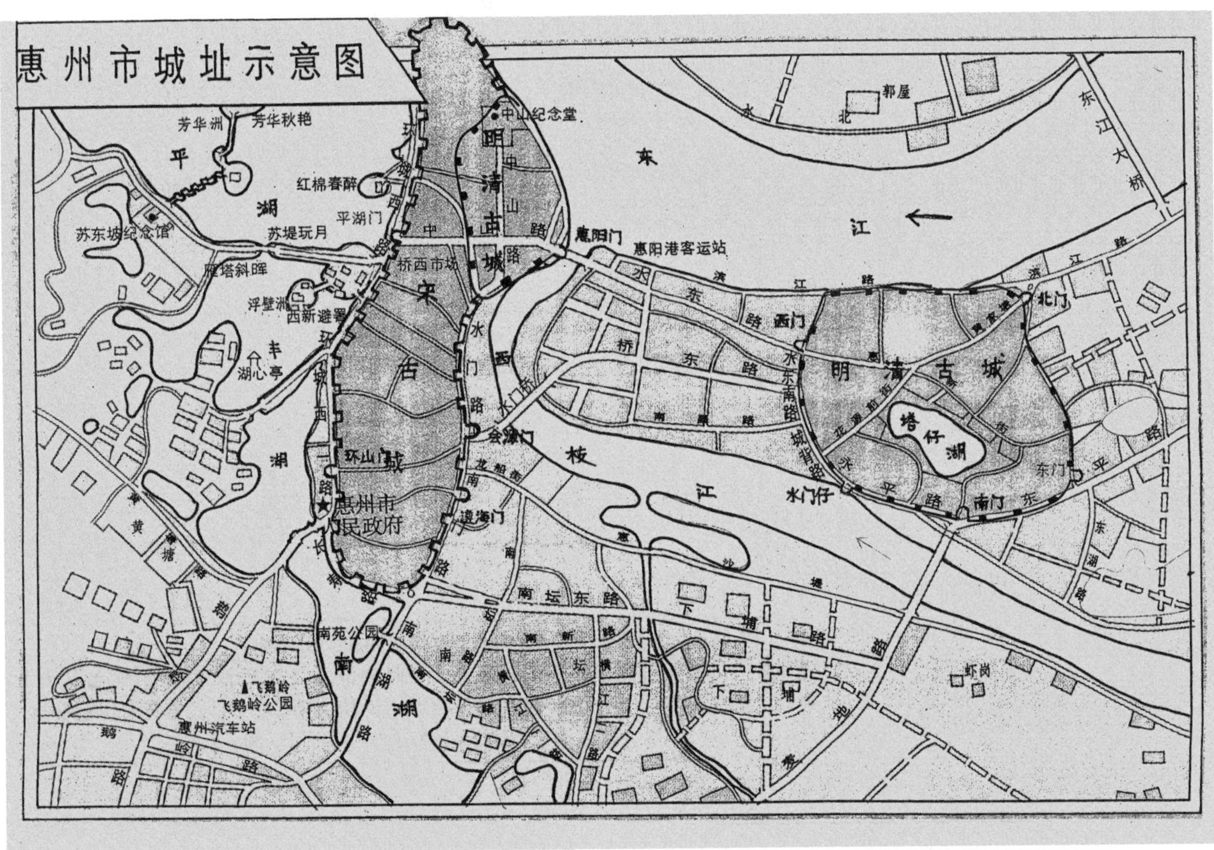

图 6-4-20 惠州市城址示意图（广东历史文化名城：74）

（二）惠州古代的城市水患

惠州古城地处东江中下游，历史上水患频繁。其水灾的原因如下：

1．流域雨量集中于夏季，易致洪灾

东江流域的雨量大部分集中于夏季，每年4月～9月占全年雨量的80%以上，尤其5月～7月较多，强度也大，甚至每天降雨达100～200mm，易引起山洪暴发，江水暴涨而致灾[1]。

2．东江流域集水面积大，山地较多，洪流冲入平原易致灾

东江流域集水面积达3.7万km^2，两岸山地很多，山洪来势凶猛，汇入东江，易致洪灾[2]。

3．惠州古城位于东江与西枝江汇流之凹岸，易受洪水冲袭

惠州古城选址于东江的凹岸，对西枝江而言也是凹岸，城址受到两江洪水的冲击，这种选址极不利于城市防洪。为什么会这样选址？古代设治，军事防卫这一因素十分重要，两江交汇处建城，利于军事防卫，也便于扼控水陆交通要冲之地，故在此建城。

笔者查有关文献，发现明代以前未见惠州城市水患的记录。明代起才有城市受水灾的记录（表6–4–6）。

惠州和归善县古代城市水患一览表　　表6–4–6

序号	朝代	年份	水灾情况	资料来源
1	明	永乐三年（1405）	大水（溢至郡署堂下）。	光绪惠州府志，卷17，郡事上
2		嘉靖四年（1525）	秋七月，归善大水。时积雨弥旬，水乃骤溢，坏公署民居，漂没田禾，人多溺死。	光绪惠州府志，卷17，郡事上
3		嘉靖四十三年（1564）	大水（淹及府仪门，惠人谓之乙丑水）。	光绪惠州府志，卷17，郡事上
4		万历十年（1582）	夏五月，归善大水。（没城雉者五日。惠人谓之壬午水。河源之水尤大，民出屋脊，屋圮，溺死者甚众。）	光绪惠州府志，卷17，郡事上
5		万历二十五年（1597）	夏四月，归善大水（淹及府署大门内）。	光绪惠州府志，卷17，郡事上
6		万历三十二年（1604）	二月，归善菊花开（是年，水溢至县门）。	光绪惠州府志，卷17，郡事上
7	清	顺治十三年（1656）	夏五月大水（淹至府头门外，舟从水关口城垛出入西湖，十字街俱可行舟）。	光绪惠州府志，卷17，郡事上
8		顺治十五年（1658）	大水（西门水没雉堞四日，舟从城上出入西湖）。	光绪惠州府志，卷17，郡事上
9		康熙三十三年（1694）	夏大水（淹至府治头门，遍城街巷，水深丈余。舟从城垛出入，城垣颓塌；庐舍倾倒无算）。	光绪惠州府志，卷18，郡事下
10		雍正四年（1726）	夏五月大水。（泛滥于府治仪门，民房倒塌甚多。郡人谓之丙午水。）	光绪惠州府志，卷18，郡事下
11		乾隆四年（1739）	本年六月二十八、九两日，惠州府归善县所属地方，因大雨连绵四处山水骤涌，一时宣泄不及，河水顿高二丈有余，灌入郡邑两城，低洼之所约三四尺不等。两城内外兵民房屋浸塌一千三百零五间。	乾隆四年七月十七日广东提督保祝奏折

[1] 钟功甫，李和瑞．东江中下游水灾问题．华南师院学报，1960（3）：151–159．

[2] 钟功甫，李和瑞．东江中下游水灾问题．华南师院学报，1960（3）：151–159．

续表

序号	朝代	年份	水灾情况	资料来源
12	清	乾隆三十八年(1773)	夏六月，大水。(一日夜，涨三、四丈，舟从城垛出入者五日。两江田庐漂没无算。归善县被淹数千石。城内外民居冲塌六、七百间。水患之惨，甚于丙午，人称癸巳水云。)	光绪惠州府志，卷18，郡事下
13		同治三年(1864)	七月大水。(十四日，一昼夜，水涨二丈余，县城雉堞尽没，府城西门不没者尺许。两江村市田庐漂荡无算，浮尸遍水面。城厢内外，房屋坍塌数千间。论者谓是年水灾，更惨于乾隆癸巳云。)	光绪惠州府志，卷18，郡事下
14		光绪三十四年(1908)	五月、七月、九月间，广、肇、罗、阳、南、韶、惠、潮、高、雷、琼、崖、钦、廉等府州属，先后遭水遭风或冲决围堤，坍损城垣，倒塌房屋，或沉覆船只，伤毙人口，淹浸禾稼。灾黎几及百万，待赈孔殷。	宣统元年二月十二日张人骏奏折

(三) 惠州古代城市防洪措施

惠州古代的府城、归善县城的防洪措施如下：

1. 筑城墙以御洪水

惠州古代筑有两座城池，一座为府城，一座为归善县城。

据光绪《惠州府志》记载：

惠州府城，在省城东南三百里。明洪武三年知府万迪始建（故城甚隘，今钟楼即南门，平湖桥西门，城隍庙，北门）。同守御千户朱永率军民分筑。

二十二年既立卫，乃扩今城，为门七：东曰惠阳，西曰西湖，南曰横冈，北曰朝京，小东门曰合江，小西门曰东升，水门曰会源。门上为敌楼，旁列窝铺二十八（嘉靖十七年，飓风作，楼堞咸圮）。

嘉靖二十七年，知府李玘重修。三十五年，知府姚良弼、通判吴晋请增筑（军城起水门，止小西门，三百八丈五尺；民城起都督坊，止武安坊，三百五十七丈九尺，约高三尺，费三百六十四两，府卫共之）。三十八年，知府顾言复增筑（增高一尺五寸，易雉堞之锐者为平，费一千八百八十八两）。

崇祯十三年，知府梁招孟奉诏增筑（高三尺，帮厚五尺，捐资五百两，守道杨鸿捐一百两，推官鲍文宏捐三十两，加高周围羊桥马路）[1]。

明李义壮《重修府城记》记载较为翔实：

墙外拓，高至二丈二尺，内视外高三之二。城基拓广至二丈二尺，面视基，广三之一。外包密石，而实土其中。上居其厚，亦三之一。上累甓为女墙，下甃石为道，皆与城相周旋[2]。

李义壮记的是嘉靖三十八年（1559年）十一月至三十九年（1560年）三月修惠州府城之事。原高二丈五寸，增高至二丈二尺。在城外包以密石，以增强其防洪能力。墙上雉堞（女墙）为砖砌，城上道路以石铺砌。

清代于顺治十八年(1661年)、康熙二十四年(1685年)、雍正七年(1729年)、乾隆三年(1738年)、八年（1743年）、道光二十八年（1848年）均重修府城[3]。

[1] 光绪惠州府志，卷6，城池．

[2] 光绪惠州府志，卷23，艺文，记．

[3] 光绪惠州府志，卷6，城池．

道光二十八年知府江国霖《重修惠州府城碑记》记载较详：

城身高二丈二尺。城基累石六七尺，或八九尺，乃积砖至堞。堞之平顶，燔石为灰，以沙土三和筑之，厚五寸许，凝结如石，防砖之久而散裂也。堞之内曰羊桥，广二尺，谓登陴者如羊之可跂而探视然。羊桥之下曰马路，广丈余，可乘马往来，为守御者峙。聚食宿之所，皆以灰沙土三和筑之，厚尺许，随地高下削，筑而平之，周四城如一……瓮城五，高厚一如城式。城楼七，各高三丈四尺有奇[1]。

由记载可知，道光二十八年修后，城为下石上砖的砖石城，有五座瓮城，城高二丈二尺，防洪能力是较强的。

归善县城，建成于明万历三年（1575年），原为东平民城，万历六年（1578年），迁归善县于城内，成为官城。历代有明崇祯十三年（1640年），清顺治十七年（1660年），康熙十三年（1674年）、二十三年（1684年），雍正元年（1723年）、七年（1729年），乾隆四年（1739年）、八年（1743年）、四十四年（1779年），道光二十四年（1844年）共10次重修。城周长904丈5尺，高1丈9尺，比府城低3尺[2]。

无疑，惠州府城和归善县城都具有较强的抗洪能力，但因城址临江，位于东江凹岸，而惠州府城城址既在东江凹岸，也在西枝江凹岸，受冲刷之烈自不待言，历史上仍多次受洪灾。

2. 以灰石砌筑城外马路以护城基，作江堤以护城

惠州两城均临江，受洪水冲刷。明弘治年间（1488～1505年）吕大川守惠，“郡城东北濒江，恒患冲啮”，吕大川夯土砌石，作巨堤以捍水护城[3]。

另外，归善县城因“东江水势迫近城根”，因此在乾隆四十四年（1779年），在北城外以灰石砌筑两丈余宽的马路，以保护城基，“北城始获保障”[4]。

3. 惠州府城建设了以濠池和西湖为主干的城市水系

惠州有西湖，这是其特色。据《永乐大典》记载：天下西湖三十六，以杭州西湖最有名。其次，当数惠州西湖。宋代苏轼贬至惠州，为西湖的建设，立下大功。

惠州府城、县城地皆咸，不宜开井[5]。居民汲东江饮用，甚不便。明初拓府城，把西湖一部分包在城内，称为百官池，又称为鹅湖，以解决饮水、用水之需。历代多有疏浚，且规定有一系列维护卫生等管理制度[6]。

惠州府城这一城市水系，有供水、军事防卫、调蓄和排水排洪等功用，历代水系多有疏浚。

4. 惠州两城居民迁高避水举措

两城历史上水患频繁。归善县城地势比府城低些，迁高避水，即在大水破城之前，或上楼房，或上县城内高地如东坡亭等处，或先迁入府城。府城也可能洪水破城，则上府城内的三座小山等高地，待水退后，再回家去“洗大水”[7]。

这一举措亦为当地避水患的特色之一。

[1] 光绪惠州府志，卷24，艺文，记．
[2] 光绪惠州府志，卷6，城池．
[3] 光绪惠州府志，卷29，人物·名宦．
[4] 光绪惠州府志，卷18，郡事下．
[5]（清）屈大均．广东新语，卷4，肇庆七井．
[6] 江国霖．浚鹅湖记//张友仁编著．惠州西湖志，卷2．
[7] 叶伟强等．惠州文史及其他．惠州西湖东坡书画院缉，1999：61-63．

第七章

中国古代沿海城市的防洪

中国古代的城市水灾中，海洋灾害是一种重要的类型。

海洋自然灾害一般指风暴潮、巨浪、地震、海啸等，也包括热带、温带气旋大风等造成的海上或海岸灾害。这些灾害都对沿海城市有严重威胁，甚至造成巨大损失。

第一节　中国古代的海潮犯城之灾

海潮犯城包括风暴潮犯城和海啸犯城。

一、中国历史上的风暴潮灾害

（一）风暴潮

风暴潮是由强烈的气旋低压引起的潮位异常升高的现象，是我国沿海城市最严重的海洋性灾害的致灾原因。风暴潮分为由温带气旋引起的风暴潮和由热带气旋引起的台风暴潮两大类型。

（二）我国历史上的风暴潮灾害

我国风暴潮灾害史料极其丰富。《汉书·天文志》记载，西汉“元帝初元元年（公元前 48 年）其五月，渤海水大溢。”从史科看，我国风暴潮灾一年四季均有发生，受灾区域遍及整个中国沿海。其严重潮灾岸段是：渤海的渤海湾至莱州湾沿岸；江苏省小羊口至浙江北部的海门（包括长江口和杭州湾以及浙江省温州、台州地区沿海岸段）；福建的沙埕至闽江口附近；广东省的汕头至珠江口；雷州半岛东岸和邻近岸段；海南岛东北部。次严重岸段是：辽东湾湾顶附近；大连至鸭绿江口沿海；江苏的海州湾沿岸；福建的崇武至东山沿海；广西的北部湾沿岸[1]。

二、中国历史上的海啸灾害

（一）海啸

海啸是指由海底地震、火山爆发和水下滑坡、坍陷所激发的，其波长可达几百公里的海洋巨波。它在滨海区域的表现形式是海水陡涨，骤然形成“水墙”，其浪高可超过 20m，甚至达 70m 以上，瞬间侵入滨海陆地，吞没建筑、村庄、城镇，产生巨大的破坏力。

海啸的破坏力由三种因素直接产生：波浪对建筑物的冲击和对海岸的冲蚀，以及洪水泛滥。其结果是建筑物、村庄、城镇的毁坏和人员的伤亡，经济上的巨大损失[2]。

（二）中国历史上的海啸灾害

我国是一个多地震灾害的国家，从公元前 1831 ～公元 1980 年，大约发生了 4117 次 4.75 级以上的地震，其中有不少强地震发生在海底。最早的海啸记录，为西汉初元二年（公元前 47 年）九月发生有渤海莱州湾的震后海啸。东汉熹平二年（173 年）六月至七月，莱州湾连续地震，并发生强度 3 级、振幅 1m 左右海啸多次[3]。

三、中国古代海潮犯城灾害

中国古代海潮犯城灾害是严重的。现据各种史料记载列表（表 7–1–1）：

---

[1] 吴庆洲主编．建筑安全．北京：中国建筑工业出版社，2007：328–329.

[2] 吴庆洲主编．建筑安全．北京：中国建筑工业出版社，2007：331.

[3] 吴庆洲主编．建筑安全．北京：中国建筑工业出版社，2007：331.

中国历代海潮犯城统计表 表 7–1–1

序号	朝代	年月	所犯城名	潮灾概况	资料来源
1	三国	吴太元元年（251）八月	吴城（今苏州）	八月朔，大风，江海涌溢，平地水深八尺，拔高陵树二千株，石碑磋动，吴城两门飞落。	晋书·五行志
2		吴太平元年（256）八月	吴城	八月初一日大风，江海涌溢，平地水深八尺，拔大木二千余株，石碑磋动，吴城两门飞落。	清康熙苏州府志，卷二，祥异
3	东晋	永和七年（351）七月	石头城（今南京清凉山）	七年七月甲辰夜，涛水入石头，死者数百人。	晋书·五行志
4		咸安元年（371）十二月	石头城	简文帝咸安元年十二月壬午，涛水入石头。	晋书·五行志
5		太元十三年（388）十二月	石头城	十三年十二月，涛水入石头，毁大航，杀人。	晋书·五行志
6	东晋	太元十七年（392）六月	石头城和京口城（今镇江市内）	十七年六月甲寅，涛水入石头，毁大航，漂船舫，有死者。京口西浦亦涛入杀人。	晋书·五行志
7		元兴二年（403）	石头城	二月庚寅朔夜，涛水入石头，商旅方舟万计漂败流断，骸骸相望。	明应天府肇域志·江南山水
8		元兴三年（404）二月	石头城	二月庚寅夜，涛水入石头，商旅方舟万计，漂没流断，骸骸相望。	晋书·五行志
9		元兴三年（404）二月	石头城	元兴三年二月己丑朔夜，涛水入石头，漂没杀人，大航流败。	晋书·五行志
10		义熙元年（405）十二月	石头城	义熙元年十二月己未，涛水入石头。	晋书·五行志
11		义熙二年（406）十二月	石头城	二年十二月己未夜，涛水入石头。	晋书·五行志
12		义熙四年（408）十二月	石头城	四年十二月戊寅，涛水入石头。	晋书·五行志
13	宋	昇明二年（478）七月	石头城	七月丙午朔，涛水入石头，居民皆漂没。	宋书·五行志
14	齐	永元元年（499）七月	石头城	七月，涛入石头，漂杀缘淮（秦淮河）居民。	南齐书·五行志
15	梁	天监六年（507）八月	建康（今南京）	六年八月，建康大水，涛上御道七尺。	隋书·五行志
16	陈	祯明二年（588）六月	石头城	六月丁巳，大风自西北激涛入石头城，淮渚暴溢，漂没舟乘。	南史·陈本纪
17	唐	总章二年（669）六月	永嘉城（今温州），安固（今瑞安）	六月戊申朔……括州大风雨，海水泛溢永嘉、安固二县城郭，漂百姓宅六千八百四十三区，溺杀人九千七十、牛五头，损田苗四千一百五十顷。	旧唐书·高宗本纪
18		天宝十一年（752）六月	密州（今山东诸城）	唐天宝十一年六月，密州大风雨，海溢，毁城郭。	四部备要·史部·新唐书，上卷三六
19		大历二年（767）七月	杭州	七月十二日夜，杭州大风，海水翻长潮，飘荡州郭五千余家，船千余只，全家陷溺者百余户，死者数百余人。	四部备要·史部·旧唐书，上卷三七
20		大历二年（767）七月	苏州	二年七月，大风，海水漂荡州郭。	光绪苏州府志，卷143

续表

序号	朝代	年月	所犯城名	潮灾概况	资料来源
21	唐	大历十年（775）七月	杭州	七月己未夜，杭州大风，海水翻潮，飘荡州郭五千余家，船千余只。全家陷溺者百余户，死者四百余人。苏、湖、越等州亦然。	旧唐书·五行志
22		元和十一年（816）六月	密州（今诸城）	唐宪宗元和十一年六月，密州大风雨，海溢，毁城郭。	康熙青州府志，卷二一
23		咸通元年（860）	杭州	钱塘县旧县之南五里，潮水冲激江岸，奔驶入城，势莫能御。	海塘新志，卷三
24	五代	后梁开平四年（910）	杭州	梁开平四年八月，钱武肃王始筑塘，在候潮门通江门外，潮水昼夜冲激，版筑不就。命强弩数百以射，……既而潮水避钱唐，东击西陵，遂造竹络、积巨石，植以大木，堤既成，久之，乃为城邑聚落，凡今之平陆，皆昔时江也。潮水冲突不常，堤岸屡坏。	(明)田汝成．西湖游览志，卷二四，浙江胜迹
25	北宋	至道二年（996）	潮州	八月，潮州飓风，坏州廨营寨。	民国潮州志·大事记
26		大中祥符五年（1012）	杭州	海潮大溢，冲激州城。	明成化杭州府志，卷三三
27		庆历五年（1045）六月	台州	宋庆历五年夏六月，临海郡大水坏城郭，杀人数千，官寺民室仓帑财积一朝扫地，化为涂泥。	民国临海县志稿，卷五
28		庆历七年（1047）	台州	宋庆历七年，海潮大至，坏州城，没溺者甚众。	清雍正浙江通志，卷154
29		元丰二年（1079）	泰州	七月，泰州海风驾大雨，漂浸州城，坏公私庐舍数千楹。	宋史·五行志
30		元丰四年（1081）	泰州	七月甲午夜，泰州海风作，继以大雨，浸州城，坏公私庐舍数千间。静海县大风雨，毁官私庐舍二千七百六十三楹。丹阳县大风雨，溺民舍，毁庐舍。丹徒县大风潮，飘荡沿江庐舍，损田稼。	宋史·五行志
31		政和二年（1112）	台州	大水坏城，淹死者无数。	光绪台州府志，卷132
32		宣和四年（1122）	盐官	宣和壬寅，盐官海溢，县治至海四十里，而水之所啮，去邑聚才数里，邑人甚恐。	乾隆海宁州志，卷一六
33	南宋	乾道二年（1166）八月	平阳	八月十七日，飓风挟雨，拔木漂屋，夜潮入城，弥望如海。潮退，浮尸蔽川，存者什一。山原之屋，潮虽不及，尽为风雨摧毁。	万历平阳县志，卷六
34		淳熙十年（1183）	漳州	九月乙丑，福建漳州大风雨，水暴至，长溪、宁德县濒海聚落、庐舍、人舟皆漂入海，漳城半没，浸八百九十余家。	宋史·五行志
35		嘉定十二年（1219）	盐官	十二年，盐官县海失故道，潮汐冲平野三十余里，至是侵县治。庐州港渎及上下管、黄湾冈等盐场皆圮，蜀山沦人海中，聚落、田畴失其半……	宋史·五行志
36		嘉定十三年（1220）	绍兴	十三年，潮怒啮堤，由候潮门抵，新门溃，实不可遏，漂庐舍，泊城郭，日益甚。	康熙绍兴府志，卷二一
37		绍定二年（1229）九月	台州	九月乙丑朔复雨，丙寅加骤，丁卯天台仙居水自西来，海自南溢，俱会于城下，防者不戒，袭朝天门，大翻栝苍门以入，杂决崇和门，侧城而出，平地高丈有七尺，死人民逾二万，凡物之蔽江塞港入于海者三日。	光绪台州府志，卷二七
38		淳祐四年（1244）八月	盐城	八月，海水大溢，近海居民漂没者无数，流越范堤，几误城邑。	乾隆盐城县志，卷一二
39		淳祐十二年（1252）	台州	六月，大水冒城郭，漂庐室，死者以万计。	民国临海县志稿
40	元	至元十四年（1277）六月	杭州	元至元十四年六月十二日，飓风大雨，潮入城，堂奥可通舟楫。	嘉靖浙江通志，卷63，天文祥异

续表

序号	朝代	年月	所犯城名	潮灾概况	资料来源
41	元	大德五年(1301)七月	苏州	元大德五年七月初一日，淮、浙、闽海溢百里，潮高数十丈。苏之飓风尤恶，郡县治几起半空，及僧寺民居亦罹其患。太湖之水几入葑门，市井传舍为之萧条。	抄本海虞别乘，册二，灾祥
42		泰定元年(1324)五月	盐官	杭州盐官州海水大溢，打堤堑，侵城郭，有司以石囤木柜捍之不止。	四部备要·元史，卷51
43		泰定元年(1324)八月	温州	元泰定元年八月二十七日夜，永嘉飓风大作，地震，海溢入城，至八字桥天电巷，四邑沿江乡村民居漂荡无数。	明万历温州府志，卷一八
44		泰定元年(1324)十一月	盐官	元泰定元年十一月十九日，海溢，侵城郭。	清传抄崇祯本海昌外志·从续志·祥异
45		泰定元年(1324)十二月	盐官	十二月，杭州盐官州海水大溢，坏堤堑，侵城郭，有司以石囤木柜捍之不止。	元史·五行志
46		泰定四年(1327)二月	盐官	元泰定四年春二月，风潮大作，坏州城郭。	崇祯海昌外志，册八，从谈志·祥异
47		至顺二年(1331)	永嘉县(治所即今浙江温州市)	括苍山中秋水暴溢，飓风激海水相辅为害，堤倾路圮，亭随扑，永和盐仓亦圮。……且破庐舍，败城郭。	光绪永嘉县志，卷36
48	明	洪武六年(1373)	崇明县	二月，崇明县为潮所没。	明史·五行志
49		洪武八年(1375)	台州	大水，城下浸者数版，漂没室庐人畜不可胜计。	康熙临海县志，卷11
50		洪武二十年(1387)六月	嘉兴	明洪武二十年夏，盐官海决，禾城水溢丈余，咸津杀稼。	康熙嘉兴府志，卷14
51		洪武二十一年(1388)	肖山	洪武二十一年，捍海塘坏，潮抵于市。	嘉靖肖山县志，卷6，祥异
52		洪武二十三年(1390)	肖山	明洪武二十三年，肖山大风，海塘坏，潮抵于市。	康熙浙江通志，卷2，祥异
53			海门县	海门县风潮坏官民庐舍，漂溺者众。	明史·五行志
54		永乐七年(1409)	遂溪(今广东遂溪)	明永乐七年，飓风大作时，飓挟咸潮，泛滥至城，海堤溃，民溺死者甚众。	康熙遂溪县志，卷1．年纪
55		永乐八年(1410)七月	金乡(今浙江苍南县金乡镇)	明成祖永乐八年庚寅七月，飓风骤雨海溢，漂庐舍，金乡卫坏城垣、公廨。	民国平阳县志，卷58，杂事志·祥异
56		正统八年(1443)八月	松门(今温岭县松门镇)，海门(今椒江市)	八月，台州松门海门海潮泛溢，坏城郭官亭民舍军器。	明史·五行志
57		正统九年(1444)七月	金山卫	明正统九年七月十七日，狂风骤雨，昼夜不息，海水涌入，平地丈余，人畜漂溺，庐舍城垣颓败。	正德金山卫志，下卷一
58		成化七年(1471)七月	杭州	七月，狂风大雷雨，江海涌溢，环数千里，林木尽拔，城郭多颓，庐舍漂流，人畜溺死，田禾垂成，亦皆淹损。	康熙杭州府志，仁和县志，卷二五，祥异
59		成化十年(1474)	海宁	明成化十年，海决至城下。	乾隆海宁州志，卷四，海塘

续表

序号	朝代	年月	所犯城名	潮灾概况	资料来源
60	明	成化十三年(1477)	海宁	明成化十三年，海决逼城。	嘉靖海宁县志，卷九，祥异
				明成化十三年二月……冲圮堤塘，转眄曳趾，顷刻决数仞，祠庙庐舍器物沦陷略尽。	康熙海宁县志，卷八
61		成化十三年(1477)三月	海昌	明成化十三年三月，潮溢，冲圮堤防，逼荡城邑。	稿本海昌丛载，已集，卷二
62		弘治五年(1492)	饶平县	壬子夏六月，大雨水溢，禾稼淹没，东里巷可乘舟。	乾隆潮州府志，卷11，灾祥
63		弘治八年(1495)	潮州	乙卯，大水，北门堤决，城崩二百余丈，禾稼灾。	乾隆潮州府志，卷11，灾祥
64		弘治九年(1496)	潮州	九年丙辰，堤决，城内水深丈余。民房官廨尽淹。	乾隆潮州府志，卷11，灾祥
65		弘治十年(1497)	浦口	明弘治十年，江潮入望京门，浦口城圮。	康熙江南通志，卷5，祥异
66		弘治十六年(1503)九月	黄岩	明弘治十六年九月十八日，海溢，波涛满市几五尺，越日不退。	万历黄岩县志，卷7
67			南京	七月，大风雨，江潮入南京江东门内五尺有余，没庐舍、男女，新江口中下二新河诸处船漂、人溺。	乾隆江南通志，卷197
68		正德三年(1508)	崇明县	三年，淫雨夹旬，城市水深三尺，可通舟，民不能举炊。	民国崇明县志，卷17
69		正德十一年(1516)六月	阳江	明正德十一年六月二十八日，淫雨不止，壬戌夜，潮潦暴涨，坏田庐无算，甚至城圮山崩。	清道光阳江志，卷8
70		嘉靖元年(1522)七月	南京	七月，南京暴风雨，江水通溢，郊社、陵寝、宫阙、城垣吻脊，栏楯皆坏，拔树万余株，江船漂没甚众。	宋史·五行志
71		嘉靖二年(1523)七月	杭州	七月初三日处暑，时方大旱，至此日，狂风暴雨，拔木五、六十处，天开河等处，海水涌溢，漂流庐舍数百家，冲决塘坝，海水倒流入城，河北皆盐。	康熙杭州府志，卷25，祥异
72		嘉靖二年(1523)八月	杭州	明嘉靖二年八月初三日，大风涌海水，冲去太平门外沙场庐舍百余家。	乾隆杭州府志，卷56，祥异
73		嘉靖八年(1529)	台州	大水，西城陷下尺余，漂坏田庐，死者甚众。	康熙临海县志，卷11
74		嘉靖九年(1530)	海宁	明嘉靖九年，海决逼城。	嘉靖海宁县志，卷九
75		嘉靖十三年(1534)七月	宁波	明嘉靖十三年七月，海潮入灵桥门。	雍正宁波府志，卷三六
76		嘉靖十四年(1535)	饶平	明嘉靖十四年秋，大水，山谷崩裂，县城冲崩四十余丈。海溢城内外，居民临流者皆没焉。	康熙饶平县志，卷一三，灾祥
				秋，大水，山谷崩裂，县城堞塌四十余丈。海溢，水淹民居。	乾隆潮州府志，卷11，灾祥
77		嘉靖十六年(1537)七月	宁波	明嘉靖十六年七月，海潮入灵桥门。	嘉靖宁波府志，卷一四

续表

序号	朝代	年月	所犯城名	潮灾概况	资料来源
78	明	嘉靖十六年(1537)八月	宁波	明嘉靖十六年八月，海潮入宁波郡城。	民国印雍正浙江通志，卷109，祥异
79		嘉靖十八年(1539)五月	绍兴	明嘉靖十八年五月，绍兴大水，衢、婺、严三府暴流与江涛合，入府城，高丈余，沿海居民溺死无算。	乾隆绍兴府志，卷80，祥异
80		嘉靖十八年(1539)六月	肖山	明嘉靖十八年六月六日，西江塘坏，县市可驾巨舟，大饥。	嘉靖肖山县志，卷6
81		嘉靖二十年(1541)	台州	七月十八日，飓风发屋拔木，大雨如注，洪涛暴涨，平地水深数丈，死者无数。	康熙临海县志，卷11
82		嘉靖四十二年(1563)	莆田	明嘉靖四十二年秋，大风雨决堤，海水滥溢至城外，莆至此三遭海患矣。	民国莆田县志，卷3上
83		隆庆间(1567～1572)	蓬莱县	七月七日，大风雨越二日，海溢。海啸入城，沿海居民溺死无算。	道光蓬莱县志，卷1
84		隆庆元年(1567)	定海(今镇海)	明隆庆元年秋，北风连日大吼，海潮怒涌，溢入于城。	康熙定海（镇海）续县志，上册，机祥
85		隆庆二年(1568)	台州	二年七月，台州飓风，海潮大涨，挟天台山诸水入城三日，溺死三万余人，没田十五万亩，坏庐舍五万区。	明史·五行志
86		隆庆六年(1572)七月	万安（今广东万宁）	明隆庆六年七月，大飓风，海水溢，坏州儒学。七月二十二日，飓风大作，拔木坏屋，州厅倒塌，压死十余人，儒学、圣殿、学署尽倾圮。海水涨溢，民溺死者不可胜数。	道光万州志，卷7，前事略
87		万历三年(1575)五月	海盐	明万历三年五月三十日夜大风，海潮涌入海盐城，平地水深三尺，德政、海盐、甘泉三乡，水丈余，人民庐舍漂没数万。	康熙嘉兴府志，卷2
88		万历九年(1581)	福安县	七月初九夜，福宁大水。福安县巨浪高于敌台，枕尸狼藉，城仅存东南二隅。	同治福建通志，卷271
89		万历十三年(1585)五月	绍兴	明万历十三年五月，西江塘坏，潮入城为害。	康熙绍兴府志，卷13
90		万历十七年(1589)	海盐	明万历十七年，至海盐一处，两山夹峙，潮势尤为汹涌，昔之县治已没海中，盖啮而进者已七十余里。	康熙嘉兴府志，卷1
91		万历十九年(1591)七月	上海	明万历十九年七月，上海海溢几及百里，漂没庐舍人畜无算。城门昼闭，盖百余年无此变矣。	康熙三冈续识略，第三页
92		万历十九年(1591)七月	宁波	明神宗万历十九年七月十七日，东北风大作，雨如澎，海水入城郡，禾尽槁死。	光绪鄞县志，卷69，祥异
93		万历十九年(1591)七月	镇海	明万历十九年七月十七日，东北风大作，大雨如注，海潮溢入城。	乾隆镇海县志，卷4
94		万历二十八年(1600)七月	莆田	明万历二十八年七月十八日，飓风猛雨历五昼夜，水漂室庐，溺人畜，杀禾稼。东南堤决，海水溢城，久浸者丈余，海船直至城下，小艇直入南市。	民国莆田县志，卷3
95		万历三十一年(1603)八月	海澄(今龙海)	明万历三十一年八月初五日未时，飓风大作，坏公廨、城垣、民舍。是日海水溢堤岸，骤起丈余，浸没沿海数千余家，人畜死者不可胜数。	乾隆海澄县志，卷18，灾祥
96			石美镇	八月，同安县大飓风，海水涨溢，积善、嘉禾等里坏庐舍，溺人无算。是月初五日未时，飓风又作，海溢堤岸骤起丈余，浸没漳浦、长泰、海澄、龙溪民舍数千家，人畜死者不可胜计。有大番船漂入石美镇城内，压坏民舍。	道光重纂福建通志，卷271

续表

序号	朝代	年月	所犯城名	潮灾概况	资料来源
97	明	万历三十六年（1608）	崇明县	三十六年，大雨数月，城市行舟，大饥。	民国崇明县志，卷17
98		万历三十七年（1609）七月	绍兴	明万历三十七年七月二十三日，海发飓风，塘坏，浪冲城内街道石梁，漂去里许方沉没，人民淹死无算。	康熙会稽县志，卷8，灾祥
99		万历三十九年（1611）七月	蓬莱	明万历三十九年七月七日，海溢山东蓬莱。大风雨，越二日海溢，海啸入城，沿海居民溺死无算。	道光蓬莱县志，卷1
100		万历四十一年（1613）七月	蓬莱	明万历四十一年七月，蓬莱、福山、文登等县异风暴作，大雨如注，经三昼夜，舍庐倾圮，老树皆拔，禾稼一空。蓬莱海啸入城，沿海居民溺死无算。	增修登州府志，卷23
101		万历四十四年（1616）八月	潮州	明万历四十四年秋八月，飓风海溢，城内水深三尺，水中恍惚有光，漂庐舍，淹田禾，溺死民物，村落为墟。	乾隆潮州府志，卷11，灾祥
102			揭阳县	秋八月，飓发，海溢，城内水深三尺，水中恍惚有火光，漂庐舍，淹田禾，溺死民物，村落为墟。	乾隆潮州府志，卷11，灾祥
103		天启七年（1627）	新会	明天启七年丁卯夏六月，大雨，海水溢，浸城内四、五尺，毁坏庐舍。	康熙新会县志，卷3，事纪
104		崇祯元年（1628）七月	绍兴	明崇祯元年七月二十三日，大风雨，拔木发屋，海大溢，府城街市行舟，山阴、会稽之民溺死各数万，上虞、余姚各以万计。	古今图书集成·山川典，卷319
105		崇祯元年（1628）七月	海盐	明崇祯元年七月二十三日，海溢，咸潮入城，塘尽圮，四门吊桥大水冲塌，浮尸、牛马、畜物蔽海至，上虞榜额漂至海上。	清稿本海昌丛载，已集，卷2，灾祥补考
106		崇祯元年（1628）七月	海宁	是月二十三日午后，狂飙碎发，骤雨如注，历二时不歇，宁城内不通外河，沟溇一时腾溢，水入市肆有盈尺者。迨至酉刻传报海啸矣。民登城望，见潮头几二丈许，决塘入，沿海居民不及避，有升屋者且浮毙，有升树者，树拔亦毙。尸相枕藉，天明起视，上有一浮图，园顶亦去矣。县官出勘漂没者几四千家，杀人无算。	康熙海宁县志，卷12
107		崇祯元年（1628）七月	上虞	明崇祯元年七月二十三日，飓风拔木，坏民屋，海潮溢入城，堤尽溃，自夏盖山至沥海所，淹死者以万计。	光绪上虞县志，卷38
108		崇祯三年（1630）	饶平县	庚午夏五月，飓发，暴雨如注，城内外垣垛崩塌。	乾隆潮州府志，卷11，灾祥
109		崇祯五年（1632）	惠来县	壬申夏五月，霪雨，东、西、南三门，水深四尺。	乾隆潮州府志，卷11，灾祥
110		崇祯七年（1634）七月	上海	明崇祯七年七月初七日，大雨风潮，（上海县）城内街道水盈二尺许。	康熙历年记，卷上
111		崇祯十年（1637）	惠来县	丁丑夏四月，连雨三日，水几溢城堞，傍河铺屋，漂流殆尽。	乾隆潮州府志，卷11，灾祥
112		崇祯十一年（1638）	海宁县	六月癸亥暮，海宁大风潮决城，西至赭山，溺人畜伤稼。	光绪杭州府志，卷84
113	清	顺治四年（1647）九、十月	崇明	清顺治四年九、十月屡溢，城乡水深数尺，时方获，禾稼尽腐，民多溺死。	民国崇明县志，卷17，灾异
114		顺治六年（1649）	惠来县	己丑秋，八月初三日，飓风大作，初七日又作，坏官署民庐。	乾隆湖州府志，卷11，灾祥
115		顺治七年（1650）九月	崇明	清顺治七年九月十日，屡溢，城乡水深数尺，时方收获，霪雨浃旬，禾稼腐，溺死居民无算。	光绪崇明县志，卷5，祲祥

续表

序号	朝代	年月	所犯城名	潮灾概况	资料来源
116	清	顺治八年（1651）九月	遂溪	清顺治八年九月，大水浸南城。大风海涌，风中有火，通邑田禾无收。	康熙遂溪县志，卷1
117		顺治十年（1653）六月	吴淞	清顺治十年六月二十一日，大风雨，海溢，平地水涌丈余。吴淞城官廨民房尽圮，人多溺死。	康熙苏州府志，卷2，祥异志
118			潮州	大飓，舟吹陆地，屋起空中，官廨民房尽坏，溺、压死者不可胜计，从来飓风未有如此烈者。	乾隆潮州府志，卷11
119		顺治十年（1653）	澄海县	癸巳，大飓，舟吹陆地，屋起空中，官廨民房尽坏，溺压死者，不可胜计。从来飓风，未有如此烈者。	乾隆湖州府志，卷11，灾祥
120		顺治十一年（1654）六月	崇明	清顺治十一年甲午六月二十二日庚辰，疾风暴雨，海水泛滥，直至外塘，人多溺死，室庐漂没。闻崇明之水，几及城上女墙，漂没人畜无算。	褚华沪城备考，卷3
121		顺治十二年（1655）四月	海宁	清顺治十二年四月初一日，潮溢，沙崩，逼城下。	康熙海宁县志，卷12
122		顺治十五年（1658）十月	崇明	清顺治十五年十月一日，海溢，塘圩冲溃，城中水深二尺，时方收获，漂没无遗种。	光绪崇明县志，卷五，祲祥
123			台州	秋，大水，决郡西城，人多淹死。	光绪台州府志，卷135
124		顺治十五年（1658）十月	通州（今通县）	清顺治十五年十月初二至初三日，风潮越望江楼，直到城下。	乾隆直隶通州志，卷三二，祲祥
125		康熙三年（1664）六月	海宁	清康熙三年闰六月三日，海决冲入城壕。	康熙海宁县志，卷一二
126		康熙四年（1665）七月	吴淞	清康熙四年七月，上海、嘉定、吴淞，飓风海溢。吴淞城水高六、七尺，岁大祲。	光绪嘉定县志，卷五，机祥
127		康熙四年（1665）七月	盐城	清康熙四年七月初三日，大风拔木，海啸入城，人畜庐舍漂溺无算。	乾隆盐城县志，卷二
128		康熙五年（1666）	潮州	夏五月，飓风，大雨，江东堤溃。（是年春，将军王光国令上水、竹木、广济、下水四门，左右各竖石柱，凿槽安板，大水，则下板以堵塞。自是，水不入城。今，各门有水板，始自王将军。）	乾隆潮州府志，卷11，灾祥
129				郡城东涨，韩江每逢江涨，水辄从城门涌入，泛滥城中。是岁，王将军国光合上水、下水、竹木、广济四门，左右各竖石柱，凿槽安版，水大则下版以堵塞。自是，水不入城。今四门有水闸，自王将军始。版今犹存。	民国潮州志，大事志
130		康熙七年（1668）	台州	四月廿日，飓风，崩山拔木，城垣坍坏，骤雨，顷刻水深数尺，人多淹死。	民国临海县志稿
131		康熙八年（1669）	通州	清康熙八年，江潮内蚀，城庐半圮。	乾隆直隶通州志，卷二
132		康熙十一年（1672）七月	昌化（今海南昌江县昌化镇）	清康熙壬子十一年七月二十三日，飓风怪作，平地水涌数尺。同日，三州十县城垣尽圮，官舍民居片瓦不存。	康熙昌化县志，卷1 风土
133			崖州（治所即今海南省三亚市西北崖城镇）	闰七月二十三日，风雨大作。越二十七日至二十九日卯时止。倾倒城垣、署舍。山涨海溢，淹死男女十余口。	光绪崖州志，卷22

续表

序号	朝代	年月	所犯城名	潮灾概况	资料来源
134	清	康熙十二年（1673）	潮州	九月飓风大发，二十日方止，韩江水涨，城内行船。	民国潮州志·大事志
135				秋八月，太白经天。一十有六夜，飓风大发，毁屋坏垣，水涨，广济桥圮。	乾隆潮州府志，卷11，灾祥
136		康熙十六年（1677）	惠来县	丁巳夏六月、秋七月，飓风屡作，城内水溢数尺。	乾隆潮州府志，卷11，灾祥
137		康熙十九年（1680）八月	上海	八月初三日，骤雨连宵，浦潮相接，城内水高五尺，乡民船行田中。	康熙上海县志，卷12
138		康熙三十三年（1694）	潮州	是岁，自春徂夏，霪雨五月，韩江水涌数十丈，郡内舟楫可通，城墙不没者数版。	民国潮州志，大事志
139		康熙三十五年（1696）六月	宝山	六月初一日，大风，暴雨如注，二更海溢，冲坏宝山城，水高二丈，漂没海塘五千丈，淹死数万千。	褚华沪城备考，卷3
140		康熙四十八年（1709）七月	吴川	康熙四十八年七月十三、十四日，咸潮泛溢，城西俱被淹。	道光吴川县志，卷九
141		康熙五十一年（1712）八月	太平（今温岭）	壬辰八月初，大雨三日不止，飓风复起，屋瓦尽揭，海潮暴涌，水入平壁皆黄色，诘旦见堂寝坛圃尽如河沼，登高望之，一片荒白，男妇漂没，有全家无存者，有家留一二口者，尸骸棺木，随波上下，城中及城郊遍处皆是。	光绪太平县志，卷一八，灾祥
142		康熙五十四年（1715）	潮州	乙未春三月，广济桥东石墩倒塌二座，淹毙三十余人。	乾隆潮州府志，卷11，灾祥
143		康熙五十七年（1718）八月	潮州	康熙五十七年八月初一日，大飓，海潮涌入，城垣损坏，北堤崩溃，沿海淹死无数。	乾隆潮州府志，卷11，灾祥
144		康熙五十七年（1718年）六月	潮阳县	戊戌夏六月初一日午，未时，飓风。七月二十九日戌时，飓大作，堕城堞，坏民庐，商渔船只击损甚多。	乾隆潮州府志，卷11，灾祥
145		康熙五十七年（1718）八月	澄海县	秋八月，大飓，海潮涌入，城垣损坏，北堤崩溃，沿海淹死无数。	乾隆潮州府志，卷11，灾祥
146		康熙五十八年（1719）	泉州	八月初二日，泉州大雨数日，山水骤发，海涨入城，高数尺，新桥石梁冲坏，人畜溺死甚多。	同治福建通志，卷272
147		康熙五十九年（1720）	潮州	庚子夏五月，大水。十九日，堤决，广济桥崩塌石墩三座。	乾隆潮州府志，卷11，灾祥
148		康熙六十年（1721）	澄海县	辛丑秋八月，飓风大作，风如磷火，城垣损坏。	乾隆潮州府志，卷11，灾祥
149		雍正二年（1724）七月	盐城	雍正二年七月十八日，飓风大作，海潮直灌县城，范堤外人畜溺死无算，浮尸满河。	乾隆盐城县志，卷2，祥异
150		雍正九年（1731）七月	金山卫	清雍正九年辛亥秋七月，连日飓风，拔木覆屋，海溢，城内街衢皆水。	金山志
151		雍正十年（1732）七月	上海	雍正十年七月十五日，飓风大作。十六日大雨如注，海潮横溢，城内水溢于途，浦东沿海水至树杪，至十七日始息。	乾隆上海县志，卷12，祥异
152		雍正十年（1732）七月	吴淞	雍正十年七月十六、十七日两昼夜，东北飓风，海潮溢岸丈余。吴淞城内，官署民房皆坍，沿海人民死者甚众。	乾隆宝山县志，卷3，机祥志
153		雍正十年（1732）七月	宝山	雍正十年壬子七月十六日，飓风，海大溢，城内官署民房皆倾，溺死无算。	光绪宝山县志，卷14

续表

序号	朝代	年月	所犯城名	潮灾概况	资料来源
154	明	雍正十年(1732)七月	江阴(今江阴)	雍正十年七月，黄云盖天，飓风大作，江潮泛溢，声震山谷，拔木毁屋，平地出水数尺，继以暴雨不休，南北两门水及门板，北外浮桥漂没，傍桥里余民舍皆坏。濒江及各河溺死居民数千人。	民国江阴县续志，卷1，大事表，灾异
155			崇明县	窃江苏沿海一带地方，于本年七月十六日飓风忽作，骤雨如注，至十七日晚始息。……崇明县城内水深五尺，人畜房屋亦多损伤。	朱批谕旨，卷133，署理苏州巡抚乔世臣奏
156		雍正十三年(1735)七月	崖州	雍正十三年七月二十三日，飓风大作，城垣倾倒，水势涨大，伤民房屋数十间，溺死数人。	乾隆崖州志，卷9
157		乾隆二年(1737)	连江	乾隆二年秋，飓风夜作，水溢南关外，近东城垣马道间复颓。	乾隆连江县志，卷2
158		乾隆九年(1744)七月	淳安	乾隆九年七月，……绍兴徽县岩水发，海溢，田禾尽淹。……淳安江涛暴涨，城市淹没。	清史稿，卷40，灾异志
159		乾隆九年(1744)	日照（今山东日照）	乾隆九年，海水溢到城东郭外。	光绪续修日照县志，卷7，祥异
160		乾隆十一年(1746)	海丰县	七月大风雨，城崩数丈。	光绪惠州府志，卷18，郡事下
161		乾隆十二年(1747)七月	镇海	乾隆十二年七月十四日，飓风大作，潮水冲决，北城尽圮。	乾隆镇海县志，卷3
162	清	乾隆十五年(1750)	潮州潮阳县	庚午八月二十二日夜戌时，大雨飓风，直莆、竹山两都堤决，淹没民田，城垣、坛庙俱倾坏，沿海商渔船多击破。	乾隆潮州府志，卷11，灾祥
163			普宁县	庚午八月二十二日，戌时，飓风暴雨，山水泛涨，果陇多民田全淹，城楼、营房、炮台并云落司署俱倾圮。	乾隆潮州府志，卷11，灾祥
164			饶平县	庚午秋八月二十二日，夜戌时，大雨飓风暴发，隆都民田淹没，城垣、营房击损。	乾隆潮州府志，卷11，灾祥
165		乾隆二十年(1755)	蓬州千户所(治所在今广东澄海县西南蓬州)	乙亥夏五月二十日，午时，狂风骤雨，有双龙自东而来，由蓬州所东门经过，倒坏城垣五十七丈，民房三百有余，居民有压死者。	乾隆潮州府志，卷11，灾祥
166		乾隆二十七年(1762)七月	海盐	乾隆二十七年七月十三日，海盐潮溢塘圮，水入城三、四尺，浸居民。	道光嘉兴府志，卷12，祥异
167		乾隆三十五年(1770)	海丰县	海风飓风坏城垣十余丈。	光绪惠州府志，卷18，郡事下
168		乾隆三十八年(1773)五月	番禺（今广州市）	乾隆三十八年五月，大水，海潮涨，浸城十余日不退。	同治番禺县志，卷22
169		乾隆四十年(1775)	揭阳县，霖回都（在今广东揭阳市西)，河婆（即今广东揭西县城）	六月十一日飓风大作，夜半方息。二十一日飓风复作，至二十三日，水泛滥入揭阳城，涨深四、五尺，船可到县堂前背后。城中房屋多坍塌。霖田，河婆等处，水从地涌出，淹没民人铺舍无算。至二十四日夜方退。较雍正丁未之水，此为更大。	民国潮州志·大事志
170		乾隆四十一年(1776)六月	瓜洲	乾隆四十一年六月，江潮突涨，西南城墙坍塌四十余丈。	民国瓜洲续志，卷一
171		乾隆四十五年(1780)	瓜洲	清乾隆四十五年，江潮冲激西南城，圮者又百丈，南水关、佛庵俱陷。	民国瓜洲续志，卷一

续表

序号	朝代	年月	所犯城名	潮灾概况	资料来源
172	清	乾隆五十五年(1790)六月	太平(今温岭)	乾隆五十五年夏六月十四日，大风雨，海溢。太平小西门崩。	光绪台州府志，卷30
173		乾隆五十七年(1792)	瓜洲	清乾隆五十七年，江潮复冲（瓜洲）小南门，铁牛亦没入水。	民国瓜洲续志，卷1
174		嘉庆二十一年(1816)	象山	嘉庆二十一年，潮水逆上，至城南二水门。	清光绪抄本象山县志，卷20，机祥
175		嘉庆二十二年(1817)	宁波	嘉庆二十二年，海潮至灵桥门。	光绪鄞县志，卷69
176		道光三年(1823)七月	川沙	道光三年七月初四、五日，大雨彻夜，江海涨溢，苏、松、太大水，禾稼尽淹，塘内平地水高三、四尺，城中街巷，俱用小舟往来。	光绪川沙厅志，卷14
177		道光十二年(1832)八月	温州	道光十二年八月二十日，飓风大作，坏田庐人畜，洋面漂没营船。连日洪潮入城，河水为浑，晚禾欠收。	光绪永嘉县志，卷36
178		道光十六年(1836)七月	连江	清道光十六年秋七月，海潮泛滥，县治水高丈余，人畜多溺死。	民国连江县志，卷3
179		道光十七年(1837)	仪征	道光十七年夏，江潮涨溢，城内民居半浸水中。	道光仪征县志，卷46
180		道光十七年(1837)六月	台州	道光十七年夏六月，海潮入郡城。	光绪台州府志，卷30
181		道光二十二年(1842)	潮州	夏秋大水，东堤溃，广济桥圮，铁牛失其一。	民国潮州志·大事志
182		道光二十三年(1843)七月	慈溪	清道光二十三年闰七月初八日，《记海啸大风水》：海啸，大风发屋折木，次日更甚，平地水高五、六尺，弗家桥石牌坊及城内外石牌坊半皆摧圮。	溪止（慈溪）遗闻录，别县卷2
183		道光二十八年(1848)六月	崇明	道光二十八年六月二十日，东北风大作，潮溢，城内水深二三尺。	光绪崇明县志，卷5
184		道光二十八年(1848)	海丰县	是年，因飓风霪雨，城崩数十丈。	光绪惠州府志，卷18，郡事下
185		咸丰十一年(1861)八月	崇明	清咸丰十一年八月三日，飓风，夜潮骤溢，水丈余，城市街巷尽没，沿海民居漂尽，死男女一万人。	民国崇明县志卷1，灾异
186		同治三年(1864)五月	杭州	清同治三年五月二十三日和二十八日两潮，灌入州城，将城外鸥桥、城内偃下坝全行冲去，上灌处涨及仁和地界。	民国十四年杭州府志，卷52，海塘
187		同治三年(1864)	潮州，揭阳县	是岁五月大水。七月，云赤如日，逾刻大雨。韩江水陡涨，高与城齐。……揭阳自正月至七月，天多霪雨。七月八日，水潦大至，平地水深尺余。十三夜，飓大作，城内外一望汪洋。	民国潮州志·大事志
188		同治六年(1867)	惠州府	八月，大雨飓风，府学宫棂星门石柱倒折，文星塔顶飞隧。沿海漂没万余人。	光绪惠州府志，卷18，郡事下
189		同治十年(1871)	潮州	六月初三日，……大雨如注，水骤长，意溪、东津、龙湖、阁洲、横沙、秋溪诸堤俱溃。广济桥东石墩圮其一。	民国潮州志·大事志
190		光绪二十三年(1897)八月	海口	光绪二十三年八月二十一日，飓风大作，三日始息。海水暴涨高数丈，海口大街水深数尺，港口大小船均被打坏，铺户民屋亦多倒塌，沿海村庄尤重。	宣统琼山县志，卷28，杂志
191		光绪三十年(1904)七月	诏安	十六日，海潮与溪潦相激，城内外水骤涨一丈余，居民庐舍沉浸汩，崩倒无数。	民国诏安县志，卷5

续表

序号	朝代	年月	所犯城名	潮灾概况	资料来源
192	清	光绪三十一年（1905）八月	上海	八月，大风潮，初三日夜，海溢，风浪怒激，船多覆溺。近浦各城门及租界马路平地水深数尺，沿滩……货物，漂没殆尽。	民国上海县续志，卷28，杂记
193			崇明县	八月三日飓风，夜潮骤溢，水丈余，城市街巷尽没，沿海民居漂尽，死男女一万余人。	民国崇明县志，卷17
194		光绪三十四年（1908）	汕头，澄海，揭阳	九月大飓。二十日晨十时，风雨交作……海湖乘风势暴涨，平地水深数尺。翌日天明风息。汕头志市道署前，塌房数间。澄海城内损坏房屋十余。咸西门城垣崩三丈余。……揭阳南门水高丈余。	民国潮州志·大事志
195			福州，闽侯县，长乐县，连江县，闽清县，福安县	八月初二日，福州及长门、马江一带飓风大作，计闽侯、长乐、连江、闽清、福安各县，倒塌民房二千八百余间，桥梁四百余座，坍塌堤岸一千四百余丈，溺毙大小人口一千余，沉坏船只五百余艘，淹没田园五千余亩，衙署、公所、营房、城垣均多坍塌。灾情之重、灾区之广，实为数十年所未见。	民国福建通志·福建通纪·清
196		宣统三年（1911）	台州	七月初三日，狂风暴雨，山水骤发，矮屋均与檐齐，越二日始退。又大雨累日，飓风并作，大木斯拔，田禾尽淹，水入城，高七、八尺，人民牲畜溺毙很多。	临海县水利局，科委编．临海县水利水电建设·自然灾害史料

第二节　江浙潮灾与海塘构筑技术的演进

为了防御江水和海潮，我国沿海和河口段修筑了海堤、江堤，这些堤防统称为“海塘”。

我国的海塘工程，以太湖流域的“江浙海塘”最为重要。太湖流域北濒长江尾闾，东临东海，南接钱塘江口，西以茅山为界，全流域面积约3650km^2，以太湖为中心，形成一个碟形盆地。中心区的杭、嘉、湖和苏、松、太广大平原，地势低洼，易受湖灾袭击，海塘工程尤为重要。

一、太湖流域的海塘工程体系

太湖流域的海塘工程，经过历代大规模的修筑扩展，成为完整的海塘工程体系。北起江苏省常熟、东经上海市、南抵浙江省杭州，长400余公里。从常熟到金山的一段约250km，称为“江南海塘”，或称“苏沪海塘”。钱塘江北岸从平湖到杭州的一段约150km，称为“浙西海塘”，分为杭海段（杭州、海宁）和盐平段（海盐、平湖）；钱塘江南岸也建有绵长的肖、绍和百沥等海塘，称为“浙东海塘”；浙西和浙东海塘统称为“浙江海塘”。浙江海塘有世界闻名的钱塘江涌潮，其险要最为突出[1]（图7-2-1）。

二、江浙的潮灾

郑肇经、查一民先生在“江浙潮灾与海塘结构技术的演变”一文中指出：

根据历史记载，太湖流域是我国海潮灾害最频繁的地区，唐代以后的潮灾史不绝书，而最严重的地区首推钱塘江口海宁一带，次为杭州湾的海盐；此外，杭州湾北岸的金山（包括原华亭县，1914年华亭改名松江）和长江口的宝山两地都是受海潮威胁相当严重的地区。至于川沙、南汇等地虽然潮势较为平缓，但受台风影响也常发生潮灾。

[1] 郑肇经，查一民．江浙潮灾与海塘结构技术的演变．农业考古，1984（2）：156-171．

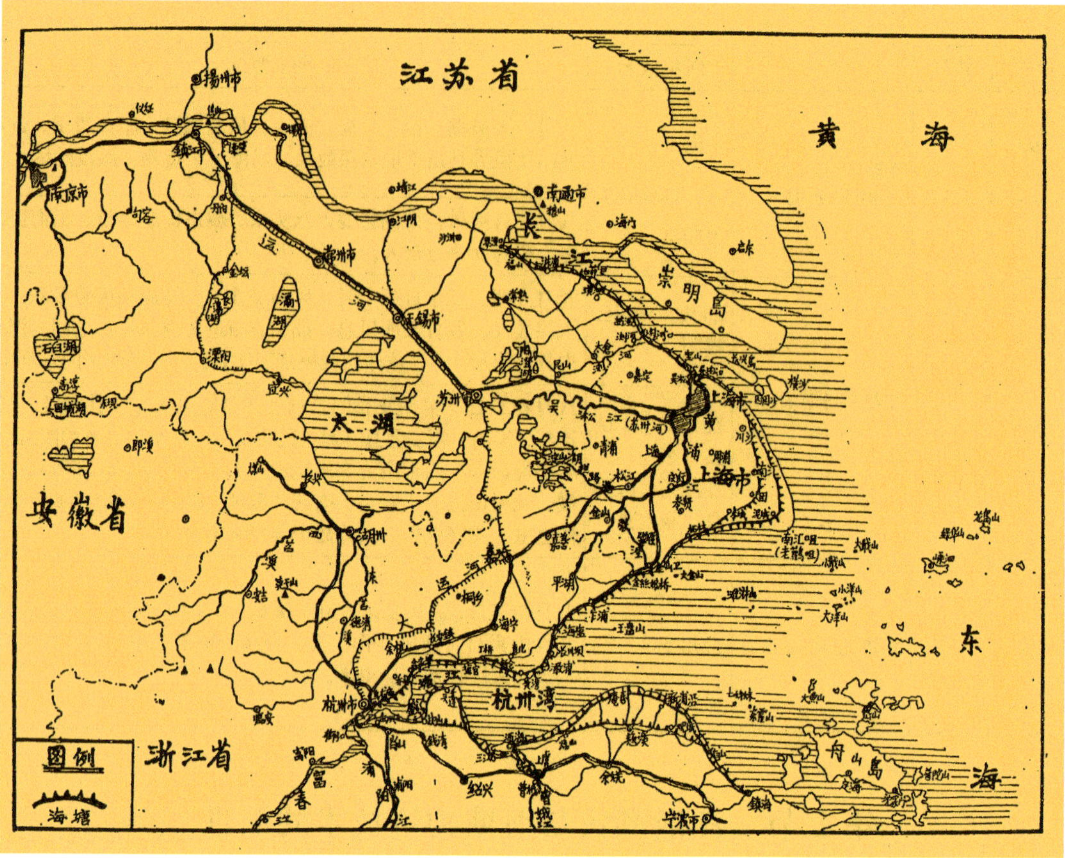

图 7-2-1 江浙海塘略图（郑肇经、查一民论文插图）

浙西杭海段潮灾严重的主要原因，是钱塘江口的“涌潮”。涌潮来势凶猛，潮波前峰壁立，向前推进如万马奔腾，声震数里，成为翻江倒海的奇观。每月朔望大潮，涌潮的高度最大可达 3m 以上，传播速度约每小时 20km，对海塘的破坏力很大。涌潮对杭海段的威胁，同潮流方向的变化密切相关。因为钱塘江喇叭形河口段的江道既宽又浅，江流海潮的流向在南北两岸之间摆动，涌潮有时靠近南岸，有时紧逼北岸，以致两岸滩地的冲淤变化无常。历史记载，钱塘江口门先后有三个，“南大门”又称鳖子门，位于龛山、赭山之间。“中小门”在赭山、河庄山之间。“北大门”在河庄山与盐官（今海宁）之间（图 7-2-2）。宋代以前，钱塘江基本上从南大门入海，涌潮溯江而上的路线靠近南岸，直达杭州，那时南岸肖山、绍兴一带及杭州附近的潮灾最为严重；而北岸盐官一带潮势平稳，岸外滩地有几十里之远。南宋时海潮趋向北大门，北岸发生坍塌。《宋史 · 河渠志》载：盐官城原来距海四十余里，“旧无海患”，嘉定十二年（1219 年）“海失故道”，早晚两潮奔冲向北，遂至县南四十余里土地尽沦于海。到了元代，《元史 · 河渠志》载：天历元年（1328 年）秋潮大汛，盐官海岸外又出现涨沙，诏改盐官州为海宁州。这说明南宋初期虽有潮趋北大门之势，只是一种暂时现象，海潮仍是经常从南大门出入的。所以宋元两代，大多数潮灾发生在南岸及杭州一带，修筑海塘的重点也在南岸及杭州附近。明代海潮线路变化激烈，潮趋北岸的现象虽比以往增多，尚非经常性的，涌潮仍从南大门出入。清代康熙二十五年（1686 年），江海大溜改从中小门进出，出现了南北两岸较为平静的局面。康熙五十三年（1714 年）以后，南大门淤塞，中小门也逐渐淤没。江流海潮走北大门的形势逐渐形成。当潮趋南岸的时候，因为沿江多山，潮灾较轻；而北岸海宁一带是坦荡平原，土质又是粉沙土，一遇潮流冲刷，大片土地崩坍，潮灾非常严重，于是又有开挖中小门的建议，指望南北两岸都能达到安全的目的。乾隆十二年（1747 年）开挖中小门一度获得成功，到了乾隆二十四年（1759 年）又告淤塞，从此以后，潮走北大门的形势一直持续到今天，而南大门和中小门成为平陆。因此，清代康、雍、乾三朝着重在海宁一带修筑海塘。

海盐潮灾严重的主因，是东海沿岸的强大潮汐流。晋代以后，长江口南沙咀迅速发育，钱塘江南岸慈溪附近的沙滩淤涨，迫使潮流西趋，对海盐海岸的冲击破坏不断加重。据嘉靖《嘉兴府图记》载：海盐海岸外，原有“三十六沙，九涂，十八岗及黄盘七峰，布列海壖”，经过长期波涛冲激，尽沦大海，足见海潮对海盐海岸的破坏是十分严重的（图 7–2–3）。

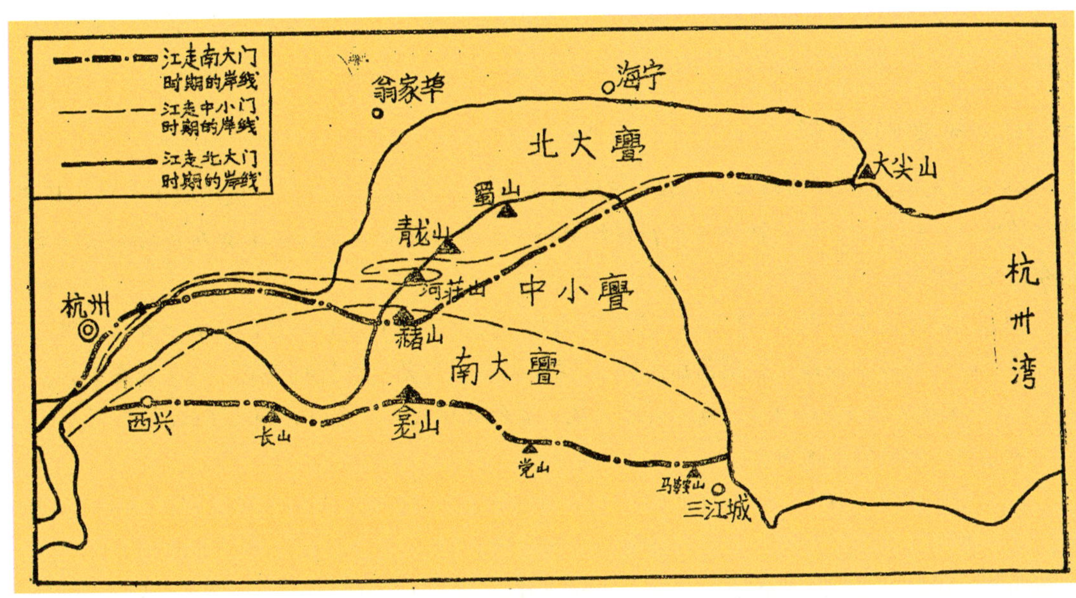

图 7–2–2 钱塘江河口三门变迁图（据华东师大河口海岸研究成果，第 1 集．郑肇经、查一民论文插图）

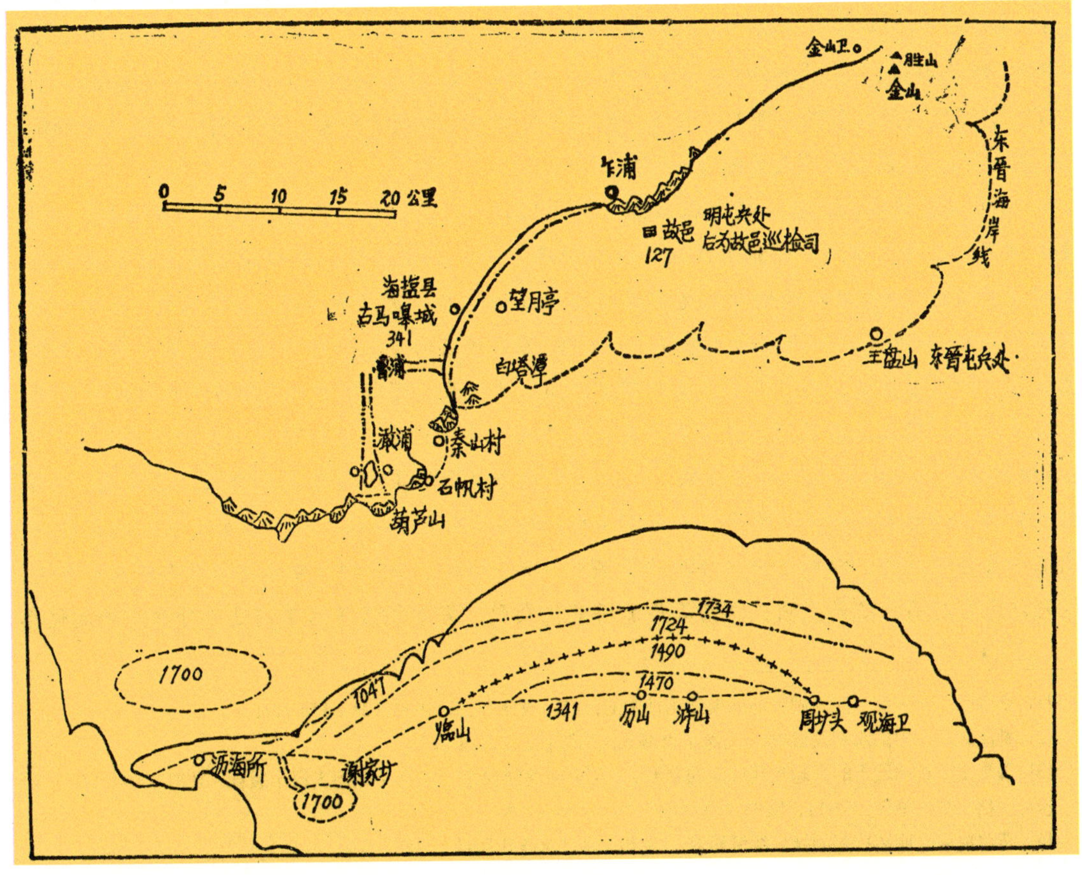

图 7–2–3 杭州湾尖山以下海岸变迁图（郑肇经、查一民论文插图．选自华东师大河口海岸研究成果汇编，第 1 集，杭州湾的动力地貌）

杭州湾北岸金山（包括昔属华亭县的金山咀、漕泾等地段）海岸，也是潮灾严重地区，其原因：一方面是由于东海沿岸潮流的强大；另一方面是由于长江口南沙咀的发育，逼使潮流不断西移，加上海岸外金、胜诸山夹峙，迫使潮流顶冲海岸，造成海岸线内移。

长江口宝山一带，由于长江主流在明末清初改从南支入海，而宝山对面的崇明岛及其附近的一系列沙州，逼溜南趋，使宝山沿岸受到江流海潮的冲击，经常发生海岸崩坍现象。

太平洋台风往往影响沿海地区，使海岸水位大大超过正常潮水位。如台风与大潮同时出现，发生"海啸"，冲垮海塘，往往酿成巨灾。川沙、南汇、奉贤的海岸，基本趋势是向外淤涨，经过历代围垦滩涂，早已成为沃野，但当发生台风暴潮的时候，海潮越塘而过，淹没大片耕地，造成严重损失，这些地区的海塘工程同样不容忽视[1]。

三、江浙海塘修筑沿革

姚汉源先生认为："钱塘江口秦汉时已出现海塘。"[2] 魏嵩山先生在"杭州城市的兴起及其城区的发展"一文中，对"钱塘"进行详细考证，认为"华信所筑防海大塘在钱塘县东一里，则今沿今杭州市区中河一线。"[3]

雍正《江南通志》载："唐开元元年筑捍海塘，起杭州盐官，抵吴淞江，长一百三十里。"

五代时，武肃王钱镠大规模营建海塘。"运巨石盛以竹笼，植巨材捍之"（《吴越备史》）。

《梦溪笔谈》载："钱塘江，钱氏时为石堤，堤外又植大木十余行，谓之滉柱。"[4]

宋之后，海塘修筑增多。

仁宗景祐四年（1037 年），自六和塔至东青门做石堤 12 里。同时，又置捍江兵士，五指挥。每一指挥以 500 人为额，专采石修塘，随损随治。"杭人德之，庆历中，立庙堤上。"仁宗庆历四年（1044 年），发江淮南、二浙、福建之兵，调十县丁壮，用人力 30 万，从龙山到官埔筑石堤 2000 丈和御香亭下 200 丈。南宋咸淳年间，海盐县筑新塘 3625 丈，名海晏塘。到了元代，这种"竹笼石塘"才被"木柜石塘"所取代。元泰定四年（1327 年），盐官沿海 30 余里，下石囤 443300 余，下木柜 470 余，工役万人。次年，又在损坏处修石囤 29 里余。到天历元年（1328 年），盐官沿岸涨沙东西长 7 里余，南北广或 30 步，或数十百步。原下石囤木柜并无颓圮，"水息民安"。于是盐官州改为海宁州[5]。

康熙《嘉定县志》载：明太祖洪武年间（1368 ～ 1398 年）修筑长江口南岸海塘，南抵嘉定县界，北跨刘家河。成祖永乐二年（1404 年）秋，江南海溢，户部尚书夏原吉督修华亭、嘉定等处海塘，将旧塘增高培厚。宪宗成化七年（1471 年）大风潮海涌，土塘倾圮，农田受淹，人畜多溺死，次年松江知府白行中修华亭、上海、嘉定等县海塘。当时所筑土塘，从嘉定抵海盐，共五万二千五百余丈，面广二丈，基广四丈，高一丈七尺，还就宋代邱密捍海十八堰故址筑堤，西起平湖界，经张泾堰故址，东至戚漴共长五十三里许，称为"里护塘"。《光绪华亭县志》引《海塘纪略》云：成化八年所筑海塘，包括现在太仓至上海市沿海各县，全长近三百里，一直保存到清初还基本完好。万历十二年（1584 年）筑上海县外捍海塘九千二百余丈包括现在川沙、南汇等县海岸在内。崇祯七年（1634 年）飓风大潮，知府方岳贡创筑华亭县漴阙石塘五百余丈，这是江南修建石塘之始。明代江南海岸涨坍变化剧烈，海塘的修筑随着内迁或外移。如成化八

---

[1] 郑肇经，查一民．江浙潮灾与海塘结构技术的演变．农业考古，1984（2）：156-171.

[2] 姚汉源著．中国水利发展史．上海：上海人民出版社，2005：282.

[3] 魏嵩山．杭州城市的兴起及其城区的发展 // 历史地理创刊号．上海：上海人民出版社，1981：160-168.

[4] 沈括．梦溪笔谈，卷 11，钱塘江堤．

[5] 蒋兆成著．明清杭嘉湖社会经济研究．杭州：浙江大学出版社，2002：7.

年所筑海塘就是在“旧案”外增筑的“外岸”。嘉靖、万历年间上海境的“外岸”三十六里渐坍入海，宝山与川沙分界的界牌，原距海三十里，至清代已接近海岸。由此可见，宝山筑塘不断内移，而南汇、川沙一带海塘不断外迁[1]。

到了明代，浙江修筑海塘的次数多，规模大。杭州和海宁地区，先后修筑过30余次，较大规模的有5次。史载："自洪武至万历，海凡五变五修。"其中永乐九年（1411年），海大决，保定侯孟瑛奉命征九郡之力，“历十三年而始奏功”，但都不是从根本上解决问题，只是采取暂时补救的方法，在技术上仍然停留在“石囤木桩的阶段”，这同明代钱塘江潮流以南大门为主要出入口，而海宁一带形势并不十分紧张有关。当时修筑的重点放在海盐地区。有明一代，海盐、平湖一带，几乎每隔十年左右，都有修筑。较大规模修筑的就达23次，并且有不断创新[2]。

清代海塘的修筑有两大变化，一是改民修为官修。明时，海塘修筑，除了特大海患，一般围护工作是由民间负责集合人力物力，或由地方官出面领头进行的。入清，从顺治到康熙，海塘仍然由地方承担修筑。到雍正时，才开始由封建中央政府直接承办。雍正十一年（1733年），清政府命令大臣海望，直隶总督李卫赴浙相度机宜，并任大理寺卿汪灖，后任内阁学士张坦鳞承办修筑。乾隆时海塘工程都由中央要员主持，更由乾隆帝亲自实地勘察确定方案。乾隆帝还进一步废除了以开捐纳贡形式筹划经费。所有海塘工程费用，一概向国家报销，由“正项钱粮办理”。这样既保证了海塘工程的修建有充足的经费来源，也保证了大规模的系统工程建设。

二是清代海塘修筑的重点，放在海宁地区[3]。

江南海塘和浙江海塘亦普遍修筑，结构技术不断改进。康熙五十九年（1720年），浙江巡抚朱轼在海宁老盐仓首次创筑鱼鳞大石塘500丈。雍正、乾隆间修筑最多，海宁石塘又增修了六七千丈。

江南海塘也增筑。康熙四十七年(1708年)以漴阙石塘毁，于塘后更筑土塘。雍正二年(1724年）飓风海溢，于华亭、宝山等县创建条石海塘。乾隆中接连向宝山以北各县修筑，并于各塘加修桩石坦坡，江南海塘规模已较完备[4]。

四、海塘结构技术的演进

大致五代以前的海塘为土塘。五代钱镠筑捍海塘采用了竹笼装石、滉柱护塘的技术。以后，更出现了“柴塘”、“立墙式石塘”、“石囤木柜塘”和“重力式桩基石塘”等类型。下面依次简介：

（一）五代钱氏捍海塘

五代后梁开平四平（910年），吴越王钱镠筑捍海塘。宋《咸淳临安志》载：钱氏所筑捍海塘在杭州候潮门及通江门外。当时兴筑塘工，由于涌潮强劲，采用竹笼盛石堆砌，并用木桩固定，又在塘外植木数行，作为防浪桩。宋沈括《梦溪笔谈》记载：钱镠筑捍海塘时，塘外植大木十余行，名曰“滉柱”。滉柱的作用，是消减波浪对塘身的冲击力，保护塘脚，防止冲刷，在塘工技术方面是一个重大的进步。它的缺点是竹笼容易损坏，需要经常维修（图7-2-4）。

考古发掘的成果证明文献记载是有根据的。“五代钱氏捍海塘发掘简报”说：

五代钱氏捍海塘是用石头、竹木和细砂土等材料筑成的。海塘基础宽25.25米，面部宽8.75米、残高5.05米。

[1] 郑肇经，查一民．江浙湖灾与海塘结构技术的演变．农业考古，1984（2）：156-171.

[2] 蒋兆成著．明清杭嘉湖社会经济研究．杭州：浙江大学出版社，2002.

[3] 郑肇经，查一民．江浙湖灾与海塘结构技术的演变．农业考古，1984（2）：156-171.

[4] 蒋兆成著．明清杭嘉湖社会经济研究．杭州：浙江大学出版社，2002.

图 7-2-4 五代钱竹笼木桩塘(郑肇经、查一民论文插图)

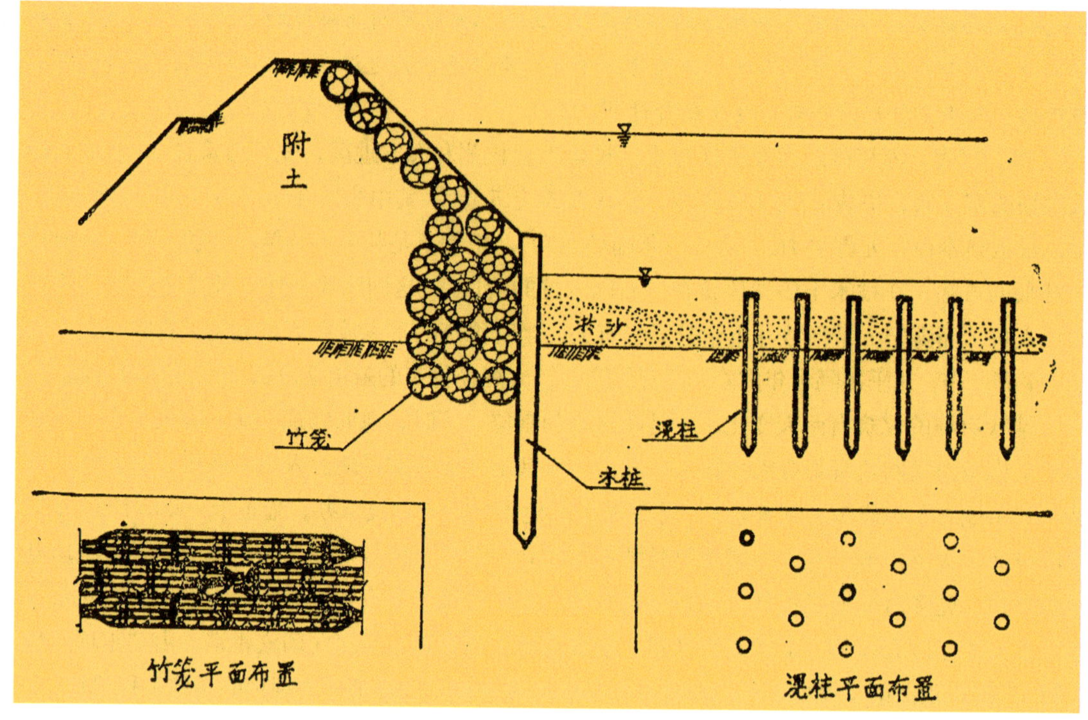

钱氏捍海塘属竹笼石塘结构……有立于水际的巨大“滉柱”和建筑讲究的塘面保护层。……

基础是由护基木桩、“竹笼沉石”等设施筑成的。基础的内侧是一排用拉木套接加固的护基木桩。护基木桩排列密集，间距很小。桥高 2 米、直径 0.2 米左右、桩尖削成圆锥状，紧贴泥塘斜向打入塘基。在木柱向泥塘一侧，紧贴一道竹篱笆，竹篱笆上还附贴一层芦苇草席。笆长 3.8 米、高 1.1 米左右。竹笆是用竹篾编织的辫绳捆缚于护基木桩上的。在护基木桩的上部还缚扎一根横木，这根横木将一根根护基木桩连成一体，俗称“位林木”。横木和护基桩的缚扎也用竹绳……每扎一道竹绳都用一根细长木棍绞紧。护基木桩每隔 2 米左右，用一根长约 3 米的拉木加固。拉木放置一头高、一头低，高的一头用榫卯钩住“位林木”，低的一头用两根小木桩打入沙土，钉住穿过拉木的横闩。护基木桩经过这样加固，可以避免松软地基承受重压向外挤开的后果。……

外侧基础是由四排护基木桩和置于这四排护基木桩间的“竹笼沉石”以及护基木桩外的“竹笼沉石”等部分组成。由里向外的第一排护基木桩到“竹笼沉石”外沿的宽度在 7 米以上。在这个宽度内……第一排护基本桩和第四排护基木桩之间是一只只盛满巨石的矩形大竹筐，筐长 3 米、宽 2.5 米、高 1.5 米左右，用一张竹编围折而成，其底部是一张宽度稍大于竹筐的田字格纹竹箪。为使其牢固，筐的四角均用一根直径 0.1 米左右的木框固定，在筐的内面用竹筋纵横缚扎夹住，外面用方木做成的木框箍住。这样内外加固，竹筐盛装石块就不会变形。第二、三排护基木桩插在筐内，并用竹绳和纵向框木相绑，以起到固定位置的作用。上述设施再用长达 8 ~ 9 米的大木拉住加固。连接方法和内侧拉木相同，一头用榫卯钩住第四排护基桩。另一头用两根小木桩固定拉木上的横闩。外侧拉木的间距也是 2 米左右，不同的是有上、下两层。并在拉木上系有用多根竹篾组成的不加编织的长竹索。

外侧四排护基木桩中的第一、二、三排垂直打入塘基，而第四排是斜向打入塘基。向内倾斜角为 15 度左右。桩木由里向外逐渐加长变粗。第一排木桩高 2 米上下，第三排则在 3 米左右。这三排木桩排列稀疏，桩木直径都不超过 0.25 米。而第四排护基木桩粗大，高度在 5 米以上，直径 0.3 米左右，排列密集，间距和里侧护基桩相同。

第四排护基木桩外是垒叠的“竹笼沉石”。……所谓“竹笼沉石”系用一圆筒状的竹笼填充石头制做成的，笼径0.6米、长4米以上。“竹笼沉石”叠放里侧，紧倚第四排护基桩，上下四五层，每层三个。在“竹笼沉石”中间也有上下两层拉木将其固定在第四排护基桩上。在第一排护基木桩的里侧有一与内侧相同的竹篱笆和芦苇席，防止沙土遇水流失。在第四排木桩的内面也发现用竹绳缚扎在木桩上的竹篱笆[1]。

由考古成果，我们可以进一步了解钱氏捍海塘的构造细节。

（二）柴塘

北宋初期，杭州一带修筑海塘频繁，认为沿用钱氏筑塘方法所需工料较多，真宗大中祥符五年（1012年）两浙转运使陈尧佐、知杭州戚纶吸取黄河埽工经验，采用薪土筑塘，称为“柴塘”。柴塘可以就地取材，简单易行，适宜于地基软弱的地段，在抢险中也常被采用。它的缺点是柴薪易朽，塘身蛰陷，需要及时加镶[2]。

（三）直立式石海塘[3]

直立海塘是类似挡土墙的海塘，迎水面大石直立砌筑，背面回填物由碎石向土料过渡，特点是石工工程量小。由于塘身断面较小，工程的抗冲性和结构稳定性差，早期的砌石海塘多采用这种塘式。

浙江上虞的王永石塘被认为是直立式海塘的典型，元至正七年（1347年）建，长1944丈。王永石塘结构和施工都较为规范。其结构与施工过程大致如下：

石塘每1丈，打基桩32根，排列成4行，前后参差。桩木周长1尺，长8尺，尽入土内。基桩上平置长5尺、宽2尺5寸的条石，作为塘基。其上用条石纵横错置，犬牙相衔，叠砌到5～8层上以条石侧置压上。石塘后再填一丈多厚的碎石，碎石上壅土培筑土塘[4]。

这种早期的砌石结构已经注意了基础的加固处理，塘体三部分：基础、砌石体、回填土体，其中最耗时的是石塘基础打桩过程，施桩处理的基础，将来自上部的重力均匀分散；砌石纵横错缝砌筑，以增加塘身的抗剪强度和整体性；砌石体背部由碎石向土体过渡，呈反滤体结构。这样既增加了塘身整体重量，提高了稳定性，也减少了石材用量。这种塘式适合于潮水冲激不甚严重的地段。

上虞王永石塘在明洪武时增修过，逐渐推广至浙江绍兴一带，一直沿用至今。此类石塘，受塘身稳定的制约，一般高度在2m上下（图7–2–5a）。

（四）斜坡式石塘[5]

迎水面呈斜坡状，以大条石堆砌，条石后填以小石，背坡以土堆筑，塘体是土石结构，因外形而称“坡陀塘”，塘体稳定性比直立式海塘好。清代修筑这一塘工，在海宁每筑塘一丈，用银300两，相比鱼鳞大石塘每丈用银17331两的造价要低廉得多[6]。

明成化十三年（1477年）按察使杨渲修筑海盐石塘。“先是，塘石皆叠，砌势陡孑。仿宋

[1] 浙江省文物考古研究所．五代钱氏捍海塘发掘简报．文物，1985（4）：85–89.

[2] 郑肇经，查一民．江浙潮灾与海塘结构技术的演变．农业考古，1984（2）：156–171.

[3] 周魁一著．中国科学技术史．水利卷．北京：科学出版社，2002.

[4] 汪家伦著．古代海塘工程．北京：中国水利电力出版社，1988：33–39.

[5] 周魁一著．中国科学技术史·水利卷．北京：科学出版社，2002：383.

[6]（清）翟清廉．海塘录，卷1.

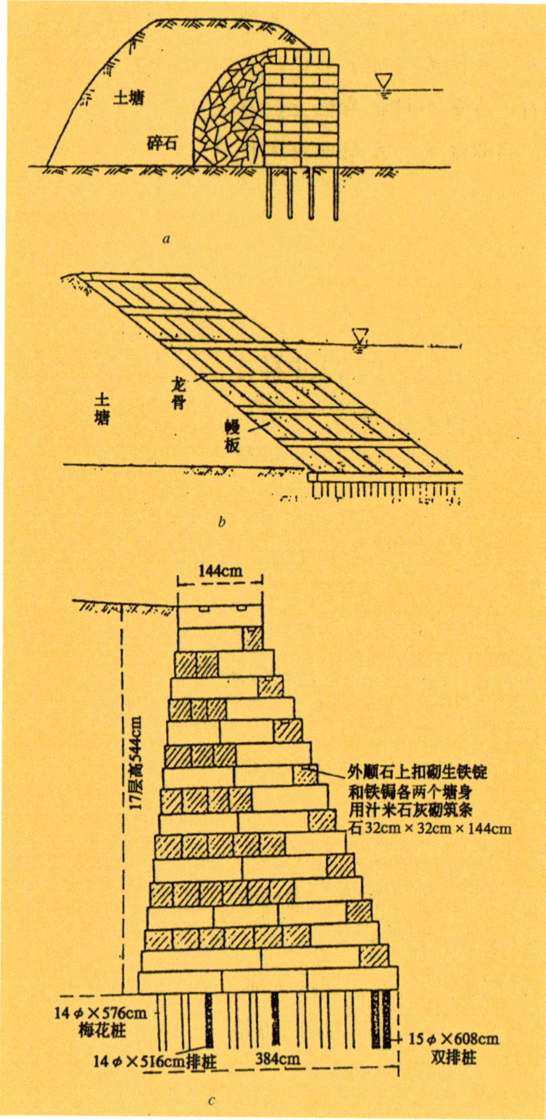

王安石居鄞修定海塘式，砌法如斜坡，用杀潮势。石底之外俱用木桩，以固其基。初下石块用一横石为枕，循次竖砌，里用小石填心，外用厚土坚筑。"[1] 据此这一塘式似始于宋代定海海塘，明代这一类型塘工的筑塘程式比较规范。早期坡陀塘砌石体变化不大，断面上条石呈一横一纵形式修筑，如图 7–2–5（b）所示，后来逐渐演化，应为清鱼鳞大石塘的雏形。

明万历五年（1577 年），修复海盐石塘，"虑湍激为患，有荡浪木桩以砥之；虑直荡堤岸，有斜阶以顺之。其累石，下则五纵五横，上则一纵二横。石齿钧连，若亘贯然。计百计撼之不摇也"[2]。塘身施工更强调砌石纵横交错，使结构整体抗剪性能增强，并且这种阶梯状的外形有利于消纳波浪。按清康熙五十九年（1720 年）工部额定海宁石塘形制：砌石每长五尺，宽二尺，厚一尺[3]，明代中后期海塘塘条石尺寸不应与此有太大的出入，照此估计万历海盐县的此类塘工的外形比较壮观。

斜坡式海塘坡度平缓，抗抬防浪效果优于直立式海塘，但是在强潮流的作用下，护面内外的压力差容易使块石脱落，因此应用范围有一定局限。

（五）黄光升大石塘[4]

嘉靖二十一年（1542 年）浙江水利佥事黄光升用五纵五横的砌石方法，在海宁修筑了高达 10m，塘身由 18 层条石砌成的重力型海塘。这种纵横交错的骑缝叠砌法，使砌石互相牵制，较大程度增加塘体稳定和抗风浪、抗冲刷的能力。新型重力海塘引起人们的注意，海塘砌石技术至此进入了新的阶段。

黄光升字名举，福建晋江人，嘉靖二十一年主持海盐塘工建设时任浙江水利佥事。黄光升敢于修筑高度超过前人的大石塘，在于他对石塘坍塘的原因有深入的考察和总结，黄光升称："予筑海塘，悉塘利病也。最塘根浮浅病矣，夫磊石高之为塘，恃下数桩撑承耳；夫桩浮即宣露，宣露败易矣。次病外疏中空，旧塘，石大者，郛不必其合也；小者，腹不必其实也；海水射之，声汩汩四通，侵所附之土，漱之入，涤以出，石如齿之疏豁，终拔尔[5]。"黄光升阐述了修筑石塘工的关键：基桩，必须打入实土，不能浮桩，这对河口地带的粉砂基础来说施工是关键；塘体，砌石形制一致，讲求砌石合缝严整。

图 7–2–5 重力式砌石海塘的演变（周魁一著．中国科学技术史·水利卷：384）
(*a*) 直立式石塘；
(*b*) 斜坡式海塘；
(*c*) 鱼鳞大石塘

正是在总结此前石塘的成败原因基础上，黄光升的海盐大石塘把握了基础和砌石的设计和施工主要环节。黄氏海塘的塘基处理："先去沙涂之浮者，四尺许见实土，乃入桩[6]。"超过 1m 的基桩，夯入滩地提高了基础承载能力，基本解决了刚性结构与软基结合。

---

[1]（清）翟清廉．海塘录，卷 1.

[2]（明）陈善．捍海塘考．海塘录，卷 21.

[3] 大清会典事例·工部海塘．

[4] 周魁一著．中国科学技术史·水利卷．北京：科学出版社，2002：384–385.

[5] 海塘录，卷 1.

[6] 海塘录，卷 20.

黄光升对塘体砌石方法有大的变革：其塘体结构采用条石，“长以六尺，广厚以二尺”；条石纵横砌筑（与塘体垂直放置为纵石，平行放置为横石）；层与层之间跨缝，品字形砌筑。条石的放置事先有周密的设计：第一、二层，纵横各五；三、四层，五纵四横；五、六层，四纵五横；七、八层，纵横各四；九、十层，三纵五横；十五层，二纵三横；十一、十二层，纵横各三；十三、十四层，三纵二横；十五层，二纵三横；十六层纵横各二；十七层，二纵一横；十八层是塘面，一纵二横。所用条石一律“琢必方，砥必平”，条石之间用铁锭联接，石塘背后培筑土戗。大石塘外形集坡陀塘式和直立塘式特点，在迎水面和背水面断面上砌石逐层微微内收。

黄氏在海盐成功地建成了底宽 4 丈，顶宽 1 丈，高 3 丈 3 尺，共 18 层的大型砌石海塘，塘体结构和施工技术开创了清代鱼鳞石塘的先河。每建筑长 6 尺石塘，用 140 块条石，其断面面积为 92.16m^2，每立方米塘身自重约 248.83t，每筑 1 丈，耗银 300 两 [1]，如此巨大的工程造价只修建了 300 多丈，此后不久又陆续加修了 750 丈，至今这段海塘尚存，被称为“万年塘”。清雍正、乾隆间海宁境内大规模修筑海塘过程中，这一工程形式的推广和完善，清代海塘技术方面的进步主要体现在基础处理和海塘的附属工程上，并冠以鱼鳞大石的专称（图 7-2-5c）。

（六）鱼鳞大石塘 [2]

周魁一先生在《中国科学技术史 · 水利卷》中，对鱼鳞大石塘予以高度的评价：

> 明代黄氏大石塘在塘体的条石砌筑方法、沙质地基的基础工程等方面，解决了石塘塘体稳定和软基与刚性工程结构的结合两个主要工程问题。清代鱼鳞大石塘的成功则得益于解决了粉沙地基高空隙水压力情况下的桩基施工和基础处理工程的继续完善。其中对土动力学现象的观察、对潮流运动规律的认识，是工程技术突破的重要后援。鱼鳞大石塘将传统海塘工程技术发展到了最高水平，也是古代大型水利工程建筑技术的终极。

清代建设海宁鱼鳞大石塘并非一帆风顺，而是碰到桩基施工的困难。

康熙六十一年（1722 年），浙江巡抚筑海宁老盐仓鱼鳞大石塘 1340 丈，有戴家桥段 840 丈因为不能下基桩而仍筑柴塘。后来老盐仓戴家桥柴塘屡屡出险。乾隆二十七年（1762 年），乾隆帝因海塘工程到海宁，以已建鱼鳞大石塘的成功，力主戴家桥段全部用大石塘取代草塘和土塘。当地人告之老盐仓活沙难以下桩，为此乾隆帝到海塘工地，“皇上亲阅试以木桩，始多扦隔，寻复动摇，难以改建”。这次基桩试验还有更详细的描写：“三月初三日，銮舆亲历海壖，咨度经久之计，因于（海宁）城边试下木桩。始苦沙涩，旋筑以巨硪（《海塘录》原注：夯硪重 200 斤。），所入不及寸许；待桩下既深，又苦沙散，不啮木。”由于施工中难以克服高含水粉沙地基的液化问题，变更塘式只得作罢，戴家桥段仍筑柴塘，加筑坦水保护。

但是，这段塘工的改式使乾隆帝难以释怀。此后，乾隆三十年（1765 年）、四十五年（1780 年）他两次再到海宁，坚持戴家桥柴塘一定要改为石塘。四十五年到海宁这一次，他甚至强调不要考虑开支，“申命重相勘，莫虑国帑费，庶几永安澜”。

乾隆四十九年（1784 年），乾隆再到海宁，此行是他江南之行的最后一次，戴家桥段石塘终于成功。康熙五十九年（1720 年）开始兴建的长达 3940 丈的老盐仓石塘大工全部报竣，成功的喜悦极大地鼓舞了这位年逾古稀的皇帝，此行的许多诗都特别提到了戴家桥鱼鳞大石塘基桩施工的成功。海宁石塘桩基成败的转机在施工技术的改进。当时人的记载兹照录如下：

> 改建鱼鳞石塘初开工时仍有已钉复起之患。旋有老翁指点云，用大竹探试，俟扦定沙窝；

---

[1] 海塘录，卷 1.

[2] 周魁一著。中国科学技术史 · 水利卷．北京：科学出版社，2002：385-391.

再下木桩加以夯筑，入土甚易，因依法扦筑。又梅花桩以五木攒作一处，同时齐下，方能坚紧，不致已钉复起。试之，果有成效[1]。

用现代土动力学理论来解释浮桩，即为孔隙水压力产生和释放过程中的物理现象。在高含水粉沙地基下桩时，夯筑过程中的动力作用，粉沙中已经饱和的孔隙水向四周挤压，动力作用消失后，有压力的孔隙水释放过程中对木桩底部产生顶托，桩愈深孔隙水压力愈大，即产生所谓软基液化现象。后来改进施工流程，先在下桩之处下竹竿对沙土进行扰动，孔隙水压力部分被释放出来，然后再下木桩；又将木桩改为5根一组的梅花桩，夯筑过程中有先有后的相继振动使残存的孔隙水压力同时释放出来。在动力土力学发展进程中，或许海塘施工实践中最早对液化现象进行了描述，并提供了成功解决软基施工液化的工程实例。

清代建鱼鳞大石塘有国家规定的营造法式可供遵循，《大清会典事例》对海塘的建筑规程包含了海塘的塘身、塘基、塘戗三部分结构，并对建筑材料和建筑尺寸也有专门的规定。

清康熙五十九年（1720年），工部为海宁县老盐仓、上虞县夏盖山等处海塘工程特定的营造规程，是塘体和塘基修筑的规范性条款。

有关塘体的内容几乎也与明黄光升塘式相同，即强调外形尺寸高大、条石要求整齐划一："其大石塘之式，于塘岸用长五尺、阔二尺、厚一尺之大石。每塘一丈，砌作二十层，共高二十尺。于石之纵横侧立两相交处，上下凿成槽榫，嵌合连贯，使互相牵制难于动摇。又于每石缝合处用油灰抿灌，铁销嵌口，以免渗漏散裂。塘身内筑土塘；计高一丈，宽二丈，使潮汐大时不致泛溢。"[2]

此规定还来自康熙末年朱轼依据主持的老盐仓那段塘工经验。这种形制的石料价格非常昂贵，到光绪时海塘造价已达到每丈790两白银，这时不得不采用厚一尺、宽一尺、长三四尺不等的石料。石料变小，砌石块数大为增加，直接受影响的是塘身整体性和稳定性。因此在块石连接方式上改进，以弥补其整体性。光绪前砌石块之间的联接，多采用砌石表面凿榫槽以铁锭搭钉的方式（图7–2–6b）。光绪以来改榫槽为凿孔，孔中现浇铁水，形成联接上下砌石的铁桩，还因此减少了施工工程量和石料损耗。办法是用钢钻在砌石上凿孔，上下层用铁榫贯穿合缝，即同层砌体左右联接改为铁销锁住，砌石四面凿孔，孔不贯通，深四寸，直径一寸。这一工艺在乾隆时长江口松江海塘普遍使用，光绪三年移植到海宁石塘施工中，基联接的牢固程度当然超过了铁锭搭结工艺[3]。

塘基条款也照搬明黄氏海塘的做法："向基根脚密排梅花桩三路，用三合土坚筑使之稳固。"[4]实际上清代石塘基础和明代有所不同，据清光绪刊刻的《海宁念汛六口门二限三限石塘图说》，塘基下桩后，其上并不满铺三合土，而是采用大块碎石，使之紧密嵌在桩与桩的空隙里，大致找平基础后再开始铺第一层条石（图7–2–6a），经过桩基和抛石处理后的基础对软沙地基承载力的改善比三合土效果更好[5]。

钱塘江北岸正当钱塘潮的巨大冲击，其中海宁涌潮高达3m左右，流速高达12m/s，对海塘的冲击力可达7t/m^2，破坏力惊人[6]。鱼鳞大石塘是清代乾隆时规模巨大的护卫杭州湾的主要塘型，传统海塘工程技术至此达到最高水平，这些至今仍在运用的海塘被誉为海上长城[7]。

---

[1] 海塘录，卷首．

[2] 大清会典事例，卷920．

[3] 大清会典事例，卷920．

[4] 大清会典事例，卷920．

[5] 光绪三年八月二十二日浙江巡抚都院梅奏折．海宁念汛六口门二限石塘图说．光绪八年刻本：1．

[6] 周魁一著．中国科学技术史·水利卷．北京：科学出版社，2002：381–382．

[7] 周魁一著．中国科学技术史·水利卷．北京：科学出版社，2002：381–382．

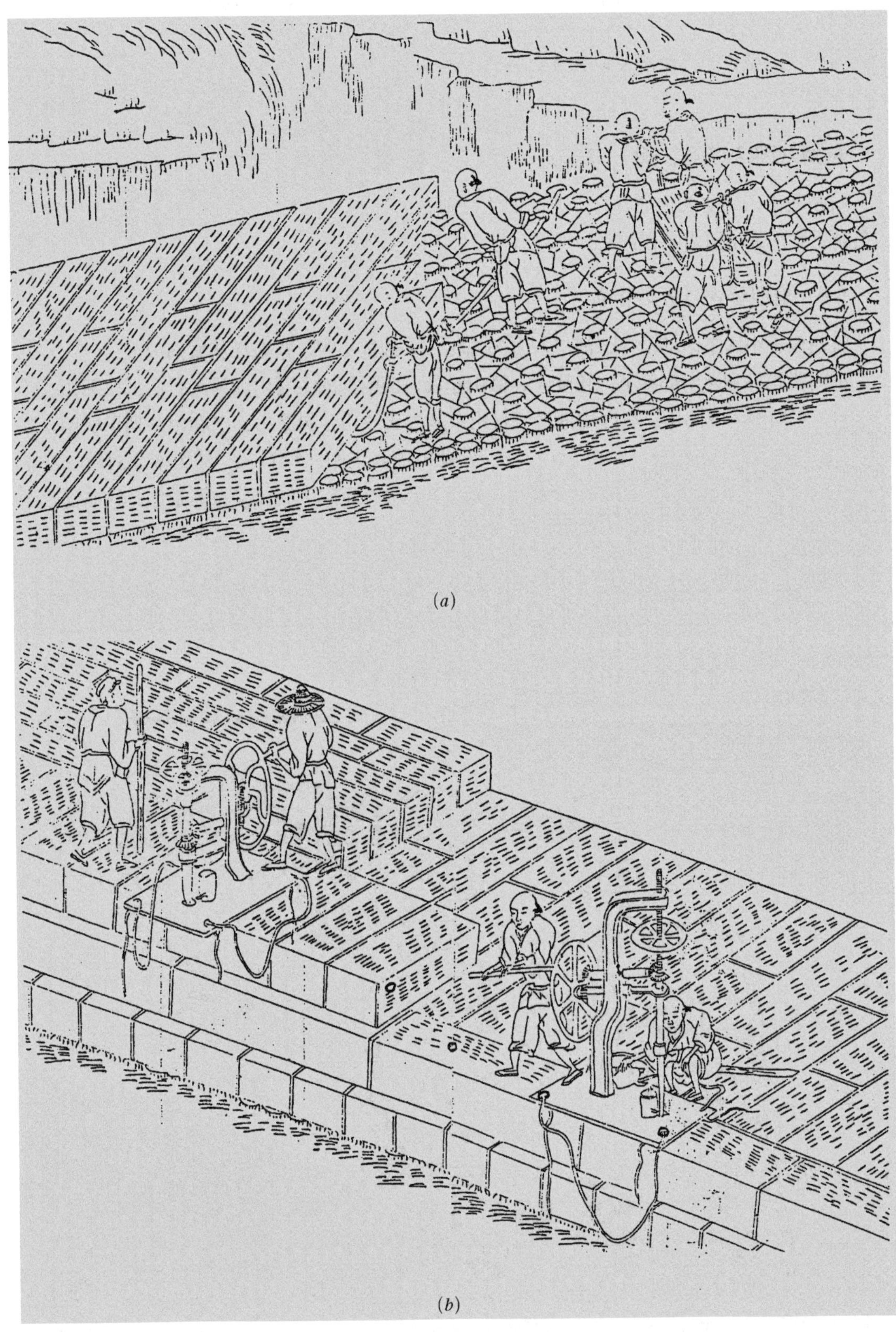

(*a*) 石塘的塘基下桩、抛石及底层砌石；(*b*) 条石钻孔、锚固与砌筑

图 7–2–6 清光绪海宁鱼鳞大石塘施工流程（引自（清）海宁念汛六口门二限三限石塘图说．光绪八年刻本）

第三节　古代沿海城市防洪潮灾害案例研究

古代沿海城市防御洪潮灾害案例众多，较典型的有杭州、台州、潮州等。这三座城市均为国家历史文化名城。

一、杭州（图 7–3–1、图 7–3–2）

杭州是中国历史文化名城，以有美丽的西湖而名满天下，古代有“上有天堂，下有苏杭”的美誉。杭州是中国六大古都之一。

（一）地理位置与历史沿革

杭州位于中国东南部沿海，浙江省中部偏北，东濒杭州湾，钱塘江从城南流过。

境内西北部和西南部系中山丘陵区，群山起伏，西南部的主要山脉为天目山、白际山、千里岗山，东南部为龙门山。城区山地属天目山余脉，天竺山、灵隐山、老和山并列于城西，皋亭山蜿蜒于北，南屏山、凤凰山、五云山、大湖山绵亘于南，宝石山、吴山南北对峙，环抱西湖，城池在西湖之东，形成“明珠”西湖“三面云山一面城”的独特秀丽景色。钱塘江水系（含富春江、新安江）全长 605km，流经淳安县、建德市、桐庐县、富阳市、萧山市、余杭市和杭州城区，自西南沿杭州城区向东北，经杭州湾汇入东海。又有东苕溪、京杭大运河、萧绍运河和城区内的上塘河、余杭塘河、中河、东河、贴沙河等纵横贯穿，水面 13.66 万 hm^2，构成江南水乡风貌。全市的地貌基本特征为“七山一水二分田”。属亚热带季风气候，温和湿润，

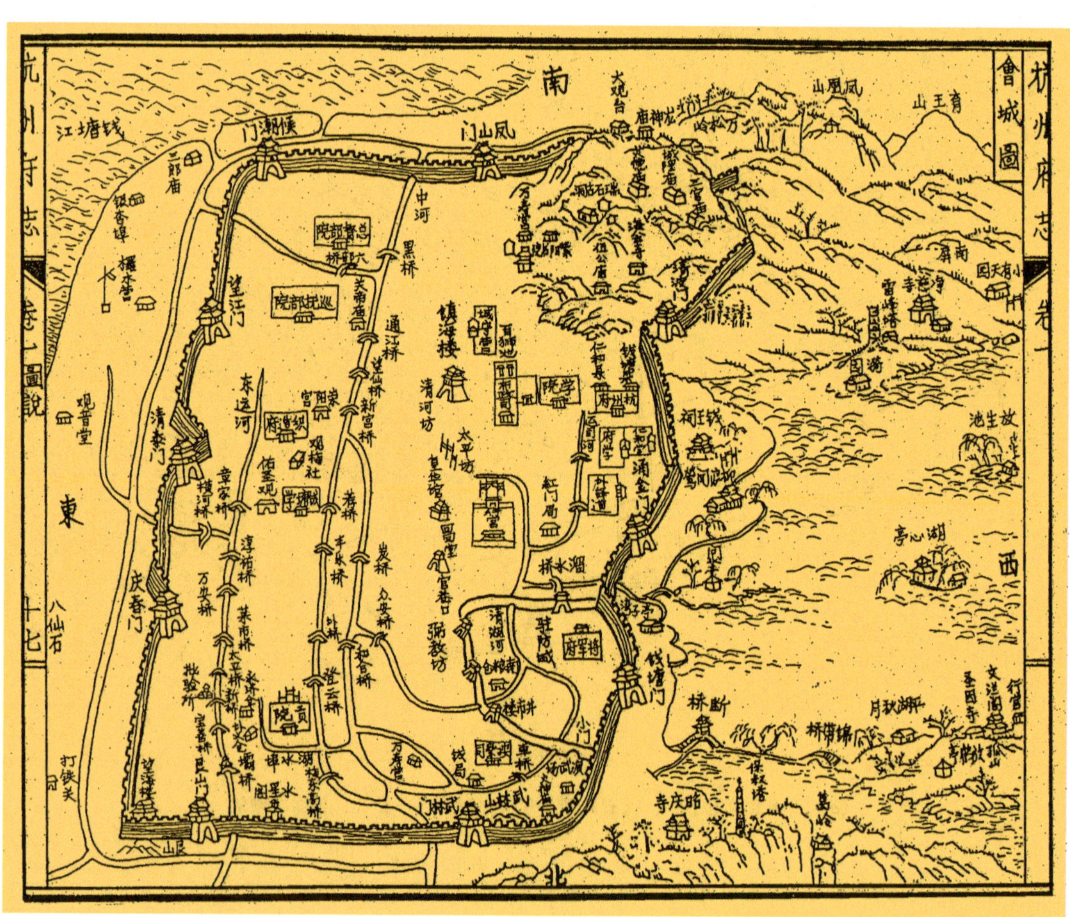

图 7–3–1 杭州城图（摹自民国杭州府志）

四季分明。年平均气温 16.2℃，极端最高气温 42.1℃，最低气温 −10.5℃。无霜期 250d。年平均降水量 1399mm，降水以春雨、梅雨、台风雨为多，台风雨的年差别很大。

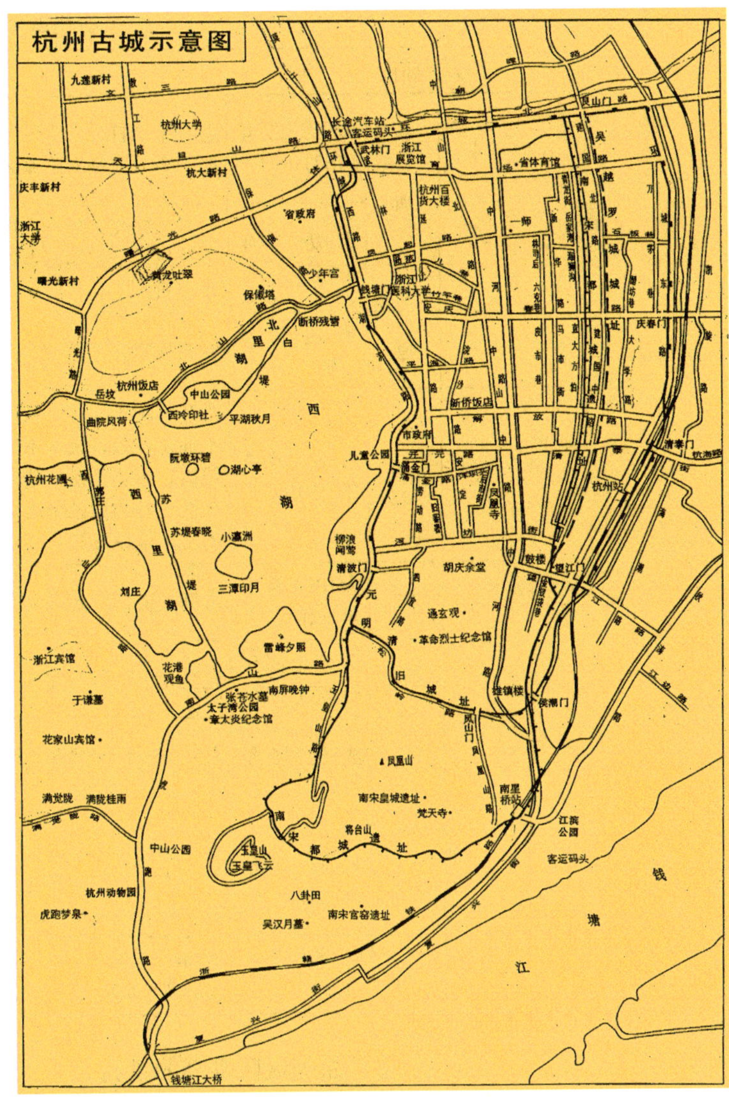

图 7-3-2　杭州古城示意图（自中国历史文化名城大辞典·上：244）

杭州历史悠久，相传公元前 21 世纪夏禹乘舟会诸侯于会稽山（今浙江绍兴），舍其杭（方舟）于此，固有“余杭”、“禹杭”之名。春秋时先属吴，越灭吴后属越。战国时，楚灭越国，又属楚。秦并天下，于始皇二十五年（公元前 222 年）设钱唐县。西汉承秦制，仍称钱唐。新莽时改称泉亭县。东汉复改为钱唐县，属吴郡。三国、两晋、南北朝时期，为吴国的吴兴郡，属扬州。梁武帝太清三年（549 年）升钱唐县为临江郡，陈后主祯明元年（587 年），又置钱唐郡，辖钱唐、于潜、富阳、新城 4 县，属吴州。隋开皇九年（589 年）废郡为州，首次有“杭州”之名，并将城池由灵隐山下迁至柳浦西（今江干）。辖钱唐、余杭、富阳、盐官、于潜、武康 6 县，州治初在余杭，次年迁钱唐。大业三年（607 年）改为余杭郡。唐武德元年（618 年）置杭州郡；武德四年（621 年）因避国号讳，改“钱唐”为“钱塘”。天宝元年（742 年）复名余杭郡，属江南东道；乾元元年（758 年）又改为杭州，州治在钱塘，辖钱塘、盐官、富阳、新城、余杭、临安、于潜、唐山 8 县。五代十国时期，吴越国于 893 年建都杭州，历 5 帝共 86 年。北宋时，杭州为两浙路的路治，分设钱塘、仁和两县；大观元年（1107 年）升为帅府，辖钱塘、仁和、余杭、临安、于潜、昌化、富阳、新登、盐官 9 县。南宋建炎三年（1129 年）置行宫于杭州，改名临安。绍兴八年（1138）正式定都于此，称行在所，历 8 帝共 148 年。南宋景炎元年（1276 年）元军攻下临安，复改名杭州。元在杭州设两浙都督府，后改为杭州路总管府，为江浙行省治所（以钱塘、仁和两县分治）。至正二十六年（1366 年）改置浙江行省，仍为省治。明改称杭州府，为浙江布政使司治所。清代杭州府城设钱塘、仁和两县，为浙江省兼杭嘉湖道治所。1912 年废杭州府，合并钱塘、仁和两县为杭县，仍为省会所在地。1914 年设道制，置钱塘道，道尹驻杭县，原属各县归钱塘道管辖。1927 年废道制，析出杭县城区设杭州市，直属浙江省，仍为省会。1949 年 5 月 3 日中国人民解放军接管杭州，5 月 24 日成立杭州市人民政府[1]。

（二）杭州城历代的洪潮灾害

杭州城因东临杭州湾，钱塘江以怒潮闻名天下，有“钱江怒涛甲天下”之称，因此，杭州城历代饱受潮水冲击，潮灾频繁（表 7-3-1）。

[1] 崔林涛，罗亚蒙等主编．中国历史文化名城大辞典．上．北京：人民日报出版社，1998：244-245．

杭州古城洪潮犯城一览表　　表 7-3-1

序号	朝代	年份	潮灾概况	资料来源
1	唐	大历二年(767)	七月十二日夜，杭州大风，海水翻长潮，飘荡州郭五千余家，船千余只，全家陷溺者百余户，死者数百余人。	四部备要·史部·旧唐书，上卷三七
2		大历十年(775)	七月己未夜，杭州大风，海水翻潮，飘荡州郭五千余家，船千余只。全家陷溺者百余户，死者四百余人。苏、湖、越等州亦然。	旧唐书·五行志
3	唐	咸通元年(860)	钱塘县旧县之南五里，潮水冲激江岸，奔驶入城，势莫能御。	海塘新志，卷 3
4	五代	后梁开平四年（910）	梁开平四年八月，钱武肃王始筑塘，在候潮门通江门外，潮水昼夜冲激，版筑不就。命强弩数百以射，……既而潮水避钱唐，东击西陵，遂造竹络、积巨石，植以大木，堤既成，久之，乃为城邑聚落，凡今之平陆，皆昔时江也。潮水冲突不常，堤岸屡坏。	（明）田汝成．西湖游览志，卷 24，浙江胜迹
5	宋	大中祥符五年（1012）	海潮大溢，冲激州城。	成化杭州府志，卷 33
6	元	至元十四年(1277)	元至元十四年六月十二日，飓风大雨，潮入城，堂奥可通舟楫。	嘉靖浙江通志，卷 63，天文祥异
7	明	成化七年(1471)	七月，狂风大雷雨，江海涌溢，环数千里，林木尽拔，城郭多颓，庐舍漂流，人畜溺死，田禾垂成，亦皆淹损。	康熙杭州府志，仁和县志，卷 25，祥异
8		嘉靖二年(1523)	七月初三日处暑，时方大旱，至此日，狂风暴雨，拔木五、六十处，天开河等处，海水涌溢，漂流庐舍数百家，冲决塘坝，海水倒流入城，河北皆盐。	康熙杭州府志，卷 25，祥异
9	清	同治三年(1864)	清同治三年五月二十三日和二十八日两潮，灌入州城，将城外鹇桥、城内偃下坝全行冲去，上灌处涨及仁和地界。	民国十四年杭州府志，卷 52，海塘

（三）古代杭州城防洪潮的措施

古代杭州城防洪潮的措施很多，主要的措施分述如下：

1. 筑塘防海（图 7-3-3）

筑塘防海，是杭州城生存的重要屏障。

钟毓龙先生经考证，认为杭州自汉至清末有 39 次修筑海塘之役[1]。其中当然包括五代后梁开平四年吴越王钱镠筑捍海塘一例。

据魏嵩山先生的研究，直到秦代，杭州现城区和西湖所在，当时仍是海湾。自东汉筑塘防海，西湖与海隔绝，湖水才逐渐淡化，城区才逐渐成陆。隋唐以后，杭州陆地面积继续向外扩展。隋代杭州开始筑城，当时城区内皆咸水。唐代李泌在杭州建六井，把西湖甘水引到市区，促进了城市的发展[2]。

隋唐以后，钱塘县治迁至今杭州平陆江干一带，江湖威胁着城市的安全。唐代大历二年（767 年）、大历十年（775 年）、咸通元年（860 年）的潮灾就是明证。

梁开平四年（910 年）吴越王钱镠大筑捍海塘，采用“竹笼石塘”外植滉柱捍之的办法，终于制服了江湖，使杭州“城基始定”[3]。使杭州城市进一步发展。

[1] 钟毓龙著．说杭州．杭州：浙江人民出版社，1983：104-111.

[2] 魏嵩山．杭州城市的兴起及其城区的发展．历史地理，创刊号：160-168.

[3] 吴越备史．

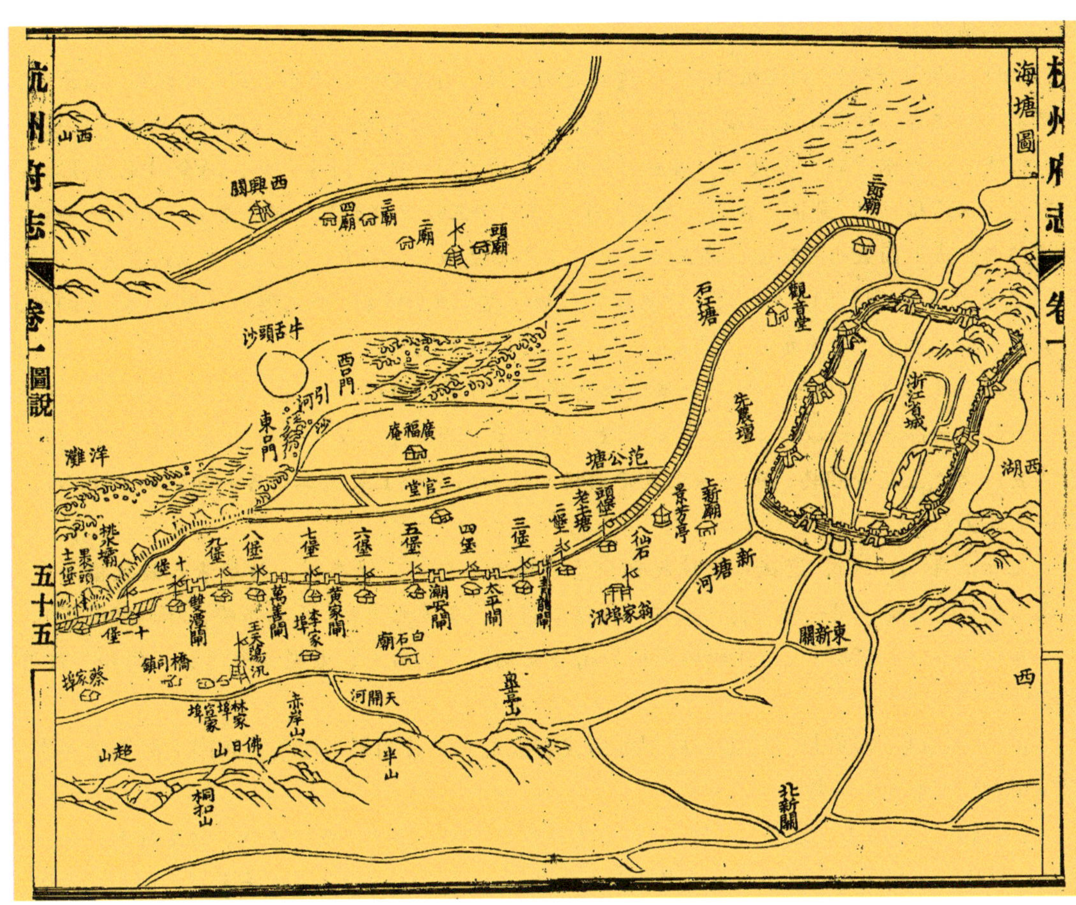

图 7–3–3 海塘图（乾隆杭州府志）

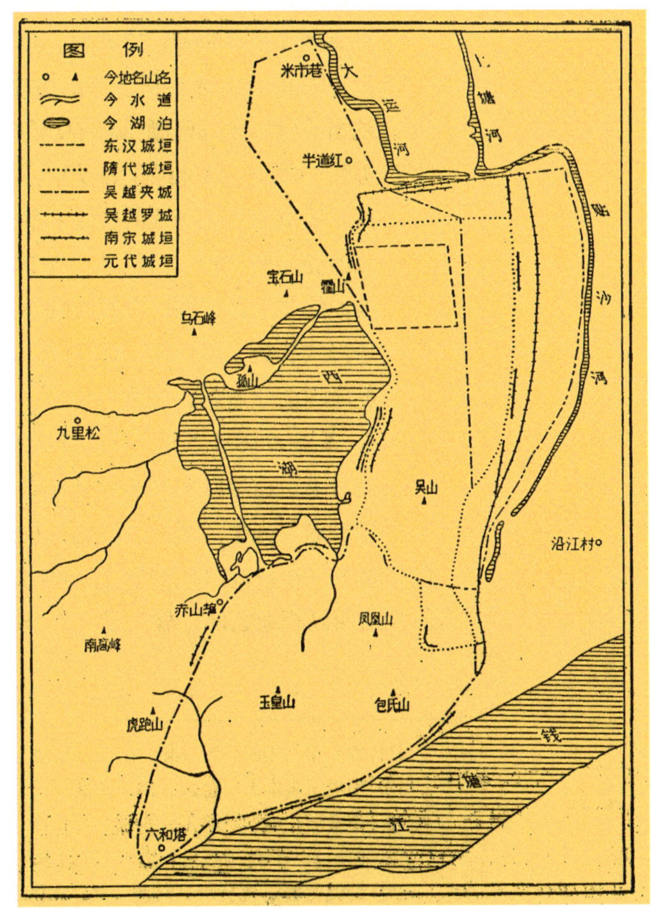

图 7–3–4 杭州城垣变迁示意图（魏嵩山论文插图）

从杭州 39 次筑塘防海，可以毫不夸张地说，杭州是从筑塘防海开始诞生、发展，最后成为一座中外闻名的大都会的。

2. 杭州历代修筑城垣，具有防洪功用（图 7–3–4）

据《古今图书集成 · 考工典 · 城池》记载：

杭州府城池。隋杨素筑，周三十六里九十步。唐因之，景福二年（893），苏杭等州观察使、开国侯钱缪新筑罗城，自秦望山，由夹城东，亘江干，薄钱塘、霍山、范浦，周七十里。城门十，曰朝天，曰龙山，曰竹车，曰新门，曰南土，曰北土，曰盐桥，曰西关，曰北关，曰宝德。

宋绍兴二十八年（1158）增筑内城及东南之外城，附于旧城，为门十三，东曰便门，曰候潮，曰保安，曰新门，曰崇新，曰东青，曰艮山；西曰钱湖，曰清波，曰丰豫，曰钱塘；南曰嘉会；北曰余杭。水门五，曰保安，曰南，曰北，曰天宗，曰余杭。

元至正十六年（1356），张士诚据浙西，更发五郡民夫修筑，周六千四百丈有奇，高三丈，厚高加一丈，而杀其上，得厚四之三。东自艮山门至候潮门，视旧拓开三里，而络市河于内。南自候潮门迤西，则缩入二里，而截凤山于外。东西比旧差广，门仍一十有三。

二十六年（1366），明太祖取杭州，遂因之为省城，门省为十。东城五门，曰候潮，曰永昌，曰清泰，曰庆春，曰艮山；西城三门，曰清波，曰涌金，曰钱塘；南城一门，曰凤山；北城一门，曰武林。为水门四，在凤山、候潮、艮山、武林各门之旁。门各有楼，涌金门无。月城共十有九，水门楼止二：武林、艮山。雉堞九千八百三十三堵，将台五十座，警铺一百七十一所。制多仍旧。城周围五千五百丈，高三丈六尺，下广四丈或三丈七尺，上广三丈二尺有差。

成化十一年（1475），左布政使宁良议于钱塘门左、涌金门右，开九渠之一为河，以导湖水，上其事，从之。于是开为水门，阔七尺，高九尺，入深四丈九尺。

嘉靖三十四年（1555），提学副使阮鹗增筑钱塘月城，雉堞高二丈。督抚都御使胡宗宪令于北关外登云桥筑东西敌楼二座，俱高六丈，阔四丈，周二十二丈，上有雉堞，下为门二。又于清波门南城上筑带湖楼，东南城上筑定南楼，凤山门两城上筑襟江楼各一座，高二丈八尺，周一十二丈。

三十五年（1556），巡抚都御使阮鄂令于白塔岭兵马司、银杏树、月塘寺各筑敌楼一座，俱高五丈，阔三丈，周一十六丈。武林、钱塘二门外，各浚池甃闸，上构吊桥，环城皆有深池。

顺治十五年（1658），总督李率泰檄府增高女墙，并二为一，兼檄各府州县。仁和、钱塘二县附郭[1]。

由以上记载，我们可以知道，杭州城历代有修筑。尤其明嘉靖倭乱，东南沿海均受倭患。据《明史纪事本末》记载：

（嘉靖）三十四年（乙卯，1555），拓林倭夺舟犯乍浦、海宁，攻陷崇德，转掠塘西、新市、横塘、双林、乌镇、菱湖诸镇，杭城数十里外，流血成川。巡抚李天宠束手无策，惟募人缒城，自烧附郭民居而已。张经驻嘉兴，援兵亦不时至。副使阮鹗、佥事王询竭力御之，仅免失陷[2]。

沿海加强军事防御，修城垣，也有利于防洪御潮。

3．州城的城市水系利于调蓄和排涝，历代建设和管理关系其兴废

杭州城建设了以西湖、城濠及城内河渠为主干的城市水系，具有多种功用，包括供水、防火、军事防御、灌溉、园林绿化等功用，也有重要的调蓄洪水和排洪排涝的功用。

这一城市水系靠历代的建设和管理。

以西湖为例，如无白居易、苏东坡等先贤的建设和后世的管理，西湖早已不存在了。

西湖的前身是潟湖，自钱塘修筑，潟湖不断被雨水和溪水冲淡，变成了淡水湖。

唐穆宗长庆二年（822年），白居易任杭州刺史，进行西湖的水利建设。

乾隆《浙江通志》记载：

居易为杭州刺史，始筑堤捍钱塘湖，钟泻其水，溉田千顷[3]。

白居易筑白堤以蓄湖水，又建石涵以备水暴涨泄水“防堤溃也”[4]。

据钟毓龙先生考证，白居易为杭州刺史，由石函桥筑堤，迤北至余杭门，外以隔江水，内以障湖水（按余杭门，即今之武林门，宋时始有之。在唐时，并未有城，武林门一带，犹为泛洋湖与西湖相通之地。故白居易筑堤以隔之。此所谓白堤也）[5]。

---

[1] 古今图书集成·考工典，卷20．城池．

[2] 明史纪事本末，卷55．沿海倭乱．

[3] 乾隆浙江通志，卷52．水利．

[4] 白居易．钱塘湖石记．乾隆浙江通志，卷52．水利．

[5] 钟毓龙著．说杭州．杭州：浙江人民出版社，1983：116．

据《说杭州》一书，西湖建设，管理疏浚之大事如下：

(1) 唐太宗时，杭州刺史李泌凿阴窦，引水入城，为六井利民汲。

(2) 唐穆宗长庆间，白居易筑堤建涵，以利蓄泄灌溉。

(3) 五代钱镠特置撩兵千人，浚治西湖，并开涌金池，引湖水入城利舟楫，并作大、小堰以蓄水。

(4) 宋真宗景德四年（1007 年），郡守王济命浚治西湖，增置斗门，以防溃溢。

(5) 宋哲宗元祐五年（1090 年），苏轼守杭，大力浚治西湖，为西湖建设立不朽之功。

(6) 南宋建都杭州，西湖浚治建设更好，增置开湖军兵，修六井阴窦水口，增置水门斗闸，蓄泄有度。禁官民抛弃粪土，栽茭荷、秽污填塞湖港，增筑堤岸防水溢致灾等。

(7)元代一度废而不治，听民侵占，全湖尽为桑田。明初仍元之旧。明宪宗成化十年(1474 年)郡守胡浚，稍稍辟治外湖。成化十七年(1481 年)，进一步清理占湖者。明武宗正德十三年(1518 年)，郡守杨孟瑛锐意恢复，力排众议，上书言西湖当开者五：以风水言，西湖塞，则杭州形势破坏，生殖将不蕃；以守备言，西湖塞，则城之西部，无险可守；以人民之卤饮为言；以运河之枯竭，妨害交通为言；以田亩之缺乏灌溉为言。朝议许之。于是毁田荡三千四百八十一亩，西抵北新路为界；增益苏堤高二丈，阔五丈三尺。西湖大部始复唐宋之旧。

明世宗嘉靖十二年（1533 年）、十八年（1539 年）、四十四年（1565 年）皆有管理，防止侵占西湖。神宗万历间（1573 ~ 1620 年），太监孙隆修白沙堤，建风景名胜。

(8) 清康熙、乾隆帝多次来杭，西湖建设更好。雍正间（1723 ~ 1735 年），总督李卫，浚湖三次。嘉庆时（1796 ~ 1820 年），巡抚阮元，两次浚湖。同治时（1862 ~ 1874 年），巡抚左宗棠、布政使蒋溢澧并加浚治。后又设浚湖局，由绅士管理，民国后，改由官办[1]。

除西湖外，城壕、城河均有管理浚治，使杭州的城市水系完整而有各种功效。

杭州西湖历代的管理、兴废，说明人之管理不可废。有管理浚治，则湖兴，否则，湖就废，成为民田。若此，杭州城就不成今日的杭州矣!

竺可桢先生在《杭州西湖生成原因》一文中指出：

“西湖若无人工的浚掘，一定要受自然的淘汰，现在我们尚能徜徉湖中，亦是人定胜天的一个证据了。”[2]

二、台州（图 7–3–5 ~图 7–3–8）

台州古城，有“江南长城”之誉。抗倭名将戚继光曾修筑台州城，并将其筑城经验运用于八达岭长城等地，构筑空心敌台。台州古城不仅以易守难攻的特色著名，也以其防御洪潮的经验为我们提供了宝贵的借鉴。

（一）地理位置和历史沿革

台州古城，临海县附郭。现为浙江省临海市。

临海，位于浙江省东南沿海，东临东海，南接台州市椒江、黄岩两区，西连仙居县，北邻三门、天台两县。临海属丘陵山区，栝苍山脉从西向东伸展，形成无数大小峰峦，主峰米筛浪，海拔 1382m，称浙东第一高峰。台州地势自西向东倾斜，西南部和西北部为丘陵山地，中部为断陷盆地，东部为滨海平原。外缘是浅海滩涂，海域内有大小岛屿 86 个。全境有“七山一水二分

---

[1] 钟毓龙著．说杭州．杭州：浙江人民出版社，1983：115-120.

[2] 潘一平，乌鹏廷，陈汉民编著．杭州湖山．上海：上海教育出版社，1984：30.

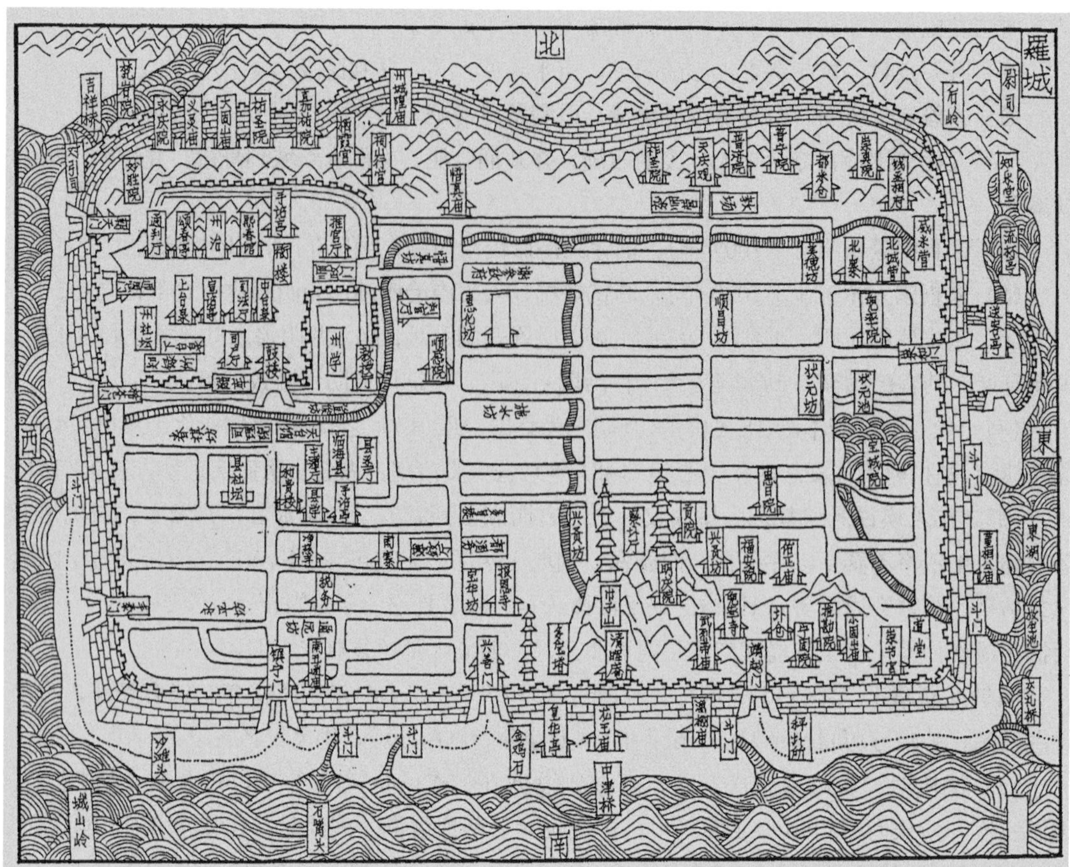

图 7-3-5 台州城图
(摹自宋嘉定赤城志)

图 7-3-6 台州府图
(摹自乾隆浙江通志)

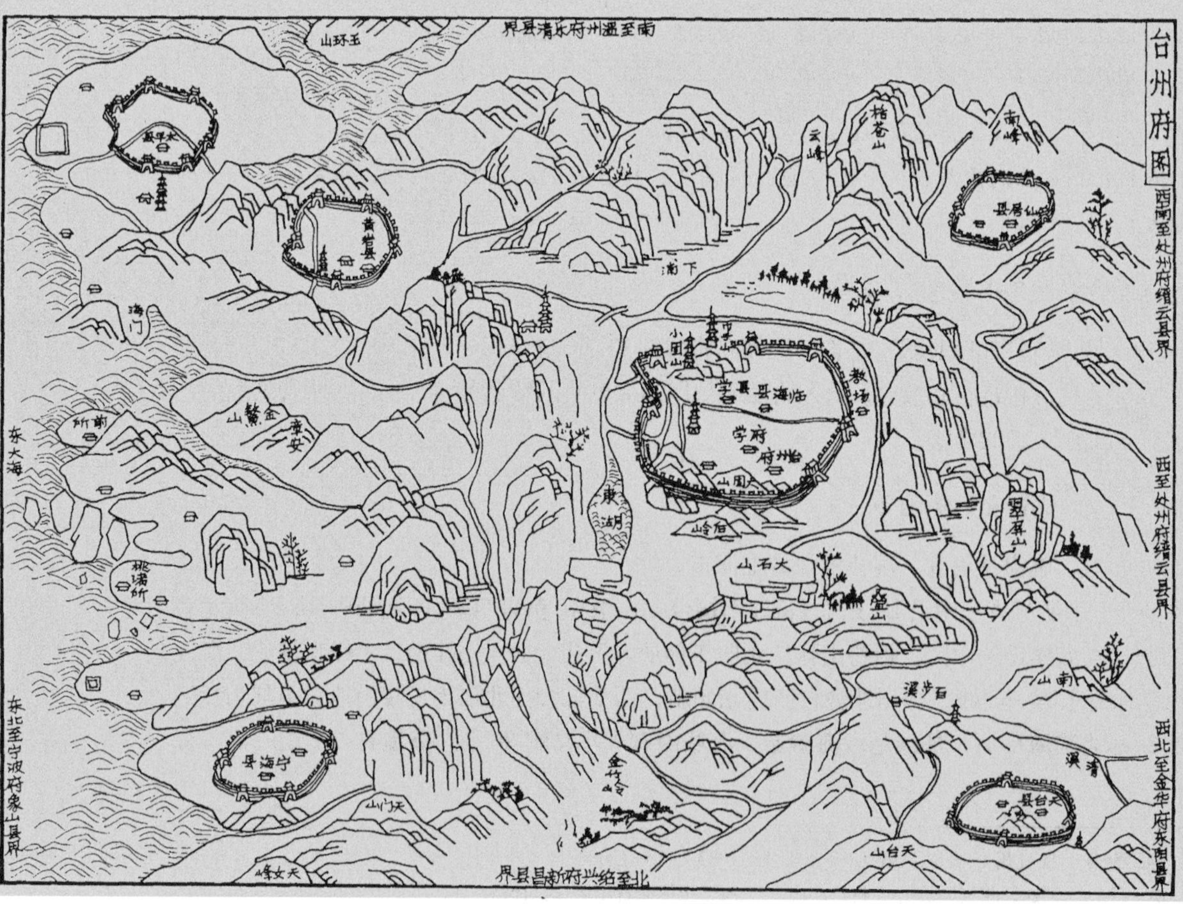

图 7-3-7 临海县城图（摹自光绪台州府志）

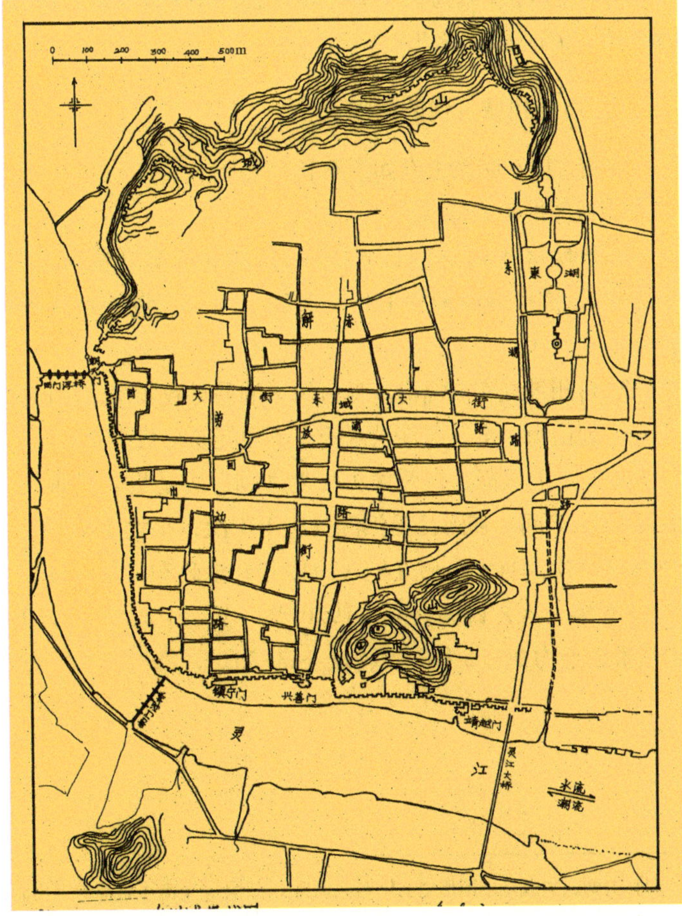

图 7-3-8 台州城现状图（由临海县城建局提供 重绘）

田”之称。临海属亚热带季风气候，温暖湿润，四季分明，雨水充沛，光照较多。年平均气温17℃，年降水量1550mm，无霜期241d。夏秋之交多台风。

临海历史悠久，早在新石器时代，就有人类生息繁衍，境内已先后发现多处文化遗存。商、周时期属瓯地。春秋为越国地。汉初为东海王摇所有。汉昭帝始元二年（公元前85年），为加强对原瓯越地区的控制和管理，设置回浦县，县治章安（今临海东南章安镇）。回浦县地域颇大，约相当于今台州、温州、丽水、宁波地区的一部分以及福建闽江以北一带。还在章安设置军事机构东部都尉和负责海上交通的司东鳀事者。东汉初改回浦为章安县。三国吴时，由章安、永宁两县各划出一部分设临海县。三国吴太平二年（257年），以“会稽东部为临海郡”，辖章安、临海、南始平、水宁、松阳、安阳、罗江诸县。郡治初治临海，不久即移往章安，南朝时期，章安已成为东南地区的一大都会和颇具规模的港口。隋开皇九年（589年），废临海郡及临海所属各县，并为临海县。开皇十一年，临海县治从章安移往临海的大固山，同时设置军事机构临海镇，以军事长官兼任行政长官。唐武德五年（622年），分临海县为临海、章安、始丰、乐安、宁海5县，设台州，州治临海。武德八年废章安入临海，从此章安不再设县，临海城规模自此进一步扩大。五代时期，台州为吴越钱氏所有，至北宋太平兴国三年（978年）吴越归宋，遂入宋之版图。南宋定都临安，台州成为“辅郡”，各方面都得到很大发展，临海作为治所，文化和政治方面的发展尤为突出。在南宋的150余年中，台州共出550多名进士，文化发达，史有“小邹鲁”之称。在政治上，临海出了不少地位显赫的人物，位至宰辅的就有谢深甫、钱象祖、陈骙、谢廓然、谢堂5人。嗣后临海历为台州路（元）、台州府（明、清）治所。1912年后废府属会稽道，1927年废道直属于省。1935年为浙江省第七行政督察区区署驻地。1949年于临海设台州专区，1954～1956年、1958～1961年台州专区两度撤销，临海县先后划属宁波、温州两专区。1962年复设台州专区后又为专署驻地。1986年临海改县设市[1]。

（二）台州城古代的洪潮灾害

台州古城在防洪上有如下不利因素：

1. 城区地势较低

台州城区地面高程由6.38～8.38m不等（黄海高程，下同），而历史最高洪水位为10.219m，高于城内地坪1.8～3.8m。如不设防，城区内局部地区洪水将淹没平房，造成严重损失。

2. 台州地处东南沿海，受台风影响易导致暴雨、洪涝灾害

3. 处山海之会，灵江洪水受海潮顶托易形成大水灾

由于以上原因，台州城历代受洪潮之灾是极其严重的。自晋太和六年（371年）至1948年的1578年间，临海县受洪潮灾害101次，平均15.6年一次；洪潮圮城、入城24次，平均约66年一次。自宋庆历五年（1045年）至政和二年（1112年）的68年间，洪潮圮城达5次，约13.6年一次。民国九年（1920年）至二十八年（1939年）的20年间，洪潮圮城、入城达8次，平均2～5年一次（表7-3-2）。

[1] 彭卿云主编．中国历史文化名城词典．三编．上海：上海辞书出版社，2000：186-187.

古代台州城市水患一览表 **表 7-3-2**

序号	朝代	年份	潮灾概况	资料来源
1	宋	庆历五年(1045)	宋庆历五年夏六月，临海郡大水坏城郭，杀人数千，官寺民室仓帑财积一朝扫地，化为涂泥。	民国临海县志稿，卷五
2		政和二年(1112)	大水坏城，淹死者无数。	光绪台州府志，卷 132
3		绍定二年(1229)	九月乙丑朔复雨，丙寅加骤，丁卯天台仙居水自西来，海自南溢，俱会于城下，防者不戒，袭朝天门，大翻栝苍门以入，杂决崇和门，侧城而出，平地高丈有七尺，死人民逾两万，凡物之蔽江塞港入于海者三日。	光绪台州府志，卷二七
4		淳祐十二年(1252)	六月，大水冒城郭，漂庐室，死者以万计。	民国临海县志稿
5	明	洪武八年(1375)	大水，城下浸者数版，漂没室庐人畜不可胜计。	康熙临海县志，卷 11
6		嘉靖八年(1529)	大水，西城陷下尺余，漂坏田庐，死者甚众。	康熙临海县志，卷 11
7		嘉靖二十年(1541)	七月十八日，飓风发屋拔木，大雨如注，洪涛暴涨，平地水深数丈，死者无数。	康熙临海县志，卷 11
8		隆庆二年(1568)	二年七月，台州飓风，海潮大涨，挟天台山诸水入城三日，溺死三万余人，没田十五万亩，坏庐舍五万区。	明史 · 五行志
9	清	顺治十五年(1658)	秋，大水，决郡西城，人多淹死。	光绪台州府志，卷 135
10		康熙七年(1668)	四月廿日，飓风，崩山拔木，城垣坍坏，骤雨，顷刻水深数尺，人多淹死。	民国临海县志稿
11		宣统三年(1911)	七月初三日，狂风暴雨，山水骤发，矮屋均与檐齐，阅二日始退。又大雨累日，飓风并作，大木斯拔，田禾尽淹，水入城，高七、八尺，人民牲畜溺毙很多。	临海县水利局，科委编．临海县水利水电建设 · 自然灾害史料

（三）台州古城防御洪潮灾害的措施

台州城历史上多次遭洪潮没顶，有时一次即死数万人。正因为洪潮为患之烈，古城的防洪作用就更为重要。

在与洪潮灾害的长期斗争中，古代台州的人民积累了丰富的经验，采取了以下有效的防洪技术措施：

1．修筑坚固的能防洪抗冲的城墙

台州古城，历代重视修筑城池，以御敌和御水患。

台州府城，即临海城。城前绕灵江，后横北固山，东南巾子山耸秀，东面东湖漾波，形势险要，风光秀美。临海城范围，旧志谓周围一十八里，实测为 6000m。城旧有 7 门，门上皆有楼：东曰崇和门，楼名惠风；南曰兴善门，楼曰超然；又有镇宁门，楼名神秀；东南曰靖越门，楼亦名靖越；西南曰丰泰门，楼名霞标：西曰栝苍门，楼名集仙；又有朝天门，楼名兴公。城内原有子城。据宋王象祖《修子城记》载："东自鼓楼。逾州学过东山阁，包职官厅，历玉霄亭，入于州之后山；西自鼓楼，介于内外班，而长于内外班，曲而为洞门，又曲而依于大城。"子城周围 4 里，设 3 门：南为谯门，亦称鼓楼；西曰迎春门，又称延庆门；东曰顺政门，又名东山阁。临海城始建年代不详，据考，城当筑于晋后隋前。

唐代临海城规模进一步扩大，相传系“唐尉迟敬德所造”。此后，宋、元、明、清各代虽经多次维修，但规模格局未变。清顺治十五年（1658年），摄兵备道兼知府胡文烨、推官王阶将城增高3尺，垛口并3为1，浚河树栅，增建敌台，城池比旧时更为壮观。康熙五十一年（1712年），台州知府张联元在靖越、兴善、镇宁、朝天4门加筑瓮城。咸丰年间（1851～1861年），太平天国侍王李世贤率太平军攻占台州城，亦予以重修。现存西、南两面，长2200余米，除垛口外，余皆基本完好。北面的北固山上尚有部分残存，但基础依然，也是江南地区保存最好的府县城。城门尚存其四，即靖越门、兴善门、镇宁门、朝天门。临海城建筑结构特色一是各城门顶上有一个长方形“天洞”；二是沿江城墙的“马面”，外壁凸出面一面为方形，一面为弧形，即靠江上流方向均为没有棱角的弧面，其主要功能在于减少江水的冲击力。充分显示了我国古代劳动人民的智慧和创造能力[1]

笔者据各种史料，列出了表7-3-3。

台州古城历代修筑大事记 表7-3-3

序号	朝代	年份	修筑情况	资料来源
1	东晋	隆安五年（401）	大固山，一名龙顾山，在州西北三百步，高八十丈，周回五里，按旧经，晋隆安末孙恩为寇，刺史辛景于此凿堑守之，恩不能犯，遂以大固小固名山。	（宋）陈耆卿撰．嘉定赤城志，卷19，山水门·山
2	隋	开皇十一年（591）	壁记序云：隋平陈，并临海镇于大固山，以千人护其城。	（宋）陈耆卿撰．嘉定赤城志，卷19，山水门·山
3	宋	太平兴国三年（978）	宋太平兴国三年，吴越归版图，隳其城。示不设备，所存惟缭墙。	民国临海县志稿，卷5，建置·城池
4		大中祥符（1008～1016）	大中祥符时再筑。	民国临海县志稿，卷5，建置·城池
5		庆历五年（1045）	庆历五年海溢，复大坏，部使者田瑜以闻，诏新之。乃命太常博士彭思永摄州事，命县令范仲温分典四隅，从事苏梦龄等总其役，三旬而毕。周之以陶甓，……乃请兼用石……。	民国临海县志稿，卷5，建置·城池
6		庆历六年（1046）	元守绛至，乃因新城增甓之。	民国临海县志稿，卷5，建置·城池
7			因水害之繇，昔之缘城之民刳去客土，日以薄圮，是有水败。乃因新城，出帑金以购材募工，砻石累甋，环周表里；外内九门，饰以楼观。缒木于门，牝牡相函，外水方悍，以禦其怒。作十窦窗，栽以密石，内水方淹，以疏其恶。又凿渠贯城，厮为三支，达壅停清，余波距川。……旬岁而工既。于是秋复攻，不没者三版，乃循阛阓垂木阑窗，或持编营，或捧篑土，辅坚窒隙，捍有余壮。……	元绛．台州杂志，载台州丛书乙集之一．赤城集
8		庆历七年（1047）	上官请（范仲温）董众以治城，……乃集民累土，以牛数百蹂之坚，而后表以长石，互相衔枕，势莫能动。其城八门皆设闸。	光绪台州府志，卷96，名宦传

[1] 彭卿云主编．中国历史文化名城词典．三编．上海：上海辞书出版社，2000：187-188.

续表

序号	朝代	年份	修筑情况	资料来源
9	宋	至和元年（1054）	复大水，城不没者数尺，孙守砺再加增筑。	民国临海县志稿，卷5
10		嘉祐六年（1061）	大水复坏，徐守亿谓城南一带当水冲，用牛践土而筑之，每日穴所筑地受水一盂，黎明开视，水不耗乃止。	民国临海县志稿，卷5
11		熙宁四年（1071）	钱守暄又垒以密石，且虑水啮其足，遂浚湖以土实之。案洪志云：赤城志载城故址东自小鉴湖，循清心岭而南，萦抱旧放生池，直接城山岭古通越门土地庙。自熙宁四年钱守筑城徙而西缩入里余。则是东湖未开之前，其地在城内也。	民国临海县志稿，卷5
12			暄为增治城堞，垒石为台（史传），且虑水啮其足，遂浚湖（嘉定志）作大堤捍之（史传）。	光绪台州府志，卷96
13		宣和年间（1119～1125）	宣和中，寇乱，城多圮，其北倚山无闉堞，众议修葺，邑人黄袭明白诸守令，出财私以为倡（黄袭明传）。	民国临海县志稿，卷5
14		淳熙二年（1175）	乾道九年火及闉，淳熙二年赵守汝愚又缮筑焉。	民国临海县志稿，卷5
15			乾道九年，里旅不戒于火，延及郡城。堵隤甃弛，径逾无禁……埤增卑薄，塗塞空郄。环城诸门作新者四：曰镇宁，曰兴善，曰丰泰，曰栝苍；修旧者五：曰崇和，曰靖越，曰朝天，曰顺政，曰延庆。起淳熙二年六月癸酉，讫闰九月戊辰累共积功凡一万五千三百七十有六。	吕祖谦．台州重修城记．古今图书集成·考工典·城池，卷26
16		淳熙三年（1176）	三年秋大雨，城又几垫，尤守袤极力堤护，事竟复修城，城全，邦人歌之。（赤城志）	民国临海县志稿，卷5
17			尤袤……淳熙二年十月以承议郎知台州（嘉定志）……前守赵郡汝愚修城工才什三，属袤成之。袤按纤前筑殊卤莽，亟命更筑加高厚，数月而毕。明年大水更筑之墉，正值水冲，城赖以不没。	光绪台州府志，卷96，名宦传
18		绍定三年（1230）	叶棠……城郭、河渠、学宫、宾馆、浮梁、养济院等以次修复。……越岁再水不能害。	光绪台州府志，卷96，名宦传
19			水先坏门，遂加坚为深，结深为洞，门三其限，以受版石，穴其防以为限。多门多罅，水多冲栝苍，故塞栝苍门。栝苍无罅，水必奔丰泰，并塞丰泰门。患江之啮，外为长堤，以护城足。患水之冲，内为高台，以助城力。城崇旧二尺，厚旧三尺。埋深以固址，开叠以广基，器利材良，土密工练。展民居，除恶壤。暮穴其筑以水，诘朝不耗方止。筑三分其城，新筑者一，补筑者一，余环而高厚甃甓之如一也。	民国临海县志稿，卷5
20		咸淳六年（1270）	赵子寅……咸淳六年又以编修守台，振饥修城，民怀之（宏治志）。	光绪台州府志，卷96，名宦传
21	元	至正十八年（1358）	方国珍窃据，复营治之。	民国临海县志稿，卷5
22	明	洪武初（1368）	明洪武初缮筑完固。	民国临海县志稿，卷5
23		嘉靖三十一年至三十二年（1552～1553）	三十一年始筑台州城。	光绪台州府志，卷134
24			三十二年以倭患修治，几费经营（方舆纪要）。	民国临海县志稿，卷5

续表

序号	朝代	年份	修筑情况	资料来源
25	清	顺治十五年(1658)	清顺治十五年增修，摄兵道胡文烨署府王昇董其事，视旧增高三尺，垛口并三为一，自是屹然改观。洪志：胡道自记云：……及巡历城池，见城制狭而疏，闉墙逼仄，砌除湫茸，丸泥可封。……外则浚河树栅，襟带为雄。内则开拓余丈，广袤宽坦。址因地辟，垒与颠平……相机设备，复于北城高处建敌台数座。	民国临海县志稿，卷 5
26		康熙五十一年（1712）	郡守张联元倡议增筑。（案旧制，城有七门，各冠以楼。……栝苍、丰泰二门久塞。崇和门初筑时即有月城，其门南向，以受山水趋朝之势。至镇宁、兴善、靖越、朝天四门，向无月城，皆张守所增筑。）	民国临海县志稿，卷 5
27		康熙五十七年（1718）	五十七年夏经营修复镇宁、兴善、靖越、朝天四门，因相度形势，尽改向逆水，重辟丰泰门（洪熙撰．修复台郡形势记）。	民国临海县志稿，卷 5
28		雍正七年(1729)	雍正七年正月总督李卫奉上谕檄饬兴修，郡守江承玠确勘鸠工，及其巩固。（浙江通志）	民国临海县志稿，卷 5
29		嘉庆间(1796～1820)	岁久就圮。嘉庆间邑令萧元桂增筑之。	民国临海县志稿，卷 5
30		道光二十年(1840)	邑人侯服捐资重修。	民国临海县志稿，卷 5
31		咸丰八年(1858)	土匪林大觉作乱攻城，丰泰门当寂寞之地，吴守端甫塞之。	民国临海县志稿，卷 5
32		同治四年(1865)	(咸丰)十一年，粤匪盘踞，环城诸楼悉被毁。同治四年，郡守刘璈次第修治（采访）。	民国临海县志稿，卷 5
33		光绪二十年(1894)	光绪二十年，倭人为患，奉上谕防守海疆，郡守赵亮熙、邑令吴鸿宾拨帑修筑，重新城楼，乃命培元局绅董其役（县案）。	民国临海县志稿，卷 5

首先，处理好城墙基础是防洪抗冲的关键。

宋绍定三年（1230 年）叶棠修城即注意基础处理，“埋深以固址，开叠以广基。器利材良，土密工练。展民居，除恶壤。”意即深挖基础。扩大基础面积，除去浮土，以条石砌筑基础。严格施工，保证质量。据笔者在中山路西城墙拆口现场观察，城墙基础宽于城身，深达 2m 以上，基础部分用条石砌筑。宋《营造法式》规定：“城基开地深五尺，其厚随城之厚。”台州古城基础深度超过此规定，且基础广于城身，符合清魏源主张的“基较所载，必广厚倍之，乃久而不圮”，是比《营造法式》规定更为科学的做法。

第二，筑护城堤保护城基。

宋熙宁四年（1071 年）钱暄筑城，“虑水啮其足，遂浚湖，作大堤捍之”。绍定三年（1230 年）叶棠修城亦“患江啮，外为长堤，以护城足。”元至正十年（1350 年）修筑护城堤，“辇石高山，取灰于越。外联大木，筑之抵坚，以壮其址；内积巨石，累土极深，以果其腹。地之卑者、封之而致高；壤之虚者，除之以布实。”修筑得极其坚牢。“清道光以后，丰泰门外江水啮及城根，邑人傅兆兰用松木桩排列堤岸，城赖以固。”即以堤护城，以桩护堤。

第三，以牛践土，提高城身的防渗能力。

以牛践土筑城，乃是台州古代劳动人民的创造，是以畜力代替人力的成功经验。

宋庆历七年（1047 年），范仲温率众筑城，“乃集民累土，以牛数百蹂之坚，而后表以长石，互相衔枕，势莫能动。”

以牛践土筑城的意义有二：一是大大加强古城的防渗透能力，在防洪上是重要措施；二是以畜力代替人力，乃筑城技术的一项革新。

第四，以砖石包砌城身，增强抗冲能力。

宋以前城皆土筑，宋庆历五年（1045 年）洪潮坏城，筑新城时即用砖石包砌城身，以增强城墙抗冲能力。

第五，在城墙内侧筑高台以抗水冲，灵江山洪暴发时，波涛汹涌，如遇海潮顶托，就更加势不可挡，往往把城墙冲坏。熙宁四年修城“垒石为台”，绍定三年修城，“患水之冲，内为高台，以助城力”，这是从多次洪水圮城中总结出来的宝贵经验，是抗冲的有效技术措施。

第六，城门设闸以御洪水。城门设闸以御洪，乃古城普遍运用的经验。台州古城设闸于宋庆历六年（1046 年），在南方古城中算是早的。

第七，堵塞易受洪水冲坏的城门。城门是城墙防洪的薄弱环节。在洪水强烈冲击之处，不宜设城门。台州古城在绍定三年修城时，即堵塞了栝苍、丰泰两门。

2. 建立城内排泄潦涝的渠系统

台州古城内原有河渠系统，有通航、供水、环境保护、防火等多种作用，还可排泄潦涝。

3. 东湖具有一定的调蓄洪水作用

东湖的开凿不仅利于军事防御，且利于调蓄洪水，其原容量约 30 万 m^3，相当于一小水库。东湖经历代建设，已成为台州城风景名胜之地[1]。

台州现为国家级历史文化名城。笔者曾多次到台州考察。现城墙、门楼得以修筑、恢复，更有“江南长城”之雄姿。

三、潮州（图 7–3–9 ～图 7–3–14）

潮州，国家级历史文化名城，岭南名郡。隋文帝开皇十一年（591 年）立潮州，以潮水往复为名（《元和郡县志》）。潮州古城，不仅在军事防御上十分重要，而且在防御洪潮灾害上也颇有建树。

（一）地理位置与历史沿革

潮州位于广东省东部，韩江中下游。

潮州地处韩江三角洲平原向山地过渡地带，山地和丘陵约占总面积的 58.5%，平原约占 41.5%。地势北高南低，北部凤凰山乌髻，海拔 1497m，为本市最高的山峰。韩江自西北向东南斜穿而过，其下游及三角洲则为宽广的平原。

潮州属南亚热带海洋性气候，雨量充沛，气候温和。年平均降水量 1685.8mm，多集中于 4 月～ 9 月。境内南部在夏、秋两季常受台风影响。

潮州是一座历史悠久的文化古城。从出土文物可知，远在五六千年前的新石器时代，就有人类聚居。秦始皇统一中国北方领土之后，派兵南下，于始皇帝三十三年（公元前 214 年）在南方建立桂林、南海、象三郡，潮州属南海郡所辖。西汉元鼎六年（公元前 111 年）设揭阳县，是粤东地区最早出现的行政机构。辖地广阔，包括粤东及闽南的广大地区。

东晋咸和六年（331 年），析南海郡的东部建立东官郡，同时撤销揭阳县，分置海阳、潮阳、绥安、海宁四县，海阳县便设在今潮州市境内。义熙九年（413 年）析东官郡的部分地区设立

[1] 吴庆洲．兼有防敌和防洪作用的台州古城．古建园林技术，1989（2）：55–59．

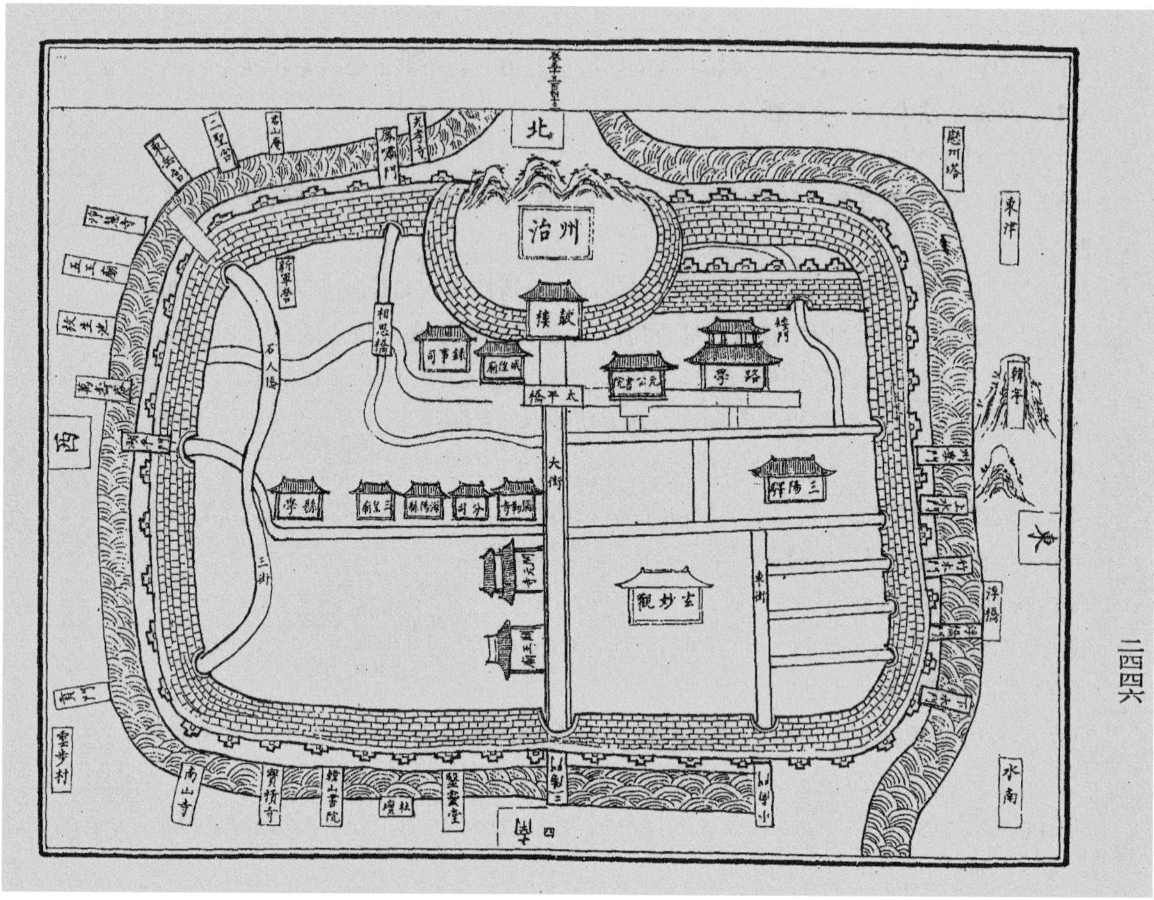

图 7–3–9 潮州府城图（摹自永乐大典，卷 5343）

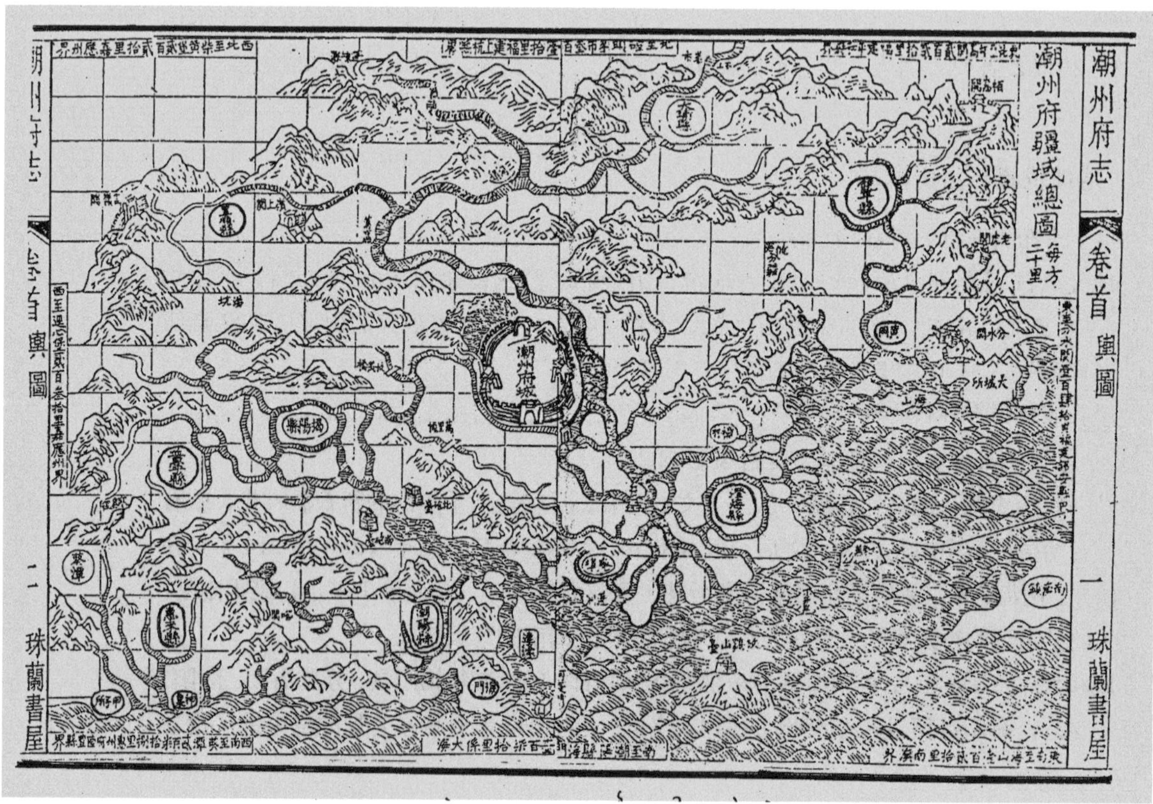

图 7–3–10 潮州府疆域总图（乾隆潮州府志）

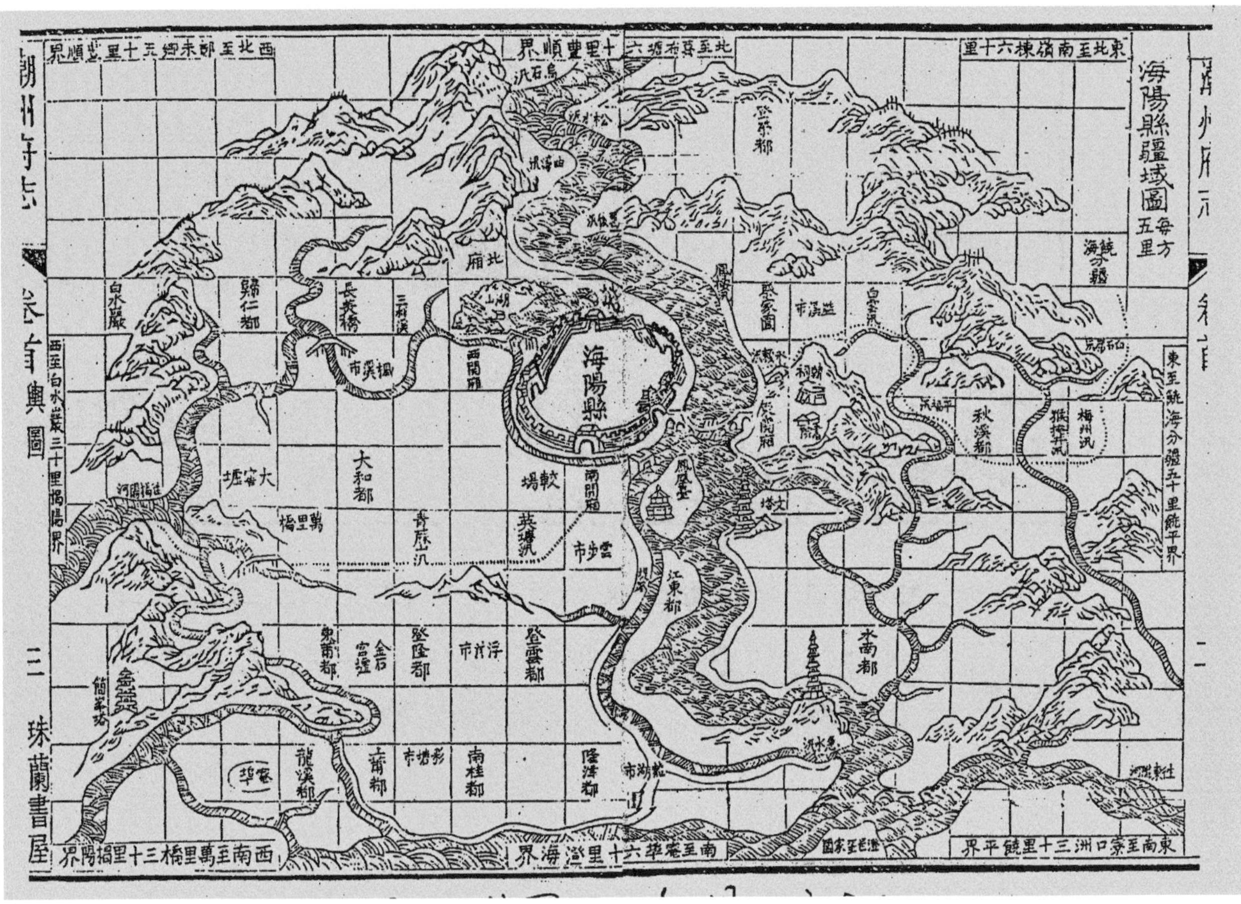

图 7-3-11 海阳县疆域图（乾隆潮州府志）

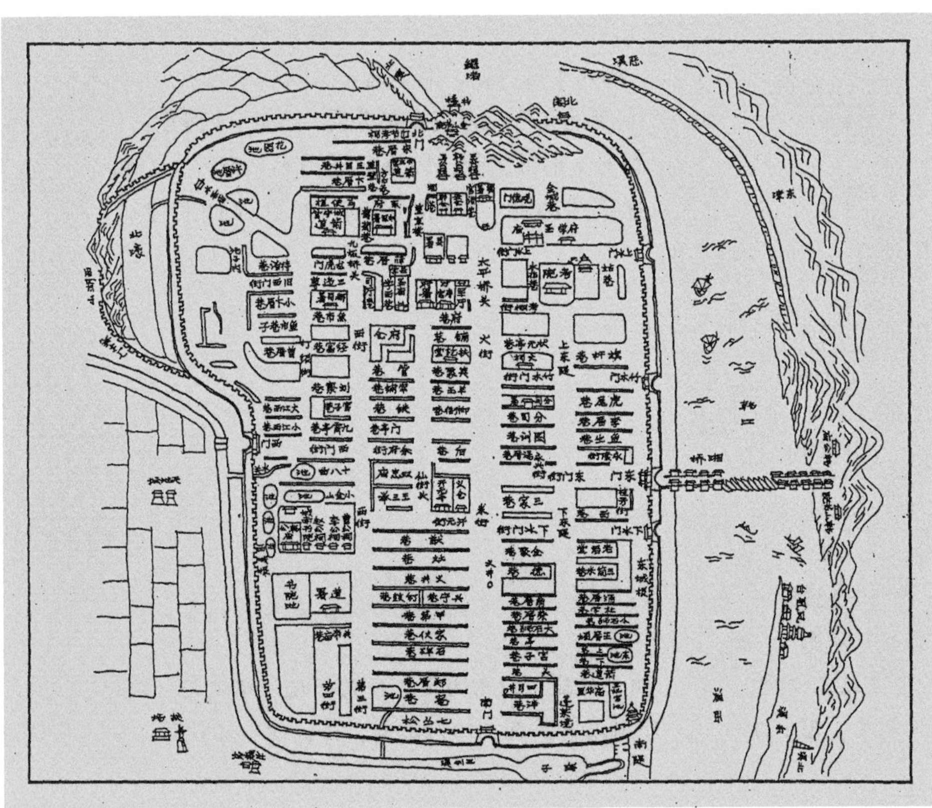

图 7-3-12 潮州府城图（摹自光绪海阳志）

图 7–3–13 潮州古城和广济桥（摹自清代名画，潮州古城图之照片）

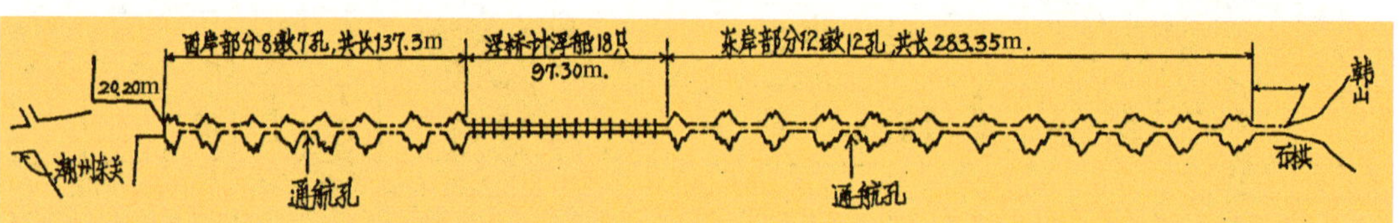

图 7–3–14 广济桥平面略图（摹自罗英．中国石桥）

义安郡，郡治便在现今的潮州市区。

隋开皇十年（590 年），废义安郡，设义安县。开皇十一年分循州置潮州。这是潮州之名的第一次出现。此后，随着朝代的更迭和体制的改变，潮州一名经历了三起三落，分别称为义安郡、潮州和潮阳郡。直至唐乾元元年（758 年），潮州一名才正式确定。此后，历宋、元、明、清，分别于此设郡、州、路、府，皆以潮州为名。

民国期间，潮州仍设潮州安抚使、潮州军务督办，潮循道，海阳县因与山东海阳县重名，1914 年改为潮安县。1949 年在潮州设立潮汕区行政督察专员公署，同年 11 月设立粤东行署。1953 年析潮安县城关镇为潮州市，与潮安县平行建制。1958 年撤销潮州市，改为潮州镇，属潮安县。1979 年恢复潮州市，1983 年撤销潮安县，并入潮州市。1991 年潮州升地级市，复置潮安县[1]。

（二）古代潮州城市洪潮灾害概况

潮州古代洪潮灾害频繁（表 7–3–4）。

（三）古代潮州城市防洪潮措施

潮州古代城市防洪潮的措施有如下几点：

1．建设能御敌又能御洪潮的堤城

据《永乐大典》记载：

（潮州府）城池。

州旧有子城，以金山为固。州之外城，以土为之，岁久颓圮。绍定间（1228 ~ 1233 年），王侯元应，因旧基筑之，外砌以石。自三阳门之南、西、北，环抱接于金山之背，

[1] 彭卿云主编．中国历史文化名城词典．上海：上海辞书出版社，2000：758.

古代潮州城市洪潮灾害一览表 表7-3-4

序号	朝代	年份	潮灾概况	资料来源
1	宋	至道二年(996)	八月，潮州飓风，坏州廨营寨。	民国潮州志·大事记
2	明	弘治八年(1495)	乙卯，大水，北门堤决，城崩二百余丈，禾稼灾。	乾隆潮州府志，卷11，灾祥
3		弘治九年(1496)	九年丙辰，堤决，城内水深丈余。民房官廨尽淹。	乾隆潮州府志，卷11，灾祥
4	清	康熙五年(1666)	夏五月，飓风，大雨，江东堤溃。(是年春，将军王光国令上水、竹木、广济、下水四门，左右各竖石柱，凿槽安板，大水，则下板以堵塞。自是，水不入城。今，各门有水板，始自王将军。)	乾隆潮州府志，卷11，灾祥
5		康熙十二年(1673)	九月飓风大发，二十日方止，韩江水涨，城内行船。	民国潮州志·大事志
6		康熙三十三年（1694）	是岁，自春徂夏，霪雨五月，韩江水涌数十丈，郡内舟楫可通，城墙不没者数版。	民国潮州志·大事志
7		康熙五十四年（1715）	乙未春三月，广济桥东石墩倒塌二座，淹毙三十余人。	乾隆潮州府志，卷11，灾祥
8		康熙五十九年（1720）	庚子夏五月，大水。十九日，堤决，广济桥崩塌石墩三座。	乾隆潮州府志，卷11，灾祥
9		道光二十二年（1842）	夏秋大水，东堤溃，广济桥圮，铁牛失其一。	民国潮州志·大事志
10		同治三年(1864)	是岁五月大水。七月，云赤如日，逾刻大雨。韩江水陡涨，高与城齐。……揭阳自正月至七月，天多霪雨。七月八日，水潦大至，平地水深尺余。大三日夜，飓大作，城内外一望汪洋。	民国潮州志·大事志
11		同治十年(1871)	六月初三日……大雨如注，水骤长，意溪，东津、龙湖、阁洲、横沙、秋溪诸堤俱溃。广济桥东石墩圮其一。	民国潮州志·大事志

计九百五十一丈，东西南北辟七门，以通往来。

元兵至潮平城，以后不复修筑。

大德间（1297～1307年），郡守帖里大中复修东畔滨溪之城，谓之堤城，以御暴涨洪流之患，民以为便。至正壬辰（十二年，1352年），因山海寇盗生发，广东帅府照磨、彭本立总戎始兴工修筑，潮民得保障。

圣朝平岭南，洪武元年（1368年）冬，指挥俞辅统兵来潮。越四年，因旧基而再兴，内外皆砌以石，高厚坚致。各门外筑瓮城。皆屋其上。为门七：东门、上水门、竹木门、下水门、南门、西风、北门。十年，指挥曾贵，扁南门曰镇南，北门曰望京，新创西门曰安定，余皆仍旧。城壕环绕，自南门至金山后。

《三阳志》，城郭。……子城外，带郭而家者，西南北各五里，冬以江水隔民居，才二里。直州而前，为街三，堤一。巷陌贯通，所缺者，外郭耳。余见于图。

州子城门三，东、西、南，东门今废。子城四围凡六十步，高二丈有五尺，面广一丈，基倍之。壕，面阔七丈五寸，自城下转西而南，绕郭之外，延袤一千二百余丈。

州之外城，……王侯元应……因旧基筑之，外甃以石。时志以速成，客土未实，亡何，坏者过半。许侯应龙复筑之，乃稍坚致。自三阳之南，西北环抱，接于金山之背，计九百五十一丈。由北距女墙，高一丈五尺，西北辟五门，以通往来。正西曰贡英，西北曰湖平，正北曰凤啸，对岳祠曰和福，与南三阳而六。由是，居民恃以无恐。端平初（1234年），叶侯观复檄厢官巡视，即雨所坏处为之修补。然城之内面，未及累甃，当有继而成之者。

州治之东，溪界于左循梅，舟筏顺流而东，直至子城下。捍御之备，视三方尤为要害。此方空缺，南西北虽有城，与无城同。端平初（1234年），叶侯观下车未几，首虑及此，概然有兴筑之意。然工役繁浩，所费不资。捐公帑之外，乃喻诸座户，俾佐其费，人乐输之。遂东自新城门，沿溪旁岸，筑砌以石，至于三阳门之南，首尾与旧城联属，计五百五十丈，高二丈，雉堞与焉。仍结四门以通水陆往来之道。于是城郭固密，民居其，始有安枕之乐矣。

州之外城，及沿溪一带城壁，岁久粉堞摧剥，谯门欹倾。淳祐丙午六年（1246年），陈侯圭僦工葺理，环雉堞四千余而一新之。城楼之颓圮者，若登瀛，若三阳，若贡英，若和福，若湖平，若凤啸，一一更创，以致城北隅之新路。三阳门东西之二东衢，旧虽有门，而楼橹缺然，今皆鼎建。扁其东曰开泰，西曰通利，北曰崇恩，周环相望，规模视昔尤胜[1]。

《永乐大典》的记载，正好补充了乾隆《潮州府志》的记载欠详之处。乾隆《潮州府志》对明以后的情况记载较详：

明洪武三年（1370年）庚戌，指挥俞良辅辟其西南，砌以石，改门为七，谓之凤城。城高二丈五尺，基阔二丈二尺，城面一丈五尺，周围一千七百六十三丈。东距溪曰广济门，曰上水门，左有涵洞一，引韩江水入府学泮池，经太平桥、绕海阳县治，过潮头桥，透西湖，出三利溪。后为民居填塞。曰竹木门，曰下水门。南曰南门，前有涵沟，通韩江，过城西，出三利溪，灌溉附近田畴。西曰安定门，左有水关，引韩江水入下水门，经开元寺，绕小金山，会大街、新街、西街诸沟之水，而出西关。其门原广五六尺，深亦如之。日久尾闾不泄，暴雨，江涨，不便于民。北曰北门。门各有楼。内有兵马司。东西南北四门，今增为义仓，外罗以月城。城有敌楼四十四，窝铺六十有七，雉堞二千九百三十二。

弘治八年（1495年）乙卯大水，决城一百六十余丈，城内行舟。官廨民房坍塌无算。同知车份筑之。嘉靖十三年（1534年）甲午，知府汤冔重建南门城楼。万历二十四年（1596年）丙申，兵备道王一乾修外城马路。

国朝雍正九年（1731年）辛亥，知府胡恂、知县张士琏请帑大修[2]。

由以上记载可知，潮州古城东面城垣，临韩江，一直担负防洪御潮的大任，元代即誉为堤城。笔者曾多次到潮州考察古城墙。现沿江城墙因防洪之需，保存完好，有2000多米的古城墙，下石上砖，另有广济门、上水门、下水门、竹木门四座古城门。至今，韩江水涨，则城门下闸防洪，为潮州城防洪潮之屏障（图7-3-15、图7-3-16）。

2. 筑贝灰心墙防洪水渗漏

广东潮州古城，东面城墙滨江而筑，在历史上成为防御韩江洪水的屏障，称为“堤城”。为了防止城墙渗漏过水，于同治十一年（1872年）在城墙中筑“龙骨”，即贝灰心墙[3]。1964年进行挖验，发现城墙堤中间，靠近外墙，有一道垂直的夯贝灰心墙，质量良好，起着隔水作用。该隔水墙在地面上2m多，深入地面下4m多，基础是条石，与外墙基条石相联接，但在条石基础下面仍是冲积土。这道贝灰心墙，从1872年直至1963年，历90年，经多次大洪水，

[1] 永乐大典，卷5343，潮州府·城池．

[2] 乾隆潮州府志，卷6，城池．

[3] 光绪海阳县志．建置略．

图 7–3–15 潮州古城墙

图 7–3–16 潮州广济门楼

一直没有渗水现象，其防渗效果是十分明显的[1]。

3. 城门设闸板防水

潮州古城设闸较晚，始于康熙五年（1666年）。据载："春，将军王光国令上水、竹木、广济、下水四门左右各竖石柱、凿槽安板，大水则下板以堵塞。自是水不入城。今各门有水板，始于王将军。"[2] 下闸板后，闸板间填以土石，可以防渗，参见图10-2-17。

4. 广济桥是潮州古城与洪潮作斗争的另一范例[3]

潮州广济桥位于潮州古城东门外，横跨韩江，居粤、闽、赣三省交通要道。它创建于南宋乾道七年（1171年），至今已有800多年的历史。800多年来，它饱受洪水、地震、台风和兵火之灾，但一次又一次被古代劳动人们用智慧的双手把它修复，并且从单一的浮桥，发展成开合式桥梁。这是古代桥梁史上罕见的例子，桥梁专家把这能开能合的桥梁形式称为广济桥的一大发明。广济桥与赵州桥、泉州洛阳桥并列为我国古代三大名桥，再加上卢沟桥，即为我国古代四大名桥。

由南宋乾道七年（1171年）至南宋末（1279年）为广济桥创建和发展的时期。

潮州自唐代元和十四年（819年）韩愈贬为潮州刺史，驱除鳄鱼，发展生产，兴办教育，传播文化，至南宋已逐渐繁荣，有"滨海邹鲁"之誉。潮州城东门面临恶溪（即韩江），它江面宽阔，水流湍急，无桥可渡，但这里自古即为粤闽赣三省要道，来往的客商甚多，靠舟楫摆渡过河，不仅候渡耗费时间，而且因"江势蜿蜒、飙横浪激，时多覆溺之患"，致使"轻舸短楫，过者寒心"。

南宋乾道七年（1171年），州守曾汪倡议，造舟为梁，以86只船架设浮桥，并在中流砌一个长宽均为5丈的大石墩，以固定浮桥。3个月后浮桥架成，"昔日风波险阻之地，今化为康庄"，因而命名为"康济桥"。

淳熙元年（1174年），韩江大洪水，"潦怒溢，自汀赣循梅下，溃流奔突不可遏，啮缆漂舟，荡没者半"，浮梁为洪水所毁。州守常祎出帑，居民捐款，修理浮桥，船只增至106只。修桥后尚有余钱，因此在西岸创建杰阁一座，正对江对岸韩山，起名为仰韩阁。阁下砌石为台基，以防御洪水的冲击。阁修得高大雄伟，很有气派，"隆栋修梁，重檐叠级，游玩览眺，遂甲于潮。"

淳熙六年（1179年），州守朱江在登瀛门右侧建两个石洲（石墩），连原有的一洲，共三个石洲。洲上各筑一亭，东边的叫冰壶，西边的叫玉鉴，中间的叫小蓬莱。

淳熙七年（1180年），郡守王正功在韩江西岸增筑一个石墩，离岸数步（大约7～8m），石墩与岸之间架巨木为梁式桥与浮桥相结合的桥梁。

淳熙十六年（1189年），州守丁允元修缮浮桥，并从西岸增筑四个，连原有的四个，共有八个石墩，墩上架坚木为梁式桥，桥上覆以华丽的桥屋，命名为丁侯桥。丁侯桥有八个桥洞可以通船筏，水上交通就便利得多了。

绍熙五年（1194年），州守沈宗禹在东岸垒石墩，墩上前方建挹秀亭，与登瀛门隔江相对。

庆元二年（1196年），州守陈宏规在东岸增筑两个石墩，墩上架木为桥，命名为济川桥。

庆元四年（1198年），州守林嘌在济川桥以西增筑四个石墩，架木为桥，其雄丽较丁侯桥有过之而无不及。又因潮州至漳州的道路难行，又捐金砌石路以便交通。至此，西边的丁侯桥有八个石墩，八个桥洞，东边的济川桥有七个石墩，六个桥洞，船筏过往更为便利。

---

[1] 潮州市北堤管理处．韩江堤防资料·一，1982.

[2] 乾隆潮州府志引文．

[3] 吴庆洲．广济桥历代的建设．岭南文史，11～12：82-87.

嘉泰三年（1203年），济川桥火灾，亭台楼阁一个晚上全部烧毁。郡守赵师岌增高石墩，重架桥梁，上覆桥屋，下甃砖，匾名仍叫小蓬莱。这样济川桥就有了十二个桥墩了。

绍定元年（1228年），州守孙叔谨在丁侯桥的东面又增筑两个石墩，则丁侯桥有十个桥墩，济川桥有十二个桥墩，中间连以浮桥。后世广济桥的形制大体就是这样。

由于洪水和台风之灾，桥上的亭屋渐渐破旧。端平元年（1234年），由判官赵汝禹督工，将桥、屋修整一新，中间名为玉鉴，与东边的小蓬莱相对。

淳祐六年（1246年），州守陈圭修桥及亭屋。

景定三年（1262年），由于台风之灾，船及亭屋一扫而尽。州守游义肃捐俸、众人捐款修桥，“址之欹者改筑，材之蠹者更新，桥成极壮观”。

咸淳三年（1267年），殿讲年瀠进一步增修桥梁，补船只之缺，使桥更加安全可靠。南宋末，祥兴元年（即元至元十五年，公元1278年），元兵到潮州，桥为兵火所毁。

自南宋末桥梁毁于兵火后，过了二十年，到大德二年（1298年），监郡大中帖里才修造桥梁亭屋，但不几年即为洪水冲垮桥梁亭屋，大德十年（1306年），郡守常元德将各桥墩筑高三尺多，并重新修造桥梁亭屋。经过这样处理，增强了桥梁的防洪能力。

泰定三年（1326年），判官买住因石材较不易为洪水冲毁，因此将四跨木桥换成石梁，并重新修葺亭屋。某夜，一石梁自行折断。天历二年（1329年）五月三日，百姓在桥上观看龙舟竞渡，又折断一根石梁，淹死三十多人。至顺三年（1332年），又折断一根石梁，于是纠合众资，再架设木梁。

宣德十年（1435年）的大修，使广济桥面目一新，桥上新建二十四座楼阁，式样互异，多姿多彩，成为广济桥一大特色。这次大修开始了广济桥建设的高潮时期。

弘治年间（1488～1505年），韩江连续几次大洪水，广济桥被洪水冲毁。同知东份重修石洲，建亭屋二十间。

正德年间（1506～1521年），潮州连续几次受台风之灾，广济桥受到破坏，知府郑良佐、谭伦相继修桥。正德八年（1513年）在东部又增建一墩，减去浮桥用船六只。这样，广济桥共有二十四个石墩，十八只船。在这次修建中，还把木梁换成石梁，以增强桥梁抗洪水冲击和防风雨腐蚀的能力。

万历三十四年（1606年），重修石梁，对损坏的石梁换以木梁。

明末崇祯十一年（1638年），广济桥大火，“长虹中断，百年楼阁一时俱烬。”

清初顺治二年（1645年）、七年（1650年）、十年（1653年），广济桥连续为兵火焚，均由总典蔡元修葺。以后，顺治十一年（1654年）知府黄廷猷、康熙十年（1671年）学迟煊、知府宋徽璧各重修。

康熙十二年（1673年），广济桥受台风之灾，桥梁受损。

康熙十六年（1677年），“广济桥下有声吼如牛，石墩倒其一。”

康熙二十四年（1685年），两广总督吴兴祚捐款万金重修广济桥，易木梁为石梁。

康熙五十九年（1720年），广济桥东岸石墩被洪水冲毁两个。

雍正二年（1724年），知府张自谦倡绅士捐金，修好其中一个石墩，并“铸二铁牛，东西岸以镇之。”铁牛身上铸有“镇桥御水”四字，分放在桥梁头上。

雍正六年（1728年），知府胡恂重修广济桥，修好另一只桥墩。

檩萃在乾隆三十八年（1773年）成书的《楚庭稗珠录》中记载：“潮州东门外济川桥，广五丈，长百八十丈，横跨鳄溪，列肆盈焉；下横长木，晨夕两开，以通舟楫，盖榷场也。俗呼湘子桥。”

直至道光二十年（1840年）以前，广济桥由清初战乱被毁，至康熙、雍正年间修复，一直无大灾害。雍正十二年（1734 年）、乾隆二年（1737 年）、乾隆九年（1744 年），韩江洪水多次漫过广济桥，均未造成大灾。其间亦有多次地震、台风之灾，广济桥均平安无恙。可见广济桥抗御洪水、台风、地震灾害的能力已大大增强。自雍正六年（1728 年）至道光二十年（1840 年）100 多年间无大修的记载。

道光二十二年（1842 年）大水，冲垮东岸六个石墩，二个石墩受损，一个石墩毁坏，同时冲垮西岸三个石墩。木石桥梁几乎全被冲掉。一只铁牛坠入江中。

道光二十三年（1843 年），知府觉罗禄谕官绅捐款重修，筑好西岸三个石墩，又造浮船四十二只，与原浮船十八只联起，直接东岸，使桥路重通。

道光二十七年至二十九年（1847 ~ 1849 年），东岸九个石墩相继修好，道光二十九年五月，桥梁重新建成。

同治八年（1869 年）大水，冲垮东岸桥墩 1 座，总兵方耀率绅耆捐款重修。本想把其中的木梁换成石梁，因墩高水深没能实现。

民国二十八年（1939 年），在中段浮梁处，取消船只，改建悬索吊桥，直通车一次即废。

到新中国成立前，饱受洪水、地震、台风和兵火之灾的广济桥，已残破不堪。

1977 年政府又一次拨款重修。

历史上原有两只铁牛，一只坠入江中，另一只在“文革”中毁坏。1981 年初，市城建、博物部门仿铸，立于桥上。

清代潮州流传一首民歌：

“潮州湘桥好风流，十八梭船廿四洲，
廿四楼台廿四样，两只铁牛一只溜。”

2008 年，潮州广济桥重建昔日样式楼台，重展昔日风采。

广济桥记录了潮州古城与洪潮灾害作斗争的历史。

第八章

中国古代以水攻城和以水守城的案例研究

中国古代城池防御体系是军事防御和防洪工程的统一体，这是中国古城的重要特色。早在古城形成的初期，这一特色就已出现。而历史上频频出现的水攻战例，以及自古至近代的以水为守的案例，使这一特色更为明显。

笔者自 1979 年起至今，研究中国古代城市防洪，查阅了众多文献记载，更加坚信，中国古城的这一重要特色。

第一节　历史上的以水攻城战例

春秋战国的时候，列国互相攻伐，出现了水攻战例，其方法是决水灌城或筑堤堰引水灌城。如果古城的防洪能力不强，后果是不堪设想的。

记载较早的一次水攻战例发生在春秋末世，鲁昭公三十年（公元前 512 年），“吴子执钟吾子，遂伐徐，防山以水之（防，壅山水以灌徐）。己卯，灭徐。”[1]

智伯水灌晋阳也是记载较早的一次水攻战例。公元前 453 年，智伯联韩魏攻赵，以水灌晋阳城，“城不没者三版”。虽然城很坚牢，没有被洪水毁坏，但因晋阳受困日久，粮尽援绝，“城中悬釜而炊，易子而食”，情景十分凄惨[2]。

战国时白起引水灌鄢乃是水攻战例中造成损失极为惨重的一例。秦将白起（？～前 257）于公元前 279 年进攻楚国鄢城，筑堨引水灌鄢，“水从城西灌城东，入注为渊，今烫斗陂是也。水溃城东北角，百姓随水流死于城东者数十万，城东皆臭。”[3] 由于鄢城抵御不了这人为的洪灾，造成了一次死亡数十万人的悲剧。

西汉景帝三年（公元前 154 年），以吴王濞为首的 7 个诸侯叛乱，史称“七国之乱”。汉王朝出兵平叛。“栾布自破齐还，并兵引水灌赵城。城坏，王遂自杀，国除。”[4]

东汉建武八年（32 年）春，东汉来歙带兵平地方割据势力，取略阳城。隗嚣“乃悉兵数万人围略阳，斩山筑堤激水灌城。歙与将士固死坚守，……自春至秋……嚣众溃走，围解。”[5] 可见略阳城在水攻中并未溃坏。

著名的政治家和军事家曹操（150 ～ 220 年）就曾多次用水攻的办法取得军事上的胜利。据载，东汉初平四年（193 年），曹操追击袁术，决渠水灌太寿城。建安三年（198 年），曹操攻吕布，吕布固守下邳城，攻打不下。曹操“遂决泗、沂水以灌城”，城虽未被洪水毁坏，但造成吕布的困境，守将投降，活捉了吕布[6]。建安九年（204 年），曹操引水灌邺城，取得战争胜利。据载：

“曹操进攻邺，凿斩围城，周四十里。初令浅示若可越，配望见笑，而不出争利。操一夜浚之广深二丈，引漳水以灌之，自五月至八月，城中饿死者过半。”[7]

东晋咸和三年（328 年），刘曜“攻石生于金墉，决千金堨以灌之。”[8] 但洛阳金墉城未毁坏。

---

[1] 左传 · 昭公三十年 .
[2] 史记 · 赵世家 .
[3] 水经 · 沔水注 .
[4] 汉书 · 高五王传 .
[5] 后汉书 · 来歙传 .
[6] 后汉书 · 吕布传 .
[7] 王国维 . 水经注校 . 上海：上海人民出版社，1984：349.
[8] 晋书 · 刘曜传 .

东晋太元九年（384 年）。慕容垂攻下了邺城的外城，苻丕“固守中城，垂堑而围之……（壅）拥漳水以灌之。”[1] 邺城也经住了水攻的考验。

南北朝水攻之事更为频繁。为便于研究，特将历史上引水灌城的情况统计为表（表 8-1-1）。

历代决水灌城、引水灌城统计表 **表 8-1-1**

序号	朝代	年月	所灌城名	水攻情况	资料来源
1	春秋	鲁昭公三十年（前 512）	徐国（今江苏泗洪县东南）	吴子执钟吾子，遂伐徐，防山以水之（防，壅山水以灌徐）。己卯，灭徐。	左传 · 昭公三十年
2		鲁定公四年（前 506）	纪南城	《荆州记》：昭王十年，吴通漳水灌纪南，入赤湖，进灌郢城，遂破楚。	读史方舆纪要，卷 78，湖广四，荆州府
3	战国	赵襄子二十三年（前 453）	晋阳（在今山西太原市）	三国攻晋阳，岁余，引汾水灌其城，城不浸者三版。城中悬釜而炊，易子而食。	史记 · 赵世家
4		梁惠成王十二年（前 359）	长垣（今河南长垣县东北）	（楚国攻打魏国，决黄河堤，以水淹长垣城）：楚师出河水，以水长垣之东。	水经 · 河水注 · 引竹书纪年
5		秦昭王二十八年（前 279）	鄢（今湖北宜城西南）	秦将白起筑堨引水灌鄢，水从城西灌城东，入注为渊，今淥斗陂是也。水溃城东北角，百姓随水流死于城东者数十万，城东皆臭。	水经 · 沔水注
6	战国	秦王政二十二年（前 225）	大梁（今开封）	王贲攻魏，引河沟灌大梁，大梁城坏，其王请降，尽取其地。	史记 · 秦始皇本纪
7	西汉	高祖二年（前 205）六月	废丘（今陕西兴平县南佐村）	六月，……引水灌废丘，废丘降，章邯自杀。更名废丘为槐里。	史记 · 高祖本纪
8		景帝三年（前 154）	邯郸	（赵王刘遂参与七国之乱。汉王朝出兵平叛。）栾布自破齐还，并兵引水灌赵城。城坏，王遂自杀，国除。	汉书 · 高五王传
9	东汉	建武八年（32）	略阳（在今天水市北边）	东汉来歙带兵平地方割据势力，取略阳城。隗嚣乃悉兵数万人围略阳，斩山筑堤，激水灌城。歙与将士固死坚守，……自春至秋……嚣众溃走，围解。	后汉书 · 来歙传
10		建武八年（32）	西城（今安康西北）	隗嚣将妻子奔西城……吴汉岑彭围嚣。岑等壅西谷水，以缣幔盛土为堤，灌城。城未没丈余，水穿壅不行，地中数丈涌出，故城不坏。请蜀救之，汉等退上邽。	水经 · 漾水注
11		延熹八年（165）	零陵郡（治所在今湖南零陵县）	州兵朱盖等反，与桂阳贼胡兰数万人转攻零陵。零陵下湿，编木为城，不可守备，郡中惶恐。……贼复激流灌城，球辄于内因地势反决水淹贼。相拒十余日，不能下。	后汉书 · 陈球传
12		初平四年（193）	太寿	曹操追击袁术。术走襄邑，追至太寿，决渠水灌城。走宁陵，又追之，走九江。	三国志 · 武帝纪
13		建安三年（198）十一月	下邳县（治所在今江苏睢宁县西北古邳镇）	操乃自将击布，至下邳城下。……曹操堑围之，壅沂、泗以灌其城，三月，上下离心。城降。	后汉书 · 吕布传
14		建安九年（204）五月	邺县（治所在今河北临漳西南邺镇）	曹操进攻邺，凿堑围城，周四十里。初令浅示若可越，配望见笑，而不出争利。操一夜浚之，广深二丈，引漳水以灌之，自五月至八月，城中饿死者过半。八月破。	王国维．水经注校：349．引后汉书

[1] 晋书 · 慕容垂传．

续表

序号	朝代	年月	所灌城名	水攻情况	资料来源
15	东晋	咸和三年（328）八月	洛阳金墉城	刘曜攻石生于金墉，决千金堨以灌之。城未毁。	晋书·刘曜传
16	东晋	太元九年（384）四月	邺	慕容垂攻苻丕，攻下了邺城的外城，苻丕固守中城，垂堑而围之……拥漳水以灌之。城不拔。	晋书·慕容垂传
17	南北朝	宋永初二年（421）三月	敦煌（今甘肃敦煌县西）	河西王蒙逊筑堤壅水以灌敦煌。……举城降。	资治通鉴，卷119
18	南北朝	梁天监五年（506）五月	合肥（在今安徽合肥市西）	（梁韦睿攻魏合肥。）乃堰肥水。顷之堰成水通……起斗舰高与合肥城等，四面临之，城溃。	南史·韦睿传
				先是，右军司马胡景略等攻合肥，久未下。睿按山川，夜，帅众堰肥水，顷之，堰成水通，舟舰继至。魏筑东西二城夹合肥，睿先攻二城，……破之。睿使军主王怀静筑城于岸以守堰，魏攻拔之。城中千余人皆没。魏人乘胜至堤下，兵势甚盛，……（睿）命取伞扇麾幢，树之堤下，未无动志。魏人来凿堤，睿亲与之争，魏兵却，因筑垒于堤以自固。睿起斗舰，高与合肥城等，四面临之，城中人皆哭，守将杜元伦登城督战，中弩死。辛巳，城溃，俘斩万余级，获牛羊以万数。	资治通鉴，卷146
19	南北朝	梁天监十三年（514）开始筑堤，十五年（516）四月堰成	寿阳县（治所即今安徽寿县）	（梁堰淮水以灌寿阳。）十五年四月，堰成，其长九里，下阔一百四十丈，上广四十五丈，高二十丈，深十九丈五尺，夹之以堤，并树杞柳，军人安堵，列居其上。……魏寿阳城戍稍徙顿八公山……至其秋，淮水暴长，堰坏，奔流于海，杀数万人。其声若雷，闻三百里。	南史·康绚传
20	南北朝	梁普通六年至七年（525～526）	寿阳（今寿县）	（梁夏侯亶举兵伐魏，普通六年，筑淮水堰。）七年夏，淮堰水盛，寿阳城将没。城降。	南史·夏侯亶传
21	南北朝	梁大通元年（527）二月	彭城郡（治所在今江苏徐州市）	梁将军成景俊攻魏彭城……景俊欲堰泗水以灌彭城，……击之，景俊遁还。	资治通鉴，卷151
22	南北朝	北魏孝昌三年（527）	信都县（治所在今河北冀县）	葛荣攻信都，长围遏水以灌州城。永基与刺史元孚同心协力，昼夜防拒。外无军援，内乏粮储，从春至冬，力穷乃陷。	魏书·潘永基传
23	南北朝	梁大通二年（528）五月	荆州（治所在穰县，今河南邓县）	（梁）将军曹义宗围魏荆州，堰水灌城，不没者数版。时魏方多难，不能救。城中粮尽，刺史王罴煮粥与士均分食之。……弥历三年。（城未陷。）	资治通鉴，卷152
24	南北朝	梁大同元年（535）二月	瑕丘（治所在今山东兖州市东北）	（东魏娄昭攻樊子鹄，）遂引兵围瑕丘，久不下，昭以水灌城。（城降。）	资治通鉴，卷157
25	南北朝	梁大同二年（536）正月	灵州（治所在今宁夏灵武县西南）	（西魏攻曹泥。）魏人围之，水灌其城，不没者四尺。……魏师退。	资治通鉴，卷157
26	南北朝	梁太清元年（547）九月	彭城（今徐州）	（梁萧渊明攻东魏，）上命萧渊明堰泗水以灌彭城……癸卯，渊明军于寒山，去彭城十八里，断流立堰。……再旬而成。（被魏援兵击败。）	
27	南北朝	梁太清二年（548）十一月	建康台城（在今江苏南京市鸡鸣山南乾河沿北）	（十一月己酉，）材官将军宋嶷降以景，教之引玄武湖水以灌台城，阙前皆为洪流。	资治通鉴，卷161，梁纪十七

续表

序号	朝代	年月	所灌城名	水攻情况	资料来源
28	南北朝	梁太清三年(549)四月 东魏武定七年(549)	长社(今河南长葛县东北)	东魏高岳等攻魏颍川,不克。……逾年犹不下。山鹿忠武公刘丰生建策,堰洧水以灌之,城多崩颓,……城中泉涌,悬釜而炊。……长社城中无盐,人病挛肿,死者什八九。大风从西北起,吹水入城,城坏。投降。	资治通鉴,卷 162
29		梁太清三年(549)正月	建康	(春正月戊午,)……于是景决石阙前水(石阙前水,景决玄武湖以灌城者也),百道攻城,昼夜不息。	资治通鉴,卷 162,梁纪十八
30		陈天嘉三年(562)二月	东阳(今金华县)之桃枝岭	(陈侯安都攻留异。)异大惊,奔桃枝岭,于岩口竖栅以拒之。安都……因其山势,迮而为堰,会潦水涨满,安都引船入堰,起楼舰与异城等,发拍其楼堞。异与其子忠臣脱身奔晋安。	资治通鉴,卷 168
31		陈光大二年(568)三月	江陵(今荆州)	(陈)吴明彻乘胜进攻江陵,引水灌之。梁主出顿纪南以避之。……昼夜拒战十旬……击明彻,败之。	资治通鉴,卷 170
32		陈太建二年(570)七月	江陵(今荆州)	(陈章昭达攻后梁,)昭达又决龙川宁朔堤,引水灌江陵。腾出战于西堤,昭达兵不利,乃引还。	资治通鉴,卷 170
33		陈太建五年(573)八月	寿阳(今寿县)	(陈)吴明彻攻寿阳,堰肥水以灌城,城中多病肿泄,死者什六七。……四面疾攻,一鼓拔之。	资治通鉴,卷 171
34		陈太建九年(577)十月	彭城(今徐州)	(陈吴明彻攻北周彭城,)频破之。仍迮清水以灌其城,攻之甚急,环列舟舰于城下。周遣上将军王轨救之。轨轻行自清水入淮口,横流竖木,以铁锁贯车轮,遏断船路。……明彻仍自决其堰,乘水力以退军。及至清口,水力微,舟舰并不得度,众军皆溃。明彻穷蹙,乃就执。	南史·吴明彻传
35		陈太建十二年(580)十二月	利州(治所在今四川广元县)	(王)谦遣其将达奚惎……等帅众十万攻利州,堰江水以灌之……凡四旬,时出奇兵击惎等,破之。	资治通鉴,卷 174
36	唐	肃宗乾元二年(759)二月	邺	郭子仪等九节度使围邺城,筑垒再重,穿堑三重,壅漳水灌之。城中井泉皆溢,构栈而居。自冬涉春,安庆绪坚守以待史思明,食尽,一鼠值钱四千……城中人欲降者,碍水深,不得出。城久不下,上下解体。史思明乃自魏州引兵趣邺……抵城下。(交战,双方损失惨重,官军退兵而去。)	资治通鉴,卷 221
37		大顺二年(891)八月	宿州(治所在今安徽宿县南)	秋八月,汴将丁会急攻宿州,刺史张筠坚守其壁。会乃率众于州东筑堰壅汴水以浸其城。十月,筠遂降。宿州平。	旧五代史·梁太祖纪
38		乾宁五年(898)九月	昆山(治所即今江苏昆山县)	独秦裴守崑山不下,全武帅万余人攻之,……益兵攻城,引水灌之,城坏,食尽,裴乃降。	资治通鉴,卷 261,
39	五代梁	龙德元年(921)九月	镇州(治所在今河北正定)	九月,晋兵渡滹沱,围镇州,决漕渠以灌之,获其深州刺史张友顺。壬辰,史建瑭中流矢卒。	资治通鉴,卷 271
40		龙德二年(922)	镇州	晋天平节度使兼侍中闫宝筑垒以围镇州,决滹沱水环之。内外断绝,城中食尽,丙午,遣五百余人出求食。宝纵其出,欲伏兵取之;其人遂攻长围,宝轻之;不为备,俄数千人继至。诸军未集,镇人遂坏长围而出,纵火攻宝营,宝不能拒,退保赵州。	资治通鉴,卷 271
41	宋	开宝二年(969)三月	太原	(宋太祖亲率师攻北汉太原城,三月,)临城南,谓汾水可以灌其城,命筑长堤壅之,决晋祠水注之。……乃北引汾水灌城。……闰(五)月戊申,雉圮,水注城中,上遽登堤观。(因士卒多病,班师。)	宋史·太祖本纪

续表

序号	朝代	年月	所灌城名	水攻情况	资料来源
42	南宋	嘉定二年蒙古成吉思汗四年(1209)	中兴(今宁夏银川)	蒙古兵围中兴府，利用大雨、水涨之机，筑堤引水灌城，居民溺死无数。	西夏书事，卷40，转引自汪一鸣论文，刊中国古都研究·一：347
				蒙古主入河西，……薄其中兴府，引河水灌之，堤决，水外溃，遂撤围还，遣太傅额克入中兴，招谕夏主纳女请和。	续资治通鉴，卷158，
43	金	正大九年南宋绍定五年(1232)	归德（今河南商丘市南）	三月壬午，朔，（蒙古军）攻城不能下，大军中有献决河之策者，主将从之。河既决，水从西北而下，至城西南，入故濉水道，城反以水为固。	金史·石盏女鲁欢传
44	金	天兴三年南宋端平元年(1234)	开封	端平元年，赵葵入汴，蒙古引军南下，决黄河寸金淀水灌之，官军多溺死者，遂引还。寸金淀旧在城北二十余里，盖河堤之别名也。	读史方舆纪要，卷47，开封府祥符县
45	元	至正十九年(1359)	诸全州（治所即今浙江诸暨县）	（六月）甲子，张士诚将吕珍，围诸全州，胡大海自宁越率兵救之，珍堰水以灌城，大海夺堰反以灌珍，珍势蹙，乃于马上折箭求解兵，大海许之。……遂引兵还。	续资治通鉴，卷215
46		至正二十一年(1361）十月	益都府（治所在今山东益都县）	冬十月，察罕特穆尔……移兵围益都，环城列营凡数十，大治攻具，百道并进，贼悉力拒守，察罕特穆尔掘重堑，筑长围，遏南洋河，以灌城中，城中益困。	续资治通鉴，卷216
47	明	万历二十年(1592）七月至九月	宁夏镇城（今宁夏银川市）	（宁夏副总兵哱拜据宁夏镇城反。甘肃巡抚叶梦熊筑绕城堤一千七百丈。）七月，学曾与梦熊，国桢定计，决黄河大坝水灌之，水抵城下。……学曾益决大坝水。八月，河决堤坏，复缮治之，城外水深八九尺，东西城崩百余丈。……城坏而大军入，贼竟以破灭。	明史·魏学曾传
48		崇祯十五年(1642）九月	开封	（李自成起义军自四月至九月第三次攻开封，长围久困。巡抚高名衡决黄河水灌围开封之起义军，李自成因水大西撤。另一说为起义军决黄河水灌开封。）李自成复围开封。……九月壬午，贼决河灌开封。癸未，城圮，士民溺死者数十万人。	刘益安．大梁守城记笺证．郑州：中州书画社，1982；明史·庄烈帝本纪

上表统计了历代水攻战例48例，受水攻城市有徐、纪南城、晋阳、长垣、鄢、开封、废丘、邯郸、略阳、西城、零陵、太寿、下邳、邺、洛阳金墉城、敦煌、合肥、寿阳、彭城、信都、穰城、瑕丘、灵州、建康、长社、桃枝岭、利州、宿州、昆山、镇州、太原、归德、诸全州、益都、银川共35座城市。其中邺、开封、寿阳、彭城（今徐州）各3次，江陵（今荆州）、银川、建康各2次。这48个战例中，明确记载城毁的有鄢、银川、开封、邯郸、合肥、长社、昆山、太原、银川等10多例。大多数的城墙都经受住了水攻的考验，有的被水淹数月以至半年也不毁，如略阳、邺、信都即为例子。尤其是穰城，受水淹3年，“不没者数版”，仍然不溃，其防洪能力之强令人惊叹！

战争，这个人类阶级社会中出现的怪物，是阶级斗争或民族矛盾激化的表现形式，具有很大的破坏性。但是，通过战争的进攻和防御，却可以大大促进科学技术和文化的发展以及人类社会的进步。春秋战国时期出现的水攻，无疑具有巨大的破坏性。但是，它也促使人们思索，研究对策以对付水攻。《墨子》中就有《备水》一篇，专门论述防水攻的对策。可惜原文有脱缺，难窥原貌。唐杜佑《通典·兵五·守拒法附》中有关于对付水攻的对策：“城若卑，地下，敌人壅水灌城，速筑墙，壅诸门及陷穴处。更于城内，促团周匝，视水高中而阔筑墙，墙外取土，高一丈以上，城立，立后于墙内取土，而薄筑之。精兵备城，不得杂役。如有泄水之处，即十步为一井，井内潜通引泄漏。城中速造船一二十只，简募解舟楫者，截以弓弩锹镬，每船载三十人，自暗门衔枚而出，潜往斫营，决彼堤堰，觉即急走，城上鼓噪，急出兵助之。”为了对付水攻，人们千方百计加强城市防洪设施建设，这就进一步促使古城的城池成为军事防御工程和城市防洪工程的有机统一体。

当然由于人口的增加，城市数目的增加，城池的扩大，城市用水增加和水运需要量增大，城市基址向更低的江边发展，受洪水威胁也就增加；而且，由于开荒毁林，水土流失，围湖造田，湖泊面积减少，江河洪水泛滥的机会就更多，这也迫使古城须具有防卫和防洪双重功用。以上种种原因，都促使古城进一步成为军事防御和防洪工程的统一体。

第二节　中国古代以水攻城战例探析

为了研究中国古代以水攻城的战例，笔者尽量搜集与之相关的文献记载和考古资料，以希望对上节记录的壅水淹城或决水灌城的48个战例能够有进一步的了解和认识。但由于历史记载过于简略，古今地貌又多有变迁，要了解当时的情况，困难是很大的。下面选其中一些战例试行分析。

一、春秋鲁定公四年吴通漳水灌纪南城（图 8–2–1）

纪南城，是楚国都城，又称郢，因城址在纪山之阳，故又称为纪南城。纪山在城北约25km处。《水经注 · 江水》载：

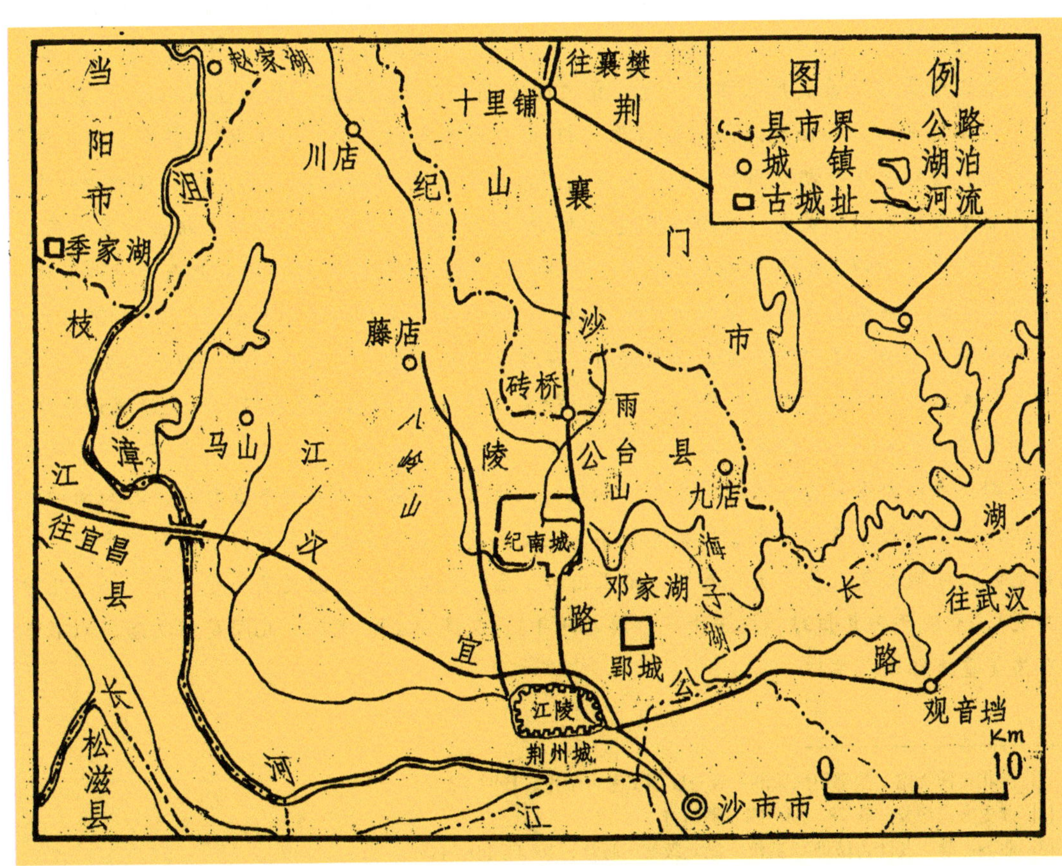

图 8–2–1 纪南城位置示意图（自郭德维著. 楚都纪南城复原研究：4）

江水又东径江陵县故城南。《禹贡》：荆及衡阳惟荆州。盖即荆山之称而制州名矣。故楚也。子革曰：我先君僻处荆山，以供王事。遂迁纪郢。

《水经注 · 沔水》载：

沔水又东南与扬口合。水上承江陵县赤湖。江陵西北有纪南城。楚文王自丹阳徙此，平王城之。班固言楚之郢都也。

公元前689年，楚文王即位，将国都自丹阳迁于郢，即今江陵城北5km处的纪南城。到公元前278年秦将白起拔郢，楚在此历21代王，前后411年。纪南城是楚立国800年间最重要的都城。以纪郢为都，正是楚国最强盛之时，楚在此开发江汉平原，励精图治，先后并国56，开地5000里，名列春秋五霸，战国七雄，几乎统一了整个南中国。楚庄王于公元前614年即位，他“三年不鸣，一鸣惊人；三年不飞，一飞冲天。”他采纳伍参、苏从的建议，任命贤臣，整肃朝政，称霸中原。

纪南城今存城址平面略呈长方形，但其转角处呈折线或圆角，这种做法，在军事防御上，可以减少射击死角，在防御洪水上，可以减少洪水的冲击力。城址东西长4450m，南北宽3588m，周长15506m。城内总面积16km^2。城垣为夯土筑，高度一般3～5m，最高处7.6m。墙身顶宽分别有10m、12m、14m三种，底宽30～40m。城垣缺口共28处，其中七处可确定为城门遗址。城外有一圈护城河，最宽处达80～100m。城内有三条古河道[1]。

《读史方舆纪要》：

《荆州记》：昭王十年，吴通漳水灌纪南，入赤湖，进灌郢城，遂破楚[2]。

关于吴师如何通漳水灌纪南城，考古学家曲英杰有如下考证，笔者以为很有道理：

从纪南城外郭规划整齐、城垣大部分夯筑于生土之上等来看，当为此时一次筑成。其东垣及北垣西段、西垣北段墙体稍宽（14m），或当为后所增筑。而西垣北门和南垣西部水门时代较晚，则很可能是曾毁于楚昭王十年（公元前506年）的吴师入郢之役，后经过一个时期的国力恢复，方得以重建。《水经注 · 沔水》载：“（纪南城）城西南有赤坂冈，冈下有渎水，东北流入城，名曰子胥渎。盖吴师入郢所开也，谓之西京湖。又东北出城，西南注入龙陂。”其“子胥渎”已不能确指。而西垣北门所在旧称“湖口”，原为大湖，称“金杯湖”，并有“箭阳河”与之相通。经钻探发现湖口西部一带有很厚的黑色膏质淤泥，表明过去确为湖泊。从湖口向东，经纪南城中部南北向的龙堤（其南段经过试掘为宋以后的夯筑土堤）大叉口至板桥，是一条地势低洼地带。湖口以西约5km为南北走向的八岭山，八岭山之西有沮漳河自北而南注入长江。据当地老乡说，洪水上涨时，沮漳河的水可以绕八岭山南沿流到湖口及其南约100m的郭大口，进入纪南城，再经大叉口到板桥，通龙桥河，从龙会桥出东垣，汇入邓家湖。由此推测，当年吴师为引漳水所开子胥渎很可能即行此水道。经大水冲激，城门当彻底毁坏。另在遥感调查中，于流经南垣西部水门的新桥河古河道以东，又从卫星影像上判读出一条南北向古河道，东近宫殿区，调查者认为以其为护宫河更合理。如此，此近宫殿区者很可能为早期河道，其与南垣相接处所设的水门当亦略偏于东；后城遭破坏，恢复重建时又在其以西新开河道及新建水门。经此番重创，郢城元气大伤。吴师入郢，昭王出奔，后一度归郢，又因畏吴而迁于鄀（今湖北钟祥县北），至晚年而复归郢。惠王十年（前479年），又遇白公胜之乱。此间局势动荡，似不可能有恢复重建郢城之举[3]。

[1] 湖北省博物馆．楚都纪南城的勘查与发掘．考古学报，1982：3-4.

[2] 读史方舆纪要，卷78，湖广四 · 荆州府．

[3] 曲英杰著．长江古城址．武汉：湖北教育出版社，2004：116-117.

曲英杰先生的意见，可供我们参考。

二、战国智伯联韩魏壅汾水灌晋阳（图 8-2-2）

晋阳古城，在今太原市西南 15km 处。它是太原最早建的古城，创建于春秋时。那时，晋国大权落在六卿手中，即韩、赵、魏、范、知、中行六家豪门贵族实际掌握了晋国大权。

晋定公十五年（公元前 497 年），赵简子（赵鞅）执政，他命家臣董安在晋水北岸建晋阳城，其城址西、东、北三面环山，西倚龙山和县（悬）瓮山；东隔汾河，面对东山；相传大禹治水时拴过船索的系舟山盘踞在北面。其中部和南部是一片大平原，汾河、晋水流贯其间，用水便利，宜于农业生产[1]。其城址选择是极好的。

董安修建了坚固的城池，又在城内营建了宫室，宫室的柱子是用铜铸的，围墙用一丈多高的木柱和苇秆修建。赵鞅的另一家臣尹铎继续修筑加固城池，在城内积蓄了大量粮秣，并安抚百姓。赵简子临死嘱咐其子襄子："你别瞧尹铎年纪轻，别嫌晋阳城太偏远，万一晋国有什么事变，一定要坚守晋阳。"

果然，赵襄子当权时，晋国发生事变。晋国当时智、赵、韩、魏四家并立，而智伯最强。智伯向赵、韩、魏三家要求割地，赵襄子不答应，而赵、韩两家怕智伯，只得答应割地。于是，智伯联合韩、魏征伐赵氏。襄子记起父亲的遗嘱，决定坚守晋阳。

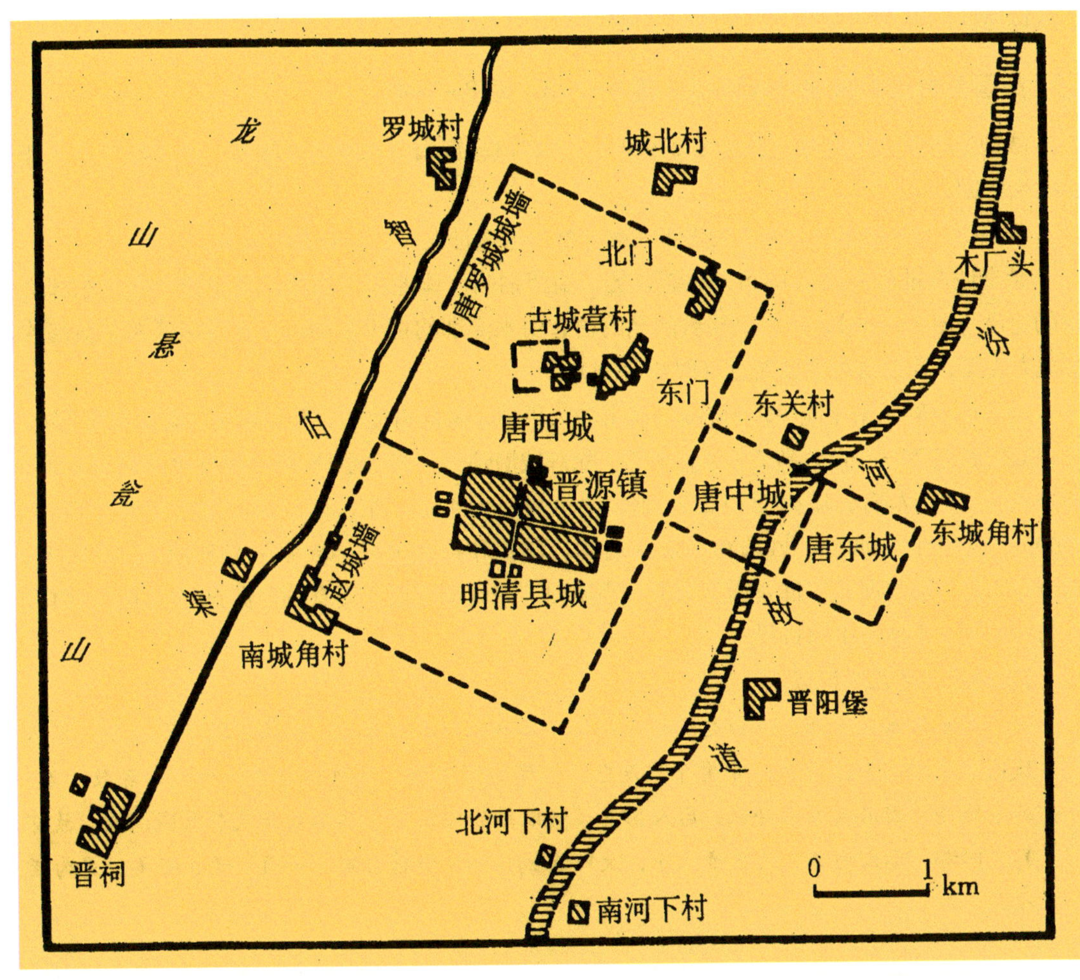

图 8-2-2 晋阳历代古城分布图（张轸著．中华古国古都：383）

[1] 田世英，太原，陈桥驿主编．中国历史名城．北京：中国青年出版社，1986：41-49．

晋阳城池坚固，粮食充足，襄子将宫殿里的铜柱制成武器，将墙垣的苇秆和木条做成箭杆，抵抗三家的围攻。三家攻晋阳，攻不下，于是智伯用引水淹城的办法。

《史记》载：

三国攻晋阳，岁余，引汾水灌其城，城不浸者三版。城中悬釜而炊，易子而食。……襄子惧，乃夜使相张孟同，私于韩、魏。韩魏与合谋，以三月丙戌，三国反灭知（智）氏，共分其地[1]。

智伯是如何引汾水灌晋阳城的呢？《史记》记载太简略。

《水经注·晋水》记载：

晋水出晋阳县西县（悬）壅（瓮）山。

……《山海经》曰：县（悬）壅（瓮）之山，晋水出焉。今在县之西南，昔智伯之遏晋（水）以灌晋阳，其川上源，后人踵其遗迹，蓄以为沼，沼西际山枕水，有唐叔虞祠，水侧有凉堂，结飞梁于水上，左右杂树交荫，希见曦景；至有淫朋密友，羁游宦子，莫不寻梁契集，用相娱慰，于晋川之中，最为胜处。……

汾水分为二流，北渎即晋氏故渠也。昔在战国，襄子保晋阳，智氏防山以水之，城不没者三版，与韩魏望叹于此，故智氏用亡。其渎乘高东北，注入晋阳城，以周园溉。

由《水经注·晋水》的记载，知道当年智伯开渠引水以灌晋阳，该渠后来有灌溉造园之利，称为智伯渠。其上源“于晋川之中，最为胜处”即晋祠所在。图 8–2–2 是一示意图，当时情形，已难以考证。

三、战国秦将白起筑堨引水灌鄢（图 8–2–3、图 8–2–4）

战国秦昭王二十八年（公元前 279 年），秦将白起筑堨引水灌楚皇城鄢，造成数十万人死亡的大悲剧。

经 1976 年冬起连续半年多的考古发掘，楚皇城遗址发掘已取得若干成果。

楚皇城遗址东去汉水 6km，北溯襄樊，南望荆州。该地为一高岗，城址位于高岗东部阶地的边沿（图 8–2–3）。自古以来就闻名的白起引水灌鄢的百里长渠，一直通达城西。新修的长渠九支渠，迳由城西穿城而过（图 8–2–4）。

楚皇城中部偏东北地坪较为高起，其余均为平地。城周有比较完整的城垣，城垣均为土筑。现存城墙底宽 24 ~ 30m，高 2 ~ 4m 不等。除东城墙蜿蜒不甚齐整外，整个城址平面略呈矩形，方向约为 20° 左右。城内面积 2.2km^2。城垣周长 6440m，东、南、西、北分别长 2000m、1500m、1840m、1080m。城墙由夯筑的墙体、墙基和护坡组成。墙体下宽 8.65m，上略窄。城垣每边旧有缺口两处，群众称之为大、小城门。东城垣南端，还有一个宽 60 余米的大缺口，传为白起引水灌城的出水口[2]。

《水经注·沔水》记载：

夷水又东注于沔，昔白起攻楚，引西山谷水，即是水者也。旧堨去城一百许里，水从城西灌城东，入注为渊，今熨斗陂是也。水溃城东北角，百姓随水流死于城东者数十万，城东皆臭，因名其陂为臭池。后人因其渠流以结陂田，……其水自新陂东入城，城，故鄢郢之旧都，秦以为县，汉惠帝三年，改曰宜城。……白起渠溉三千顷，膏良肥美，更为沃壤也。

---

[1] 史记·赵世家.

[2] 楚皇城考古发掘队．湖北宜城楚皇城勘察简报．考古，1980（2）：108–113.

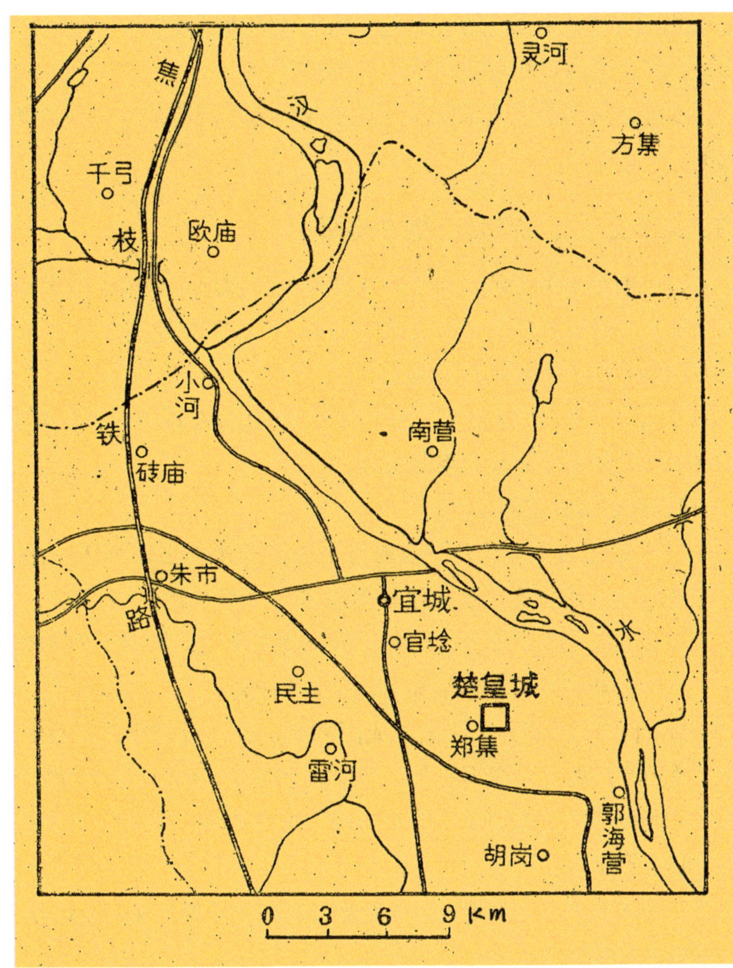

图8-2-3 宜城楚皇城位置示意图（考古，1980，2：108）

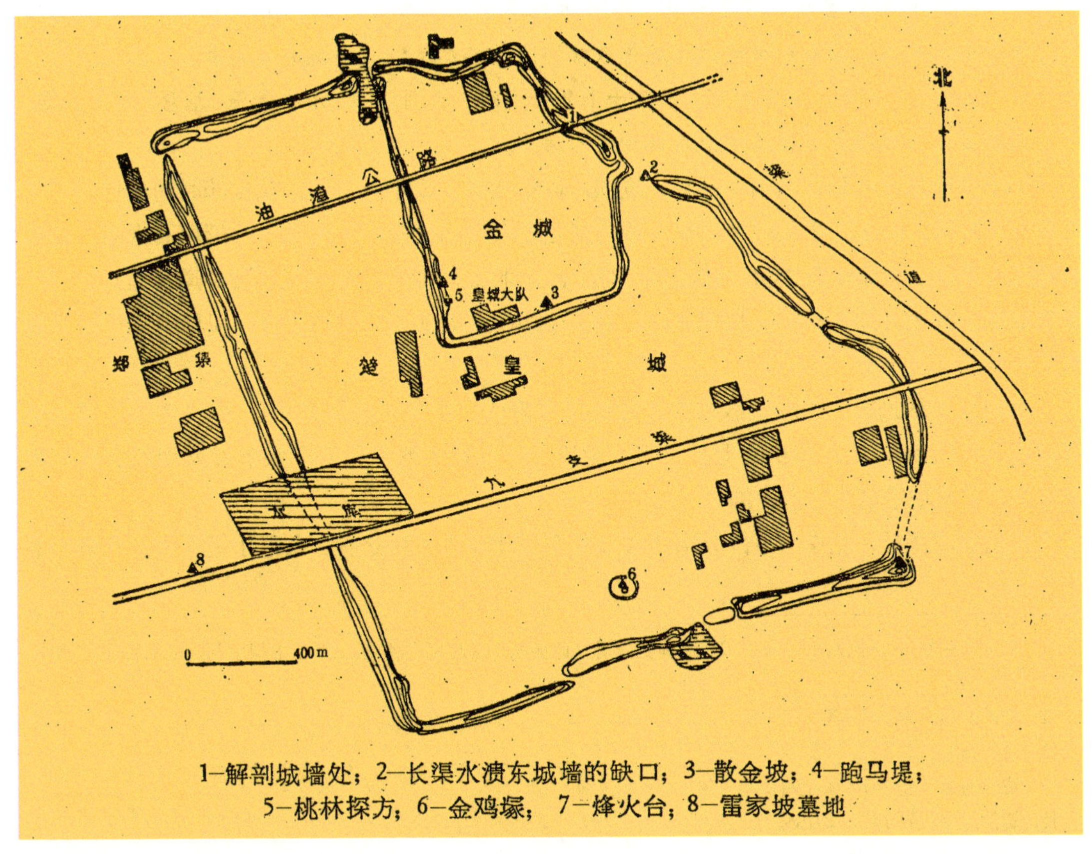

1—解剖城墙处；2—长渠水溃东城墙的缺口；3—散金坡；4—跑马堤；
5—桃林探方；6—金鸡塚；7—烽火台；8—雷家坡墓地

图8-2-4 楚皇城平面图（考古，1980，2：109）

由《水经注》的记载，白起渠后来成为水利灌溉渠，溉田三千顷。该渠沿用至今，与木渠连成一片，灌溉面积现达两万多顷[1]。

引水攻城灌城杀人的长渠，后来成为为人们造福的水利灌溉渠，这是秦将白起所万万料不到的。

四、梁天监十三年筑浮山堰灌寿阳

浮山堰是淮河干流历史上第1座大型拦河坝，是用于军事水攻的典型工程。浮山堰位于苏皖交界的浮山峡内。南朝梁天监十五年（516年）建成，同年八月即遭遇大洪水而溃决，使下游人民的生命财产遭受巨大损失。

天监十三年（514年），梁武帝为与北魏争夺寿阳（今安徽寿县），派康绚主持在浮山峡筑坝壅水，以倒灌寿阳城逼魏军撤退。

《资治通鉴》记载：

> 魏降人王足陈计，求堰淮水以灌寿阳。上以为然，使水工陈承伯、材官将军祖晅视地形，咸谓“淮内沙土漂轻不坚实，功不可就。”上弗听，发徐、扬民率二十户取五丁以筑之，假太子右卫率康绚都督淮上诸军事，并护堰作于钟离。役人及战士合二十万，南起浮山，北抵巉石，依岸筑土，合脊于中流[2]。

（次年）夏，四月，浮山堰成而复溃，或言蛟龙能乘风雨破堰，其性恶铁，乃运东、西冶铁器数千万斤沈之，亦不能合。乃伐树为井干，填以巨石，加土其上；缘淮百里内木石无巨细皆尽，负担者肩上皆穿穿，夏日疾疫，死者相枕，蝇出昼夜声合[3]。梁天监十五年（516年），浮山堰终于建成：

> 夏，四月，淮堰成，长九里，下广一百四十丈，上广四十五丈，高二十丈，树以杞柳，军垒列居其上。
>
> ……魏军竟罢归。水之所及，夹淮方数百里。李崇作浮桥于硖石守间，又筑魏昌城于八公山东南，以备寿阳城坏，居民散就冈陇，其水清洳，俯视庐舍冢墓，了然在下[4]。
>
> 八月，乙巳……康绚既还，张豹子不复修淮堰。九月丁丑，淮水暴涨，堰坏，其声如雷，闻三百里，缘淮城戍村落十余万口皆漂入海[5]。

由于受技术水平和自然条件影响，筑坝过程中死伤了成千上万人。在截流时向龙口抛掷了几千万斤铁器，但2次合龙均告失败。最后到处采石伐木，制作了大量方井形填石木笼，趁枯水时沉入龙口，截流才获成功。据记载，整个浮山堰工程包括一堰一湫（溢洪道），总长9里，大坝底宽140丈（约336m）、顶宽45丈（约108m）、高20丈（约48m），坝顶筑有子堤并栽植了杞柳。

据坝址现场勘察，文献记载的坝高数据尚难确认，较为可能的高度是30～32m，蓄水量可超过100亿m^3，淹没面积六七千平方公里以上。坝成蓄水后，寿阳果然被水围困。魏军出于恐惧，又开挖了第2条泄水沟。

浮山堰溃决后，北岸山下部分坝体残存至今。北岸山上凹处有2条泄水道遗迹。北侧的泄

---

[1] 郑连第主编．中国水利百科全书·水利史分册．谭徐明，蒋超副主编．北京：中国水利水电出版社，2004：162-163．

[2] 资治通鉴，卷147，梁纪三．

[3] 资治通鉴，卷147，梁纪四．

[4] 资治通鉴，卷147，梁纪四．

[5] 资治通鉴，卷147，梁纪四．

水沟较深，中华人民共和国成立初期尚可通水，治淮中曾利用过。稍偏南处有 1 条宽浅干槽遗迹，至今仍依稀可辨[1]。

从以上数例分析，我们可以知道，引水灌城、堰水灌城，会碰到一些水工技术的问题。浮山堰的例子，就很说明问题，想害人，反害己，因堰坏，沿淮十余万军民成为牺牲品，实在令人痛心。

以上四例，可使我们对水攻情形有更详细的了解。

第三节　以水为守军事防御方式

以水为守的军事防御方式，分为如下三种类型：

(1) 以水环城，以加强城池的军事防御；

(2) 决水淹浸前来进犯的敌军；

(3) 利用或营造河塘湖泊沟渠水体，造成敌军进犯的险阻。

一、以水环城，以加强城池的军事防御

这方面是利用城墙有极强的防洪能力，而发展出的以水为守的防御方式。这方面的例子很多。

《读史方舆纪要》记载：

> 五代梁开平二年（908 年），雷彦恭据郎州，为楚将秦彦晖所攻，引沅江环城以自守。彦晖遣裨将自水窦入城攻之，彦恭溃走，遂取郎州[2]。

唐乾符元年至六年（874 ~ 879 年）时，西川节度使高骈创筑成都罗城，在郫江建縻枣堰，开凿护城河，主要是为了加强军事防御。唐王徽《创筑罗城记》记载：

> 或因江以为堑，或凿地以为壕，则方城为城，汉水为池，又何以加焉？[3]

这方面的典型例子是江陵城，以三海为城险阻[4]。

府控巴夔之要，路接襄汉之上游，襟带江湖，指臂吴粤，亦一都会也。太史公曰：江陵，故郢都，西通巫巴，东有云梦之饶。……自三国以来，常为东南重镇，称吴蜀之门户。诸葛武侯曰：荆州，北据汉沔，利尽南海，东连吴会，西通巴蜀，此用武之国也。

这类例子极多，不再一一列举。

要进攻得手，首先必须破其水守的阻碍。蒙古兵进攻南宋静江府城（在今广西桂林市），因水阻难以攻破，于是在漓江上游筑堰，又决东南埭使壕池无水，才攻破城池。

《续资治通鉴》记载：

> 静江城以水为固，阿尔哈雅乃筑堰断大阳、小溶二江，以遏上流，决东南棣以涸其湟，城遂破。堅闭内城坚守。又破之。堅率死士巷战，伤臂被执，断其首，犹握拳奋起立，逾时始仆。堅家世以忠勇，为名将，至堅死节最烈[5]。

---

[1] 郑连第主编．中国水利百科全书·水利史分册．谭徐明，蒋超副主编．北京：中国水利水电出版社，2004：130-131．

[2] 读史方舆纪要，卷 80，湖广六·武陵县·沅水．

[3]（唐）王徽．创筑罗城记．古今图书集成·考工典·卷 26·城池部．

[4] 读史方舆纪要，卷 78．湖广四·荆州．

[5] 读史方舆纪要，卷 183，元纪一．

二、决水淹浸前来进犯的敌军

这类例子也很难多。

后梁贞明四年（918年）梁谢彦章攻杨刘城。晋王率轻骑至河上，谢彦章闻之，筑垒固守，决河水以阻遏晋军[1]。

唐武德五年（622年），李世民决洺水上游之堰以淹刘里闼军[2]。

杨行密与朱瑾将兵三万拒汴军于楚州，别将张训自涟水引兵会之，行密以为先锋。庞师古营于清口，或曰："营地汙下，不可久处。"不听。师古恃众轻敌，居常弈棋。朱瑾壅淮上流，欲灌之；或以告师古，师古以为惑众，斩之。十一月，癸酉，瑾与淮南将侯瓒将五千骑潜渡淮，用汴人旗帜，自北来趣其中军，张训踰栅而入，士卒苍黄拒战，淮水大至，汴军骇乱。行密引大军济淮，与瑾等夹攻之，汴军大败，斩师古及将士首万余级，余众皆溃[3]。

这种方法还被侵越的法军用来对付刘永福的黑旗军。

刘永福率领的黑旗军于1873年11月和1883年5月～1885年9月，两度赴南抗击法国侵略军。为援越抗法立下累累战功。1883年5月19日纸桥战役后，黑旗军想一鼓作气，收复河内，但越南顺化王朝不准黑旗军攻城，命令他们撤军到怀德。怀德在河内以西20多里的红河沿岸。1883年8月15日，法军趁河水泛滥，决开红河大堤，妄图淹没怀德。同时派九艘兵船，载1800余人，分三路进攻，用大炮猛轰黑旗军营寨。义军英勇顽强，浴血奋战14h，大败法军，法军逃回河内[4]。

这种方法有时候还取得成功的效果。

宋元丰四年，西夏大安七年（1081年），宋兵攻西夏灵州，西夏军坚壁清野，集结主力于灵州。遣骑兵断宋军粮道，决黄河水淹没宋营，宋军久攻灵州不下粮草不断，各路均相继溃退[5]。

三、利用或营造河塘湖泊沟渠水体造成敌军进犯的险阻

这方面例子极多。

三国孙吴赤乌十三年（250年），"遣军十万作堂邑（今六合县）涂塘，以淹北道。"涂塘在今六合县28km的滁河上，当时是防御魏兵[6]。

仪真县陈公塘，汉广陵太守凿，以资灌溉者。塘在县东北三十里，周广九十余里，环塘三十六汊，汊各有名。……开禧丙寅二年（1206年），北兵将至，仪真总辖唐璟决塘水被真之东北境，莽为巨浸，金人望之引退[7]。

这种例子还有许多。其中规模最大、最为典型的例子，是北宋时期防辽军的河北塘泊工程。详见下面第四节。

---

[1] 中国军事史大事记．上海：上海辞书出版社，1996：248.

[2] 中国军事史大事记．上海：上海辞书出版社，1996：184.

[3] 资治通鉴，后梁纪四．

[4] 沙敬范．刘永福黑旗军援越抗法的伟大功绩//北京大学东方语言文学总编．东方研究论文集．北京：北京大学出版社，1983：55-69.

[5] 中国军事史大事记．上海：上海辞书出版社，1996：286.

[6] 崔宗培主编．中国水利百科全书·一．北京：水利电力出版社，1991：171.

[7] 李国豪主编．建苑拾英·第二辑·下．上海：同济大学出版社，1997：92.

第四节 北宋时期的河北塘泊工程[1]

塘泊是北宋为防止契丹骑兵南下入侵而在双方边界地带（即今河北中部地区）兴修的一项国防工程。北宋利用当地多为平原、地势低洼的有利地形，将该地区众多湖泊淀泽以及河流沟渠进行开发，构成了一个横亘双方边界的庞大水系，以拦御辽朝骑兵。同时，北宋还在塘泊地区兴修水田，屯兵开垦，并开挖人工运河以达运输兵、粮之目的。在某些重要的区域和地势较高的地段，北宋还种植了大量林木，有效地增强了防御能力，这也可看做是塘泊工程的一项辅助设施。所有这些边防设施构成了一个结构完整的军事防御体系。

一、塘泊建设的缘起

（一）塘泊产生的历史背景

唐末五代时期，生活在东北西辽河流域的契丹族逐渐强盛起来，耶律阿保机时期成为一个统一的国家。此时的中原地区军阀割据，连年混战，契丹利用这一有利时机，不断向中原地区各王朝进攻掳掠。中原地区的政权则凭借长城及燕山天险进行抵抗。但是自石敬瑭将燕云十六州割让给契丹后。"自飞狐以东，重关复岭，塞垣巨险，皆为契丹所有。燕蓟以南，平壤千里，无名山大川之阻，蕃汉共之。此所以失地利而困中国也"[2]。此后，中原门户顿开，契丹得以肆意南下掳掠，造成了"百万家之生聚，俱陷虎狼，数千里之人烟，顿成荆棘"[3]的悲惨景象。

太平兴国四年（979年），北宋在统一南方之后又灭掉北汉，结束了五代十国分立割据的局面，开始了北伐契丹之役，图谋将契丹势力逐出长城，收复燕云十六州之失地。由于指挥失误，在高梁河（今北京西直门一带）一战中惨败于契丹援军，宋太宗负伤乘驴车逃归。第一次北伐以失败告终。雍熙三年（986年），宋太宗以契丹国主耶律贤死，他的12岁儿子耶律隆绪刚刚即位这一政权变动的时机，再度分兵两路北伐。开始时期进展十分顺利，但由于大将曹彬率领的主力——东路军违背临行前制订的虚张声势、缓慢行军、牵制辽军主力以策应中、西两路的作战方案，贪功冒进，孤军深入，被辽军于歧沟关（今涿州西南）击溃，第二次北伐亦以失败告终。

面对两次北伐失败及契丹不断南下掳掠而"兵连不解"[4]的残破局面，北宋君臣深感无力再行北伐。

宋辽双方对峙于河北平原中部，河北地区在军事上的重要性显而易见。北宋君臣朝思暮想的是如何在河北地区建立一道坚固的防线，阻止契丹的南下窜犯。正是在这种历史背景下，在广阔的河北平原上出现了一个规模庞大的防御工程。

（二）塘泊产生的地理条件

宋辽对峙的河北平原是由发源于太行山区的众多河流以及黄河所携带的大量泥沙，经过漫

---

[1] 杨军．北宋时期的河北塘泊∥北京大学历史地理研究中心编．侯仁之师九十寿辰纪念文集．北京：学苑出版社，2003：225-255．

[2] 续资治通鉴长编，卷30，端拱二年正月癸巳．

[3] 全唐文，卷120，后汉高祖北巡赦文．

[4] 续资治通鉴长编，卷23，太平兴国七年十月辛酉。

长的地质年代堆积淤淀而形成的冲积平原，自太行山东麓由西向东缓慢倾斜，面积广阔，地势平衍卑下。在河北平原中部今白洋淀、文安洼一带属地质上的构造凹陷地带，先秦时代属“禹贡”河的“九河”分流区。据沉积相分析，其河间洼地当有为数不少的湖泊存在[1]。《水经注》记载了北魏时期该地区的湖沼有大渥淀、小渥淀、范阳陂、狐狸淀、大浦淀、阳城淀等。宋辽在河北地区的边界线正是位于这一地区。随着时间的推移，这一地区的湖泊也逐渐发生变化，有的慢慢消亡了，同时又有新的湖泊产生。到了北宋时期，据《宋史·河渠志》记载，当时这一地区共有大小湖泊近 30 个。此外，河北平原上水系发达，水利资源丰富，河流分布相当密集。北宋时期，除了黄河北支流经于此外，还有发源于太行山的濡水、沈水、徐水、漕河、瀑河（鲍河）、拒马河、葫芦河、滹沱河等诸多河流以及御河（永济河）等人工开挖的漕架运河。这些河流为河北平原带来了充足的水源。在众多的河湖之间又有大面积的沼泽地带存在。这些星罗棋布的河湖沟渠及沼泽地为塘泊的修建提供了极为有利的地理条件。

北宋时期这一带是洼淀广布的所在。“自雄州东际于海，多积水”[2]是当时这一地区自然环境的真实写照。由于该地区处于温带大陆性气候的控制之下，年降水量分布极不均匀，大部分降水集中于夏秋季节，因此在修建塘泊之前，这里虽有不少河流，但是或者夏秋奔涌涨溢，或者冬春干涸枯水，尚不能在防御上充分发挥效能，因此在此基础上对河流和淀泊加以人工改造，修建塘泊工事无疑是十分明智的选择。

二、塘泊的建设

（一）塘泊的修建过程

雍熙四年（987 年），宋太宗召群臣问边防之计，有大臣提出决黄河使之北流，以水设防；或在边界地区修筑长城。很显然，开掘黄河虽可御边，但要淹没大量缘边州县，得不偿失，而于平原地区修筑长城则很难在当地取得大量的施工原料，且工程浩繁，花费极大，劳民伤财。因此这项建议未被采用[3]。

太宗时期，翰林天文官孙士龙曾建议在宋辽边界利用有利地形营制方田，“令民田疏沟塍”，以便起到“可以隔碍胡马”的作用。明确提出兴修塘泊的计划并使之付诸实施的是何承矩。何承矩，字正则，是宋初曾任关南兵马都监的何继筠之子，他也自幼随父长年征战于河北地区，不仅熟悉河北边防的地理形势，而且了解契丹的作战特点。何承矩在戍守瓦桥关时正值雍熙北伐之际，最终北伐失败，朝野震动，北宋君臣急于抵御契丹进攻而又苦无良策。何承矩认为河北地区湖泊密布、河渠纵横、沟网交错、泉流众多，若将这些有利地形加以充分开发利用，在“水”字上做文章，构造一条以水为主的防线，正可针对契丹擅长骑射、不习水战的特点，必定大有成效，因此他提出开筑塘泊与屯田戍边相结合的战略设想。沈括在《梦溪笔谈》卷十三《权智》篇中记载：

> 瓦桥关（今河北雄县）北与辽人为邻，素无关河为阻。往岁六宅使何承矩守瓦桥，始议因陂泽之地潴水为塞，欲自相视，恐其谋泄，日会僚佐，泛船置酒赏蓼花，作诗数十篇，令座客属和，画以为图。传至京师，人莫谕其意，自此始壅诸淀。

端拱元年（988 年），调任沧州节度副使的何承矩上书，明确提出了这项计划。他认为：“若于顺安塞西开易河蒲口（今高阳县南浦口），导水东注于海，东西三百余里，南北五、七十里，

[1] 邹逸麟主编．黄淮海平原历史地理．合肥：安徽教育出版社，1997：162．

[2] 宋史，卷 176，食货志·上四．

[3] 宋会要辑稿，兵 27 之三．

资其陂泽，筑堤贮水为屯田，可以遏敌骑之奔轶。俟期岁间，关南诸泊悉壅阗，即播为稻田。其缘边州军临塘水者，止留城守军士，不烦发兵广戍。收地利以实边，设险固以防塞，春夏课农，秋冬习武……如此数年，将见彼弱我强，彼劳我逸。”按照他的设想，兴修塘泊既可开水田以得军粮，又可设水险以固边防，再者还可以减少戍边兵士。宋太宗被这项建议深深打动，他在诏令中说：“攸久之谋，在于设险。朕今立法，令沿边作方田，量地理之远近，列置寨栅，此可以限其戎马而利我之步兵……持重养锐，挫彼强敌。”[1]

咸平三年（1000年），已调任雄州知州的何承矩根据契丹犯边的情况上疏道：“臣闻兵家有三阵：日月风云，天阵也；山陵水泉，地阵也；兵车士卒，人阵也。今用地阵而设险，以水泉而作固，建为陂塘，互连沧海，纵有敌骑，何惧奔冲……今顺安西至西山（今太行山），地虽数军，路才百里，纵有丘陵冈阜，亦多川渎泉源，傥因而广之，制为塘埭，则可戢敌骑，息边患矣……”[2]，“以引水植稻为名”，在自边吴淀至赵旷川、长城口一带地区开挖方田、修筑塘[3]。

（二）塘泊的规模及水利设施

塘泊的水源主要是发源于太行山的众多河流与泉水，在东部一些滨海地区则有涨潮时倒灌的海水。“凡并边诸河，若滹沱、胡卢、永济等河，皆汇于塘”[4]。西来诸水灌注塘泊的情况是“滹沱等九河灌注边吴、宜子等淀，水势涨满，乃入石冢等诸口及百济河（应为永济河），迤逦入次东灌注向下塘泊”。海水则主要是灌注永济河以东沧州一带的塘泊，向西可达御河。

在塘泊建设的前后数十年中北宋政府动员大量沿边军民修筑堤堰、开挖沟渠、兴治斗门，将近30个淀泊和众多河流、沼泽以及海水连接起来，使塘泊地区形成一个巨大的水体。塘泊东起沧州东境的泥沽海口，向西经乾宁军、信安军、霸州、保定军、雄州、顺安军、保州、安肃军直至广信军。由西向东，包括9个水域，涉及10个军，屈曲900里，形成一条庞大的水系。范围所及，涵盖了河北沿边大部分地区。由于地势关系，塘泊越向东水势规模越大。

（三）塘泊的辅助设施

1. 军事防御林的建设

契丹南下，常以骑兵为主力，在空阔坦荡的平原上往来驰突，十分迅捷，宋军疲于应付，“若捍御不及，即有侵轶之患”。针对契丹“好遣骑兵”的特点，宋军在河北地区加强了军事防御林的建设，以期对辽骑起到限阻迟滞的作用，因此也是对塘泊工程的补充。

可见防御林确实起到了防御契丹军队行动的作用。此外大量树木还为北宋沿边军民修筑城池、建造房屋提供了大量木材。

2. 漕运河渠的开发

由于河北地区对北宋王朝具有特殊重要的作用，其水运的开发利用一直受到北宋政府的格外重视。北宋在开挖塘泊的同时，有意识地开挖、疏浚了一批沟渠，使之与塘泊相互沟通，共同构成了一条巨大的水上防线。

宋初开挖的这一系列沟渠，大多数与塘泊相通，形成一张互相贯通的水运网络，对于宋军水路调动兵力、运输粮饷都起到了方便、迅捷的巨大作用。这些沟渠本身也是防御契丹南下的

---

[1] （宋）李攸．宋朝事实，卷20．

[2] 续资治通鉴长编，卷47，咸平三年四月庚戌．

[3] 宋史，卷95，河渠志．

[4] 宋史，卷95，河渠志．

一道屏障，达到了当初开凿所期忘的“有河漕以实边用”的目的[1]。

三、塘泊的管理

兴修塘泊的同时，就存在着如何管理的问题。北宋政府对如何有效管理塘泊以使其充分发挥作用一直是十分重视的。北宋政府规定：塘泊系河北屯田司及沿边安抚司职事，及河北转运使监督大制置。

塘泊的管理工作由河北屯田司、沿边安抚司共同承担，前者主要是负责屯田兴修开发以收取地利，后者则负责地方警戒维护以巩固边防。在两者之上以河北转运使监督大制总揽全局。

北宋政府十分重视塘泊堤堰的维护，屡次下令地方管理切实负责维护。

四、塘泊的作用

历时百余年在河北地区耗费巨大人力、物力、财力修成的塘泊，对北宋的国防策略和河北地区的经济以及当地自然环境产生了较大的影响。

（一）塘泊的军事作用

面积广阔的塘泊对北宋在河北的边防产生了巨大影响，对北宋在河北的军事部署起到了决定作用。北宋可以根据沿边塘泊的多少相应调整其在河北的兵力分布。河北“边境千里，塘水居其八，得以专力而控其要害。”

（二）塘泊的经济作用

塘泊对河北地区的经济也产生了较为深远的影响。这首先表现在作为塘泊重要组成部分的屯田所产生的一定的经济效益上。当初开挖塘泊，兴修屯田的用意之一就是要解决驻军的给养问题。其方法是“度地形高下，因水陆之便，建阡陌，浚沟洫，益树五稼”，以达到“实边廪而限戎马”的目的。实际情况表明最终在一定程度上达到了这个目的。治平三年（1066 年），河北屯田已达“三百六十七顷，得谷三万五千四百六十八石。”开塘泊兴屯田，既可以使辽骑的奔冲受到一定限制，又可使沿边军粮不必全部仰赖辇运，这方面的积极作用是应该肯定的。

塘泊给当地提供了大量水产品。

塘泊在给当地带来一定经济利益的同时，也产生了一些消极的影响。

（三）塘泊对当地自然环境的影响

塘泊对当地的盐碱地改造起到了有益的作用。

五、塘泊的湮废

自北宋中期塘泊建设达到其顶峰后，就开始走向没落，随着时间的推移，许多淀泊逐渐淤淀干涸，昔日水乡泽国的景象一去不返，到北宋末年，塘泊已经名不符实，终于退出了历史舞台。其湮废的原因，可归纳为自然原因和人为因素两个方面。

---

[1] 宋史，卷 86，地理志 .

第九章

中国古代城市防洪的方略

中国古代城市防洪的方略，指的是古代用以指导城市防洪的规划、设计的方法和策略。研究这些方略，可以帮助我们深入了解城市防洪的各项措施的科学性，便于把中国古代城市防洪的经验、教训上升到理论的高度，并取其精华，结合我们今天城市防洪的具体情况，定出今天城市防洪的正确的方略。

古代城市防洪的方略，有“防、导、蓄、高、坚、护、管、迁”八条。下面拟分而述之。

第一节 防

防即障，即用筑城、筑堤、筑海塘等办法障水，使外部洪水不致侵入城区，以保护城市的安全。

防不仅是城市防洪的重要方略，也是江河防洪的重要方法。从远古的传说中可知，我们的祖先很早就用“防”的办法对付洪水。中国远古有一个叫共工的氏族，聚居地大约在河南辉县一带，从事农耕，为了对付洪灾，共工氏用“壅防百川，堕高堙庳”[1]的办法治水，即从高处搬土石作堤埂抵挡洪水。由于治水有成绩，共工氏享有这方面的声誉，“共工氏以水纪，故为水师而水名。”[2]

在共工氏之后治水的人物叫鲧，他是夏族的祖先，后来被道家奉为真武大帝[3]。传说帝尧的时候，黄河流域连续出现特大洪水，“洪水横流，泛滥于天下”[4]，“帝尧求能平治洪水者，四岳举鲧。帝乃封鲧为崇伯，使治之。鲧乃大兴徒役，作九仞之城，九年迄无成功”[5]。鲧为禹之父，年代约在公元前22世纪，当时古城已经出现。鲧“作九仞之城”来抵御洪水，用的也是“防”的办法。由澧县城头山古城的例子可知，早在鲧之前18个世纪，古城墙已用来抵御洪水，保护城内居民的安全（见本书第二章第二节）。由“鲧筑城以卫君，造郭以居人”[6]的记载来看，鲧筑城乃是为了保护城内的君主和人民免受洪水之灾。但后来鲧治水失败，因为鲧只用了“防”的方略，而防洪和治水是个复杂的、综合性的问题，必须采用多种方法才能成功。鲧没有采用疏导的方法，则洪水无法排泄。夯土筑成的古城墙是难以经受洪水的长期泡浸的。鲧以治水失败而告终，这一历史传说告诉我们，要用多种方法才能搞好城市防洪，单纯用“防”的方法是难以成功的。

然而，“防”仍不失为城市防洪方略中的重要的一条。古代的城墙、护城堤、海塘等障水的工程设施都是“防”的具体运用。“防”的问题所涉很是广泛，它涉及城市规划、建筑设计和工程技术三个方面。城市规划上，必须解决城墙、堤防的布局的合理性问题，建筑设计和工程技术上又涉及城址环境、水文、地理、地质许多问题，这三个方面又都与城市选址有关。可见，与“防”有关的问题是十分广泛的。

---

[1] 国语·周语下.

[2] 左传·昭公十七年.

[3] 吴庆洲. 中国古建筑脊饰的文化渊源初探. 华中建筑，1997：2–4

[4] 孟子·滕文公上.

[5] 通鉴纲目.

[6] 吴越春秋.

第二节 导

导即疏导江河沟渠，降低洪水的水位，使"水由地中行"，不致泛滥成灾。对于城市防洪而言，导有两个方面的内容：一是疏导城外河渠，降低城外洪水水位，使城内免受城外洪水的威胁；一是建设城区排水排洪系统，迅速地排除城内的积水，使城区免致潦涝之灾。

用导的办法制服洪水，据说是大禹的发明。禹是鲧之子，他吸取父亲仅用"防"而治水失败的教训，采用了新的办法：导。禹"决九川距四海，浚畎浍距川"[1]，即疏通主干河道，导引漫溢出河床的洪水和渍水入海，又浚若干排水渠道，使漫溢出河床的洪水和积涝回归河槽。禹用导之法，终于使"水由地中行，……然后人得平土而居之。"[2]

中国古城的环城壕池，乃是古城城市水系的重要组成部分[3]。壕池从城外引水入池，使池水常存，不致干涸，又开挖有泄水的沟渠河道，使壕池中的水不至于过满而泛滥成灾。古城内常开挖有供水或航运的河道，这些河道往往又是城内排水排洪系统的干渠，城内的排水沟管的积水，均一一泄入城内河道中，又由河道经城墙的水门、水关（涵洞），排入护城河，再由护城河的泄水河渠排入城外江、河、湖、海中。这样，城市水系成为天然水系的子水系。环城壕池成为古城排水系统中不可缺少的骨干渠道。城市水系和天然水系都必须用导的方法治理，才能避免水溢之患。

用导之法可以引开困城的洪水，保住城区免受外来洪水之患。北宋东京城即用过此法。

据载，"嘉 三年（1058年）正月，开京城西葛家冈新河，以有司言：'至和中（1054～1055年），大水入京师，请自祥符县葛家冈开生河，直城南好草陂，北入惠民河，分注鲁沟，以纾京城之患。'"[4]

唐代滑州城也曾以疏导之法解除了洪水之困。据载，"宪宗元和八年（813年）十二月，河溢，浸滑州羊马城之半。滑薛平、魏博田洪正征役万人，于黎阳界开古黄河，南北长十四里，东西阔六十步，经黎阳山，东会于古渎，名曰新河。自是滑人无水患。"[5]

同一事，《新唐书》记载："始，河溢瓠子，东泛滑，距城才二里所。平按求故道出黎阳西南，因命出其佐裴弘泰往请魏博节度使田弘正，弘正许之。乃籍民田所当者易以它地，疏道二十里，以酾水悍，还堧田七百顷于河南，自是滑人无患。"[6]

用导之法也可以防止或减轻城内雨潦之灾。具体的办法是规划建设城市排水排洪系统，并加强管理，常加疏浚。

古人对"导"之法有清楚的认识。以开封为例，宋东京城四河贯城，加上布于城内的沟渠网，积水易于排除。后来，因黄河决溢，河道都夷为平陆。崇祯十五年（1642年），李自成起义军攻汴，明朝守城官员"决河淹汴，城壕沙壅"，90多年后，即清代乾隆时（图9-2-1），城壕泥沙"日积日高。霪雨之后，城中衢道水潦四溢，于是市可行舟，灶皆产蛙矣。"[7]原因何在呢？"夫

---

[1] 尚书·益稷.

[2] 幻孟子·滕文公下.

[3] 吴庆洲.中国古代的城市水系.华中建筑，1991（2）：55-61.

[4] 宋史·河渠志.

[5] 道光河南通志，卷13，河防考.

[6] 新唐书·薛平传.

[7]（清）王士俊.汴城开渠浚壕记.道光河南通志，卷79.

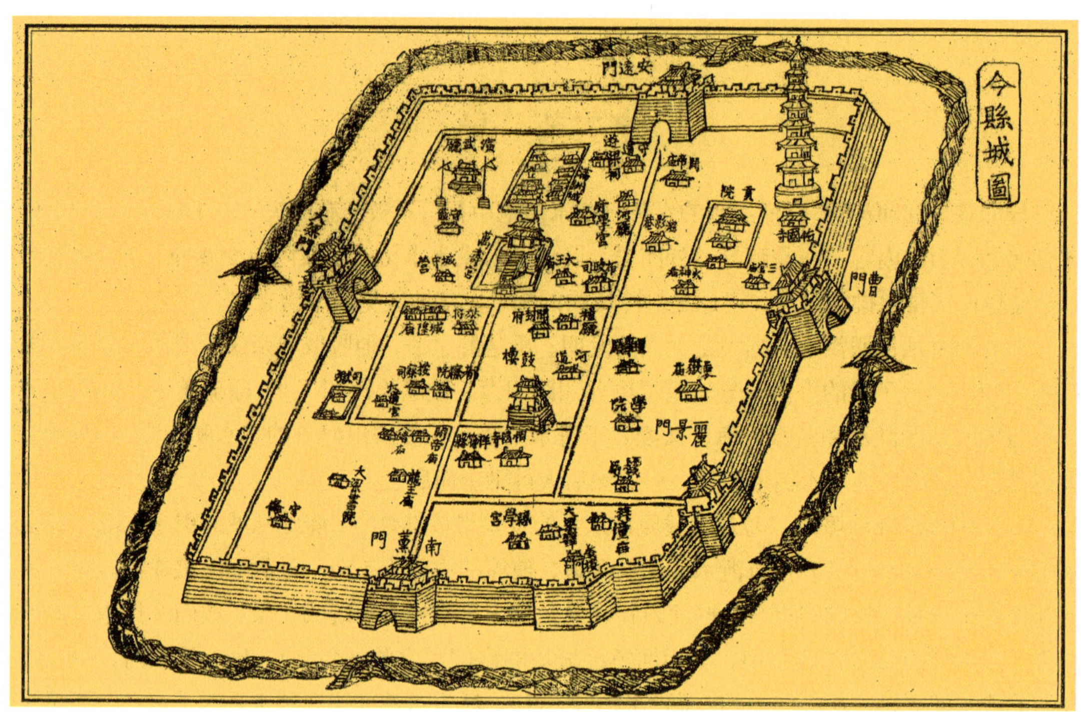

图 9-2-1　祥符县今县城图［摹自乾隆四年（1739 年），祥符县志］

今日水为患，患在水之窒耳。窒者求所之通之而已。又患在水之溢耳。溢者，谋所以贮之而已。通其窒，贮其溢，则患立除，岂如长江大河必藉海为委与。”[1] 找到水患的起因，就可采用相应的措施来治理。“今第于城之内筹所以通其窒者，其道安在？利用开渠。西北有浮沙，不便疏引。自西隅节孝祠东至宋门，计长八百暨六丈。自北门至宋门，计长六百二十丈。顺地势之高下，酌锹土之浅深，使积水归于巨涡，节次贯注，建桥一十三座，以便行人。居民各自疏沟，以防梗塞，所以策城内者如此。天子许之。而万夫协力，城内窒者通矣。于城之外筹所以贮其溢者，其道安在？利用浚壕。统计四门之壕，共长三千四百六十三丈，是即明季历今，日积日高者也。有壕之名，无壕之实。倘任其淤淀，则城内四达之水无所归宿。无所归宿，则势仍盈满灌决，环城以内不改汪洋包幕，而民累益甚。惟开之使宽，掘之使深，为潴水之淀，藏水之柜，谓之壕也可，谓之海也亦可。凡城内奔腾而来之水，从容收之，止于其所。水门启闭，各有宣节。所以策城外者如此。天子许之。而万夫协力，城外之溢者贮矣。窒者既通，溢者既贮，传所谓数疆潦，规偃潴潴也。《经》所谓：土反其宅，水归其壑也。”[2]

清乾隆时治理开封城市水潦之灾，用了导之法，同时也指出了城壕的蓄水作用。

第三节　蓄

蓄也是城市防洪的方略之一。蓄，即使水归于壑，不致漫溢泛滥。古城内的湖池具有调蓄雨洪的功能，湖、池的面积越大，越深，其容水量也就越大，调蓄的作用就越显著。一般说来，古城内的湖池是排水系统的一部分。靠近湖池的沟渠，可将积水就近排入湖池，水再沿湖池的出水渠道排至城壕，再排出城外。不仅湖池具有蓄的作用，护城河和城内河道沟渠均有蓄的作

[1]（清）王士俊．汴城开渠浚壕记．道光河南通志，卷 79.

[2]（清）王士俊．汴城开渠浚壕记．道光河南通志，卷 79.

用。一般而论，古城的河渠水系，既有导的作用，又有蓄的功能。在干旱时，以蓄为主，在暴雨或久雨时以导为主，只有不断导，才能不断蓄，其导和蓄的功能是相互关联的，其过程是相互关联和连续的过程。

城内的湖池可以蓄水，减少积涝之患。城外的湖池亦可以调蓄洪水，降低洪水水位，防止或减轻洪水侵城之灾。

古城昆明（图 9–3–1），有盘龙江等河道在城边流过。盘龙江原在嵩明一带的山间峡谷中流行，当进入平坦的昆明坝区时，因流水由急变缓，泥沙沉积，河床淤高，每到夏天洪水季节，就易泛滥成灾[1]。盘龙江在洪水期，常对昆明城造成严重威胁。元代平章赛曲赤赡思丁和云南劝农使张立道，对盘龙江作了勘察后，选址于盘龙江流出山箐的最窄处——凤岭和莲岭两山之间，兴建了规模巨大的松花坝水库，设闸以时启闭，并分出一部分水流入金汁河。松花坝水库的兴建，起了蓄洪、分洪的作用，对昆明城的防洪是极有利的，而且对昆明市郊区的农田水利建设起了极大的作用[2]。

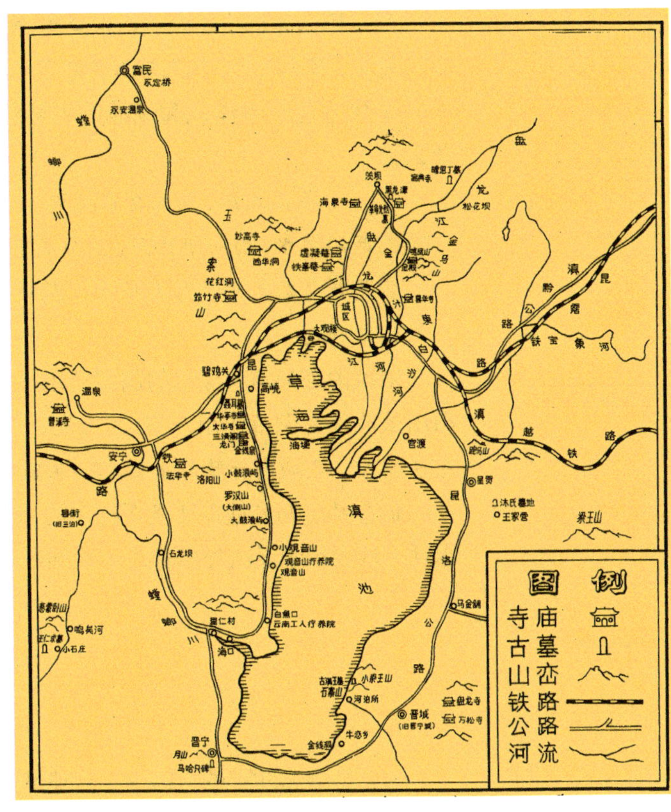

图 9–3–1 昆明城周边环境示意图（李孝友编著．昆明风物志．插图）

湖、池的调蓄作用，不仅利于城市防洪，对于大江、大河整个流域的防洪，均有重大的作用。

早在西汉，贾让已注意到湖池洼地的调蓄江河洪水的作用，指出："古者立国居民，必遗川泽之分，度水势所不及……陂障卑下，以为污泽，使秋水多，得有所休息，左右游波，宽缓而不迫。"[3]

明朝宋濂论述了黄河水患比长江为多的原因："以中原之平旷夷衍，无洞庭、彭蠡以为之汇，故河常横溃为患。"[4] 即黄河水患与黄河没有像长江那样有较多大湖泊调蓄分洪有关。

清代学者魏源（1794 ~ 1857 年）也谈到："历代以来，有河患无江患。河性悍于江，所经兖、豫、徐地多平衍，其横溢溃决无足怪。江之流澄于河，所经过两岸，其狭处则有山以夹之，其宽处则有湖以潴之，宜乎千年永无溃决。乃数十年中，告灾不辍，大湖南北，漂田舍、浸城市，请赈缓征无虚岁，几与河防同患，何哉？"魏源分析其原因，一是由于中下游筑圩围垦，"向日受水之区，十去五六矣"；二是上游山林的开发垦植，水土不保，泥沙下泄，由江达湖，水去沙不去，遂为洲渚，又加上围垦，"向日受水之区，十去其七、八矣。"湖面减少，调蓄作用大减。"下游之湖面江面日狭一日，而上游之沙涨日甚一日，夏涨安得不怒？"[5]

魏源对湖池在长江流域防洪中的重大作用给予充分的肯定，他指出：

江之在上世也，有七泽以漾之，有南云北梦八百里以分潴之。夏秋潦盛，则游波宽衍，有所休息。自宋世为荆南留屯之计，陂堰成田，日就淤塞。而孟珙、汪叶之知江陵，尚修三海八堰，以设险而蓄水，又有九穴十三口，以分泄江流，犹未尽夺水以地也。元、

[1] 张增祺．滇池区域水利发展史概论．云南文物，1984（15）：79–87.

[2] 民国续修昆明县志·水利．

[3] 汉书·沟洫志．

[4] 行水金鉴，卷 21.

[5] 魏源集．湖广水利论．第一版．北京：中华书局出版，1976.

明以还，海堰尽占为田，穴口止存其二，堤防夹南北岸数百里，而下游之洞庭，又多占为圩垸，容水之地，尽化为阻水之区。洲渚日增日阔，江面日狭日高，欲不轶溢为害，得乎？[1]

清代方观承对洼地和湖池的调蓄作用也有很深的体会。他在乾隆十二年（1747 年）上疏云：

上年臣抵东，询知夏秋运河、汶水暴涨，赖有南旺及独山湖，同时分减运道，得保无虞。而两湖之水，则一望弥漫，无分高下。以此观之，凡大川经由及众水所注，其宣泄潴蓄之区，尝阅数年数十年，有若闲置。而一旦用之，乃知其见功为不小，未可以目前之形，而忘久远之利也。”[2]

对城内外河道、壕池的调蓄功用，古人亦有所认识。清王士俊在《汴城开渠浚壕记》中就指出壕池具有调蓄作用，“开之使宽，掘之使深，为潴水之淀，藏水之柜，谓之壕也可，谓之海也亦可。凡城内奔腾而来之水，从容收之，止于其所。”[3]

调蓄系统乃是城市防洪系统中的一个子系统，它由城市水系的湖池河渠组成。在城外洪水困城，城内积水无法外排时，古城调蓄系统的蓄水能力对避免内涝之灾具有决定性作用。

第四节　高

高也是城市防洪的方略之一。建城选址，须注意城址比周围地势高些；建造房屋宫殿，基址也应该选在较高之地，或于平地筑高台基，建房于高台基之上，或在平地建多层高楼，这样，均可避免或减少洪水之患。

以高而避水，乃是利用“水往低处流”的特征。早在战国时，古人就指出：“水之性，以高走下，则疾，至于漂石。而下向高，即留而不行。”[4] 城市和房屋选址于低洼之处，洪水冲来，不仅受淹，且有被冲毁之患。故《管子》提出城市选址的原则：“高毋近旱，而水用足，下毋近水，而沟防省。”[5] 滨江的城市，如地势低洼，就可能洪水频繁。安康、合川等古城就是例子。

自原始社会起，古人就已懂得居高能避水患的道理。太湖地区的新石器时代的文化遗址，多在平地而起的墩台之上。而河南东部、山东西南部和安徽西北部这种文化遗址也为数甚多。太湖地区地势低洼，而河南东部、山东西南部和安徽西北部一带地势平坦，河渠纵横，易受水患。居住在高出地面几米乃至十几米的墩台之上，可避洪水之患。

高台建筑有多种功用，避水患乃其功用之一。

历代帝王的宫城都踞高而建，汉长安和唐长安的宫城分踞龙首原的北麓和南麓，地势高敞，利于军事防卫，利于排水，也利于防洪。

第五节　坚

坚，即建筑物坚实，不怕洪水冲击泡浸。在古代城市防洪中，坚包括三方面的内容，一是

---

[1] 魏源集．湖北堤防议．第一版．北京：中华书局出版，1976．

[2] 蔡冠洛．清代七百名人传·第三编·水利．第一版．北京：中国书店，1984．

[3] 道光河南通志，卷 79．

[4] 管子．度地．

[5] 管子．乘马．

城墙、堤塘等防洪设施坚固抗冲，足以保护城区的安全；二是不受城堤保护的建筑，修筑得坚固非常，可以抵御洪水的冲击泡浸；三是城址须坚实，城市才能抵御洪水的袭击。

坚，是中国古代城市防洪的方略之一。

城墙、堤防、海塘等，都是城市防洪的重要设施，关系到城市内百姓的安危，因此，必须从规划上、设计上、工程技术上采取各种措施，建造坚固、抗冲的城墙、堤塘防洪工程系统。

不受城墙和堤防保护的建筑，也必须采用相应的工程技术措施，使之能经得住洪水的考验而不致倒塌。

古人选择城址，很注意城址之坚实。《管子·牧民》提出："错国于不倾之地。"《管子·度地》提出："故圣人之处国者，必于不倾之地。"（房玄龄注：言其处深厚，冈原复壮者，谓之不倾。）

我们的祖先在选择城址之上有丰富的实践经验和科学思想[1]，选址与防御洪灾相结合[2]。如，避免在洪水直接冲击的河流凹岸上建城，城址多选在河流的凸岸上。如建城在河流凹岸上，城址常受洪水冲击，城基会崩塌，则城墙也会被洪水冲垮，洪水就会灌城。

采取各种工程措施以保护城基，也是坚字方略的运用范畴。

第六节 护

护，即维修、维护。城市防洪的基础设施如城墙、堤防、门闸以及壕池、河道、沟渠等，在使用中会损坏。如城墙和堤防在洪水冲激下会损坏，在洪水泡浸下、雨水冲蚀下会开裂、淘空，甚至坍塌；堤防由于有蚁穴、鼠洞也会漏水、渗水甚至溃决，如不及时维修、维护，补好、修好，就会酿成大祸。

我们在长江、黄河、淮河、珠江流域以及沿海古城防洪的典型案例研究中，发现众多古城，对城市防洪的基础设施都注意"护"。

常德古城，历代重视维护、修葺城池，前后达 20 次之多。

开封古城，多次受黄河灌城之灾，灾后重建城池，形成地下、地上多层城墙。

徐州古城，从东晋义熙十二年（416 年）至清光绪五年（1879 年）共 1463 年中，有 16 次修城之举；从宋熙宁十年（1077 年）黄河犯城至清光绪五年（1879 年）共 802 年中，共维修城垣 14 次，平均 57.3 年修 1 次；由于明清河患加重，自明洪武元年（1368 年）至清光绪五年（1879 年）的 511 年间，修城 11 次，平均 50 年修 1 次。修城、护城，就是保护赖以生存的防洪设施，就是保护自己的生命。

经常的维修、维护，是保证城市防洪设施正常运转，能防御城市洪涝灾害的重要方略。

第七节 管

管就是管理，就是管理好城市防洪体系及各子系统，使之在防洪御灾中发挥作用。

中国古代城市防洪体系由障水、排水、调蓄、交通四个系统组成，这四个系统又分别由各种工程设施组成。有好的设施，若无妥善的管理，这些设施也难以发挥作用。因此，管理乃是

[1] 吴庆洲．中国古城选址的实践和科学思想．新建筑，1987（3）：66-69.

[2] 吴庆洲．中国古城的选址和防御洪灾．自然科学史研究，1991（2）：195-200.

古代城市防洪的重要环节，万万不可忽视。

管理是中国古代城市防洪的方略之一。

以杭州西湖为例，由唐代宗时（765 ～ 779 年），杭州刺史李泌凿阴窦，引水入城，为公井利民汲，到唐穆宗长庆间（821 ～ 824 年）白居易筑堤建涵，以利蓄泄灌溉。五代钱镠专置橑兵千人，专门浚治西湖，并开涌金池，引湖水入城以利舟楫，并作大、小堰以蓄水。宋代真宗景德四年（1007 年），郡守王济命浚治西湖，增置斗门以防溃溢。宋元祐五年（1090 年），苏轼守杭，浚治西湖，立不朽之功。南京建都杭州，管理更好。但到元代一度无管理，听民侵占，全湖尽成桑田。直至明代开始逐渐恢复管理，尤其武宗正德十三年（1518 年），郡守杨孟瑛力排众议，言西湖当恢复的五条理由，才开始恢复唐宋旧貌。以后明、清、民国、新中国历代管理、建设，西湖才得以呈现今日之美貌。如果没有管理，西湖早已变为桑田。杭州失去西湖，自然也不是今日的杭州了。

西湖是杭州城市水系的重要组成部分，而城市水系是城市防洪的基础设施。这一例子说明管理对城市防洪是何等重要。

中国古城的水系，是城市排洪排涝的基础设施，如果没有很好的管理，城市就可能出现渍涝之灾。宋东京城、明、清北京城的例子都说明了这一点。而城市水系管理最好的典型，是明清紫禁城。

第八节　迁

迁也是古代城市防洪的重要方略。它包括三方面的内容：一是让江河改道，远离城市，使城市免除江河洪水之患；二是迁城以避水患；三是在洪灾发生之前，暂把百姓和财物迁出城外，以免洪水灌城时生命财产遭受巨大损失。以上三种均属“迁”的范畴，究竟采用哪一种，得依实际情况而定。

历史上迁城避水患之例，举不胜举。商代曾多次迁都，其中与河患有关。《水经注》记载：“汾水又西迳耿乡城北，故殷都也，帝祖乙自相徙此，为河所毁。……乃自耿迁亳。”[1]

黄河历史上常有决溢之患的例子极多，泛滥所及，城市和村庄均遭灭顶之灾，往往不得不迁城以避河患。对于黄河的水患，历代统治者均少良策。宋神宗赵顼就认为迁城避河患即治河良策。据记载：“元丰四年，帝谓辅城曰，‘河之为患久矣，后世以事治水，故常有碍。夫水之趋下，乃其性也。以道治水，则无违其可也。如能顺水所向，迁徙城邑以避之，复有何患？虽神禹复生，不过如此。’”[2]

海河在历史上也常决溢为患，迁城避水的例子也不少。其他河流，也有决溢之患，也有迁城之例。

迁人迁物避水患的例子也不少。如明正统二年（1437 年）夏，寿州城外大水，“雉堞不没者仅三尺许，耋稚骚然惊悸。挥使刘侯急调递运船只及拘客商舟舰，先将老弱者济之于淮山之麓，少壮者移处东南城垣之高阜，人民得安。”[3]

迁河避水患的例子也有一些。如河北邯郸。据县尹张公《修城记》记载：“城西沁水迫城，

[1] 水经 · 汾水注 .

[2] 宋史 · 河渠志 .

[3] 光绪寿州志，卷四，城郭 .

改去半里许，以防冲决。”[1] 即沁水洪水对邯郸城威胁很大，正德九年（1514 年），“改河故道，避城而北，以入于漳。”[2]

本章第二节介绍了唐元和八年（813 年）开古黄河道分洪，解除了滑州洪水之困一事。50 年后，即唐咸通四年（863 年），萧仿“以检校工部尚书，出为滑州刺史，充义成军节度、郑滑颖观察处置等使。在滇四年。滑临黄河，频年水潦，河流泛滥，坏西北堤。仿奏移河四里，两月毕功，画图以进，懿宗嘉之。”[3] 即将黄河移开 2km，以离滑州远些，减少滑州洪水之患。

[1] 乾隆邯郸县志，卷十，艺文志 .

[2] 民国邯郸县志，卷三，地理志 .

[3] 旧唐书 . 萧璵传附萧仿传 .

第十章

中国古代城市防洪的措施

上一章介绍了中国古代城市防洪的方略，即防、导、蓄、高、坚、护、管、迁八策。这八条方略又须经采用一系列城市防洪的措施，才能得以实现。中国古代城市防洪的措施很多，可以归结为如下 7 个方面：

（1）国土整治与流域治理；

（2）城市规划；

（3）建筑设计；

（4）城墙的工程技术；

（5）城市防洪设施的管理；

（6）非工程性的措施；

（7）抢险救灾及善后。

以下拟分而述之。

第一节 国土整治与流域治理

国土整治和江河流域的治理与城市防洪有着密切的关系。国土整治和流域治理搞得好，有关城市的防洪也往往受益较大。反之，国土不整治，流域不治理，水土流失，河床淤高，江河决溢，洪水横流，则有关城市受水灾的威胁也就大大增加。

四川都江堰水利工程为我们提供了有关正面的宝贵经验（图 10−1−1）。

古代的成都平原在都江堰工程修筑之前，岷江易泛滥成灾。公元前 256 年，李冰主持修筑了都江堰水利工程。“蜀守冰凿离堆，辟沫水之害；穿二江成都之中。此渠皆可以行舟，有余则用溉浸，百姓飨其利。”[1]“于是蜀沃野千里，号为‘陆海’。旱则引水浸润，雨则杜塞水门，故记曰：水旱从人，不知饥馑，时无荒年，天下谓之‘天府’也。”[2]

都江堰的枢纽工程位于四川灌县城西北的岷江干流上，它的三个主要部分为鱼嘴、飞沙堰和宝瓶口。岷江经都江鱼嘴分成内外两江，外江是其主流，内江水流则通过宝瓶口，流向成都及川西平原，起航运、灌溉与分洪作用。宝瓶口是控制内江流量的咽喉。飞沙堰是内江分洪减

图 10−1−1 四川成都水利全图

[1] 史记 · 河渠书.

[2] 华阳国志 · 蜀志.

淤入外江的工程，现为长约 180m、竹笼装石砌成的低堰。洪水时，内江的水就从堰顶溢入外江；洪水大就会把堰冲垮，水直泄外江。它与宝瓶口等配合运用，就保证了内江灌区水小不缺，水大不淹[1]（图 10–1–2）。

我国古代的黄河，则是流域治理不好，使许多城市遭受洪灾的反面典型。

黄河是我国第二大河，流程全长 5464km，以水浊色黄而得名，以多泥沙、善淤、善决、善徙而称著于世。历史上，黄河下游洪水灾害史不绝书，从春秋时代到新中国成立前的 2000 多年中，据不完全的统计，黄河决口达 1500 多次，其中重要的改道 26 次，平均 3 年就有 2 次缺口，100 年就有 1 次重要改道[2]。黄河下游广大地区的城市村镇饱受其灾。以历史名城开封为例，曾有 6 次洪水侵入城内，并有 40 余次泛滥于开封附近，造成极为严重的危害：一是使贯城的 4 条河道及蓬池、沙海诸泽淤没，使开封在金以后失去宋代水陆交通枢纽的地位而衰落；二是黄河的泛滥使近城形成沙丘，使开封成为人为的盆地，使城内盐碱土发育；三是环境受破坏，气候恶化，刮风时黄沙蔽日[3]。明崇祯十五年（1642 年）因人工决堤，黄河水灌开封城，造成全城淹没、34 万人丧生的大悲剧[4]。

据作者参考史、志诸书进行不完全的统计，黄河流域洪水造成城市水患的记录是惊人的。作者将之列为一表（表 5–3–1），黄河流域或城市水灾的年份达 300 年以上，由于一年可能犯城几座甚至数十座，以一城受水患 1 次为一城次计，仅表上所列，达 500 多城次，真令人惊心动魄。

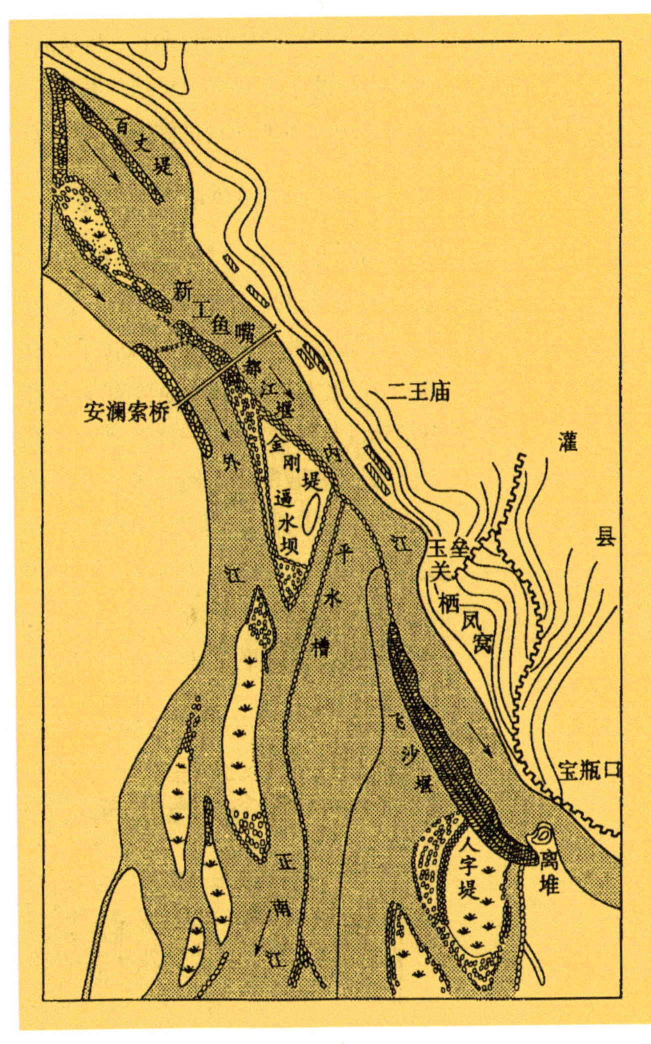

图 10–1–2 都江堰渠首枢纽平面布置图（自郑连第主编．中国水利百科全书·水利史分册：158）

第二节　城市规划上的防洪措施

我国古代在城市规划上有许多防洪的措施，下面拟逐条进行论述。

一、城市选址必须重视防洪[5]

这是我国古代城市防洪的重要经验。中国古代关于城市选址方面有着多种学说，而城市选址注意防洪的学说[6]，当以《管子》为代表。《管子》云：

[1] 四川省水利电力厅，都江堰管理局．都江堰．第一版．北京：水利电力出版社，1986.

[2] 黄伟．春满黄河．第一版，北京：人民出版社．

[3] 李润田．开封 // 陈桥驿主编．中国六大古都．第一版．北京：中国青年出版社，1983.

[4] 周在浚．大梁守城记．

[5] 吴庆洲．中国古城的选址与防御洪灾．自然科学史研究，1991，10（2）：195–200.

[6] 吴庆洲．中国古城选址的实践和科学思想．新建筑，1987（3）：66–69.

凡立国都，非于大山之下，必于广川之上，高毋近旱而水用足，下毋近水而沟防省[1]。

这短短的 32 个字中，高度概括了选择城址的 4 个要点：依山傍水，有交通水运之便，且利于防卫；城址高低适宜，既有用水之便，又利于防洪。

《管子》并非管仲所作，乃是战国人的作品[2]。它提出的这一选址原则，乃是战国前 3000 多年的古城选址的经验总结，其对后世的城市选址有着重要的影响。

我国的古城在选址注意防洪上积累了丰富的经验，可以归结为如下 5 点：

（一）选择地势稍高之处建城

《管子》所云“下毋近水而沟防省”，指的正是这点最有普遍意义的经验。考古发现的距今约 4300 年前的河南淮阳平粮台古城址，高出周围地面 3 ~ 5m[3]，可以避免洪水的袭击。

齐临淄故城的城址与《管子》选址原则十分吻合：其城址东临淄河，西依系水，南有牛、稷二山，北为广阔原野，地势南高北低，利于排水。城址地坪多为海拔 40 ~ 50m，比北边原野（海拔 35m 以下）高出 5 ~ 15m[4]，地势高敞，不易受到洪水威胁。

历史名城苏州，地处水乡泽国的太湖平原的中部，其北部和东部的平原地区标高多在 4m 以下（吴淞标高，下同），城区则一般为 4.2 ~ 4.5m，比周围地势略高。绕城而过的大运河历史最高水位为 4.37m（1954 年 7 月 28 日），城内罕有洪涝之灾[5]。

历史名城绍兴（图 10–2–1），城区地面高程一般在 5.1 ~ 6.2m（黄海高程，下同）之间，高于其东北部的平原（4.1 ~ 5.1m），城区历史最高洪水位为 5.47m，故罕有洪水之患[6]。

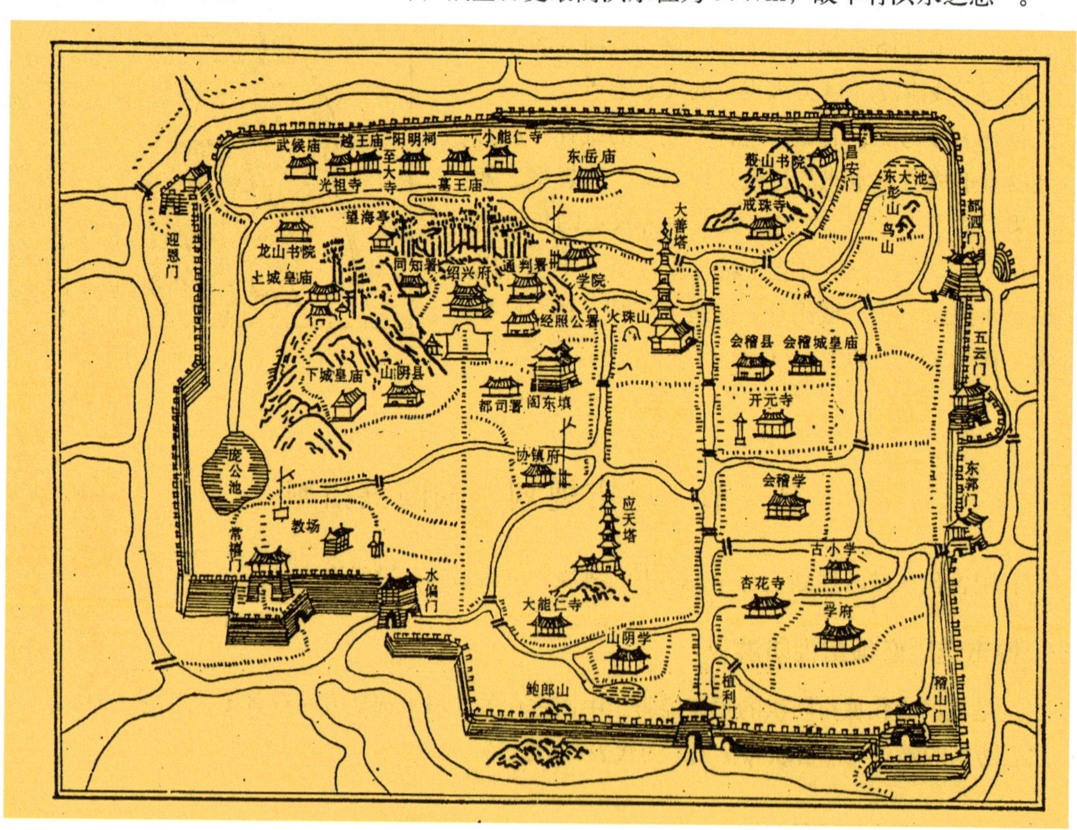

图 10–2–1　绍兴府城图（自乾隆绍兴府志）

---

[1] 管子 · 乘马 .

[2] 贺业钜 . 考工记营国制度研究 . 第一版 . 北京：中国建筑工业出版社，1985：35.

[3] 河南淮阳平粮台龙山文化城址试掘简报 . 文物，1983（3）：21.

[4] 刘敦愿 . 春秋时期齐国故城的复原与城市布局 . 历史地理，创刊号：第 152 页图及第 157，158 页 .

[5] 苏州市人民政府 . 苏州市城市总体规划，1983，10.

[6] 绍兴市城市总体规划说明，1981，10.

历史名城桂林(图 10—2—2)，坐落在漓江西岸，城区地势较高，多在 148m 以上(珠基，下同)。城区历史上最高洪水位为 147m，不为城患，仅少量沿河地带及郊区受淹[1]。

江南名城无锡（图 10—2—3），西依惠山，南临太湖，城址地势较高，一般高程为 5 ~ 6m（吴淞标高，下同），建国以来无锡市最高洪水位为 4.73m（1954 年 7 月 28 日），接近 50 年 1 遇。可见原无锡古城一般无洪水问题。古城内原河渠纵横，排水便利，亦无潦涝之灾。自汉高祖五年（公元前 202 年）建城至今，2000 余年来城址未变[2]。

（二）河床稳定，城址方可临河

这是选址注意防洪的重要经验。

齐临淄故城东临淄河。该段河床切入地下，深达 5 ~ 6m，形成淄河的“古自然堤”，而城的东半部恰好位于该自然堤上，该段河床十分稳定，只有发生了特大洪水，才可能泛滥并对古城造成威胁[3]。

珠江流域的城市村镇多傍水临河而建，这固然是因为珠江水资源丰富，有航运之便，也由于珠江干流上中游河道比较稳定这一重要因素。此外，珠江含沙量少，是我国 7 大江河（长江、黄河、淮河、珠江、海河、松花江、辽河）中含沙量最小的河流，多年平均含沙量为 0.249kg/m³[4]，为黄河 34.7kg/m³ 的 1/139[5]。因此，傍河的城市即使受淹，水退后泥沙少，易清理，只要房屋不塌，水一退，只需稍加清扫，又可恢复正常秩序。

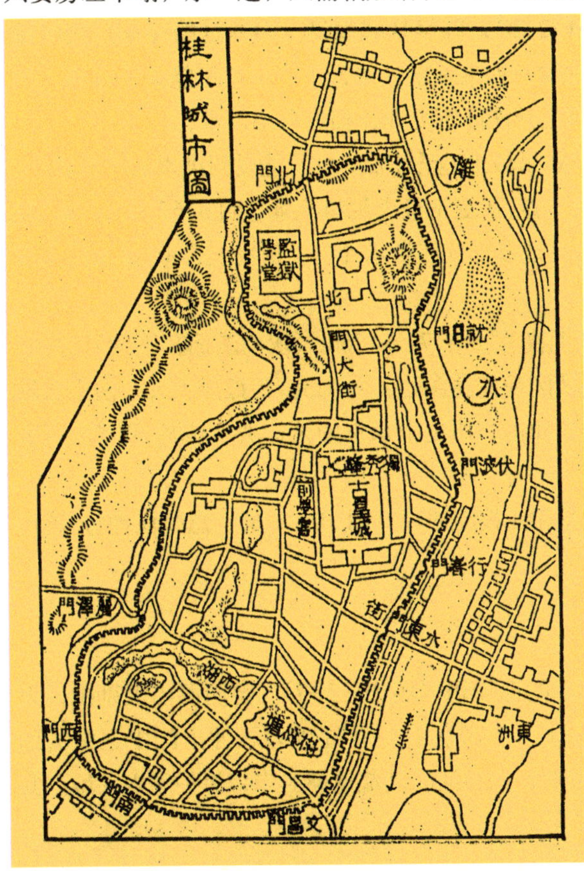

图 10—2—2 桂林城示意图

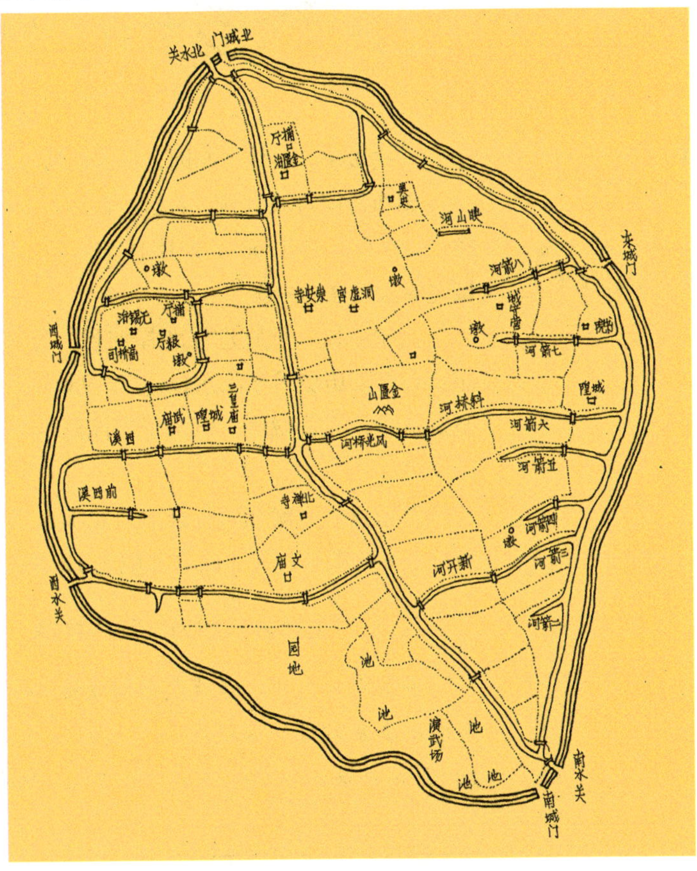

图 10—2—3 无锡城图（摹自光绪无锡金匮县志）

[1] 桂林市城规局资料．

[2] 吴庆洲．试论我国古城抗洪防涝的经验和成就．城市规划，1984（3）：28—34．

[3] 刘敦愿．春秋时期齐国故城的复原与城市布局．历史地理，创刊号：152—158．

[4] 珠江水利史（讨论稿）．1986：9．

[5] 水利部黄河水利委员会黄河水利史述要编写组．黄河水利史述要．第一版．北京：黄河水利出版社，1982：9．

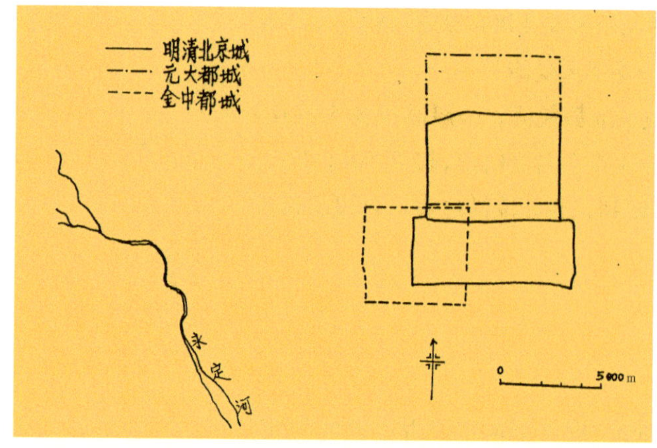

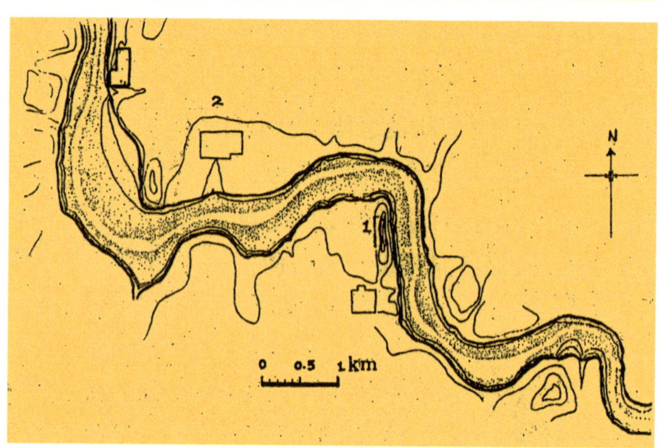

图 10-2-4 永定河和北京城址

图 10-2-5 安阳市殷代遗址位置图

黄河流域的城市则不同，一旦受淹，水退后，城内房屋街道等均被泥沙淤埋，要清理全城数尺以至一丈厚的泥沙，几乎是不可能的。这是黄河下游城市受淹后迁城的重要原因之一。另外，因黄河河床高于地面 3 ~ 10m[1]，常决溢改道，如城临河，一旦黄河决溢，其危险可想而知。

在第三章第六节已讲过，永定河有“小黄河”之称，北京历代城址不临河，以避其害。历史上永定河河道有偏摆，城址则以和河道偏摆之相反方向转移[2]（图 10-2-4）。

（三）在河流的凸岸建城，城址可以少受洪水冲刷

在河流弯曲处建城，城址若选在凹岸，则易受到洪水的冲刷，选在凸岸，城址则可少受洪水的冲击。我国许多城市都建于河流凸岸，如桂林、宜昌、南昌、信阳、宁波、台州、温州、新昌、三水、潮州、高要、四会等都是例子。安阳殷墟的宫室和墓葬区也位于河流的凸岸（图 10-2-5），以尽量减少洪水对基址的冲刷。在河流凸岸建城，如果城址地势低下，虽仍不能免于水患，但由于只是受淹而不受冲，损失会小得多。

一些城市，因种种原因，坐落在河凹岸，如果城址地势不高，则可能受到洪水的严重威胁。

湖南常德古城，城临沅江凹岸。沅江水量丰富，历史上最大洪峰流量达到 3.67 万 m^3/s（乾隆三十一年，即 1766 年 5 月 19 日）[3]。常德城址屡受沅江洪水冲击，历史上有 10 多次洪水灌城之灾（表 4-4-6）。

南宁古城，城临邕江北岸凹岸。城区地面高程多在 72 ~ 76m（坎门基面，下同）之间，而该处邕江历史最高洪水位达 79.98m[4]，即城区受淹将深达 4 ~ 8m。为抵御洪灾，南宁古城坚筑基岸，高筑城墙，但由于邕江洪水的猛烈冲击，历史上水患频繁，洪水灌城 10 多次（表 6-4-2）。

广东惠州古城和归善县城，北临东江凹岸和西枝江凹岸（图 10-2-6），惠州城地势较低，历史上屡受洪水之灾，洪水入城达 10 多次[5]。

（四）以天然岩石作为城址的屏障

安徽六安古城，坐落在淮河支流淠河西岸的凹岸边（图 10-2-7）。淠河源出大别山，大雨后山洪暴发便可能泛滥。六安古城选址于上、下游各有一条红砂岩脉伸出江中之处（图 10-2-8），这两条石脉称上、下龙爪，好似丁坝，把汹涌的洪流逼向对岸，保护了六安城。其

[1] 刘华训等编．中国地理之最．第一版．北京：中国旅游出版社，1987：38.

[2] 段天顺等．略论永定河历史上的水患及其防治 // 北京史苑 · 一．第一版．北京：北京出版社，1983：251，252.

[3] 常德县水电局．常德县水利志，1982：249-269.

[4] 南宁市城规局资料．

[5] 光绪惠，州府志，卷十七，郡事上．

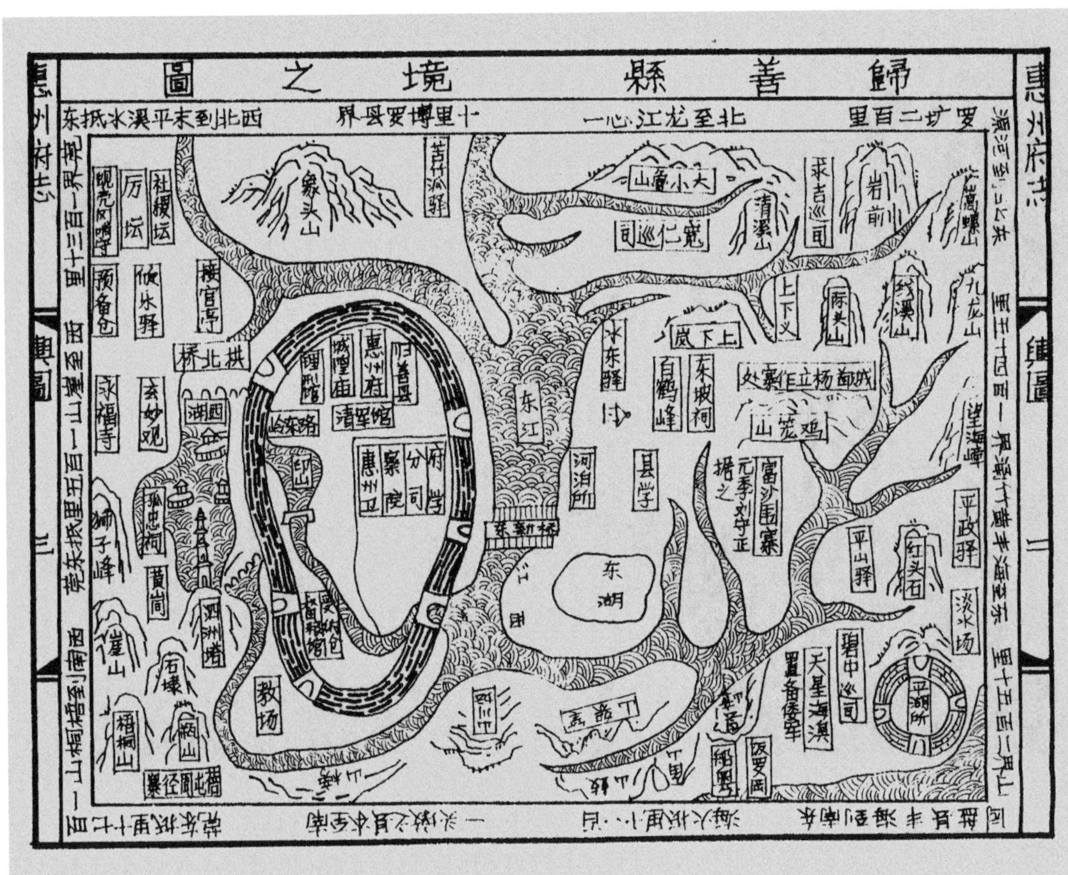

图 10–2–6 明归善县境之图（摹自嘉靖惠州府志）

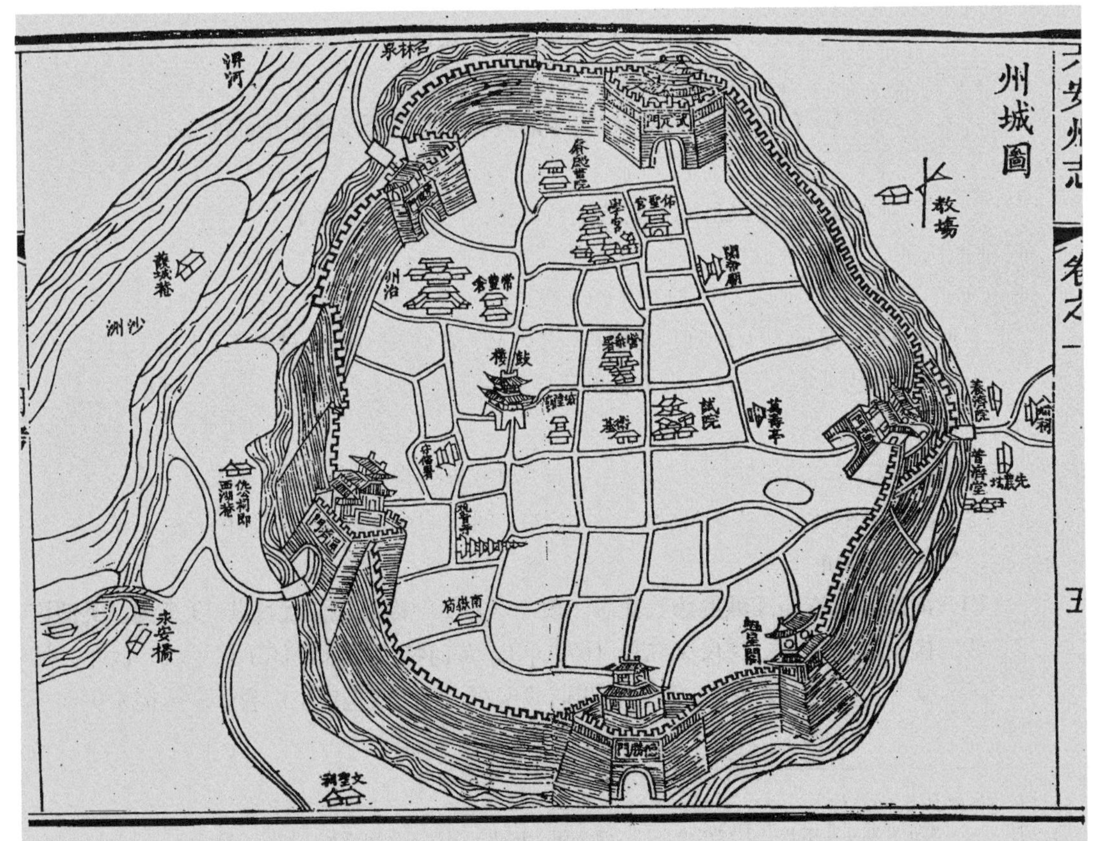

图 10–2–7 六安州城图（同治六安州志）

图 10-2-8 六安下龙爪盘龙石

城址之选择可谓匠心独具，令人叹服。至今下龙爪岩石上仍有乾隆御笔“盘龙石”三个大字。

城址以天然岩石为屏，绝非六安一例。四川富顺古城，城临沱江下游右岸，其上游500m处，有一道天然的岩石伸入江中，名叫龙岩嘴，形成一个天然的导流屏，把洪水主流导向左岸，减少了城址所受的洪水冲刷，龙岩嘴又叫砥流石。据县志记载：

“砥流石：在大佛岩下，沱江中，二石耸立，高二丈许。明天启初县令刘芳题刻‘砥流’二字，为邑西回澜之障。”[1]

四川合川县太和镇，位于涪江凹岸，镇上游的观音阁月台石是伸向涪江河心的大岩脉，是太和镇的防洪屏障。

以天然岩石作为城址的防洪屏障，是选址考虑防洪的重要历史经验。

（五）迁城以避水患

迁城以避水患，乃是面对洪水威胁着城市，人力又无法御灾时的一种对策，正所谓“三十六计，走为上计”。它是对原城址在防洪方面的否定，是城址的再次选择，考虑防洪成为新城址选择的最重要的内容之一。

城市屡受洪水灾害，可能由如下原因造成：①原城址选得不好，易受水灾。②原城址地理环境的变迁，使之由不易受灾成为易受水灾。比如，河道的迁徙改道，河床的升高，城址地基的下沉等，都会形成城市水患。

历代因黄河决溢改道而迁城的为数众多，表 10-2-1 中因河患而迁城共 40 多例。类似因水患而迁城的例子还有许多。唐仪凤二年（677 年），黄河特大洪水毁坏了怀远城。次年，城址迁至银川平原中央，唐徕渠东侧，即今银川旧城所在[2]。河西走廊上的敦煌城也因水灾而迁

[1] 民国富顺县志，卷三．

[2] 汪一鸣．西北夏都——银川．中国历史名都．第一版．杭州：浙江人民出版社，1986：348．

历代迁城避河患一览表　表 10–2–1

序号	朝代	年份	所迁城名	资料来源
1	东晋	晋末	济州理碻磝城	元和郡县图志，卷 10
2	唐	乾元二年（759）	齐州禹城	太平寰宇记 · 齐州 · 禹城县
3	五代	后晋开运三年（946）	博州	清嘉庆东昌府志，卷 43，墟郭
4	宋	建隆元年（960）	济南府临邑县城	宋史 · 地理志
5		太平兴国八年（983）	山东阳谷县城	乾隆山东通志，卷 4，城池志
6		淳化三年（992）	东昌府城	乾隆山东通志，卷 4，城池志
7		咸平三年（1000）	郓州城	宋史 · 河渠志
8		大中祥符四年（1011）	棣州	宋史 · 河渠志
9		大中祥符八年（1015）	棣州	宋史 · 河渠志
10		明道三年（1034）	朝城县城	乾隆山东通志，卷 4，城池志
11		熙宁元年（1068）	堂邑县城	乾隆山东通志，卷 4，城池志
12		熙宁二年（1069）	沧州饶安县城	宋史 · 五行志
13		元丰中（1078 ~ 1085）	清平县城	乾隆山东通志，卷 4，城池志
14		大观二年（1108）	邢州钜鹿县城，赵州隆平县城	宋史 · 河渠志
15	金	大定六年（1166）	郓城	金史 · 地理志
16		大定中（1161 ~ 1189）	封丘城，孟州城	元史 · 地理志
17		金（1115 ~ 1234）	济州城	元史 · 地理志
18	元	元初	封丘，杞县城	元史 · 地理志
19	明	洪武初	洧川县城	道光河南通志，卷 9，城池
20		洪武三年（1370）	河阴县城	道光河南通志，卷 9，城池
21		洪武四年（1371）	定陶县城	乾隆山东通志，卷 4，城池志
22		洪武八年（1375）	谷城县城	乾隆山东通志，卷 4，城池志
23		洪武十三年（1380 年）	范县城	乾隆山东通志，卷 4，城池志
24		洪武二十二年（1389）	仪封县城	明史 · 河渠志
25		宣德三年（1428）	灵州千户所城	明史 · 河渠志
26		景泰三年（1452）	濮州城	乾隆山东通志，卷 4，城池志
27		景泰三年（1452）	原武县城	道光河南通志，卷 13，河防考
28		景泰间（1450 ~ 1457）	西华县城	明史 · 河渠志
29		成化十五年（1479）	荥泽县城	明史 · 河渠志
30		弘治十五年（1502）	商丘县城	明史 · 地理志
31		正德十四年（1519）	城武县城	明史 · 地理志
32		嘉靖五年（1526）	丰县城	明史 · 河渠志
33			单县城	乾隆山东通志，卷 4，城池志

续表

序号	朝代	年份	所迁城名	资料来源
34	明	嘉靖间（1522 ~ 1566）	孟津，夏邑，五河，蒙城	明史 · 河渠志
35		万历四年（1576）	宿迁城	明史 · 河渠志
36		天启四年（1624）	徐州城	明史 · 河渠志
37		崇祯二年（1629）	睢宁城	明史 · 河渠志
38	清	康熙三十五年（1696）	荥泽城	清史稿 · 河渠志

过城[1]。江西赣县古城在晋太康末（约 289 年）也因洪水泛滥而被迫迁移[2]。位于长江口上的崇明县城址，曾因受海潮侵啮而五迁[3]。福建侯官县，县治原在福州城西北 15km，逼临江边。唐贞元五年（789 年）为洪水湮没，八年（792 年）迁入州郭[4]。

《古今图书集成 · 考工典 · 城池》也记载了因避水患而迁城者 20 多例。

迁城避水患，乃是万不得已的办法。但在无力抵御洪水的情况下，选一个较无洪水威胁之地建城，也不失为良策。

二、规划设计好古城的防洪体系

中国古代城市防洪体系由障水系统、排水系统、调蓄系统、交通系统共四个系统组成。

障水系统的主要功用是防御外部洪水侵入城内。它由城墙、护城的堤防、海塘、门闸等组成。

排水系统的主要功用是把城内渍水排出城外。它由城壕、城内河渠、排水沟管、涵洞等组成。

调蓄系统的主要功用是调蓄城内洪水，以避免雨潦之灾。它由城市水系的河渠湖池组成。

交通系统的主要功用是保证汛期交通顺畅，使防洪抢险、人和物迁移顺利进行。它由城内外河渠和桥、路组成。

下面分述各系统规划设计的经验和措施。

（一）障水系统的规划设计

其防洪的经验和措施有如下五条：

1. 城墙形状应因地制宜

《管子》主张，城市的规划布局应该“因天材，就地利。故城郭不必中规矩，道路不必中准绳。”[5] 齐临淄故城的城墙的规划设计正体现了这一思想，其东边的城墙筑在淄河的古自然堤上，依地势蜿蜒曲折，并不强求“中规矩”。

苏州古城的城墙平面上大体方整，但其四个转角却因需要而设计成不同的形状。城北的护城河水流湍急，因此东北和西北的城墙拐角做成折线形，加大河道曲率，使水流顺畅，不致冲塌城墙角或河岸。为了避免太湖洪水的正面冲击，则把西南城墙拐角做成外凸的形状，把盘门由西南方向转到面向东南，让胥江、运河的来水绕过城墙的弧形转角，主要顺运河流向东南，

[1] 阎文儒．敦煌史地杂考．文物参考资料 · 2，5 下．

[2] 高松凡．赣州城市历史地理试探．赣州城市规划文集．1982，3：2．

[3] 民国崇明县志，卷七，政经志 · 城池．

[4] 三山志，卷二．

[5] 管子 · 乘马．

部分来水经盘门水门进入城内河道。这样，墙角处水流顺畅，城墙下部不致受洪水的强烈冲刷，也减轻了洪水对盘门水门的压力。东南角因水流平缓，仍做成直角[1]。苏州城规划设计师深谙地形、水流的走向及水流运动的规律，才能做出如此高水平的设计。

2. 在受洪水冲击强烈之处不宜设城门

城门之设，原为贯通城内外、方便交通。一般水路设水门，陆路设陆门，水门设闸，陆门往往有门也有闸，一为军事防御，二为防洪。城门如设计建造得不好，或管理不善，往往成为障水系统的薄弱环节。一般说来，在受洪水正面冲击之处，不宜设城门。闭塞受水冲击而易溃的城门，乃是古城防洪的普遍经验。

台州古城，原来沿江设6门，后来总结经验，堵塞了易被洪水冲坏的栝苍门和丰泰门。据记载："多门多罅，水多冲栝苍，故塞栝苍门。栝苍无罅，水必奔丰泰，并塞丰泰门。"[2]

荆州古城（图10–2–9）也有类似经验："乾隆五十三年万年堤溃，水冲西门、水津门入城，受害最甚。"因而"闭塞水津门"[3]。

《古今图书集成》记载："灞州城池……西不设门而楼台具焉，相传避西来诸水故也。"[4]

历史名城苏州，在这一方面亦有其可贵的经验。苏州城地处太湖的下游，太湖水从西南流入苏州阊、盘2门，与城内河道分流交贯，经葑、娄、齐3门出城而去，最后流注于江海。苏州城西南多山，又近太湖（图10–2–10），太湖水涨，则有灌城之虞。伍子胥筑阖闾大城时，在西面城墙的南部开置胥门，有水陆两门，水门承胥江来水。太湖胥口的水位，据1950～1974年的观测，最高达4.82m（1954年7月28日，吴淞基面，下同）[5]。苏州城高

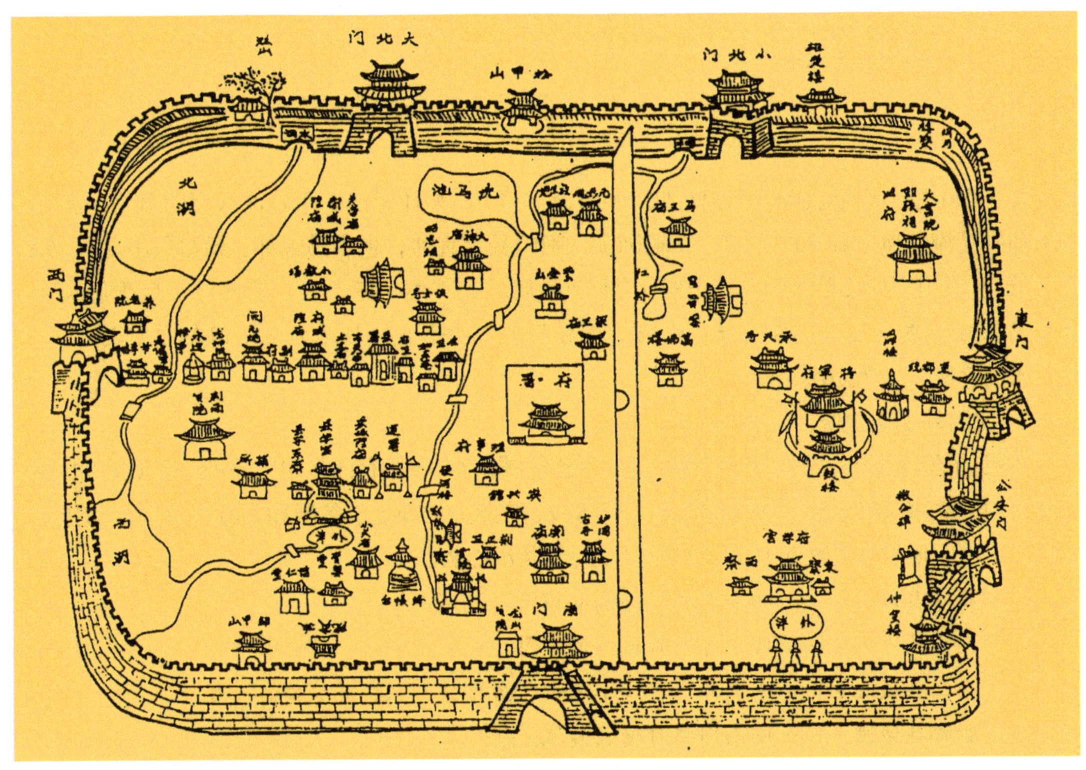

图10–2–9 荆州城图（江陵县志）

[1] 俞绳方．我国古代城市规划的一个杰作——宋平江（苏州）图．建筑学报，1980（1）:15–20.

[2] 王象祖．叶侯生祠记略．民国临海县志稿·卷五·城池．

[3] 乾隆江陵县志，卷四，城池．

[4] 古今图书集成·考工典·城池．

[5] 中国科学院南京地理研究所湖泊室编著．江苏湖泊志．第一版．南京：江苏科学技术出版社，1982.

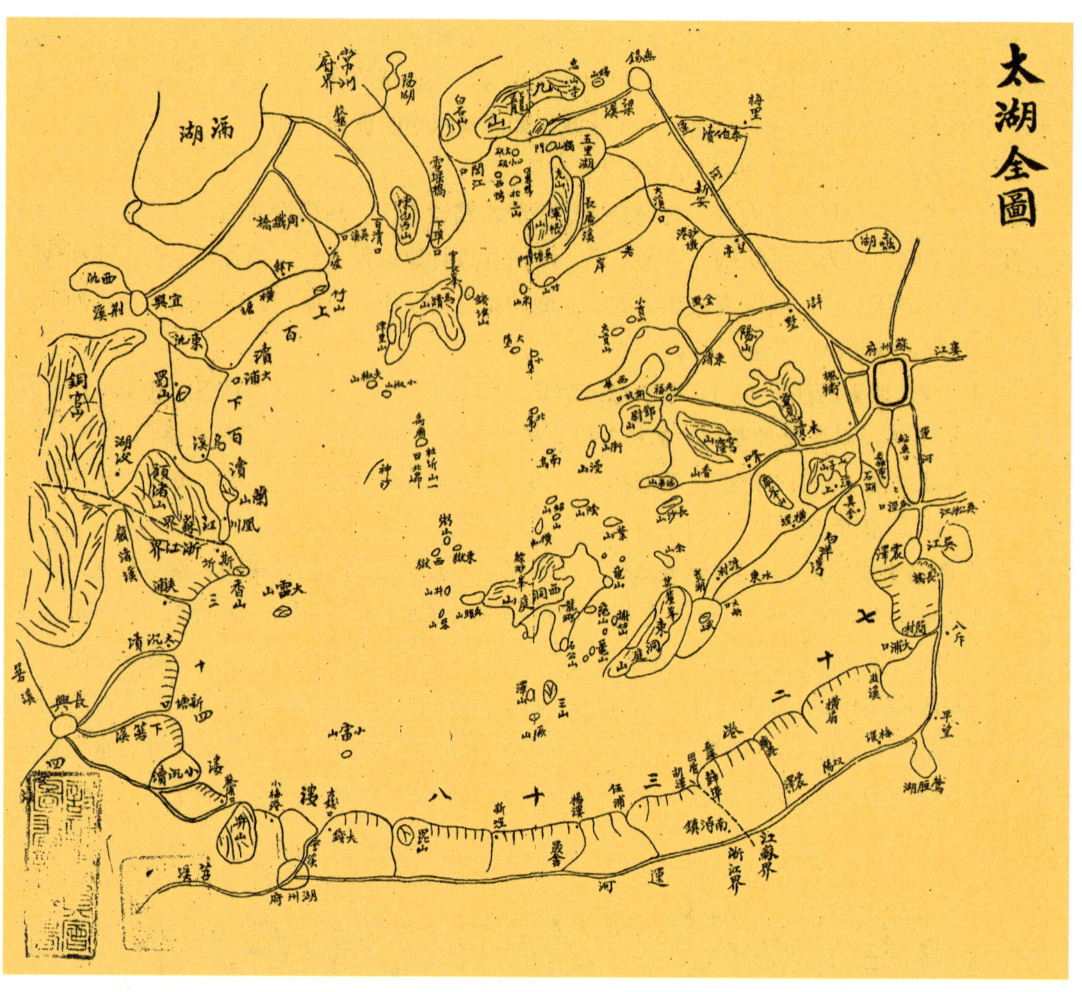

图 10-2-10　太湖全图（民国吴县志）

程一般在 5m 左右，但老城西北角较低，约 3.5 ~ 4m，如让胥江来水直冲入胥门水门入城内，城区即有受淹之虞。如关闭水门，下闸御洪，闸门受水直冲，也容易毁坏。最好的办法，乃是堵塞胥门。据同治《苏州府志》记载：“宋初惟阊、胥、娄、齐、盘、葑 6 门，后胥门又废。迨元至正时又重立胥门，各门皆有水门，惟胥门无。明平吴，仍元之旧，国朝亦因之焉。”[1] 胥门水门之废，当为防洪无疑。

3. 城门外加筑瓮城、月城

本书的第一章第三节谈到，自西汉起，长城一带的障城即有许多用了瓮城的形式。瓮城和月城有利于军事防御，使一道防线成为二道防线。在城市防洪上，瓮城和月城具有同样的作用。因此，不少古城增筑瓮城和月城，以加强城门的防洪能力。如：

“鸡泽县城池：……明成化十八年知县谭肃增瓮城以御水。”

“宿州城池：……门四，外筑月城以固堤防。”

“兰山县城池：……东南二门，舜水冲击，各增筑月城，并城楼各一座。”

“新都县城池：……以南门临河增置月城。”[2]

我国现存古城中，兼有水陆城门瓮城者，惟有苏州的盘门（图 10-2-11、图 10-2-12），它在宋代还未建瓮城（图 10-2-13），现存的盘门，重建于元至正十一年（1351 年）[3]。

[1] 同治苏州府志，卷四，城池．

[2] 古今图书集成 · 考工典 · 城池．

[3] 王德庆．苏州盘门．文物，1986（1）：80-86．

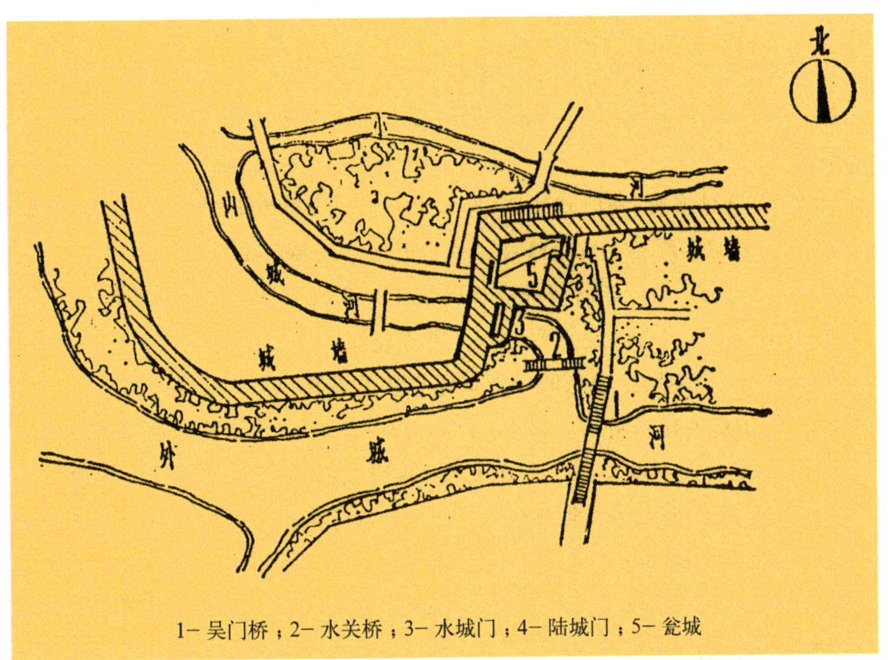

1- 吴门桥；2- 水关桥；3- 水城门；4- 陆城门；5- 瓮城

图 10-2-11 盘门水陆城门平面位置图（俞绳方论文插图）

图 10-2-12 盘门水陆城门全景（俞绳方论文插图）

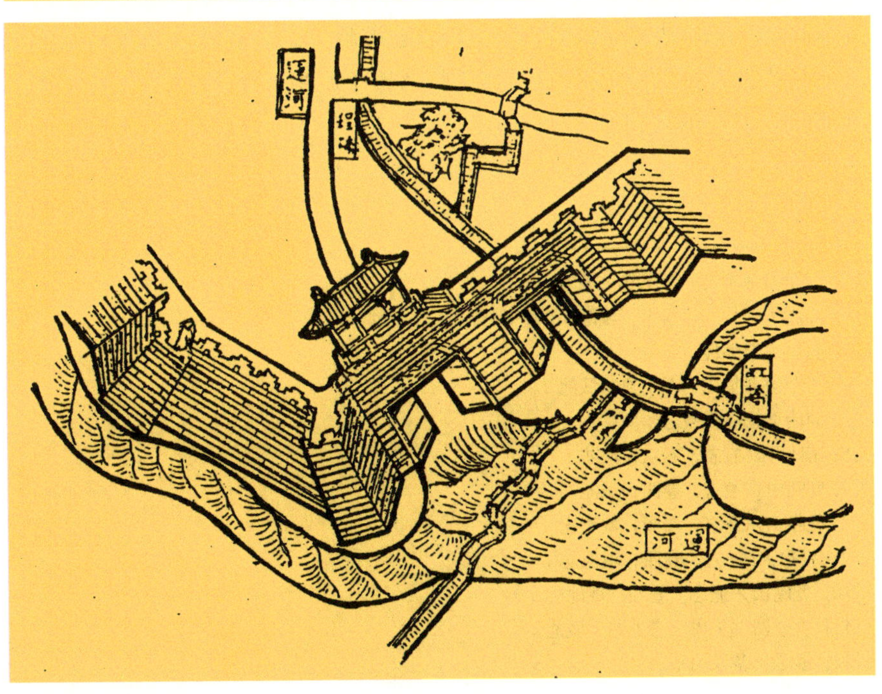

图 10-2-13 平江图碑所画盘门城楼

4. 加筑外城（即罗城、郭、郛），城外又加筑重垣或防洪堤

本书第三章第二节谈到，北魏洛阳修了郭城，无论对军事防卫和防洪，都有重要作用。

据记载："雄县城池：……宋景德初西上阁使李允镇抚是州，因水患特筑外城，其宽阔皆倍旧制。"[1]

成都在"唐僖宗时，高骈筑罗城，周二十五里。"[2]据《宋史》记载，宋代李璆曾修罗城以防洪："成都旧城多毁圮。璆至，首命修筑。俄水大至，民赖以安。"[3]

"广平府城池：……嘉靖间知府崔大德又加重垣于郛，以防漳滏之患。"[4]

成都古城，除筑有内城、罗城外，唐代还在城外"缭以长堤凡二十六里。"据记载。古城外筑有九里堤、縻枣堰、龙爪堰、万年堤等防洪堤堰[5]。

元开封城有内城、外城，为了防止水患，又在城外加筑了两道护城堤（即防洪堤）。据记载："仁宗延祐六年春二月，修治汴梁护城堤。(近年河决杞县小黄村口，滔滔南流。……今水迫汴城，远无数里。傥值霖雨水溢，仓卒何以防御？……窃恐将来浸灌汴城。……创筑护城堤二道，长七千四百四十三步。)"[6]

山东鱼台县城，"元泰定间县尹孙荣祖划筑西北一隅，周七里余。……环以大小两堤。……万历三十二年河决，南注丰沛，入境为城郭患。巡抚黄克缵督令增修重堤以保障之。"[7]

阳谷县城，"明成化五年知县孟纯增筑，周九里。……(万历)二十五年知县卢道筑护堤二重，高一丈五尺。"[8]

"郯城县，……城东有禹王台堤，遇沭水南流，堤溃则全沭西注，有圮城之患。今设工屡加修筑，城赖以安。"[9]

"曹州府……城周十二里。……沿池及四关皆缭以郛郭，环以沟堑。……嘉靖元年，知州沈韩离城五里周围筑大堤，防水护城。"[10]

"曹县城池（图10-2-14），明洪武二年徙曹州于此。四年改县。正统间知县陈常始筑城，周围九里有奇，高二丈二尺，阔二丈，门四。……正德六年，黄河浸漫，有议迁城者。知县易谟筑堤御之。九年，知县赵景銮，改浚护城河，外增护城堤，而迁城之议寝。"[11]

由以上可见，加筑外城，城外又筑重垣或堤防以御水护城的例子是很多的。

5. 城门设闸以挡水

古代城门设闸板，其功用有二：一是御敌，二是挡水。城门闸板之设，春秋战国时已有之。古称县门（悬门）。县门之制，《墨子》中有详述："凡守城之法，备城门为县门。沉机长二丈，广八尺。"[12]

---

[1] 古今图书集成 · 考工典 · 城池．
[2] 嘉庆华阳县志，卷十，城池．
[3] 宋史 · 李璆传．
[4] 古今图书集成 · 考工典 · 城池．
[5] 同治重修成都县志．
[6] 康熙开封府志，卷六，河防．
[7] 乾隆山东通志，卷四，城池志．
[8] 乾隆山东通志，卷四，城池志．
[9] 乾隆山东通志，卷四，城池志．
[10] 乾隆山东通志，卷四，城池志．
[11] 古今图书集成 · 考工典 · 城池．
[12] 墨子 · 备城门．

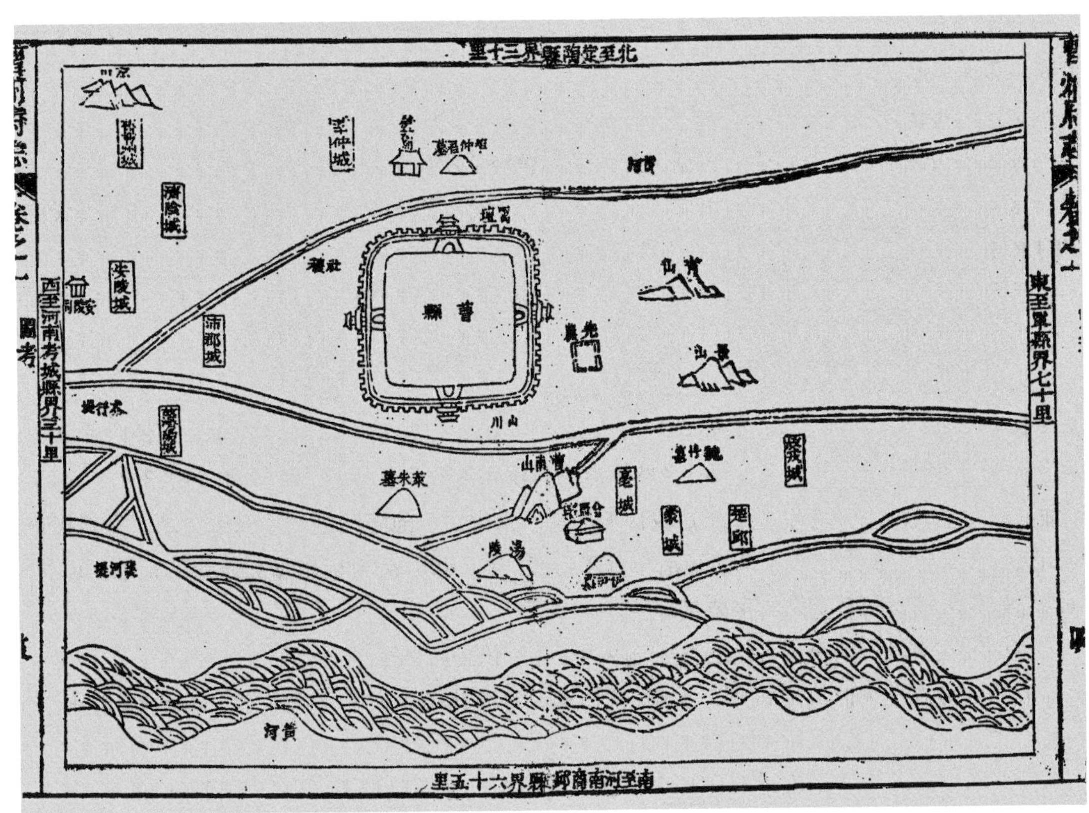

图 10–2–14 曹县城池堤防图（乾隆曹州府志）

苏州现存的盘门，水陆两门均设“闸槽”（图 10–2–15、图 10–2–16）。水陆门有两道城门，每一道城门洞均设一道闸门，一道木门。闸门在前，用城面的绞关石和绞索控制闸门的升降启闭。水门的闸门既可以防止敌人潜水入城，也可以抵御暴水侵城。

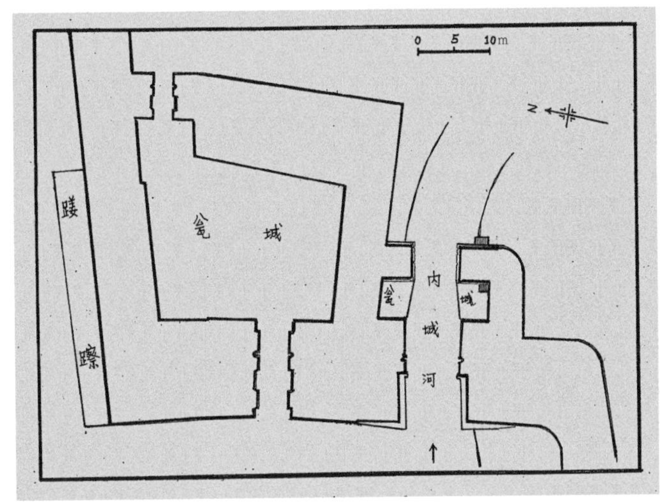

图 10–2–15 盘门水陆城门平面图

宋熙宁三年（1070 年）陕亶论苏州水利：“古苏州五门，旧皆有堰。今俗呼城下为堰下，而齐门

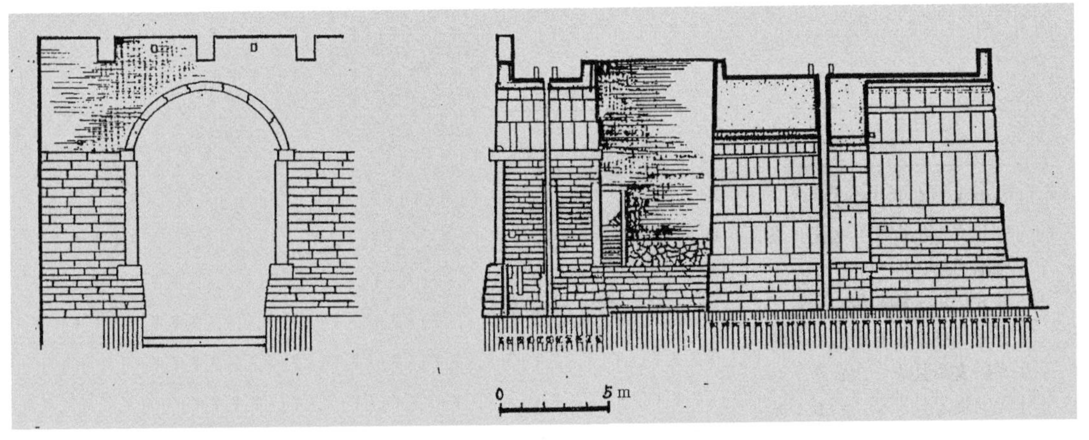

图 10–2–16 盘门水城门立面和纵剖面图

犹有旧堰之称。……设堰者，恐其暴而流入城也。”他主张“究五堰之遗址而复之，使水不入于城，是虽有大水，不能为苏州之患也。”[1]

这里的堰指水城门，内设闸门，“所以御外水之暴而护民居。”[2]

苏州水门设闸是完全必要的。据记载，洪潮曾经9次犯苏州城郭（表10–2–2)。

白居易“九日苏州登高诗”中有“七堰八门六十坊”之句，可知唐时有7堰，即7座设门闸的水城门，“所以遏外水之暴而护民居。”

后来门闸圮废，致唐末、五代须设水栅以御敌。唐乾宁二年（895年）十月，“淮南将柯厚破苏州水栅”[3]。五代后梁太祖开平三年（909年)，苏城被围，“淮兵以水栅环城，以铜铃系网沉水底，断潜行者。”[4]

到宋代水门的门闸又数修数毁。“至开禧间（1205～1207年)，隤圮殆半，而池隍亦多为菱荡稻畦侵啮。”[5]城池的这种状况，当然不能对付洪水的袭击。到嘉定十六年（1223年）五月，江淮流域发生大洪水，苏州（平江）城损失严重。水灾后，池隍门闸城墙修葺一新，重新担负起防洪重任。自宋嘉定十六年至清顺治十五年(1658年)，400多年间，苏城无水患的记录。其中，城墙完好，水门设闸乃御洪的重要措施。

城门设闸御洪，为全国各地古城普遍采用，但用的时间早晚不一。

安康古城在北齐时尚未设闸，据载：“柳庆远为齐魏兴郡太守，汉水溢，筑土塞门，遂不为患。”[6]

台州古城是在宋庆历五年（1045年）洪水圮城后，重筑新城时，在城门设闸门的[7]。

历代苏州城水患表 　　**表10–2–2**

朝代	年份	水灾情况	资料来源
唐	大历二年（767)	七月，大风，海水飘荡州郭。	同治苏州府志，卷143，祥异
	宝历元年（825)	六月己巳，水坏太湖堤，水入州郭，漂民庐舍。	同治苏州府志，卷143，祥异
	太和四年（830)	夏，苏湖二州水坏六堤，入郡郭，溺庐井。	同治苏州府志，卷143，祥异
	开成三年（838)	水溢入城。	同治苏州府志，卷143，祥异
宋	隆兴二年（1164)	七月，平江，镇江……淮东郡皆大水，浸城郭，坏庐舍、圩田、军垒，操舟行市者累日，人溺甚众。	宋史·五行志
	嘉定十六年（1223)	五月，江、浙、淮、荆、蜀郡县水，平江府……为甚，漂民庐，害稼，圮城郭、堤防，溺死甚众。	宋史·五行志
清	顺治十五年（1658)	秋，苏州，五河……大水，城市行舟。	清史稿，卷40，灾异志
	康熙九年（1670)	太湖水溢，苏州城内外水高五六尺，庐舍漂没，流失载道。	乾隆江南通志，卷197
	康熙五十四年（1715)	六月，苏州大水，城水深五六尺，庐舍田地，冲没殆尽。	清史稿，卷40，灾异志

[1] 吴中水利全书，卷13.
[2] 朱长文．吴郡图经续记，卷中，水．
[3] 资治通鉴，卷260.
[4] 新五代史·杨渥传．
[5] 民国吴县志，卷十八，城池．
[6] 嘉庆安康县志·建置考．
[7] 民国临海县志稿，卷五．城池．

潮州古城设闸较晚，始于康熙五年（1666 年）。据载：“春，将军王光国令上水、竹木、广济、下水四门左右各竖石柱、凿槽安板，大水则下板以堵塞。自是水不入城。今各门有水板，始于王将军。”[1] 下闸板后，闸板间填以土石，可以防渗（图 10–2–17）。

寿州古城各门洞内原有闸槽，但现已无闸板。现每到汛期，则以条石和沙包堵城口（图 10–2–18），4 门皆备有大量条石以供堵口之需。

荆州古城到汛期如有洪水可能犯城，则关门下闸，闸为杉木闸板，闸板间填以小麦、蚕豆等粮食，它们遇水膨胀，防渗作用很好。

（二）排水系统的规划设计

《管子》提出了建立城市水系和城市排水系统的学说：“故圣人之处国者，必于不倾之地，而择地之肥饶者，乡山左右，经水若泽，内为落渠之写，因大川而注焉。”“地高则沟之，下则堤之。”[2]

我国古城的排水系统包括环城壕池、城内河渠、明渠暗沟和排水管道所构成的排水管网和涵洞等。

1. 环城壕池

环城壕池即护城河，是重要的军事防御设施，又是古城排水系统的重要组成部分。其规划设计要点有三：一宜深，约三丈左右（合 9.6m）；二宜阔，约十丈左右（合 32m）；[3] 三宜相度地势，由高处引水入壕，由低处泄水出壕，如此清水长流，循环不休，既清洁卫生，又可排泄潦涝。

在挖壕池时，往往把出土用以筑城，挖池筑城同时进行，省工省力，是古城建设的普遍经验。

2. 城内河渠

城内河渠的设计，必须考虑三个要点：一是排水排洪的需要，二是当地水源情况，三是依地势高下布局，使排水顺畅。

图 10–2–17（左）潮州广济门下闸御洪图

图 10–2–18（右）寿州古城的条石沙包堵城门防洪

[1] 乾隆潮州府志 .

[2] 管子 · 度地 .

[3] 魏源 . 圣武记 · 城守篇 . 第一版 . 北京：中华书局，1984.

水乡城市的城河，可依交通运输的需要进行规划设计，只要满足了交通运输的需要，排水排洪的各种要求一般均可满足。北方水源不足之处，自然不可能开凿纵横交错的众多的城内河渠。开凿少数几条城内河渠，也多为供水排水之用，往往不能行舟。

本书第三章第九节谈到紫禁城的内金水河的流向布局完全与当地地势北高南低相符合，其自然地形自西北向东南下降约 2m，是适于排水的。

成都古城（图 10–2–19）的金水河也是依地形地势规划设计的。其自然地势由西北向东南倾斜，平均坡降 0.2% 左右[1]。金水河自城西部流入城内，蜿蜒曲折，流向东南，经城南角流出城外，其走向与地势完全吻合。金水河在成都的历史上起到相当重要的排潦作用。

3. 明渠暗沟网

依地形坡度以及排水要求进行规划设计，一般的办法是在街道两旁布置排水干沟，在与街道垂直的巷道铺设排水支沟，形成排水沟网。水由干沟汇流入明渠，经城墙水关（涵洞）排入城壕，再由城壕排入天然水体。

4. 涵洞

涵洞乃是古城的排洪河道或排水干渠泄水入城壕处，在城墙下部所建的排水工程设施。其设计须注意：

坚固，能承受城墙的重压；

地基良好，基础不致沉陷；

有足够的泄水断面；

有闸门供启闭，平时开闸泄水，闭闸可防洪水灌城；

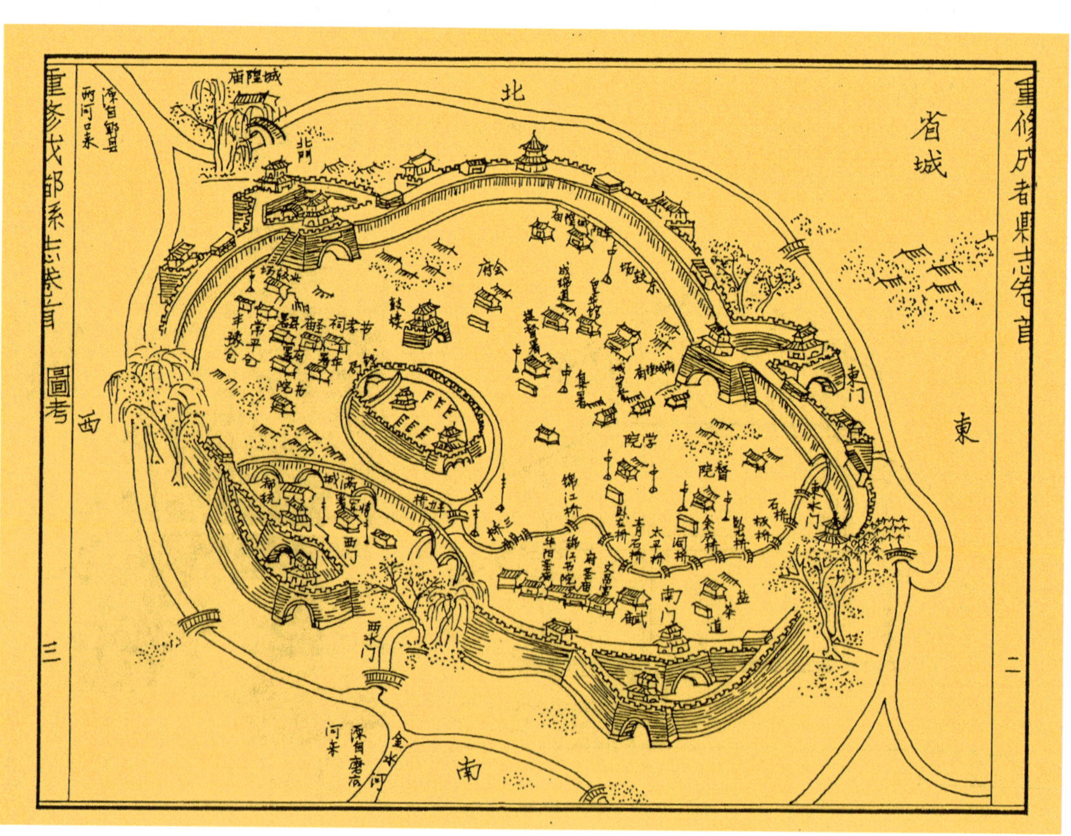

图 10–2–19 成都城图（摹自清同治重修成都县志）

[1] 成都市规划管理科．成都市城市总体规划，1983.

涵洞中装有铁栅棍，以防敌人潜水钻洞入城。

宋代，涵洞的做法已十分成熟，《营造法式》一书作了详细规定[1]，称之为“卷輂水窗”（图10–2–20）。

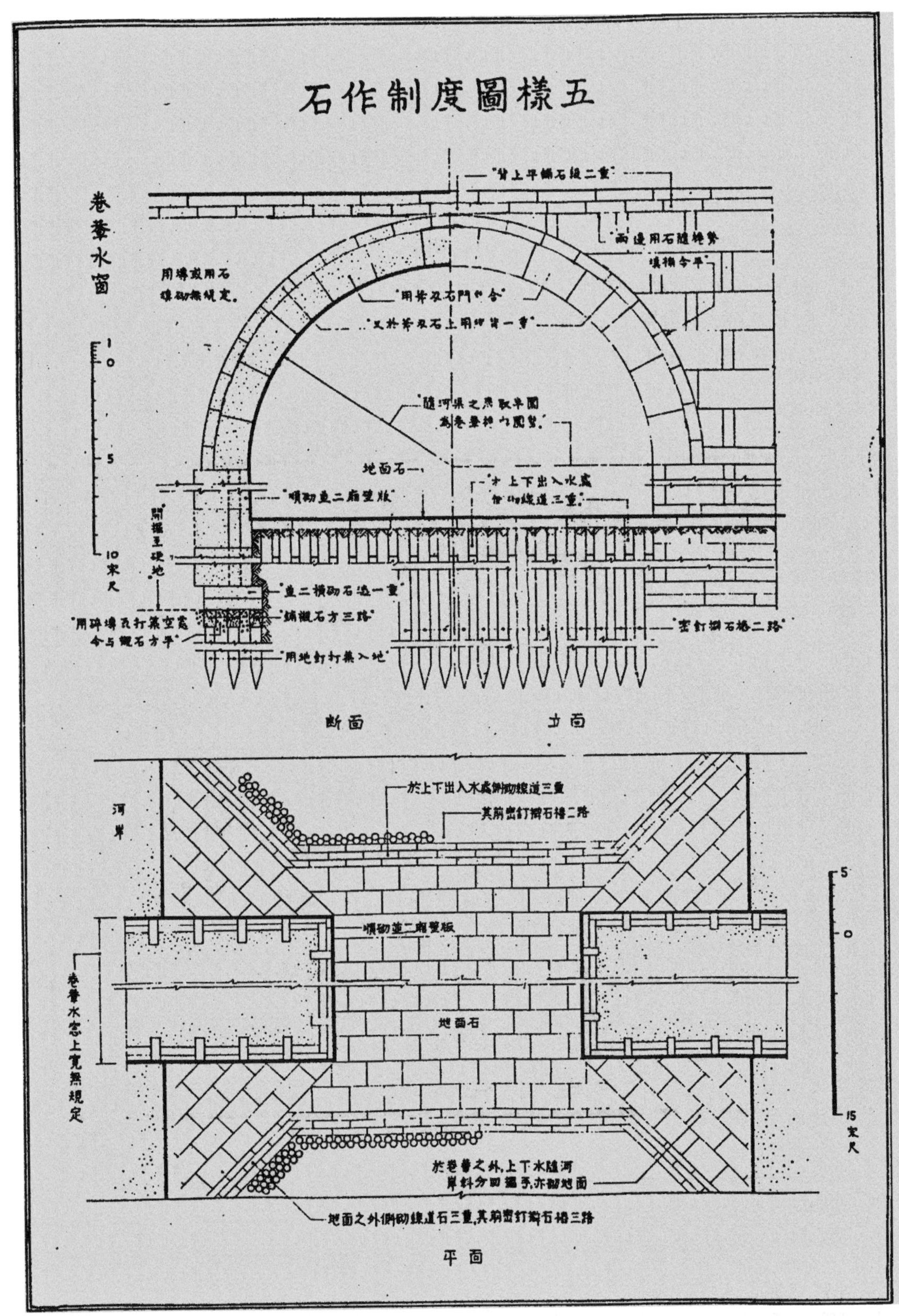

图 10–2–20 宋营造法式券輂水窗图

[1] 营造法式，卷三，石作制度 .

（三）调蓄系统的规划设计

调蓄系统包括城内的湖池、河渠、环城的壕池以及古城附近的湖泊畦地等。城内河渠、环城的壕池既是排水系统的重要组成部分，又具有相当的调蓄能力，它们的规划设计已在排水系统中说过。至于城内或城外附近的湖池，其形成往往由于如下原因：

1. 筑城取土而成湖池

战国张仪筑成都城，“其筑城取土，去城十里，因以养鱼，今万岁池是也。”[1] 福州古城（图10-2-21、图10-2-22）的东、西二湖也是如此，“东湖，在府城东北二都，晋太守严高筑城时，与西湖同凿，以备旱潦，周围二十余里。”[2]

2. 为习水军而挖成湖池

汉长安城外的昆明池，是因汉武帝欲南伐昆明国，从而凿池以习水军[3]。五代周世宗欲伐南唐，为习水战而凿金明池，周围九里[4]。台州古城的东湖，原来也是水军营[5]。

3. 海湾因成陆或筑海塘而成内湖

杭州城西湖所在，直至西汉时仍为海湾，东汉以后，筑塘防海，城区逐渐成陆，西湖才由海湾变为内湖[6]。

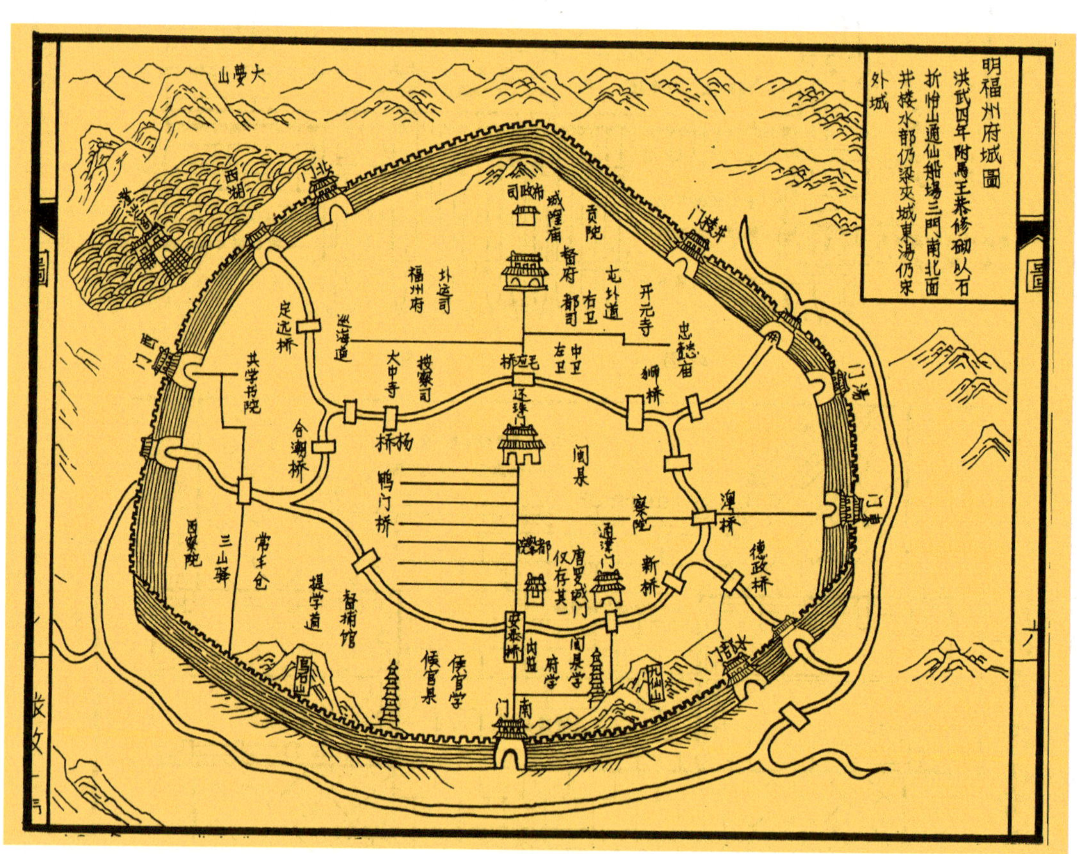

图 10-2-21 明福州城图（摹自清王应．闽都记图）

---

[1] 华阳国志·蜀志．

[2] 古今图书集成·职方典·福州府．

[3] 三辅黄图，卷四，池沼．

[4] 古今图书集成·考工典·池沼．

[5] 秦明雷．重修东湖记．康熙临海县志，卷12．

[6] 魏篙山．杭州城市的兴起及其城区的发展//历史地理·一．第一版．上海：上海人民出版社，1981：106-107．

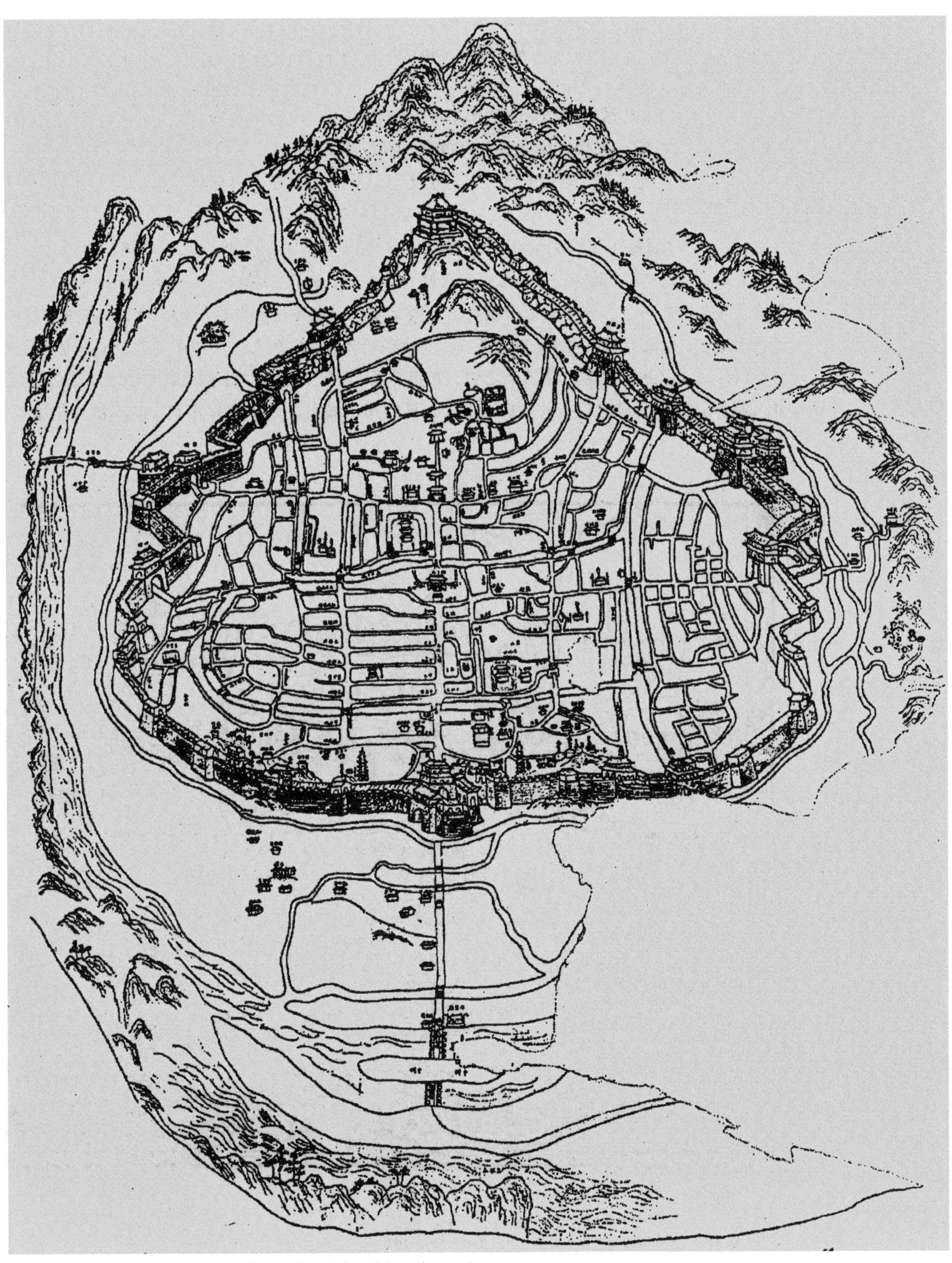

图 10-2-22 清福州府城图（吴良镛著．建筑、城市、人居环境：441）

4. 筑堤蓄水而成

广东惠州西湖，湖区一带东汉时原为草丛洼地，东晋已成湖泊，但不稳定。北宋治平三年（1066 年）州守陈偁筑堤拦水形成西湖，湖面约 $10km^2$。又经历代建设，才逐渐成为闻名的风景名胜地[1]（图 10-2-23）。

调蓄系统对减少城市潦涝之灾的作用是十分重要的。中国古人对此有深刻的认识。

比如台州古城，宋代在城东开凿了东湖，据记载：“凡湖，其南方东西十六丈五尺，其北方东西六十五丈五尺，南北通袤三百二十丈，计其广轮二百十三亩有奇。其深七尺。”[2]以 1 宋尺 =0.309m 计，1 步长 =0.309×5=1.545m，其水面积为 $122024.718m^2$，可蓄水 26.4 万 m^3。古人对调蓄作用有深刻认识，指出：“天台为郡，负山带江，地形险峨，草木翳荟，人烟繁夥，万宝鳞比，随山高下，无平川大陆以达水怒。每阴雨霖霪，则水泉漾薄，涧输窒委，奔流疾走，自高而下，如建瓴于高屋之上。闾里之民，咸怀决溢之惧。厥初经营，智者相攸，凿湖于城东，当众山萦汇之要，以受百水，即城径庭为渎，以疏之。湖高而江低，并湖为斗门，泄水以注之江。旱则潴蓄以待灌溉之需。民用奠居，无复水患。”[3]由这段文字可知，东湖之凿，可以调蓄山洪，设闸控制，水多则注于江，旱则用于灌溉，是一件兴水利、防山洪冲击城市的好事。

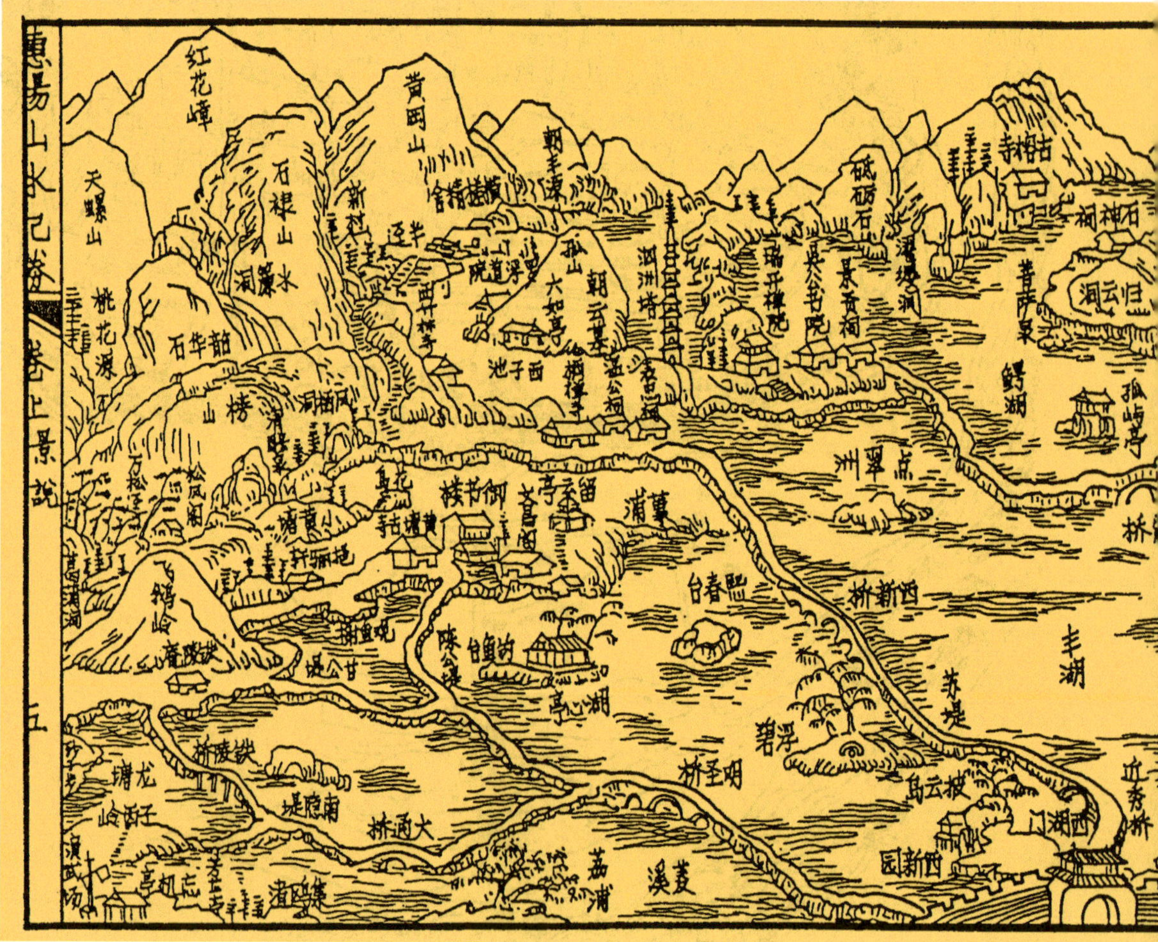

图 10-2-23　惠州西湖全景（摹自惠阳山水纪胜）

[1] 吴庆洲．古惠州城与西湖．岭南文史，1989（2）：103．

[2] 赤城集．修东湖记．

[3] 赤城集．修东湖记．

南京玄武湖，在城的东北面，是南京的风景名胜区（图 10-2-24）。玄武湖古名桑泊，是一个直接通向长江的大湖。东吴时称为后湖。据《建康实录》：吴宝鼎二年（267 年）开城北渠，引后湖水流入新宫，巡绕殿堂。东晋时称为北湖。大兴三年（320 年），“筑长堤以壅北山之水，东自覆舟山，西至宣武城”，使湖水不致受长江洪水的影响造成都城水患。宋熙宁八年（1075 年）王安石上奏章，认为玄武湖“空贮波涛，守之无用”，不如废湖为田，可分给贫民耕种。此后 200 年，玄武湖废后，原来江湖相通之处也都堵塞，以致紫金山下的径流无法排泄，城北水患频繁。到元末大德五年（1301 年）和至正三年（1343 年）两次疏浚，恢复了部分湖面，沟通了江湖通路，减少了水患[1]。

南京玄武湖现有水面约 3.7km^2，水深一般为 1.5m[2]，可容水约 555 万 m^3。六朝时湖面比现在大得多，水还深些，调蓄能力当更大。

除湖池外，城内河渠也具有相当的调蓄能力。以苏州城内河为例，依明张国维《吴中水利全书》的记载，算出总长为 15086.2 丈，合 48275.84m，河面总面积 386741.85m^2。因城内河床深浅不一，但一般均低于岸 3 ~ 4m。假定河床平均深 3.5m，则苏州城内河道可容水 135.36 万 m^3，相当于一个小型水库的容量。苏州古城区面积 14.2km^2，每平方米有 0.095m^3 的调蓄容量。

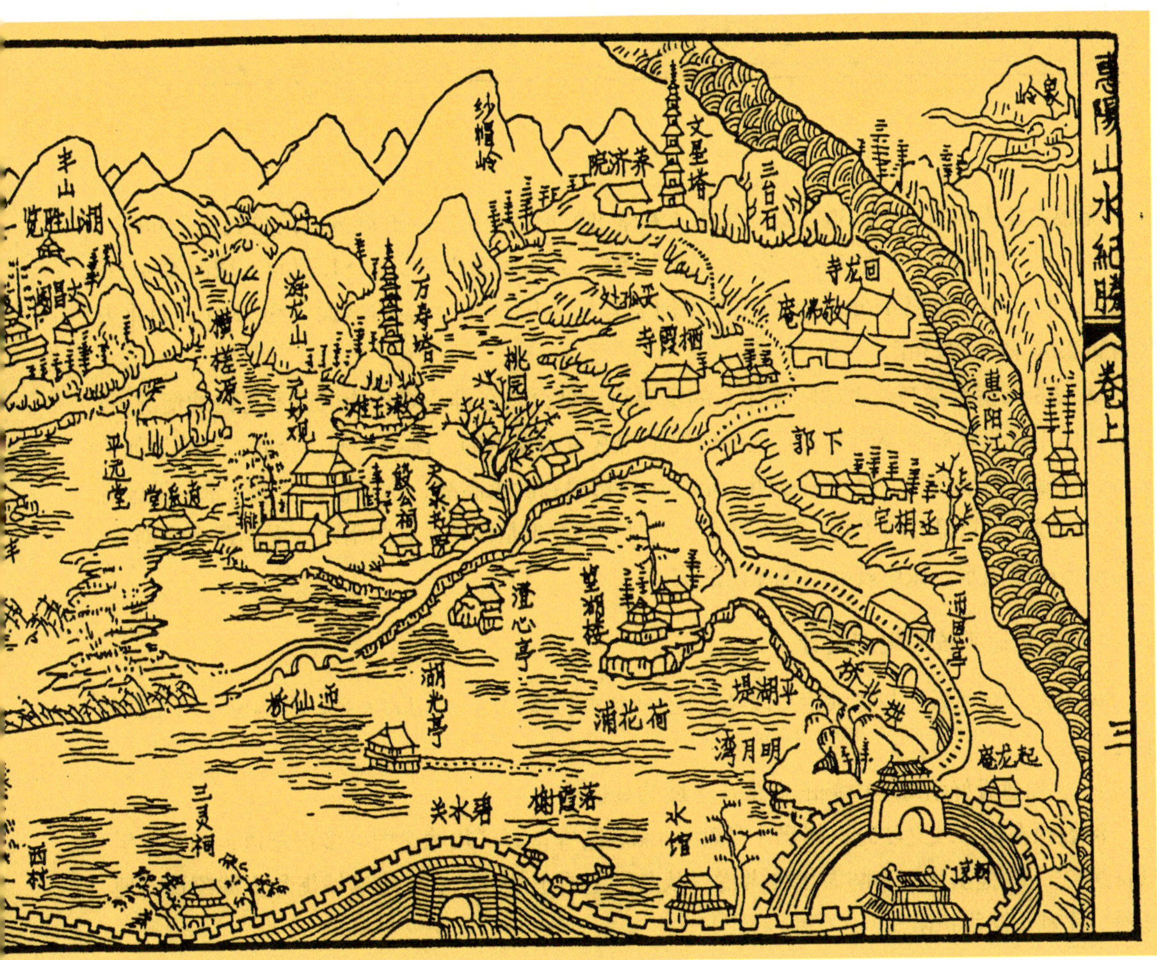

[1] 永乐大典．第一版．北京：中华书局，1986，1：747．

[2] 中国科学院南京地理研究所湖泊室编著．江苏湖泊志．第一版．南京：江苏科学技术出版社，1982：211-213．

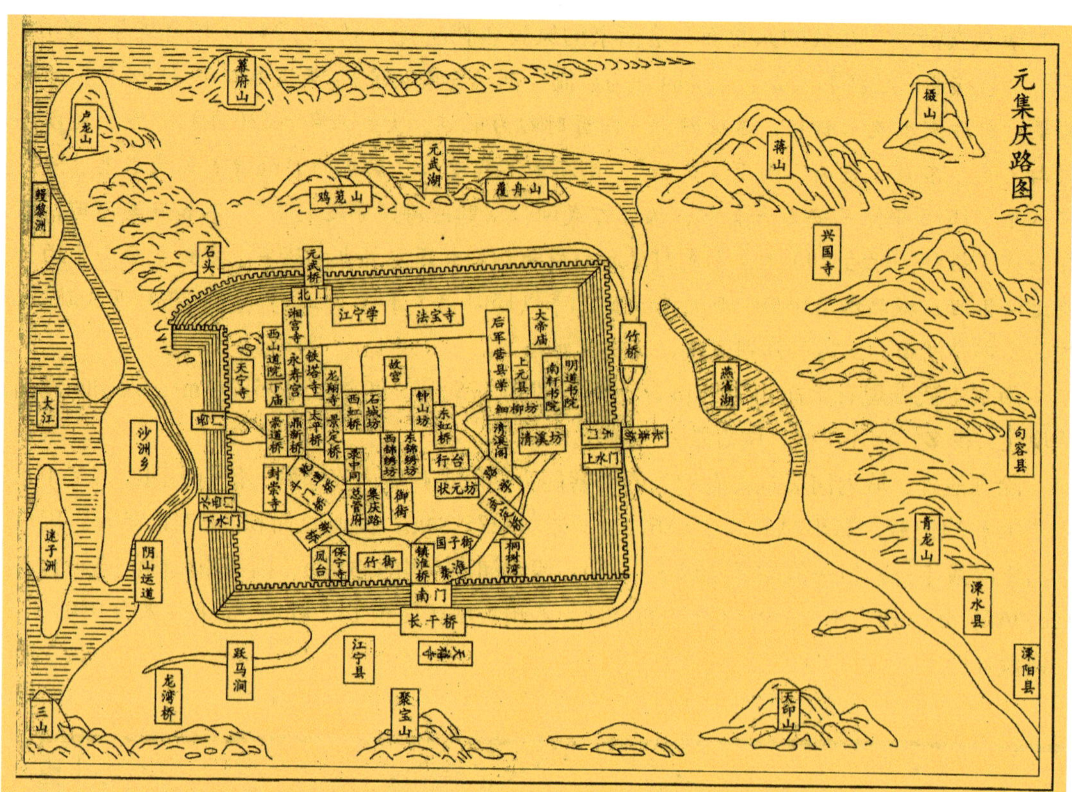

图 10-2-24 元集庆路图（复制自明正德陈沂．金陵古今图考．南京建置志：131）

无锡古城内原有许多河道，据《吴中水利全书》记载，可算出其城内河道总长达 7100 丈，合 22.72km，河底阔“三丈二尺”、“二丈二尺”不等，其河底面积为 212254.72m^2。城河深 4.5m 左右[1]，假定明代也深 4.5m，可算出其城河总容量为 95.5 万 m^3。古城面积约 2km^2，每平方米有调蓄容量 0.4775m^3。

古城的调蓄系统乃是古城防洪体系的重要组成部分。在排往城外的渠道不通畅的情况下，其调蓄作用就更具有重要的意义。这种情况是常常可能发生的。比如广州、合浦、钦州等河口城市，如碰到海潮顶托，排水就受阻；临江的城市遇到洪水高涨，排水也就困难；水网地区碰到洪水犯城，也只得关门下闸，暂不排水。这时，往往也是雨季，城内雨水如无调蓄系统调蓄，就会成为地面渍水，城中就会出现潦涝之灾。

（四）交通系统的规划设计

城内外的交通系统与防洪抢险以及居民、财物安全转移有密切的关系，具体说来须注意如下几点：

1. 规划建设好沿城墙内侧的道路及上城的马道

清魏源在谈守城之法时，指出：“城以内侧城路宜备。”“凡城之内，多留磴道，相距半里，以备缓急。”[2] 他虽从军事防御出发考虑，从防洪上看也是如此。只有顺城街和上城磴道方便、畅通，才利于防洪抢险。

---

[1] 无锡市城建局城区防汛办．无锡市防洪排水问题简析，1983.

[2] 魏源．圣武记·城守篇．第一版．北京：中华书局，1984.

2. 桥梁设计应注意防洪，以保证汛期畅通

城市内外的桥梁，乃是重要的交通设施。一旦为洪水冲毁，交通中断，则影响防洪抢险的进行，也影响居民、财物的安全转移。因此，桥梁设计应注意防洪。宋东京城外七里汴河上的虹桥（图 10–2–25），就是一种结构奇特、状若飞虹、不怕洪水冲击的桥梁。其形象可由宋《清明上河图》中看到。它有如下五个突出的优点：[1]

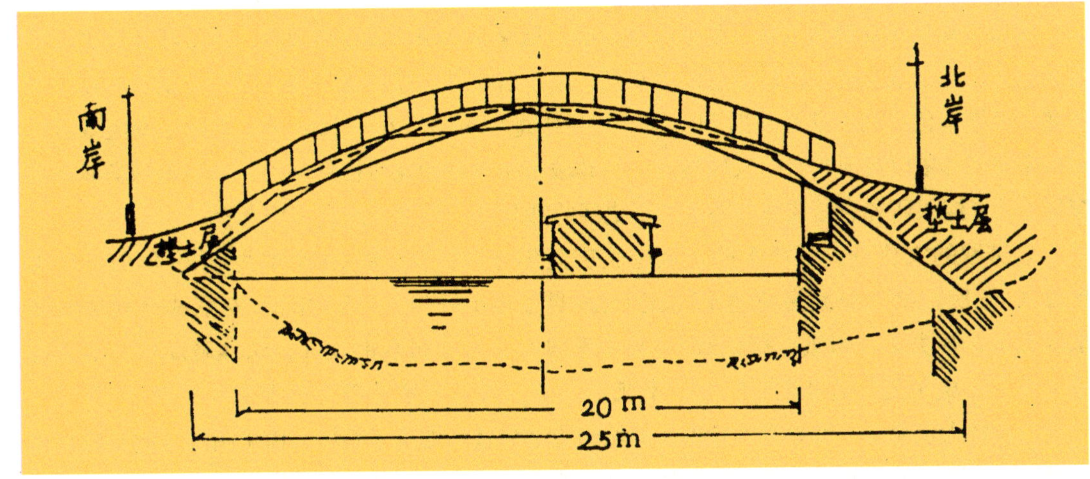

图 10–2–25　虹桥简图（据杜连生．宋清明上河图虹桥建筑的研究插图．文物，1957，4：57）

（1）无桥柱，故不易为洪水冲垮。

（2）跨度大，跨径近 25m，净跨 20m 左右，拱矢约 5m，水面净高 5.5 ~ 6m。桥下净空能满足通航要求。

（3）桥堍、拱背培土垫层，减少了桥面的纵向坡度，所以桥上人马车轿往来尚称便利。

（4）结构稳定、坚固、安全。

（5）造型优美，宛如飞虹。

虹桥乃是我国古代劳动人民的杰出创造。究其沿革，首创在山东青州（今山东益都）。

据记载："青州城西南皆山，中贯洋水，限为二城。先时跨水植柱为桥，每至六七月间山水暴涨，水与柱斗率常坏桥，州以为患。""明道中（1032 ~ 1033），夏（竦）英公守青，思有以捍之；会得牢城废卒有智思，叠巨石固其岸，取大木数十相贯，架为飞桥，无柱，至今五十余年桥不坏。庆历中（1041 ~ 1048）陈希亮守宿，以汴桥坏，率尝损官舟害人，乃命法青州所作飞桥。至今沿汴皆飞桥，为往来之利。俗曰虹桥。"[2]

《宋史》也记载了此事："乃以为宿州。州跨汴为桥，水与桥争，常坏舟。希亮始作飞桥，无柱，以便往来。诏赐缣以褒之，仍下其法，自畿邑至于泗州，皆为飞桥。"[3]

隋唐东都城，洛水贯城，洪水常把桥梁冲毁，据《旧唐书》和《新唐书》所载，洛水毁桥为 9 次以上。因桥毁而人亡，交通断绝，损失难以估量。不怕洪水的虹桥，乃一大创举。

3. 规划设计阁道等高架的道路

本书第三章第一节中谈到秦汉都城盛行阁道、复道等高架的道路。这些凌空架设的阁道、复道、辇道等，正是古代的天桥，它是秦汉时发明的一种立体交通的形式，可以跨城越池渡河，

[1] 杜连生．宋清明上河图虹桥建筑的研究．文物，1975（4）：55–63．

[2] 渑水燕谈录·事志．

[3] 宋史·陈希亮传．

自然也可以在汛期作为避水的交通工具。广东三水西南镇设天桥为现代城市防洪服务即为例证[1]。

4．规划设计应急的避水安全通道

规划设计紧急情况之下，百姓、财物安全转移之路，乃是我国古城防洪的重要经验。

陕西安康古城，城北滨汉水，地势低洼，历史上多次遭洪水灭顶之灾。古城所处为一河谷盆地，正如古人所云："兴安（即安康）逼近汉水，周围皆崇山峻岭。俯视城池，其形如釜。"[2]

安康气候属凉亚热带气候，夏季间有暴雨，秋季多连阴雨或连绵大雨。因汉江及其支流集雨面积大，暴雨或大雨后往往引起山洪暴发，因下游峡谷地段排洪不畅，引起安康城所在江水暴涨，汛期水位比枯水期可高出21m多，比城内地坪可高出6～11m多。正由于安康城所处的特定地理环境以及所具有的气候特点，使其城市防洪问题显得格外突出，为全国同类城市所罕见。为了深入研究总结该城市防洪的历史经验和教训，作者5次到安康考察。

安康城的灾情是十分严重的。从唐长庆元年（821年）至1949年共1129年中，汉水泛滥达66次，洪水圮城灌城达17次以上。明万历十一年（1583年），安康城遭到特大洪水的袭击，损失十分惨重。据记载："癸未夏四月，兴安州猛雨数日，汉江溺溢……水壅高城丈余，全城淹没，公署民舍一空，溺死者五千多人，阖家全溺无稽者不计其数。"[3]

这次特大洪水后，城守道刘致中在旧城南边地势较高处筑了新城。由于南城（即新城）离汉水远，交通不如北城（即旧城）便利，故百姓不愿迁城，十之八九仍住北城。

为了使北城的居民在洪水困城时得以逃生，清康熙二十八年（1689年），知州李翔凤等在北城南门外修筑长堤，堤旁遍栽桃柳，作为北城中居民避水逃生之路，称为万柳堤。这是安康城在多次洪水淹城的痛苦经验教训中悟出来的办法，是防洪的重要措施。

事实也证明万柳堤之筑决非多余。乾隆三十五年（1770年）闰五月，汉江流域暴雨，江水暴涨，大水冲开小北门灌城，又从城内折东北，冲决惠壑堤而出，城内损失甚巨。幸亏有万柳堤，军民得以沿堤逃生。以后，洪水又多次淹城，因有万柳堤以避水，百姓生命和其部分财产得以保全[4]。除安康外，宋代郓州城也有此例。《宋史·王克臣传》记载："河决曹村，克臣亟筑堤城下……堤成，水大至，不没者才尺余。复起甬道，属之东平王陵埽，人得趋以避水。"本书第六章第八节讲到徐州城历代的防洪措施，其中有"苏轼筑由城南门达云龙山麓的救生堤"，这一救生堤也是作为徐州城今后有洪水犯城、灌城时，百姓可以沿堤逃生到云龙山麓。

安康、徐州和郓州城这一经验，乃中国古代城市防洪历史经验中的重要经验，对现代城市防洪仍有参考价值。

第三节　建筑设计上的防洪措施

建筑设计上的防洪措施也是中国古代城市防洪措施的一个组成部分。城市防洪的障水系统如管理不善或被洪水冲毁，洪水就将进入市区，城区建筑将受到冲击和泡浸。如果在建筑设计上采取一定的防洪措施，就可以减少损失。在一些山区沿江城市，江河水位涨落幅度很大，城墙往往不足以抵御洪水，洪水有灌城的可能；或者洪水进不了城，城外围的民居、庙宇无城堤

[1] 吴庆洲．两广建筑避水灾之调查研究．华南工学院学报，1983，11（2）：127-141．

[2] 清嘉庆安康县志，卷19．

[3] 康熙陕西通志，卷三十．

[4] 清嘉庆安康县志，卷20．

保护，会受到洪水的袭击。在这种情况下，在建筑设计上采用一定的防洪措施，就可免受洪水之害，或减少损失。建筑设计上的防洪措施有下列数条。

一、将重要的建筑置于地势较高之处

在中国古代城市中，凡重要的建筑或建筑群均置于全城地势较高之处。其优点除利于通风、防潮、便于防御外，还可减少或免除洪水之患。

历代帝都均将宫城置于地势较高处，极少例外（如明南京城）。

隋唐东都洛阳城，其宫城、皇城位于城西北隅，这正是东都城地势最高之处，宫城更是如此。这不仅利于防卫，也利于排水和免除或减轻洪水之害。

隋唐长安城内的坡冈之地，多建宫室、王宅、官衙、寺观。据《元和郡县图志》记载："隋氏建都，宇文恺以朱雀街南北有六条高坡，为乾卦之象，故以九二置宫殿，以当帝王之居；九三立百司，以应君子之数；九五贵位，不欲常人居之，故置玄都观及兴善寺以镇之。大明宫即圣唐龙朔二年所置。高宗尝染风痹，以大内湫湿，置宫于斯。其他即龙首山之东麓，北据高原，南俯城邑，每晴天霁景，下视终南如指掌，含元殿所居高明，尤得地势。"[1]正因为如此，唐长安的这些重要建筑排水便利，一般无潦涝之灾。

台州古城，其州署所在，位于古城的西北角，那里北依大固山，地势较高，台州虽历代多洪潮之患，但州治所在是不会受水灾的。

又如，潮州古城地势较低，常有洪水犯城之虞，其州治位于金山之麓，地势较高，不受洪水的威胁。

二、设计高台基以避水患

本书第一章第二节谈到，高台建筑有多种功用，其一是避水患。

广东肇庆古城东南边，有一座高大的古建筑——阅江楼（图 10-3-1），其所在一带临江，地势低洼，又无堤防保护，如无高台基，必常受水浸。阅江楼选址于肇庆九石脉之一的石头冈上，地势较高，又在其上建高台基，在台基上建高楼。其台基高出周围地面 6m 以上。由于有高台基，

图 10-3-1 肇庆阅江楼

[1] 元和郡县图志，卷一，关内道 .

阅江楼从不受淹，而其周围的房屋在每年西江汛期要受淹一至数次。在受淹时，周围百姓都到阅江楼高台上暂避洪水。

筑高台基以避水害，乃是中国古代城市防洪的重要经验之一。至今，广东封川、清远、惠东、三水等地，许多民居仍然构筑高台基以避水患[1]。

三、设计楼阁以避水患

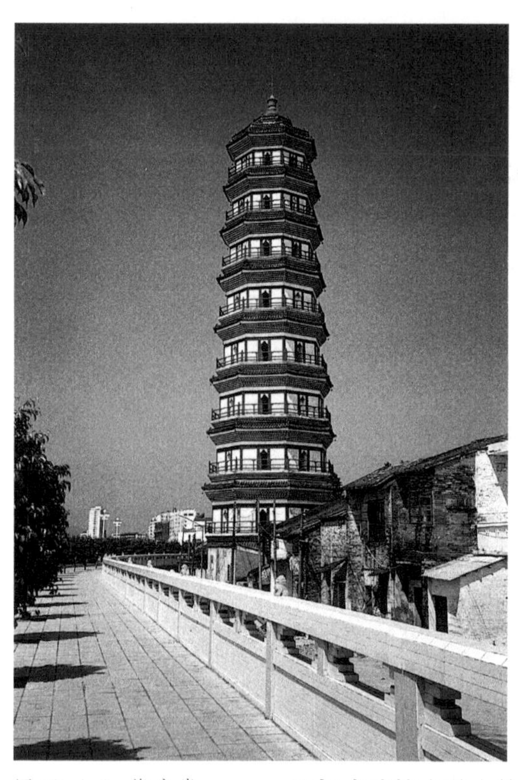

图 10–3–2 肇庆崇禧塔

楼阁因其高，故在洪水淹没其下面一或二层时，人们可以上到洪水淹不到的楼层避水。

据《挥尘余话》记载："绍兴甲子岁（1144 年），衢婺大水，今首台余处恭未十岁，与里人共处一阁，凡数十辈在焉。阁被漂几沉。空中有声云：余端礼在内，可令护之。少选，一物如鼋鼍，其长十数丈，来负其阁，达于平地，一阁之人，皆得无他。"[2]

这一故事记述了人们上阁避水之事，又加上神明庇护贵人的神话。这故事说明楼阁能避水，但楼阁必须经得起洪水冲击，否则将无济于事。

福州城在清代、民国时，城内常受水浸。自清中期以后，福州大量建造了"柴栏厝"（主要是联排木楼），高 2 ～ 3 层，每当洪水将临，便可移灶上楼，保持饮食起居。不几日水退后，即下楼恢复原来生活状况[3]。

楼阁式塔，因其高，也可避水患。1915 年西江大洪水，肇庆崇禧塔（图 10–3–2）内有 300 多个百姓上塔避水达 10 多天，得以在大水灾中保全了生命。这一事实也说明上述上阁避水的故事当不虚传，惟神明庇佑乃后人所添"蛇足"而已。

干阑式建筑有避水的功用。张良皋先生在《匠学七说》中谈到：

在西双版纳一带的竹楼……，其"高床"是一个木构平台。这个高度除了容人行走躲开虫蛇侵袭以外，还有一项奇妙甚至伟大的作用：避水。澜沧江的水量丰沛，居世界巨川的第十四位。洪水时期，宽达百里的澜沧江河谷一片汪洋，即使首府景洪这样的现代化城市，也不可能筑堤防护。住在高床干阑上的傣族人民却能"安堵如垣"，成为水上人家：为了往来的交通，家家都备小船，照常熙来人往，蔚为世界奇观[4]。

四、建筑防洪抗冲实例

（一）广东德庆学宫大成殿[5]（图 10–3–3）

该建筑位于德庆城内，现为全国重点文物保护单位。由于德庆城地势较低，历史上水患频繁，城内建筑毁于洪水者不可胜数。原学宫也曾毁于水，元大德元年（1297 年）重建，采用了一系列防洪措施：

（1）加高了建筑台基（现高 1.2m）；

---

[1] 吴庆洲．两广建筑避水灾之调查研究．华南工学院学报 .1983，11（2）：127–141．

[2] 古今图书集成 · 考工典 · 阁．

[3] 郑力鹏．福州柴栏厝 // 陆元鼎主编．民居史论与文化．广州：华南理工大学出版社，1995：146–149．

[4] 张良皋著．匠学七说．北京：中国建筑工业出版社，2002：238．

[5] 吴庆洲，谭永业．粤西宋元木构之瑰宝——德庆学宫大成殿．古建园林技术，1992（1）：42–51，1992（2）：49–55．

图 10-3-3 德庆学宫大成殿正立面图

(2) 设置高 0.35m 的花岗石门槛挡水；

(3) 前檐用花岗石柱，殿左、右、后三面围以高砖墙，以抗水冲；

(4) 殿内木柱采用高石础，正中四金柱的石础高达 0.82m。

大成殿重建以来近 700 年，约受过洪水冲击泡浸 90 多次，至今完好，说明其防洪措施是有效的。

(二) 广东德庆悦城龙母祖庙[1]（图 10-3-4 ~图 10-3-7）

龙母祖庙位于广东德庆县悦城镇，坐落在滨江台地上，是一组古代祠庙建筑，现为全国重点文物保护单位。由于庙址地势低洼，几乎年年都受洪水冲淹。其防洪抗冲措施有：

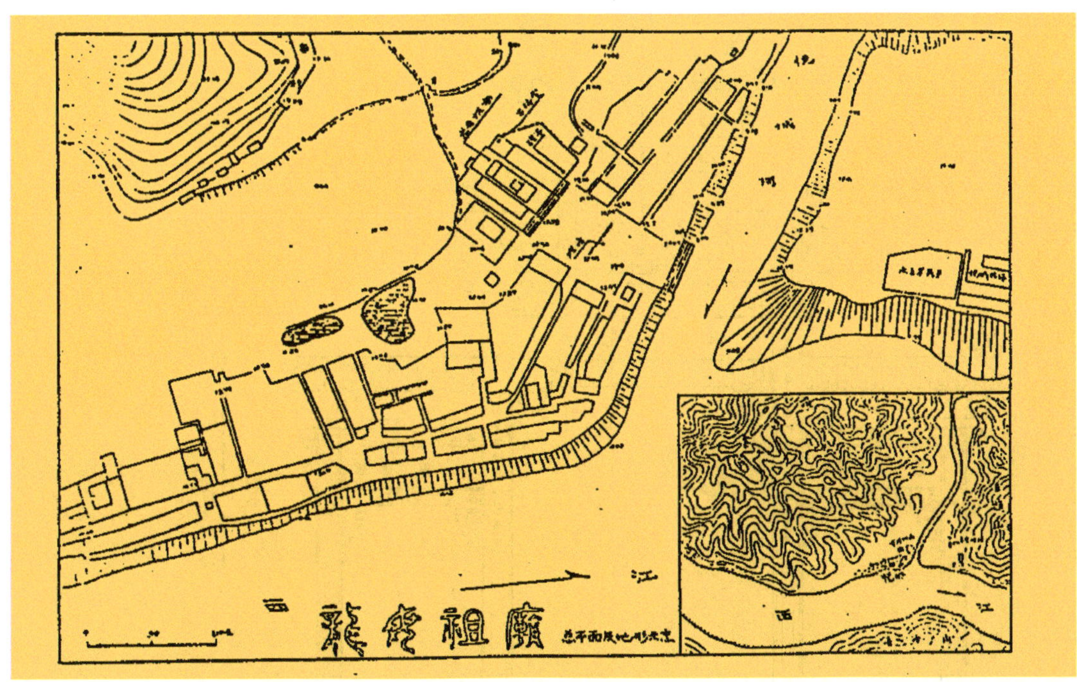

图 10-3-4 龙母祖庙总平面及地形示意

[1] 吴庆洲，谭永业．德庆悦城龙母祖庙．古建园林技术，1986 (4)：31-35，1987 (1)：58 － 62．1987 (2)：61 － 64．

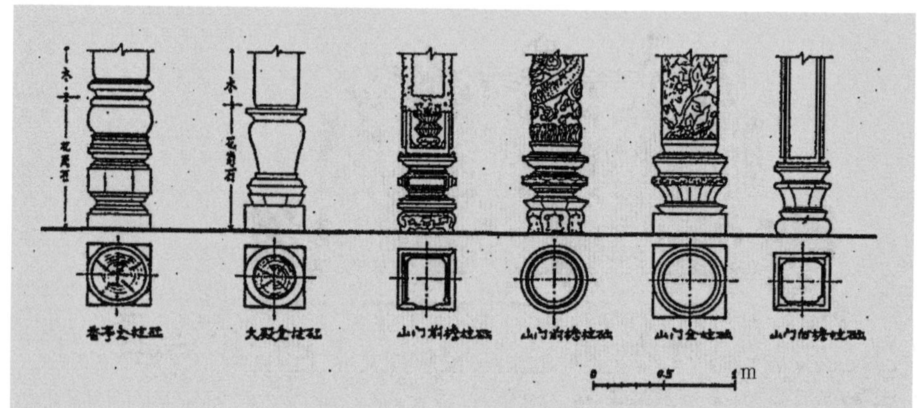

图 10–3–5 龙母祖庙的石柱础

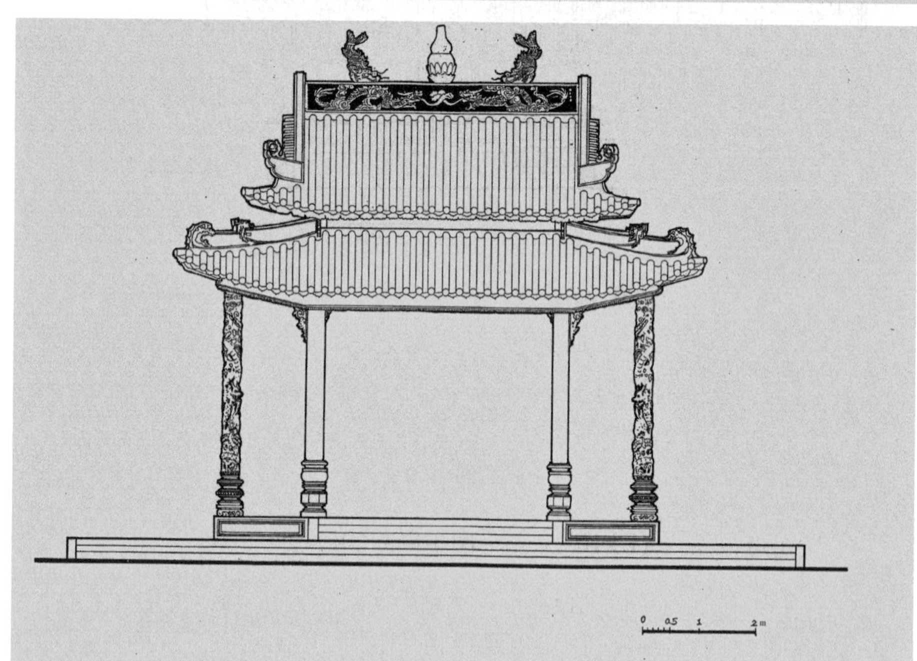

图 10–3–6 龙母祖庙香亭正立面图

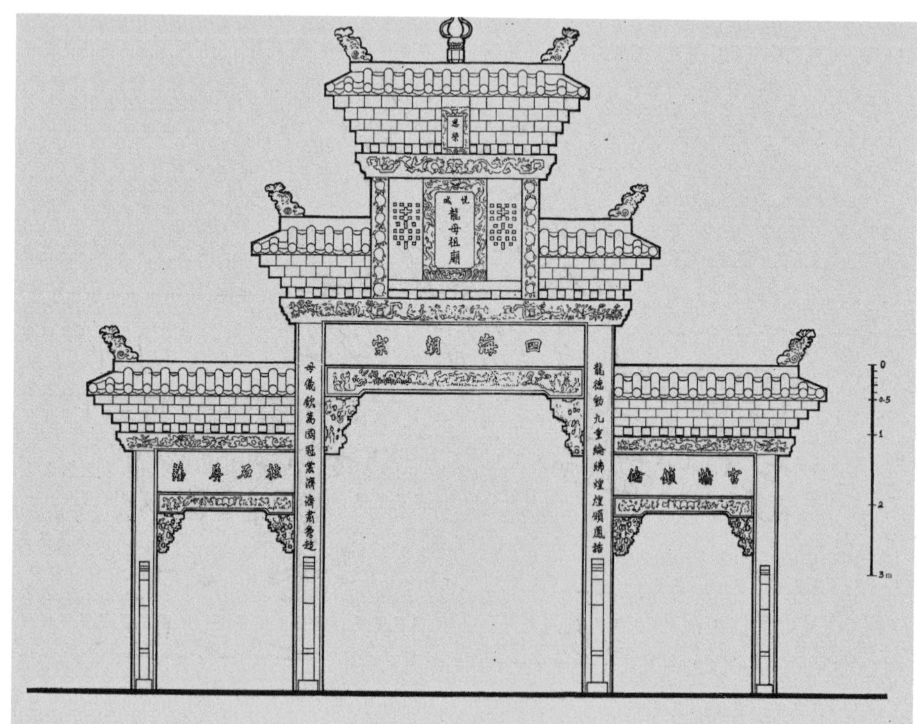

图 10–3–7 石牌坊主体背立面图

(1) 大量采用花岗条石铺砌河岸、码头、山门前广场、建筑台基、庭院地面，以护建筑基址；

(2) 大量采用砖作建筑材料，牌坊则全由石砌成；

(3) 采用高石柱础，大殿及香亭石础均高近 1m；

(4) 门的门枕石高达 0.46m；

(5) 石材砌筑高台基，东裕堂的虎皮石台基高达 3.85m，后座桩楼的花岗石条石台基高达 5.46m（图 10-3-8）；

(6) 良好的排水系统，每次洪水退后，观内一净如洗，与附近民居水退后留下厚厚一层泥沙，形成鲜明的对照。

龙母祖庙自清末重建以来已历百年多，几乎年年受洪水冲淹而依然屹立江边，说明其建筑防洪抗冲措施是极为有效的。

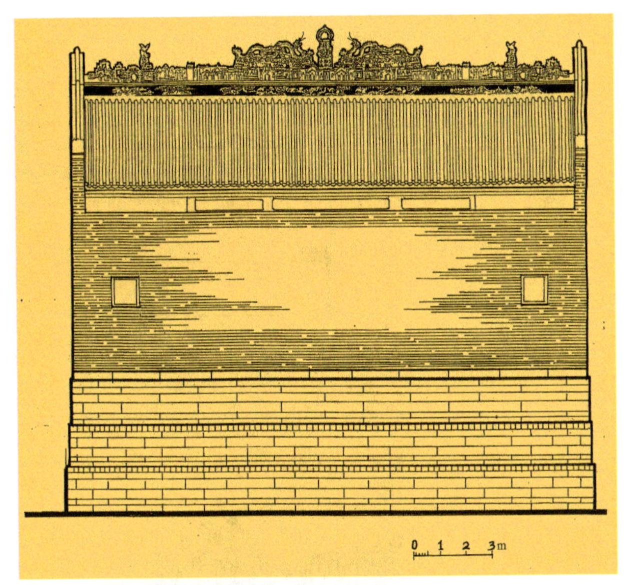

图 10-3-8 龙母祖庙桩楼背立面图

（三）广东郁南连滩邱光仪大屋（图 10-3-9、图 10-3-10）

光仪大屋距郁南县连滩镇约 3km，在西坝石桥头村。大屋的创建者姓邱名光仪，光仪大屋因此得名。

大屋平面呈方形。前面为一个宽大的晒谷坪（图 10-3-11），屋外为高大的高砖墙，墙厚 40 ~ 60cm，高约 4.5m 以上，以石灰浆砌筑。正立面中间为一个门洞，两端耸起马头式风火山墙，墙上曲线起翘更增高耸之势。门洞两边贴着几副对联，其中一联为：“琼山世泽”，“渭水家风”，横额为“吉祥”。

沿着正立面的高墙里面，是一排门房。进入正门，是一个大院，两侧各有一个侧门，正面是大宅的正屋，横向三间，中间为堂屋，两边为房间。正屋共有五进，每进之间均隔以天井。各进之间的地势为前低后高。每一座正屋的两边均有台阶通向各层及瓦面，瓦面两端墙上方砌成一级一级台阶状，上台阶可到各横屋正脊，屋脊上平直可以行走（图 10-3-12），瓦面往外一边是围墙通道，可以行人，可以对外射击，也可以隐蔽自己，与古代的城墙有相似之处。通过围墙内通道及屋顶屋脊走道，整个大屋成为有机联系的军事防御体系。以台阶上屋脊的这种做法，笔者在调查珠海陈芳故居时亦见过。珠海陈芳故居为清末所建。

光仪大屋建于清朝嘉庆年间（1796 ~ 1820 年），迄今已有约 200 年历史。但这种以山墙做成台阶上屋脊的做法，有更悠久的历史。明朝著名的地理学家王士性(1547 ~ 1598 年）在其《广志绎》一书中写到：“南中（笔者按：指广东一带）造屋，两山墙常高起梁栋上五尺余，如城垛然。其

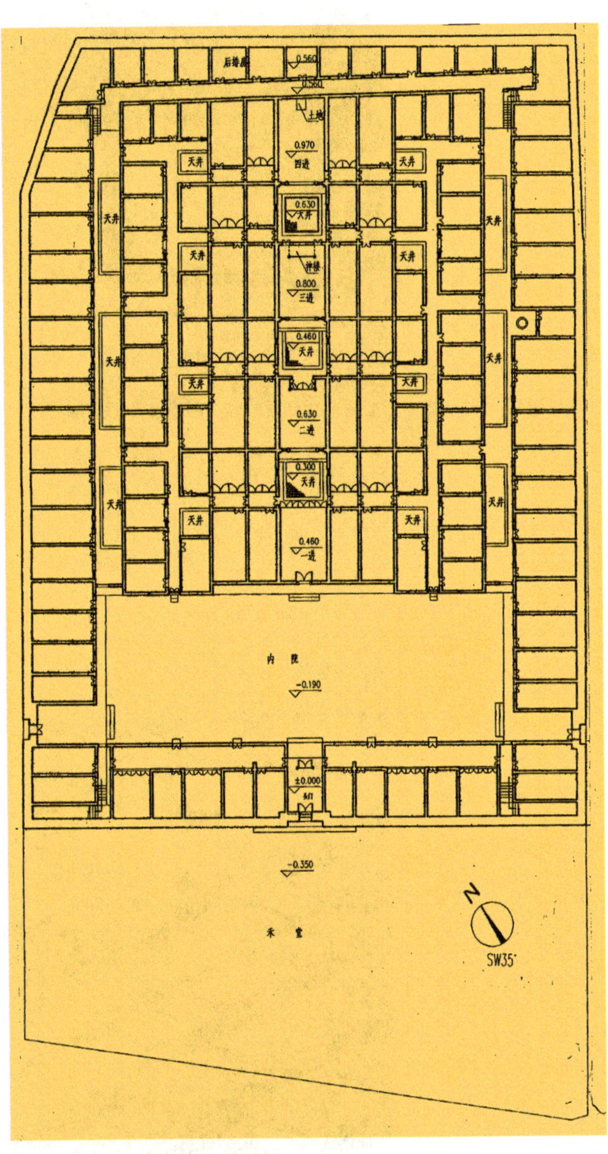

图 10-3-9 邱光仪大屋平面图

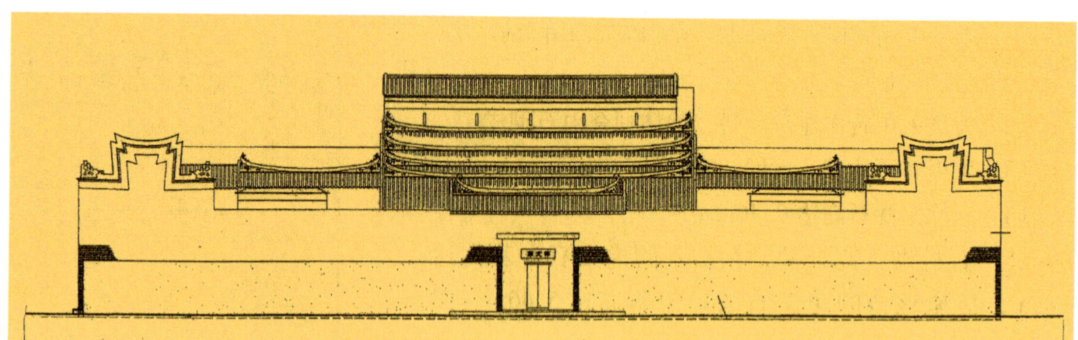

图 10-3-10 邱光仪大屋正立面图

图 10-3-11 邱光仪大屋正面图

图 10-3-12 屋脊上可以行走

内近墙处不盖瓦，惟以砖甃成路，亦如梯状，余问其故，云近海多盗，此夜登之以瞭望守御也。”

可见，远在500多年前，广东一带已流行这一做法，以防匪防盗。

笔者为广东梅州人，见此屋与梅州一带方形围屋很相似，一问，果然创建人邱氏乃从梅州一带迁来。现大屋住户的第八世祖邱润芳，字泽微，号员清，乳名光仪，生于清朝乾隆四十七年（1782年），一生经历清乾隆、嘉庆、道光、咸丰、同治五个皇帝，享年90岁。邱光仪当年在此以卖油炸豆腐为生，工余则烧砖瓦，伐木为材，经多年积累资财，用10年时间建成此大屋。大屋最中间的正厅供奉着邱氏祖先神位，侧面及前后各座均属住房。最后一座的顶层是一排值班房。邱光仪有5子，大屋共有房135间，每子分到房27间。

光仪大屋不仅能防匪防盗，还有极强的防洪功能。其大门有闸槽三道（图10–3–13），可以拒洪水于墙外。大屋所在地势较低，每年洪水均可能淹至1～2m高。这时下木闸，闸间塞以泥等，可以防水浸透。更令人称奇的是其中一座房内设一水池，当天降暴雨，外边又有洪水袭来时，屋内雨水流向此池，池中设水车，用人力将水车至二楼池中，用管子排出屋外。这一做法，全国罕见，在当时应为首创，十分可贵。现光仪大屋每年仍防洪下闸，为当地百姓所称道。

图10–3–13 大门框上有三道闸槽可下闸板御洪

光仪大屋占地十亩，即约6667m²。据说最多时曾住过300多人，分为4个生产队。现大屋保存完好，是目前所知的仅有的既能防洪又能防匪盗的古老大宅。

第四节　城墙御洪的工程技术措施

城墙乃是我国古代城市防洪体系障水系统的重要组成部分，其能否抗御外部洪水的冲击，乃是古城防洪上的关键问题。为使城墙能御洪抗冲，我国古代积累了丰富的经验，采取了许多有效的工程技术措施[1]。现分述如下。

一、城墙基础的处理

俗话说，万丈高楼平地起，凡建筑要坚固耐久，基础的处理都不可忽视。城墙也不例外。由于城墙要对付洪水的冲击，基础的处理就更加重要。

宋代《营造法式》规定：“城基开地深五尺，其厚随城之厚。”在这里，基础处理方法是针对一般情况而言。针对具体问题，基础处理得因地制宜，不能千篇一律。

[1] 吴庆洲．中国古城防洪的技术措施．古建园林技术，1993（2）：8–14．

魏源主张筑法，“一曰基固。开土及丈，或得盘石，或得垆矿，皆可为胜重之本。浮泥松沙，必垦令尽。试观掘井者然，层沙层泥，下輙黄土。基较所载，必广厚倍之。乃久而不圮。”[1]魏源在这里提出了更具体更科学的要求。比如，挖地深达一丈，深度超过《营造法式》的要求；基础若置于盘石或黑色的硬土（垆矿）上，就必然坚实，能承受城身重量；浮泥松沙，一定要铲除干净；基础必须比城身宽广，即下为“大方脚”，这又比《营造法式》的“其厚随城之厚”更为科学。魏源是总结了历代筑城的经验而提出以上的筑城法的。

我国自6000年前古城出现之日起，就注意了城墙基础的处理。河南登封王城岗古城，在筑城前先按城墙走向挖出基础槽。槽的两壁倾斜，口大于底。槽的底面一般比较平整，但也有部分槽底下凹。在槽内填土，逐层夯筑。其西城墙的基础槽，口宽4.4m、底宽2.54m、深2.04m[2]。

春秋晚期的楚都纪南城，墙身部分的基础修筑法，是先挖基槽，再在基槽内填土夯筑。内外护坡没有挖基槽，是在平地上垫土构筑而成。基础槽的深度由0.4～1.4m不等。土质较差的低洼淤泥地，槽就挖得深[3]。

唐哀帝天祐四年(907年)，歙州新城为暴水所侵，倒塌严重。于是重筑城垣。在修筑之前，总结经验教训，发现基址为泛沙流石，没进行认真的处理，才会一筑好就被洪水冲毁。有前车之鉴，就得想办法处理好基础：“以城之旧址浮而斯滥，今当发深一仞，抉去砂石，实以精壤，重加镇筑，然后广其宿基，增诸石版，必使坚永侔于铁壁。”[4]他们采用了以下措施：深挖一仞（1仞等于七尺，一说等于八尺），挖至老土；扩大基础；基础砌以石版，等等。

四川嘉定州（今乐山市）城，常受洪水的袭击。正德八年至九年（1513～1514年），知州胡淮修筑城垣，十分重视基础的处理。据记载：“掘地深八尺，万杵齐下，砌石厚凡八尺，以附于上。编木为栅，以附以石。栅之外，仍卫以土石。自栅而上，东城高凡十有四尺，南城高凡十有六尺。厚则以渐而杀上。……凡石必方整，合石必以灰，一石不如意者，虽累数十石其上，必易。”注意基础的坚固，结果城经受住了洪水的考验：“大水卒至，叫跳冲击，漫漫者三日。”“既水落，城石无分寸动移者，民益欢呼。”[5]

除上述情况外，尚有一些特殊的基础处理方法，兹介绍如下。

（一）桥式基础

桥式木排承重城墙基础，目前发现的最早实例为苏州城宋代水门基础[6]（图10-4-1、图10-4-2）。到明初仍见于明南京城[7]和明凤阳中都城[8]。其主要应用于土质松软的地段，用成排铺架原木“桥”的方法，可以不必深挖基槽，通过桥式基础的作用，使这些地段分减压力，或沉降较为均匀，使城墙不致因沉降不均而开裂倒塌。

明南京城三处桥式木排承重基础，均历时600多年而无沉降，木材仍可继续承重，其经久坚固，令人惊叹。古人的创见和智慧，至今对我们仍有启发作用。

[1] 魏源．圣武记．城守篇．

[2] 河南省文物研究所，中国历史博物馆考古部．登封王城岗遗址的发掘．文物，1983（3）：8-20.

[3] 湖北省博物馆．楚都纪南城的勘查与发掘．考古学报，1982（3）：325-349，（4）：477-507.

[4] 杨夔．歙州重筑新城记．古今图书集成·考工典·城池．

[5] 安磐．城池记．古今图书集成·考工典·城池．

[6] 苏州博物馆考古组．苏州发现齐门古水门基础．文物，1983（5）：55-59.

[7] 季士家．明都南京城垣略论．故宫博物院院刊，1984（2）：70-81.

[8] 王剑英．明中都遗址考察报告．油印本，1982.

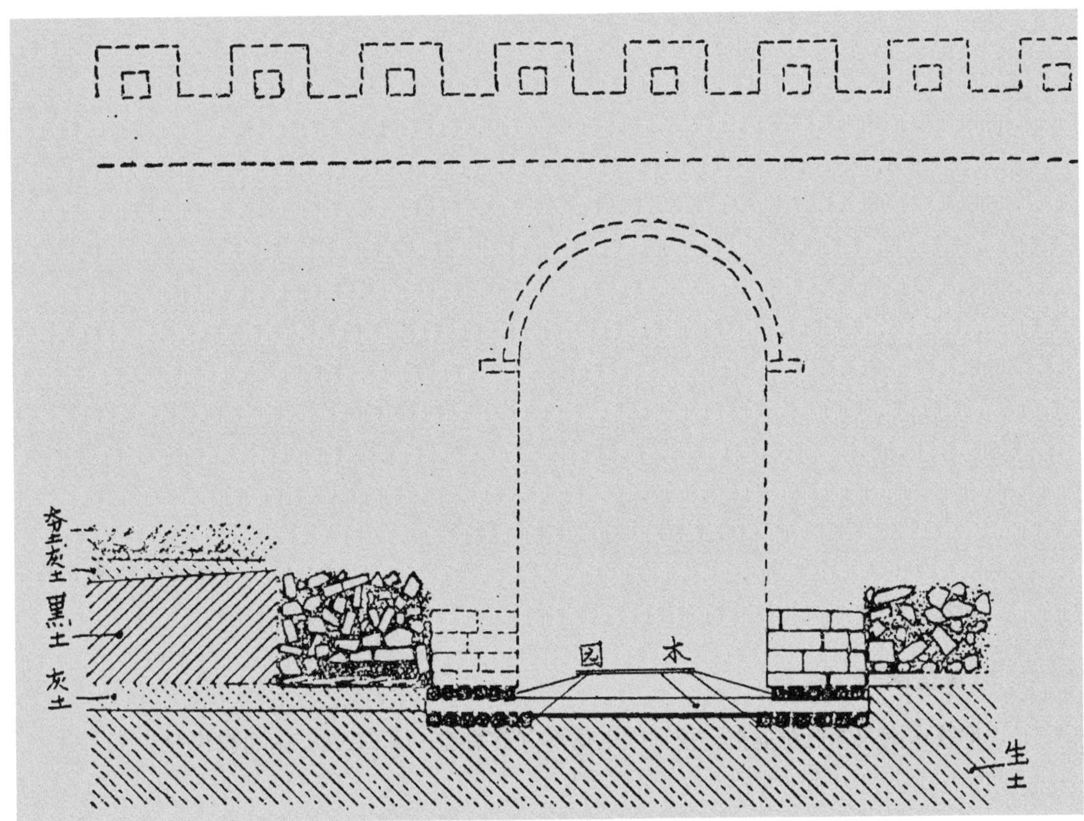

图 10-4-1　苏州齐门古水门纵剖面图

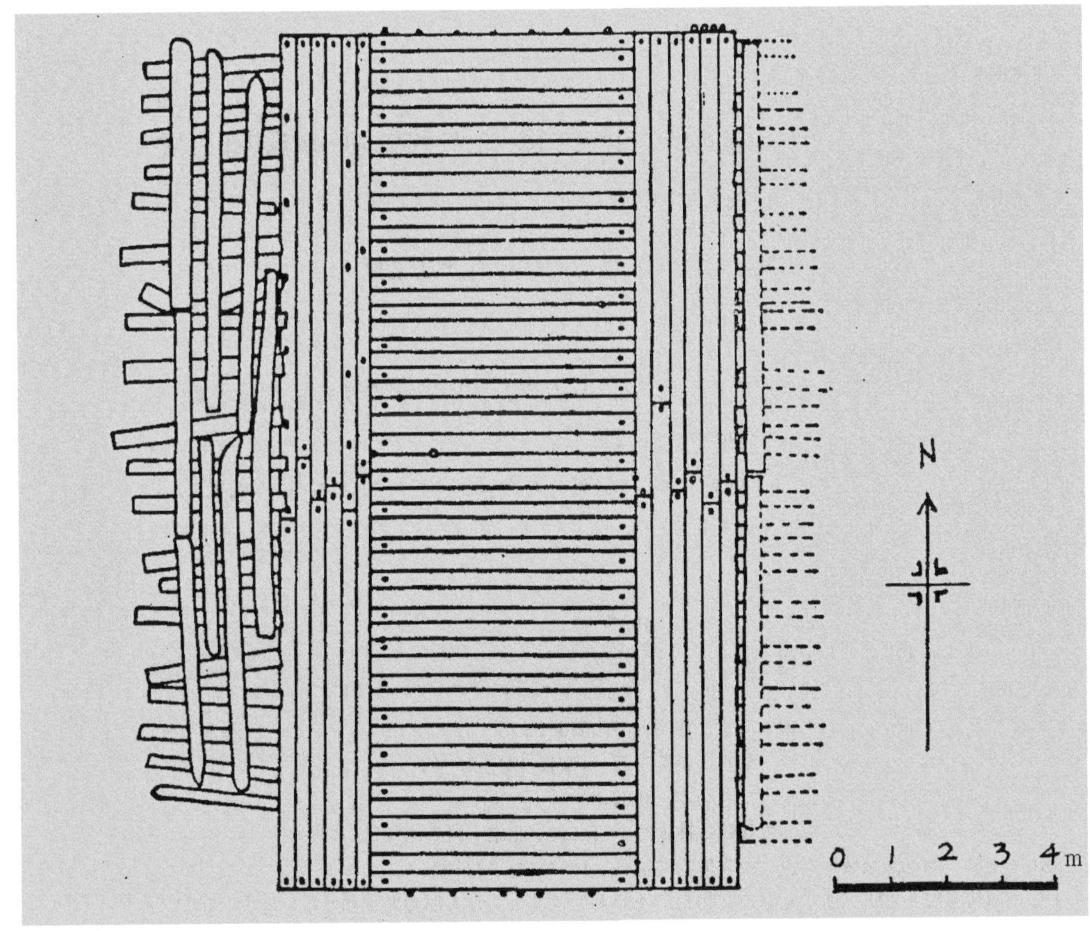

图 10-4-2　苏州齐门古水门桥式基础平面图

（二）桩基础

在宋《营造法式》中，规定了水门及出水涵洞用桩基础之制。元大都的石砌排水涵洞地基满打地钉（木橛），做法与《营造法式》一致，也是用桩基础。

桩基础在明中都城用得也较多。中都城西安门遗址的碎砖夯土层下，有大量的木桩，木桩全是松木，长度由160 ~ 207cm不等，直径由10 ~ 20cm不等，以12 ~ 15cm为多。桩下部呈锐三角形。桩尖直达粘土层底部[1]。

（三）冶铁固基

赣州府城，宋熙宁中（1068 ~ 1077年），“州守孔宗翰因贡水直趋东北隅，城屡冲决，甃石当其啮，冶铁固基，上峙八镜台。”[2]

冶铁固基，应是用石筑基，石缝间注入熔化的铁水，待冷却后，铁拉连基石，成为一个整体，更能抗御洪水冲击。

其他工程中也有类似做法。如洪武六年（1373年）六月，“中都皇城……城河坝砖脚五尺，以生铁熔灌之。”[3]

（四）深基础

元大都城东南角处低洼地带，挖到生土层再夯筑基础，深2.5m，南北长约50m[4]。

明南京城的基础，有些城段深达12m以上[5]。

明中都城皇城北城墙东段城基在地面下18m处，最下面为120cm × 50cm × 20cm的特大型砖[6]。

（五）去沙实以末炭，涂土固基

宋麟州（陕西神木县北），无井，惟沙泉在城外，欲拓城包之，而善陷。当地人乃仿古代筑地基的拔轴法，去其沙，实以末炭，以土涂塞孔隙。地基牢固，即可版筑其上自是城得不陷[7]。

（六）不挖基沟，平地起城

在土质硬实之地，可用此法。明南京城有的城段有此法之例[8]。

二、城墙墙身的修筑

我国古代城墙的墙身，断面为一梯形，上小下大。据《营造法式》筑城之制，可以算出城身边坡为4 ： 1，基宽：高：顶宽＝3 ： 2 ： 2。

元大都城墙基部宽24m，基宽：高：顶宽=3 ： 2 ： 1[9]，可以算出其边坡为2 ： 1，较宋式平缓。

---

[1] 王剑英．明中都遗址考察报告．油印本，1982.

[2] 道光赣州府志，卷二，城池．

[3] 太祖洪武实录，卷83/20.

[4] 蒋忠义．北京观象台的考察．考古，1983（6）：526-530.

[5] 季士家．明都南京城垣略论．故宫博物院院刊，1984，（2）：70-81.

[6] 王剑英．明中都遗址考察报告．油印本，1982.

[7] 张驭寰，郭湖生主编．中国古代建筑技术史．第二版．北京：科学出版社，1990.

[8] 季士家．明都南京城垣略论．故宫博物院院刊，1984（2）：70-81.

[9] 中国科学院考古研究所，北京市文物管理处元大都考古队．元大都的勘查和发掘．考古，1972（1）：19-34.

明北京城墙，“下石上砖，共高三丈五尺五寸。堞高五尺八寸，址厚六丈三尺，顶阔五丈[1]。可以算出其边坡为 6 ∶ 1，基宽∶高∶顶宽 =6 ∶ 3.5 ∶ 5。

宋元两代的城墙中都用了永定柱和纴木，作夯土的骨架。

三、城墙基址的保护措施

城墙基址若被水冲垮，城墙也就会倒塌。因此，城墙基址的保护，乃古城防洪的重要措施，主要有如下四条。

（一）修筑护城堤岸

古城外为环城的护城河，水涨即浸蚀城基。城滨江河而筑，情形也一样。为了保护城基，必须修筑护城堤岸。

台州古城，地势较低，城滨江而筑，且东近大海。每至汛期，洪水潮水冲蚀城基，故须筑护城堤岸。台州因水患多，故元朝时“尽堕天下城郭，以示无外，独台城不堕，备水患也。”元朝时，守台官员认识到“台固水国，倚城以为命”，决定修筑护城堤岸，他们从高山上运来木料，从海边运来蜃灰。在江岸外打桩，在岸外联以大木以护岸址。筑堤岸时，挖至坚土，除去虚土浮泥，以巨石砌筑而上。江岸上面则按其原状不变，不止水，让泥沙沉淀在坼缝中。这样，外面的洪水冲刷不到基址，石岸既高又广，又坚固[2]。

寿州古城，地势低洼，年年洪水泛滥，全靠城墙御水。原来有土岸，洪水一冲即崩塌。嘉靖十七年（1538 年）砌成石岸。“自西南角楼起绕北至东南角楼止，共三千丈有奇。所有土岸，通砌以石，重合以灰，依古法，数年结而为一矣。虽有大水，可保不为城患。”以后石岸又经多次修筑加固。万历六年（1578 年）又重修，兵备道朱公总结经验，指出：

“夫城者峙于外，卫于内，而泊岸止水之自来，又兼外内而克巩之者也。本固则不拔，故砌以砖者，其材欲良；基广则难倾，故培以土石者，其筑欲密；至于堤溃针芒，防穿蚁穴，故泊岸之修也，又欲其奠而安。三者备，然后内外相维持。”[3]

南宁府城，城基屡受江水冲击而坍塌，认识到“筑城必先固岸”。因此采取措施，修筑护城基址的河岸：“剥落虚损处，下填以板，中用石灰米汁和以砂土碎石舂实、加帮，作级五层如梯状。”[4] 施工中用了糯米汁石灰浆。

富顺古城（图 10–4–3），城滨沱江，因城基受江水冲击而倾圮，特筑堤岸以护城垣。据《民国富顺县志》记载：“东北城隅因连年为洛水（即沱江）冲激，沙岸渐崩，城垣倾圮。万历二年（1574 年）甲戌，知县麻城刘泰宇由小东门至子门甃以灰石。甫两月，堤成，城垣赖以保护。万历六年（1578 年）复因水涨，堤崩，知县咸宁秦可矢更加完砌如旧，士民为之立碑。”[5]

（二）修筑石柜（丁坝）保护城址

常德古城，位于沅江凹岸，城基常受江水冲刷，造成城垣崩毁。为了保护城址，从五代后唐起，先后修上石柜、下石柜、花猫堤石柜、笔架城石柜、迴峰寺石柜、落路口石柜、上南门石柜共七座石柜[6]。

---

[1] 光绪顺天府志 · 京师志 .

[2]（元）周润祖 . 重修捍城江岸记 . 康熙临海县志，卷 12，艺文 .

[3] 光绪寿州志，卷四，城郭 .

[4] 宣统南宁府志，卷 49，艺文志 .

[5] 民国富顺县志，卷一，城池 .

[6] 常德市建委 . 常德市城建志 . 1988：183–184.

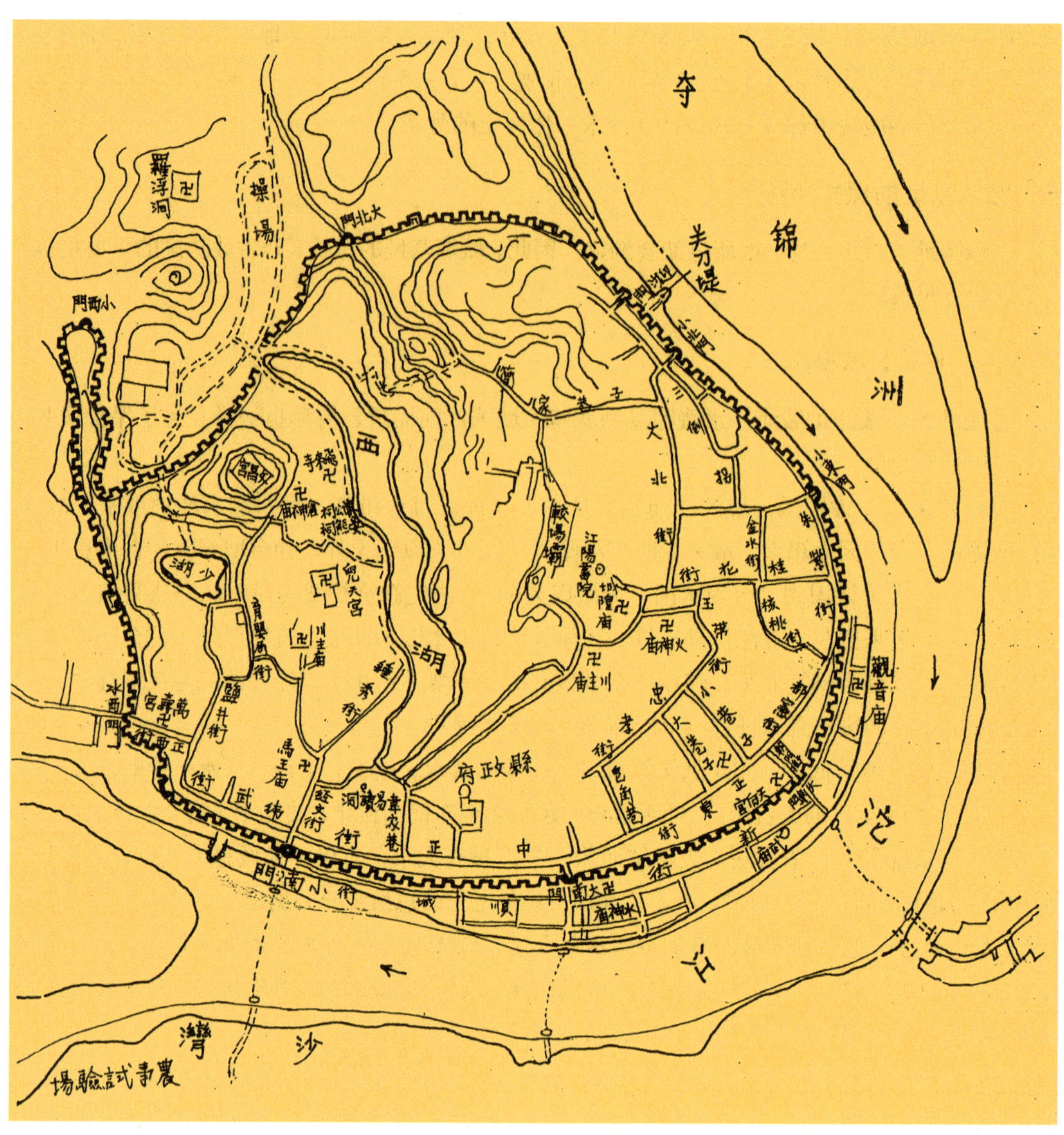

图 10-4-3 富顺县城图（摹自民国富顺县志）

富顺古城因“同治十二年（1873年）癸酉，大水漂没城基。十三年（1874年）知县沈芝琳就小北门上游筑堤以杀水势，名关刀堤。”[1]（图 10-4-4）

四川中江县城，城滨凯江，其水势湍急，“奔腾至北渡，如万弩发，直射西城。而遇秋潦尤甚，苟非审势防御，则城无完基。”为了保护城基，修筑中江的河堤，“堤长二百三十有六寻，高丈许，自趾至面胥用巨石鳞砌，钩锡胶结。外刷为箭五道，法河工挑水之制，以杀水势。”[2]

（三）河道清障

东汉时，“虞诩为武都（今甘肃成县西）太守，下辨东三十余里有峡，峡中当水，生大石障塞水流，春夏辄喷溢，败坏城郭。诩使烧石，以水灌之，石皆碎裂，因镌去焉，遂无泛溢之害。”[3]

[1] 民国富顺县志，卷一，城池．

[2] 乾隆潼川府志．城池志．

[3] 水经注，卷二十，引续汉书．

图 10-4-4 富顺关刀堤

（四）筑海塘以护城郭

江浙一带，自古即多江潮海潮之患，城郭常因潮水侵啮，无法奠基。长江口上的崇明古城，曾因潮患而五迁[1]。海盐县城也因海患四迁[2]。中国历代海潮患城情况是严重的。

江浙一带自东汉起筑海塘护城郭。杭州城位于钱塘江口，而城郭屡受举世闻名的钱塘潮的冲击。由于钱氏捍海塘的修筑，制服了汹涌的钱塘潮，杭州“城基始定。”[3]可见，海塘的修筑对保护滨海的城市具有多么重要的意义。

四、城墙墙体的保护措施

城墙是古城防洪的重要设施。但城墙本身如不加保护，就容易毁坏坍塌，或造成许多裂罅渗水，以至不能抵御洪水。自春秋战国之世，就已经产生了保护城墙的措施，历2000多年而逐渐发展、完善。现分述如下。

（一）城身防雨和排水措施

我国古城的城墙为夯土所筑，后世逐渐在外面包砌以砖、石，成为砖石城墙。但无论土墙、砖石墙，均怕雨渗透，逐渐淘空城身，最后毁坏城垣。城身的防雨和排水措施是很重要的。

战国赵都邯郸故地，在王城西城南墙发现了筒瓦和板瓦铺设覆盖城墙，以防雨水冲刷、渗透城墙墙身的情况，墙身还发现了排水槽道[4]。

[1] 民国崇明县志，卷七，城池．

[2] 海盐县人民政府．海盐县武原镇总体规划说明，1983．

[3] 吴越备史．

[4] 河北省文物管理处，邯郸市文物保管所．赵都邯郸故城调查报告//考古学集刊．第一版．北京：中国社会科学出版社，1984，4：162-195．

元大都由于兴筑时财政紧张，不能用砖石包砌城墙，所以城墙为土墙，易为雨淋坏，故用“苇城”之策。虽有一定效果，但由于雨水会透过苇草，浸蚀土城，故大都城垣为雨水所坏之事，时有发生。到元代中期以后，出于军事上防火之需（怕烧苇攻城），取消了苇城。考古发现，在明、清城顶三合土之下，有元大都土城顶部中心安装的排水半圆形瓦管，顺城墙方向断断续续，长达 300m 余，说明元代土城曾采用管道泄水的办法[1]。

明北京城以砖石包砌城垣外壁，到明正统十年（1445 年）后，才全部包砌以砖石，以防止雨水坏城[2]。

明南京城在城身防雨和排水的技术措施上，堪称古城的典范。其措施有四条：一是用砖石砌筑墙垣；二是采用了糯米汁石灰浆作为粘合砂浆砌筑墙身；三是城墙上部，使用了桐油和土拌合的砂浆结顶，具有较好的防雨水渗透效果；[3] 四是城顶呈微坡，水汇入城顶明沟，隔一定距离砌出跳约 70cm 的石质吐水槽以泄水，城根则有略高出地表的石槽承接下泻的雨水，水入窨井，流入河流[4]。

事实上，我国古城普遍都注意到了城身排水问题。如明代信阳州城刚刚修好，“又遇积雨墙坏数百丈。”于是总结经验，“甃城上，令旁下而走水，即积雨不坏。”[5] 即在城顶包砌以砖，并设有关排水道，令水旁下排走。

（二）城身包砌以砖石

城身包砌以砖石，成为砖石城，更能防洪抗冲。

据《演繁露》记载，宋代时，“龙图张存守洪州，累石为城。明年，大水淹及城半，赖石为捍，城以坚全。石城至今尚存。”[6]

又据载，“太湖县城池，……明崇祯丙子知县杨卓然建砖城避水患。”[7]

“舒城县城池，元末土人许荣创筑土城。明弘治年知县安郁南甃以石。复以地近大河，城易圮，知县何祢……相继尽易以砖。”[8]

“略阳县城池，明正德六年始筑，后以水患，指挥李乾元砌石于外。”[9]

五、城墙防渗措施

城墙必须能防渗透，否则，水渗透墙身，久之会致掏空、坍塌。现将城墙防渗措施分述如下。

（一）夯土城垣有一定的防渗作用

土经夯筑而密实，孔隙小，具有相当的防渗效果，这是我国古代夯土筑城能防洪的原因。

（二）用牛践土筑城

这是古代台州城屡为洪水所圮，总结经验而采取的措施。方法是“集民累土，以牛数百蹂

[1] 元大都的勘查和发掘．考古，1972（1）：19—34．

[2] 明英宗实录．

[3] 阿波．趣话沙浆．建筑知识，1981（4）．

[4] 季士家．明都南京城垣略论．故宫博物院院刊，1984（2）：70 － 81．

[5] 何景明．信阳州城碑记．古今图书集成·考工典·城池．

[6] 古今图书集成·考工典·城池．

[7] 古今图书集成·考工典·城池．

[8] 古今图书集成·考工典·城池．

[9] 古今图书集成·考工典·城池．

之坚，而后表以长石，互相衔接，势莫能动。”[1]“以牛践而筑之，每日穴所筑地，受水一盂，黎明开视，水不耗乃止。”[2]

以牛践土，使土质均匀细密，防渗能力大大增强。

（三）用糯米汁石灰浆砌筑城垣

糯米汁石灰浆砌体有强度大、韧性好、防渗性能好三种优点。

（四）筑心墙防渗

广东潮州古城，东面城墙滨江而筑，在历史上成为防御韩江洪水的屏障，称为“堤城”。为了防止城墙渗漏过水，于同治十一年（1872 年）在城墙中筑“龙骨”，即贝灰心墙[3]。1964 年进行挖验，发现城墙堤中间，靠近外墙，有一道垂直的夯贝灰心墙，质量良好，起着隔水作用。该隔水墙在地面上 2m 多，深入地面下 4m 多，基础是条石，与外墙基条石相连接，但在条石基础下面仍是冲积土。这道贝灰心墙，从 1872 年直至 1963 年，历 90 年，经多次大洪水，一直没有渗水现象，其防渗效果是十分明显的[4]。

六、采用性能良好的灰浆

我国古代的砖石城，多以白灰浆为粘结材料，砌体有较好的强度，也有相当的御洪能力。但白灰浆砌体在韧性和防渗上还不够理想。

古代匠师由糯米的极强的黏性中得到启示，通过试验，用糯米稀饭拌石灰浆，得到一种强度大、韧性好、防渗性能很好的粘合材料，这就是糯米汁石灰浆。目前所知，较早用此灰浆的例子是河南邓县北朝画像砖墓[5]。用于城墙建设较早的例子是南宋和州（今安徽和县）城，其城门与城垛皆用此灰浆粘砌[6]。

元桂林城也是用此砂浆砌筑城垣的较早的例子。元至正十六年至二十年(1356 ~ 1360 年)，修筑桂林城，据载，“凡城内外，自顶至踵，皆甃以大石，沈米为膏，炼石为灰，捣如墐泥，涂泽其中。”碑中还记载了“收支熬浆柴薪木植”一项，说明得把糯米熬成稀饭，再与石灰拌合。“灰与米和而为膏，计米四千八百五十石有奇。灰以石计，三十余万有奇。”[7]则糯米和石灰的用量比为 1 ∶ 62。

明南京城也是用这种灰浆砌筑的。据载：“筑京城用石灰秫粥固其外。”[8]秫，一般谓稷之粘者，但也指稻之粘者。崔豹《古今注》谓：秫为粘稻是也[9]。可知这里秫即粘稻，即糯米。用糯米汁石灰浆灌注在城外表包砌的砖石缝中，这就是“用石灰秫粥锢其外”的意思。此外，灰浆中还渗以羊桃藤汁[10]。

---

[1] 光绪台州府志，卷 96，名宦传．

[2] 民国临海县志稿，卷五，城池．

[3] 光绪海阳县志 · 建置略．

[4] 潮州市北堤管理处．韩江堤防资料 · 一，1982.

[5] 张驭寰，郭湖生主编．中国古代建筑技术史．第二版．北京：科学出版社，1990.

[6] 张驭寰，郭湖生主编．中国古代建筑技术史．第二版．北京：科学出版社，1990.

[7]（元）杨子春．修城碑阴记．光绪临桂县志．

[8] 凤凰台记事．

[9] 中华大字典 · 禾部．

[10] 张驭寰，郭湖生主编．中国古代建筑技术史．第二版．北京：科学出版社，1990.

据载，1978年秋，南京发现徐达5世孙徐俌夫妇合葬墓。“该墓系用同于城墙的粘合剂浇浆。在发掘时不单推土机无法施展，连尔后改用钢钎、铁镐都坏掉若干。对所得粘合剂浇浆块，我们作了拉力、承压、渗透三项试验。与现代水泥砂浆相比，所得数据证明，承压低于水泥砂浆体，拉力与渗透均高于后者。无怪乎明南京城垣虽历沧桑而仍能巍然屹立。”[1]

明中都城的“城砖是用桐油、石灰、糯米浆砌的，有的还用矾浇灌。”[2]

荆州、寿州古城都用了这种灰浆。

糯米汁石灰浆的应用，无疑会大大增强城墙御洪抗冲的能力。

七、采用坚固耐久的材料砌筑城墙

城墙由纯系夯土筑成，到外表包砌以砖石，在防雨、防洪上是一大进步。到明代以后，城墙的基础多用条石砌筑，墙身也包砌上厚厚的砖层。明南京城除黄土砖外，还用了瓷土砖，瓷土砖质地坚硬，至今没有风化。

筑城材料性能的提高，也增强了城墙御洪的能力。

八、蒸土筑城

夏赫连勃勃凤翔元年（413年），命叱干阿利领将作大匠，营建统万城。据载：“蒸土筑城，以锥刺之，锥入一寸即杀作者，不入即杀行锥者。”按其地土质色白，在筑城时还用蒸土之法（说文：“蒸，析麻中干而细者”）。知当时筑城在土中还掺杂了麻丝，因此，城垣非常坚固[3]。

九、城身夯土须选用优质土

城身夯土必须是优质土，经夯筑后才能经久坚固。如筑城之地土质好，则用挖壕池的出土夯筑城身，这是通常的施工方法。但如当地土质不好，则须到别处取土夯筑。

《三秦记》记载：长安城中，地皆黄壤，今城赤，何也？且坚如石，如金。父老相传云：尽凿龙首山中土以为城，及诸城阙亦然[4]。

宋东京“新城创于周。……以其土硷，取郑州虎牢关土筑之。”[5]

战国张仪筑成都城时，因当地土质不佳，“其筑取土，去城十里。”[6]

更好的办法是城市选址时，把土质是否宜于筑城考虑在内。伍子胥“相土尝水”、西汉晁错所谓“审土地之宜”[7]都包含这一内容。

东晋郭璞选城址就很注意土质。据载，他曾到湖北松滋一带选城址，见“地有面势都邑之像，乃掘坑秤土，嫌其太轻，覆写本坑，土又不满，便止。”[8]因其土质不坚实而放弃。他选温州城址，“初谋城于江北（即今新城），郭璞取土称之，土轻，乃过江。”[9]现温州城在江之南，土质较好，瓯江之北，土质较差，与历史记载相符合。

---

[1] 季士家．明都南京城垣略论．故宫博物院院刊，1984（2）：70－81．

[2] 王剑英．明中都遗址考察报告．油印本，1982．

[3] 张驭寰，郭湖生主编．中国古代建筑技术史．第二版．北京：科学出版社，1990．

[4] 古今图书集成·考工典·城池．

[5]（宋）东京考．转引自邓之诚．东京梦华录注．第一版．北京：中华书局，1982：22．

[6] 华阳国志·蜀志．

[7] 汉书·晁错传．

[8] 法苑珠林·伽蓝篇．

[9] 嘉靖温州府志·建置·城池．

河南孟津城在嘉靖间因河患而要迁城。“郡守黄公价度地，得旧城西二十里，名圣贤庄者，去河远而土壤良。”于是，在此建城[1]。

十、在城墙内侧筑高台以抗冲

台州古城，城滨灵江。山洪暴发时，灵江波涛汹涌。如遇海潮顶托，就更加势不可挡，往往把城墙冲垮。宋熙宁四年（1071年）修城时，台州城“垒石为台”。绍定三年（1230年）又修城，“患水之冲，内为高台，以助城力。”[2]这是从多次洪水圮城中总结出来的宝贵的经验。

以上十个方面的城墙御洪的工程技术措施，都是古人聪明才智的结晶，对我们今日的城市防洪，仍有着参考借鉴的价值。

第五节　城市防洪设施的管理措施

中国古代城市防洪体系由障水、排水、调蓄、交通四个系统组成，这四个系统又分别由各种工程设施组成。有好的设施，若无妥善的管理，这些设施也难以发挥作用。因此，管理乃是古代城市防洪的重要环节，万万不可忽视。现将古代城市防洪设施的管理措施分述如下。

一、设专职官吏

我国历代均有官吏专职管理工程、水利事宜，城市防洪乃其职责范围之内。

相传舜时，禹为司空，负平水土之责[3]。禹时已有古城，则其时城市防洪当属其掌管。

夏、商、周三代均有司空之设。

《周礼·夏官》记载，掌固之职为“掌修城郭沟池树渠之固”，属管理城池的官吏[4]。

《管子》主张：“请为置水官，令习水者为吏，大夫、大夫佐各一人，率部校长官佐各财足，乃取水左右各一人，使为都匠水工，令之行水道、城郭、堤川、沟池、官府、寺舍，及州中当缮治者，给卒财足。”[5]

汉有司空之设：“司空，公一人。本注曰：掌水之事。凡营城起邑、浚沟洫、修攻防之事，则议其利，建其功。凡四方水土功课，岁尽则奏其殿最而行赏罚。”[6]

南北朝时，梁有大匠卿之设：“大匠卿，位视太仆，掌土木之工。”又有太舟卿之职：“太舟卿，梁初为都水台，……主舟航堤渠。”[7]

北齐设起部（掌诸兴造工匠等事）、水部（掌舟船、津梁、公私水事）[8]。

隋初有都水台及将作寺之设[9]。

---

[1] 古今图书集成·考工典·城池．
[2] 民国临海县志稿·卷五·城池．
[3] 尚书·舜典．
[4] 周礼·夏官·掌固．
[5] 管子·度地．
[6] 后汉书·百官志．
[7] 隋书·百官志．
[8] 隋书·百官志．
[9] 隋书·百官志．

唐设工部尚书一人。下有“工部郎中、员外郎，各一人，掌城池土木之工役程式。”下又有“水部郎中、员外郎，各一人，掌津济、船舻、渠梁、堤堰、沟洫、渔捕、运漕、碾硙之事。”[1]

五代沿唐制。

宋设工部：“工部，掌天下城郭、宫室、舟车、器械、符印、钱币、山泽、苑囿、河渠之政。”设尚书，“掌百工水土之政令，稽其功绪以诏赏罚。”下设“郎中、员外郎：旧制，凡制作、营缮、计置、采伐材物，按程式以授有司，则参掌之。”“水部郎中、员外郎：掌沟洫、津梁、舟楫、漕运之事。”[2]

金设工部：“掌修造营建法式、诸作工匠、屯田、山林川泽之禁、江河堤岸、道路桥梁之事。”[3]

金又设都水监，下有街道司，司下设“管勾，正九品，掌洒扫街道、修治沟渠。”[4]

元设工部：“掌天下营造百工之政令。凡城池之修浚，土木之缮葺，材物之给受，工匠之程式，诠注局院司匠之官，悉以任之。”[5]

明设工部，其中，“营缮典经营兴作之事。凡宫殿、陵寝、城郭、坛场、祠庙、仓库、廨宇、营房、王府邸第之役、鸠工会材，以时程督之。”“都水典川泽、陂池、桥道、舟车、织造、券契、量衡之事。”[6]

清亦设工部，下有营缮司、都水司。

综观我国历朝历代，均有专职官吏掌管城池、沟洫之事，城市防洪设施的营建和修缮属其掌管。而各地的地方官，则直接负责当地的城市防洪事宜。这是我国古代重要的制度。

二、城池的管理

城墙、门闸、壕池为军事防御设施，与城内军民生命财产息息相关。因此，历代王朝均重视城池的筑修疏浚。各地方官吏走马上任，即视察所治城池是否完好，把修城浚池视为头等大事，把它当做重要政绩勒石纪事，以求流芳百世。

对于台州、寿州、安康等受洪水威胁严重的古城，城池的修筑，管理更不敢马虎。

台州古城，自宋大中祥符间（1008 ~ 1016 年）重筑，直至清末，有记载的修筑达 24 次，其中 7 次为洪水圮城后的修筑[7]。

寿州古城，全靠城垣抵御洪水，自明永乐七年(1409 年)至清光绪十年(1884 年)共 475 年间，修城及筑城壕石岸涵洞等共 27 次，平均 17.5 年修 1 次[8]。

安康古城，地势较低，靠城墙和城市防洪堤抵御洪水。自明初至清末（1368 ~ 1911 年）共 544 年间，共筑城 9 次[9]。

一般说来，各州、府、县的城池，往往由该知州、知府、知县的地方官吏亲自主持修缮。

三、护城的堤、堰、坝、海塘等的管理

一般说来，历代对这些防洪设施的管理还是比较重视的。

[1] 新唐书 · 百官志 .
[2] 宋史 · 职官志 .
[3] 金史 · 百官志 .
[4] 金史 · 百官志 .
[5] 元史 · 百官志 .
[6] 明史 · 职官志 .
[7] 民国临海县志，卷五，城池 .
[8] 光绪寿州志，卷四，城郭 .
[9] 本书表 4-4-3.

四川成都城，有九里堤、縻枣堰、龙爪堰、万年堤等防洪堤堰，历代均有管理、修筑[1]。

安康古城，历代筑有长春堤、万春堤、北堤等城市防洪堤，明清两代修缮达 13 次[2]。

杭州古城，由于江潮为害甚烈。由唐至清代，杭州修筑海塘达 39 次之多[3]。

四、城内河道、沟渠等排水设施的管理

历代京都对城内排水设施的管理情况，在本书第三章有较详细的论述。总的来说，以唐长安城管理欠佳，宋东京城较好，但宋初较好，以后略差。元大都城的排水系统管理较好。明清北京城以清代管理较好，制度健全，赏罚分明。明清紫禁城每年开春淘浚沟渠，在管理上是最好的。

成都古城内的金水河，为唐代白敏中主持开凿，自城西引岷江水入城，至城东出，汇入府河，当时称“禁河”，明称“金水河”，近人称为“金河”。历代重视修浚金水河，史志有明确记载的修浚有 6 次[4]。成都历史上水患较少，一是有都江堰分洪，二是城内有较完备的防洪排水系统，三是历代有所管理、疏浚。

其他名城，如广州、绍兴、苏州、济南、杭州、温州、福州、松江、嘉定等，排水系统管理均较好。

苏州古城是管理好的典型。苏州在明清两代共疏浚市内河道 11 次。苏州自宋嘉定十六年（1223 年）至清顺治十五年（1658 年）400 多年无水潦之灾，与河道管理得好是大有关系的。早在宋代朱长文就已指出了城内河道的排水作用，及管理的重要性：“观于城内众流贯州，吐吸震泽，小滨别派，旁夹路衢，盖不如是，无以泄积潦、安居民也。故虽名泽国，而城中未尝有垫溺荡析之患。非智者创于前，能者踵于后，安能致此哉？”[5]

第六节 非工程性的城市防洪措施

非工程性的城市防洪措施，也是古代城市防洪措施中的重要组成部分。现分述如下。

一、洪水预报

洪水预报对城市防洪有十分重要的意义。只要洪水预报及时准确，可以及早防备，或将城内百姓、财物事先转移，以避免或减少损失。

据《后汉书》记载，北海胶东人公沙穆，为弘农（今河南灵宝北）令。“永寿元年（155 年），霖雨大水，三辅以东莫不湮没。穆明晓占候，乃预告，令百姓徙居高地，故弘农人独得免害。”[6]

又据记载，任文公是巴郡阆中人“父文孙，明晓天官风角秘要。文公少修父术，州辟从事。……后为治中从事。时天大旱，白刺史曰：‘五月一日，当有大水，其变已至，不可防救，宜令吏人豫为其备。’刺史不听，文公独储大船，百姓或闻，颇有为防者。到其日旱烈，文公急命促载，使白刺史，刺史笑之。日将中，天北云起，须臾大雨，至晡时，湔水涌起十余丈，

[1] 同治重修成都县志，卷一，堤堰．

[2] 本书表 4-4-3．

[3] 钟毓龙．说杭州．第一版．杭州：浙江人民出版社，1983．

[4] 同治重修成都县志，卷 13，艺文志．

[5]（宋）朱长久．吴郡图经续记，卷上，城邑．

[6] 后汉书 · 公沙穆传．

突坏庐舍，所害数千人。”[1]

据《宋史》，姚涣知峡州（治所在夷陵，今宜昌市江南）。当时，“大江涨溢，涣前戒民徙储积，迁高阜，及城没，无溺者。因相地形筑子城、埽台，为木岸七十丈，缭以长堤，楗以薪石。厥后江涨不为害，民德之。”[2]

陶弼，曾知邕州（今南宁）。“邕地卑下，水易集，夏大雨弥月，弼登城以望，三边皆漫为陂泽，亟窒垠江三门，谕兵民即高避害。俄而水大至，弼身先插臿，召僚吏赋役，为土囊千余置道上，水果从窦入，随塞之。城虽不坏，而人皆乏食，则为发廪以振于内，方舟以馌于外。水不及女墙者三板，旬有五日乃退，公私一无所亡失。自横浔以东数州皆没。”[3]

以上几个例子，都是由观察水文或气候情况，预见到洪水将犯城，及早做出预报，做好准备，从而减少或避免了损失。

由公沙穆和任文公两例，可知远在东汉时，已有洪水预告的例子。到宋代，由于科学技术的进步，就已出现防洪警戒水位这一概念。《宋史·河渠志》记载：“（大中祥符）八年（1015年）六月，诏：自今后汴水添涨及七尺五寸，即遣禁兵三千，沿河防护。”

距今近1000年时，北宋京都已采用了警戒水位这一水文科学观测成果，用于防洪预报，这在世界城市防洪史上都是了不起的事情。

二、堤岸绿化

堤岸绿化，植树种草，可以保持水土，加固堤岸。

在周代，已有在道路边、沟渠堤上植树的制度。据《周礼·夏官》，掌固之职守是“掌修城郭沟池树渠之固”，“凡国都之竟，有沟树之固，郊亦如之。”“设国之五沟五涂，而树之林，以为阻固。”[4] 由记载可知，沟渠之旁必植树以加固堤岸，在周代已成制度。

《管子》主张：“大者为之堤，小者为之防。……树以荆棘，以固其地，杂之以柏杨，以备决水。”[5]

晋“盛弘之《荆州记》曰：缘城堤边，悉植细柳，丝条散风，清阴交陌。”[6]

隋“大业中开汴渠，两堤上栽垂柳，诏民间，有柳一株，赏一缣，百姓竞植之。”[7]

《宋史·河渠志》记载，建隆二年（961年）十月，太祖“诏：缘汴河州县长吏，常以春首课民夹岸植榆柳，以固堤防。”

明代刘天和总结堤岸植柳的经验，定出植柳六法，名叫卧柳、低柳、编柳、深柳、漫柳、高柳，依不同堤段进行栽植，有护堤防冲落淤之效，还可为河工提供料物[8]。

安康古城，“康熙二十八年（1689年）知州李翔凤、城守管副将黄燕赞以水患频仍，于南门外修筑长堤，旁植桃柳，以备城中居民避水之路，故名为万柳堤。”[9]

清乾隆时洪肇楙主张：筑堤以捍水，尤须栽树以护堤。诚使树植茂盛，则根柢日益蟠深，堤岸日益固坚[10]。

古人的这些经验，是很值得我们借鉴的。

---

[1] 汉书·任文公传.

[2] 宋史·姚涣传.

[3] 宋史·陶弼传.

[4] 周礼·夏官·掌固.

[5] 管子·度地.

[6] 太平御览，卷957，木部·杨柳.

[7] 古今图书集成·博物汇编·草木典，卷267.

[8] 问水集·植柳六法.

[9] 嘉庆安康县志.

[10] 乾隆宝坻县志，卷16.

第七节 抢险救灾及善后措施

纵观古今中外，科学技术不断发展进步，防洪设施日趋完善，然而，城市水灾仍时有发生。抢险救灾和善后，乃是城市防洪的重要问题之一。抢险救灾措施，可以尽量减少百姓生命财产的损失。灾后的善后措施，可以使灾民得到救济，房屋得以修缮，防洪设施得以修复，城市早恢复生机。

一、城市防洪的抢险救灾措施

它包括五方面的内容：

(1) 准备抢险救灾的物质、设施，如土袋、船只、竹木筏等。

(2) 城墙、堤防系统进入御洪状态，如关闭城门，下闸御水，闭塞排水涵洞以防洪水倒灌入城，等等。

(3) 由当地官吏统一指挥，组织抢险。

(4) 抢险时，一要防止城堤败破，以致洪水灌城，对城堤进行及时的修补加固；二要看能否用分洪等方法减灾。如《宋史》记载，"阆中江水啮城，几没，郡吏多引避，孝基率其下，决水归旁谷，城赖以全。"[1]

(5) 一旦成灾，立即组织抢救。

关于防洪抢险救灾的例子，史志书上有关记载多得不胜枚举。

赵伯圭，曾知台州。隆兴二年（1164 年），"秋潦暴涨，加以潮涨，亟遣舟济溺者。水将入城，橐土塞门，补苴罅漏，民免万鱼之惨。"[2]

范仲温，曾任黄岩县知县。庆历七年（1047 年），"海潮大至，坏州城，没溺者甚众。仲温教民为桴，昼夜救之，全活数千人。"[3]

贾逵，据《宋史》，曾任步军副都指挥使。"都城西南水暴溢，注安上门，都水监以急变闻。英宗遣逵督护，亟囊土塞门，水乃止。议者欲穴堤以泄其势，逵请观水所行，谕居民徙高避水，然后决之。"[4] 其抢险过程行动迅速，步骤稳妥，先告知居民往高处避水，再决堤泄洪。

《宋史》记载了唐恪在洪水犯城时防洪抢险的事迹。一次是他在沧州当地方官。"河决，水犯城下，恪乘城救理。都水孟昌龄移檄索船马兵，恪报水势方恶，舡当以备缓急；沧为极边，兵非有旨不敢遣。昌龄怒，劾之，恪不为动，益治水。水去，城得全，诏书嘉奖。"后来唐恪拜为户部侍郎。"京师暴水至，汴且溢，付恪治之。或请决南堤以纾宫城之患，恪曰：'水涨堤坏，此亡可奈何，今决而浸之，是鱼鳖吾民也。'亟乘小舟，相水委源，求所以利导之，乃决金堤注之河，浃旬水平。"[5]

唐恪导水，使东京城免受洪水之患，为百姓着想，不随便决堤。又依科学原则办事，进行实地勘察，最后才下决心"决金堤注之河。"这种为民着想，依科学原则办事的精神，是值得赞许的。

---

[1] 宋史 · 李迪传附李孝基传 .

[2] 光绪台州府志，卷 96，名宦传 .

[3] 光绪台州府志，卷 96，名宦传 .

[4] 宋史 · 贾逵传 .

[5] 宋史 · 唐恪传 .

宋代大文豪苏轼曾知徐州。"河决曹村，泛于梁山泊，溢于南清河，汇于城下，涨不能泄，城将败，富民争出避水。轼曰：'富民出，民皆动摇，吾谁与守？吾在是，水决不能败城。'驱使复入。……呼卒长，……率其徒持畚锸以出，筑东南长堤。……雨日夜不止，城不沉者三版。轼庐于其上，过家不入，使官吏分堵以守，卒全其城。复请调来岁夫增筑其城，为木岸，以虞水之再至。"[1] 苏轼在这次防洪抢险中坚定不移，日夜指挥，组织抢险，终于保全了城池，并为以后防洪作了准备。其事迹是感人的。

二、城市水灾后的善后措施

城市水灾后的善后措施，包括收葬死者，治疗疾病，安顿灾民，济以米谷，修建房宅，以及修缮城墙、堤防等防洪设施。

中国古代，自周代已有赈灾济贫之举。《礼记 · 月令》记载："天子布德行惠，命有司发仓廪，赐贫穷，振乏绝，开府库，出币帛，周天下。"

据《嘉庆东昌府志》记载，元代李藻曾为馆陶县尹。"夏，大雨浃旬，河溢堤决，平地水深丈余，弥漫入城郭，厅事前亦深数尺。庐舍汎没，民丛沓避市中高地，僚属皆遁。子洁独不去，曰：我为邑长，既不能弭灾，又不能拯民之溺，纵独生如吾民何？誓与吾民同死而已。挥泪巡视，民莫不感泣。既而水息，乘小舟督丁夫塞河，补堤防，未尝知倦。田野民或升高陵，或栖大树，采木叶、掘草根以食。子洁劳来存抚，先发官赈其苦甚者，不足，劝富室出粟以济之。又请于朝，赈以钞二千锭。又上章乞蠲是年民租，罢和市绢二千七百匹。若圣庙、若三皇祠、若县廨俱圮于水，以次葺而新之。"[2]

叶棠，宋绍定元年（1228年）任浙东提举。绍定二年（1229年）"九月，台城竟陷于水，死人民逾两万。棠闻变驰来，募人收葬，籍户口，颁钱米，助舂筑，弛征榷，阁租赋，奏请赐予。……日有粥，月有给，疾疫有药，死亡有棺，茕独孩幼者有养。始于季秋，毕于季夏。城郭、河渠、学宫、宾馆、浮桥、养济院等以次修复。……越岁再水，不能害。"[3]

元绛，庆历六年（1046年）"以屯田郎知台州。时州大水冒城，民庐荡析，绛出库钱即其处作室数千区，命人占期三岁偿费，流者复业。又甓其城，因门为闸，以御湍涨。"[4]

据《开封志》记载："弘治时，孙需为河南副都巡抚，河溢，且啮汴城。民流离载道，乃役以筑堤，而予以佣钱。趋者万计。堤成，而饥民饱，公私便之。"[5] 这是以工代赈的做法，公私兼利，不失为一个好措施。

据《宋史 · 富弼传》记载："河朔大水，民流就食。弼劝所部民出粟，益以官廪，得公私庐舍十余万区，散处其人，以便薪水。官吏自前资、待缺、寄居者，皆赋以禄，使即民所聚，选老幼病瘠者廪之，仍书其劳，约他日为奏请受赏。率五日，辄遣人持酒肉饭糗慰藉，出于至诚，人人为尽力。山林陂泽之利可资以生者，听流民擅取。死者为大冢葬之，目曰"丛冢"。明年，麦大熟，民各以远近受粮归，凡活五十余万人，募为兵者万计。……前此，救灾者皆聚民城郭中，为粥食之，蒸为疾疫，及相蹈藉，或待哺数日不得粥而仆。名为救之，而实杀之。自弼立法简便周尽，天下传以为式。"

富弼这一做法又有创新之处。

---

[1] 宋史 · 苏轼传 .

[2]（元）王思诚 . 馆陶尹李藻去思碑 . 嘉庆东昌府志，卷 42，金石 .

[3] 光绪台州府志，卷 96，名宦传 .

[4] 光绪台州府志，卷 96，名宦传 .

[5] 邓云特 . 中国救荒史 . 第一版 . 上海：上海书店，1984.

第十一章

中国古代城市防洪体系的特色

在《中国军事建筑艺术》一书中，笔者是这样总结中国军事建筑艺术的特色的：

影响中国古代都城规划的，主要有三种思想体系，一是体现礼制的思想体系，一是注重环境求实用的思想体系，一是追求天地人和谐合一的思想体系。在这三种思想体系的指导下，中国古都规划出现异彩纷呈的美好图景。而指导中国军事建筑规划建设的，也同样是这三种思想体系，在其指导下，中国军事建筑艺术出现如下四方面特色：①象天法地，雄才大略；②仿生象物，各具形态；③因地制宜，与时俱进；④防敌防洪，一体多用。有这四种特色，就使中国军事建筑有深厚的文化哲理内涵，有规天矩地的雄才大略，出现了古代世界史上最宏伟壮丽的帝都，面积最大的设防的明南京城，出现了超过千里的以首都为轴心的国土规划南北轴线，出现了举世无双的万里长城，出现了异彩纷呈的军事建筑仿生象物的千姿百态。这些古代军事建筑因地制宜的选址、布局、建造，并与时俱进，不断适应新的形势。城池建筑既能防敌，又能防洪，一体多用，至今仍在为现代化的城市出力增色。这就是中国军事建筑艺术能耸立于世界军事建筑艺术之林的独特之处。

中国古代的城市防洪体系与中国古代的军事防御体系有一个共同的城池，这是两者的共同之处。然而，两者又各有不同的功用，因而在形态、布局等许多方面都各有自身特色。

影响中国古代城市防洪体系的营造的，仍是这三种思想体系，即体现礼制的思想体系，注重环境求实用的思想体系以及追求天地人和谐合一的思想体系。在这三种思想体系的指导下，中国古代城市防洪体系有以下特色：

（1）法天、法地、法人、法自然的方法论；

（2）因地制宜，居安思危，趋利避害的规划布局；

（3）仿生象物、异彩纷呈的营造意匠；

（4）防洪防敌，一体多用的有机体系；

（5）维护管理城市水系运用了多种学说和理论。

第一节　法天、法地、法人、法自然的方法论

一、建筑防灾文化

（一）城市和建筑防灾文化的创造

中国有着5000年的灿烂的文明史。在这5000年中，中华大地也经历了无数次天灾人祸的洗劫。《竹书纪年》载：黄帝“一百年，地裂。”这是我国有记载的最早的一次自然灾害，时间约为公元前2598年。继而，洪水、地震、风暴、干旱、火灾、台风、暴潮等自然灾害不断发生，社会运筹、战火刀兵等人为灾祸周而复始，古代的文明受到破坏、损伤。面对天灾人祸的严酷的现实，中华民族接受了这与生死存亡攸关的挑战，与自然灾害及人为祸患作了不屈不挠的抗争，创造和发展了中国古代的防灾文化，而城市和建筑的防灾文化则是其中的一朵奇葩。

（二）城市和建筑防灾文化的含义

要了解建筑防灾文化，首先得了解什么是文化，什么是城市和建筑文化。

什么是文化？在中国古代，“文化”有“以文教化”的意思。

《易经 · 贲卦》云：“观乎天文，以察时变；观乎人文，以化成天下。”

现在的“文化”一词与古义有别，有众多的定义。当代美国人类学家赫斯科维认为，“文化是环境的人为部分。”

对文化的较详细的解释是：“文化是指人类社会实践过程中所创造的物质财富和精神财富的总和，包括人们的生活方式，各种传袭的行为，如居室、服饰、食物、生活习俗和开发利用资源的技术装备等，也包括人们的信仰、观念和价值等意识形态，以及与之相适应的制度和组织形式，如法制、政府、教育、宗教、艺术等。社会文化具有历史的延续性，同时在地球上占有一定的空间，有着地域差异的特点，为人类社会环境的组成部分。”

由上可知，文化是人类创造的物质财富和精神财富的总和，包括物质文化和精神文化两方面的内容。

人类创造的建筑，其本身既包含着物质文化的成果，有着可供居住或使用等物质功能，又包含着科学技术、价值观念、美学思想等种种精神文化的成果，还打下政治、伦理观念的烙印，因而具有物质文化和精神文化的两重性，是精神的物化或物化的精神。

建筑防灾文化是建筑文化与防灾文化的交叉和结晶，它也具有物质文化和精神文化的两重属性。

例如，中国的古城出现在距今四五千年之时，它具有军事防御和防洪等功用，有物质文化的属性。城墙的物质功能相同，但却因所属城市的性质而分为不同的等级。“鲧筑城以卫君，造郭以居人”（《吴越春秋》），在同一城市有内城、外郭之别。按照《周礼·考工记》的规定，当时的王城为方九里，侯伯之城方七里，子男之城方五里，城墙的高度也随城的等级不同而有别。古城成为权力统治的象征和标志，打上了政治、伦理观念的烙印，又具有精神文化的属性。

二、天、地、人为一体的防灾大系统

中国古代，以天、地、人为一个包罗万象的宇宙大系统，防灾也是如此。

“《易》之为书也，广大悉备，有天道焉，有人道焉，有地道焉，兼三材而两之，故六。六者非它也，三材之道也。道有变动，故曰爻。爻有等，故曰物。物相杂，故曰文。文不当，故吉凶生焉。”（《易·系辞下》）

这是说《易经》广大完备，包罗万象，涵盖天道、地道和人道。卦画也体现天、地、人三材为一体的系统思想，每卦以六画示之，上两爻为天，下两爻为地，中两爻为人，象征着人居于天地之间。

古人早已注意到天文现象与自然灾害有一定的关系。如《后汉书·五行志》记载：东汉中平四年（187年）“三月丙申，黑气大如瓜，在日中。”（《春秋感精符》曰：“日黑则水淫溢”）对太阳黑子峰期与我国出现洪水的关系进行记载。

故《易》有“天垂象，见凶吉”之说。这是我国古代盛行黄道吉日黑道凶日说法的由来。

据《汉书·天文志》：“日有中道，中道者黄道，一曰光道。”《书经·洪范》：“日有中道，月有九行。中道者黄道。九行者，黑道二，出黄道北；赤道二，出黄道南；白道二，出黄道西；青道二，出黄道东；并黄道，为九行也。”

通过现代研究，证明中国古人在两三千年前已成功地解决了黑道凶日的观测和预报。从而提出现代黑道理论及《三象年历》以预报“天文事故日”。

三、与宇宙万物协调共处的思想

在天、地、人这个宇宙大系统中，古人主张与宇宙万物协调相处。

《易传·文字传》云：“夫大人者，与天地合其德，与日月合其明，与四时合其序，与鬼神合其凶吉。先天而天不违，后天而奉天时。天且不违，而况乎人乎？”

道家则追求“万物与我为一”的境界。“夫天下也者，万物之所一也，得其所一，而同焉。”“天地有大美而不言，四时有明法而不议，万物有成理而不说。圣人者，原天地之美，而达万物之理。是故圣人无为，大圣不作，观于天地之谓也。”“圣人处物不伤物，不伤物者，物亦不能伤也。”

《管子》则对保护生态环境与防灾方面的关系有详细论述：“故明主有六务四禁。……四禁者何也？春无杀伐，无割大陵、倮大衍、伐大木、斩大山、行大火、诛大臣、收谷赋；夏无遏水达名川、塞大谷、动土功、射鸟兽；秋毋赦过、释罪、缓刑；冬无赋爵赏禄、伤伐五谷。故春政不禁，则百长不生；夏政不禁，则五谷不成；秋政不禁，则奸邪不胜；冬政不禁，则地气不藏。”《管子》指出，环境破坏，将导致多种自然灾害：“四者俱犯，则阴阳不和，风雨不时，大水漂州流邑，大风漂屋折树，火曝焚地燋草，天冬雷，地冬霆，草木夏落而冬荣，蛰虫不藏。宜死者生，宜蛰者鸣，苴多 蟆，山多虫螟，六畜不蕃，民多夭死。国贫法乱，逆气下生。”

由现代环境破坏、灾害频繁来看，《管子》所云是有根有据的，并非信口开河、骇人听闻。古人与宇宙万物协调共处的思想，今天越发闪耀着智慧之光，与我们今天提倡的可持续发展思想不谋而合。

四、法天、法地、法人、法自然的方法论

中国古代的城市规划、建筑设计都采用法天、法地、法人的方法论。

《老子》云：“人法地，地法天，天法道，道法自然。”晋王弼注：“法，谓法则也。人不违地，乃得全安，法地也。”法，指取法，仿效，不违背之意。

关于法天、法地，《易 · 系辞》有多处论述：

“与天地相似，故不违。”

“成象之谓乾，效法之谓坤。”

“崇效天，卑法地。天地设位，而易行乎其中矣。”

“古者包牺氏之王天下也，仰则观象于天，俯则观法于地，观鸟兽之文，与地之宜。”

“阴阳合德，而刚柔有体，以体天地之撰。”

在伍子胥规划阖闾大城时，就用了象天法地的方法：“乃使相土尝水，象天法地。筑大城，周回四十七里。陆门八，以象天之八风。水门八，以法地之八卦。”

范蠡筑越城也用了同样的方法：“蠡乃观天文，拟法象于紫宫，筑作小城，周千一百二十步，一圆三方。西北立龙飞翼之楼，以象天门。东南伏漏石窦，以象地户。陆门四达，以象八风。”

城池作为军事防御的建筑，乃是象天法地的结果。

《易 · 习坎》：“天险不可升也。地险山川丘陵也。王公设险以守其国。”疏：“《正义》曰：言王公法象天地，固其城池，严其法令，以保其国也。”

人们设险，筑起高大的城墙，以法高山峻岭难以逾越；挖宽阔的壕池，以效河川天堑。高城深池，固若金汤，才能在军事防御上取得主动。

由“崇效天，卑法地”，故陆门在上（崇），象天之八风，水门处下（卑），法地之八卦。

《吕氏春秋》云：“天地万物，一人之身也，此之谓大同。”这与道家“万物与我为一”的思想是一脉相通的。事实上是“天地万物与人同构”的思想。

《管子 · 水地》云：“水者，地之血气，如筋脉之通流者也。”把江河水系比作大地的血脉。

中国的古城，在修城挖池时效法天地，在建设城市水系时则效仿人体的血脉系统。人体的血脉循环不息，不断新陈代谢，使人的生命得以维持。城市水系有军事防卫、排洪、防火等十大功用，是古城的血脉。可见，中国的古城，乃是法天、法地、法人的产物，是与自然完全协

调的可以抵抗和防御各种灾害（天灾人祸）的有机体。这是中国古代建筑文化的一大特点。也是中国古代防洪体系的一大特色。

五、象天设邑的古温州城

温州城是一座带有神奇色彩的浙江东南名城。说它神奇，是因为在距今1680年前，博学多闻的堪舆大师郭璞为温州城选定城址，并制定了城市的规划布局，以天上北斗星的位置定下了“斗城”的格局，在城内规划水系，通五行之水。郭璞选址规划的温州城，是一座斗城，也是一座水城，且因有白鹿衔花之瑞，又称为鹿城。郭璞还做了两个预言，一为斗城可御寇保平安，二为1000年后，温州城将开始繁荣兴盛。这两个预言都应验了。笔者于1984年到温州考察，与市规划处娄式鐇先生讨论过温州古城的选址规划问题。笔者认为，温州古城最重要的特色，是斗城和水城。这两个特色均有着深厚的文化内涵，并闪烁着智慧之光（图11–1–1）。

要了解斗城的特色，得从郭璞选址谈起。

据明《嘉靖温州府志》记载：

“府城：晋明帝太宁癸未（即太宁元年，公元323年）置郡，初谋城于江北（即今新城），郭璞取土称之，土轻，乃过江，登西北一峰（即今郭公山），见数峰错立，状若北斗，华盖山锁斗口，谓父老曰：若城绕山外，当骤富盛，但不免兵戈水火。城于山，则寇不入，斗可长保安逸。”[1]

同一事，宋本《方舆胜览》记载：

“《郡志》：始议建城，郭璞登山，相地错立如北斗，城之外曰松台，曰海坛，曰郭公，曰积谷，谓之斗门，而华盖直其口；瑞安门外三山，曰黄土，巽吉，仁土，则近类斗柄。因曰：若城于山外，当骤至富盛，然不免于兵戈火水之虞。若城绕其颠，寇不入斗，则安逸可以长保。于是城于山，且凿二十八井以象列宿。又曰：此去一千年，气数始旺云。”[2]

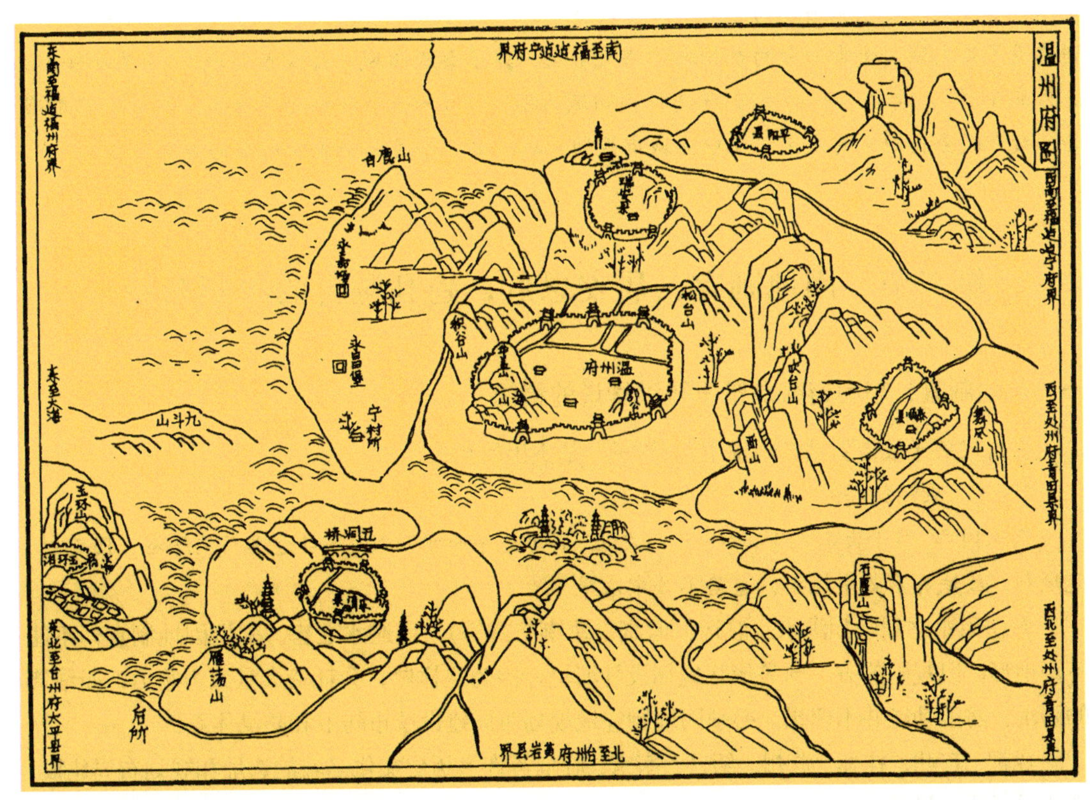

图11–1–1 温州府图
（摹自乾隆浙江通志）

[1] 嘉靖温州府志，卷1，城池．

[2] 宋本方舆胜览，卷9，瑞安府·形胜．

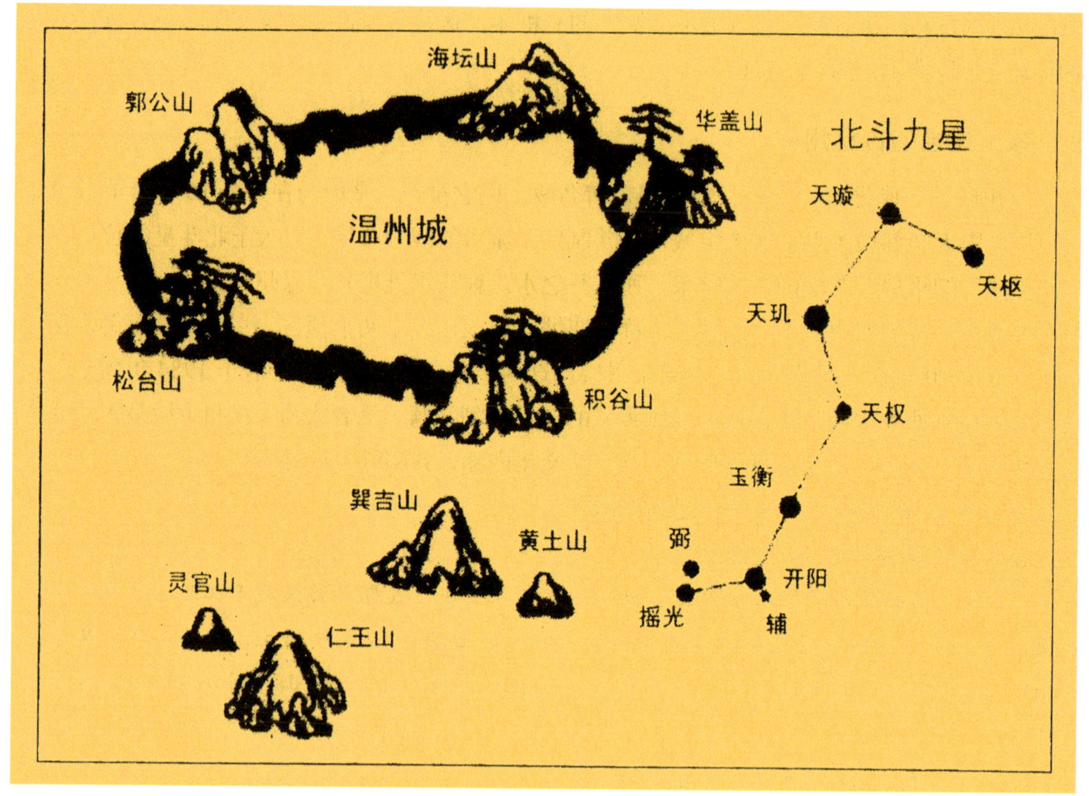

图 11—1—2 温州城营建略图［引自陈喜波，李小波．中国古代城市的天文学思想．文物世界，2001（1）］

郭璞建温州城的选址和规划，体现了他的象天设邑的理念：

象天法地建都建城，乃是中国城市规划数千年一贯的传统。公元前 11 世纪，周武王就以"定天保，依天室"为建立国都的原则。公元前 514 年，伍子胥相土尝水，以象天法地的原则，规划建设了吴大城。千古一帝的秦始皇，法天则天，建了秦咸阳城。西汉长安城，"南为南斗形，北为北斗形"，号称"斗城"。郭璞选址温州城（图 11－1－2），上承西周秦汉，开启了非都城的一般郡城象天则天的先河，在中国城市规划、建设史上乃是一个重要的里程碑。

第二节 因地制宜，居安思危，趋利避害的规划布局

一、因地制宜，趋利避害是管子防洪学说的精髓

在古代关于城市防洪的学说中，《管子》是杰出的代表。

《管子·乘马》提出：

凡立国都，非于大山之下，必于广川之上，高毋近旱而水用足，下毋近水而沟防省。因天材，就地利，故城郭不必中规矩，道路不必中准绳。

考虑用水之利（如洪水、航运、灌溉、军事防御等），而避水之害。强调因地制宜，不能不顾地形，以规则的方、圆等形状规划设计城垣，因为这样做，会耗费大量人力物力，而城墙的防洪、防卫功能并不理想。必须因地制宜地规划布局建设城市防卫和防洪体系。

成都、广州、桂林、苏州、绍兴、南京、临淄等许多历史文化名城的选址和规划布局建设，都体现了这一思想。

二、居安思危的忧患意识，祸福相因的辩证思想

中国古代建筑防灾文化的精髓是《周易》的居安思危的忧患意识和《老子》的祸福相因的辩证思想。

《周易》是中国古代一部奇书，相传为“伏羲画卦，文王做辞。”此书成于周文王时代似无疑义。书分“经”、“传”两部分，“经”传为周文王作。由卦、爻两种符号重叠演成64卦、384爻和卦辞、爻辞构成，依据卦象推测吉凶祸福。书中充满忧患意识，这或许与文王一生历经大灾大难有关。《易·系辞下》云：“作易者，其有忧患乎。”“君子安而不忘危，存而不忘亡，治而不忘乱。是以身安而国家可保也。”

“其道甚大，百物不废，惧以始终，其要无咎。此之谓易之道也。”（《易·系辞下》）

老子为春秋时思想家，道家学派创始人。《老子》一书包含丰富的朴素辩证法因素，提出“反者道之动”，一切事都有正反两面的对立，对立面相互转化。提出“祸兮福之所倚，福兮祸之所伏”。提出“为之于未有，治之于未乱”的防患于未然的思想。

《周易》、《老子》的这些思想和哲理，体现了古人的高度智慧。

在建设中国古代城市防洪体系时，居安思危的忧患意识，祸福相因的辩证思想特别重要。

有用水之利，比如城池近江河，或引水入城壕，或城内河渠，若江河洪水泛滥，则会受洪水威胁。有利之时别忘了害，有福之时别忘了祸之所伏，水能载舟，也能覆舟。这就是祸福相因的辩证思想。

在本书中，介绍了安康、徐州、郓州三城，为防止出现特大洪水灌城，为百姓修筑了紧急情况下避水逃生之路，这正是居安思危忧患意识之智慧的体现。

三、因地制宜、居安思危、趋利避害的规划布局的典型——温州古城

郭璞选址建温州城还体现如下指导思想：

（一）重视军事防御的原则

重视军事防御，乃是中国古城选址规划的重要原则。中国古代每隔两三百年甚至是数十年，就会出现社会动荡、兵荒马乱的时期，城池不坚固，就会毁于兵火，百姓就会遭殃，百年繁华就会毁于一旦。城于山，因山筑城，占据险要地形地势，这对军事防御是十分有利的。事实也证明了温州城在军事防御上的优势。

就在郭璞选址建城300年后，唐武德元年（618年）八月，淮南道行台辅公祏反唐，在丹阳称宋帝。“永嘉、安固等百姓于华盖山固守，不陷凶党”[1]。城内百姓因而免于兵刃之灾。

又过了约500年，北宋宣和二年（1120年）十月，方腊在浙江起义，攻克青溪县。十二月，连克睦州、寿县、分水、桐庐、遂安、休宁、歙洲、绩溪、祁门、黟县、杭州。宣和三年（1121年）正月，方腊义军又克婺洲、衢州。二月，占旌德、处州。方腊曾派兵围攻温州城，因温州据险抵抗，并以砖加筑西南城墙，故城池未被攻破。

400多年后，明嘉靖三十七年（1558年）三月，新倭犯台州、温州，四月自台、温入福州、兴化、泉州，皆登岸焚掠而去。六月，浙西倭分犯乐清、永嘉。在猖狂的倭寇面前，如果温州城池不坚固，百姓将遭涂炭。《光绪永嘉县志》记载：“倭寇并力攻城，城楼夜毁。通判杨岳备御有方，得免”[2]。温州城内百姓又一次免遭兵刀之灾。

---

[1] 元和郡县图志，卷26，江南道二·温州.

[2] 光绪永嘉县志，卷3，建置志·城池.

再300多年后，清同治二年（1863年）二月到六月间，太平军连续多次发动对温州的攻城战，由于城池负山有险可守，清军据城顽抗，结果城池未能攻克[1]。

以上四例足以说明郭璞选址规划的智慧和远见卓识。

（二）重视防御自然灾害的原则

郭璞选址规划，重视防御自然灾害和兵戎之灾，要避免“兵戎水火”，要“长保安逸”。这一点，将在下面“水城”一节上详述。

（三）重视地理环境科学的原则

重视地理环境科学，是中国古城规划选址的一贯原则。《管子》主张“错国于不倾之地”，即城市要建于地理环境良好、地质土质宜于建设之地。春秋韩献子主张迁都新田，因“新田土厚水深”。伍子胥“相土尝水”，都是注意地理地质环境科学的例子。郭璞则进一步用了称土的办法，可以说是一个创举，用了科学试验的方式方法。笔者曾请教娄式鐇先生，他说，江北土质较差，地基不好，现温州旧城所在地土质情况较好。这进一步证实历史记载郭璞选址称土是可信的，是按照科学原则办事的。《法苑珠林》还记载了另一件郭璞选址称土之事：

“晋氏南迁，郭璞，多闻之士，周访地图云：此荆楚旧为王都，欲于硖州（今宜昌）置之，嫌逼山，遂止，便有宜都之号。下至松滋，地有面势都邑之像，乃掘坑称土，嫌其太轻，覆写本坑，土又不满，便止。曰：昔金陵王气，于今不绝，固当经三百年矣。便都建业。”[2]

郭璞这一选址记载是否属实，难以考证。但郭璞选址温州城相地称土是可信的，称土以鉴定土质优劣，在古代乃是一大创举。

（四）规划温州城为一水城

郭璞选址，规划建设了一座“斗城”，同时还因地制宜，规划建设了河渠纵横如棋局的“水城”。《嘉靖温州府志》记载：“（郭璞）凿井二十有八，以象列宿。旧志云：白鹿城连五斗之山，通五行之水。……五行水谓东则伏龟潭，西则蜃川浣纱潭，南则雁池，北则潦波潭，中则冰壶潭，因凿小河以通贯之。”[3]从《光绪永嘉县志》的城池坊巷图（图11-2-1），可以看到一幅水网密布的图景，并呈现如下特色：

1. 水系规划完善，设施完备

水城的水系是由环城的濠池与城内的河、渠、沟、池共同组成的，但有些水城，城外的水体也是城市水系的重要组成部分，比如杭州的西湖、台州的东湖都是例子。温州城南有一个由三溪水汇成的会昌湖（即永宁湖），是城内水系之水源，也是环城濠池的水源，对温州城市水系至关重要，因此是城市水系的重要组成部分。下边按会昌湖、濠池、城内河道、湖泊、门闸分而述之，可以看出其水系规划是完善的，设施是完备的。

1）会昌湖

在府城西南三里，受三溪水汇而为湖，弥漫巨浸，起于汉晋间。至唐会昌四年（844年），太守韦庸重浚治之，因其近城西者曰西湖，在城南者曰南湖，实为一湖。

在南唐三井巷有湖堤，遏住湖水，使其不能南下，而向北倒流，入永宁门水门，永宁门水门是一城的水口[4]。

---

[1] 叶大兵．温州史话．杭州：浙江人民出版社，1982：64-66.

[2]（唐）释道世撰．法苑珠林·伽蓝篇．

[3] 嘉靖温州府志，卷1，城池．

[4] 光绪永嘉县志，卷1，舆地·叙水．

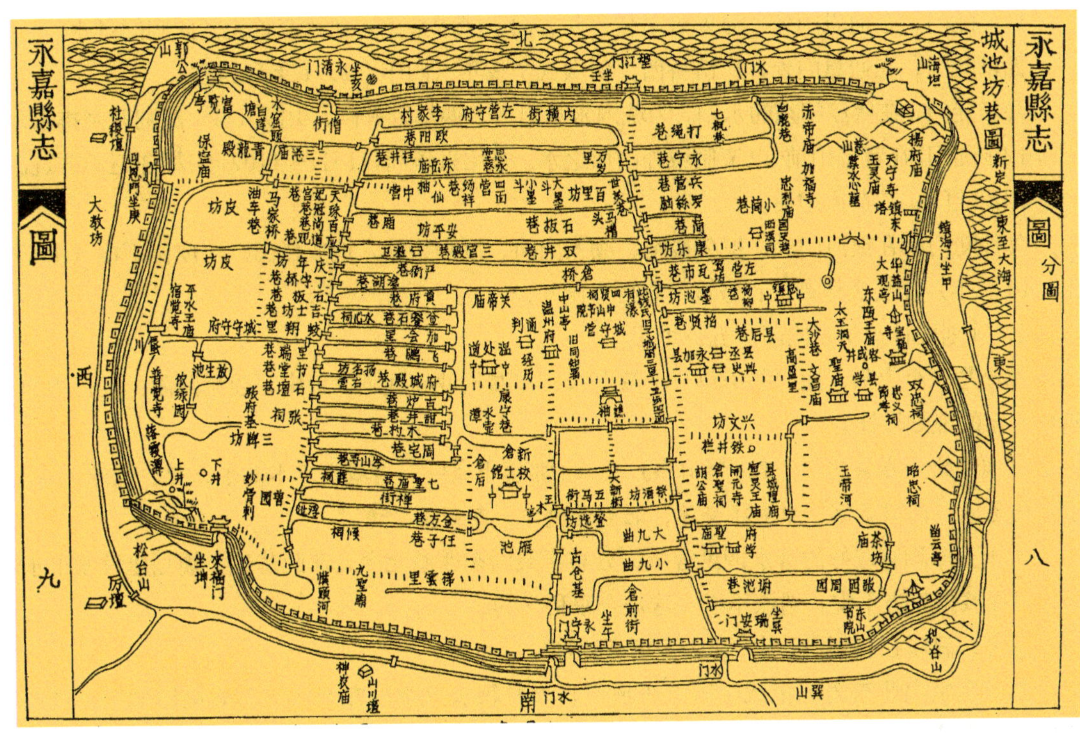

图 11-2-1 温州府图（光绪永嘉县志）

2）濠池

光绪《永嘉县志》记载："温州府城，周一十八里（永嘉县倚郭），北据瓯江，东西依山，南临会昌湖。晋明帝太宁元年置郡始城，悉用石甃。宋齐梁陈、隋唐因之。后梁开平初（907 年）吴越钱氏增筑内城，旁通壕堑（《十国春秋》：周三里十五步），外曰罗城。宋宣和二年（1120 年）故守刘士英加筑。建炎间（1127 ~ 1130 年）增置楼橹马面。嘉定间（1208 ~ 1224 年）郡守留元刚重修，建十门。元至正十一年（1351 年）重筑。明洪武十七年（1384 年）指挥王铭增筑。嘉靖三十八年（1559 年）重修。"[1]

从以上记载可知，自郭璞建城以来，城址和城的范围直至明、清均未变。只是五代吴越国钱氏增筑了内城，也有了环濠，并把原城称为罗城。罗城"东濠长五百七十六丈，南临大河为濠五百丈，西濠长六百七十丈五尺，北临大江为濠长五百七十一丈。"[2]

3）城内河道和湖泊

城内河道以三条纵向的河道为骨架，这三条河道为大街河（今解放路）、信河（今信河街）、九三河。这三条纵向骨干河道与横向水巷构成水网——城内河道交通网络。

在这水网的东西南北中，则有伏龟潭、浣纱潭、雁池、潦波潭和冰壶潭五个湖泊，此外，两边还有郭公山泉源与松台山西麓泉源汇成的湖泊——放生池，形成城内的水网系统。

4）门闸

门闸指的是水门，中设闸。这是城市水系的重要设施。明代时门外设两闸，门内设一闸。又设埭，每间置板四块，系以铁索，以便于开闸、闭闸。

温州府城有关的门闸有六座，即广化陡门、西部陡门、海坛陡门、山前陡门、山后陡门和外沙陡门。

[1] 光绪永嘉县志，卷 3，建置志 · 城池 .

[2] 光绪永嘉县志，卷 3，建置志 · 城池 .

广化陡门，在迎恩门外，靠郭公山麓，共五间，泄水最急，遇水潦首先开此闸门排水。

西部陡门，在迎恩门外，广济桥西，明洪武辛亥年（四年，1371 年）创建。

海坛陡门，在望江门东的水门，为城内水总出口。遇旱则开闸，引湖入城，潦则开闸排水。

山前陡门，在黄土山前，以节制城外南塘之水。宋绍兴年间(1131 ~ 1162 年)郡守赵不群筑。

山后陡门，在黄土山后。

外沙陡门，在镇海门外。岁久废圮，潮入内河，涸则为浦，地成作卤。明成化丁酉（十三年，1477 年）知县文林砻巨石修筑，布桥立闸[1]。

2. 规划设计运用了阴阳、五行思想

郭璞是一个大师，通阴阳历算、卜筮之术。在温州城的规划设计中，他用阴阳、五行思想指导水系的规划设计。

据《光绪永嘉县志》记载："（旧志）又云：郭璞卜城时，谓城内五水配乎五行，遇潦不溢。东则伏龟潭，南则雁池，中则冰壶潭，北则潦波潭，西则浣纱潭。"

由于五潭均有较好的蓄水调洪容量，分布于城内东西南北中，在此基础上规划建设城市水系，可保城内五方平安，遇潦不溢。这是合乎科学的。

另外，郭璞在规划设计中，也运用阴阳思想。

据《嘉靖温州府志》记载："（温州城门）北曰拱辰（唐时有双门，取北阴偶之义。钱氏筑城，只存其一）。"[2]

唐以前城池无大变，此北门用双之数，乃郭璞设计无疑。

当然，郭璞在规划设计中，也用了一些巫术镇厌之法。如"旧志谓立郡时，因西城修水负虚，立平水王祠以镇之。"古人用此法，或许会在心理上产生平安之感。

3. 布局利于通风和日照

温州古城布局的河渠为骨架，而三条主要纵向河流都不是正南北向的：大街河为南偏东 32°，信河为南偏东 19°，九三河为南偏东 37°，这样就与城市的主导风向——东南风取得一致，从而使街道及居住街坊都获得比较理想的日照与通风条件，此为古温州城市规划建设中的一项突出成就，造福于子孙后代[3]。河渠的布局是郭璞在五行思想指导下因地制宜、顺地形地势而建设的，这是郭璞注重地理环境科学的规划思想的又一例证。

4. 永嘉风韵，水长而美

温州所在，东汉为章安县地，分置永宁县。三国吴属临海郡。晋置永嘉郡，治永宁县。永嘉郡自何时始？"自晋太宁（323–325 年）之改元，号永嘉。"[4]"晋析永宁县置永嘉郡，更名县曰永嘉。"[5]"永嘉"有什么含义呢？"永嘉"二字，是"水长而美"的意思[6]。

温州山水之美，古人多有赞颂。宋代著名学者叶适在《醉乐亭记》中云："因城郭之近必有临望之美。……永嘉多大山，在州西者独行而秀，……。水至城西南，阔千尺，自峙岩私盐港。绿野新桥，波荡纵横，舟艇各出菱莲中，棹歌相应和，已而皆会于思远楼下。"[7]

---

[1] 光绪永嘉县志，卷 2，舆地 · 水利 .

[2] 嘉靖温州府志，卷 1，城池 .

[3] 娄式鐇 . 温州古城及其规划 . 城市规划汇刊，1981，11（15）：51–54.

[4] 宋赵 . 温州通判万壁记 // 金柏东主编 . 温州历史碑刻集 . 上海：上海社会科学院出版社，2002：3–4.

[5] 宋叶适 . 永嘉社稷记 // 金柏东主编 . 温州历代碑刻集 . 上海：上海社会科学出版社，2002：25–26.

[6] 叶大兵著 . 温州史话 . 杭州：浙江人民出版社，1982：4.

[7] 叶适 . 醉乐亭记 . 叶适集 · 一 . 北京：中华书局，1961：150–151.

叶适为我们勾画出一幅城郭边山水美景图。

事实上，郭璞规划设计的水城，也有永嘉风韵，即水长而美。城内河渠纵横，水网密布，好似棋盘。正如叶适所云："昔之置郡者，环外内城皆为河，分画坊巷，横贯旁午，升高望之，如画奕局。"宋淳熙四年（1177年），温州城浚治城河，"举环城之河以丈率者二万三百又奇。"[1] 以1宋尺＝0.32m计，算得当时河长约65km。古城面积约6km^2，则其城河密度约达10.8km/km^2。较之宋平江府（苏州）城河密度（5.8km/km^2）、绍兴城河密度（7.9km/km^2）有过之而无不及，但较明代无锡城河密度（11.36km/km^2）[2] 小些，但也属于城中之佼佼者。"水长而美"的永嘉风韵，在城市水系的规划建设中，也得到充分的体现。

5. 城市水系，功用众多

郭璞在规划建设城市水系（五行之水）时，就已指出其"遇潦不溢"的功用，即调蓄洪水、排洪排涝的作用。叶适也指出："永嘉非水之汇而河之聚者，不特以便运输、达舟楫也，而以节地性，防火灾，安居、利用之大意也。"[3] 光绪《永嘉县志》亦云："昔人谓一渠一坊，舟楫毕达，居者有澡洁之利，行者无负载之劳。"[4] 以上已道出城市水系的交通、运输、排水、排污、防洪、防火、便于生活、调节气候及文化环境的多种功能。

6. 水巷小桥，多彩多姿

据光绪《永嘉县志》，当时城内桥梁多达143座，永嘉境内桥梁多达420多座[5]。桥梁众多是水城的一大特色。苏州为著名的水城，其桥梁之多也是引人注目的。白居易有"绿浪东西南北水，红栏三百九十桥"之句。宋平江府城图上，有359座桥梁，城内为305座，苏州古城面积为14.2km^2，城内桥梁密度为21.7座/km^2。绍兴也是著名的水城，清代有桥229座，古城面积7.6km^2，其桥梁密度为30座/km^2。温州古城清代有桥143座，其面积约6km^2，其城内桥梁密度约为24座/km^2，大于宋平江府城，小于清绍兴城。桥梁各式各样，多姿多彩，使水城更具特色。

（五）对"水城"在温州消失的思考

温州古城为山水名城、文化名城，地灵人杰，还有许多方面值得研究和探讨。温州建城至今已有1680年，城市规划、建设取得了很大的成就。这自然与郭璞选址、规划的高明和智慧有关，也与温州继郭璞之后历代的名公巨卿的共同努力有关。

在赞美了郭璞建"斗城"、"水城"之功后，作者对"水城"在温州的消失，不能不感到十分的遗憾。如果水城仍在，它与苏州、绍兴相比会毫不逊色。苏州水城能保存至今，实属不易。宋人朱长文在谈到苏州城市水系时曾感慨地说："观于城中，众流贯州，吐吸震泽，小浜别派，旁夹路衢，盖不如是，无以泄积潦安居民也。故虽有泽国，而城中未尝有垫溺荡析之患，非智者创于前，能者踵于后，安能致此哉？"[6] 我们的古代大师，以高深的智慧和远见卓识，为我们选址、规划、建设了一座又一座名城，他们是"智者创于前"，我们，当代的城市规划师、建筑师、城市建设者，能否作为"能者踵于后"，使这一座又一座历史文化名城永葆青春、特色长存呢？这是值得我们深思的。

[1] 叶适．东嘉开河记．叶适集·一．北京：中华书局，1961：181-182.

[2] 吴庆洲．中国古代的城市水系．华中建筑，1991（2）：55-56.

[3] 叶适．东嘉开河记．叶适集·一．北京：中华书局，1961：181-182.

[4] 光绪永嘉县志，卷3，建置志·桥梁．

[5] 光绪永嘉县志，卷3，建置志·桥梁．

[6]（宋）朱长文．吴郡图经续记，卷上，城．

第三节 仿生象物、异彩纷呈的营造意匠

城池是中国古代城市防洪的重要组成部分，而中国古代城池的形态千变万化，形态各异。这与因地制宜的规划布局思想有关，因地形地貌的不同，城池形态各别；也与仿生象物的营造意匠有关，仿生象物的营造意匠，使城池形态异彩纷呈、丰富多样。仿生象物的意匠渊源于中国古代的生殖崇拜、图腾崇拜和风水思想[1]。

仿生象物的意匠营造的城池主要有龟形、蟹形、鲤鱼形，仿动物的如卧牛形、蛇形等，仿植物的有葫芦形、梅花形，象物的有琵琶形、船形、盘形、钟形、八卦等。

一、龟形城

在仿生象物方面以龟形为意匠营造城池的例子极多，如昆明城、苏州城、成都城、九江城、湖州城、平遥城等。究其原因有如下数种：

（一）龟文化在中华文化中的崇高地位

由于龟为中国古代四灵之一，龟有天、地、人之象，是神圣的宇宙模型，特别是上古轩辕黄帝族以龟为图腾，龟文化与祖灵崇拜文化合而为一。更不可忽视的是易卦起源于龟腹甲上的构纹，龟文化成为炎黄子孙哲理智慧《易》的渊源。龟长寿，是古人追求长生不老的崇拜的灵物，是生命崇拜的偶像。龟崇拜、祖灵崇拜与太阳崇拜的结合，便产生了黑水神话，进而成为生命循环、太阳运行的神话。龟文化在中华文化中的崇高地位，在中国古代有诸多展现。

1. 龟为中国古代四灵之一，介虫之长

中国古人崇龟，认为龟是有灵性，能传达“天意”、“神意”的神圣的动物，是中国古代崇拜的“四灵”之一。

《礼记·礼运》云：

> 何谓之四灵？麟、凤、龟、龙，谓之四灵。故龙以为畜，故鱼鲔不淰；凤以为畜，故鸟不獝；麟以为畜，故兽不狘；龟以为畜，故人情不失。

2. 龟有天、地、人之象，是神圣的宇宙模型

明李时珍《本草纲目》云：

> 甲虫三百六十，而神龟为长，上隆而文以法天，下平而理以法地。

刘向《说苑·辨物》云：

> 灵龟文五色，似玉似金，背阴向阳，上隆象天，下平法地，槃衍象山，四趾转运应四时，文著象二十八宿，蛇头龙翅（颈），左睛象日，右睛象月，千岁之化，下气上通，能知凶吉存亡之变。

图 11-3-1 龟腹甲（自孙宗文．中国建筑与哲学．南京：江苏科学技术出版社，2000：14）

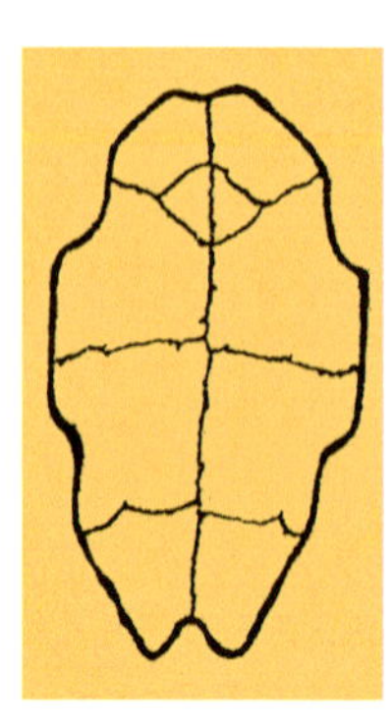

龟的背呈圆形隆起，象征天，腹甲呈“亞”字形，象征地。而龟头与男性生殖器相似，象征人，龟就成为天地人合一的神圣的宇宙模型。这是龟崇拜最核心的内涵。正因为龟崇拜，认为龟能通神，故古人以龟的腹甲（图 11-3-1）用来卜吉凶。龟腹甲形状，即“亞”字形，已成为神圣的符号。商人的大墓、商人的族徽均有“亞”字形者。

[1] 吴庆洲．仿生象物——传统中国营造意匠探微．城市设计学报，2007（9）：155-203.

3. 上古轩辕黄帝族以龟为图腾

1991 年 10 月美国 NATIONAL GEOGRAPHIC.VOL.180，No.4 的封面发表了一幅北美洲伊利湖畔莫哈克河奥次顿哥村易洛魁人流传的“天鼋黄帝酋长礼天祈年图”（图 11–3–2），杂志内又发表了一起流传的“蚩尤风后归墟扶桑值夜图”。这两幅图的发表，引起了中国学术界的震动，证实了北美今美国纽约州的易洛魁人，是 6000 ~ 5000 年前移民美洲的中国轩辕黄帝族的裔胄。

图 11–3–2 北美洲伊利湖畔莫哈克河奥次顿哥村易洛魁人流传的天鼋黄帝酋长礼天祈年图（美国国家地理，1991，10）

欧阳明、王大有、宋宝忠著文“轩辕黄帝族移民美洲”对“天鼋黄帝酋长礼天祈年图”进行了阐释：

画面上方是位于二十八宿星空中央的填星（土星），又是轩辕星。这个轩辕星，是轩辕氏的图腾徽帜——天鼋龟，也即帝龟黄竜（音龙）。它“头对天山，尾向东南，四足定四方”——正是这一确凿的标志，无可置疑地指明此龟只能是轩辕（天鼋）氏的族徽。这是源于著名的黄帝蚩尤战争时，蚩尤作大雾三日，黄帝军民将士全都迷失了方向，军师风后献计：“将天鼋军旗之天鼋头对天山指西北，尾向东南，四足定四方。”这个口耳相传了数千年的史话，人们除了在殷商甲骨文中见到过这种指向的龟外，谁也没有见过这么具体的轩辕族徽。

一切龟均为六十甲，背甲十三、腹甲九，裙边甲（龟背边缘甲）二十四。只有中国有六十花甲子，有六十甲子龟甲历（今日本仍流传），有十三重天、九重天崇拜，当受启发于龟甲六十，二十四节气得之于二十四裙边甲启示；龟背朝上，十三重天最高，轩辕居其上中天，周环二十八宿，为至尊；腹甲朝下，九重天在下，所以太阳、虹霓、彗星在天鼋雷精下方。

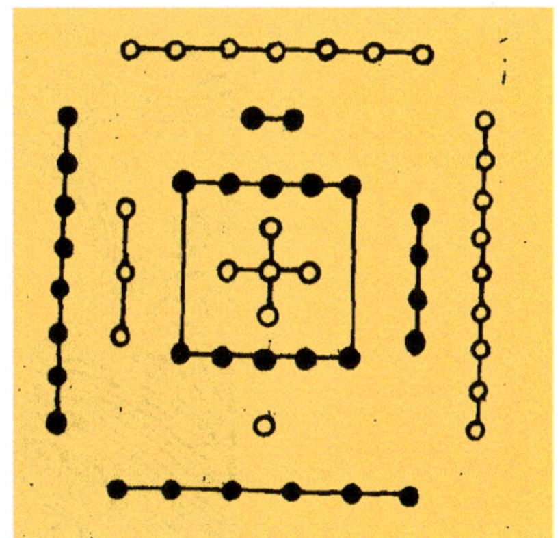

图 11–3–3 河图

4. 易卦起源于龟腹甲上的构纹

1）中国古代的三易及伏羲氏作八卦

北宋神宗元丰年间（1078 ~ 1085 年），毛渐在唐州民间发现了古《三坟书》，即“山坟”、“气坟”、“形坟”。“山坟”是指天皇伏羲氏《连山易》，“气坟”是指人皇神农氏《归藏易》，“形坟”是指地皇《乾坤易》[1]。

伏羲氏以龙纪，则其时代约为距今 8000 年，或许是更早，距今约 1 万年。

2）河图洛书的传说与龟腹甲构纹

《易 · 系辞下》云：

河出图，洛出书，圣人则之。

“河图”和“洛书”究竟是什么样的，古人说法不一。直至宋代陈抟给出了“河图”和“洛书”的图样，它们才有了直观的形象（图 11–3–3、图 11–3–4）。

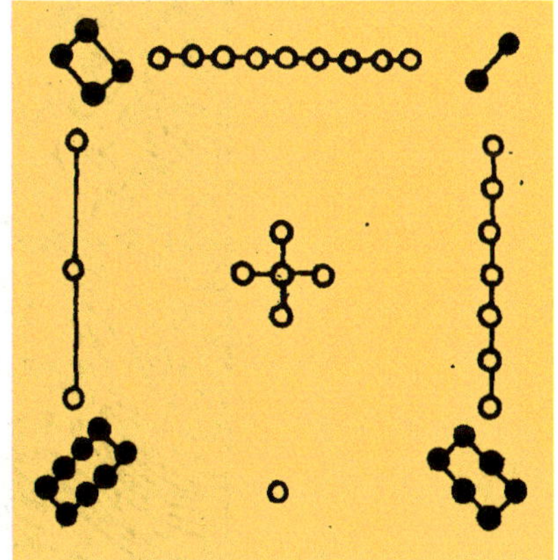

图 11–3–4 洛书

陈抟著、邵雍述《河洛理数》云：

说洛书。夫河龟负书者，非龟也，乃大龟也。其背所有之文，有一长画，二短画，一点白近尾，九点紫近头，二黑点在背之右，四碧点在背之左，

[1] 古代三皇有天皇、地皇、人皇之说．见《春秋纬 · 命历序》．转自刘玉建著．中国古代龟卜文化．桂林：广西师范大学出版社，1992：40，注 1.

六白点在近足之右，八白点在近足之左，三绿点在胁之左，七赤点在胁之右，五黄点在背之中，凡九而七色焉。于是则九位以定方，因二画而生爻。以一白近尾为坎，二黑在右肩属坤，左三绿属震，四碧在左肩属巽，六白近右足属乾，七赤在右属兑，八白近左足属艮，九紫近头属离，五数居中，以维八方，八卦由是生焉，此神龟出洛之表象也[1]。（图 11–3–5）

这里，陈抟认为，八卦正是由大龟之文的启示而诞生的。

今人徐锡台在《研讨殷墟卜辞中“巫”、“寮”、“帝”三字产生的本义——兼论＜易＞卦起源的若干问题》（刘大钧主编《大易集成》）一文中指出：

细察龟腹甲上的构纹，实似卦图，故疑《易》的卦图可能由其产生的。……

《易》卦谓：卦圆布四方，各有其位……乾南，坤北，离东，坎西。一阴一阳，相偶相对，乃天地自然之法象。现以龟腹甲上的构纹示之。（图 11–3–6）

徐锡台所论是可信的，即伏羲受到大龟甲构纹的启发，而创造了八卦。

5. 龟长寿，是古人追求长生不老的崇拜的灵物

龟长寿，有很强的生命力，古人认为：“龟一千年生毛，寿五千岁，谓之神龟。寿万年曰灵龟。”（《述异记》）

《史记 · 龟策列传》云：

南方老人用龟支床足，行二十余岁，老人死，移床，龟尚生不死。龟能行气导引……

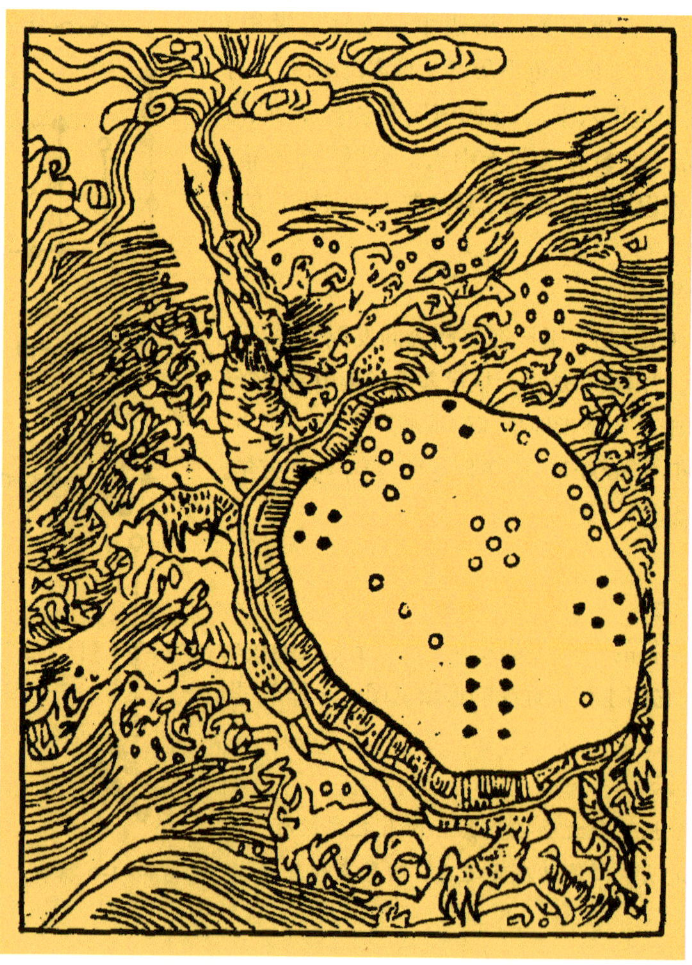

图 11–3–5 龟书图（自刘玉建著．中国古代龟卜文化：15）

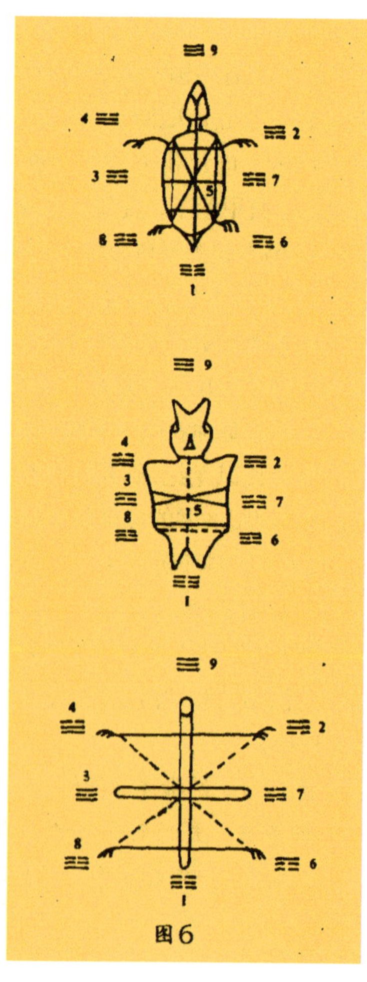

图 11–3–6 龟腹甲构纹与八卦图（自刘玉建著．中国古代龟卜文化：61）

[1]（宋）陈抟著，（宋）邵雍述，明念冲甫重订，李峰整理．河洛理数．海口：海南出版社，2007：16–17.

《天津日报》社主办的《采风报》第 200 期有一则“一龟压在石柱下，度过二百四十一年”的报道。

最近，广东省梅县市在重修城南梅江畔的观澜亭时，人们在搬开千斤石柱的柱基后，发现一只又大又扁正微微颤动着的活龟。龟背上清清楚楚地留着石柱压下的印记，龟重 3.5kg，背面径宽 30 多厘米。

据《嘉应州志》记载，观澜亭建于清乾隆十一年（1746 年），当时的知州王者辅迷信风水，据州城似龟形、龟头正好在南门，便命人建亭，并在一只石柱上垫一只活龟，以保佑官运亨通，福禄永存。就这样，这只乌龟竟在地下度过 241 个春秋[1]。

（二）龟形城池村寨及建筑

由于龟在中国古代的崇高地位，龟有天、地、人之象，龟长寿，加上龟有坚甲保护，可免受敌人侵害，中国古代城池、村寨及建筑，多有以龟为营造意匠的。已知龟形城有 20 多座，其中赣州、昆明、苏州、成都、梅州、平遥五座为中国历史文化名城。

1. 赣州府城为上水龟形（图 11-3-7）

赣州府城为上水龟形。据《古今图书集成 · 职方典 · 赣州府》载：

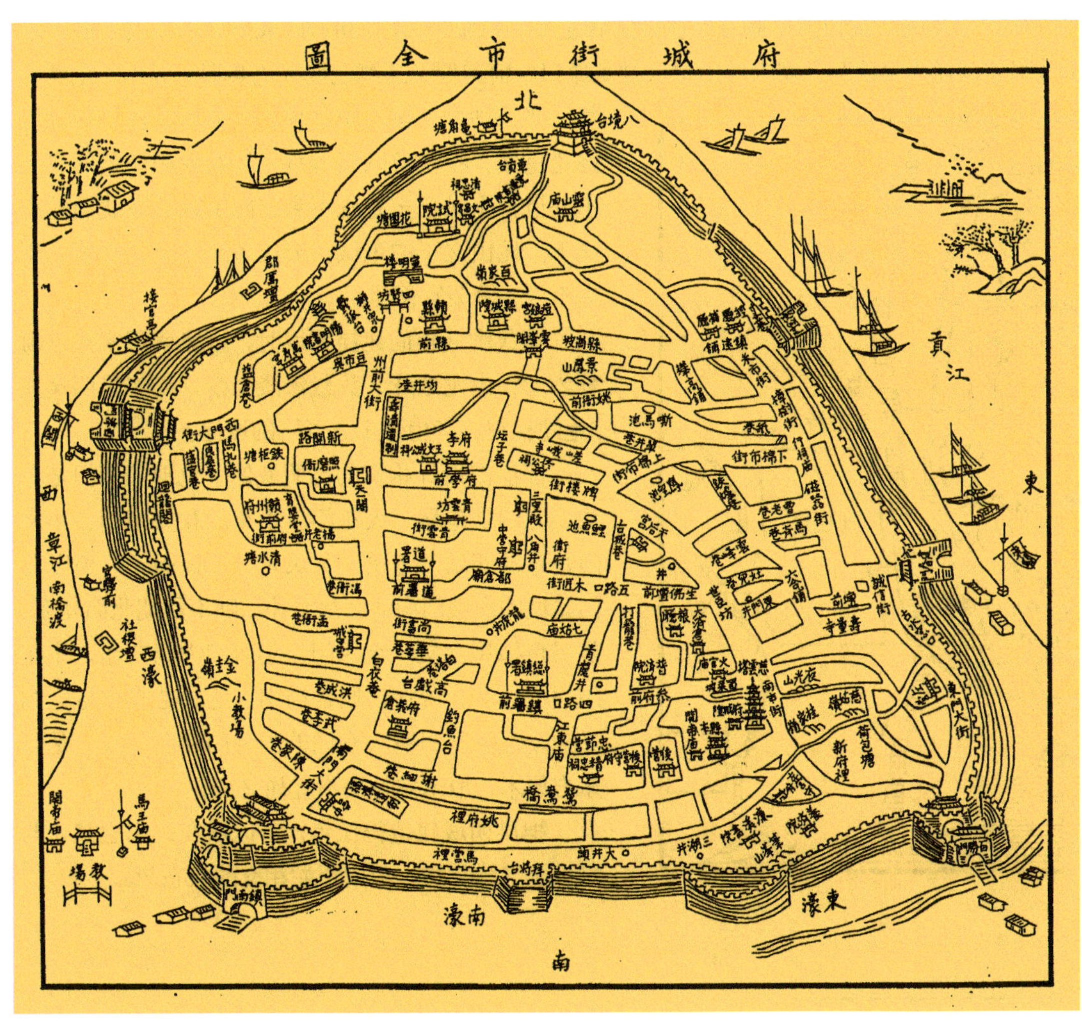

图 11-3-7 赣州府城街市全图（清同治十一年赣县志）

[1] 刘玉建著 . 中国古代龟卜文化 . 桂林：广西师范大学出版社，1992：28.

赣州府城池：晋永和五年，郡守高琰建于章、贡二水间。唐刺史卢光稠拓广其南，又东西南三面凿濠。

由这一记载可知，唐末刺史卢光稠拓建了赣州城。谁帮助他规划建造了这一龟形城呢？原来是风水大师杨救贫（名益，字叔茂，号筠松）。

赣州府城，最早是东晋永和五年筑的土城，唐末卢光稠乘乱起兵，割据赣南后，请杨救贫为其择址建城。杨救贫选赣州城址为上水龟形，龟头筑南门，龟尾在章贡两江合流处，至今仍名龟尾角。东门、西门为龟的两足，均临水。从风水学来看，赣州城有两条来龙，一是南方九连山（离方，属火）发脉，从崆峒山起祖，蜿蜒而至城内的贺兰山落穴聚气，结成一处立州设府的大穴位，这支龙还有一个小支落在欧潭。此外，赣州的北龙脉来自武夷山，经宁都、万安、赣县，分成数小支，落穴于储潭、汶潭。这三潭是赣州的三处水口，和赣州城外的峰山、马祖岩、杨仙岭、摇篮山等山峰一起形成赣州城山环水抱的局势。赣州城遂成为一座三面临水、易守难攻的铁城。卢光稠得以拥兵一隅，面南称王 30 余年 [1]。

2. 昆明城（图 11-3-8）

昆明城起源于唐代南诏国的拓东城。拓东城在设计上“以龟其形”(张道宗《纪古滇说集》)，被称为“龟城”，表示了长久不衰的用意。元代以后，昆明城在城址上作了较大变动，明代又扩建为砖城，但龟城的特征仍保持下来，且为人们赋予了新的意义。

唐开元年间，南诏国王盛罗皮在晋宁修建了拓东城，“开元初，威成王（盛罗皮）册杨道清为显密圆通大义法师，塑大灵土主天神圣像曰摩诃迦罗。筑滇之城以龟其形。五年，龟城完复。塑二神，一镇龟城之顶，一镇城之南。”显然，修建龟城、塑神像以镇神龟，目的就是使龟的灵气不外泄，永保晋宁长盛不衰。此龟城就在北面蛇山之下。蛇山之下的龟城，形成龟蛇相交，象征着生生不已、繁荣富裕 [2]。

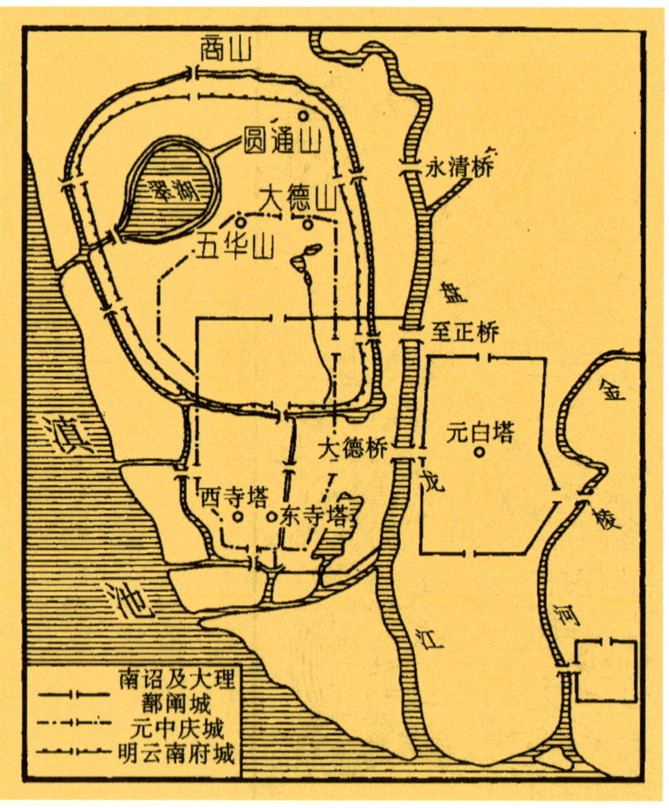

图 11-3-8 昆明历代城址位置图（自张轸著．中华古国古都：879）

明代洪武年间建昆明城时，著名阴阳家汪湛海曾为考察山龙地脉，数载惨淡经营，要将昆明筑成“龟蛇相交，产生帝王之气”的城池。

汪湛海设计构筑的昆明城像一龟形，南门是龟头，北门是龟尾，大东门、小东门和大南门、小南门是龟的四足。龟是一只灵龟，尾掉而动，所以北门瓮城的内城门向北，瓮城外门则不是朝北而朝东，是灵龟掉尾之义。大西门、小西门内门向东，小东门内门向西，外侧门则都向南，这又是寄寓龟之四足启动之意。只有大东门的内外门朝向一致，是因东方属木，取木宜伸而不宜屈之义。

把昆明城建造得像龟，是以城在蛇山之麓，与蛇山之气脉相接，形成龟蛇相交的状态 [3]。

[1] 胡玉春．杨救贫与赣南客家风水文化的起源和传播．南方文物，1998（1）：79-91.

[2] 于希贤．法天象地——中国古代人居环境与风水．北京：中国电影出版社，2006：229-230.

[3] 昆明日报编．老昆明．昆明：云南人民出版社，1998：13-14.

3. 吴大城——神龟八卦模式

公元前514年，伍子胥受吴王阖闾之命建阖闾大城（今苏州城前身），“乃使相土尝水，象天法地，造筑大城，周回四十七里。陆门八，以象天八风；水门八，以法地八聪。筑小城，周十里，陵门三。不开东面者，欲以绝越明也。立阊门者，以象天门，通阊阖风也。立蛇门者，以象地户也。阖闾欲西破楚，楚在西北，故立阊门以通天气，因复名之破楚门。欲东并大越，越在东南，故立蛇门以制敌国。吴在辰，其位龙也，故小城南门上反羽为两鲵苗，以象龙角。越在巳地，其位蛇也，故南大门上有木蛇，北向首内，示越属于吴也。”（《吴越春秋》卷四）

吴大城象天法地，以天地为规划模式，在城门的种类、数目、方位、门上龙蛇的装饰、朝向等许多方面，赋予丰富的象征意义。

由记载可知，楚人“象天法地”建造都邑的模式与周代《匠人》营国的王城形制是不同的。王城为方形，一边三门，宫城居中。吴大城并非正方形。据唐陆广微《吴地记》：“阖闾城，周敬王六年伍子胥筑。……陆门八，以象天之八风，水门八，以象地之八卦。《吴都赋》云：‘通门二八，水道陆衢’是也。西阊、胥二门，南盘、蛇二门，东娄、匠二门，北齐、平二门”。可知吴大城一边两门，水陆兼备。

吴大城乃今苏州城前身。宋代苏州城虽说经历代改建，与吴大城已有所不同，“但城垣的范围位置改变不大。”《吴地记》又云：“罗城，作亚字形，周敬王丁亥造，……其城南北长十二里，东西九里，城中有大河，三横四直。苏州，名标十望，地号六雄，七县八门，皆通水陆。”宋朱长文《吴郡图经续记·卷上·城邑》云：“自吴亡至今仅二千载，更历秦、汉、隋、唐之间，其城洫、门名，循而不变。”《吴郡图经续记·卷下·往迹》云：“阖闾城，即今郡城也。……郡城之状，如‘亚’字。唐乾符三年，刺史张傅尝修完此城。梁龙德中，钱氏又加以陶辟。”可见，宋城城池河道均与吴大城范围位置相近，城郭也呈亚字形，城的东北、西北、西南三城角均切角成折线状。

苏州所在，为水乡泽国，以神龟八卦模式进行规划设计，乃伍子胥的独到创意。苏州城自创建以来已历2500多个春秋，仍生机勃勃，长盛不衰，是名副其实的长寿的龟城。

4. 东魏邺城南城

以龟形规划设计的龟城还有不少。比如东魏邺城南城（图11-3-9）为龟形。东魏孝静帝于天平元年（534年）迁都邺，居邺故城。“天平”二年（535年）八月，发众七万八千营新宫。元象元年（538年）九月，发畿内十万人城邺，四十日罢。二年，帝徙御新宫，即南城也。（《历代宅京记：邺下》）

《邺中记》云：

“城东西六里，南北八里六十步。高欢以北城窄隘，故令仆射高隆之更筑此城。掘得神龟，大逾方丈，其堵堞之状，咸以龟象焉。”

邺城南城近年曾进行探查，东西宽2800m，南北长3460m，城墙不呈直线而呈水波形，城门处作八字形。突出双阙，城角为圆形[1]。城隅处为军事上攻击的重要目标。早在史前的古城中，在城隅处有特殊的处理，使其形状利于军事防御。

图 11-3-9　东魏邺城图（自贺业钜著．中国古代城市规划史：443）

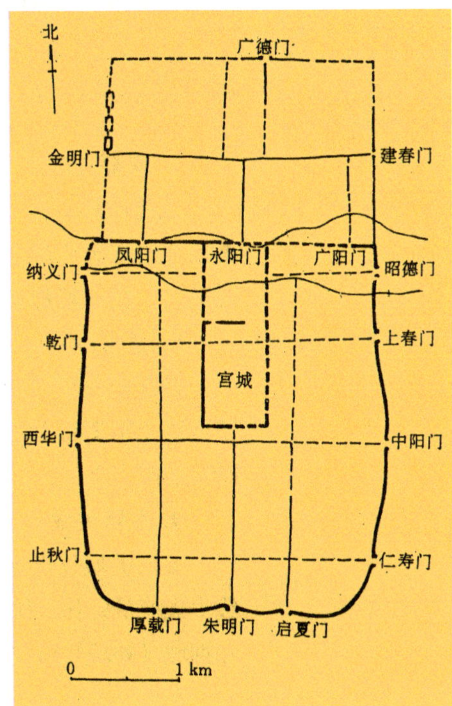

[1] 傅熹年．中国古代建筑史．三国—唐五代卷．北京：中国建筑工业出版社，2001：93.

宋平江府城的东北、西北、西南三隅为折角形，对军事防御也是有利的。楚郢都纪南城也有三隅为折角形。

城墙呈水波形，利于城上守军观察及防御攻城之敌。城门作八字形，突出双阙，也是利于防御的。

5. 平遥古城（图 11–3–10）

平遥古城历史悠久，传说筑自周宣王（公元前 827 年～前 782 年在位）时，至今已有 2800 年历史。明洪武三年（1370 年）重筑扩建，按照“因地制宜，用险制塞”的原则和“龟前戏水”、“山水朝阳”、“城之攸建，依此为胜”的说法，南墙“随中都河蜿蜒而筑，缩为龟状，其余三面皆直列无依”，“建门六座，南北各一，东面各二”，意为龟之头尾和四足[1]，南门外又有两井，喻为龟眼。北门瓮城外门东向，似龟尾东甩。东西四门除亲翰门（下东门）内外门直通外，其余外门分别向头的方向弯曲，似龟脚向前爬行[2]。故有“龟城”之称。

6. 九江古城

九江古城也呈龟形（图 11–3–11）。宋岳珂《桯史》载：

“九江郡城。……城负江面山，形势盘据，三方阻水，颇难以攻取。开宝中，曹翰讨胡，则逾年不下。或献计于翰曰：‘城形为上水龟，非腹胁不可攻。’从之，果得城。”[3]

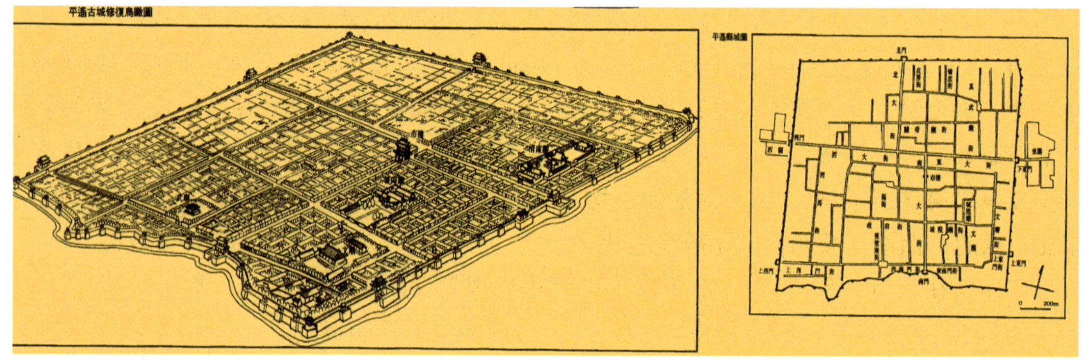

图 11–3–10 平遥古城修复鸟瞰图（阮仪三绘）

7. 成都古城

成都城形似龟。据晋干宝《搜神记》卷十三记载：“秦惠王二十七年，使张仪筑成都城，屡颓。忽有大龟浮于江，至东子城东南隅而毙。仪以问巫，巫曰：‘依龟筑之’。便就。故名‘龟化城’。”但一般都省称为龟城。

8. 湖州古城

浙江湖州城，据明徐献忠《吴兴掌故集》卷十四杂考：“湖城在唐为二十四里。元季张士诚遣潘元明筑而小之。周一十二里六十步，其併省处在西门外直抵大溪入清塘一路尖地，则当时城形似上水龟，其省去即龟之首也。自元以前城中多寿考，今世鲜近百岁者。”

9. 嘉峪关城（图 11–3–12）

嘉峪关城位于甘肃省河西走廊中、西部结合处，是明代万里长城的西端起点，是明长城全线中规模最宏伟、保存最完整的关隘，有“天下第一雄关”之称。嘉峪关的关城由内城、罗城和拥城（外城）组成。内城城形如龟，两门设瓮城，四隅建角楼，南北城墙中部建敌楼。罗城、

[1]（明）雷法．疏正中都河记．光绪平遥县志，卷 11，艺文志 · 上．

[2] 张轸著．中华古国古都．长沙：湖南科学技术出版社，1999：671．

[3] 岳珂．桯史，卷 8，九江郡城．

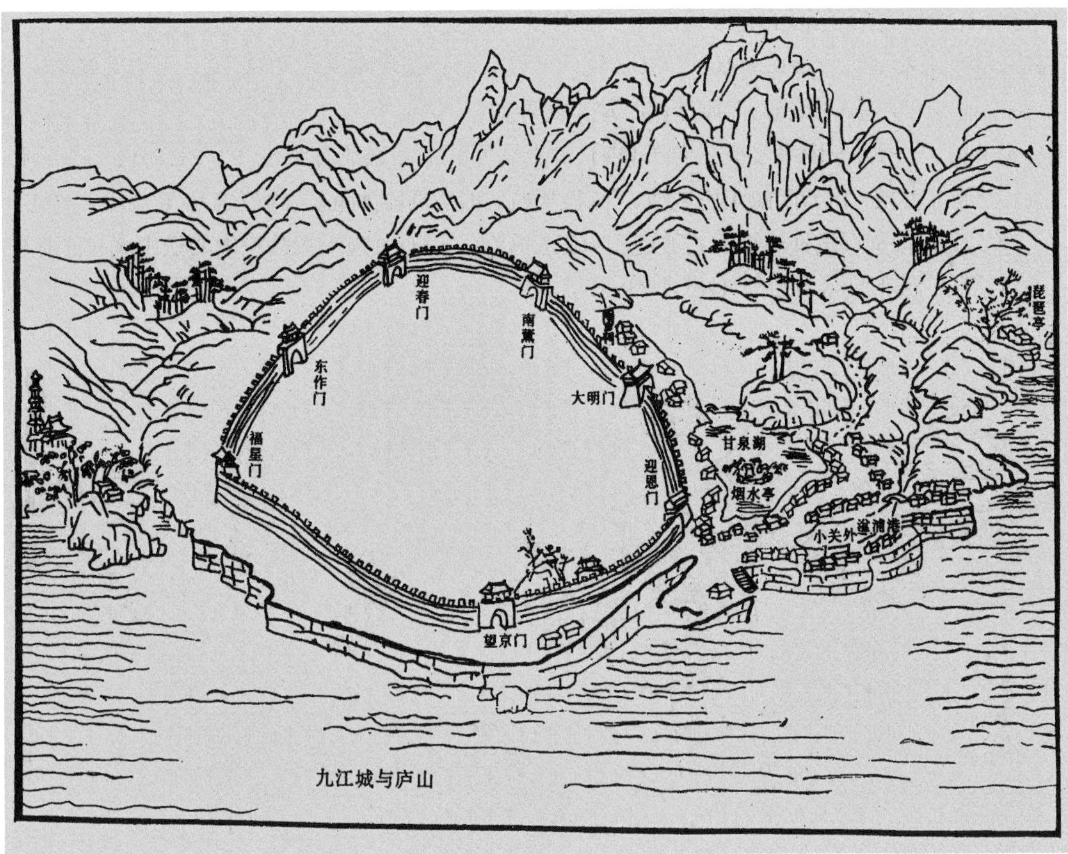

图 11-3-11 德化（今九江）城图（乾隆德化县志）

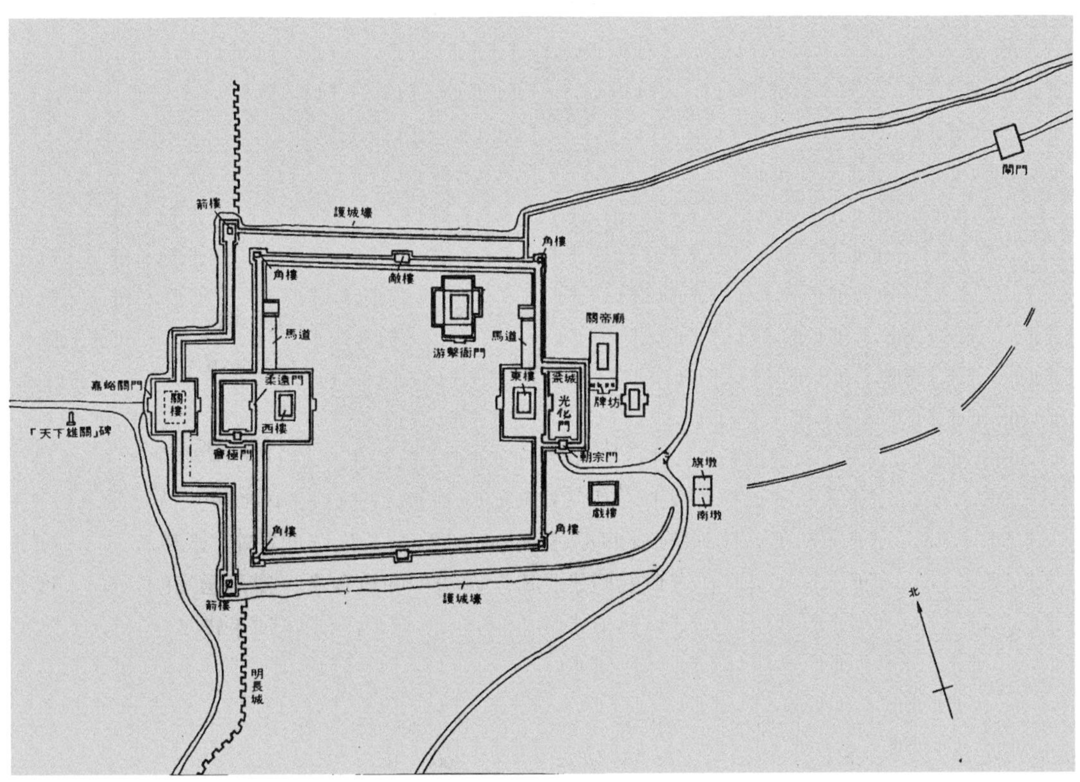

图 11-3-12 嘉峪关平面图（自乔匀．城池防御建筑：152）

外城亦呈龟形，成为坚固的金城汤池。马宁邦云：“此关地势天成，建筑得法，其形如龟，六面掩护，辎重及重心皆在正方形中，良法也。”

此外，山西浑源州城池，“唐徙治时筑，其形如龟。”陕西同州城池，“相传始建制类龟形，至唐易为方。”（《古今图书集成 · 考工典》）黄土高原的龟形城还有沁水、吉州、夏县、洪洞、乾州、神池等古城[1]。云南鹤庆府城池，“宋段氏时，惠高筑城如龟。”（《滇志》，卷 20，艺文志）

事实上，按龟形设计城形的古城还不只以上所列，还有甘肃天祝县境内的松山城[2]、浙东名城古慈城的城形呈龟背形[3]（图 11–3–13）。

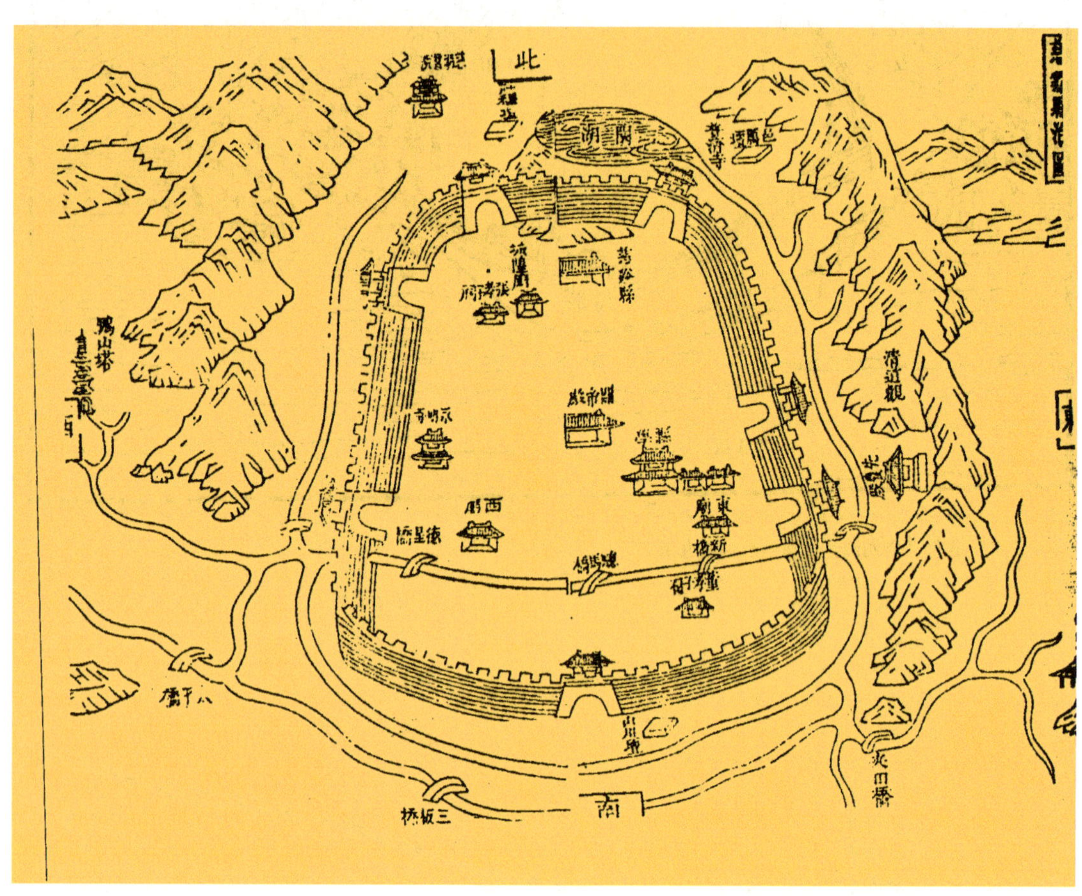

图 11–3–13 慈溪县城图（自光绪宁波府志）

10. 东莞逆水流龟寨

虎门镇白沙管理区，有一座建于明崇祯年间（1628 ~ 1643 年）的逆水流龟村堡（或称逆水流龟寨）（图 11–3–14）。因寨内建筑布局如龟形，龟头迎着一条溪流逆流向前，故名逆水流龟寨。

该寨坐北向南，占地 6889m^2。村寨内一条 2m 宽的直巷纵穿南北，四条 3m 宽的横巷横贯东西。寨内共有 64 间大小统一的单层瓦房，代表龟甲。寨的周围是高 6m、厚 0.6m 的寨墙，墙内为一圈巡城廊。墙外为围绕全寨的宽达 18m 的护城河。因四面皆水，该寨又称为水围。村寨四角各有一座两层的望楼，代表龟的四足，南北两边中间也各有一座两层高的望楼，北边的代表龟头，南边的代表龟尾，也是全寨惟一的出入口——寨门，门前河上设吊桥（现已改为

[1] 刘景纯著．清代黄土高原地区城镇地理研究．北京：中华书局，2005：294–295.

[2] 孙宗文著．中国建筑与哲学．南京：江苏科学技术出版社，2000：16.

[3] 俞义等．地灵人杰的江南古城——析古慈城的人居环境．城市规划，2003（7）：73–75.

水泥桥）[1]。

创建该寨的主人是郑瑜，为明崇祯四年（1631年）进士，授吉安推官，后来改摄广顺府事，因平乱护民有功，内擢户部主事，历员外郎中，出知太平府，迁上江漕诸道，又转山东按察副使，督催直隶江西湖广军需，劳绩显著，迁太仆寺少卿（正四品官），告老还乡后卒于家，享年81岁。著有《焚馀集》[2]。

逆水流龟寨是明末所建防卫性建筑，现保存完好。

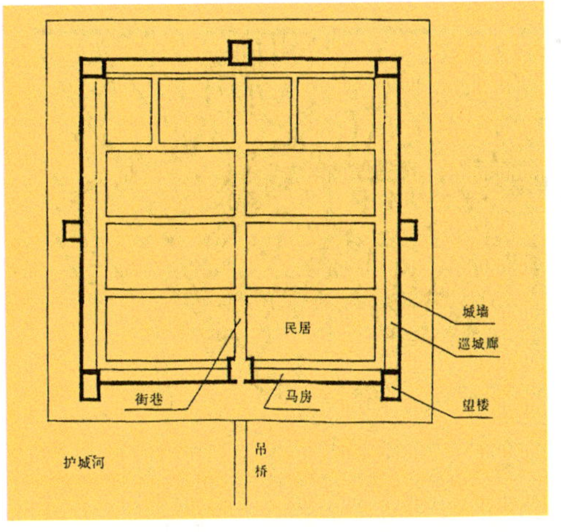

图11-3-14 逆水龟村堡平面图（自董红．东莞取型于龟的古建筑．论文插图）

二、鲤鱼形

福建泉州古城、龙岩古城有鲤城之称。

《乾隆泉州府志》云："初筑城时，环植刺桐，故名刺桐城。又以形似，名鲤城。"[3]（图11-3-15）鲤鱼是富裕、吉利的象征。《艺文类聚》引《三秦记》："河津一名龙门，大鱼积龙门数千不得上，上者为龙，不上者（鱼）……"鲤鱼跳龙门的传说，象征金榜题名，科举中取，如鲤鱼跳过龙门，鱼化为龙。因此，鲤鱼又象征文风昌盛。福建明代以后风水学说盛行，模仿鲤鱼的形状筑城，以求文风昌盛，因此泉州有"鲤城"之名。

模仿鲤鱼形状筑城，还见于福建龙岩（图11-3-16），龙岩亦有鲤城之称[4]。

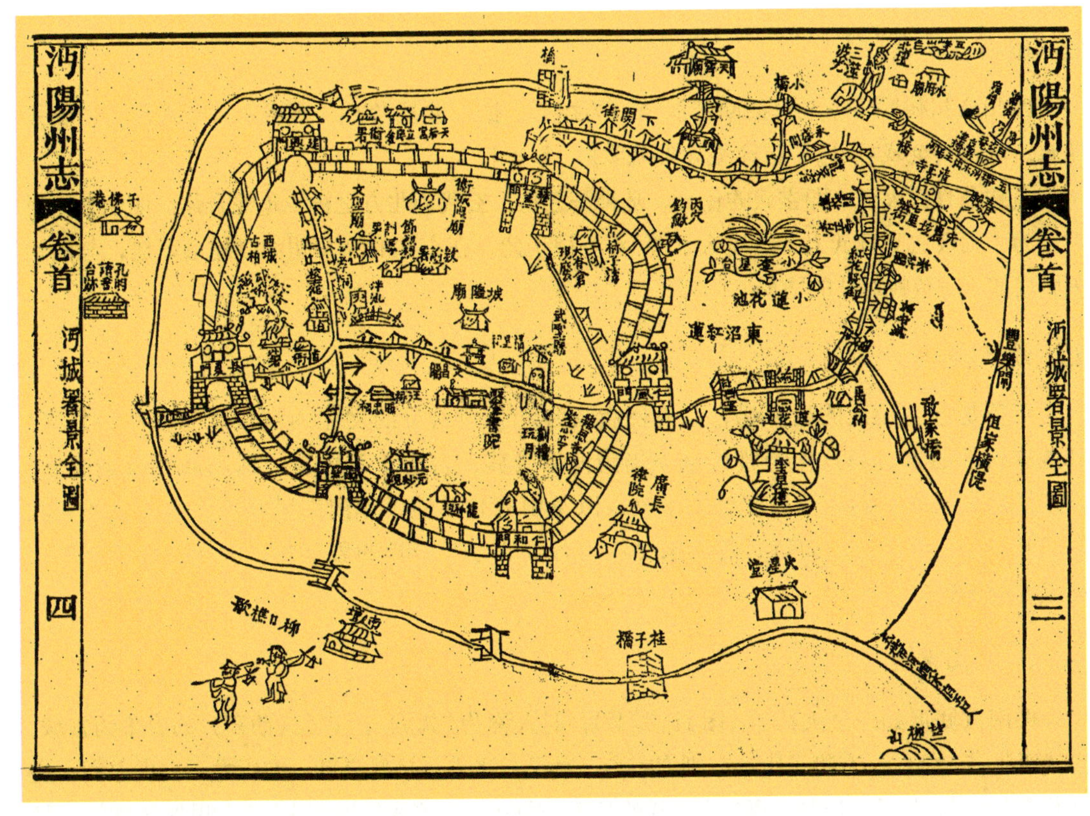

图11-3-15 沔城署景全图（光绪沔阳州志）

[1] 董红．东莞取形于龟的古建筑．广东民俗，1999（3）：21-22．

[2] 杨森．广东名胜古迹辞典．北京：北京燕山出版社，1996：695．

[3] 乾隆泉州府志，卷11，城池．

[4] 何晓昕，罗隽．风水史．上海：上海文艺出版社，1995：196-198．

三、螃蟹形

湖北沔阳州城（今湖北沔阳西南沔城）池为螃蟹形。螃蟹为节肢动物，全身有甲壳，前面的一对脚成钳状，横着爬行。《易 · 说卦》：“离为火，为日，为电，……为甲胄，为戈兵。其于人也，为大腹，为乾卦，为鳖，为蟹，……为龟。”以离卦蟹之象，这也是甲胄戈兵之象，用于城池之形，是很适合的。螃蟹有甲壳，有双钳，筑城以蟹为意匠，有横行不怕侵犯之意。据载：“沔阳州城池，明初指挥沈友仁循古基筑城。正德中知州李濂增筑，周一千一百六丈，高二丈四尺，为门六，各有楼。嘉靖中佥事因河为池，形若螃蟹是也。”《古今图书集成 · 考工典 · 城池》螃蟹形的意匠也与水乡有关，螃蟹为水生动物，在水乡泽国可以安生，其甲壳双钳可保自身安全。笔者到珠三角东莞水乡石牌镇唐尾村，有围墙防卫，亦取螃蟹之形。该村落坐北朝南，村前有一大两小三口鱼塘，据说，分别代表蟹壳和两只蟹钳，围面两口古井代表两只蟹眼，喻意巨蟹守护后面的村落和前面的千亩良田[1]。

图 11–3–16 龙岩县城图（自何晓昕 . 风水史）

四、蛇形

四川潼川州城（今三台县南郪江镇）为蛇形。据《城邑考》：“州城唐宋以来故址，状若蛇盘，与西川龟城对峙。”（《读史方舆纪要》，卷七十）

龟蛇是真武大帝，即玄武的化身，是神圣之物。玄武为北方之神，龟蛇合体。明朝太祖封玄武为“北极玄天真武大帝荡魔大天尊”，正由于此，在东川的潼川州城以蛇形营建，与西川龟城成都形成龟蛇对峙的格局。

五、葫芦城

葫芦是远古先民的崇拜物，它有图腾崇拜和生殖崇拜的文化内涵，成为吉祥的象征，又是道家的法器。葫芦作为腰舟至今仍为海南黎族、台湾土著民族、云南西双版纳傣族、广东沿海客家人、湖北清江流域的土家族以及山东长岛地区和河南民间用为水上交通和救生工具[2]，笔者认为，葫芦乃是以水文化为背景的生命崇拜的象征物。因此，仿葫芦形状筑城的例子较多。

（一）南京城

明南京城形如一个大葫芦（图 11–3–17），时人称为“瓢城”。其壶（葫芦）的腹部为宫城，宫城西北临大江，又有狮子山，东则有玄鸟（燕子）飞来，凤凰来朝，亦青龙、白虎之间，虎踞龙盘之地，诚是圣境形制。再加上南线的长干、雨花台，又形成坛地形态，确如甲骨之壶字。“精

[1] 石拓 . 明清东莞广府系民居建筑研究 . 广州：华南理工大学建筑学院，2006：38.

[2] 宋兆麟，腰舟考，刘锡诚，游琪主编 . 葫芦与象征 . 北京：商务印书馆，2001：35–45.

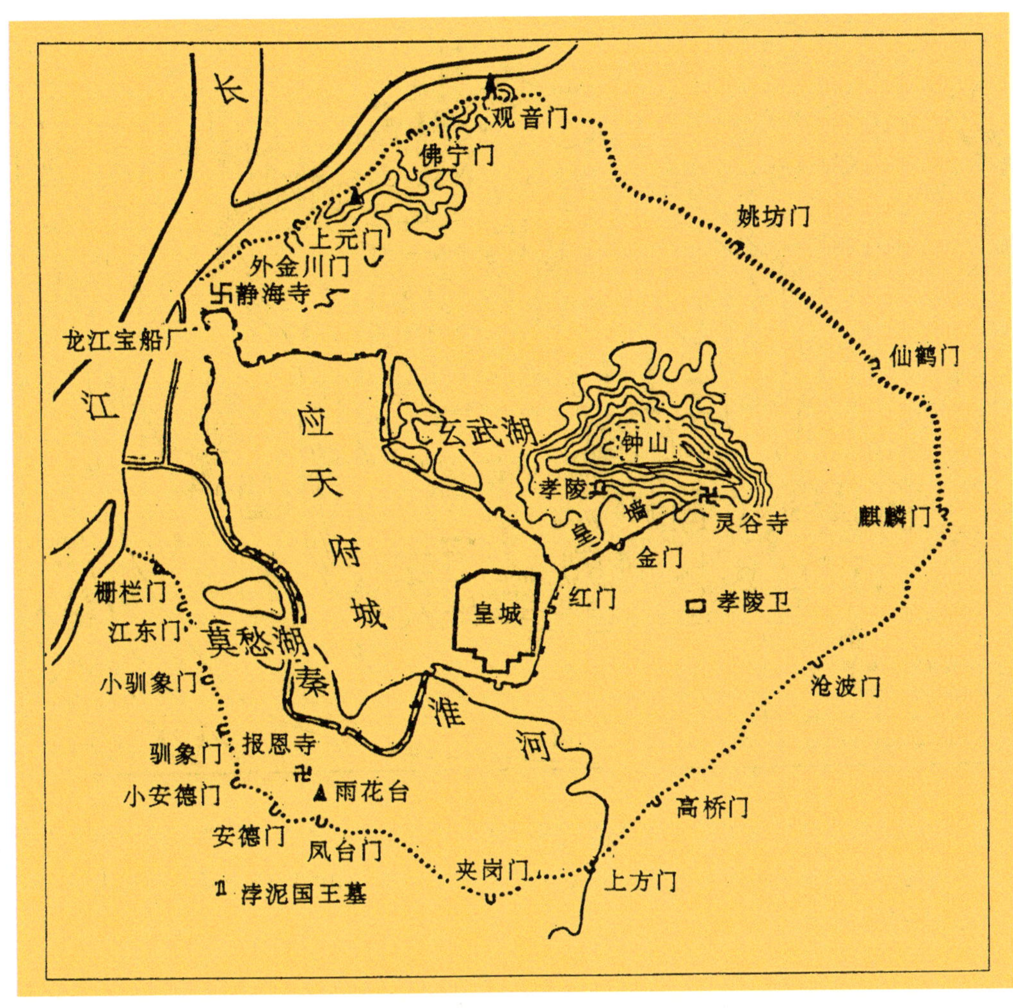

图 11-3-17 明南京外郭图（自郭湖生．明南京．论文插图．建筑师，77：39）

象纬之学”的刘基参与卜地及规划建设南京城，城形仿葫芦是不奇怪的[1]。以葫芦为南京筑城意匠，既顺应地形，也寓意在江南水国中，城池会平安、吉祥。

（二）四川昭化城

四川明清两代的昭化城形为葫芦形（图 11-3-18）。昭化古城位于四川广元市西南 30km 的嘉陵江、白龙江交汇处，古时为葭萌县，为历代郡县治地，直到 1952 年昭化迁县城止，有 2300 多年建置历史。昭化古城在蜀汉时城池坚固，令张鲁之兵久攻不下。明以前城墙为土垣。明正德年间（1506 ~ 1521 年）外部包砌以石，上覆以串房，四周有楼。为了突出葫芦形城的特色，崇祯二年（1629 年）于正北增筑一台，名“金钱葫芦”。明末兵乱城池受损，但城垣和石板街道大部分得以保存。清乾隆三十一年（1766 年）至三十六年（1771 年）修葺城池，城墙周长 482 丈，高 1.5 丈，外围砌石，内面石脚砖身。并改东门为迎风，西门为临风（道光年间改为登龙）。北门仍旧名。南门因防洪而封闭，并倚城筑堤，防御洪水。昭化古城至今保存完好[2]。

---

[1] 王少华．南京明代大葫芦形都城的建造 // 刘锡诚，游琪主编．葫芦与象征． 北京：商务印书馆，2001：345-363．

[2] 应金华，樊丙庚．四川历史文化名城．成都：四川人民出版社，2000：612-621．

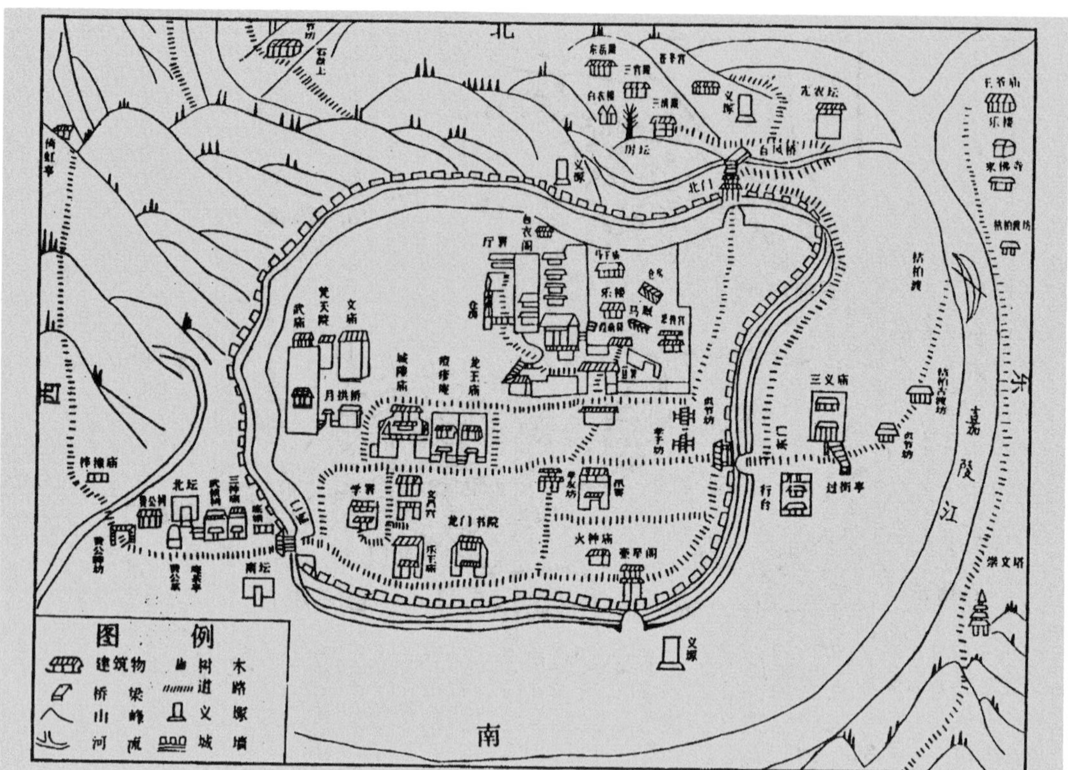

图 11-3-18 清代昭化城池图（自四川历史文化名城：614）

葫芦形的古城是比较多见的。四川清代通江城即为明显的葫芦形。葫芦形城的例子还有一些，如广西的崇左古城[1]，清代万县古城（图 11-3-19）等。山西保德州城，南大北小，形似葫芦（图 11-3-20）[2]。

图 11-3-19 万县同治年间治城图（自赵万民．三峡工程与人居环境建设：227）

---

[1] 于希贤，于洪．中国古城仿生学的文化透视．城市规划，2000（10）：42-45.

[2] 王树声．黄河晋陕沿岸历史城市人居环境营造研究．西安：西安建筑科技大学，2006：24.

六、梅花形

梅花是中国人民喜爱的花。梅花迎霜雪，抗严寒，傲然挺立，早春开花，博得古今盛赞，成为高尚品格的象征，与兰、竹、菊合称“四君子”，象征人的高洁品德。梅五瓣，象征五福，即快乐、吉祥、长寿、顺利与和平。因此，梅花是吉祥高洁的象征。崇梅爱梅，是中国文化特征之一。

宋代大文豪黄庭坚称梅花为“梅兄”，后来宋杨万里和元戴良均雅称梅花为梅兄。唐代玄宗有梅妃。古曲有梅花三弄，梅花落，曲艺有梅花大鼓。因古人把梅花拟人化，又将早春之花迎春花、瑞香花、山茶花称为“梅花婢”。在武术上，有梅花桩。又将布成梅花状的地雷群称为梅花雷、梅花阵。筑城成梅花状的称为梅花城。目前仅知河南清代的南阳城为梅花城（图 11–3–21）。南阳城成为梅花五瓣的梅花城，是人口发展、逐步加筑的结果，是城防的需要，是顺应城市发展而成的形态。

图 11–3–20 保德与府谷城市意象图（自王树声．黄河晋陕沿岸历史城市人居环境营造研究．西安：西安建筑科技大学，2006：24）

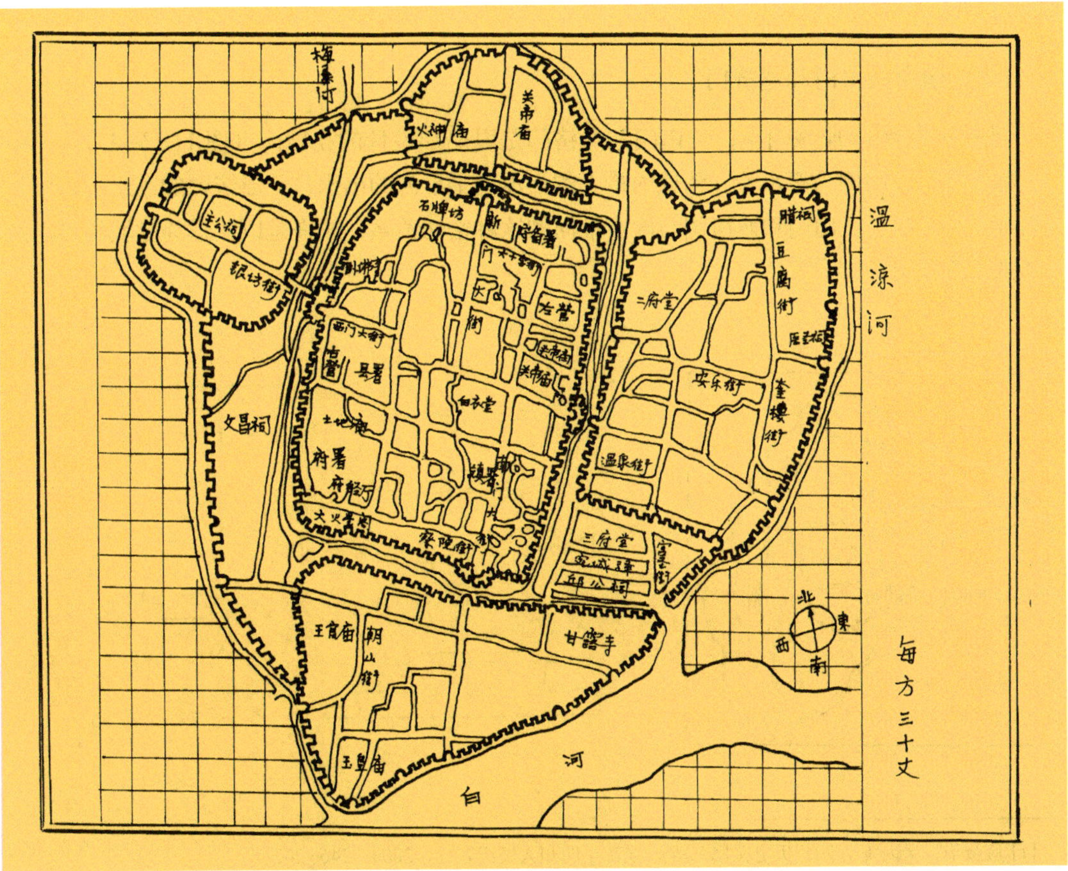

图 11–3–21 清光绪南阳城图（摹自清光绪新修南阳县志并改绘）

七、琵琶形

琵琶为古人喜闻乐见、家喻户晓的乐器。唐代诗人白居易的诗《琵琶行》脍炙人口，享誉千古。城形如琵琶者，有四川梁末古巴州城（图 11-3-22）。巴州古城坐落在大巴山南麓，以处丘陵起伏、沟谷纵横的一块冲积平原上。城枕巴水，山环水抱，形势险要。《通志》称之为："群山雄峙，巴水环流，扼险据塞，梁益要地。且云其交通，连四郡之边境，当八县之街衢，东南耸秀山纪木兰，西北回湍城枕宇水通一线，北方汉南在其指掌，顺西江而南下，川东便于建瓴，固梁益之奥在，亦巴蜀之重镇。"

据《巴州志》、《巴中县志》记载，巴州城筑于后汉，为土城，后又称为汉昌城。历经数百年。梁末（556 ~ 557 年）巴州加筑外城，形成琵琶城的形状。其内城为汉土城，为"琴腹"，向西伸出的外城为"琴柱"。城垣周长 720 丈，城内面积 270 亩。后蜀广政四年（941 年）重加修葺。北宋天圣三年（1025 年）以石包砌城墙，高 2 丈 2 尺，周围 4 里，计 720 丈，四门有楼。直至明末，张献忠攻城，琵琶城被毁。清代顺治初年（1644 年）重建城池。乾隆二十九年（1764 年）重修。嘉庆二年（1797 年）白莲教起义，城池被毁。嘉庆十三年（1808 年）又重建城池。巴州古城于 1992 年被列为四川省历史文化名城[1]。

八、船形

船是水上交通工具之一，船文化是中华文化之水文化的重要组成部分之一。在园林中以船形建屋，便出现石舫、船厅之类建筑。划龙船、赛龙舟是中国人家喻户晓的文化及娱乐节目。船棺葬在古代中国南方一带盛行。"同舟共济"是激励中国人民团结一心、克服困难、互助互爱、勇往向前的格言。在战争中，同城人的命运如同是乘坐在同一条船上的人的命运，城的存亡关系到每一人的存亡。以舟形为城形，便产生了船城。以船形设计城门瓮城，便产生了船形瓮城门。

（一）南京三山门和通济门

明南京城的 13 座城门中，三山门和通济门是以船形设计的瓮城门（图 11-3-23），三山门又称水西门，门侧为西水关，为城内最大的河流内秦淮河的出水口。通济门的东水关，则是内秦淮河的入口。三山门和通济门与内秦淮河的这种密切关系，或许是以船形为瓮城门形态设计的意匠的缘由。

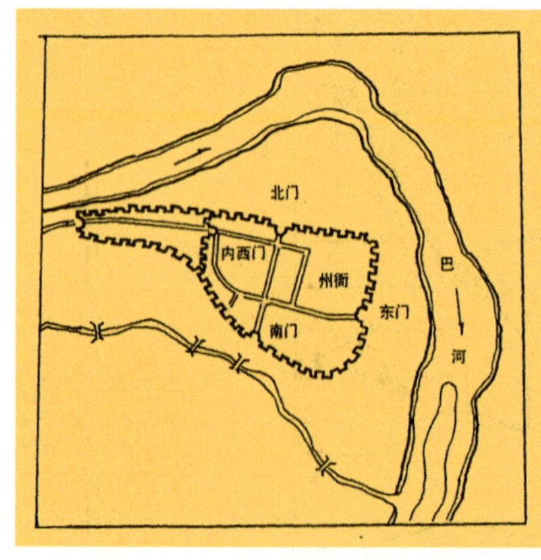

图 11-3-22 梁末巴州琵琶城（自四川历史文化名城：249）

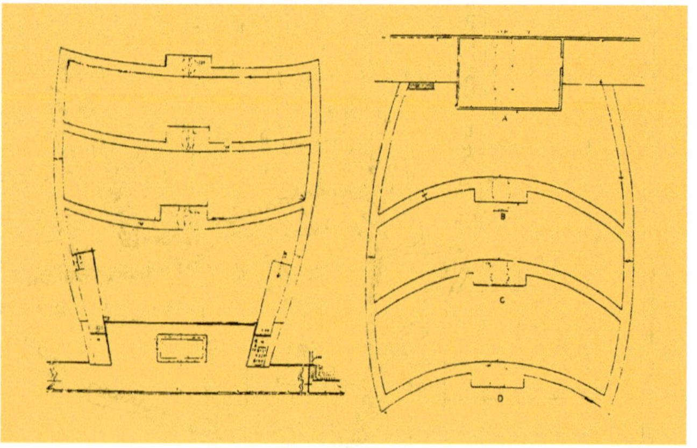

图 11-3-23 明南京城门水西门（三山门）、通济门图（自郭湖生．明南京．论文插图）

[1] 应金华，樊丙庚．四川历史文化名城．成都：四川人民出版社，2000：246-263.

明南京城以葫芦为意匠，寓意城市在江南水乡平安、吉祥。三山、通济瓮城门为何要以舟为意匠呢？笔者认为，这是筑城的规则设计大师以《易》经指导筑城的结果。

《易·系辞下》："刳木为舟，剡木为楫，舟楫之利，以济不通，致远以利天下，盖取诸涣。"《周易·涣》："九二，涣奔其机，悔亡。""涣"，为离散，"奔"为速走，"机"同几，因其以平置为宜，故引申为俯就得安之义。句意为：在涣散之时速就安身之处。"涣散之时，以合为安，二居险中，急就于初求安也。赖之如机，而亡其悔，乃得所愿也。"(《伊川易传》卷四）一说"涣"为洪水，"奔"通"贲"，为覆败，"机"为兀，即房基（李镜池《周易通义》)。亦有认为"涣"为水流，"机"为阶（汉帛书《周易》作阶），即今所谓门槛（高亨《周易大传今注》卷四）。由上释文可知，取舟形为城门之形，乃以表涣卦之象。

《易·系辞上》云："《易》有圣人之道四焉：以言者尚其辞，以动者尚其变，以制器者尚其象，以卜筮者尚其占。""以制器者尚其象"，即"制器作事，尚体乎象。"即依据《易》来制作各种器物，最重要的是体现其卦象。三山、通济二门，取意于涣卦，以舟为器（建筑也属器）之形，意为"水流奔其门，而亡其悔，乃得所愿也。"所愿者为"舟楫之利，以济不通，致远以利天下。"

秦淮河一带，是明南京最繁华之处，三山门更是水陆百货总汇，商贾云集。郑和率船队通好南洋西亚、东非国家，即从南京出发，这一景象，正体现"舟楫之利，以济不通，致远以利天下"之意。

三山门、通济门以船形为瓮城形，以体"涣"卦之象。这两门与聚宝门一样，各有瓮城三道，如能保存至今，应成为世界文化遗产，可惜的是，只有中华门（聚宝门）瓮城至今保存完好，三山、通济两瓮城门已经毁坏，实在令人痛心。

（二）四川会理城

四川会理古城是著名的船城（图 11-3-24)。会理古城位于川滇之交的金沙江畔，地处金沙江北岸，东西南三方为江流环抱，与云南仅一江之隔。它既是古代南方丝绸之路的要津，又是三国孔明南征渡泸之地，为川滇锁钥，历代兵家必争之地。西汉元鼎六年（公元前 111 年）置越嶲郡，辖 15 县，其中一名为会元县，会理属之。唐高宗上元二年（675 年）于其地置会川县。南诏时置会川都督府，大理时改为会川府，元置会川路，明初置会川府，后改设为会川卫。清雍正六年(1728 年)改卫为州，更名会理。

元代建的古城址在今城西北角外黄土高阜处，为黄土城。洪武三十年（1397 年），会川卫军民指挥使司指挥孙禧奉命建会川卫城，初为土城，次年包以砖石，

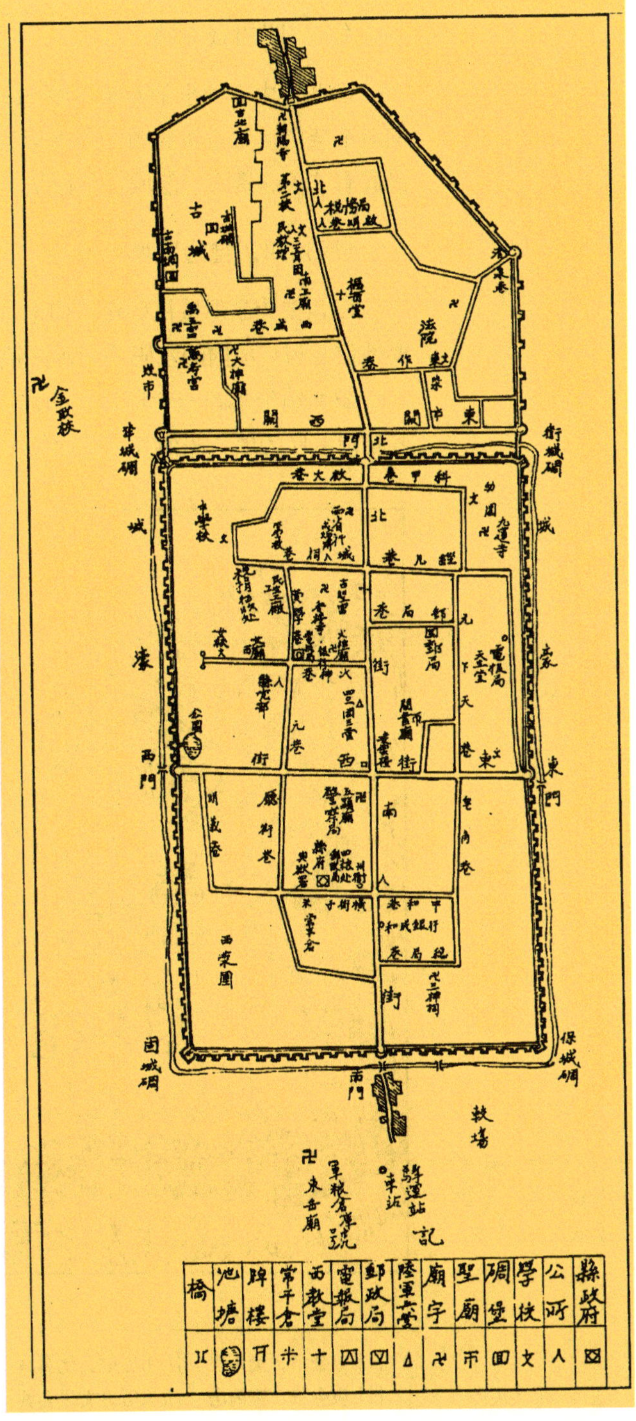

图 11-3-24　民国时期会理城图（自四川历史文化名城：504)

“城高二丈三尺，周七里三分，计一千三百一十四丈，厚一丈二尺，垛口一千五百一十四个，城铺三十座；濠宽三丈，深八尺，广一千三百二十二丈；门四，先惟北门建楼以司更鼓，崇祯五年，游击苏迪添建三楼。”（《会理州志》）

清咸丰十年（1860年），云南回民起义攻占了县城，后弃城而去。同治六年（1867年），于城北部修筑了外城，设东西北三关。外城为土城。“自内城东北角起至西北角止，周三方，长五百一十二丈五尺，高一丈六尺，厚七尺，垛口四百五十六个。”（《会理州志》）其城形更似船形。当地百姓传说，此地原为大海，观音菩萨向龙王借来大海一角，以树叶作船修筑了这座城。但龙王有约，三更借，五更还，所以会理从此不打五更了。其后，在东南山上修一座白塔，紧锁水口，以系古城不没[1]。

（三）四川资中城

四川资中古城也是船城（图11-3-25）。古城位于沱江北岸，背靠盘峰山、重龙山、二龙山，南对笔架山。城市布局顺应山水形势，由西向东沿江伸展，形如一艘浮于沱江之口的大船，故民间有“天赐资中一船城”的说法[2]。

（四）四川犍为罗城

四川犍为县罗城镇始建于明末崇祯年间，位置不靠江河，却始终把持着物资集款中心的重要地位，与县境内的水码头青水溪镇齐名，为川南四大名镇之一。

罗城镇坐落在一个椭圆形的山丘顶上，形如一把织布的梭子，故有“云中一把梭”之称。其建造意匠为船，东西长，南北短，梭形的一面是船底，两边的建筑是船舱，东端的灵官庙是

图11-3-25 清代资中城池图（自四川历史文化名城：513）

[1] 应金华，樊丙庚．四川历史文化名城．成都：四川人民出版社，2000：496-511.
[2] 应金华，樊丙庚．四川历史文化名城．成都：四川人民出版社，2000：512-529.

船的尾舱，两端的天灯石杆是篙杆。灵官庙左侧原有长22m的过街楼是船舱。罗城又称为“山顶一只船”[1]（图11–3–26）。

除了以上各例外，安徽黟县西递村、安徽绩溪县龙川村也都是船形，且有悠久的历史和深厚的文化积淀，值得我们去探索、发掘。

九、钟形

钟，是中国古代的用于叩击发音的乐器，也可用以报时和示警。钟鼎，为古铜器之总称，上面铭刻文字；或记事，或表彰功德。钟鼎，后亦借指功业。因此，钟是很有文化内涵的器具。此外，钟的外形中轴对称，上小下大，给人以强固、稳重之感。中国古代筑城和近代建筑群的规划布局中，有以钟形为意匠的。

（一）贵州普安卫城

普安卫城（图11–3–27）位于今贵州省盘县，建于明洪武二十二年（1389年）。早在普安卫设置之前，盘县历史上的普安路、于矢部、盘州等建制从未有一座固定城池作为地方官府和军事机构常驻之地。

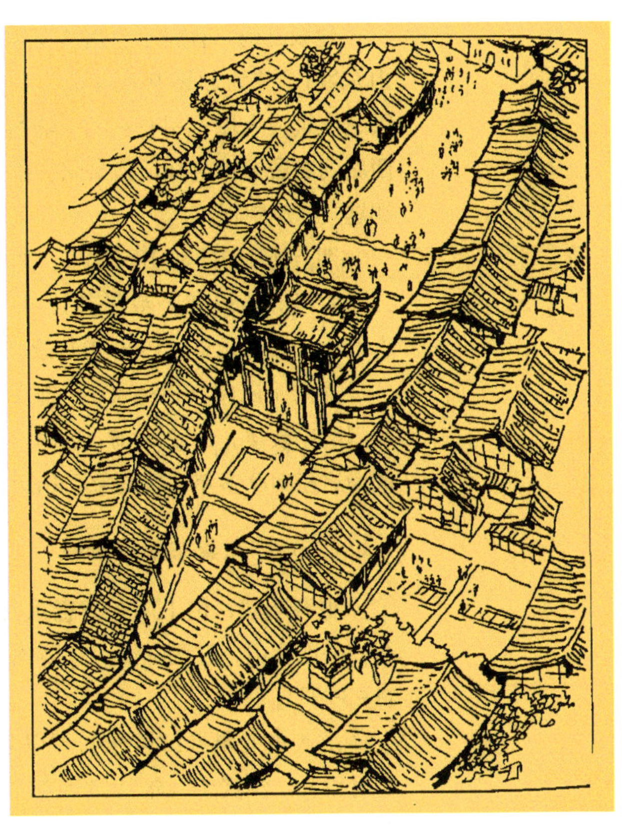

图11–3–26 “船屋”罗城（自四川历史文化名城：570）

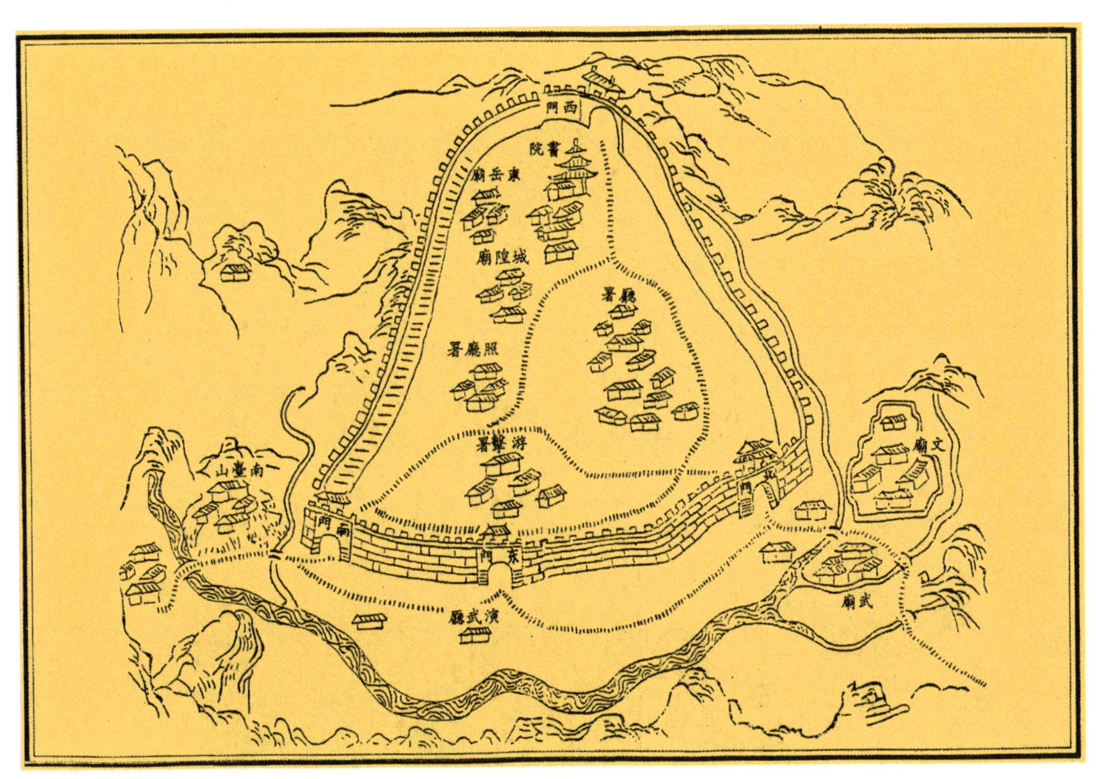

图11–3–27 普安直隶万厅城图（自邵兴林主编．盘州古韵）

[1] 应金华，樊丙庚．四川历史文化名城．成都：四川人民出版社，2000：570–572．

建城之前，普安军民指挥使司指挥佥事郑环选城址于番纳牟山之阳（即云南坡之南，今凤山东坡），并为创建卫城城基立下排梁。洪武二十五年（1392 年），指挥使王威率兵就城基排梁之上筑成土城，用石包砌。城垣周长 4km 余，高 7m 多，依山而筑，西高东低，形如吊钟。西城门高居于钟之耳，其余东、南、北的城门居吊钟底部。卫城坚固，难以攻克，成为“滇黔钥匙”、“滇黔保障”。

明万历十四年（1856 年），普安州治所由云盘山移入卫城，州卫同城，同城分治。清康熙二十六年（1687 年）裁普安卫并入普安州，卫城变成州城。嘉庆十六年（1811 年）改为普安直隶厅。宣统元年（1909 年）改普安直隶厅为盘州厅。普安卫城于是成为厅城。

光绪十二年（1886 年），普安直隶厅同知曹昌棋主持，将原土城改建为石城，并重葺西、北门两座鼓楼。1952 年前，城垣基本完好。经 50 多年沧桑，现仅余北门一段城垣及北门鼓楼，成为这座 600 多年古城的象征和历史见证[1]。

（二）广东惠东平海所城

平海所城，位于广东省惠东县最南端，东濒红海湾，南临平海湾，西倚大亚湾，依山傍海，一面背山，三面临海，且境内周围有群山环绕，形成易守难攻、可进可退的军事要地（图 11-3-28）。

洪武十七年（1384 年），“以岛夷之患”，在广东沿海增设若干卫所，平海守御千户所于是时设置。洪武十八年（1385 年），杨勋等人奉旨从湖北汉阳府汉阳县来此，“建造平海城池，开五屯而养兵，创一城以抚民，靖海上烽烟，卫边疆社稷。”至洪武二十七年（1394 年），平海所城已颇具规模，“城周五万二十丈，高一丈八尺。”有雉堞 871 个，辟东、西、南、北四门，门上建敌楼。城内建贯通东西南北的十字街，两侧为排列整齐的方形砖房营区。所城外形如一口燕尾古钟，故有“钟城”之称[2]。

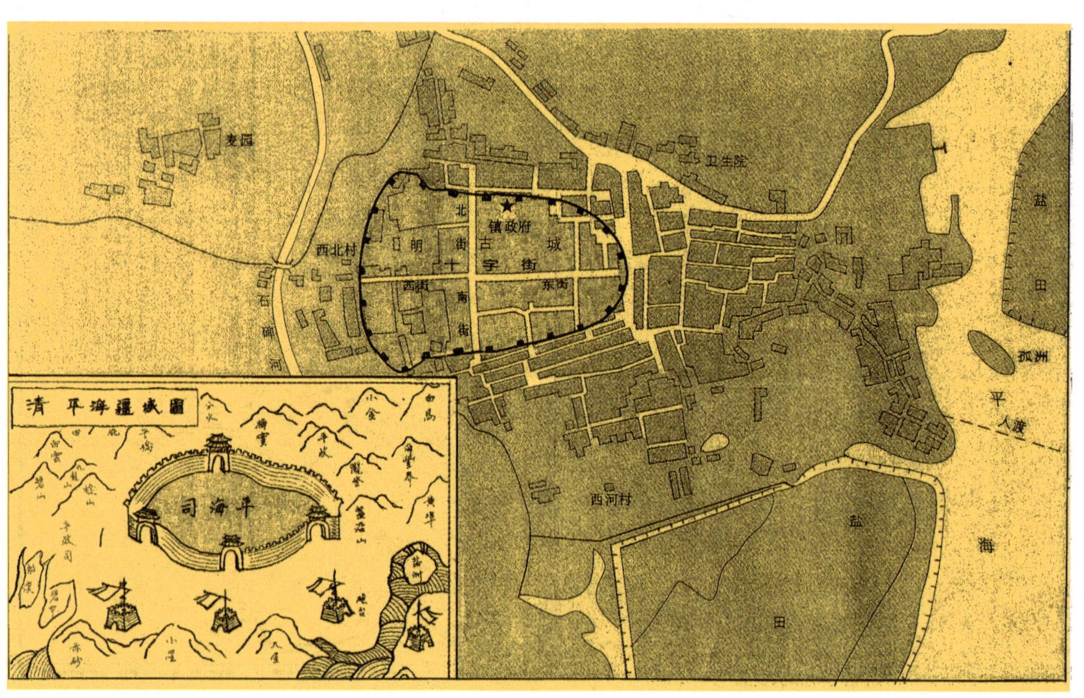

图 11-3-28 平海古城址示意图（自杨森主编 . 广东历史文化名城 ：170）

[1] 邹兴林主编 . 盘州古韵 . 贵阳：贵州民族出版社，2004：1-22.

[2] 杨森主编 . 广东历史文化名城 . 广州：广东省地图出版社，1992：173.

东门为钟城的“钟耳”；南门曰“天子门”，内有宋代王朝、马汉塑像；西门为钟城的底部；北门门有楹联“北极御星恒明，玄天隆帝配千秋”。

清康熙至嘉庆年间，重修环城沟渠，在平海所城前相继建大星山炮台、盘沿港炮台、墩头墩炮台、东缯头炮台和吉头炮台，筑成一道坚固的海防线。清雍正七年（1729 年）各城门楼，东、西、南、北四门均用砖石砌成拱券门。现今城墙、门楼完好，古城内保留了古十字街、“七星井”、会馆、戏台及众多的寺庙，如西门侧的城隍庙，还有龙船庵、东岳庙、龙泉寺、榜山寺、普照庵、谭公庙、觉明洞、觉莲庵、东庵、白衣庵、张飞庙、关帝庙、圆觉庵、园皇庙、龙山庙、龙图阁、大王宫、天后宫等。1991 年 2 月被广东省人民政府公布为广东省历史文化名城[1]。

正因为仿生象物的营造意匠，使城市防洪体系的城池呈现百态千姿。这是中国古代城市防洪体系的重要特色。

第四节　防敌防洪，一体多用的有机体系

中国古代城池防御体系的特点，是功能的多样性。城池体系集多种功能于一体。具体说来有如下两个特点：①城池是军事防御与防洪工程的统一体；②古城的水系是多功能的统一体，是古城的血脉。下面分而述之。

一、城池是军事防御与防洪工程的统一体

集军事防御与防洪工程的功用于一体，乃是中国古代城池的特点。古城形成这一特点，有一个历史发展的过程，可以分为四个阶段。

（一）最初的古城，乃是军事防御的工程构筑物

城墙乃是原始社会后期，由于出现了私有财产，出现了野蛮的掠夺战争，为防卫的目的而构筑的。它是一种世界性的现象，两河流域、埃及等地的古城均有城墙[2]。

恩格斯指出：“用石墙、城楼、雉堞围绕着石造或砖造房屋的城市，已经成为部落或部落的联盟的中心；这是建筑艺术上的巨大进步，同时也是危险增加和防卫需要增加的标志。”[3]

目前，我国已发现约 50 座史前城址，这些古城中，年代最早的是湖南澧县城头山古城，有城墙，也有护城河，城垣现高 4.8m，护城河宽 35 ~ 50m。它有防御功用自不待言，它有无防洪功用呢？我们先可研究一下其城址是否会受到洪水的威胁。城头山古城建造在由澧水及其支流冲积而成的澧阳平原西北部一个叫徐家岗的平头岗地的南端，徐家岗平均高程为海拔 46m，高出周围平地约 2m[4]。1998 年 7 月 ~ 8 月，长江中下游发生百年一遇的特大洪水，荆江沙市段最高水位达到 44.95m[5]。据研究，荆江洪水位在近 5000 年来已产生较大幅度的上升，其变幅达 13.60m，并且有其阶段性的特点，新石器时代—汉为相对稳定阶段，汉—唐宋为上升阶段，宋末元初以来为急剧上升阶段[6]。澧县城头山古城城址东门外有澧水的一条小支流鞭

[1] 杨森主编．广东名胜古迹词典．北京：北京燕山出版社，1996：597-599．

[2] 沈玉麟．外国城市建筑史．北京：中国建筑工业出版社，1989．

[3] 恩格斯．家庭私有制和国家的起源．北京：人民出版社，1972．

[4] 湖南文物考古研究所．澧县城头山古城址 1997 ~ 1998 年度发掘简报．文物，1999（6）：4-17．

[5] 何驽．98 荆江特大洪灾的考古学启示．中国文物报，1998，8（26）：3．

[6] 周凤琴．荆江近 5000 年来洪水位变迁的初步探讨 // 历史地理 · 第四辑，上海：上海人民出版社，1986：46-53．

子河流经，向东汇入澹水，向南贯入澧水。澧水这段已是下游，在附近入西洞庭湖，周围平原地势多在海拔 50m 以下。城头山城址在平原的低岗地上。西洞庭湖的最高水位约 35 ～ 36m[1]。1991 年 7 月，澧水在津市的洪水位达 44.03m，为有纪录以来首位[2]。资料表明，长江中下游中段，近 5000 年以来洪水位上升了 20m 左右，洞庭湖区古澧河底标高为 −12m 以下，比现在湖底低约 30 ～ 40m。近几千年来的文化遗址没入长江和洞庭湖中，说明洞庭湖的水位近 5000 年来也一直在上升[3]。这说明，在 6000 年前，西洞庭湖最高水位远比 35 ～ 36m 低，澧水的津市段水位也远比 44.03m 低，海拔 46m 的城头山城址不会受到洪水的威胁。其城池主要用于防卫。

除澧县城头山古城外，年代较为久远的有郑州西山古城，距今 5300 ～ 4800 年；湖北荆门马家垸古城，距今 5000 ～ 2600 年；湖北荆州阴湘古城，距今 5300 ～ 2600 年；湖北天门石家河古城，距今 4600 ～ 4000 年等。西山古城属仰韶文化晚期，其军事防御性质明显。马家垸古城、阴湘古城、石家河古城均为石家河文化城址，城址高于周围地面 2 ～ 4m，其军事防御功用是无疑的，其城坡平缓，比今荆江大堤还平缓（阴湘古城垣坡度为 15°，石家河城垣为 25°，荆江大堤为 1/5 ～ 1/3[4]），估计有防洪功用。

内蒙古中南部的老虎山等古城，包头威俊、阿善等古城址，准格尔与清水河之间的黄河两岸的寨子塔等古城址，年代距今 4800 ～ 4300 年，相当于龙山时代早期，都坐落在山坡或河岸陡的高台地上，地势险要，无洪水威胁，用于军事防御是明显的。

黄河中下游地区发现的龙山文化城址已达 10 余处，包括河南登封王城岗古城、河南郾城郝家台古城、河南淮阳平粮台古城、河南辉县孟庄古城、河南安阳后岗古城、山东寿光边线王古城、山东章丘城子崖古城、山东邹平丁公古城、山东临淄田旺古城、山东阳谷景阳岗古城、山东滕州薛城古城、山东边莲丹土古城[5]。

在仰韶文化基础上发展的中原地区的龙山文化，遗址多在洪水不易到达之处。当时的人口不如后世那么多，人们完全可以选择在高亢平坦无洪水威胁之地聚居。但是，为了防卫，人们不惜花费巨大的人力，就地取材，用上当时已有的夯土技术，筑起坚固的城墙。

如考古年代约为公元前 2700 ～前 2200 年的安阳后岗龙山文化古城址，位于安阳市西北洹水之滨的高岗上[6]。

古籍记载的："鲧筑城以卫君，造郭以居人，此城郭之始也。"正反映了城郭出现用于防卫这一历史事实。

（二）部分古城逐渐兼有了防洪作用

随着人口的增加，古城数目也逐渐增加。为了用水和航运等便利，有些古城选址于稍低之地。每到汛期，古城就受到洪水的威胁，人们筑土填塞城门，于是城墙担负起了防洪的重任。河南淮阳平粮台古城，即属于这一类型。

---

[1] 何林福，李翠娥著．洞庭湖．长沙：湖南地图出版社，1993：45−55．

[2] 洪庆余主编．中国江河防洪丛书·长江卷．北京：中国水利水电出版社，1998：198．

[3] 吴堑虹，林舸．长江流域地壳运动趋势与洪涝灾害 [M]// 许厚泽，赵其国主编．长江流域洪涝灾害与科技对策．北京：科学出版社，1999：261−265．

[4] 何驽．98 荆江特大洪灾的考古学启示．中国文物报，1998，8（26）：3．

[5] 许宏著．先秦城市考古学研究．北京：北京燕山出版社，2000：138．

[6] 曹桂岑．论龙山文化古城的社会性质 // 中国考古学会第五次年会论文集．北京：文物出版社，1998：1−7．

（三）春秋战国以后，人工决水或壅水灌城事屡见不鲜，使城池普遍成为军事防御和防洪工程的统一体

中国古代从春秋起，就出现了以水代兵、决水或壅水灌城之事。古城若防洪能力不强，就会城破人亡。如公元前279年白起引水灌鄢，"百姓随水流死于城东者数十万，城东皆臭"（《水经·沔水注》）就是一个典型的例子。

又如宋太祖开宝二年（969年）赵匡胤攻太原城，引汾水灌城。据《宋史·太祖本纪》："（三月）乙巳，临城南，谓汾水可以灌其城，命筑长堤壅之，决晋祠水注之。遂寨城四面，……乃北引汾水灌城。……（五月）闰月戊申，雉圮，水注城中，上遽登堤观。"《宋史·陈承昭传》记载："从征太原，承昭献计，请壅汾水灌城。城危甚。会班师，功不克就。"在人为的洪水围困下，太原城已很危险，水已开始注入城中。因为宋军班师回去，城未攻破。

1209年，蒙古兵围中兴府（今宁夏银川市），利用大雨、水涨之机，筑堤引水灌城，居民溺死无数[1]。

金天兴元年（1232年），蒙古兵围攻归德（治所在今河南商丘县南），决河水灌城。城四面皆水，自睢水东南流。城反而以水为固（《金史·石盏女鲁欢传》）。

正是因为历代以水灌城为军事进攻的手段，更进一步促使城池普遍具有军事防卫和防洪双重功用。当然，由于人口的增加，城市数目的增加，城池的扩大，城市用水增加和水运需要量增大，城市基址向更低的江边发展，受洪水威胁也就增加；而且，由于开荒毁林，水土流失，围湖造田，湖泊面积减少，江河洪水泛滥的机会就更多，这也迫使古城得具有防卫和防洪双重功用。以上种种原因，都促使古城进一步成为军事防御和防洪工程的统一体。

（四）城墙足以御洪，进而发展了以水为守的军事防御方法

历代因自然江河为池，城滨江而筑，即以水为守的方法之一。城墙足以御洪，又进一步发展了以水为守之法。

西晋泰始四年（268年），石苞镇淮南（淮南郡，治所在寿春县，即今安徽寿县）。"苞亦闻吴师将入，乃筑垒遏水以自固。"（《晋书·石苞传》）

《宋史》也记载了以水为守的例子。

卢之翰于太平兴国五年（980年）任洺州（治所在广年县，即今河北永年县东南）通判。"会契丹入寇，之翰募城中丁壮，决漳、御河以固城壁，虏不能攻。"（《宋史·卢之翰传》）

卢斌，于淳化五年（994年）到梓州（治所在昌城县，即今四川三台县）。"会江水泛溢，毁子城，斌劝喻州民，翌日，畚锸大集，自城西大濠中掘堑数丈，决西河水，注之以环城……负土塞南北门，为固守之计。"（《宋史·卢斌传》）

南宋时，广州城北曾筑堰潴水，淹城外平地以成湖池，造成军事上的险阻。据载："开庆（1259年）以来，谢经略子强，复自蒲涧景泰山，导泉水西入辟辟水，又至悟性寺之左，筑堤潴之，深二丈许，以淹浸州后之平地，有习坎重险之象。南开小窦，溢则泄之于壕。"（《元大德南海志》，卷八）

类似以水为守的例子还有不少，不再一一列举。

集军事防御与防洪功能于一体，是中国古代城池的重要特点之一。

---

[1] 汪一鸣．西夏建都兴庆府的地理基础 // 中国古都研究．杭州：浙江人民出版社，1985：338-351．

二、古城的水系是多功能的统一体，是古城的血脉

我国的古城多有一个由环城壕池和城内河渠组成的水系，它具有多种功用，被誉为“城市之血脉”[1]。城市水系乃天然的江湖水系的子水系，要研究城市水系，要从江湖水系说起。

（一）城市选址与江湖水系

我们的祖先很早就从实践中认识到水的重要。《尚书·江范》九畴中第一项是“五行”：“一曰水，二曰火，三曰木，四曰金，五曰土。”这五种最基本的物质，是构成世界不可缺少的元素，第一为水。《易经》以天（乾）、地（坤）、雷（震）、火（离）、风（巽）、泽（兑）、水（坎）、山（艮）八种自然物为世界众物之根源，其中也有水。《周易》和《洪范》均成于殷周之际[2]。即距今约3000年以前，古人对水的重要性已有了充分的认识，并上升到哲学的高度。

人类生存离不开水，集中了大量人口的城市更是一时一刻也离不开水，加上水运是古代交通运输的最便利形式，故我国历代古都名城多沿水分布，与自然界的江湖水系密切相关。

然而，水可以为人类造福，也可以给人类带来灾害。因此，用水之利而避水之害，这是城市选址的重要原则之一。《管子》的城市选址理论，正体现了这一原则。

位于海河五大水系交汇之处的天津，有着极为优越的水运条件。但由于海河易泛滥成灾，因此建城选址必须考虑防洪问题。明永乐二年（1404年）所建的天津卫城，选址于三汊口附近惟一的高阜上，既可充分利用水运的优越条件，又减少了洪水的威胁[3]（图11–4–1）。

历史名城广州（图11–4–2），是位于珠江水系的西、北、东三江汇合处的港口城市。广州城的前身为番禺古城，早在战国时期就已出现（《淮南子·人间训》中记载秦始皇平南越时一军处番禺之都）。其城址位于番山上，有甘溪流过以供饮用，又因地势较高，较之洪潮之患，加上江海航运的优势，经2000多年的发展，终于成为今日华南最大的城市。

纵观历代古都名城，如西安、洛阳、杭州、南京、临淄、燕下都等，多傍水而建，可知亲水乃是古城选址的普遍规律。

位于黄河下游以及永定河等易于决溢泛滥的江河流域的城市，城址的选择表现了特殊的倾向——畏水，即远离河岸，以避免洪灾。历史名城北京也是如此，其城址远离永定河，而位于永定河冲积扇的背脊上，不易受到永定河洪水的威胁，又接近泉水丰富的西山山麓，以便得到充足的水源——在这里，城址亲水的规律又再一次重现。

（二）城市水系的规划和建设

根据《管子·度地》“经水若泽，内为落渠之写，因大川而注焉”以及“地高则沟之，下则堤之”的学说，古城规划建设了自身的水系。

最简单的城市水系，仅由一圈环城壕池组成。它具有军事防卫、供水和排水三种功用。然而，多数古城的水系都要复杂得多。城市水系的高度发展，就形成众所周知的“水城”。水城的共同特征是水系高度发展，城内河道密度很高。宋平江府（苏州）城河道密度为5.8km/km^2，清代绍兴城为7.9km/km^2，宋代温州城为10.8km/km^2，明代无锡城则为11.36km/km^2[4]。

[1] 吴庆洲．中国古代的城市水系．华中建筑，1991（2）：55–61．

[2] 任继愈．中国哲学史简编．北京：人民出版社，1984：9–14．

[3] 郑连第．古代城市水利．北京：水利电力出版社，1985：117–120．

[4] 吴庆洲．中国古代的城市水系．华中建筑，1991（2）：55–61．

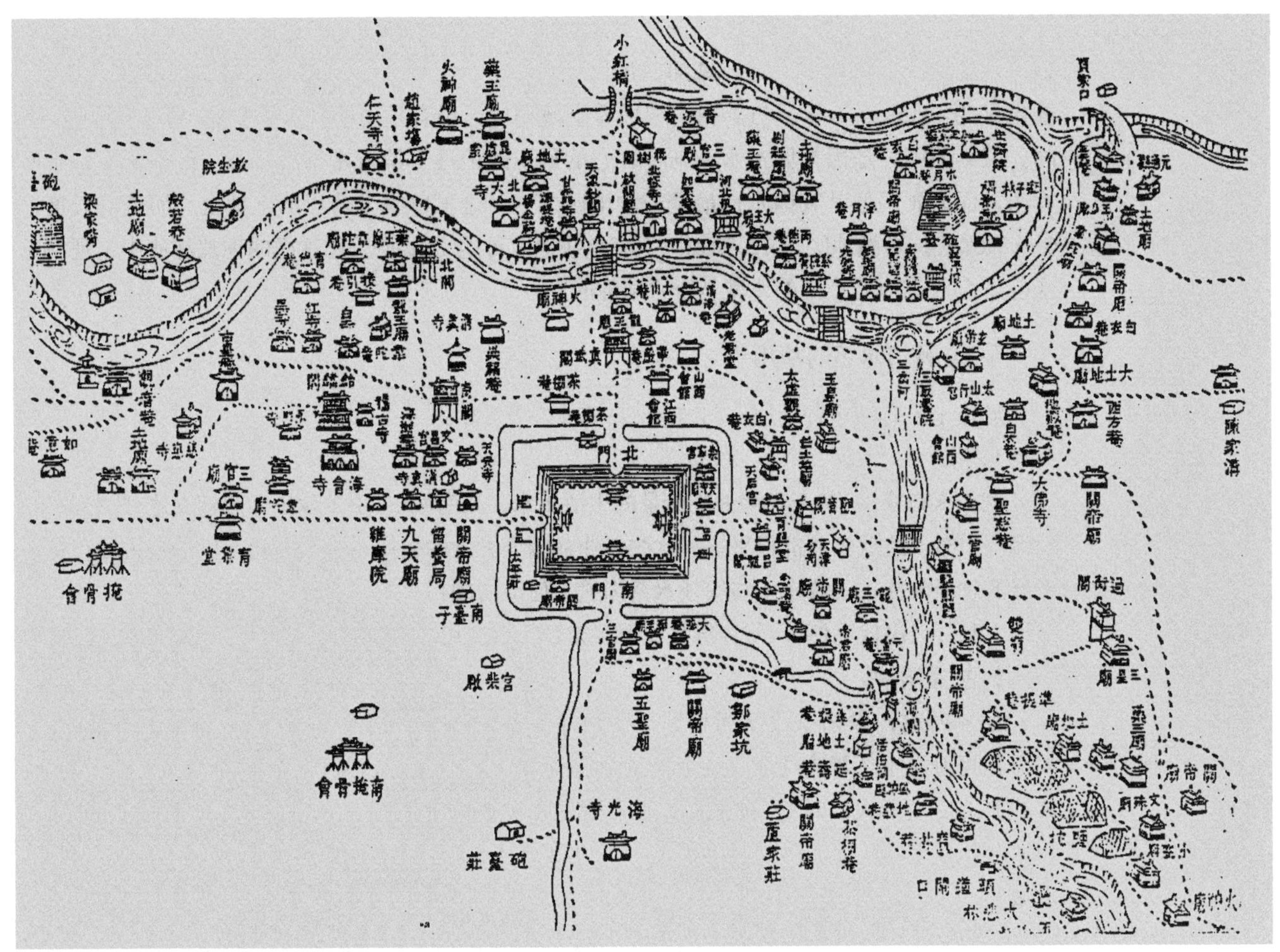

图 11-4-1 天津城郭图（津门保甲图说）

图 11-4-2 民国广州城图

河道密度高是江南水城的共同特征。其他地区的城市，河道很难达到这样高的密度。比如，楚都纪南城水系虽发达，城河密度仅 1.47km/km^2。号称四水贯都的宋东京城，河道密度也仅为 1.55km/km^2。与苏州、绍兴等水城相比，仍有量上的较大差别，从而产生质的不同。究其原因，是因为城市水系与孕育它的周围的地理环境有密切的关系。江南水乡，水网稠密，而太湖平原是我国水网最稠密的地区之一。这里每平方公里的土地上，河流的长度达 6 ～ 7km，杭嘉湖地区达 12.7km，上海有些地区可达 14km[1]。在这样的地理环境中出现河道密度达 5 ～ 12km/km^2 的水城是合乎情理的。

（三）城市水系的功用

城市水系有着多种功用，归结起来，有如下 10 条：

1．供水

城市人口众多，每天都得消耗大量的生活用水。江南城市，手工业历来比较发达，比如苏州、丝绸、织布、造纸等业都很兴盛，这些行业都需要大量的生产用水。因此，供水是古城存在和发展的重要前提。古城水系与城外水系沟通，使清洁的用水源源不绝地流遍全城，使“居者有澡洁之利”、“汲饮之便”，使各行各业得到充足的生产用水。

2．交通运输

如前所述，宋东京城四河贯城，其中汴河、五丈河和蔡河均为京城漕运河道。东京城人口在百万之上，粮食等生活用品全靠河道运输。江南一带，号称水乡泽国，在古代水运乃其主要的交通形式。时至今日，在公路铁路都已很发达的情况下，水运仍有重要的作用。苏州常年水运量占总运量的 70%，而湖州 1982 年水运占对外货运总量的 96.5%[2]。可见水乡古城的水系在交通运输上的重要地位。正如《乾隆浙江通志》所述：“临安古都会，引江为河，支流于城之内外，交错而通舟。舟楫往来，为利甚博。”“引水入城，联络巷陌，凡民之居，前通阛阓，后达河渠，舟帆之往来，有无之贸易，皆以河为利。”（《乾隆浙江通志》，卷五十二，水利）

3．溉田灌圃和水产养殖

城市水系可以灌溉城内和城郊的田园菜圃，其水体可以种植菱荷茭蒲，养殖鱼虾，有一定的经济效益。惠州西湖因而有“丰湖”之称，“鱼、鳖、菱荷、莼菜之属，施于民者普，故曰丰湖。”（《广东新语》，卷四，惠州西湖）

4．军事防御

古城水系的护城池即为军事防御而设。护城河又宽又深，成为敌人进攻的一大障碍，是防卫的重要设施。

5．排水排洪

城市水系排水排洪的作用是十分重要的。地处岭南的广州，气候属南亚热带季风海洋性气候，年降雨量 1694mm，雨量充沛，春夏常有暴雨，最大日雨量达 284.9mm（1955 年 6 月 6 日）[3]，如排水不畅，北边白云山的山洪袭来，或城内积雨成潦，都会出现水患。广州古城内原有六脉渠，与城壕共同组成排水排洪的系统，有效地排除积水。历代广州地方官均重视修浚六脉渠。阮元《广东通志》指出：“广州城内古渠有六脉，渠通于壕，壕通于海。

---

[1] 陈永文．长江三角洲自然地理概貌．社会科学，1983（5）．

[2] 宗林，杨新海．长江三角洲内河航运展望．城市规划汇刊，1986（1）：22-35．

[3] 吴郁文著．广州地理．广州：广东人民出版社，1987：27-28．

六脉通而城中无水患。”（《广东通志》，卷一二五，城池）

6．调蓄洪水

明代无锡古城内的河渠河底面积为 212254.72m²，河渠约可蓄水 95.5 万 m³。无锡古城面积约 2km²。据现代无锡气象资料（1905 ~ 1977 年），该城 1d 最大降雨量为 161.5mm（1962 年 9 月 5 日），3d 最大降雨量为 288.9mm（1957 年 7 月 1 日 ~ 7 月 3 日），7d 最大降雨量为 320.9mm（1957 年 6 月 29 日 ~ 7 月 5 日）。设其平均径流系数为 0.5，则 1d 最大降雨 161.5mm 的情况下，假定雨水径流全由城河容蓄，城河水位上升 76cm；3d 最大雨量为 288.9mm 的情况下，则城河水位上升 136.1cm；7d 最大降雨量为 320.9mm 的情况下，城河水位升高 151.2cm。现城河深 4.5m 左右[1]。假定明代也深 4.5m。如果在雨季前注意排去河中部分水量，水位升高 151.2cm 是不会造成水患的。正因为如此，无锡古城历史上罕有雨潦之灾。

7．防火

城市水系在防火上有重大的作用，一来可以隔离火源，使水势不致蔓延，二来可以提供足够的消防用水，这在没有自来水和高压水龙的古代，该是何等的重要。

江浙一带古建筑以木构为主，极易引起火灾。江南古城，以杭州火灾最多，自唐代宗广德元年（763 年）至民国二十五年（1936 年）共 1173 年间，共发生火灾 200 多次[2]，且造成巨大损失：“绍兴元年（1131 年）十二月，临安火燔万余家”；“康熙十二年（1673 年）九月，杭州火，大风一昼夜，自盐桥东延一十三里。”（《乾隆浙江通志》，卷 108 ~ 109，祥异）火灾的教训，使人们认识到城河“非特利舟楫，亦可以消炀灾”，“取润金水，克制火龙，尤非谬说。”（《乾隆浙江通志》，卷 52，水利）

8．躲避风浪

一些沿海的港口城市，其城市河道或湖泊还往往兼有躲避风浪的作用。广州就是一例。

广州为我国古代重要的港口城市，对内和对外的贸易都十分活跃，城外江海边船舶如云，如遇台风，若无躲避之地，势必造成重大的损失。

唐宋以来，兰湖乃是船舶重要的避风之所。其东面的象冈，唐以前称朝台。据载：“余慕亭在朝台，唐刺史李毗建，凡使客舟楫避风雨者皆泊也。”（《光绪广州府志》，卷八十四，古迹略）宋代，凿西澳等供船舶避风。“南濠，在越楼下，限以闸门，与潮上下，古西澳也。景德间（1004 ~ 1007 年）经略高绅所辟，纳城中诸渠水以达于海。维舟于是者，无风涛恐。”（《永乐大典·广州府》）

邵晔于宋大中祥符四年（1011 年）知广州，“州城濒海，每蕃舶至岸，常苦飓风。晔凿内濠通舟，飓不能害。”（《宋史·昭晔传》）明代以后，又开西关冲，作为船舶避台风、急潮之用[3]。

9．造园绿化和水上娱乐

水是造园绿化的必要条件。凡是园林多、绿化好的城市，都与城市水系发达有关。

历史上，洛阳以园林众多著名，这与伊、洛等水贯城有关，而“元丰初，开清汴，禁伊、洛水入城，诸园为废，花木皆枯死。”后来，元丰四年（1081 年）“复引伊、洛水入城，洛阳园圃复盛。”（《河南邵氏闻见录》，卷十）

江南一带，由于城市水系发达，因此园林众多，有“江南园林甲天下”之称。苏州园林又为江南之冠，在明代有园林 271 处，清代有 130 处[4]，故又有“苏州园林甲江南”之誉。

---

[1] 无锡市城建局，地区防汛办．无锡市城市防洪排水问题简析，1983

[2] 钟毓龙．说杭州． 杭州：浙江人民出版社，1983．

[3] 曾昭璇．从历史地貌学看广州城市发展问题 // 历史地理·四．上海：上海人民出版社，1986：28-41．

[4] 廖志豪，张鸽，叶万忠，浦伯良．苏州史话．南京：江苏人民出版社，1980：130．

城内外的湖泊，历代均辟为风景名胜区，供人们游览和娱乐。汉长安的昆明池、唐长安的曲江池、宋东京的金明池、杭州西湖、北京三海、惠州西湖等都是如此。

10. 改善城市环境

古城的水系里流动着活水，清洁的水不断注入城内，并流去城中的污秽，因而净化了城市环境。水系滋润了环境，利于草木生长，减少沙尘，有润湿环境、净化空气的作用。成都古城两江环绕，空气清新，唐李白赞之："水绿青天不起尘，风光和暖胜三秦。"（《蜀中名胜记》，卷二，成都府）

在炎热的夏季，城市水体可以使临水街区温度略有降低，起到调节和改善城市水气候的作用。

（四）血脉畅通，城市繁荣

正因为城市水系有上述十大功用，古人形象地把它比喻为："城市之血脉"。早在战国时期，古人就已把江河水系比作大地的血脉："水者，地之血气，如筋脉之通流者也。"（《管子·水地》）把城市水系视为城市的血脉，其观点是与之一脉相承的。

由许多地方志中可以看到，把城市水系比作城市血脉的观点在北宋已广为传播。

北宋绍圣初年（1094 年）吴师孟在谈到成都河渠壅淤，引起疠疫时说："譬诸人身气血并凝，而欲百骸之条畅，其可得乎？"（吴师孟《导水记》，《同治重修成都县志》，卷十三，艺文志）

南宋绍兴八年（1138 年）席益也谈到："邑之有沟渠，犹人之有脉络也，一缕不通，举身皆病。"（席益《导渠记》，《同治重修成都县志》，卷十三，艺文志）

这一看法与中医传统的理论是一致的。中医学认为："经脉者，所以能决死生，处百病，调虚实，不可不通。"（《黄帝内经·灵枢·经脉》）令人惊异的是，具有多种功用的城市水系对城市的价值，与血脉对人体的价值有惊人的相似之处。城市水系在促进城市的繁荣发展和形成特色上有如下四大作用：

1. 稳定城址

在中国古代，有许多古城曾因种种原因而迁址重建。然而，水城苏州、绍兴以及江南水乡的许多城市，如无锡、湖州、温州、杭州等，城址都相当稳定；一些城市水系较完善的古城，例如成都城、广州城，自战国建城至今已 2000 多年，城址不变。这固然与这些城市的城址好有关，也与它们完善的城市水系有密切的关系。具有多种功用的城市水系是古城最重要的基础设施之一。因此，虽然苏州、成都历史上均数历战火刀兵，城内建筑多被毁坏，但城市水系骨架犹存，"血脉"仍在，只要稍加修浚，又可使用，城市又能逐渐恢复生机[1]。可见，城市水系在稳定城址上的作用是不容低估的。

2. 促进工商业的发展

城市水系使城内外交通十分便利，使商业兴旺、市场繁荣。

唐代的扬州，因处于当时长江、运河、海运交叉转折点，商旅群聚，十分繁华。当时城内出现两条十里长街，一条是贯穿罗城东西的长街，另一条是官河与市河之间的商业街[2]。这两条商业长街的形成都与城河密切相关。

---

[1] 董鉴泓著．中国城市建设史．北京：中国建筑工业出版社，1982：52.

[2] 李伯先．唐代扬州的城市建设．南京工学院学报·建筑学专刊，1979（3）：55-63.

南方港城广州，南临珠江，商业街市多沿江岸、沿壕池发展。元朝时期，濠畔有一带为商业中心，极为繁华。有诗赞曰："广州富庶天下闻，四时风气长如春。""城南濠畔更繁华，朱楼十里映扬柳。"（明孙贲《广州歌》）

除扬州、广州外，宋东京的汴河沿岸，从城内直至城外七八里，都是繁华的商业街市，最繁荣的相国寺市场，就在汴河北岸。六朝的建康（今南京），主要的商市在秦淮河北。类似的例子不胜枚举。

此外，城市水系提供的清洁用水，使许多手工业都得以发展。例如，成都的蜀锦，因濯于江水而色泽鲜艳（《华阳国志》，卷三，蜀志），早在汉代已蜚声全国。杭州因西湖水质甘美，宋代成为全国酿酒业最发达的城市之一。苏州等水乡城市发达的丝织、印染、造纸等手工业，均与供水充足、便利有关。工商业的兴旺，经济的发展，有力地促进了城市的繁荣发展。

3. 提供了较高质量的生活居住的环境

城市水系的多种功用，使居民获得了较高质量的生活、居住的环境。交通运输的便利，工商业的发展，市场的繁荣，供应的丰足，使市民的物质生活有了保证。众多的园林，大片的水面，使环境宜人，空气清新，改善了市民的居住环境。水系在防卫、排洪、防火等方面的作用，减少或避免了城市灾害，使居民有安全感。

4. 有助于形成城市的特色

城市特色的形成与城市的水系有着不解之缘。众所周知，杭州因有西湖而名扬天下；苏州因河道密布而有"水域"之美称；济南因"家家泉水，户户垂柳"而被誉为"泉城"；成都因江水濯锦，色泽鲜艳，织锦业兴盛，号为"锦城"。广州城内外众多的河渠湖池，出产大量的鱼虾蛇鳖、蟹蛤螺蚌，以及如"泮塘五秀"那样的水生菜蔬，丰富了居民的物质生活，也促进了烹调业和饮食文化的发展，"食在广州"成为众品之碑。

江南水乡，城市河渠纵横，别具风貌。然而，每个城市仍各具特色。就以它们的水系而言，也形态各异。苏州呈棋盘格子状；无锡城壕呈菱形，城河呈鱼骨状；绍兴有七条城河（图11-4-3），称为七弦；嘉定城壕略呈圆形，城中骨干河道呈十字交叉状；上海、松江城壕也呈圆形，但城河状态又各不相同，形成各自特色。

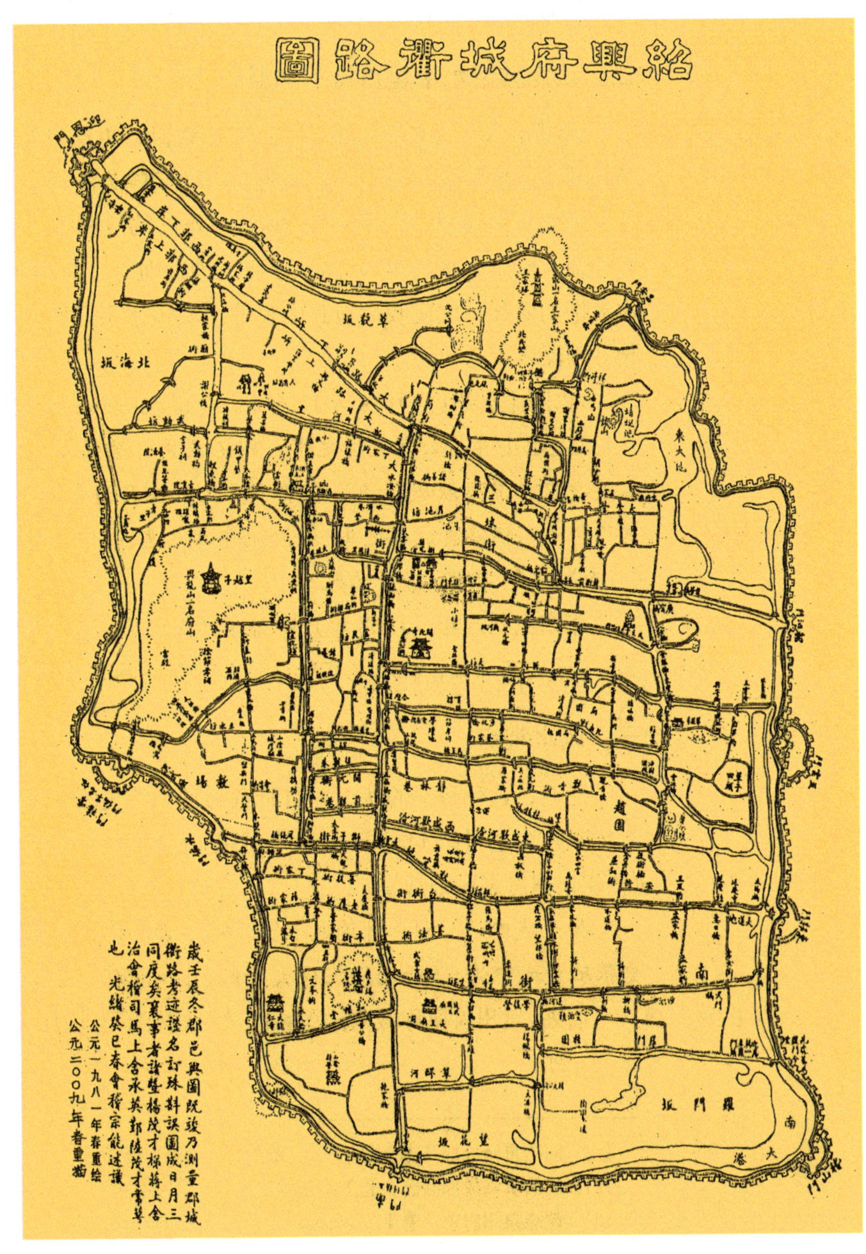

图11-4-3 绍兴府城衢路图（光绪十九年，1893年）

城市水系上众多的桥梁，形态各异，韵味各别，使城市呈现不同的艺术风貌。

通过上述的分析，认识中国古代城池防御体系的功能多样性，即集多种功能于一体的特点，正确评价和借鉴中国古代城市建设的历史经验，对城市历史遗产的保护和现代城市建设是具有重要意义的。

第五节　维护管理城市水系运用了多种学说和理论

维护管理城市水系运用了多种学说和理论，这是中国古代城市防洪体系的重要特色。

一、对城市水系的排洪作用有较科学的认识

从北宋起，人们对城市水系的排水排洪作用逐渐有了较科学的认识。

成书于北宋元丰七年（1084年）的《吴郡图经续记》就已明确指出，苏州城发达的河渠水系具有重要的排洪作用，能“泄积潦，安居民”，“故虽名泽国，而城中未尝有垫溺荡析之患。”

二、认为城市水系是古城的血脉

对城市水系的多种功用（包括排水排洪）更深刻的、富于哲理的认识，乃是认为城市水系乃是城市之血脉的观点。这种观点自宋代起颇为流行。

值得注意的是，远在宋代1000多年前的战国时，《管子·水地》就已提出：“地者，万物之本原，诸生之根菀也”，而“水者，地之血气，如筋脉之通流者也。”在这里，江河水系被比作大地的血脉，它使我们看到后世的“城市水系乃城市之血脉”的观点之雏形，该观点自北宋起逐渐深入人心。

北宋绍圣初年（1094年）吴师孟在记载成都疏导城内河渠的《导水记》一文中说：

“蕞尔小邦，必有流通之水，以济民用。藩镇都会，顾可缺欤？虽有沟渠，壅淤沮洳，则春夏之交，沉郁湫底之气，渐染于居民，淫而为疫疠。譬诸人身气血并凝，而欲百骸之条畅，其可得乎？伊洛贯成周之中，汾浍流绛郡之恶，《书》之浚畎浍，《礼》之报水，《周官》之善沟防，《月令》之导沟渎，皆是物也。”[1]

南宋绍兴八年（1138年）席益在《淘渠记》一文中也认为：

“邑之有沟渠，犹人之有脉络也。一缕不通，举身皆病。”[2]

三、风水观点

然而，这种科学的认识，有时竟与唯心的先验论相伴而行，以至真真假假，真假莫辨。

泉州古城（图11-5-1）外有城壕，内有沟渠，历代多有修理、疏浚。泉州古城内有八卦沟。《乾隆泉州府志》记载：

按子城内沟，即八卦沟也（《闽书》：古时以八卦瓶埋之于先天方位。至明弘治十一年，御史张敏开城中沟，于西南隅掘得大瓷瓶，上陶巽字，盖取其方位之相配，非凿沟如八卦象也。）[3]。

后来，泉州人便称城内沟渠系统为“八卦沟”。历代均有修浚，直至1946年仍疏浚八卦沟（图15-5-2）。

---

[1]　同治重修成都县志，卷13，艺文志．

[2]　同治重修成都县志，卷13，艺文志．

[3]　乾隆泉州府志，卷11，城池．

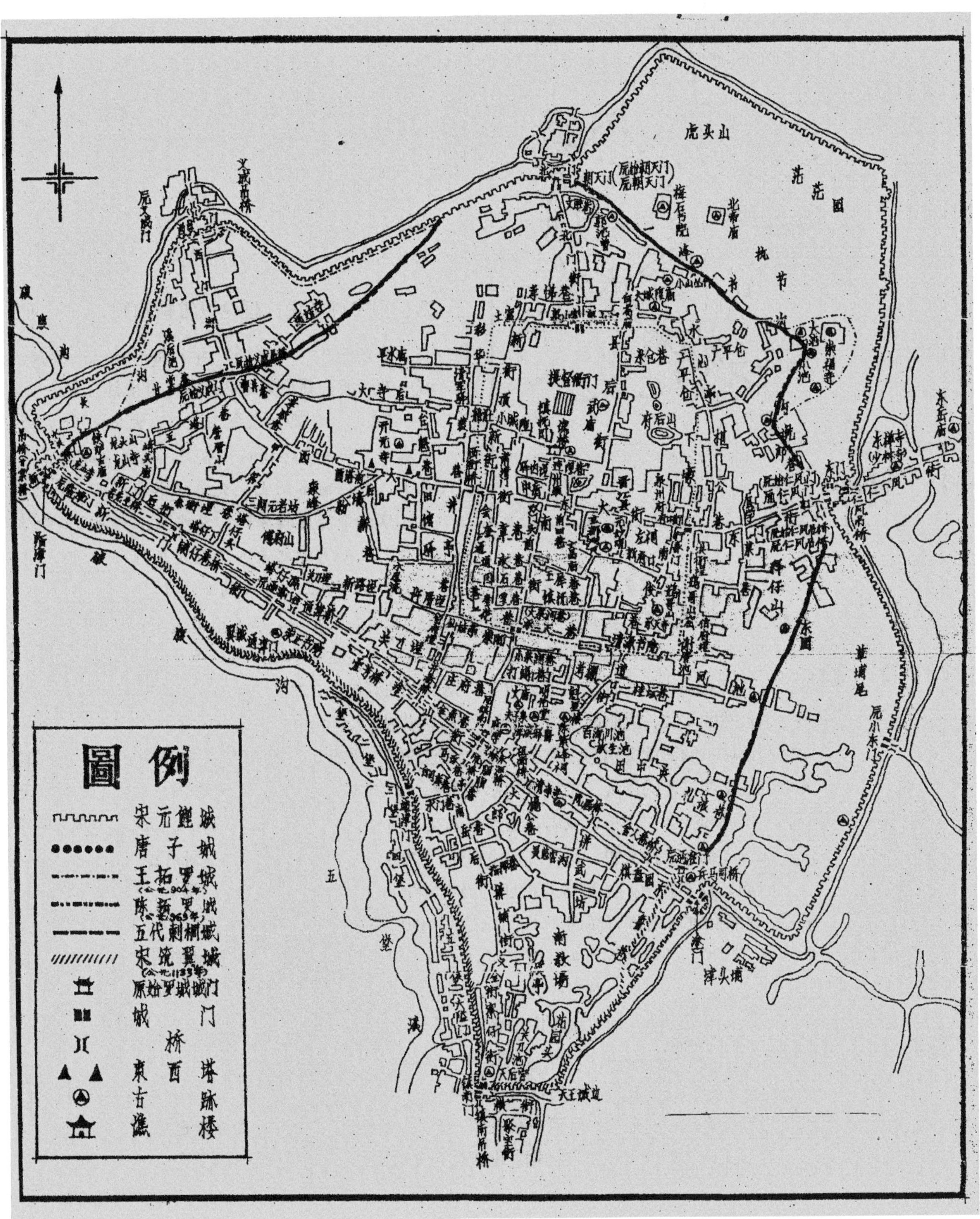

图 11-5-1 泉州城址变迁图（据 1922 年泉州工务局测绘．福建泉州城市平面图．陈允敦教授补充，王愚绘图．泉州文史：2-3）

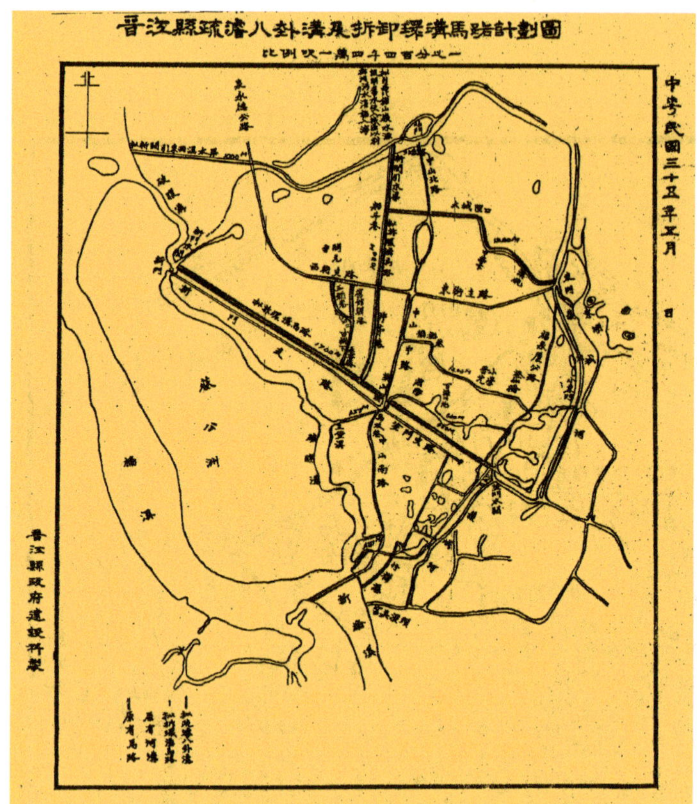

图 11-5-2 晋江县疏浚八卦沟及拆卸环沟马路计划图（1946 年）

风水观念自宋以后在长江以南十分盛行，江西、福建尤甚。《乾隆泉州府志》又云：

[万历府志]罗城子城内外壕沟，如人之一身血脉流贯，通则俱通，滞则俱滞……绍兴十八年（1148 年）守叶廷珪乃辟通淮门，引巽水入，语人曰：今通此水，十年后当出大魁。至期，梁文靖公克家果魁天下[1]。

巽，八卦之一，卦形为☴，表示东南方位。由城东南方引水入城，与“十年后当出大魁”并无必然的因果关系，该说法是唯心的。

四、用多种学说、理论以维护和管理好城河

嘉靖三十二年（1553 年）知府童汉臣浚泉州城内外沟河，蔡克廉记载此事，并陈述己见：

“嘉定间守真文忠公又浚之。大抵沟河池壕相为表里，而要于庠校人文有关。或谓清源山嵯峨，属火，在得诸水制之。夫凿诸水以制山，引巽水而入城，固皆堪舆家语。然水火五行之理，阴阳八卦之位，儒者之学亦不越是。河沟于郡城，犹人身之血脉。文忠不云乎：宣畅则安，壅滞则疾。古之明王，务谨沟洫坊墉之制。非无以也，人文之先，以魁天下，其止于甲第簪缨而已哉？文者经天纬地，必先有孔孟之儒术，必有伊周之相功，然后谓之经纬文章。而设诸水道，经纬不明，脉络不通，何以成人之文乎？”[2]

蔡克廉把城内沟渠河道看做人之文，见解有独到之处。如果把“文者经天纬地”理解为人类改造自然的实践，从而创造出人类的文明，则城内水道的规划、建设、维护、管理得好与否，确实与该城市的面貌文明与否有关。城内水道通畅，舟楫往来，交通便利，环境良好，景致幽美，确是文明进步的体现。相反，如水道壅塞，舟楫不通，污水四溢，积潦横流，只使人感到肮脏、落后和野蛮。可见，城内水道事关人文，乃是人类创造的古代城市文明的一个重要的组成部分。要维护这种文明，就得有理论根据。“城河乃城之血脉”就是这种理论根据。

然而，在实践中，光靠这一种理论仍不够用，往往得同时使用多种学说、理论作为工具、武器，才能维护和管理好城河。下面以绍兴为例说明这一问题。

绍兴古城，是著名的水乡，城中河渠纵横（图 11-5-3），历代都把城河看成“地脉”、“郡城血脉”加以维护。但一些市民为了自身利益，侵占河道，或在上面建造水阁，影响船只通行，并向河道倾倒垃圾，使河道淤浅以至堵塞，影响环境卫生，有碍城市观瞻。

为保护城河，康熙五十四年（1715 年）知府俞卿禁在河上造水阁，其禁碑云：

“为永禁官河造阁，复水利以培地脉事……当念河道犹人身血脉，淤滞成病，疏通则健。水利既复，从此文运光昌，财源丰裕。实一邦之福，非特官斯土者之厚幸也。”[3]

俞卿又树另一碑于江桥张神祠，即巴陵韩矩《毁水阁记》，上云：

---

[1] 乾隆泉州府志，卷 11，城池 .

[2] 乾隆泉州府志，卷 11，城池 .

[3] 乾隆绍兴府志，卷 14，水利志 .

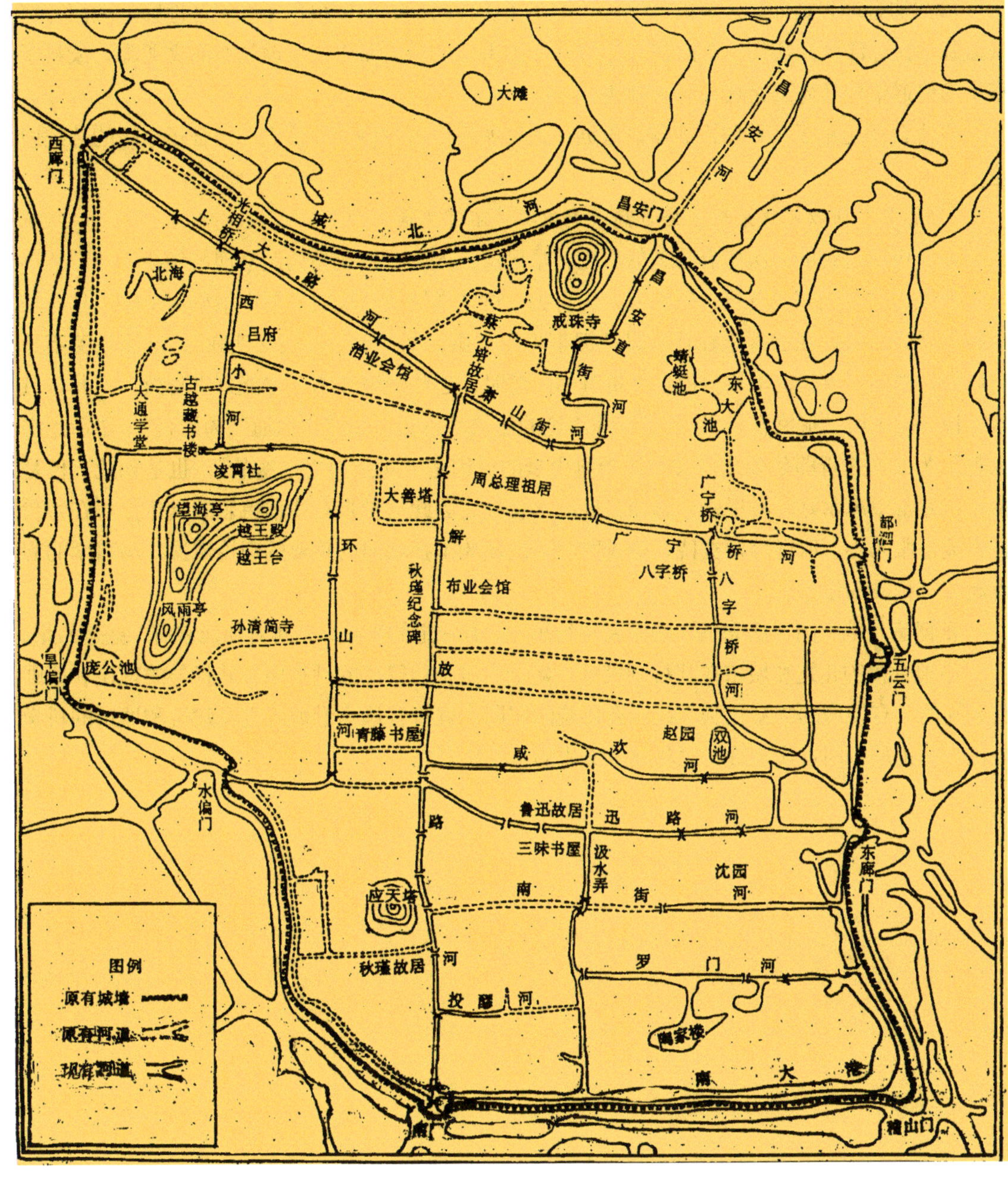

图 11-5-3 绍兴市区河网示意图

“越郡有城河者七，郡中以七弦名之。……我公至，谓：城心有河，犹人身有血脉也。血脉凝滞，众疾作，厥惟投剂通其滞。于是召诸父老曰：尔越文明旧盛，胜国二百七十年，取巍科登公辅者踵相接。至于今少衰矣。实兹河之淤塞故。河在五行居其二，水与土相生者也。水土生生之义亏，地气塞而文明晦，是不可不急以浚。……且除道成梁，亦王政之所经营也，又不徒在乎形家者言矣。”[1]

我国古代凡兴办公益事业，必要有其理论根据，才能名正言顺。兴办公益事业需劳民，还需经费，如无根据，则将不得人心，落得个“劳民伤财”的坏名声。而且，历代公益事业受损，往往与一些百姓只顾眼前利益，损害、蚕食公共设施有关。更糟糕的是一些豪门大族，侵吞公产，把公共设施占为己有。如不应用各种理论为武器制造舆论，就得不到百姓和上级官吏的支持，就会障碍重重，不但事情办不好，主管的官吏还会被弹劾罢官。

[1] 乾隆绍兴府志，卷 14，水利志 .

城河的管理也是如此。俞卿的两碑，提出了管理河渠的理论根据：①河乃地脉，城河乃郡城血脉，血脉滞则众疾作；②河在五行中，乃由水与土相生而成，今地气塞而文明晦，故科甲衰；③修道架桥乃先王之政，必须效法。

以上俞卿运用了三种理论武器，根据一是对城河作用的科学的认识，结合了中医的传统理论：

“经脉者，所以能决死生，处百病，调虚实，不可不通。”[1]

由于中国传统的中医学有悠久的历史，早已深入人心，因此易为民众理解领会。

根据二则与阴阳、五行、风水等学说有关。这些学说是从现实生活中抽象出来的，具有辩证的发展的内核，在宏观上往往可以把握事物的本质，如“地气塞而文明晦”，这因果关系是正确的，把握了事物的本质。但在分析具体问题时，这些学说并不一定能事事奏效，尤其是风水学说（即堪舆、形家言），往往带有唯心论的迷信的色彩。如“巽水通”为因，“十年后当出大魁”为果的分析即是如此，又如认为科甲衰的原因是“实兹河之淤塞故”，也是如此。但是由于百姓希望风水好，科甲盛，忌讳当地风水受损，因此这种带有迷信色彩的具体分析在古代往往能征服人心，取得百姓支持，造成舆论，而成为维护城河的重要的理论武器，与科学的观点起相辅相成的作用。

根据三乃是中国“法先王”的儒家传统思想，有一定的影响，尤其对朝廷官府，更是如此。

中国古代的建筑和城市在其规划设计、建造、维护、管理的过程中，其指导的理论和原则是多元的，有传统的儒家礼制学说，有传统的阴阳、五行、风水学说，也有建筑和城市的科学理论，这正是中国古代建筑文化和城市文化的重要特点之一。

[1] 黄帝内经 · 灵枢 · 经脉 .

第十二章

研究和总结我国古代城市防洪经验的意义

研究中国古代城市防洪的历史经验，有如下几方面的意义：

(1) 借鉴历史经验，可以避免或减少损失；

(2) 在建筑技术史和城市发展史上的研究上，有重要的学术价值。

第一节　借鉴历史经验，避免或减少损失

我国古代的城市防洪具有近5000年的历史经验。有一些古代有效的防洪设施，沿用至今。这是我们祖先遗留给我们的宝贵的精神财富和物质财富，是中华民族的重要的文化遗产。对我们祖先遗留下来的宝贵遗产，有两种不同的态度：一种是给予足够的重视，认真研究，加以总结，并参考借鉴古代的经验；另一种是轻视它们，对古代的东西一律视为国事、无用。前者是正确的态度。借鉴古代的经验，并运用现代的科学技术，可以把当今的城市防洪搞得更好，从而避免或减少损失。后者是不正确的，往往可能走弯路，甚至遭受巨大的损失。

一、借鉴古城防洪的历史经验，保护和利用古代防洪设施，可以达到防洪减灾的目的

我国有一些城市，一直沿用古代的城市防洪设施。比如，荆州古城、文安古城、寿州古城、平遥古城，城墙至今仍完整，仍可以用来防御洪水。潮州古城、赣州古城、安康古城、常德古城、台州古城、泾县古城（图12–1–1）、乐山古城、犍为古城（图12–1–2）、四川太和镇古城、新昌古城都保存了部分城墙（主要是沿江城墙）以抵御洪水。肇庆古城虽然新中国成立后已修防洪堤，但有关部门仍很重视其防洪作用，把它作为历史文物和防洪设施加以保护，并重建了城上的披云楼，使古城又为旅游事业增色。

图12–1–1　泾县城治图（嘉庆泾县志）

（一）湖北荆州古城

湖北荆州古城，即江陵县城所在。古城历史悠久，为三国关羽所筑。明嘉靖九年重修[1]。现存城墙为清顺治元年（1644年）依明朝旧基复建，基本上保存了明代的规模和风格。城墙内为土墙，外砌以砖。城围8km，城高8.83m。城随地势高下迂回，呈不规则的形状。为了防洪，城墙建筑得十分高大坚固。墙脚皆用条石垒砌。青砖均用石灰糯米浆砌筑。城墙下部有排水券洞，以排泄城中潦涝入壕池。券洞均用条石砌筑，极其坚固耐用。古城六个城门均有瓮城，前后两道城门均有闸槽，御洪则关门下闸。闸为杉木板闸，两道闸门间填以小麦、蚕豆等粮食，它们遇水膨胀，挡水作用甚佳[2]。

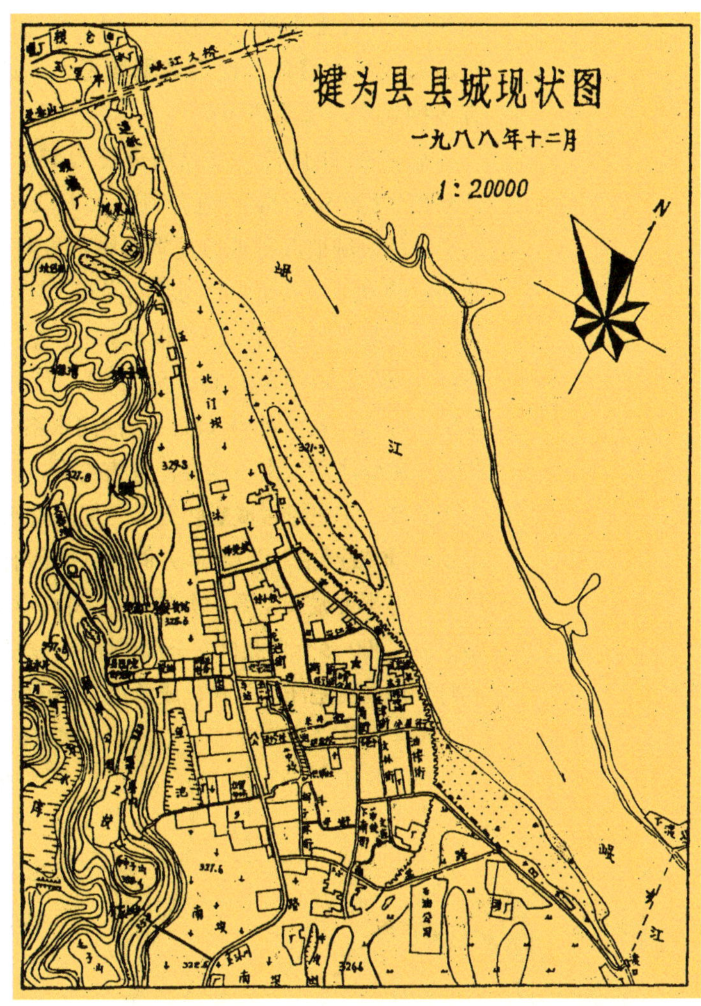

图 12-1-2　犍为县城现状图（乐山市城乡建设环境保护志）

（二）河北文安古城（图 12-1-3）

河北文安古城，即今文安县城所在。其地势低洼，水系属海河水系，自古即多洪涝之灾。古城边的文安洼，明清两代500年间，有大水灾150多次。鸦片战争到新中国成立前的百年中，竟有60次遭洪水吞淹。1939年的洪水，文安洼100多个村庄被淹，15个村庄全毁，3万多人淹死，10万多人倾家荡产。县城因古城保护得免水患。1963年文安又遭特大洪灾，造成全县3万多间房屋倒塌，危房14000多间，县城又赖古城免受洪灾[3]。

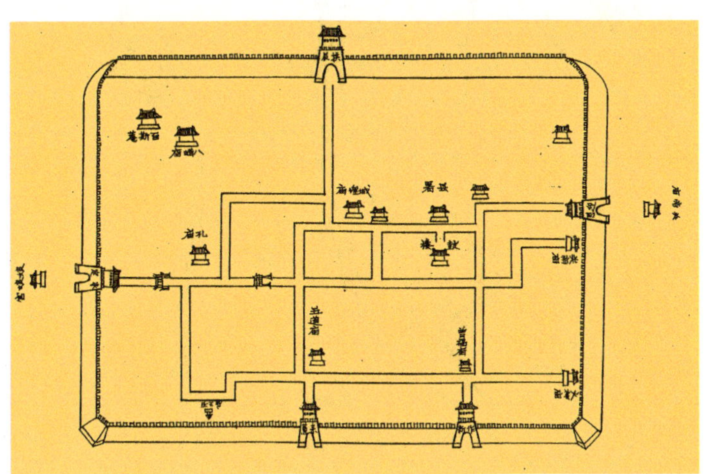
图 12-1-3　文安古城图（摹自文安县志）

（三）安徽寿州古城

安徽寿州古城，城址即今安徽寿县所在。寿县古城寿春，曾为战国晚期楚国都城之所在。据《史记·楚世家》载："（考烈王）二十二年，……楚东徙都寿春，命曰郢。"据《光绪寿州志》载："寿春城旧在八公山之阳，淮水东南五里许。周显德中，徙至淮北。宋熙宁间复故处。嘉定间许都统重修，周围十三里有奇，高二丈五尺，广二丈。城外东南为濠，宽二十余丈，

[1] 古今图书集成·考工典·城池.

[2] 吴庆洲. 试论我国古城抗洪防涝的经验//清华大学建筑系. 建筑史论文集·八. 第一版. 北京：清华大学出版社，1987：1–20.

[3] 吴庆洲. 试论我国古城抗洪防涝的经验//清华大学建筑系. 建筑史论文集·八. 第一版. 北京：清华大学出版社，1987：1–20.

北环东淝，西连西湖。门四……明永乐七年淮水坏城，诏以时修筑。”大抵现寿州城创筑于宋，明清历代多次修筑。据笔者现场考察，城砖自 42cm × 20cm × 8cm ～ 36cm × 17cm × 6cm，有多种规格，属明清用砖。

据有关部门测定，城墙现全长 7147m，墙顶高程为 27 ～ 28.65m（废黄河口标高，下同），外墙角高程 23m 左右，也有高达 25 ～ 27m 的；内墙角高程为 17 ～ 19m。1976 年将北门至西门至草坝段城墙改为重力式浆砌块石防洪墙，共长 2957m[1]。西城门和南城门已拆除，改建成牌坊式的大门。东城门和北城门尚存，皆有瓮城。

寿州城北临淮河，自古即多水患。据《光绪寿州志》，自汉文帝二年（公元前 178 年）至明成化十二年（1476 年）共 1654 年间，寿州一带有水灾 62 次。自宋建炎二年（1128 年）南宋东京留守杜充决黄河自泗入淮后，淮河水系受黄河泥沙影响，淤积严重，水灾更多。1938 年黄河花园口被炸决后，南下侵淮，危害更大，寿州城外普遍淤高 3 ～ 7m 不等，许多河湖淤为平地，河床淤高，水患对古城威胁更大。据寿县水电局统计，寿县自新中国成立以来水灾 10 多次。其中 1954 年较严重，毁房 50 万间。县城因有古城墙保护得免水灾。1991 年夏季华东特大洪水灾害中，寿州古城又经受一次严峻的考验。7 月 4 日，寿县瓦埠湖水位高出正常水位 5m，沿湖 20 多个乡、500 多个自然村，全部进水[2]。寿县古城在 6 月中旬已堵塞北门、东门，6 月底堵南门。这时，周围更是汪洋一片，成为洪水中的孤岛，成为周围受灾百姓的方舟。笔者于 1991 年 8 月 22 日到寿县考察时，城周围的积水仍有 1 ～ 2m 深。

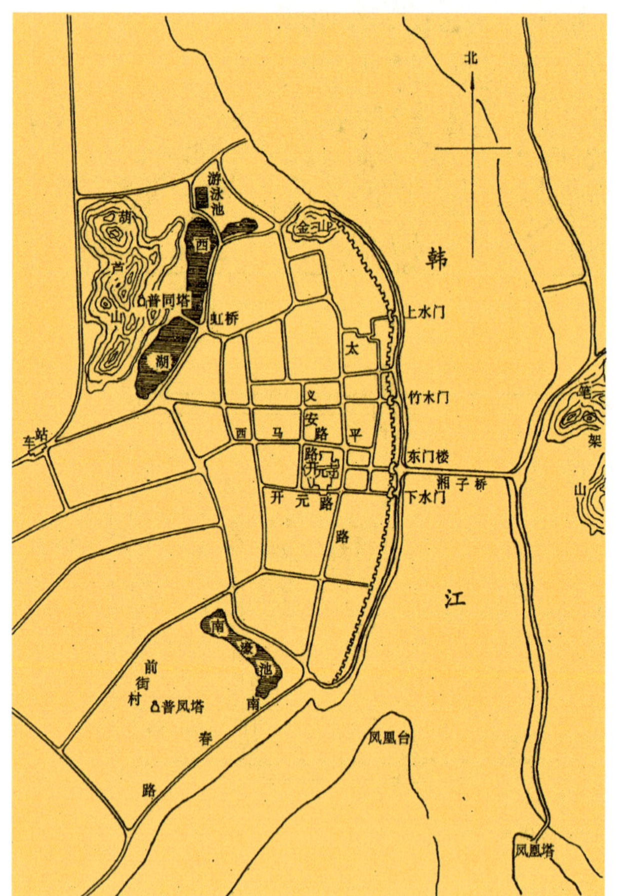

图 12-1-4 潮州古城图

寿县古城为防洪已建立了累累奇功。尽管城外汪洋一片，洪水进不了城，城内也无积潦之灾。民谚说：“寿州城池筛子地，下雨水就漏。”又说：“寿州城坐脚盆上，水涨地也上”，等。

古城墙的墙基选筑在黄黏土层上，城墙以砖石护面，石灰黏土夯筑墙体，条石、灰浆垫筑墙基，防水性能较好，洪水难以渗入城内[3]。

寿州古城的障水系统、排水系统、调蓄系统的规划、设计均科学、得当，反映了古人的聪明和才智，很值得我们学习、借鉴。

（四）广东潮州古城（图 12-1-4）

潮州古城，在今潮州市内。据《光绪海阳县志》载：“城府北倚金山，东临韩江，西、南绕以壕，外郭以工为之。宋绍兴十四年知军州事王元应、许应龙、叶观相继瓮筑，为门十有一。元大德间总管大中恰里修东城之滨溪者，谓之‘堤城’。明洪武三年指挥俞良辅辟其西南，筑砌以石，改门为七，曰广济……谓之凤城。”以后历代均有修葺。

[1] 安徽省建委，水利厅，文物局调查组．关于寿县城墙保护问题的调查报告，1982.

[2] 徐如俊，蒋亚平．在严峻的考验面前——记安徽人民抗洪救灾斗争．人民日报，1991（8）：2.

[3] 阮仪三．旧城新录．第一版．上海：同济大学出版社，1988：11-15.

现潮州古城尚存东面沿江城墙和广济门，皆明洪武三年（1370年）所筑，门楼为民国时重建。城门面临韩江，有名的广济桥即在此横跨江岸。直到现在，每年汛期洪水泛滥之时，广济门即下两道木闸，中填土石，沿江城墙便成为一道防洪大堤，可保市区免于水患[1]。

（五）江西赣州古城

赣州古城在今赣州市内，位于赣州上游，章、贡两水的合流处，三面环水，形势险要。古城原有城墙7300多米，1958年拆去南门至东门和西门段的城墙3650m，沿江城墙因防洪所需未被拆除，由八境台至西津门长1364m，由八境台至东河大桥（即东门）长2300m，即共3664m城墙保存完好。原有13座城门，现存西津、朝天、建春、涌金4门，除朝天门保留原貌外，余3门经改建。

据现场考察，沿章江城墙下部用花岗块石砌筑（少量为红砂岩），高1.4～1.8m，其上部为砖砌，用白灰砂浆。沿贡江城墙下部为高约1.3～2m的红砂岩条石，上砌砖。现存古城墙建自宋代，计有宋建石城、砖城，明、清重修的城段等。其用砖规格多种，目前已知有铭文砖134种，最早的为熙宁二年（1069年）[2]。

据水文资料，赣州章江28年中有26年的最高水位超过警戒水位（99.00m，吴淞口标高，下同）；贡江28年中有25年最高水位超过警戒水位（97.50m）[3]。故洪水对赣州市威胁甚大。赣州市区高程由96～120m不等，古城内地势稍高，但东北部较低，故“州守孔宗翰因贡水直趋东北隅，城屡冲决，甃石当其啮，冶铁固基，上峙八景台。”[4]历史上赣州最高水位为104m（1964年），如无古城墙保护，将有1/3市区受浸。现古城仍为防洪御灾建树功勋，近年为防洪，还组织有关专家、工程技术人员检查城墙，进行修理补漏，使这千年古城墙更加坚固，焕发青春。

赣州地处亚热带，降水强度大，日降雨最大达200.8mm（1961年5月16日）。如城内无完善的排水排洪系统，必至雨潦之灾。古城内现有完善的排水系统——福寿沟，始创年代无载。据载，宋熙宁年间（1068～1077年），水利专家刘彝知赣州，“作水窗十二间，视水消长而启闭之，水患顿息。”[5]福、寿两沟中，寿沟早于福沟，是否为晋、唐城的排水干道，待考。福沟是否创自刘彝，亦难确定。但刘彝作为水利专家，将古城原有排水系统加以扩建、完善则是可以肯定的。

福寿沟创自北宋或北宋以前，历史逾千年。历代有修浚。清同治八至九年（1869～1870年）修后依实情绘出图形，总长约12.6km，其中寿沟约1km，福沟约11.6km。1953年起，赣州修下水道，修复了厚德路的原福寿沟，长767.6m，砖拱结构，宽1m，深1.5～1.6m。旧城区现有9个排水口，其中福寿沟水窗6个仍在使用。至今福寿沟仍是旧城区的主要排水干道。

其水窗闸门做得巧妙，原均为木闸门，门轴装在上游方向。当江水低于下水道水位时，借下水道水力冲开闸门。江水高于下水道水位时，借江中水力关闭闸门，以防江水倒灌。因木门易坏，近年已全部换成铁门。

---

[1] 吴庆洲．试论我国古城抗洪防涝的经验//清华大学建筑系．建筑史论文集·八．第一版．北京：清华大学出版社，1987：1-20．

[2] 赣州市博物馆资料．

[3] 刘继韩，郭桥莎，徐放．赣州市城市气候及其对城市规划布局的影响//北京大学地理系，赣州市城市建设局．赣州城市规划文集，1982．

[4] 道光赣州府志，卷三，城池．

[5] 天启赣州府志，卷十一，名宦志．

赣州市内原有众多的水塘，星罗棋布，福寿沟将众水塘串联起来，形成城内的活的水系，在雨季有调蓄城内径流的作用，可以在章、贡两江洪水临城，城内雨洪无法外排时避免涝灾，并有养鱼、种菜、污水处理利用的综合效益。

（六）湖南常德古城

常德古城在今常德市内。据《嘉靖常德府志》载："府城：周赧王三十七年（公元前278年）楚人张若筑城。后唐副将沈如常砌二石柜。（元）延祐六年常郡监哈珊于府前砌石柜一座。洪武六年（1373年）常德卫指挥孙德再辟旧基，叠以砖石，覆以串楼，作六门，浚濠池，而制始备。正德二年（1507年）指挥段辅修砌江岸城墉。嘉靖十四年（1535年）指挥周东修砌府学前城垣，复于城下垒石堤，高八尺，亘延如城。"

古城南临沅江凹岸，水流湍急，直冲城址，常为城患。历代先后修7座石柜（丁坝）逼流南趋，以护城址。现古城仍遗留南面沿江城墙。1981年10月～1982年4月，常德市在原古城下南门城门旧址上，建成临沅闸，按百年一遇洪水标准设计。汛期临沅闸下闸后，沿江城墙便成为一道防洪大堤。因防洪之需，城墙维护得较好。城砖规格有多种，多为清代和民国用砖。有"光绪壬寅重建"字样砖，有36cm×22cm×9.5cm和37cm×20cm×9.5cm两种规格；有"常德城卫局"字样砖：37cm×21cm×8cm；"宣统贰年"字样砖：36cm×21cm×8.5cm。现元延祐六年（1319年）所建笔架城石柜仍存，仍起防冲护址作用。

（七）浙江台州古城

台州古城位于今浙江省临海市。它地处山海之会，为宁绍门户，自古为浙东重镇。古城北依大固山，西、南因江为池，南枕巾山，三面有险可恃，利于军事防御。但城址在防洪上却有不利因素：①城区地势较低。城区地面高程由6.38～8.38m不等（黄海高程，下同），而历史最高水位为10.219m，高于城内地坪1.8～3.8m。如不设防，必致重灾。②台州地处东南沿海，受台风影响易导致暴雨、洪涝灾害。③城处山海之会，灵江洪水受海潮顶托，易形成大水灾。

由于以上原因，台州城历代受洪潮之灾是极其严重的。自晋太和六年（371年）至1948年的1578年间，临海县受洪潮灾害101次。自宋庆历五年（1045年）至政和二年（1112年）的68年间，洪潮圮城达5次，平均为13.6年1次。民国九年（1920年）至二十八年（1939年）的20年间，洪潮圮城入城达8次，平均2.5年1次。

宋绍定二年（1229年）九月，台州城受特大洪潮袭击。"天台仙居水自西来，海自南溢，俱会于城下，防者不戒，袭朝天门，大翻栝苍门以入，杂决崇和门，侧城而去，平地高丈有七尺，死人民逾二万，凡物之蔽江塞港入于海者三日。"[1]

在与洪潮灾害的长期斗争中，古台州修筑了高大坚固的城墙，采取了一系列有效的防洪措施，如处理好城基，筑好城堤保护城基，以牛践土筑城，以砖石包砌城身，在城墙内侧筑高台以抗水冲，城门设闸以御洪水，等。

现台州城西面和南面的城墙保存较完善。南面的靖越、兴善、镇宁三门和月城以及西北面的朝天门和月城尚存，但均已无城楼。从西面城墙上拆开的洞口看，城墙底为石基，上为土筑，外表用砖石包砌，城砖用纯白灰砌筑，浆满缝实，砌筑质量很高。靠江边城基外部均有条石砌

---

[1] 光绪台州府志，卷二七．

的宽约2m、高1.5～2.5m的护城石堤。现存城墙均已无雉堞。城墙高6～8m，墙基部宽5～9m，上部宽4～6m不等。城砖大多为明清用砖[1]。

台州古城保留沿江的西面和南面的城墙，为的是防御灵江洪潮的袭击。但由于管理的不善，1949年以来仍有数次洪潮入城为患。现当地有关部门已加强管理，台州古城墙无疑仍能为防洪御潮再立新功。

（八）苏州古城（图 12–1–5）

历史上，苏州古城利用古城墙、水陆门闸挡水，河渠系统排水和调蓄，避免或减轻了洪涝灾害。在1991年6月中至7月初，市区降暴雨，总量达538mm。由于雨量特大，加上上游客水大量涌入，下游洪水难以排出，造成河湖水位猛涨，已接近历史最高水平。由于苏州市在1983～1988年间投入了2000万元，在古城周围建立了12个闸、12座泵房，并利用古城墙挡住洪水，在这场百年一遇的洪水中，保证了古城范围14.7km^{2}没有受淹，减少了损失。古城外新建成区由于防洪设施没有跟上，没有设防，大面积受淹，受淹面积达11.17km^2，损失达数亿元[2]。

（九）山东菏泽古城（图 12–1–6）

菏泽古城在山东菏泽市内。由于历史上黄泛影响，菏泽城区渐变为盆地。护城大堤比城中心分别高出0.2～1.1m。黄河河底比城内菏泽酒厂附近地面高出10.06m。

明成化二年（1466年）知州范希正等人，为防止水患始建城垣，周长6km，环以壕池，可以外御洪水，内排沥涝。

明嘉靖元年（1522年），知州沈韩在城外1.5km建大堤护城。此时，城内形成72个水坑，可容蓄城内沥水。

建国后，由于护城河淤积不通，1957年汛期大涝，城内有19条街普遍积水，其中水洼街水深1～2m，西门里南北回族胡同的房屋几乎塌光，全城1500户居民失去住所。

鉴于大雨致涝的教训，1958年按口宽20m、底宽5～6m、深1.5m的标准疏浚了护城河，周长6km。1958～1965年建排水闸、站各2座，砖砌涵洞1500m，使城内50多个臭水坑成为河水

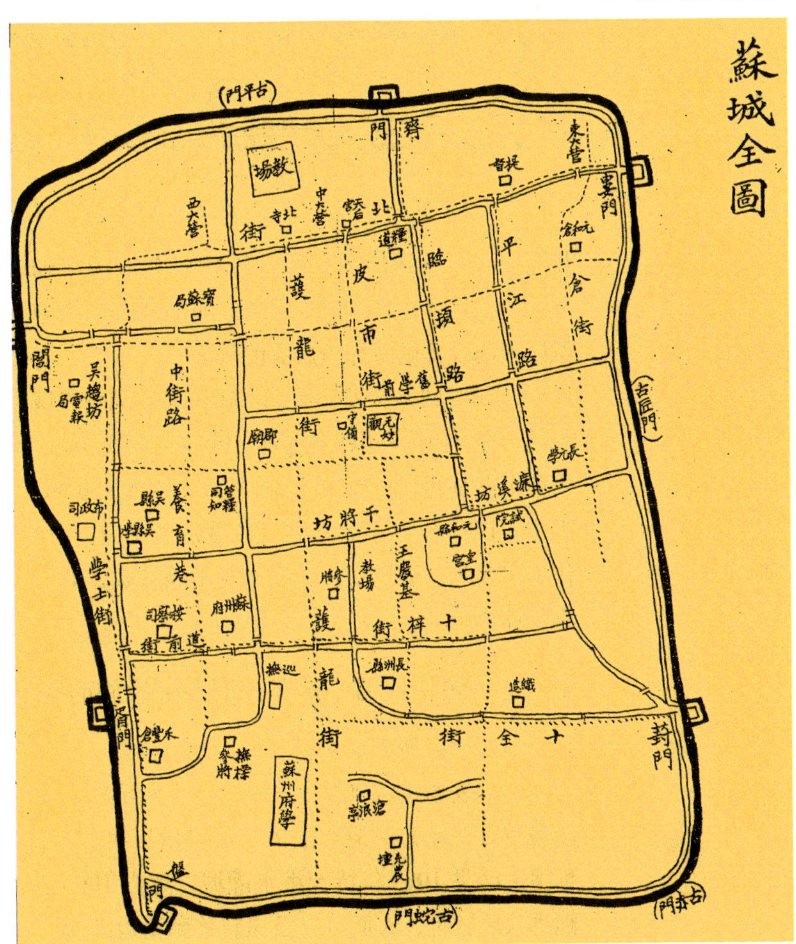

图 12–1–5　苏州全图（自民国吴县志）

[1] 吴庆洲．兼有防敌和防洪作用的台州古城．古建园林技术，1989（2）：55–59.

[2] 汪光焘，沈波．洪灾后的反思．城市规划通讯，1991（15）：3–5.

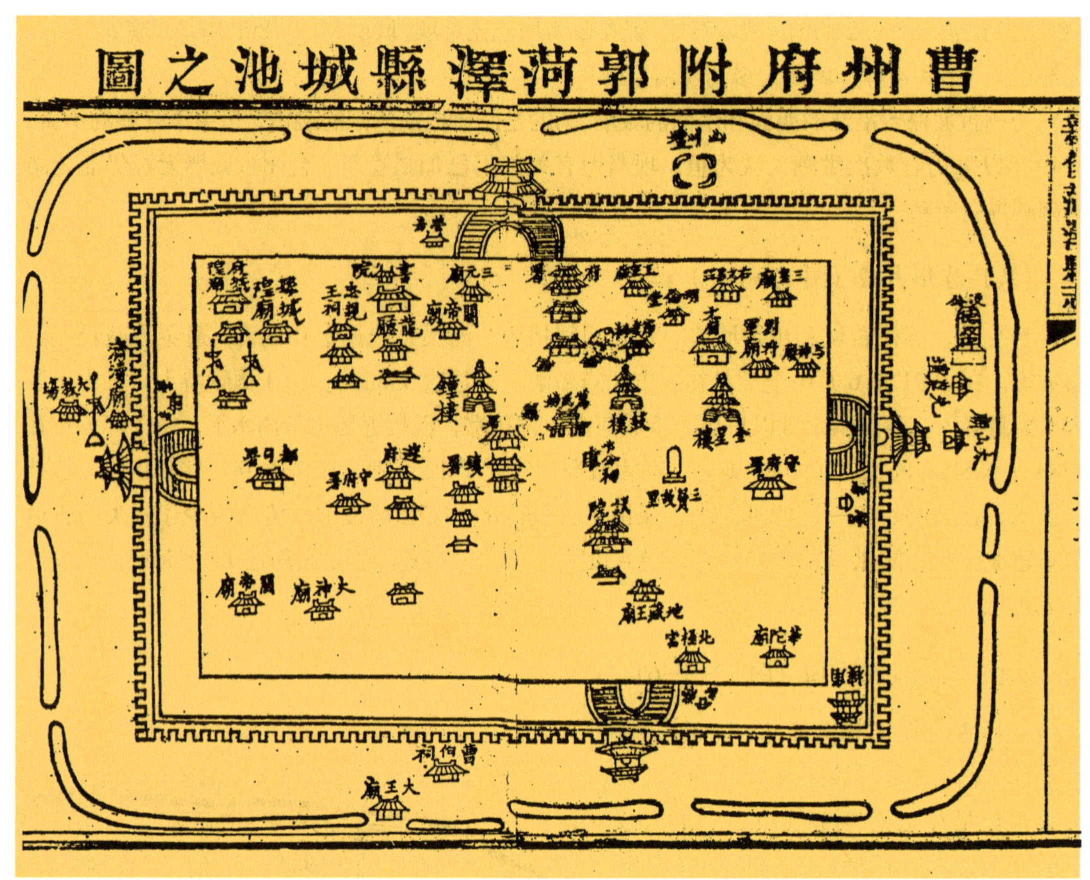

图 12–1–6 曹州府附郭菏泽县城池之图（光绪新修菏泽县志）

相济、互为连通的活水坑。到 1985 年城内共砌筑地下水道 21240m，修排水、排污双用渠长 5000m，形成完整的排水系统。城内现有坑塘 500 余亩，年均蓄水量为 50 万 m^3，初步改变了城区大雨或暴雨后积涝成灾的局面[1]。

荆州古城、文安古城、寿州古城、潮州古城、赣州古城、常德古城、苏州古城、菏泽古城 8 例，是保护并利用古代的防洪设施，避免或减少洪涝灾害的例子。除菏泽浚护城河以排涝外，安徽灵璧县也因 1990 年城区涝灾，因此对护城河及其上、下游综合治理，使之成为城区排洪干道，1991 年华东大水灾，县城却未受淹。灵璧这一经验说明了护城河在排洪排涝上的重要作用，因此安徽泗县、五河、砀山等县城，都学习其经验，把修疏护城河作为治理城区涝灾的重要环节。

二、忽视古代经验，破坏古城防洪设施而造成或加重了水患

这方面的例子很多。

（1）安康古城（图 12–1–7）鉴于历史上多次洪水灌城的惨重教训，在清初修筑了万柳堤，以备百姓在紧急时避水之需，在以后历次洪灾中均起到重要的作用。1958 年以为此堤无用而拆毁。结果 1983 年特大洪水灌城，死亡 1000 多人，5 亿多元财产被毁[2]。如果万柳堤未拆，则洪水灌城时，人们可以沿堤转移到南边高地，且堤可以抵挡洪水，削弱其冲击力，许多房屋可以不致倒塌，从而大大减少损失。

---

[1] 菏泽市水利志编纂委员会．菏泽市水利志．第一版．济南：济南出版社，1991：238–251．

[2] 安康市城建局资料．

(2) 成都古城中原有一条金水河，有交通运输、供水、消防、排水排洪等多种功用，自唐代开凿此河以来，已有1000多年的历史。可惜在十年动乱中被湮灭，加上府河等河道被侵占蚕食，市区排洪能力大大下降，从而在1981年7月四川大洪灾中加重了损失[1]。

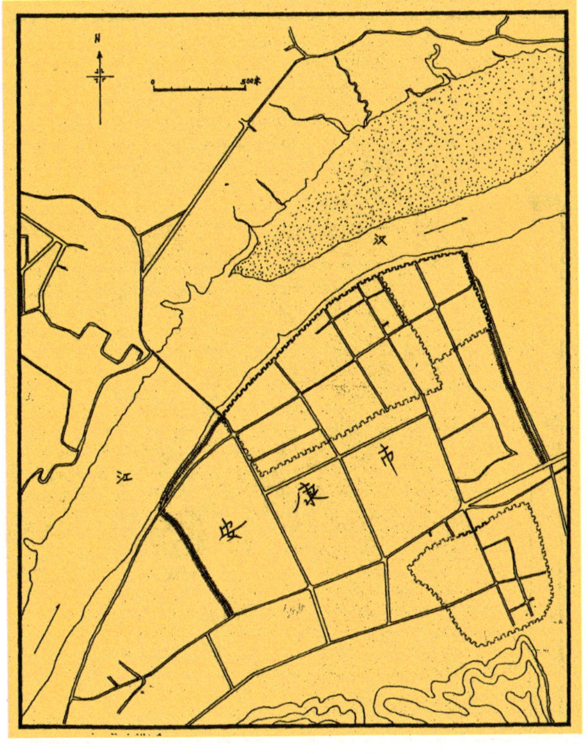

图 12–1–7 安康城现状图

(3) 无锡古城明代城河长达22.72km，城内河道密度达11.36km/km²，历史上罕有洪涝之灾。新中国成立以来由于对城河的排洪作用缺乏认识，共填塞旧城区纵横河道32条，长达31.4km，填塞大小水塘近20个，共填塞水体面积47hm²。原先城内下水道管网都是就近排入水体，汇流环城河。管网所承担的汇水面积小，排水距离短，地面的暴雨径流可以迅速排除。填河、填塘，尤其是环城护城河填塞后，原来管网负担的汇水面积增大，排水距离加长，排水系统被打乱，内涝威胁严重[2]。

填河、填塘，一是降低河道密度，无锡市建成区的北塘、崇安、南长三区，平均河道密度仅为1.7km/km²；二是降低了调蓄能力。这是造成内涝的重要原因之一。

(4) 苏州古城，原有河道四纵三横，自宋嘉定十六年至清末无潦涝之灾。由于新中国成立以来填了不少河道，城河骨干水系成为三纵三横，河道密度下降，排洪和调蓄能力均下降，暴雨后城区局部出现内涝积水之灾。

此外，绍兴、温州等水乡城市建国后均填塞城河，不仅在暴雨后局部地区出现涝灾，而且带来交通运输、防火、环保、城市景观上多种问题[3]。

(5) 广东四会古城，历史上一直起防洪作用。1955年被拆，此后，遇到洪水城区即被淹，直至1971年城区修建了防洪堤才避免了洪灾[4]。

(6) 四川金堂县城赵镇，位于三条河流汇流处，地势平坦低洼，历史上有10次洪水灌城[5]。县城原设在地势高些的城厢镇。1952年又迁赵镇，几乎年年受洪水威胁。1981年四川大洪灾中，全城被淹，主要街道水深5～6m，低洼地段达10m以上，平房连屋脊均被淹没，损失十分严重。这是不借鉴历史经验造成的结果。

(7) 四川太和镇古城（图12–1–8、图12–1–9），现为射洪县城所在，原射洪县治在金华镇，建国后才迁至太和镇。

太和镇位于四川盆地东部偏北，涪江西岸，历史上为下川北进省城必经之路，水陆交通要

[1] 吴庆洲．中国古代的城市水系．华中建筑，1991（2）：55–61．

[2] 无锡城建局设计室，城区防汛办．无锡市城市防洪排水问题简析，1983．

[3] 吴庆洲．试论我国古城抗洪防涝的经验∥清华大学建筑系．建筑史论文集·八．第一版．北京：清华大学出版社，1987：1–20．

[4] 四会城建局资料．

[5] 熊达成．请你提起笔来，努力撰写亲见亲闻的水利史料．中国水利，1985（4）．

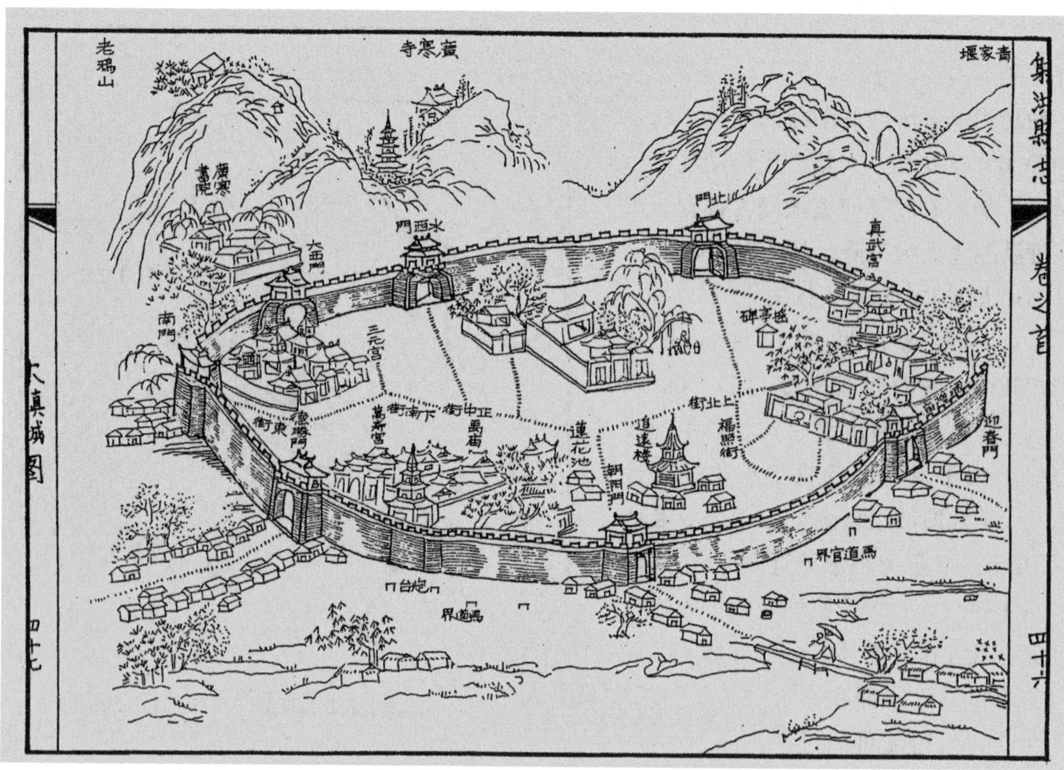

图 12-1-8 太和镇城图（摹自光绪射洪县志）

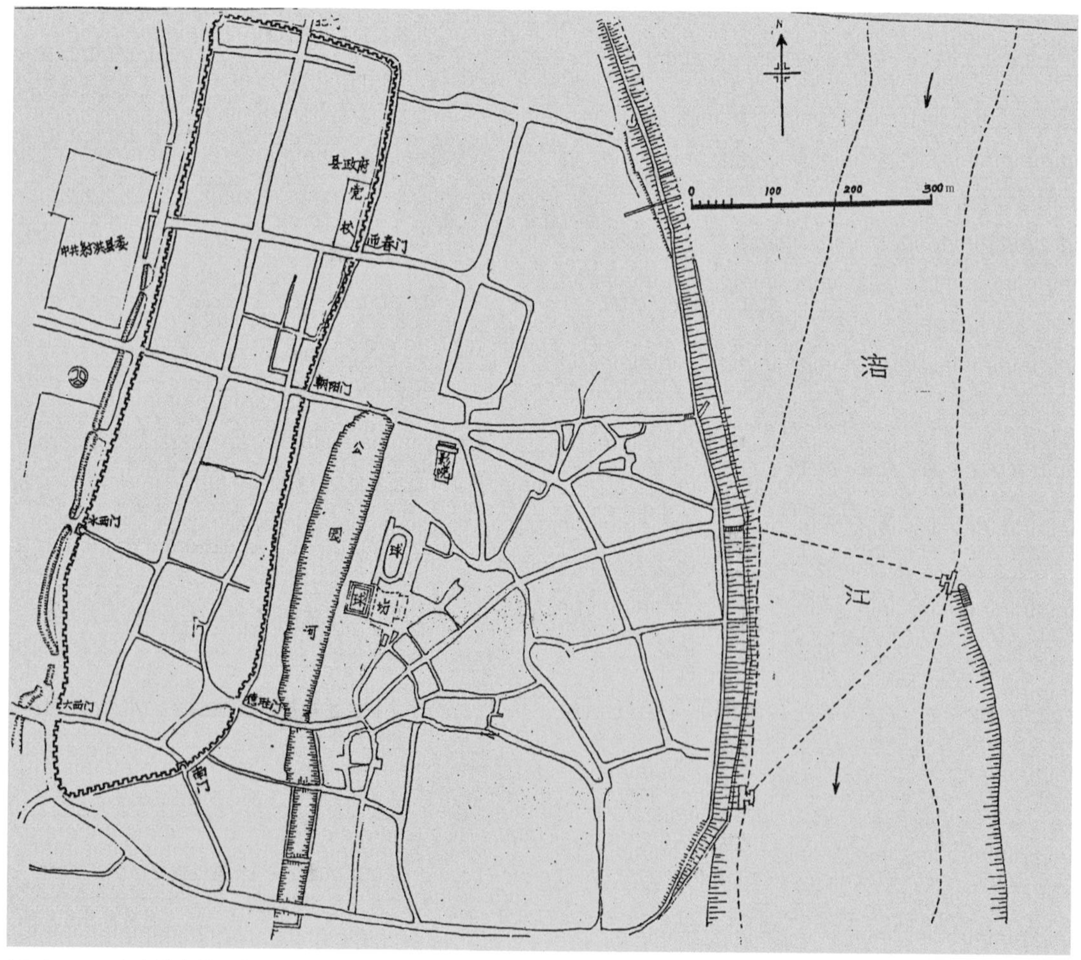

图 12-1-9 太和镇古城现状图

冲，商贾辐辏，百货骈阗，曾是四川四大镇之一。由于记载欠详，太和镇何时开始建城，尚未知，推测在清雍正、乾隆时已筑土城。清嘉庆六年（1801 年）筑石城[1]。古城外形并不方正，周围开七门，原城门上各建城楼。建国后除南门、水西门（图 12-1-8）外，其余各城门均已拆除，以方便车辆出入，并开了两个城门洞[2]。

太和镇古城不追求方正规矩，外形弯曲圆滑，南端为鱼尾形。在防洪上，其外形可以减少洪水的冲击力，利于御洪。城墙虽不甚高，仅一丈二尺，实测约高 4m，但却足以抵御当地百年一遇的洪水。在古城西边的城墙上有水利部门刻的“1981 年 7 月 14 日洪痕”字样，洪痕离墙顶尚有约 0.5m 之距。1981 年 7 月 14 日的洪峰水位为 332.75m（吴淞高程），为自清同治十二年（1873 年）以来 108 年的最大洪水[3]。1981 年 7 月 14 日因城北防洪堤冲溃，洪水从北门进城，致全城被淹。太和镇古城石料坚实；加工精细，外表十分平整。条石按一丁一顺交错砌筑，灰浆平直而均匀，缝宽仅 0.5cm，石匠的高超技艺令人惊叹。石料的粘合剂为糯米汁石灰浆。这是古城墙能御洪抗冲的重要原因。

1981 年 7 月 14 日的洪水如果利用古城墙御洪，城内是可以不成灾的。可惜的是，射洪县于 1950 年筑了城市防洪堤，修城市防洪堤时既没参考城墙高度，防洪堤修筑得也不坚固，而仍能防御洪灾的古城墙却置之不理，致防洪堤冲毁，全城被淹。这是不借鉴历史经验，又不利用古代城市防洪设施的结果。

（8）四川富顺古城，建于明隆庆四年（1570 年）。沱江由北而来，绕县城北、东、南三面而过，城区常受洪水威胁。为了御洪，清代修筑了城堤、耳城、关刀堤等一整套防洪设施，历史上对防御洪灾起了重要的作用。但 1958 年以后，城堤和耳城被毁，只有关刀堤未被破坏。1981 年 7 月，富顺县城洪水不及 1948 年，但由于防洪设施被破坏，加上上游保护城基的龙岩嘴被毁，故灾情比 1948 年严重。

（9）四川合川县太和镇上游有一伸向江心的月台石，也起城镇防洪屏障作用。1958 年修公路被打毁，太和镇失去屏障，1981 年洪灾严重。

以上事例说明，由于忽视历史经验，毁坏古代城市防洪设施，造成了多么严重的损失。

第二节 古城防洪研究的学术价值和应用价值

研究和总结中国古代城市防洪的经验，在建筑技术史、城市发展史等研究上，有重要的学术价值，并可供当今城市规划建设借鉴。

一、开拓了建筑防洪技术史的新的研究领域

通过研究中国古城防洪的历史经验，笔者查阅了古今大量的文献资料，进行长期的调查、考察，足迹遍及全国 100 多个城市，总结了建筑设计上防洪措施，城墙御洪的工程技术措施，从选址、规划、建筑设计、工程技术等方面进行研究，从而开拓了建筑技术史研究的一个新领域——建筑防洪技术史研究。建筑防洪技术史的研究，不仅有其学术研究价值，同样也有其古为今用的价值。下以梧州为例说明之。

---

[1] 光绪射洪县志，卷二．

[2] 吴庆洲．射洪县太和镇古城．四川文物，1988（1）：26-30．

[3] 射洪大水灾略述．射洪文史资料·二．

广西梧州城（图 12–2–1），位于广西东部、西江与其支流桂江的汇合处，东临广东，地当粤桂内河航运之咽喉，市区分河东、河西两区，河东为旧城区。

梧州城历史悠久，汉武帝元鼎六年（公元前 111 年）苍梧郡治即今梧州市所在，至今已有 2100 年历史。此后，梧州城一直是州、路、府治所在[1]。

梧城地处两江交汇之地，古城内地势虽略高（受淹频率约 20 年 1 次），但由于城市向江边发展，沿江低洼之地已成为繁荣的商业街道，因无堤、城保护，因此历史上水灾极为频繁。梧州自汉代即已筑城[2]。由宋到元（960 ~ 1368 年）的 409 年间，梧州有 3 次水灾的记录，其中宋代有 2 次城市受灾的记录[3]。明朝（1368 ~ 1644 年）277 年间，梧州有记录的水灾为 18 次，其中明确记载梧州城受灾的仅 3 次。清初至鸦片战争爆发（1644 ~ 1840 年）共 197 年间，梧州有记录的水灾 36 次，其中梧州城水灾 6 次[4]。

近代（1840 ~ 1949 年）的 110 年间，梧州城（图 12–2–2）水灾更为频繁。自 1897 年梧州辟为通商口岸后，沿河的商业街市更加发展和繁华，洪水的威胁更为严重。

梧州自 1900 年起有水文记录。沿河街道高程多在 18.4 ~ 21m 之间（珠基，下同）。若取水位 18.5m 为水上街的标准的话，则自 1900 ~ 1949 年共 50 年间，有 40 年水上街，平均每 10 有 8 次水上街。水位达 23m，则沿河街道水深达 2 ~ 4.6m。这 50 年间有 9 年水位超过 23m。1924 年水位达 25.27m，1944 年达 24.45m，1949 年达 25.55m，1915 年达 27.07m。1915 年的水灾乃是梧州城历史上最大的水灾，沿河街道水深达 6 ~ 8.6m，局部街道水上 3 楼，2 层以下房屋

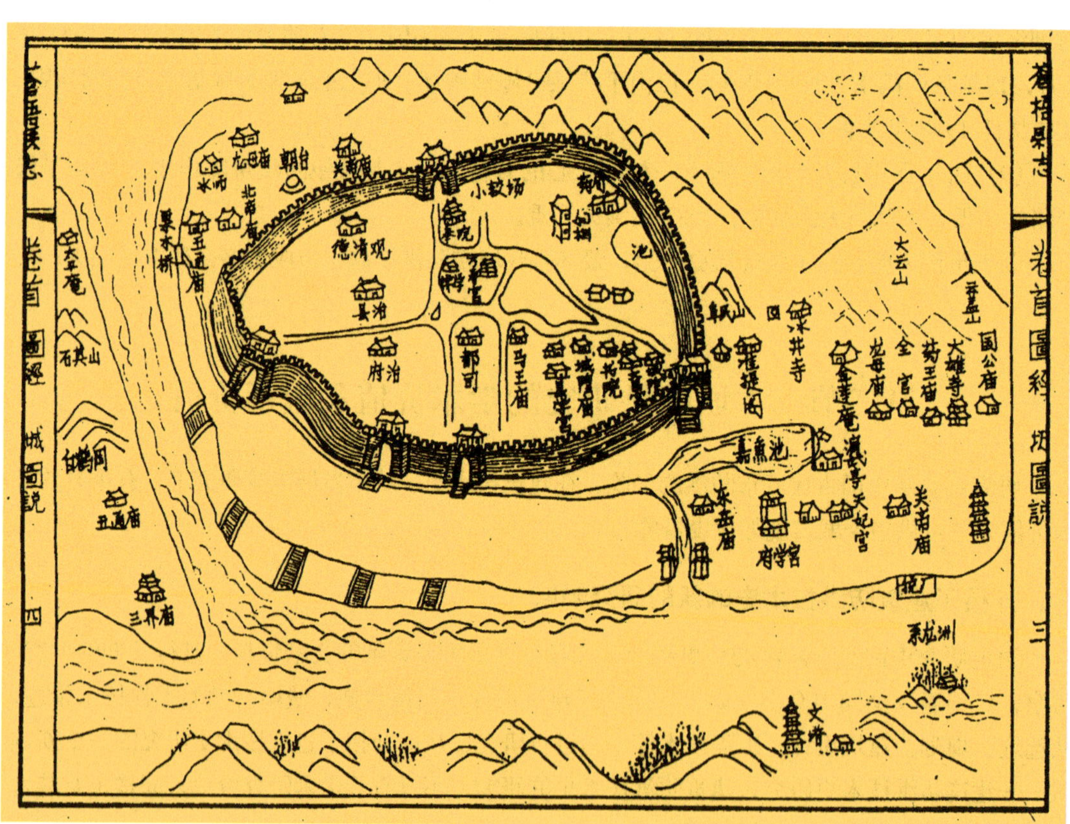

图 12–2–1 梧州城图（摹自同治苍梧县志）

[1] 吴庆洲．桂东重镇梧州．南方建筑，1987（4）：32–37.

[2] 由梧州市博物馆侯雅云提供．

[3] 同治苍梧县志，卷十七．

[4] 吴庆洲．历史上梧州城的水灾及防洪措施．珠江志通讯，1988（1）：32–34.

图 12–2–2 梧州市东区（旧市区）现状示意图

则封檐没顶。全城浸没 8/10 [1]。据推算，其洪峰流量达 54500m³/s，为 200 年一遇特大洪水 [2]。

为了对付频繁的洪灾，梧州人并不迁移以避洪水，而是让建筑物适应洪水环境，冲不倒，淹不垮，我们不妨称之为“建筑适洪措施”。

（1）用砖木混合结构代替木结构，因而大大提高了建筑物抗洪水冲击的能力。

（2）沿河地基土质欠佳，因而用打松土桩等办法处理的房屋基础，使建筑物不致因洪水泡浸而开裂倒塌。

（3）用楼房代替平房，有的房屋高 3、4 层，底层进水，可上 2、3 楼躲避。

（4）底层做得特别高，有的高达 5m 以上，以使洪水尽量少上 2 楼。

（5）2、3 楼沿街一面开太平门以备汛期交通之用。

（6）沿河街道临街的墙、柱上皆安置铁环，以备汛期系舟、梯之用 [3]。

除以上工程性的建筑适洪措施外，梧州市尚采用了以下非工程性的防洪措施：

（1）解决汛期城内外交通。

汛期用船、板艇解决城内外交通问题。商贩用船载货上沿河街道售货。居民从 2、3 楼的太平门出来，沿梯下到船上购买各种用品。居民外出办事也乘船、艇前往。

此外，民国时，四坊街、九坊街靠近河边的铺户均建有板木的浮晒台，水涨时随水升降，每当河水浸街时，连接起来是一件浮在水面的人行浮路。这是梧州人在与洪水斗争中的创造。

（2）特大洪水期间，居民可就近避迁高阜。

梧州城依山而筑，遇上特大洪水，居民往附近高阜避水。

---

[1] 民国苍梧县志 · 赈灾 .

[2] 珠江流域的水患记载 . 人民珠江，1982（4）.

[3] 吴庆洲 . 两广建筑避水灾之调查研究 . 华南工学院学报（十一卷），1983（2）：127–141.

（3）灾后赈济等[1]。

在新中国成立后，梧州城在与洪水作斗争中，又发展了工程性建筑适洪措施[2]。这些措施可以应用到安康、合川等山区沿江城市，运用工程性建筑防洪措施，可以使不受堤防保护的城市以及虽有堤防保护，但万一堤溃，洪水灌城时减少损失[3]。这些措施还可以结合实际情况用于全国各地的行、蓄洪区，使这些区域在行洪、蓄洪时，建筑和百姓财产避免或减少损失[4]。

可见，建筑防洪技术史的研究，不仅有其学术研究价值，也有其重要的应用价值。

二、开拓了城市发展史研究的新领域

中国古城的城池、排水系统等乃是古城重要的基础设施，尤其是古城的水系，乃是古城的血脉，具有多种功用[5]，以往的城市史研究对此并未给予足够的重视。理论研究上的这种不足，就导致实践上的盲目性，这就导致近现代拆城墙、填壕池、填河、填池、填塘、填水体以修街建房之风流行一时，这就导致现代城市洪涝灾害增加，环境质量下降，并在防火、景观等许多方面出现各种问题。

通过对历代古都的城市防洪情况的研究：我们了解了其城池、排水等基础设施的建设情况，从防洪的角度考察其在城市选址、规划布局、建筑设计等的水平，这就开拓了城市建设史研究上的新领域。这一新领域的研究可以丰富和发展我们的城市规划的有关理论，比如，城池乃是古代军事防御和防洪工程的统一体，古城的水系乃古城的血脉的观点，就具有其学术价值。这一学术观点仍有其生命力，可以应用于当代的城市规划、建设的实践中，也可以应用到当代的城市防洪实践中。

三、古城防洪的历史经验有重要的借鉴价值

本书总结中国古代城市防洪的历史经验，把中国古代城市防洪的方略归结为“防、导、蓄、高、坚、迁、护、管”8条，这8条方略至今仍有其生命力。本书把中国古代城市防洪体系分为障水、排水、调蓄、交通4个系统，把城市防洪措施归结为国土整治和流域治理、城市规划、建筑设计、城墙御洪的工程技术、防洪措施的管理、非工程性措施、抢险救灾及善后共7大类措施，这都可供建立当代城市防洪的理论体系时作为参考和借鉴。

---

[1] 吴庆洲．历史上梧州城的水灾及防洪措施．珠江志通讯，1988（1）：32-34.

[2] 吴庆洲．两广建筑避水灾之调查研究．华南工学院学报（十一卷），1983（2）：127-141.

[3] 吴庆洲．我国城市防洪综合体系及减灾对策．城市规划汇刊，1993（2）：47-51.

[4] 吴庆洲，龙可汉．我国防御洪涝灾害的综合体系及减灾对策．灾害学，1992（4）：23-27.

[5] 吴庆洲．我国古代的城市水系．华中建筑，1991（2）：55-61.

插图目录

参考文献

一、古代文献

[1]（汉）司马迁撰．史记．北京：中华书局，1982.
[2]（汉）班固撰．汉书．北京：中华书局，1962.
[3]（宋）范晔撰．后汉书．北京：中华书局，1965.
[4]（晋）陈寿撰．三国志．北京：中华书局，1982.
[5]（唐）房玄龄等撰．晋书．北京：中华书局，1974.
[6]（唐）李延寿撰．南史．北京：中华书局，1975.
[7]（唐）李延寿撰．北史．北京：中华书局，1974.
[8]（北齐）魏收撰．魏书．北京：中华书局，1974.
[9]（唐）魏征等撰．隋书．北京：中华书局，1973.
[10]（唐）令狐德棻等撰．周书．北京：中华书局，1971.
[11]（唐）李百药撰．北齐书．北京：中华书局，1972.
[12]（宋）欧阳修，宋祁撰．新唐书．北京：中华书局，1975.
[13]（元）脱脱等撰．宋史．北京：中华书局，1977.
[14]（元）脱脱等撰．辽史．北京：中华书局，1974.
[15]（元）脱脱等撰．金史．北京：中华书局，1975.
[16]（明）宋濂等撰．元史．北京：中华书局，1976.
[17]（清）张廷玉等撰．明史．北京：中华书局，1974.
[18] 赵尔巽等撰．清史稿．北京：中华书局，1998.
[19]（宋）司马光撰．资治通鉴．北京：中华书局，1956.
[20]（清）毕沅编著．续资治通鉴．上海：上海书店出版社，1987.
[21]（清）顾祖禹撰．读史方舆纪要．上海：上海古籍出版社，1998.
[22]（清）阮元校刻．十三经注疏．北京：中华书局，1980.
[23] 浙江书局汇刻本．二十二子．上海：上海古籍出版社，1986.
[24]（宋）王钦若等编．册府元龟．北京：中华书局，1960.
[25]（宋）李昉等撰．太平御览．北京：中华书局，1960.
[26]（宋）王应麟辑．玉海．扬州：广陵书社，2003.
[27] 叶适集．北京：中华书局，1960.
[28] 永乐大典．北京：中华书局，1986.
[29] 余冠英，周振甫，启功，傅璇琮主编．唐宋八大家全集．北京：国际文化出版公司，1998.
[30] 梁萧统编．文选．上海：上海古籍出版社，1998.
[31]（唐）李吉甫撰．元和郡县图志．北京：中华书局，1983.
[32]（宋）王存撰，元丰九域志．北京：中华书局，1984.
[33]（晋）王嘉撰．梁萧绮录．拾遗记．北京：中华书局，1981.
[34]（清）魏源撰．圣武记．北京：中华书局，1984.
[35]（清）董诰等编．全唐文．北京：中华书局，1983.
[36]（唐）陆广微撰．吴地记．南京：江苏古籍出版社，1986.
[37]（宋）范成大撰．吴郡志．南京：江苏古籍出版社，1986.
[38]（宋）朱长文撰．吴郡图经续记．南京：江苏古籍出版社，1986.
[39]（汉）袁康，吴平辑录．越绝书．上海：上海古籍出版社，1985.
[40]（清）于敏中等编纂．日下旧闻考．北京：北京古籍出版社，1983.

[41] (明) 刘文征撰．滇志．昆明：云南教育出版社，1991.
[42] (宋) 周淙撰．乾道临安志．杭州：浙江人民出版社，1983.
[43] (宋) 施谔撰．淳祐临安志．杭州：浙江人民出版社，1983.
[44] (清) 朱彭撰．南宋古迹考．杭州：浙江人民出版社，1983.
[45] (清) 丁丙撰．武林坊巷志．杭州：浙江人民出版社，1990.
[46] 中国地方志集成·山东府县志辑．凤凰出版社，上海书店，2004.
[47] 中国地方志集成·山西府县志辑．巴蜀书社，2005.
[48] 中国地方志集成·江苏府县志辑．巴蜀书社，2008.
[49] 中国地方志集成·福建府县志辑．上海书店，巴蜀书社，江苏古籍出版社，2000.
[50] 中国地方志集成·北京府县志辑．上海书店，巴蜀书社，江苏古籍出版社，2004.
[51] 中国地方志集成·湖北府县志辑．上海书店，巴蜀书社，江苏古籍出版社，2001.
[52] 中国地方志集成·广东府县志辑．上海书店，巴蜀书社，江苏古籍出版社，2003.
[53] 中国地方志集成·江西府县志辑．上海书店，巴蜀书社，江苏古籍出版社，1996.
[54] 中国地方志集成·河北府县志辑．上海书店，巴蜀书社，江苏古籍出版社，2006.
[55] 中国地方志集成·贵州府县志辑．上海书店，巴蜀书社，江苏古籍出版社，2006.
[56] 中国地方志集成·湖南府县志辑．上海书店，巴蜀书社，江苏古籍出版社，2002.
[57] 中国地方志集成·安徽府县志辑．上海书店，巴蜀书社，江苏古籍出版社，1998.
[58] 马宁主编．中国水利志丛刊．吴平，张智副主编．扬州：广陵书社，2006.
[59] (清) 周家楣，缪荃孙等编纂．光绪顺天府志．北京：北京古籍出版社，1987.
[60] (清) 倪文蔚原著．万城堤志 // 舒惠原著．万城堤续志．武汉：湖北教育出版社，2002.
[61] (清) 古今图书集成·考工典．北京：中华书局影印，1934.
[62] 中国水利水电科学研究院水利史研究室编校．再续行水金鉴 [M]．武汉：湖北人民出版社，2004.
[63] 范祥雍校注．洛阳伽蓝记校注．上海：上海古籍出版社，1978.
[64] 唐两京城坊考．北京：中华书局，1985.
[65] 顾炎武著．历代宅京记．北京：中华书局，1984.
[66] 邓之诚注．东京梦华录注．北京：中华书局，1982.
[67] 汴京遗迹志．北京：中华书局，1999.

二、现代文献

[1] 周魁一著．中国科学技术史·水利卷．北京：科学出版社，2002.
[2] 中国水利百科全书编委会编．中国水利百科全书．北京：中国水利电力出版社，1990.
[3] 姚汉源著．中国水利发展史．上海：上海人民出版社，2005.
[4] 中国水利史稿编写组编．中国水利史稿·上．北京：水利电力出版社，1979.
[5] 中国水利史稿编写组编．中国水利史稿·中．北京：水利电力出版社，1987.
[6] 中国水利史稿编写组编．中国水利史稿·下．北京：水利电力出版社，1989.
[7] 中国水利水电科学研究院科学研究论文集·12·水利史．北京：水利电力出版社，1982.
[8] 中国水利水电科学研究院科学研究论文集·22·水资源、灌溉与排水·水利史．北京：水利电力出版社，1985.
[9] 黎沛虹，李可可．长江治水．武汉：湖北教育出版社，2004.
[10] 汤唯增总编．江西省水利志．南昌：江西科学技术出版社，1995.
[11] 骆承政，乐嘉祥主编．中国大洪水——灾害性洪水述要．北京：中国书店，1996.
[12] 李润田主编．河南自然灾害．郑州：河南教育出版社，1994.
[13] 长江水利史略编写组编．长江水利史略．北京：水利电力出版社，1979.
[14] 刘仲桂主编．中国南方洪涝灾害与防灾减灾．南宁：广西科学技术出版社，1996.
[15] 宋正海总主编．中国古代重大自然灾害和异常年表总集．广州：广东教育出版社，1992.
[16] 富曾慈主编．中国水利百科全书·防洪分册．北京：中国水利水电出版社，2004.
[17] 黄河水利史述要编写组编．黄河水利史述要．北京：水利出版社，1982.

[18] 于德源著．北京灾害史．北京：同心出版社，2008.
[19] 石泉，蔡述明著．古云梦泽研究．武汉：湖北教育出版社，1996.
[20] 王仲荦著．北周地理志．北京：中华书局，1980.
[21] 水利水电科学研究院．清代黄河流域洪涝档案史料．北京：中华书局，1993.
[22] 水利水电科学研究院．清代淮河流域洪涝档案史料．北京：中华书局，1988.
[23] 水利水电科学研究院．清代辽河．松花江黑龙江流域洪涝档案史料．北京：中华书局，1988.
[24] 水利水电科学研究院．清代浙闽台地区诸流域洪涝档案史料．北京：中华书局，1988.
[25] 蔡蕃著．北京古运河与城市供水研究．北京：北京出版社，1987.
[26] 都江堰管理局编．都江堰．北京：水利电力出版社，1986.
[27] 梁方仲著．中国历代户口·田地·田赋统计．上海：上海人民出版社，1980.
[28] 朱道清编纂．中国水系大辞典·青岛：青岛出版社，1993.
[29] 晋常璩著，任乃强校注．华阳国志校补图注．上海：上海古籍出版社，1987.
[30] 中国水利水电科学研究院水利史研究室编．历史的探索与研究//水利史研究文集．郑州:黄河水利出版社，2006.
[31] 赵春明，周魁一主编．中国治水方略的回顾与前瞻．北京：中国水利水电出版社，2005.
[32] 陕西师范大学西北历史环境与经济社会发展研究中心编．历史环境与文明演进．北京：商务印书馆，2005.
[33] 天津图书馆编．水道寻往．北京：中国人民大学出版社，2007.
[34] 南京市文物局等编．中国古城墙保护研究．北京：文物出版社，2001.
[35] 邹逸麟主编．黄淮海平原历史地理．合肥：安徽教育出版社，1997.
[36] 谭徐明著．都江堰史．北京：科学出版社，2004.
[37] 中国科学院南京地理研究所湖泊室编著．江苏湖泊志．南京：江苏科学技术出版社，1982.
[38] 窦鸿身，姜加虎主编．中国五大淡水湖．合肥：中国科学技术大学出版社，2003.
[39] 蓝勇主编．长江三峡历史地理．成都：四川人民出版社，2003.
[40] 张修桂著．中国历史地貌与古地图研究．北京：社会科学出版社，2006.
[41] 邹逸麟著．椿庐史地论稿．天津：天津古籍出版社，2005.
[42] 贺云翱著．六朝瓦当与六朝都城．北京：文物出版社，2005.
[43] 蒋兆成著．明清杭嘉湖社会经济研究．杭州：浙江大学出版社，2002.
[44] 冯贤亮著．明清江南地区的环境变动与社会控制．上海：上海人民出版社，2002.
[45] 张含英著．历代治河方略探讨．北京：水利出版社，1982.
[46] 周魁一等编．二十五史河渠志注释．北京：中国书店，1990.
[47] 王治远总编，黎献勇主编．珠江志．第一卷．广州：广东科学技术出版社，1991.
[48] 邱国珍著．三千年天灾．南昌：江西高校出版社，1998.
[49] 高建国著．中国减灾史话．郑州：大象出版社，1999.
[50] 王鑫义主编．淮河流域经济开发史．合肥：黄山书社，2001.
[51] (俄) 阿甫基耶夫著．古代东方史．王以铸译．北京：三联书店，1956.
[52] (日) 波斯信义著．宋代江南经济史研究．方健，何忠礼译．南京：江苏人民出版社，2001.
[53] 刘士波，耿波，李正爱等著．大运河城市群叙事．沈阳：辽宁人民出版社，2008.
[54] 史念海著．河山集．九集．西安：陕西师范大学出版社，2006.
[55] 赵文林，谢淑君著．中国人口史．北京：人民出版社，1988.
[56] 路遇，滕泽之著．中国分省区历史人口考．济南：山东人民出版社，2006.
[57] 李孝聪著．中国区域历史地理．北京：北京大学出版社，2004.
[58] 唐晓峰，黄义军编．历史地理学读本．北京：北京大学出版社，2006.
[59] 李峰著．商代前期都城研究．郑州：中州古籍出版社，2007.
[60] 曲英杰著．长江古城址．武汉：湖北教育出版社，2004.
[61] 黄盛璋著．历史地理论集．北京：人民出版社，1982.
[62] 杨鸿年著．隋唐两京考．武汉：武汉大学出版社，2005.

[63] 华林甫编．中国历史地理学五十年．北京：学苑出版社，2001.
[64] 向玉成著．乐山旅游史．成都：巴蜀书社，2005.
[65] 史念海著．黄土高原历史地理研究．郑州：黄河水利出版社，2001.
[66] (美) 施坚雅主编．中华帝国晚期的城市．叶光庭等译．北京：中华书局，2000.
[67] 葛剑雄，华林甫编．历史地理研究．武汉：湖北教育出版社，2004.
[68] 谢觉民主编．史地文集．杭州：浙江大学出版社，2007.
[69] 阙维民主编．史地新论．杭州：浙江大学出版社，2002.
[70] 傅熹年．建筑史论文集．北京：文物出版社，1998.
[71] 刘叙杰主编．中国古代建筑史·第一卷．北京：中国建筑工业出版社，2003.
[72] 傅熹年主编．中国古代建筑史·第二卷．北京：中国建筑工业出版社，2001.
[73] 郭黛姮主编．中国古代建筑史·第三卷．北京：中国建筑工业出版社，2003.
[74] 潘谷西主编．中国古代建筑史·第四卷．北京：中国建筑工业出版社，2001.
[75] 孙大章主编．中国古代建筑史·第五卷．北京：中国建筑工业出版社，2002.
[76] 杨鸿勋著．杨鸿勋建筑考古学论文集（增订本）．北京：清华大学出版社，2008.
[77] 王国平，唐力行主编．明清以来苏州社会史碑刻集．苏州：苏州大学出版社，1998.
[78] 上海博物馆图书资料室编．上海碑刻资料选辑．上海：上海人民出版社，1980.
[79] 苏州历史博物馆等合编．明清苏州工商业碑刻集．南京：江苏人民出版社，1981.
[80] 阙维民编著．杭州城池暨西湖历史图说．杭州：浙江人民出版社，2000.
[81] 赵所生，顾砚耕主编．中国城墙．南京：江苏教育出版社，2001.
[82] 杨新华，卢海鸣主编．南京明清建筑．南京：南京大学出版社，2001.
[83] 应金华，樊丙庚主编．四川历史文化名城．成都：四川人民出版社，2000.
[84] 许宏著，先秦城市考古学研究．北京：北京燕山出版社，2000.
[85] 董鉴泓主编．城市规划历史与地理研究．上海：同济大学出版社，1999.
[86] 马正林编著．中国城市历史地理．济南：山东教育出版社，1999.
[87] 刘庆柱著．古代都城与帝陵考古学研究．北京：科学出版社，2000.
[88] 阮仪三著．护城纪实．北京：中国建筑工业出版社，2008.
[89] 吴良镛著．建筑、城市、人居环境．石家庄：河北教育出版社，2003.
[90] 北京大学历史地理研究中心编．侯仁之师九十寿辰纪念文集．北京：学苑出版社，2003.
[91] 许蓉生著．水与成都．成都：巴蜀书社，2006.
[92] 侯仁之著．历史地理学的理论与实践．上海：上海人民出版社，1984.
[93] 开封市城建志编辑室编．开封市城建志．北京：测绘出版社，1989.
[94] 刘顺安著．开封城墙．北京：北京燕山出版社，2003.
[95] 刘顺安主编．开封研究．郑州：中州古籍出版社，2001.
[96] 中国军事百科全书编审室等编．中国军事史大事记［M］．上海：上海辞书出版社，1996.
[97] 阮仪三编著．旧城新录．上海：同济大学出版社，1998.
[98] 林正秋著．南宋都城临安．杭州：西泠印社出版社，1986.
[99] 阎崇年主编．中国历代都成宫苑．北京：紫禁城出版社，1987.
[100] 陈桥驿主编．中国历史名城．北京：中国青年出版社，1986.
[101] 彭卿云主编．中国历史文化名城词典续篇．上海：上海辞书出版社，1997.
[102] 崔林涛等主编．中国历史文化名城大辞典．北京：人民日报出版社，1998.
[103] 张轸著．中华古国古都．长沙：湖南科学技术出版社，1999.
[104] 杨作龙，韩石萍主编．洛阳考古集成·隋唐五代宋卷．北京：北京图书馆出版社．
[105] 张驭寰主编．中国古代建筑技术史．北京：科学出版社，1985.
[106] 于希贤著．法天象地——中国古代人居环境与风水．北京：中国电影出版社，2006.
[107] 程存洁著．唐代城市史研究初篇．北京：中华书局，2002.
[108] (意) L·贝纳沃罗著．世界城市史．北京：科学出版社，2000.
[109] 周宝珠著．宋代东京研究．开封：河南大学出版社，1999.

[110] 刘春迎著．北宋东京城研究．北京：科学出版社，2004．
[111] 郄学德，刘芝主编．河南古代建筑．郑州：中州古籍出版社，2001．
[112] 周宝珠．清明上河图与清明上河学．开封：河南大学出版社，2004．
[113] 吴庆洲著．中国军事建筑艺术．武汉：湖北教育出版社，2006．
[114] 吴庆洲著．建筑哲理、意匠与文化．北京：中国建筑工业出版社，2005．
[115] 庄林德，张京祥著．中国城市发展与建设史．南京：东南大学出版社，2002．
[116] 马正林编著．中国城市历史地理．济南：山东教育出版社，1998．
[117] 孙鸿雁著．侵入与接替——城市社会结构变迁新论．南京：东南大学出版社，2000．
[118] 胡俊著．中国城市模式与演进．北京：中国建筑工业出版社，1995．
[119] 贺业钜著．中国古代城市规划史．北京：中国建筑工业出版社，2000．
[120] 王卫平著．明清时期江南城市史研究：以苏州为中心．北京：人民出版社，1999．
[121] 刘易斯·芒福德著．城市发展史．北京：中国建筑工业出版社，1989．
[122]（美）施坚雅主编．中华帝国晚期的城市．叶光庭等译．北京：中华书局，2002．
[123] 凯文，林奇著．城市形态．林庆怡译．北京：华夏出版社，2002．
[124] 凯文，林奇著．城市意象．方益萍，何晓军译．北京：华夏出版社，2007．
[125] 伊利尔，沙里宁著．城市：它的发展、衰败与未来．顾名源译．北京：中国建筑工业出版社，1986．
[126] 杨宽著．中国古代都城制度史研究．上海：上海古籍出版社，1993．
[127] 姜波著．汉唐都城礼制建筑研究．北京：文物出版社，2003．
[128] 陈桥驿主编．中国七大古都．北京：中国青年出版社，1991．
[129] 叶骁军著．中国都城发展史．西安：陕西人民出版社，1988．
[130] 周长山著．汉代城市研究．北京：人民出版社，2001．
[131] 辛德勇著．隋唐两京丛考．西安：三秦出版社，1992．
[132] 汉魏洛阳故城研究．北京：科学出版社，2000．
[133] 杨鸿年著．隋唐宫廷建筑考．西安：陕西人民出版社，1992．

后 记

1995 年出版的《中国古代城市防洪研究》一书是在作者的博士学位论文的基础上补充、完善而成的。该书从选题、调查考察、查阅资料到分析研究，均得到导师龙庆忠教授的精心指导。书中凝结着龙老的汗水和心血，这是不言而喻的。中国科学院院士、中国工程院院士、清华大学建筑学院吴良镛教授的关怀和指导也是作者难以忘怀的。吴先生为作者的硕士学位论文和博士学位论文撰写学术评语，并亲自主持了作者博士学位论文的答辩。1983 年 10 月扬州学术会议后，吴先生惊闻安康城洪灾，指示作者前往考察。此外，郑孝燮教授、郭湖生教授、翁长溥总工程师、祁国英高级工程师、冉英骅高级工程师、冯掌教授、高雷教授等许多先生均给作者以热情的指导帮助。作者到全国各地考察时，曾得到各地城市规划局、建设局、水利局、文管会、防汛指挥部的大力支持和热情帮助。查阅资料时，又得到中山图书馆、广州图书馆、华南师范大学图书馆、浙江省图书馆、安徽省图书馆、四川省图书馆以及全国各地图书馆的热情支持。在此一并表示衷心的感谢。

在此，还必须感谢国家自然科学基金委的那向谦教授以及基金委的其他有关负责人，感谢他们资助《中国古代城市防洪研究》一书的出版。

《中国古代城市防洪研究》一书在 1995 年得到国家自然科学基金的资助出版后，得到师长们和同行们的鼓励和支持，他们都希望我坚持不懈，继续努力，使这一研究更上一层楼，使古代的珍贵遗产和宝贵经验为今人所知，更好地为当代的城市规划、建设和防灾提供借鉴。

我在 1996 年被批准为博士生导师后，主持和完成了多项国家自然科学基金项目和教育部博士点基金项目，我让我指导的博士生、硕士生都参与到《城市史》和《城市与建筑防灾》研究中，发挥他们的作用，目前，已有《管子城市思想研究》(2004 年)、《惠州城市发展探索》(2004 年)、《明清佛山城市发展与空间形态研究》(2005 年)、《近代西、北江下游河网区市镇形态研究》(2005 年)、《江陵城池与荆州城市御灾防卫体系研究》(2005 年)、《徽州城市村镇水系营建与管理研究》(2006 年)、《佛山城市街巷变迁的研究，1447–1930》(2006 年)、《晚清汉口城市发展与空间形态研究》(2007 年)、《晚清至近现代常德城市发展及防洪研究》(2007 年)、《先秦至五代成都古城形态变迁研究》(2008 年）等一批博士论文和硕士论文相继完成。我自己则自 1996 年以来，一直继续研究中国古代城市防洪问题，在写出一系列相关学术论文的基础上，最终完成了这部《中国古城防洪研究》书稿。

首先，我要感谢我的妻子马怀英女士，没有她对我的研究的长期支持和帮助，没有她的理解和鼓励，本书稿是不可能完成的。

同时，我要感谢张蘖女士和张翔，以及我的博士生杨颋、刘晓伟，硕士生黄晓蓓、关菲凡、张振华、吴茜华、蒋超等人，他们将我的手稿打出录入计算机，将插图一一扫描录入计算机，这一工作期前后进行了两年，是十分细致的工作。没有他们的协助，《中国古城防洪研究》的出版将会大大拖延。

感谢广州美术学院的吴卫光教授，由于他的协助，使书稿的排版得以及时完成。

感谢中国建筑工业出版社的李东女士，由于她的努力和出版社领导的支持，使本书稿能及时出版，早日与读者见面。

感谢一切支持和帮助过我的师长、亲人、同行和朋友！

吴庆洲

2009年4月3日于广州